中国科学院发展规划局战略研究专项资助
中国科学院自然科学史研究所"十三五"重大突破项目成果

中华人民共和国科学技术史纲

白春礼◎主编

下卷

科学出版社
龙门书局
北京

内 容 简 介

中华人民共和国的成立，开启了中国科技事业的新时代。在实现科技强国的征程中，探讨中国科技的发展历程与所取得的成就，总结历史经验，有助于更好地理解目前正在迅速发展和变化的中国科技、掌握其发展的内在机制。

全书分为上下两卷，以科技事业发展历程与重大科技成就专题的形式，全面梳理新中国科技发展的脉络，总结70多年来重大科技成就的形成历史与重大意义，展现国际环境下科技、教育与社会经济文化的互动关系，反映国家科技体制与战略布局的演进，探求科技发展的规律性特征。

回溯检视历史是为了总结经验得失，以映照现实、远观未来。本书可为科技管理者、科技工作者和高校师生了解新中国科技发展的脉络提供参考。

图书在版编目（CIP）数据

中华人民共和国科学技术史纲：全 2 卷 / 白春礼主编. —北京：龙门书局，2023.12
国家出版基金项目
ISBN 978-7-5088-6347-4

Ⅰ.①中… Ⅱ.①白… Ⅲ.①自然科学史-中国 Ⅳ.①N092

中国国家版本馆 CIP 数据核字（2023）第 178272 号

责任编辑：侯俊琳 邹 聪 乔艳茹 陈晶晶 / 责任校对：贾娜娜
责任印制：师艳茹 / 封面设计：有道文化

科 学 出 版 社
龍 門 書 局 出版
北京东黄城根北街 16 号
邮政编码：100717
http://www.sciencep.com

北京中科印刷有限公司 印刷
科学出版社发行 各地新华书店经销

*

2023 年 12 月第 一 版 开本：787×1092 1/16
2023 年 12 月第一次印刷 印张：65
字数：1 465 000

定价：498.00 元（全 2 卷）
（如有印装质量问题，我社负责调换）

Contents

下卷目录 ■■■■■■

下卷　重大科技成就专题

下卷　重大科技成就专题

上篇
基础科学研究

典型域上的多复变函数论与示性类及示嵌类[*]

  1949 年中华人民共和国成立后,中共中央和人民政府都非常重视数学研究事业的发展。1952 年 7 月,中国科学院数学研究所成立,将基础数学、应用数学、计算数学作为三大发展方向[①]。在基础数学方向,该所所长华罗庚与研究员吴文俊于 20 世纪 50 年代中前期分别在典型域上多复变函数论、示性类及示嵌类研究方面取得具有国际先进水平的成果。这两项成果在 1949—1976 年中华人民共和国的科技成果中具有代表性。

一、华罗庚与典型域上多复变函数论的研究

  华罗庚(1910—1985),出生于江苏省金坛县(现为常州市金坛区),是中国享誉世界的杰出数学家。1931 年仅有初中学历的华罗庚经清华大学数学系主任熊庆来推荐,入该系任助理员,后相继晋升为助教、教员[②]。1936 年赴英国剑桥大学进修,开始在国际数学界崭露头角。抗日战争全面爆发后,华罗庚于 1938 年返国,任国立西南联合大学、国立清华大学教授[③]。1942 年,以书稿《堆垒素数论》获国民政府教育部学术审议委员会评定的 1941 年度国家学术奖励金一等奖[④],从此在国内声名鹊起,成为国立西南联合大学的著名教授[⑤]。1946 年被派往美国考察,应邀访问普林斯顿高等研究院,1948 年应伊利诺伊大学之聘任教授。1950 年返国任教于清华大学数学系[⑥]。1951 年 1 月 26 日,中央人民政府政务院第 69 次政务会议通过批准任命华罗庚为中国科学院数学研究所所长[⑦]。

  华罗庚的研究领域广泛,其成就遍及数论、代数、几何、复分析,以及应用数学等领域。在复分析领域,他主攻多复变函数论,是中国多复变函数论研究的创始人[⑧]。

  多复变函数论创立于 19 世纪末至 20 世纪初,是数学中研究多个复变量的全纯函数的性质和结构的分支学科[⑨]。1935 年,法国数学家嘉当(Élie Joseph Cartan)发表论文,

---

[*] 作者:郭金海。
[①] 数学所成立后发展方向的意见. 北京:中国科学院档案馆, Z370-8.
[②] 中央研究院派华罗庚赴苏联研究的函件(内有华罗庚履历及著作英文目录). 南京:中国第二历史档案馆, 全宗号 393(2), 案卷号 142.
[③] 中央研究院派华罗庚赴苏联研究的函件(内有华罗庚履历及著作英文目录). 南京:中国第二历史档案馆, 全宗号 393(2), 案卷号 142.
[④] 灌群. 教育部举办民国三十年度著作发明及美术奖励经过述要. 高等教育季刊, 1942, 2(2):103-108.
[⑤] 徐利治口述,袁向东,郭金海访问整理. 徐利治访谈录. 长沙:湖南教育出版社, 2017:202-207.
[⑥] 王元. 华罗庚. 修订版. 南昌:江西教育出版社, 1999:153-180.
[⑦] 关于政务院任命华罗庚为中科院数学所所长的批示. 北京:中国科学院档案馆, 1951-02-034.
[⑧] 陆启铿,殷慰萍. 多复变在中国的研究与发展. 北京:科学出版社, 2009:i.
[⑨] 中国大百科全书总编辑委员会《数学》编辑委员会. 中国大百科全书·数学卷. 北京:中国大百科全书出版社, 1988:145.

证明了多复变函数论中有界齐性域的对称域在解析等价意义下只有 6 种。其中，4 种为既约对称域，2 种为 2 个复维数，分别是 16 和 27 的例外域。[1]1943 年，德国数学家西格尔（Carl Ludwig Siegel）发表论文《辛几何》（"Symplectic Geometry"），对其中一种于其他数学分支应用最重要的既约对称域，用矩阵方法进行了研究[2]。华罗庚分别通过嘉当的学生陈省身、德国数学家外尔（Claude Hugo Hermann Weyl），得到嘉当和西格尔的上述论文[3]。1944 年，时在国立西南联合大学的华罗庚发表了第一篇多复变函数论论文《一个矩阵变量的自守函数论 I ——几何基础》（"On the Theory of Automorphic Functions of a Matrix Variable I —Geometrical Basis"）[4]，揭开了中国现代数学史上崭新的一章。该文及其 1946 年发表的著名论文《多变数富克斯函数论》（"On the Theory of Fuchsian Functions of Several Variables"）涉及这 4 种既约对称域，并给出了西格尔研究的这类既约对称域之外的其他 3 种运动群的矩阵表示[5]。

1946 年赴美后，华罗庚继续研究多复变函数论。1950 年 3 月他回到中国，1951 年 1 月出任中国科学院数学研究所所长[6]。1949—1955 年，即其返国前 1 年至其返国后 5 年，华罗庚将相当多的精力投入到研究多复变函数论中。研究内容主要是典型域上的解析函数论和调和函数论。"典型域"就是嘉当提出的 4 种既约对称域，由华罗庚从美国返国后仿典型群的名称命名。这 4 种域在具体研究"多变数函数论"时，有其特殊重要意义，是华罗庚为之命名的原因。[7]

华罗庚用其常用的矩阵几何语言，将这 4 种域分别做了说明：①矩阵的双曲空间，维数为 mn；②对称方阵的双曲空间，维数为 $\frac{1}{2}n(n+1)$；③斜对称方阵的双曲空间，维数为 $\frac{1}{2}n(n-1)$；④Lie 超球双曲空间，维数为 n。[8]华罗庚的这项研究工作的主要成果是 7 篇论文。其中，6 篇发表于国内顶尖数学期刊《数学学报》上，1 篇在中国科学院学部成立大会上做报告，如表 1 所示。

[1] Cartan E. Sur les domaines bornés homogènes de l'espace den variables complexes. Abhandlungen aus dem Mathematischen Seminar der Universität Hamburg，1935，（11）：116-162.
[2] Siegel C L. Symplectic Geometry. American Journal of Mathematics，1943，65（1）：1-86.
[3] Hua L-K. On the theory of automorphic functions of a matrix variable I —Geometrical basis. American Journal of Mathematics，1944，66（3）：470-488.
[4] Hua L-K. On the theory of automorphic functions of a matrix variable I —Geometrical basis. American Journal of Mathematics，1944，66（3）：470-488.
[5] Hua L-K. On the theory of automorphic functions of a matrix variable I —Geometrical basis. American Journal of Mathematics，1944，66（3）：470-488；Hua L-K. On the theory of fuchsian functions of several variables. Annals of mathematics，1946，47（2）：167-191.
[6] 关于政务院任命华罗庚为中科院数学所所长的批示. 数学所、物理所、应用物理所、紫金山天文台助研（技佐、组长）以上人员任用的文书. 北京：中国科学院档案馆，1951-02-034.
[7] 华罗庚. 多变数函数论中的典型域的调和分析. 北京：科学出版社，1965：2；陆启铿. 华罗庚在多复变函数论方面的工作与思想及其对数学与物理的影响//丘成桐，杨乐，季理真. 传奇数学家华罗庚：纪念华罗庚诞辰 100 周年. 北京：高等教育出版社，2010：52.
[8] 华罗庚. 多个复变数函数论 III ——对称方阵及斜对称方阵双曲空间的完整正交系. 数学学报，1955，5（2）：205.

表1　1952—1955 年华罗庚典型域上多复变函数论论文一览表

序号	题目	发表信息
1	多个复变数函数论 I.——矩阵的双曲空间中的一完整正交函数系	《数学学报》1952 年第 2 卷第 4 期，第 288—323 页
2	多复变数非欧空间中黎曼曲率的估值问题	《数学学报》1954 年第 4 卷第 2 期，第 143—170 页
3	常曲率的多复变数域	《数学学报》1954 年第 4 卷第 3 期，第 317—322 页
4	多个复变数函数论 II——超球双曲空间中的一完整正交函数系	《数学学报》1955 年第 5 卷第 1 期，第 1—25 页
5	多个复变数函数论 III——对称方阵及斜对称方阵双曲空间的完整正交系	《数学学报》1955 年第 5 卷第 2 期，第 205—242 页
6	一个关于行列式的不等式	《数学学报》1955 年第 5 卷第 4 期，第 463—470 页
7	多复变数函数论中的典型域的调和分析	中国科学院学部成立大会学术报告（1955 年）

资料来源：表1发表信息栏所列期刊；华罗庚获数学一等奖材料（一）. 北京：中国科学院档案馆，1956-02-049.

当时多复变函数论虽然已发展成一个独立的数学分支，但国际数学界对很多问题还不能深入研究。主要原因之一是缺少典型域上解析函数族的完整正交函数系这一系统。波兰数学家伯格曼（S. Bergmann）曾证明矩阵双曲空间上的解析函数族有一完整正交函数系的存在性，但由于其方法并不能具体地得出一个这样的正交系。[1]华罗庚通过表1序号 1、4、5、7 的论文，具体地定出了 4 种典型域上解析函数族的完整正交函数系，并取得其他一些相关的重要成果。在序号 1 的论文中，华罗庚聚焦于 m 行 n 列矩阵双曲空间这类典型域，用群表示论具体地给出了这类典型域的解析函数族 B^2 的完整正交函数系。他先证明了在 $m=n$ 的情况下，一般线性群的所有整不可约的表示的元素构成在该典型域绝对值平方可积的解析函数族的正交系。在此基础上，他研究了在 $m \leqslant n$ 的情况下，这类典型域的解析函数族的正交系，并证明了正交系的完整性。在该文中，为了计算矩阵积分，他引进了矩阵极坐标。通过巧妙的矩阵积分计算，他得出了这类典型域的核函数和柯西公式。

在序号 4 的论文中，华罗庚定出了超球双曲空间这类典型域的完整正交函数系，并算出了这类典型域的柯西公式。他证明了圆型可递域的核函数等于非欧容积密率与欧几里得容积之比，得出欧几里得容积的具体常数值。在方法上，除用到群表示论外，他还用到不变量论中的结果和若干与球面调和有关的技巧。在序号 5 的论文中，华罗庚定出了对称方阵的双曲空间和斜对称方阵的双曲空间这两种典型域的完整正交函数系，求出了对称方阵双曲空间的柯西公式。他通过创立对称酉方阵上的调和分析，解决了求这两个典型域的完整正交函数系需要运用群表示论的一些新性质的问题。同时，他通过建立两个代数恒等式，巧妙地解决了把 n 行列的线性群的不可约表示的表示分解为不可约表示的问题。他研究了斜对称方阵的调和分析，具体地给出了斜对称方阵双曲空间特征流形的容积元素。

序号 7 的成果是华罗庚的名著《多复变数函数论中的典型域的调和分析》的初稿。1955 年 6 月，他在中国科学院学部成立大会上宣读了该初稿[2]。该初稿形式为论文，后

---

① 华罗庚. 多个复变数函数论—— I. 矩阵的双曲空间中的一完整正交函数系. 数学学报，1952，2（4）：288-289.
② 华罗庚. 多复变数函数论中的典型域的调和分析. 北京：科学出版社，1958：ii.

来形成专著，于 1958 年由科学出版社出版。这部专著在介绍典型域的基本知识和所用工具等的基础上，探讨了典型域的若干一般性的定理及其应用，研究了 4 种典型域的调和分析，具体定出了 4 种典型域的完整正交系、核函数，以及柯西核等。[①]笔者未见上述初稿原文，但从其 1958 年作为专著出版后的内容判断，该初稿是华罗庚对 1949 年以来关于典型域上多复变函数论研究成果的总结和补充。

此外，在序号 2 的论文中，华罗庚以较弱的条件和较基本的方法证明了由一解析函数列所定义的度量酉曲率 ≤ 2。在序号 3 的论文中，他证明了一个复 n 维欧氏空间中的一个有界域，如不能 L^2 扩展且酉曲率为常数，必存在一解析同胚变换将其变成复 n 维单位球。这些工作表明华罗庚是国际上复几何领域的先驱者之一。

在序号 6 的论文中，华罗庚对多复变函数论中如下行列式的不等式进行了代数证明，并将其更精密化了：若 $I - Z\bar{Z}' > 0$ 和 $I - W\bar{W}' > 0$ ，则 $d(I - Z\bar{Z}')d(I - W\bar{W}') \leq \left| d(I - Z\bar{W}') \right|^2$。其中，$d(Z)$ 表示方阵 Z 的行列式。

总之，华罗庚在上述论文中主要运用群表示论，并运用矩阵计算等技巧，具体而独创性地得出了典型域上多复变函数论的一些最基本的和深刻的结果。这使他在建立典型域上多复变函数论基本理论方面取得了突破，为人们进一步研究典型域上多复变函数论开辟了道路。

在上述论文和先前相关研究基础上，华罗庚撰成专著《多复变数函数论中的典型域的调和分析》于 1958 年由科学出版社出版[②]。1959 年和 1963 年，该书俄文版和英文版相继出版[③]。此后，他的多复变函数论的研究工作在国际上得到了高度评价。1997 年 6 月，著名数学家丘成桐在清华大学高等研究中心开幕式上的讲话中指出：中国近代数学能超越西方或与之并驾齐驱的主要有三项工作，华罗庚在多复变函数论方面的工作是其中之一。华罗庚在这方面的贡献比西方至少早了 10 年。[④]

二、吴文俊与示性类及示嵌类研究

吴文俊（1919—2017），上海人，是中国享有崇高声誉的杰出数学家。他 1940 年毕业于国立交通大学数学系，1946 年入中央研究院数学研究所筹备处任助理员[⑤]。随后跟随陈省身学习拓扑学，这对他产生了重要影响。[⑥]1947 年吴文俊赴法国留学，专攻拓扑学，1949 年在法国斯特拉斯堡大学获法国国家博士学位，后在法国国家科学研究中心工作。1951 年回国，任北京大学数学系教授。1952 年全国高等学校院系调整后，至中国科

① 华罗庚. 多复变数函数论中的典型域的调和分析. 北京：科学出版社，1958.
② 华罗庚. 多复变数函数论中的典型域的调和分析. 北京：科学出版社，1958.
③ Хуа Ло-кен. Гармонический Анализ Функций Многих Комплексных Переменных в Классических Областях. М. А. Евграфова（Перевод）. Москва：Иностнной Литературы，1959；Hua L-K. Harmonic Analysis of Functions of Several Complex Variables in the Classical Domains. Ebner L，Korányi A（trans.）. Providence：American Mathematical Society，1963.
④ 丘成桐，潘建中. 数学及其在中国的发展. 数学译林，1999，18（3）：199.
⑤ 1947 年 7 月，中央研究院数学研究所正式成立。
⑥ 吴文俊口述，邓若鸿，吴天骄访问整理. 走自己的路——吴文俊口述自传. 长沙：湖南教育出版社，2015：49-59.

学院数学研究所任研究员。[①]1979 年到在中国科学院数学研究所有关研究室和研究组基础上分建的中国科学院系统科学研究所工作[②]。

示性类是一种基本的拓扑不变量，也是刻画流形和纤维丛的基本不变量。它由瑞士施蒂费尔（E. Stiefel）和美国惠特尼（H. Whitney）先后从不同途径引入，由此开创了示性类理论。吴文俊在中央研究院数学研究所和在法国留学做博士学位论文时，已对示性类进行了较为深入的研究。[③]从法国回国后，他主要进行关于苏联数学家庞特里亚金（Лев Семёнович Понтрягин，1908—1988）示性类及示嵌类的研究。关于这项研究，1952—1955 年他于《数学学报》上发表 9 篇论文，如表 2 所示。

表 2　1952—1955 年吴文俊示性类及示嵌类论文一览表

序号	论文题目	发表信息
1	"格拉斯曼"流形中的平方运算	《数学学报》1952 年第 2 卷第 4 期，第 203—230 页
2	有限可剖分空间的新拓扑不变量	《数学学报》1953 年第 3 卷第 4 期，第 261—290 页
3	论 Понтрягин 示性类 I.	《数学学报》1953 年第 3 卷第 4 期，第 291—315 页
4	论 Понтрягин 示性类，II	《数学学报》1954 年第 4 卷第 2 期，第 171—199 页
5	论 Понтрягин 示性类，III	《数学学报》1954 年第 4 卷第 3 期，第 323—346 页
6	一个 H. Hopf 推测的证明	《数学学报》1954 年第 4 卷第 4 期，第 491—500 页
7	论 Понтрягин 示性类（IV）	《数学学报》1955 年第 5 卷第 1 期，第 37—63 页
8	论 Понтрягин 示性类 V	《数学学报》1955 年第 5 卷第 3 期，第 401—410 页
9	复合形在欧氏空间中的实现问题 I	《数学学报》1955 年第 5 卷第 4 期，第 505—552 页

资料来源：表 2 发表信息栏所列期刊；吴文俊获数学一等奖材料. 北京：中国科学院档案馆，1956-02-052.

在表 2 序号 1、3、4、5、7、8 的论文中，吴文俊对庞特里亚金示性类进行了一系列的研究。他提供了这种示性类的本质的定义，用不同方法和计算证明了法 12 的庞特里亚金示性类是拓扑性质，从而解决了拓扑学纤维丛理论中这类庞特里亚金示性类 $P^{4k}(\mathfrak{V})$ 是否为流形的拓扑性质的问题。对于格拉斯曼流形 $G_{n,m}$ 和复格拉斯曼流形 $G_{n,m}$ 的同调性质，他做了深入的研究，包括 $G_{n,m}$ 中的斯廷洛德（Steenrod）平方运算，$G_{n,m}$ 中的斯廷洛德幂运算和 $G_{n,m}$ 中的庞特里亚金平方运算。对于 $G_{n,m}$ 上的主球丛和 $G_{n,m}$ 上的主复球丛，他研究了映像柱的同调性质和斯廷洛德运算间的关系。他用流形的同调构造来给出一个显豁公式，进而把这种示性类推广到任一闭流形。他在序号 6 的论文中证明了霍普夫（H. Hopf）的推测：有限复合形 K 上以二维球面为纤维的定向纤维丛有第二阻碍类时定义的丛不变量 $\Delta^4(\mathfrak{S}) \epsilon H^4(K)$，与 4 维庞特里亚金示性类有关，他还更明确地证明了 $\Delta^4(\mathfrak{S}) = -P^4(\mathfrak{S})$。

在表 2 序号 9 的论文是吴文俊关于示嵌类研究的成果。在该文中，他定义了复合形

---

① 致联络局关于呈送吴文俊教授自传及访问波兰的简单讲学计划的函. 吴文俊参加德数学家年会及中科院推荐竺可桢、钱崇澍为罗马尼亚科学院荣誉院士等有关文件. 北京：中国科学院档案馆，1959-04-053.

② 吴文俊口述，邓若鸿，吴天骄访问整理. 走自己的路——吴文俊口述自传. 长沙：湖南教育出版社，2015：274；李文林，王慧娟. 中国科学院数学与系统科学研究院. 王扬宗，曹效业. 中国科学院院属单位简史. 第 1 卷. 上册. 北京：科学出版社，2010：86-87.

③ 吴文俊口述，邓若鸿，吴天骄访问整理. 走自己的路——吴文俊口述自传. 长沙：湖南教育出版社，2015：101.

嵌入欧氏空间的示嵌类，证明了这些示嵌类是拓扑不变量，而非同伦不变量。示嵌类为 0 是复合形能在 m 维欧氏空间中实现的一个必要条件。对于某些特殊的复合形，他证明了它也是充分条件。此外，他在表 2 序号 2 的论文中，用一种新方法，经空间或空间组的同伦不变量求得空间的拓扑的而非同伦的新不变量。他的这种新不变量比古典的贝蒂数（Betti number）更为深入。

三、国内数学界的评价与中国科学院科学奖金评奖折桂

1955 年华罗庚和吴文俊在分别进行上述研究之际，中国科学院在全国学习苏联的热潮下主要受苏联学术奖励制度和培养科学干部经验的影响，建立学术奖励制度，并决定颁发第一次科学奖金。科学奖金的推荐工作从 1955 年 10 月 1 日起，至 1956 年 3 月 1 日止，共收到请奖著作 539 件（其中自然科学方面 419 件、人文社会科学方面 120 件[①]）[②]。华罗庚以 16 篇论文（表 1 中的 7 篇论文和数论、代数方面的 9 篇论文），吴文俊以表 2 中的 9 篇论文，由中国科学院数学研究所推荐参加了评奖[③]。

中国科学院数学研究所在推荐前，请所里的两位年轻研究人员龚升、陆启铿对华罗庚的请奖论文做了学术鉴定。1956 年 2 月 11 日，他们完成学术鉴定，高度评价了华罗庚多复变函数论的工作。他们指出："华罗庚教授近年来应用了群表示论，具体地定出典型域的完整正交函数系。在多复变函数论中应用群表示论来进行研究，这是一个创举，是具有广泛的发展前途的。"而且他们说明："由于华罗庚所长在解放后在多复变函数论方面进行了系统的独创性的工作，而所用的方法是前所未有的，在多复变函数论中开辟了新的方向，这些工作已日益在多复变函数论中发生广泛而深刻的影响。"因此，他们推荐华罗庚为中国科学院科学奖金获得者，认为应该获得一等奖。[④]龚升、陆启铿在该所由华罗庚指导从事多复变函数论等的研究，属于华罗庚的学生[⑤]。现在看来，他们的评价是内行的，经得起时间的考验，并不因他们是华罗庚的学生而缺乏公正性。

在此前后，中国科学院数学研究所也请中国科学院物理学数学化学部[⑥]委员、北京大学数学力学系教授江泽涵对吴文俊的请奖论文做了学术鉴定。1956 年 2 月 3 日，江泽涵完成学术鉴定。在鉴定中，他将吴文俊在《数学学报》上发表的论文分为三个方面：①关于苏联数学家庞特里亚金的示性类的一系列研究；②有限可剖分空间的新拓扑不变量；③复合形在欧氏空间中的实现问题。对每个方面，江泽涵都说明了吴文俊的主要结

① 后来人文社会科学方面著作的评奖因故中止。
② 关于颁发第一次中科院科学奖金的决定. 中科院第四十一次至四十四次院务常务会议通知及其材料. 北京：中国科学院档案馆，1955-02-011；关于送科学奖金有关文件的函（附科学奖金评审工作报告、中科院科学奖委员会委员名单及 1956 年度科学奖金评审经过说明）. 中科院颁发一九五六年度科学奖金自然科学部分通告和评审经过说明. 北京：中国科学院档案馆，1956-02-043.
③ 华罗庚获数学一等奖材料（一）. 北京：中国科学院档案馆，1956-02-049；吴文俊获数学一等奖材料. 北京：中国科学院档案馆，1956-02-052.
④ 华罗庚获数学一等奖材料（一）. 北京：中国科学院档案馆，1956-02-049.
⑤ 周发勤. 陆启铿//中国科学技术协会. 中国科学技术专家传略·理学编·数学卷 2. 北京：中国科学技术出版社，2005：213-216；余其煌，郑学安. 龚升//中国科学技术协会. 中国科学技术专家传略·理学编·数学卷 2. 北京：中国科学技术出版社，2005：333-334.
⑥ 1956 年 7 月 28 日，中国科学院物理学数学化学部更名为数学物理学化学部。

果或成就。从总体上，他认为：

> 吴先生在这三方面的结果在拓扑学中都是有基本重要性的。①中所说的示性类的拓扑不变性是 Понтрягин 所没有解决的问题。对于实现问题，波兰的著名拓扑学家 Kuratowski 只解决了一个最特别的情形，即一维复合形在平面中的实现问题。这两个问题都是人所周知的（指熟悉拓扑学情况的人）问题，而吴先生有了关于它们的最好的工作。①

这是很高的评价。其中提到的 Kuratowski 为库拉托夫斯基。江泽涵的鉴定意见对中国科学院数学研究所产生了不小的影响。该所推荐吴文俊的论文时，明确指出"同意鉴定人意见。我们认为应获得一等奖金"②。

评奖过程是先由中国科学院各学部评选，再相继由科学奖金委员会和院务会议审议。各学部的评选是基本环节，集中于 1956 年 9—11 月，均采用同行专家"三审定案"制。"三审定案"制就是各学部先根据请奖著作的性质，聘请学部委员和有关专家初审；再由学部常务委员会邀请有关专家集会讨论，进行复审和试选；最后，学部常务委员会扩大会议对准备推荐获奖著作在学术上的成就或对国民经济的意义做出评价和书面评审意见，并进行无记名投票，以决定得奖著作及其等次③。

在学部评选环节，华罗庚、吴文俊的论文由中国科学院物理学数学化学部负责审查。中国科学院学部委员、武汉大学数学系教授李国平，北京大学数学力学系教授程民德应邀，对华罗庚的论文进行了初审。李国平专门研究函数论，审查的是多复变函数论论文。1956 年 9 月 28 日，他完成审查工作，认为这些论文都是该领域中"最前线的工作"。当时苏联数学界对华罗庚该领域工作已有好评。对此，李国平完全认同，并指出"华罗庚同志这些著作照明了多复变函数论发展的前途"④。程民德对华罗庚全部请奖论文进行了审查。在总体上，他认为：

> 作者在多复变函数方面的工作，是有效地运用了代数的工具，得到了一系列的结果。这方面的工作是有意义，而且有一定前途的。但在目前的阶段，作者在这方面的工作还不能与作者在数论方面的贡献相提并论。一方面是由于多复变函数的理论本身还处于初级阶段，不可能像数论方面的问题那样深入，处理问题的方法与工具也不可能像数论方面那样齐备与强有力。另一方面，作者目前的工作还更多偏于矩阵几何方面，对多复变数函数的本质问题还涉及不多，有待于进一步的发展。⑤

其评价既有对华罗庚多复变函数论工作的肯定，亦指出不足。

北京大学数学力学系教授廖山涛、南京大学数学系教授施祥林应邀对吴文俊的论文

① 吴文俊获数学一等奖材料. 北京：中国科学院档案馆，1956-02-052.
② 吴文俊获数学一等奖材料. 北京：中国科学院档案馆，1956-02-052.
③ 关于送科学奖金有关文件的函（附科学奖金评审工作报告、中科院科学奖委员会委员名单及 1956 年度科学奖金评审经过说明）. 中科院颁发一九五六年度科学奖金自然科学部分通告和评审经过说明. 北京：中国科学院档案馆，1956-02-043.
④ 华罗庚获数学一等奖材料（二）. 北京：中国科学院档案馆，1956-02-050.
⑤ 华罗庚获数学一等奖材料（二）. 北京：中国科学院档案馆，1956-02-050.

进行了初审。这两位都是有留学美国背景的拓扑学家。廖山涛 20 世纪 50 年代初留学芝加哥大学，是陈省身指导的博士[1]，与吴文俊是同辈人，且都是陈省身在中央研究院数学研究所的学生[2]。施祥林留学哈佛大学，1941 年获博士学位[3]，在我国拓扑学家中资格较老。1956 年 9 月 26 日，廖山涛完成审查工作。从其审查意见看，吴文俊的《论 Понтрягин 示性类 V》一文未交其审查。廖山涛在审查意见中对其余 8 篇论文内容逐篇做了说明，并对部分结果给予评价。最后，他给出总结意见：

> 吴文俊先生之关于示性类之研究工作在拓扑学及微分几何学中具有良好之意义甚为显然。其关于格拉斯曼流形之运用根源于球丛之嵌入理论。其特有的关于这类流形的知识，在早数年前与法国拓扑学者如 R. Thom 等人的研究工作有互相补益之处；于 F. Hirzebruch 之若干关于微分流形及有复构造之流形之研究工作中，亦可见到吴之工作主动地产生若干影响。若干关于 Понтрягин 示性类之工作为不久前所成。关于吴之示嵌类之工作，已在前面介绍。[4]

可见，廖山涛对吴文俊的论文亦给予了高度的肯定。审查意见中提到的 R. Thom 和 F. Hirzebruch 分别是法国和德国杰出的数学家，他们都在拓扑学领域取得了非凡的成就。其中，R. Thom 是吴文俊在法国斯特拉斯堡大学留学时的好朋友。当时吴文俊经常跟他讨论，受他影响很大[5]。

施祥林于 1956 年 9 月 7 日完成审查工作，对吴文俊的论文评价甚高。他先概括了吴文俊研究庞特里亚金示性类的系列论文的结果并做出总体评价，认为"这些论文具有极大的科学价值"。他进而相继说明《有限可剖分空间的新拓扑不变量》《复合形在欧氏空间中的实现问题 I》的结果，指出前者中"不变量的获得在拓扑学上有重要意义"；对于后者，他认为"由于实现问题在拓扑学有相当重要性，而著者所得的结果，应用于某些特殊场合，可解决其它方法所不能解决的实现问题，因而是十分重要的"。在总体上，他认为"吴文俊先生的这些论文在数学上作出了重要贡献，有极大的科学意义"[6]。

1956 年 10 月 15—19 日，数学物理学化学部召开常务委员会扩大会议，对 27 件拟向科学奖金委员会推荐的给奖著作进行正式复审。会议以无记名投票方式，以必须获得出席会议投票者 2/3 以上票数为推荐获奖的原则，经该学部 27 位委员投票，向科学奖金委员会推荐 12 件著作。华罗庚与吴文俊的著作及其论文都以高票被推荐为一等奖。华罗庚的得票是 等奖 19 票、二等奖 8 票、三等奖 0 票。吴文俊的得票是一等奖 21 票、二等奖 6 票、三等奖 0 票。[7]

① 丁同仁. 廖山涛//《科学家传记大辞典》编辑组. 中国现代科学家传记. 第 2 集. 北京：科学出版社，1991：112.
② 吴文俊口述，邓若鸿，吴天骄访问整理. 走自己的路——吴文俊口述自传. 长沙：湖南教育出版社，2015：122.
③ 陆文钊. 施祥林//程民德. 中国现代数学家传. 第 4 卷. 南京：江苏教育出版社，1999：125.
④ 吴文俊获数学一等奖材料. 北京：中国科学院档案馆，1956-02-052.
⑤ 吴文俊口述，邓若鸿，吴天骄访问整理. 走自己的路——吴文俊口述自传. 长沙：湖南教育出版社，2015：95-96.
⑥ 吴文俊获数学一等奖材料. 北京：中国科学院档案馆，1956-02-052.
⑦ 关于寄送数学物理学化学部 1956 年 10 月 15 日扩大常委会纪要等事的函（附工作简报、会议纪要、投票评选结果及对推荐著作的意见和评定意见）. 奖金评选工作简报及各所对科学奖金的分配意见. 北京：中国科学院档案馆，1956-02-080.

投票前，部分委员对拟推荐吴文俊和华罗庚的著作获一等奖不无异议。当时华罗庚参评论文为 16 篇，有学部委员估计综合起来衡量应比吴文俊高，但个别衡量应比吴文俊低，或甚至是"三个二等"。后探明华罗庚的工作主要在多元复变函数方面，而他的论文 1950 年后发表，推动了国际上这方面研究的开展。在最后的大会上，该学部其他组一再要求说明吴文俊、华罗庚论文的具体学术内容，并要明确数学组内部意见的一致趋向，才投票同意二者的工作为一等奖。[①]

最终，经中国科学院科学奖金委员会和院务会议相继审议，华罗庚以关于"典型域上的多元复变数函数论"的 7 篇论文和吴文俊以关于"示性类及示嵌类的研究"的 8 篇论文[②]，顺利获得 1956 年度中国科学院科学奖金一等奖。关于华罗庚论文的评审意见，认为"作者的工作完整地获得了典型域上多复变数函数论的基本公式。此外作者工作中的定积分的求积、级数的求和、代数恒等式的求证都可以表现出作者的运算技巧。作者的这一工作会影响多变数调和函数论及偏微分方程组的理论的发展"[③]。关于吴文俊论文的评审意见，指出"作者的 Понтрягин 示性类的研究工作是拓扑学中纤维丛理论及微分流形的几何学的一个基本性的工作，有深刻的意义，在促进拓扑学中纤维丛理论及微分流形的几何学发展上已发生了良好的影响。他的示嵌类的研究工作已有了值得称道的开始"[④]。1957 年 1 月 24 日，中国科学院正式公布评奖结果和评审经过说明[⑤]。5 月 30 日下午，中国科学院于第二次学部委员大会闭幕式举行 1956 年度科学奖金授奖仪式[⑥]，由院长郭沫若亲自为华罗庚、吴文俊[⑦]和另一位一等奖获得者钱学森授奖。

四、结语

20 世纪 50 年代，华罗庚关于典型域上多复变函数论、吴文俊关于示性类及示嵌类的研究成果，在国际上分别是多复分析和拓扑学研究领域的突破性工作。它们代表了当时中国在数学研究领域的最高水平，得到国内外数学界的好评，并具有广泛、深入、持久的国际影响，比如华罗庚的工作对周向宇 1997 年解决扩充未来光管猜想起到关键作用。中国科学院 1956 年度科学奖金是中华人民共和国首次颁发的国家级学术奖励[⑧]，其评奖严格、民主，为学界所看重。他们以这两项研究成果在这次科学奖金评奖中折桂，进一步强化或大幅度提高了他们的学术声誉，奠定了他们在当代中国数学史上的重要地

---

① 关于寄送数学物理学化学部 1956 年 10 月 15 日扩大常委会纪要等事的函（附工作简报、会议纪要、投票评选结果及对推荐著作的意见和评定意见）. 奖金评选工作简报及各所对科学奖金的分配意见. 北京：中国科学院档案馆，1956-02-080.

② 《论 Понтрягин 示性类 V》最终未被纳入请奖论文。

③ 中国科学院 1956 年度科学奖金（自然科学部分）得奖科学研究论著评审意见. 科学通报，1957，（3）：69.

④ 中国科学院 1956 年度科学奖金（自然科学部分）得奖科学研究论著评审意见. 科学通报，1957，（3）：69-70.

⑤ 中国科学院颁发 1956 年度科学奖金（自然科学部分）通告. 科学通报，1957，（3）：65-68.

⑥ 科学院学部大会昨日闭幕. 光明日报，1957-05-31：1；一九五七年大事记//中国科学院办公厅. 中国科学院年报，1957：456.

⑦ 吴文俊口述，邓若鸿，吴天骄访问整理. 走自己的路——吴文俊口述自传. 长沙：湖南教育出版社，2015：134.

⑧ 这一奖项后来被追认为首届国家自然科学奖。

位。这次科学奖金评奖结果正式公布之际，新中国正处于"向科学进军"的大潮之中①，全国青年学子对科学竞相追求。在这样的背景下，他们这两项研究成果的取得与获奖不仅对他们自己继续深入从事数学研究工作具有激励作用，而且对争取广大科学家以更大的注意力来解决重大的科学技术问题、激励广大青年学子立志学习研究数学与科学亦具有重大意义。

---

① "向科学进军"由周恩来于 1956 年 1 月 14 日在中共中央召开的关于知识分子问题会议上的报告中提出。参见：周恩来. 关于知识分子问题的报告//中共中央文献研究室. 建国以来重要文献选编. 第 8 册. 北京：中央文献出版社，2011：33-35.

哥德巴赫猜想*

  哥德巴赫猜想是解析数论的中心问题之一，由德国数学家哥德巴赫（Christian Goldbach）于 1742 年在和瑞士数学家欧拉（Leonhard Euler）的通信中提出[①]。尽管此后哥德巴赫猜想引起了不少数学家的关注和兴趣，但至 20 世纪 20 年代才有了一些好的结果。20 世纪 50 年代中期之后，我国数学家王元、潘承洞相继对哥德巴赫猜想的研究取得了突破性的进展。1966 年，陈景润对哥德巴赫猜想做出了更卓越的贡献。1973 年，陈景润发表标志对哥德巴赫猜想的研究达到更高水平的论文，获得国际数学界的高度评价。

一、国际数学背景

  哥德巴赫猜想是关于正整数和素数之间关系的两个推测，其表述如下：（A）每一个不小于 6 的偶数都是 2 个奇素数之和；（B）每一个不小于 9 的奇数都是 3 个奇素数之和。猜想（A）被称为关于偶数的哥德巴赫猜想；猜想（B）被称为关于奇数的哥德巴赫猜想。证明（A）的正确性即可推出（B）亦是正确的[②]。

  至 19 世纪末，苏联许多数学家对哥德巴赫猜想进行了研究，但大都是对该猜想进行数值的验证，提出一些简单的关系或一些新的推测，并未得到任何实质性的结果和提出有效的研究方法。1900 年，德国数学家希尔伯特（David Hilbert）在巴黎召开的第二届国际数学家大会上提出 23 个他认为最重要的没有解决的数学问题，作为数学研究的主要方向。哥德巴赫猜想是其提出的第 8 个问题的一部分，然而此后 20 年关于哥德巴赫猜想的研究并未取得显著的进展。1921 年，英国数学家哈代（Godfrey Harold Hardy）在哥本哈根数学会作的一次演讲中认为哥德巴赫猜想是没有解决的数学问题中的最困难的一个。[③]

  不过，由于圆法和筛法的发现，在哈代演讲后，关于哥德巴赫猜想的研究有了一些好的结果。圆法起源于 1918 年哈代和印度数学家拉马努金（Srinivasa Ramanujan）发表的关于研究组合分析中的渐近公式的论文[④]。此后，哈代和李特尔伍德（J. E. Littlewood）在一系列论文中发展了堆垒素数论中新的分析方法——圆法。1923—1924 年，他们相继发表两篇论文专门讨论哥德巴赫猜想[⑤]。在 1923 年发表的论文中，他们证明了如果关于

---

* 作者：郭金海。

① 潘承洞，潘承彪. 哥德巴赫猜想. 北京：科学出版社，1981：1.

② 潘承洞，潘承彪. 哥德巴赫猜想. 北京：科学出版社，1981：1.

③ 潘承洞，潘承彪. 哥德巴赫猜想. 北京：科学出版社，1981：2-3.

④ Hardy G H，Ramanujan S. Asymptotic formulae in combinatory analysis. Proceedings of the London Mathematical Society，1918，17（1）：75-115.

⑤ Hardy G H，Littlewood J E. Some problems of "Partitio Numerorum"；Ⅲ：On the expression of a number as a sum of primes. Acta Mathematica，1923，44：1-70；Hardy G H，Littlewood J E. Some problems of "Partitio Numerorum"；Ⅴ：A further contribution to the study of Goldbach's problem. Proceedings of the London Mathematical Society，1924，22（2）：46-56.

ζ函数零点的广义黎曼猜想正确，那么每个充分大的奇数都可以表示成 3 个奇素数之和。[1]1937 年，苏联数学家维诺格拉多夫（И. М. Виноградов）利用哈代和李特尔伍德的圆法，以其独创的三角和估计方法无条件地证明了：存在常数 B_0，每个大于等于 B_0 的奇数皆可表示为 3 个奇素数之和[2]，从而基本证明了哥德巴赫猜想（B）。这个结果通常被称为哥德巴赫–维诺格拉多夫定理。[3]

筛法本是一种用来寻找素数的古老的方法，由希腊学者埃拉托色尼（Eratosthenes）创造。1920 年，挪威的布伦（Viggo Brun）对埃拉托色尼筛法做了具有理论价值的改进，并用于研究哥德巴赫猜想（A），且证明了每一个充分大的偶数可表为两个各不超过 9 个素数的乘积之和，即（9，9）。[4]由此，开辟了利用筛法研究哥德巴赫猜想（A）及其他许多数论问题的极为广阔且富有成果的新途径。[5]

利用布伦筛法，1924 年德国的拉代马海尔（Hans Rademacher）证明了（7，7）[6]；1932 年英国的艾斯特曼（Theodor Estermann）证明了（6，6），还证明了在广义黎曼猜想之下，每一个充分大的偶数可表为一个素数和一个不超过 6 个素数的乘积之和，记为（1，6）$_R$[7]；1937 年意大利的黎切（Giovanni Ricci）证明了（5，7）、（4，9）、（3，15）、（2，366）[8]；1938 年苏联的布赫夕塔布（А. А. Бухштаб）证明了（5，5）[9]；1939 年苏联的塔尔塔科夫斯基（В. А. Тартаковский）、1940 年布赫夕塔布证明了（4，4）[10]。1941 年，库恩（Pavel Kuhn）引进加权筛法[11]，后来证明了（a，b），$a+b\leqslant 6$[12]。

1947—1950 年，挪威裔美国数学家塞尔伯格（Atle Selberg）发表 3 篇论文对埃拉托

① Hardy G H，Littlewood J E. Some problems of "Partitio Numerorum"：Ⅲ：On the expression of a number as a sum of primes. Acta Mathematica，1923，44：1-70.
② 张明尧. 维诺格拉多夫//吴文俊. 世界著名数学家传记. 下集. 北京：科学出版社，1995：1446.
③ 潘承洞，潘承彪. 哥德巴赫猜想. 北京：科学出版社，1981：6-7.
④ 王元. 表大偶数为一个不超过三个素数的乘积及一个不超过四个素数的乘积之和. 数学学报，1956，6（3）：500；王元. 华罗庚. 修订版. 南昌：江西教育出版社，1999：209.
⑤ 潘承洞，潘承彪. 哥德巴赫猜想. 北京：科学出版社，1981：11-12.
⑥ Rademacher H. Beiträge zur Viggo Brunschen methode in der zahlentheorie. Abhandlungen aus dem Mathematischen Seminar der Universität Hamburg，1924，3：12-30.
⑦ Estermann T. Eine neue darstellung und neue anwendungen der Viggo Brunschen methode. Journal für die Reine und Angewandte Mathematik，1932，168：106-116.
⑧ Ricci G. Su la congettura di Goldbach e la costante di Schnirelmann（prima memoria）. Annali della Scuola Normale Superiore di Pisa Classe di Scienze，Série 2，1937，6（1）：71-90；Ricci G. Su la congettura di Goldbach e la costante di Schnirelmann（seconda memoria）. Annali della Scuola Normale Superiore di Pisa Classe di Scienze，Série，1937，6（2）：91-116.
⑨ Бухштаб А А. Новые улучшения в Методе Эратосфенова решета. Мат. сб.，1938，4：375-387.
⑩ Тартаковский В А. О некоторых суммахтипа Viggo Brun'а. ДАН СССР，1939，23：122-126；Бухштаб А А. О разложении четных чисел на суммудвух слагаемых с ограниченным числом простых множителей. ДАН СССР，1940，29：544-548.
⑪ Kuhn P. Zur Viggo Brun'schen Siebmethode. I. Norske Vid. Selsk. Forh.，Trondhjem，1941，14（39）：145-148.
⑫ Kuhn P. Neue Abschätzungen auf Grund der Viggo Brunschen Siebmethode. Tolfte Skandinaviska Matematiker-kongressen Lund，1953：160-168；Kuhn P. Über die Primteiler eines Polynoms. Proceedings of the Internat. Mathematical Congress，Amsterdam，1954，2：35-37.

色尼筛法做了重大改进[1]。他的筛法被称为塞尔伯格筛法。[2]1948 年，匈牙利的雷尼（A. Rényi）证明了 $N = a + b$，其中 N 为大偶数，a 的素因子个数为 1，b 的素因子个数不超过 K，K 为一绝对常数[3]；其证明结果记为（1，K）。1965 年，意大利的邦别里（Enrico Bombieri）又改进了筛法，给出著名的邦别里中值公式[4]。该公式可以用来证明（1，3）。与邦别里取得这项成果同年，布赫夕塔布得到了（1，3）的结果[5]。

二、王元的突破与潘承洞的推进

王元（1930—2021），出生于浙江省兰溪县，专长数论及其应用。1952 年，他毕业于浙江大学数学系，在陈建功和苏步青的推荐下，到中国科学院数学研究所工作[6]。1953 年冬，该所数论组成立，由所长华罗庚亲自领导两个讨论班，一个是"数论导引"讨论班，另一个是"哥德巴赫猜想"讨论班。这两个讨论班每周各进行一次讨论，一直坚持到 1956 年。[7]数论组成立后，王元即被分配到该组，在华罗庚的指导下研究解析数论，并参加这两个讨论班。

"哥德巴赫猜想"讨论班由一个人主讲，华罗庚等则不停地提问题，务必使每一点都完全弄清楚。华罗庚的这种打破砂锅问到底的做法，常常使主讲人讲不下去，长时间站在讲台上思考。这使讨论班进行得很慢，但参加者受益很大。[8]王元自不例外，而且他学习了讨论班上要求研读的夏皮罗（H. N. Shapiro）和瓦尔加（J. Warga）的论文后，对筛法产生了很大的兴趣。[9]

1954 年，波兰数学家库拉托夫斯基（K. Kuratowski）到北京访问，带给华罗庚一些波兰数学家的论文单印本。其中，有西尔宾斯基（W. Sierpinski）和辛哲尔（A. Schingel）关于函数论的论文。华罗庚与王元就这些论文交谈后发现，用布伦筛法可能得到更强的结果。当天晚上，王元就将布伦筛法用于欧拉函数，改进了他们的结果。此后，华罗庚要求王元想办法改进（4，4）。于是，王元就致力于筛法与哥德巴赫猜想的研究，认真钻研了布赫夕塔布的论文。[10]

在华罗庚的帮助下，王元在 1955 年将哥德巴赫猜想的研究结果改进为（3，4）[11]。

① Selberg A. On an elementary method in the theory of primes. Norske Vid. Selsk. Forh.，Trondhjem，1947，19：64-67；Selberg A. On elementary methods in prime number theory and their limitations. Den 11te Skandinaviske Matematikerkongress，Trondheim，1949：13-22；Selberg A. The general sieve-method and its place in prime number theory. Proceedings of the International Congress of Mathematicians，Cambridge，1950，1：286-292.

② 潘承洞，潘承彪. 哥德巴赫猜想. 北京：科学出版社，1981：12-13.

③ 潘承洞. 表偶数为素数及殆素数之和. 数学学报，1962，（1）：95.

④ Bombieri E. On the Large Sieve. Mathematika，1965，12：201-225.

⑤ Бухштаб А А. Новые результаты в нсследавании проблеммы гольдбаха-Эйлера и простых чисел близнецов. ДАН СССР，1965，162：735-738.

⑥ 李文林，袁向东. 王元//中国科学技术协会. 中国科学技术专家传略·理学编·数学卷 2. 北京：中国科学技术出版社，2005：345.

⑦ 王元. 华罗庚. 修订版. 南昌：江西教育出版社，1999：201.

⑧ 王元口述，李文林，杨静访问整理. 我的数学生活：王元访谈录. 北京：科学出版社，2020：39.

⑨ 王元. 华罗庚. 修订版. 南昌：江西教育出版社，1999：209.

⑩ 王元. 华罗庚. 修订版. 南昌：江西教育出版社，1999：210-211.

⑪ 王元. 华罗庚. 修订版. 南昌：江西教育出版社，1999：211.

1956 年，王元的这一研究成果《表大偶数为一个不超过三个素数的乘积及一个不超过四个素数的乘积之和》一文发表于《数学学报》上。在该文中，他结合塞尔伯格筛法和布伦筛法，证明了如下两个定理：（定理 1）每一充分大的偶数可表为一个不超过 3 个素数的乘积及一个不超过 4 个素数的乘积之和；（定理 2）存在无限多个整数 n，n 为不超过 3 个素数的乘积，而 $n+2$ 为不超过 4 个素数的乘积。[①]王元还用二维筛法[②]，证明在广义黎曼猜想之下，每一个充分大的偶数可表为一个素数与一个不超过 4 个素数的乘积之和，简记为（1，4）$_R$。这一成果亦于 1956 年发表在《数学学报》上。[③]这两篇论文的发表标志着中国学者首次在哥德巴赫猜想研究方面取得前沿突破性的进展。

1957 年，王元又在《科学记录》上发表论文《表大偶数为两个殆素数[④]之和》，将其 1955 年的结果（3，4）改进为（3，3）和（a，b），$a+b \leqslant 5$。他还进一步运用布赫夕塔布的方法和较为复杂的数值计算，证明了（2，3）。[⑤]这又将哥德巴赫猜想的研究结果推进一步。

在该文中，王元是通过引入 3 个引理，证明如下基本定理，得出（2，3）的结果的：命 $\lambda(z)$ 与 $\Lambda z (0 < z \leqslant c)$ 为具有引 3 所述之性质之两函数。命 $c > v > u > 1$ 为两个给定之正数；m 为非负整数。若 $\lambda v - \dfrac{1}{m+1} \displaystyle\int_{u-1}^{v-1} \Lambda\left(\dfrac{vz}{z+1}\right) \dfrac{z+1}{Z^2} \mathrm{d}z > 0$，则当 x 充分大时，区间 $1 < n < x-1$ 中存在 n 使 $n(x-n)$ 不能被 $\leqslant x^{\frac{1}{v}}$ 的素数整除，最多被区间 $x^{\frac{1}{v}} < P \leqslant x^{\frac{1}{u}}$ 中 m 个素数整除。[⑥]

这里的引 3 即引理 3：命 $c>1$ 为一常数，则存在非负递增且仅有有限多个不连续点之函数 $\lambda(z)$ 及 $\Lambda z (0 < z \leqslant c)$ 使下式对（ω）与 z 一致成立：

$$\lambda z \frac{c_x x}{\log^2 x} + O \frac{c_x x}{\log^2 x \log\log x} \leqslant p_\omega\left(x, \ x^{\frac{1}{z}}\right) \leqslant \Lambda z \frac{c_x x}{\log^2 x} + O \frac{c_x x}{\log^2 x \log\log x} \quad (0 < z \leqslant c)$$

此处 $c_x = 2e^{2\gamma} \displaystyle\prod_{P>2}\left(1 - \dfrac{1}{(P-1)^2}\right)$，而 γ 为欧拉常数。[⑦]

1960 年，王元在《数学学报》上发表论文《表整数为素数及殆素数之和（条件结果）》，从进一步改进筛法着手，证明了在广义黎曼猜想之下，每一个充分大的偶数都是一个素数与一个不超过 3 个素数的乘积之和，简记为（1，3）$_R$。[⑧]1962 年，王元又将此文修订为《表大整数为素数及殆素数之和》，用英文发表于《中国科学》（*Scientia Sinica*）上，在该文附录证明了每一充分大的偶数都是一个素数及一个不超过 4 个素数的乘积之和，

① 王元. 表大偶数为一个不超过三个素数的乘积及一个不超过四个素数的乘积之和. 数学学报，1956，6（3）：500-513.

② 王元口述，李文林，杨静访问整理. 我的数学生活：王元访谈录. 北京：科学出版社，2020：49.

③ 王元. 表大偶数为一个素数及一个不超过四个素数的乘积之和——广义 Riemann 猜测下之结果. 数学学报，1956，6（4）：565-582.

④ 殆素数是素因子个数不超过某一确定限的整数。

⑤ 王元. 表大偶数为两个殆素数之和. 科学记录，1957，新辑 1（5）：15-18.

⑥ 王元. 表大偶数为两个殆素数之和. 科学记录，1957，新辑 1（5）：15-18.

⑦ 王元. 表大偶数为两个殆素数之和. 科学记录，1957，新辑 1（5）：16.

⑧ 王元. 表整数为素数及殆素数之和（条件结果）. 数学学报，1960，10（2）：168-181.

即（1，4）[1]，从而哥德巴赫猜想的研究结果再次被改进。

潘承洞（1934—1997），出生于江苏省苏州市，专长解析数论。1952 年考入北京大学数学力学系。1956 年毕业后留该系工作，次年成为闵嗣鹤的研究生。在闵嗣鹤的指导下，潘承洞步入解析数论这一领域。他还曾参加华罗庚在中国科学院数学研究所领导的"哥德巴赫猜想"讨论班，并与陈景润、王元等一起讨论，互相学习和启发。1961 年起在山东大学数学系任教。[2]

随后，他深入研究了哥德巴赫猜想，并于 1961 年取得关键性进展。他证明了任意充分大的偶数 N 可表成 $p+P$ 之和，其中 p 为素数，P 为一个不超过 5 个素因子的乘积的殆素数。由此，他关于哥德巴赫猜想的研究得到（1，5）的结果。1962 年，该成果发表于《数学学报》和《中国科学》上。[3]不仅如此，1962—1963 年他利用较简单的筛法证明了充分大的偶数必可表成一个素数及一个不超过 4 个素数的乘积之和，即（1，4）；成果题目为《表偶数为素数及一个不超过四个素数的乘积之和》，相继发表于《山东大学学报》和《中国科学》[4]。当时该结果在国际上处于领先水平。

三、陈景润的研究工作与贡献

陈景润（1933—1996），出生于福建省福州市，专长解析数论。1949 年考入厦门大学数学系，1953 年毕业后任教于北京市第四中学，但因对教师这一工作很不适应而被辞退。1955 年，厦门大学校长王亚南将其调回该校任教。由于华罗庚的赏识与推荐，陈景润于 1957 年被调到中国科学院数学研究所任实习研究员。在中国科学院数学研究所，陈景润的研究工作进展很快。他从研究三角和的估计及其应用入手，对圆内整点问题、除数问题、球内整点问题和华林问题等的结果，做了重要的改进。从 20 世纪 60 年代中期开始，陈景润转入筛法及其应用的研究。[5]

1966 年，陈景润对哥德巴赫猜想的研究做出突破性进展。该年，他于中国科学院《科学通报》上发表论文《表大偶数为一个素数及一个不超过二个素数的乘积之和》，给出（1，2）证明的提要。在该文中，他巧妙地引入 3 个引理：① $P_x\left(x, x^{\frac{1}{10}}\right) \geqslant \dfrac{9.976 x C_x}{\log^2 x}$；

② $\displaystyle\sum_{x^{\frac{1}{10}}<p'\leqslant x^{\frac{1}{3}}} P_x\left(x, p', x^{\frac{1}{10}}\right) \leqslant \dfrac{15.355 x C_x}{\log^2 x}$；③ $Q\left(x, x^{\frac{1}{10}}, x^{\frac{1}{3}}\right) \leqslant \dfrac{4.4 x C_x}{\log^2 x}$。在此基础上，他简要证

---

① Wang Y. On the representation of large integer as a sum of a prime and an almost prime. Scientia Sinica，1962，11（8）：1033-1054.

② 王元. 潘承洞//中国科学技术协会. 中国科学技术专家传略·理学编·数学卷 2. 北京：中国科学技术出版社，2005：412-413.

③ 潘承洞. 表偶数为素数及殆素数之和. 数学学报，1962，12（1）：95-106；Пан Чэн-дун（潘承洞）. О представлении четных чисел в виде суммы простого и почти простого числа. Scientia Sinica，1962，11（7）：873-888.

④ 潘承洞. 表偶数为素数及一个不超过四个素数的乘积之和. 山东大学学报，1962，（2）：40-62；Пан Чэн-Дун（潘承洞）. О представлении четных чисел в виде суммы простого и непревосходящего 4 простых произведения. Scientia Sinica，1963，12（4）：455-473.

⑤ 王元. 陈景润//中国科学技术协会. 中国科学技术专家传略·理学编·数学卷 2. 北京：中国科学技术出版社，2005：374-375.

明了如下定理：每一个充分大的偶数 x 都能够表示为一个素数及一个不超过 2 个素数的乘积之和。[①]由此，他宣布证明了（1，2）。

　　然而，当时陈景润未给出详细的证明，该成果没有得到国际数学界的承认。随后的 7 年中，没有其他数学家给出（1，2）的证明。1973 年，陈景润于《中国科学》上发表用筛法对其关于哥德巴赫猜想成果（1，2）的详细证明。他在方法上提出并实现了一种新的加权筛法。[②]该文发表后旋在国际数学界引起强烈反响，被公认为是一个十分杰出的成果，是对哥德巴赫猜想的重大贡献和筛法理论的卓越运用。不仅如此，他的研究结果被国际数学界称为"陈景润定理"。[③]其结果迄今仍是关于哥德巴赫猜想的最佳结果（图 1）。

图 1　王元（左）、陈景润（中）和潘承洞（右）合影
资料来源：王元，潘承彪. 潘承洞文集. 济南：山东教育出版社，2002

四、结语

　　哥德巴赫猜想是世界性的难题。20 世纪 50 年代中后期至 70 年代，王元、潘承洞和陈景润在这个猜想上相继取得居于世界领先水平的成果。他们的研究成果是中国数学家在解析数论领域的杰出成就，也是 1949 年中华人民共和国成立以来的重大数学成就之一。华罗庚对中国数学家进行哥德巴赫猜想研究起到了重要的推动作用。闵嗣鹤在其中扮演了积极的角色。

　　在中国数学家对哥德巴赫猜想的研究中，王元最早取得了世界领先的成果，其工作对潘承洞和陈景润起到了引领和示范作用。1965 年，布赫夕塔布超过中国数学家，得到了（1，3）的结果，但这个纪录其实只保持了一年，1966 年陈景润就得出（1，2）的结果，并于 1973 年发表了用筛法对该成果的详细证明。陈景润最终攀上了最高峰，其研究成果最为重要，与哥德巴赫猜想的内容最为接近，在国内外数学界影响最大。1978 年，

①　陈景润. 表大偶数为一个素数及一个不超过二个素数的乘积之和. 科学通报，1966，（9）：385-386.
②　陈景润. 大偶数表为一个素数及一个不超过二个素数的乘积之和. 中国科学，1973，（2）：111-128.
③　潘承洞，潘承彪. 哥德巴赫猜想. 北京：科学出版社，1981：15.

作家徐迟以陈景润为主人公，发表了引起轰动的报告文学《哥德巴赫猜想》[1]。这使陈景润成为家喻户晓的人物，对哥德巴赫猜想的继续研究起到了推动作用。1982 年，王元、潘承洞和陈景润的研究成果集为"哥德巴赫猜想研究"，获国家自然科学奖一等奖[2]。这使他们获得崇高的学术荣誉，亦对他们的数学研究生涯产生了重要的影响。

① 徐迟. 哥德巴赫猜想. 北京：人民文学出版社，1978.
② 国家科委自然科学奖励委员会第一号公告（一九八二年十月三十一日）. 人民日报，1982-11-01（4）.

反西格马负超子[*]

1950 年前后，关于基本粒子研究的理论基础与实验手段都已初步具备。相应地，作为一个学科，粒子物理从原子核物理中独立出来，渐臻成熟。而当时的中国，虽有一批在欧美受过核与粒子物理学教育并参与过前沿研究工作的学者先后回国，但因国内科技、经济基础的薄弱，高能实验物理受仪器、设备之限，基本付之阙如。直至 20 世纪 80 年代后期，北京正负电子对撞机建成后，这种状态才得到根本改变。而在此三四十年间，中国学者仍有一项享誉全球的高能实验成就，这就是王淦昌等通过在苏联成立的杜布纳联合原子核研究所的国际合作所完成的反西格马负超子（$\tilde{\Sigma}^-$）的发现。60 多年后回顾这项工作，结合当时的国际科学背景与中国亚原子物理实际水平，以及该发现的后续影响，希望能更为客观、全面地反映这项工作乃至中国学者在杜布纳系列科学研究对中国高能物理发展的意义。

一、反西格马负超子发现之前的国际高能粒子研究

诚如很多科学史家与物理学家所言，20 世纪是物理学的世纪。而粒子物理学则是 20 世纪后半叶最耀眼的物理学分支。在 $\tilde{\Sigma}^-$ 发现之前，基本粒子研究已经获得了多方面的重要进展。

在 20 世纪 30 年代初原子核物理学诞生之际，电子、光子、质子、中子先后被物理学家发现。质子、中子构成原子核，再与电子构成原子，然后构成实体物质；而光子可以解释电磁辐射与能级跃迁。如此，无须其他粒子，便足以形成自然界的物质大厦了。"基本粒子"的概念逐渐形成，如 S. 温伯格所言，是"表面看来不能进一步分割的微小单元"[①]。可此后，μ 子、中微子等轻子，π、K 等介子，Λ 等超子，P_{33} 等共振态，一系列新的粒子又不断地被发现，也不断地刷新人们对基本粒子的认识（当时人们认可的基本粒子群体，仅包括弱相互作用和电磁相互作用下"稳定"的粒子，而不包括 P_{33} 等共振态）。尤其是 1932 年正电子的发现，打开了反物质世界的一扇窗，更激发了人们的兴趣。50 年代之后，反物质世界的大门被打开。当时人们发现的带电 π 介子（π^+、π^-）本身就互为反粒子。1955 年，美国加州大学伯克利分校的 O. 张伯伦与 E. 塞格雷发现了反质子。这意味着反粒子家族可以扩展到重子。次年，在同一实验室的 B. 柯克等又发现了反中子，进一步深化了反重子可能是一个大家族的认识。待王淦昌等发现 $\tilde{\Sigma}^-$ 之后，反物质粒子家族的代表性成员就大致齐全了。

伴随着基本粒子的大发现，理论物理学家们提出了各种相应的理论。W. E. 泡利的

---

*　作者：丁兆君。

①　Weinberg S. The Discovery of Subatomic Particles. Cambridge：The Press Syndicate of the University of Cambridge，2003：9.

中微子假说与 E. 费米的 β 衰变理论为中微子的发现奠定了基础（后来 R. P. 费曼和 M. 盖尔曼的 V-A 理论对费米理论进行了修正），H. 汤川秀树的介子论的提出则成为 μ 子和 π 介子发现的先声。坂田昌一针对早期 μ 为介子的误会提出了两种介子和两种中微子理论。B. 卡森与 E.U. 康登根据核力与电荷无关，提出同位旋的概念及同位旋守恒定律。为解释奇异粒子，A. 派斯提出奇异粒子联合产生的理论，盖尔曼则提出了奇异量子数，并与西岛和彦提出盖尔曼-西岛法则。对于联合对称，泡利和 N. 玻尔提出 CPT 定理，李政道、杨振宁则提出了弱相互作用中宇称不守恒理论，而小川修三（S. Ogawa）提出了 SU（3）对称性理论。为克服量子场论中微扰理论的困难，J. 施温格、S. 朝永振一郎与费曼提出重整化理论，盖尔曼则提出色散关系理论。杨振宁与 R. L. 米尔斯提出非阿贝尔规范场理论。在此基础上，J. 施温格、S. L. 格拉肖开始尝试弱电相互作用统一的规范理论。

用加速器把带电粒子加速到较高能量，是宇宙线之外，产生高能粒子的主要手段。G. 伊辛最早提出直线加速原理，接着 R. 维德罗意建成第一台直线加速器。T. D. 考克饶夫与 E. T. S. 瓦尔顿建成第一台倍压加速器，M. A. 图夫则建成第一台静电加速器。E. O. 劳伦斯提出回旋加速器原理，并建成第一台回旋加速器。20 世纪 40 年代中期，苏联 V. I. 维克斯勒和美国 E. M. 麦克米伦提出自动稳相原理，并由 W. H. 布洛贝克建成了第一台稳相加速器，这是加速器发展史上的第一次革命。1952 年 E. D. 柯隆与 M. S. 李温斯顿等又提出了强聚焦原理，是为加速器史上的第二次革命。1952 年，美国布鲁克海文国家实验室建成 3GeV（eV 为能量单位"电子伏特"，前面的 k、M、G 分别表示 10^3、10^6、10^9）的质子同步加速器 Cosmotron。1954 年，位于美国加州大学伯克利分校的劳伦斯伯克利实验室又建成了能量为 6.4GeV 的质子同步稳相加速器 Bevatron。前述反质子、反中子的发现都是在这台加速器上完成的。

研究微观粒子，首先不可或缺的是探测技术的运用。E. 卢瑟福和 H. 盖革最先制成探测 α 粒子的气体放电计数管，后来盖革制成可以探测 a 和 β 粒子的计数器，盖革与 E. W. 米勒又发明了以他们名字命名的盖革-米勒计数管。1912 年，C. T. R. 威耳逊建成云（雾）室，使带电粒子通过过饱和蒸汽，引起气体分子电离，形成小水珠或液滴，从而显示粒子径迹。1932 年，P. M. S. 布莱克特又发明用计数器控制云室照相。正电子与 μ 子就是通过云室发现的。20 世纪 30 年代，P. A. 切伦科夫发现带电粒子束在透明介质中超光速通过时产生电磁辐射，I. M. 弗兰克和 I. Y. 塔姆对此做了解释，根据这种现象制成了切伦科夫计数器，而反质子、反中子的发现正是通过切伦科夫计数器实现的。1939 年，C. F. 鲍威尔等开始使用核乳胶探测粒子，后来 π⁻、Λ、Σ、Ξ 等粒子都通过核乳胶发现。1952 年，D. A. 格拉塞发明了气泡室，让带电粒子通过过热液体，引起周围液体汽化，形成气泡，从而显示粒子径迹，与云雾室恰好相反，但更为灵敏。通过这种探测装置，此后人们发现了一大批共振态粒子。

各类基本粒子的大发现、系列粒子理论的提出、粒子加速与探测技术的突飞猛进，使得高能粒子物理学科在科学舞台上闪亮登场之初就吸引了大批的学者与研究机构，也为学科进一步大发展奠定了基础。

二、20世纪50年代的中国高能物理研究基础

在国际粒子物理学科从原子核物理中脱胎而出，取得独立形态之际，中国的基本粒子研究因基础薄弱，对核物理还有着较长时间的依附。

建立于20世纪50年代的中国科学院近代物理研究所是新中国亚原子物理的发源地。聚集分散于国内外的核与高能物理工作者，开展起各领域的基础研究，并培养年轻人才，是近代物理研究所建立之初的最主要工作。10年间，该所从36人激增至4263人[①]，其中包括赵忠尧、王淦昌、张文裕、钱三强等实验物理学家，彭桓武、朱洪元以及和北京大学物理系合聘的研究员胡宁等理论物理学家。在他们的带领下，近代物理研究所在加速器、探测器研制，多个方向的理论与实验研究方面取得了系列进展。同期，其他单位也有一些重要的物理学家建立起粒子物理方面的研究团队，如中国科学院数学研究所的张宗燧、北京大学的胡宁等。

赵忠尧利用他在美国带回的器材，于1955年建成了在大气中工作的700keV质子静电加速器V1，后又于1958年建成2.5MeV质子静电加速器V2及与之配套的重粒子谱仪。通过这两台加速器的研制，我国的加速器技术开始起步，不仅培养了一批加速器人才，还发展了真空、高电压、离子源等技术。以静电加速器为基础，近代物理研究所建成了加速器核物理实验室。1955年，谢家麟自美归国，又开始了电子直线加速器的研制。1958年，中国向苏联订购的回旋加速器在北京的坨里原子能新基地建成。

1956年，苏联杜布纳原子核研究所改为由苏联、中国等12个社会主义国家共建的杜布纳联合原子核研究所。此后中国开始筹划本国的高能加速器建设。1957年，由王淦昌领导的一个7人小组赴苏联学习高能加速器相关科学与技术，并在苏联专家的指导下，设计了2GeV电子同步加速器的方案。后来该方案因"保守落后"，在"大跃进"中下马。之后赴苏小组在苏联当时建造的质子同步加速器方案基础上，设计了12GeV的质子同步加速器。虽然该方案规模较大，但因未能吸收欧美经验，性能较差，后经钱三强等专家研究，再次卜马。1959年底，王淦昌、朱洪元、周光召等建议建造一台中能强流回旋加速器。经力一等赴苏实习、设计，将能量定为420MeV。后经论证，该设计方案因所需费用不小且不易实现，再次下马。[②]

早于中国科学院近代物理研究所成立之初，宇宙线研究即被列为该所四大研究方向之一。1954年，在王淦昌、肖健等的直接领导下，近代物理研究所在云南落雪山海拔3180米处建立了我国第一个宇宙线高山实验站。这也是我国第一个高能物理实验基地。赵忠尧、王淦昌分别从美国带回的50厘米×50厘米×25厘米多板云室与直径为30厘米的圆云室在宇宙线观测中发挥了重要作用，也为后来系列云室的建造奠定了基础。1956年，北京又建成30厘米×30厘米×10厘米磁云室，也被安装到落雪实验站。此外，实验站还安装了μ子望远镜与中子记录器，用于观察宇宙线强度的变化。1958年，根据张文裕的建议，在"大跃进"前后，原子能研究所又决定建一个大型云雾室。为此，在离原落雪实验室9千米、海拔3222米处又开始建设新的宇宙线观测站。大型云雾室于1965年安

① 葛能全. 钱三强年谱长编. 北京：科学出版社，2013：176，323.
② 丁兆君，胡化凯. "七下八上"的中国高能加速器建设. 科学文化评论，2006，3（2）：85-104.

装完毕。

在亚原子物理实验研究中，作为探测器的核乳胶具有重要的作用。1946 年冬，钱三强和何泽慧在法国巴黎的居里实验室用核乳胶研究铀受中子轰击而发生的裂变，发现了铀的三分裂和四分裂。1948 年 5 月他俩回到祖国，后于 1950 年加入中国科学院近代物理研究所。1951 年，何泽慧带领陆祖荫等开始研制核乳胶，于 1953 年做出了灵敏度可与英国 Ilford 公司的 C2 乳胶相比的乳胶。此后，他们又于 1955 年研制成功对质子、α 粒子、核裂片等灵敏的核-2、核-3 乳胶，以及探测慢中子用的核-2 载硼、核-2 载锂乳胶。[1]戴传曾与李德平等于 1951 年研制成功盖革计数管，1952 年研制成功正比计数管，后来在 1953 年研制成功性能优良的卤素盖革计数管，充入气体主要为氖和氯或氖和溴，并建立了相应的生产工艺，推广到厂家批量生产。1956 年，山东大学物理系在王普的带领下，也建立了核乳胶实验室，开展宇宙线研究。他们还制成了卤素盖革计数管。

利用各种探测装置，留学归国的第一代亚原子物理学家带领大批青年学者，通过加速器实验和宇宙线观测，开展了多个方面的实验研究。如在 V1 加速器上，研究人员利用自制的核乳胶进行了 Li^7（p，α）反应 α 粒子角分布测量等实验研究；在 V2 加速器上，研究人员进行了 Na^{23}（p，α）Mg^{24} 反应等实验研究，并测量了 30—200keV 质子轰击 Li 的反应截面，为核武器设计提供了数据。在回旋加速器上，赵忠尧等进行了质子弹性散射、氘核削裂反应等实验研究工作。[2]落雪实验站还进行了来自宇宙线的 K 介子和 Λ^0 超子研究。[3]但不可否认，受研究基础与实验装置限制，立足于本土所开展的实验研究水平还很难跟国外同行相比。而受物质条件限制较少的粒子理论研究，在中国科学院系统与个别高校得到了一定的发展，此处不做讨论。

三、王淦昌等的发现

王淦昌是清华大学物理系首届毕业生，受教于叶企孙与吴有训。1930 年，王淦昌赴德国柏林大学威廉皇家研究所，师从 L. 迈特纳攻读博士学位。迈特纳后因发现铀裂变而闻名于世，被爱因斯坦称为"我们（德国）的居里夫人"。她从 20 世纪 20 年代末开始对放射线连续能谱进行了准确测定。在此基础上，泡利于 1930 年提出中微子假说。王淦昌到柏林大学后，开始用 β 谱仪测量放射性元素 β 能谱的研究。其测量数据，据说费米在建立 β 衰变理论时曾有所参考。[4]1930 年，W. 博特与 H. 贝克以 α 粒子轰击 Be 核，用盖革计数器观察，认为所产生的穿透性极强的射线为 γ 射线。王淦昌两次提出用云雾室研究此射线的设想，但未获得导师迈特纳的同意。[5]1931 年，约里奥·居里夫妇用电离室观察，发现此射线可从石蜡中打出质子，仍认为是 γ 射线。1932 年，J. 查德威克用电离室、计数器、云雾室三种探测器实验，证明该射线是和质子一样重的电中性粒子

①　中国科学院 1956 年度科学奖金（自然科学部分）得奖科学研究论著评审意见. 科学通报, 1957,（s1）: 5-19.
②　赵忠尧. 我的回忆. 现代物理知识, 1993,（2）: 43-44.
③　霍安祥. 宇宙线研究三十年. 高能物理, 1979,（3）: 8-9.
④　王淦昌. 无尽的追问. 长沙: 湖南少年儿童出版社, 2010: 25.
⑤　王淦昌. 无尽的追问. 长沙: 湖南少年儿童出版社, 2010: 29.

流，从而发现了中子。

在泡利提出中微子假说之后，为确证中微子的存在，物理学家们做了诸多努力，但实验效果却一直不佳。1941年，已是浙江大学教授的王淦昌建议避开普通β衰变过程末态有三体，以至于反冲元素电离效应过小的反应：A→B+e⁺+ν，而选择反应末态只有二体的 K 电子俘获过程，即 A+e⁻→ B+ν，测量反冲元素的能量即知中微子的质量。[①]1942年，J. 阿伦按王淦昌的建议做 Be^7 的 K 电子俘获实验，测到了 Li^7 反冲能量，初步证实中微子的存在。后来李炳安、杨振宁专门撰文，强调了王淦昌在中微子发现中的贡献。[②]寻找新粒子是王淦昌多年的目标。在没有加速器的情况下，宇宙线观测是发现高能粒子最可行的方法。1943年，王淦昌提出一种用照相底片寻找宇宙线中粒子径迹的方法。[③]4年后，C. F. 鲍威尔利用核乳胶，从宇宙线中发现了 π 介子。

杜布纳联合原子核研究所（以下简称联合所）成立后，中国承担该所经费的20%，每年支付 1500 万—1600 万元人民币。自 1956 年起，中国先后派出王淦昌、胡宁、朱洪元、张文裕、周光召、唐孝威等多批科技人员到联合所工作，首任全权代表是钱三强，首届学术委员会委员有赵忠尧、王淦昌和胡宁，王淦昌于 1959 年当选副所长。

王淦昌初到联合所之时，自动稳相原理的发现者维克斯勒主持设计的 10GeV 质子同步稳相加速器（синхрофазотрон）即将（于 1957 年）建成，能量为世界最高。这一时期正值高能加速器建设的高峰。美国伯克利先后发现反质子、反中子，正是得益于其 1954年建成举世无双的 6.4GeV 质子同步稳相加速器 Bevatron。而欧洲核子研究中心（CERN）28GeV 的 PS 加速器正在建设中（于 1959 年完工），美国布鲁克海文国家实验室也于同期上马了 33GeV 的 AGS 加速器（1960 年建成）。显然，联合所的加速器只有短短几年的能量优势。在更高能量的加速器建成之前，做出重大的科学发现，是联合所的王淦昌等高能物理工作者迫在眉睫的事。

王淦昌领导的研究组，最初由两位中国青年学者丁大钊、王祝翔和两位苏联籍青年研究人员及一位苏联籍技术员组成，到 1960 年发展成由中国、苏联、朝鲜、罗马尼亚、波兰、民主德国、捷克、越南等国二十多位研究人员、四位技术员及十余位实验员组成的一个大研究集体（图1）。

根据当时的各种前沿课题，王淦昌结合联合所的优势，提出了两个研究方向：一是寻找新奇粒子，包括各种超子的反粒子；二是系统研究高能核作用下各种基本粒子（π、$Λ^0$、K^0……）产生的规律性。为此，他将工作分成三个小组并列进行，即新粒子研究（由王淦昌负责）、奇异粒子产生特性研究（由丁大钊负责）和 π 介子多重产生研究（由王祝翔负责）。在轻子、介子、核子的反粒子被一一发现的情况下，寻找超子的反粒子是王淦昌根据加速器的能量优势所做出的一个非常正确的研究方向选择。

① Wang K C. A suggestion on the detection of the neutrino. Physical Review，1942，61（1-2）：97.
② 李炳安，杨振宁. 王淦昌先生与中微子. 自然辩证法通讯，1986，（5）：34-39.
③ Wang K C. A suggestion on a new experimental method for cosmic-ray particles. Science Record，1945，（1）：387.

图 1　王淦昌研究组

资料来源：王淦昌. 王淦昌全集（1）. 石家庄：河北教育出版社，2004

　　在目标确定之后，王淦昌所面临的另一个棘手的问题是探测器建设。相比杜布纳的最大加速器而言，当时配套的探测器建设却相形见绌，联合所只有一套确定次级粒子及其飞行方向的闪烁望远镜系统、一台膨胀云雾室和一台大型扩散云雾室，远不能发挥加速器的能量优势开展前沿课题的研究。另外还有一个问题，就是反应系统的选择。让从加速器出来的高能粒子进行什么样的反应，然后观察次级粒子的产生、飞行、相互作用或衰变的过程，也直接影响实验研究的结果。综合考虑各种因素，王淦昌选择了气泡室作为主要探测器。因为反超子寿命极短（10^{-10} 秒量级），从产生到衰变所能飞行的距离也极短，使用云雾室、气泡室这样能够显示粒子径迹的探测器较为适宜。相比而言，气泡室的工作液体本身就是高能反应的靶物质。选择了一类气泡室，靶物质也就随之确定了。为争取时间，王淦昌提出建立一台丙烷气泡室，因其技术上较易实现，且联合所有研制此类气泡室的经验。如要建造质量更好的氢气泡室，就需要花费较长的时间，以至于错过加速器的能量优势。虽然利用反质子束打靶更易于产生超子-反超子对，但高纯度的反质子束较难从大量的 π⁻介子和 K⁻介子中分离出来，王淦昌决定用 π⁻介子产生核反应来进行研究。[①]

　　至 1958 年春，研究组建成了 55 厘米×28 厘米×14 厘米的 24 升丙烷气泡室（图 2）。[②]因其尺寸较大，足以同时观察到反超子的产生与衰变。[③]当年秋，研究人员开始用动量为 6.8GeV/c 的 π⁻介子与核作用，采集数据；1959 年春又用 8.3GeV/c 的 π⁻介子开始新的

① 丁大钊. 反西格马负超子（Σ̄⁻）的发现——记王淦昌教授在杜布纳联合原子核研究所//胡济民，许良英，汪容，等. 王淦昌和他的科学贡献. 北京：科学出版社，1987：77-89.

② 王淦昌. 王淦昌全集（2）. 石家庄：河北教育出版社，2004.

③ 王祝翔. 王淦昌的实验工作之一——反西格马负超子（Σ̄⁻）的发现//胡济民，许良英，汪容，等. 王淦昌和他的科学贡献. 北京：科学出版社，1987：141-144.

数据采集，前后共收集了近 11 万张照片，包括数十万个高能 π^- 介子与气泡室工作液体丙烷中的氢和碳核作用事例。[1]

图 2　王淦昌研究组建成的 24 升丙烷气泡室
资料来源：刘金岩 2019 年 4 月摄于杜布纳联合原子核研究所

由于反超子衰变的重产物一定是反质子或反中子，湮没星是鉴别其存在的确切标准。王淦昌据此画出了 Λ^0、$\tilde{\Sigma}^-$ 存在的可能图像，要求组内研究人员在扫描照片时注意与图像吻合的事例。1959 年 3 月 9 日，研究人员终于从所扫描的照片中发现了令他们兴奋的事例。如图 3 所示，根据对 B 点出射的 6 个带电粒子（其中 9、11、12、13 为质子，8 为 π^+ 介子，10 为 π^- 介子）的测量分析，可以推测为反中子和碳核湮没引发的反应（$\tilde{n} + C \rightarrow He_2^4 + 4p + 3n + \pi^+ + \pi^- + n\pi^0$）。而 3 为 π^+ 介子，由此可推知 A 点发生的衰变反应：$\tilde{\Sigma}^- \rightarrow \pi^+ + \tilde{n}$，也就是说 2 即为 $\tilde{\Sigma}^-$ 径迹。他们进而推出 O 点发生的最可能的初级反应为 $\pi^- + C \rightarrow \tilde{\Sigma}^- + K^0 + \tilde{K}^0 + K^- + p + n + \pi^+ + \pi^- +$ 反冲核。[2]经过计算，观测结果正与预期的一致，而且是一个十分完整的反超子"产生"的事例。

1959 年 7 月，在乌克兰基辅召开的第九届国际高能物理会议上，王淦昌小组报告了可能存在 $\tilde{\Sigma}^-$ 的发现。也就在这次会议上，美国 L. W. 阿尔瓦雷斯小组展示了一张 $\tilde{\Lambda}^0$ 粒子产生的照片。[3]1960 年 3 月，在确认了 $\tilde{\Sigma}^-$ 的发现之后，王淦昌小组正式将论文投送苏联的《实验与理论物理期刊》（ЖЭТФ）与中国《物理学报》发表。

---

①　丁大钊. 无尽的探索——丁大钊传. 南宁：广西科学技术出版社，1990：33-34.

②　王淦昌，王祝翔，维克斯勒，等. 8.3Бев/c 的负 π 介子所产生的 Σ^- 超子. 物理学报，1960，16（7）：365.

③　周光召. 基辅高能物理会议的概况. 原子能科学技术，1959，（3）：185-187.

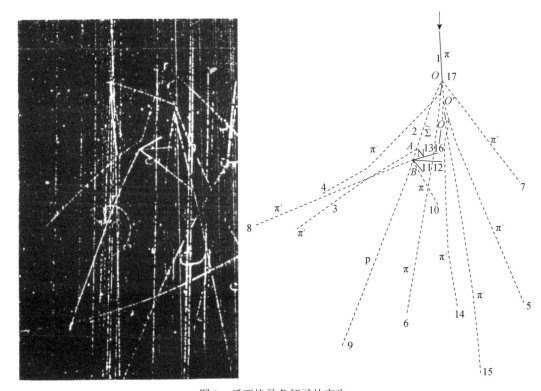

图 3　反西格马负超子的产生

资料来源：王淦昌. 王淦昌全集（2）. 石家庄：河北教育出版社，2004

注：左为照片，右为示意图

四、杜布纳科学工作的意义与影响

$\tilde{\Sigma}^-$ 是人们所发现的第一个带电反超子，在科学上有着重要意义。它证实了此前关于该种反粒子存在的推测，加深了人们对基本粒子的相互作用及其规律性的认识。[①]当时苏联《自然》（*Nature*）杂志称 $\tilde{\Sigma}^-$ 的发现"在微观世界的图像上消灭了一个空白点"[②]。至此，当时人们所知的轻子、介子、核子、超子等组成物质的各类基本粒子都有反粒子被发现。从某种意义上来说，这也算是基本粒子"家族"的一种圆满。1962 年 3 月，在欧洲核子研究中心新建成的能量更高（28GeV）的 PS 加速器上发现了 $\tilde{\Xi}^-$。该中心主任V. F. 魏斯考普夫指出："这一发现证明欧洲的物理学家在这一领域内已与美国、苏联并驾齐驱了。"[③]其意显然相对于反质子和 $\tilde{\Sigma}^-$ 的发现而言。1972 年，杨振宁访华时曾对周恩来总理说，杜布纳这台加速器上所做的唯一值得称道的工作，就是王淦昌小组 $\tilde{\Sigma}^-$ 的发现。[④]1982 年，王淦昌、丁大钊、王祝翔获得国家自然科学奖一等奖。而在杜布纳，联

① 人类对基本粒子的认识又进了一步　王淦昌在京谈"反西格马负超子"发现的重大意义. 人民日报，1960-03-28（5）.

② 范岱年，亓方. 王淦昌先生传略//胡济民，许良英，汪容，等. 王淦昌和他的科学贡献. 北京：科学出版社，1987：224-268.

③ New fundamental particle discovered，the ANTI-XI-MINUS. CERN Courier，1962，2（3）：4-5.

④ 范岱年，亓方. 王淦昌先生传略//胡济民，许良英，汪容，等. 王淦昌和他的科学贡献. 北京：科学出版社，1987：224-268.

合所至今还在建所以来的重要成就中将 $\tilde{\Sigma}^-$ 的发现列为第二位[1]，并特别将一条路以"王淦昌"命名（图4）。

图 4   杜布纳的"王淦昌路"
资料来源：刘金岩 2019 年 4 月摄于杜布纳联合原子核研究所

值得一提的是，王淦昌小组在 1959 年初还曾有过一个激动人心的"发现"：长寿命、大质量的 Д 粒子（Д 取自俄文"友谊"和"杜布纳"的首字母）。在基辅会议上，由王淦昌做了关于 Д 粒子迹象的大会报告，而 $\tilde{\Sigma}^-$ 存在的可能则由丁大钊代表研究组做了报告。二者当时孰轻孰重，显而易见。周光召在报道基辅会议的概况时，用了一大段文字叙述 Д 粒子，却只用一句话概括了丁大钊的报告，甚至连 $\tilde{\Sigma}^-$ 的名字都没有提到。[2]Д 粒子的"发现"在高能物理界产生了很大的反响，甚至有美国物理学家"硬说"他们也发现了类似的粒子。[3]后来经过仔细的讨论分析，该迹象被确定为 K^+ 电荷交换现象，Д 粒子并不存在[4]，而 $\tilde{\Sigma}^-$ 的发现却最终被确认。

当然，种类众多的介子（由正反夸克构成，其反粒子不足为奇）、超子与构成物质的基元——质子、中子、电子的重要性无法相比，更早发现的正电子、反质子与反中子无疑具有更为重要的科学意义，也更为人津津乐道。[5]1981 年，中国科学院高能物理研究所主办的《高能物理》杂志封底连载的《基本粒子物理发展史年表》中，1960 年的实验成就仅罗列了美国布鲁克海文国家实验室 AGS 加速器的建成和 Σ^*(1385) 共振态的发现两项，1961 年的实验成就则罗列了 η、ρ、ω、K^* 等几个介子的发现[6]。由此可以推测，

① 王寿群. 以身许国——那些从杜布纳回国的科学家的故事. 北京：中国原子能出版社，2017：16.
② 周光召. 基辅高能物理会议的概况. 原子能科学技术，1959，（3）：185-187.
③ 对于理解基本粒子世界作出重大贡献　中苏等国科学家发现新基本粒子　发现新粒子使用的探测器是中国科学家设计的. 人民日报，1960-03-26（5）.
④ 王淦昌. 无尽的追问. 长沙：湖南少年儿童出版社，2010：89-91.
⑤ 埃米里奥·赛格雷. 从 X 射线到夸克——近代物理学家和他们的发现. 上海：上海科学技术文献出版社，1984：285-286；斯蒂芬·温伯格. 亚原子粒子的发现. 长沙：湖南科学技术出版社，2006：195-199.
⑥ 基本粒子物理发展史年表. 高能物理，1981，（3）.

编者当时并未认为 $\tilde{\Sigma}^-$ 的发现的重要性与这些粒子相当，故未将之列入。该杂志编辑部后将此连载的年表汇集成书，并于 1985 年出版。书中罗列的 1960 年实验成就就多出了一项 $\tilde{\Sigma}^-$ 的发现，且名列榜首。[1]这可能与王淦昌等已于 1982 年获得国家自然科学一等奖有关。

笔者以为，王淦昌等的发现，乃至其他中国学者在联合所所做的科学研究，科学意义倒在其次，尤其重要的是，这些工作打开了中外科学交流的窗口，让中国学者接触到了科学的最前沿，大开了眼界。正如周光召所说的，他觉得在联合所"更接近世界最新科学的前线"，可以"迅速吸收世界核子科学研究的成果"[2]。1958 年，原子能研究所在一份关于高能核物理与粒子物理研究的五年计划中明确提出任务，高能原子核实验物理要利用联合所的条件培养一定数量的干部；在 1962 年之前完成实验技术的准备；利用联合所加速器提供的材料，在国内组织高能研究队伍。而在基本粒子理论研究方面，要在第二个五年计划内，以利用联合所条件培养干部、组织队伍为先。[3]这个目标非常明确，利用联合所培养人才。事实上，后来也确实达到了培养、锻炼研究人员的目的。

除 $\tilde{\Sigma}^-$ 的发现之外，王淦昌小组通过 π 介子与核子相互作用，取得了多方面的成果。[4]1960 年底，王淦昌回国参加原子弹的研制工作。次年接替王淦昌任联合所中国组组长的张文裕领导联合研究组，使用王淦昌等研制的 24 升丙烷气泡室，在 10GeV 质子同步稳相加速器上开展了共振态的研究，并得到了一些填补空白的重要结果。唐孝威、吕敏等一些年轻的实验工作者也做出了一些出色的工作。而中国学者在联合所的理论研究，以周光召的成就最为突出。他提出的弱相互作用中的赝矢量流守恒律的观念直接促进了流代数理论的建立，为弱相互作用理论的一个重要推进，在国际物理学界产生了重要影响，以至于国外人士称赞"周光召的工作震动了杜布纳"[5]。胡宁在色散关系理论、基本粒子的分类方面，朱洪元、何祚庥、冼鼎昌等在利用色散关系对 π 介子之间及 π 介子与核子之间的低能强相互作用方面，μ⁻ 和核子、原子核之间的俘获现象方面也都进行了深入的研究，且获得了重要的结果。

在本土加速器研制方面，如前述，无论是 1958 年的 2GeV 电子同步加速器方案、1959 年的 12GeV 质子同步加速器方案、1960 年的 420MeV 中能强流回旋加速器方案，都是王淦昌等在苏联完成的，或借鉴了苏联的方案。而在中苏关系破裂后，中国的高能加速器建设，包括 1965 年提出的 6GeV 质子同步加速器方案、1969 年的 1GeV 质子直线加速器方案，也都是以赴苏科技人员为主力提出的。[6]

在改革开放前的 20 多年里，尤其在"文化大革命"前的 10 年内，在中国从事核与

① 《高能物理》编辑部. 基本粒子物理发展史年表. 北京：科学出版社，1985：32-33.
② 在世界最新科学的前线——联合核子研究所 中苏科学家互助合作进行研究 布洛欣泽夫、王淦昌都说希望中国派去更多研究人员. 人民日报，1957-04-18（5）.
③ 高能原子核物理和基本粒子物理研究五年计划的任务和指标：1958-10. 北京：中国科学院高能物理研究所档案室（A006-00051-003-58.10-3）.
④ 王淦昌. 王淦昌全集（2）. 石家庄：河北教育出版社，2004：155-271.
⑤ 戴明华，张杉，李云玲. 周光召//《科学家传记大辞典》编辑组. 中国现代科学家传. 第6集. 北京：科学出版社，1994：187-196；吴岳良，刘金岩. 周光召对理论物理和原子能事业的贡献. 物理，2019，48（5）：295-300.
⑥ 丁兆君，胡化凯. "七下八上"的中国高能加速器建设. 科学文化评论，2006，3（2）：85-104.

粒子物理研究的主力军中，除赵忠尧等自欧美留学归来的第一代亚原子物理学家之外，赴苏科学家构成了重要的班底。周光召、丁大钊、王祝翔、何祚庥、吕敏、方守贤、王乃彦、钱绍钧、冼鼎昌、王世绩等后来都成为中国亚原子物理研究的骨干力量。在退出联合所之后，中国就开始计划在本土建立高能物理研究所，在一份建议书中特别提到："几年来，先后到联合所工作的有一百四十余人，参加过有关学术会议的有二百余人，这些都是我们自己的力量。"[①]可以说，王淦昌等中国学者在联合所的科学工作，为此后中国本土高能粒子物理的发展奠定了坚实的知识基础与人才基础。还有很多从联合所回国的青年学者，参与了核武器研制，默默无闻地做出了重要贡献，本文不再赘述。

---

① 关于建立中国科学院高能物理研究所的建议：1965-6-26. 北京：中国科学院高能物理研究所档案室，A006-00125-007-73. 03. 05-7.

层子模型[*]

20 世纪中叶，粒子物理快速发展。伴随大量新粒子发现，粒子物理学家迫切需要对上百种粒子分类，寻找其间内在联系及根源，提出新的概念和理论模型。中国物理学家于 1965—1966 年提出一种强子结构理论——层子模型，这为我们认识科学理论在特定的社会与境中的形成提供了一个典型案例，也有助于我们理解物理学，乃至自然科学在 20 世纪 50—70 年代在中国的发展。

一、基本粒子研究组的形成与问题的提出

中国粒子物理理论研究起步较晚，主要依靠 20 世纪 30—40 年代留学欧洲或美国的张宗燧、马仕俊、彭桓武、胡宁和朱洪元回国后的推动。他们留学期间曾分别师从于国际一流物理学家，在量子场论数学形式、介子理论、色散关系和同步辐射等方面做出有影响的工作。新中国成立前后，张宗燧等相继回国，致力于发展中国粒子物理学。

毛泽东在 1952 年提出，用 10—15 年的时间基本上完成到社会主义的过渡[①]。中央政府后来根据该目标组织制定不同行业的发展规划。1956 年制定的《1956—1967 年科学技术发展远景规划纲要（修正草案）》中将原子核与基本粒子物理学、无线电物理与电子学以及半导体物理列为物理学发展重点，场论和量子力学的基础研究则被列入第 56 项任务"现代自然科学中若干基本理论问题的研究"[②]。1957 年，李政道、杨振宁获得诺贝尔物理学奖，激励了一批学生选择粒子物理专业。伴随 1957 年、1963—1964 年小规模研究生招生，粒子物理队伍逐渐壮大。为普及理论知识和培养专业人员，北京大学物理系于 1957 年开设量子场论课程。第二年，山东大学组织了量子场论讲习班。朱洪元是两次课程的主讲人。1960 年，他根据讲义整理出版《量子场论》，该书成为中国青年粒子物理学者的"启蒙之作"。

20 世纪 60 年代初，朱洪元、胡宁、张宗燧分别在中国科学院原子能研究所、北京大学和中国科学院数学研究所带领一批青年学者从事基本粒子理论研究。朱洪元要求研究生入学之初打好量子力学基础，推荐阅读量子力学和色散关系的经典著作和文献。胡宁指导学生由色散关系转向群理论研究。张宗燧则强调数学严谨性，带领研究室成员重点研究色散关系理论和编写《色散关系引论》专著。虽然三位物理学家学术风格和研究兴趣点各异，但他们领导的研究组之间学术交流密切，除合作发表文章外，还以报告会、小组讨论等形式讨论粒子物理新进展，逐步形成了一支团结协作、思想活跃、学术气氛

---

[*] 作者：刘金岩. 本文相关内容英文版发表于 Chinese Annals of History of Science and Technology, 2018, 2（1）: 85-122.
[①] 薄一波. 若干重大决策与事件的回顾. 上卷. 北京: 中共中央党校出版社, 1993: 214-217.
[②] 此时，中共中央已经做出研制原子弹的决策。原子弹研制的学科基础是核物理和粒子物理，因此国家重视与之相关的物理学理论和实验发展，并将其列入《1956—1967 年科学技术发展远景规划纲要（修正草案）》。

民主的队伍。[1]

此时的国际粒子物理学发展"混乱"。受益于第二次世界大战期间成功研制原子弹，原子核物理受到高度重视并获得充裕经费支持。实验设备和技术改进有助于发现 μ 子和一系列"奇异"粒子。10 亿电子伏特（GeV）量级加速器的建造，开启了人工制造新粒子大门。此后，新粒子数量迅速增长。部分物理学家开始怀疑这些粒子是否都是基本的，相继提出费米-杨（杨振宁）模型、坂田模型和八重法方案。1964 年，盖尔曼（M. Gell-Mann）提出强子由携带分数电荷且具有 SU（3）对称性的"夸克"构成。[2]几乎同时，兹威格（G. Zweig）和毕德曼（A. Petermann）也提出类似想法，但兹威格的论文由于想法新颖没有被审稿者认可，被拒绝发表。

"夸克"概念的引入促使物理学家深入研究强子结构。1964—1965 年，实验物理学家设计多种实验寻找自由夸克，但结果几乎都是否定的。这令多数物理学家怀疑夸克。事实上，盖尔曼在提出夸克时就采取迂回态度，将其看作一种数学符号。同时期，物理学家的兴趣集中于对称性理论。派斯（A. Pais）等将核物理的 SU（4）对称性推广到强子的静态 SU（6）对称性，不仅提供一种更高对称性的强子分类体系，且理论预言的强子质量公式和核子磁矩比与实验符合较好。随后，萨拉姆（A. Salam）与合作者将 SU（6）对称性做相对论推广为 Ũ（12）对称性。Ũ（12）对称性能包含 SU（6）对称性全部结果，却存在其他严重问题。

尽管多数物理学家怀疑夸克，但还是有个别物理学家严肃对待。他们对于实验未探测到夸克的解释是其质量大，当时对撞机能量不足以产生这类粒子。其中，意大利物理学家莫尔普戈（G. Morpurgo）就坚信夸克真实存在，质量约为 5GeV，于 1965 年提出非相对论夸克模型[3]，给出模型检验方法，甚至亲自设计实验寻找自由夸克。同一时期，中国物理学家的关注点逐渐由色散关系、对称性理论等聚焦到强子结构问题，由强子内部存在更基本的物理实体出发，在分析实验和理论基础上提出了层子模型。

二、国际政治和哲学对中国粒子物理研究的影响

中华人民共和国成立初期"一边倒"地靠向苏联，获得苏联在经济、科技、文化和军事等领域的援助。为促进核物理理论和实验发展，中国在 1956—1965 年先后选派 140 余位学者参与位于杜布纳的联合核子研究所工作。中苏交恶后，中国政府鼓励学者们与亚、非、拉、大洋洲的同行交流，注意发展与日本等国家的学术交流，支持召开 1964 年北京科学讨论会，以打破发达国家孤立中国的局面。两年后，又在北京召开单科性学术会议——暑期物理讨论会。日本学术界组织一流科学家参加两次会议，促进了中日科学界，尤其是物理学界的交流。

坂田昌一（S. Sakata）是在科学研究中自觉运用唯物辩证法的日本物理学家，也是

[1] 陈佳洱. 20 世纪中国知名科学家学术成就概览·物理学卷·第二分册. 北京：科学出版社，2014：92-105.
[2] Gell-Mann M. A schematic model of baryons and mesons. Physics Letters，1964，（8）：214-215.
[3] Morpurgo G. Is a non-relativistic approximation possible for the internal dynamics of elementary particles? Physics Physique Fizika，1965，2（2）：95-105.

一名左派社会活动家，关注社会主义国家苏联和中国的发展[①]。在中日政府尚未建交时，他于 1956 年应邀访问苏联和中国。[②]此后，坂田积极推动中日物理学界交流，刺激中国粒子物理学发展。1961 年，他以日文发表《关于新基本粒子观的对话》（『新素粒子観対話』）。这篇文章被翻译成俄文，又由俄文译为中文。文中基本粒子可分观点引起毛泽东的注意。事实上，这与毛泽东希望中国尽快研制原子弹以及关心物理学中的哲学问题有关。1955 年 1 月 15 日[③]，毛泽东主持召开中共中央书记处扩大会议，听取地质学家李四光、物理学家钱三强的汇报，做出研制原子弹的决策。毛泽东在会上还与钱三强讨论了原子、基本粒子等是否可分的问题。他坚信基本粒子可分[④]。几年后，毛泽东得到关于物质无限可分的自然科学论据，并在多种场合称赞坂田的工作。北京科学讨论会召开前几天，毛泽东在一次关于哲学的谈话中讲到自己认同列宁"凡事都可分"以及中国先哲庄子"一尺之棰，日取其半，万世不竭"的论断[⑤]。北京科学讨论会期间，毛泽东当面祝贺坂田在粒子物理研究中的成果。第二天，他还特意召见物理学家周培源和哲学家于光远，从坂田文章讲起，比较系统地谈了他对自然辩证法的见解。

毛泽东对坂田文章的赞赏在中国学术界引起非同一般的反响。他的文章很快重新由日文译成中文并加注释，连同哲学家根据毛泽东几次谈话内容起草的编者按都刊登在中共中央主办的《红旗》杂志和《人民日报》上（图 1）。紧接着，各地组织哲学界、物理学界等各行业工作者围绕坂田文章展开座谈，并与当时中国关于"一分为二"与"合二为一"哲学争论结合。讨论内容逐渐由如何在科学研究中自觉地运用辩证唯物主义具体到如何自觉地运用毛泽东思想指导科学技术工作。上述座谈会发言发表在《红旗》、《光明日报》和《自然辩证法研究通讯》等重要大报和期刊上，充分体现毛泽东和中共中央高度重视有关哲学的科学问题。

图 1　《红旗》1965 年第 6 期刊登的坂田昌一的《关于新基本粒子观的对话》

① 刘金岩, 吴岳良, 张柏春. 坂田昌一及其对理论物理学的贡献. 自然辩证法研究, 2012,（5）：117-121.
② 刘金岩, 张柏春, 吴岳良. 坂田昌一与中国科学家及毛泽东的交往. 自然科学史研究, 2015, 34（1）：39-60.
③ 目前, 有学者研究发现, 会议时间可能是 1955 年 1 月 16 日.
④ 钱三强. 钱三强文选. 杭州：浙江科学技术出版社, 1994：271.
⑤ 龚育之. 自然辩证法在中国（新编增订本）. 北京：北京大学出版社, 2005：124-125.

坂田的工作和毛泽东的物质无限可分思想直接影响了中国物理学家的研究方向。事实上，坂田在 1956 年访华时介绍了自己刚提出的坂田模型，但当时并未引起中国物理学家的注意，直至毛泽东赞赏坂田的文章后才引起强烈的关注。朱洪元、何祚庥等对哲学感兴趣，曾撰文讨论粒子物理学中的哲学问题[①]。1964 年北京科学讨论会期间，他们同坂田讨论物理学与辩证唯物论之间的关系。当中国科学界座谈坂田文章时，朱洪元表现积极。他不仅介绍坂田的工作，还表示在基本粒子研究中要坚持毛泽东思想指导，预言酝酿中的第四次突破，即"将要进一步发现基本粒子内部的结构，并揭露属于基本粒子领域的更深入一层的矛盾"[②]。

1965 年 6 月，中国物理学家开始筹备第二年召开的暑期物理讨论会。中国物理学会决定 1966 年 5 月前完成学术方面的准备。鉴于基本粒子物理研究队伍较大，确定由朱洪元、胡宁和汪容负责采取集体合作方式，从基本粒子分类、对称性和结构，基本粒子相互作用和基本粒子理论中的数学方法方面准备报告内容，并尝试总结一定的方法论。为保证研究力量，中国科协协助提前调回正在农村参加"四清运动"的青年研究人员。[③]

三、层子模型的提出

已有实验结果和粒子物理对称性理论与化学元素周期表对比结果都表明基本粒子有结构。作为暑期物理讨论会粒子物理学科负责人之一，朱洪元将毛泽东的物质无限可分思想与粒子物理理论联系起来。他邀中国科学院数学研究所戴元本共同研究基本粒子结构问题，提出存在比基本粒子更基本的真实粒子。随后，朱洪元、何祚庥、汪容、戴元本和冼鼎昌等围绕该问题展开讨论，初步形成强子结构模型的基本思想。[④]他们假设基本粒子由"亚基本粒子"组成，即与 SU（3）、SU（6）对称性基础表示的基相对应的粒子。"亚基本粒子"性质满足盖尔曼关于夸克性质的假设，但质量很重，约 10GeV。

紧接着，讨论范围逐渐扩大，形成出中国科学院原子能研究所、中国科学院数学研究所、北京大学和中国科学技术大学的青年教师和研究生组成的"北京基本粒子组"。[⑤]自 1965 年 9 月起，北京基本粒子组定期组织报告会（图 2）。朱洪元、胡宁分别在前两次报告中介绍近代物理学重大发展、对称群及其群表示。北京大学成员在对称性理论研究方面有基础，在报告会上各有侧重地、综述性地介绍强、电磁、弱相互作用以及对称性理论。中国科学院数学研究所侯伯宇和中国科学院原子能研究所汪容分别介绍国际上关于用各种群研究强子对称性的工作和 Para 统计。此外，讨论内容还涉及盖尔曼工作、夸克模型与坂田模型异同、$S\tilde{U}$（12）对称性、CP 破缺等。最初两个星期内，北京基本粒子组连续组织六次集中报告会。此后四个单位分别召开学术讨论会，每星期至少召开

① 朱洪元，周光召，汪容，等. 现代基本粒子理论的新发展以及其中存在的一些哲学问题. 自然辩证法研究通讯，1960，（4）：65-68.
② 张文裕，朱洪元，汪容. 基本粒子物理学的发展与展望. 科学通报，1965，（5）：664-666.
③ 关于 1966 年国际物理讲习会有关问题的请示报告. 北京：中国科学院档案馆，1966-01-059-02.
④ 中国科学院理论物理研究所戴元本院士访谈，2012 年 8 月 25 日.
⑤ 事实上，讨论组最初并没有特定称呼，"北京基本粒子组"是为准备"暑期物理讨论会"而提出的.

一次全体报告会，交流协调研究工作进展。

图 2　基本粒子理论研究座谈会
资料来源：摄于 20 世纪 70 年代，采自《人民画报》

朱洪元、何祚庥等少数北京基本粒子组成员曾参与中国核武器理论预研工作。此外，中国科学院原子能研究所还承担调研建造高能加速器方案等工作。尽管部分成员对粒子物理最新发展有些生疏，但朱洪元还是果断带领研究组将研究方向转向强子结构研究。考虑到要为暑期物理讨论会准备报告，时间紧迫，他采取"速成法"培养研究生，要求学生基于前人研究结果立即做题目，强调正确的物理结果优先于漂亮的数学形式。北京大学成员基础较好，参与研究较多。中国科学院数学研究所年轻成员则在戴元本的指导下做研究。

研究强子结构需处理质心运动为相对论性的"外轻内重"束缚态问题（即"亚基本粒子"比由其组成的束缚态重）。量子场论框架下已有的描述束缚态的相对论性方程是贝特-萨尔皮特方程（Bethe-Salpeter equation，简称 B-S 方程），但方程本身还有很多问题尚未解决，且物理学家对其方程解和物理意义存在疑义。于是，朱洪元等决定不去探讨束缚态的相对论性方程及其解的问题，尝试直接引入基本粒子内部结构波函数解释和联系实验结果。他们将强相互作用分为超强相互作用[SU（3）对称]和次强相互作用[破坏 SU（3）对称]，前者的强度远大于后者的。计算相互作用矩阵元时可忽略由次强相互作用产生的对基本粒子内部结构波函数的一阶修正。因此，可假定质心系下 35 维表示介子（或 56 维表示重子）波函数空间部分完全相同，赝标介子八重态、矢量介子八重态（或重子八重态、重子十重态）分别具有相同的自旋波函数。由核子电磁形状因子可知，"亚基本粒子"在基本粒子内部的动量（0.2—0.3GeV）远小于其静止质量。假设"亚基本粒子"自旋为 $\frac{\hbar}{2}$，在基本粒子质心系下可忽略"亚基本粒子"自旋波函数的小分量，由此确定基本粒子自旋波函数。经洛伦兹变换后便可得运动中的基本粒子自旋波函数。"亚基本粒子"在基本粒子内部运动速度小，假设其间通过瞬时相互作用结合为束缚态，于是，基本粒子内部结构的四维波函数可用三维波函数表示。对强子内部做非相对论近似后可简化强子动态过程计算。朱洪元等借鉴非相对论量子力学的波函数概念和相关计算方法，提出介子衰变和跃迁过程快慢分别由介子零点波函数和始末介子波函数重叠积分决定。[①]基于上述考虑，中国科学院原子能研究所提出强相互作用粒子的相对论

①　中国科学院原子能研究所基本粒子理论组. 强相互作用粒子的结构的相对论性模型. 原子能，1966，（3）：137-150.

性结构模型。朱洪元、何祚庥组织研究生计算了强子电磁相互作用和弱相互作用具体过程并与已有实验数据进行比较。

考虑到对 B-S 方程做瞬时相互作用近似并不具有完全相对论性，中国科学院数学研究所和北京大学成员合作提出强相互作用粒子结构模型及其协变场论方法。[①]模型假设强作用粒子是由"基础粒子"组成的复合粒子。强相互作用粒子参与的相互作用可归结为"基础粒子"同其他场的相互作用。随后，他们给出书写具体物理过程的 S 矩阵元费曼规则，讨论了重子和介子情况，并由此计算强子的各种电磁和弱作用过程。利用该方法做计算时需了解介子和重子结构波函数形式。原则上，强子结构内部波函数应从"基础粒子"之间相互作用的基本运动方程求解。鉴于当时不清楚运动方程的具体形式，他们从标准的协变性及其时空对称性考虑，猜测介子和重子波函数的普遍形式。此外，利用已有场论束缚态运动方程（如 B-S 方程），结合一定的物理考虑，讨论波函数性质。

除上述两批研究结果外，北京基本粒子组成员还讨论了夸克之间超强相互作用的性质和耦合形式、高自旋重子激发态以及夸克统计等问题。在中国科学院原子能研究所进行第一批计算期间，戴元本注意到莫尔普戈发表利用 FockBase 计算夸克组成介子的文章。这与他之前的想法类似。看到有同行发展这种方法，戴元本担心被外国人抢先，于是用相同方法计算 π 介子相关过程。随后，对于是否发表，他征求了朱洪元的意见。朱洪元认为，此时国外多数物理学家尚未注意强子结构问题，建议不要单独发表文章，以免"透漏风声"，北京基本粒子组要做出一批成果在国际会议上报告，以取得这一领域的学术优先权。[②]一段时间后，朱洪元等得知达里兹（R. H. Dalitz）也在做类似研究，但重点关注强子谱。于是，他们决定在不对外的期刊上以中文立即发表研究成果。在中国科学院原子能研究所所长钱三强和北京大学副校长周培源的支持下，1966 年《原子能》和《北京大学学报（自然科学版）》设立"基本粒子"结构理论专刊发表上述成果（图3）。

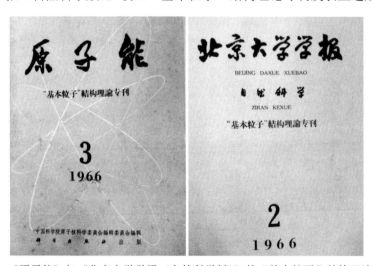

图 3　《原子能》与《北京大学学报（自然科学版）》的"基本粒子"结构理论专刊

① 北京大学理论物理研究室基本粒子理论组，中国科学院数学研究所理论物理研究室. 强相互作用粒子的结构模型. 北京大学学报，1966，（2）：103-123.
② 中国科学院理论物理研究所戴元本院士访谈，2012 年 8 月 25 日。

中国政府非常重视召开北京暑期物理讨论会，于 1966 年 2 月下旬和 5 月下旬组织两次学术筹备会议。第二次筹备会召开时，中国刚刚爆发"文化大革命"。评审论文时要判断该工作是否体现"自力更生"走自己道路的精神，是否立足于中国，是否用毛泽东的《矛盾论》和《实践论》指导。筹备会将《基本粒子研究的方法论》选为"战斗性文件"之一，建议文章高举"毛泽东思想伟大红旗"，体现"文化大革命"时代精神，系统写出中国共产党的领导、群众路线和大协作等在基本粒子研究中的作用和经验。《基本粒子研究的方法论》后更名为《在毛泽东思想光辉照耀下研究基本粒子理论》，是暑期物理讨论会的重点论文之一。[1]筹备会期间，钱三强提议为基本粒子组分统一名称。冼鼎昌建议取作 straton，简称"层子"，以强调"层子"也并非物质结构的最终单元，而只是物质结构无限层次中的一个层次，"层子"也具有内部结构。[2]

1966 年 7 月 23—31 日，北京暑期物理讨论会召开（图 4）。中国代表团团长为周培源，成员均经过严格审查，凡是审查不合格的，即使在研究过程中起重要作用的成员也不能参会。自 7 月 24 日起，暑期物理讨论会分基本粒子物理、原子核物理、固体物理和物理教学四组宣读论文和讨论。26 日上午，中国科学院原子能研究所汪容副研究员在全体会议上做题为《在毛泽东思想光辉照耀下研究基本粒子理论》的报告（图 5）。日本广岛大学小川修三教授也在全体会议做报告，题目为《基本粒子理论的新发展——坂田模型》。相比于汪容的报告，小川修三的报告在物理内容上更专业。他强调日本物理学家的工作是在坂田和武谷三男方法论影响下以集体合作方式进行的。

图 4 1966 年北京暑期物理讨论会开幕式
资料来源：美国纽约市立大学胡大年教授提供

① 关于举行物理讲习会的方针和有关问题的请示. 北京：中国科学院档案馆，1966-01-060-02.
② 中国科学院理论物理研究所戴元本院士访谈，2014 年 4 月 24 日。

图 5　汪容代表北京基本粒子组在全体会议上做《在毛泽东思想光辉照耀下研究基本粒子理论》
资料来源：为反帝反殖和发展民族科学文化而斗争——参加物理讨论会的四大洲科学家在北京.
人民日报，1966-08-02（8）

在基本粒子分组会议上，各国代表讨论了汪容的大会报告和北京基本粒子组宣读的三篇层子模型论文。[①]大部分代表支持中国的基本粒子研究方法，但也有代表持不同意见。1966 年 7 月 27 日晚，著名粒子物理学家、伦敦帝国学院教授萨拉姆抵京。原则上，暑期物理讨论会不邀请欧美学者参会，但鉴于萨拉姆担任巴基斯坦总统科学顾问且具有极其出色的粒子物理研究成果，筹备组还是决定邀请他参会。他随后在全体会议上作题为《关于强相互作用的新想法》的报告，介绍了西方基本粒子理论的最新发展和他本人近期的工作（图 6）。萨拉姆对中国物理学家的基本粒子结构研究印象深刻，希望 1968 年北京科学讨论会举行时中国基本粒子理论能取得长足进展。[②]

图 6　萨拉姆（右）与参加北京暑期物理讨论会的代表讨论学术问题
资料来源：采自《中国全球图片总汇》

暑期物理讨论会期间，各国代表希望见到毛泽东主席。1966 年 7 月 31 日下午和晚上，刘少奇、毛泽东分别接见了参会代表。

按计划，暑期物理讨论会结束后将以英文正式发表层子模型理论。然而，受"文化大革命"影响，中国大多数科研活动停止、学术期刊停刊，使得这一计划搁浅。不过这

---

① 各国代表对我基本粒子报告的反映. 北京：中国科学院档案馆，1966-01-061-35-110.
② 北京物理讨论会各国科学家决心贯彻自力更生精神 打破帝国主义垄断 发展民族科学文化 十七国的七十八位科学家分别宣读八十三篇论文或报告. 人民日报，1966-07-31（5）.

期间还是有领导人关心基本粒子研究。1967 年 5 月,国家科学技术委员会在北京召开"基础理论研究座谈会"。国务院分管科技工作的副总理聂荣臻元帅在会上指示[①]:

> 基本粒子,去年在北京物理讨论会上有一篇论文,明年如果搞,只一年的时间,很仓促呀!应该有一个题目。去年放了一炮,第二炮就不响了,怎么行?我们要在此基础上好好准备明年的科学讨论会。

但受"文化大革命"影响,1968 年北京科学讨论会未能举行。中国科学院副院长、物理学家吴有训也关心基本粒子理论研究。1972 年 1 月 23 日,他给周恩来总理在中国科学院的联络员刘西尧写信,期望重点抓一抓层子模型理论研究,争取短期内取得新成果。他还建议派代表参加一次高能物理会议报告层子模型理论的新旧成果,以反映"文化大革命"以后中国科学研究的新面貌。[②]刘西尧第二天即做出批示支持吴有训的想法。周恩来总理也关心高能物理的发展。1972 年 8 月,张文裕、朱洪元等 18 位粒子物理学家联名给周恩来写信呼吁重视高能物理研究。周恩来在回信中明确指出,"这件事不能再延迟了。科学院必须把基础科学和理论研究抓起来,同时又要把理论研究与科学实验结合起来。高能物理研究应该成为要抓的主要项目之一"[③]。

中央领导人对基本粒子研究的重视使得层子模型理论在"文化大革命"期间取得零星发展。随着学术期刊的逐渐复刊,相关成果陆续发表。实验物理学家则试图寻找自由层子。1972 年 6 月,中国科学院原子能研究所云南落雪山宇宙线观测站利用大型磁云室发现一个超高能作用事例,被认为是层子候选事例。这引起中国高能物理学界和周恩来的重视。不过,该事例后来并未得到证实。

就在中国基本粒子研究基本停滞之时,国际学界在理论和实验上取得了重大进展:发展了弱电统一理论、色量子数和量子色动力学(quantum chromodynamics,QCD)。此外,非阿贝尔规范场的渐近自由性质的发现使得利用微扰论处理强相互作用成为可能。粲夸克、底夸克以及"三喷注"夸克、反夸克和胶子喷注等现象的发现使得物理学家公认 QCD 是描述强相互作用的正确理论,即强子由两个或三个夸克(以及内部无数对夸克和反夸克对)通过带色胶子束缚在一起。自此,包含弱电规范理论和 QCD 以及以轻子、夸克、胶子、光子、$W^{\pm}$、Z^0 为内容的粒子物理标准模型被建立起来。

随着"文化大革命"的结束,自然科学研究在中国重新受到重视,粒子物理理论研究也逐渐恢复。科普期刊《高能物理》和专业学术期刊《高能物理与核物理》相继创刊。钱三强、周培源等组织召开多次粒子物理会议。1977 年召开北京高能物理计划会议和安徽黄山基本粒子座谈会。第二年 8 月,在江西庐山召开"文化大革命"后的首次中国物理学会年会。周培源在开幕式讲话中建议物理学家注意层子满足的运动方程[④]。庐山会议期间举行了基本粒子讨论会,总结国内外强子结构理论和实验进展并预见未来研究方向。

① 聂荣臻. 聂荣臻科技文选. 北京:国防工业出版社,1999:606.
② 郭奕玲. 吴有训文集. 南昌:江西科学技术出版社,2007:424-425.
③ 朱光亚. 铭记周总理的教导　努力搞好科学技术研究工作//人民出版社资料组. 人民的好总理. 下册. 北京:人民出版社,1977:96-99.
④ 周培源同志在基本粒子会议开幕式上的讲话(录音稿)//强子结构理论报告集. 一九七八年中国物理学会年会基本粒子会议. 1980:3-4.

1980 年 1 月 5—10 日在广州召开世界华裔物理学家参加的基本粒子物理讨论会。这次会议被看作是"粒子物理理论研究在中国恢复工作的一个大检阅"。[1]李政道、杨振宁等著名华裔物理学家悉数出席。朱洪元做题为《关于层子模型的回忆》的大会报告（图7）。[2]他在报告中系统总结层子模型计算结果，首次正式给出参与层子模型计算工作的39 人名单。朱洪元报告引起会议代表的普遍重视。李政道称该报告"很重要，是具有历史意义的回忆"[3]。在讨论过程中，有代表反映在国外很难找到层子模型相关资料，建议提供原始论文。李政道则提议将层子模型论文重新整理并用英文向国外发行。该提议得到与会人员的普遍赞同。遗憾的是，层子模型工作至今未整理成英文发表。广州会议结束后，国内代表建议相对客观地总结层子模型工作，于是，朱洪元、宋行长和朱重远合作撰写《层子模型的回顾与展望》一文。[4]

图 7　朱洪元在广州粒子物理会议上做《关于层子模型的回忆》报告
资料来源：采自《中国全球图片总汇》

为掌握强子结构和强作用唯象理论的最新进展，1980 年 10 月在武汉召开强子结构讨论会。胡宁在会上表达了自己对层子模型的看法，强调学物理的人应该有观点、有信念，在事实面前勇于修正自己的观点。他建议关注 QCD，尤其关注深度非弹问题。[5]朱洪元在致闭幕词时将广州会议视为中国粒子物理发展的一个阶段的完成，而武汉会议则是一个新阶段的开始。朱洪元预见粒子物理未来发展将集中在强相互作用、强子结构的理论和大统一理论，建议充分重视刚兴起的层子谱、轻子谱、层子结构和轻子结构等研究。他认为这个研究领域最早由中国物理学家提出，不应拱手让人。随着物理学界公认 QCD 理论作为描述强相互作用的正确理论，层子模型理论在中国粒子物理学界的主导地位逐渐降低。此后，中国粒子物理学家的研究领域拓展到规范场理论、QCD、强作用

① 朱洪元. 闭幕词//华中师院学报编辑部. 1980 年武汉强子结构讨论会文集. 武汉：华中师院学报编辑部.
② Tzu H-Y. Reminiscences of the straton model//Hu N，Tsu H-Y. Proceedings of the 1980 Guangzhou Conference on Theoretical Particle Physics. Beijing：Science Press，1980：4.
③ 广州从化粒子物理会议简报第 7 期 海外学者对层子模型的反映. 北京：中国科学院档案馆，1980-36-0012-0008.
④ 朱洪元，宋行长，朱重远. 层子模型的回顾与展望. 自然辩证法通讯，1980，（3）：19-23.
⑤ 胡宁. 在强子结构讨论会上的讲话//华中师院学报编辑部.1980 年武汉强子结构讨论会文集. 武汉：华中师院学报编辑部：107.

的现象性理论、引力理论、大统一理论等方向。1982 年，层子模型获国家自然科学奖二等奖，主要获奖人为朱洪元、胡宁、何祚庥、戴元本。

四、国外物理学家对层子模型的评价

暑期物理讨论会期间，日本代表团高度关注层子模型。其实，周培源在给坂田等的邀请电报中提及中国物理学家关于基本粒子内部结构的研究，认为"其中包含在欧美流行的对称性理论的积极的一面，同时还消除了其中存在的困难，获得了很有趣的成果"[①]。因此，坂田在讨论会召开之前便预料"中国科学家关于基本粒子论要发表有雄心的成果"。参加讨论会的名古屋大学早川幸男（S. Hayakawa）教授写信告知留在日本参加京都会议的坂田："中国的研究工作绝不是日本的一部分报纸、周刊杂志所中伤的那样的没有内容的工作，而是内容很充实的高水平的研究。"[②]他认为层子模型研究比日本物理学家的工作更细致和系统，中国青年研究力量达到了日本朝永振一郎年代的景象。秘书小川修三则认为："中国层子模型方向对头，是向更深一层迈进了一步，日本在 1960 年时就想迈一步，但一直没有迈下去。这回中国迈进了，我们要很好地讨论，使得这方面工作有更大的进展。"[③]讨论会闭幕后，日本代表团又同中国物理学家举行了为期三天的交流会，详细讨论了层子模型。在讨论过程中，部分日本代表不满中国强调毛泽东思想指导基本粒子研究，认为层子模型也应该归功于坂田。返日后，他们详细地介绍了暑期物理讨论会的情况，并汇报了中国层子模型的具体内容。

从 20 世纪 60 年代末开始，中美冻结多年的外交关系开始解冻。美国放松其公民到中国旅游限制和对华贸易限制，并开始与中国进行外交接触。1971 年，杨振宁借机提出访华请求。他先后在上海和北京做了三场学术报告。在北京的报告题目为《基本粒子的空间结构》。北京接待组在杨振宁报告前组织物理学家了解国际基本粒子研究进展，调研杨振宁近期工作并概括性地总结层子模型理论。[④]杨振宁报告结束后，由中国科学院原子能研究所李炳安介绍层子模型工作。不过，杨振宁对基本粒子结构问题有不同看法。他虽然赞同基本粒子有空间结构，但并非由更深一层的粒子组成。在随后的座谈中，杨振宁认为层子模型理论提出时国际上的相关研究者并不多，建议中国物理学家围绕层子模型写一本书以便讨论，同时有助于整理和明确中国物理学家思想。[⑤]事实上，杨振宁回国前并不清楚层子模型的具体内容，他是从《纽约时报》（*The New York Times*）上看到关于层子模型的介绍的。为使他深入了解层子模型且便于他返美后做介绍时有所依据，周培源和张文裕建议赠送他遴选的 1966 年暑期物理讨论会上宣读的三篇论文。他们认为"这实际上也是为我们在基本粒子的研究中宣传毛泽东思想"。

① 外宾情况简报——接待日本坂田夫人情况简报：中国的基本粒子观和基本粒子论：科学的新风貌（坂田昌一）. 北京：中国科学院档案馆，1973-04-0030-0018.
② 北京科学讨论会 1966 年暑期物理讨论会接待简报第 23 号. 北京：中国科学院档案馆，1966-01-060-27.
③ 北京科学讨论会 1966 年暑期物理讨论会接待简报第 23 号. 北京：中国科学院档案馆，1966-01-060-27.
④ 接待美籍中国科学家杨振宁情况简报第 16 期. 北京：中国科学院档案馆，1972-04-0060-0019070.
⑤ 杨振宁来华专卷（一）——中国物理学家杨振宁学术报告（之二）. 北京：中国科学院档案馆，1972-04-0060-0037.

返美后，杨振宁在接受《今日物理》（*Physics Today*）高级编辑卢布金（G. B. Lubkin）访谈时提到层子模型，认为"文化大革命"前中国的高能物理"非常活跃"。[1]1973 年 7 月 17 日，毛泽东在中南海书房接见杨振宁。谈话中，毛泽东再次强调物质无限可分。他向杨振宁询问哥本哈根学派近况以及光量子是否可分。杨振宁回答：这个问题尚未解决。毛泽东表示，他自己认为物质是无限可分的，如果物质分到一个阶段变成不可分了，那么一万年以后，科学家便无事可做了。谈话期间，毛泽东还询问坂田昌一的近况。此外，毛泽东还提到公孙龙和惠施，并说"一尺之棰，日取其半，万世不竭""飞鸟之影，未尝动也""天下之中央，燕之北，越之南""白马非马"等。针对毛泽东提出的粒子是否可分，杨振宁回答：国际上对基本粒子是否可分有两种观点，一种认为基本粒子有构造，但观察不到，另一种认为能观察到，不过当时还没看到[2]。

萨拉姆也关注层子模型发展。暑期物理讨论会结束后，他随即参加在美召开的第十三届国际高能物理大会。何祚庥曾撰文提到萨拉姆在会上宣传层子模型[3]，不过，笔者在会议文集中未见相关文字记录。1972 年 9 月初，萨拉姆再次访华并做学术报告。报告内容涉及粒子物理前沿问题，内容包括他近期的工作，甚至包括尚未发表的重要研究成果。萨拉姆报告受到听众的一致好评。报告结束后，他又同张文裕、汪容、何祚庥等 20 多位物理学家座谈，认真回答中国学者提出的学术问题并介绍国外研究动态，使中国科学家及时了解国际同行工作。在同中国学者交流中，萨拉姆多次称赞层子模型并关心研究进展[4]。与萨拉姆一起分享 1979 年诺贝尔物理学奖的另外两位物理学家——格拉肖和温伯格也曾关注层子模型。

五、结语

中国物理学家提出层子模型顺应了粒子物理学的发展趋势。他们在国际主流视强子为点粒子之际，思考粒子物理发展方向，从强子内部有物理实体出发，借鉴核物理和量子场论方法，绕过求解束缚态场论方程问题，引入强子内部结构波函数和层子波函数的重叠积分等概念，给出一套计算 S 矩阵元的近似方法。他们较系统地研究了强子的电磁和弱衰变过程，所取得的部分理论计算结果与当时的实验较为符合，是强子结构的一个理论探索，在当时该方向上处于理论前沿。本来接下去应该研究更重要的基本问题，如层子质量、强作用的形式等问题，可惜由于"文化大革命"，北京基本粒子组的研究未能深入下去。而此时，国际上有少数物理学家正沿着这个方向进行研究，在这些问题上获得了突破，最终发展了 QCD。

中国物理学家既追求新知，又能适应特定的政治、意识形态、外交等方面的要求。唯物辩证法和毛泽东的物质无限可分思想对中国粒子物理研究产生了重要影响，而为 1966 年暑期物理讨论会所做的学术准备直接促进了层子模型的提出。中国物理学家能够适应当时的政治形势，接受了政府提倡的哲学思想并将之与粒子物理研究相结合，提出

① Lubkin G B. C. N. Yang discusses physics in People's Republic of China. Physics Today，1971，24（11）：61-63.
② 周培源. 毛主席的伟大旗帜是科学的旗帜——忆伟大领袖毛主席的两次谈话. 光明日报，1978-09-10（2）.
③ 何祚庥. 关于新中国理论物理研究的一段回忆. 北京党史，2005，（1）：55-58.
④ 萨拉姆报告及座谈会纪要. 北京：中国科学院档案馆，1972-04-0085-0020.

了自己的理论模型。层子模型从一定意义上说是在科学与政治互动的影响下形成的，"文化大革命"时期被视为毛泽东思想成功指导科学研究的典范。值得深思的是，中国与发达国家的不睦关系和国内学术环境使得中国物理学家们不易及时了解国际理论物理学的最新进展，而且通常不以外文发表所取得的新成果，甚至在对外发布新成果时有所保留，以至于层子模型对国际粒子物理学发展几乎未产生影响。这种现象也出现在当时中国的其他科学领域。

根据目前高能物理实验结果，在 10^{-15} 厘米尺度范围内还没有探测到夸克具有内部结构。即便如此，一批年轻的粒子物理学家在层子模型的建立过程中成长起来。当时参与模型计算的青年研究人员朝气蓬勃，敢于接受或提出新想法，提升了研究能力。在改革开放时期，他们和更加年轻的学者都融入国际粒子物理学界，在理论和实验研究中均有所收获。理论上，在量子场论大范围性质和规范场论等问题的研究中有所建树；实验上，北京正负电子对撞机精确测量了陶轻子质量，大亚湾反应堆中微子实验发现了中微子新的振荡模式。从某种意义上说，粒子物理研究是中国基础科学在 20 世纪 60 年代前后发展的一个缩影。

时间频率服务体系[*]

　　时间是最基本的物理量之一。时间标准是标注时间的依据，过去长期以地球自转的周期运动作为时间标准，现在以铯原子跃迁振荡频率作为时间标准。建立并保持时间标准，通过适当方式把这一标准的时间频率信息传递给用户，就叫做授时，或时间频率服务。它是一个国家的重大基础性工程。随着现代科学技术、国防安全、经济建设的需求变化，对时间频率精确度的要求越来越高。20世纪50年代，世界上许多国家都建有各自的无线电标准时间授时服务系统。新中国成立后，对这一亟待解决的问题非常重视。自50年代开始规划，至80年代短波授时台、长波授时台相继建成及运行，为我国国民经济、国防建设、科学技术等诸多行业和部门提供了可靠的高精度标准时间、标准频率服务，起着重要的、不可替代的作用。本文主要以长波授时台建设为节点，叙述新中国在时间频率服务上的早期发展历程及其所取得成果。

一、新中国时间频率服务的开端

　　1950年12月，徐家汇天文台[①]的授时工作由中国科学院紫金山天文台（简称紫金山天文台）领导，改称徐家汇观象台。[②]为满足国内经济建设的需要，每天继续用海岸电台发报机发播国际式和科学式时号，呼号XSG，对象是海上船舶。1952年1月1日改为发播标准科学式时号。[③]1953年10月1日，开始夜间时号的发播。[④]后租用上海国际电台5千瓦的发报机，从1954年7月1日零时起，开始以BPV为呼号，每天19时、21时和23时试播，标志着我国现代时间服务工作的诞生。1958年7月1日，开始标准频率的试播工作，最初试播10兆赫和1千兆赫两种频率标准，试播成功后，于1958年10月1日开始以BPV为呼号正式发播15兆赫、10兆赫、5兆赫、1千兆赫和440赫兹频率标准和秒脉冲信号，稳定度为5×10^{-9}。[⑤]1966年，中国科学院上海天文台（简称上海天文台）承接了国家科学技术委员会（简称国家科委）[⑥]下达的发

---

[*]　作者：邓亮。

① 徐家汇天文台，清同治十一年（1872年）二月由法国天主教耶稣会在上海徐家汇建立。1950年天文部分归紫金山天文台管理。1962年，徐家汇观象台和上海佘山观象台脱离紫金山天文台管辖，合并为上海天文台，直属中国科学院。

② 中国科学院编译出版委员会. 十年来的中国科学·天文学（1949—1959）. 北京：科学出版社，1959：7.

③ 刘鹏远. 上海天文台的时间发播工作. http://www.shao.cas.cn/tq/zgxy/201207/t20120726_3621868.html[2012-07-26].

④ 中国科学院编译出版委员会. 十年来的中国科学·天文学（1949—1959）. 北京：科学出版社，1959：7.

⑤ 刘鹏远. 上海天文台的时间发播工作. http://www.shao.cas.cn/tq/zgxy/201207/t20120726_3621868.html[2012-07-26].

⑥ 国家科学技术委员会于1958年成立，由1956年成立的科学规划委员会和国家技术委员合并而来，1970年与中国科学院合并，1977年9月恢复重建，1998年改名为科学技术部。

射人造地球卫星计划（651计划）的任务，对发报台仪器设备进行改进，为1970年4月24日我国发射第一颗人造地球卫星提供了授时保障服务。[1]1981年7月1日，因中国科学院陕西天文台（简称陕西天文台）[2]BPM短波授时台正式使用，BPV时号才停止发播。

除了上海天文台发播BPV时号外，中国科学院北京天文台（简称北京天文台）[3]在授时工作中起到重要作用。1958年8月，基于全国授时网的建设任务，北京天文台筹备处正式启动沙河站授时台基本建设。1959年成立授时组，人员由紫金山天文台调集。1960年6月成立沙河工作站，任命王绶琯为主任，陆续安装联邦德国生产的R/S7804石英钟组、法国生产的超人差棱镜等高仪、民主德国生产的蔡司中星仪。1960年5月1日，北京天文台授时组正式向中央人民广播电台提供精度为0.01秒的民用报时时号。1965年，授时组时纬观测资料、收时守时资料参加全国授时网的时号改正数计算。应国际时间局（BIH）的邀请，北京天文台于1982年下半年开始参加国际快速服务的联测，观测精度达到国际领先水平。[4]

在时间标准上，我国的综合时号改正数[5]也取得了重要成果。新中国成立后，我国曾使用过苏联的标准时间，但建立自己的时间基准是必要的。1959年，国务院将这一任务交由徐家汇观象台，由叶叔华负责。[6]从1959年开始，根据徐家汇观象台、紫金山天文台的测时、收时和守时结果，订定出我国的综合时号改正数。其后，北京天文台筹备处、中国科学院武汉测量与地球物理研究所分别于1961年、1963年参加，共有上海天文台光电中星仪、丹容等高仪，紫金山天文台目视中星仪，北京天文台光电中星仪、丹容等高仪，中国科学院武汉测量与地球物理研究所丹容等高仪，以及13具石英钟参与该项工作。由于我国综合系统的台站和仪器不多，因此采取以观测者或仪器为单位，计入系统差的方法来处理，并以徐家汇观象台和紫金山天文台1958年观测的权平均作为综合系统的起点[7]，得出1959—1963年的周年平均波动Em为±0.0030秒，系统差变幅ΔK为0.0071秒，1963年和1963年的MH表征精确度都是±0.0025秒，并在周年平均波动精确度方面和系统长期稳定性方面位居世界前列，总体已达到国际先进水平，被建议作为我国的世界时基准。[8]

[1] 苏锦源，沈志和. 忆周总理的两次接见. http://www.shao.cas.cn/tq/zgxy/201207/t20120726_3621803.html[2012-07-26].
[2] 中国科学院陕西天文台于1966年筹建，即326工程，2001年更名为中国科学院国家授时中心。
[3] 中国科学院北京天文台于1958年筹建，2001年与中国科学院天文领域其他台站中心整合而成中国科学院国家天文台。原北京天文台所在地作为中国科学院国家天文台总部。
[4] 中国科学院国家天文台. 中国科学院北京天文台台史（1958—2001）. 北京：中国科学技术出版社，2010.
[5] 世界时（universal time，UT）是一种基于地球自转的时间标准，是以平子夜作为0时开始的格林威治平太阳时，一秒为一个平太阳日1/86400。直接测定的世界时为UT0。加上极移改正数为UT1，再加上自转速率季节性变化改正数为UT2。初步的天文测时结果发布高精度的无线电时号与世界时存在微小差值，根据大量的天文测时结果加以订正的数值称为时号改正数，它的精确度集中地反映出世界时工作所达到的水平。
[6] 杨玉德. 我国综合世界时系统的建立和发展. http://www.shao.cas.cn/tq/zgxy/201207/t20120726_3621864.html[2012-07-26].
[7] 叶叔华，吴守贤. 我国的综合时号改正数. 科学通报，1966，（1）：9-10.
[8] 中华人民共和国科学技术委员会. 我国的综合时号改正数鉴定书//漆贯荣. 中国科学院陕西天文台（1966—2000）. 西安：陕西天文台印刷厂，2001：111-112.

二、短波授时台的建设

徐家汇观象台发播短波 BPV 时号，但由于发射功率小、地理位置受限，导致覆盖范围小，接收效果差，难以适应国家大规模经济建设的需要，尤其是不能满足新中国成立初急需进行的大地测量、国防建设的需要。[①]因此 1955 年秋，在制定全国科技发展规划中列出拟在兰州筹建西北授时台，但苏联专家审议时指出兰州为地震多发区，不宜建授时台，因此兰州建台一事遂搁置，所准备的人员和设备转至正在筹建的北京天文台。1956 年国务院科学规划委员会制定的《1956—1967 年科学技术发展远景规划纲要（修正草案）》中依然指出，天文学的发展重点之一就是授时与纬度变化，同时五十七项重要科学技术任务中提及建立国家授时站网是进行地图测绘的重要条件，在统一计量系统中提出要建立时间计量基准。[②]

1965 年 8 月，国家科委在《我国的综合时号改正数》鉴定书中再次指出，从战略上考虑，建议中国科学院在西部地区从速增设一个授时台。[③]8 月 28 日又选派上海天文台周尊博、苗永瑞和天津纬度站的朱永和组成西北授时台（暂名）选址工作组，赴新疆、青海、甘肃、陕西考察选址，初步选定陕西省武功县。[④]11 月，国家科委在 651 计划中建议在西安地区建立短波授时台以满足需要。[⑤]12 月 12 日，国家科委召开座谈会，认为西北授时台应立即进行筹建，由中国科学院负责筹建。1966 年 2 月 7 日，上海天文台提出筹建方案和第一期基建设计方案。3 月 26 日，周恩来总理主持召开国务会议，批示同意在陕西中部建立中国的授时中心。同年 3 月，中国科学院决定在陕西省关中地区筹建授时台，属"三线"单位，代号为"中国科学院 326 工程"（简称 326 工程），筹建工作由西北分院负责，技术工作由上海天文台负责，主要技术力量从上海天文台、北京天文台、紫金山天文台抽调支援。4 月报送基建设计，但因原预选台址武功县不符合备战要求，5 月 15—23 日，经过联合组织再次选址，并征得中共中央西北局无线电管理委员会、陕西省军区同意，台址改设于蒲城县。[⑥]1966 年 9 月 12 日，中国科学院重新向国家科委、国家计划委员会（简称国家计委）报送了基建设计任务书，暂定名为西北天文台。[⑦]10 月 17 日，326 工程筹建处正式办公，启用印章。1968 年 8 月，在中国科学院召开的 326 工程业务方向论证会上明确了 326 工程以授时为中心，开展世界时、原子时研究，采用

① 刘鹏远. 上海天文台的时间发播工作. http://www.shao.cas.cn/tq/zgxy/201207/t20120726_3621868.html[2012-07-26].

② 《1956—1967 年科学技术发展远景规划纲要（修正草案）》. http://www.most.gov.cn/ztzl/gjzcqgy/zcqgylshg/200508/t20050831_24440.htm[2005-08-31].

③ 中华人民共和国科学技术委员会. 我国的综合时号改正数鉴定书//漆贯荣. 中国科学院陕西天文台（1966—2000）. 西安：陕西天文台印刷厂，2001：111-112.

④ 西北授时台（暂名）第一期基本建设设计任务书//漆贯荣. 中国科学院陕西天文台（1966—2000）. 西安：陕西天文台印刷厂，2001：124-126.

⑤ 时间统一、勤务系统的初步方案//漆贯荣. 中国科学院陕西天文台（1966—2000）. 西安：陕西天文台印刷厂，2001：113-117.

⑥ 中国科学院西北分院. 关于三二六工程地点问题//漆贯荣. 中国科学院陕西天文台（1966—2000）. 西安：陕西天文台印刷厂，2001：134.

⑦ 中国科学院. 报送西北天文台基本建设设计任务书//漆贯荣. 中国科学院陕西天文台（1966—2000）. 西安：陕西天文台印刷厂，2001：128.

短波发射时号。①

1970年7月18日，短波发射系统基本建成。10月17日上报国务院，将326工程定名为中国科学院陕西天文台，并请求试播。12月15日开始试播，呼号为BPM，采用10米小天线，发播频率为2.5兆赫、5.0兆赫、10.0兆赫、15.0兆赫。②试播工作由吴守贤抓总，历时三年，其间监测发现发射功率小，信号波形未达设计要求，有效覆盖半径为2000千米，说明10米小天线方案不成功。1973年停播，实施扩建，增加发射机，恢复30—60米高铁塔天线，时间基准由石英钟逐步采用原子钟。1975年1月，中国科学院决定在BPM短波台扩建基础上增设3台150千瓦发射机和相应的多副定向天线。③1980年12月18—25日，中国科学院在临潼召开短波授时台技术鉴定会，认为BPM短波授时台发播精度、覆盖范围和发播能力都达到了设计要求。④1981年7月1日，经国务院同意，BPM短波授时台正式投入使用，同时上海天文台的BPV时号停止发播。⑤1998年12月18日，陕西天文台短波授时台完成搬迁改造，此后还不断进行升级改造，服务至今。

BPM短波授时台的建成，是我国现代授时技术发展的标志性事件。它由原子时间基准、发播控制、发射系统、接收监测等部分组成，通过电台发播标准时间和标准频率无线电信号，全天24小时发播，时号内容包括世界时、协调时和科学式时号，标准时间发播精度达到毫秒量级，授时距离大于3000千米，覆盖全国。⑥

三、长波授时台的建设

随着国民经济、国防建设和科学技术的发展，特别是战略武器和空间技术的试验研究，对时间同步精度的要求已提高到微秒量级。同时由于中国国土辽阔，又要求授时系统覆盖范围要大，因此急需建设长波授时系统。

实际上，在国家科委651计划中提出建立短波授时台的同时，就提出了建立我国长波授时台的方案，并指出问题在于国内没有长波导航发射机及长波授时发射机。⑦西北授时台筹建之初的任务之一就是创造条件，筹组长波发播，满足国防需要。⑧1967年4月26日，上海天文台提出，5月10日由中国科学院上报国家科委，提议在326工程中增设40千瓦长波发射机，至少可满足1000千米范围内的收录，在蒲城发射，能满足相

---

① "326论证会"会议纪要//漆贯荣. 中国科学院陕西天文台（1966—2000）. 西安：陕西天文台印刷厂，2001：138-139.

② 中国科学院. 关于我院陕西天文台（326工程）时间频率试播的请示报告//漆贯荣. 中国科学院陕西天文台（1966—2000）. 西安：陕西天文台印刷厂，2001：140-142.

③ 中国科学院. 下达七一八工程远距离授时任务//漆贯荣. 中国科学院陕西天文台（1966—2000）. 西安：陕西天文台印刷厂，2001：188.

④ 中国科学院陕西天文台短波授时台建成. 人民日报，1980-12-26（1）.

⑤ 新短波授时系统正式投入使用. 人民日报，1981-07-04（4）.

⑥ 樊洪业. 中国科学院编年史：1949~1999. 上海：上海科技教育出版社，1999：271.

⑦ 时间统一、勤务系统的初步方案//漆贯荣. 中国科学院陕西天文台（1966—2000）. 西安：陕西天文台印刷厂，2001：113-117.

⑧ 西北授时台（暂名）第一期基本建设设计任务书//漆贯荣. 中国科学院陕西天文台（1966—2000）. 西安：陕西天文台印刷厂，2001：124-126.

当一部分国防应用部门的要求。[①]1968 年 8 月，326 工程论证会上也原则同意采用中等功率的长波发射时号[②]，但需解决覆盖 2000 千米范围的可靠性问题。

1971 年 7 月，国防科学技术委员会与中国科学院协商，向国务院、中央军委提出在陕西天文台增设长波授时台，并建议列入国家计划，8 月底和 9 月初分别提出调查情况报告和筹建方案。1972 年 1 月 18 日，中国科学院、国防科学技术委员会联合向国家计委提出筹建长波授时台的请示，确定其代号为 3262 工程。5 月 18 日，国家无线电管理委员会批复同意中国科学院申请长波授时台使用频率——100 千赫。[③]1973 年 9 月列入国家建设计划，具体任务由陕西天文台承担，苗永瑞为总负责人。1973 年 7 月 10 日，中国科学院向国家计委报告《3262 工程计划设计任务书》，明确方向任务、主要技术指标、规模、战时防护等。[④]1977 年底，小功率长波授时实验台建成试播。1978 年 6 月开始大功率长波授时台建设，1983 年 6 月发射机和天线系统联调成功，开始试播。[⑤]1985 年 5 月 26 日，第二次联调成功，发射系统正式交付使用。1985 年 7 月 1 日起以全功率正式试验发播 BPL 长波授时信号。1986 年 6 月 20 日，长波授时台通过国家级技术鉴定。[⑥]鉴定会议认为：长波授时台技术指标达到总体方案设计要求，它的建成把我国授时精度由毫秒量级提高到微秒量级，使我国在原子时授时系统方面进入世界先进行列，填补了我国在授时领域的空白，具备正式发播条件。[⑦]

长波授时台主要由原子时间频率基准、发播系统和监控系统三部分组成。其中，原子时间频率基准采用的是商品小铯钟；溯源系统通过接受罗兰-C 信号，实现与国际时间局的溯源；监测系统分设在临潼和蒲城，采用 AUSTRON 2000C 接收机、PO21 全自动长波定时校频接收机、电子计数器、数据采集系统等；信号传输系统，临潼总部时频基准实验室与蒲城长波授时台之间的信号传输采用 2GC-60 微波系统。发播系统包括 2 套 2000 千瓦大功率长波发射机、四塔顶负荷倒锥形大型天线，以及信号控制设备、工作钟、定时器等部分，发播频率为 100 千赫，呼号 BPL。监控系统包括定时器、信号发射激励器、发播控制系统和信号接收监控系统。[⑧]相关技术指标为：作用距离，天地波结合 3000 千米；地波定时精度，0.5—0.7 微秒；天波定时精度，正常白天 1.2 微秒，正常夜间 2.8 微秒；地波校频精度，$(-3)\times10^{-12}$/天；天波校频精度，正常白天 1.1×10^{-11}/天，正常夜间 4.4×10^{-11}/天。[⑨]

① 中国科学院. 在 326 工程中增设发射长波计划//漆贯荣. 中国科学院陕西天文台（1966—2000）. 西安：陕西天文台印刷厂，2001：132-133.
② "326 论证会"会议纪要//漆贯荣. 中国科学院陕西天文台（1966—2000）. 西安：陕西天文台印刷厂，2001：138-139.
③ 漆贯荣. 中国科学院陕西天文台（1966—2000）. 西安：陕西天文台印刷厂，2001.
④ 长波授时台计划设计任务书//漆贯荣. 中国科学院陕西天文台（1966—2000）. 西安：陕西天文台印刷厂，2001：169-173.
⑤ 3262 工程验收鉴定书//漆贯荣. 中国科学院陕西天文台（1966—2000）. 西安：陕西天文台印刷厂，2001：245-250.
⑥ 长波授时台通过鉴定. 人民日报，1986-06-21（1）.
⑦ 漆贯荣. 中国科学院陕西天文台（1966—2000）. 西安：陕西天文台印刷厂，2001.
⑧ 中国人民解放军总装备部军事训练教材编辑工作委员会. 时间统一技术. 北京：国防工业出版社，2004：161-169.
⑨ 王治才. 长波授时台的建立和发展//王绶琯，刘振兴. 20 世纪中国学术大典：天文学、空间科学. 福州：福建教育出版社，2003：17-19.

　　20 世纪 80 年代末，当 GPS 运行以后，BPL 长波授时台（图 1）的溯源系统逐步改为全球定位系统（GPS）共视法，实现与国际时间局的溯源。2000 年，建立了卫星双向高精度时间比对系统（TWSTFT），以此实现溯源。20 世纪 80 年代后期，我国又先后在南海、东海和北海沿海相继建成 3 个长波导航台，称为"长河二号"，为我国沿海军民舰船提供高精度导航定位，同时间接承担长波授时任务。[1]

图 1　BPL 长波授时台
资料来源：中国科学院国家授时中心提供

四、科学成果及仪器设备之研制

　　我国还在发展时间频率服务过程中，解决了大量的、关键的科学问题，攻克了若干技术难题，促进了相关科学技术的进步。比如，建立我国独立的原子时系统 TA（CSAO）和协调世界时 UTC（CSAO）[2]，以及测定我国大地电导率、长期监测 D 电离层变化等。同时也独立研制出一些重要的高技术设备，比如，1958 年 8 月至 1959 年，徐家汇观象台制成了两具小型实验性的石英钟[3]；1959 年，徐家汇观象台和浙江大学等单位合作，开始了棱镜等高仪和照相天顶筒的设计；1979—1981 年，陕西天文台研制了授时所用的长波定时校频接收机、自动化时频比对系统等[4]；上海天文台对 3 米大铯钟进行了改进，

---

[1]　中国人民解放军总装备部军事训练教材编辑工作委员会. 时间统一技术. 北京：国防工业出版社，2004：163，169.

[2]　2001 年陕西天文台更名为中国科学院国家授时中心后，随之更名为 TA（NTSC）和 UTC（NTSC）。除了陕西天文台之外，建有地方原子时的还有上海天文台、中国计量科学研究院、北京天文台、武昌时辰站等。2003 年以后，由国家授时中心牵头，结合国内其他台（所）共同组成我国综合原子时 TA（JATC）。

[3]　中国科学院编译出版委员会. 十年来的中国科学·天文学（1949—1959）. 北京：科学出版社，1959.

[4]　郭际，漆贯荣. 长波授时台系统的建立//中国科学院综合计划局. 攀登者的报告——中国科学院重大科技成果选. 北京：学苑出版社，1999：85-86.

对国产铷钟的性能、可靠性等进行了研究等。[①]本节主要选取以下三个案例加以描述。

1. 大地电导率测算

我国长波授时与导航主要利用地波信号，但罗兰-C 系统主要适用于海上区域，而我国内陆地区的地貌复杂，若要精确地预测地波传播的场强和时延，就必须确定我国（不包括台湾）的大地电导率，绘制适合需求的大地电导率分布图。[②]这一工作由苗永瑞负责实施，通过收测蒲城的 BPL 长波授时台信号进行，主要采用相对场强法与相对时延法，同时也兼用绝对场强与时延法。

地波场强的测量采用国产 PO20 型或美国的 2000-C 型长波定时接收机，使得地波脉冲信号的场强而不受天波的影响，同时减小噪声的干扰，测量所用设备对于相对场强法的测量精度是±0.4 分贝。1978 年用场强法与时延法在陕西、四川、湖北、山西、宁夏、甘肃等省（自治区），分别对黄土高原、关中平原、四川盆地、巴丹吉林沙漠、晋中南间山盆地、秦巴山区进行了大规模测量。1979 年用场强法对中部和东部地区（湖北、湖南、江西、安徽、江苏、河南、山东、河北等地区）进行了补充测量。通过两次测量，取得了我国中部及东部几种典型地区的大地电导率实测值。[③]

地波传播时延的测量用飞机搬运铷原子钟的方法。1978 年 10—11 月，进行了 3262 工程电波传播搬运钟试验，测量了自蒲城长波信号发射地至定襄、当阳、银川、酒泉、渭南、双流、大足等地的长波地波传播的时延，以及至贵阳、西昌两地长波天波传播的时延，经过计算得出测量的精度为±0.14 微秒。[④]搬运的原子钟是联邦德国产的两台铷原子钟（XSR、RST），时间间隔测量用日本产的 TR-5502 计数器并带 TR-9196 打印机。[⑤]

最终，基于等效电导率法，经过大量实测计算，得出我国内陆各类地貌的大地电导率值，以及长波授时及导航所需的大地等效电导率分布图，填补了中国大地参数的空白，使得地波时间延迟修正精度达到 0.5—0.7 微秒。[⑥]

2. 光电等高仪的研制与改进

光电等高仪分为Ⅰ型和Ⅱ型，是我国独立自主、自力更生研制的新型测时、测纬仪器，是用光电方法自动记录恒星经过 60°等高圈的时刻，从而归算出经度（世界时）、纬度和恒星位置的一种新型天文仪器。

1968 年夏，由中国科学院南京天文仪器厂、北京天文台、上海天文台合作成立光电等高仪研制小组。1971 年研制成功一台样机，即Ⅰ型光电等高仪，随后安装于陕西天文台。它采用了新的光学系统，即通过 R-C 反射望远镜，口径 15 厘米，焦距 1.8 米，熔石英主副镜角镜组，左边角镜反射水银面星象，右边角镜反射直接星象；汞地平系统；用光电自动记录代替目视观测，同时记录恒星的直接像和水银像过视栅，来得到恒星过等高圈时刻；机械系统可由电机驱动，设有快动、慢传、微动，能自动跟踪恒星；寻星与

① 苗永瑞. 三年来我国的授时工作. 陕西天文台台刊, 1982,（1）: 1-4.
② 苗永瑞, 杨克俊, 郑恒秋, 等. 长波授时中地波传播时延的予测. 陕西天文台台刊, 1979,（1）: 12-23.
③ 苗永瑞, 杨克俊, 梁仲环, 等. 我国中部地区的大地电导率. 陕西天文台台刊, 1980,（2）: 1-6.
④ 苗永瑞, 杨克俊, 郑恒秋, 等. 无线电长波传播时延的测量. 陕西天文台台刊, 1979,（1）: 24-31.
⑤ 苗永瑞, 杨克俊, 梁仲环, 等. 我国中部地区的大地电导率. 陕西天文台台刊, 1980,（2）: 1-6.
⑥ 王治才. 长波授时台的建立和发展//王绶琯, 刘振兴. 20 世纪中国学术大典：天文学、空间科学. 福州：福建教育出版社, 2003: 17-19.

导星系由独立的但与主光路对应的系统担任；仪器安放在观测室楼上，而控制台、电气设备和操作者都在楼下，避免了热源和气流对观测的影响。I 型光电等高仪可以观测到 6 等恒星。[①]

1974 年研制了 3 台 II 型光电等高仪，分别安装在上海天文台、北京天文台和云南天文台。[②]与 I 型相比，II 型光电等高仪有了一个重大改进，即采用了真空的 R-C 望远镜，口径为 20 厘米，焦距为 2.4 米；真空镜筒有水平入射窗，可以自动消除因大气折射、大气色散而引起的天顶距测量中的光谱型差；同时还为光学系统及汞面提供了一个稳定的环境，消除了因仪器内部气温不均匀而引起的反常折射。[③]II 型光电等高仪可以观测到 7 等恒星。[④]

中国的光电等高仪采用了新的工作原理和结构，解决了经典棱镜等高仪、丹容等高仪的缺点，为中国的世界时测定做出了重要贡献。然而它仍然是半自动仪器，即需要人工导星，因此在 1985 年以后，逐步开展光电等高仪现代化改造，将目视导星系统、机械传动跟踪装置改为微机控制，实现自动定位、自动跟踪[⑤]；将光电记录方法的模拟系统方案改为光子计数，采用计算机进行数据采集与处理。[⑥]改造之后的光电等高仪，两个坐标的观测精度可达 ±0″.14 和 0″.21，极限星等可达 11^m 以上。[⑦]

3. 原子钟研制

虽然在 1960 年前一些单位就开始自主探索，但我国的原子钟研制工作起步于 20 世纪 60 年代，先后有数十家单位从事过原子钟的研制。比如上海天文台从 1958 年开始自主研制氨分子钟，1964 年完成实验室研制。[⑧]1960 年，参与世界上第一台氨分子钟研制的王天眷回国，后在中国科学院湖北物理研究所研制氨分子钟。[⑨]1961 年，王育竹自苏联留学归国后，在中国科学院光学精密机械研究所上海分所（简称上海光机所）继续开展光抽运钠原子汽室频标的研究，最终做成一台钠原子钟。[⑩]1963 年秋，北京大学与电子工业部第十七所合作研制光抽运铯汽室频标，由王义遒主持，于 1965 年完成 3 台样机，两两互比稳定度可达 $5×10^{-11}$，这是我国第一台原子钟。[⑪]

1969 年 9 月 30 日，周恩来总理接见了上海天文台的科技人员，提出要建立我国独立自主的时间频率系统。随后，上海天文台启动了"930 工程"。10 月 10 日，周总理就

① 光电等高仪研制小组. 一台新的光电等高仪. 科学通报，1973，（5）：216-218.
② 金文敬. 上海天文台的天体测量学工作. http://www.shao.cas.cn/tq/zgxy/201207/t20120726_3621859.html [2010-07-26].
③ 光电等高仪研制组. II 型光电等高仪. 天文学报，1975，16（2）：115-122.
④ 王兰娟. II 型光电等高仪光学系统的特点. 中国科学院上海天文台年刊，1979，（1）：130-134.
⑤ 赵刚，张建卫. II 型光电等高仪的改造及初步结果. 天文学进展，1991，9（4）：326.
⑥ 赵刚，张建卫，王锐. 光子计数技术用于 II 型光电等高仪观测系统. 中国科学院上海天文台年刊，1992，（13）：129-139.
⑦ 徐家岩，李东明，鲁礼志，等. 中国等高仪星表的现状和未来. 陕西天文台台刊，1995，18：107-110.
⑧ 翟造成，杨佩红. 原子钟的发明与我国原子钟发展简述. 2009 时间频率学术会议，2009：4.
⑨ 王义遒. 我国原子频标事业早期回顾一隅. 时间频率学报，2016，39（4）：247-254.
⑩ 王义遒. 我国原子频标事业早期回顾一隅. 时间频率学报，2016，39（4）：247-254.
⑪ 王义遒. 我国早期原子钟研制历程回顾. 宇航计测技术，2020，40（1）：1-11.

研制原子钟的规划草案做了批示。根据规划，氢原子钟[①]研制命名为"930-1 工程"，氨分子钟研制命名为"930-2 工程"，铷原子钟研制命名为"930-3 工程"，任务落实到各单位。上海天文台氨分子钟在之前的基础上试制生产，1970 年试生产了 4 台新型氨分子钟，其中 2 台用于上海天文台 BPV 时频发播系统，2 台用于陕西天文台的 BPM 时频发播系统。[②]1972 年，上海光机所完成了铷频标实验样机，并与上海国荣灯具厂合作进行小批试生产。[③]1972 年 1 月，氢原子钟研究取得重要进展，获得氢原子振荡信号；1975 年 9 月，上海天文台成功研制国产第一台氢原子钟，准确度达 7×10^{-12}，稳定度达 3×10^{-12}，并开始在标准频率发播中试用。[④]1974 年，四机部 768 厂和北京大学汉中分校合作成功研制铷原子钟。[⑤]1976 年，因国防需要，在北京召开了全国原子钟会议，开展小型密封铯束频标的研制任务。[⑥]

此后，诸如上海天文台、中国计量科学研究院、北京大学、上海光机所、中国科学院国家授时中心、中国科学院武汉物理与数学研究所等一些单位继续开展原子钟的改进，以及新型原子钟的研发，并取得了一系列的成果。以上海天文台氢原子钟的持续改进为例，可见一斑。1987 年研制成功新一代实用工程型氢原子钟[⑦]，在腔泡结构、储存泡、调谐系统、电子学系统、接收降噪、比对设备等方面进行了根本性的改进，使得稳定性有了明显改善[⑧]，达到 10^{-15} 量级，进入国际先进水平[⑨]，并实现批量化生产，用于军事、甚长基线干涉仪（VLBI）、原子时守时系统等项目。1994 年成功研制一种体积小、重量轻、易于搬运、守时用的小型氢原子钟，适应野外、空间技术以及军事任务的需要。[⑩]2000 年底成功研制被动型小型氢原子钟，实现了对晶振和腔频两个环路的锁定，其稳定度 1×10^{-11}/1 秒、1×10^{-12}/100 秒、2×10^{-13}/时和 10^{-14}/天，性能指标与 HP5061A 小铯钟的水平相当。[⑪]此后还陆续开展研制星载被动型氢原子钟、空间主动型氢原子钟、蓝宝石小型主动型氢原子钟等。[⑫]

五、获奖

我国时间频率系统的建设，取得了众多的成果，为我国国民经济、国防建设、科学技术等诸多行业和部门提供了可靠的高精度标准时间标准频率服务，对我国战略武器试

---

① 氢原子钟是一种高精度的时间和频率标准，其工作原理是在控制量子跃迁的振荡器中，利用氢原子从高"能量态"跃迁至低"能量态"时释放出极规则的电磁波，激起振荡，从而达到精确计时。它是一种精密的计时仪器，在天文、航海、国防、空间技术和现代科学试验中有着重要的应用。

② 翟造成，杨佩红. 原子钟的发明与我国原子钟发展简述. 2009 时间频率学术会议，2009：8.

③ 王义道. 我国原子频标事业早期回顾一隅. 时间频率学报，2016，39（4）：247-254.

④ 刘鹏远. 上海天文台的时间发播工作. http://www.shao.cas.cn/tq/zgxy/201207/t20120726_3621868.html[2012-07-26].

⑤ 王义道. 我国原子频标事业早期回顾一隅. 时间频率学报，2016，39（4）：247-254.

⑥ 翟造成，杨佩红. 原子钟的发明与我国原子钟发展简述. 2009 时间频率学术会议，2009：8.

⑦ 氢钟组. 一种工程型氢原子钟. 天文学进展，1988，6（3）：243-247.

⑧ 翟造成，黄亨祥，林传富，等. 上海天文台氢原子钟的新进展. 计量学报，1988，9（4）：293-296.

⑨ 上海天文台氢原子钟稳定度已达到 10^{-15}. 天文学进展，1987，5（2）：172-174.

⑩ 上海天文台氢钟组. 守时用小型氢原子钟. 天文学进展，1993，11（3）：257.

⑪ 张为群，林传富，张一平，等. 氢原子钟的设计改进与性能. 仪器仪表学报，2001，22（6）：648-651.

⑫ 翟造成. 上海天文台原子标频研究 50 年. 中国科学院上海天文台年刊，2007，（28）：142-150.

验、人造卫星发射、测控技术研究等领域的发展发挥着极为重要的、不可替代的作用，同时也获得了数百项各种等级的奖励。以下仅列举部分奖项。

1978 年 3 月，全国科学大会国家重大科技成果奖中，与时间频率相关的奖项有：照相天顶筒，Ⅱ 型光电等高仪，国产第一台氢原子钟，世界时的精确测定，短波授时、长波授时技术的设计试验及研究，我国授时赤径星表，1950 年以来综合时号改正数的系统化算国家经度起算值等。

1979 年，世界时测定、照相天顶筒获中国科学院科技成果奖一等奖。

1980 年，BPM 短波授时台建成获中国科学院科技成果一等奖。

1982 年，我国世界时系统的建立和发展获国家自然科学奖二等奖。

1985 年，氢原子钟的研制获国家科学技术进步奖二等奖。

1986 年，地球自转参数归算的新研究获中国科学院科技进步奖一等奖。

1987 年，长波授时台系统的建立获中国科学院科技进步奖特等奖。

1988 年，长波授时台系统的建立获国家科学技术进步奖一等奖。

1989 年，中国光电等高仪总星表获中国科学院自然科学奖一等奖。

1992 年，改造后的 Ⅱ 型光电等高仪获中国科学院科技进步奖二等奖。

天文观测网络[*]

　　尽管我国有着悠久的天文学历史，但自清末起才逐步进行天文学的现代化转变。清末时期，法国天主教耶稣会在上海建有徐家汇天文台（1872 年）和佘山天文台（1900 年），德国在青岛建有青岛观象台（1898 年），开展了一些天文、气象观测工作。民国时期，在高鲁、余青松等留学归国学者的努力下，在清代钦天监基础上建立中央观象台（1912 年），组建中国天文学会，建立中央研究院天文研究所（1928 年）和紫金山天文台（1934 年），抗日战争时建设昆明凤凰山天文台（1938 年）等，在齐鲁大学、中山大学开设天文系，通过台站建设、仪器购置、观测研究、人才培养等活动，开始了现代天文学的创业，然而总体上专业台站很少，仪器设备口径小、数量少，专业人员稀缺，研究基础薄弱。

　　新中国成立后，中国天文学迎来新的发展时期，经过艰苦奋斗，逐步建立起各层级的天文观测网。本文以 2.16 米光学天文望远镜这一重要的标志性成果的建成为节点，并以一些重大的仪器设备为重点，主要概述 1949—1999 年中国在地面上光学/红外、射电天文观测网，以及空间天文观测方面的历程及成就。

一、新中国天文台站建设概述（1949—1999 年）

　　1949 年 4 月，南京市军事管制委员会接管中央研究院天文研究所。1950 年 5 月成立中国科学院紫金山天文台（简称紫金山天文台），接管徐家汇观象台、佘山观象台、青岛观象台、昆明工作站等几个天文机构[①]，逐步恢复和开展天文观测和研究。随着《1956—1967 年科学技术发展远景规划纲要》的编制与实施，以及人造卫星观测、测时测纬等需求，新的天文台站得以快速建设。以下对各天文台的发展略作概述。

　　1958 年 2 月，开始筹备建立中国科学院北京天文台（简称北京天文台）。由于当时已有的天文台站均处于东南区域，而天气条件较为优越的北京地区未有现代天文台站，因此早在 1952 年就有在北京建台的提议，1956 年正式建议在北京建立一个以进行天体物理研究为主的现代化天文台，1957 年中国科学院决议建设，并通过紫金山天文台制定的筹建计划。1960 年，建成沙河工作站（简称沙河站），侧重于时间服务、射电天文、天体物理观测、人造卫星运动的观测研究等。1962 年，天津国际纬度站（简称纬度站）归属北京天文台筹备处建制，此站始建于 1957 年，1958 年夏建成，是新中国第一个天

---

* 　作者：邓亮。

① 　1950 年 4 月，云南省军事管制委员会接管凤凰山天文台，8 月由紫金山天文台和云南大学共管，称昆明工作站，1958 年直属紫金山天文台。1950 年 12 月上海市军事管制委员会接管徐家汇天文台、佘山天文台，并改称为观象台，曾与中国科学院地球物理研究所联合设站，1954 年直属紫金山天文台。参见：朱楞，张培瑜. 紫金山天文台大事年表//中国科学院紫金山天文台. 紫金山天文台五十年（1934—1984）. 南京：南京大学出版社，1985：40-41.

文台站，主要开展纬度观测和极移研究。1966 年，兴建兴隆观测站（简称兴隆站），主要从事恒星物理、星系物理等方面的观测研究；1966 年，建设密云射电观测站（简称密云站），主要开展射电天文观测，目前已不从事天文观测活动，主要为探月工程服务；1984 年，建成怀柔太阳观测站（简称怀柔站），主要开展太阳磁场和速度场的观测与研究；1998 年，建成台本部。①

1962 年，由徐家汇观象台、佘山观象台组成中国科学院上海天文台（简称上海天文台），主要开展时间频率服务、天体测量与天体力学观测、天体物理、射电天文学、天文地球动力、甚长基线干涉仪（VLBI）系统等方面。②

1966 年，筹建西北授时台，1970 年改称中国科学院陕西天文台（简称陕西天文台），相继建成短波授时台和长波授时台，主要负责守时、授时工作。③

1972 年，在昆明工作站基础上，扩建成立中国科学院云南天文台（简称云南天文台），是我国南方天文观测的重要基地，主要开展时间频率、人卫观测、太阳物理、天体物理等观测与研究。④

紫金山天文台主要从事天体力学、天体测量、天体物理、射电天文、空间天文学等的观测与研究，在此期间也有新台站的建设。其中赣榆太阳观测站（简称赣榆站），位于江苏省，始建于 1984 年，主要研究太阳物理⑤。1987 年，建成青海观测站（简称青海站），位于青海省德令哈市，主要从事银河系内分子云、分子谱线巡天、太阳射电、河外星系观测等⑥。

自 1957 年世界上第一颗人造卫星发射升空以来，人造卫星在导航定位、军事安全、大地测量、深空探测、空间天文等领域发挥出重要作用。1957 年底，中国科学院成立人造卫星光学观测办公室，由紫金山天文台负责组织，至 1959 年已先后建立 28 余个人造卫星观测站，设立在高等院校或天文机构中，分布于北京、南京、上海、广州、武昌、昆明、长春、乌鲁木齐等地⑦。1962 年 8 月调整为 13 个人造卫星观测站；1971 年 11 月，再次调整为北京天文台、陕西天文台、云南天文台、紫金山天文台和长春、广州、乌鲁木齐三个人造卫星观测站，共七个台站。⑧1987 年，乌鲁木齐人造卫星观测站改称乌鲁木齐天文工作站（简称乌鲁木齐站），并于 1993 年建成南山基地，主要从事 VLBI 观测及天体物理观测与研究。

此外，在南京大学、北京师范大学、北京大学等天文学教学机构，以及以北京天文馆为代表的科普机构中也有少量仪器设备，是中国天文观测网中的一环，其中以南

① 中国科学院国家天文台. 中国科学院北京天文台台史（1958—2001）. 北京：中国科学技术出版社，2010.
② 陈遵妫. 中国天文学史（下）. 上海：上海人民出版社，2016：1500-1503.
③ 漆贯荣. 中国科学院陕西天文台（1966—2000）. 西安：陕西天文台印刷厂，2001.
④ 陈遵妫. 中国天文学史（下）. 上海：上海人民出版社，2016：1503-1507.
⑤ 高立保. 紫金山天文台吴山太阳观测站//宋世亮. 赣榆文史资料·第 9 辑——赣榆名胜专辑. 政协赣榆县文史资料研究委员会，1991：56-57.
⑥ 杨永田. 巡天遥看几千河——纪念国家天文台紫金山天文台青海毫米波观测站建立 20 周年. 科学新闻，2002（22）：20-23.
⑦ 中国科学院编译出版委员会. 十年来的中国科学·天文学（1949—1959）. 北京：科学出版社，1959：53.
⑧ 中国科学院国家天文台. 中国科学院北京天文台台史（1958—2001）. 北京：中国科学技术出版社，2010：70-73.

京大学和北京天文馆尤为突出。南京大学 1956 年建立一个天文台，主要设备有 28 厘米、15 厘米折射望远镜，20 厘米反射望远镜[①]，1979 在紫金山南麓建成太阳塔式望远镜[②]等，此后还先后在不同校区建立过天文台。北京天文馆装备有 13 厘米望远镜，长期开展太阳黑子观测等。[③]

　　天文学是一个非常依赖观测的学科，需要精密的天文仪器。在此方面，由于新中国成立前我国没有研制能力，各天文台站只能进口一些仪器，及至新中国成立，一些重要仪器已失修或损坏。因此 20 世纪 50 年代初，中国天文学仪器以修复、进口、仿制为主，比如 1954 年修复紫金山天文台 60 厘米反射式光学望远镜，紫金山天文台杨世杰试制成功一台 13 厘米施密特望远镜（1956 年），南京大学苏定强试制成功一台 15 厘米马克苏托夫-卡塞格林望远镜（1958 年），各台站进口了 AФP-2 太阳色球望远镜、里约单色太阳照相仪、蔡司 100 毫米中星仪、丹绒超人差棱镜等高仪等中小型设备等[④]。

　　以 1958 年中国科学院筹建南京天文仪器厂（简称天仪厂）[⑤]为标志，结合中国科学院所属五个天文台与其他相关研究所，其他部委科研机构、国防科学技术工业委员会（简称国防科工委）、中国人民解放军总参谋部（简称总参）所属机构，以及相关工厂等，中国天文学界立足于自力更生、学科+任务、最低可及、点上突破、自主创新等指导思想[⑥]，根据国情的发展，经过四十多年的努力，经历了从小到大、从简单到复杂、从普通到先进的道路，研制了大量的天文仪器，取得了一系列成就，为我国天文学研究提供了基本的技术支撑。其中一些技术已跨入世界先进水平行列，一些设备达到国际领先，在技术与方法上取得若干突破，如主动光学技术、自适应光学技术、光干涉技术、高精度镜面加工与检测技术、高分辨成像技术、快速天文导星技术等。[⑦]同时也培养了一大批专业技术人员，为 2000 年以后一些大型天文仪器的规划与建设奠定了基础。

　　总之，1999 年前，通过改组或新建，中国天文学界形成了紫金山天文台、北京天文台、上海天文台、陕西天文台、云南天文台，以及一些观测站等，形成一个初步的天文台站网络。

二、光学/红外天文观测网

1. 天体测量与天体力学

　　早期的天文观测，除了白昼开展的太阳观测外，还有一些夜间天文观测，包含小行星观测、历表编制、时纬测算、人卫观测、空间碎片监测等。

　　其中小行星和彗星的天文观测是一个重要事项，主要在紫金山天文台、佘山站、沙

① 中国科学院编译出版委员会. 十年来的中国科学·天文学（1949—1959）. 北京：科学出版社，1959：63-64.
② 方成. 南京大学太阳塔简介. 实验技术与管理，1985，2（3）：35.
③ 陈遵妫. 中国天文学史（下）. 上海：上海人民出版社，2016：1531-1535.
④ 中国科学院编译出版委员会. 十年来的中国科学·天文学（1949—1959）. 北京：科学出版社，1959：49-50.
⑤ 1959 年正式挂牌，1966 年与"216"办公室合并改称中国科学院天文仪器厂，1970 年更名为南京天文仪器厂，1979 年改回中国科学院南京天文仪器厂，1991 年更名为中国科学院南京天文仪器研制中心，2001 年重组为中国科学院国家天文台南京大文光学技术研究所、中国科学院南京天文仪器有限公司.
⑥ 王绶琯. 20 世纪中国天文学//王绶琯，刘振兴. 20 世纪中国学术大典：天文学、空间科学. 福州：福建教育出版社，2003：8-10.
⑦ 周必方. 我国天文仪器技术的今昔与展望. 中国科学院院刊，1997，12（6）：403-406.

河站、云南天文台等台站进行。自 1950 年开始，紫金山天文台用 15 厘米折射望远镜和 60 厘米反射望远镜，开展小行星和彗星的照相定位观测。余山观象台从 1955 年开始参与苏联微星星表、伏洛拉、匈牙利星历表等编算工作，用 40 厘米折射望远镜对小行星也作照相定位观测。①云南天文台有较好的南天星象观测条件，因此在小行星方面开展了长期的观测。由于早期观测设备的限制，往往需要人工导星，难度较大，精度受到影响，随着 20 世纪 80 年代光电技术的进步，以及自适应光学系统的发展，这种局面才得以改变。自 1995 年兴隆站以 60/90 厘米施密特望远镜，开展 BATC 小行星巡天工作，这一工作取得快速进展②。

早期时间纬度的观测工作，主要有上海天文台、北京天文台沙河站、纬度站、昆明站、中国科学院测量与地球物理研究所武昌时辰站等参与。在陕西天文台建立之后，这方面的工作以陕西天文台为主，其他天文台站以及国防单位、航天科研单位、中国计量科学院等机构参与其事。在测时测纬仪器设备方面，初期以进口设备为主，主要有 1957 年安装于纬度站的苏联进口的天顶仪，沙河站安装的联邦德国石英钟组、法国超人差棱镜等高仪、民主德国蔡司中星仪，武昌时辰站的唐戎等高仪、蔡司中星仪③等。从 1968 年开始，各天文台站与天仪厂合作，成功研制了Ⅰ型光电等高仪（1971 年）、Ⅱ型光电等高仪（1974 年）、氢原子钟（1975 年）、真空照相天顶筒（1975 年）、长露光照相天顶筒（1986 年）等一系列重要的观测设备。对于新中国在时间频率方面的工作，另有专文叙述。

人造卫星观测网，除了中国科学院系统的台站外，还有一些总参测绘局、国防科工委，以及从事空间大地测量的科研机构也有参与。在人造卫星观测仪器方面，起步时以目视定位和照相定位为主，如苏联于 1957—1958 年提供所制 180 架 AФ-1 广角望远镜④，分布在各站点，沙河站安装有航测照相机等，紫金山天文台于 1965 年安装 43 厘米施密特望远镜等。这种观测法有时间限制，也容易受到大气变化的影响。此后，自行研制的 CJ-1 型光学跟踪经纬仪（1967 年）、CJ-2 型光学跟踪经纬仪（1968 年）、HC-1 四轴大型人卫跟踪相机（1971 年）、高频多普勒接收机（1972 年）、CDJ 光学跟踪打印经纬仪（1974）、激光人卫测距仪（1975 年）等一系列人造卫星观测仪器，分别安装于各台站。其间，在 1974—1984 年，开展中国人造卫星动力测地的项目，由中国科学院所属天文台站以及总参、国防科工委等所属台站组成无线电多普勒观测网。随着激光测距仪的运用，人造卫星观测再次实现了升级转变。

在天体测量观测仪器方面，前述各仪器均属中小型仪器，随着余山 1.56 米天体测量望远镜的建成，这种状况才在一定程度上得以改观。这一望远镜由上海天文台研制，20 世纪 70 年代初为赶超世界先进水平而提出研制方案，1974 年批准实施研制任务⑤，1987 年完成研制，1988 在余山站安装调试并试运行，1989 年 11 月通过鉴定，达到国际同类

① 中国科学院编译出版委员会. 十年来的中国科学·天文学（1949—1959）. 北京：科学出版社，1959：41-48.
② 马骏. BATC 大视场多色巡天的成果. 天文爱好者，2008，（4）：52-53.
③ 《中国地震局地震研究所志》编委会. 中国地震局地震研究所志. 北京：地震出版社，2007：55.
④ 中国科学院国家天文台. 中国科学院北京天文台台史（1958—2001）. 北京：中国科学技术出版社，2010：71.
⑤ 万籁. 名镜萦我心. http://www.shao.cas.cn/tq/zgxy/201207/t20120726_3621857.html[2012-07-22].

望远镜的领先水平，是当时世界上口径最大的天体测量望远镜。[1]该望远镜主镜直径为1.56米，副镜0.53米，在光学、机械、自动控制系统等方面以方便专用为原则[2]，并因而做出一系列创造性设计。1993年后配备了电荷耦合器件（CCD）照相机，并配有卡焦摄谱仪，可进行分光观测等，由此研究领域扩大至天体物理，同时在1994年彗木相撞、1996—1997年海尔-波普彗星回归的天文观测，活动星系核的国际联测等方面也发挥重要作用。[3]

2. 太阳物理

太阳物理是我国天文学一个重要的观测和研究领域。这一时期，从事太阳观测的天文台站，主要是紫金山天文台、上海天文台、云南天文台、北京天文台沙河站和怀柔站、乌鲁木齐站，以及南京大学为代表的其他教学科研机构。

在北京天文台建成之前，曾借用中国科学院地球物理研究所白家疃地磁台场地，安装苏联制造的АΦР-2太阳色球望远镜，开展太阳观测工作。随着沙河站的建立，也开展一定的太阳观测工作，设备有从白家疃地磁台场地移来的АΦР-2太阳色球望远镜，1965年安装60厘米太阳望远镜，1979年装备太阳色球望远镜等，1982年合作研制日食光谱仪等；1990年沙河站太阳望远镜移至怀柔站，1993—1995年色球、光球观测等相继停止。[4]

云南天文台也是太阳观测的一个重要台站，主要装备包括：1967年14厘米Hα色球望远镜，开展太阳耀斑照相观测；1976年安装40厘米水平式太阳光谱仪，开展太阳黑子、耀斑照相观测[5]；1979年研制的闪光光谱仪，安装在瑞丽县谷家大地堡，开展闪光光谱观测；1980年安装18厘米Hα色球望远镜，开展太阳耀斑照相观测，至1994年关闭；1985年成功研制第一台太阳精细结构望远镜，安装在云南天文台，口径26厘米，可对太阳Hα色球和光球开展同时性高空间分辨观测；1991年研制50厘米太阳光谱望远镜，开展太阳二维精细光谱、矢量磁场观测。[6]

紫金山天文台装备有14厘米色球望远镜和40厘米太阳光谱仪；并于赣榆站装备了26厘米太阳精细结构望远镜（1985年），赤道式双桶结构，主要开展太阳耀斑、太阳黑子的观测和研究。[7]

1984年开始建设的北京天文台怀柔站，是我国太阳观测网的重要组成部分，磁场和速度场方面的观测在国际上也占据重要地位。主要观测设备包括：1985年安装太阳磁场速度场望远镜，有效口径35厘米，在Fe 5324Å波段可进行光球矢量磁场和视向速度场

① 朱能鸿. 1.56m天体测量望远镜的研制//王绶琯，刘振兴. 20世纪中国学术大典：天文学、空间科学. 福州：福建教育出版社，2003：187-189.
② 朱能鸿，王兰娟，杨振华，等. 1.56米天体测量望远镜设计. 中国科学院上海天文台年刊，1981，（3）：225-237.
③ 上海1.56米光学望远镜. http://explore.china-vo.org/article/20150915170103[2015-09-16].
④ 中国科学院国家天文台. 中国科学院北京天文台台史（1958—2001）. 北京：中国科学技术出版社，2010：3，26.
⑤ 云南省地方志编纂委员会总纂，云南天文台，云南省气象局编撰. 云南省志·卷二·天文气候志. 昆明：云南人民出版社，1995：28.
⑥ 南京市地方志编纂委员会. 南京市志·工业. 北京：方志出版社，2010：674-675.
⑦ 高立保. 紫金山天文台吴山太阳观测站//宋世亮. 赣榆文史资料·第9辑——赣榆名胜专辑. 政协赣榆县文史资料研究委员会，1991：56-57.

观测，在 Hβ4861Å 波段可开展色球视向磁场和视向速度场观测[1]；1990 年研制安装多通道太阳望远镜。

此外，南京大学太阳塔也是一种重要的太阳观测设备。该望远镜于 1979 年建成，高 21 米，定天镜口径 46 厘米，后又升级至定天镜口径 60 厘米，成像镜口径 43 厘米，终端设备主要是多波段成像光谱仪，可获得高光谱分辨率太阳活动。

通过这些仪器设施，中国天文学界在太阳物理方面取得了一大批突出的成果，主要体现在 1968 年新疆、1980 年云南、1983 年莫尔斯比港、1995 年德黑兰、1997 年黑龙江等日全食观测；建立 CCD 二维光谱观测手段，组织了全国协作的太阳活动第 21 周年、第 22 周年联测；在耀斑前储能过程、矢量磁图计算电流、耀斑大气结构和动力学、白光耀斑光谱、黑子磁场、日珥物理参数、磁流体力学数值模拟、太阳活动规律和预报、太阳小尺度磁场内等领域取得若干研究成果。

中国太阳物理观测方面有代表性的仪器，是太阳磁场速度场望远镜和多通道太阳望远镜，是由中国科学家自主发明的。1966 年北京天文台设计构想[2]，1972 年正式启动研制工作，由天仪厂、北京天文台、中国科学院长春物理研究所和中国科学院福州物质结构研究所等四单位联合研制，1982 年基本完成，1985 年安装于怀柔站，总体性能达国际先进。[3]这台望远镜是第四代太阳磁像仪，有照相、光电和视频系统三种接收系统，因此具备三种磁象仪的功能[4]；既可做矢量磁场测量，也可进行速度场测量。[5]在此基础上，1984 年发明多通道双折射滤光器，1986 年开始研制多通道太阳望远镜，1990 年研制成功[6]，安装在怀柔站，可以利用 9 条谱线同时获得形成在太阳不同层次的视频磁场资料[7]；是世界上首创的第五代太阳磁象仪，包括由 35 厘米太阳磁场望远镜、10 厘米全日面矢量磁场和视线速度场望远镜、14 厘米色球望远镜、8 厘米 Ca Ⅱ 全日面单色像望远镜和 60 厘米 9 通道太阳望远镜等 5 个不同功能的望远镜[8]，堪称世界上结构最复杂、规模最庞大、功能最强的滤光器系统。[9]同时，通过设备出口、国际合作研究等方式，对国际前沿水平的太阳物理基础研究起到推动作用。

3. 天体物理

对于中国天体物理方面的观测与研究，紫金山天文台、北京天文台、上海天文台、云南天文台等台站均有所涉及，包含星系、宇宙学、恒星、太阳系等广泛观测领域。其中紫金山天文台安装有 43/60 厘米折反射望远镜、民主德国进口 40 厘米双筒望远镜，1958 年与江南教学仪器厂合作研制的 60 厘米反射望远镜等。北京天文台早期的天体物理观测点曾分布于沙河站，在 1963 年从民主德国进口 40 厘米双筒望远镜、60/90 厘米

① 艾国祥，胡岳风. 太阳磁场望远镜的工作原理. 天文学报，1986，27（2）：173-180.
② 李芝萍. 他使中国太阳物理学走向世界——访著名太阳物理学家艾国祥. 天文爱好者，1995，（1）：4-6.
③ 中国科学院国家天文台. 中国科学院北京天文台台史（1958—2001）. 北京：中国科学技术出版社，2010：176，269.
④ 中国科学院"太阳磁场望远镜联合研制组". 太阳磁场望远镜的进展. 天文学进展，1983，1（1）：91-99.
⑤ 艾国祥，胡岳风. 太阳磁场望远镜的工作原理. 天文学报，1986，27（2）：173-180.
⑥ 中国科学院国家天文台. 中国科学院北京天文台台史（1958—2001）. 北京：中国科学技术出版社，2010：177.
⑦ 他们在这里追逐太阳. http://news.sciencenet.cn/sbhtmlnews/2014/12/294845.shtm?log=1[2014-12-08].
⑧ 总装备部电子信息基础部. 太阳风暴的监测与预报. 北京：国防工业出版社，2012：53.
⑨ 宋国峰. 多通道太阳望远镜的研制//王绶琯，刘振兴. 20 世纪中国学术大典：天文学、空间科学. 福州：福建教育出版社，2003：193-195.

施密特望远镜。[1]云南天文台于 1979 年安装从民主德国进口的蔡司 1 米望远镜，1984 年配备 CCD 系统，曾是国内口径最大的光学望远镜，是最早建成的夜天文观测仪器之一。[2]上海天文台装备有 1.56 米望远镜。

随着北京天文台兴隆站的建设，陆续研制安装了各种口径仪器，建成一个基本覆盖光学波段和近红外波段的天体物理观测基地。主要观测仪器包括：50 厘米反射望远镜；60 厘米中间试验天文望远镜（1968 年）；80 厘米反射望远镜、85 厘米反射望远镜；60/90 厘米施密特望远镜，至 1995 年开展 BATC 大视场巡天，观测范围涵盖小行星、星团、星系、类星体、宇宙大尺度结构等[3]；1.26 米红外望远镜（1985 年）、1 米反射望远镜、2.16 米天文望远镜（1989 年）等，其中尤以 2.16 米天文望远镜为代表（图 1）。

图 1　2.16 米天文望远镜

资料来源：中国科学院国家天文台. 2.16 米望远镜. http://www.bao.ac.cn/gcsb/201707/t20170712_4832310.html［2019-02-22］

2.16 米光学天文望远镜主要由天仪厂、北京天文台、自动化研究所共同研制，曾是远东最大的光学天文望远镜，是中国天文学发展史上的一个里程碑，标志着我国天文学事业迈上一个新台阶。[4]1958 年秋，参照苏联 2.6 米望远镜，紫金山天文台提出自行研制 2 米天文望远镜的设想，最终确定口径为 2.16 米。1966 年 3 月下达"216"天文望远镜研制任务，但随即因"文化大革命"而中断。[5]1964 年，天仪厂等机构研制成功了我国第一台 60 厘米试验望远镜，卡塞格林光学系统，主镜口径 60 厘米，1968 年 8 月安装在北京天文台兴隆站试用。[6]因跟踪精度差，爬行较严重，直至 1976 年传动机构改用力

① 中国科学院国家天文台. 中国科学院北京天文台台史（1958—2001）. 北京：中国科学技术出版社，2010：3.
② 云南天文台 1 米口径光学望远镜. https://www.whst.com.cn/shouyou/20190222_34307.html［2019-02-22］.
③ 施密特望远镜. http://www.bao.ac.cn/gcsb/201707/t20170712_4832305.html［2019-02-22］.
④ 2.16 米天文望远镜工程文集编委会. 2.16m 天文望远镜工程概述//苏定强. 2.16 米天文望远镜工程文集. 北京：中国科学技术出版社，2001：4.
⑤ 苏定强. 2.16 米天文望远镜大事记//苏定强. 2.16 米天文望远镜工程文集. 北京：中国科学技术出版社，2001：5-17.
⑥ 龚祖同. 60 厘米试验天文反射望远镜总报告//龚祖同. 60 厘米试验天文望远镜专集. 北京：科学出版社，1980：1-11.

矩电机后，望远镜才真正担负光电测光工作。[1]1972 年春，中国科学院通知恢复"216"工程，1974 年 3 月正式下达任务书[2]，1976 年开始全面加工阶段，1988 年 6 月，2.16 米天文望远镜研制完成，1989 年 11 月 13 日在北京天文台兴隆站正式落成。[3]此后又分别进行多目标光纤分光系统和 CCD 探测器、主镜镀膜[4]、轴阶梯光栅分光仪[5]等多项设备改进工作，1996 年 12 月通过了院级鉴定。[6]这一望远镜的主要数据及特色包括：主镜通光口径 2.16 米；设有卡塞格林、折轴两个工作焦点，但 1989 年落成时仅卡塞格林焦点工作，原设计还有主焦点，因故未采用；其中卡塞格林焦点焦比为 F/9，折轴焦点焦比为 F/45；卡塞格林 R-C 系统与折轴系统共用同一个副镜；折轴系统中增加一个中继镜，转换时副镜作适当移动，系统可以同时消除球差和彗差；SYZ 中继镜，以设计者之名命名，改变了以往的设计传统，在国内外许多光学系统中得以运用。[7]据此，中国天文学家开展了众多天文观测研究工作，如 1989 年 12 月参加的大规模全球合作的多台址连续分光观测（MUSICOS），以及活动星系核、极亮红外星系样本光谱、超新星、变星、恒星和太阳系天体高色散和高信噪比光谱诸多领域的观测等。[8]

三、射电天文观测网

在射电天文观测方面，自 1958 年将苏联留借的两台厘米射电望远镜安装在沙河站开始，我国逐步研制了多种波段射电望远镜，中国建立了包括北京天文台沙河站与密云站、紫金山天文台及德令哈观测站、上海天文台佘山站、云南天文台等重要的射电天文观测基地。

其中，北京天文台 1964 年成功研制 3.2 厘米射电望远镜，安装在沙河站；1970 年成功研制晶体管接收机的 10 厘米射电望远镜；1972 年开始研制射电辐射计，此后持续发展，联合相关台站或机构，至 1999 年完成太阳射电频谱仪的研制；1966 年开始建设密云站，1967 年建成 146 兆赫 16 面天线射电干涉仪；1979 年建成密云 460 兆赫太阳复合干涉仪，次年 8 月正式投入太阳观测工作；1984 年密云米波综合孔径射电望远镜建成；1986 年开始研制 6 厘米射电望远镜，至 1990 年，安装至北京、昆明和乌鲁木齐；1994 年开始研制太阳射电宽带频谱仪[9]。紫金山天文台 1966 年研制成功 3.2 厘米射电望远镜；1979 年研制成功 8.6 毫米射电望远镜[10]；1981 年研制 3 毫米射电望远镜[11]；1993 年

① 叶基棠. 使用情况报告//龚祖同. 60 厘米试验天文望远镜专集. 北京：科学出版社，1980：280-289.
② 2.16 米反光望远镜设计任务书//苏定强. 2.16 米天文望远镜工程文集. 北京：中国科学技术出版社，2001：246-249.
③ 蒋建科. 远东最大天文望远镜落成. 人民日报，1989-11-14（2）.
④ 中国科学院国家天文台. 中国科学院北京天文台台史（1958—2001）. 北京：中国科学技术出版社，2010：272-273.
⑤ 苏定强. 2.16 米天文望远镜大事记//苏定强. 2.16 米天文望远镜工程文集. 北京：中国科学技术出版社，2001：5-17.
⑥ 鉴定意见//苏定强. 2.16 米天文望远镜工程文集. 北京：中国科学技术出版社，2001：250.
⑦ 苏定强，周必方，俞新木. 中国 2.16m 天文望远镜的主光路系统. 中国科学：数学，1989，（11）：1187-1196. 同见苏定强. 2.16 米天文望远镜工程文集. 北京：中国科学技术出版社，2001：26-35.
⑧ 胡景耀. 2.16m 天文望远镜的运行和它在我国天文研究中的地位//苏定强. 2.16 米天文望远镜工程文集. 北京：中国科学技术出版社，2001：240-245.
⑨ 中国科学院国家天文台. 中国科学院北京天文台台史（1958—2001）. 北京：中国科学技术出版社，2010：2-3，145-146.
⑩ 8.6 毫米波段日全食观测//1980 年 2 月 16 日中国云南日全食观测文集. 北京：科学出版社，1983：94-102.
⑪ 探索星空的奥秘——访问紫金山天文台散记//吴孝桢. 半世纪岁月留痕. 大田县印刷厂，1997：219-221.

更新 10 厘米射电望远镜；1996 年研制成功德令哈 13.7 米毫米波射电望远镜。云南天文台 1985 年建成 10 米口径射电望远镜与太阳米波射电声光频谱仪[1]；1993 年研制 7.5 厘米射电望远镜。上海天文台 1999 年牵头建设中国 VLBI 系统。此外，还因新疆日食观测，与北京大学合作研制 21 厘米射电望远镜；北京师范大学成功研制 2 厘米射电望远镜[2]，南京大学研制 3 厘米射电望远镜等。

太阳射电观测活动一直是我国射电天文的一项主要工作。基于上述设备，1968 年 9 月新疆日食射电观测，1980 年 2 月云南日全食射电观测，1981—1993 年开展了第 21 周、第 22 周太阳活动峰年联测，1992 年北京天文台在南极中山站建立太阳射电观测站，并由北京天文台、云南天文台、乌鲁木齐站、南京大学、北京师范大学、紫金山天文台等组成太阳射电高时间分辨率同步联测网等。1993 年第 22 周太阳活动峰年联测之后，一些小的射电望远镜退出联测。[3]

宇宙射电观测与研究则以密云米波综合孔径射电望远镜为主。这是我国第一架用以观察银河系以及遥远星系的天文设备[4]，具有高灵敏度、高分辨率特征，于 1973 年开始建设，1984 年建成。[5]其工作频率为 232 兆赫；由 28 面直径 9 米的东-西天线阵组成，天线阵全长 1164 米；U-V 平面覆盖完整，适于进行北赤纬天区射电源普查及特殊源搜索。总体水平而言，它达到当时国际同类设备的先进水平[6]。利用这一设备，开展了米波射电巡天观测，同时对一些具有大延伸结构的超新星遗迹和电离层进行了有效观测。[7]

德令哈 13.7 米毫米波射电望远镜，倡始于 20 世纪 70 年代中期，1981 年定址青海省德令哈市，1982 年由紫金山天文台和天仪厂开始合作研制，1986 年完成安装，1990 年通过验收，1994 年底完成 3 毫米波接收系统，填补了我国天文学一个至关重要的空白，实现了我国天文学发展战略的一个阶段性目标（图 2）。[8]它采用地平式卡塞格林天线，主反射面 13.7 米[9]，此后又自行研制了超导 SIS 接收机前端，系统灵敏度提高了 4—6 倍。[10]利用该望远镜，开展了高分辨率的太阳射电观测[11]；至 1994 年初发现近 100 个新的水脉泽源；3 毫米系统开始观测以来，获得一批新的 CO 分了谱线观测结果等，为中

① 云南省地方志编纂委员会总纂，云南天文台，云南省气象局编撰. 云南省志·卷二·天文气候志. 昆明：云南人民出版社，1995：12.
② 国家教育委员会科技司. 国家教育委员会所属高等学校科学技术成果选编（1984）. 北京：教育委员会科技司，1984：291-292.
③ 中国科学院国家天文台. 中国科学院北京天文台台史（1958—2001）. 北京：中国科学技术出版社，2010：145-147.
④ 王绶琯. 米波段射电望远镜——作用、结构、发展及我国的研究. 自然杂志，1986，9（8）：563-569，596-640.
⑤ 中国科学院国家天文台. 中国科学院北京天文台台史（1958—2001）. 北京：中国科学技术出版社，2010：143.
⑥ 北京天文台米波射电天文组. 密云米波综合孔径射电望远镜. 天体物理学报，1985，5（4）：245-254.
⑦ 陈宏升，郑怡嘉. 米波综合孔径射电望远镜的建立//王绶琯，刘振兴. 20 世纪中国学术大典：天文学、空间科学. 福州：福建教育出版社，2003：165-167.
⑧ 韩溥. 13.7m 毫米波射电望远镜的建立//王绶琯，刘振兴. 20 世纪中国学术大典：天文学、空间科学. 福州：福建教育出版社，2003：167-169.
⑨ 韩溥，徐之材. 13.7 米毫米波射电望远镜. 中国科学院院刊，1998，13（4）：290-291.
⑩ 史生才，徐之材，殷兴辉，等. 毫米波亚毫米波超导 SIS 混频技术及其应用//中国电子学会. 1999 年全国微波毫米波会议论文集. 下册. 中国电子学会，1999：550-553.
⑪ 周树荣，吴洪敖，韩溥，等. 13.7 米射电望远镜的太阳观测与研究. 天体物理学报，1992，12（2）：183-185.

国天文学家在分子天文学领域做出一流成果奠定了关键性的基础。[1]此外，这一望远镜综合了诸多高新技术，达到了国际同类设备先进水平，并实现了设备出口美国。[2]

图 2　13.7 米毫米波射电望远镜

资料来源：紫金山天文台青海观测站简介. http://www.dlh.pmo.cas.cn/qhzgk/qhgczjj[2019-02-22]

中国 VLBI 系统的建设是渐进持续的过程。1973 年，上海天文台提出在我国建立 VLBI 系统的设想[3]，并于 1979 年建成一个实验 VLBI 系统，采用两台 6 米口径射电望远镜，基线长度约 40 米，工作波长 21 厘米，原子频标用氢原子钟或铷钟[4]，随即开展了首次横跨欧亚大陆的 VLBI 实验。[5]1978 年，上海天文台提出 VLBI 系统总体方案，规划建设上海、乌鲁木齐、昆明三个观测站，上海相关处理中心，以及相应的设备配置。这些站点的设置，较合理地适用干涉仪 uv 分辨率的覆盖面。[6]1979 年开始建设，但因国民经济调整而决定先建设上海 VLBI 佘山站，并将望远镜天线口径从 30 米改为 25 米，采用氢原子钟作为原子频标等。1987 年，佘山站建成，达到国际标准的多用途 VLBI 站的水平。在佘山站即将建成之际，中国 VLBI 系统二期工程于 1986 年正式启动，2003 年

① 韩溥，徐之材. 13.7 米毫米波射电望远镜. 中国科学院院刊，1998，13（4）：290-291.

② 吕韵翎，张卫一，施志强，等. 13.7 米口径毫米波射电望远镜机械总体概述和精度分析. 电子机械工程，1991，（1）：56-63.

③ 钱志瀚. VLBI 起步经历及探月工程. http://www.shao.cas.cn/tq/zgxy/201207/t20120726_3621782.html[2012-07-26].

④ 钱志瀚，万同山，郏林达，等. 实验 VLBI 系统的初步观测结果. 中国科学院上海天文台年刊，1981，（3）：249-255.

⑤ 万同山，郏林达，钱志瀚，等. 上海—埃弗尔斯堡（西德）首次甚长基线干涉实验技术. 中国科学院上海天文台年刊，1982，（4）：190-202.

⑥ 苏步美，王京生. 关于我国甚长基线干涉网的 uv 复盖图. 云南天文台台刊，1979，（4）：68-82.

12 月通过验收，基本建成中国 VLBI 系统。[①]二期工程主要对上海佘山站改进[②]；1994 年新建乌鲁木齐 VLBI 南山站建成，前端、终端、氢钟、天线控制等方面基本同于佘山站，但略有优化[③]；上海数据处理中心建设；原计划的昆明站因经费原因放弃。中国 VLBI 系统最初是为地球动力学研究服务[④]，但也服务于我国天文学一系列重要的科研任务，如对地壳板块运动进行监测，开展深空监测，"嫦娥一号"探月工程[⑤]等。佘山站、南山站均是欧洲 VLBI 网、亚太 VLBI 网的主要成员，也是国际大地测量和天体测量 VLBI 网的重要成员，为国际合作起到重要作用。[⑥]

四、空间天文观测

相对欧美诸国来说，空间天文观测领域是我国天文学界较为薄弱的环节。尽管如此，我国在此领域也做了一些工作，并取得了不少重要成果。

其中，自 20 世纪 70 年代末期，中国科学院高能物理研究所已经利用我国高空科学气球系统开始了高空天文的探测。1982 年 3 万立方米气球探测北京 32—33 千米高度 γ 射线背景，1983 年开始在 3 万—5 万立方米高空气球上开展脉冲中子星硬 X 射线观测等。[⑦]几乎同时，1983 年成功研制我国第一个用于空间高能天文观测的球载硬 X 射线望远镜 HAPI-1，1984 年春对蟹状星云脉冲星进行了观测；1985 年 5 月在中国科学院大气物理研究所香河观测站发放，在 33 千米高空对蟹状星云进行了历时 8 小时的主动式扫描观测。[⑧]此后陆续研制 HAPI 系列，至 1988 年，与德国、俄罗斯合作研制了 HAPI-4。[⑨]它可在 5 毫巴大气高度上工作，是当时国内最大的一架高能天文观测仪器，探测面积增至 1600 平方厘米，探测能区扩展至 20—400KeV，可实现 70—100 小时长时间飞行观测。[⑩]1993 年，使用球载 HAPI-4 对天鹅座 CygX-1 进行了观测。[⑪]此后，又在 HAPI-4 系统基础上，形成了新一代的球载高能望远镜控制系统，可用于高能、红外和其他波段的空间天文观测。[⑫]此外，X 射线探测器在 2000 年后随"神舟二号"、嫦娥系列升空，并展空间天文观测。

---

① 钱志瀚. VLBI 起步经历及探月工程. http://www.shao.cas.cn/tq/zgxy/201207/t20120726_3621782.html[2012-07-26].

② 钱志瀚. 中国甚长基线干涉测量系统//王绶琯，刘振兴. 20 世纪中国学术大典：天文学、空间科学. 福州：福建教育出版社，2003：169-172.

③ 李劲，华德铭. 乌鲁木齐 VLBI 站前端系统. 宇航计测技术，1997，17（1）：1-7，13.

④ 万同山. VLBI 技术（天体物理）的进展和中国 VLBI 网的意义. 天文学进展，1991，9（4）：309-320.

⑤ 洪晓瑜，李惠华，卢仙文，等. VLBI 技术成功应用于我国首次月球探测工程. 天文爱好者，2008，（4）：54-55.

⑥ 蔡剑青. VLBI 技术的发展及其在研究全球变化中的贡献. 测绘科技通讯，1995，18（3）：1-3，24.

⑦ 李惕碚，顾逸东. 我国的高空科学气球与高能天文观测. 自然杂志，1984，（3）：163-169，240-241，2.

⑧ 戴长江，吴枚，李惕碚，等. 空间硬 X 射线望远镜 HAPI-1 及其对蟹状星云脉冲星的观测. 天体物理学报，1987，7（2）：140-146.

⑨ 李惕碚. 球载天文观测//王绶琯，刘振兴. 20 世纪中国学术大典：天文学、空间科学. 福州：福建教育出版社，2003：140-141.

⑩ 朱自安，李延国，陆柱国，等. 球载硬 X 射线探测器的地面系统//中国空间科学学会空间探测专业委员会. 空间探测的今天和未来——中国空间科学学会空间探测专业委员会第七次学术会议论文集. 下册.1994：183-186.

⑪ 李延国，李惕碚. 球载大面积充氙多丝正比室. 核电子学与探测技术，2003，23（6）：502-506.

⑫ 林宝军，曲卫振，吴伯冰，等. 球载高能天文望远镜的超视距自动跟踪. 空间科学学报，1998，（3）：242-246.

上海天文台在 20 世纪 80 年代开展了系列球载太阳探测工作。比如，从 1981 年开始，每年 8—9 月在河北省香河观测站行球载太阳红外光度计的观测，球载系统采用零压式 3 万立方米气球，高度 35 千米左右，使用 150 毫米口径、焦比 f/2.8 的牛顿式红外望远镜。[①]1982 年 9 月 24 日的球载探测，1 小时内取得三组 18 微米波长的太阳辐射强度数据，这是我国第一次成功的高空天文观测。[②]1984 年底对红外 I 型球载太阳望远镜的探测系统、自动扫描电路及机械传动部分装置进行改装，为大尺度面源扫描观测提供技术资料和方法。[③]1987 年，完成 10 厘米双筒球载红外球载快扫描望远镜研制，8 月 3 日在中日合作高空气球越洋航线上首次飞行，因遥控指令故障未能开展天文观测[④]，1988 年 8 月 16 日中日再次合作发放，对亮晚型巨星、木星、火星和土星进行天文观测。[⑤]又如，为研究太阳紫外线辐射与太阳其他高能发射的时空关系，探究太阳的高能发射的物理机制，研制了球载太阳紫外线成像探测系统。[⑥]

紫金山天文台 30 厘米球载红外望远镜（BIT），是一具高指向精度的红外空间天文仪器，由紫金山天文台和天仪厂合作，西北工业大学、中国科学院高能物理研究所、中国科学院大气物理研究所等单位协作，于 1986 年 10 月研制成功。其主镜 31.8 厘米，副镜 9.3 厘米，视场 4′，象径 1′，指向跟踪精度小于 1′，偏置导星范围 ±10°，地平式装置。[⑦]这一设备的研制难度较大，但取得了一些重要的技术进步，如副镜斩波器使用一对自制扁平动圈式直线电机作为驱动，不存在机械碰撞和摩擦，提高了斩波效率，避免了噪声干扰[⑧]；对指向跟踪精度、偏置导星、仰角轴装置等方面做了数学模型分析。[⑨]1990 年 6 月 15 日在香河县观测站升空，达 32 千米高空，因风力小、气温低等缘故，在平流层飞行 1 小时有余，只能用球载计算机的粗控模式对天蝎 α 进行了定标观测，未取得有意义的天文资料。[⑩]

五、近 20 年来中国天文观测网建设之新进展

通过几代天文工作者的努力，并以前述一些较为重大的天文观测设备的建设为标志，中国在 1999 年前已初步建立各层级天文观测网。然而，中国天文学的发展也面临一些问题，与国际相比较，差距很大。其中天文设备的差距较为突出。当时，美国、欧洲、

① 郭祺伟. 用于球载观测的太阳远红外光度计. 红外技术, 1996, 18（2）: 39-42, 45.
② 郭祺伟, 邹惠成. 太阳红外亮度温度的球载探测系统. 红外研究, 1984, 3（3）: 176-179.
③ 吴钟奇, 李海澎, 沈玲娣. 红外 I 型球载望远镜的改进. 中国科学院上海天文台年刊, 1986,（8）: 221-229.
④ 傅承启, 蒋栋荣. 快扫描红外球载望远镜的首次飞行. 中国科学院上海天文台年刊, 1989,（10）: 146-151.
⑤ 傅承启, 蒋栋荣. 晚型星和大行星的近红外球载测光. 中国科学院上海天文台年刊, 1994,（15）: 171-178.
⑥ 郭祺伟, 邹惠成. 球载太阳紫外线成象的探测//中国空间科学学会空间探测专业委员会. 空间探测的今天和未来——中国空间科学学会空间探测专业委员会第七次学术会议论文集. 下册. 1994: 313.
⑦ 姚大志, 严俊, 王红池. 30CM 球载红外望远镜研制及飞行//中国空间科学学会空间探测专业委员会. 空间探测的今天和未来——中国空间科学学会空间探测专业委员会第七次学术会议论文集. 下册. 1994: 307-312.
⑧ 周尊源, 蒋筱如, 刘冠群. 球载红外望远镜的副镜斩波器. 天文学报, 1991, 32（1）: 90-95.
⑨ 华家骏. 30cm 球载红外望远镜（BIT）的指向、偏置导星、跟踪的数学模型和仰角轴装置, 偏置导星轴系及其驱动. 紫金山天文台台刊, 1992, 11（3）: 233-244.
⑩ 姚大志, 严俊, 王红池. 30CM 球载红外望远镜研制及飞行//中国空间科学学会空间探测专业委员会. 空间探测的今天和未来——中国空间科学学会空间探测专业委员会第七次学术会议论文集. 下册. 1994: 307-312.

日本、澳大利亚等天文学发展较好的国家和地区已建成 14 架 8—10 米口径光学/红外望远镜；射电望远镜方面，已有以美国阿雷西博（Aricebo）射电望远镜（直径为 305 米）为代表的一批大口径设备，以及 VLBI 网、低频射电阵列、毫米波射电望远镜等；空间天文学方面，自 20 世纪 60 年代以来，美国、欧洲、日本等已发射大量天文卫星，开展空间照相、红外、紫外、X 射线、γ 射线等观测，并在这些方面有诸多研制计划。[①]相较之下，中国已有的天文仪器总体上口径较小，台站较少；在天体力学、南天天文观测等一些重要的领域，尚未开展有效的观测与研究；空间天文方面，尚未有天文卫星发射。除此之外，因城市化建设、气候变化等因素，我国的一些台站进行了转轨，一些设备的观测效果降低，其中沙河站于 2020 年 10 月转轨为天文科普教育基地，不再开展专业天文观测[②]；密云站也已不开展天文观测，主要为探月工程服务；广州人造卫星观测站于 1998 年并入中国科学院广州能源研究所，不再开展人卫观测[③]；兴隆站、紫金山天文台等一些专业台站的观测环境恶化；南京大学太阳塔的观测精度下降等。并且，探月工程、北斗卫星导航、空间碎片监测等一系列重大工程的开展，赋予了天文学界一些新的观测任务。

因此，自 1999 年以来，通过台站建设、特殊用途或更大口径设备研制或装备、天文卫星发射、开展国际合作等方式，中国天文观测网建设得以长足发展。

其一是台站建设。

首先进行了机构的整合。1999 年，中国科学院将天文系统的台站予以整合重组，设立了国家天文观测中心，对所属大型设备仪器实行统一管理。2001 年 4 月，再次经过机构合并，组建成立中国科学院国家天文台[④]。

其次则是新台站的建设[⑤]。为研制大口径望远镜，国家天文台自 2003 年开展西部选址团，先后考察新疆卡拉苏、西藏物玛[⑥]、西藏阿里、四川稻城、新疆喀什慕士塔格等地，并相继建设阿里、稻城、慕士塔格天文观测站；于 2005 年开始建设新疆乌拉斯台观测站；2008 年开始建设南极冰穹 A 观测站，开展太阳全日面多波段图像、白昼条件下的恒星图像观测；2010 年成立内蒙古明安图观测基地；2014 年开始建设新疆哈密红柳峡观测站。云南天文台 2003 年 9 月开始兴建丽江高美古天文观测基地；2010 年建成澄江抚仙湖太阳观测站。2011 年，乌鲁木齐站改称新疆天文台，建设喀什卫星地面站，主要负责"中国区域定位系统"和"中国北斗卫星导航系统"等工作；2010 年建成乌拉斯台

① 中国科学技术协会主编,中国天文学会编著. 天文学学科发展报告（2007—2008）. 北京:中国科学技术出版社, 2008: 3-12.
② 中国科学院国家天文台. 中国科学院北京天文台台史（1958—2001）. 北京：中国科学技术出版社, 2010: 280.
③ 樊军辉, 谢献春, 王洪光. 广东天文八十年. 广州：华南理工大学出版社, 2012：62.
④ 包括原北京天文台、云南天文台、乌鲁木齐天文工作站、长春人造卫星观测站，以及由原南京天文仪器研制中心天文光学实验室改建而来的南京天文光学技术研究所并等机构，并撤销国家天文观测中心和广州人造卫星观测站。
⑤ 新台站以及主要的仪器设备，主要根据各天文台官网介绍整理而来。
⑥ 李勇. 行星地球的地震预警系统（测试版）用于国家天文台的西选址工作//中国地球物理学会, 中国国家自然科学基金委员会地球科学部, 中国地质大学（武汉）. 第三届环境与工程地球物理国际会议论文集. 武汉, 2008: 112-115.

GNSS（全球导航卫星系统）基准站①、巴音布鲁站 GNSS 基准站等。长春人造卫星观测站，2010 年相继建成抚远 GNSS 基准站（黑龙江省抚远市）、阿鲁科尔沁 GNSS 基准站（内蒙古阿鲁科尔沁旗）和长岭 GNSS 基准站（吉林省长岭县）等野外台站；2013 年开始建设吉林空间目标观测基地。紫金山天文台，2003 年开始建设黑龙江洪河天文观测站，该站是我国地理位置最东的天文观测站点；2005 年建成盱眙天文观测站，该站是我国唯一的天体力学实测基地；2008 年开始建设云南姚安天文观测站，现在仍在建设之中，拟建成我国最大的天文观测基地。

其二是特殊用途或更大口径设备研制或装备。

在天体测量方面，主要包括：云南天文台于 2001 年装备低纬子午环，开展天体测量工作；紫金山天文台洪河天文观测站主要从事空间目标与碎片观测，目前装备了 4 台（套）光电观测设备，包括 1 套光电望远镜阵、1 台精密跟踪望远镜和 2 台联动望远镜；盱眙天文观测站主要装备有 105/120 厘米的近地天体探测望远镜、65/73 厘米水平式空间碎片探测望远镜；长春人造卫星观测站于 2013 年开始建设吉林空间目标观测基地，涵盖 1.2 米大视场空间碎片观测系统、特大视场空间碎片探测系统、13 米 VLBI 射电望远镜和数据处理中心等；新疆天文台南站、紫金山天文台德令哈青海站 2015 年分别建成 1.2 米量子通信望远镜，与兴隆站、阿里站等一起承担了量子卫星科学实验任务②。

在太阳物理方面，主要包括：国家天文台于 2005 年在怀柔站建成"全日面太阳光学和磁场监测系统"，包括全日面 Hα 色球望远镜和全日面矢量磁场望远镜两部分；云南天文台于 2005 年对原 18 厘米 Hα 色球望远镜进行升级改造，满足全日面观测，开展国际联测；澄江抚仙湖太阳观测站于 2015 年在原一米红外太阳塔基础上，建成一米新真空红外太阳望远镜（NVST），主要进行太阳高分辨率的太阳成像、光谱以及磁场观测；另有与南京大学合作的光学和近红外太阳爆发监测望远镜（ONSET），主要用于太阳活动周观测和研究。中国科学院光电技术研究所太阳高分辨率成像技术研究团队成功研制 1.8 米太阳望远镜，这是我国首套 2 米级太阳望远镜。③

在天体物理方面，主要包括：2009 年建成大天区面积多目标光纤光谱天文望远镜（LAMOST，郭守敬望远镜），安装于兴隆站，主要开展光谱巡天④；丽江高美古天文观测基地是一座具有非常优良的夜间天文观测条件的天文台站，2007 年安装 2.4 米口径地平式反射望远镜，该望远镜是目前我国乃至东亚地区口径最大的通用型天文光学望远镜⑤；阿里天文观测站装备有 50 厘米望远镜，规划建设 10 米口径、30 米口径大望远镜⑥；2018 年，开始建设四川稻城天文观测站，拟建成大天文观测集群地，装备 8 米口径的"中

① 中国大陆构造环境监测网络基准站是国家重大科技基础设施建设项目之一。基准网由 260 个 GNSS 站构成。
② 相里斌副院长赴兴隆量子通信地面站调研量子卫星在轨测试工作. http://quantum.ustc.edu.cn/web/node/97 [2016-09-02].
③ 我国首套 2 米级太阳望远镜面世 想要看清这个"近邻"还有这些门道. https://baijiahao.baidu.com/s?id= 1663840091545484727&wfr=spider&for=pc[2020-04-13].
④ 赵永恒. LAMOST 的科技创新. 科学通报，2021，66（11）：1281-1289.
⑤ 李大庆. 直径 2.4 米天文光学望远镜在丽江落成. 科技日报，2007-05-13（1）.
⑥ 西藏阿里天文台口径 50 厘米望远镜投入使用. http://www.cas.cn/xw/kjsm/gndt/201307/t20130720_3902966.shtml [2013-07-20].

国巨型太阳望远镜"（CGST）、12 米大型光学红外望远镜（LOT）的候选台址、高海拔宇宙线观测站（LHAASO）、国家空间中心的"圆环阵太阳风射电成像望远镜"等[①]。

在射电天文观测方面，主要包括：密云站 2006 年建成 50 米口径射电望远镜，云南天文台 2006 年建成 40 米口径射电望远镜，上海天文台佘山站 2012 年建成 65 米射电望远镜（天马望远镜），均参与绕月探测工程和深空探测[②]，三台望远镜也成为中国 VLBI 系统的新成员，并参与了国际联测。[③]新疆天文台继续建设南山观测站，从事 VLBI 观测及天体物理观测，并从 2005 年开始参加探月工程。国家天文台乌拉斯台观测站安装有 10 287 面天线面积达 50 000 平方米的 21 厘米低频射电望远镜阵列，开展"宇宙第一缕曙光"探测计划（21CMA），以及中微子探测 GRANDPROTO 项目；红柳峡观测站装备有射电望远镜阵列，用于暗能量探测；明安图观测基地装备有"新一代厘米-分米波射电日像仪"、两台 20 米口径的射电望远镜等[④]；2016 年建成 500 米口径球面射电望远镜（FAST，"中国天眼"），是目前世界上最大的单口径射电望远镜，将专文介绍。

其三，在我国天文学家的不懈努力下，空间天文观测领域近年来陆续取得突破，比如 2015 年我国首颗天文卫星"悟空号"暗物质粒子探测卫星升空[⑤]，2017 年我国自主设计的首颗硬 X 射线调制望远镜卫星"慧眼"发射升空。[⑥]

其四，国内专业天文台还与国外相关机构合作，联合建设一些天文台站或合作中心。其中较有影响的包括：2009 年起，国家天文台联合国内多家单位与德国科隆大学合作，开展西藏羊八井天文观测站[⑦]的建设，安装中德亚毫米波望远镜（即原 KOSMA 亚毫米波望远镜），是中国第一架可用于常规天文观测的亚毫米波望远镜，也是目前北半球台址海拔最高的亚毫米波望远镜。[⑧]2013 年 2 月，依托于国家天文台，在智利挂靠于智利大学，成立中国科学院南美天文研究中心，合作利用位于智利的各类优良的天文观测设备。[⑨]同时也开展国际合作，或合作研制，或直接引进设备。其中较有影响的包括：云南天文台丽江高美古天文观测基地 2.4 米望远镜，是从英国进口的；2014 年开始，中国和法国合作开展空间变源监视器天文卫星 SVOM 的研制工作，计划搭载 1 台 X 射线天文望远镜、1 台 X 射线和伽马射线相机、1 台伽马暴监视器和 1 台光学望远镜，主要开展伽马射线暴多波段探测。[⑩]2015 年，云南天文台和泰国合作，研制中泰 70 厘米全自动

① 稻城：中国光学天文新中心？ https://www.sohu.com/a/212353522_313378[2017-12-23].
② 我国建成 50 米和 40 米射电望远镜用于服务深空探测. http://www.gov.cn/jrzg/2007-10/24/content_785080.htm[2007-10-24].
③ 中国科技网助力国际 e-VLBI 联网应用演示. http://www.cas.cn/xw/yxdt/200806/t20080618_986333.shtml[2008-06-18].
④ 中国科学院国家天文台. http://www.bao.ac.cn/[2021-04-19].
⑤ 吴月辉. 搜寻暗物质 且看火眼金睛——我国发射首颗暗物质探测卫星"悟空". 人民日报，2015-12-17（14）.
⑥ 冯华. 张开"慧眼"洞见宇宙——我国首颗 X 射线天文卫星成功发射. 人民日报，2017-06-16（1）.
⑦ 西藏羊八井观测站，由中国科学院高能物理研究所和日本东京大学宇宙线研究所于 1989 年共同兴建，是世界上海拔最高的宇宙线观测站.
⑧ 国家天文台西藏羊八井观测站揭牌. http://www.cas.cn/xw/yxdt/201108/t20110819_3324402.shtml[2011-08-19].
⑨ 中心简介. http://www.cassaca.org/zh/中心简介/.
⑩ 中法加强天体物理学合作，共同研发天文观测卫星. https://www.chinanews.com/gj/2014/09-28/6638137.shtml[2014-09-28].

望远镜，安装于丽江高美古观测站，主要开展南天区变源长期监测。①

总之，对于中国天文观测网的建设，至 2019 年已形成了国家天文台（含云南天文台、新疆天文台等）、紫金山天文台、上海天文台，以及 20 余处观测站的观测网；装备了一些重大的观测设备，部分设备处于国际领先水平；发射了 2 颗天文卫星；以灵活的方式开展多种国际合作。当然这些进步仍在进行之中。

六、获奖

在中国天文观测网的初步建设过程中，众多项目获得了各种等级的奖励，以下仅列举文中提及的部分天文设施在 2000 年前的获奖情况。

米波综合孔径射电望远镜，1985 年获得国家科学技术进步奖二等奖。

太阳磁场望远镜，1987 年获得中国科学院科技进步奖一等奖，1988 年获得国家科学技术进步奖一等奖。

1.56 米天体测量望远镜，获得 1990 年度中国科学院科技进步奖一等奖、1992 年度国家科学技术进步奖一等奖。

上海 VLBI 观测站，1991 年获得中国科学院科技进步奖一等奖，1993 年获得国家科学技术进步奖二等奖。

多通道太阳望远镜，1995 年获得中国科学院科技进步奖一等奖，1996 年获得国家科学技术进步奖二等奖。

2.16 米光学天文望远镜，1997 年获得中国科学院科技进步奖一等奖，1998 年获得国家科学技术进步奖一等奖。

13.7 米毫米波射电望远镜，1998 年获得中国科学院科技进步奖一等奖，1999 年获得国家科学技术进步奖二等奖。

乌鲁木齐 VLBI 观测站，获得新疆维吾尔自治区 2000 年科学技术进步奖一等奖。

---

① 中泰 70 公分全自动望远镜在丽江建成. http://www.cas.cn/yx/201512/t20151231_4509316.shtml［2015-12-31］.

中国大地构造学派[*]

大地构造学是研究地球岩石圈构造、发生、发展规律以及地壳运动的学科，是地质学的基础。大地构造学研究的中心内容包括地壳运动的方向（水平运动和升降运动）、地壳运动的空间分布规律（活动区和稳定区）、地壳活动的周期性、地壳运动的动力来源等，并试图对各个区域的大地构造特征和规律，作出合理的解释。由于科学、技术手段的限制，在有关地壳运动等重大问题上，尚只能凭借收集、观测的资料作出可能的推理和假设，因此出现了不同的假说，形成了不同的学派。

我国在民国时期就已有自己的构造学派，新中国成立后，构造学派更是形成百家争鸣的大好局面。[①]李四光、黄汲清、尹赞勋、李春昱、张文佑、孙殿卿、陈国达、马杏垣、张伯声、王鸿祯等学者对大地构造学研究均有独特的见解。其中被公认的有重要影响的大地构造学说包括：地质力学说、断块构造说、多旋回构造说、地洼说、波浪镶嵌构造说等。本文系统总结各学派倡导者及主要观点，分析各个学派学术思想形成与发展过程及各个取得的主要成果，由此窥见我国地质学研究学术繁荣之一角。

一、以李四光为倡导者的地质力学学派

地质力学，是运用力学原理，以力学的观点分析、研究地质构造现象的发生、发展及内在规律，进而探讨地壳构造和地壳运动的规律，从而解决实际生产中的问题。地质力学认为，影响地壳运动的直接原因是作用于岩层的力。地壳受力，产生形变并留下踪迹，当构造形迹产生，必然有和它相联系的构造形象，这种具有成生联系的构造要素的总和，称为"构造体系"。构造体系有三种类型：纬向构造体系、经向构造体系、扭动构造体系。把握与鉴定构造体系，是地质力学规定的基本任务与核心内容。构造体系经历了复杂的发展过程，并且有明显的阶段性。地质力学从构造体系的特点总结出地壳运动的规律是向西或向赤道水平滑动，并由此推断这是地球自转速度变化和大陆车阀自动控制转速而引起的。地质力学强调，地球转速加快时，隐含着变慢的因素，而转速变慢时，又创造了加快的条件，这和地球内部物质运动相关。我国著名地质学家李四光[②]为地质力学学派的主要倡导者。

早在 1921 年，李四光在研究中国北方石炭纪、二叠纪沉积物时，即发现北方的"太原系"与南方的石炭纪、二叠纪地层虽属同一时代，但其沉积环境却大不相同，认为这可能是由地球自转速度时快时慢引起的。1926 年，李四光发表《地球表面形象变迁之主因》

---

[*]　作者：杨丽娟。

① 有关我国大地构造学派形成的历史原因，参见：李迎家，白丽丽. 浅析中国大地构造学派成因. 地质学史论丛，2009，（5）：347-352；李迎家，陈宝国. 从中国大地构造学派形成看学术繁荣. 中国地质教育，2007，（1）：23-27；浦庆余. 我国大地构造学派的形成和发展初探//中国地质学会地质学史专业委员会. 中国地质学会地质学史专业委员会第 23 届学术年会论文集. 2011：3-14.

② 李四光（1889—1971），我国著名地质学家。1904 年留学日本，1931 年毕业于英国伯明翰大学，获博士学位，1948 年被选为中央研究院院士，1955 年当选为中国科学院学部委员。

一文①，指出魏格纳大陆漂移学说遇到的基本困难并不是有关大陆运动的方向，而是它的动力问题，进而提出地球自转的速率变化是引起地壳运动的主因。自转速度快，离心力增大，其增量的水平分力从两极向赤道，同时产生和地球自转方向相反（即自西向东）的惯性力。由此，大陆产生两个方向的运动：由两极赤道的整体移动或大陆不同部位的差异运动；大陆西移。当地球的转速增量增加到一定程度时，所有的大陆块起到巨大的"刹车"作用而自动地加以制动，从而减慢了地球的转速。当种种原因导致地球转速再次加快时，新的地壳运动随之发生，这便是地质力学的启蒙阶段——"大陆车阀说"。自1929年提出并论证"构造体系"概念后，李四光又发表多篇文章，1939年出版《中国地质学》（*The Geology of China*，Thomas Murby & Co.，London）②，进一步指出一切构造形迹都是成群发生的，每一群构造形迹和其他有成生联系的构造群，往往形成构造带，构造带与构造带之间，有时存在着构造形迹不显著的地块，和围绕它们的或半围绕它们的构造带，形成一个整体，构成统一的构造体系。构造体系是地质力学研究工作中建立起来的一个极为重要的概念。1941年，李四光正式提出"地质力学"一词，1947年发表《地质力学之基础与方法》，对地质力学理论做了系统的概述，标志着地质力学的形成。③

新中国成立后，李四光及其同人进一步完善地质力学理论和方法，总结出了一套系统的地质力学理论体系。1962年出版的《地质力学概论》（笔者所见为1999年出版的第二版），建立了完整的地质力学的理论体系和工作方法，提出了鉴定构造体系的步骤，把已经认识的构造体系分为三大类型，即纬向构造体系、经向构造体系和扭动构造体系，认为地壳运动的总方向是经向和纬向的水平运动，垂直运动是派生的，动力来源主要是重力控制下的地球自转的离心力和地球自转速率的变化。该理论使地质力学的理论和工作方法更为完整和系统化。④1982年，孙殿卿和高庆华撰写的《地质力学与地壳运动》，进一步总结了地质力学理论与研究方法。

二、以黄汲清为倡导者的多旋回构造学派

地壳运动的多旋回构造⑤说，是我国地质学家黄汲清⑥所提出的。⑦1945年，黄汲清

---

① Lee J S. The fundamental cause of evolution of the Earth's surface features. Bulletin of the Geological Society of China，1926，（1）：209-262.
② 1953年，此书由张文佑编译，中文版出版（正风出版社），1999年再次出版中文版《中国地质学（扩编版）》（地质出版社）。
③ 李四光. 地质力学之基础与方法. 北京：中华书局，1947.
④ 李四光. 地质力学概论. 2版. 北京：地质出版社，1999.
⑤ "构造旋回"提出于1887年。通过对某些褶皱带内岩层之间不整合的研究，发现褶皱带相对集中出现在某些不太长的地质时期内，这些地质时期被称为褶皱期或造山期。在褶皱期以外的其他时期，地壳运动相对较弱，有时处于较长期的相对宁静状态，表现为升、降运动或造陆运动；有时处于较短期的相对活动强烈状态，表现为褶皱运动或造山运动。它们在地质发展历史上的交替出现，说明地壳运动具有明显的周期性和阶段性，使地壳构造具有不断发生和发展的阶段性，即具有旋回的特点。一般来说，从一个平静期开始，到一个褶皱期结束，称为一个构造旋回，在漫长的地质发展历史中，可划分为好多个构造旋回，每个构造旋回都有自己的特点。参见：谢仁海. 大地构造学派概观. 徐州：中国矿业大学出版社，1989：46.
⑥ 黄汲清（1904—1995），毕业于北京大学地质系，1933年留学瑞士，师从著名构造地质学家阿尔冈教授。1948年当选中央研究院院士，1955年当选为中国科学院学部委员。
⑦ 20世纪40年代，德国地质学家史蒂勒（H. Stile）的单旋回学说在国际上流行甚广。单旋回学说认为一个地槽系从发生、发展到结束经历若干个构造旋回，每个旋回都使地槽系的一部分转化成褶皱带，最后一个旋回则使地槽全部转化成褶皱系。在褶皱系后，地壳仍有剧烈运动，产生新的沉积和岩浆活动。

经过长期的野外调查后，在总结国内外资料写成的讨论中国大地构造的著作《中国主要地质构造单位》发表（图1）。该书采用地槽—地台说，系统划分了中国主要大地构造单元，全面论述了中国及邻近地区的大地构造及其演化历史，同时提出了多旋回构造运动的观点。书中明确提出，地槽向地台的转化一般都经历了由量变到质变的多旋回发展过程。后来又进行了不断的补充和发展，进一步提出包括褶皱断裂、岩浆活动、沉积建造、变质作用等，都呈现出多旋回性，建立了具有完整理论体系的多旋回学说。20世纪50年代后，黄汲清相继编制1∶300万《中华人民共和国大地构造图》、出版专著《中国大地构造基本特征——1∶300万中华人民共和国大地构造图说明书》（北京：中国石油工业出版社，1965年）和《中国主要地质构造单位》，发表论文《中国地质构造基本特征的初步总结》《从多旋回构造运动观点初步探讨地壳发展规律》（与姜春发合作发表），在新资料的基础上对1945年建立的中国大地构造理论体系和多旋回构造运动观点做了更为全面的阐释。[1]他将中国深断裂划分为壳断裂、岩浆石圈断裂和超岩石圈断裂，各种深断裂也是多旋回发展的。60年代，黄汲清根据地槽前后及其多旋回发展的先后关系，将多旋回分为前期旋回、早期旋回、主期旋回和后期旋回，将全球每隔8亿—10亿年出现一次的构造事件和岩浆活动高峰所分割的历史阶段称为巨旋回，将旋回中的次级旋回，称为亚旋回。指出巨旋回或亚旋回是全球性的，地槽与地台相互转化，转化有两种方式，即突变式和过渡式。

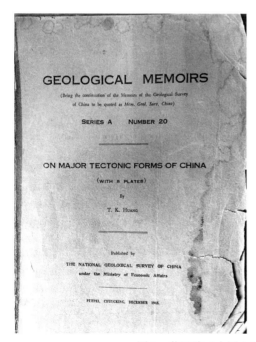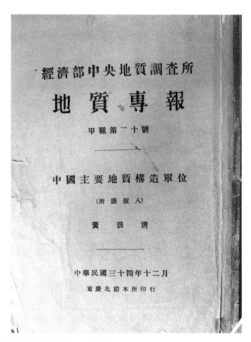

图1　黄汲清《中国主要地质构造单位》（1945）

20世纪70年代初，板块构造学说传入我国后，黄汲清将多旋回与板块说相结合，研究中国大地构造，指出板块构造也是多旋回的；80年代，黄汲清将岩石圈的开裂与拼

① 任纪舜. 代序//我的回忆——黄汲清回忆录摘抄. 北京：地质出版社，2004.

合结合起来统一考虑，使板块说与多旋回说更加紧密结合。在黄汲清的指导下，任纪舜、姜春发等编制和出版了《中国大地构造及其演化——1：400 万中国大地构造图简要说明》，着重阐述中朝准地台、扬子准地台和塔里木准地台等中国主要构造单元的形成过程，以及滨太平洋构造域和喜马拉雅构造域的发展特点。[①]1987 年，黄汲清和陈炳蔚出版的《中国及邻区特提斯海的演化》，利用青藏高原考察的一手资料，对东特提斯构造演化做了全面总结，将槽台说、板块说和多旋回说紧密结合，开拓了大地构造研究的新方向，为研究青藏高原的隆升历史和形成机制提供了新思路。[②]1990 年，任纪舜等出版了《中国东部及邻区大陆岩石圈的构造演化与成矿》专著，进一步发展了多旋回构造运动理论；王作勋等出版《天山多旋回构造演化及成矿》，进一步完善了手风琴式板块运动模式。

从 1974 年开始，黄汲清及其团队陆续发表了《对中国大地构造若干特点的新认识》（1974 年）、《中国大地构造基本轮廓》（1977 年）、《试论地槽褶皱带的多旋回发展》（1979 年）、《特提斯—喜马拉雅构造域上新世——第四纪磨拉斯的形成及其与印度板块活动的关系》（1980 年）、《按大地构造观点进行中国地震地质区划的尝试》（1979 年）等多篇论文，编制了 1：400 万《中国大地构造图》（1979 年），撰写了《中国大地构造及其演化——1：400 万中国大地构造图简要说明》（1980 年）以及相关论文，第一次在中国大地构造图上详细标绘了中国主要的板块缝合带，把多旋回构造运动观点与板块学说结合起来，在新的起点上建立了中国大地构造演化模式。

三、以张文佑为倡导者的断块构造学派

断裂体系与断块大地构造学说简称为断块学说，是我国地质学家张文佑[③]于 20 世纪 50 年代末创立的。张文佑利用地质力学原理，吸取了槽台学说、板块说，成功阐释了中国及世界大地构造的生成演化规律。断块学说认为：岩石圈形变的力学机制，是从褶皱到断裂，一旦产生了断裂并发育到一定程度，这些断裂就会对以后的建造发育和构造形变起着控制作用。由于受力方式、边界条件、变形物体的性质差异，常构成不同型式的断裂组合，即断裂体系。断块学说初步认识了三种基本断裂体系：X 型、Y 型、T 型。断块间的相对运动方式基本上是两种：断块错动与离合、断块的层间滑。断块与断块边界的运动方式有五种，即剪切型、挤压型、拉张型、挤压—剪切型、拉张—剪切型，后两种最常见。断块边界一般都是多旋回活动，断块固结后还可以再活化、开裂或拼合。

20 世纪 40 年代，张文佑研究中国华南大地构造时，注意到线形构造的重要性，并把岩石中的破裂分为 X 型和 T 型，前者具有剪切性，后者具有拉张性。50 年代，张文佑主持绘制了《中国大地构造纲要（中国大地构造图说明书）》，首先创用了断块、断褶

① 任纪舜，姜春发，张正坤，等. 中国大地构造及其演化——1：400 万中国大地构造图简要说明. 北京：科学出版社，1980.
② 黄汲清，陈炳蔚. 中国及邻区特提斯海的演化. 北京：地质出版社，1987.
③ 张文佑（1909—1985），1934 年毕业于北京大学地质系，进入中央研究院地质研究所，在李四光指导下从事构造地质学研究，曾赴英国、德国、苏联等多个国家访学。

带、断块带、台块等术语①。70 年代，张文佑将野外观察、室内模拟实验及理论分析三者结合，初步完善了断裂体系与断块大地构造学说思想。80 年代，《中国及邻区海陆大地构造基本轮廓》出版，在中国首次打破了海陆边界，绘制出包括大陆与海洋统一的大地构造图，运用断块构造学说解释了其他学说不能解释的地质现象②。张文佑 1984 年出版《断块构造导论》，对自己的学说进行了全面的总结，认为岩石圈被断裂分割成大小不等、深浅不一、厚薄不同和发展历史各异的断块，由此产生岩石圈的多层次、多级别和多期性发展的断块构造格局。断裂按其程度、规模和地球物理特征，可分为岩石圈断裂、地壳断裂、基地断裂和盖层断裂。断块相应地有岩石圈断块、地壳断块、基地断块和盖层断块四个等级。断块构造的驱动力是地球内部的热力和重力作用引起的地球膨胀和收缩的交替作用，加上外部天体的影响，地球自转角速度的变化和地球自转轴摆动的不均一性对地球的影响等。断裂的形成和发展首先形成共轭剪切断裂网络，继而形成锯齿状拉张断裂。断块学说认为，由线性断裂构造组成的全球构造网络具有方向性、全球性、直线性、长期性和统一性。中国断块构造可分为青藏断块区、西域断块区、中部断块区和华夏断块区。中国断块从东向西依次属于洋壳断块、过渡型断块和陆壳断块。③

四、以陈国达为倡导者的地洼学说及其学派

地洼学说是我国地质学家陈国达④于 1956 年开始提出的，至 70 年代中期形成了比较完整的理论体系。1956 年陈国达发表《中国地台"活化区"的实例并着重讨论"华夏古陆"问题》一文，初步提出大陆地壳新的构造单元——活化区（activated region）的概念⑤，标志着地洼学说的诞生。⑥后为表述这种构造区的鉴别特征，更名为"地洼区"。地洼学说指出，地台既非地壳发展的最后阶段，地槽也非地壳发展的初始阶段。该学说突破了地质科学盛行长达百年之久的"非槽即台，非台即槽"的观点，并把矿产类型作为鉴别大地构造性质的一项新标志。随后，陈国达相继发表《地洼区的第三构造层——地洼沉积层》（1959 年）⑦及《地洼区——后地台阶段的一种新型活动区》（1965 年）⑧等著作，对这个新构造单元的特征、鉴别标志、类型划分、在地壳演化史上出现的时间和地理上的分布规律等作出详细的论证。1960 年，陈国达出版的《地台活化说及其找矿意义》，进一步明确了地洼学说的主要内容，着重阐明了活化区矿产特别丰富的特征及与地壳演化的密切关系；以及这种矿产特点与地槽区、地台区间的演化生因联系。全书

① 张文佑. 中国大地构造纲要. 北京：科学出版社，1959.
② 张文佑，马福臣，李阴槐，等. 中国及邻区海陆大地构造基本轮廓. 北京：石油工业出版社，1984.
③ 张文佑. 断块构造导论. 北京：石油工业出版社，1984.
④ 陈国达（1912—2004），中国科学院院士。1934 年入北平研究院地质研究所，毕业后在两广地质调查和江西地质调查所工作。
⑤ 陈国达. 中国地台"活化区"的实例并着重讨论"华夏古陆"问题. 地质学报，1956，（3）：239-272.
⑥ 1980 年日本弘文堂出版之《科学史技术史大事典》的"简明科学史技术史年表"中，正式把地洼学说的诞生作为大事之一列入。参见：李迎家. 从中国大地构造学派形成看学术繁荣. 中国地质大学硕士学位论文，2006.
⑦ 陈国达. 地洼区的第三构造层——地洼沉积层. 科学通报，1959，（5）：173-174.
⑧ 陈国达. 地洼区——后地台阶段的一种新型活动//陈国达，郭令智，张伯声，等. 中国大地构造问题. 北京：科学出版社，1965：1-52.

内容包括：依据对活化区所做的研究，比较系统地阐明了它的主要地质特征和鉴别依据；指出地台活化是代表地壳运动的一种新类型，在本质上与地台型不同，与地槽型间也存在实质上的差异，由此形成的构造区，代表一种新的地壳构造单元类型，并指出这种构造单元是全球大陆壳中一种相当普遍的构造类型。①

地洼学说认为，中国特别是中国东部的大地构造，在中生代之前曾先后不一地经历了地槽和地台两个发展阶段。当进入地台阶段之后，地台逐渐扩展，形成了辽阔的中国地台。这种认识与槽台学说的观点基本一致，但是，自中生代中期以来，中国的地壳发展状况却发生了显著的变化。特别是在中国东部地区，地壳运动变得十分强烈，岩浆活动显得非常活跃，巨厚的陆相沉积充填着各个沉积盆地，形成丰富的内生和外生矿床。陈国达在地洼学说的基础上，又进一步提出了地壳动"定"转化递进学说。它认为地壳构造的发展过程，是强烈活动区和相对稳定区相互转化、更迭的过程，即称为动"定"转化。

1977 年，陈国达提出"壳体构造"概念，将壳体看作地球硬壳（岩石圈），如同细胞作用那样的块体，它们是不断演化又在不断运动的时空综合超级构造单元。同年，陈国达发表《地幔蠕动热能聚散交替假说》，设想地球壳体之所以分异发展，壳体的演化、运动过程之所以通过动定转化、交替更迭、递进发展，以及壳体内部及整体运动和有关构造形成的主要力源机制，均是由地幔物质和温度的不均一性所引起的地幔蠕变及流动。②在国家地震局广州地震大队主编，陈国达参与编写的《中国大地构造概要》一书中，将地洼划分为地洼区、地洼系、地洼列和地洼四个级别的构造单位，介绍中国地壳发展的动"定"转化史，并绘制了 1 : 400 万中国大地构造图。③

五、以张伯声为倡导者的波浪镶嵌构造理论及其学派

地壳的波浪状镶嵌构造学说简称为"镶嵌"学说，是我国地质学家张伯声④于 20 世纪 50 年代末 60 年代初提出的。1959 年，张伯声通过对华北和华南地质发展异同的分析，认为相邻两地壳块在不同地史时期，以它们之间的活动带为支点，作天平式摆动，提出了"天平式运动"原理（1974 年改为"天平式摆动"），同时支点带本身也作激烈的波浪状运动。1962 年张伯声提出了"镶嵌的地壳"观点，认为地壳是由大小不同级别的活动带将其分割为大小不同级别的地壳块体，然后再把它们镶嵌起来的构造，并称之为地壳的镶嵌构造。1964—1965 年，张伯声把地壳的镶嵌构造同相邻地块的天平式摆动统一起来，引申出地块波浪，建立了地壳波浪运动的概念，并指出全球地壳有四大波浪系统：北冰洋—南极洲波系、太平洋—欧非波系、印度洋—北美波系和南大西洋—西伯利亚波

① 陈国达. 地台活化说及其找矿意义. 北京：地质出版社，1960.
② 参见：陈国达. 地洼学说讲义.1985；陈国达. 地洼学说——活化构造及成矿理论体系概论. 长沙：中南工业大学出版社，1996.
③ 国家地震局广州地震大队. 中国大地构造概要. 北京：地震出版社，1977.
④ 张伯声（1903—1994），1926 年毕业于清华大学，后赴美留学，先在威斯康星大学攻读化学，后入芝加哥大学地质系，回国后先后执教于多所大学。

系。1974 年，他又采用地质力学的某些分析方法，汲取地球自转速率变化的思想，结合脉动说来解释镶嵌构造成因。1975 年，张伯声等提出"中国构造网"以及波浪运动的三种形式（蚕行式、蛇行式、蠕行式），以说明地壳大小块体"漂而不远，移而不乱"的水平运动特征。

"镶嵌"学说认为：整个地壳的构造是由大小不同的地壳块体和大小不同的活动带镶嵌而成的复杂构造图案，这就是地壳的镶嵌构造；同一级别的活动带与地块带相同分布，在构造地貌上显示峰-谷起伏及疏-密相间，具有近等间距性，这样的构造就是波浪状构造；全球地壳表现为几个系统的一级套一级的活动带与地块带的定向排列，因而在几个方向上表现出一级套一级的波浪状构造；地壳由几个系统的、从宏观到微观级级相套的地壳波浪状构造的交织与叠加，形成十分复杂，但却有一定规律的镶嵌构造图案，这就是地壳的波浪镶嵌构造。[①]

中国大地构造学派经过数十年的发展，理论体系不断发展和成熟，取得了举世瞩目的成绩，并获得多项国家级大奖。1959 年，张文佑等编制的第一张 1：400 万《中国大地构造图》及其说明书《中国大地构造纲要》获 1982 年国家自然科学奖二等奖；李四光等"中国构造体系及其应用"、黄汲清等"中国大地构造基本特征"、陈国达等"地洼区（活化区）——大陆地壳第三构造单元"获 1982 年国家自然科学奖二等奖；李春昱等绘制的 1：800 万《亚洲大地构造图》获 1987 年国家自然科学奖三等奖；王作勋等"天山多旋回演化及成矿"项目获 1991 年国家自然科学奖三等奖；黄汲清等因专著《中国及邻区特提斯海的演化》获 1997 年国家科学技术进步奖二等奖。

此外，大地构造学派相继成立研究团体和研究机构。1956 年 2 月，在地质部成立地质力学研究室，地质力学学派主要成员集中于此，李四光兼任室主任。1959 年改为地质力学研究所，李四光任所长，由地质部地质科学院领导。中国地质科学院地质研究所 60 年代设有由黄汲清、肖序常、任纪舜和姜春发等为学术带头人的构造地质研究室。原中南矿业学院以陈国达为首的研究集体，组成了中国科学院大地构造研究室，后扩建为研究所，为地洼学说的研究中心。

中国构造地质研究的成果，还体现在构造地质图的绘制上。1956 年，张文佑主编了新中国第一幅 1：800 万《中国大地构造图》，并于次年完成其说明书《中国大地构造纲要》。1973 年，其在吸收板块学说成果的基础上编制了 1：1000 万《中国的断块大地构造图》，1983 年又领导和主编了 1：500 万《中国及邻区海陆大地构造图》。断块构造学派还由中国科学院地质研究所牵头，联合中国科学院南海海洋所、青岛海洋研究所，与北京大学地质系、南京大学地质系等合作，张文佑主编 1：300 万《中国及邻区海陆大地构造图》。1958—1959 年，黄汲清等编制了 1：300 万《中华人民共和国大地构造图》。1972—1976 年地质力学研究所按李四光地质力学理论编制成首幅 1：400 万《中华人民共和国构造体系图》，在 1976 年召开的悉尼第 25 届国际地质大会上展览，受各国地质

---

① 参见：张伯声. 中国地壳的波浪状镶嵌构造. 北京：科学出版社，1980；张伯声. 地壳波浪与镶嵌构造研究. 西安：陕西科学技术出版社，1982；张伯声. 地壳波浪与镶嵌构造研究. 第 2 集. 西安：陕西科学技术出版社，1986.

学家高度赞扬。此后，在地质学家的不断努力下，陆续出版构造地质图多幅。[①]

　　自 1965 年第一届全国构造地质学术会议于北京召开后，我国多次召开全国性构造地质学术会议，报告大地构造学术，中国大地构造学派学说亦引起国际同行的关注和认可。

[①] 有关各次会议相关报告、大地构造图详细内容，参见：吴凤鸣. 大地构造学发展简史史料汇编. 北京：石油工业出版社，2011；中国地质学会构造地质专业委员会. 国际大陆岩石圈构造演化与动力学讨论会——第三届全国构造地质会议论文选集. 北京：科学出版社，1990.

东亚大气环流[*]

现代大气科学在我国的源头可追溯到竺可桢创办的中央研究院气象研究所，但气象学在中国蓬勃发展则是在 1949 年以后。大气环流研究旨在揭示大气运动规律，探索全球气候变化，是进行气候预测和中长期天气预报的重要环节。东亚大陆东临广阔的太平洋，南临印度洋，具有世界上最大的高原——青藏高原，受海陆分布和高原地形的影响，环流极具特色。东亚大气环流和全球大气环流在整个大气运动中相互制约，一定程度上影响了全球气候，因此有关东亚大气环流基本规律的研究一直是国际气象学界极其重视的问题。我国科学家自 20 世纪 50 年代起即对东亚大气环流及其运动规律进行了深入而系统的研究，发现东亚和北美环流在过渡季节有急剧变化的现象，原创性地提出了气候突变概念，揭示了东亚大气环流对中国气候的影响机理。

东亚大气环流的研究既体现了大气科学的全球性，又有中国地理环境的特殊性，还兼顾了中国大气运动规律的本土特性（青藏高原对大气环流的影响）。东亚大气环流的研究开创了我国近代大气环流和气候学的研究领域，在国内至今仍对大气环流和天气学的研究起着指导作用。本文以东亚环流研究原始材料为基础，综述东亚大气环流研究内容及历史，并梳理东亚大气环流相关扩展研究及取得的成果。

一、东亚大气环流研究内容、解决的问题及研究历史回顾

1. 东亚大气环流研究内容及主要解决的问题

大气环流一般指大范围（水平尺度几千米以上）较长时间尺度（几天以上）的大气运动的基本状况，既遵循流体的热力学、动力学规律，又受地球的旋转及其表面复杂的海陆分布和大地形貌的影响。大气环流研究是指对大气运动规律的研究，是大气科学以及地球物理流体力学中的基础科学。大气环流基本规律是天气预报和气候变化的基础，因此东亚大气环流的研究是一项应用性很强的研究。原中国科学院地球物理研究所气象研究室和后来建立的中国科学院大气物理研究所（简称大气物理研究所）研究人员叶笃正[1]、陶诗言[2]、朱抱真、陈隆勋在 20 世纪 50—80 年代对东亚大气环流进行了系统深入的研究，揭示了东亚的天气、气候特征，阐明了东亚海陆分布和青藏高原对北半球大气环流的作用，解决了东亚大型天气过程，在东亚形成寒潮天气过程及青藏高原对东亚大

---

* 作者：杨丽娟。

① 叶笃正（1916—2013），生于天津，1935 年南开中学毕业后入清华大学物理系学习，1940 年毕业于国立西南联合大学地质地理气象学系，后入浙江大学史地研究所读研究生，1943 年获硕士学位，后任职于中央研究院气象研究所。1944 年赴美国芝加哥大学攻读博士学位，师从著名气象学家罗斯贝（Carl-Gustav Rossby, 1898—1957），1948 年毕业后留校，成为芝加哥学派的重要成员，次年发表《大气中的能量频散》一文，该文被誉为动力气象学的经典文章之一。

② 陶诗言（1919—2012），浙江嘉兴人，主要从事大气环流和天气动力学研究，1980 年当选中国科学院学部委员。

气环流影响等问题。

叶笃正等在东亚大气环流特征研究的基础上，还对全球大气环流的若干基本问题进行了比较全面的探讨，在第一本讨论大气环流的专著《大气环流的若干基本问题》中，提出了大气环流的九个主要解决问题，包括：大型的大气运动维持地转风平衡的原因；西风急流的成因和维持机制；高空西风带的槽脊在移动的过程中经常地在固定地区加深形成平均槽脊的原因；平均温度场的形成原因；大气环流的指数循环和季节突变的相关过程和其动力、热力原因；大气保持着平衡状态的原因；大气维持着动能平衡的原因；水循环与大气环流的内在关系如何；大气维持热量平衡的原因。[①]

2. 东亚大气环流研究历史回顾

东亚大气环流成果是气象学家多年研究所得。1955 年，叶笃正、朱抱真即指出自然季节的划分在气候学工作和天气预报，特别是中长期预报工作上是重要的问题。根据环流的性质来决定大范围区域中过渡季节的开始，着重指出东亚过渡季节的开始是经过一种突变的过程，突变包括环流突变和温度的飞跃现象，并且谈及东亚过渡季节的环流特点，解释原因。[②]

陶诗言和陈隆勋曾分析 1956 年 5 月和 6 月初亚洲上空大气环流的变化，发现在此时期亚洲南部的大气环流有跳跃性的改变。喜马拉雅山南麓的高空急流向北撤退，在青藏高原上空建立一个副热带高气压脊线，并且在亚洲南部上空（北纬 10 度附近）建立一支高空东风急流。在影响中国天气变化的大尺度系统中，阻塞高压和副热带高压非常重要。

1957 年和 1958 年，叶笃正、顾震潮[③]、陶诗言、杨鉴初合作完成东亚大气环流的英文论文 "On the General Circulation over Eastern Asia"（《关于东亚大气环流的研究》），分三期在瑞典著名的地球物理杂志 Tellus 连载，受到国际大气学界的重视。论文不但富于理论意义，而且极具实用价值，为我国急需的天气预报工作奠定了基础。论文研究了包括中国在内的东亚区域冬季和夏季不同维度的大气环流，并讨论了其季节变率，详细阐述了东亚大气环流的特点，研究了大气环流的季节转换和青藏高原在东亚大气环流中的作用，论文还研究了热源和热汇的问题，使用扰动理论研究了东亚地形对西风急流的影响等。[④]论文发表以后引起了国际上的轰动，在气象学界甚至科学界产生了很大影响。国际学界由此"知道中国还有叶笃正、顾震潮、陶诗言这么多人，搞了这么多研究"[⑤]。这三篇文章树立了叶笃正、顾震潮、陶诗言在国际上的威望，影响深远。20 世纪 60 年代，美国学者提出要与中国合作，包括在气象上合作，以至于若干年后中美合作季风研

① 吕建华. 关于《大气环流的若干基本问题》. 大气科学，2016，40（1）：78-85；朱抱真. 东亚大气环流//中国科学院综合计划局. 攀登者的报告——中国科学院重大科技成果选. 北京：学苑出版社，1999：21-24.

② 叶笃正，朱抱真. 从大气环流的变化论东亚过渡季节的来临. 气象学报，1955，26（1-2）：71-87.

③ 顾震潮（1920—1976），上海人，1945 年毕业于国立西南联合大学研究生院，1948 年留学瑞典，师从罗斯贝，1950 年回国后就职于中国科学院大气物理研究所，曾任该所所长。他开创了中国数值天气预报工作，建立了云物理学、雷达气象、大气探测等学科领域。

④ Staff Members of Academia Sinica. On the general circulation over Eastern Asia（Ⅰ）. Tellus，1957，（9）：432-446；
Staff Members of Academia Sinica. On the general circulation over Eastern Asia（Ⅱ）. Tellus，1958，（10）：58-75；
Staff Members of Academia Sinica. On the general circulation over Eastern Asia（Ⅲ）. Tellus，1958，（10）：200-312.

⑤ 陈正洪，杨桂芳. 胸怀大气——陶诗言传. 北京：中国科学技术出版社，2014.

究计划，也起源于此。陶诗言等在这篇论文的基础上继续深入研究，得出大气环流的许多重要成果。

1958 年，叶笃正、陶诗言、李麦村在《气象学报》上发表文章《在六月和十月大气环流的突变现象》，该文通过分析 1956 年 5—6 月和 9—10 月几个代表性经度上的纬向风-气压剖面图，指出东亚上空西风急流中心位置在 6 月和 10 月有明显的突变。在 6 月大气环流变化的特点表现在东西风带突然向北推移，在高空西风带推移的时期，高空的流型也发生了很大的改变，建立了典型的夏季环流型式。在 10 月高空的东西风带突然向南推移，同时高空的流型再次发生相应改变，形成典型的冬季环流型式。在夏季环流开始出现时，印度的西南季风开始暴发，中国和日本的梅雨季节便开始，同时内热带的辐合区突然向北推进。而在冬季环流开始时，印度的西南季风和内热带辐合区便向南撤退。该文还叙述了这两次变化时期的天气过程。大气环流冬、夏流型的转变在短时间内便可以完成，反映了大气环流的突变性。这一发现对中国天气预报的发展具有重要意义。[①]

20 世纪中叶，随着高空探测网络技术以及大气长波理论的发展，对大气环流的理解进一步深入。1956 年 N. A. Phillips 发表了历史上第一个成功的大气环流数值试验，次年叶笃正和朱抱真在北京的中国气象学会北京分会上报告了他们对大气环流基本问题认识的总结，研究成果于 1958 年由科学出版社出版，即《大气环流的若干基本问题》。[②] 该书系统讨论了北半球大气环流的特征和影响大气环流变化的主要因子，如大气中热量、角动量与能量的平衡，急流的形成与维持，西风带上低压槽和高压脊的形成等，是深入认识大气环流的演变过程和维持机制的重要著作之一，受到国内外气象学界推崇，还被译为俄文出版。[③]

1959 年，叶笃正发表长文《新中国大气环流研究的进展》，系统总结了我国大气环流研究的进展，包括环流结构和季节变化、冬季和夏季东亚环流的结构。东亚是世界著名的季风区，冬夏的环流结构有显著的不同。冬季在东亚低空盛行着东北和西北季风，但在 3000 米以上皆为盛行西风所控制。在亚洲，夏季西风带的北撤表现得特别明显。在这个季节里，东亚平均环流结构比冬季复杂得多。东亚环流类型的转变与我国天气变化有密切关系，在各种不同的环流型式中，东亚天气演变也有一定的差别。1956 年有人按照高空风场和大气过程的演变将夏季分成了初夏和盛夏。初夏开始于梅雨的开始，盛夏开始于梅雨的结束。后又有人将冬季分为初冬和隆冬，初冬和隆冬盛行的大型天气过程明显不同。初冬纬向过程占绝对优势，在隆冬则经向过程占优势。这样，东亚的自然季节成了春、初夏、盛夏、秋、初冬和隆冬六季。东亚季节的转变一般来说就是非常急促的，带有跳跃式的。其中尤以秋季的来临最为明显和急骤。关于东亚高空西风风场的季节变化，文中也提及相关的研究。总结起来，1959 年前东亚大气环流的研究成果主要表现在：研究了东亚大气环流的状态和特征；了解了东亚主要天气过程的物理实质；初步

① 叶笃正，陶诗言，李麦村. 在六月和十月大气环流的突变现象. 气象学报，1958，29（4）：249-263.
② 吕建华. 关于《大气环流的若干基本问题》. 大气科学，2016，40（1）：78-85.
③ 叶笃正，朱抱真. 大气环流的若干基本问题. 北京：科学出版社，1958.

摸索到了控制中国天气变化的主要因素。[1]

1962 年陶诗言分析了夏季江淮流域持久性旱涝的环流特征,指出太平洋副热带高压持续性的偏北和偏南是造成旱涝的环流特征。随着对流层上部资料的增加,陶诗言研究了夏季南亚 100 毫巴高压的变化,并于 1964 年在北京科学讨论会上宣读论文《东亚夏季大气环流》,指出夏季东西半球基本气流差异很大。在东半球(尤其在亚洲和北岸)低空盛行西南风,在高空则有东风,东风的强度是随高度增强的。西半球则相反。东亚大陆是热源区,热源中心位于高原东部和云南、贵州地区,新疆北部另有一个次要的热源中心。由冬季环流到夏季环流的几次变化过程中,副热带急流和副热带高压都有同步的变化。由于中国大陆上雨区的分布和西太平洋副热带高压有密切关系,所以东亚大气环流的季节变化也清晰地反映在大陆雨带的季节位移上。此外,东亚大气环流有其特殊性。首先在平均环流上,显示出清楚的季风性质。其次,青藏高原对流层上部存在强大的副热带高压,而在接近高原地面为微弱的气旋性环流,这表示青藏高原对东亚环流的性质起着不小的作用。虽然东亚环流有它的特殊性,但东亚大气环流的主要季节变化往往是通过北半球长波型式的调整而实现的,因此东亚环流又紧密地和其他地区环流联系着。[2]

1965 年,叶笃正等进一步阐述了大气中的几种基本波动和能量的传播,探讨了适应过程与演变过程的一般性质和地转适应的物理性质。在论述了大气中最基本的状态——正压大气下的适应过程之后,进一步研究了斜压大气中的地转适应过程。同时还探讨了目前大家还不十分注意的中小尺度运动中风场与气压场的适应问题。[3]

1979 年,叶笃正等利用风场资料,分析东亚夏季、冬季不同区域的经向和纬向垂直环流的特点。他们指出夏季低纬度地区为巨大的西南季风环流区,在高原的南北侧还存在一个较小的经向环流圈,影响着高原附近的天气和气候。中低纬度的海洋上空则为经典的哈得来环流(Hadley cell)所控制,强度和影响的范围自西向东递增;青藏高原地形及夏季的热源作用,使青藏高原能够与西半球、南半球和中东太平洋的天气系统产生遥相关;青藏高原的平均直接上升气流对西太平洋副热带高压的贡献不大,而从西边到西太平洋副热带高压的平均直接下沉气流主要从高原以东的大陆上升。[4]冬季南亚季风区的经向环流为强大的哈得来环流所控制,这一环流在青藏高原南侧发展得最为强盛,出了高原向东其强度逐渐减弱;在中、东太平洋的中纬度逆环流称为主要环流系统,哈得来环流远弱于夏季,只存在于赤道低纬度的低空。[5]

叶笃正等提出的东亚大气环流季节转换的突变性比其他国家早 20 多年,我国东亚大气环流方面做出的开创性研究也极大地提高了中国在当时国际气象学界的地位。此后,随着气候变化研究的不断深入,叶笃正与研究团队也不断丰富着大气环流学的研究

① 叶笃正. 新中国大气环流研究的进展. 科学通报, 1959,(16):501-504.
② 陶诗言,叶笃正,谢义炳. 东亚夏季大气环流. 科学通报, 1965,(1):8-24.
③ 叶笃正,李麦村. 大气运动中的适应问题. 北京:科学出版社, 1965.
④ 叶笃正,杨广基,王兴东. 东亚和太平洋上空平均垂直环流——(一)夏季. 大气科学, 1979, 3(1):1-11.
⑤ 杨广基,王兴东,叶笃正. 东亚和太平洋地区上空的平均垂直环流——(二)冬季. 大气科学, 1979, 3(4):299-305.

理论。东亚大气环流等的研究成果用于中国气象局的业务预报模型，成为中国气象学发展的一座里程碑。

二、青藏高原对东亚大气环流的影响

处于北半球环流带的青藏高原，是世界上最大的高原，耸立在中国的西部，为我国所独有，其对大气环流和东亚天气的影响至关重要，要预报中国天气必须了解青藏高原。从 20 世纪 50 年代开始，叶笃正和一批中国气象学者开始研究青藏高原对东亚环流和天气的影响，并取得了令人瞩目的成果。

1952 年，叶笃正研究指出海陆分布对大气环流的影响有两方面：一方面，由于热力的作用，冬季大陆的气温低于海洋，夏季反之，温度分布在气象上有影响；另一方面是由地形引起的，且影响还存在着季节上的变化。由于地形的影响与所经过当地的气流有关系，因此西风带经过青藏高原时有分支的现象，其南支即为我们在冬季看到的南支急流，在地理位置上非常稳定，受这支强大气流影响，气旋向东移动，受气旋影响，冬季东部地区多雨。到了夏季西风带北移，因而青藏高原不再位于主要的西风带内。夏季大陆温度升高，有大规模的夏季风产生，夏季风自海洋向北吹向大陆，到达喜马拉雅山麓，顺着地形向上爬，或分为东西两支（如西风带在冬季分支一样），东边称为高压脊，西边产生低压槽。西风带冬季在青藏高原处分支，称为南北两支急流，在青藏高原北部的高压脊可以称为阻塞高压。阻塞高压对降雨和温度都有较大影响。在冬季，阻塞高压是半永久性的，夏季西风分支现象消失，半永久性的脊也不见了。此外，青藏高原屏障作用也有季节变化。[①]

1955 年，叶笃正与顾震潮等合作开展研究青藏高原对东亚大气环流及中国天气的影响，对青藏高原的几种动力作用和热力作用的影响机制进行了分析。他们指出青藏高原是西风带中一个最大的障碍物。在青藏高原被分成两支的急流在日本上空又复合起来，形成了北半球最强大的西风急流，强度比北美东岸的急流强得多。青藏高原的几种动力作用包括分支与回合、抑制和生成、屏障、热力等，大高原的存在直接改变了自由大气的温度场。白天高原吸收太阳辐射大于四周自由大气，夜间高原散热作用也大于周围大气，于是高原与四周自由大气间的温度梯度有明显且巨大的变化，温度梯度的日夜变化在高原四周产生与海陆风相似的风力变化。白天风吹向高原，夜晚风从高原吹出。青藏高原的存在也造成了高原上空大气温度的巨大年变化。夏季高原上的大气是同纬度最热的，这些暖空气和暖高压的东移，直接影响了我国东部夏季的天气过程。冬季，高原中部辐射冷却又特别厉害，加强了高原南边的西风南支。高原动力作用有季节变化。[②]1957年和 1958 年，叶笃正、顾震潮等在瑞典地球物理杂志 *Tellus* 上发表文章 "On the General Circulation over Eastern Asia"，向国际同行介绍青藏高原对东亚大气环流和我国天气的影响。

---

① 叶笃正. 西藏高原对于大气环流影响的季节变化. 气象学报, 1952, 23: 33-47.
② 叶笃正, 顾震潮. 西藏高原对于东亚大气环流及中国天气的影响. 科学通报, 1955, (6): 29-33; 叶笃正, 陶诗言. 有关西藏高原大气环流影响的若干发现. 科学通报, 1960, (1): 23-25.

1959 年，叶笃正进一步强调青藏高原对东亚大气环流的影响，包括：冬季对流层下层的西风带，受到高原的阻碍，分裂为南北两支，绕过高原东行，穿越高原的只是少数。夏季空气比冬季稳定性小，所以越过的就多些。在冬季，西风带在高原分为南北两支，每支西风里有一个西风急流，南支急流比北支急流强大得多。两支急流的强度都是向下游增加，所在高度也是向下游增加。高原对天气系统的这一明显作用就是来自欧洲的深大的长波槽在邻近高原时，分为两段。北段迅速向东并且减弱，及至贝加尔湖重新加强；南段或趋于消失或绕高原的南部东去。到了夏季，盛行风向和冬季大为不同，因此高原对气流的影响也有了改变，即地形对环流的动力作用也有季节变化。关于青藏高原的热力作用，根据推算结果，初步肯定在夏季它是个热源，在冬季东南部仍是热源。高原在夏季是热源，同时在夏季高原不复位于主要的西风带中，副热带高压脊又横穿过高原，所以在它的上空容易生成一个闭合的高压。高原的热力作用的另一表现为高原四周的风向变化。高原四周测站在午后的平均风向有指向高原的分布，在日出前后则有吹离高原的风向分布，所以在午后高原上出现辐合流场，日出前后则出现辐散流场，且辐合（散）的数量级是相当大的。①

1960 年，杨鉴初、陶诗言、叶笃正、顾震潮合作出版《西藏高原气象学》，标志着青藏高原气象学的创立。该书收集材料丰富，分气候学、天气学和动力气象三个部分，其中不但讨论了高原各地的气候特点、高原上天气系统的重要性质和分析预报工作，还分析了高原上空环流的构造和变化，从理论上探讨了这些结构和变化的物理原因，系统总结了有关青藏高原气象的研究。同时还对高原上空的环流型式、近地面气候和自由大气的气候、单站气候和天气系统加以详细的讨论。②

1973 年，大气物理研究所在中关村建立了大气环流模拟实验室，与美籍教授张捷迁合作进行了青藏高原热力影响试验及台风模拟试验。1974 年，叶笃正与张捷迁利用转盘装置合作完成"青藏高原加热作用对夏季东亚大气环流影响的初步模拟实验"研究，用流体力学模拟试验的方法对青藏高原对东亚大气环流所产生的影响进行了研究。研究指出，青藏高压的形成主要在于耸立在对流层中部的高原加热作用。这种加热作用使中、下层产生巨大的辐合，高空产生巨大的辐散。高原上空西风带的北撤、高原南面东风带的建立、高原上空高压和高原上热低压的建立以及季风经圈环流的形成等现象，都有内在的联系，关键在于高原的加热作用。③

1979 年，叶笃正、高由禧④等合著的《青藏高原气象学》一书出版，指出高原大气冷热源的变化在垂直环流上扮演着重要的角色。⑤此后，吴国雄、高登义等对青藏

① 叶笃正，谢光道. 十年来我国的大气环流研究工作. 气象学报，1959，30（3）：263-276.
② 杨鉴初，陶诗言，叶笃正，等. 西藏高原气象学. 北京：科学出版社，1960.
③ 叶笃正，张捷迁. 青藏高原加热作用对夏季东亚大气环流影响的初步模拟实验. 中国科学，1974，（3）：301-320.
④ 高由禧（1920—2001），福建福清人，气象学家。1944 年获重庆中央大学气象专业学士学位。中国科学院兰州高原大气物理研究所前所长，中国科学院院士，从事台风、东亚季风、青藏高原气象、干旱气候以及华南气候等领域研究，尤其在东亚季风和青藏高原气象学研究方面有突出成果。
⑤ 叶笃正，高由禧. 青藏高原气象学. 北京：科学出版社，1979.

高原大尺度环流和高原环境进行了大量研究，开拓了一个新的研究领域——青藏高原气象学。

三、关于东亚大气环流的拓展研究

早在 20 世纪 50 年代，陶诗言与叶笃正即一起提出北半球大气环流（特别是在亚洲季风区）呈现季节性突变现象，指出在夏季，由于一系列大气环流的突变，活跃在中国华南地区的静止锋和雨带也随之迅速北移至长江流域，于是出现了中国独特的"梅雨"天气。陶诗言等从东亚大型天气过程的变化来研究长江流域梅雨，指出梅雨实际上是东亚大气环流季节过渡时期或突变的产物。其利用 1957—1961 年探空站的记录，将研究扩展至平流层，对东亚对流层中上部和平流层中下部的大气环流特点做了初步分析，指出在冬季，对流层中上部的气压场和风场特点与过去研究的基本一致；在夏季，高原部分的环流特征却和过去的结论不同，夏季在高原上对流层中部出现微弱的气旋性环流，在 100 毫巴处高原上空的反气旋达到最大强度，这与青藏高原的热力性质有关。[1]此外，陶诗言指出 1—7 月东亚对流层上部的气压场和风场变化很大，在中高纬度气压场有相反的趋势，并且副热带高压脊线从冬季的北纬 15 度位置移动到夏季的北纬 28 度。1963 年，陶诗言、杨鉴初出版专著《中国夏季副热带天气系统若干问题的研究》，系统讨论中国夏季诸多天气现象及其原因。[2]

东亚冬季风的变化与异常，特别是寒潮，是引起我国寒害、雪灾、早霜和晚霜等灾害性气象的重要成因。陶诗言对于东亚寒潮活动路径及其与寒潮有关的东亚大气环流变化过程进行深入研究，发表了多篇有创见性的论文，如《阻塞形势破坏时期的一次东亚寒潮过程》《十年来我国对东亚寒潮的研究》等，解决了国家许多预报业务上的问题，受到气象学界的高度评价，成为 20 世纪 50 年代寒潮研究的一个权威。关于东亚寒潮路径的问题，早在 1935 年李宪之就做过一些研究。陶诗言指出，入侵中国寒潮最常见的路径是冷空气源自新地岛以西的北方海洋，从巴伦支海进入苏联，经西伯利亚、蒙古国进入我国。这种路径的冷空气常引起较强的寒潮。第二条路径是从新地岛及其以东的喀拉海南下，到西伯利亚后折向东南，经蒙古国进入我国。第三条路径是从亚洲西部，沿北纬 50 度以南自西向东移动，经蒙古国进入我国。第四条路径是在蒙古国—贝加尔湖地区堆积的冷空气，常直接南下侵袭我国。在寒潮暴发的理论方面，陶诗言第一次提出了寒潮过程是高空大型天气过程急剧调整结果的理论观点。在 20 世纪 60 年代初期，陶诗言又指出，高空大型暖高压伸向极地，将极涡推向南方，是形成东亚大寒潮的另一种重要形式。[3]

---

① 陶诗言，李毓芳，温玉璞. 东亚对流层上部和平流层中下部大气环流的初步研究. 气象学报，1965，（2）：155-165.

② 陈正洪，杨桂芳. 胸怀大气——陶诗言传. 北京：中国科学技术出版社，2014.

③ 陈正洪，杨桂芳. 胸怀大气——陶诗言传. 北京：中国科学技术出版社，2014.

四、东亚大气环流相关成果

东亚大气环流研究成果显著,为我国 20 世纪 80 年代建立数值天气预报模式奠定了理论基础。1980 年,大气物理研究所与中央气象台等合作成立了"联合数值预报室",将系列成果发展成为我国气象业务的主要模式,1982 年中央气象台按此模式首次作出了 72 小时数值天气预报。此外,关于东亚大气环流及其扩展的多项研究多次获国家级大奖,多个研究机构相继成立。

1. 相关研究机构的建立

大气科学在新中国成立后发展迅速,一系列国家级科研机构相继建立,其中以大气物理研究所的成立最为典型。大气物理研究所前身为 1928 年由著名气象学家竺可桢先生创立的中央研究院气象研究所。1950 年 1 月,中国科学院将气象、地磁和地震等部分科研机构合并组建成立中国科学院地球物理研究所。1966 年 1 月,根据我国气象事业发展的需要,中国科学院决定将气象研究室从地球物理研究所分出,正式成立大气物理研究所,旨在研究和探索地球大气中和大气与周边环境相互作用中的物理、化学、生物、人文过程的新规律,提供天气、气候和环境监测,探索预测和调控天气的先进理论、方法和技术。大气环境变化及其预测机理研究以及东亚大气环流及季风气候系统动力学是研究的重要课题。目前已发展成为涵盖大气科学领域各分支学科的大气科学综合研究机构,拥有中国科学院东亚区域气候-环境重点实验室(全球变化东亚区域研究中心)。

此外,大气物理研究所主办的刊物《大气科学》(中文版)、《大气科学进展》(英文版)(SCI 收录)、《气候与环境研究》(中文版)、《大气和海洋科学快报》(英文版),均为东亚大气环流成果发表的重要平台。1973 年,大气物理研究所建立大气环流模拟实验室,与张捷迁合作,进行台风模拟试验研究。1979 年,张捷迁再次来华,在大气物理研究所工作,并取得了诸多重要成果。实验室工作吸引了许多外国学者,多名国际知名学者先后到实验室参观访问。

2. 东亚大气环流获奖情况

除科研机构的建立,东亚大气环流研究取得的成果亦受到国内外同行的认可,获得了多项国家级大奖。早在 1956 年,中国科学院地球物理研究所叶笃正、顾震潮即因"西藏高原对于东亚大气环流及中国天气的影响"研究获国家自然科学奖三等奖。此后,有关东亚大气环流的相关研究更是硕果累累。1978 年,顾震潮、叶笃正、陶诗言、谢义炳、朱抱真、李麦村因"东亚大气环流的研究"获全国科学大会奖;1986 年,叶笃正、陈瑞荣、李国庆因"大气环流转盘模拟实验研究"获中国科学院科技进步奖;1987 年,叶笃正、陶诗言、朱抱真、陈隆勋因"东亚大气环流"获国家自然科学奖一等奖;1992 年,黄荣辉、陈烈庭、叶笃正因"东亚夏季大气环流异常和短期气候变化成因的研究"获中国科学院院自然科学奖;1997 年,大气物理研究所及中国科学院兰州冰川冻土研究所合作的"东亚与热带大气低频变化及其气候异常机理研究"获国家自然科学奖三等奖。

叶笃正因在东亚大气环流及中国气象研究领域的突出贡献,1995 年获何梁何利基金科学与技术成就奖，同年获"陈嘉庚科学奖——地球科学奖"。2003 年叶笃正获气象组织最高奖——第 48 届国际气象组织（IMO）奖（其获奖理由包括：建立青藏高原气象学；大气环流突变的发现；提出大气能量频散理论；倡导与可持续发展相联系的全球气候变化研究和人类有序活动对全球变化的适应等）。此外，叶笃正还获 2005 年度"国家最高科学技术奖"，2006 年入选"感动中国"十大人物。

“三志”编纂*

一、中国近代动植物分类学的奠基与早期发展

生物资源维系着人类的繁衍、生存和发展，对它们进行调查研究、编撰各种类型的生物志书，是对天然生物资源进行开发、持续利用和保护的基础，也是反映一个国家生物科学基础水平的标志之一。①

我国领土辽阔，生物资源众多。据初步调查，我国有各类生物48万多种，其中高等植物3万余种、孢子植物近25万种、动物20余万种，其中脊椎动物6400余种、无脊椎动物5万种、昆虫15万种。早期的调查采集几乎全由来华的外国学者进行，从中国带走了大量标本。20世纪初，东渡日本、留学欧美等国的中国生物学家们陆续回国，共同立志开创中国人自己的近代生物科学研究事业。1922年，国人自办的第一个生物学研究机构——中国科学社生物研究所在南京成立，动物学家秉志担任所长。1928年后，又陆续成立了静生生物调查所，北平研究院植物学研究所、动物学研究所，中央研究院自然历史博物馆②等机构。此外，东南大学、中山大学等高校的生物学系也是动植物采集和分类的重要力量。上述机构组织了多次深入内陆和沿海地区的广泛生物资源考察，采集动植物标本，同时培养了一批分类学人才。

在中国最早组织并开展研究工作的学科是植物分类学。著名的植物学家钱崇澍、胡先骕等学者多方筹集经费，创建研究机构，组织人员，不畏艰难险阻，在全国采集标本、发表论文、编写生物类名录及志书。1925年，胡先骕在哈佛大学攻读植物分类学时，利用该校馆藏标本和文献资料，完成了其博士论文《中国有花植物属志》，初步梳理出中国植物分类框架。③1931年后，蕨类植物学家秦仁昌从英国邱园（Kew Garden）等地拍摄并带回18 000多张中国植物模式标本照片。④1935年，植物学家吴韫珍前往奥地利维也纳，以胡先骕的工作为基础，在当时研究中国植物的权威学者韩马迪（H. Handel-Mazzetti）处抄写《中国植物名录》（当时韩马迪正在编写《中国植物志要》）。1939年后，植物学家吴征镒对照上述模式标本照片和植物名录，10年间整理出植物分类卡片30 000余张，这些卡片成为此后编写《中国植物志》的重要资料。

中国学者自主的中国近代植物分类学研究的发展，使全国性的植物志编写自然进入学者们的视野。1934年8月，胡先骕在中国植物学会第一次年会上提议，“现在国内治植物分类学者渐众，理应着手编纂《中国植物志》”⑤。由于当时科研力量薄弱、战乱频

---

* 作者：徐丁丁。

① 夏振岱. 中国生物物种大全——“三志”. 中国科学院院刊，2001，(2)：122-125.

② 1930年更名为中央研究院动植物研究所，此后发展成中央研究院动物研究所、植物研究所。

③ 罗桂环. 近代西方识华生物史. 济南：山东教育出版社，2005：37.

④ 秦仁昌档案. 北京：中国科学院植物研究所档案.

⑤ 会务消息. 中国植物学杂志，1934，1(3)：352.

仍，这一计划未能付诸实施，但老一辈生物学家仍然坚持进行大量调查采集和研究工作，并培养后继人才，为中国生物分类学的发展奠基。

二、新中国成立初期《中国植物志》编写计划的确立与早期进展

中华人民共和国成立后，开展了全国范围内的大规模的矿产和生物等资源的调查采集工作，还专门组织了多次重要的综合性或单项考察。1950年8月，中国科学院在北京召开了全国植物分类学工作会议，正式提出了编写《中国植物志》的问题。当时的设想是，"就各地区现有的条件，分别先做地方的植物志，取得经验……以求逐步奠定全国植物志大工作的基础"①。这也是《苏联植物志》《欧洲植物志》等大型生物志书的成熟的编写方法。随即，以中国科学院植物分类研究所②和华南植物研究所为中心，开展起全国范围内的植物标本采集和植物学书刊订购补充，出版植物分类学报，建立植物园等。③由于前期已有较好的标本采集和研究基础，《广州植物志》（1956年）、《北京植物志》（1959年）先后完成出版。

1956年，国家将动植物志的编纂列入《1956—1967年科学技术发展远景规划纲要（修正草案）》，提出"通过有系统的调查研究，累积起我国生物学的基本资料，如动植物志的编纂，植被土壤的调查，生态形态的研究等"④。考虑到中国植物种类的数量、已有的研究基础和分类学者的人数，特别是与苏联、美国、日本等国的情况相比较，预计完成《中国植物志》需要60年时间。所以当时认为"要经过12年的准备工作才能开始编纂中国植物志，而且不久以后又把12年的准备工作延长为20年"⑤。这个计划应当说是比较审慎和符合实际的。

《中国植物志》的正式上马是在"大跃进"时期。在"科学工作必须跃进"的精神指导下，不仅编写全国性植物志的时间大幅提前，完成时间也被一再缩短。1958年，中国科学院植物研究所植物分类室的"年轻科研人员对全国现存标本、资料、骨干力量、干部培养以及对标本、资料不足的措施等等方面，作了详细的分析，提出25年完成"⑥。1958年4月，在高等植物分类组规划制定会议上，又发出"十年内完成中国植物志"的倡议。此后又进一步缩减到"八至十年"。1959年9月，秦仁昌编写的《中国植物志·第二卷·蕨类植物》正式出版，向国庆十周年"献礼"。这是《中国植物志》最早出版的一卷。与此同时，《中国植物志》编委会正式成立。

编写全国性的植物志，困难很多。其一是中国的模式标本大多分散于国外，研究资料也大都由外文发表。1949年前，我国的不少标本都是送往国外鉴定的，但1949年后，

① 《中国植物志》筹备会议记录摘要，1950年9月2日. 中国科学院藏植物研究所档案，A002-05.
② 1953年更名为中国科学院植物研究所。
③ 崔鸿宾（遗稿）. 我所经历的《中国植物志》三十年. 中国科技史杂志，2008，29（1）：73-89.
④ 中共中央文献研究室. 建国以来重要文献选编. 第9册. 北京：中央文献出版社，2011：442.
⑤ 当时认为，"苏联约有高等植物一万六千种，参加作植物志的植物分类学家前后约有80人，标本、图书齐全，已经作了20多年了，到现在还没做完，最后的菊科还没出来。再看我国，高等植物约有三万种，比苏联多了一倍光景；目前植物分类学家不过三四十人，比苏联少了一半左右；标本、图书条件比起苏联来又差得多"。参见：崔鸿宾，汤彦承. 十年内完成中国植物志. 科学通报，1958，（10）：296-297.
⑥ 崔鸿宾（遗稿）. 我所经历的《中国植物志》三十年. 中国科技史杂志，2008，29（1）：73-89.

旧有的途径已不可行，既无法向相关国家借用标本，也很难得到文献资料。因此，已有的成果无法全面整理和参考，模式标本也大多需设法重新采集。其二是各省植物志的编写尚未开展，许多空白地区均需考察。与此同时，分类学人才和专门设施方面亦捉襟见肘。1962 年初，《中国植物志》主编之一的陈焕镛曾说："我们现有的人力有多少？……老前辈（50 岁以上的）不超过 30 人，中级人员约有 100 多人，总共不过 300 多人，寥寥无几的人数进行这样艰巨的工作。"①可以说，在这种缺标本、少资料等不利条件下展开植物志编研的，世界植物志的编研史上仅此一例。②实际上，仅仅对国内各大机构既有的植物标本进行筛查、整理和鉴定，就用去十余年时间。

限于实际条件，《中国植物志》编委会决定首先选择与生产有密切关联的科属，其次选择有一定研究基础的科属。这与当时科研服务于生产的指导方针和研究本身基础薄弱的实际情况相一致③。在主旨上，这种以实用为主的目的与作为志书编写所具有的基础研究性质之间已有距离，但如果能照此正常进行，也不失为开展编志任务的一种途径。但在"大跃进"的气氛下，编写却计划 1960 年完成 10 卷，1962 年完成 30 卷，这是一个相当不切实际的目标。秦仁昌之所以能迅速完成《中国植物志·第二卷·蕨类植物》，源于其数十年的研究积累；1961 年出版的《中国植物志·第十一卷·莎草科》也是如此。另外，包括《中国植物志·第六十八卷·玄参科2》在内，这三卷未经审稿即匆匆出版，其成书质量完全依赖于作者自身的积累和能力。此后发现确实还存在一些问题，如不符合《国际植物命名法规》等④。俟三年困难时期刚过、政治压力稍轻时，陈焕镛即在公开发言中表示："请大家注意这一任务的艰巨性，不能粗心大意，粗制滥造，做出来的东西要经得起考验，速度放慢了会不会影响计划完成呢？不会的。"⑤这种把科学性置于首位的态度，充分体现出老一辈学者在治学上的严谨和无私。

为了确保成书质量，审读势在必行。但是，由于当时国内专门学者太少，某科专家往往仅有作者本人，其他人难以发表审稿意见。为了解决这一问题，《中国植物志》采用请多数人以读者的身份，对书稿提出评论的审查方法。这一方式也一直得到沿用⑥。同样的问题也存在于《中国动物志》。依托于中国科学院动物研究所的《中国动物志》编委会于 1962 年正式成立，但直至 1978 年，才开始出版第一个卷（册）。此外，为了开发水产养殖和促进农业生产，1953 年起中国开展了全国范围内的海洋调查、湖泊调查、土壤

① 陈德昭记录整理. 陈焕镛所长在中科院华南植物研究所全体人员大会上的发言//中国科学院华南植物研究所. 陈焕镛纪念文集. 广州：中国科学院华南植物研究所，1996：277-280.
② 马金双. 九十年代植物志的编研动态与展望（二）. 生物学通报，1992，27（12）：4-6.
③ 出于生物普查与资源利用的需要，20 世纪 50 年代末期开始编写一批经济生物志，如《中国经济植物志》《中国经济动物志》《中国经济昆虫志》《中国经济海藻志》等.
④ 唐进，汪发缵. 对中国植物志第十一卷莎草科（蔗草族——珍珠茅族）的一些命名方面的增订. 植物学报，1962，10（2）：172-173.《中国植物志·第二卷·蕨类植物》出版后，科学出版社在致编委会的信函中即提及，"自该书出版后，外界对该书内容有些反映，我社在进行书刊质量检查过程中亦发现该书确实存在不少问题"。而且，正是经主编之一的陈焕镛审查后，以有明显错误否定了第三卷"蕨类"，以体例不合格退回了第六十五卷"马鞭草科"，同时第三十六卷"蔷薇科"是否符合要求不能确定，这三卷在"文化大革命"开始前一直未予出版.
⑤ 陈德昭记录整理. 陈焕镛所长在中科院华南植物研究所全体人员大会上的发言//中国科学院华南植物研究所. 陈焕镛纪念文集. 广州：中国科学院华南植物研究所，1996：277-280.
⑥ 崔鸿宾（遗稿）. 我所经历的《中国植物志》三十年. 中国科技史杂志，2008，29（1）：73-89.

普查，采得大批藻类标本，20世纪60年代初期决定编写《中国藻类志》①，但真正的编写工作直至70年代后期才得以进行②。

三、广州会议后至20世纪90年代"三志"编写的展开

"文化大革命"开始后，编志工作陷于停顿。在研究人员大多无事可做之时，1969年掀起的中草药运动，使中国科学院植物研究所在"文化大革命"前已经开始的《中国高等植物图鉴》一书的编撰得以继续③，这为《中国植物志》的重新启动创造了条件④。1971年"九一三事件"后，国内"左"倾的政治狂热有所消退。政治环境的相对缓和与生产生活秩序的部分恢复，也使包括编志在内的一些科研工作出现了转机。

1972年6月，中国科学院在北京召开生物科研工作会议，提出"继续编写《中国植物志》"⑤。中国科学院植物研究所很快递上了召开编写工作会议的申请，并总结认为"标本、资料也确实有不足之处，还有一些空白地区尚未调查过，越到以后，工作进展得十分缓慢，有的甚至停顿下来"⑥。更为迫切的问题是，一些分类学者相继去世，如不尽快恢复编写工作同时培养后继人才，则编志的完成更加遥遥无期。是年8月，中国科学院发布通知，准备召开"中国动植物志编写工作会议"。经国务院批准，于1973年2月19日至3月7日在广州举行。此次会议和《中国植物志》《中国动物志》《中国孢子植物志》⑦三个志书工作会议一同召开，故称为"三志"会议。会上较为实事求是地讨论了一些编写规划，如先编写与经济关系较为密切、科学意义比较重要和资料比较丰富的动植物类群⑧，等等。同年，《中国孢子植物志》编委会也正式成立。

广州会议后，动植物志编志工作得到一定的恢复，考察、采集和编写、出版等工作陆续开展起来。以《中国植物志》中的禾本科、《中国动物志》中的两栖纲与爬行纲为例，主持和参与编写的各协作单位在1973年底召开了编写会议，落实人员、明确分工，并制订了编写计划。1974年初，编写两栖纲与爬行纲的8个单位，即组织队伍分赴全国各地开展调查，深入边疆和内陆，如内蒙古、川、滇、黔、鄂、徽、浙和东南沿海等地。⑨各省（自治区、直辖市）也纷纷组织本地动物志编委会，开展调查研究。这些工作大大

---

① 中国植物学会. 中国植物学史. 北京：科学出版社，1994：313.

② 毕列爵，胡征宇，刘国祥. 中国淡水藻类系统分类学史//刘永定，范晓，胡征宇. 中国藻类学研究. 武汉：武汉出版社，2001：20.

③ 王文采，梁方文.《中国高等植物图鉴》编写简史. 生命世界，2013，（9）：40-41.

④ "在中草药运动蓬勃开展的促进下和《中国高等植物图鉴》第一册出版的鼓舞之下，广大群众更感到需要植物种类更全的资料。" 参见：胡宗刚，夏振岱. 中国植物志编纂史. 上海：上海交通大学出版社，2016：139. 一个佐证是，《中国高等植物图鉴》曾作为礼物赠予1972年来华访问的英国皇家学会访华代表团.

⑤ 中国科学院生物科研工作会议纪要. 北京：中国科学院档案馆，1972-30-0006.

⑥ 关于召开《中国植物志》工作会议及成立"全国植物标本馆"的报告. 中国科学院藏植物研究所档案，A002-343.

⑦ 包括《中国真菌志》《中国藻类志》《中国地衣志》《中国苔藓志》。《中国藻类志》此后分为《中国海藻志》和《中国淡水藻志》。编委会挂靠单位包括中国科学院微生物研究所、海洋研究所、水生生物研究所、植物研究所，它们分别主持上述各志的编写。

⑧ 《中国动植物志》编写工作会议纪要. 中国科学院藏植物研究所档案，A002-343. 但这次会议上仍然提出"按有经济价值的科、属优先组织编写"为原则。

⑨ 《中国动物志》两栖纲和爬行纲各分册编写动态. 川生科技，1974，（2）：8.

改变了以往我国爬行动物研究局限于交通方便的少数省（自治区、直辖市）的情况。①在此基础上，1974年底和1975年初在上海和成都分别举行了爬行纲、两栖纲的样稿讨论会。《中国植物志》编委会花了两年时间到原各协作单位去征求意见，1974年组织了全国80多个单位近300位研究人员分工落实任务。②在编写条件仍相当简陋的情况下，这一年《中国植物志》有6个卷（册）完成交稿。

需要注意的是，此时"三志"编写工作仍然深受政治气氛的影响。广州会议后不久，1973年8月，中共十大召开。会上强调坚持"文化大革命"，批判林彪"极右实质"等，"左"倾思潮仍然泛滥。随后，又"以批林批孔为纲"，大搞群众运动。在"三志"编写上，1974年后搞"老、中、青""工农群众、领导干部、科技人员"的"两个三结合"，在工作中吸收工农兵群众参加编委会，搞"开门编志"，因为缺乏外文文献而取消文献引证等，造成编志工作的混乱。广州会议上较为实事求是地认为需要30年完成《中国植物志》的看法③，在1975年的编委会上再次倒退为"十年（1976—1985）内基本完成"④；《中国动物志》的编写同样也"出现了写法乱、进度和水平不齐等问题"⑤。

作为全国性的生物志书，"三志"应该尽可能地反映一个国家完整的生物种类及相关信息，而不应当仅仅关注那些在当前的生产生活中"有用的"科属。但在"科研必须为无产阶级政治服务，为工农兵服务，与生产劳动相结合"⑥的环境和政治压力下，"三志"编写屡屡被攻击为求大求全，是"烦琐哲学""爬虫主义"，因而一些编志会议表示要"继续认真解决为谁服务的根本问题，把立足点移到工农兵方面来"⑦。具体的方式是，认为"大多数种类分布广，数量大，各地常见，也是生产上急需，科学研究中常碰到的种类；而极少数不容易解决的种类，则一般是少数的，不常见的，生产上需要也不那么迫切"，因此要"抓主要矛盾"，"把当前的精力集中在大多数种类上，先写出来，给工农兵用"⑧。1976年5月，《中国孢子植物志》编委会先是提出"要深入调查研究，注意掌握第一手资料"，又要"注意综合介绍利用和防治途径，反映群众性科学实验成就"，"要从广大工农兵和基层干部的需要出发，做到深入浅出，言简意明，通俗易懂，重点突出"。⑨这些用语虽然不少是政治语境下的套话，但其中确实涉及"三志"编研工作的主旨：是应用研究还是基础研究？是"普及"还是"提高"？还有人提出，应当出版"提高"和"普及"两个版本。但这显然是不切实际的。⑩所幸的是，在此种氛围下，编者们

① 张孟闻，宗愉，马积藩. 中国动物志·爬行纲·第1卷：总论·龟鳖目·鳄形目. 北京：科学出版社，1998：15-16.
② 夏振岱.《中国植物志》将在本世纪完成. 生命世界，1993，（5）：16.
③ 《中国植物志》编写规划（1973—1980）草案. 中国科学院藏植物研究所档案，A002-343.
④ 关于"中国植物志"编写的几点原则性规定. 北京：中国科学院档案馆，1975-29-0009. 值得注意的是，此时编委会对《中国植物志》收录的要求为"只要包括大多数种（85%以上）就可以了。个别科属……限于客观条件不能达到此标准的，也可以出版"。但这一要求似乎相当高，编委会在其后的文章中数次表示实际收录种类为80%以上。《中国动物志》在记载种类方面的要求同样为"必须记述该类群全国总种数80%以上"。
⑤ 《昆虫分类学报》编辑部. 中国动物志编委会第三次扩大会议召开. 昆虫分类学报，1980，（4）：350.
⑥ 《中国真菌志》、《中国地衣志》和《中国苔藓志》编写工作会议在京召开. 微生物学报，1977，（1）：79.
⑦ 中国植物志禾本科编写工作会议. 南京大学学报（数学半年刊），1974，（1）：112.
⑧ 李朝銮. 如何多快好省地编写《中国植物志》的几点浅见. 植物分类学报，1975，（1）：139.
⑨ 《中国孢子植物志》编委会.《中国孢子植物志》第二届编委会在北京召开. 微生物学通报，1976，（3）：39.
⑩ 董正之. 我对《中国动物志》任务和内容的一些看法. 动物学杂志，1982，（4）：62-64.

提出"在普及的基础上提高与在提高的指导下普及的原则",在行文上争取简明易用的同时,在工作中仍然坚持了科学性的基础。

随着"文化大革命"结束和意识形态压力的逐渐消解,"三志"的编研也逐渐开始向基础研究性质的学术主旨回归。1977年9月,中国科学院植物研究所在学科规划中表示"一个国家有无编写自己的植物志,不但标志一个国家植物分类学的水平,也是衡量一个国家植物学发达与否的标志之一"[①]。1980年11月召开的《中国动物志》编委会明确提出:"'(动物)志'是我们国家重要基础资料之一,它的主要任务是搞清我国的动物种类,并扼要介绍有关生物学、生态学、经济意义等资料。它是对过去动物分类研究工作的系统整理和总结,所以无论在数量上和质量上,都要有严格的要求,要写出我国的科学研究水平。"[②]"三志"编写的科学性主旨的明确,为此后编写的正常开展提供了指引。

20世纪70年代末,"三志"编研和出版工作逐渐恢复。在50—60年代开始考察和编研由于"文化大革命"而被迫中断的一些卷册,此时得以陆续进入审读和出版阶段。以植物志为例,1981年已出版25个卷册[③],但是其中一些卷册由于编研基础薄弱、参考资料缺乏,加上政治运动等因素的影响,其成书质量尚未达到最佳。对此,秦仁昌曾有言道:"《中国植物志》有许多是'赶出来的',很粗糙,问题不少。"[④]一方面,我国生物种类丰富,编写生物志书需要花费大量时间进行仔细考察和整理研究;但另一方面,整个"三志"编写过程中又总是有求"快"的倾向。1983年,《中国动物志》编委会提出要"加强计划,提高质量,加快进度"[⑤]。1987年,《中国植物志》编委会提出要在十年之内完成整个编写工作。[⑥]另一个问题是,在80年代,"三志"经费始终不足,不仅研究难以进行,出版工作也陷于停顿,到1992年,"积压在编委会等待付印的稿件已达53册之多,而且数量还在不断地增加"[⑦]。再加上队伍老化、编研后期积累较少、难度增大等原因,至90年代初,"三志"编研进展较为缓慢。[⑧]

四、"三志"编研的现状、成绩与展望

"三志"项目初始时期由中国科学院向编委会下拨经费,至1982年成立中国科学院科学基金后,改为申请方式。1986年中国科学院科学基金取消,又改为向国家自然科学基金委员会申请经费。1989年后,中国科学院还安排"三志"编著配比经费。[⑨]

1992年底,国家自然科学基金委员会对"三志"项目进行评审。次年,"三志"被

① 植物分类学规划草案. 中国科学院藏植物研究所档案,A002-431.
② 《中国动物志》两栖纲和爬行纲各分册编写动态. 川生科技,1974,(2):8.
③ 夏镇岱. 中国植物志编委扩大会议在广州召开. 生命世界,1981,(3):29.
④ 秦仁昌. 译后有感. 编写工作简讯,1980,(44). 转引自:胡宗刚,夏振岱. 中国植物志编纂史. 上海:上海交通大学出版社,2016:201-202.
⑤ 卢延初. 《中国动物志》编辑委员会全体会议在北京召开. 动物学杂志,1983,(4):8-9.
⑥ 夏振岱. 中国植物志编委扩大会议. 植物杂志,1987,(5):29.
⑦ 吴征镒,曾呈奎,朱弘复. 采取切实措施解脱"三志"困境. 中国科学院院刊,1991,(2):133.
⑧ 牛德水. 中国生物"三志"进入攻坚阶段,科学新闻周刊,2001,(23):16.
⑨ 王晨. 中国科学院生物分类区系学科特别支持费发挥重要作用. 生命科学,1992,(5):36-38.

列为"八五"重大项目，由国家自然科学基金委员会、国家科学技术委员会[①]和中国科学院联合资助。[②]至此，"三志"经费得到了较为稳固的保障。1994年，《中国植物志》的英文版 *Flora of China*[③]也被列为国家自然科学基金重大项目。到1997年底，《中国植物志》完成编研的有蕨类、壳斗科、豆科、菊科、罂粟科、杜鹃花科、兰科、莎草科等44科，7600余种，1400余万字，1800余幅图版[④]；《中国动物志》完成46卷，记述动物12 000种，并含彩图230余幅，黑白图11 100幅[⑤]；《中国孢子植物志》完成25卷册，其种数包括海藻6目25科112属595种，淡水藻11目63属1054种，真菌和地衣66属2359种，苔藓23科128属850种。[⑥]1997年11月，"三志"以特优成绩通过验收，并在"九五""十五"期间继续得到重大项目资助。同时还得到了中国科学院知识创新工程重大项目（1999—2001年）的资助和财政部的一次性专项支持。[⑦]此后，2006—2010年，"三志"经费由国家自然科学基金委员会资助、中国科学院匹配，科技部科技基础性工作专项资助；2011年开始，"三志"编研由国家自然科学基金委员会、科技部、中国科学院分别立项资助。有保障的经费来源，使以"三志"为中心的我国经典生物分类学工作得到保存和发展。

2004年，"三志"中开始最早、编研工作历时40余年的《中国植物志》全部出齐。全书共80卷126册，图版及插图9000余幅，收录了我国蕨类和种子植物301科3408属31 142种。"中国蕨类植物科属的系统排列和历史来源"（完成人：秦仁昌）于1993年获得我国自然科学类最高奖——国家自然科学奖一等奖，"《中国植物志》的编研工作"（十位主要完成人：中国科学院植物研究所：钱崇澍、王文采、陈艺林、陈心启、崔鸿宾；中国科学院华南植物园：陈焕镛、胡启明；中国科学院昆明植物研究所：吴征镒、李锡文；中山大学：张宏达）也于2009年获此殊荣。英文版 *Flora of China* 包括文字25卷、图版24卷以及总论一卷，也于2013年全部完成[⑧]。截至2019年9月，《中国动物志》已经出版161卷，图46 546幅，图版2014幅，在编者20余卷。[⑨]《中国孢子植物志》中文版原计划出版176卷册（立项卷册已超该数字）、英文版《中国苔藓志》（*Moss Flora of China*）12卷。到2020年12月，已出版111卷，记录了我国各类孢子植物19 428种（含少量种下分类单元），图及图版14 024幅；英文版亦已出版8卷册。

作为一项经典分类学工作，"三志"的编研对摸清我国生物的本底情况并开展后续

① 1998年改名为中华人民共和国科学技术部。
② 国家自然科学基金委员会发布"八五"重大项目指南（三）. 中国科学基金，1992，（3）：75. 其中国家自然科学基金委员会资助300万元。
③ 1988年10月，《中国植物志》第四任主编吴征镒和美国密苏里植物园主任 Peter Raven 签署了中美合作编写 *Flora of China* 的协议，于1989年正式启动。
④ 夏振岱. 国家自然科学基金重大项目《中国植物志》编研工作通过验收. 中国科学基金，1998，（3）：73.
⑤ 夏振岱. 中国生物物种大全——"三志"，中国科学院院刊，2001，（2）：122-125.
⑥ 田金秀. 国家自然科学基金重大项目《中国孢子植物志》的编研通过验收. 中国科学基金，1998，（3）：75.
⑦ 牛德水. 中国生物"三志"进入攻坚阶段. 科学新闻周刊，2001，（23）：16.
⑧ 骆洋，李德铢. *Flora of China*（《中国植物志》英文和修订版）全面完成. 植物分类与资源学报，2013，（6）：742，810.
⑨ 计有《兽纲》3卷、《鸟纲》13卷、《爬行纲》3卷、《两栖纲》3卷、《硬骨鱼纲》12卷、《圆口纲、软骨鱼纲》1卷、《昆虫纲》67卷（其中《蚤目》第二版为上下两卷）、《无脊椎动物》58卷。参见：刘冬. 《中国动物志》已出版图书一览表. https://species.sciencereading.cn/c/2019-09-23/546476.shtml [2019-09-23].

保护和研究、利用有着重要意义，且已经取得了重大成绩，但是作为基础研究，这项工作远未结束。每年中国大约有 2000 个新物种发表①，需要及时予以更新和补充。而且，由于各种条件的限制，当前的编志工作还有很多不足。以《中国植物志》为例，正如一位编者所提醒的那样，《中国植物志》的完成并未将所有有关中国植物的问题全部解决，所面临的现实还相当严峻：①历史资料与文献收藏严重不足，更缺乏系统整理；②标本收藏量非常有限，管理严重滞后；③本底资料不清，任务十分艰巨。实际上还有很多工作要做②。相比于国际先进水平而言，在种类的齐全程度、鉴定的正确与否、疑难种的分析研究等方面，《中国植物志》还存在着差距。③

作为一个备受关注的大协作项目，"三志"特别是在后期得到了稳定的资助与保障，得以顺利开展与完成。但是，生物分类学研究不是一项"毕其功于一役"的工程。进入 21 世纪，国家对科研投入不断加强，但受社会经济大背景影响，学术界和科研管理部门更偏向于追求短期利益，对经典分类等基础性学科的资助却越来越少。以《中国孢子植物志》的编研为例，"在过去的几十年中，老一辈孢子植物分类学家陆续退休，新培养的年轻人为了生计纷纷改行，只有少数中年分类学者还在清贫的孢子植物编研岗位上艰苦奋斗，导致我国孢子植物分类学队伍已经到了后继无人的危急时刻"④。自 2002 年以来，国家自然科学基金委员会生命科学部对经典分类工作采取倾斜政策⑤，但还远远不足以支持现实的需要。如果说经典分类工作在早年的实用与基础之争中，由于时代条件所限而不得不屈从于前者，那么在今天的评价体系中则又因"SCI 化和英文化"而步履蹒跚。

必须承认，与西方国家特别是有数百年研究历史的欧美发达国家相比较，我国的生物学基础研究还相当薄弱，经典的生物分类学是其中一个方面。如果不慎重对待这一状况，建立符合学科发展的合理的评价体系，"会逐渐使生物科学中像分类学这样的最基础的学科走向消亡，而最终还会由于基本资料不全或不准确而不得不重新重视基础学科的研究"⑥。正如一位学者所言：促进学科发展，应克服对"有所为有所不为"方针的片面理解。如果各学科不能均衡发展，个别弱势学科或落后学科就可能制约科技的整体发展，因此，基础研究的学科发展布局更需要全面考虑。⑦以"三志"为代表的分类学乃至基础科学研究，应该得到长期的支持与关注。

① 马克平. 中国生物多样性编目取得重要进展. 生物多样性, 2015, 23（2）: 137-138.
② 马金双. 中国植物分类学的现状与挑战. 科学通报, 2014, 59（6）: 510-521.
③ 王文采. 序//胡宗刚, 夏振岱. 中国植物志编纂史. 上海: 上海交通大学出版社, 2016: 2.
④ 褚鑫, 魏江春, 庄文颖, 等. 国家自然科学基金重大项目"中国孢子植物志编研"概述. 中国科学基金, 2015,（1）: 60-61.
⑤ 温明章, 李晓贤, 闫章才, 等. 国家自然科学基金孢子植物经典分类项目资助概况和研究进展. 生命科学, 2007, 19: 3-5.
⑥ 马金双. 中国植物分类学的现状与挑战. 科学通报, 2014, 59（6）: 510-521.
⑦ 陈宜瑜. 深刻认识现代基础研究发展的规律. 中国科学院院刊, 2006,（2）: 91-92.

人工合成结晶牛胰岛素[*]

一、人工合成蛋白质课题的提出

蛋白质和核酸是生命活动中最重要的两种大分子。人工合成结晶牛胰岛素是新中国成立后我国在生物化学基础研究和生物大分子有机合成方面的两项代表性工作之一。[①]

恩格斯很早就有"生命是蛋白体的存在形式""没有蛋白质，就说不到生命"[②]的论断，并认为"现在化学能够制造出它已经确切知道其成分的任何有机物。只要把蛋白质的化学成分弄清楚以后，化学就能着手制造出活的蛋白质来"。[③]20 世纪 50 年代，国际上对蛋白质的研究大都关注其理化性质和功能等问题，对结构还了解不多。1955 年，英国化学家桑格（F. Sanger）第一次测定了牛胰岛素的氨基酸序列，他因此获得了 1958 年的诺贝尔化学奖。

1956 年，国务院科学规划委员会制定颁布了《1956—1967 年科学技术发展远景规划纲要》。这个规划的重点是 57 项科学技术任务及说明书和 8 个基础科学的学科规划。当年 12 月，根据"重点发展、迎头赶上"的方针，在规划中综合提出 12 个重点任务，其中第 12 项——"现代自然科学中若干基本理论问题的研究"里就包括"蛋白质结构及性能"。1957 年 3 月，时任中国科学院生理生化研究所[④]所长的王应睐在设想我国生物化学研究的五个主要发展方向时，第一项即是"蛋白质（包括抗原、抗体、病毒、蛋白性的激素和抗生素等等）的分离、提纯、氨基酸组成、排列次序、空间构型、物理化学特征、生理功能、生物合成和化学合成"[⑤]。这里的研究内容基本上都是围绕蛋白质结构和功能展开的；研究的对象和范围则与医学领域密切相关，体现出科学研究服务于生产和应用的主旨。

---

[*] 作者：徐丁丁。

① 另一项是人工合成酵母丙氨酸转运核糖核酸。该项目于 1968 年 2 月启动，参与单位包括中国科学院生物化学研究所、实验生物研究所（后改名细胞生物学研究所）、有机化学研究所和生物物理研究所，以及北京大学生物系、上海化学试剂二厂等，于 1981 年 11 月正式完成合成工作。该项成果获得 1984 年中国科学院重大科技成果奖一等奖、1987 年国家自然科学奖一等奖和陈嘉庚科学奖（生命科学）。

② 恩格斯. 反杜林论. 吴理屏译. 北京：生活·读书·新知三联书店，1938：94-95.

③ 恩格斯. 自然辩证法. 北京：人民出版社，1957：162. 对恩格斯论断的前瞻性和当时科学发展水平的有限性，中国学者此后也有明确的看法。曹天钦等认为，"根据现代生物学的知识，我们可以对恩格斯著名的定义有这样一个新的体会：即生命是蛋白质与核酸存在的形式。自然恩格斯所提的蛋白体，或蛋白质物体（Proteinsubstanz）同我们今日所了解的蛋白质有着不同的含义"，"《反杜林论》出版的时候，构成蛋白质的氨基酸大半还未发现，首次肯定蛋白质像其他有机化学所研究的物质一样，分子有一定的大小和结构，则还是 50 多年以后的事情"，"把恩格斯的《反杜林论》和《自然辩证法》仔细加以分析，再考虑到蛋白质化学发展的历史，我们可以说：恩格斯所谈的蛋白质，实际上相当于今日所了解的最简单的原生质，因而是一复杂的蛋白质体系"。参见：曹天钦，徐京华，李载平，等. 对于生物物理学的一些看法. 科学通报，1959，（12）：387-390.

④ 1950 年成立，前身为中央研究院医学研究所。1958 年 1 月，生理和生化部分分别建所，即中国科学院生理研究所和中国科学院生物化学研究所。

⑤ 王应睐. 我国生物化学研究工作的现状与将来. 生理科学进展，1957，1（1）：11-22.

在这些研究内容中，化学合成是其中难度极大的一项。1957 年有人对人工合成蛋白质的技术路线和可能前景进行分析和总结，表示"由于我们对蛋白质的知识，特别是蛋白质的分子结构的知识还很贫乏，因此我们在人工合成蛋白质的道路上还有不少不易克服的困难"，认为"若想由各种氨基酸合成一种与天然蛋白质的结构和性质完全相同的蛋白质，在目前的科学基础上还是不能作到的"[1]。

在"大跃进"的躁动气氛中，1958 年夏，中国科学院生物化学研究所（简称生化所）在一次高级研究人员讨论会上提出了合成具有生物活性的蛋白质的计划，并特别强调采用化学合成路线，但对于具体合成什么蛋白质则没有确定。[2]由于缺乏把握，讨论会上提出用 20 年完成，但随后在热情高涨的研究所群众讨论会上，这一计划很快被缩减成 5 年。[3]7 月中旬，生化所以"合成蛋白质"为题画了一块展板参加上海市科学技术展览会，吸引了前来观展的周恩来的注意，周恩来专门过问了计划完成的时间问题。生化所"经过热烈的讨论"，把完成时间进一步缩短至 4 年。[4]当年 9 月，为了"练兵"，研究者决定先从一个具有生物活性的 9 肽小分子——催产素的合成入手，开始预备性研究。由于催产素的结构和化学合成途径都已经非常明确（du Vigneaud 为此获得了 1955 年的诺贝尔化学奖），在国内也已有详细的介绍[5]，工作进行比较顺利。钮经义带领黄惟德等"从仅有的 2 克脯氨酸，加上一些其他几种氨基酸"通过钠—氨还原和空气氧化法制备了少量粗制品[6]，并于 10 月[7]成功进行了动物实验。[8]

催产素初步合成成功，增强了研究者合成更大片段的多肽乃至于蛋白质的信心。由于胰岛素是当时唯一已知氨基酸序列和结构的蛋白质，生化所经过查资料、大讨论，于 1958 年 12 月 8—13 日，邀请中国科学院有机化学研究所（简称有机所）、北京大学生物系、北京大学化学系和复旦大学生物系等相关单位一道进行胰岛素文献报告学习，详细讨论了研究的必要性、研究战略和计划等。[9]到 12 月 21 日，即确定人工合成胰岛素。

二、人工合成胰岛素工作的早期进展

胰岛素是一种较小的蛋白质分子，由 3 个二硫键结合的 A、B 两条肽链组成，每条链分别含有 21 个和 30 个氨基酸。通过文献查阅和预备工作，研究者发现合成工作存在

---

① 王世中. 关了蛋白质的人工合成. 生理科学进展, 1957, 1（1）: 71-82.
② 熊卫民, 王克迪. 胰岛素人工合成课题的提出. 中国科技史料, 2002, 23（1）: 1-8.
③ 熊卫民. 人工全合成结晶牛胰岛素的历程. 生命科学, 2015, 27（6）: 692-708.
④ 参见: 熊卫民, 王克迪. 胰岛素人工合成课题的提出. 中国科技史料, 2002, 23（1）: 1-8.
⑤ 宗惠娟. 催产素（Oxytocin）的结构与合成. 化学通报, 1958,（3）: 142-148. 该文作者当时在中国科学院有机化学研究所工作.
⑥ 钮经义. 七十述怀. 生理科学进展, 1993, 24（3）: 193-199.
⑦ 钮经义回忆说动物实验成功的时间是"在深秋寒飕飕的深夜，我们看到正确的生理反应"。王应睐在 1958 年 11 月 19 日前两次致信时任北京大学自然科学处处长张龙翔，也专门告知了生化所催产素合成成功的消息（当时北京大学生物学系生物化学教研室也在进行合成催产素的工作，约在当年 12 月完成，并于次年 3 月发表了相关论文）。
⑧ 据杜雨苍的回忆，直到 1959 年国庆献礼时，才真正完成了催产素的合成。该技术随后转移到上海生物化学制药厂，很快投入生产并出口创汇。参见: 熊卫民, 王克迪. 合成一个蛋白质. 济南: 山东教育出版社, 2005: 23.
⑨ 黄祥云. 牛胰岛素事件及其科学社会学研究. 自然辩证法通讯, 1992,（1）: 26-34.

诸多困难。一是二硫键拆合问题。天然胰岛素分子的两条肽链由 3 个二硫键连接，如能成功进行二硫键的拆合，即可将技术路线确定为先分别合成 A、B 两条链，再进行接合的方法。[①] 此前 30 年间，国外学者曾多次尝试还原拆开二硫键，再经氧化重新接合，试图恢复产物的生物活性，然而均未成功。二是化学合成问题。即便确定了拆合路线，但在多肽合成方面，国内只有刚刚结束的催产素合成的经验；1958 年，国际上的最新纪录也只是瑞士的 Robert Schwyzer 合成了 13 肽促黑激素（α-MSH）。而胰岛素的单链分别为 21 肽和 30 肽，需要合成的长度大大超过既有水平。三是氨基酸和试剂问题。这一点在合成催产素时已有体现，而合成胰岛素所需的原料更多。"当时国内只能生产纯度不高的甘、精、谷 3 种氨基酸，其余 14 种需要进口。"由于封锁禁运，这些试剂只能从中国香港转口，不仅资金耗费大，且运输周期长，"开展工作有远水不解近渴之感"[②]。四是分离分析技术问题。需要建立一整套蛋白质和多肽的纯化和分析方法，对合成的各种片段和成品予以收集和鉴定。[③]

　　鉴于人工合成胰岛素工作的复杂性，生化所尝试邀请有机所和北京大学参与到这项工作中来。但有机所所长汪猷此时未表同意，而北京大学则表现出浓厚的兴趣。1959 年 3 月，生化所、北京大学有机化学教研室和生物化学教研室在北京大学召开协作会议，并具体签订了分开协作研究的协议：北京大学有机化学教研室合成 A 链，生化所负责胰岛素 B 链合成以及 A、B 链的拆合，北京大学生物化学教研室参与生化所负责的部分工作，等等。复旦大学则在 1958 年 12 月开始，参与做一点天然胰岛素制备工作。[④]1959 年 6 月，这项工作获得了代号"601"，即"1960 年第一项重点研究项目"。[⑤]

　　为了保证合成的原料供应，最先进行的是氨基酸的生产。生化所各研究组抽调一部分科技人员作为生产骨干，又招收 10 多名中学毕业生和复员转业军人做生产工人，共约 30 人。这支技术队伍从无到有、生产出十几种氨基酸，并于 1958 年底组建了东风生化试剂厂，成为人工合成胰岛素工作的"后勤部"。在合成路线上，生化所选择了有机合成与酶促合成并行的尝试，号称"五路进军"，即：以天然胰岛素的二硫键拆合和氨基酸生产为先行；多肽化学合成为主力；同时建立与改善肽的分离、纯化与分析技术；并探索肽的激活（磷酸化）与酶促转肽等生化途径。为此，生化所重组了研究力量，"研究蛋白质化学、酶学和代谢的科研人员中断了原来的工作"，全力以赴投入到新任务中来。[⑥]

　　生化所于 1959 年 1 月正式开始胰岛素合成。拆合小组由邹承鲁领导，成员有杜雨苍等。他们面临的直接问题是 3 个二硫键如何准确配对以及形成正确空间结构。[⑦]从化

① 在上述生化所召开的讨论会上，还提出了另外两种技术方案，即采取先合成二硫键的"工"字形接合方式或逐个连接。相比之下，合成 A、B 双链再进行接合的方法显然更加简便。
② 陈远聪. 筹建东风生化试剂厂的回顾. 生命科学，2015，27（6）：793-795.
③ 中国科学院生物化学研究所，北京大学化学系，中国科学院有机化学研究所. 结晶胰岛素的全合成 I. 序言. 科学通报，1966，（5）：241-244.
④ 复旦大学生物化学教研室是 1958 年在生化所的协助下建立的新机构，人员和经验都很缺乏。因此在 1959 年 3 月拟订的正式协议上，没有把复旦大学列为协作单位。
⑤ 熊卫民. 人工全合成结晶牛胰岛素的历程. 生命科学，2015，27（6）：692-708.
⑥ 张友尚. 第一个在体外合成的蛋白质——结晶胰岛素全合成的个人追忆. 中国科学：生命科学，2010，40（1）：8-10.
⑦ 限于对蛋白质高级结构的认识，如何在一级结构的基础上形成正确的空间结构，是当时困扰国内外研究者的一个难题。当时的一种担心是，即使合成了序列完全一致的一级结构，也无法形成与天然胰岛素相同的空间构型。因此，重组产物和后来的合成产物能否形成与天然胰岛素一致的结晶，是研究者最为重视的标准之一。

学结构来说，胰岛素的 3 个二硫键拆开后，任意两个巯基都有可能发生接合，从而形成大量无意义的重组产物。此前国外学者已经发现了把胰岛素分子的 3 个二硫键拆成 S-磺酸基的方法，同时也有用过量巯基化合物可以把 S-磺酸基还原为巯基的报道。基于此，杜雨苍大胆尝试用亚硫酸钠和连四硫酸钠将胰岛素 A、B 双链拆开后，再用巯基乙酸将 S-磺酸基还原为巯基。3 月 19 日，他们发现将还原型的 A、B 链溶液混合并氧化后，得到了有 0.7%—1%胰岛素生物活性的重组产物；后经改进，到 1959 年国庆节前，重组产物的生物活性已大致达到天然产物的 5%—10%。[1]与此同时，张友尚试验成功了仲丁醇—乙酸液相萃取的方法，得到了重合成胰岛素的结晶。研究者发现这种重结晶的物理化学性质和降血糖能力与天然胰岛素完全一致。[2]这说明，只要合成物的一级结构与天然物一致，即可通过接合获得有生物活性的人工合成胰岛素，从而确立了先分别合成两条肽链，再重新联结的化学合成路线。1960 年 1 月，在第一次全国生物化学学术会议上，他们报告了上述结果。[3]

拆合工作出现曙光后，研究力量集中于拆合和有机合成方面，"五路进军"减少为两路，但合成的困难也相当多。由于有的氨基酸包含多个功能基团，需要用不同的保护基封住，仅留下肽的游离 α-氨基与另一肽段的 α-羧基定向缩合、生成目的肽段，同时避免消旋产物的出现，肽链延长后，还要保证保护基的安全脱除。[4]肽段大小和接头处的选择是否恰当，对能否合成有决定影响，都需要下一番功夫摸索。[5]每接合一个氨基酸，还要进行大量的分离纯化和鉴定等工作。生化所的合成小组由钮经义领导。到 1959 年底，他们已经将 B 链的 30 个氨基酸连接成了小的肽段，最长的已有 8 肽。北京大学化学系的小组由张滂、邢其毅领导，他们在摸索 A 链半胱氨酸保护基方面花了较多时间，到 1959 年底，除了一些基础性工作外，也合成了一些 2 肽。这一时期，两个机构的协作关系非常密切，生化所每月都有 1—2 次书面通报，报告胰岛素的拆合和 B 链合成方面的进展。

三、"大兵团作战"

1959 年 8 月庐山会议后，"反右倾"运动铺向全国。在"反右倾、鼓干劲"的口号

[1] 到 1963 年，他们又把天然胰岛素重组产物的活性提高到了 20%—50%。
[2] 杜雨苍，张友尚，鲁子贤，等. 从胰岛素 A 链及 B 链重合成胰岛素. 生物化学与生物物理学报，1961，1（1）：13-25. 此外他们还研究了 A、B 链结合、脱离苄基再重组的问题。
[3] 1959 年 11 月，生化所曾向中国科学院党组汇报，要求尽快发表这一成果，认为"目前在胰岛素再合成问题上，我们已经抢先。若等待 A、B 链完全合成后，胰岛素全合成成功时，再一并发表，则很可能在再合成的发表上落后于国外"。但出于保密考虑，中国科学院未同意此项请求。1961 年，美国学者 C. B. Anfinsen 等报告将还原的牛胰核糖核酸酶氧化可以重新产生天然的二、三级结构，并由此提出蛋白质的氨基酸顺序决定蛋白质的天然结构的设想，于 1972 年获得诺贝尔化学奖。回顾此事，拆合小组的科学家对此都表示过遗憾。张友尚认为："我们对胰岛素的研究涉及两条链的结合，难度比核糖核酸酶的研究更高。"邹承鲁说："Anfinsen 的工作要容易得多，因为核糖核酸酶只有一条肽链，而胰岛素则是由两条肽链组成的，而两条肽链可以以任何比例组合，这就大大增加了问题的复杂性。"但中国科学家未就观察到的现象进一步提出 Anfinsen 那样的假设，也错过了发表的时机。对此，邹承鲁表示："我们的结果暗示着胰岛素的天然结构是其所有可能结构中最稳定的一个。"张友尚则说："重合成胰岛素和天然胰岛素的结晶形状和活力相同也明确说明了同样的原理。令人遗憾的是在我们 1961 年发表的论文里没有提出这个原理。"
[4] 龚岳亭. 关于人工合成结晶牛胰岛素研究的回忆. 中国科学：生命科学，2015，27（6）：780-785.
[5] 王芷涯. 上海生物化学研究所胰岛素全合成工作情况. 中国科学：生命科学，2015，27（6）：734-739.

下，全国掀起了"继续跃进"的高潮。政治气氛的变化，对人工合成胰岛素工作影响极大。1959 年底，北京大学化学系在新任党总支书记的领导下，张滂等受到批判后"靠边站"，施溥涛等几位青年教师被任命为负责人，还发动了三、四年级学生（包括有机化学专业 15 名五年级学生）为主体 200 多人停课参加胰岛素的"大兵团作战"。①到 1960 年 2 月 17 日，北京大学化学系就宣布"用两种方法同时合成了胰岛素 A 链上的十二肽"，于"三月底拿到了十七肽"，于"四月廿二日合成了 A 链"。②在 1960 年 1 月的第一次全国生物化学学术会议上，施溥涛还介绍了北京大学胰岛素合成的"群众运动"情况。而生化所在会议上报告的成果，也使一些领导者和科学家认为技术路线已经确定、关键问题已经解决，剩下的工作只需要投入人力即可迅速完成。③1 月下旬，生化所也开始大量抽调工作人员支援原有的两个研究小组，先增加到 50 人，后又增加到 80 人。在三八妇女节前"拿到了十八肽"，在 4 月 20 日前"合成了 B 链 30 肽"，并"把人工合成的 B 链和天然的 A 链连接成具有活力的胰岛素"。④而此前并无太多基础的复旦大学生物系也在上海市委、科委和复旦大学党委的支持下，于 1 月 30 日组织了六七十位师生（其中 2/3 是一至三年级的学生）开始筹划单独搞人工合成胰岛素，很快逐级加码，并宣布在 4 月 22 日完成了 B 链的合成。

1960 年 4 月 19—26 日，中国科学院第三次学部会议在上海锦江饭店召开。曹天钦代表生化所在大会上宣了生化所完成人工合成 B 链和得到半合成胰岛素（天然 A 链+人工 B 链）的消息。钮经义汇报了合成 B 链后 18 肽的具体过程。叶蕴华代表北京大学宣布北京大学化学系合成了 A 链。与此同时，复旦大学还宣布合成了 A、B 两链。这些消息使在场的聂荣臻、郭沫若等领导异常欣喜。但这些匆忙之中获得的"成果"，接下来进行合成胰岛素实验时都失败了，而复旦大学生物系则拒绝了生化所的观摩要求。

中国科学院学部会议上的消息传出后，北京和上海方面更加重视胰岛素人工合成的工作，都想抢先做出成果。在北京市委"搞北京牌胰岛素"的指示下，从 1960 年 5 月 1 日开始，北京大学化学系分出原来研究 A 链合成的部分人力，组成一个新的 B 链组去合成 B 链，有机化学专业的四、五年级学生和部分三年级学生都参与这项工作，生物系也承担了测试胰岛素活性的部分内容⑤。在上海方面，复旦大学再次成功合成 A、B 链的消息传来，中国科学院有关负责人赶往上海，督促中国科学院上海分院加快进度。5 月 4 日，受中国科学院副院长张劲夫指示，秘书长杜润生召集上海有关的研究所开会，中国科学院上海分院党委书记王仲良亲自挂帅，指挥生化所、有机所、药物研究所、实验生物研究所⑥、生理研究所 5 个研究所进行"大兵团作战"，设立了"601 指挥部"和总指挥、参谋长等，并指定有机所进行 A 链的合成。原有的生化所-北京大学化学系的协

① 陆德培. 结晶胰岛素全合成 50 周年回望. 中国科学：生命科学，2015，27（6）：656-659.

② 熊卫民. 人工全合成结晶牛胰岛素的历程. 生命科学，2015，27（6）：692-708.

③ 熊卫民. 回顾胰岛素的合成——杜雨苍研究员访谈录. 中国科技史料，2002，23（4）：323-334.

④ 中国科学院生物化学研究所档案. "'601'工作向领导汇报稿"卷. 转引自：熊卫民，王克迪. 合成一个蛋白质. 济南：山东教育出版社，2005：34.

⑤ 刘望夷. 我在早期胰岛素 A、B 链拆合组学习的经历和见闻. 生命科学，2015，27（6）：664-667.

⑥ 1950 年 8 月成立，1978 年更名为中国科学院上海细胞生物学研究所。2000 年 5 月，与中国科学院上海生物化学研究所整合成立中国科学院生物化学与细胞生物学研究所。

作关系实际上也就中断了。5月5日后，几个研究所共组织344人投入其中（此后还有增加），还打破建制，成立若干"战斗组"，力争在最短时间内完成胰岛素的人工全合成。

各地"大兵团"上马后，研究人员热情高涨，有人甚至把铺盖搬进实验室。在连续的高强度工作下，很快出现了人员伤病等情况。而且由于组建仓促，有经验和基础知识准备的人员都很缺乏，"大兵团"模式很容易表现为低水平重复，同时又缺乏基本的操作规范和检验手段，结果无法保证研究质量，浪费惊人。生化所、有机所这一阶段的工作后来整理发表了一些论文，但中国科学院的投入也将近有100万元。1960年北京大学化学系给胰岛素项目投入的经费有70万—80万元，到8月份时，经费已消耗殆尽，不得不向学校申请追加。该系师生都停课投入到合成胰岛素的工作中，正常教研活动几乎停顿。而且在研究过程中，很多中间产物都没有经过分析鉴定[1]，同时，为了强调"保密"，标签和记录都很不规范、小组之间缺乏交流，以至于很多产物难以追溯、鉴定和利用。当年10月底，北京大学的"大兵团作战"草草结束。复旦大学生物系组织了许多中低年级学生参加，他们几乎不对中间产物进行鉴定，对终产物的测试方法也是错误的。与北京大学相似，复旦大学的"大兵团"也在经费耗尽后停止。

看到"大兵团作战"方式造成的巨大混乱和浪费等问题，1960年7月底，生化所所长王应睐作为中国科学院代表团的成员之一赴英国参加英国皇家学会成立三百周年纪念活动、转道北京时，借机向中国科学院领导汇报了此一情况。随后，杜润生指示"大兵团作战，搞长了不行，应精干队伍"[2]。随后，药物研究所等单位退出了胰岛素合成工作，只留下生化所和有机所，恢复了原有的所、室、组建制。[3]到这年年底，从事这项研究的人员，生化所还剩"精干队伍近20人"，有机所"只剩下7人"，北京大学方面只剩2人。复旦大学此后退出了这一工作。

四、人工合成胰岛素工作的完成

"大兵团作战"适逢我国三年困难时期，经济情况相当严峻。1961年1月，随着"调整、巩固、充实、提高"八字方针的提出，科研工作的指导思想也开始调整。1961年7月，中共中央批准了《关于自然科学研究机构当前工作的十四条意见（草案）》（即《科研工作十四条》）。科研气氛的改善，使一部分科研人员得以较为自主地从事自己感兴趣的工作，"大兵团"的教训也使不少人对胰岛素课题报以消极态度；1961年初，国务院副总理、国家科学技术委员会主任聂荣臻到生化所视察，明确表示支持项目继续做下去，但不给科研人员加压力。张劲夫、王仲良等中国科学院领导对过去工作中的缺点承担了责任，决心坚持干到底。[4]王仲良表示："我们党委承担责任，与群众没关系，我们应该总结经验教训。"[5]又说："科学研究必须按科学规律办事，必须坚持由少数精兵作不断

[1] 叶蕴华. 我国成功合成结晶牛胰岛素的启示和收获. 中国科学：生命科学, 2015, 27（6）: 648-655.
[2] 于晨. 王应睐所长谈牛胰岛素的人合成. 中国科技史料, 1985,（1）: 30-34.
[3] 药物研究所在1960年5月下旬就基本回到了原工作. 参见：熊卫民, 王克迪. 合成一个蛋白质. 济南：山东教育出版社, 2005: 45注②.
[4] 王芷涯. 上海生物化学研究所胰岛素全合成工作情况. 中国科学：生命科学, 2015, 27（6）: 734-739.
[5] 熊卫民. 回顾胰岛素的合成——杜雨苍研究员访谈录. 中国科技史料, 2002, 23（4）: 323-334.

的探索和积累经验。"①北京大学时任自然科学处处长张龙翔也要求有机化学教研室副主任陆德培组织人力继续研究。这样，生化所、有机所、北京大学化学系总共二三十名研究人员坚持了下来，并陆续整理和发表了一些研究文章。

20 世纪 60 年代初，国际生物化学也在快速发展。1961 年，前往莫斯科参加第五届国际生物化学会议的王应睐回国后认为："目前化学结构已搞清楚的蛋白质和多肽还极少，随着自动化分析技术以及其他新方法的发展，将会有很多蛋白质的结构秘密被揭开。"②与此同时，美国、德国都有学者和团队在进行胰岛素的合成研究。1962 年，曹天钦展望道："在合成十几或廿几肽的具有生物活性的激素方面，已取得了重要的成果。世界上也有好几个国家、好几个实验室在尝试合成最小的蛋白质之一的胰岛素。合成的路途已通，肽段的长度已很可观，看来大功告成，期在不久。"③1963 年底，美国的 P. G. Katsoyannis 和德国的 H. Zahn 分别宣称他们已经合成了胰岛素，只是由于没有得到结晶，未被中国学者采信。但这些消息对于中国科学家而言，无疑是一种沉重的压力，又是一种巨大的挑战。

"大兵团作战"导致上海和北京之间早期建立的研究交流数年间处于隔断状态。1963 年 8 月，中国科学院在青岛举行全国天然有机化学学术会议，生化所、有机所和北京大学化学系分别汇报了各自在胰岛素合成方面的研究成果。生化所和北京大学才得知对方仍在进行胰岛素合成工作。同样参加了这次会议的国家科学技术委员会九局的赵石英等得知情况后，建议三单位协作攻关。在国家科学技术委员会的促成下，有机所和北京大学化学系决定合作。1963 年底，几个单位重新确立了分工：有机所与北京大学化学系负责牛胰岛素 A 链的合成，生化所负责 B 链合成与最后的组装。三个单位还成立了协作组，由王应睐和汪猷分别担任正、副组长。

分工确立后，为了提高效率，北京大学化学系提出集中工作的建议。经过半年多的磋商，最终确定北京大学小组到有机所共同完成胰岛素 A 链合成。④1964 年 3 月，邢其毅和文重带领李崇熙、陆德培、施溥涛等来到上海⑤，与有机所的多肽合成组徐杰诚、张伟君、陈玲玲等一道工作。具体由有机所合成 C-端 12 肽（A_{10}—A_{21}），北京大学合成 N-端 9 肽（A_1—A_9），由汪猷总负责。同一时间，钮经义领导的生化所 B 链小组合成了 8 肽和 22 肽。到当年 8 月，经上述肽段合成的 A、B 链衍生物与天然 B、A 链重组，可分别达到 2% 和 4% 的天然胰岛素活力。⑥此后，用人工合成的 A 链和人工合成的 B 链组合所得的全合成产物，也表现出了轻微的活力。⑦

为了继续提高产物的活性，两个小组对各自的合成路线都进行了改进。在 B 链的 22

① 杜雨苍. 有关胰岛素工作的一些回忆和探讨. 中国科学：生命科学, 2015, 27（6）：788-789.
② 王应睐. 第五届国际生物化学会议概况. 科学通报, 1961，（10）：54-56.
③ 曹天钦. 蛋白质化学的进展. 科学通报, 1962，（9）：3-15.
④ 在当时的条件下，集中攻关需要克服不少困难。工作方面的困难涉及任课的调整、实验室和集体宿舍的安排，生活方面则涉及家庭分居和北京、上海两地票、证不能通用的实际问题。
⑤ 由于邢其毅教学任务繁重，不能常驻上海，北京大学小组实际上的负责人是施溥涛和叶蕴华。
⑥ 钮经义，邹承鲁，汪猷，等. 从胰岛素 A 及 B 链重合成胰岛素以及 A 及 B 链肽段的合成. 科学通报, 1964，（11）：943-962.
⑦ 中国科学院生物化学研究所，北京大学化学系，中国科学院有机化学研究所. 结晶胰岛素的全合成 I. 序言. 科学通报, 1966，（5）：241-244.

肽段合成方面，原来的方案是在 22 肽阶段皂化，但容易产生断链。龚岳亭大胆地选用了 8 肽固体叠氮物与侧链保护的 C 端自由 14 肽，采用不引起消旋的叠氮法合成了 B 链 22 肽，并选择了国外刚刚报道的叔丁基保护谷氨酸的 γ-羧基，不仅避免了断链的问题，且有利于 22 肽衍生物的提纯。[①]B 链合成的另一问题在于 30 肽衍生物在钠—氨处理时容易出现肽键断裂，导致产率低，不足以用来进一步提纯。研究者摸索出产物经 S-磺酸化和在 pH5.0 条件下沉淀等方法，得到 10%产率较纯的样品，并用离子交换柱层析进一步提纯。[②]经过这些改进，1965 年，钮经义、龚岳亭等发表文章，宣布用人工合成 B 链与天然 A 链重组的半合成物一般能表现 5%的胰岛素活力，有时活力能达到 10%—20%，并可获得与天然胰岛素一致的结晶。[③]

在 A 链合成方面，北京大学小组在到上海之后大约五个月时间，就成功合成了 A 链 N-端 9 肽，但与有机所的 C-端 12 肽连接合成 A 链并与天然 B 链进行半合成后，产物只表现出微弱活力。经过讨论，研究人员认为很可能是 C-端 12 肽在皂化脱保护基时的副反应所致，需要修改合成方案。1965 年 3 月，有机所党委书记丁公量听取了李崇熙、施溥涛等的意见，并就此事咨询了生化所 B 链合成小组龚岳亭等的建议[④]，同意采用新的合成方案，由李崇熙、陈玲玲等进行。研究人员将 17 位谷氨酸的 γ-羧基也改为用叔丁基进行保护，而 C 末端的天冬酰胺的 α-羧基则不加保护，避免了可能由于皂化所产生的副反应。5 月底，新方案 C-端 12 肽完成，和 N-端 9 肽接合成 A 链，与天然 B 链形成的半合成产物的活力约相当于天然胰岛素活力的 5%—10%[⑤]，并在随后的实验中成功获得了半合成产物的结晶。[⑥]

人工合成的 A、B 链积累到一定数量后，杜雨苍等开始试验全合成。此前，拆合小组一直在摸索天然胰岛素 A、B 链重合成时对活力恢复程度的最适条件，把恢复活力的百分比从 1960 年的 10%提高到了 1964 年的 50%。[⑦]由于当时人工合成的 A 链总量较少（100 多毫克），第一次尝试时仅提供了 20 毫克，第一次全合成的结果，活力很低（1.2%—2.5%），未能获得结晶。汪猷认为，A 链合成极其严格[⑧]，不会有问题；而生化所也认为，

① 王芷涯. 上海生物化学研究所胰岛素全合成工作情况. 中国科学：生命科学，2015，27（6）：734-739.
② 钮经义，龚岳亭，黄惟德，等. 胰岛素 B 链中肽段的合成Ⅸ. 胰岛素 B 链的合成及其与天然 A 链重组合后胰岛素活力的恢复. 生物化学与生物物理学报，1964，4（6）：726-728.
③ 钮经义，龚岳亭，黄惟德，等. 胰岛素 B 链的合成及其与天然 A 链重合成结晶胰岛素. 科学通报，1965，（8）：722-724.
④ 当时汪猷并不同意修改合成方案，想通过增加合成物产量来提高纯度。丁公量借汪猷正好出国考察访问一个月的时间，劝说他同意合成小组进行新旧方案并举的尝试。龚岳亭回忆此时的情况说："后期冲刺阶段的工作过程更为紧张，在学术问题上大家经常出现不同的观点，在战略措施问题上争论异常激烈。"1965 年 4 月初，在王应睐的召集下，生化所、有机所和北京大学小组举行了协作会议，生化所的葛麟俊参加 A 链合成工作，张伟君和施溥涛参加 B 链和拆合工作。
⑤ 汪猷，徐杰诚，陈玲玲，等. 带保护基的胰岛素 A 链羧端的十二肽的合成. 化学学报，1966，（3）：261-274.
⑥ 汪猷，徐杰诚，张伟君，等. 自合成的 A 链与天然 B 链合成结晶牛胰岛素. 科学通报，1965，（12）：1111-1114.
⑦ 这一数值显然是拆合小组在最适条件下获得的。他们发现，混合物中 A 链和 B 链比值为 1.5：1 时产物的活力恢复最高（50%），最适 pH 值为 10.6，等等。参见：杜雨苍，蒋荣庆，邹承鲁. 从胰岛素 A 及 B 链重合成胰岛素 Ⅳ. 有关重合成的一些条件. 生物化学与生物物理学报，1964，（6）：665-672.
⑧ 对此，徐杰诚有过回忆，"为了检定每步缩合产物的纯度，每一个中间体都要通过元素分析、层析、电泳、旋光测定、酶解及氨基酸组成分析，其中任何一项分析指标达不到，都要进一步提纯后再进行分析，力求全部通过"。参见：徐杰诚. 关于"结晶牛胰岛素合成"研究工作的几点体会. 中国科学：生命科学，2015，27（6）：790-792.

拆合工作和 B 链合成都经过了长期验证，完全可靠。在巨大的压力下，杜雨苍经过多次模拟实验，发展了纯化方法，创造了两次抽提、两次冻干的微量操作法，使产物的比活力提高了 10—30 倍。汪猷亲自去听汇报、看数据，做了详尽了解后，同意再给 60 毫克的 A 链。①

1965 年 9 月初，杜雨苍再次做了人工全合成实验，并把合成物在冰箱里冷冻了 14 天。9 月 17 日清晨，研究人员清楚地看到了与天然胰岛素结晶形状相同的人工合成胰岛素结晶。接着，以两组各 48 只小白鼠进行天然胰岛素和人工合成胰岛素注射反应测试，从三次不同剂量的注射反应证明，人工合成胰岛素的活力达到天然胰岛素的 80% 以上。1965 年底，研究人员又对多批合成的人工产物进行了电泳、层析、酶解图谱及免疫化学等指标的测定，都证明其与天然产物是相同的。1966 年 4 月，国家科学技术委员会组织的鉴定委员会通过了鉴定，肯定了研究结果，研究人员随后在《科学通报》和《中国科学》发表了合成工作的全文。

人工合成胰岛素研究是中国当代科学的重要事件。一方面，它是中国自主开展的、较早的生命科学领域大科学项目，通过多单位协同，打造了一支优秀的学术梯队，培养了一批出色的人才，也为此后的人工合成酵母丙氨酸转运核糖核酸和胰岛素晶体结构测定等工作打下了基础；另一方面，作为 1966 年前完成的、位居国际前沿的一项基础性研究成果，也为我国在国际上赢得了学术声誉和学术空间，从而保持了一定程度的国际学术交流。②同时，这项工作的开展过程也值得回望与深思。1982 年 7 月，人工合成胰岛素工作获国家自然科学奖一等奖。

① 丁公量. 我在胰岛素全合成工作的前后. 中国科学：生命科学，2015，27（6）：771-776.
② 罗桂环，李昂，付雷，等. 中国生物学史·近现代卷. 南宁：广西教育出版社，2018：746.

中国的人类基因组研究与
"1%计划"的完成[*]

  自 1953 年脱氧核糖核酸（DNA）分子双螺旋结构被发现之后，分子生物学在 20 世纪 60 年代实现了核苷酸测序，并建立了关于遗传信息和表达的"中心法则"。1970 年，美籍华裔分子生物学家吴瑞发明了将位置特异的引物延伸用于 DNA 测序。70 年代中期，DNA 测序技术有了飞跃发展。1977 年，桑格（F. Sanger）发明双脱氧链末端终止法，并测定了噬菌体 Φ-X174 的基因组序列，这也成为第一代基因组测序的基本方法。

  人类基因组计划的构想源于美国。1984 年，一些学者开始讨论对人类基因组进行全测序的前景，美国能源部委托一些学者对此开展研究。[1]1985 年，加州大学的罗伯特•辛西默（Robert Sinsheimer）提出了测定人类基因组全顺序的构想。1986 年，雷纳托•杜尔贝科（Renato Dulbecco）指出，测定人的全基因组序列有助于更好地了解和解决癌症。1986 年 3 月，在美国能源部召开的一次专门会议上，首次提出了测定人类基因组全顺序的宏伟计划。1988 年，美国国会批准资助美国国立卫生研究院（National Institute of Health，NIH）和能源部同时实施人类基因组计划（The Human Genome Project，HGP），并于 1988—1990 年拨款 1.62 亿美元用于该计划的启动。随后，英联邦、意大利、苏联、欧共体、法国、日本、印度、突尼斯和巴西等国家和组织先后响应，1988 年 7 月形成了跨国的人类基因组组织（The Human Genome Organization，HUGO），使这项计划成为国际性的巨大工程。1990 年，人类基因组计划在美国正式启动。该计划预期 15 年，耗资 30 亿美元，至 2005 年完成人类基因组精细图。[2]1996 年 2 月，美国、英国、法国、德国和日本在百慕大举行了第一届"人类基因组测序国际战略会议"[3]。这次会议提出了关于人类基因组测序数据共享的原则，即著名的"百慕大原则"：一旦一个连续拼接达到 1000 个核苷酸，就要在 24 小时之内公布于众，以惠利整个人类社会。这一原则对阻挡私企对大规模专利人类基因和重要疾病相关位点的汹涌企图、发展出今天的大人群基因组序列和位点的共享数据库有着深刻的影响。

一、中国人类基因组研究的起步

  改革开放后，我国的人类细胞遗传学、群体遗传学和遗传病学等领域的研究逐渐得

---

* 作者：徐丁丁。

① 人类基因组测序的提出，与曼哈顿计划的产物——原子弹爆炸有直接关系。1984 年 12 月，美国能源部在盐湖城举行了环境诱变物和致癌物防护国际会议。会上有人指出，在日本广岛、长崎原子弹爆炸幸存者及其子女的群体中，基因的预计突变率应增加 3 倍，但实际检测数据却与普通人群相仿。为了直接测出突变率水平，由此提出了测定人类基因组序列以查明突变的可能性。

② 这一数字是根据 20 世纪 80 年代末美国进行基因测序所需的人力和物力成本计算而得的。

③ The First International Strategy Meeting on Human Genome Sequencing，又称"第一届百慕大会议"。

以恢复和加强。1987 年，谈家桢在国家高技术研究发展计划（863 计划）生物领域战略研讨会上，提出"我国也应抓基因组研究"。1988 年绘制人类基因组序列图谱的计划公布后，谈家桢等遗传学家即与美、加等国学者联络，尝试推动国际合作，在中国开展人类基因组研究，1989 年因故搁置，但人类基因组计划国际组织的学者对中国的参与一直寄予很大希望。①

20 世纪 80 年代，我国已经开始进行 DNA 测序和功能分析的研究。受到经费投入等条件的限制，总体研究力量比较薄弱。1991 年，经复旦大学的赵寿元建议，国家自然科学基金委员会把"人类基因组区段作图和部分测序"列为 1992 年的重点项目，资助金额 76 万元。②湖南医科大学③夏家辉和复旦大学柴建华等小组获得资助，这是我国人类基因组相关项目研究的开端。④

1991 年，几位美国遗传学家在《基因组学》（Genomics）期刊上呼吁，人类基因组计划应当抓住一个"正在消失的机会"，对人类的遗传多样性进行世界范围的调查和保护。⑤以此为契机，当年年底，中国医学科学院吴旻等人以保护中国不同民族的遗传多样性为突破口，向国家自然科学基金委员会提交了中国的人类基因组计划重大项目建议。但当时也有意见认为，既然美国等发达国家已经在进行人类基因组计划，那么等待全部信息破译之后即可共享，中国不需要自搞一套。⑥经过一年多时间的多次评审，1993 年 3 月底，国家自然科学基金委员会生命科学部在无锡举办中国人类基因组项目评审研讨会，经过讨论，认为中国一定要实施自己的人类基因组计划，并比较了两种方案，"一种是像已参与此项目的各（国）实验室那样致力于绘制染色体 RFLP 图谱⑦和测序，（这）显然是重要的，但耗资太大、国力不济，也错过了分工，只能在人之后做重复性跟踪"，另一种是从事中国多民族的基因位点差异和遗传多态性研究。⑧鉴于资金较少、基础薄弱，研讨会认为，应以第二种方案进行。9 月底，国家自然科学基金委员会确定了名为"中华民族基因组中若干位点基因结构的研究"的重大项目，并于 1994 年启动，这是中

① 时为联合国教育、科学及文化组织（UNESCO）人类基因组委员会成员阿连德（J. E. Allende）认为："这项（人类基因组）计划的最宝贵的资源是总人口，而总人口大部分是在发展中国家。"参见：Allende J E. 人类基因组计划：迫切需要国际合作. 聂世芳译. 科学对社会的影响，1990，（4）：57-68.
② 正式启动是在 1993 年。
③ 现中南大学湘雅医学院。
④ 夏家辉曾回忆，他所领导的中国医学遗传学国家重点实验室（1984 年筹备，1987 年通过验收正式成立），在 1986—1990 年仅申请到科研课题经费 5 万元。"1993 年我室获国家自然科学基金资助 45 万元，使得实验室分子遗传学研究工作得以启动。从而使实验室走出了困境。"参见：夏家辉. 一次使我室起死回生的资助. http://www.ebiotrade.com/newsf/2006-4/2006430100228.htm［2006-04-30］.
⑤ Cavalli-Sforza L L，Wilson A C，Cantor C R，et al. Call for a worldwide survey of human genetic diversity: a vanishing opportunity for the Human Genome Project. Genomics，1991，11（2）：490-491.
⑥ 谈家桢，赵功民. 中国遗传学史. 上海：上海科技教育出版社，2002：200.
⑦ RFLP（restriction fragment length polymorphism，限制性片段长度多态性），是第一代分子生物学标记。RFLP 作图指利用不同限制性内切酶对于 DNA 大片段的不同切点形成的特异片段，分析片段排列顺序绘制这些片段的基因组图谱。
⑧ 王钦南，江虎军，褚嘉佑. 中国的人类基因组计划. 生物工程进展，1993，（3）：52-56. 这里所讲的"错过了分工，只能在人之后做重复性跟踪"一语，不仅是对当时未能及时加入 HUGO 的遗憾，也是对资金不足、无法支持进行 RFLP 图谱绘制工作的开解之语。

国人类基因组计划第一阶段的开始。①内容主要包括三个方面：建立和改进与人类基因组研究密切相关的新技术、若干与人类疾病相关的位点进行结构分析和功能研究，以永生细胞株的形式保存我国各民族的基因组。项目由 16 个实验室和课题组共同协作，强伯勤和陈竺担任实际负责人。②第一阶段共持续了三年半，有 16 个实验室的 200 余人参加。1997 年 9 月项目验收时，完成了南、北方两个汉族人群和西南、东北地区 12 个少数民族血液标本的收集，建立了 733 个永生细胞株，并开展了一些基因组经典遗传标记的多样性研究；引进并建立起包括基因组作图、测序、定位、基因识别、基因组扫描等数据产生和生物信息学分析的一套研究技术体系；在人类重要基因研究中获得了 100 条左右的与细胞分化和发育相关的互补 DNA（cDNA）；克隆了遗传多发性外生骨疣和若干白血病等疾病的致病基因；等等。③1996 年，863 计划还启动了"九五"期间的重大项目"重大疾病相关基因的定位、克隆、结构与功能研究"。以恶性肿瘤、高血压、糖尿病、神经精神病和部分遗传病为对象疾病进行相关基因的定位、分离、克隆以及结构与功能的研究，并开展造血、内分泌系统、肿瘤、胎肝、胎脑、心肌等组织重要生物功能新基因 cDNA 克隆和功能研究。

中国人类基因组计划第一阶段的研究战略，是在投入有限的基础上，根据我国人群资源优势的特点，突出基因组多样性研究和疾病基因识别。但这一策略面临着两个主要问题。其一，当时的构想是"中国不同民族致病基因、易感性基因及相关位点的研究是中国特有的研究，其结果必然使中国在国际人类基因组计划中，占有一席之地"④。同时，期待人类基因组计划共享测序数据，以便"参加国际人类基因组大协作，分享国外耗资数十亿美元获得的数据资料和先进技术"⑤。这一设想主要还是希望将有限的资金投入到国内重大疾病基因的研究和下游产品的开发上，同时寄望国际基因组测序数据的公开和共享，但这一乐观的期望很快就在严峻的现实面前备受冲击。随着国际人类基因组测序的进展，基因的专利化问题使"基因争夺战"迅速白热化，特别是那些具有潜在商业价值的疾病基因，更是成为一些机构和公司抢先争夺的目标。而中国极为丰富的基因资源和遗传大家系标本，此时面临严重的外流风险，不少外国机构和公司计划在中国大规模采样，或已得到某些遗传病的大家系样本。⑥而国内投入太少、对此的准备和研

---

① 1994 年 11 月初，联合国教育、科学及文化组织人类基因组委员会组织的第二届南北人类基因组国际大会在北京举行。借国家科学技术委员会主任宋健接见会议代表之机，陈竺、强伯勤等人署名提交了一份增加中国人类基因组研究投资力度的建议，但宋健"收到材料后，强调了中国（国家科学技术委员会）资助水稻基因组的重要性等，只是提了一下人类基因组计划"。

② 强伯勤. 堪与登月计划相比的人类基因组计划. 生物工程进展，1995，15（3）：7-8. 学术委员会秘书长此后由杨焕明担任，成员还包括褚嘉佑、杜若甫、陈仁彪、沈岩、邓汉湘等。

③ Chinese Human Genome Groject（HGP）made significant progress. *Bulletin of the Chinese Academy of Science*，1997，11（4）：311.

④ 王钦南. 我国参与全球人类基因组计划. 生物工程进展，1995，15（1）：16-18.

⑤ 王钦南，江虎军，褚嘉佑. 中国的人类基因组计划. 生物工程进展，1993，14（3）：52-56.

⑥ 这方面比较突出的例子有，1996 年 7 月 19 日美国《科学》（*Science*）期刊"Harvard and China Probe Disease Genes"一文称，哈佛大学的徐希平领导的一个"群体遗传学新计划"（The New Program for Population Genetics，PPG）将与中国 6 个医学机构合作，计划抽取 2 亿人的样本（原文如此）用于探查"复杂遗传病"；美国西夸那公司（Sequana Therapeutics Inc.）在浙江省象山县采集哮喘病大家系等。PPG 副主任 N. Schork 坦言：在中国开展研究的成本低，庞大的人口采样基数有助于找到表达量很低的（疾病相关）基因，显著的城乡差异有利于研究城乡迁移对人群健康的影响。

究能力都很不足，难以与之抗衡，甚至陷入了不论与国外合作与否都将造成损失的两难境地。①有人指出："'分享数据'的真实含义是只有在积极参与的过程中，同步形成研究能力，才能真正分享这四张图②即 HGP 的所有宝贵数据。我们需要补课，即形成我们自己的研究能力。"③其二，当时国内的基因组研究队伍较为分散，缺乏中心研究机构。在第一阶段接近尾声时，已有人看到："目前，分子遗传学的进步非常迅速，新方法、新技术层出不穷。因此，很有必要由一两个单位专门负责，对国际上有可能用于人类基因组多样性大规模、快速分析的方法技术进行观察、引进、探索与研究，并随时介绍到国内，加以推广应用。"④

在中国人类基因组计划第一阶段行将结束之际，1997 年 7 月，谈家桢向江泽民写信，阐述了保护中国的基因资源、加速中国人类基因组研究的必要性，以及推动基因组研究对发展我国生物技术和下游产业等方面的重要意义，江泽民批示"人无远虑，必有近忧，我们得珍惜我们的基因资源"。⑤时任国务院副总理李岚清亲自协调科技部、卫生部组织贯彻落实。1998 年 6 月 10 日，国务院办公厅颁布了《人类遗传资源管理暂行办法》，这是我国出台的第一部人类遗传资源有关的规定。⑥同时成立了中国人类遗传资源管理办公室，涉及我国遗传资源的国际合作和样本输出有了统一管理。

1997 年 9 月，科技部在上海召开了有谈家桢、吴旻以及强伯勤、陈竺等人参加的座谈会。在会上，谈家桢提出将基因组研究上升为国家级专项，在上海和北京各建立一个人类基因组学研究中心等设想。此后，863 计划的资助力度明显加强。⑦1997 年 11 月，强伯勤、陈竺表示，中国人类基因组研究第二阶段将"力求在基因组多样性以及疾病基因和重要功能基因研究方面取得新突破，并及时展开功能基因组研究，争取在国际 HGP 中真正占有一席之地"⑧。但他们同时也看到，无论从研究队伍、技术水平还是投资强度上，我国与发达国家相比仍然有很大的差距。而且在疾病基因研究等方面，"我国拥有

① 投入不足是其中一个主要问题。王钦南认为："我国人口资源丰富，但由于资金投入少，一直未得到很好的研究。然而，国外公司已进入我国收集遗传病家系资料和 DNA 样品。这样可能产生两种后果，一是投资太少，无法与外国公司竞争，既落后于人，又浪费资金；二是拿了国家资金，又与外国公司做交易，其结果是加速向外国提供资源，用自己的钱使外国轻而易举地获得中国的遗传资源。"参见：王钦南. 人类基因组计划后（post-HGP）中的几个设想//谈家桢，赵功民. 中国遗传学史. 上海：上海科技教育出版社，2002：211-222. 方福德也指出："美国人在登陆中国'基因新大陆'的过程中，并不再通过美国医生或别国人士从中斡旋，而是巧妙地利用了中国人自己，特别是在外国老板手下攻读学位和工作的中国人，他们熟谙中外情况，穿梭于双方有如轻车熟路，事半功倍，多快好省，深得美方赏识。对于介入此道的同胞中那些做得过头者，国内有的科学家戏称其为'买办'或'掮客'，也有说的难听点的玩笑话，称其为'汉奸'。不论'买办'、'掮客'也好，'汉奸'也罢，总之，反映出来的大概是一种复杂的心情，充满了苦涩和无奈。"参见：方福德. "基因"争夺战. 健康博览，1997，（6）：22-23.
② 即人类基因组遗传图、物理图、序列图和转录图。
③ 杨焕明. "人类基因组计划"自启动至"后基因组计划"的转折. 生物工程进展，1996，16（2）：2-4.
④ 杜若甫. 对开展中国人类基因组多样性研究的思考. 中国科学院院刊，1997，（6）：398-402.
⑤ 谈家桢：世纪之交的祝愿//上海市政协文史资料委员会、上海政协之友社合编. 上海文史资料选辑 第 93 辑 风雨同舟半世纪. 上海市政协文史资料编辑部，1999：19.
⑥ 随着形势的发展，对《人类遗传资源管理暂行办法》存在规范不够、法律责任不够完备、监管措施需进一步完善等问题，国务院于 2019 年 5 月发布了《中华人民共和国人类遗传资源管理条例》。
⑦ 陈竺. 谈家桢先生与中国人类基因组研究. 新民晚报，2008-09-14（A14）.
⑧ 强伯勤，陈竺. 专题报告摘要：中国的人类基因组研究计划//中国生物化学与分子生物学会. 第八次全国生物化学与分子生物学学术会议专题报告及论文汇编. 海口，1997：1.

的遗传资源优势,是一种潜在的理论上的优势",实际开发的难度很大。这也是对第一阶段研究设想的修正。1998 年中,国内基因组学界提出,在结构基因组学方面,争取在 2001 年定位、克隆 5—10 个人类疾病相关基因,并且提出了 2 个"1%"的目标:获得 500—1000 条人类功能基因的全长 cDNA,在 2005 年完成人类基因组 DNA 30Mb(百万碱基对)的测序,使中国在人类基因的识别和基因组 DNA 的测序方面,达到 1% 的贡献率。他们认为这样不仅有助于国内医学和生物制药产业,还可以获得与全球科学界共享 HGP 成果的权利。[1]同年,"中华民族基因组结构和功能研究"[2]成为国家自然科学基金"九五"重大项目。作为补充,国家自然科学基金委员会还组织了"真核基因表达的调节与控制研究"[3]"蛋白质组以及蛋白质结构动态变化与其生物功能的研究"[4]两个重大项目,由此开展了我国第二期人类基因组计划(1998—2000 年)。二期计划的主要目标还包括:组织全国范围内的合作和优势集成,建立国家级人类基因组研究基地,等等。[5]项目实施半年后,其主要内容又以"疾病基因组学理论与技术体系的建立"为题纳入了 1998 年的国家重点基础研究发展规划(973 计划)。1998 年,国家人类基因组南方研究中心(上海)、国家人类基因组北方研究中心(北京)分别成立。[6]

二、中国加入 HGP 与"1%计划"的完成

在国内学者努力寻找中国人类基因组研究的适合路径之时,20 世纪 90 年代中期,在留美时已经参与了 HGP 研究的于军开始寻找把大规模基因组测序的思路和技术带回国内的可行性。[7]1997 年 11 月,中国遗传学会青年委员会第一次会议在张家界举行。会上,于军详细介绍了 HGP 的研究进展和前景,得到与会的杨焕明[8]、汪建等人的热烈回应。与会者一致同意向有关部门申请,中国应参加 HGP 大协作。[9]

于军等人认为,随着 HGP 的发展,一个以破译、解读、开发基因组功能信息为主要研究内容的时代即将到来。加入 HGP 并开展大规模基因组测序既是登上国际舞台的机会,更可以借此增强中国在基因组领域的研究能力。"(人类)全基因组的顺序是一件

① 陈竺,李伟,俞曼,等. 人类基因组计划的机遇和挑战:Ⅱ. 对我国人类基因组研究的若干思考. 生命的化学,1998,18(5):14-16.
② 国家自然科学基金委员会. 国家自然科学基金重大项目简介 1996—2000. 北京:科学出版社,2001:89-91.
③ 汀虎军,王家平,敖世洲. "九五"基金重大项目"真核基因表达的调节与控制研究"取得重要进展.中国科学基金,2003,17(2):99-100.
④ 贺福初. 亮剑——蛋白质组学在中国. 中国科学:生命科学,2010,40(9):765-766.
⑤ 陈竺. 中国与人类基因组计划. 抗癌,2002,(4):40-41.
⑥ 国家人类基因组南方研究中心是在上海人类基因组研究中心的基础上成立的,以陈竺为主任。国家人类基因组北方研究中心是以中国医学科学院等机构为基础成立的,由强伯勤为主任。
⑦ 于军 1984 年受中美生物化学联合招生项目(CUSBEA)资助留美,很早就接触到了美国筹划人类基因组研究的信息。他在华盛顿大学从事博士后研究时的合作导师、美国国家科学院院士 Maynard V. Olson,是酵母人工染色体(YAC)克隆技术的共同发明人,也是 HGP 的领导者和设计者之一。
⑧ 杨焕明此前已担任"中华民族基因组中若干位点基因结构的比较研究"重大项目的秘书长。
⑨ Dong W,Wang X L,Xia Z,et al. A legacy of the "1% program"—The "Chinese Chapter" of the human genome reference sequence. Journal of Genetics and Genomics,2018,45(11):565-568. 文章提到,参加这次会议的还有顾东风、贺福初、贺林、余龙、曾益新、罗静初以及刘业仍、夏家辉等。此文发表时,距离该次会议已 21 年,作者仍满怀豪情地表示"这是一群青年学者的小决议,但却是一个大国的历史性时刻"。

'百家衣'式的组合。就如我们要在联合国挂一面中国国旗一样，作与不作则一目了然。其次，全基因测序过程复杂，方法多样，正所谓'不经一事，不长一智'。要建立基本方法和证明应有能力。"①在具体方案上，"中国基因组研究的技术切入点应是新技术的引进，尤其是大规模 DNA 测序与基因分型能力"，新技术引进要"直接切入国际最高水平"，要组建集协调、服务和研发功能于一体的国家级基因组中心。②同时，还应尽快建立我国的研究协作网络、基因资源库体系、生物信息中心等。他们不无忧虑地认为，不仅基因鉴定和功能基因组学都将在基因组测序上展开，而且资源生物的研究和利用都需要大规模测序，"如果不尽早规划，立即建立我国基因组学技术，我国的整个生物技术产业势必失去上游源头最重要的知识产权——基因与基因组信息的知识产权，势必影响我国生物资源的利用和开发"③。

恰在此时，人类基因组计划也出现了一个意想不到的变化。HGP 原预计在 2005 年完成，但到 1998 年春，时间过半，已完成测序和组装的基因组仍只占总量的 3%（约 90Mb）。当年 5 月，美国的 G. Venter 在巨额资金的投入下建立了 Celera 公司，采用鸟枪法，大大加快了测序的速度。Celera 公司宣称将在 2001 年提前完成人类基因组序列的测定，建立用于商业开发的数据库，并对一批最重要的人类基因进行专利申请。面对挑战，1998 年 10 月，美国国立卫生研究院和能源部宣布，将在 2001 年完成人类基因组工作框架图，并将完成全部测序的最后期限从 2005 年提前到 2003 年。由此，HGP 呈现出激烈竞争的局面。与此同时，毛细管电泳测序、原位杂交技术的出现和应用，使测序速度大幅度提高，还迅速降低了测序的成本。④中国学者认为这是难得的机遇。

与中国学者的雄心相对照的是，在中国，此时还缺乏一个适合开展 HGP 项目的研究机构⑤。1998 年 3 月，中国科学院遗传研究所所长陈受宜与汪建商谈开展人类基因组研究的问题。⑥这年 8 月 10—15 日，第 18 届国际遗传学大会在北京召开，盛况空前。⑦同一时间（8 月 11 日），在中国科学院的支持下，遗传研究所人类基因组中心（简称"北京中心"）成立，由杨焕明担任主任。⑧为了尽快开展测序预研，他们自筹款项先行购买设备，并借由地方合作的经费⑨，开始进行预备工作，完成了一个 162Kb 区段的初步装搭和一个具有 60%左右重复序列的 167Kb 片段。为了验证技术能力，1999 年 5 月，北

① 于军，杨焕明. 关于我国人类基因组计划（CHGP）策略性发展的几点意见. 遗传，1998，20（6）：1-5.
② 杨焕明，于军. 我国的生命科学与生物产业发展的几个问题. 遗传，1999，21（3）：1-4.
③ 杨焕明，于军. 人类基因组计划与大规模基因组测序. 云南大学学报（自然科学版），1999，21（S3）：5-7.
④ 1997 年，有人预测每测一个碱基的平均成本可能从 1 美元降低到 0.2—0.3 美元。参见：袁建刚，强伯勤. 人类基因组计划研究进展. 中华医学信息导报，1997，12（18）：3-5. 到 1999 年左右，每测一个碱基的费用实际已降低到 0.01 美元。参见：江虎军，王钦南，强伯勤，等. 我国人类基因组计划的启动、进展及展望. 自然科学进展，2001，11（7）：777-781.
⑤ 杨焕明将之形容为"大规模、大平台，大队伍、大数据"（large-scale and large-platform, big team and big data）。这也是华大基因此后朝企业化发展的一个重要原因。
⑥ 李津，赵维. 1%的故事：中国科学院参与人类基因组计划始末. 中国科技画报，2000，（7）：22-31.
⑦ 时任中共中央政治局常委、国务院副总理、国家科技教育领导小组副组长的李岚清应邀担任大会名誉主席并致开幕词，谈家桢担任大会主席，陈受宜担任秘书长。
⑧ 汪建任执行主任，于军、刘思奇任副主任。参加国际遗传学大会的 Maynard V. Olson 也出席了成立仪式。
⑨ 杨焕明的家乡浙江省乐清市为项目的开展提供了一笔数百万元的借款。

京中心又开始一种嗜热的泉生热孢菌的全基因组测序。①

1999 年 7 月 7 日，北京中心代表中国在国际人类基因组测序协作组（International Human Genome Sequencing Consortium，IHGSC）注册，中国成为继美、英、法、德、日之后第六个成员国，也是 HGP 项目中唯一的一个发展中国家。②9 月 1 日，人类基因组计划第五次战略讨论会在伦敦举行，杨焕明介绍了中国在人类基因组测序工作方面的硬件准备和工作计划等情况，并做出了按时完成计划的承诺，中国被正式接纳加入人类基因组测序的国际合作计划，承担 3 号染色体短臂（3p）自标记 D3S3610 至端粒（3pter）区段的测序任务，遗传距离估计为 31cM（厘摩），全长约 30Mb，相当于人类基因组总长度 30 亿碱基对的 1%，故又称"1%计划"。③这一区域又称"北京区域"或"人类基因组序列中国段"（Chinese Chapter of the Human Genome Sequence）。④

北京中心成立不久，为解决人员和管理上的限制，更有效地开展大规模测序，1999 年 7 月 14 日，北京华大基因研究中心⑤注册成立。9 月 9 日 9 时，"1%计划"在北京空港工业区 B 区 6 号楼正式启动。为了保证整个计划能按期完成，1999 年 11 月，"1%计划"被列入科技部 863 计划，由北京中心牵头，国家人类基因组南、北两个研究中心也参与进来，成立了中国人类基因组测序协作组（Chinese Human Genome Sequence Consortium，CHGSC），随后，中国科学院、国家自然科学基金也分别给予高水平资金支持。

当然，与西方国家的投入相比，此时国内的经费仍然是相当有限的。当时主要采用的是以 ABI 373 型和 ABI 377 型为主的平板电泳测序仪，而不是更新式的毛细管电泳测序仪。大部分步骤都需要人工操作，至少需要 150 人的熟练实验人员队伍。为了降低成本，又需要实验人员在制备样品、加样、电泳等环节具备更精细和高超的技术。通过短时间内高效的训练，这些困难被一一克服了。到 1999 年底，国内测序成本已达到国外一般水平的 1/4，而部分测序仪日产数据能力已达到理论设计水平，读长从 400 个碱基增加到 600 多个碱基。⑥成本的降低、技术的完善，为中国科学家完成"1%计划"增加了重要的砝码。

中国加入 HGP，除了经费和人员不足外，最大的挑战是时间紧迫。"1%计划"的工作量意味着"要在 1999 年 10 月至 2000 年 3 月之间的 6 个月内完成 50 万次成功的桑格测序反应"，几乎每天需要完成 4000 万—5000 万个模板的测定。⑦以北京中心为例，在半年间，仅各种型号的移液枪枪头就用掉了 1500 万个。⑧2000 年 6 月 26 日，CHGSC

① 杨焕明，于军. 人类基因组计划与大规模基因组测序. 云南大学学报（自然科学版），1999，21（S3）：5-7.
② 于军回忆说："1995 年开始规模化基因组测序，技术是在 1997 年和 1998 年间成熟的。中国在这个时间加入，无疑是正确和及时的。"参见：吴凤清. 1998 年基因研究：1%的沉重分量. 中国医院院长，2009，（19）：52-53.
③ 各国所占份额分别为：美国 54%、英国 33%、日本 7%、法 3%、德国 2%、中国 1%。
④ 后来通过 CHGSC 的申请和 IHGSC 的统一安排，该区域扩展到 D3S3397 标记处，遗传学距离估计为 39cM。
⑤ 其英文简写仍为 BGI，即北京基因组研究所（Beijing Genomics Institute）。
⑥ Dong W，Wang X L，Xia Z，et al. A legacy of the "1% program"—The "Chinese Chapter" of the human genome reference sequence. Journal of Genetics and Genomics，2018，45（11）：565-568.
⑦ 在这一阶段临近结束时，考虑到平板电泳测序仪的效率已到极限，北京中心引入了 34 台 MegaBACE 1000 毛细管电泳测序仪。
⑧ Wang X L，Xia Z，Chen C，et al. The international Human Genome Project（HGP）and China's contribution. Protein & Cell，2018，（4）：317-321.

如期完成框架图工作并将原始数据提交到公共数据库 GenBank。实际投入的反应数为 65.3 万个，是原计划的 131%；序列覆盖面积为 27.5Mb，达到规定区域的 90% 以上，其中约 50% 满足了完成图的测序量要求。在 2000 年 5 月 10 日召开的 HGP 第七次战略会议上，北京中心被列入工作框架图完成得最好的 6 个中心之一。[①]此后，又继续进行包括填补序列间缺口和更详尽的序列注释分析在内的工作，2001 年 8 月 26 日提交了该区域的完整序列图。据 IHGSC 于 2004 年 7 月的统计，CHGSC 对人类基因组完成图的贡献为 38.1Mb。经后续分析，"北京区域"已鉴定的有 142 个蛋白编码基因（包括 122 个已知基因和 20 个新基因），包括肿瘤、代谢综合征等在内的多种疾病相关基因定位于这一区域。[②]2003 年 4 月 14 日，美、英、日、德、法、中六国首脑发表了《人类基因组联合宣言》[③]，宣告人类基因组计划顺利完成。

HGP 是中国参与的第一个国际性大规模科学合作项目，也是 20 世纪三大科学计划[④]中唯一一个有中国参加的项目。"1%计划"的完成，使我国获得了基因组大规模测序的全套技术和宝贵经验，建立起具有世界先进水平的研究队伍。它改变了人类基因组研究国际合作的格局，使中国得以分享 HGP 的技术与资料，为我国基因组科学的进一步发展奠定了基础[⑤]，也对进入 21 世纪的中国生命科学产生了深刻的影响。

三、结语

参与完成 HGP 使我国的大规模基因组测序水平迅速提升。随后，中国科学家独立提出并顺利完成了"中国杂交水稻基因组计划""家蚕基因组计划"等项目，参与完成了"家鸡基因组多态性研究计划"等课题，中国在基因组学领域的国际地位也逐渐提高。2005 年，作为人类基因组计划的"续集"，《自然》（*Nature*）期刊发表了人类基因组的单体型图谱（HapMap）的结果，在这一国际合作计划（国际人类基因组单体型图计划，International HapMap Project）中，中国承担的任务已达到 10%[⑥]。2007 年 10 月，深圳华大基因研究院[⑦]宣布绘制完成第一张黄种人基因图谱（又称"炎黄一号"），这是我国用新一代测序技术独立完成的 100% 中国人类基因组图谱。

人类基因组计划和大规模基因组测序的兴起，也对功能基因组学、蛋白质组学、生物信息学等学科的飞速发展形成了强大的助推作用。以生物信息学为例，20 世纪 90 年代中后期，生物信息学在中国开始受到前所未有的重视。中国科学院于 1997 年召开了

① 强伯勤. 中国人类基因组计划和研究进展. 投资与合作，2000，(7)：42-44.
② 中国人类基因组测序协作组. 人类基因组北京区域(3pter-D3S3397)：序列完成图与分析. 中国科学：生命科学，2005，35（4）：286-303.
③ "人类基因组计划"宣言——六国政府首脑关于人类基因组序列图完成的联合宣言. 遗传，2003，25（3）：vii.
④ 通常认为包括曼哈顿计划、阿波罗登月计划、人类基因组计划。
⑤ 罗桂环，李昂，付雷，等. 中国生物学史·近现代卷. 南宁：广西教育出版社，2018：799.
⑥ HGP 是测序组装了第一个人类基因组，HapMap 计划则是针对非裔、亚裔、欧裔的多人群样本（270 个个体）进行全基因组的人群多态位点的检测，其主要参加团队基本就是 HGP 的延续。中国承担的部分包括 1%计划"北京区段"所在的整个 3 号染色体，以及 21 号染色体和 8 号染色体短臂，项目受到科技部国家重大科技专项"人类基因组 3 号和 21 号染色体单体型图的构建"的支持（2002—2005 年），资助金额为 5000 万元。
⑦ 2007 年 6 月在深圳市盐田区成立，现名深圳华大生命科学研究院。

两次香山科学会议，邀请有关专家就"DNA 芯片的现状与未来"和"生物信息学"进行探讨。1997 年 3 月建立的北京大学生物信息中心，是欧洲分子生物学网（EMBnet）在中国的一个节点，也是我国第一个生物信息中心。此后，一些工作站和网络服务器陆续在科研院所和部分高校设立，实现了与国际主要基因组数据库和研究中心的连接。在 863 计划中，生物信息技术也被列为一个单独的主题，涉及生物信息的获取与开发、生物信息的加工和利用、结构基因组和蛋白质组学研究等 7 个方面。"1%计划"更是直接推动了生物信息学在中国的迅速发展，但其中也潜藏着不少问题。比如，中国的超级计算机运算能力和实际的领域应用程度之间还有不小的上升空间；中国缺乏像美国国家生物技术信息中心（NCBI）、欧洲生物信息学中心（EBI）那样居于核心地位的生物信息中心和国际性大型文献收集与检索库；在 HGP 之后的下一阶段，特别是对精准医学而言，我国在临床和自然资源的积累方面还很不够；缺乏 HGP 这类大项目的策划和实施。这些都需要深入研讨和积累经验。①

---

① 于军. "人类基因组计划"回顾与展望：从基因组生物学到精准医学. 自然杂志，2013，35（5）：326-331.

中国生态系统研究网络[*]

中国生态系统研究网络（Chinese Ecosystem Research Network，CERN）是根据特定目标将生态系统定位研究站组织起来，针对较大地域尺度的资源环境问题，按统一规范和标准对生态系统的结构、功能、动态和管理进行监测、研究和管理示范的组织。该网络是一个涵盖中国主要区域和生态系统类型，集生态监测、科学研究、科技示范于一体的标准化、规范化和制度化的研究网络，是世界上体量最大、功能最强、运行效率最高的国家尺度生态系统观测研究的综合网络。[1]中国科学院于 1988 年开始筹建中国生态系统研究网络，经过其下辖的自然资源综合考察委员会和其他地学以及生物学领域的 21 个研究所近千名科技人员 10 多年的努力，中国生态系统研究网络建成并投入运行。它与美国长期生态学研究网络（US-LTER）、英国环境变化监测网络（ECN）并称世界三大国家生态系统研究网络。[2]它的出现是生物科学、资源科学和环境科学发展到一定阶段的产物，已经取得的各项成就，为我国生物科学、资源科学和环境科学的发展作出了重要贡献，同时也得到了世界学术界的公认，从而成为世界生态监测和研究网络的一个重要组成部分。

一、建立的背景和基础

中国生态系统研究网络的出现并不是孤立的，它是在 20 世纪 70 年代以来一系列国际生态网络相继建立的大趋势下，面对中国资源、生态、环境一系列问题的现实需求，在中国科学院近 40 年野外台站建设工作的基础上形成的。[3]

1. 生态网络建设的国际趋势

20 世纪中叶，苏联和欧美等发达国家就开展了国家和洲际尺度的植被调查。[4]60 年代以后，人类逐渐意识到由环境危机带来的生存危机，看清楚生态问题的严重性和紧迫性之后，就要寻找问题的解决方法，来协调人与生物圈的关系，遵循自然规律，维持生态平衡，保护自然资源的永续利用。[5]

为了解并解决人类所面临的资源、环境方面的问题和发展生态学，建立以对环境和生态系统进行长期监测和研究为目的的国家、区域和全球性的网络，已经成为一种国际性的趋势。起始于 20 世纪 60 年代后期，经过 50 多年的发展，越来越多的国家、地区、

---

* 作者：刘亮。

[1] 中国生态系统研究网络的创建及其观测研究和试验示范. 中国科学院院刊, 2016, A1: 53-54.
[2] 中国环境监测总站. 生态环境监测技术. 北京：中国环境出版社, 2014: 20.
[3] 孙鸿烈. 中国自然资源综合科学考察与研究. 北京：商务印书馆, 2007: 553；吴冬秀, 张彤. 中国生态系统研究网络（CERN）及其生物监测. 生物学通报, 2005, 40（5）：18-19.
[4] 王道龙, 辛晓平. 北方草地及农牧交错区生态-生产功能分析与区划. 北京：中国农业科学技术出版社, 2011: 104.
[5] 孙玉军. 资源环境监测与评价. 北京：高等教育出版社, 2007: 1.

国际组织开始推进生态监测工作,一些跨国、跨区域甚至全球尺度的生态监测国际合作项目陆续启动,监测技术也从最初的仅采用地面定期调查和监测技术,发展到结合使用航空航天遥感、地理信息系统、全球定位系统等先进技术,这些技术有力地推动了天地一体化的生态监测技术体系建设进程,同时也形成了很多大型的生态环境监测网络(系统)。①

自 20 世纪 70 年代末以来,国家尺度上除苏联制定了《生态监测综合计划》外,比较有代表性的有美国长期生态学研究网络(US-LTER)、英国环境变化监测网络(ECN)、日本长期生态学研究网络(JaLTER)、加拿大生态监测分析网络(EMAN)和德国陆地生态学研究网络(TERN);区域尺度上有欧洲长期生态系统研究网络(LTER-Europe)、欧洲全球变化研究网络(ENRICH)、亚洲—太平洋地区全球变化研究网络系统(APN)、东亚酸沉降监测网(EANET)和热带雨林多样性监测网络(CTFS network);而全球尺度上则有全球生态监测系统(GEMS)、国际长期生态观测研究网络(ILTER)、全球陆地观测系统(GTOS)、全球气候观测系统(GCOS)、全球海洋观测系统(GOOS)、全球通量观测研究网络(FLUXNET)、全球综合地球观测系统(GEOSS)、国际生物多样性观测网络(GEO-BON)和全球变化分析、研究、培训系统(START)。②

以上生态网络的出现,表明生态学的研究正逐步向着区域化和全球化发展,并形成网络进行综合与对比。在国家、区域和全球水平上进行网络化研究已经成为国际生态学的一种发展趋势。③

2. 中国积极参与一系列国际研究计划

20 世纪 60 年代以后,世界上人口、资源与环境的不协调发展造成的全球性问题日益激化。水土流失、荒漠化扩展、生态系统退化、生物多样性丧失、环境污染、气候变暖、臭氧层消失、自然灾害以及城市化带来的负面效应不断加剧,且具有全球性的特点。这些问题无法用传统的线性思维和单学科途径来解决,而生态学所固有的非线性思维模式、系统观点、整体性理论及其多学科研究的传统和近代发展的环境监测与模拟方法等,为探索解决危机的途径提供了科学基础与框架。特别是 20 世纪 60 年代由国际科学联盟理事会(ICSU)发起的国际生物学计划(IBP)和 70 年代由联合国教育、科学及文化组织开展的人与生物圈计划(MAB)在全世界开展,把生态学推向一个崭新的阶段。生态学家积极参加 90 年代以来所开展的全球变化或国际地圈-生物圈计划(IGBP)的研究,从而使得生态学从对结构的静态描述向功能、过程和预测性的方向扩展。这一系列国际计划的实施带动了全世界范围内生态系统科学监测模拟研究的进展。④此外还有世界气候研究计划(WCRP)、国际全球环境变化人文因素计划(IHDP)、国际生物多样性计划(DIVERSITAS),它们和 IGBP 一起构成所谓的全球变化四大研究计划。中国积极参加了上述国际计划的实施。⑤

---

① 中国环境监测总站. 生态环境监测技术. 北京:中国环境出版社,2014:16.
② 孙鸿烈. 中国自然资源综合科学考察与研究. 北京:商务印书馆,2007:554.
③ 李文华,赵景柱. 生态学研究回顾与展望. 北京:气象出版社,2004:代序.
④ 李文华,赵景柱. 生态学研究回顾与展望. 北京:气象出版社,2004:代序.
⑤ 气候变化科技政策课题组. 主要发达国家及国际组织气候变化科技政策概览. 北京:科学技术文献出版社,2012:327.

1970 年，联合国教育、科学及文化组织第 16 届大会决定设立人与生物圈计划，包括我国在内的 100 多个国家参加了这一计划。[①]不仅如此，我国还当选为理事国，并在第七届理事会上被选为副主席。1978 年 9 月经国务院批准成立了"中华人民共和国人与生物圈国家委员会"，秘书处设在中国科学院内。1980 年经该计划国际协调理事会执行局批准，长白山、卧龙、鼎湖山三个自然保护区加入世界生物圈保护区网络，有 10 个项目成为人与生物圈计划实施项目。[②]

IGBP 于 1987 年成立，同年中国科学院资源环境科学与技术局向中国科协申请成立 IGBP 中国全国委员会，并加入 IGBP。此后，中国积极参与并承办相关国际会议，积极参与核心计划，开展科学研究，组织出版全球变化研究成果，促进国内外学术交流，并推荐中国科学家在 IGBP 及其他相关国际组织中任职。[③]

总体上，我国在四大国际科学计划中的参与程度不同。由于参与了 WCRP 和 IGBP 的创办，从一开始就与其建立了紧密的联系，而参与 IHDP 相对较晚，与 DIVERSITAS 的关系相对较弱。[④]

3. 应对我国生态、环境问题的实际需要

我国人口众多，但是资源相对贫乏，耕地面积仅占国土面积的 11%，人均耕地面积不足世界平均数的 1/3，人均水资源只有世界平均数的 1/4，人均草地占有量不及世界平均数的 1/2，人均森林面积占有量不到世界平均数的 1/7。我国不但人均资源量严重不足，资源减少，生态环境恶化的趋势仍在加剧。种种原因致使耕地面积以每年几百万亩（1 亩≈666.7 平方米）的速度减少，沙化土地面积不断扩大，水土流失和风沙侵蚀现象严重，草地退化面积也以每年 2000 万亩的速度增加。全国的二氧化碳排放量已近 1500 万吨，烟尘排放量达 1324 万吨，酸雨的危害地区不断扩大，环境日益恶化。面临这些严峻的挑战，生态学研究将在环境保护和资源合理利用方面发挥巨大的作用。从短期看，生态学研究将加深对这些基本生态过程的认识，对制定土地利用和自然资源管理政策产生有益的作用；从长远看，长期的生态数据库将对认识全球环境变化过程作出贡献。[⑤]

由于中国幅员辽阔，需要一个能覆盖全国的生态、环境动态监测网络，获得关于人类与资源环境之间相互作用的长序列系统基础资料，从而加深对我国生态环境的变化历史、现状和发展趋势的科学认识。为了监测中国生态环境变化，综合研究资源和生态环境方面的重大问题，发展资源科学、环境科学和生态学，组建成立中国生态系统研究网络势在必行。[⑥]

4. 野外台站和定位观测站的基础

生态环境和资源科学的研究活动以及科技的发展需要野外第一手的观测、试验科学

① 张密生. 科学技术史. 3 版. 武汉：武汉大学出版社，2015：162.
② 邓文剑，何云程，陆林森. 环境保护宣传指南. 上海：上海科学普及出版社，1991：12-13.
③ 气候变化科技政策课题组. 主要发达国家及国际组织气候变化科技政策概览. 北京：科学技术文献出版社，2012：312-318.
④ 气候变化科技政策课题组. 主要发达国家及国际组织气候变化科技政策概览. 北京：科学技术文献出版社，2012：340.
⑤ 中国生态系统研究网络. 资源生态环境网络研究动态，1993，4（2）：1-12.
⑥ 孙玉军. 资源环境监测与评价. 北京：高等教育出版社，2007：6.

数据。生态系统定位观测研究站（简称生态站）正是能够满足这一需要，在野外对生态系统进行长期、系统研究的重要场所，是生态学、资源科学、环境科学和相关学科产生和发展的前沿阵地。[①]我国是世界上最早开展生态系统定位观测的国家之一。早在20世纪50年代末60年代初，我国生态学者即开始对各类天然及人工生态系统结构与功能进行定位观测与研究。[②]同时，有关科研单位和高等院校结合科研、教学和生产的需要，开展了小规模的定位研究。这方面的研究在20世纪60—70年代中断，70年代末又再次兴起。由寒带至热带，从高山到滨海，对许多有代表性的天然森林、草原、荒漠、海洋，人工的农田、草地、绿洲、海湾以及一些复合经营的人工生态系统都先后建立了生态定位观测研究站，并开展了不同生态系统结构、功能及演替等方面的长期观测研究。[③]

中国科学院历来重视野外科学工作和野外观测研究站的建设，在我国开展生态系统长期定位研究时间最早。1956年，中国科学院兰州沙漠研究所建立沙坡头沙漠试验研究站。[④]50年代末在云南西双版纳建立了"生物地理群落实验站"。此后又陆续在全国重要生态区建立了64个主要以解决当地农业、林业、牧业和渔业发展中存在的问题为目的的定位研究站，这些生态站成为建立生态系统研究网络的基础。[⑤]

1984年召开的"中国科学院野外台站工作会议"进一步加强了对野外台站在促进科学和经济社会发展方面重要性的认识，各野外台站的研究队伍和野外试验及生活设施得到改善，从而使中国科学院野外台站的工作进入新的发展阶段。[⑥]

自20世纪80年代末以来，一方面由于地球系统科学的出现与发展，特别是由于IGBP的提出与实施；另一方面由于中国资源、环境问题所造成的压力，中国科学院从已有的野外台站中选出条件较好的29个农业、森林、草原、湖泊和海湾生态系统定位研究站，并新建水分、土壤、大气和生物4个学科分中心（分别设在中国科学院地理科学与资源研究所、南京土壤研究所、大气物理研究所和植物研究所）及1个综合研究中心（设在中国科学院地理科学与资源研究所），于1988年开始了筹建中国生态系统研究网络的工作。[⑦]

二、建立过程

中国生态系统研究网络的建设分为筹建阶段、实施阶段和运行阶段。1988—1992年，主要完成项目总体规划和设计，提出中国生态系统研究网络的目标任务、研究内容、战略布局、建设方案、管理与评价方法，成立了专门的组织管理机构，全面负责中国生态系统研究网络的建设工作。筹建阶段最终以设计报告的形式提交相关部门；1993—1998年主要进行具体工程的建设，成立了综合中心和5个分中心，它们与29个生态站一起成为中国生态系统研究网络的基本组成部分。2000年以后进入运行阶段，并不断有新的

① 孙鸿烈. 中国自然资源综合科学考察与研究. 北京：商务印书馆，2007：553-554.
② 宋健. 中国科学技术前沿：1999/2000中国工程院版. 北京：高等教育出版社，2000：595.
③ 国家自然科学基金委员会. 生态学. 北京：科学出版社，1997：13.
④ 王兵，崔向慧，包永红，等. 生态系统长期观测与研究网络. 北京：中国科学技术出版社，2003：11.
⑤ 孙鸿烈. 中国自然资源综合科学考察与研究. 北京：商务印书馆，2007：554.
⑥ 李文华，赵景柱. 生态学研究回顾与展望. 北京：气象出版社，2004：132.
⑦ 曹月华，赵士洞. 世界环境与生态系统监测和研究网络. 北京：科学出版社，1997：134.

生态站通过遴选进入中国生态系统研究网络，使其布局更加全面、合理。[1]

1. 筹建阶段

筹建阶段的中心任务是完成中国生态系统研究网络的总体设计工作。[2] 早在 1987 年，中国科学院组建了由沈善敏研究员牵头的专家组，就如何组织资源生态环境网络研究项目进行了广泛的调研。他们先后到 30 多个生态环境监测站进行实地考察，召开了 10 多次大中型专家论证会，同时还认真研究了美国长期生态学研究网络的建设经验和教训。在此基础上，从沈阳应用生态研究所、中国地理研究所、南京土壤研究所、植物研究所、应用数学研究所、自然资源综合考察委员会和局机关等单位抽调了 10 余名科技和管理专家，组成了项目总体设计组。[2]1988 年 2 月，在北京召开了第一次台站网络会议。5 月 31 日至 6 月 2 日，在沈阳召开了第二次台站网络会议，孙鸿烈和叶笃正两位副院长到会参加讨论。孙鸿烈副院长在会上全面阐述了中国科学院建立台站网络和开展网络研究的总体构思和设想，指出许多野外台站在资源环境领域曾做出突出贡献，但存在两种倾向：一种是不重视系统观测和长期科学积累，缺少规律性的研究；另一种是偏重数据积累，观测就是一切，缺少与生产实际问题的联系。因此，他认为要扭转这两种倾向，使两者紧密结合起来，必须用现代化的观测手段，选择共同观测项目，采用统一观测方法，形成网络体系，他本人非常支持将网络研究项目列为中国科学院工作的"重中之重"项目。会议将申请中国科学院"重中之重"项目的名称确定为"我国主要类型地区生态环境资源综合开发治理的试验观测和示范研究"。经讨论修改，拟定了立项报告。9 月 16 日，该报告获得中国科学院计划局批复。[3]

1989 年 1 月 16 日，中国科学院计划局和资源环境科学与技术局在院部组织召开了中国科学院"重中之重"项目"我国主要类型地区可更新资源开发和生态环境综合治理的试验观测和示范研究"可行性论证会议，正式拉开了中国生态系统研究网络设计的序幕。10 月，在香山植物园的"八五"基建计划会议上，明确提出将野外台站建设列入"八五"重大基建项目。1990 年 2 月，由孙鸿烈副院长牵头的 11 名科学家联名向中国科学院递交了关于建立中国生态系统研究网络的建议报告。3 月，报告很快得到了院部的批准，同意将中国生态系统研究网络列入"八五"重大基建项目，这标志着中国生态系统研究网络建设工程的正式启动。5 月 12—19 日，在北京回龙观饭店召开了中国生态系统研究网络基建会议，讨论中国生态系统研究网络基建的可行性报告。这是中国生态系统研究网络组建以来的第一次盛大会议，29 个站的站长及所属研究所的领导共 80 余人到会。会议要求各生态站、分中心、综合中心按计划分配的经费额度编制基建计划，汇总到总体组。随后由总体组编制中国生态系统研究网络基建计划，并上报中国科学院基本建设局，又经过反复多次的论证、修改。1992 年底，项目总体设计报告初稿完成，又经国内和由世界银行邀请的有关专家的认真评议，于 1993 年初完成了总体设计报告，并提交中国科学院和国家的有关部门及世界银行，作为实施该项目的技术依据。该网络的长期目标是以地面网络式观测、实验为主，结合遥感、地理信息系统和数学模型等技术

---

① 王志瑞，王济，蔡雄飞. 国内外生态系统观测站建设进展. 环境保护前沿，2013，3：129-134.
② 孙鸿烈. 中国自然资源综合科学考察与研究. 北京：商务印书馆，2007：555，557.
③ 中国科学院办公厅. 中国科学院年报，1989：35.

手段，实现对中国各主要类型生态系统和环境状况的长期、全面的监测和研究，为改善中国的生存环境，保证自然资源的可持续利用和社会经济的可持续发展，以及生态学发展作出贡献。[1]它的具体任务是：①按统一的规程对中国主要的农田、森林、草原和水域生态系统的水、土壤、大气和生物等因子和物流、能流等重要的生态学过程及周围地区的土地覆盖和土地利用状况进行长期监测；②全面、深入地研究中国主要生态系统的结构、功能、动态和持续利用的途径和方法；③为各生态站所在的地区提供自然资源可持续利用和改善生存经营样板；④为地区和国家关于资源、环境方面的重大决策提供科学依据；⑤积极参与国际合作，为了解并解决全球性重大资源、环境问题做贡献。[2]

与其他网络相比较，中国生态系统研究网络的设计具有如下特征：就整个网络而言，强调网络的整体性和总体目标，强调直接服务于解决资源、环境方面的问题；在观测方面，强调观测仪器、装备和观测方法的统一，以便取得可以互比的数据；在数据方面，强调数据格式的统一和数据质量的控制，强调数据共享以及数据的综合与分析；在研究方法上，强调包括社会科学在内的多学科参与的综合研究，强调按统一的目标和方法进行的多个站参与的网络研究。[3]

2. 实施阶段

从 1993 年开始，中国生态系统研究网络的建设进入实施阶段。在为期 5 年的实施阶段中，建设任务主要有：①用世界银行贷款完成计算机网络及各种仪器、设备的采购、安装、调试和试运行工作。②利用世界银行贷款安排 92 个培训与技术援助项目，对网络的千余名科技人员和管理人员进行技术培训。③实施"八五"期间国家大、中型建设项目"中国生态网络系统工程"，在 1993—1995 年的 3 年间，在 29 个野外台站新建一批野外观测、实验装置，改善研究和生活条件，建立水、土壤、大气和生物 4 个学科分中心和综合研究中心。④完成了"七五"中国科学院"重中之重"项目"中国主要类型生态系统结构、功能及优化管理示范研究"、"八五"中国科学院"重中之重"项目"中国主要类型生态系统结构、功能和提高生产力途径的研究"、"九五"中国科学院重大和特别支持项目"生态系统生产力形成机制与可持续研究"及其他有关研究项目和任务。

中国生态系统研究网络建设工作中集中解决的科学问题主要有：①方法标准化问题，即样地布设、取样、样品保存和分析方法等一系列方面的标准化。这是取得可以互比的数据的基础。②数据管理，即数据编码、采集、存储、建立文档、传输、格式规范化和质量控制工作。它是实现网络各种功能极为重要的一个方面。③数据共享，使网络内部各研究单位和研究人员之间，以及该网络与国内和国外的其他网络之间实现数据交换和共享。④建立数据和信息传输网络，即建立可与网络内部各单位和与其他网络间交换数据、图像和其他信息的传输网络。⑤尺度转换，即通过遥感、地理信息系统和数学模型等手段，实现涉及生物个体、种群、群落、生态系统、景观，乃至更大空间尺度和不同时间尺度间的各种数据的相互解释和转换。[4]

① 曹月华，赵士洞. 世界环境与生态系统监测和研究网络. 北京：科学出版社，1997：196.
② 中国 21 世纪议程管理中心. 中国地理信息元数据标准研究. 北京：科学出版社，1999：59.
③ 孙鸿烈. 中国自然资源综合科学考察与研究. 北京：商务印书馆，2007：555.
④ 孙鸿烈. 中国自然资源综合科学考察与研究. 北京：商务印书馆，2007：556.

在信息系统建设方面，已按照网络信息系统的设计，完成了生态站、分中心和综合中心 3 个层次软、硬件的配置并已能正常工作，初步建成了网络的 6 个数据集，完成了历史资料整编工作，初步建成了网络通信系统，为数据传输和数据管理创造了基本条件，开展了网络信息系统的开发工作，初步建立了数据集、数据库，初步完善了数据管理系统，初步制定了数据管理政策及数据的标准规范；在技术系统方面，完成了化学分析和专业观测仪器的购置、安装和调试，并已正常运行，建成了自动气象观测系统，初步建立了数据的质量控制和保证系统，制定了仪器维护、维修的管理条例及方法，完成了网络观测与分析方法的标准规范；在基建方面，极大地改善了生态站的交通条件，改善了生态站工作和生活条件及野外观测设施；在培训方面，基本完成了原定的各项任务，提高了中国生态系统研究网络各层次人员的业务素质和水平。

在项目实施阶段，整个工作是在中国科学院主管副院长、资源环境科学与技术局、计划财务局、国际合作局和其他有关部门的直接领导和协调下进行的。其他组织机构如科学委员会负责制定长远研究与建设总体规划、确定发展战略、协调内外活动等工作；科学委员会秘书处负责执行科学委员会的决议及中国生态系统研究网络的日常运行工作；各生态站、分中心和综合中心是建设任务的实施单位，行政管理受所在研究所的领导，业务管理除接受研究所的管理外，还接受科学委员会的领导；顾问委员会负责对项目的实施情况进行独立评议，并提供咨询意见；数据管理委员会对数据管理状况进行评议，并提供咨询意见。整个管理系统的主要任务是创建有利的内外环境，通过激励、计划、组织、协调、反馈、控制等管理活动，促使系统各类人员共同努力达到系统的目标。

3. 运行阶段

1999 年 2 月 26 日，中国科学院生态网络系统工程通过国家验收。2000 年 12 月 7 日，"中国生态系统研究网络建设项目"（世界银行贷款中国环境技术援助项目 A-1）通过中国科学院验收。

在圆满完成各项建设任务后，中国生态系统研究网络的各项工作全面展开。首先是系统地采集和积累数据，从而为监测和研究生态系统及环境的动态和生态系统优化管理示范工作奠定了坚实的基础。其次是研究工作全面展开。中国生态系统研究网络为开展对生态系统的结构、功能和动态研究创造了有利条件，促进了我国生态学的发展。尤其是禹城站、封丘站和栾城站为黄淮海地区农业生态系统的研究，安塞站和长武站为黄土高原地区农业生态系统的研究，海伦站为松嫩平原地区农业生态系统的研究作出了巨大贡献。在建设中国生态系统研究网络过程中，中国科学院 21 个研究所、超过千人参与了工作。后续开展的观测研究和示范项目，培养出了一大批学术带头人和业务骨干，成为中国生态学、环境科学等领域发展的中坚力量。同时，中国生态系统研究网络所属各单位与国际上其他生态系统网络建立了密切的合作关系[1]。

三、功能、实践及意义

中国生态系统研究网络最初成立时，由 13 个农田生态系统试验站、9 个森林生态系

---

[1] 孙鸿烈. 中国自然资源综合科学考察与研究. 北京：商务印书馆，2007：559-561.

统试验站、2 个草地生态系统试验站、6 个沙漠生态系统试验站、1 个沼泽生态系统试验站、2 个湖泊生态系统试验站、3 个海洋生态系统试验站，以及水分、土壤、大气、生物、水域生态系统 5 个学科分中心和 1 个综合研究中心所组成。此外，设立了领导小组、科学指导委员会和科学委员会等组织机构，全面负责中国生态系统研究网络的运行和管理，以及组织重大科学研究计划的实施，开展生态环境监测、数据集成和对外服务等业务。[1]截至 2020 年底已形成由 44 个生态站构成的野外观测研究网络，其中 42 个生态站已被遴选为国家野外科学观测研究站。

中国生态系统研究网络的主要研究目标为：①揭示生态系统及环境要素的变化规律；②主要生态系统类型服务功能及价值评价和健康诊断；③揭示我国不同区域生态系统对全球变化的响应；④揭示生态系统退化、受损机理，探讨生态恢复重建途径。它的主要研究方向为：①我国主要类型生态系统长期监测和演变规律；②我国主要类型生态系统的结构功能及其对全球变化的响应；③典型退化生态系统恢复与重建机理；④生态系统质量评价和健康诊断；⑤区域资源合理利用与区域可持续发展；⑥生态系统生产力形成机制和有效调控；⑦生态环境综合整治与农业高效开发试验示范。[2]研究重点有：①我国主要类型生态系统碳循环过程及全球变化的响应；②农田生态系统水、氮、磷的耦合机制与优化管理；③典型退化生态系统的恢复机理及重建技术研究；④主要典型生态系统动态变化的驱动机制与环境效应；⑤我国主要类型生态系统的健康评价与优化管理；⑥生态网络数据库建设与数据管理。其宗旨是在加强和完善生态站的研究基础上，形成联网研究。联网研究的核心是促进综合性、区域性研究。来源于生态站、分中心和综合中心三个层次上的不同尺度生态数据的互补与综合是实施网络研究的基础。这项目标主要由中国生态系统研究网络信息系统来完成，其中分布式的数据库系统和分布式的地理信息系统是该系统的核心，信息流动是由在各个节点上和整个网络上从事的研究活动所驱动的，网络各节点的联系将在信息系统中进行，最终实现整个网络的数据传输和资源共享。[3]

2001—2005 年，中国生态系统研究网络被纳入中国科学院知识创新工程，利用知识创新经费进一步完善各台站的基础设施、实验观测场和仪器设备，对原有的自动气象站和微气象观测仪器进行更新改造，并使网络运行费基本得到保证。进一步完善生态环境监测指标，定期进行监测仪器标定，严格监测程序和操作规程，及时进行数据质量检验，保证了"十五"期间观测数据可靠性达到 80% 以上。2006—2010 年，中国生态系统研究网络被纳入国家生态监测网络，并与国际长期生态学网络合作，使之成为未来全球生态环境长期监测网络的一部分。[4]

经过 30 多年的发展，中国生态系统研究网络的各台站在监测规范化、标准化方面取得了巨大进步，已经建立了相对完整的生态系统各要素观测规范和标准，从观测场设

① 中国工程院环境保护部. 中国环境宏观战略研究——环境要素保护战略卷（下）. 北京：中国环境科学出版社，2011：874.
② 中国环境监测总站. 生态环境监测技术. 北京：中国环境出版社，2014：19, 20.
③ 《走向二十一世纪的中国地球科学》调研组. 走向二十一世纪的中国地球科学. 郑州：河南科学技术出版社，1995：326.
④ 孙玉军. 资源环境监测与评价. 北京：高等教育出版社，2007：11.

置、样品采样、分析测试再到数据质量控制、数据集成都有相应的规范。^①目前，中国生态系统研究网络生态站基本全面覆盖了我国主要区域和重要生态类型，为我国的生态学研究、全球变化研究积累提供了长期、系统的科学数据，为我国生态与环境保护、资源综合利用和可持续发展提供了科学知识、数据和技术等方面的支撑。生态系统网络的建立，把我国生态学的研究提高到一个新的水平。它不仅在加强生态学研究的协调性以及观测仪器和项目的规范方面起到了积极作用，也为宏观尺度上生态学问题的研究提供了一个长期的野外观测研究平台。我国许多重大的国家课题和基金项目都是以生态站为依托进行的，研究积累了大量的基础资料，也为生态系统观测研究网络化发展打下了基础。

中国生态系统研究网络是我国生态系统监测和生态环境研究基地，也是全球生态环境变化监测网络的重要组成部分。它不仅是我国开展与资源、生态环境有关的综合性重大科学问题研究实验平台，还是生态环境建设、农业与林业生产等技术开发基地，中国生态学研究与先进科学技术成果的试验示范基地，培养生态学领域高级科技人才基地，国内外合作研究与学术交流基地和国家科普教育基地。^②

四、我国其他生态研究网络

除了中国科学院建立的中国生态系统研究网络，国内各个行业部门，如林业部门、环保部门、水利部门、农业部门以及海洋部门等，均按照对各自职责的理解建有生态监测研究网络，开展生态监测业务工作和科研工作。

林业部门从20世纪50年代末开始建设森林定位研究站，2003年正式成立中国森林生态系统定位研究网络（CFERN）。到2011年10月，它已成为横跨30个纬度，代表不同气候带的73个森林生态站组成的网络，基本覆盖了中国主要典型生态区，涵盖了中国从寒温带到热带、湿润区到极端干旱区的植被和土壤地理地带的系列，主要任务是开展森林生态系统的定位观测研究。此外，林业部门还建立了湿地生态系统定位观测研究网络（CWERN）和荒漠生态系统定位观测研究网络；环保部门的国家生态环境监测网络建设工作始于1993年编写的《生态监测技术大纲》。1994年，国家环境保护局提出在全国建立9个生态监测站。同年又建立了近岸海域环境监测网。2011年，中国环境监测总站选择6个省份启动生态环境地面监测试点工作，2012年增至10个，针对森林、草原、湿地和荒漠生态系统开展环境要素和生物要素监测；水利部门建立了水土保持监测网络，对全国不同区域的水土流失及其防治效果进行了动态监测和评价。

农业部门的生态监测网络包括农业生态环境监测网络、草原生态监测网络和渔业生态环境监测网；海洋部门建立的海洋环境监测网络，主要成员有国家海洋环境监测中心以及北海、东海和南海3个海区海洋监测中心站，其余成员为国家海洋局建设的专业海洋监测中心站、与地方共建的海洋监测站和地方海洋与渔业局的监测中心，主要开展海洋污染源监测、海洋环境质量监测等工作。^③

① 中国环境监测总站. 生态环境监测技术. 北京：中国环境出版社，2014：19，20.
② 邹小钢. 环境保护工作创新与发展. 上卷. 武汉：中国地质大学出版社，2009：252.
③ 中国环境监测总站. 生态环境监测技术. 北京：中国环境出版社，2014：16-19.

　　科技部于 2005 年启动国家野外科学观测研究站建设任务。作为国家科技基础条件平台建设的内容，国家生态系统观测研究网络（CNERN）的目的是要整合已有的分属于不同主管部门的野外生态监测站，从而在国家层面上建立跨部门、跨行业、跨地域的科技基础条件平台，实现资源整合、标准化和规范化监测、数据共享。通过对已有台站的评估认证，截至 2011 年，有 53 个台站被纳入国家生态系统观测研究网络，其中包括 18 个国家农田生态站、17 个国家森林生态站、9 个国家草地与荒漠生态站、7 个国家水体与湿地生态站以及国家土壤肥力网、国家种质资源圃网和国家生态系统综合研究中心。[1]

　　我国生态环境的现状不容乐观。在重要生态区建立更多的生态系统定位研究站，对所代表的生态系统的结构、功能和动态进行长期定位观测和研究，建立生态系统优化管理示范样板，并在此基础上建立国家层次的生态系统监测和研究网络，在区域和国家层次上对生态系统的现状、未来变化状况进行深入研究，并提出相应的管理对策有助于解决这些问题。而中国生态系统研究网络的建成，为将来建立国家层次的生态系统监测和研究网络及完成相应的任务奠定了一个坚实的基础。[2]

① 中国环境监测总站. 国家重点生态功能区县域生态环境状况评价研究与应用. 北京：中国环境出版社，2015：9.
② 孙鸿烈. 中国自然资源综合科学考察与研究. 北京：商务印书馆，2007：562.

北京正负电子对撞机[*]

北京正负电子对撞机（Beijing Electron Positron Collider，BEPC）是中国建造的第一台高能加速器，它是国家"七五"重点工程，于 1984 年 10 月 7 日破土动工，1988 年 10 月 16 日实现了正负电子对撞。10 月 20 日，《人民日报》发表社论称之为"我国继原子弹、氢弹爆炸成功、人造卫星上天之后，在高科技领域又一重大突破性成就"。2004 年 1 月，北京正负电子对撞机重大改造工程（BEPCII）开始建设，于 2009 年 7 月 17 日通过了国家验收并投入使用，为我国继续保持在粲物理研究上的国际领先地位奠定了基础。

一、北京正负电子对撞机建设背景

粒子物理是研究基本粒子及其相互作用的前沿学科，而高能加速器作为粒子物理实验的必要手段和其他基础科学研究的重要工具，发端于 20 世纪上半叶的美国，而后为各国所重视。1953 年，中国科学院近代物理研究所成立了静电加速器组，在赵忠尧的主持下建造了一台 700keV 的静电加速器。[①]1955 年谢家麟从美国回国后，建造了 30MeV 电子直线加速器，研制了大功率速调管。[②]通过建造此类低能加速器，有关微波技术、真空技术、高电压技术、离子源技术和核物理实验方法逐渐发展起来，并培养了叶铭汉、徐建铭等一批加速器和核物理理论与实验人才，有关工厂也积累了一定的实践经验。

1956 年我国制定的《1956—1967 年科学技术发展远景规划纲要》明确提出："必须组织力量，发展原子核物理及基本粒子物理（包括宇宙线）的研究，立即进行普通加速器和探测器的工业生产，并在短期内着手制造恰当的高能加速器。"[③]同年，我国参加设在苏联杜布纳的联合原子核研究所，承担该所经费的 20%，每年支付 1500 万—1600 万元人民币，并且派出科技人员参与工作。1957 年，在王淦昌的领导下，选派徐建铭、方守贤等赴苏联学习高能加速器设计和建造。他们在苏联专家指导下设计了一台能量为 2.2GeV、周长约为 200 米的电子同步加速器。但是，在 1958 年"大跃进"形势下，该方案被批判为"既保守又落后"，不得不搁置。国内一些人提出设计一台 15GeV 质子同步加速器，比当时苏联最大的 7GeV 质子同步加速器能量高一倍多。随后，钱三强等多次研究后，认为此方案规模太大，于是决定暂停。直到 20 世纪 70 年代初，建造高能

---

[*]　作者：王大洲、柯遵科、宋林珂。

① 本文所说的中国科学院近代物理研究所成立于 1950 年，1953 年更名为中国科学院物理研究所，1958 年更名为中国科学院原子能研究所（中国原子能科学研究院的前身），1973 年在原子能研究所一部的基础上成立了中国科学院高能物理研究所（简称高能所）。今天地处兰州的近代物理研究所则是 1957 年从当时的物理研究所分化出来一支队伍另建基地并逐渐发展起来的，1962 年正式使用该名称。

② 谢家麟. 没有终点的旅程. 北京：科学出版社，2008：73-88.

③ 中共中央文献研究室. 一九五六—一九六七年科学技术发展远景规划纲要（修正草案）//建国以来重要文献选编. 第 9 册. 北京：中央文献出版社，2011：373-463.

加速器的计划和设计又经过了四起四落，一直是纸上谈兵，未能付诸实施。

1972 年 8 月 18 日，中国科学院原子能研究所原副所长张文裕等 18 位同志写信给周恩来总理，提出发展高能物理必须建造高能加速器，建议建立我国自己的粒子物理实验基地。1972 年 9 月 11 日，周恩来总理复信张文裕、朱光亚，对高能物理研究和高能加速器的预制研究作出指示："这件事不能再延迟了。科学院必须把基础科学和理论研究抓起来，同时又要把理论研究与科学实验结合起来。高能物理研究和高能加速器的预制研究，应该成为科学院要抓的主要项目之一。"1973 年 2 月，根据周恩来总理的批示，在原子能研究所一部的基础上成立了中国科学院高能物理研究所，张文裕任所长，由此开始了我国高能物理研究的新征程。1973 年 5—7 月，中国高能物理代表团赴美国和西欧考察后，提出了建造 40GeV 质子同步加速器方案，约需经费 4 亿元，计划 10 年内建成。1975 年 3 月这一方案获批，代号"七五三"工程。1975 年 11 月，"批邓、反击右倾翻案风"运动开始，工程陷入停顿。[1]

1977 年 8 月，复出后的邓小平同志指示，"这件事（'七五三'工程）不能再拖了。我们下命令，立即开工，限期完成"[2]。为了加快进度，中国科学院与国家科委商定，由国家科委领导该工程建设，分三步走：第一步，1982 年底建成 30GeV 强流质子同步加速器；第二步，1987 年建成 400GeV 质子同步加速器，其规模可与欧洲核子研究中心（CERN）的 400GeV 超级质子同步加速器（SPS）相比；第三步，到 20 世纪末建成世界一流高能物理实验中心。[3]1977 年 11 月 15 日，该方案获批，代号"八七"工程。后经各方反复研究，决定将待建的 30GeV 强流质子同步加速器能量指标提高到 50GeV，以提高国际竞争力。"八七"工程总体而言是一个"激进方案"，"预算大大超过了国家实际的经济能力"，反映了中国高能物理学界急于追赶欧美发达国家的急切心情。[4]1980 年底，在国民经济调整的大局下，"八七"工程被迫暂缓建设，并最终下马。

"八七"工程与前六次计划有质的不同，此前的计划仅留在纸面上，而这次是真刀实枪的实干，也有实质进展[5]：①组织了由 500 多名科技人员参加的联合设计，完成了高能加速器理论设计、75keV 质子预注入器、200MeV 质子直线加速器、50GeV 质子同步加速器等项目的设计；②进行了高能所玉泉路预制基地的建设，总投资 1.23 亿元，包括 4 个实验大厅（质子直线加速器厅、环形加速器部件厅、探测器厅、低温超导厅）和 3 个工厂车间（机加工车间、精加工车间、磁铁加工车间）共 7.49 万平方米的建筑及大量设备；③完成了一些重要预制研究项目，包括 750keV 预注入器、10MeV 直线加速器以及弯转磁铁模型、增强器磁铁模型、大电流磁铁、切割磁铁电源等；④从全国调集人才（截至 1978 年上半年就已调入 279 名骨干）入职，包括在外地工作的物理专业人员、工程管理人员和工程技术人员等；⑤开展了与联邦德国、欧洲核子研究中心和美国各高能物理实验室的合作，派出了上百名高能物理专家及相关科技人员去学习，特别是 1979 年

① 丁兆君，胡化凯. "七下八上"的中国高能加速器建设. 科学文化评论，2006，（2）：85-104.
② 邓小平副主席在会见丁肇中教授夫妇前同方毅同志等的谈话. 中国科学院高能物理研究所年报（1972—1979）：37-38.
③ 关于加快建设高能物理实验中心的请示报告. 中国科学院高能物理研究所年报（1972—1979）：55-57.
④ 方守贤. 我的高能加速器梦. 现代物理知识，2003，（1）：11-21.
⑤ 赵东宛. 回忆与思考. 北京：中国人事出版社，2012：105-121.

1 月邓小平同志访美期间，中美签订了高能物理领域合作协议，组成了中美高能物理联合委员会，开始了制度化合作。[①]这些都为北京正负电子对撞机建设打下了基础。

二、北京正负电子对撞机方案的确立

早在 1973 年 5 月张文裕率中国高能物理考察组赴美国访问期间，斯坦福直线加速器中心（SLAC）所长潘诺夫斯基（Wolfgang K. H. Panofsky）最先向考察组提出建造正负电子对撞机的建议。考察组回国后，部分成员在《对于建造超高能加速器的一些初步设想》的报告中，提出了六种不同的做法，其中第四种是"做一台能量为 300—1000MeV 的正负电子对撞机，如果其亮度能达到 $10^{33}\text{cm}^{-2} \cdot \text{s}^{-1}$，那么可以做 ρ 介子方面很有意义的工作"。1976 年 9 月，潘诺夫斯基到中国访问前与李政道讨论了中国高能物理发展计划，一致认为中国应该建造正负电子对撞机。10 月，潘诺夫斯基在高能所做学术报告，再次提出这个方案。1977 年 12 月，李政道、袁家骝和吴健雄联名致信张文裕，提出了建造质心能量为 2×2GeV 正负电子对撞机的建议。但是，当时"八七"工程方案已经确定，此意见没有被采纳。[②]

1980 年底，为了确保高能物理研究不断线，中央决定利用"八七"工程剩余约 9000 万元经费进行高能加速器建设。高能所科研人员对加速器方案调整进行了讨论，焦点问题是：电子还是质子？慢引出还是快引出？强流还是弱流？能量高些还是低些？其中后 3 项都是质子加速器方案的一些技术选项。结果形成了两种候选方案：一种是弱流慢引出、能量为 5GeV 的质子同步加速器；另一种是能量为 2GeV 的质子快循环增强器[③]。

作为中美高能物理联合委员会第三次会议筹备工作的一部分，1981 年 3 月 17 日，在美国费米国家实验室（FNAL）召开了通报中国高能物理调整方案的讨论会。在这次会议上谢家麟介绍了高能所的调整方案。随后，潘诺夫斯基提出建造 2×2.2GeV 正负电子对撞机的建议，并对加速器的技术参数、物理实验前景和探测器的类型等方面做了初步估计。他认为该对撞机可以加装同步辐射装置，实现"一机两用"，费用约为 3000 万美元（当时折合人民币约 9000 万元），符合中方预算。经过讨论，与会者大多同意这一提议。

会后，朱洪元和谢家麟对潘诺夫斯基的建议进行了详细、审慎的研究，认为虽然对撞机的能量不高，规模适中，但可做国际前沿物理工作，而且可以兼顾同步辐射应用，这是在中国当时经济收缩的情况下，仍能在高能物理方面迎头赶上世界先进水平的极好方案。朱洪元通过电话与当时在美访问的周光召交换了意见，得到了他的支持。随后，他们又到布鲁克海文国家实验室（BNL）与当地的访问学者叶铭汉、冼鼎昌、徐英庭、周月华等进行了座谈，也获得了绝大多数人的赞同。为了进一步落实对撞机方案，朱洪元和谢家麟于 1981 年 3 月底再次到斯坦福直线加速器中心，分别与当时高能所在斯坦

① 赵东宛. 回忆与思考. 北京：中国人事出版社，2012：105-121；方守贤. BEPC 的前前后后. 现代物理知识，1992（4）：8-12.
② 叶铭汉. 高能物理研究所的由来与发展. 现代物理知识，1993，（增刊）：44-47；中国高等科学技术中心. 李政道文选（科学与人文）. 上海：上海科学技术出版社，2008：31.
③ 谢家麟. 没有终点的旅程. 北京：科学出版社，2008：106-107.

福直线加速器中心实验室访问的物理学家和加速器专家深入探讨对撞机的物理目标和技术问题。在此之前的 3 月 10 日，严武光、黄涛等 15 位在斯坦福直线加速器中心的访问学者提出了"关于建造一台 3–5GeV 正负电子对撞机的建议"，强调要重视高能物理实验和理论研究工作，为此必须建设加速器、试验设备和相应数据处理系统三大部分。斯坦福直线加速器中心的诺贝尔奖获得者里克特教授也提出了一台质心系 5.7GeV 的正负电子对撞机方案。

此时，国内关于对撞机讨论的主流还是建造一台能量较低的质子同步加速器。但是，能量较低的质子加速器可以做的有意义的工作，往往已被各国能量更高的质子加速器做过，也就是被它们所"覆盖"，难以找到有价值的研究领域。与此相比，正负电子对撞机只要选择合适的能区，即使其能量较低，依然可以做出突破性工作。这是因为当工作能量偏离设计值时，正负电子对撞机的亮度会急剧下降，因此更高能量的对撞机，并不能"覆盖"低能量机器的工作。2×2.2GeV 正负电子对撞机虽然处于相对较低能区，但这一能区内的物理问题当时尚未被深入研究，而且，它兼有同步辐射应用功能，在经费有限的情况下，是迈入世界先进科研行列的最佳方案。

1981 年 5 月 4—7 日，国家科委"八七"工程指挥部和中国科学院数理学部联合召开"高能物理玉泉路研究基地调整方案论证会"。会议原则通过高能所玉泉路研究基地调整方案，同意建造一台 2×2.2GeV 正负电子对撞机的方案，并同意将质子直线加速器的能量从 10MeV 提高到 35.5MeV。9 月 22—25 日，中国科学院数理学部在北京召开"2.2GeV 正负电子对撞机预制研究方案论证会"。会议认为这台对撞机如能尽快建成，不仅可以开展有意义的物理工作，而且可以利用同步辐射开展应用研究。与此同时，也提出两个问题：电子对撞机的亮度达不到指标怎么办？如果工程拖期，建成时预留的"物理窗口"已经关闭了怎么办？经过多方权衡、反复商议，中国科学院领导层最终下定决心，认定了建设正负电子对撞机这个大方向。[1]10 月 25 日，中美高能物理联合委员会在费米国家实验室举行非正式会议，中方在会上表达了建造正负电子对撞机的决心。1981 年 12 月 5 日，中国科学院党组书记李昌、院长卢嘉锡、副院长钱三强联名向邓小平同志和中央领导报告，请求批准北京正负电子对撞机方案。12 月 22 日，邓小平同志批示："我赞成加以批准，不再犹豫。"[2]

1982 年 1 月 21 日，高能所向中国科学院报送《玉泉路工程调整计划任务书》，决定建造一台 2.2GeV 正负电子对撞机。[3]1982 年 6 月 19 日，谢家麟、张厚英和陈森玉等 21 名科技人员组成考察组，带着国内自主设计的北京正负电子对撞机方案，到美国斯坦福直线加速器中心进行为期 3 个月的考察。经过实地考察并与美国科学家讨论，在原初步

[1] 朱洪元. 高能物理四十年来的发展. 物理, 1989, (9): 529-534.
[2] 冷溶, 汪作玲. 邓小平年谱: 1975—1997. 上册. 北京: 中央文献出版社, 2004: 793.
[3] 潘诺夫斯基和布鲁克海文国家实验室的赛缪斯 (N. Simus) 后来分别向谢家麟提出 2.8GeV 能区粲重子研究的重要性。他们认为如能将能量指标由 2.2GeV 延伸至 2.8GeV，将有助于扩展研究领域，延长使用寿命。谢家麟向直接领导北京正负电子对撞机工程的钱三强副院长做了汇报，提出设计指标变更要求，得到钱三强支持。考虑到以前申报的都是 2.2GeV，如果改成 2.8GeV，将遇到重新审批的困难。经商定，最后决定将 2.8GeV 解释为裕量，把北京正负电子对撞机的能量指标改写为 2.2/2.8GeV。参见：谢家麟. 没有终点的旅程. 北京: 科学出版社, 2008: 113.

设计的基础上确定了加速器的主要参数。

此后，高能所经过多次优化，最终形成了具有创新性的、与同能区斯坦福正负电子对撞机（SPEARII）不同的北京正负电子对撞机方案：对撞机储存环每个超周期含有两个消色散节，注入系统远离对撞区、位于超周期对称点的消色散区，高频腔也置于另一消色散区；弧区采用非周期结构，具有灵活变换工作模式、加大工作点和发射度的调节能力。在周长和真空盒垂直尺寸几乎相同，以及半能量注入的不利条件下，实现了北京正负电子对撞机的设计亮度约为美国 SPEARII 亮度的 4 倍。1983 年 4 月 25 日，国务院批准国家计委《关于审批 2×22 亿电子伏正负电子对撞机建设计划的请示报告》，北京正负电子对撞机工程正式立项，总投资 9580 万元。[①]

三、北京正负电子对撞机的建设与运行

瞄准粲物理能区这个粒子物理研究"窗口"，北京正负电子对撞机为中国高能物理研究带来了难得机遇。但是，设计并建造性能优异的对撞机和大型粒子探测器是对中国科技界和工业界的挑战。首先，要跨过发达国家 20 世纪 50—70 年代建造静止靶高能加速器（同步加速器）的艰难探索，直接来啃对撞机这块硬骨头，一步迈入 80 年代国际先进水平，技术难度是很大的。其次，为了能在国际高能物理占有一席之地，北京正负电子对撞机必须比世界上已经运行 10 年左右的同能区几台对撞机有更高的亮度和更小的束流能散。最后，国外的对撞机和同步辐射光源通常是分开建设的，因为两者的某些技术要求正好矛盾，但北京正负电子对撞机要兼顾同步辐射应用，就增加了很大难度。此外，当时我国台湾也拟定了同步辐射光源方案，这就形成了海峡两岸竞赛的局面，加重了北京正负电子对撞机工程的政治分量，必须尽快建成。

这样一个高难度的工程，离不开中央高层的大力支持。1983 年，邓小平同志亲自点将，由参与过"两弹一星"研制组织工作的谷羽同志具体领导北京正负电子对撞机工程，并从组织上给予落实。党中央书记处书记胡启立和国务委员宋平则分别代表党中央书记处和国务院领导这项工程。12 月 15 日，中央书记处会议决定将北京正负电子对撞机工程列入国家重点工程建设项目，并成立由谷羽、国家计委副主任张寿、国家经委副主任林宗棠、北京市副市长张百发组成的工程领导小组，对北京正负电子对撞机工程实施全面领导和协调。与此同时，国务院决定将对撞机工程的设备研制纳入国务院重大技术装备领导小组工作范围，予以协调落实。1986 年 7 月，谷羽因年龄限制离休后，周光召副院长接任工程领导小组组长。

在具体执行层面，实行经理负责制，由谢家麟和方守贤分别任工程正、副经理，全面负责工程的建造。当时，叶铭汉担任高能所所长，张厚英担任常务副所长，徐绍旺担任副所长，所领导和工程领导班子团结一致，分工负责。谢家麟和方守贤负责对撞机，叶铭汉负责北京谱仪（BES），张厚英负责土建、对撞机和谱仪的非标准部件加工，徐绍旺负责工艺安装。[②]1986 年 5 月，工程进入安装阶段，谢家麟主动辞去工程经理一职，

① 中国科学院高能物理研究所大事记（内部资料）. 2003：48-53.
② 中国科学技术协会. 中国科学技术专家传略·理学编·物理学卷 3. 北京：中国科学技术出版社，2006：91-92.

改由方守贤和陈森玉分别任工程正、副经理。①在工程领导小组和经理部的带领下，科研人员和工程人员深入开展对撞机的设计研究，先后确定了北京正负电子对撞机总体结构，完成了北京正负电子对撞机物理设计，提出了各系统和主要部件的技术指标，并根据这些指标完成了北京正负电子对撞机工程各个系统的初步设计和扩初设计。

1984年6月，北京正负电子对撞机的扩初设计获审查通过。1984年9月，国务院批准了国家计委《关于审批北京正负电子对撞机（即8312工程）建设任务和规模的报告》，明确了"一机两用"方针，增加了同步辐射实验区建设。工程主体建设规模为：建造1台束流能量为2.2GeV的正负电子对撞机、1台大型粒子探测器（北京谱仪）和同步辐射装置，总投资2.4亿元。10月7日，北京正负电子对撞机工程破土动工，邓小平同志亲自为工程奠基，还题写了"中国科学院高能物理研究所北京正负电子对撞机国家实验室"。

北京正负电子对撞机工程主要包括四个部分：直线加速器、储存环、北京谱仪和北京同步辐射装置。直线加速器是把电子或正电子加速到1.1/1.4GeV的电子直线加速器，再通过正、负电子输运线注入储存环。储存环进一步加速电子和正电子，使它们的设计能量最高各为2.2GeV，并实现对撞。北京谱仪是一台由多种探测器和大型螺旋管电磁铁组成的大型粒子探测装置，而同步辐射应用装置则建造在储存环的南半环外侧。

1985年，北京正负电子对撞机建设工程全面展开。除插入聚焦磁铁、计算机、示波器及快电子学元器件等进口外，绝大部分设备均为高能所自主设计并集成、调试。大量重要设备及部件的试制、加工和制造是由中国几百家工厂、研究所和高等院校完成的。其中，各种关键非标设备上百项，技术要求很高，能否按时保质完成研制是关键。然而，当时中国的工业水平尚不适合研制加工这类高技术设备。为此，工程领导小组和国务院重大技术装备领导小组专门设立了由中国科学院、机械工业部、航空航天工业部、核工业部、中国船舶工业总公司等17个部委组成的工程非标准设备协调小组，指令性地调度各工厂承担对撞机部件研制加工的进度、质量和投资。②

这一年，有关加速器的部分非标设备完成样机研制，并开始进入小批量生产。为了生产直线加速器所需的等梯度盘荷波导加速管，高能所工厂建立了专门生产线，除精密机械加工之外，还为加速管的焊接建造了一个大型氢炉。为了使自控系统能在1987年底加速器开始调束时投入运行，高能所于1985年1月派考察组到斯坦福直线加速器中心商讨，决定参照该中心的SPEAR新控制系统，在该中心专家指导下，完成了自动控制系统的初步设计。③

为了突破关键技术，高能所科技人员和采购人员一起跑器材、选择加工厂家、出差、驻厂；设备到货后，数千台件的设备要逐台测量、调试。④1986年5月6日，注入器开始在地下隧道安装。⑤1987年12月初，注入器总调成功，电子束流能量达到1.17GeV，

① 谢家麟. 没有终点的旅程. 北京：科学出版社，2008：118-119.
② 谷羽. 我所了解的北京正负电子对撞机工程建设. 党史天地，2001，（4）：4-8.
③ 中国科学院高能物理研究所1985年年报：14-31，57-59.
④ 中国科学院高能物理研究所. 北京正负电子对撞机工程建设情况报告：A006-09-5-4-002. 北京：中国科学院高能物理研究所档案馆，1990.
⑤ 方守贤. 北京正负电子对撞机（BEPC）工程现状. 原子能科学技术，1986，（6）：724-731.

脉冲流强 240 毫安。1987 年 12 月 22 日储存环得到循环束流。1988 年 6 月 13 日储存环首次实现电子积累，7 月 3 日正电子积累成功。同时，1986 年底，北京谱仪的磁铁加工完毕。1987 年 1 月，螺线管线圈在中国原子能科学研究院绕制完成，3 月安装在 1 号实验大厅内，其外径 4.14 米，重 31 吨，是世界上大型螺线管线圈之一。1988 年春，北京谱仪的各大探测器也先后在实验室内制成，经过部件分调试，性能良好。[①]

北京正负电子对撞机的研制、建造涉及多项关键技术。加速器技术方面有：①S 波段微波高功率脉冲技术，包括微波激励、功率放大、微波传输、相位控制和加速等系统或装置；②强磁场、高精度磁铁技术和大电流、高稳定度电源技术；③大功率、连续波高频技术，包括发射机、谐振腔、功率耦合等高电平系统和相控、频控、幅控等低电平系统；④全金属、无油、大容积的超高真空系统，涉及高气密铝焊接、真空清洗、真空获得和检测等技术；⑤大电流、高电压、毫微秒脉冲技术；⑥在数百米范围内安装大型设备、精度达 0.1—0.2 毫米的精密工程准直测量技术；⑦毫微秒级的高精度束流测量技术；⑧大型、实时计算机控制技术。探测器技术方面有：①谱仪磁铁制造技术，包括用空心铝导线绕制大型螺旋管线圈技术、轭铁等大件的焊接总装技术；②大型漂移室制造技术，包括大型端板加工、钻深孔、总装、拉丝等技术；③大型簇射计数器制作技术；④探测器大数据高速度、高精度暂存、判选技术，以及快电子学技术；⑤计算机数据在线获取和离线分析技术。上述各项关键技术中，有许多国内从未实践过；有一些虽然国内有一定基础，但尚不能满足对撞机的要求。这些突破均来自数年来的预制研究和工程建造阶段的攻关。

1988 年 10 月 16 日凌晨，北京正负电子对撞机第一次成功实现正负电子对撞，谱仪亮度监测器测得的峰值亮度为 $8 \times 10^{27} \mathrm{cm}^{-2} \cdot \mathrm{s}^{-1}$。10 月 20 日，《人民日报》头版报道了北京正负电子对撞机对撞成功的消息。10 月 24 日，邓小平等党和国家领导人再次来到高能所，视察了刚建成的北京正负电子对撞机，并作了《中国必须在世界高科技领域占有一席之地》的重要讲话。1988 年 12 月，对撞峰值亮度达到设计指标。

1989 年 7 月 5 日，北京正负电子对撞机和北京谱仪通过国家技术鉴定。10 月，中美高能物理联合委员会美方主席、美国能源部能源研究局副局长 W. M. Hess 在第 10 次会议开幕词中祝贺北京正负电子对撞机亮度达到 SPEAR Ⅱ 的 4 倍，并宣布已决定停止 SPEAR 高能物理实验，祝贺北京正负电子对撞机成为粲物理、τ 物理领域唯一的高亮度机器。[②]而北京谱仪自 1989 年 4 月下旬进入对撞点运行至 1989 年 12 月，已运行 2000 多个小时，采集到了 10 万多个 J/ψ 事例。分析结果表明，北京谱仪整体处于良好工作状态，其主要性能指标如探测器立体角、位置分辨率、时间分辨率等均达到设计指标，达到或部分超过 80 年代国际上最先进的探测器 MARK Ⅲ 的指标。12 月 8 日，同步辐射 3 个前端区、1 台扭摆磁铁、3 条光线束和 2 个实验站通过国家技术鉴定。国家技术鉴定委员会认为：北京正负电子对撞机和北京谱仪的主要技术指标和性能参数均达到或超过

① 叶铭汉. 北京正负电子对撞机工程进展. 原子能科学技术, 1988, （1）：43-54；方守贤. 北京正负电子对撞机综述. 强激光与粒子束, 1989, （3）：210-219.
② 中国科学院高能物理研究所. 科学院科学技术进步奖申报书奖状：HA3983-02.13.1-21-1. 北京：中国科学院高能物理研究所档案馆, 1984.

设计指标，工程总体性能达到 80 年代国际先进水平，是目前世界上在 J/ψ 能区峰值亮度最高和束流能散最小的机器；与此同时，作为同步辐射光源，其专用模式的性能已达到或接近当时世界上正在运行的第二代同步辐射光源水平。这说明，北京正负电子对撞机不仅实现了"一机两用"的目标，而且两者性能都如此之好，这在世界上还没有先例。

北京正负电子对撞机只用 4 年时间就得以建成，创造了国际高能加速器建造的高速度。无论是对撞机、北京谱仪，还是同步辐射装置，总体性能均达到或超过了设计指标，分系统调试或整机调试也都一次成功，所用时间之短与国外相比处于领先地位。这说明，北京正负电子对撞机工程设计、设备研制、设备安装、准直测量、束流调试等都是高水平、高质量的。在工程投资上，在原材料大幅度涨价和外汇比价调整的情况下，不仅未突破概算，还略有节余。因此，国家技术鉴定委员会对工程的总体评价是：高速度、高质量和投资省。[1]

高能所在工程研制和建设中贯彻了自力更生的精神，推动了我国工业技术的发展。除部分快电子学和计算机系统外，北京正负电子对撞机工程 90%以上的设备都是国产的。引进技术的消化吸收和扩散，推动了我国工业技术水平向前迈进了一步。S 波段高功率速调管原国内仅有 15—20 兆瓦的产品，为北京正负电子对撞机直线加速器研制的国产速调管功率达到 34 兆瓦。盘荷波导加速管我国过去生产能力约 4 个月 1 节，提升为每月可生产 4 节，性能达到国际水平并出口国外。强磁场高精度磁铁和大型螺线管线圈的研制、大电流高稳定度稳流电源的生产、双间隙充气脉冲闸流管的试制和北京谱仪的建造等，都对我国工业产生直接或间接的效益。此外，北京正负电子对撞机的成功建造，也为我国高技术产品赢得了国际信誉，使得我国生产的加速管、波导元件、磁铁等粒子加速器部件出口欧美。

四、北京正负电子对撞机重大改造工程

北京正负电子对撞机在 τ-粲物理实验研究中取得的重大成就及其对国际高能物理发展的巨大影响，引起了国际高能物理界对 τ-粲物理的极大兴趣。为了继续保持在 τ-粲物理领域的国际领先地位，高能所提出了北京正负电子对撞机重大改造计划。

在此之前，针对北京正负电子对撞机的改进一直在进行。高能所于 1992 年 5 月提出了北京正负电子对撞机、北京谱仪、北京同步辐射装置（BSRF）改进计划，1993 年 8 月得到中国科学院的批准。项目建设的内容包括注入器、储存环、北京谱仪和同步辐射装置四个方面的改进。1999 年改进完成后，亮度提高了约 2 倍。在之后两个运行年度里，获取了 5800 万个 J/ψ 事例。但是，要想在包括胶子球寻找和粲夸克偶素谱研究等 τ-粲物理前沿课题上取得重大进展，需要获取 $5×10^9$ 个 J/ψ 事例和 $2×10^9$ 个 ψ′事例。按北京正负电子对撞机当时的运行亮度计算，分别需要 172 年和 143 年，这是不现实的。[2]因此，对撞机亮度需要有数量级的提高，同时需要更高精度的谱仪。

① 中国科学院高能物理研究所. 北京正负电子对撞机工程建设报告：A006-09-5-2-005. 北京：中国科学院高能物理研究所档案馆，1990.
② 张闯. 北京正负电子对撞机及其重大改造工程. 科技导报，2004，（11）：23-27.

1997 年 7 月，高能所向中国科学院上报《北京正负电子对撞机下一步发展预制研究项目建议书》，提出北京正负电子对撞机重大改造方案。该方案的储存环仍采用单环，使用麻花轨道，以实现多束团对撞，从而将束流能量 1.89GeV 下的对撞亮度从北京正负电子对撞机的 $3\times10^{31}\text{cm}^{-2}\cdot\text{s}^{-1}$ 提高到 $3\times10^{32}\text{cm}^{-2}\cdot\text{s}^{-1}$，同时对探测器进行相应改造。2000 年 7 月 27 日，国家科技领导小组原则上批准了中国科学院《关于我国高能物理和先进加速器发展目标的汇报》，"同意投入 4 亿元对北京正负电子对撞机进行重大改造，用较少的投入，继续取得高水平研究成果"[1]。同时指出，中国科学院要继续听取国内外专家的意见，加强和争取更多的国际合作。[2]

2001 年初，陈和生所长、李卫国和张闯副所长访问美国康奈尔大学。他们报告了北京正负电子对撞机改造方案，并了解对方的工作计划。康奈尔大学的正负电子对撞机 CESR，原先在质心能量 10GeV 的 B 物理能区工作，为了在粲物理领域开展物理研究，已决定将质心能量下调至 3—5GeV（称为 CESRc），这对高能所来说是一个严峻挑战。该对撞机在此能区的设计亮度指标是 1.5×10^{32}—$3\times10^{32}\text{cm}^{-2}\cdot\text{s}^{-1}$，与高能所单环方案的设计亮度相当，预计 2003 年运行，比高能所改造计划还要早两年。在这种情况下，如果单环方案不能确保竞争优势，将难以做出国际领先的创新研究。

面对这个严峻局面，高能所专家借鉴日本 B 工厂在大水平交叉角对撞成功实现高亮度的经验，经过详细分析和研究，发现有可能在北京正负电子对撞机现有储存环内新建设一个环，同原有的储存环组合起来，形成双环对撞机。在这个双环方案中，正负电子束流在两个彼此独立的储存环中积累，在南对撞点处相遇、对撞，因而每个环中束流的束团数目可以更多，从而使理论亮度大幅提高，达单环方案的 3 倍以上，为改造前的 100 倍。而且双环方案能灵活进行参量调整和优化，不仅可以达到更高亮度，还能避免单环方案中"麻花"轨道引起的一系列问题，有利于建成后在较短时间内达到设计亮度。不仅如此，双环方案对探测器的性能指标要求更高，可以使用性能优良的碘化铯晶体电磁量能器和超导磁体，这样能确保在与康奈尔大学竞争中处于领先地位。

2001 年 4 月 2—6 日，BEPCII 可行性研究国际评审会召开[3]，国内外专家一致推荐双环方案。2001 年 5 月，叶铭汉、谢家麟、方守贤、陈佳洱和何祚庥 5 位院士联名向中国科学院路甬祥院长提交《关于 BEPCII 的两种方案的意见》，希望尽快审批双环方案。2001 年 12 月 3 日，李政道向朱镕基总理转呈了这一报告，内容稍作补充和修改，标题改为《关于提高 BEPCII 性能指标和国际竞争力的意见》。2003 年 3 月 12 日，国家发展计划委员会正式批准了 BEPCII 重大改造工程项目建议书，同意采用双环方案，投资由原 4 亿元调整为 6.4 亿元，其中 1 亿元由高能所自行筹措，项目建设期 5 年。11 月 11 日，国家发展和改革委员会批准了 BEPCII 的可行性研究报告，并委托中国科学院组织专家对 BEPCII 初步设计进行评审。11 月 14 日，中国科学院组织了改造工程初步设计及概算评审会，并于 12 月 16 日批准了初步设计及概算。12 月 30 日，中国科学院批准

① 中国科学院高能物理研究所.BEPCII 建设报告——总论、直线加速器：HA3983-02.14.1-1649-49. 北京：中国科学院高能物理研究所档案馆，2009.
② 中国科学院高能物理研究所大事记（内部资料）.2003：123，127.
③ 中国科学院高能物理研究所大事记（内部资料）.2003：130.

了《关于北京正负电子对撞机重大改造工程项目开工的报告》。

2004 年 1 月，BEPCII 工程正式动工。BEPCII 工程建设依然实行经理负责制。高能所所长陈和生担任经理，副所长李卫国和张闯担任副经理。BEPCII 工程包括四部分内容：储存环改造、注入器改造、建造新的探测器（BESIII），以及公用设施的改造。双环对撞机设计方案是，在现有储存外环内新建一个储存内环，每个环内储存 93 个束团，单束流强大于 0.9 安，在南对撞点以±11 毫弧度的水平交叉角对撞，正负电子各走半个内环和外环（图 1）。为适应 BEPCII 高计数率运行的要求，满足在粲能区进行精确测量和探索新物理现象的要求，北京谱仪也需要全面改造，以大幅度提高测量精度和粒子识别能力。此外，科研人员还根据"一机两用"设计原则，巧妙利用外环提供同步辐射光，通过提高束流能量和流强可将硬 X 光的强度提高 10 倍，以满足广大同步辐射用户的需求。

图 1　BEPCII 储存环

工程建设开工后，首先进行直线加速器的改造，同时开展储存环和探测器的设备加工制造。为尽量减少改造工程对同步辐射用户实验的影响，2004 年 11 月 19 日直线加速器成功调试出束，12 月 30 日即恢复向北京正负电子对撞机储存环提供束流，供用户进行同步辐射专用光实验。2005 年 7 月 4 日，北京正负电子对撞机完成历史使命，开始拆除储存环。2006 年 9 月 18 日，BEPCII 储存环隧道主体设备全部安装完毕，开始系统间联合调试。11 月 13 日，开始运输线和储存环的第一阶段调束，5 天后储存环成功积累电子束。2006 年 12 月 25 日至 2007 年 2 月 2 日，BEPCII 完成第一次同步辐射专用光模式运行。2007 年 3 月 20 日，储存环首次实现正负电子束流同时积累，5 天后成功实现正负电子束流对撞。11 月 18 日，BEPCII 成功实现正负电子对撞。2008 年 1 月 6 日，BESIII 探测器完成离线安装，并成功获取宇宙线事例。7 月 19 日，BEPCII 加速器与探测器联合调试成功，观察到了正负电子对撞产生的第一批物理事例。至此，BEPCII 完成建设任务，开始试运行。同年，美国康奈尔大学 CESRc 停止运行。2009 年 4 月 14 日，BESIII 首次进行的物理数据采集结束，在 ψ（2S）共振峰采集了约 1 亿 ψ（2S）衰变事例。这是当时世界上在 ψ（2S）共振峰上采集的最大数据样本。5 月 13 日，在 1.89 GeV 能量下，BEPCII 的对撞亮度达到 $3.01×10^{32} \mathrm{cm}^{-2} \cdot \mathrm{s}^{-1}$，达到验收指标，是康奈尔大学 CESRc 最高亮度的 4 倍以上。

  BEPCII 工程坚持自主创新与采用国际先进技术相结合的方针，采用国际上先进的正负电子双环大交叉角对撞和创造性地用对撞区"内桥"连接两个外半环形成同步辐射"三环方案"，在较短的周长和窄小的隧道里安装双储存环，实现了"一机两用"。工程一方面最大限度地重复利用了北京正负电子对撞机的磁铁，并保持原有光线束出口基本不变，节省了建设经费；另一方面采用和开发了大量高新技术，在加速器和探测器方面取得重要进展，实现了集成创新。在工程建设过程中，采取 BEPCII 设备研制与北京正负电子对撞机运行、旧设备拆除与新设备安装、BESIII 探测器与加速器在线调束、加速器与探测器联合调束与高能物理取数运行、同步辐射开放运行与加速器调束等任务或并行或交叉进行、分阶段实施的创新工作方式。在工程建设期间为约 700 个课题提供了 4 轮共 5 个月的同步辐射专用光，取得一批高水平研究成果，这在国际加速器建造历史上是没有先例的。[1]

  基于北京正负电子对撞机工程建设中相应的技术发展和多年的技术积累，BEPCII 工程建设中进行了许多技术创新，采用和开发的一系列加速器技术、谱仪技术及相关支撑技术都达到了国际先进水平。例如，采用了超导插入磁体对撞区设计方案，在很短距离内实现了正负电子束流高流强六维精确对撞、分离；中外合作研制成功对撞区插入节超导磁铁、北京谱仪大型超导螺线管、超导高频腔和相应的低温系统并可靠运行；自主研制成功高产额正电子源、逐束团反馈系统和氦基小单元高性能漂移室等一系列关键设备；在国际上首次采用无隔板支撑结构的晶体量能器，读出电子学降噪达到了国际最高水平；大规模离线分析系统能自动完成 PB 量级数据的质量检查、筛选、刻度、重建和模拟，达到了国际先进水平。总体上看，BEPCII 工程的自主研制设备超过 85%，有力地推动了国内相关高技术领域的发展。[2]

  在 2009 年 7 月 17 日进行的竣工验收中，国家验收委员会认为，BEPCII 工程按指标、按计划、按预算、高质量地完成了各项建设任务，是我国大科学工程建设的一个成功范例。该工程的建成，将我国对撞机和谱仪技术推进到国际前沿，得到了国际高能物理界的高度评价，是中国高能物理发展的又一个重大里程碑。

五、北京正负电子对撞机建设的主要成就

  北京正负电子对撞机是我国自行设计、研制和建造的大规模、高科技、综合性的基础研究工程。北京正负电子对撞机及其改造工程有力地支撑了我国高能物理及相关领域的基础研究，推动了相关领域的技术发展，取得了一系列举世瞩目的成就，为我国后续大科学工程建设树立了标杆。有关成果也获得了一系列奖项，其中，"北京正负电子对撞机和北京谱仪"获得国家科学技术进步奖特等奖（1990 年度），北京正负电子对撞机重大改造工程获得国家科学技术进步奖一等奖（2016 年度），而北京谱仪—τ 轻子质量的精确测量（1995 年）、ψ（2S）衰变及次生粲夸克偶素物理的实验研究（2001 年度）、

[1] 中国科学院高能物理研究所. 北京正负电子对撞机重大改造工程竣工验收材料: HA3983-02.14.1-1649-53. 北京: 中国科学院高能物理研究所档案馆, 2009.

[2] 陈和生, 张闯, 李卫国. 北京正负电子对撞机重大改造工程. 工程研究——跨学科视野中的工程, 2010, (3): 275-281.

2—5Gev 能区正负电子湮没产生强子反应截面（R 值）的精确测量（2004 年度）、BES-II DD-bar 阈上粒子 ψ（3770）非 DD-bar 衰变的发现和 D 物理研究（2010 年度）、BESII 实验发现新粒子（2013 年度）等基础研究成果则获得了国家自然科学奖二等奖。以下从六个方面总结北京正负电子对撞机建设的重要成就。

其一，τ 轻子质量精确测量。1992 年初，北京谱仪国际合作组的百余名中国科学家和 30 余位美国科学家利用北京正负电子对撞机可以在 τ 轻子产生阈附近运行的优势，以近阈能量扫描方式进行 τ 轻子质量的测量，给出了自 1975 年 τ 轻子发现以来的最精确测量值，比原世界测量平均值的精度提高约一个数量级，为检验轻子普适性做出重大贡献。BES 上 τ 轻子质量的精确测量成为当年国际高能物理学界的重要成果之一。此项成果获得 1995 年度国家自然科学奖二等奖。

其二，2—5GeV 能区强子产生截面 R 值精确测量。R 值为在正负电子对撞中强子产额和 μ 子产额之比，5GeV 以下的 R 值是标准模型计算不确定性的重要部分。R 值精确测量可以提高标准模型对希格斯（Higgs）粒子质量的预测精度，对于寻找希格斯粒子有重要意义。为了完成 R 值精确测量，BES 在 2—5GeV 能区的近百个能量点上进行能量扫描测量，并在数据分析中发展和应用了多项创新方法，使测量的系统误差大大降低，平均测量精度达到 6.6%，比国际上原有实验结果提高了 2—3 倍。此项成果获得 2004 年度国家自然科学奖二等奖。

其三，发现新的共振结构。2013 年 3 月 26 日，北京谱仪 Ⅲ 国际合作组宣布发现新的共振结构，命名为 Zc（3900）。粲能区的粒子一般都含有粲夸克和反粲夸克，称为粲偶素，都是中性的，不带电荷。新发现的 Zc（3900）含有粲夸克和反粲夸克且带有和电子相同或相反的电荷，提示其中至少含有 4 个夸克。传统的夸克模型认为介子由 1 个夸克和 1 个反夸克组成，重子由 3 个夸克或 3 个反夸克组成，介子和重子统称为强子，然而描述夸克之间强相互作用的理论却并不排除以其他方式组成的粒子，如夸克胶子混杂态、强子分子态、多夸克态、胶子球等。国际上许多实验对强子谱进行了研究，发现了一系列新的共振结构，但由于数据匮乏和理论局限，尚不能确定这些粒子的属性。Zc（3900）质量比 1 个氢原子略大，寿命很短，可在 10—23 秒内衰变为 1 个带电 π 粒子和 1 个 J/ψ 粒子。这一性质与普通介子态完全不同。虽然其自旋和宇称量子数、其他衰变和产生模式等性质仍然未知，但却提供了奇特强子态存在的有力证据，对于理解强子是如何由夸克组成的、检验强相互作用理论具有重要意义。[①]

其四，北京正负电子对撞机可一机两用，既是一台在粲能区国际领先的高能物理实验装置，又是一台高性能的同步辐射设施。在北京正负电子对撞机上的北京同步辐射装置装备了 14 条光束线上的 15 个实验站，自 1990 年底正式向用户开放，研究内容涉及材料科学、凝聚态物理、化学、化工、生命科学、医学、地矿、资源、环境科学、微电子和微机械技术等学科和领域，取得了一大批科研成果，也为国家重大战略需求提供了支撑，成为对外开放的大型公用科学设施和多学科研究的重要基地。

[①] 中国科学院高能物理研究所. 北京正负电子对撞机上发现新的共振结构. http://bepclab.ihep.cas.cn/gcxc/201403/t20140306_162643.html［2019-07-06］.

其五，通过自主研制非标设备，推动了我国工业技术和相关高技术领域的发展，具体涉及高频、磁铁、自动控制、精密机械、计算机、核探测、快电子学等。在北京正负电子对撞机建造及改造工程中进行的关键设备研制和建造，带动了我国一些工业部门突破了原有技术极限，提高了工艺管理和技术水平，其产品有些已达到或接近国外同类产品的水平，赢得了国内外用户的信赖。[①]特别需要指出的是，北京正负电子对撞机的建造与国际合作对中国互联网发展起了重要作用。1986年夏，高能所成功与瑞士日内瓦欧洲核子研究中心远程网络连接，发出国内第一封电子邮件。1993年，建立了与斯坦福直线加速器中心的专线连接。1994年，高能所正式进入因特网（Internet），并建立了中国第一个万维网（WWW）服务器，这也是中国最早进入国际互联网的计算机网络。

其六，北京正负电子对撞机建设为我国大科学工程建设树立了样板，高能所也成为我国大科学工程建设的引领者和大科学工程管理方案的提出者。从上海光源到大亚湾反应堆中微子实验，从中国散裂中子源到高能同步辐射光源，一系列高能物理领域的大科学工程从北京正负电子对撞机工程衍生出来，由此开启和塑造了我国大科学工程建设的新时代。之所以如此，得益于北京正负电子对撞机工程的强大示范效应以及造就出来的众多专门工程人才和超前的工程管理理念与管理方案。

---

① 中国科学院高能物理研究所. 北京正负电子对撞机工程建设情况报告：A006-09-5-4-002. 北京：中国科学院高能物理研究所档案馆，1990.

大亚湾反应堆中微子实验[*]

　　大亚湾反应堆中微子实验（简称大亚湾中微子实验）是我国中微子研究领域的第一个大科学工程，旨在探究中微子振荡模式，测量相关参数。该项目主要由科技部、国家自然科学基金委员会、中国科学院、广东省政府、深圳市政府、中国广东核电集团有限公司等部门、机构或企业给予经费支持或物质保障，同时还有来自美国能源部的经费支持以及来自美国、俄罗斯、捷克等众多科学家的参与和实验设备的支持。大亚湾中微子实验提出于 2003 年，2006 年立项，2007 年 10 月动工建设，总经费 2.4亿元，因而也是当时我国基础研究领域最大的国际合作项目。2011 年 12 月下旬实验工作正式启动，2012 年 3 月发现中微子振荡新模式，并精确测量中微子混合角 θ_{13}。

一、大亚湾中微子实验的立项

（一）立项背景

　　中微子是一种基本粒子，质量很小，极难被探测到，号称宇宙间的"隐身人"。作为宇宙大爆炸时期产生的"幽灵物种"，中微子仅次于光子，数量多于所有其他形式的物质。中微子在宇宙起源及演化中扮演着极为重要的角色，关系到粒子物理等领域的基本问题。

　　中微子最初由奥地利物理学家泡利（Wolfgang E. Pauli）于 1930 年从理论上加以预见。1956 年，莱因斯（Frederick Reines）和柯温（C. L. Cowan）首次验证了中微子的存在，前者还因此获得 1995 年度诺贝尔物理学奖。1962 年，美国哥伦比亚大学的莱德曼（Leon M. Lederman）、施瓦茨（Melvin Schwartz）和施泰因贝格（Jack Steinberger）等发现了 μ 中微子，并共同获得 1988 年度诺贝尔物理学奖。1968 年，美国戴维斯（Ramond Davis）发现太阳中微子失踪。1987 年，小柴昌俊领导的日本神冈实验室（Kamiokande）和美国 IMB（Irvine-Michigan-Brookhaven）实验观察到 1987A 超新星爆发的中微子。戴维斯和小柴昌俊分享了 2002 年度诺贝尔物理学奖。1998 年，日本超级神冈实验组（Super-Kamiokande）发现了中微子振荡现象，解释了大气中微子的反常现象。2000 年，美国费米国家实验室的 DONUT 实验组发现了 τ 中微子。至此，三种类型的中微子——电子中微子、μ 中微子、τ 中微子，都被成功观测。[①]2001 年，加拿大萨德伯里中微子观测站（Sudbury Neutrino Observatory，简称 SNO 实验）证实了失踪的太阳中微子变成了其他中微子，解释了太阳中微子失踪之谜。日本超级神冈实验组的领导者之一梶田隆章和加拿大 SNO 实验的领导者麦克唐纳分享了 2015 年度诺贝尔物理学奖。

＊　作者：王大洲、籍兆源、王聪。
①　王贻芳. 神秘的中微子. 科学, 2003, (2): 13-17.

在中微子振荡现象被发现后，物理学家试图通过测量中微子振荡获得其相关质量的数据。既然自然界存在三种类型的中微子，那么根据两两组合推断，中微子振荡——三种中微子在接近光速飞行中的互相转换，就应该有三种模式。其中，被称作"太阳中微子之谜"（用混合角 θ_{12} 表示）和"大气中微子之谜"（用混合角 θ_{23} 表示）的两种振荡模式已经被发现和证实，但第三种振荡模式（用混合角 θ_{13} 表示）则一直未被发现。[1]因此，θ_{13} 的测量就成了中微子物理学关注的焦点。

2000 年以前，对 θ_{13} 进行搜寻的主要有美国的 Palo Verde 和法国的 Chooz 这两个实验。它们都是依靠能够产生大量中微子的核反应堆开展的。在观测时，两个实验的探测器均被放置在距离反应堆 1000 米左右的位置。限于当时人们对中微子的认识，这个距离并不是最优的，且探测器规模太小，系统误差和本底也太大，因此实验不够灵敏，未能看到 θ_{13} 不为零的迹象。2000 年，俄罗斯物理学家米卡埃兰（L. A. Mikaelyan）和西涅夫（V. V. Sinev）提出了中微子相对测量方法：选取两个相同的探测器，其中一个放置地点靠近反应堆，测量发生中微子振荡之前的数量；另外一个放置在中微子振荡效应预期最大的地点，测量中微子振荡以后的数量，通过比较两个探测器中的中微子数量来计算 θ_{13} 的大小。这个方法可以极大地提高实验测量的精度。[2]

（二）立项过程

早在 1996 年，青年物理学家王贻芳就注意到中微子领域存在很多谜团，决心从正负电子对撞领域转型到中微子领域。于是，他向导师丁肇中请辞，到斯坦福大学物理系任助理研究员，加入那里的中微子实验小组并成为核心成员。2000 年，国际高能物理大会在斯坦福召开，中国科学院高能物理研究所（简称高能所）陈和生所长一行前去参加会议。会议期间，他和王贻芳见面，交流了高能所与日本 KEK 实验室合作进行长基线加速器中微子实验的计划。王贻芳为此进行了实验计算并发表了文章。为了这个计划，2001 年 12 月，王贻芳作为"百人计划"学者受聘担任高能所研究员。由于种种原因，中日合作未能如愿开展。当时正值北京正负电子对撞机重大改造工程立项建设，王贻芳就参加了北京谱仪Ⅲ的领导工作，中微子实验计划也就搁置下来。

2002 年开始，中微子振荡研究成为国际热点，国际上又开始关注反应堆相对测量方法。年底，陆锦标（Kam-Biu Luk）通过香港大学向高能所提出大亚湾是进行这类实验的较好场所。高能所开始关注此事，组织多次讨论。王贻芳、杨长根、马宇蒨等组成初期研究小组。

与此同时，美国密歇根大学博士后曹俊想要回国求职，并与高能所进行接触。2003 年 7 月，王贻芳到芝加哥出差，请参与过美国费米国家实验室中微子实验的曹俊到机场面谈，介绍了高能所的大亚湾中微子计划，邀请他参加。王贻芳随后通过电子邮件联系曹俊，希望他开展方案模拟验证，很快曹俊就完成了初步的实验方案模拟，确定了圆柱形的探测器方案。10 月，曹俊正式入职高能所。当时正值 BEPCII 改造，缺乏人手，大

① 曹俊. 中微子研究的历史与未来. 现代物理知识, 2015, (6): 4-8.
② 王贻芳. 探索宇宙"隐形人": 大亚湾反应堆中微子实验. 杭州: 浙江教育出版社, 2019: 55-56.

亚湾中微子实验早期模拟设计几乎只能靠曹俊一人。他们的工作方式主要是王贻芳提想法，曹俊进行模拟计算并设计探测器。[1]

2003 年 9 月，王贻芳在访问日本反应堆中微子实验 KamLAND 时，向原 Palo Verde 实验的负责人、斯坦福大学教授格拉塔介绍了自己通过多模块探测器降低系统误差的方案。2000 年他们在斯坦福大学就讨论过米卡埃兰和西涅夫的文章，但当时认为这篇文章只解决了反应堆误差问题，探测器误差问题无法解决，就搁下了。现在通过多模块方法降低探测器误差，再结合远近点相对测量，就可以比 Palo Verde 的精度提高 10 倍，实验方案的领先性就毋庸置疑了。格拉塔非常认可王贻芳的想法，鼓励他应立刻开始，全力以赴。

2003 年 10 月，王贻芳、杨长根、马宇蒨等前往大亚湾实地考察，确认大亚湾现场地貌非常符合实验要求，于是着手准备地形描绘和地质勘测，同时与大亚湾核电站沟通以寻求支持。[2]2003 年下半年，高能所召开学术委员会会议，听取了王贻芳关于大亚湾中微子实验的正式建议。11 月正式批准拨款 100 万元，结合王贻芳和曹俊的"百人计划"经费，开展设计和预研工作。

2003 年 11 月，大亚湾反应堆中微子实验研讨会在香港召开。这次会议达成了大亚湾中微子实验合作组框架雏形。2004 年 1 月，第二次大亚湾反应堆中微子实验研讨会在高能所举行，集中讨论了国际合作开展中微子实验的可能性和合作方式。这两次会议确定了开展大亚湾中微子实验的中美合作框架。此时，包括日、美、俄、法等国在内的 7 个国家提出了 8 个 θ_{13} 测量方案。由于各种原因，最后顺利进行下去的只有法国的 Double Chooz、韩国的 RENO 以及我国的大亚湾中微子实验。[3]为了促进国际交流并争得国际经费支持，大亚湾中微子实验采取了国际高能物理通用的国际合作方式，其中最主要的是与美国合作。

2004 年 9 月 17 日，在李鹏同志的支持下，大亚湾核电站运营商中国广核集团有限公司在给中国科学院的答复中，表示愿意配合大亚湾中微子实验的建设和运行。2005 年 4 月 5 日，高能所在北京举办的香山科学会议中提出，中微子实验国际竞争激烈，中国要尽快发展中微子物理，而大亚湾得天独厚的条件是中国高能物理领域难得的发展机遇。[4]2005 年 4 月 25 日，中国广核集团有限公司回复高能所，同意在大亚湾核电站附近进行工程地质勘查。

作为一项大科学工程，大亚湾中微子实验计划能否落实的基本前提在于筹集到足够的经费。大亚湾中微子实验大约需要 2.4 亿元，其中 1.6 亿元由中方负责。但国内一般科研项目能够申请到的 973 计划经费最多 4000 万元，国家自然科学基金委员会能够支持的重大项目最多只有 1000 万元，国家发展和改革委员会的项目一般 3 亿元以上。为此，王贻芳向时任中国科学院基础科学局局长张杰转达了深圳市的支持意愿，提出了一

① 受访人曹俊，访谈人王大洲等，时间为 2021 年 3 月 8 日，地点为中国科学院高能所会议室。
② 受访人杨长根，访谈人王大洲等，时间为 2021 年 3 月 11 日，地点为中国科学院高能研究所办公室。
③ 曹俊. 中微子研究的历史与未来. 现代物理知识，2015，（6）：4-8.
④ 中国科学院高能物理研究所档案室. 大亚湾反应堆中微子实验工程：综合管理——立项阶段，正式立项及立项过程文件等. 档案号：DYB-ZH01-1.

个由科技部、中国科学院、国家自然科学基金委员会、广东省、深圳市、中国广核集团有限公司等联合提供经费支持的方案。随后张杰代表中国科学院与深圳市沟通，经过各方协调和努力，2005 年 12 月 14 日，科技部基础研究司在北京主持召开"大亚湾反应堆中微子实验"协商会，肯定了大亚湾中微子实验的重要性，决定尽快推动大亚湾中微子实验项目建设，基本落实了各方联合支持的方案。

2006 年 2 月，大亚湾中微子实验国际合作组大会在高能所举行，相关各方建立了合作组管理架构，并根据国际惯例通过了合作组章程，成立了合作组委员会、执行委员会和数个合作研究工作组，确定了进度安排及研究计划。2006 年 4 月 10 日，大亚湾中微子实验的地质勘探通过专家评审，项目正式启动。这是当时中美最大的基础研究合作项目，总投资 2.4 亿元人民币，中方承担全部土建费用以及探测器建造费用 1.6 亿元中的一半，另一半由美方承担，其他参建各方也做了重要贡献。2006 年 7 月 14 日，陈和生所长代表高能所与美国劳伦斯伯克利国家实验室签订了合作协议。

中方经费主要来自几个方面。2006 年 5 月 19 日，中国科学院下发《关于大亚湾反应堆中微子实验站建设项目立项通知》（科发函字〔2006〕66 号），同意大亚湾中微子实验立项。2006 年 8 月 15 日，科技部基础研究司在北京和深圳主持召开"大亚湾核反应堆中微子实验项目可行性论证会"，评审专家组认为总体方案先进可行、投资估算基本合理，建议有关部门及早批准立项，落实各方经费。2006 年 9 月 29 日，高能所和中国广核集团有限公司在北京签署《大亚湾核反应堆中微子实验项目合作协议》。2007 年 1 月4 日，科技部发出《关于大亚湾反应堆中微子实验项目立项的通知》（国科发基字〔2007〕1号），批准大亚湾中微子实验项目作为 973 计划项目立项。2007 年 2 月，深圳市科技和信息局决定资助部分经费用于开展科研活动。2007 年 4 月 25 日，广东省人民政府在《关于支持大亚湾反应堆中微子试验项目的复函》（粤府函〔2007〕92 号）中明确表示支持大亚湾中微子实验，并于 2011 年匹配 1000 万元经费。[①] 2008 年 1 月 28 日，中国广核集团有限公司与中国科学院签订《关于合作建设大亚湾核反应堆中微子实验项目并提供经费支持》协议，同意为大亚湾反应堆中微子实验项目提供场地，并由岭澳核电有限公司承担部分项目研究经费，全面参与项目合作。[②] 2008 年 12 月 10 日，国家自然科学基金委员会批准大亚湾中微子实验中微子高性能探测器关键技术与方法研究项目，资助 1000万元。此外，由于高能所在深圳没有土地，也不是在深圳注册的法人，无法向深圳市政府申请建设工程。2006 年底，深圳市政府专门召开协调会，决定以大亚湾核电站业主中国广核集团有限公司的名义，申请建设大亚湾中微子实验配套基建工程。[③] 至此，一个跨系统、跨部门、跨国别的合作网络得以成型。

① 中国科学院高能物理研究所档案室. 大亚湾反应堆中微子实验工程：综合管理——项目竣工阶段，竣工验收文件. 档案号：DYB-ZH04-5.
② 高能所大亚湾反应堆中微子实验工程办公室. 大亚湾反应堆中微子实验项目工程简介. http://dayawane.ihep.ac.cn/chinese/gcgk/gcjj/〔2018-07-15〕.
③ 王贻芳. 探索宇宙"隐形人"：大亚湾反应堆中微子实验. 杭州：浙江教育出版社，2019：62.

二、大亚湾中微子实验的管理架构、设计与建造

（一）管理架构

大亚湾中微子实验装置建设工程实行岗位责任制，建立了全面的质量保证体系，确保工程按计划、高质量建成。中美各成立一个项目办公室。主要管理角色包括经理、副经理、总工程师、总工艺师、总经济师、工程办公室主任、系统负责人等。[①]

在项目管理上，大亚湾中微子实验借鉴 BEPCII 建设经验，制定了包括各级工程人员职责、任务与预算清单、关键路径法（CPM）计划、物资采购程序、招标工作程序、采购合同签订程序、质量手册等在内的管理制度。与此同时，按照国际惯例组成合作组，中方和外方各有一名发言人（spokesperson），对内负责实验日常运行，对外代表实验合作组发言。王贻芳和曹俊先后任中方发言人，陆锦标任外方发言人。重大决策由执行委员会或合作组大会决定。执行委员会（Executive Board）由 9 人组成，分别是高能所的王贻芳、曹俊、杨长根，台湾大学的熊怡，香港中文大学的朱明中，以及美国劳伦斯伯克利国家实验室的陆锦标、美国加州理工学院的 Robert Mckeown、美国威斯康星大学的 Karsten Heeger 和俄国杜布纳联合原子核研究所的 Alexander Olchevski，他们共同负责重要的科学、技术与管理决定。机构代表委员会（Institutional Board）由各研究单位派一名代表组成，负责人员变动和相关安排。合作组大会由合作组内所有成员组成，具有最后决定权。[②]

在工程建设方面，成立了项目联合经理部，全面负责实验设施的建设，包括土建和探测器。由王贻芳和美国劳伦斯伯克利国家实验室的 Williams Edwards 担任经理，高能所庄红林和美国布鲁克海文国家实验室的 Ralph Brown 担任总工程师，美国能源部还任命了布鲁克海文国家实验室的 Steve Kettell 担任美方经理部的首席科学家。

大亚湾中微子实验国际合作组由来自 6 个国家和地区的 40 个研究机构共 200 余名研究人员组成。合作组大会每三个月左右召开一次，由各课题小组或研究人员汇报工作进展，并对重大事项进行决策。合作组每周召开例行电话会议，交流工作进展。合作组内部成立课题组，根据兴趣与经验、能力分配任务。大亚湾中微子实验分为工程建设与实验室基础设施、中心探测器、反符合探测器、电子学与数据获取、软件与物理分析等五个课题组。另设系统集成组负责安装调试。合作组成员可根据兴趣、特长与工作需要选择参加一个或多个课题组。各课题组内部一般通过每周例行视频会议或电话会议、电子邮件，或人员互访进行交流。根据国际惯例，所获取数据为各参与方共有，其物理结果将形成论文公开发表。但在研制过程中，由某一研究机构独自开发的新技术，比如液体闪烁体，则为研发机构所有。[③]

① 中国科学院高能物理研究所档案室. 大亚湾反应堆中微子实验工程：综合管理——项目研制阶段，项目管理规章制度. 档案号：DYB-ZH02-35.
② 中国科学院高能物理研究所档案室. 大亚湾反应堆中微子实验工程：综合管理——立项阶段，初步设计与评审、批复. 档案号：DYB-ZH01-4.
③ 中国科学院高能物理研究所档案室. 大亚湾反应堆中微子实验工程：综合管理——立项阶段，初步设计与评审、批复. 档案号：DYB-ZH01-4.

（二）设计与建造

中微子实验要取得成功，就要有高流量的中微子源、低放射性本底的测量环境、高性能的探测器以及实现精确测量的实验方法。此前国外反应堆中微子实验计划测量精度低的一个主要原因是站址问题，而这正是大亚湾中微子实验的一个重要优势。经过多次实地考察，中外物理学家一致认为大亚湾是世界上利用反应堆进行中微子实验测量 θ_{13} 的最佳场所。

大亚湾的核反应堆可产生数目庞大的中微子以供探测。大亚湾核电站位于深圳市区东部，距岭澳核电站约 1 千米，核电站各有两个反应堆，每个核反应堆的热功率相同，4 个反应堆的总热功率为 11.6 吉瓦，世界排名第十，加上岭澳核电站二期的 2 个反应堆，6 个反应堆的总热功率为 17.4 吉瓦，是当时世界上的第二大核反应堆群，其中微子产率在每秒 10^{21} 个以上。不仅如此，这一地区的地理环境很好。中微子实验要求尽量去除本底影响，消除误差，以进行精确测量。其中一个比较重要的本底就是宇宙线。如果探测器之上的岩石足够厚，就能够把宇宙线挡住并过滤掉。大亚湾核电站刚好背靠高山，能够找到适于建造近端探测器（300 米左右）和远端探测器（2000 米左右）的地点，顶上岩石的厚度分别达 80 米和 400 米左右，岩石质量好，适于挖山洞。而世界上其他可供选择的实验地点，都没能同时具备上述两大优点。当时大亚湾中微子实验的主要竞争对手是法国 Double Chooz 实验。其进度计划比大亚湾中微子实验早 3 年，但反应堆附近没有山，近端探测器只能放在覆盖混凝土板的浅坑内，加上其他条件限制，对振荡振幅的测量灵敏度只能达到 0.03。[①]

大亚湾中微子实验布局如图 1 所示，6 个黑点为核反应堆，白线为隧道，6 个白色圆柱为中微子探测器。大亚湾近点的 2 个探测器位于大亚湾核电站旁，主要监测其内部的 2 个反应堆，岭澳核电站近点内的 2 个探测器可以监测岭澳核电站一期和二期的 4 个反应堆。探测器远点则位于振荡极大值附近，通过 4 个探测器来测量中微子振荡大小。

图 1　大亚湾中微子实验的布局示意图

---

① 中国科学院高能物理研究所档案室. 大亚湾反应堆中微子实验工程：综合管理——项目竣工阶段，竣工验收文件. 档案号：DYB-ZH04-5.

　　大亚湾中微子实验主要利用电子反中微子在大型液体闪烁体探测器中的反 β 衰变反应来测量反应堆中微子。[1]反应堆发射的中微子数量称为通量，不同能量的中微子比例称为能量分布或能谱。比较远近点探测器测得的中微子通量和能谱，就可以知道中微子是否发生了振荡，进而确定振荡参数。如果存在振荡，在远点探测器中看到的中微子通量将比预期要少；同时，能谱会随着中微子振荡发生有规律的变形。[2]

　　大亚湾中微子实验离不开可靠的探测器(图 2)。由于可以探测到的中微子数量极少，很难精确测量，因此高能所团队提出了多模块探测器并放的思路，以便探测器测量结果相互之间可以验证，进而证明测量结果，并降低非关联系统误差。通过建设 8 个全同探测器模块（远厅 4 个，2 个近厅各 2 个）可以大大减少测量误差。[3]经过反复推算，预期大亚湾中微子实验可以达到 0.01 的测量灵敏度，在降低系统误差方面，要比先前的实验强 10 倍，也优于同期的法国 Double Chooz 实验和韩国的 RENO 实验。[4]

图 2　水池中的中微子探测器

　　在扎实论证的基础上，从 2007 年底到 2008 年初，大亚湾中微子实验设计陆续通过了相关审批。2007 年 12 月 29 日，国家核安全局发文批准大亚湾中微子实验站土建配套工程施工爆破方案。2008 年 1 月 8 日，大亚湾中微子实验项目通过科技部基础研究司组织的中期评估。专家组认为该项目的工程设计已基本完成，基本建设部分完成了可行性研究和初步设计，总体进展顺利。2008 年 1 月 8—10 日，大亚湾中微子实验项目通过美国能源部 CD-2/CD-3a 评审。[5]

　　2007 年底，大亚湾中微子实验工程开工建设。历时 3 年完成的地下隧道宽 6.2 米，高 7.2 米，可保证运输直径 5 米、高 5 米的中微子探测器。建设过程中一共爆破近 3000 次，全部满足国家核安全局设定的要求。探测器研制也历时 3 年，其间解决了许多技术难题，制作完成了一些具有世界先进水平的探测器部件，包括高精度、低放射性的薄壳不锈钢罐、5 米直径不锈钢法兰的真空密封、4.6 米直径有机玻璃反射板以及近 200 吨掺

① 曹俊. 大亚湾实验发现新的中微子振荡. 现代物理知识, 2012,（3）: 5-11.
② 孙亚轩. 大亚湾反应堆中微子实验的前期研究. 中国科学院高能物理研究所, 2006.
③ 王贻芳. 大亚湾反应堆中微子实验. 科学, 2012,（5）: 5-8.
④ 中国科学院高能物理研究所档案室. 大亚湾反应堆中微子实验工程: 综合管理——立项阶段, 初步设计与评审、批复. 档案号: DYB-ZH01-4.
⑤ 按照美国能源部的项目评审流程, 需要经过 CD-0 到 CD-4 五个阶段的评审. CD-2（Critical Decisions-2）评审的目的是评估项目是否在技术、经费、进度计划、管理方面完成了开工建设的准备工作, 是一系列 CD 评审中最关键的评审, 通过 CD-2 评审后, 项目即可开工建设.

钆液体闪烁体等。2008 年，探测器各个部件开始在全球各地生产。2009 年底，探测器开始在现场组装、测试。2010 年，隧道及地下洞室建设完成。2011 年 8 月 15 日完成大亚湾近厅的探测器安装，当天就看到了中微子事例。2011 年 11 月 5 日，岭澳近厅完成安装和探测器调试，开始物理取数。2011 年 12 月 24 日，远厅完成安装和探测器调试，开始物理取数。至此，大亚湾中微子实验基本完成建设与安装任务。

三、大亚湾中微子实验过程与科技成就

（一）实验过程

大亚湾中微子实验装置建设之初，国内年轻科研人员还没有中微子物理分析的相关经验。2009 年夏天，在完成了探测器方案设计之后，曹俊就带领研究生们提前进行了模拟数据的分析训练。[①]

中微子事例的物理分析包括以下步骤[②]：①刻度与标定能量，使探测器的响应能与物理量准确对应；②选取事例，排除本底；③定量分析遗留的本底事例和事例选取效率，给出误差；④计算中微子探测器的预期能谱与流强，包括反应堆中微子的流强与能谱、中微子探测器与反应堆距离的精确测量和中微子探测器靶质量的测量；⑤结合中微子探测器的预期能谱与流强，比较近点与远点的测量结果，判断是否有中微子消失现象，给出中微子振荡的分析结果。

2011 年 6 月，也就是在完成近点实验大厅内 2 个中心探测器和相应的反符合探测器及电子学系统的安装调试之前两个月，日本 T2K 中微子实验率先发表了关于 θ_{13} 的新结果，表明 θ_{13} 中心值在 9°—11°之间，而 θ_{13} 大于零的信号超出背景 2.5 个标准偏差。这个远高于理论预测的数值"强烈暗示了大亚湾根本无需等待安装预期计划的所有 8 个探测器就可以提前运行和采取数据"[③]。面对这种局面，根据王贻芳提出的"用部分探测器模块提前进入实验运行期"的设想，大亚湾中微子实验合作组修改实验计划，将实验第一阶段物理目标确定为测量 θ_{13} 至 0.03 测量灵敏度，以加快出成果的进度。不等 8 个探测器全部到位，2011 年 12 月 24 日就以 6 个探测器的体量提前运行，累积数据。两个星期后，合作组就观测到中微子振荡迹象。随后，高能所团队完成数据分析，并在与美国团队的竞争中取得优势，最终使高能所的分析成为大亚湾中微子实验的正式结果。[④]

高能物理的论文因为参与人员众多，一般需要内部讨论一年之后才能修改好论文并投稿。当时，韩国中微子实验已于 2011 年 8 月开始取数，先于大亚湾中微子实验 4 个月。为了与韩国竞争，合作组于 2012 年 1 月确定了论文修改程序，严守时间节点，反复讨论修改，从初稿到投出只用了一个星期，创造了前所未有的写作速度。[⑤]2012 年 3 月 8 日，大亚湾合作组宣布，利用 6 个探测器运行 55 天观测到的数据，发现了中微子

① 受访人曹俊，访谈人王大洲等. 2021 年 3 月 8 日. 地点：中国科学院高能物理研究所会议室.
② 王贻芳. 大亚湾反应堆中微子实验. 科学，2012，（5）：5-8.
③ 何红建. 大亚湾中微子振荡实验的启示. 科学，2016，（1）：37-41.
④ 中国科学院高能物理研究所档案室. 大亚湾反应堆中微子实验工程：综合管理——项目竣工阶段，竣工验收文件. 档案号：DYB-ZH04-5.
⑤ 受访人王贻芳，访谈人王大洲等. 2021 年 4 月 23 日. 地点：中国科学院高能物理研究所会议室.

的第三种振荡模式，并测得混合角 θ_{13}。这个结果后来得到另外两个反应堆中微子实验 Double Chooz 和 RENO 以及加速器中微子实验的证实。[①]利用实验站持续运行 3—5 年的数据成果，可把中微子混合角 $\sin^2 2\theta_{13}$ 的测量精度提高到 3% 左右。

2012 年 8 月 29 日至 10 月 18 日，实验站继续在 2 号厅和 3 号厅安装了剩下的最后 2 个中心探测器，并于 10 月 19 日开始 3 个实验厅内全部 8 个探测器的联合取数，这标志着实验站的全面建成。2020 年 12 月 12 日，大亚湾中微子关机结束运行[②]。

（二）科学成就

大亚湾中微子实验发现了一种新的中微子振荡现象，以超过 5 倍标准偏差的置信水平率先给出了第三种振荡模式存在的证据，并精确测量了其振荡大小，为相关领域的前沿研究提供了较为精确的初值输入。[③]这项研究对基本粒子物理的标准模型、寻找与鉴别新物理等具有重要意义。国内外科学界对第三种振荡模式的发现和对混合角 θ_{13} 的精确测量给予了高度评价。诺贝尔奖获得者李政道认为，"这是物理学上具有重要基础意义的一项重大成就"；美国托马斯杰斐逊国家加速器装置的麦基翁（Robert McKeown）认为此次实验结果是"有史以来来自中国的最重要的物理结果"[④]。

大亚湾中微子实验获得了多个著名奖项。2012 年底，大亚湾核反应堆中微子实验成果入选美国《科学》杂志 2012 年度十大科学突破。[⑤]2013 年，王贻芳因"领导大亚湾中微子实验首次确定地测量出中微子混合矩阵的 θ_{13}"，被授予美国物理学会高能物理实验的最高奖——潘诺夫斯基实验粒子物理学奖。2015 年 11 月，"科学突破奖"在美国揭晓[⑥]，"基础物理学突破奖"被授予了研究中微子振荡的 7 名领导者及他们领导的 5 个研究团队，其中王贻芳和陆锦标领导的大亚湾中微子实验项目也获此殊荣，这是以中国科学家为主的实验团队首获该奖。[⑦]2017 年，王贻芳、曹俊、杨长根、衡月昆、李小男由于"大亚湾中微子实验发现的中微子振荡新模式"获得 2016 年度国家自然科学奖一等奖。2019 年，王贻芳和陆锦标由于大亚湾中微子实验发现获得了"未来科学大奖"。

（三）技术成就

在大亚湾中微子实验装置建设中，高能所团队坚持以我为主，自主创新，自主研

① 曹俊，李玉峰. 中微子振荡的发现与未来. 物理，2015，（12）：787-794.

② 大亚湾中微子实验成果世界瞩目. 人民日报，2012-12-29（1）.

③ Adey D，An F P，Balantekin A B，et al. Measurement of the electron antineutrino oscillation with 1958 days of operation at Daya Bay. Physical Review Letters，2018，121（24）：241805.

④ 王贻芳. 探索宇宙"隐形人"：大亚湾反应堆中微子实验. 杭州：浙江教育出版社，2019：117.

⑤ 高能所. 大亚湾中微子实验成果入选《科学》年度十大突破. http://www.cas.cn/xw/zyxw/yw/201212/t20121224_3727383.shtml［2021-05-15］.

⑥ "科学突破奖"由俄罗斯亿万富翁尤里·米尔纳等企业家共同设立，旨在帮助科学领袖不受资金限制而专注于思想世界，提升基础科学与数学的影响力和声誉，下设"生命科学突破奖"、"基础物理学突破奖"和"数学突破奖"，每个奖项奖金 300 万美元.

⑦ 闫蓓，安瑞，张冬梅. 努力工作，用实力说话：《科学通报》对话王贻芳研究员. 科学通报，2016，（6）：553-555.

制的工艺设备超过 99%，其中非标工艺设备超过 75%。[1]

其一，大亚湾中微子实验设计方案具有独创性。首次提出多模块测量思想，在同一实验并行放置 2—4 个全同的中微子探测器，显著提高了实验精度与可靠性。首次提出同心圆柱形中微子探测器，减小了建造难度，减小了系统误差。首次在探测器内采用反射板，光电倍增管用量减少了一半，大幅降低了造价。首次将总重 110 吨的大型探测器设计成可移动的，便于检验系统误差。

其二，大亚湾中微子实验做出了一系列技术创新。具体包括：低本底、薄壳、高精度钢罐制造；5 米直径真空密封 O 圈防老化与检漏方法；采用尼龙/聚乙烯复合膜的 200 吨液袋；液闪大规模生产设备与方法；采用拉链密封实现光密与气密的 200 平方米水池盖等。其中，新型掺钆液体闪烁体的研制尤其重要。早期国际上数个大型中微子实验都遇到了液闪问题，包括法国的 Chooz 实验和美国的 Palo Verde 实验。高能所张智勇团队自主研发的掺钆液体闪烁体具有衰减长度长、发光效率高、长期稳定的特点，攻克了大亚湾中微子实验的关键技术难关，其性能完全满足实验要求，达到国际领先水平。[2]

其三，大亚湾中微子实验发展了一系列先进的数据分析技术。具体包括：高能所团队提前进行数据模拟和分析，最终使高能所开展的数据分析成为大亚湾中微子实验正式结果；彻底解决了困扰不少中微子实验的光电倍增管自发光本底鉴别问题；建立了能量重建方法，相对能量标度误差仅为 0.5%，好于 1% 的设计指标，大大降低了系统误差；发明了新的 He-8/Li-9 本底分析方法，降低了最大的本底误差等。[3]

四、大亚湾中微子实验的历史意义

大亚湾中微子实验是我国中微子研究领域的大科学项目，是我国地方政府和企业有实质性参与的首个重大基础研究项目，也是我国基础研究领域当时最大的国际合作项目。大亚湾中微子实验的成功得益于以下几个关键因素。在领军科学家方面，王贻芳是大亚湾中微子实验方案的主要提出者，在项目建设过程中，他担任中方发言人，在与美方沟通协调以及领导工程全局、推动工程顺利实施方面都发挥了重要作用。在实验设计方面，大亚湾中微子实验方案设计是全世界八个实验方案中精度最高、测量最灵敏的方案，这是美国能源部支持美国科学家加入大亚湾中微子实验的关键因素。在工程建设方面，高能所有丰富的大科学工程建设经验，为大亚湾中微子实验提供了一流科技人才和全方位支持。在组织管理方面，大亚湾中微子实验是一个多部门联合建设的工程，项目实施过程中涉及多方面的统筹协调工作，各政府部门和大亚湾核电站运营商中国广核集团有限公司的保驾护航至关重要。在国际合作方面，为了保证工程的顺利建设，大亚湾中微子实验采用国际合作模式，开展高起点、高水平的国际合作，确保在前沿研究领域借力起飞。

---

[1] 中国科学院高能物理研究所档案室. 大亚湾反应堆中微子实验工程：综合管理——项目竣工阶段，竣工验收文件. 档案号：DYB-ZH04-5.

[2] 庄琰. 核探测技术的重要突破——大亚湾中微子实验掺钆液体闪烁体的研制. 科技纵览，2016，（6）：78-79.

[3] 中国科学院高能物理研究所档案室. 大亚湾反应堆中微子实验工程：综合管理——项目竣工阶段，竣工验收文件. 档案号：DYB-ZH04-5.

　　大亚湾中微子实验的成功具有重要的历史意义。首先，大亚湾中微子实验是以我为主、多国参与的重大国际合作项目，通过不断探索和改进，形成了国际化、规范化的大科学研究治理体系。项目发言人、执行委员会和项目负责人各司其职，国际评审确保高水准运作，这对未来我国开展其他国际合作大科学工程具有借鉴意义。其次，大亚湾中微子实验培养了一批具有国际视野和管理才能的高水平科技人才，为后续研究的开展奠定了基础。在大亚湾中微子实验中，参与实验数据分析的主要成员都是高能所培养的年轻科研人员，他们在与美国团队竞争的过程中做出了创造性贡献。他们在国际合作中形成了国际视野，并在国际竞争中快速成长，有望成为我国基础研究的骨干和领军人才。再次，大亚湾中微子实验是我国首次参与低能量、低本底、高精度的大型探测器研制，经过高能所科研人员和国内工业界共同努力，设备性能达到或超过设计指标，由此推动了我国相关领域高精尖设备研制能力的提升。最后，大亚湾中微子实验成果提升了我国的科学地位，并对未来中微子实验研究产生了决定性影响。大亚湾中微子实验发现 θ_{13} 值远大于预期，从而为未来的中微子研究铺平了道路。王贻芳领导的江门地下中微子实验（Jiangmen Underground Neutrino Observatory，JUNO）已于 2014 年底在广东省江门市动工建设，预计 2023 年建成运行。其目标是建设一个国际领先的中微子实验站并进行基础科学前沿研究，将使我国在中微子研究领域的国际领先地位得到进一步巩固，并成为国际中微子研究的中心之一。

上海光源*

上海光源（Shanghai Synchrotron Radiation Facility，SSRF）是我国第一台第三代中能同步辐射装置。其设计性能位居国际前列，由国家财政、中国科学院和上海市政府共同出资建设，2004 年开工，一期工程于 2009 年完工并投入使用，二期工程自 2016 年开工，计划工期 6 年。上海光源主要由 150MeV 电子直线加速器、全能量增强器、3.5GeV 电子储存环和若干条光束线和若干座实验站构成，中国科学院上海高等研究院负责上海光源的运行、维护和改进。2018 年 10 月，中国科学院将上海光源团队整体划转至上海高等研究院。

一、立项背景

同步辐射是由接近光速运动的高能电子在偏转时沿切线方向发出的电磁波。基于同步辐射原理建成的同步辐射光源，具有波长范围宽、强度高、亮度高、准直性高、偏振与准相干性高、稳定性高等一系列优异的特性，可用于物理学、生命科学、材料科学、环境科学、信息科学、化学、地质学等学科的前沿基础研究，以及微电子、医药、石油、化工、生物工程等领域的高技术实验研究，因此是众多领域创新性研究不可或缺的平台。

自 1947 年人类首次观察到同步辐射以来，同步辐射光源的发展已历经三代。第一代同步辐射光源是寄生于某些大型加速器上的光源。第二代同步辐射光源是基于同步辐射专用储存环的专用机。第三代同步辐射光源是基于性能更高的同步辐射专用储存环的专用机。20 世纪 80 年代末，各国竞相建造第三代同步辐射光源。在此类光源上可安装大量的插入件，如波荡器和扭摆器等，不但能使辐射光谱的亮度比第二代光源提高 2—3 个数量级，而且还可以灵活选择光子能量和偏振性，从而大幅提升空间分辨率和时间分辨率，为众多领域的创新性研究带来空前机遇。

20 世纪 90 年代初，我国已经建成两个同步辐射装置并投入运行。北京同步辐射装置是寄生在北京正负电子对撞机上的第一代光源，也是中国第一台同步辐射装置，而独立运行的合肥同步辐射装置是第二代光源。这两个同步辐射装置尽管可以满足那些对时间分辨要求不太高的科学研究以及需要大光斑的科学实验和工业技术应用，但它们无法提供光亮度更高、波长范围更小、光的稳定性和分辨率更高的光束。北京同步辐射装置每年只有 20%的时间可以提供给同步辐射应用，电子束流被限制在 100 毫安左右，而合肥同步辐射光源是低能区第二代真空紫外和软 X 射线光源，其光亮度和波长范围受到较大限制。因此，要满足生命科学、材料科学、信息科学和环境科学等前沿科学研究需求，就必须建设更先进的同步辐射光源。

1988—1992 年，方守贤担任高能所所长。在他的领导下，北京正负电子对撞机成功

---

* 作者：王大洲、李秀波。

实现了对撞，并逐步实现了稳定运行。由于同步辐射装置附属于对撞机，因此就出现了同步辐射应用与高能物理实验对束流性能要求不同和双方争抢机时的情况。为此，方守贤在北京正负电子对撞机运行早期就提出了建造专用同步辐射光源的建议，并指导研究生完成了一台第三代同步辐射光源的物理设计。1992 年 4 月，方守贤在中国科学院数理学部所作的学术报告中，进一步阐述了高能所未来发展的两种机遇，即建造一台高亮度的 τ-粲工厂和一台 1.5 GeV 的高性能同步辐射光源。①

1993 年 12 月，方守贤与高能所的另两位中国科学院院士丁大钊、冼鼎昌一道，正式提出了建设一台性能先进、规模中等的第三代同步辐射光源的建议。随后，我国科技界有关人士围绕第三代同步辐射光源建设的必要性、资金来源和选址问题展开了热烈讨论。最初的设想是将这个第三代同步辐射光源建在北京并由高能所主导，但是根据中国科学院总体部署，这个项目最后落户上海。这个变化主要基于两点考虑②：其一，作为公共实验平台，光源要靠近用户群体，且符合国家大科学工程建设的总体布局。北京已经有了第一代同步辐射光源，合肥有了第二代同步辐射光源，第三代同步辐射光源建在东南沿海地区更为适宜，可形成地域上的互补性。其二，当时上海已经将城市发展定位于"科技中心"建设，迫切希望借第三代同步辐射光源汇集人才、知识和资本，因此愿意提供资金和土地支持。这样，中国科学院决定将第三代同步辐射光源落户上海，并由中国科学院上海原子核研究所（2003 年 6 月更名为中国科学院上海应用物理研究所，简称上海应物所）承担设计和建造任务。

1994 年 3 月，上海原子核研究所向中国科学院和上海市政府提出了《关于在上海地区建设第三代同步辐射光源的建议报告》。1995 年 2 月，谢希德、杨福家等 7 名政协委员向上海市政协递交《关于在上海建造第三代同步辐射光源》的提案，希望得到上海市政府的经费支持。他们认为，这一大型科研工程建成后，上海将成为全国乃至世界的多学科前沿研究中心，并借以发展一系列具有巨大辐射效应的高新技术产业群。③该提案受到上海市委、市政府的重视。3 月，中国科学院和上海市政府原则同意，共同向国家提出建设第三代同步辐射光源的建议。随后，该工程被列入《上海市国民经济和社会发展"九五"计划与 2010 年远景目标纲要》。

李政道在得知上海光源的筹建动议后，也给予了热情支持，通过多种方式为光源建设培训人才，并将其纳入中美高能物理合作框架。1995 年 5 月，李政道向中国科学院院长路甬祥推荐高能所陈森玉研究员负责新光源建设。6 月 28 日，中国科学院指示成立了以陈森玉为组长的"上海同步辐射装置"可行性研究工作组。9 月 7 日，可行性研究工作组分别与上海原子核研究所和高能所签订协议，向两所借用近 30 名骨干力量参加上海光源的概念设计工作。④在十分艰苦的条件下，可行性研究工作组于 1996 年 10 月完成了可行性研究工作。⑤

① 陈和生，张闯. 粒子加速，国之大贤——缅怀方守贤院士对粒子加速器事业的贡献. 物理，2020，49（5）：285-291.
② 杜澄，尚智丛，等. 国家大科学工程研究. 北京：北京理工大学出版社，2011：133.
③ 中国人民政治协商会议上海市委员会提案第 431 号. 上海：上海光源档案室.
④ 陈和生，陈森玉. 李政道与中国的同步辐射. 现代物理知识，2015，27（4）：59-63.
⑤ 关于上海同步辐射装置可行性研究工作组的总结报告（科沪核同（96）008 号）. 上海：上海光源档案室.

1996 年 1 月，谢希德、杨福家等再次向上海市委提交提案，希望上海市委、市政府帮助解决三个问题，争取"上海同步辐射光源"早日立项：其一，此项工程投资大，需由国家立项，立项时间长，建议上海市向中央汇报，争取早日立项；其二，为了使预研工作及时落实，希望在落实立项的同时，批转一部分经费，稳住工作班子，吸引国内一流人才；其三，希望政府加大投入，并多渠道集资，使上海光源早日建成。[①]上海市政协八届四次会议对提案给予了"将逐步解决"的答复。在这种情况下，中国科学院和上海市政府于 1996 年 4 月共同向国家有关部门提出了项目申请。

二、选址、预研与立项

为了推进上海光源的立项工作，1996 年中国科学院初步确定了上海光源工程建设项目治理机制：成立项目管理委员会，主要职能是重大问题决策、协调部门关系、提供条件保证、监督工程进展；成立项目工程指挥部，工程经理负责组织工程建设的具体实施，副经理、总工程师、总工艺师和总经济师等分工承担相应职能；成立项目科学技术委员会，主要就项目科学目标和工程技术进行指导，并协助项目管理委员会对工程建设实施监理。1997 年 3 月，中国科学院批准成立工程管理委员会（筹）和工程指挥部（筹），负责预制研究、工程队伍建设、工程设计和可行性方案制定等工作，待国家批准后再转为正式机构。[②]

为了确保上海光源立项，必须先行开展两方面工作：一是确定选址；二是预制研究。这两项工作几乎是平行推进的。

（一）选址

上海光源选址工作采用"联合竞址"方式进行。参与联合竞址的单位或联合体共有 5 家：嘉定区人民政府、上海中科高科技工业园和上海嘉定工业区联合体；中国科学院上海原子核研究所；宝山区人民政府和上海大学联合体；杨浦区人民政府、复旦大学和上海新江湾城开发有限公司联合体；浦东新区管理委员会和张江高科技园区开发公司联合体。

为了从中选出最优地址，工程指挥部确定了九条"选址原则"：工程地质条件好、避开环境振动、整体效应和发展前景好、方便用户并便于向社会开放、有可持续发展的空间、地方政府的支持和优惠条件、基本具备"七通一平"的基础设施、生活设施基本配套、具有显示度与必要投资。[③]1999 年 5 月 24 日，上海同步辐射装置工程选址专家组根据上述原则对五家竞址单位进行评估[④]，推荐张江高科、嘉定中科两处地块供领导决策选择，理由是这两处地块均符合城市规划要求，在满足工程建设进度要求的前提下，都能无偿提供 300 亩熟地。不过，从发展前景、投资环境、整体形象和国内外影响力等方面分析，选址张江高科较为有利。专家组最终建议，应尽快组织力量，就地震断裂带对以上两处地块的影响做进一步论证，供领导最终决策时参考。1999 年 7 月 2 日，在上

① 中国人民政治协商会议上海市委员会提案第 560 号. 上海：上海光源档案室.
② 关于确定重大科学工程建设项目管理模式的通知. 上海：上海光源档案室.
③ 关于上海同步辐射装置选址原则的报告. 上海：上海光源档案室.
④ 上海同步辐射装置工程选址工作汇报. 上海：上海光源档案室.

海光源工程领导小组第二次会议上，确定选址浦东张江高新科技园，并审议和原则通过了首批光束线和实验站的设计方案。

（二）预制研究

上海光源获准立项的另一个前提是通过预制研究解决关键技术难题。我国虽有成功建造北京同步辐射装置和合肥同步辐射装置的经验，也积累了相关技术力量，可是与第三代同步辐射装置的技术要求相比，技术能力仍有较大差距，一些技术还几乎是空白。因此，要成功立项，就必须预先攻克关键技术难题。

1997 年 6 月 25 日，国家科技教育领导小组原则同意开展上海光源预制研究。1998 年 3 月，国家计委正式批准预制研究项目，总经费 8000 万元。[①]预制研究的主要目的是研制对工程质量和进度有重大影响的关键非标设备，攻克重大关键技术，落实国内加工厂家，弄清装置所需加工周期和制造费用。预制研究的原则是节省投资，带动国内相关工业和技术，凡是国内有一定基础或经过努力可以完成的，就坚决在国内研制和生产。1999 年 1 月，上海光源预制研究启动时，除少部分从高能所、上海原子核研究所及中国科学技术大学抽调或借调的骨干外，大部分还是从未涉足该领域的年轻人。加之工作条件所限，直到 1999 年 7 月，上海光源预制研究工作才真正开始。

为了如期、高质量、不超预算完成预制研究，上海光源工程指挥部建立了比较科学的工程管理体制及质量保证体系，严格实行各级岗位责任制和月述职报告制度，落实资源、进度和措施并进行严格控制，以满足规定的质量要求。上海光源预制研究进程包括自行设计、委托加工、过程监控、总成调试（或联合调试）四个阶段，涉及 47 项重要关键非标设备，其中 4 项委托国内外单位承制，2 项（高频功率腔及水冷活动挡光器）因客观条件发生变化后上报中国科学院和上海市政府获准予以调整取消，其余 41 项预研项目由工程指挥部主持研制完成。在严格的质量保证体系下，上海光源预制研究工作进展顺利，按期完成。

2000 年 7 月，国家科技领导小组认为项目可能存在用户不足、经费投入大和实验室运行管理机制不明确等问题，立项条件尚不成熟，要求进一步研究。[②]随后，有关方面进一步开展了相关论证工作。2001 年 3 月，中国科学院和上海市计委主持专家鉴定会，认为 41 项预制研究项目都达到或优于设计任务书规定的指标，其中 26 项设备的技术指标达到同类设备的国际先进水平。考虑到预制研究已经为工程建设奠定了较好基础，有关技术问题已经基本解决，2001 年 4 月 20 日，国家计委请求国家科技领导小组尽快批准上海同步辐射光源建设项目。

由于种种原因，工程未能如期获国家批准立项。为此，又于 2002 年开展了包括优化设计和系统集成的二期预制研究工作。经过努力，基本掌握了建造第三代同步辐射光源的重大关键技术，初步形成了一支工程技术骨干队伍，为上海光源建设工程立项奠定了坚实基础。[③]

---

① 国家计委关于开展同步辐射装置预制研究的批复（计科技〔1998〕289 号）. 上海：上海光源档案室.

② 杜澄，尚智丛，等. 国家大科学工程研究. 北京：北京理工大学出版社，2011：132.

③ 上海同步辐射装置预制研究项目验收意见. 上海：上海光源档案室.

2004 年 8 月 16 日，国家发展和改革委员会正式组织"上海同步辐射装置预制研究项目"国家验收，由中国科学院和上海市等有关部门的 11 位领导和专家组成的国家验收委员会给出如下主要验收意见[①]：该项目达到了国家批准的预制研究的目标和要求，切实掌握了建设第三代同步辐射光源的重大关键技术；研制设备均达到或优于设计指标。

（三）正式立项

选址的最终确定和长达五年的预制研究工作为上海光源的立项奠定了坚实基础。事实上，在预制研究通过国家验收之前，上海光源立项就顺利完成了。

2003 年 7 月，中国科学院正式启动上海光源立项工作。2003 年 9 月，国家发展和改革委员会委托中国国际工程咨询有限公司完成项目建议书的评估。2004 年 1 月 7 日，国务院常务会议批准项目建议书。至此，上海光源正式立项，总投资 12.4 亿元。

工程立项后，迅速成立了工程建设领导小组，中国科学院院长路甬祥任领导小组组长，上海市市长任副组长。2004 年 6 月 29 日，上海光源工程建设领导小组举行第一次会议，批准中国科学院副院长江绵恒任上海光源工程总指挥，上海市副市长杨雄任副总指挥；徐洪杰任上海光源工程总经理，赵振堂和丁浩任副总经理；方守贤为科技委主任，冼鼎昌、杨福家、陈森玉为科技委副主任，陈森玉为总顾问。会议还选定主体建筑方案，同意项目可行性研究报告上报国家发展和改革委员会。7 月 26—27 日，受国家发展和改革委员会委托，中国国际工程咨询有限公司在北京组织专家对上海光源可行性研究报告进行了评估。11 月 15 日，国家发展和改革委员会批复上海光源项目可行性研究报告。

三、工程设计与建造

（一）组织管理架构

根据上海光源工程建设内容及技术要求，上海应物所组织了一支高水平、跨学科的工程建设队伍。在工程建设领导小组的领导下，组建了"工程指挥部—经理部—分总体—系统"四级工程管理体系。[②]

工程经理部组织制定了一整套规章制度，涉及技术管理、质量管理、经费管理、人事管理、计划管理等，并负责组织专家对工程设计进行技术评审，完成评审反馈及方案优化。在工程建设中，工程经理部针对总体、分总体、系统、设备四个层级，分别制定了包括建设内容、技术指标、工作进度、人员、经费预算等方面的 CPM 计划，从工程设计、加工、测试验收到安装调试，都尽力按照计划执行。工程经理部还非常重视设备采购和经费使用的管理，对钱、物、审批都严格把关，确保工程建设在概算内完成。通过周密计划、并行施工、统一协调，工程经理部对工程质量和工程进度进行了卓有成效的控制。

（二）工程设计与优化

关于上海光源的总体设计，首要的是解决地面震动与光源稳定性的问题。作为第三

---

① 上海同步辐射装置预制研究项目验收意见. 上海：上海光源档案室.
② 徐洪杰. 上海光源首批线站设计与研制. 上海：上海科学技术出版社，2015：797-801.

代同步辐射光源，上海光源的高亮度必然要求储存环具有低发射度——仅约 4 纳米·弧度，光源点水平束斑尺寸约 150 微米，垂直束斑尺寸仅约 10 微米。然而，低发射度使得储存环的动力学孔径很小，从而带来束流注入难、束流寿命短等难题。低发射度还要求储存环束流轨道的垂直稳定度控制在 1 微米以下。基于对张江地区地面振动问题的研究，表明其地面振动的幅度明显高于国外同类装置的地面振动幅度。为防振动、防沉降，经过审慎的方案选择，进行了试验性打桩。通过控制地基的不均匀沉降以及储存环隧道、实验大厅地板的扭曲和变形，严格限定储存环隧道内空气温度的变化和光源设备冷却水温度的变化，密切监测和控制各种振动源、优化装置的机械结构并采用振动隔离和阻尼措施，尽可能提高电源稳定度、降低纹波并应用轨道反馈等手段，保证了上海光源的稳定性。同时，考虑到发射度愈小对地面稳定性的要求愈高，设备制造的难度也就愈大，决定采用发射度稍大的分离性磁聚焦方案。在软土地基及微振动条件极为不利的情况下，科技人员创造性地采取一系列技术措施解决了束流轨道稳定性问题，达到了亚微米级的国际先进水平。

基于对用户需求的初步研判，上海光源的线站设计工作在正式立项之前就已提前开始。自 1995 年开始，工程指挥部面向全国 60 多所大学、研究机构和企业，征集到 70 多份拟建光束线站的设计建议。1998 年底，从已征集到的 70 余份概念设计和建议中，选择了 7 条光束线与实验站和 4 条后备光束线站。1999 年 10 月，由 14 位国际专家及 6 位国内同步辐射应用专家组成国际评审委员会对光束线站设计报告进行评审，建议指挥部让更多大学和研究机构参与光束线和实验站的规划，同时尽早培养用户。[①]2004 年 10 月，首批光束线站初步设计评议会在上海召开，就首批 7 个光束线站的科学目标、设计指标、工程技术进行了讨论，并建议成立上海光源用户委员会。

根据初步设计，上海光源包括一台 100MeV 的电子直线加速器、一台 3.5GeV 的增强器、一台 3.5GeV 的电子储存环和首批 7 条光束线。电子储存环的最高流强为 300 毫安，最低发射度为 3 纳米·弧度，配以先进的插入件后，可在用户需求最集中的光子能区（0.1—40keV）产生高通量、高亮度的同步辐射光，最高光谱亮度可达到 10^{19}[②]，相当于普通 X 光机的上亿倍。首批建造 4 条基于插入件的光束线站，分别是生物大分子晶体学光束线站、硬 X 射线微聚焦及应用光束线站、X 射线成像及医学应用光束线站、软 X 射线扫描显微光束线站；3 条基于弯转磁铁的光束线站，分别是高分辨衍射和散射光束线站、XAFS 光束线站、X 射线光刻与微纳加工光束线站。

2004 年 12 月，国家发展和改革委员会批复项目初步设计，核定该工程的总建筑面积为 50 857 平方米，总投资 12.4623 亿元。其中，中央投资 4 亿元，中国科学院投资 4 亿元，上海市政府投资 4.4623 亿元。2004 年 12 月 24 日，中国科学院批复上海光源项目开工报告。2004 年 12 月 25 日，上海光源正式动工兴建。

伴随着土建工程的实施，上海光源技术设计工作仍在持续进行，先后就工程总体设计、光束线站设计和加速器技术设计召开了多次国际评议会，提出了若干优化建议。为

① 上海光源工程预制研究进展报告. 上海：上海光源档案室.
② 该数值为光子密度，是单位时间、单位立体角、单位面积、0.1%带宽内辐射的光子数。

此，设计者对原设计方案进行了优化，包括对直线加速器和光束线站的调整。根据专家意见，直线加速器的能量由 100MeV 调整为 150MeV，并采用 2998 兆赫的大功率微波源、基于纳秒栅控电子枪技术的电子源以及 500 兆赫的高 Q 值次谐波聚束器。同时对 5 条光束线站进行了调整：第一，将原高分辨衍射和散射光束线站中散射实验站移出，调整为专用的衍射光束线站；第二，XAFS 光束线站所采用的辐射光源由弯铁改为扭摆器光源，光通量提高近两个数量级；第三，X 射线成像及医学应用光束线站改为 X 射线成像及生物医学应用光束线站；第四，X 射线光刻与微纳加工光束线站改为 X 射线小角散射光束线站，并重新进行设计；第五，软 X 射线扫描显微光束线站改为软 X 射线谱学显微光束线站，所采用的辐射光源由水平极化平面波荡器改为可调极化波荡器（EPU），以扩展线站的应用领域。[①]

2006 年 5 月 16—18 日，工程经理部主持召开"上海光源工程光束线站调整初步设计评审会"，对调整后的首批 7 条光束线站初步设计方案逐个进行了评审。2006 年 10 月，受国家发展和改革委员会委托，上海市发展和改革委员会与中国科学院召开"上海光源建设方案调整评审论证会"，对电子直线加速器和 5 条光束线站调整方案进行评审。[②]2008 年 12 月 15 日，中国科学院正式批复调整方案。

（三）建造过程

2004 年 12 月土建工程开工，办公楼、用户招待所及餐厅、综合实验楼以及变电站、动力设备房等于 2005 年 8 月至 2006 年 6 月间陆续完成。2006 年 6 月 10 日，主体建筑结构封顶。紧接着，上海光源进入设备安装和调试阶段。

首先是直线加速器、增强器和储存环的安装调试。在土建工程进行的同时，直线加速器、增强器和储存环的集成单元的试安装工作已经展开。对于磁铁设计和研制，由于大多数已经在预制研究中完成了样机，不存在大的技术困难；电源系统、注入引出系统、高频系统、真空系统、高频系统的设计，则是通过国内外合作完成的。到 2006 年 6 月 22 日，加速器单元试安装工作基本完成并于 23 日完成工艺评估。在优化方案确定后，11 月 10 日，直线加速器部分设备开始安装。紧接着，2007 年 4 月 16 日，增强器的安装也正式开始。5 月 15 日，直线加速器调试出束。6 月 28 日，直线加速器各项技术指标全部达到设计要求，开始运行。9 月 30 日增强器调束启动。10 月 5 日，电子束流在增强器中被升能至 3.5GeV 的最高设计能量，达到储存环注入的能量要求并实现了电子从增强器的引出。基于前期完成的储存环机械集成单元、隧道墙模型、储存环前端模型等的试安装工作，储存环调束于 12 月 21 日完成了设备安装和系统调整，全面启动并很快实现 3GeV 电子束储存，获得了第一缕同步辐射光。之后，随着储存环调束工作的进一步推进，束流指标不断提升，到 2008 年 9 月 30 日，储存环流强达到 201 毫安，束流寿命大于 13 小时，达到储存环设计指标。然而，在储存环安装中，也发生了意料之外的事情。储存环上的两台真空波荡器原计划整机从美国公司进口，由于该公司制造工期严重延误。为确保进度，上海光源工程经理部于 2008 年 3 月决定紧急启动自主研制两台真空波荡器的工作，仅用 11 个月，就完成了研制工作。[①]2009 年 1 月 28 日，自行设计和研制的第一台真空波荡器完成性能测试，顺利安装到储存环上，并于 2 月 4 日调试出光。除了这两台真空波荡器，团队在储能型兆瓦级动态数字化磁铁电源和脉冲切割磁铁系统、大型双室不锈钢超高真空系统、数字化高频低电平控制系统、电源控制器和快轨道反馈系统等设备都通过自主研制完成，达到国际领先水平。我国在关键设备方面自主研制能力的提升也保障了上海光源工程的快速推进。

其次是光束线站的安装。2007 年 11 月 9 日，储存环机械设备安装完成，光束线前端区设备启动安装并于 30 日完成。在接下来的一年时间里，7 条光束线相继调束成功。在光束线站的安装调试中，也有一些意想不到的挑战。例如，XAFS 光束线站建设碰到了"由于扭摆器导致的光束线关键元件的高热负载问题"。恰好，有位科研人员曾在澳大利亚的同步辐射装置参与过类似设备仪器的安装调试，获得了宝贵的实战经验。回国后，他带领团队自主设计研制了光束线碳吸收器组装置、加长单色器第一晶体。这套装置采用了非传统转轴位置及使用双孔薄铍窗，在兼顾光路稳定性的情况下，成功解决了该问题。[②]

最后是工程的验收。在全体建设者的共同努力下，2009 年 4 月上海光源一期建设任务全部完成。同月，工程指挥部组织了国际专家评估会，表明上海光源各项指标均达到或优于设计指标，达到同类装置世界一流水平。5 月 6 日，上海光源首批建造的 7 条光束线站和 1 条分时运行的分支线站开始向用户开放（图 1）。

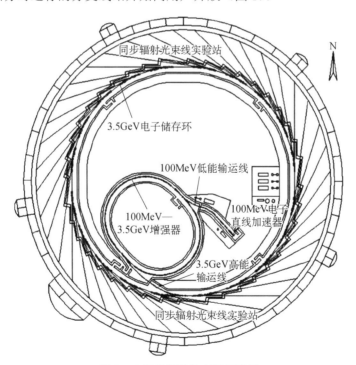

图 1　上海光源总体布局示意图

①　当代上海研究所. 21 世纪上海纪事（2010—2012）. 上海：上海人民出版社，2015：73.
②　徐芳芳. 一十六载铸重器　交叉学科谱华章——记中国科学院上海高等研究院上海光源研究员、博士生导师姜政. 科学中国人，2021，（19）：52-55.

2010 年 1 月 19 日，上海光源顺利通过国家验收。验收委员会认为：工程承建单位按计划、按指标、高质量地完成了工程建设任务；上海光源以世界同类装置最少的投资和最快的建设速度，实现了优异的性能，成为国际上性能指标领先的第三代同步辐射光源之一，是我国大科学装置建设的一个成功范例。[①]2014 年 1 月，上海光源荣获 2013 年度国家科学技术进步奖一等奖。

四、上海光源线站工程

上海光源首批建造的 7 条线站，约占其可容纳的光束线站总数的 20%。当初国家科技教育领导小组曾担心上海光源项目"可能存在用户不足"，以至于推迟了上海光源立项。因此，从那时起，面向用户、服务用户、培养用户一直是上海光源建设项目的重中之重。无论是在预研、线站设计还是后续改造中，工程建设者都积极引导用户参与其中，并组织各类讲习班培养未来用户。上海光源一期建成之后，其用户数量经历了一开始缓慢增长、尔后急剧上升并很快饱和的变化过程，这与国外同步辐射装置的用户变化模式是一致的。[②]但是，运行后的上海光源很快就进入了严重的供不应求状态。因此，在接下来的几年里，在国家发展和改革委员会、中国科学院和国家自然科学基金委员会的支持下，从 2010 年开始陆续启动建设了若干"用户专用线站"（总计 8 线 11 站），包括超高分辨宽能段光电子实验系统（简称"梦之线"）、蛋白质科学研究（上海）设施光束线站（蛋白质微晶体结构光束线和实验站、蛋白质复合物晶体结构光束线和实验站、高通量晶体结构光束线和实验站、X 射线小角散射光束线和实验站、时间分辨红外谱学光束线和实验站、红外显微谱学与成像实验站，共 5 条光束线及 6 个实验站）以及能源环境新材料原位电子结构综合研究平台（两线三站）。2020 年还启动了中国石化上海光源能源化工科学实验室光束线站系统的研制。

早在 2008 年，上海光源建设者就提出了二期线站建设的建议，计划尽快建设一批线站满足用户的需求。2010 年 6 月 28—30 日，"上海光源二期光束线站研讨会"召开，与会者对同步辐射在生命科学与高分子材料、物理与环境科学、材料与能源科学、先进成像与工业应用等学科领域的国际发展状况、国内用户需求和未来的线站建设进行了交流、讨论，并汇集了许多意见和建议。[③]2011 年 7 月，"上海光源二期拟建束线站用户研讨会"召开，初步商讨了下一步光束线站建设事宜。到 2015 年，随着用户数量的快速增加，用户需求越来越多样，启动以线站建设为核心内容的二期工程已经势在必行。

2015 年 3 月，作为国家"十二五"重大科学基础设施建设项目的上海光源线站工程（即上海光源二期工程）立项报告得到国家发展和改革委员会批复，仍由国家财政、中国科学院和上海市共同投资建设。2016 年 5 月 16 日，可行性研究报告获国家发展和改革委员会批复。10 月 24 日，初步设计概算获得国家发展和改革委员会批复，总投资 16.6739 亿元。11 月 20 日，上海光源线站工程正式开工建设，由上海应物所所长赵振堂

① 上海光源国家重大科学工程国家验收意见. 上海：上海光源档案室.
② 杜澄，尚智丛，等. 国家大科学工程研究. 北京：北京理工大学出版社，2011：174.
③ 中国科学院上海应用物理研究所. 上海光源国家重大科学工程. 中国科学院院刊，2016，31（Z1）：55-56.

任工程总经理，邰仁忠和李亚虹任工程副总经理。二期工程建设内容包括新建 16 条性能先进的光束线站、实验辅助系统、光源性能拓展、建安工程及配套公用设施，工期 6 年。通过加速器性能升级改造和线站的创新设计，上海光源的时间、空间以及能量分辨能力几乎可以达到第三代同步辐射光源的极限。

上海光源一期建设造就了一支高水平的、具有很强自主创新能力的优秀科技团队，这就为二期工程建设准备了良好的人才基础。2018 年 11 月 2 日，上海光源二期首条光束线站——硬 X 射线通用谱学线站顺利出光，其负责人就是在一期工程中历练出来的技术骨干。截至 2020 年 12 月，已建成 21 线 29 站，而 P2 生物防护蛋白质晶体学线站、纳米自旋与磁学线站、激光伽马线站、快速 X 光成像线站、纳米三维成像线站、高性能膜蛋白晶体学线站、线站技术支撑设施、储存环混合填充模式等分系统的建设工作正紧锣密鼓地开展。二期工程全部完成后，将全面提升上海光源科技策源能力，更好地服务于世界科技前沿与国家战略需求。

五、上海光源的运行与科技成就

上海光源是国家重大创新能力基础设施，是支撑众多学科前沿基础研究、高新技术研发的大型综合性实验研究平台，向基础研究、应用研究、高新技术开发研究各领域的用户开放。2009 年 5 月 6 日，上海光源举行了简短的用户开放仪式，正式对国内用户开放试运行。

上海光源作为"用户装置"，其组织结构依据"开放共享"和"为用户提供最佳的使用条件"的宗旨来设计，并在运行机时管理、用户课题和机时管理方面建立了完整的规章制度和工作流程。[1]上海光源建立了专门的面向用户开放的组织机构，下设几个小组：用户小组负责用户开放实验的开展；用户办公室负责用户课题的全流程跟踪管理，组织用户学术年会等；运行小组负责与加速器协调，解决开放运行中的供光问题；技术安全组负责用户实验样品安全审核及实验安全监督；总体组负责开放工作的总体协调。为了保障用户开放工作的顺畅，还设置了大科学装置管理部，负责装置的运行、维护和改进。与此同时，设立各线站的用户专家工作组，每个组都由来自科学前沿的十位用户专家组成，负责评审课题，咨询该线站的学科方向和监督运行状态。截至 2019 年，上海光源运行线站累计为用户实验机时超过 35 万小时，用户遍布全国 537 家单位，涉及课题组 2557 个，实验人员 53 675 人次。[2]目前，上海光源已发展成为我国用户最多的大科学装置。

上海光源的科技成就主要体现在如下三个方面。[3]

其一，为多学科前沿研究提供了先进的实验平台并催生出系列原创成果。自运行以来，上海光源聚焦重大基础科学突破，为广大用户提供了一个跨学科、综合性、多功能的实验平台，在生命科学、凝聚态物理、材料科学、化学、能源与环境科学等多个学科

① 徐洪杰. 上海光源首批线站设计与研制. 上海：上海科学技术出版社，2015：797-801.
② 上海光源及其线站工程. 中国科学院院刊，2019，34（Z2）：50-53.
③ 上海光源概况：上海光源的科学意义与社会效益. http://www.sgst.cn/zt/shgy/about5.html[2018-12-08].

领域产生了一批有国际影响力的重大科研成果。例如，中国科学院物理研究所科研团队利用上海光源在拓扑半金属 TaAs 晶体中观测到了费米弧表面态，证实了这类"手性"电子的存在，被评为物理学的"标志性进展"；中国科学院大连化学物理研究所科研团队于 2011 年首次合成单原子铂催化剂，发现其在 CO 氧化反应中表现出的优异催化性能，并在此基础上提出了"单原子催化"概念；中国科学院大连化学物理研究所另一支科研团队借助上海光源探索出天然气直接转化利用的高效方法，创造性地构建了硅化物晶格限域的单中心铁催化剂，成功实现了甲烷在无氧条件下选择活化，一步高效生产乙烯、芳烃和氢气等高值化学品；中国科学院微生物研究所/中国疾病预防控制中心科研团队，利用上海光源完成了一系列包括 H1N1、H5N1、H3N2、H7N9、MERS、埃博拉、寨卡、基孔肯雅热的蛋白质结构研究，为我国科学家开展病毒溯源和病毒跨宿主传播研究提供了强有力的支撑，从而为国家防控策略的制定提供了理论基础；2020 年初，南开大学科研团队借助上海光源率先解析了新冠病毒关键蛋白的高分辨结构以及 S 蛋白与人受体相互作用的高分辨结构，在分子水平上明确了病毒入侵、复制过程，为抗新冠病毒药物的研发奠定了基础。

其二，为上海张江综合性国家科学中心的建设奠定了坚实基础。上海光源首批建设的光束线和实验站居国际先进水平，可同时容纳几百名来自不同学科和高技术领域的科学家、工程师开展实验。几十条光束线和上百个实验站全部建成后，则可同时容纳研究人员上千名，由此为不同学科间的交叉融合创造了优良条件。在上海光源的带动下，多个大科学工程先后落户上海，有国家蛋白质科学研究（上海）设施、软 X 射线自由电子激光装置、10 拍瓦超强超短激光实验装置、硬 X 射线自由电子激光装置等。2016 年2 月，国家发展和改革委员会、科技部批复同意建设上海张江综合性国家科学中心。上海光源作为张江综合性国家科学中心最重要的科技基础设施，对设施集群的深度融合和协同创新发挥了积极的推动作用。

其三，为相关产业领域的重大技术创新提供了平台支撑。上海光源直接带动了先进电工技术、超高真空技术、高精密机械加工、X 射线光学、快电子学和超大系统自动控制技术等先进技术和工业的发展，在国家重大关键技术攻关、传染病防控等方面也发挥了关键作用。例如，大连理工大学科研团队基于上海光源实时 X 射线成像技术，解决了业界公认难题——合金凝固的黑箱问题，发明了凝固过程电磁调控系列专利技术，实现非真空下铜铬锆合金圆坯的高质高效制备，制成的接触线成品性能国内外报道最高，并成功用于京沪高铁。浙江大学科研团队借助上海光源的小角 X 射线散射线站，于 2011年首次发现了氧化石墨烯的液晶行为，从而奠定了石墨烯宏观组装的基础原理，解决了"高品质单层石墨烯粉体类原料无法量产"这个石墨烯产业化的核心问题。此外，在生物制药、化工、冶金、新材料等多个产业领域，越来越多的企业利用上海光源开展技术研发，取得了良好的效果和效益[①]。

---

① 上海光源及其线站工程. 中国科学院院刊，2019，34（Z2）：50-53.

全超导托卡马克核聚变实验装置*

全超导托卡马克核聚变实验装置（Experimental Advanced Superconducting Tokamak，EAST）是我国自行设计、研制的世界上第一个全超导非圆截面托卡马克核聚变实验装置，是我国"九五"期间规划的国家重大科学工程项目，由中国科学院等离子体物理研究所（简称等离子体所）承建。工程总投资为1.65亿元，1999年开工建设，2007年通过国家验收。EAST由超高真空室、纵场线圈、极向场线圈、内外冷屏、外真空杜瓦、支撑系统六大系统组成，主机高11米、直径8米、总重400吨。EAST在极端环境条件下运行，其芯部可以产生上亿摄氏度的高温，而强磁体线圈中的温度则可低至−269℃。EAST的建成使我国成为世界上少数几个拥有超导托卡马克装置的国家，也使我国磁约束核聚变研究进入世界前沿。

一、热核聚变与 HT-7 装置

长期以来，人类主要依赖的能源是储量有限且不可再生的煤、石油、天然气等化石燃料。随着各国能源需求的大幅增加，化石燃料正在走向枯竭，或者被开采殆尽，或者因开采成本过高而失去开采价值。不仅如此，化石燃料消耗还带来了严重的环境问题，其中 CO_2 排放被认为是全球变暖的主要原因。因此，人们不得不将希望寄托在风能、太阳能、水能、核能等替代能源上。其中，风能、太阳能虽然对环境的破坏小，但其能量密度太低，难以完全替代化石类能源；水电站受自然环境影响大，对生态环境的影响也容易被忽视；核裂变虽然可以提供巨大能量，但核废料的处理、装置的安全问题等一直难以解决。

相比之下，核聚变能源具有突出优点。低原子序数的元素通过聚变反应聚合为更高序数的元素，反应中损失的质量转化为能量被释放出来，提供能量的效率比核裂变高得多。聚变燃料是按一定速度和数量加入，任何时候在反应室内的聚变燃料质量都不大，在进行核聚变反应时，即使失控也不会产生严重事故。核聚变不会产生 CO_2 和 SO_2 等温室气体，其反应产物主要是无放射性的惰性气体氦，所产生的放射性物质只是微量的氚和半衰期很短的活化材料，即使发生事故也不会有辐射危害。加之氘和氚这两种聚变反应需要消耗的元素在地球上储量丰富，开发核聚变能源可以说是解决能源问题的重要途径[①]。但是，要对核聚变反应进行控制和利用，却面临重重困难，主要原因是，要实现可控核聚变，就要用实验模拟出太阳内部发生核聚变反应时的苛刻条件。太阳中的物质都是以等离子体形式存在着，由于太阳的巨大质量，其核心会产生极高温度和压力，可以自然约束其中的等离子体而达到聚变反应条件。但在地球上，没有现成材料可以承受

* 作者：王大洲、李俊峰。
① 李建刚，杨愚. 受控热核聚变研究及其在我国 HT-7 超导托卡马克上的最新进展. 物理，2003，（12）：787-790.

如此高的温度和压力，要想创造这个条件并安全利用核反应能，难乎其难。因此，必须开发特殊技术才行。

目前，实现可控核聚变反应的技术路线有两类：磁场约束和惯性约束。托卡马克装置采用的是前者，就是用强磁场来约束高温等离子体。而在现有各种磁场约束方案（磁镜、仿星体、托卡马克）中，托卡马克装置已被公认为最有可能实现受控核聚变反应的方案[①]。早在 1950 年以前，英国、美国和苏联就已经秘密进行受控聚变研究。最初，各国物理学家都是利用气体放电的箍缩效应来探索受控热核聚变反应途径。1950 年，苏联科学家塔姆和萨哈罗夫提出利用磁场和电流的相互作用去约束等离子体的主张，随后成为现代托卡马克装置设计的基础。在此基础上，1952 年诞生了闭端式磁系统托卡马克装置。同年，苏联物理学家布德克尔提出磁镜装置原理。与此同时，美国科学家也单独设计了磁镜装置，还建成了把环形容器扭曲成 8 字形以仿照星体中发生聚变反应的仿星器。1958 年，在日内瓦举行的联合国第二届核物理大会上，苏联、美国、英国、联邦德国、法国、日本等国家的科研人员发布了各自的热核聚变研究成果。此次会议激起了人们对核聚变研究的巨大兴趣。

20 世纪 60 年代末，苏联科学家取得了突破，在托卡马克装置 T-3 内把约 1000 万摄氏度高温的等离子体约束数毫秒。70 年代，苏联建造了大型托卡马克系统 T-10 和 T-7，而美国、日本和欧洲国家则修改了各自的热核研究计划，转向应用托卡马克系统。到了 80 年代，科学家们对托卡马克装置上发生的种种现象已经有了深入理解，主要发达国家都纷纷建成自己的托卡马克装置。其中，最大的当推欧洲经济共同体在英国卡拉姆建成的欧洲联合环室 JET，其次是日本原子能研究所的 JT-60、美国普林斯顿的 TFTR 以及苏联的库尔恰托夫原子能研究所的 T-15。到了 90 年代，从事托卡马克研究的国家已达 30 多个，JT-60U 和 TFTR 的离子温度达到或超过了 40keV，在 JET 中温度也达到了 20keV，聚变能在 25 年间增加了 1 万亿倍。这些都表明，托卡马克装置极有可能成为未来受控热核电站反应堆的首选目标。

我国从 20 世纪 50 年代中期开始涉足受控核聚变研究，并将其纳入《1956—1967 年科学技术发展远景规划纲要》之中。当时，中国科学院原子能研究所等机构着手核聚变研究并进行了磁镜装置的建设。在此基础上建立的中国核工业西南物理研究院发展成为我国致力于磁约束核聚变研究的中心，在物理学家李正武的带领下，自 80 年代以来陆续建设了中国环流器系列托卡马克装置，包括中国环流 1 号、中国环流器 1 号 M、中国环流 2 号、中国环流 2 号 M。此前的 1969 年，中国科学院物理研究所等离子体研究室建成功率达 10 万焦耳的直线角向箍缩装置，在国内首先观测到了核聚变反应中子。1971 年底，物理学家陈春先从国外资料中了解到苏联原子能研究所建成托卡马克核聚变实验装置 T3 已达到几千万摄氏度的高温，就主动请缨建设"托卡马克"，联合一批所内外科研人员，于 1974 年建成中国第一座托卡马克装置 CT-6，后来改建为 CT-6B，并于 1978 年开始运行[②]。1978 年 9 月，陈春先推动建立了合肥受控热核反应研究实验

① 潘传红. 磁约束核聚变能源开发的进展和展望. 核科学与工程, 2000, 20（3）：244-247.
② 莫恭敏. 受控热核聚变研究五十年. 现代物理知识, 1999,（2）：10-16.

站，后来发展为等离子体所。该所异军突起，从 20 世纪 90 年代以来先后建成了 HT-7 和东方超环 EAST 磁约束核聚变实验装置，使我国成为继俄、法、日之后第四个拥有超导托卡马克装置的国家，走出了一条引进、消化、吸收、再创新的大科学工程建设之路①。

作为 EAST 的前身，HT-7 是一个可产生长脉冲高温等离子体的中型聚变研究装置，包括超导托卡马克装置本体、大型超高真空系统、大型计算机控制和数据采集处理系统、大型高功率脉冲电源及其回路系统、全国规模最大的低温氦制冷系统、兆瓦级低杂波电流驱动和射频波加热系统以及数十种复杂的诊断测量系统。HT-7 源于苏联。1990 年初，俄罗斯库尔恰托夫原子能研究所所长卡托姆采夫院士给中国科学院等离子体所写信，表示有意将该所停止运行的价值约 150 万美元的 T-7 托卡马克装置赠送给中国。时任等离子体所所长的霍裕平阅信后，考虑到 T-7 超导线圈很适合准稳态等离子体运行，且其中的一些关键设备当时在国内还无法制造，而国内有能力对 T-7 加以改造以支撑相关科学研究并培养尖端人才，因此与所里同事商议后作出决定，同意接收 T-7 装置。该决定随后也得到了中国科学院和国家有关部委的支持。1991 年底至 1994 年，T-7 及其配套的低温、电源等系统陆续运到合肥。在当时经济非常困难的情况下，等离子体所集中全所人力、财力投入装置建设，在俄罗斯科研人员的帮助下，对 T-7 及其低温系统进行了彻底改造，并更名为 HT-7，其中的 H 意为合肥。2010 年，HT-7 又征得中文名"合肥超环"。

1993 年，12 位国际著名核聚变科学家组成的国际评估小组对 HT-7 进行评估，称 HT-7 是"发展中国家最先进的托卡马克装置，使中国核聚变研究接近世界核心聚变的前沿"。1994 年 7 月，HT-7 成功进行了低温和磁体调试，最大纵场励磁电流超过 5000 安，达到原 T-7 的运行水平，同年 8 月，中国科学院正式将 HT-7 纳入国家大科学工程管理。1994 年 12 月，装置正式建成。1995 年 3 月，HT-7 工程联调成功并正式投入实验运行。

HT-7 在其生命周期中共进行了近 20 轮放电实验，总放电次数为 118 000 次；开展了石墨限制器条件下的运行模式、等离子体物理特性和波加热、波驱动高参数等离子体物理特性研究；还探索实现了 HT-7 高参数、长脉冲运行模式等，为实现稳态参数等离子体开辟了新途径。2003 年 3 月，HT-7 获得可重复的大于 60 秒放电时间，最长放电时间达到 63.95 秒，高约束等离子体存在时间为 220 倍能量约束时间；获得了最高电子温度超过 5000 万摄氏度的等离子体，从而成为继法国 ToreSupra 装置之后当时世界上仅有的两个可进行高参数稳态条件下等离子体物理研究的合作研究平台之一。2008 年 3 月 21 日，HT-7 连续重复实现了长达 400 秒的等离子体放电，电子温度 1200 万摄氏度，中心密度为每立方米 0.5×10^{19}，创造了当时国际同类装置中时间最长的高温等离子体放电的新纪录。基于 HT-7 所取得的多项工程和物理上的重要成果，为新一代超导托卡马克装置的建设奠定了良好基础。

随着受控核聚变技术的不断发展，HT-7 也无法摆脱退役的命运。2013 年 5 月 7 日，

---

① 王大明. 大科学工程：在探索与造物之间——以中国 EAST 托卡马克核聚变装置的建造为例. 工程研究——跨学科视野中的工程，2007，(1)：196-209.

在历经退役必要性论证、退役实施方案论证、环评验收与设备监测等工作后，HT-7 正式被中国科学院和环境保护部批准退役，成为我国首个获批退役的大科学装置。其实，在 HT-7 退役前 20 年，科学家和决策者们就开始考虑建造下一代超导托卡马克装置了。

二、全超导托卡马克核聚变实验装置的立项与建设

早在 1994 年，中国科学院基础科学局就邀请了 14 位专家在合肥召开了"HT-7U 超导托卡马克计划座谈会"，首次提出 HT-7U（后更名 EAST）计划，其中的 U 就是超导的意思。1995 年 4 月和 6 月，等离子体所先后向中国科学院递交了关于从俄罗斯购置部分超导设备和进行 HT-7U 预研究的立项申请报告和补充报告，得到了中国科学院领导层的肯定和支持。1995 年 11 月，等离子体所向中国科学院正式提交了《关于 HT-7U 超导托卡马克核聚变实验装置"九五"立项报告》。报告提出，HT-7U 的建成将使我国成为世界上少数几个拥有这种类型超导托卡马克装置的国家，从而使我国磁约束核聚变研究进入世界前沿[1]。根据同时提交的《HT-7U 超导托卡马克核聚变实验装置工程项目建议书》，总投资预计为 9870 万元，建设周期 5 年（1996—2000 年）。

1995 年 11 月，中国科学院向当时的国家计委提交报告，建议将 HT-7U 列入国家"九五"计划。1996 年初，部分两院院士对"九五"国家重大科学工程项目进行初步评估，HT-7U 装置被列入初选项目清单。1997 年 6 月 3 日，国务院科技领导小组批准 HT-7U 立项建设[2]。10 月，中国科学院组织了项目评估会，包括核聚变物理、电工学、等离子体物理、超导物理、低温物理、控制论、经济与财务等相关领域的 15 位专家参加评估。评估认为，HT-7U 的建造对我国 21 世纪磁约束聚变研究十分重要，它的建成将使我国成为世界上少数几个拥有非圆截面、全超导磁体托卡马克装置的国家之一，使我国具备在高等离子体参数条件下进行稳态托卡马克运行模式探究的条件，从而使我国磁约束聚变研究登上国际舞台。专家组也指出，考虑到超导磁体（特别是极向超导磁体）研制难度很高，希望广泛开展国内外合作，联合同行专家进行深入研究，以保证技术方案的成功实现；鉴于整个工程预算偏紧，项目组对研制风险的考虑不足和预备金的估算偏低，建议在可行性研究阶段把经费预算做得更准确，并希望国家在可能的条件下适当增加经费投入[3]。1997 年 11 月，中国科学院根据评估意见，在原来 9870 万元预算的基础上，追加投资预算到 16 350 万元，并于 1997 年 12 月报送国家计委[4]。随后，中国科学院对预算修订进行了进一步的研究并加以详细说明，并于 1998 年 3 月提交了报告。

1998 年初，受国家计委的委托，中国国际工程咨询有限公司组织专家组对该项目进行了新的评估，并于 1998 年 4 月 28 日出具了项目建议书评估报告。评估认为，HT-7U 实验装置的科学目标明确，意义重大，立项建设条件好，工程方案和指标技术先进、合

---

① 关于 HT-7U 超导托卡马克核聚变实验装置"九五"立项报告. 中国科学院等离子体物理研究所档案室，1995.

② EAST 工程进展. http://www.lssf.cas.cn/EASTtkmk/200907/t20090717_2094890.html［2009-07-17］.

③ 关于"HT-7U 超导托卡马克核聚变实验装置工程项目建议书"的评估意见. 中国科学院等离子体物理研究所档案室，1997.

④ 关于报送"关于 HT-7U 超导托卡马克核聚变实验装置工程项目投资估算变动的说明"的函. 中国科学院等离子体物理研究所档案室，1997.

理，因此建议批准该项目建议书。在预算方面，评估认为，由于项目建设的非标设备很多，有许多不确定因素，因此建议增加投资总额，可暂按 1.65 亿元控制，需在预研阶段进一步详核①。

1998 年 7 月 8 日，国家计委批复同意 HT-7U 立项，总投资 1.65 亿元②。1998 年 10 月，HT-7U 可行性研究报告通过中国科学院基本建设局主持的专家评估会。1998 年 12 月，国家计委批复 HT-7U 可行性报告。1999 年 10 月，中国科学院批复同意项目初步设计及概算。2000 年 10 月，国家计委正式批准 HT-7U 开工建设③。

作为 HT-7U 项目的实施者，等离子体所将整个实施过程分解为四个建设程序：投资安排程序、建设阶段程序、建设的主工艺程序和审批管理程序。工程指挥部还专门编制了《HT-7U 超导托卡马克核聚变实验装置工程施工组织设计大纲》，陈明了一系列管理规章制度，涉及经费管理、招标议标程序、质量控制、工程责任、岗位绩效津贴政策、档案资料管理等④。经过缜密的研究，指挥部将工程分解为 4 个大项共 23 个一级工程项目。在此基础上，选聘了各项目负责人，初期组建了近 10 人的工程设计、管理和预研专业建设队伍，后来扩大为 200 多人⑤。为保证工程质量，工程指挥部还按照 ISO9000 的要求，特别是 20 个要素中有关设计等关键要素的要求，编制出适合 HT-7U 工程队伍的质量保证体系，对组织管理结构进行了界定，对管理层的职责和权限进行了规范。

2003 年，我国加入了国际热核聚变实验堆（ITER）计划的磋商，拟与欧、日、俄三方一起分摊装置费用，而 HT-7U 是中方参与谈判的筹码之一。为使国内外专家易于发音、便于记忆同时又有确切的科学含义，项目名称于 2003 年 10 月正式由 HT-7U 改为 EAST。EAST 由 experimental（实验）、advanced（先进）、superconducting（超导）、Tokamak（托卡马克）四个单词首字母拼写而成，它的中文意思是"先进实验超导托卡马克"，同时具有"东方"的含义。

经过复杂的研制和建设过程，在基本完成各项关键部件研制和配套设施建设之后，从 2004 年起，工程进入总装阶段。2006 年 1 月，EAST 主体各大部件全部安装就位。2006 年 7 月，EAST 真空室中电磁测量系统的所有测量线圈全部安装、连接并检查完毕。2006 年上半年，成功进行了装置的工程联调。9 月 26 日，EAST 在第一次等离子体放电实验过程中，成功获得了电流大于 200 千安、时间接近 3 秒的高温等离子体放电，标志着世界上第一个全超导非圆截面托卡马克核聚变实验装置率先在中国建成（图 1）。随后，EAST 进入物理实验阶段，并在全超导磁体稳定运行条件下获得了最大电流 500 千安、9 秒重复放电、大拉长比偏滤器等离子体等多项实验成果⑥。

---

① 关于 HT-7U 超导托卡马克核聚变实验装置项目建议书的评估报告. 中国科学院等离子体物理研究所档案室，1998.
② 国家计委关于 HT-7U 超导托卡马克核聚变实验装置工程项目建议书的批复. 中国科学院等离子体物理研究所档案室，1997.
③ 国家计委关于同意 HT-7U 超导托卡马克核聚变实验装置工程开工建设的批复. 中国科学院等离子体物理研究所档案室，2000.
④ HT-7U 超导托卡马克核聚变实验装置工程施工组织设计大纲. 中国科学院等离子体物理研究所档案室，1999.
⑤ HT-7U 超导托卡马克核聚变实验装置建设初步设计. 中国科学院等离子体物理研究所档案室，1999.
⑥ EAST 项目进展. http://lssf.cas.cn/EASTtkmk/xmjz/［2015-06-05］.

图 1　EAST 实验装置内景

2007 年 2 月初，EAST 实现了跨国远程控制的等离子体放电。进行跨国实验的美国通用原子能公司 DIII-D 核聚变实验专家可以通过专用数据网看到的实验数据及放电图像，它们与中国科学家在控制室里看到的完全一样。在跨国操作中，获得了电流 250 千安、时间接近 5 秒的高温等离子体放电。远程控制的实现，为未来建立更广泛的核聚变实验研究网络奠定了基础[1]。

2007 年 3 月 1 日，EAST 实验装置通过国家发展和改革委员会组织的竣工验收。验收委员会认为：EAST 项目实现了原定建设目标，性能在同类装置中处于国际领先位置；整个系统运行稳定可靠，装置主机及其重要子系统均达到或超过设计指标，已全面、优质完成；它为我国核聚变事业的发展创造了良好的发展平台，也为我国全面参与国际合作项目奠定了坚实的基础[2]。

在随后的运行中，等离子体所还对 EAST 进行了多次重大技术改造[3]。2008 年 12 月完成的 EAST 内部部件改造工程，涉及机械安装、真空检漏、准直测量等多个学科，在诸如防松紧固、位移测量、石墨瓦改造、拆装维修等方面取得了重要突破。2010 年 12 月初，建成了 EAST 芯部 25 道汤姆逊散射诊断系统，可以给出等离子体电子温度和密度的空间分布，这也是国际公认的最为准确的测量电子温度的方法。2010 年 12 月，攻克第一台兆瓦级大功率离子源各部件的所有机械加工难点，完成了安装精度要求极高的离子源总装。差不多同时进行的离子回旋系统、低杂波系统、诊断系统和高温超导电流引线、内部部件等的维修改造，也于 2011 年通过验收。2013 年 9 月，还完成了对 EAST 低温系统氦压缩机站的改造。所有这些对提升装置的性能和稳定性发挥了关键作用。

在所有技术改造中，辅助加热系统的建设最为重要。"EAST 辅助加热系统"是 EAST 的二期工程，2008 年 7 月由国家发展和改革委员会批复立项，2011 年 11 月开工建设，2015 年 2 月通过国家验收。二期工程突破了一系列关键技术难题，建成了自主知识产权的低杂波电流驱动系统和中性束注入加热系统，低杂波系统性能达到国际领先水平，中性束注入系统性能达到国际先进水平，为今后开展高水平核聚变实验奠定了更加坚实的基础。2016 年 2 月，EAST 辅助加热系统投入运行 1 年后，EAST 等离子体物

①　EAST 项目进展. http://lssf.cas.cn/EASTtkmk/xmjz/[2015-06-05].

②　EAST 项目进展. http://lssf.cas.cn/EASTtkmk/xmjz/[2015-06-05].

③　EAST 项目进展. http://lssf.cas.cn/EASTtkmk/xmjz/[2015-06-05].

理参数达到放电时间 100 秒、等离子体温度 5000 万摄氏度[1]。

EAST 平台主要支撑如下几个方面的研究：全超导托卡马克稳态运行条件下的工程物理问题；近堆芯、稳态等离子体的实时控制及安全运行问题；稳态高功率加热条件下新的物理问题特别是高能粒子相关行为；稳态先进运行模式探索及其等离子体约束和输运行为；稳态先进运行模式下等离子体稳定性和控制；全金属壁条件下的稳态偏滤器物理和等离子体与壁相互作用；未来反应堆加热、诊断及控制技术。

三、全超导托卡马克核聚变实验装置的创新成就及意义

从 HT-7 到 EAST，等离子体所为我国磁约束核聚变研究开辟了一条新路。EAST 也奠定了等离子体物理研究所在国际核聚变领域的学术地位。EAST 的创新成就及意义主要体现在如下三个方面。

首先，EAST 建造过程中取得了一系列重要技术成就。在经费有限、建设时间紧迫，特别是在国内超导工业基础薄弱、缺乏相关技术储备的条件下，EAST 建设团队完成了十几个子系统的研发，在大型超导磁体的设计、制造、性能测试、精密加工等方面取得了重大突破，除少量国内没有条件生产的材料及部件（如超导线和低温阀门等）进口外，独立自主加工制造了超导托卡马克所有核心部件和绝大多数的关键设备，实现了安装调试运行放电一次成功。EAST 的超导磁体和某些重要子系统，如 2 千瓦液氦低温制冷系统、总功率达到数十兆瓦的直流整流电源、超导磁体测试设备等，均由等离子体所的科技人员自主研发、加工、制造、组装、调试，全部达到或超过设计要求。与国际上同类实验装置相比，EAST 使用资金最少，建设速度最快，投入运行后最快获得首次等离子体。在建设过程中，项目组还自主研发了 65 项关键技术和新技术，形成了一系列技术生长点，创造了多个国内乃至国际第一。例如，铠装电缆超导导体（CICC）是 EAST 最重要的核心部件，为了满足工程需要，等离子体所自主生产了总长度达 35 千米的大电流 CICC，使中国的 CICC 制造技术进入世界先进行列，同时还创造性地发展了无焊瘤管—管对接焊技术、薄壁焊缝超声波检测技术等一整套大型超导磁体制造工艺[2]，全面提升了我国大型超导磁体设计、制造和综合实验测试能力。此外，大型超导磁体的设计和制造、大规模超低温制冷技术以及任意可控的急剧变化大电流设备技术的开发等，都属国内首创并达到国际先进水平。

其次，EAST 为国内外聚变研究搭建起了重要研究平台，为核聚变科学研究提供了强大支撑。等离子体所同中国科学技术大学、清华大学、核工业西南物理研究院等 16 所大学、研究机构建立了 20 多个工作组，与国外 14 个著名研究所签署了双边合作协议，形成了一个以我为主的国际科研合作网络，并取得了一系列科学成就。2009 年，科研人员围绕托卡马克物理前沿研究领域，特别针对 ITER 未来物理实验的许多关键科学技术问题开展实验研究，在等离子体电流 250 千安、中心密度大于每立方米 1.6×10^{19}、中心电子温度大于 1500 万摄氏度、拉长比为 1.9 的条件下，获得了稳定重复的 60 秒非圆截

[1]　全超导托卡马克核聚变实验装置. 中国科学院院刊，2019，34（Z2）：30-33.
[2]　EAST 项目进展. http://lssf. cas. cn/EASTtkmk/xmjz/[2015-06-05].

面双零偏滤器位形等离子体放电。2010 年 11 月 7 日，等离子体所首次在实验中实现高约束模式（H 模）等离子体放电，在随后进行的实验中，H 模维持时间长达 6.4 秒。本次实现稳定的 100 秒放电是当时时间最长的托卡马克高温偏滤器等离子体放电，处于国际领先水平。2011 年上半年，科研人员基于 EAST 发展了先进的二维成像弯晶谱仪和多时点快速往复式探针等诊断手段，第一次在 EAST 上观察到低杂波电流驱动同时能引起芯部和边界的同电流方向的环向旋转，对构建聚变装置的稳定运行机制提供了新思路[1]。2012 年 7 月，科研人员利用低杂波和离子回旋射频波，实现了多种模式的高约束等离子体、长脉冲高约束放电，并创造了两项托卡马克运行的世界纪录：获得超过 400 秒的 2000万摄氏度高参数偏滤器等离子体；获得稳定重复超过 30 秒的高约束等离子体放电，分别是国际上最长时间的高温偏滤器等离子体放电、最长时间的高约束等离子体放电[2]。2017 年，在纯射频波加热、钨偏滤器等接近 ITER 运行条件下，EAST 实现了 101.2 秒的稳态长脉冲高约束等离子体运行，创造了新的世界纪录。2018 年，EAST 在超低碰撞区实现中心电子温度超过 1 亿摄氏度的完全非感应等离子体放电，相当于 ITER 装置实现芯部电子温度高达 2 亿摄氏度的稳态运行。此次实验获得的归一化参数接近未来聚变堆稳态运行模式所需要的物理条件，标志着 EAST 在高功率加热下堆芯物理机制研究方面取得突破性进展[3]。2021 年 12 月 30 日晚，EAST 再次创造了新的世界纪录，实现了1056 秒的长脉冲高参数等离子体运行，这是目前世界上托卡马克装置实现的最长时间高温等离子体运行。

最后，EAST 为中国平等参加 ITER 这一重大国际合作奠定了基础。ITER 计划一度是世界上规模仅次于国际空间站的国际大科学工程计划。ITER 计划肇始于 1985 年，在美、苏首脑的倡议和国际原子能机构（IAEA）的赞同下，由美、苏、欧、日等四方共同启动，目标是要建造一个可持续燃烧的托卡马克聚变实验堆，以验证聚变反应堆的工程可行性，并于 2001 年完成工程设计。我国于 2003 年 2 月加入 ITER 计划谈判。2006 年，ITER 计划七方（中、美、欧、日、俄、韩、印）正式签署联合实施协定，计划在法国南部的 Cadarache 建造核聚变装置，总投资 50 亿美元。ITER 计划执行期为 35 年，其中建造阶段 10 年、运行和开发利用阶段 20 年、去活化阶段 5 年。多年来，EAST 是唯一能为 ITER 提供长脉冲稳态先进运行高参数非圆等离子体平台的实验装置。加入 ITER 计划，使我国有机会全面掌握 ITER 设计和相关技术，从而促进我国核聚变基础研究以及实用的核聚变反应堆建设。

由 29 位国际聚变界权威人士组成的国际顾问委员会对 EAST 给予了高度评价："EAST 是全世界聚变工程的非凡业绩，是全世界聚变能开发的杰出成就和重要里程碑"，"EAST 是目前世界上唯一投入运行并拥有类似于即将建设的国际热核聚变实验堆（ITER）而采用全超导磁体的托卡马克装置。EAST 的成功建设和运行为中国平等参加 ITER 这一重大国际合作奠定了基础"[4]。鉴于其突出成就，2014 年 1 月 10 日，等

---

[1] EAST 重要成果. http://www. lssf. cas. cn/EASTtkmk/zycg/[2015-06-05].
[2] EAST 重要成果. http://www. lssf. cas. cn/EASTtkmk/zycg/[2015-06-05].
[3] 全超导托卡马克核聚变实验装置. 中国科学院院刊，2019，34（Z2）：30-33.
[4] EAST 项目进展. http://lssf. cas. cn/EASTtkmk/xmjz/[2015-06-05].

离子体所超导托卡马克创新团队被授予国家科学技术进步奖框架下的创新团队奖，这是继 EAST 在 2008 年获得国家科学技术进步奖一等奖后又一国家级荣誉。

当然，等离子体所并没有止步于 EAST，而是在此基础上大力推进聚变事业。在等离子所的努力下，聚变堆主机关键系统综合研究设施（comprehensive research facility for fusion technology）成为我国《国家重大科技基础设施建设"十三五"规划》中优先部署的大科学装置。该项目 2019 年正式立项并开工建设，项目法人单位是中国科学院合肥物质科学研究院，参建单位为核工业西南物理研究院，旨在建设一系列原型部件和系统，并加以有机集成，建成具有国际领先水平的超导磁体和偏滤器两大研究系统，为聚变堆主机关键系统研究提供粒子流、电、磁、热、力等极端实验条件，从而形成国际聚变领域参数最高、功能最完备的综合性研究平台，强力推进我国聚变能应用的进程[1]。

---

① 聚变堆主机关键系统综合研究设施. http://craft. ipp. ac. cn/index. aspx［2020-11-05］.

介电体超晶格材料*

一、现代晶体学的发展

晶体学是研究晶体的形态、结构、生长和各种特性的学科。它涉及自然科学中的多学科、多领域，是凝聚态物理和化学的重要基础与组成部分。自 1912 年拍摄出晶体的第一幅 X 射线衍射图以来，晶体学的发展便使化学、生物学、医药学以及与此相关的工艺技术发生了深刻的变化，其影响波及人类社会的各个方面。因此，联合国决定将"诺贝尔物理学奖授予晶体 X 射线衍射的发现" 100 周年的 2014 年命名为"国际晶体学年"。本小节以下将分为三部分（现代晶体学的发端、X 射线晶体学的研究、X 射线晶体学在中国的兴起）对晶体学在中国的研究工作进行叙述。

1. 现代晶体学的发端

1895 年 11 月 8 日下午，德国维尔茨堡大学校长伦琴（Wilhelm Conrad Röntgen，1845—1923）在完全黑暗的实验室中进行阴极射线实验时，发现距离试验台不远处有微弱的荧光。经过反复实验，他推测这是一种新的射线，并把它命名为 X 射线。1901 年伦琴因发现 X 射线成为第一个诺贝尔物理学奖得主。作为 19 世纪末 20 世纪初的三大发现 [X 射线（1895 年）、天然放射性（1896 年）、电子（1897 年）] 之一，X 射线为人类探索物质结构提供了崭新的手段。虽然伦琴发现了 X 射线，但是这种射线的性质是电磁波还是粒子流，成为当时人们争论的焦点。1909 年，劳厄（Max von Laue，1879—1960）担任慕尼黑大学讲师。索末菲（Arnold Sommerfeld，1868—1951）请劳厄为《数学百科全书》撰写一篇关于物理光学的总结性文章，这促使劳厄研究光波通过光栅的干涉和衍射理论。此时，索末菲的研究生厄瓦尔德（Paul Peter Ewald，1888—1985）正在准备博士论文，是关于晶体双折射现象的理论解释。当厄瓦尔德向劳厄请教问题时，劳厄萌发了用 X 射线研究晶体内部结构的想法。假如 X 射线的波长与晶体间原子或粒子的间距有相同的数量级，那么就可以在晶体中观察到 X 射线衍射现象。这就将 X 射线与晶体的空间点阵联系起来。1912 年 4 月，在索末菲学生的协助下，劳厄使用五水硫酸铜（$CuSO_4 \cdot 5H_2O$）拍摄出晶体的第一幅 X 射线衍射图。这一发现同时解决了两个非常重要的问题：第一个就是证明了 X 射线是电磁波的本性；第二个就是证实了晶体空间点阵具有周期性，使得这一假说提升为晶体学的理论。这是固体物理学发展中的一个重要里程碑。在此前的一个多世纪里，空间点阵假说"对物理学没有产生什么影响，因为当时没有一个物理现象必须接受空间点阵的假说"。在晶体学研究中，有些物理学家采取了相反的观点："在晶体中就像在其他的物质中一样，分子重心是无规则排布的……"数周后，他们又共同拍摄了硫化锌（ZnS）、硫化铅（PbS）、氯化钠（NaCl）这三种晶体的衍

* 作者：尹晓冬。

射图。1914 年，劳厄获得诺贝尔物理学奖。晶体中 X 射线衍射现象标志着 X 射线成为测定物质结构最有力的工具并且被看成现代晶体学的发端。

2. X 射线晶体学的研究

继劳厄之后，对晶体研究做出杰出贡献的是英国的布拉格父子。威廉·亨利·布拉格（老布拉格，William Henry Bragg，1862—1942）是英国物理学家和现代固体物理学的奠基人之一。他早年在剑桥大学三一学院学习数学，曾任澳大利亚阿德莱德大学、英国利兹大学、伦敦大学教授，1935 年出任英国皇家学会主席。威廉·劳伦斯·布拉格（小布拉格，William Lawrence Bragg，1890—1971）出生于阿德莱德。老布拉格很早就开始自制 X 射线管重复伦琴的实验，甚至于小布拉格胳膊受伤时，老布拉格曾亲自给他拍 X 光片检查伤势，这也是小布拉格与 X 射线的第一次结缘。小布拉格在 1909 年考取了艾伦奖学金后进入剑桥大学三一学院，并于 1912 年在自然科学考试中获得优等成绩。随后他转入卡文迪什实验室，在 J.J. 汤姆逊（Joseph John Thomson，1856—1940）的指导下从事科学研究工作。

1912 年，劳厄关于 X 射线衍射的论文发表不久，小布拉格就在父亲的启发下对此产生了兴趣，开始做 X 射线通过闪锌矿（ZnS）的实验。1912 年 10 月他推导出著名的布拉格方程：$2d\sin\theta=n\lambda$，其中 d 是原子层间距，θ 是 X 射线与晶体层间的夹角，λ 是 X 射线波长。小布拉格又用此方程和连续 X 射线谱（白光）标定了劳厄图中的晶带指数，他把这篇题为《晶体对短波长电磁波的衍射》的文章投在了 11 月的《剑桥哲学学会学报》（*Proceedings of the Cambridge Philosophical Society*）上。后来，小布拉格又利用云母片做反射实验，并以《X 射线与晶体》为题于 1913 年 1 月发表在《科学进展》（*Science Progress*）上。1912 年 12 月 12 日《自然》（*Nature*）杂志刊出此论文的摘要。此后的两年，父子俩一同完成了一系列无机晶体结构的测定[1]。1915 年，年仅 25 岁的小布拉格与其父因利用 X 射线对晶体结构的研究获得诺贝尔物理学奖，成为历史上最年轻的诺贝尔奖得主，父子同时获得诺贝尔奖也是科学史上仅有的一例。

同期在英国，与布拉格父子一起研究 X 射线衍射技术的还有巴克拉（Charles Glover Barkla，1877—1944）和莫塞莱（Henry Gwyn-Jeffreys Moseley，1887—1915）。巴克拉发现了 X 射线的两种类型，莫塞莱确定和比较了各元素的标识 X 射线辐射波长，证实了标识 X 射线辐射波长随元素原子量的加大而均匀地减小，这个发现导致了门捷列夫元素周期表的重大改进。1938 年，小布拉格出任卡文迪什实验室第五任主任，任职期间他非常支持并亲自参与利用 X 射线测定生物大分子结构的工作[2]。这导致肯德鲁（J. Kendrew，1917—1997）和佩鲁茨（M. Perutz，1914—2002）因测定了肌红蛋白和血红蛋白的晶体结构而共同获得 1962 年诺贝尔化学奖。因此，劳厄和布拉格父子以及巴克拉、莫塞莱等的开创性研究拉开了探索晶体结构的序幕，从而诞生了 X 射线晶体学这一学科。

---

[1] Phillips D. William Lawrence Bragg，31 March 1890-1 July 1971. Biographical Memoirs of Fellows of the Royal Society，1979，25（75）：78-96.

[2] Hunter G K. Light is a Messenger—The Life and Science of William Lawrence Bragg. Oxford：Oxford University Press，2004：54-65，122.

3. X 射线晶体学在中国的兴起

1912 年劳厄的发现没有在中国引起注意。直到 20 世纪 30 年代，中国才开始有 X 射线晶体学家从国外留学回来。中国最先进行 X 射线研究的是胡刚复（1892—1966）、叶企孙（1898—1977）和吴有训（1897—1977），他们都曾在国外做过 X 射线的研究工作，意识到 X 射线晶体学的重要性。1932 年北平研究院与中法大学合作，设立镭学研究所，北平研究院物理研究所所长严济慈（1901—1996）兼任镭学研究所所长，镭学研究所设有 X 射线研究室。1936 年镭学研究所迁至上海，留学回国的陆学善（1905—1981）为该所研究员。1948 年镭学研究所组建为原子学研究所，将该所的结晶学研究室规划归北平研究院物理研究所[1]，于是中国开始了 X 射线晶体学方面的研究。

20 世纪 30 年代，中国留学生陆续回国研究 X 射线晶体学。陆学善、余瑞璜（1906—1997）、卢嘉锡（1915—2001）和唐有祺（1920—2022）等物理学家做了突出的研究，前两位在英国曼彻斯特大学专攻 X 射线晶体学，后两位曾跟随美国化学家鲍林（Linus Carl Pauling，1901—1994）从事晶体结构研究。他们都属于第一代晶体学家。

民国时期尽管留学生人数逐年增加，但是到 1949 年之前，根据不完全统计，国内从事相关晶体学方面的留学人员不过 8 人（表 1）。

表 1　1949 年以前国内从事晶体学方面的留学人员

姓名	国内学校（毕业年份）	留学国家及留学学校（入学年份）	毕业年份	学位
赵松鹤（1902—1964）	南开大学（1930）	英国曼彻斯特大学（1937）	1938	博士
郑建宣（1903—1987）	武昌大学（1928）	英国曼彻斯特大学（1933）	1936	硕士
陆学善（1905—1981）	中央大学（1928）	英国曼彻斯特大学（1934）	1936	博士
褚圣麟（1905—2002）	之江大学（1927）	美国芝加哥大学（1933）	1935	博士
余瑞璜（1906—1997）	国立东南大学（1928）	英国曼彻斯特大学（1935）	1937	博士
钱临照（1906—1999）	大同大学（1929）	英国伦敦大学学院（1934）	1937	放弃[2]
钟盛标（1908—2001）	北京大学（1930）	法国巴黎大学（1934）	1937	博士
卢嘉锡（1915—2001）	厦门大学（1934）	英国伦敦大学学院（1937）	1939	博士

资料来源：根据戴念祖主编的《20 世纪上半叶中国物理学论文集粹》（湖南教育出版社，1993 年）及其他相关书籍资料整理而成的。

从表 1 可以看出，新中国成立前晶体学方面的研究人员大都留学英国。英国曼彻斯特大学是 20 世纪 20—30 年代 X 射线晶体学研究的前沿重镇，当时英国在布拉格父子等的影响下，晶体学尤其是 X 射线晶体学取得了非常大的进展。而中国的郑建宣、陆学善、余瑞璜三位物理学家有幸在 1933—1935 年先后留学该校，而且都在物理学家小布拉格的指导下进行 X 射线晶体学的研究，师徒合作取得了显著的科研成果：郑建宣首次测定 Co_2Al_5 的晶体结构，陆学善对 Cr-Al 系平衡图的 X 射线研究，余瑞璜对 $Ni(NO_3)\cdot 6NH_3$ 晶体结构的研究，尤其是余瑞璜曾在德国《晶体学杂志》和英国《自

---

[1]　中国大百科全书出版社. 中国科学院物理研究所志（1928～2010）. 北京：中国大百科全书出版社，2015：42.

[2]　钱临照因不肯拿殖民国家的学位而放弃博士论文答辩，并致信严济慈表示想回国获取中国的学位，离开伦敦后，伦敦大学曾授予他"凯里·福斯特物理奖"（Carey Foster Research Prize in Physics）。

然》上发表过多篇具有国际影响力的学术成果。①

1942 年，在国立西南联合大学工作期间，余瑞璜在英国《自然》杂志上连续发表多篇关于 X 射线新综合法的文章。文章的审稿人是晶体学家威尔逊（A. J. C. Wilson）教授，他发现文章中的创新性方法，于是利用硫酸铜做了实验，把结果发表在余瑞璜文章的后面，并未另写标题，这在学术界是罕见的。这就是后来被人们普遍引用的"威尔逊方法"。威尔逊说："这应该称为'我们的文章'。若是没有余瑞璜的文章，也就没有'威尔逊方法'。"1978 年 6 月 5 日，时任伯明翰大学教授、《国际晶体学杂志》总编、英国皇家学会会员威尔逊致信余瑞璜，他在信中说道："1942 年在《自然》杂志上发表的我的文章应称我们的文章，这是我最著名的文章，它被人引用的次数等于我其他文章被引用的次数总和。"而另一封信来自英国曼彻斯特大学教授、英国皇家学会会员利普森（Henry Lipson），在信中提到："你是否知道，战争时期你在《自然》杂志上发表的文章，开辟了 X 光强度统计学的领域。"这里需要说明的是余瑞璜当时在解决从相对衍射强度数据求解结构因数的绝对值问题，他本人并没有运用统计学方法，但是威尔逊正是受到余瑞璜工作的启发才成为将统计数学应用于晶体结构分析的第一人。1962 年在德国慕尼黑召开了世界晶体学大会，旨在纪念劳厄发现 X 射线衍射五十周年。厄瓦尔德在《X 射线衍射方法在世界范围的传播》一文中这样写道："……关于中国，（我们）知之甚少，但是那里有世界一流的晶体学家（例如余瑞璜……）。"②

1949 年后，中国 X 射线晶体学有了新的发展。留美回国的唐有祺在鲍林门下主攻 X 射线晶体学和化学键的本质，旁及量子力学和统计力学，研究了合金超结构、配合物晶体结构，为中国的结构化学研究做了奠基和发展工作。他组建了中国第一个单晶结构分析研究组，后来他又将研究对象扩展到生物分子、纳米材料等领域③。

留学期间的学习与研究是中国早期晶体学家科研生涯中的重要阶段，既确定了他们以后的研究方向，也是他们回国后继续研究的课题。这些留学人员回国后大多任职于科研机构和高等院校，当时高校几乎没有正规的晶体学课程，但他们在国内的研究推动了中国晶体学的研究和建设，使晶体学真正能在中国广大土地上得到传播、应用和发展，为我国的晶体学发展做出了重要贡献。

值得注意的是，当时从事晶体学的研究是出于国家的需要，老一代科学家精心安排与运筹帷幄起到了重要作用。例如，余瑞璜在 1935 年考取中英庚款公费留学之前，他在国立清华大学主要研究核物理，经过导师吴有训的介绍，余瑞璜到小布拉格门下进行 X 射线晶体学研究，余瑞璜为此转变了研究方向。余瑞璜在 1937 年底出色地完成了博士论文，当时国内由于日寇侵略，国立北京大学、国立清华大学、私立南开大学于 1938 年 1 月成立国立西南联合大学。吴有训嘱托余瑞璜先留在英国进行金相学研究，学成后采购一批实验设备，回国创建清华大学金属研究所。1939 年初，历尽艰辛回国的余瑞璜白手起家建立 X 射线实验室，他借用昆明中央机器厂的高压变压器，用自制的水晶管和真

① 尹晓冬，何思维. 劳伦斯布拉格在曼彻斯特的三位中国学生——郑建宣、陆学善、余瑞璜. 大学物理，2015，34（11）：38-46.
② Ewald P P. Fifty Years of X-ray Diffraction. Utrecht：International Union of Crystallography，1962：503-504.
③ 朱晶，叶青. 根深方叶茂——唐有祺传. 北京：中国科学技术出版社，2016：1.

空抽气机制成中国第一个连续抽空 X 射线管。用这个仪器,重复了拉曼(Chandrasekhara Venkata Raman,1888—1970)当时刚发现的弥散衍射现象;还结合国家生产需要,用 X 射线机分析了云南、贵州的硬铝石矿。也是在这样的实验条件下,他做出了上述重要的研究成果。[1]

由此可见,和物理学其他方向类似,晶体学兴起时,老一代物理学家包括叶企孙、吴有训、周培源(1902—1993)等以其丰富的留学经验以及与国际物理学界的个人联系,深思熟虑派出中国年轻物理学者。他们的研究方向不仅要结合个人科研特点,而且要考虑国家需求及中国物理学整体发展。例如,余瑞璜在曼彻斯特大学学习晶体学,张宗燧(1915—1969)在剑桥大学学习统计物理,彭桓武(1915—2007)在爱丁堡大学跟随玻恩(Max Born,1882—1970)学习量子力学,为他们留学方向和导师做了详细的规划和妥善、精心的安排,使得他们日后都在自己的领域里做出了辉煌的成就。

二、介电体超晶格材料的设计、制备、性能和应用

关于晶体学近年来在中国的新进展,我们选取闵乃本(1935—2018)院士带领的团队所进行的关于介电体超晶格材料的设计、制备、性能和应用的研究。

1. 介电体超晶格材料

半导体晶体中存在电子能带,通过能带设计与裁剪,实现了电子调控,奠定了当代信息技术的基础。然而,光子能带不存在于均匀晶体中。20 世纪 70 年代,人们将周期微结构引入半导体晶体,构成半导体超晶格。在此启发下,闵乃本院士研究团队于 20 世纪 80 年代初将微结构引入介电晶体,构成介电体超晶格。介电体超晶格可以由介电晶体中人工引入的有序微结构(如铁电晶体中的铁电畴、铁弹晶体中的铁弹畴等)构成,也可以由两种甚至多种不同的介电材料的有序人工微结构组成。

由于介电体中主要发生的物理过程是光、声等经典波的激发与传输,介电体超晶格中的微结构的特征参数如周期的大小可和光波、声波的波长相比拟,光波、声波在介电体超晶格中传播,就类似于电子在晶格周期势场中运动,于是介电体超晶格中就出现了光子能带、声子能带及其他准粒子能带,介电晶体中引入有序微结构,实现了不同物理常数的有序调制。介电常数(或折射率)周期调制的介电体超晶格称为光子晶体,具有光子能带。弹性常数周期调制的称为声子晶体,具有声子能带。压电常数周期调制的称为离子型声子晶体(ionic-type phononic crystals),具有极化激元能带。非线性光学常数被调制的超晶格被称为准相位匹配材料(quasi-phase-matching materials),在激光变频方面有着广泛的应用[2]。

半导体超晶格和介电体超晶格分别具有不同的粒子(如电子和光子)、准粒子(如声子和极化激元)能带,科学家期待介电体超晶格能像半导体超晶格一样,通过不同能带的设计、裁剪,实现粒子、准粒子的调控,对光电子技术、声电子技术以及微波技术作出贡献。

---

① 周航. 结晶——余瑞璜传. 长春:吉林教育出版社,2000:64-77.
② 闵乃本,朱永元,祝世宁,等. 介电体超晶格的研究. 物理,2008,3(1):1-9.

2. 介电体超晶格的发展历史

闵乃本主要从事晶体生长、晶体缺陷与晶体物性研究，是介电体超晶格研究的开拓者、准周期结构实用化的先驱。在晶体生长与缺陷研究领域，他利用光弹方法首次观察到螺位错并给出了成像规律，使之完善为研究透明晶体中位错的有效方法；他提出了晶体生长的层错、孪晶等缺陷机制，发展了非完整晶体生长的理论体系。他和他的团队开拓了介电体超晶格的研究领域，提出了介电体超晶格的概念，发展了制备技术，发现了一系列新效应，开拓了介电体超晶格在光电子、声电子领域中的应用；将准周期结构引入介电体晶格，建立了多重准相位匹配理论，发明了能同时输出红、绿、蓝三基色激光的超晶格晶体；发展了铁电晶体图案极化技术，促使铁电畴工程学的诞生；研制成离子型声子晶体，发现了超晶格振动与微波耦合以及极化激元激发；设计和制备了周期、准周期介电体超晶格，并在其中实现了二倍频（SHG）、多波长 SHG、三倍频、耦合光参量过程、光学双稳、极化激元激发以及高频（GHz）声激发，开拓了通过控制微米级微结构来研制新材料、新器件的领域。

闵乃本于 20 世纪 60 年代初开始从事晶体生长、晶体缺陷与晶体物性研究。1959 年从南京大学物理系毕业后留校，在冯端（1923—2020）的指导下，进入晶体缺陷研究领域。1960 年，他在国内首次研制成功"电子束浮区区熔仪"，并制备成功钼、铌、钨等体心立方高熔点金属单晶体。闵乃本与合作者提出了各向异性变键模型，系统地研究了原子的多体交互作用在晶面对表面能、台阶能、表面粗糙化以及晶体生长动力学的影响。1972 年被"文化大革命"中断的教学与科研开始恢复，南京大学将金属物理教研室改为晶体学物理教研室，研究对象也由金属材料转向氧化物晶体，特别是激光非线性光学晶体，当时安排闵乃本负责晶体生长方面。"任务带动学科"是当时提出的原则，闵乃本接受了 LiNbO$_3$ 单晶生长的任务，开始了自己的研究生涯。

闵乃本曾说，他在晶体生长领域的科学实践正是沿着"任务带动学科"的道路走的。1986—1987 年闵乃本在日本东北大学访问，凭借那里良好的学术环境，他的研究工作取得了重大进展，建立系统的晶体生长的缺陷机制与理论体系，并因此获得了日本东北大学理学博士学位。1984 年，国家重点实验室建设计划开始实施，闵乃本所在实验室成为首批建设的四个国家重点实验室之一。1986 年闵乃本选择了介电体超晶格作为研究方向，经过 20 年的努力，"介电体超晶格材料的设计、制备、性能和应用"项目获得 2006 年度国家自然科学奖一等奖。

闵乃本研究的思路是：介电体超晶格应该是半导体超晶格的继承与发展，20 世纪 70 年代，人们发现可用超晶格去调控半导体中的电子行为。"能否用超晶格去调控介电体中光子、声子以及极化激元的行为？"这是闵乃本思考的问题。1962 年由诺贝尔奖得主布隆伯根（Nicolaas Bloembergen，1920—2017）提出的准相位配位理论为介电体超晶格中用微结构调控光子奠定了理论基础；1984 年发现了准晶，在介电体超晶格中引入准周期序又为光子、声子和其他准粒子的调控提供了更多途径。于是，他们从介电体超晶格基本概念的提出、材料的生长、基本效应的预言和验证，直到原型器件的研制，埋头工作了 20 年，终于取得了系列成果[①]。

3. 介电体超晶格材料的研究成果

闵乃本带领的包括朱永元、祝世宁、陆亚林、陆延青在内的研究小组经过近 20 年的努力，其成果"介电体超晶格材料的设计、制备、性能和应用"项目获得 2006 年度国家自然科学奖一等奖。

该项目将超晶格的概念由半导体推广到介电体，先后研制成周期、准周期和二维调制结构的介电体超晶格，发现了一系列新颖的现象与效应，并且证明了这些现象与效应在光电子产业中有重大应用，如非线性光学频率的转换、光学双稳、微波波段极化激元（polariton）的激发等；将准相位匹配理论从周期超晶格推广到准周期超晶格（一维人工准晶），并预言在其中可产生高转换效率的耦合参量过程，实验上利用基于钽酸锂晶体的一维人工准晶实现了高转换效率的激光三倍频和多波长激光倍频，据此研制成功同时输出红、绿、蓝三基色激光器和白光激光器，这是自 1984 年准晶发现以来准周期结构的第一个具有实用价值的实验结果。

该项目组深入研究了电磁波与弹性波在介电体超晶格中的传播、激发及其耦合效应，从新效应、新机制的理论预言到材料制备、实验验证、原型器件研制进行了系统性的原创工作。这种微结构晶体材料主要应用于光电子学、光子学等高科技领域，其中基于级联光频转换和多波长同时产生，研制成功了超晶格全固态准白光激光器；在微波波段，发现了光波与超晶格振动间的强烈耦合，提出了"离子型声子晶体"的概念和微波吸收新机制；基于超晶格振动与微波的耦合，将与极化激元相关的长波光学特性由红外波段拓展至微波波段，为微波器件设计提供了新途径；在光频波段，发现了基于准相位匹配增强的非线性切伦科夫辐射、弹性散射和非弹性散射，将拉曼信号通过光放大增强 4—5 个数量，为拉曼激光器的设计提供了新原理；发展了多波动力学理论，基于新型光学双稳机制实现了多束光双态，为多通道光-光开关研制提供了新方案；基于超声激发的相干叠加效应，揭示了超声波在超晶格中激发与传播规律，研制成多种超声原型器件，填补了体波超声器件从数百兆到数千兆的空白频段；发展了微波近场显微术表征介电体超晶格的新方法，完成了介电体超晶格的专家设计系统，发展了介电体超晶格的三种制备技术和两种表征技术。[②]

这些基本概念的提出、基本理论的建立、基本效应与应用的揭示，以及介电体超晶格制备技术的发展，使得介电体超晶格成为一门新兴的前沿领域，并通过与光电子学和声电子学、材料科学的交叉催生了称为"畴工程学"的新学科诞生，开拓了一条通过人工调控介电体微结构来发展新材料与新器件的道路。

上述成果还分别入选科技部 1998 年度、1999 年度和 2007 年度我国基础研究十大新闻，教育部 1999 年度和 2001 年度中国高校十大科技进展。主要论文中有 3 篇发表在国际著名学术期刊《科学》（Science）上，6 篇发表在《物理评论快报》（Physics Review Letters）上，并在国际会议上做特邀报告 20 次。

① 陈佳洱. 20 世纪中国知名科学家学术成就概览·物理学卷·第三分册. 北京：科学出版社，2015：257-258.
② 2006 年度国家自然科学一等奖项目：介电体超晶格材料的设计、制备、性能和应用. 新材料产业，2007，（4）：15.

2006 年获奖后，该项目主要完成人又成功将介电体超晶格引进量子光学领域，并率先研制出基于超晶格的集成光子芯片，其纠缠光子产率、电光调制速率和功耗等指标都达到了同期国际领先水平，是固态光量子芯片研究的重要突破；设计出新型光子芯片，初步实现了光的单向无反射传输；研制出光学超晶格高功率、可调谐中红外激光器系统，满足了国家对 1.5—5.0 微米中红外波段激光的重要需求；与著名光通信企业合作，研制出单片集成多波长激光阵列，可望在大规模光子集成、新型无源光网络系统等领域得到应用，目前已开展产业化探索；此外，他们还首先预言了声学双折射和声二极管效应，在新型液晶和光纤器件、消色差超构透镜及成像系统、利用光子芯片开展广义相对论模拟等方面做出了不少创新性成果，产生了重要的国际影响。①

---

① 介电体超晶格材料的设计、制备、性能和应用项目. http://www.zgkjcx.com/Article/Show Article.asp?ArticleID= 2222［2020-06-15］.

柴达木盆地盐湖资源科学调查[*]

无机盐是重要的矿产资源，直接关系到人们的日常生活、工农业生产与国防建设。盐湖是盐类资源的富集之所。我国柴达木盆地盐湖数量众多、资源丰富、品类齐全，其中尤以钾、镁、硼、锂等品类最具价值。自 20 世纪 50 年代中期以来，我国几代盐湖人在柴达木盆地筚路蓝缕，以启山林，创立了我国盐湖科技事业与盐湖产业，为我国现代化建设做出了重要贡献。

一、柴达木盆地盐湖资源科学调查

我国盐湖事业的起点是寻找钾盐。钾盐是钾肥的主要来源。全球钾盐资源丰富，但分布极不均衡，加拿大、俄罗斯、白俄罗斯、德国探明的资源储量占世界总量的近八成，我国已探明钾矿储量仅占 2% 左右。[①]尤其是在柴达木盆地盐湖钾资源被发现之前，"中国无钾可寻"的论调曾流行一时。长期以来，我国钾肥几乎完全依赖进口。作为农业大国，缺钾严重制约了我国农业产量和质量的提升。[②]新中国成立以后，各类国土资源调查活动大规模铺开，钾盐资源的希望系于盐湖科学调查。1957 年下半年，中国科学院盐湖科学调查队不负众望，终于在柴达木盆地的多个盐湖发现了丰富的钾盐矿藏，为我国钾肥工业奠定了基础。

1. 柴达木盆地的早期科学考察

1943 年，国民政府财政部盐务总局和黄海化学工业研究社寿乐等一行组成西北调查团，到青海茶卡盐湖考察地理、地质环境、矿物成分及盐量盐质，调查团成员袁见齐其后在《西部盐产概论》一书中提到青海茶卡盐湖母液中含钾。[③]

1951 年和 1953 年，中央人民政府政务院文化教育委员会组织西藏工作队，调查了西藏东部的硼砂、芒硝、天然碱和石膏等资源，划分出了藏北湖群及其盐碱区。1954 年，甘肃省工业厅资源勘探队对大柴旦盐湖区的西北地段做了初步调查。1955 年，青海路政部门在修建敦煌至格尔木公路时，发现了察尔汗盐滩及钾盐赋存。[④]

2. 中国科学院盐湖科学调查队 1957 年的科学考察

1951 年，兰州大学教授戈福祥上书政务院，建议国家重视柴达木的盐湖资源研究与开发利用。时任国务院副总理李富春将此建议批转中国科学院，建议开展盐湖调查。[⑤]

---

* 作者：樊小龙。
① 马培华. 中国盐湖资源的开发利用与科技问题. 地球科学进展，2000，（4）：365-375.
② 中国无机盐工业协会钾盐（肥）行业分会，中华合作时报社·"中国农资"传媒. 中国钾盐钾肥五十年. 北京：中国财政经济出版社，2011：16-24.
③ 宣之强. 中国盐湖钾盐 50 年回顾与展望. 盐湖研究，2000，（1）：58-62，71.
④ 中国科学院青海盐湖研究所. 中国科学院盐湖研究六十年. 北京：科学出版社，2015：12.
⑤ 王扬宗，曹效业. 中国科学院院属单位简史. 第 2 卷. 下册. 北京：科学出版社，2010：978.

在 1956 年制定的《1956—1967 年科学技术发展远景规划纲要》中明确了以找钾、硼为主要任务的盐湖科学考察。在此前后，中国科学院化学研究所柳大纲提出从地球化学和物理化学的角度研究盐湖，并主动联系地质、化工、轻工、盐业、食品等有关部门和地方政府，组织成立了中国科学院盐湖科学调查队（隶属于中国科学院综合考察委员会）。调查队以柳大纲为队长，袁见齐、韩沉石为副队长，袁见齐以及石油物探队朱夏给予了许多地质方面的指导和建议，韩沉石主持调查队的政工管理工作。该团队历时较长，先后参加人员、单位较多，参与初创工作的单位有地质部、化学工业部上海化工研究院、食品工业部盐务总局以及地质部 632 石油地质普查大队，从事 1957 年科学调查的人员名单如表 1 所示。

表 1 1957 年参加中国科学院盐湖科学调查队人员名单

姓名	单位及称号/职称/职务
柳大纲	中国科学院学部委员
韩沉石	中国科学院综合考察委员会行政干部
陈敬清	中国科学院化学研究所研究员
高世杨	中国科学院化学研究所研究员
张长美	中国科学院化学研究所技术员
郑绵平	地质部技术员
曹兆汉	化学工业部上海化工研究院工程师
刘旺勋	632 石油地质普查大队技术员
沈秋枫	食品工业部盐务总局技术员
王春忠	食品工业部盐务总局助理技术员
黄康吉	食品工业部盐务总局工程师

资料来源：中国无机盐工业协会钾盐（肥）行业分会，中华合作时报社•"中国农资"传媒. 中国钾盐钾肥五十年. 北京：中国财政经济出版社，2011：35.

调查队于 1957 年 9 月从北京奔赴青海柴达木盆地，首次开展为时 3 个月的大规模、多学科的科学考察，调查对象为大柴旦、察尔汗、达布逊、尕斯库勒、昆特依和一里坪等盐湖及茫崖地区。[①]根据 1955—1956 年有关人员找钾、硼的线索，在察尔汗盐湖首次发现了光卤石，在大柴旦盐湖首次发现了硼镁石，经青海省地质局海西地质队进一步核定，证实了察尔汗盐湖为一巨大的可溶性钾镁矿床，大柴旦盐湖为一大型的硼、锂矿床。[②]这两个盐湖分属不同类型，极具代表性，因此是两项突破性的发现，对后续的找矿、盐湖科研以及盐湖资源开发利用都产生了深远影响，而察尔汗钾肥厂更是其直接产物。[③]

在这支功勋卓著的科考队伍中，有一个名字尤其值得浓墨重彩，他就是我国著名化学家、中国科学院首批学部委员（院士）柳大纲。他在当时异常艰苦的条件下，领导了柴达木盆地盐湖资源科学考察并取得了重大发现，开创了盐湖化学研究的新领域，倡导和领导创建了中国科学院青海盐湖研究所，为我国钾盐钾肥工业奠定了基础，为西部地

① 王扬宗，曹效业. 中国科学院院属单位简史. 第 2 卷. 下册. 北京：科学出版社，2010：978.
② 柳大纲. 柴达木盆地盐湖资源丰富. 光明日报，1959-03-01（3）.
③ 中国无机盐工业协会钾盐（肥）行业分会，中华合作时报社•"中国农资"传媒. 中国钾盐钾肥五十年. 北京：中国财政经济出版社，2011：30.

区的经济建设与科技发展做出了杰出贡献。图 1 为 1958 年柳大纲等工作间隙在柴达木盐湖一隅休息的场景。

图 1　柳大纲（图中右侧坐于石上者）在柴达木盐湖

资料来源：张德清，吴志坚，柳怀祖. 一生常耻为身谋——纪念柳大纲院士. 北京：中国科学技术出版社，2018

3. 盐湖科学考察全面铺开

在中国科学院盐湖科学调查队于 1957 年首次大规模考察柴达木盆地盐湖以后，食品工业部盐务总局、地质部第 632 石油地质普查大队、青海省地质局有关地质队等单位也陆续对盆地的盐湖资源进行了不同程度的勘探，积累了不少宝贵资料。其中，青海省地质局西宁中心实验室在海西地质队采自台吉乃尔盐湖的卤水样品中，分析出氯化锂含量达到 4 克/升以上，后经勘探确定该盐湖是大型液体锂盐矿床。[1]1958—1960 年，中国和苏联两国科学院合作开展了"柴达木盆地盐湖资源勘探与利用"研究项目。通过这一项目，基本确定了柴达木盆地盐湖资源的类型、分布与储量。中国科学院青海盐湖研究所于 1965 年成立以后，新一轮盐湖科考调查工作开展起来。在 1965—1976 年的 10 年时间内，以张彭熹为代表的所内科研人员陆续完成了柴达木盆地内数十个盐湖的全面考察，并据此组织编著了《柴达木盆地盐湖》等系列专著，为我国钾肥生产基地及未来盐湖硼、锂盐大型化工企业的建设提供了翔实的资料和规划依据[2]。

二、中国科学院青海盐湖研究所的建立与中国盐湖学科的初创

柴达木盆地盐湖资源的发现为我国的盐湖产业奠定了基础，也催生了我国的盐湖科

① 中国科学院青海盐湖研究所. 中国科学院盐湖研究六十年. 北京：科学出版社，2015：12.

② 郑喜玉，张明刚，徐昶，等. 中国盐湖志. 北京：科学出版社，2002：4.

学。盐湖工作者在早期进行科学考察的同时，曾积极开展了力所能及的科学研究工作。然而，盐湖资源的研究与开发利用涉及多种专业和学科，因此，有效整合各相关学科的学术和人才资源，创建专门的研究队伍、学科与研究机构势在必行。

作为《1956—1967 年科学技术发展远景规划纲要》当中有关盐湖科学部分的主要起草人和中苏两国科学院柴达木盆地盐湖研究项目的中方负责人，柳大纲在立足我国盐湖实际资源特点的基础上，借鉴苏联经验，对这一问题进行了深入思考和长远谋划，逐步形成了其有关盐湖科学的系统构想。1960 年，全国第一次"盐湖盐矿学术会议"在北戴河召开，柳大纲在会上做了《盐湖化学与任务》的报告，首次明确指出我国盐湖具有"多、大、富、全"四大特点，提议盐湖化学可作为无机化学中的一个分支学科。他认为盐湖化学应当包括盐湖地球化学、水化学、矿物学、物理化学、成盐元素化学、化学工艺学、同位素化学、稀有元素化学、盐卤分析化学以及工程设备十个方面的内容，这为日后发展中国盐湖研究与创建中国科学院青海盐湖研究所提供了基本理论框架。这一构想随着《1963—1972 年科学技术发展规划》（简称十年科技规划，柳大纲为其中盐湖科学部分的负责人）的拟定以及中国科学院青海盐湖研究所（柳大纲兼任所长）的建立而逐步变为现实，并在此后长期指导了我国盐湖科技的发展。[①]

1. 中国科学院青海盐湖研究所的建立

1962 年 10 月，中共八届十中全会召开，确定了以农业为基础的方针。在此背景之下，与钾肥工业息息相关的盐湖科研工作进一步受到重视。国家科学技术委员会组建了盐湖专业组（柳大纲为副组长之一），负责各部门、多学科、多兵种分工合作的组织协调工作，盐湖研究被正式纳入国家议事日程。在此前后，由国家科学技术委员会牵头制定了十年科技规划，其中有关章节明确要求成立盐湖专业研究机构，以察尔汗盐湖和大柴旦盐湖为重点，围绕钾、镁、硼、锂的综合利用开展相应的研究工作，在研究内容上还应包括矿产地质、水文、采卤、输卤、盐田结构工艺、采运机械、产品再加工、老卤综合利用等内容。[②]

按照十年科技规划的要求，中国科学院决定以兰州化学研究所（今兰州化学物理研究所）为基础，抽调化学研究所、兰州地质研究所（今地质与地球物理研究所兰州油气资源研究中心）、西北高原生物研究所部分人员，组建盐湖研究机构，所址定在西宁。经过一年的准备工作，于 1965 年 3 月 6 日正式成立中国科学院青海盐湖研究所，直属中国科学院领导。全所职工 211 人，柳大纲兼任所长，老干部常韬任副所长，老红军景松林任党委副书记并主持工作。与此同时，化学工业部根据十年科技规划的指示，决定筹建盐湖化工综合利用研究所，由上海化工研究院（今上海化工研究院有限公司）、天津化工研究院（今中海油天津化工研究设计院有限公司）、连云港化工矿山设计研究院（今化学工业部连云港设计研究院）和部属企业的有关人员及大柴旦盐田试验队组建，所址也选定西宁，与中国科学院青海盐湖研究所只有一墙之隔。1966 年 6 月，国家建设委员会主任谷牧到青海调查，认为两个研究所应当合并。同年 9 月，经国家科学技术委员会批

① 张德清，吴志坚，柳怀祖. 一生常耻为身谋——纪念柳大纲院士. 北京：中国科学技术出版社，2018：19-20.
② 王扬宗，曹效业. 中国科学院院属单位简史. 第 2 卷. 下册. 北京：科学出版社，2010：979.

准，决定两所合并，尚未建成的盐湖化工综合利用研究所直接合并至青海盐湖研究所，定名仍为中国科学院青海盐湖研究所，隶属中国科学院领导。新的研究所全所职工达 500 多人，其中以新中国成立以后 20 世纪五六十年代毕业的大学生居多，平均年龄 30 岁，基本上汇集了全国第一批从事盐湖科学研究的有生力量，形成了初具规模的多专业队伍。[①]

中国科学院青海盐湖研究所的建立，标志着我国盐湖科学学科进入了一个新的发展阶段。建所半个多世纪以来，几代盐湖科技工作者艰苦创业，团结奋进，为我国盐湖科技事业的发展和盐湖产业化做出了重要贡献。曾获国家级和省部级科技成果奖 70 多项，出版专著 30 多部，获得国家专利 110 多项，除此之外，研究所还培养了一大批优秀专业人才。

2. 盐湖科学的早期工作

1965 年中国科学院青海盐湖研究所成立以前，国内学者只有关于盐湖盐类零星的外围研究。1957—1964 年，在开展野外调查的同时，以袁见齐、张彭熹和郑绵平等为代表的我国盐湖地球化学专家在我国盐湖成盐演化、成矿规律和找钾等方向开展了一系列重要基础研究，提出了许多具有重要学术和应用价值的理论，有力地指导了我国盐湖资源勘探工作。为探索盐湖资源的开发，充分利用柴达木盆地降雨量小、蒸发量大的有利气候条件，中国科学院、化学工业部、轻工业部、地质部、冶金工业部、青海省所属单位以及若干高等院校协调配合，对察尔汗和大柴旦两个典型盐湖的资源分离和开发利用诸多方面开展了水文地质及水化学、矿床物质成分、采选矿、盐田结构与日晒工艺、化学加工、天然盐物化分析、湖水综合利用等试验研究工作和野外现场试验，取得了开创性的成果。[②]中国科学院青海盐湖研究所成立以后，盐湖科技工作者开始全面布局有关盐湖的基础研究工作，在盐湖地球化学、盐湖水化学、水盐体系相平衡、固液反应以及浓盐溶液化学、盐卤分析化学、重要稀散元素提取、卤水资源开发等方面做了许多开创性的工作，为我国盐湖化学的发展与资源的开发奠定了基础。

三、盐湖基础科学成就举隅

盐湖科学是一个具有高度综合性的研究领域，根据柳大纲等科学家的论述以及盐湖研究具体实践来看，其基础科学研究的核心部分主要包括地球科学领域的盐类成矿地球化学以及盐类矿床学与矿相学和化学领域的无机分离化学与物理化学及其有关的分析化学[③]。地球化学部分主要研究盐湖元素物源指示、元素聚集与成矿规律等；地质学部分主要研究蒸发岩矿物鉴定、矿物组分特征、包裹体分析等；分析化学方面由早期的化学分析转为高水平仪器分析，尤其是同位素质谱分析；无机化学的内容主要为盐湖资源的浮选、萃取、天然相分离、膜分离、吸附、浓盐溶液化学、相平衡。过去半个多世纪以来，以中国科学院青海盐湖研究所为代表的大批中国盐湖科技人员在上述的盐湖基础科研领域披

① 王扬宗，曹效业. 中国科学院院属单位简史. 第 2 卷. 下册. 北京：科学出版社，2010：977-990.
② 王扬宗，曹效业. 中国科学院院属单位简史. 第 2 卷. 下册. 北京：科学出版社，2010：978.
③ 随着盐湖科学的发展，古气候学、古生物学以及环境科学等也逐渐成为重要的学科组成部分。

荆斩棘，做出了一系列重要成果，因篇幅所限，以下仅选择其中最具基础性，对盐湖产业影响最直接的两方面的代表性研究成果给予介绍：其一为探索钾盐成矿规律，指导寻钾工作的盐湖地球化学和地质学研究；其二为探索浓溶液结晶规律，指导钾、锂等生产工艺设计的盐湖物理化学研究。除此之外，有关察尔汗采卤过程中动态水化学变化规律和自动观测系统的研究、察尔汗盐湖在大规模开采条件下的岩盐为路基基底的稳定性研究（基于该研究在盐湖上建成了举世瞩目的 32 千米的"万丈盐桥铁路"）等也是极为卓越的科研工作。

1. 高原盐湖演化与成矿规律研究

盐湖地球化学是盐湖基础科学的重要组成部分，其中，有关盐类成矿机理的研究不仅具有重要的学术价值，更能够指导具体的资源勘探，尤其是寻钾的工作，因而具有显著的实际应用价值。60 多年来，通过我国地质工作者与相关科技人员的努力，我国已从无到有，找到了 10 余个钾盐湖矿床和一个"古新世"钾盐矿床，探明氯化钾总储量近 10 亿吨，尤其是规模较大的察尔汗钾盐湖，已成为我国最主要的钾肥基地；与国外相比，中国的钾盐地质研究水平居于领先地位，特别是在陆相成钾理论方面有独到创新。[1]

20 世纪 50 年代，地质学界多认为海相才能成钾，陆相沉积中不能形成钾盐矿床。柴达木盐湖的发现打破了这种传统的认识，事实表明陆相盐湖也能形成大规模钾盐矿床。作为 1957 年中国科学院盐湖调查队副队长，察尔汗盐湖钾盐矿床的发现对袁见齐产生了很大震动。为了弄清这个内陆盐湖钾盐的成矿条件，他从 1958 年起 3 次到察尔汗盐湖工作，对这个面积达 5800 多平方千米、钾盐储量达数亿吨的矿床做了科学的调查，于 1959 年主持完成了全国盐类矿床分布规律和矿床远景预测的研究项目，主编了我国第一幅全国盐类矿床预测图，并写出了题为《中国内陆盐湖钾盐沉积的若干问题》（1961 年）和《含钾沉积形成条件的几个问题》（科学出版社，1963 年）等学术论著，其中提出此后被称为中国陆相成钾理论的学说。[2]在 1980 年为参加第二十六届国际地质大会而写的题为《中国碎屑岩系中钾盐矿床的形成条件》[3]的论文里，他系统地阐述了中国盐矿研究 30 年来的主要成就，概括为：盐盆地的活动性；盐类物质的多源性；盐类沉积过程的复杂性；盐类物质的易变性（包括变质和变形），后进一步概括为"高山深盆的成盐模式"。[4]盐湖地球化学的开拓者张彭熹等通过对古代异常钾盐蒸发岩的成因的分析，指出柴达木的许多盐湖不是残留湖，而是冰后期在更新世干盐湖上发育的新生溶蚀湖，确认察尔汗盐湖系一份深部 $CaCl_2$ 型卤水与 40 份河水配比混合演化形成[5]，解决了学术界长期以来有关察尔汗盐湖钾盐矿成因问题的疑难。这一成果完善了现代盐湖钾盐

① 乜贞，卜令忠，刘建华，等. 我国盐湖钾盐资源现状及提钾工艺技术进展. 地球学报，2010，31（6）：869-874.
② 袁见齐. 中国内陆盐湖钾盐沉积的若干问题. 地质学报，1961，（1）：1-5；袁见齐. 含钾沉积形成条件的几个问题//袁见齐，谢家荣，叶连俊. 矿床学论文集：钾镁矿床研究. 北京：科学出版社，1963：1-17.
③ 袁见齐，霍承禹. 中国碎屑岩系中钾盐矿床的形成条件//地质部书刊编辑室. 国际交流地质学术论文集——为二十六届国际地质大会撰写：（二）矿物 岩石 地球化学. 北京：地质出版社，1980.
④ 袁见齐，霍承禹，蔡克勤. 高山深盆的成盐环境——一种新的成盐模式的剖析. 地质论评，1983，（2）：159-165.
⑤ 张彭熹，张保珍，Lowenstein T K，等. 试论古代异常钾盐蒸发岩的成因——来自柴达木盆地的佐证. 地球化学，1991，（2）：134-143.

形成模式，对袁见齐等所提出的陆相成钾理论作了重要补充。[①]1995 年，中国地质科学院矿床地质研究所王弭力等运用在柴达木盆地找钾的实践经验与理论，通过对比研究得出结论：塔里木盆地与柴达木盆地一样，具备袁见齐提出的"高山深盆"成盐环境，而盆地沉积中心受新构造运动控制而迁移，钾盐的形成因而需要考虑盆地的迁移。基于这一认识，她领导的项目组提出了"矿随盆移"的新概念，将"高山深盆"理论发展为"高山深盆迁移"论，最终在罗布泊找到了超大型钾盐矿床。2001—2002 年，用"两段式"成矿理论做指导，他们在罗布泊其他盐湖又发现两个中型钾盐矿床。罗布泊找钾成功，标志着中国盐湖成钾理论的进一步完善。[②]自张彭熹在 1959 年首次编制了柴达木盆地 1：50 万的盐湖水化学图以后，21 世纪初，郑绵平等进一步编制了 1：250 万青藏高原湖泊水化学分带图，揭示该区盐湖水化学类型分布规律及其相应成盐成矿专属性。[③]

2. 浓盐溶液化学和相平衡研究

我国大部分盐湖地处西部内陆，蒸发量大而降水稀少。盐湖卤水的蒸发过程往往伴随着盐类结晶过程，这也为卤水盐类分离提供了便捷。相图为卤水蒸发结晶提供指导，对探索相分离工艺至关重要，也是探索蒸发后期综合利用的重要基础。然而，虽然水盐体系相图经历了 100 多年的发展历史，但迄今为止能够准确、完整描述的体系仍然停留在五元体系，远远不能精确描述更复杂的体系，在实际生产当中，需要根据体系组成变化不断改变描述体系所需的相图，而这要求长期的相平衡研究成果的积累。我国盐湖科技工作者在各类水盐体系相平衡及其热力学性质方面进行了大量基础研究，特别在盐卤硼酸盐化学与锂盐相化学方面做了较为深入的研究。

1956 年，在柳大纲的指导下，中国科学院化学研究所首次开展了茶卡盐湖物理化学研究。徐晓白等把茶卡盐湖卤水简化为 Na^+、K^+、Mg^{2+}//Cl^-、SO_4^{2-}-H_2O 五元体系，根据化学分析和光学定性鉴定获得了蒸发结晶路线和析盐顺序，第一次找到了蒸发结晶路线严重偏离范特霍夫平衡相图的实验证据，即钾盐镁矾相区消失和光卤石相图扩大。[④]陈敬清等对三大类型卤水的蒸发结晶分别进行了系统研究，包括氯化物型：Na^+、K^+、Mg^{2+}//Cl^--H_2O 四元体系；碳酸盐型：Na^+、K^+//Cl^-、CO_3^{2-}、SO_4^{2-}-H_2O 五元体系以及硫酸盐型：K^+、Na^+、Mg^{2+}//Cl^-、SO_4^{2-}-H_2O 五元体系。[⑤]

在介稳相图及其理论基础研究方面同样开展了多项基础研究工作。其中，金作美等完成了第一个完整 Na^+、K^+、Mg^{2+}//Cl^-、SO_4^{2-}-H_2O 五元体系在 25℃时的介稳相图，为硫酸盐型盐湖卤水的自然蒸发结晶过程提供了理论和计算依据。[⑥]房春晖等进行了 Na^+、K^+//Cl^-、CO_3^{2-}、SO_4^{2-}-H_2O 五元体系在 25℃时的介稳相图实验研究，并应用于西藏碳酸

---

① 中国科学院青海盐湖研究所. 中国科学院盐湖研究六十年. 北京：科学出版社，2015：16.
② 刘成林，焦鹏程，王弭力. 盆地钾盐找矿模型探讨. 矿床地质，2010，29（4）：581-592.
③ 王淑丽，郑绵平，王永明，等. 中国盐湖地球化学发展历程与研究进展. 科学技术与工程，2019，19（9）：1-9.
④ 柳大纲，陈敬清，徐晓白，等. 茶卡盐湖物理化学调查研究. 盐湖研究，1996，（Z1）：20-42.
⑤ 关于盐湖卤水的水化学类型划分，目前在国际上仍不统一。中国多数盐湖研究者多应用库尔纳可夫-瓦良什科分类法将其分为氯化物型、碳酸盐型和硫酸盐型三大类。陈敬清，刘子琴，房春晖，等. 小柴旦盐湖卤水 25℃等温蒸发. 地质评论，1986，（5）：470-480.
⑥ 金作美，肖显志，梁式梅. (Na^+、K^+、Mg^{2+})，(Cl^-、SO_4^{2-})，H_2O 五元系统介稳平衡的研究. 化学学报，1980，（4）：313-321.

型盐湖的盐类分离工艺设计当中。[①]

一直以来，盐湖硼酸盐始终是盐湖化学和盐湖化工研究的难点。据统计，在400℃范围内的含氯化镁和硫酸盐的硼酸盐矿物多达20余种，相关溶液结构、相变动力学和介稳相图仍远未搞清楚。硼酸盐体系盐卤在结晶过程所产生的镁硼酸盐固相虽然溶解度低，但是介稳现象极为严重，几乎所有已报道的含镁硼酸盐的相图都不能准确描述大小柴旦盐湖卤水当中的硼酸盐结晶过程。中国科学院青海盐湖研究所高士扬等对硼酸盐溶液化学做了长期系统研究，获得了阶段性成果，初步揭示了硼酸盐在盐卤蒸发和冷冻盐析过程中的行为规律，测定了硼酸镁在浓盐卤中动态极限溶解度，确定了高含硼浓缩盐卤中析出共结硼酸盐的相组成，提出盐卤中硼酸盐以"四硼酸盐"的综合统计形式存在。[②]针对含硼锂酸盐型盐湖卤水体系，系统地开展了该复杂体系 Li^+、Na^+、K^+、$Mg^{2+}//Cl^-$、SO_4^{2-}-Borate-H_2O 相关系研究，确定了硼酸盐在不同卤水阶段的存在形式，获得了稀有碱金属盐类在盐水混合溶剂体系中的分离和提纯条件，对首次发现的新硼酸盐——氯柱硼镁石展开了一系列详细的溶解和转化研究。有关研究当中所涉多组分介稳相平衡和均相母液结构、动力学和热力学等方面的科学问题不仅对直接回收锂盐和硼酸盐具有重要参考价值，而且具有重大的潜在学术意义。[③]

四、盐湖应用研究与盐湖资源的开发利用

与盐湖基础科学研究工作并驾齐驱的是有关盐湖资源的开发利用研究工作。1957年中国科学院盐湖调查结束后，科考队有关负责同志立即向青海省政府做了汇报，并提出建议，促成了青海省于1958年成立化学工业局，兴建察尔汗钾肥厂和大柴旦化工厂。1959年，柳大纲在《光明日报》上发表文章，从柴达木盆地的盐湖资源，展望这一地区化学工业的远景，认为有望在此建设一个巨大的化工联产基地。[④]柳大纲这一构想具有显著的战略性、前瞻性和科学性，直接指导了后续的盐湖产业奠基工作，对以后数十年的盐湖科研和生产实践也产生了深远的影响。他的这一设想也体现在此后的十年科技规划之中。有关规划内容除要求设立有关专门研究所的内容之外，还着重提出分别在三个盐湖建立三个工厂的构想，即在察尔汗盐湖建立年产10万吨钾肥的工厂，在柯柯盐湖建立年产250万吨的石盐厂，在大柴旦盐湖建立生产硼酸、锂盐的示范车间，为柴达木地区盐湖工业的发展指明了方向。[⑤]

柴达木盆地盐湖资源品类丰富，柳大纲等在一开始即提出盐湖中除可提取钾、镁、硼、锂之外，还要考虑溴、碘、铷、铯、铀、钍、重水和有关同位素的提取技术。但因为各种历史原因，实际开发利用长期以来是以钾为中心展开的。到"七五"期间，国家

① 房春晖，牛自得，刘子琴，等. Na^+，$K^+//Cl^-$，SO_4^{2-}，CO_3^{2-}-H_2O 五元体系25℃介稳相图的研究. 化学学报，1991，49：1062-1070.
② 高世扬. 盐湖化学的前沿. 盐湖研究，1993，（2）：47-52.
③ 中国科学院青海盐湖研究所. 中国科学院盐湖研究六十年. 北京：科学出版社，2015：158-167.
④ 柳大纲. 柴达木盆地盐湖资源丰富. 光明日报，1959-03-01（3）.
⑤ 王建芳. 盐湖六十载：循环发展一路高歌——写在青海盐湖工业股份有限公司成立60周年之际. 柴达木开发研究，2019，（2）：58-63.

计划扩建年产 20 万吨的青海钾肥厂，柳大纲与袁见齐考虑到我国盐湖与国外盐湖的不同特点和大规模开采的复杂性，于 1984 年起草了《关于大规模开采察尔汗钾资源急需进行的科研准备工作建议》，希望研究解决卤水动态、水化学变化规律及盐湖资源综合利用三个方面的问题，在确保钾肥生产持续稳定的同时，保障其他资源的综合利用以及盐湖资源的环境保护[①]。随后，"青海盐湖提钾和综合利用"被列为国家"七五"期间的重点科技攻关项目，其中的主要课题更延续到"八五""九五"的攻关计划，极大地促进了盐湖科技的发展，为我国大规模开发利用盐湖资源解决了后顾之忧，中国科学院青海盐湖研究所在其中发挥了主力军的作用。以下分别回顾了察尔汗盐湖氯化钾反浮选冷结晶工艺与东台吉乃尔盐湖高镁锂比盐湖提锂关键技术的研发和产业化过程。除此之外，盐湖镁、硼资源的开发利用也已取得显著成效，因篇幅所限，在此不予详述。

1. 察尔汗盐湖氯化钾反浮选冷结晶工艺的研发与产业化

察尔汗是我国最早、最大的钾盐工业基地。长期以来，以青海盐湖研究所为代表的广大盐湖科技工作者把察尔汗盐湖作为氯化物类型盐湖的典型，在卤水开采与输送、盐田日晒制取光卤石、光卤石铲装机械、氯化钾提取工艺等方面，开展了一系列的科技攻关，取得了丰硕的成果，在我国盐湖钾盐工业的发展中起到了引领和推动作用，氯化钾生产中的反浮选冷结晶工艺是众多科研创新成果中的典型代表。

在反浮选冷结晶生产氯化钾的工艺诞生之前，青海察尔汗钾肥厂曾主要使用过两代不同的生产工艺流程。1958 年 8 月 1 日——后被定为察尔汗钾肥厂的厂庆日，青海察尔汗钾肥厂在建厂之初，采用曹兆汉等开发的光卤石冷分解洗涤法[②]，投料生产出了钾肥，当年生产能力达到近千吨，开创了中国盐湖钾肥工业。该工艺方法一直应用了近十年（其间曾经历自动化改造）。1968 年，采用中国科学院青海盐湖研究所的成果，青海察尔汗钾肥厂建成了中国第一套浮选法生产钾肥的装置，从此，以光卤石冷分解浮选法取代了冷分解洗涤法工艺。这一工艺此后推广至马海、昆特依、大浪滩等盐湖建设的十多家钾肥厂。反浮选冷结晶生产氯化钾的工艺，是以色列死海工业有限公司[Dead Sea Works，今以色列化学工业有限公司（Israel Chemicals）]研发的，当时是以盐湖光卤石为原料生产氯化钾最为先进的工艺方法。1990 年前后，中国有关单位与以方公司商讨合资办厂事宜，但因为以方所提出的条件过于苛刻，合作方案遭到国内专家的多数反对，最终无果而终。[③]事实上，当时中国科学院青海盐湖研究所等单位的科技人员早已布局反浮选冷结晶工艺中关键技术研究并取得突破性创新成果。其中，青海盐湖研究所马文展、田秀敏、王文桂等于 1977 年制得了脂肪酰胺和烷基吗啉两类氯化钠收剂，通过反浮选工艺试验，效果超过冷结晶工艺的技术要求[④]。此外，作为国家"七五"重点攻关项目，由上海化工研究院、化学工业部化工矿山设计研究院（今中蓝连海设计研究院有限公司）、青海钾肥厂合作设计制造的 $\Phi4500\times6000$ 型冷结晶器取得了良好的试验效果，为反浮选冷结晶工艺解决了关键设备问题。1986 年，青海省察尔汗钾肥厂（今青海盐湖工业股份

① 张德清，吴志坚，柳怀祖. 一生常耻为身谋——纪念柳大纲院士. 北京：中国科学技术出版社，2018：166.
② 曹兆汉，陈大福，张海燕，等. 冷分解法加工光卤石制取氯化钾（内部资料）. 青海盐湖研究所，1964.
③ 中国科学院青海盐湖研究所. 中国科学院盐湖研究六十年. 北京：科学出版社，2015：411-412.
④ 马文展，田秀敏，王文桂，等. 两类氯化钠捕收剂的合成及浮选评价. 盐湖科技资料，1980，(Z1)：39-46.

有限公司）下属科技开发公司，集成前期各项目研究成果建成了年产 2 万吨氯化钾的工业性试验装置。1996 年，盐湖集团第二选矿厂采用反浮选冷结晶新工艺对冷分解浮选法车间进行技术改造，在改进了产品质量的同时，大幅度降低了生产成本。在此基础上实施的扩能技术改造使一期工程达到了年产 40 万吨氯化钾的生产能力。[①]作为国家西部大开发首批十大重点项目之一，青海钾肥二期工程年产 100 万吨氯化钾项目，于 2003 年投入试产，2006 年全面达标，使中国盐湖钾肥生产技术达到了国际先进水平。[②]近些年来，反浮选冷结晶工艺与经过优化的冷分解浮选法工艺又相继应用于多套氯化钾大型装置，并取得了显著的经济效益。

2. 东台吉乃尔盐湖高镁锂比盐湖提锂关键技术及应用

锂对国民经济及国防具有重要意义。随着新能源电动汽车和其他可再生能源储能产品的推广，锂资源正日益成为发展我国新能源产业的战略资源。我国盐湖含有极为丰富的锂资源，占世界盐湖锂储量的近 1/3。[③]青海盐湖卤水中以富含锂盐而闻名于世。其中以台吉乃尔、一里坪等盐湖最为集中。然而，该盐湖具有高镁锂比的特征，而镁锂分离曾是一项世界级的技术难题，受制于此，直到 20 世纪末，国内锂盐消费市场一直被国外垄断。中国科学院青海盐湖研究所马培华等开发了具有自主知识产权的高镁锂比盐湖卤水提锂及资源综合利用创新技术，取得了一系列创新性成果：①利用离子交换膜从高镁锂比盐湖卤水中低成本、高效分离提取锂的新方法，并建成生产示范装置；②卤水脱硼技术、碳酸锂和硼酸制取技术；③解决了盐田法富集、浓缩锂生产工艺技术，建立了复杂地质条件下修建大面积深水盐田工程技术，实现了高镁锂比盐湖卤水中钠盐、钾盐、锂盐、镁盐、硼酸盐的浓缩分离的工业化。[④]依托这一技术体系，青海锂业有限公司于 2009 年首次在青海东台吉乃尔盐湖建立了青海盐湖提锂及钾、硼等资源综合开发的国家高技术产业化示范工程，2012 年在东台吉乃尔盐湖形成的年产 1 万吨碳酸锂、15 万吨硫酸钾和 2500 吨硼酸的高技术产业"青海高镁锂比盐湖提锂关键技术及应用"项目的实施标志着我国在高镁锂比盐湖提锂和盐湖资源综合利用产业化方面走在了世界前列。[⑤]

① 王兴富，王石军，田红斌，等. 青海盐湖提钾技术进展与我国钾肥工业的发展. 化工矿物与加工，2017，46（11）：48-52.
② 《高速发展的中国化学》编委会. 高速发展的中国化学：1982—2012. 北京：科学出版社，2012：18.
③ 宣之强. 中国盐湖及盐类矿产资源研究回顾与展望. 化肥工业，2018，45（1）：53-59.
④ 李白薇. 解决盐湖提锂世界难题. 中国科技奖励，2012，（7）：75-76.
⑤ 中国科学院青海盐湖研究所. 中国科学院盐湖研究六十年. 北京：科学出版社，2015：421-425.

籼型杂交水稻[*]

中国是世界上种植水稻历史最为悠久的国家，是栽培稻的主要发源地之一。悠久的稻作历史积累了丰富的种植经验，这不仅为中国稻作事业的发展做出了重大贡献，而且对世界稻作事业的发展起了重要作用。在中国日常饮食结构中，稻米是最重要的食物来源之一，我国60%以上人口以稻米为主食。稳步提高水稻生产能力，满足人口增加和人民生活水平提高对粮食消费的刚性需求，是关乎国家治理、社会稳定、人民健康和国民经济发展的全局性重大战略问题。

而其中种子在水稻产业中一直发挥着重要作用，从原始社会时期对野生稻的驯化利用，到宋代占城稻的引进，每一次水稻种植的跨域式发展都与种子有着密切的关系。近现代以来对水稻产业影响最大的就是籼型杂交水稻的成功培育，其是20世纪70年代初，袁隆平院士领导的研究团队以杂种优势利用技术成功培育出三系杂交水稻品种，实现了水稻杂种优势利用的重大突破，并于1976年起大面积应用生产。籼型杂交水稻是我国具有自主知识产权、享誉世界的一项重大发明，被世界誉为"东方魔稻"、中华民族的"第五大发明"。

一、籼型杂交水稻的研究背景

生物的杂种优势是自然界普遍存在的现象，是指用两种遗传特性不同的亲本杂交产生的杂种一代，在生长势、生活力、适应性、抗逆性和生产力等方面明显优于母本的现象。而将杂种一代这种超亲现象应用于农业生产，以获得更高的产量和更大的经济效益称为杂种优势利用。早在18世纪中期，德国学者科尔鲁特曾在烟草中发现农作物的杂种优势。1876年，达尔文又指出杂交品种中两性因素会发生某种程度的分化，从而使杂交品种具有一定优势。

进入20世纪后，各种杂交品种相继出现在农业生产领域。30年代辛洛特和邓恩提出"水稻属自花授粉作物，杂交没有优势"的结论。60年代以来受玉米、高粱杂种优势利用的影响，美国、日本、印度、苏联、意大利、菲律宾等十几个国家先后开展了对水稻杂种优势利用的研究，但都因没有培育出稳定的不育系和强恢复系，一直只处在试验阶段。日本最早开展粳型水稻雄性不育研究，1958年，胜尾清用中国红芒野生稻与粳稻藤坂5号杂交，并通过多代回交，育成藤坂5号不育系；1966年，新城长友用印度春籼钦苏拉包罗Ⅱ与中国粳稻台中65号杂交，经过连续回交，育成台中5号不育系，并实现三系配套，但迄今未能在生产上应用[1]，在70年代之前杂交水稻的大面积生产应用一直是一个空白。

* 作者：王思明、于帅。
[1] 任光俊，颜龙安，谢华安. 三系杂交水稻育种研究的回顾与展望. 科学通报，2016，（35）：3748-3760.

　　新中国成立初期我国的水稻产量水平也处于一个很低的水平，1949 年全国水稻播种面积为 2570.86 万公顷，总产量 4865 万吨，平均每公顷只有 1892 千克。新中国成立后，国家对水稻生产非常重视，采取了一系列方针政策和有力措施。50 年代初到 70 年代中期，对水稻地方品种的鉴定评选利用和矮秆水稻良种推广普及等工作的开展，为杂交水稻的推广应用奠定了良好的基础。在农作物优良品种中，人们把杂交水稻称为"绿色王国里的瑰宝"。

　　60 年代初，受三年困难时期影响，国家面临着粮食紧缺的困难局面。为寻找提高水稻产量的新途径，湖南安江农校青年教师袁隆平，于 1964 年首先开始了水稻杂交的相关研究。

二、研究历程

1. 三系杂交水稻设想的提出

　　1953 年，袁隆平从西南农学院[①]毕业，随后被分配到湖南安江农校任教。1956 年党中央提出"向科学进军"的号召，国务院组织制定全国科学发展规划，袁隆平便产生了带领学生科研小组研究高产新作物的想法。随之而来的"三年困难时期"，大饥荒的情景让袁隆平深切地感受到了粮食作物的重要性。作为一名农业科技工作者，他下定决心一定要解决粮食增产问题。经过对红薯和小麦的曲折研究之后，袁隆平意识到水稻才是解决粮食增产问题的关键，于是从 1960 年起，他把研究目标转到了水稻上。在农村实习过程中，受到"施肥不如勤换种"理念的启发，他意识到农民最紧迫的需要就是作物良种。

　　根据经验，袁隆平先从系统选育着手，即在农民的田里面选择优良的单株，再优中选优。1961 年 7 月的一天，他在农校试验田里发现了一株形态特优的稻株，袁隆平如获至宝，以为发现了优良品种，便采集后进行了试种。然而第二年禾苗生长情况参差不齐。袁隆平很快意识到，水稻之所以参差不齐，是因为发生了性状分离。通过记录观察，水稻的性状分离比完全符合孟德尔的分离规律，从而证实了那株"鹤立鸡群"的水稻是一株天然的杂交稻。袁隆平由此推断出水稻也具有强大的杂交优势，于是决定开始研究人工培育杂交水稻。

　　杂交水稻是利用杂种优势，即用两个品种杂交，杂交之后，由于品种之间的遗传有差异，这个差异就产生了内部矛盾，矛盾又产生了优势，由于杂种优势只有杂种第一代表现最明显，因此需要年年产生杂交种子。而要解决第一代杂交种子不育的难题，就要培育一种特殊的水稻——雄性不育系（简称不育系），即自身没有有效的花粉，需要依赖外来的花粉繁育后代。有了不育系后，把它与正常品种相间种植，并进行人工辅助授粉，就可以解决不要人工去雄便能大量生产第一代杂交种子的问题。

　　通过借鉴玉米与高粱杂种优势利用的经验，袁隆平设想了"三系法"技术路线，即通过培育不育系、保持系、恢复系实现三系配套，以达到利用水稻杂种优势的目的。具体讲，就是首先培育出水稻不育系，并用保持系使这种不育系不断繁殖，且其后代仍然表现为雄性不育；再育成恢复系，使不育系育性得到恢复并产生杂种优势，以达到应用

---

① 现并入西南大学。

于生产的目的①。想法形成后，袁隆平随即开始了研究。

2. 水稻不育系的初步研究及突破

袁隆平首先要从栽培稻品种中寻找雄性不育材料。1966 年，他从洞庭早籼、矮脚南特等品种中，根据自然飞花结实的 F1 不育性分离情况，找到了可遗传的自然雄性不育株，进一步设想通过培育水稻不育系、保持系、恢复系的三系法途径，实现水稻杂种优势的利用，并用镜检的方法将其划分为"无花粉型""花粉败育型""花药退化型"三种类型，这是袁隆平选育三系研究的起点。

1965 年 10 月，袁隆平将他的初步研究结果整理撰写成论文《水稻的雄性不孕性》，并发表于《科学通报》1966 年第 4 期上。该文初步探讨和分析了水稻杂种优势的利用途径，正式提出了通过培育水稻三系，以三系配套的方法来利用水稻杂种优势的设想与思路，且经过两年研究，逐穗检查，已找到一批能遗传的自然雄性不育材料。文章还阐述了雄性不孕性在遗传上一般分为核质型和胞质型两类，以胞质型在杂交优势育种中最有利用价值。

就在杂交水稻的研究取得进展的时候，却受到了"文化大革命"的冲击和影响，杂交水稻试验材料几度险遭被毁，研究工作多次停滞。幸运的是，袁隆平的论文在《科学通报》上发表之后很快引起了中华人民共和国科学技术委员会（简称国家科委）及湖南省相关部门的重视。1966 年 5 月国家科委九局局长赵石英及时地以国家科委的名义，分别向湖南省科委与安江农校发函，表示支持袁隆平继续开展这项研究。1967 年 2 月，按国家科委的指示，湖南省科委派员到安江农校了解情况，由袁隆平起草了《安江农校水稻雄性不孕选育计划》，并提议将应届毕业生李必湖和尹华奇留校作为助手。同时，"水稻杂种优势利用"被列为湖南省重点研究项目，下拨科研经费 400 元②。同年 6 月，成立了由袁隆平负责的三人科研小组，一度中断的研究工作又重新开展。

杂交水稻的研究在"文化大革命"中艰难地进行着，不时会受到政治运动和人为破坏的影响。1968 年 10 月，袁隆平带着两个助手，到海南陵水开展研究试验。此后，为了加快育种速度，他们几乎每天都在田里搞试验，大大节约了科研时间。自 1964 年到 1969 年，历经 6 年的坎坷，先后用了 1000 多个品种、品系与自然不育材料配制了 3800 多个组合，可结果均达不到每年 100%保持不育，一直没有培育出理想的不育系。

1969 年冬，袁隆平和科研小组到云南元江继续培育。对于上一阶段的工作，袁隆平召集助手们进行了认真总结，袁隆平发现所用材料亲缘关系太近，不育特性难以保持。于是，他决心从野生稻里寻找远缘杂交的自然雄性不育株。

1970 年 6 月，湖南省"革命委员会"在常德召开"湖南省第二届农业科学技术大会"，会前筹办了"水稻雄性不育试验项目"专题展览。会上，研究项目受到了湖南省"革命委员会"的重视和肯定，大会决定将杂交水稻研究列为全省协作项目。会后，袁隆平重新调整了研究方案，决定继续用野生稻与栽培稻进行杂交，即通过野生稻与栽培稻进行

① 袁隆平（口述），辛业芸（访问整理）. 杂交水稻是怎样育成的：袁隆平口述自传. 长沙：湖南教育出版社，2010：80-81.
② 袁隆平（口述），辛业芸（访问整理）. 杂交水稻是怎样育成的：袁隆平口述自传. 长沙：湖南教育出版社，2010：73-74.

核置换，来培育细胞质不育系或核质互作型不育系，使不育系和保持系因细胞质的差异而造成育性差异，以实现突破。

1970 年，袁隆平带着他的助手李必湖等来到海南岛，寻找野生稻。终于，一个新的转折出现了。11 月 23 日，李必湖和冯克珊在三亚南红农场发现一株普通野生稻，它茎秆匍匐，花药瘪小，花粉败育，其花粉败育始于单核期，以典败为主，属于孢子体雄性不育类型，这就是他们梦寐以求的普通野生稻，后称之为"野败"。他们当即把它带回农场，栽在试验田里，精心培育，一共花了四天时间给 63 朵授完了粉，后来发现其雄性不育株能 100%遗传，其后代每代都是雄性不育株。这一重大转折，为应用"三系"（不育系、保持系、恢复系）配套选育杂交水稻的成功，打开了一个突破口。

3. 不育系和保持系选育成功

为了加速杂交水稻育种进程，尽快在生产上应用水稻杂种优势，1971 年 4 月，湖南省成立了"水稻雄性不育系选育及杂种优势利用研究协作组"，并根据上级的指示，把野败材料分别送给 10 个省、自治区、直辖市的 20 多个单位进行研究。随后农林部和湖南省农业科学院先后把杂交水稻列入重大科研项目。1972 年，农林部在长沙召开了全国第一次水稻雄性不育协作会议，成立协作组，正式组织全国攻关。从此，一个以"野败"为主要材料，培育"三系"的协作攻关，有计划、有领导地在全国蓬勃展开。

几十个科研单位，使用上千个品种，做了上万个杂交组合，与野败进行回交转育。许多科研人员为了争时间，抢速度，一年四季，转战南北，加速世代繁殖和选育，有的甚至连续几年风餐露宿。1971 年春，袁隆平等用一些籼稻栽培稻品种作父本与野败作了 20 多个组合的杂交，同年冬天在海南崖县（今三亚崖州）播种 10 个组合，并对其杂种一代的育性进行了观察，完全不育株占 41%，部分不育株占 40%，有 3 株正常结实，其中一株野败×6044 结实率达 95%，这既证明了野败的雄性不育性可通过杂交遗传给后代，也揭示了选育恢复系的可能性。1972 年 10 月，袁隆平用野败×6044 的后代与二九南 1 号连续回交三代共 11 株，表现为全不育，不久便育成了我国第一个水稻不育系二九南 1 号 A 及其相应的保持系二九南 1 号 B[1]。

在此期间，江西省萍乡市农业科学研究所颜龙安采用相同的方法育成了珍汕 97 不育系、二九矮不育系及它们的保持系，周坤炉育成 V20 不育系，福建农业科学院育成 V41 不育系，新疆农业科学院育成查系 83 和杜字 129 不育系[2]。至此，我国第一批野败细胞质骨干不育系和相应的保持系宣告育成。

其中，珍汕 97A 和 V20A 是 20 世纪 80—90 年代我国杂交水稻生产应用最广泛的不育系，具有不育性稳定、可恢复性好、产量配合力强、繁殖制种产量较高等突出优点，在生产上应用长达 30 余年。

4. 恢复系培育成功，三系得以配套

虽然不育系和保持系有了较大的进展，但是仍然找不到恢复系，"三系"仍然不配

[1] 袁隆平（口述），辛业芸（访问整理）. 杂交水稻是怎样育成的：袁隆平口述自传. 长沙：湖南教育出版社，2010：97.
[2] 农业部科学技术委员会，农业部科学技术司. 中国农业科技工作四十年. 北京：中国科学技术出版社，1989：70.

套，不能用于生产。1972 年冬，三系选育的重点转入恢复系选育，方法以测交筛选为主。各省（区）农业科技人员云集三亚南繁基地，选用了长江流域、华南、东南亚、非洲、欧洲等地的 1000 多个品种进行测交、筛选，找到 100 多个有恢复能力的品种。

1973 年 10 月，中国农业科学院在江苏苏州召开全国水稻科研生产现场经验交流会，总结经验，肯定成绩，加强组织，扩大研究材料。袁隆平代表湖南省水稻雄性不育系研究协作组在会上作《利用"野败"选育三系的进展》的发言，正式宣布籼型杂交水稻三系配套成功。这次会议标志着我国水稻杂种优势利用研究取得了重大突破。

值得一提的是颜龙安在会上发表了题为《利用野败选育水稻"三系"的进展情况汇报》的论文，文章指出：1972 年夏选用 593 个品种与二九矮 4 号、珍汕 97 两个不育系测交，筛选出 7101、7039 等强优势恢复系；归类分析发现了野败育性恢复基因分布的基本规律：①热带地区品种对野败恢复的比例大，亚热带地区品种对野败恢复的比例较小，北纬 30 度以北地区的品种对野败恢复的比例极小；②籼稻品种恢复的较多，粳稻品种恢复的极少；③晚稻品种恢复的较多，早稻品种恢复的极少[1]。该规律的发现和报道，促进了野败恢复系的选育，加速了杂交水稻三系配套的研究进程。

经过众多科研人员的努力，全国杂交水稻研究协作组终于在 1973 年从东南亚的一些品种中测得了具有较强恢复力和较强优势的恢复系，如广西农学院的教师张先程等和湖南省的科技人员，先后在东南亚籼稻品种里测得 IR24、IR26 对普通野生稻不育细胞质具有有效的恢复力，选育出了花药发达、花粉量大、恢复率在 90% 以上强优势的 2 号、6 号恢复系；湖南、江西、广东也分别报道了 IR24、IR661 和古 154 等恢复系品种[2]，之后福建省三明市农业科学研究所谢华安培育的恢复系明恢 63 与珍汕 97A 配组育成的杂交水稻汕优 63，在将杂交水稻大面积推广到全国各地过程中，也作出了巨大贡献。

与高产亲本和同类常规良种比较，杂交水稻具有光合效率高、根系活力强等生理功能上的优势，表现在根系发达、分蘖性强、茎秆粗壮、穗大粒多、米质良好、适应范围广、抗逆性强等方面。它们只需一般稻种十分之一的种子，即每公顷 15—22.5 千克，就可获得每公顷 7500 千克以上的产量。在我国广大籼稻地区，可作一季中稻和双季晚稻栽培，一般每亩可结 20 万个有效穗，每穗总粒数 140 粒以上，结实率 80%，千粒重 26克以上，大面积种植平均亩产 400—500 千克，比在相同条件下的常规良种每亩增产 50—100 千克，增产两至三成。

三系配套成功后，还要攻克优势组合这一技术关。1974 年湖南省农业科学院试种"二九南 1 号 A×IR24" 1.06 亩，亩产 505.42 千克，从而鉴定出我国第一个籼型三系杂交稻组合——南优 2 号，它成为我国第一个得到大面积生产应用的强优势组合。另外，我国杂交水稻研究协作组从来自东南亚和国际水稻研究所的品种中测交筛选出优良恢复系泰引 1 号、桂选 7 号等恢复系，并配制出南优 3 号、汕优 2 号、汕优 3 号、威优 6 号等强优势杂交组合，并进行了区域性试验。1974 年秋，从湖南到广西频频传来喜讯，第一批强优组合表现出较强的增产优势。

---

① 历侬，颜龙安. 开辟杂交水稻育种技术新途径. 农村工作通讯，2010，（3）：54-55.

② 农业部科学技术委员会，农业部科学技术司. 中国农业科技工作四十年. 北京：中国科学技术出版社，1989：8.

1975 年，湖南省农业科学院种植杂交水稻百亩示范田，平均亩产过 500 千克，高产田块亩产达 670 千克。当时，湖南省农业科学院发布《关于水稻杂种优势利用的情况简报》，认为经过多年努力，科研人员已取得杂交水稻培育和试验推广的成功，我国成为世界上第一个在生产上成功利用水稻杂种优势的国家。

5. 籼型杂交水稻的推广

1973—1975 年，在进行杂交水稻生产试验的同时，还对杂交水稻栽培技术进行了初步研究。1975 年湖南进行了杂交水稻组合的温光反应研究，指出籼型杂交水稻感温性较强，感光性较弱，明确了生育期随温度、纬度、海拔变化而变化的规律，并研究出杂交水稻生长发育的适宜温度为 28—30℃，为选择杂交组合以及确定适宜的插播期提供了依据。同年湖南省相关研究人员通过对杂交水稻高产群体结构的研究，提出了小蔸密植、宽行窄株的栽培方式，既可省种，又可充分发挥分蘖和大穗的优势。此外，各地还针对当地生态条件，对杂交水稻的育秧技术、移栽时期、大田用种量、种植密度等进行了研究。杂交水稻新组合的育成及栽培技术的研究，为我国大面积推广杂交水稻和深化我国杂交水稻研究奠定了基础。

1976 年以后，国家还加强了对杂交水稻的推广工作，为此农林部每年都召开一次专门会议，研究解决杂交水稻推广过程中出现的问题。在 1977 年、1978 年两年中，一些地方出现推广杂交水稻的步子迈得过大，工作跟不上，或因受高温、干旱的影响，以致增产不显著甚至减产的情况。1979 年 5 月农业部在湖南省衡阳地区召开了南方杂交水稻生产座谈会，朱荣副部长在会议的总结发言中，充分肯定了推广杂交水稻对促进粮食增产所起的重大作用，并针对杂交水稻存在的弱点和推广工作中出现的问题，提出了发展杂交水稻必须采取"积极稳步，因地制宜"的方针，要求各地认真总结经验教训，更加扎实地做好试种、示范、推广工作，保证杂交水稻生产扎扎实实地前进[①]。

经过多年不断地改进，到 1981 年，初步总结了一套适合于杂交水稻大面积栽培的高产技术，到 1982 年进一步得到完善。这套技术主要有以下几个方面的内容：一是因地制宜地选用适应当地条件的，具有多抗性、优势强、品质好的组合；二是培育适龄多蘖壮秧，发挥杂交稻大穗优势；三是合理密植、插足基本苗，争取足穗大穗；四是根据前期促早发、中期稳得住、后期不早衰的原则，进行田间肥、水管理；五是根据杂交水稻大面积推广后，病虫害发生了新变化的情况，采取有效控制措施。

1982 年和 1983 年，农牧渔业部分别在四川成都和湖南长沙召开了全国杂交水稻生产会议，进一步总结交流了杂交水稻高产栽培经验，研究和制定了发展杂交水稻的计划。1983 年以后，这一套高产技术在大面积生产上推广运用，取得了连年增产的成效。江苏省研究和推广"杂交水稻千斤高产栽培模式图"，应用面积占全省 1184 万亩[②]杂交水稻的 90%，1985 年亩产达到 1040 斤[③]，成为全国第一个杂交水稻亩产千斤省，这就使杂交水稻的生产水平进入了规范化、模式化的新阶段，对促进粮食生产的发展起了重大作用。

总的来说，从 1976 年开始，杂交水稻以世界良种推广史上前所未有的发展态势在

---

① 信乃诠，许世卫. 中国农业科技发展：回顾和展望. 北京：中国农业科学技术出版社，2014：12.

② 1 亩≈666.7 平方米。

③ 1 斤=0.5 千克。

中国大地上迅速推广。1975 年南方省份种植面积是 370 多公顷，1976 年则一下子跃升到 13.87 万公顷，继而于 1977 年迅速扩大到 210 万公顷，到 1991 年已达到 1760 万公顷。截至 2006 年，杂交稻在我国已累计推广 3.76 亿公顷，累计增产稻谷 5200 多亿千克①。

同时，这一科研成果还推广到了世界其他国家。1977 年，中国杂交稻在柬埔寨试种成功；1979 年，引种到菲律宾国际水稻研究所；1980 年，中国第一项农业专利技术转让给美国，并派出了技术人员传授种植技术。中国杂交水稻研究的重大突破，不仅为大幅度提高水稻产量开辟了新的途径，而且丰富了遗传育种理论与实践，对世界农业科学产生了很大的影响。联合国粮食及农业组织（简称联合国粮农组织）在 1991 年的统计数据显示：当时杂交水稻在全世界种植的面积占水稻种植面积的 10%，总产量占 20%。这是农业发展史上的一个奇迹，不仅解决了中国人民的温饱问题，对世界范围内的饥饿问题也有了很好的缓解。

6. 籼型杂交水稻的发展

20 世纪 80 年代，我国生产上应用的籼型杂交稻组合，95% 以上其细胞质来源于"野败"。从长远来看，细胞质源单一，存在着招致某种毁灭性病害大发生、大流行的潜在危险。针对我国细胞质源单一和恢复系太少的问题，相关科技工作者开展了广泛的研究，相继育成了一批新细胞质源不育系，如岗型、D 型、印水型、矮败型、红莲型、K 型不育细胞质②，这些新细胞质源不育系已逐步应用于生产，使我国杂交稻不育细胞质源由单一走向多样。此外，针对我国籼型杂交稻米质问题，研究人员还选育出了一些优质不育系，用其配组所得杂种米质更好。籼型香稻不育系的选育也取得了很大进展，湖南育成湘香 1 号 A、湘香 2 号 A 并用其配组，并选配出香 2、优 63 等组合，所配组合不仅有具有香味的特点，而且米质好，杂种优势也较强。

目前，我国三系杂交水稻主推品种已经由过去的高产品种，转变为优质、高产、抗病兼顾的新品种为主。继三系杂交水稻推广应用之后，两系杂交水稻、超级稻相继列入国家科技攻关计划，经过 20 年的努力，杂交水稻高产示范田稳步实现了亩产从 700 千克到 1000 千克的高产目标，不断刷新着世界水稻高产的纪录，成为世界水稻高产研究的风向标。

但是，在全球经济一体化、我国经济发展进入新常态的形势下，水稻生产的环境和条件出现了新情况、新问题，杂交水稻可持续发展将面临严峻挑战。近年来，三系杂交水稻面临种植面积萎缩、产量潜力提升较慢、优良保持系创制效率较低、杂交稻种生产成本较高、不完全适应轻简化栽培等诸多问题。为了应对这些挑战，杂交水稻的发展应该适应新常态，以培育优质、高产、安全、高效、广适的绿色杂交水稻新品种为目标，以分子技术在杂交水稻育种中的应用为手段，以选育适合杂交水稻机械化制种的三系亲本为方向，全面提升杂交水稻的科技竞争力。

现代生物技术和生物信息技术在作物育种上的应用不仅为作物育种提供新技术、新方法，同时，也全面改变了作物育种的技术面貌和人们对育种科学的认识。育种不再是

① 朱英国. 杂交水稻发展战略研究. 武汉：湖北科学技术出版社，2017：3.
② 任光俊，颜龙安，谢华安. 三系杂交水稻育种研究的回顾与展望. 科学通报，2016，（35）：3748-3760.

"田间作业"的代名词,而是集遗传、农学、栽培、植物生理生态、分子、基因组、生物技术、生物信息和计算机等于一体的综合性学科,不仅需要广博的知识,还需要大量的投入,所以加强杂交水稻人才队伍储备,促进战略协作仍将是未来水稻育种实践中需要注意的内容。而杂交水稻精神也会成为我国科学家们长期不懈奋斗的精神源泉,进一步推动新一轮的杂交水稻协作攻关,培育出更多的优良水稻品种。

三、成果与影响

20世纪70年代以袁隆平院士为首的中国农业科学家成功培育出杂交水稻以来,杂交水稻在中国迅速推广,其主要品种(组合)有南优、矮优、汕优、威优、冈优、D优、Ⅱ优、协优等,为解决中国粮食短缺问题做出了卓越贡献。从1976年到2005年,杂交水稻在中国已累计推广60亿亩,累计增产粮食6000多亿千克,在国外推广达到2250万亩,取得了举世瞩目的成绩[1]。截至2014年,国内已有13个省(自治区、直辖市)大面积种植杂交水稻。

籼型杂交水稻的成功培育,是水稻发展史上一个新的飞跃,不仅为提高水稻产量开辟了新途径,而且为自花授粉作物利用杂种优势闯出了新路,极大地丰富了遗传育种理论,促进了栽培技术的创新和水稻产业的发展。1981年6月6日国家科委、国家农业委员会(简称国家农委)授予袁隆平等新中国成立以来第一个国家技术发明奖特等奖。此外,这项成果1985年获联合国世界知识产权组织金质奖章。2000年,袁隆平获首届国家最高科学技术奖。2004年,他先获得以色列"沃尔夫奖",又获得美国"世界粮食奖",这两个奖项都是国际农业类最高奖项。国际上甚至不少人认为,袁隆平的发明是继中国人的四大发明之后的"第五大发明",为世界文明做出了巨大的贡献。

杂交水稻技术发明是中国现代科技史上的重大事件,甚至可以媲美"两弹一星"。"两弹一星"为我国国防安全提供了保障,"杂交水稻"则为我国粮食安全提供了保障。杂交水稻的成功使我国不仅实现了利用有限农田解决了吃饭的大问题,而且为改革开放赢取了宝贵的时间,缓解了人口、资源和环境的矛盾,解放了部分劳动力。

杂交水稻已被联合国粮农组织列为解决粮食短缺问题的首选技术。诸多亚洲国家,如印度、越南、菲律宾、孟加拉国、巴基斯坦等国已开始大面积种植中国杂交水稻。2012年中国的杂交稻在南亚、东南亚及美国等国家和地区推广面积达到7800万亩,平均亩产比当地常规品种提高150千克左右。近几年,中国杂交水稻还在非洲的几内亚、赞比亚、马达加斯加、利比亚、尼日利亚等国进行试种,增产效果显著,推广应用潜力巨大[2]。广大发展中国家对粮食生产非常依赖,杂交水稻这项能够大幅度提高粮食产量的现代农业技术,对粮食短缺的发展中国家十分重要。

同时杂交水稻走向世界,也扩大了中国在世界的影响力,改善了中国与世界各国的关系,发挥着中国科技外交的作用。籼型杂交水稻将成为国家"一带一路"倡议最终的农业输出技术之一,走向世界,造福人类。我国外交部、农业农村部已将杂交水稻列入

① 刘冰. 杂交水稻技术在东南亚地区推广的研究. 长沙:湖南农业大学硕士学位论文,2007.
② 朱英国. 杂交水稻发展战略研究. 武汉:湖北科学技术出版社,2017:3.

"一带一路"的重要内容，借助国家顶层战略，以红莲型杂交水稻的高产、优质和耐高温的优势，积极推动杂交水稻国际化，不仅有助于化解当前我国种子市场过剩的困境，还将造就一批具有国际视野、掌握技术制高点、深谙市场经营的跨国种业公司，实现我国民族种业的跨越发展。因此，杂交水稻研究与推广将继续产生巨大的经济效益、社会效益、政治效益、外交效益。

小麦远缘杂交*

　　小麦（*Triticun aestivum*），为一种原产于西亚、中亚的禾本科属一年生或越年生植物。其亚族有 15 属、325 种，包括二倍体小麦、四倍体小麦、六倍体小麦。小麦作为一种外来作物在我国的种植历史悠久，大量考古发掘证明距今 4600—4000 年前黄河中下游地区已有小麦种植。汉唐时期我国就已基本实现其栽培的本土化，至明清时期已基本形成南稻北麦的种植格局。1950 年"我国小麦的总产量仅有 1450 万吨，每公顷产量也仅有 636 公斤"[①]，在随后的 70 多年发展历程中，小麦的品质、单位产量都获得较大提升。据统计，2020 年我国小麦栽培面积达 3.5 亿公顷，总产量达到 1.3 亿吨[②]，是当前我国产量仅次于玉米、水稻的主要粮食作物，在国民经济中占有重要地位。

　　大量的试验表明，现在的普通小麦是生物进化过程中自然形成的异源六倍体小麦，其来源于两个不同的亲缘属——小麦属（*Triticum*）和山羊草属（*Aegilops* Linn.），并由这两个属内具有不同染色体的种经两次远缘杂交、两次染色体自然加倍，得到六倍体斯卑尔脱小麦，再由它进一步分化得到了现在的普通小麦。[③]远缘杂交在普通小麦的形成过程中起着重要作用，新中国成立后我国育种专家仍把小麦远缘杂交研究作为小麦育种的重要途径，在 20 世纪七八十年代获得较大发展，其中李振声院士及其团队在我国小麦远缘杂交育种技术的突破中作出重大贡献，有中国"小麦远缘杂交之父"之称。

一、小麦病害与远缘杂交工作的开展

　　良种是获得农产品高产、优质的内在因素，是农业发展的基础，也是实施农业科技革命的重要组成部分。[④]近代以来，高等农业教育机构如国立中央大学农学院、私立金陵大学农林科，它们对于小麦品种的改良与推广，育种技术框架的确立，性状遗传与栽培技术研究均有所建树，至新中国成立前夕在生产上应用的小麦改良品种已达 40 余个。其中金大 2905 累计推广近 102 万亩，南大 2419 在新中国成立后仍然得到大规模种植，最多时占全国小麦种植面积的五分之一，至 20 世纪 80 年代仍有 99 万亩[⑤]以上的种植面积。新中国成立以来我国小麦育种大致经历了抗病稳产、矮化高产和高产优质并进三个阶段[⑥]。而在近几十年的小麦育种发展历程中，小麦育种采用杂交育种、人工诱变、单倍体育种、多倍体育种等方法已培育出数千个小麦新品种，其中远缘杂交一直在杂交育

---

* 作者：王思明、周志强。

① 王立祥，廖允成. 中国粮食问题：中国粮食生产能力提升及战略储备. 银川：阳光出版社，2013：753.

② 国家统计局. 中国统计年鉴 2020. 北京：中国统计出版社，2020：383-387.

③ 陈化榜. 小麦远缘杂交在品种改良中的作用. 山东农业大学学报（自然科学版），1991，22（4）：421-426.

④ 蒋国宏. 种子革命与社会变迁：长江三角洲地区农业品种改良研究（1927—1937）. 长春：吉林人民出版社，2007：18.

⑤ 1 亩≈666.7 平方米。

⑥ 何中虎，夏先春，陈新民，等. 中国小麦育种进展与展望. 作物学报，2011，（2）：202-215.

种中占有重要地位并获得持续发展。

所谓远缘杂交指的是"不同种间和种以上的属间以及亲缘关系更远的生物个体之间的杂交,统称为远缘杂交"[①]。通过附加、代换或易位的方式,将外来亲本物种的个别染色体或染色体片段,转移给改良的物种,因此并不引起旧物种种性的根本改变,而仅仅是对旧物种的某些特性产生改良的效果,通常被广泛用于小麦育种工作中。

但在长期改良旧的栽培品种过程中,由于种内杂交较易成功,因而人们通常着重利用栽培种内的基因资源。长时间小麦品种间的杂交造成我国小麦品种抗源日趋单一化和遗传变异范围逐渐缩小,大规模流行病害频繁暴发。据20世纪80年代农业调查统计,南大2419、欧柔、阿夫、阿勃四个品种及其派生品种的种植面积占我国小麦总面积的一半以上。[②]长期的种内选育使得普通小麦的抗病性、抗逆性等优良特性在栽培种内很难找到,对于新的病害抵御能力较差,从而极易引发大面积条锈病、赤锈病、白粉病等多种小麦病害。在新中国成立后基本以十年为周期,暴发大规模的小麦锈病,极大影响了小麦的作物产量。而野生种、属为求生存,在与自然所进行的竞争中恰恰保留了这些特征。通过远缘杂交可以产生和再现遗传物质自野生种向栽培小麦的理想转移。远缘杂交以后的染色体代换、染色体附加以及较大片段的染色体易位等,可以把多基因控制的良好性状从野生种转移到普通小麦种。对补充日渐枯竭的普通小麦育种材料,丰富遗传基因,起到非常重要的作用。[③]因此,远缘杂交技术一直以来都为小麦育种专家所重视。

在小麦的野生近缘种属中较为重要的有簇毛麦属(*Haynaldia*)、偃麦草属(*Elytrigia*)、滨麦草属(*Agropyron*)、大麦属(*Hordeum*)、黑麦属(*Secale*)和山羊草属(*Aegilops*)等。它们都具有多种抗病基因,如簇毛麦、华山新麦草和山羊草属抗逆性强、适应性广,并含有抗锈基因、抗赤霉病基因,在小麦遗传改良中具有重要的利用价值,将其有目的地转入普通小麦中,可以为提高普通小麦对全蚀病菌的抗病性打下基础,在抗全蚀病菌育种中发挥很大的作用。[④]与常规育种相比,通过远缘杂交是研究小麦族进化及亲缘关系的一个重要方法,可以有效克服和弥补前者遗传资源的不足,也是新物种产生的源泉、物种发展的动力,新中国成立以来在我国的小麦育种工作中被广泛应用。

二、新中国成立前的小麦远缘杂交探索

我国的小麦育种工作者早已注意到远缘杂交之于小麦育种的意义,并将其作为小麦品种改良的重要方式。在20世纪二三十年代就已展开相关研究并孕育出多个品种,当时主要由中央大学、金陵大学、中山大学、中央农业实验所、全国稻麦改进所等院校和科研机构展开研究工作。时人已认识到不同属间的抗病、抗旱、抗寒等性状可以相互利用,如"小麦与黑麦杂交具有抗锈抗寒能力,鹅观草具有抗锈、抗寒、抗黑穗病、抗蚜虫之能力"[⑤]。

① 山东省农业科学院作物研究所. 小麦育种和良种繁育. 北京:农业出版社,1980:82.
② 董玉琛. 小麦的近缘植物. 中国种业,1982,(1):18-26.
③ 樊路. 小麦远缘杂交的现实意义. 北京农业科学,1998,16(4):4-6.
④ 王殿波,王美南,井金学,等. 小麦远缘杂交后代对小麦全蚀病抗病性研究. 西北植物学报,2003,23(9):1617-1620.
⑤ 《金善宝文选》编委会. 金善宝文选. 北京:中国农业出版社,1994:120.

在具体的研究方面，当时的中央研究院李先闻等通过将印度矮生小麦与黑麦杂交陆续积累了一整套小麦的单体、缺体和多体染色体的材料以及谷子与狗尾草有性杂种后代的各种株系等，为农作物遗传育种提供了大量的原始材料。此外西北农学院还利用黑麦、鹅观草等亲本进行远缘杂交。由于黑麦的抗寒特性，1939 年西北农学院开始进行黑麦与普通小麦的远缘杂交实验"黑麦与关中地区的蚂蚱麦杂交（以小麦为母本）得种子 8 粒，第一代花而不实，乃以蚂蚱麦之花粉与之回交，获得结实种子，其后代中发现似小麦之品质优良，成熟早而具有抗旱及抗寒之植株"；此外还开展了与鹅观草杂交的实验"所用鹅观草品种为 Glamcum，共杂交 150 穗，得种子 6 粒，第一代芒与穗均长，均显杂种优势，能自交结实，现用系谱选种法继续进行中"。[1]可以看到新中国成立前我国的小麦远缘杂交在亲本选择、育种方法等方面已经有了初步的认识，并在育种工作中取得了初步进展，这些实验都为之后的小麦远缘杂交育种提供了有益的借鉴。

三、20 世纪 50 年代"米丘林学说"的讨论与远缘杂交技术的初步发展

新中国成立初期，除在我国现有农业基础上发起农民选种留种运动外，在育种理论方面还主张学习苏联的米丘林理论；强调米丘林生物科学是自觉而彻底地将马克思列宁主义应用于生物科学的伟大成就，认为它揭示了生物发展过程的方向、规律和动力，认识了生物发展的规律性，是生物科学上的根本革命[2]。遗传学者要在实际工作中学习米丘林生物科学，用米丘林生物科学彻底改造生物科学的各部门。通过讲习班等方式，米丘林学说在我国遗传学界广泛传播。

但其理论主张性状条件的改变所引起的变异具有定向性，获得性状能够遗传，这一主张缺乏足够的事实根据。20 世纪 50 年代中期"米丘林学说"在苏联展开广泛讨论后，在我国的遗传生物学界也展开了广泛的争论。1956 年，中共中央提出"百花齐放，百家争鸣"繁荣科学艺术的方针，8 月，在中共中央宣传部的指示下，中国科学院和高等教育部联合在青岛召开遗传学座谈会，邀请持米丘林遗传学说观点和持摩尔根遗传学说观点的 50 位科学家参加，这次会议之后又重新确立了摩尔根遗传学说的科学性。[3]

这场略带政治性的学术争论，对小麦的育种理论也产生了深刻影响。其干扰了经典遗传学的理论研究，如我国著名小麦育种学家蔡旭院士在多倍体育种、自交系间杂交育种等方面的研究因使用了摩尔根遗传理论的方法而被强行停止。但同时在对米丘林学说的讨论过程中也推动了小麦远缘杂交技术的发展。

从经典遗传学的角度来看，不同种的生物间存在生殖隔离，它们的染色体互不亲和，因此种间的精卵结合一般很难成功。而对于小麦品种的改良，米丘林曾有过这样的论断：小麦与小麦杂交，只能得到小麦，必须寻找新的途径，这个方法就是远缘杂交。正是如

① 《金善宝文选》编委会. 金善宝文选. 北京：中国农业出版社，1994：120.
② 为坚持生物科学的米丘林方向而斗争. 人民日报，1952-06-29（3）.
③ 关于"米丘林学说"在近现代中国的传播与争论，详细可参考蒋世和."米丘林学说"在中国（1949—1956）：苏联的影响. 自然辩证法通讯，1990，12（1）：18-25，80；张淑华. 米丘林学说在中国的传播（1933—1964）. 合肥：中国科学技术大学博士学位论文，2012.

此论断,推动了我国小麦远缘杂交技术的发展。米丘林学说广泛传播以前,只有鲍文奎[①]、孙善澄[②]等涉足这一领域,米丘林学说传入我国后其关于小麦的无性杂交、种间杂交论说引起了我国育种科技工作者的关注,推动了小麦远缘杂交技术的研究。

1954 年赵济民根据米丘林学说创造新品种的步骤,按照选择、杂交、定向培养的顺序反复进行,最终培育出了"五四号"良种[③],"五四号"良种是运用无性杂交方法选育出的一个有生产价值的小麦良种,其耐肥力强、生长整齐,有抗条锈病和秆黑粉病的特性。此外,西北农学院利用"泾阳六〇号"和"中农二八号"杂交成的"西农六〇八"和华东农业科学研究所选定的"二四一九"小麦种,都有抗吸浆虫特性,增产百分之三十。[④]

米丘林学说在 20 世纪 50 年代的传播与讨论,虽然对我国的小麦常规育种实践造成了一定的阻碍作用,但在米丘林学说的影响下,我国育种学家广泛搜集亲本,展开小麦的远缘杂交研究。通过这一时期的远缘杂交育种实践,我国农业科学工作者不断尝试利用各种材料进行远缘杂交组合,摸索利用环境因素培育远缘杂种的有效办法,为之后小麦远缘杂交的不亲和性、杂种后代不育性等科研难题的克服奠定了基础。

四、李振声与 20 世纪六七十年代远缘杂交技术的成熟

小麦育种事业在 20 世纪六七十年代快速发展起来,尤其是以远缘杂交技术为代表的育种技术逐渐成熟并广泛应用。小麦远缘杂交的研究在 20 世纪二三十年代就已展开,也取得了一系列成果,但小麦远缘杂交的不亲和性、杂种后代不育性和后代疯狂分离等科研难题却一直是阻碍远缘杂交技术广泛应用的重要问题,包括"在转移异源基因过程中,存在着随机性、自发性以及周期长等缺点,转移概率小,常伴随不利性状。被转移的抗病性在小麦遗传背景中表达效率低,遗传也不稳定"[⑤]等。20 世纪六七十年代远缘杂交技术在李振声院士及其团队的研究过程中逐渐成熟起来。

自 20 世纪 50 年代中期开始,李振声及其团队展开小麦与长穗偃麦草(*Elytrigia elongata* Nevski)的远缘杂交育种及其遗传规律的研究,长穗偃麦草是偃麦草中可与普通小麦进行杂交的一种。针对亲本种间的杂交不亲和性,子一代杂交种无生活力,李振声及其团队采取多种方式加以克服。如调节花期,长穗偃麦草抽穗期较晚,与小麦不是同时开花,李振声院士通过调节花期,对长穗偃麦草进行长时间的光照处理,使其提前开花的方式使二者能够在同一时间授粉。其他还有如广泛测交、选配适当亲本、正反杂交、确定适当母本、混合授粉、嫩龄授粉与重复授粉、通过桥梁植物杂交、改变亲本染

① 鲍文奎(1916—1995):我国著名遗传作物育种学家,其在我国首创将中国春及其他小麦品种与黑麦杂交选育出小黑麦 2 号、3 号等耐寒、耐旱、抗逆性强的小黑麦品种。
② 孙善澄(1928—):我国著名小麦育种专家,从事小麦育种 40 余年,成功将小麦与偃麦草进行远缘杂交,培育出中 4、中 5 等抗黄锈病小麦品种,系统地、创造性地研究总结出一整套小麦与偃麦草远缘杂交遗传育种的新理论与新技术。
③ 张华夫. 赵济民和"五四号"小麦良种. 人民日报, 1956-05-24(2).
④ 我国农业科学研究成果丰富 几年来对发展农业生产起了显著作用. 人民日报, 1955-12-05(1).
⑤ 高鸿生. 小麦条锈病及其防治. 北京:金盾出版社, 2008:132.

色体的倍数性、子房内授粉、离体授粉与试管授精等方法。[①]

　　针对在杂交成功后，往往还要面对杂种后代的不育问题，李振声及其团队通过幼体的离体培养使其得到有效解决（亦称胚胎抢救）。对于发育不健全的种子，可等待成熟或储藏一段时间后，将胚切下移植于人工培养基上培养，就可以使胚的分化能力得到恢复而成苗。此外还可以通过秋水仙碱诱导染色体加倍技术获得二倍体。采用亲本之一的正常雄配子，对杂种的雌配子授粉，即可得到少量回交杂种种子，也是解决杂种后代不育的有效方法。

　　经过长达 20 余年的研究，李振声及其团队基本克服了远缘杂交的远缘亲本不易交配性、杂种的夭亡与不孕和杂种性状的遗传与控制等困难，并于 1979 年育成了优质新品种——小偃 6 号，这是我国第一个成功利用远缘杂交技术育成的小麦新品种。随后在关中地区进行的局部试验显示其具备抗病、抗旱、抗痨、抗倒伏等野生亲本的诸多优良性状，一般亩产可达 350—500 公斤，相对其他品种平均增产 13.2%。后经大面积示范推广，除在陕西关中地区，在河南、山西南部、山东、安徽、湖北北部、河北南部等地区都曾推广种植。至 1985 年，已推广播种面积 2460 万亩[②]，为国家增产粮食 12 亿多斤[③]，增加产值 2.2 亿元。[④]

　　在李振声院士及其团队展开小麦与长穗偃麦草远缘杂交的同时，其他科研单位也进行了小麦与其他不同种属之间的远缘杂交试验。在对小麦与偃麦草杂交的研究中，孙善澄亦取得了较大成果。其以小麦与天蓝偃麦草（亦称中间偃麦草）杂交并培育出龙麦 1号、龙麦 2 号。其中龙麦 1 号无芒、大穗、大粒、耐旱、品质好、产量高，龙麦 2 号无芒、多花、大粒、秆强、适合机械化作业，龙麦 2 号大面积应用于生产，截至 20 世纪 90年代初期，全国累计推广 3000 余万亩，增产小麦 9 亿公斤，总经济效益达 2.4 亿元。[⑤]中国农业科学院作物育种栽培研究所鲍文奎院士还针对黑麦进行了远缘杂交研究，其自20 世纪 50 年代开始从事八倍体小黑麦育种研究工作，经过数十年的研究，创制了小黑麦原始品系 4700 多个，结实率和饱满度都有明显提高，株高有所降低。其中较好的两个品系小黑麦 2 号和小黑麦 3 号在贵州省推广，1978 年种植面积达 1.33 万公顷，全国共有 2.47 万公顷。[⑥]

　　20 世纪六七十年代以李振声团队为代表的小麦远缘杂交研究推动了小麦生产的发展，有效减缓了小麦条锈病等病虫害的暴发，提高了我国小麦的生产品质；是科技兴农战略的重要组成部分，其对解决中国人民的吃饭问题具有重要意义。

五、20 世纪 80 年代以来远缘杂交技术的进一步发展

　　1978 年 12 月，党的十一届三中全会召开后，端正了思想路线，倡导解放思想、实

① 李振声，容珊，陈漱阳，等. 小麦远缘杂交. 北京：科学出版社，1985：145.
② 1 亩≈666.7 平方米。
③ 1 斤=0.5 千克。
④ 孟西安，张述圣，曾坤. 大西北在召唤——记大西北蓬勃兴起的求才热. 人民日报，1987-10-29（4）.
⑤ 王战平. 创造者之歌：记我国小麦远缘杂交育种专家孙善澄. 沧桑，1993，4：31-33.
⑥ 董玉琛. 小麦远缘杂交育种//中国农学会，国家 863 计划生物领域专家委员会，中华农业科教基金会，等. 21 世纪小麦遗传育种展望——小麦遗传育种国际学术讨论会文集. 北京：中国农业科技出版社，2001：12-23.

事求是，中国进入社会主义现代化建设和改革开放的新时期。工作重心的转移、国民经济的调整，为农业科技的发展创造了良好的政治、经济环境，也为农作物育种事业的新发展创造了有利条件。

20世纪80年代以来，科研人员进一步扩大了小麦远缘杂交亲本的选择范围。1978年贵州农学院张庆勤教授科研组以非小麦族的通北野燕麦为亲本展开远缘杂交育种研究，并于1986年重复杂交成功，从杂种后代中育成一批可在生产中应用的综合性状好、抗病能力强、产量高的黔型小麦新品3种，在贵州、湖南、湖北、四川等地广泛应用于生产。[①]这是世界上首例以非小麦族的通北野燕麦为亲本的远缘杂交育种成果，且小麦恢复系恢复率达到90%—100%，标志着小麦育种研究的又一突破，在当时居世界领先地位。在此后张庆勤教授又以节节麦、野生二粒小麦、斯卑尔脱小麦与光稃野燕麦的杂交后代作为亲本，已育成遗传性稳定的优质高产多抗的普通型小麦品系200多个，在粗蛋白、赖氨酸、湿面筋等含量上均比之前培育的小麦品种高出数倍。[②]其培育的贵农10号一度成为贵州的主栽小麦品种，促进了夏粮的增产，减少了贵州粮食的对外依赖。

近年来中国农业科学院李立会研究团队还完成了小麦与冰草属间远缘杂交技术与种质创新的课题。冰草属植物有二倍体、四倍体和六倍体三种倍性，属于小麦野生近种，具有众多优异基因，但由于其所含P基因组难以杂交，其属种与小麦之间的远缘杂交一直未能成功。该团队通过创建克服杂交障碍、高效诱导易位、特异分子标记追踪等方法，成功攻克了冰草属P基因组改良小麦的国际难题，将冰草携带的多花多实、高粒重、广谱抗白粉、条锈和叶锈病基因，以及氮素高效利用等基因转入小麦，实现了从技术研发、材料创新到新品种培育的全面突破[③]，促进了小麦的高产、抗逆和绿色生产，于2018年获得国家技术发明奖二等奖。

除此之外还有南京农业大学陈佩度课题组在1995年将簇毛麦与小麦进行杂交，获得了拥有抗白粉病基因的小麦——簇毛麦6VS/6AL易位系，并在此基础上选育出南农9918、石麦14、金禾9123等小麦新品种20余个；山东农业大学王洪刚课题组将偃麦草种质转移给小麦，并将抗病性较强的小麦-偃麦草易位系与烟农15等小麦品种进行杂交回交转育，培育出了具有抗病基因的山农34等品种；李集临课题组将黑麦与偃麦草等亲本与小麦杂交，获得了一批远缘杂交种质资源。其他还有将偃麦草、黑麦和欧山羊草等小麦远缘杂交材料优势性状转移给小麦，将小麦与滨麦进行远缘杂交实验，在全国各高校研究所科研团队的推动下，20世纪80年代以来我国小麦远缘杂交技术获得长足发展。到目前为止，已获得数百个优质且具抗病、抗逆性小麦—远缘物种易位系，为今后小麦育种的创造性发展奠定了良好的基础。

值得注意的是，20世纪80年代以来，小麦育种协作攻关在此时得到进一步加强。在国家科学技术委员会和农牧渔业部等单位的领导下，1981年11月，北方麦区率先组织一些重点育种单位和品种资源、植保、生理、原子能利用等有关单位成立了小麦育种协作组，1983年4月又扩大组成全国小麦育种攻关组。攻关组在组织种质的评价利用、

---

① 张锦胜，张建军. 首例小麦远缘杂交育种成功. 人民日报，1992-05-31（1）.
② 胡跃平，孙海涛. 勤奋育种结硕果——记贵州农学院教授张庆勤. 人民日报，1995-08-04（5）.
③ "小麦与冰草属间远缘杂交技术及其新种质创制"获国家技术发明奖. 农业科技报，2019-01-24（B02）.

开展穿梭育种和区域试验的联合考察、集体评议等方面做了很多工作。1981 年到 1985 年间又选育出一批稳产、高产、适应性广的新品种。由中国农业科学院作物育种栽培研究所研究员庄巧生主持，该所和江苏省农业科学院粮食作物研究所、黑龙江省农业科学院作物育种研究所共同主持组织全国有关单位开展的小麦稳产高产新品种选育及其理论与方法的协作研究项目，获得了国家第六个五年计划科技攻关先进项目的奖励。[1]

此外，在具体的小麦育种技术方面，除远缘杂交技术以外，小麦染色体工程、小麦分子标记技术以及转基因技术等新的育种技术也开始发展起来。染色体工程是指依照人们的预先设计，利用基础研究材料通过染色体附加、代换和易位等方式改变染色体组成，进而将含有优质基因的染色体、染色体片段甚至是原位杂交等手段无法检测的染色质导入受体小麦，改变其遗传特性的技术[2]。染色体工程主要是以同种或异种染色体的附加、代换、削减、易位、染色体操作为主要研究对象，利用已标记基因位点的染色体，通过杂交、显微操作、电离辐射等生物、化学以及物理的方法，有计划、有目的地进行染色体、染色体片段、基因的转移或消除，从而达到定向改变遗传性的目的，相较于远缘杂交具有工作量小、目的性强、简便易行等特点。

我国从 20 世纪 80 年代开始进行染色体小麦育种研究，经过"六五攻关"和"七五攻关"的近十年时间已经取得较大进展。如我国小麦远缘杂交之父李振声院士在新时期又投入到小麦染色体工程育种工作中，培育出"蓝粒单体系统"的小麦新品种——小偃54 号、小偃 81 号等，使小偃系统衍生品种达 70 多个，在全国获得广泛推广。

而随着小麦基因组测序和功能基因组学不断深入，人们对于小麦的认识更加全面，正在促成小麦分子改良的重大突破[3]，如 DNA 分子标记技术，其是在分子生物学的发展过程中产生的，DNA 分子标记技术主要有四类：以 DNA-DNA 杂交为基础的 DNA 分子标记技术、以 PCR 技术为基础的 DNA 分子标记技术、PCR 技术与限制性内切核酸酶技术相结合的 DNA 分子标记技术以及基于单核苷酸多态性的 DNA 分子标记技术，它的出现与发展为作物遗传育种和辅助选育方面注入了新的活力，使传统作物育种技术发生深刻改变。

转基因技术、小麦分子改良技术也开始运用于小麦育种，20 世纪 90 年代世界第一株转基因小麦问世。其通过基因枪法、农杆菌介导法和花粉管通道法等转化技术，将有用的外源基因导入小麦中，达到了定向改良小麦抗性、提高品质的目的。通过这种技术可以尽快选育出新的抗病虫害小麦品种资源，目前已经培育出具有抗除草剂基因的小麦品种，以及具有抗病虫基因的小麦，1998 年朱宝成教授团队展开的抗蚜虫转基因小麦研究，已成功培育出多个抗蚜虫转基因小麦品种。[4]未来的小麦育种对于转基因技术的运用将会越来越多，转基因研究也逐渐开始从转单基因向进行多基因组装[5]的方向继续发展。

① 《当代中国的农作物业》编辑委员会. 当代中国的农作物业. 北京：当代中国出版社，2009：101.
② 李集临，曲敏，张延明. 小麦染色体工程. 北京：中国科学技术出版社，2011：166.
③ 张正斌. 小麦遗传学. 北京：中国农业出版社，2001：332.
④ 张正斌. 小麦遗传学. 北京：中国农业出版社，2001：192.
⑤ 赵慧，徐萍，牛灿芳. 小麦转基因研究现状及展望. 世界科技研究与发展，2005，27（3）：32-36.

六、结语

纵观新中国成立以来我国小麦远缘杂交技术的发展历程，在曲折中不断发展。从1949年新中国成立到1978年的30年间，中国的社会主义建设经历了国民经济恢复和社会主义改造、全面进入社会主义建设和国民经济调整以及"文化大革命"三个时期。随着社会大环境的起伏与波动，社会主义建设在探索中曲折发展，小麦远缘杂交研究虽也经历了诸多曲折，但在中央领导的重视，坚持正确的发展政策，制定实施科学合理的发展规划，以及广大农作物育种工作者的辛勤劳动下，仍然取得较大发展。据国家统计局资料，1952年我国小麦平均亩产只有97.6斤，至20世纪80年代初，通过远缘杂交技术培育出的小偃6号，一般亩产已可达350—500公斤。

1978年十一届三中全会后，中国进入社会主义现代化建设和改革开放的新时期，在随后的40余年时间里，我国小麦远缘杂交技术获得进一步发展，在亲本的选择上更加广泛，创制了更多克服远缘杂交不亲和性、杂种后代不育等问题的方法。此外，在远缘杂交技术的基础上，小麦染色体工程、细胞质工程以及小麦分子标记与育种等新的小麦育种技术在80年代以来亦日趋成熟，运用生物技术、核技术、光电技术与农业常规育种技术结合培育了数百个高产抗病优质的小麦品种，保证了小麦的产量、品质和效益。

但亦应看到我国的小麦科研中仍存在不少问题。如研究经费投入的不足，"六五""七五"期间，国家共为小麦育种研究投资981万元，获得社会经济效益64.34亿元，投入产出比为1∶656。"八五"和"九五"期间小麦育种攻关总投资分别为680万元和820万元[①]，虽然培育的新小麦品种创造了巨大的经济效益，但科研经费的增长幅度远远低于物价上涨的幅度，投入经费仍显不足。种子是农业的芯片，尤其是在我国种源被"卡脖子"的今天，我们需要进一步展开以小麦远缘杂交育种为代表的种子科学技术攻关。在未来全球对小麦的需求仍呈大幅度增长的趋势下，进一步提高单产与品质仍将是我国小麦育种的研发重点。

---

① 黎雨. 中国粮食流通体制改革指导全书. 北京：中国大地出版社，1998：829.

中国橡胶树北移栽培技术[*]

橡胶是国家工业化不可或缺的四大物资之一。它是由异戊二烯高分子聚合物构成的有弹性物质，有天然和人工合成之分。其中天然橡胶主要来自原产南美洲亚马孙河流域的橡胶树（含有橡胶的植物多达 2000 余种）。橡胶树（*Hevea brasiliensis* Muell.-Arg.）属于大戟科大乔木，因原产巴西，故又称为巴西橡胶树或三叶橡胶树，其树皮乳管内的乳汁是制造天然橡胶的主要原材料。国外历来认为橡胶树仅能栽植于赤道以南 10°、以北 15°范围内高温、多雨、静风地区，北纬 15°以北一向被视为"橡胶禁区"，我国国土除西沙群岛、南沙群岛外，都位于北纬 18°以北。按照这个理论，我国是不具备橡胶树种植条件的。1949 年中华人民共和国成立后，在"冷战"的世界格局背景下，西方国家对中国发展工业所需物资进行了严密封锁，而中国主要的外援苏联等社会主义阵营国家因其所处的地理位置，不仅无法帮助中国解决橡胶需求，反而寄希望于中国能进行大面积植胶以打破封锁，这就迫使中国必须自己克服这一困难。从 1952 年开始，广东省农垦总局、云南省农垦总局、广西农垦局、福建省农业厅农垦局、华南热带作物科学研究院、华南热带作物学院（合称"热作两院"）以及中国科学院西双版纳热带植物园等单位的地理、土壤、气象科技人员配合，分别在广东（当时海南岛隶属于广东省）、云南、广西、福建等省区进行调查和研究，经过 30 多年的试验研究与生产实践，终于突破植胶"禁区"，在北纬 21°—北纬 24°，海拔 1000 米以下的热区抗寒植胶成功。这样完全打破了关于北纬 15°以北不能种植橡胶的论断。我国已成为世界上唯一能在北纬 18°—北纬 24°地区大面积种植和收割橡胶的国家，引起了世界上产胶国刮目相看[①]。

一、天然橡胶的发现、传播及替代研究

橡胶树原产巴西亚马孙河流域热带雨林中。根据考古资料，早在 11 世纪，中美洲印第安人就已开始使用天然橡胶。欧洲人是在哥伦布发现新大陆后开始知道橡胶的。1736 年，法国科学家康达明最早详细记述了橡胶的性质、采集方法及其应用。他因参加法国科学院测定子午线弧度的考察队，在南美洲停留八年之久，记录了当地印第安人从橡胶树上割取胶乳和制造胶鞋、容器等橡胶制品的情景，并把样品寄回巴黎。此后随着英国科学家发明了加工工艺，橡胶工业发展迅猛，而原料却高度依赖于收购南美洲印第安人从野生橡胶树割取的胶乳，原材料供不应求的问题日益突出，人工栽培橡胶树呼之欲出。因气候原因，英国在本土种植橡胶树的尝试显然无法达到预期目标，因此他们把目光转向了其位于东南亚和南亚的广大殖民地地区。此后英国在斯里兰卡及马来群岛等

---

* 作者：刘亮。

① 彭光钦. 橡胶树北移研究的回顾//中国热带农业科学院，华南热带农业大学. 山野崛伟业——热作两院天然橡胶科教事业史料. 海口：海南出版社，2009：469-474.

地区建立了大量橡胶种植园。1914 年以后，东南亚成为世界上最主要的橡胶产地①。

随着橡胶用途的扩大，天然橡胶价格上涨，用于替代其作用的人造橡胶即合成橡胶开始受到重视，尤其是那些无法栽培橡胶树的国家。受困于缺乏天然橡胶的俄国及苏联在这个领域取得了很大成就。但人造橡胶存在的缺陷使得人们在天然橡胶树、人造橡胶之外，尝试通过对其他产胶植物的研究寻找天然橡胶的替代品。苏联在 20 世纪 20 年代为了实现橡胶原料的自给，曾大规模组织科学家研究产胶植物，陆续发现山橡胶草、橡胶草等。而各国研究者发现的产胶植物总计达 2000 余种。除了橡胶树和橡胶草外，其他较重要的产胶植物还有原产中国的杜仲、中南美洲的银色橡胶菊、原产印度的印度榕、产自非洲的萝藦藤等植物。但真正具有经济价值，可以实现大规模栽培的还要数巴西橡胶树、杜仲以及橡胶草②。

二、我国天然橡胶种植及科学研究的历史

我国种植天然橡胶的历史可以追溯至 20 世纪初，傣族杰出人士刀仁安在云南盈江试种胶苗。由于种种原因，最终仅有一棵留下，成为我国栽培最早、树龄最长的橡胶树。他也因此被誉为"中国橡胶之父"③。1910 年，来自美国、加拿大、英国、德国、新加坡、马来西亚、泰国等地的华人、华侨在海南岛儋州创建了 9 个橡胶种植园，总面积达 12 300 余亩④，种植橡胶 30 余万株⑤。1938 年，爱国华侨钱仿舟从泰国返回西双版纳景洪橄榄坝考察，并认为橄榄坝是理想的植胶地。此后开展的育苗尝试则以失败告终。1948 年，钱仿舟、李宗周等六人再次在橄榄坝试种从泰国带回的胶苗，栽植成功 2 万多株。后因时局及各种意外，毁灭殆尽。但这毕竟迈出了西双版纳种植橡胶的第一步，并且证明了冲破禁区种活橡胶的可能性⑥。

上述植胶尝试大多凭经验经营生产，对本地自然条件缺乏全面了解，也没有科学的管理方法，因此经营不善，成效甚微，当时国防和民用所需橡胶原料及其制品几乎完全依赖进口⑦。

抗日战争时期，国民政府组织的"国防科学技术策进会"曾将寻求和开发橡胶资源作为要解决的"十大难题"之一。我国橡胶研究领域杰出的科学家彭光钦（1906—1991）当时在广西大学任教务长，他根据自己的研究于 1943 年发表了《国产橡胶之发现及其前途》并在当年获得中国工程师学会第十二届年会第一名。此后他又组织国产橡胶调查队，深入粤桂边境十万大山地区，在北回归线南北附近野外地区进行调查，发现产胶植

① 北京化工学院化工史编写组. 化学工业发展简史. 北京：科学技术文献出版社，1985：191-193；柳大绰，李有则，周嘉槐，等. 橡胶植物. 北京：科学出版社，1956：1-3.
② 柳大绰，李有则，周嘉槐，等. 橡胶植物. 北京：科学出版社，1956：4-7.
③ 薛媛媛. 中国橡胶的红色记忆. 北京：作家出版社，2012：7-8.
④ 1 亩≈666.7 平方米.
⑤ 杨光凌. 做侨务工作的回忆//中国热带农业科学院，华南热带农业大学. 山野崛伟业——热作两院天然橡胶科教事业史料. 海口：海南出版社，2009：467-468.
⑥ 薛媛媛. 中国橡胶的红色记忆. 北京：作家出版社，2012：8-9.
⑦ 章汝先. 我国天然橡胶科学研究的先驱者彭光钦//中国热带农业科学院，华南热带农业大学. 山野崛伟业——热作两院天然橡胶科教事业史料. 海口：海南出版社，2009：229-237.

物 110 多种，品质较高者不下 8 种。抗日战争胜利后，他在任经济部重庆工业试验所所长期间，先后派人考察了重庆引种印度橡胶树的情况以及产胶质量、云南西南边境地区气象地理和生态。根据这些调查，他认为我国北回归线以北地区可种巴西橡胶树的面积，可能比海南岛还要大，大有推广的必要性和可能性，并以此总结出橡胶树可以北移的结论。他在《中国橡胶资源展望》一文中充分表达了这一观点[1]。

三、橡胶树北移研究的历史背景

1949 年，中国海南岛和雷州半岛有部分胶园，种植天然橡胶 2800 公顷，年产干胶 199 吨，就工业建设来讲这个数量微乎其微。1951 年朝鲜战争爆发后，西方实行的橡胶禁运，对长期依赖进口橡胶的中国来说，就断绝了这一重要战略物资的来源。缺橡胶，直接威胁到我国的国防建设和人民安全。尽快种出自己的橡胶，打破西方经济封锁和垄断，成为一项关乎国计民生的头等大事[2]。

为了打破封锁禁运，当时苏联领导人斯大林向毛泽东主席发电，提出由苏方提供资金、技术装备，中方提供土地、劳力，合作在中国建立天然橡胶生产基地的建议。中方表示同意这个建议，双方遂正式签署中苏合作发展天然橡胶的协议，计划三年内种植橡胶树 53.33 万公顷[3]。

1951 年中央作出了立即发展我国橡胶事业，自力更生在华南建设中国橡胶基地的战略决策。同年召开了全国橡胶工作会议[4]。

中国橡胶树北移的历程，不仅因国际形势的变化而调整，也随着国家政策、方针的转变而受到直接影响。最深刻的教训就是在"大跃进"时期，植胶区掀起了高指标、快速度、大增人、大建场、大开荒、大种胶的高潮。结果因盲目扩大种植面积，出现了胶园荒芜及因风害寒害损失惨重的现象[5]。

1951 年 9 月，开始筹建发展我国天然橡胶产业的专门机构——华南垦殖局。1952 年 7 月，华南垦殖局根据中共中央关于天然橡胶发展要"种得多、种得快、种得好"的指示，结合当时的国际形势和华南所处的地理环境，确定了"先大陆后海南，先草原后森林，先平原后丘陵"的天然橡胶发展方针。1953 年，随着朝鲜战争停战谈判的进行，国际形势缓和，中国可以从国际市场上买到橡胶；同时，鉴于实践中发现并分析了部分胶园荒芜、橡胶幼树生长不良的原因后，中共中央提出了"提高质量，增加产量，改善经营，降低成本，巩固发展，稳步前进"的方针，并将植胶重点转移到海南岛。华南垦殖局根据中共中央的新精神，于 1953 年 6 月 13 日决定"大转弯"，裁撤垦殖所、垦殖场。

① 彭光钦. 橡胶树北移研究的回顾//中国热带农业科学院，华南热带农业大学. 山野崛伟业——热作两院天然橡胶科教事业史料.海口：海南出版社，2009：469-474.
② 薛媛媛. 中国橡胶的红色记忆. 北京：作家出版社，2012：10.
③ 中华人民共和国农业部农垦局，农业部发展南亚热带作物办公室. 中国天然橡胶五十年. 北京：中国科学技术出版社，2004：1.
④ 章汝先. 我国天然橡胶科学研究的先驱者彭光钦//中国热带农业科学院，华南热带农业大学. 山野崛伟业——热作两院天然橡胶科教事业史料. 海口：海南出版社，2009：229-237.
⑤ 中华人民共和国农业部农垦局，农业部发展南亚热带作物办公室. 中国天然橡胶五十年. 北京：中国科学技术出版社，2004：1-4，6.

这是我国天然橡胶发展中的第一次大调整。1957 年 3 月，农垦部、中国科学院和中共广东省委在广州联合召开了"华南热带资源开发科学讨论会"，提出了中国热带、南亚热带地区以橡胶树为主的植物资源开发方案，制定了"依山靠林"的植胶方针和宜胶地的选择措施，决定把发展重点从大陆转到海南，从平原转到山区；并提出了平原地区发展橡胶首先要营造好防护林、改造环境，然后再种植橡胶树的原则。

四、四大植胶区各自解决的问题与发展历程

栽培橡胶树最适宜的土地是地面稍倾斜而地下水量较少的地方。其自然生长区是热带雨林气候区，温度高而少变化，常年在 25—27℃ 最为合适。如果气温低于 5℃，对于橡胶树生长威胁很大。我国丘陵或山地海拔超过 300 米，坡地坡度超过 20°的，一般来说不宜栽植巴西橡胶树[①]。

我国热带面积有限，且大部分位于北纬 18°以北（即所谓的边缘热带），按照橡胶树生长要求的高温、高湿、阳光充足的生态条件，是不利于种植橡胶树的。但可以充分利用地形、气候特点，将其扩展到适宜生长的地理环境中[②]。

橡胶树北移研究，正是通过品种的改良和栽培技术的改进使得橡胶树可以在这些地区进行大规模种植。这是一项包括驯化育种、选地试种以及各种农业措施的庞大工程[③]。它包含了两个方面的内容：一是解决如何在有种植历史的边缘热带地区如海南岛、云南西双版纳进行规模化种植，包括培育适宜品种并解决风害等问题；二是将橡胶树种植扩展到我国的南亚热带地区。无论是前者还是后者，都需要综合运用遗传选种、生理解剖、生态造林、植物保护、土壤肥料、气象地理等各方面的研究，协作解决问题。有研究者将这两种情况分别称为生产性北移和科学研究性北移[④]。

具体到各个植胶区，要解决的重点问题又不尽相同。即使是同一问题，具体情形及解决办法也因各地的地理条件而有所不同。如寒害是华南四省区橡胶事业中普遍面临的一个重要问题。橡胶树有两个基本的寒害类型，即辐射型和平流型。在云南西双版纳及以西的植胶区，主要是辐射型的慢性寒害，只有选择光照充分的阳坡或半阳坡才能避免这种寒害的发生；而在广西，则是另一种即平流型寒害[⑤]。20 世纪 60—70 年代因未经适应性试验就大面积推广一些品种，造成因风害寒害损失惨重[⑥]。

根据中国热带作物种植业区划研究成果，我国的植胶区可以划分为橡胶树生态最适宜区、橡胶树生态适宜区、橡胶树生态次适宜区和橡胶树局部可植区[⑦]。

---

① 柳大绰，李有则，周嘉槐，等. 橡胶植物. 北京：科学出版社，1956：11-12.
② 王菱. 横断山脉的地形气候利用与橡胶树北移. 地理研究，1985，4（1）：71-78.
③ 章汝先. 我国天然橡胶科学研究的先驱者彭光钦//中国热带农业科学院，华南热带农业大学. 山野崛伟业——热作两院天然橡胶科教事业史料. 海口：海南出版社，2009：229-237.
④ 北移成功 历史壮举——福建发展橡胶五十年. 福建热作科技，2002，27：26-31.
⑤ 江爱良，李师融. 地形小气候与橡胶树的避寒问题//广西壮族自治区气象局，气象学会. 气象论文集，1984：301-307.
⑥ 黄华孙. 中国橡胶树育种五十年. 北京：中国农业出版社，2005：8.
⑦ 农牧渔业部热带作物区划办公室. 中国热带作物种植业区划. 广州：广东科技出版社，1989. 转引自刘锐金，魏宏杰，杨琳. 天然橡胶价格波动研究：规律发现、市场关联与形成机制. 北京：中国经济出版社，2013：58.

1. 热作两院与广东雷州半岛、海南岛植胶

1950 年秋，根据中苏合作发展天然橡胶的协议和中央的指示，广东省组织了橡胶考察团，对海南岛和雷州半岛的老胶园进行考察。1951 年，林业部组织科技人员与苏联专家对海南岛、雷州半岛和广西进行了为期半年的考察，选择天然橡胶宜植地，为确定粤桂橡胶生产布局及建立植胶农场提供了依据（表 1）。

表 1　橡胶树生态适宜区分区表

生态区		各区范围
最适宜区	海南岛南部	东方、乐东、保亭、崖县、陵水、琼海、万宁
适宜区	海南岛北部	昌江、白沙、儋县、澄迈、临高、琼山、文昌、定安、屯昌
	滇南	河口、金平、绿春、景洪、勐腊
次适宜区	海南岛中部	白沙、琼中
	粤西南部	徐闻、海康、遂溪、廉江、电白、吴川、化州、高州、湛江市和茂名市
	桂南南部	防城
	滇东南、滇西南	河口、马关、麻栗坡三县及瑞丽、畹町、潞西三县
	粤东、闽南南部	陆丰、惠来、普宁、揭西、丰顺、饶平、云霄、诏安、东山
局部可植区	滇西南	德宏州盈江、陇川，临沧地区的耿马、沧源、镇康、永德、双江，思茅地区的西盟、孟连、澜沧、景谷、思茅、墨江、江城、镇源，红河州个旧、元阳，西双版纳勐海
	桂东南、粤西北	广西合浦、博白、陆川、北流，广东阳江、阳春、信宜、恩平
	闽南北部	漳浦、漳州、平和、南靖、龙海、同安、长泰、南安、安溪、晋江、厦门

1952 年华南垦殖局橡胶育种工作队赴海南儋县联昌胶园，首次开展了我国橡胶树杂交育种工作。随着抗美援朝结束，西方对我国的橡胶禁运放松，在爱国华侨陈嘉庚的支持下，于 1954 年引进当时马来西亚正在大规模推广种植的优良无性系 PB86；爱国华侨雷贤钟于 1955 年又引进了 20 个优良无性系，为我国后来橡胶树种植业实现良种化，提高产量水平，打下了良好的物质基础[1]。

1954 年成立了热作两院，1958 年两院从广州搬到当时海南儋县，初步制定出中国橡胶种植的技术方案与规程，如：采用国外优良无性系；橡胶园"四化"（良种化、林网化、梯田化、覆盖化）；橡胶"管、养、割"的科学管理方法和防治病虫害措施；并编写了中国第一部橡胶栽培学专著[2]。

20 世纪 50 年代天然橡胶大发展初期，针对海南临高等稀树草原上植胶遇到常风影响天然橡胶生长的问题，科研人员总结出了发展橡胶要"依山靠林"的重要结论，提出了"先造林，后植胶""林网化"等科学措施，不但解决了当时水、热、土、肥等条件较好的临高和雷州半岛等稀树草原地区橡胶树种植后生长不良，植胶工作因此受阻的问题，也为沿海平原的胶园建设提供了可贵的经验[3]。

海南在发展橡胶种植业中，通过培育和推广良种、采用先进的栽培管理技术以及割

① 黄华孙. 中国橡胶树育种五十年. 北京：中国农业出版社，2005：3，4.
② 《当代中国》丛书编辑部. 当代中国的海南. 下. 北京：当代中国出版社，1993：207-208.
③ 中华人民共和国农业部农垦局，农业部发展南亚热带作物办公室. 中国天然橡胶五十年. 北京：中国科学技术出版社，2004：44.

胶技术，显著提高了橡胶单位面积产量。尤其是针对台风吹折橡胶树问题，从 20 世纪 70 年代起，不断探索，推行"橡胶丛式抗风栽培技术"，改行种为丛种，增强了胶园抗台风的能力[①]。

热作两院从 1958 年至 1989 年 31 年间，取得研究成果 688 项，其中获奖成果 233 项次。获国家级、部省级大奖 104 项。其中有 7 项在国际上处于领先地位，分别是橡胶树高产综合技术、橡胶花药组织培养优良品种新技术、橡胶树三倍体育种新技术、橡胶树产量早期预测方法、橡胶抗寒育种、标准胶制作新工艺及微波胶乳测定仪。另外如"国外橡胶优良无性系在中国适应性研究"选出的品种，使中国初步实现了橡胶良种化[②]。

2. 云南垦区及其植胶研究

根据政务院《关于扩大培植橡胶树的决定》，从 1951 年开始，云南积极筹建植胶区。同年 9 月成立了云南省农林厅林业局林垦处，并在滇东南、滇南和滇西分设勐拉、普洱两个林垦工作站及保山林业办公室。同年 10 月，云南省农林厅组织 3 个调查队，分赴滇西、滇西南和滇南地区进行产胶植物资源调查，不仅找到多种野生产胶植物，而且还对幸存下来的老胶树进行了调查。1952 年，林垦工作站先后从缅甸引进橡胶苗和橡胶种子。1953 年，林业部撤销了云南垦殖局并成立云南省特种林试验指导所。

低温寒害是云南发展橡胶的主要矛盾和最大障碍。云南突破"禁区"的植胶技术，就是通过总结不同降温性质、强度对不同地形和小环境种植的不同橡胶品种的寒害程度和症状差异的规律，不断提高抗寒技术，如精选宜胶地、选育抗寒品种、创造芽接带干过冬等抗寒栽培技术。而在割胶技术方面，根据云南垦区气温变化和降雨规律对产胶排胶的影响，采用抓住两个产胶高峰期不同割制，雨季戴防雨帽割胶以及归侨胶工罗桂友创造的"短弧形刀法"，组成一套"管、养、割"相结合的防寒防病综合割胶技术和制度，从而获得高产稳产[③]。

1962 年云南制定了本省农垦植胶区《橡胶栽培技术暂行规程实施细则》，并依据 1962 年全国橡胶育种会议精神，重点推广从国外引进的四个橡胶优良品种。与此同时，用优良品种芽片对树龄较小的实生树胶园进行了大田芽接改造，实现了全省大部分植胶园的良种化。同时为解决胶树生长量与防寒之间的矛盾，根据云南植胶区干湿季分明的特点，将当年芽接当年种植的传统技术方法，改为每年 8—9 月芽接，砧木带干过冬，到翌年 5 月雨季用萌动芽芽接桩种植的技术办法，不仅提高了芽接成活率、定植成活率，而且保证了植后当年的生长量，利于当年越冬和次年旱季度过的安全。到 1965 年底，云南农垦植胶区约三分之一的胶园实现覆盖化。由于认真抓了梯田化、良种化、覆盖化，提前育苗，提早定植，芽接带干过冬和萌动芽种植等重大措施的示范和推广，云南农垦植胶区这一时期定植的橡胶树，到 1972 年保存率达 94.6%。1973—1974 年及 1975—1976 年连续两次特大寒害后，面积保存率仍在 80% 以上，可以说防寒技术取得显著进步[④]。

---

① 《当代中国》丛书编辑部. 当代中国的海南. 上. 北京：当代中国出版社，1993：217.

② 《当代中国》丛书编辑部. 当代中国的海南. 下. 北京：当代中国出版社，1993：211.

③ 《当代中国的云南》编辑委员会. 当代中国的云南. 上. 北京：当代中国出版社，2009：283-284.

④ 中华人民共和国农业部农垦局，农业部发展南亚热带作物办公室. 中国天然橡胶五十年. 北京：中国科学技术出版社，2004：4-5，7-9.

云南以西双版纳为主包括 7 个植胶区已经成为我国第二大天然橡胶生产基地[①]。

3. 广西植胶的困难及解决办法

1951 年，中央指定叶剑英领导四省发展橡胶生产，同时组织专家到广东、广西进行橡胶垦区的规划设计工作。经过筹建，广西在龙州、合浦等 8 县建立了首批 9 个垦殖场，从海南岛引进橡胶种，开始垦荒育苗。1952—1953 年上半年，垦殖场发展到 100 个。此后随着国际形势的变化及橡胶进口的放宽，国家确定先重点在海南岛发展橡胶生产的布局，广西橡胶生产转向收缩[②]。

广西地处南亚热带和热带边缘，有种植天然橡胶的条件，但也是四省植胶区中最冷的一个。冬季寒潮强度大，受害频繁，橡胶树北移能否成功，主要决定于能否解决越冬问题[③]。

由于当时对橡胶北移必须首先解决抗寒问题认识不足，采用了不抗寒的品种，加上不注意橡胶园避寒条件，结果每隔几年就受到一次强寒潮的袭击，损失很大。为了解决橡胶抗寒问题，广西提出了"抗寒第一，高产第二，在抗寒的基础上求高产"的方针，组织科技人员从三个方面进行探索。一是培育抗寒高产品种。一方面从遭受寒害后受害较轻或不受害的植株中筛选出抗寒能力强的作为母树，进行繁殖；另一方面，从海南岛引进国内初生代无性系 11 个，从国外引进无性系 140 个进行繁殖，先后选育出一批抗寒性能好、产量高的新品系。二是选择避寒环境。科技人员对不同地貌的气候特点、寒潮入侵路径以及各种小环境、小气候进行深入调查研究。各橡胶农场还建立了冬季小气候观测站，进行定点观测。经过多年实践，提出了抗寒环境要求，即避开寒潮通道，北面要有高山作屏障；在同一大环境下，对不同的小环境如南坡、北坡、上坡、下坡等不同类型的小区，要采用不同的品种，做到环境和橡胶品种相适应。三是采用抗寒栽培措施。各橡胶农场从胶园建设、育苗接芽、抚育管理、树冠改造以至割胶养树等方面，积极探索，总结出一套抗寒栽培措施，即营造防护林改造环境；培育壮苗提高橡胶树抗寒能力；实行冬前浅割和停割后涂封割面以保护胶树等。这些科研成果逐步在橡胶农场得到推广。广西培育的 I_3 抗寒品系以及诱导产生三叶橡胶多倍体的研究，先后获得农牧渔业部优秀科技成果奖二等奖[④]。

4. 福建植胶区

1950—1956 年，福建省漳州市林下林场、漳浦县大南坂农场、华安县汰口农场和永春县农场先后引种并成功试种了橡胶树。1957 年冬福建省农业厅决定先在盘陀岭以南的诏安县组建以种植橡胶树为主的农场，1958 年起大面积开荒种橡胶树，1961 年在漳州五峰成立福建省热带作物科学研究所，到 1962 年，全省共种橡胶树 1533 公顷[⑤]。其中

---

① 《当代中国的云南》编辑委员会. 当代中国的云南. 上. 北京：当代中国出版社，2009：285.
② 《当代中国的广西》编辑委员会. 当代中国的广西. 上. 北京：当代中国出版社，2009：262-263.
③ 李师融. 广西橡胶树北移的农业气候和地形气候的研究//广西壮族自治区气象局，气象学会. 气象论文集，1984：293-301.
④ 《当代中国的广西》编辑委员会. 当代中国的广西. 上. 北京：当代中国出版社，2009：264.
⑤ 中华人民共和国农业部农垦局，农业部发展南亚热带作物办公室. 中国天然橡胶五十年. 北京：中国科学技术出版社，2004：4，7.

诏安县利用独特的地理、气候条件，成为福建省橡胶种植面积最大的地区[①]。

福建省是我国橡胶树商业性栽培最北的地区，寒害是需要重点解决的问题。其中抗寒有性系、巴西橡胶树零上低温伤害的细胞生理及形态特征、闽南垦区严寒分析与橡胶树避寒中小环境选择等研究成果获得 1978 年该省科学大会奖[②]。

从粤、桂、滇、闽四省区总体来看，经历了 1963—1965 年橡胶生产的黄金时期、1966—1978 年的曲折发展，1979—1983 年，在总结过去植胶经验的基础上，国家对我国天然橡胶的发展方针进行了调整，对胶园结构进行整顿，提出了以橡胶为主、发展多种经营的方针，加大了对橡胶业的投入。1982 年农垦部对我国天然橡胶生产采取了"整顿提高、稳步发展"的措施，要求：农垦植胶区在继续整顿胶园的基础上，重点提高投产胶园的单株产量和单位面积产量；对尚未达到投产标准的胶园，要加大投入力度；加强抚育管理，争取按期投产；对低产老胶园和低产实生树胶园，要有计划地更新；历年灾害严重且不宜植胶的地区，要坚决改种其他经济作物。在此期间，植胶区橡胶生产稳定发展。海南、云南、广东、广西等农垦植胶区橡胶产量均大幅增加[③]。

1982 年 7 月 5 日，《人民日报》发布题为《国际天然橡胶生产的重大突破——中国种植橡胶树北移成功》的文章，报道说："我国在国外历来认为不能种植橡胶的北纬 17 度以北的地区，经过三十年的艰苦奋斗，辛勤经营，现在已建成了以海南岛、西双版纳为主的天然橡胶生产基地。这两个橡胶生产基地有胶园 341 万多亩，占全国胶园总面积的 53%，年产胶 8 万多吨。另外在接近北纬 25 度的广西、福建一些经过选择的地区，也植胶成功。现在，全国国营胶园面积有 531 万多亩，并拥有一批天然橡胶加工厂。集体经营的橡胶树，也有 100 多万亩。去年全国橡胶总产量达 12.8 万吨，比上年增长 13.3%。我国天然橡胶的面积已占世界第四位，产量占第六位，并且已初步建立了具有我国特色的橡胶科学技术体系，总结出一套适应我国热带地区自然条件的橡胶栽培管理的科学方法。"[④]

同年 10 月 18 日，在国家科学技术委员会（简称国家科委）发明评选委员会举行的第十二次会议，评定橡胶北移栽培技术为国家发明奖一等奖。这项成果包括选择地势、营造防护林、选用抗风和抗寒品种、割胶技术，由广东省农垦总局、云南省农垦总局、广西农垦局、福建省农业厅农垦局、华南热带作物科学研究院、华南热带作物学院等单位共同完成[⑤]。11 月 7 日，《人民日报》发文宣布我国成为世界第六大产胶国[⑥]。

1990 年中国宣布植胶面积居世界第四位，年产干胶居世界第五位。同时，各植胶国纷纷要求中国提供更详细资料，介绍橡胶北移种植技术[⑦]。

随着橡胶北移栽培技术获得成功，我国在培育适宜新品种、制定科学栽培措施、白

① 吴春太，李维国. 福建诏安重现橡胶林的思考. 世界热带农业信息，2011，7：1-2.

② 北移成功 历史壮举——福建发展橡胶五十年. 福建热作科技，2002，27：26-31.

③ 中华人民共和国农业部农垦局，农业部发展南亚热带作物办公室. 中国天然橡胶五十年. 北京：中国科学技术出版社，2004：12-13.

④ 中国种植橡胶树北移成功. 人民日报，1982-7-5.

⑤ 橡胶北移栽培技术获发明一等奖. 人民日报，1982-10-19.

⑥ 橡胶北移栽培技术使我成为第六产胶国. 人民日报，1982-11-07.

⑦ 谭亚原. 我国向世界提供橡胶北移种植技术. 人民日报，1990-10-15.

粉病防治、发展天然橡胶产品加工生产设备和工艺、橡胶木防霉防虫技术、特色割胶方法等六大领域取得了多项成果[1]。其中分量较重的奖项有中国热带农业科学院，海南、云南、广东农垦总局的《橡胶树优良无性系的引种、选育与大面积推广应用》获 1999 年度国家科学技术进步奖一等奖；云南垦区橡胶树大面积高产综合技术，1996 年获国家科学技术进步奖二等奖和"亿利达科技奖"[2]。

五、结语

从 1951 年中央作出建立中国天然橡胶生产基地的决策，到 1982 年中国宣布橡胶北移栽培技术获得成功，历经 30 多年。在国家统筹安排和布局下，各科研机构人员通力合作，根据四大植胶区不同的地理环境特点和面临的困难，因地制宜，发展出适合当地的栽培技术和防害措施，成功打破了植胶禁区。这是科研满足国家重大需求，为生产实践服务的又一典范。

① 中华人民共和国农业部农垦局，农业部发展南亚热带作物办公室. 中国天然橡胶五十年. 北京：中国科学技术出版社，2004：44-45.
② 云南省农垦总局，云南农垦集团. 百年寻梦路——中国天然橡胶事业 100 周年纪念册. 昆明：云南教育出版社，2008：16，18.

纳米科学与技术*

　　纳米科学与技术是一门研究物质在纳米尺度上的组成、结构与性质及其应用的高新交叉学科。该学科的发展极为迅猛，虽然其存在的历史不过短短数十年，却已然对人类生活和生产产生了显著的影响。科学界与世界各国政府普遍相信，纳米科学与技术的进一步发展将引发新一轮的产业革命。因此，在过去三十年间，发展纳米科学与技术成为许多国家提升核心竞争力的战略选择，也成为科学后发国家努力实现跨越式发展的重点领域之一。

　　中国科学家从 20 世纪 80 年代后期即开始介入纳米科技领域的研究工作，较早赶上了世界纳米科技的发展热潮。进入 21 世纪以来，随着《国家纳米科技发展纲要》（2001—2010）的颁布与实施，我国纳米科学与技术获得了持续高速发展，涌现出一大批国际一流创新成果。

一、世界纳米科学与技术的兴起

　　1959 年 12 月 29 日，美国物理学家理查德·费曼（Richard P. Feynman）在加州理工学院一次题为《微观世界广袤无垠》（"There's Plenty of Room at the Bottom"）的演讲中提出：如果可以控制单一原子，理论上可以在大头针的针头上写下整套《不列颠百科全书》的内容。这一畅想为纳米科技的兴起埋下了伏笔。

　　20 世纪 70—80 年代，科学家们发现物质在纳米尺度上呈现出许多新颖性质，与此同时，半导体工业的飞速发展使微电子技术迅速逼近经典力学的极限，科学家和工程师面临着来自纳米尺度的新议题。1981 年，美国 IBM 公司的两位科学家格尔德·宾尼（Gerd Binnig）和海因里希·罗雷尔（Heinrich Rohrer）研制成功扫描隧道显微镜，可用来探测物质在纳米尺度的微观结构并进行纳米尺度的材料加工，使纳米科学与技术获得了有力武器。1985 年，具有纳米尺寸结构的全新碳单质 C_{60} 问世，其所具有的独特的物理化学性质迅速吸引了大批科学家的注意，掀开了通往纳米世界的大门。

　　1990 年，第一届国际纳米科技大会在美国召开，纳米材料科学作为材料科学的一个新分支正式问世。自此之后，纳米科学与技术开始迅猛发展，一系列新的纳米结构被陆续发现，并涌现出一批令人耳目一新的纳米技术：1990 年，美国人唐-艾格勒（Don Eigler）等使用扫描隧道显微镜在镍金属表面通过摆放 35 个氙原子拼写出 "IBM" 三个字母——每个字母高 5 纳米，原子间最短距离约为 1 纳米。[1]这一成果在世界上引起巨大震动。1991 年，继 C_{60} 之后，日本科学家饭岛澄男（S. Iijima）首次通过高分辨电镜确认了碳单

---

* 　作者：樊小龙。

[1]　Eigler D M, Schweizer E K, Eigler D M, et al. Positioning single atoms with a scanning tunneling microscope. Nature，1990，344（6266）：524-526.

质的另一种崭新结构——碳纳米管，后续研究发现这种物质具有一系列惊人的性能。1999 年，巴西和美国科学家用碳纳米管制备出世界上最小的"秤"，能够称量十亿分之一克的物体，相当于一个病毒的重量；不久，德国科学家研制出能够称量单个原子重量的"纳米秤"。同年，美国科学家在单个分子上实现有机开关，证实在分子水平上可以发展电子和计算装置。这一时期世界纳米科技的迅猛崛起和日新月异的发展引起了中国科学家的高度关注。

二、20 世纪末的中国纳米科学与技术

1990—2000 年，国际纳米科学与技术研究方兴未艾，与纳米科技有关的物理、化学与材料科学的基本问题正在逐步廓清，学科体系正在成型，应用领域不断拓展，并展现出诱人前景。在这一时期，中国科学家已开始布局纳米科技领域的研究工作，是世界上较早开始重视纳米科学与技术研究的国家之一。

以今天的视角来看，国家自然科学基金最早于 1990 年以前就开始了对纳米科学与技术有关研究项目的资助，这些项目中，一部分的研究主题为亚微米或超微米材料①，事实上可归属于今天纳米材料研究的范围，另一些如以"扫描探针显微镜的研制与应用"之类为题的工作②明显也属于纳米科学与技术的范畴。

进入 20 世纪 90 年代，纳米科技逐渐成为炙手可热的前沿领域，相关的研究题目分别从面上、重点、重大和人才基金等途径获得了大量资助。国家科学技术委员会（简称国家科委）自 1990 年起连续 10 年通过"攀登计划"项目支持纳米材料的专项研究。1999 年，"纳米材料与纳米结构"被列入 973 计划，张立德被任命为首席科学家。此外，这一时期的 863 计划也设立一些纳米材料的应用研究项目。③根据国家自然科学基金委员会对资助纳米科技项目的统计，在 1990—2000 年，所资助科研项目名称中带有"纳米"字样的达 500 余项。④

研究人员方面，截至 2000 年，我国有 30 多个单位约 3000 名研究人员在这一领域从事研究工作。中国科学院、清华大学、北京大学、复旦大学、南京大学等单位先后成立了与纳米科技有关的研究开发中心。⑤

这一时期，纳米科技领域所获得的资助经费也呈逐年递增态势，截至 2000 年，国家对纳米科技领域资助的总经费约 933 万美元——其中，国家自然科学基金委员会的资金投入占比达 70%以上，社会资金对纳米材料产业化亦有大致相当的投入。与发达国家相比，我国在这一时期对纳米科技的投入极为有限——以美国为例，其仅在 2000 年对纳米基础研究的资助金额就高达 4.59 亿美元。⑥

---

① 王永晨，朱毅敏. 亚微米砷化镓气相双层外延与高阻缓冲层. 半导体学报，1981，（3）：182-188；彭秀峰，郭华聪，王明华，等. 亚微米厚自支撑单晶硅膜的制备. 四川大学学报（自然科学版），1983，（2）：96-100.
② 周增均. 用扫描探针显微镜观察磁性材料. 物理，1992，（4）：232-233.
③ 中国科学院纳米科技领域战略研究组. 中国至 2050 年纳米科技发展路线图. 北京，科学出版社，2011：47.
④ 杨海华，彭洁，赵辉. 国家自然科学基金对纳米材料的资助领域分析——基于共词网络法. 科技管理研究，2012，（1）：23-26.
⑤ 何鸣鸿，金祖亮. 从历年科学基金项目看我国纳米科技的发展. 纳米科技与产业，2001，（5）：49-54.
⑥ 裘晓辉，白春礼. 中国纳米科技研究的进展. 前沿科学，2007，（1）：6-10.

在这一时期，中国学界积极与国内外同行开展学术交流。从 1990 年开始，中国曾围绕"纳米科技的发展与对策""纳米材料学""扫描探针显微学""微米–纳米技术"等主题，召开了数十次全国和国际会议，为推动国内外学术交流与合作起到了积极作用，帮助中国纳米科技紧跟国际前沿。

中国科学院在国内率先开拓了纳米科技这一研究领域，在这一时期国内纳米科技界具有突出优势。从 20 世纪 80 年代后期开始，中国科学院就启动了一系列重大纳米科研计划。1999 年中国科学院在知识创新工程中组织实施了"碳纳米管和其他纳米材料"重大项目，取得了一系列具有国际水准的研究成果。[1]

从总体来看，在 2000 年之前的十余年间，我国在纳米科技的许多方面都作出了开创性工作，尤其是在纳米新材料的制备方面已有一定积累，为以后的长足发展打下了良好的基础。但由于条件所限，研究工作只能集中在硬件条件要求不太高的领域。另外，由于缺乏统一部署，国内纳米科技研究也存在低水平重复和选题分散等问题，研究总体水平与发达国家相比差距较大，研究成果的应用不足。

三、《国家纳米科技发展纲要》（2001—2010）的制定

进入世纪之交，纳米科技的影响力与发展潜力日益凸显，世界各国政府纷纷意识到纳米科技的巨大潜力，相继从国家层面启动或加强了对该领域的支持。2000 年 2 月，美国政府率先发布了"国家纳米技术计划"（National Nanotechnology Initiative，NNI）[2]，将纳米技术同生命科学、信息技术和环境科学并列为四大重点支持的科研领域，显示了美国政府对纳米技术研发活动的强力支持和抢占全球纳米科技领先地位的决心。此后，美国在纳米科技基础研究、应用研究，以及纳米研究中心、基础设施建立、人才培养等方面的工作全面展开。[3]继美国之后，日本、欧洲各主要工业国家迅速反应，制定了各自的国家计划。除政府支持以外，国外的企业界也非常积极，以美国为例，诸如通用电气、摩托罗拉、惠普、朗讯、康宁等许多大公司都启动了纳米科技的研发计划。各国政府与企业界对纳米科技的政策支持和强劲投入掀起了国际纳米科技研究的热潮。[4]

面对国际纳米研究界的这一动向，国内许多科学家一方面为纳米科技在 20 世纪后期的飞速发展而欢欣鼓舞，另一方面也为国内纳米科技事业的落后局面备感焦虑。有鉴于此，国内学界逐渐达成共识：纳米科技作为一门新兴的多学科交叉科学，其发展规划和策略应根据我国国情，合理组织力量，在全国范围内组织协调，落实到国家有关科技发展的规划和计划中，以集聚力量并避免重复浪费。2000 年 6 月，国内纳米研究领域的专家联名向党中央、国务院提出关于加快制定国家纳米科技发展计划，抢占这一世界前

① 白春礼. 中国纳米科技研究的现状及思考. 物理，2002，（2）：65-70.
② National Science and Technology Council，Committee on Technology Subcommittee on Nanoscale Science，Engineering and Technology. National Nanotechnology Initiative：The Initiative and Its Implementation Plan. https://www.nano.gov/sites/default/files/pub_resource/nni_implementation _plan_2000.pdf[2023-02-09].
③ 齐晓丰. 美国国家纳米技术计划发展状况. 国防制造技术，2012，（1）：23-26.
④ 冯瑞华，张军，刘清. 主要国家纳米技术战略研究计划及其进展. 科技进步与对策，2007，24（9）：213-216.

沿科技领域的建议。①2000 年秋，中国科学院院士师昌绪写了一份内参，其中除了分析美国纳米科技战略的特点，阐明国内外纳米科技的形势及其重要性以外，还对我国纳米战略提出六点建议，包括请科学家为国务院领导做一次讲座、成立纳米科技指导协调小组、组建国家纳米科学中心和国家纳米工程中心等。②内参由国家自然科学基金委员会报国务院，得到国务院领导肯定。③2000 年，中共十五届五中全会通过《中共中央关于制定国民经济和社会发展第十个五年计划的建议》，明确提出将新材料和纳米科学作为"十五"计划中科技进步和创新的重要任务。2000 年 12 月 14 日，中国科学院院士白春礼受国务院科技知识讲座之邀，在中南海向国家领导人做了题为"纳米科技及其发展前景"的报告。报告介绍了纳米科技的发展前景和战略价值，重点介绍了世界各科技强国和工业发达国家在纳米科技方面的战略部署，回顾总结了我国纳米科技代表性成就及其与国际前沿的差距，并对我国纳米科技计划的制定提出了政策建议④。时任国务院总理朱镕基指出，纳米科技对于我国国家安全和经济社会发展有着重要的意义，政府应该给予支持，要求科技部尽快制定纳米科技发展规划。2001 年 1 月 18 日，国家纳米科技指导协调委员会成立，其成员包括科学家、有关部门（包括科技部、国家发展计划委员会、教育部、中国科学院、中国工程院和国家自然科学基金委员会等单位）领导和企业家共 20 多人，负责制定我国纳米科技发展纲要。⑤同年 7 月 6 日，《国家纳米科技发展纲要（2001—2010）》（下文简称《纲要》）起草完成，由科技部、国家发展计划委员会、教育部、中国科学院、国家自然科学基金委员会联合印发。⑥

《纲要》从国家发展战略的高度，对全国纳米研究做了统一布局，明确肯定了国家将加强对纳米科技发展的投入力度，要求在"十五"期间实施"国家纳米科技专项行动"，统一部署和协调国家纳米科技工作，我国纳米科技自此进入了国家科学的发展阶段。

四、中国纳米科学与技术在 21 世纪的高速发展

《纲要》的颁布和实施，使我国纳米科学与技术走上了快车道。在《纲要》指导下，科技部、国家自然科学基金委员会、中国科学院和教育部在纳米科技方面相继部署了一系列重大研究计划。其中，科技部在 973 计划和 863 计划两大计划中，启动了有关纳米器件、纳米生物和纳米材料的重大研究项目；国家自然科学基金委员会不但在各学科中加强了对纳米科学相关研究项目的支持，而且启动了"纳米科技基础研究重大研究计划"；中国科学院先后启动了纳米材料、纳米器件的院级重大项目；教育部等国家的其他部门也相继部署了发展纳米科技的重大或重点项目。据统计，2000—2010 年，国家自然

① 翟华嶂，李建保，黄勇. 纳米材料和纳米科技的进展、应用及产业化现状. 材料工程，2001，（11）：43-48.
② 师昌绪. 我国应进一步加大对"纳米科学技术"的支持. 材料导报，2001，15（4）：1-2.
③ 师昌绪，李克健，吴述尧. 关于发展我国纳米科学技术的几点思考. 新材料产业，2001，（9）：51-53.
④ 白春礼. 纳米科技现在与未来. 成都：四川教育出版社，2001.
⑤ 国家自然科学基金委员会，中国科学院. 未来 10 年中国学科发展战略：纳米科学. 北京：科学出版社，2012：9.
⑥ 科学技术部、国家发展计划委员会、教育部、中国科学院、国家自然科学基金委员会关于印发《国家纳米科技发展纲要（2001—2010）》的通知. https://www.most.gov.cn/xxgk/xinxifenlei/fdzdgknr/qtwj/qtwj2010before/200312/t20031209_143218.html[2023-02-09].

科学基金资助的纳米材料项目共 3040 个，项目总数达到此前同等时段的 6 倍，项目总金额近 10 亿元，达到之前的十数倍。[1] 在国家积极扶持纳米科技发展的同时，地方政府也高度重视纳米科技在本地的发展和应用。据不完全统计，全国有一半的省份将发展纳米材料写入本省"十五"期间的发展规划。

"十五"期间，在《纲要》指导下，国务院各有关部门除了项目部署以外，先后组建了国家纳米科学中心[2]、纳米技术及应用国家工程研究中心以及助推纳米技术产业化的国家纳米技术产业化基地。我国纳米科技在这段时期获得了惊人的发展。据统计，这一时期由中国研究人员撰写的与纳米科技有关的论文数以年均 30% 左右的速度增长。到 2006 年，中国科学家在国际上发表的纳米科技领域的研究论文已与美国、日本相当，年度总被引用数也位列前茅，部分成果在国际上产生了重要影响。[3] 从具体研究内容来看，这一时期以金属和无机物非金属纳米材料的制备为主，纳米电子、纳米生物医药等战略技术和引领技术方面的基础研究相对薄弱，特别是在纳米器件及产业化方面，存在显著的短板。

进入"十一五"时期，国家对纳米科学与技术的支持进一步强化。2006 年初，《国家中长期科学和技术发展规划纲要（2006—2020 年）》将纳米科技视为我国"有望实现跨越式发展的领域之一"。为了落实《国家中长期科学和技术发展规划纲要（2006—2020 年）》精神，科技部启动了"纳米研究"国家重大科学研究计划（同蛋白质研究、量子调控研究、发育与生殖研究并列，为同期四个国家重大科学研究计划之一）、863 计划（设立了"纳米材料与器件"专题和"纳米生物技术"专题）。国家自然科学基金委员会除了设立"纳米科技基础研究"和"纳米制造的基础研究"两个重大研究计划之外，还支持了一批重点和面上项目；与纳米技术相关的重点研发项目有：纳米电子学和纳米生物学的核心技术；新功能材料的研发及工业化；发展亚微米尺度上的微纳电子机械系统。除了国家支持以外，各地方也投入了大量的人力物力建设"纳米基地"，据此实施了一批重要项目。这一时期，教育部开始推进纳米科技的专业人才培养，许多高校相继设立了纳米科技相关专业，扩大了研究生的招生，并通过"985 工程""211 工程"支持了部分高校的相关科研装备建设。

我国纳米科技在这一时期继续保持蓬勃发展的态势，逐步建立起具有特色的研究体系，在纳米材料、纳米器件、纳米生物和医学研究等领域保持国际先进水平。根据美国"Web of Science"科学引文索引扩展版（SCIE）数据库的统计，2009 年，由我国科学家发表的纳米科技论文总量排名世界第 1，被引频次位于世界第 2。[4] 一些研究成果解决了重大科学问题，引起了国际上的极大关注，如合成"石墨炔"，提出纳米材料的"限域效应"概念等。许多研究成果展现出广阔的产业化前景，例如，绿色印刷制版技术、荧光聚合物纳米膜痕量爆炸物探测器、艾滋病的快速低成本定量检测技术等。

① 杨海华,彭洁,赵辉. 国家自然科学基金对纳米材料的资助领域分析——基于共词网络法. 科技管理研究,2012,（1）：23-26.

② 王扬宗,曹效业. 中国科学院院属单位简史. 第一卷. 上册. 北京：科学出版社，2010：233-245.

③ 解思深. 关于我国发展纳米科技的一些思考. 中国科学基金，2014,（6）：326-329.

④ 施普林格·自然集团，中国国家纳米科学中心，中国科学院文献情报中心. 国之大器 始于毫末——中国纳米科学与技术发展状况概览. http://www.nanoctr.cn/qydt2017/201709/P020170929618731629674.pdf[2023-02-09].

"十二五"时期，国家在纳米科技领域继续保持高强度投入。"纳米研究"被列为六个国家重大科学研究计划之一，重点在面向国家重大战略需求的纳米材料，传统工程材料的纳米化技术，纳米材料的重大共性问题，纳米技术在环境与能源领域应用的科学基础，纳米材料表征技术与方法，以及纳米表征技术的生物医学和环境检测应用学等方面加强部署。[①]2011 年 1 月，国家纳米科技指导协调委员会工作会议提出将我国纳米科技的发展阶段定性为从"纳米科技大国"向"纳米科技强国"转变的关键历史时期，这标志着我国纳米科技发展迈上了新的台阶。

2013 年 7 月，中国科学院启动"变革性纳米产业制造技术聚焦"的战略性先导科技专项，在纳米绿色印刷、纳米动力锂电池、纳米医药、纳米催化以及能源环境相关的纳米技术等方面进行重点攻关，进一步推动纳米技术的产业化应用。

进入"十三五"以来，随着中国经济保持持续快速增长，国家对纳米科学与技术的投入保持稳步增加。纳米科技被连年列入国家重点研发计划专项，年度总经费超过 200 亿元。大量优质资源被投入纳米材料、纳米表征技术、纳米器件与制造、纳米催化技术与纳米生物医药等领域的基础和应用研究中，在新时期不断涌现出具有显著创新价值的研究成果。

五、中国纳米科学与技术领域所取得的代表性成就

自"八五"以来，纳米科技在我国科技界迅速升温。进入 21 世纪以来，随着《国家纳米科技发展纲要（2001—2010）》的颁布与实施，纳米科技被提升至国家战略高度，获得了持续、高强度的资源配给，涌现出一大批卓越创新成果。以下将其中具有代表性的若干工作予以简要介绍。

1. 纳米表征技术

纳米表征技术指的是在纳米尺寸观察、测量和分析物质的结构与功能的原理、方法与技术，其中最重要的手段当属高精尖的显微观测技术和设备。纳米表征技术是纳米科技的基本前提和有力保障，在纳米科技的发展历程中占据重要位置，实践表明，纳米表征技术的革新往往能够带动纳米科技乃至整个科学的整体发展。

在先进表征设备和方法的研究方面，我国先后研制成功了具有自主知识产权的扫描隧道显微镜（STM）、大气下的 STM、激光原子力显微镜、弹道电子发射显微镜等多种表界面纳米尺度的表征仪器设备。研制成功 UHV-SEM-STM-EELS 联用系统和 LT-SNOM 系统，建立了完整的近场光学显微系统——近场光谱与常规光学联用系统。建立了表面增强拉曼光谱术（SERS）与机械可控断裂结法（MCBJ）联用技术、针尖增强拉曼光谱术（TERS）与扫描隧道显微镜裂结法（STM-BJ）连用技术。在世界上首次将单壁碳纳米管组装竖立在金属表面，并组装出世界上最细且性能良好的扫描隧道显微镜用探针。

---

① 科学技术部. 科技部关于印发纳米研究等 6 个国家重大科学研究计划"十二五"专项规划的通知（国科发基〔2012〕627 号）. https://www.most.gov.cn/xxgk/xinxifenlei/fdzdgknr/fgzc/gfxwj/gfxwj2012/201206/t20120608_94909.html〔2023-02-09〕.

借助于相关表征设备，发现了许多新现象。利用扫描隧道显微镜诱导分子化学结构变化，观察到由单个磁性分子所引起的近藤效应，成功地实现了对单分子自旋态的控制。利用扫描隧道显微镜，在−268℃时冻结 C_{60} 分子的热振荡，在国际上首次"拍摄"到了能够清楚分辨碳原子间单键和双键的分子图像，这种单分子直接成像技术将为制造纳米器件提供有效手段。在国际上首次实现亚纳米分辨的单分子光学拉曼成像，将具有化学识别能力的空间成像分辨率提高到前所未有的 0.5 纳米。利用改进的非接触原子力显微镜在实空间观测到分子间氢键和配位键的相互作用，在国际上首次实现了对分子间局域作用的直接成像，中国学者首次"看见"氢键引起国际同行高度关注。利用扫描隧道显微镜/谱和第一性原理总能量计算，确定了金属铟团簇的原子结构，这是目前为止表面上团簇的第一个令人信服的原子结构模型。

在单分子、原子操纵技术方面取得突破。1993 年，中国科学院北京真空物理实验室（今中国科学院物理研究所纳米物理与器件实验室）操纵原子成功写出"中国"二字（图 1），是我国纳米科技发展的标志性事件之一。

图 1   1993 年，中国科学家操纵原子写出"中国"二字

近年来，有学者提出了一种轻敲与接触混合模式的 AFM 单分子操纵技术，实现了对 DNA 分子的"切割"、"推移"和"折叠"，为在单分子水平研究 DNA 及其他生物分子的生化机理提供了技术支撑。

2. 纳米材料制备技术

相比纳米科技的其他领域，中国在纳米材料领域的发展最为迅速，成果最多，整体居于世界领先地位。建立和发展了制备纳米结构（如纳米有序阵列体系、介孔组装体系、MCM-41 等）组装体系的多种方法，特别是自组装与分子自组装、模板合成、碳热还原、液滴外延生长、介孔内延生长等。在非水热合成制备纳米材料方面取得突破，在纳米块体金属合金和纳米陶瓷体材料制备和力学性能的研究、介孔组装体系、纳米复合功能材料、二元协同纳米界面材料的设计与研究等方面都取得了重要进展。[①]

运用各种先进方法，制备出多种准一维和平面纳米材料和纳米组装体系，尤其是在以碳纳米管为代表的准一维纳米材料及其阵列方面做出了大批有影响的成果。如

---

① 师昌绪.《纳米科学与技术》给产业带来的影响. 中国科技成果，2005，（6）：55-58.

大面积定向碳管阵列[①]、超长碳纳米管阵列、氮化镓纳米棒、一维纳米丝和纳米电缆等。[②]利用沸石作模板制备了最细的单壁碳纳米管（0.4 纳米）阵列。合成了大面积类荷叶结构的仿生超双疏碳纳米管薄膜，提出"二元协同纳米结构理论"。掌握了在纳米孔洞内生长单晶纳米线的基本条件，首次合成了 In_2O_3、GaO 等物质的纳米微阵列。在碳纳米管及其他一维纳米结构的生长机制的研究方面取得进展，如用碳同位素标记的方法实验确认了碳纳米管的生长机制。发展了高压固相反应，溶剂热合成、水热合成与室温合成纳米材料的制备技术。首次在 300℃ 左右用苯热法制成粒度达 30 纳米的氮化镓纳米晶体；用催化热解法制成纳米金刚石[③]。

3. 纳米器件与加工技术

当前，纳米科技的一个最重要的应用方向是发展基于新原理的纳米尺度功能器件。近年来，我国纳米科技工作者在该领域陆续取得了一系列成果：研发了纳米"超级开关"材料、小型水净化装置中可再生光催化剂、量子阱红外探测器（13—15 微米）和半导体量子点激光器（0.7—2.0 微米）；研制出具有完全自主知识产权的体积小、检测速度快、操作简单直观、携带方便的纳米生物传感器及其检测仪；发明了具有亲（疏）水、亲（疏）油特性的纳米材料绿色印刷制版技术；研发的超顺排透明碳纳米管导电膜，可用于制造碳纳米管触摸屏手机，2012 年实现了全球首个碳纳米管触摸屏的产业化；发明了荧光聚合物纳米膜传感技术，研制出荧光聚合物纳米膜痕量爆炸物高敏感度探测器并实现了产业化。[④]

4. 纳米催化

纳米催化应用研究是我国的优势领域之一。发展了一类钨基合金高效催化剂，这种纳米催化剂粒子具有非常高的熔点，能够生长出具有特定结构的单壁碳纳米管，并在高温环境下保持其晶态结构和形貌。提出了多相催化剂液相负载的设计思路，实现了低温条件下的高效催化，在国际上首次制备出单原子催化剂，并提出了单原子催化的新概念，入选美国化学会化学工程新闻（Chemical & Engineering News，C&EN）2016 年十大科研成果。利用纳米孔道的"限域效应"及孔道微环境的锈蚀使负载于孔道内的手性催化剂表现出比均相催化剂更高的对映选择性和转换效率，实现纳米反应器中的手性催化。发现了碳纳米管的"限域效应"对组装在其孔道内的金属及其氧化物的氧化还原特性的调变作用。基于"纳米限域催化"的新概念，创造性地构建了硅化物晶格限域的单铁中心催化剂，成功地实现了甲烷在无氧条件下选择性活化，一步高效生产乙烯、芳烃和氢气等高值化学品。通过纳米催化技术攻克了用煤代替石油生产乙二醇的难题，已建立以煤为原料、采用纳米催化剂的万吨级乙二醇生产装置。制备出实用的高活性、高稳定性铂纳米催化剂，能在室温下实现 CO 的 100% 转化。

5. 纳米毒理学与纳米安全性研究

进入 21 世纪以后，随着纳米材料的大规模生产和广泛使用，"纳米生物效应与安全

① 李景新，黄国慧. 纳米材料及其技术研究进展. 材料导报，2001，15（8）：29-31.
② 张立德. 纳米功能材料的进展和趋势. 材料导报，2003，17：1-4.
③ 张庆文. 纳米材料研究的新进展及在 21 世纪的战略地位. 化工之友，2006，（10）：57-59.
④ 闫金定. 我国纳米科学技术发展现状及战略思考. 科学通报，2015，60：30-37.

性"逐渐引起了科学界与社会的高度关注。在国内,中国科学院于 2001 年率先关注和呼吁有关纳米材料生物效应的研究,随后成立"纳米生物效应与安全性重点实验室",专事相关的研究工作。①2006 年,由国家纳米科学中心赵宇亮院士领衔编著了世界上第一本纳米毒理学领域的教科书 *Nanotoxicology*。有关研究人员突破了该领域定量分析方法的瓶颈,创立新的分析方法,其中,部分被国际标准化组织(ISO)/国际电工委员会(IEC)认定为国际标准分析方法,被 160 多个国家采用;揭示了大规模生产的碳纳米材料、无机纳米材料在体内的吸收、分布、代谢的规律;率先揭示了若干重要纳米生物学效应的重要化学机制②;提出反向应用纳米毒理学性质,通过设计纳米颗粒表面去调控肿瘤微环境,实现"监禁肿瘤"(非杀死肿瘤细胞)的低毒性治疗肿瘤新方法③,产生了重要国际影响。

2017 年,在北京举办的中国国际纳米科学技术会议上,施普林格·自然集团、中国国家纳米科学中心和中国科学院文献情报中心联合发布了《国之大器 始于毫末——中国纳米科学与技术发展状况概览》白皮书。白皮书分别从原创论文数量、Nano 数据库和专利产出 3 个方面,将中国与世界其他主要纳米科研强国进行了对比,揭示了中国纳米科研的优势与发展特点。白皮书认为,受惠于国家在纳米科技领域的持续投入,中国已成为当今世界纳米科学与技术进步的重要贡献者,是世界纳米科技研发大国,部分基础研究居国际领先水平,中国纳米科技研究正在向原创性突破转变,中国纳米科技应用研究与成果转化也已初具规模。④

① 赵宇亮,白春礼. 纳米安全性:纳米材料的生物效应. 世界科学技术,2005,(4):104-107.
② 汪冰,丰伟悦,赵宇亮,等. 纳米材料生物效应及其毒理学研究进展. 中国科学(B 辑·化学),2005,(1):1-10.
③ 赵宇亮. 智能纳米药物:肿瘤治疗的创新方法//中国药学会,成都市人民政府,四川省食品药品监督管理局. 2018 年中国药学大会资料汇编. 中国药学会,成都市人民政府,四川省食品药品监督管理局,2018:2.
④ 施普林格·自然集团,中国国家纳米科学中心,中国科学院文献情报中心. 国之大器 始于毫末——中国纳米科学与技术发展状况概览. http://www.nanoctr.cn/qydt2017/201709/P020170929618731629674.pdf[2023-02-09].

量子信息科技[*]

　　量子信息学是一门涉及量子物理与信息科学的交叉学科，主要包括量子计算、量子通信、量子密码学等分支领域。其中量子通信指以量子比特为载体传输信息的技术，包括量子隐形传态、量子密钥分发、量子密集编码等。人们通常所说的量子通信是指其中的量子密钥分发（或称量子保密通信），是目前最接近实用化的量子信息技术。量子物理提供了一种前所未有的对信息进行编码、存储、传输、调制的方式，在信息容量、运算速度与安全等方面都突破了经典信息技术的瓶颈。自 20 世纪八九十年代以来，量子信息科技日益受到人们的广泛关注。进入 21 世纪以来，该领域更是在多个方向得到突飞猛进的发展。

　　中国量子信息科技从 20 世纪 90 年代起步。在 20 多年内，中国科学家在该学科的多个方面取得了系列成果，从当初的跟踪学习到如今活跃于国际最前沿。这是中国当代科技史，乃至中国近百年科技发展中一个难得的案例。

一、学科发展的国际背景

　　爱因斯坦（A. Einstein）曾就量子力学的完备性，与玻尔（N. Bohr）展开了多年激烈的争论。1935 年，他与波多尔斯基（B. Podolsky）、罗森（N. Rosen）合作，提出了被后世以他们姓氏首字母命名的"EPR 悖论"。[①]他们假想一个不稳定的静止粒子衰变成两部分，形成后来所谓的双粒子纠缠态。当对其中一个粒子的状态进行测量时，无论二者相距多远，另一个粒子的状态将被瞬间决定。这与经典的定域实在论存在无法调和的矛盾。同年，薛定谔（E. Schrödinger）对量子力学提出更多诘难，包括以著名的生死叠加的"薛定谔猫"嘲笑量子力学的统计解释，正式提出了"纠缠"的概念。[②]

　　1982 年，美国物理学家费曼（R. Feynman）提出量子计算机的设想[③]，企图用计算的方式来模拟物理现象，将物理学与计算机理论联系起来。此后关于量子比特及其算法的研究，以及量子信息、量子计算、量子通信与量子传输等多个技术领域取得了重大发展和突破。[④]随着互联网的发展，信息科学领域的保密与窃密之战日益升级，量子物理的成果与信息科学也逐渐产生了交集。传统的 RSA 公钥密码系统[⑤]的安全性受到日益严

---

*　作者：丁兆君。

①　Einstein A，Podolsky B，Rosen N. Can quantum-mechanical description of physical reality be considered complete. Physical Review，1935，47：777-780.

②　Schrödinger E. Die gegenwärtige situation in der quantenmechanik. Naturwissenschaften，1935，23：844-849.

③　Feynman R. Simulating physics with computers. International Journal of Theoretical Physics，1982，21（6）：467-488.

④　张天蓉. 世纪幽灵——走近量子纠缠. 合肥：中国科学技术大学出版社，2013：89.

⑤　由李维斯特（R. Rivest）、萨莫尔（A. Shamir）和阿德曼（L. Adelman）三位提出者姓氏首字母命名，凭借分解因数与求解离散对数计算的复杂性来保障密码安全。

重的挑战。1994 年，美国应用数学家肖尔（P. W. Shor）提出分解因数与求解离散对数问题的量子并行算法，可实现大数因子分解，从而能轻易攻破 RSA 公钥密码系统。[1]由于对量子系统的测量会破坏原有的量子态，因而量子密码具有天然的防窃密属性，以量子密钥分发为核心的量子密码学便应运而生。1984 年，美国班尼特（C. Bennett）与加拿大布拉萨德（G. Brassard）提出第一个量子密码通信方案——BB84 方案，量子通信研究自此发端。[2]1992 年，班尼特又提出了简化的 B92 方案[3]，并与贝塞特（F. Bessette）合作，实验演示了量子密钥分发。1997 年，奥地利泽林格（A. Zeilinger）小组在室内首次完成量子隐形传态的原理性实验验证[4]，被誉为量子信息实验领域的经典之作。

以量子纠缠为中心，物理学家在理论与实验方面进行了多年的探索，在不断证明量子力学的非定域性之外，也逐步将量子纠缠现象应用于信息科学、计算机科学与物理学的多个领域，使得与量子信息相关的科学与技术近年来得到突飞猛进的发展，且日益得到世界各国的重视。目前，美国《国家量子计划法》已正式生效[5]，欧洲航天局的《空间量子技术》战略报告明确提出了发射量子通信卫星的计划[6]，德国、意大利、俄罗斯、日本、英国和新加坡等国家也都先后启动了量子通信工程建设或正在酝酿着量子通信研究计划。

二、积淀与起步

量子信息科学传入中国，有赖于郭光灿等几位物理学家的努力。1965 年，郭光灿毕业于中国科学技术大学（简称中国科大）无线电电子学系，之后留校工作。"文化大革命"期间，郭光灿就开始从事激光研究。出于兴趣，他很早就开展起量子光学的探索。1983 年，郭光灿赴美国罗切斯特大学（University of Rochester）参加第五届相干和量子光学会议。参会的还有在该校攻读博士的邓质方，在美国得克萨斯大学访学的山西大学彭堃墀、谢常德夫妇，同在得克萨斯大学攻读博士的中国科学院物理研究所的吴令安和南京大学的肖敏等其余 7 人。会议期间，几位中青年华人学者共聚于邓质方家中，相约以后一起发展中国量子光学。[7]

1984 年 8 月，郭光灿利用从学校申请到的 2000 元钱，组织召开了第一次量子光学会议。这是中国量子光学发展的起点。量子光学会议此后每两年召开一次，一直延续至今。在郭光灿等的努力下，中国物理学会于 1990 年成立量子光学专业委员会，挂靠在中

① Shor P W. Algorithms for quantum computation：discrete logarithms and factoring//Proceedings 35th Annual Symposium on Foundations of Computer Science. Los Alamitos：IEEE Computer Society，1994：124-134.

② Bennett C H，Brassard G. Quantum cryptography：public key distribution and coin tossing//Proceedings of IEEE International Conference on Computers Systems and Signal Processing. Bangalore，1984：175-179.

③ Bennett C H. Quantum cryptography using any two nonorthogonal states. Phys. Rev. Lett.，1992，68（21）：3121-3124.

④ Bouwmeester D，Pan J-W，Mattle K，et al. Experimental quantum teleportation. Nature，1997，390：575-579.

⑤ 袁政英. 美国正式颁布《国家量子计划法》. https://mp.weixin.qq.com/s/fsSdiV9TDXRh5t654JdRjQ[2019-04-26].

⑥ Quantum Technologies in Space. http://qtspace.eu：8080/sites/testqtspace.eu/files/QTspace_Stretegic_Report_Intermediate.pdf[2019-04-26].

⑦ 陈佳洱. 20 世纪中国知名科学家学术成就概览·物理学卷·第三分册. 北京：科学出版社，2015：462-475.

国科大。在召开学术会议之外，郭光灿开始在中国科大开展量子光学的教学工作。他利用在国外进修期间所学到的知识与所搜集的资料，编写出量子光学讲义①，开设出量子光学课程，并开始培养量子光学方向的研究生。除了本校的研究生外，在中国科大代培的中国科学院系统很多低年级的研究生在郭光灿的课堂上接受了量子光学的教育。

相对成熟的学科，新兴学科起初往往难以取得很大的进步。在量子光学的研究过程中，郭光灿一直寻找新的突破点。当量子信息这一新兴学科在国际上悄然萌发之时，他敏锐地意识到量子信息的发展前景，遂带领自己的研究生，全部投入到这个新领域中，并以量子密码为切入点展开研究。②得益于前期量子光学研究的基础，郭光灿团队在量子信息方面的研究很快取得了系列成果。

1994年，自中国科大本科毕业的段路明开始师从郭光灿攻读博士学位，从事量子信息和量子光学的理论研究。1997年，他们师生合作，在国际上首先提出量子避错编码的方法，用于克服量子计算的一个最主要障碍——消相干问题。其原理后来被美国几个研究组实验证实，从而被推广为无消相干子空间，用来实现可靠的量子计算。避错、纠错与防错，被认为是国际学术界三种不同原理的量子编码方案。1998年，他们又提出量子概率克隆原理，并通过实验实现。量子概率克隆能以不为零的概率精确克隆量子信息，被学术界称为"段-郭克隆机"，其最大克隆效率被称为"段-郭界限"。他们还研制成功两类量子克隆机，这一成果被国际同行称为近年该领域最激动人心的一项进展。③2000年，郭光灿团队提出一种易于克服光腔消相干影响的量子处理器，利用光腔实现两个原子纠缠。随后，法国的哈罗切（S. Haroche）④实验证明了他们的方案。⑤

彭堃墀、谢常德夫妇于1961年毕业于四川大学，到山西大学任教。1981年，彭堃墀赴法国国家科学研究中心非线性光学实验室访学，次年又转赴美国得克萨斯大学由金布尔（Jeff Kimble）负责的量子光学实验室，随后谢常德也来到这里。其间，他们夫妇与吴令安、肖敏共同参与了当时最早的光场压缩态产生实验研究。1984年，彭堃墀从山西省政府申请到20万美元，用以购置实验仪器，以回国筹建量子光学实验室。当年底，彭堃墀夫妇回国，开始组建山西大学光电研究所。1995年，中国物理学会量子光学专业委员会创办《量子光学学报》，编辑部就设在该所，彭堃墀任主编。1997年、2000年，光电研究所先后被批准为山西省、教育部重点实验室。

吴令安于1968年毕业于北京大学，1972年进入中国科学院物理研究所工作，1981年赴美国得克萨斯大学学习，直至1987年获得博士学位。其间她与导师金布尔及肖敏合作，首次用光参量谐振腔实现了光压缩态，不仅创下63%压缩率的世界纪录，也开辟了用非线性晶体研究量子光学的新途径。⑥回国后，吴令安在中国科学院物理研究所继续从事量子光学研究，并开展量子保密通信的实验探索。1995年，吴令安小组选择单光子偏振态的编码系统，在实验室完成量子密码通信的原理性实验。这是中国最早的量子

① 该讲义后来正式出版，郭光灿. 量子光学. 北京：高等教育出版社，1990.
② 陈佳洱. 20世纪中国知名科学家学术成就概览·物理学卷·第三分册. 北京：科学出版社，2015：462-475.
③ Chefles A. Quantum state discrimination. Contemp. Phys., 2000, 41（6）：401-424.
④ 2012年，哈罗切因"发现测量和操控单个量子系统的突破性实验方法"获得诺贝尔物理学奖。
⑤ 丁兆君对郭光灿院士的访谈，2019年1月30日上午，中国科学院量子信息重点实验室郭光灿院士办公室。
⑥ 宁芝. 吴令安：女物理学家的追"光"之路. 科技日报，2014-06-25（5）.

密钥分发实验演示。2000 年，吴令安小组又与中国科大研究生院（北京）合作，利用单模光纤完成 1.1 公里的量子密钥分发演示实验。

潘建伟于 1992 年本科毕业于中国科大近代物理系。之后他师从张永德攻读研究生，并于 1995 年获得硕士学位后留校任教。翌年，潘建伟赴奥地利因斯布鲁克大学泽林格门下攻读博士学位。在此期间，潘建伟参与了泽林格小组被誉为量子信息实验领域经典之作的量子隐形传态的原理性实验验证工作，为发表于英国《自然》杂志的研究论文第二作者，负责实验数据的测量和处理工作。该文于 1997 年被欧洲物理学会、美国物理学会双双评为国际物理学十大进展之一，1999 年被《自然》杂志誉为"百年物理学 21 篇经典论文"之一。获得维也纳大学实验物理博士学位后，潘建伟继续留在泽林格小组做博士后研究助理、高级研究员、联合 PI。

杜江峰于 1985 年考入中国科大少年班，1990 年毕业于近代物理系后留校工作，之后在职攻读本校研究生，于 1997 年、2000 年先后获硕士、博士学位。1998 年，他选择量子信息作为研究方向，致力于用核磁共振方法进行量子计算研究。当时杜江峰既无实验条件，又无科研经费，购买第一个实验样品仅花费 66 元。在这种情况下，学校的科研平台发挥了重要作用。当时全校仅生物系有一台可用的核磁共振谱仪。杜江峰不仅被允许跨系借用这台谱仪做实验，在遇到困难时，还会得到鼓励与帮助，于是成功地完成了自己的实验研究。[1] 如今，郭光灿、杜江峰、潘建伟三位工作于量子信息领域的物理学家、中国科学院院士，一起被公众以他们的姓名汉语拼音首字母戏称为中国科大的 GDP。

20 世纪 90 年代，除中国科大外，中国科学院系统已经有一些零星的量子信息方面的研究工作，如中国科学院武汉物理与数学研究所的詹明生在基于原子的量子信息方面开展了系列研究工作，本文不做详述。

三、世纪之交的转机

郭光灿在开始量子信息研究之初，因条件限制，只能做些理论工作。1998 年，在钱学森、王大珩的支持下，郭光灿在香山科学会议上做了关于量子信息的主题报告，引起学术界的重视。1999 年，郭光灿在中国科大建立起量子通信与量子计算开放实验室。2001 年，该室成为中国科学院重点实验室。[2] 同年，他连续几年的 973 项目申请终获成功。[3]

由郭光灿任首席科学家的 973 计划项目"量子通信与量子信息技术"研究重点在量子密码、量子因特网、量子计算和量子信息物理学等方面，经费 2500 万元。该项目把国内多个研究单位可能做量子信息研究的几乎所有人都组织起来（表 1）[4]，其中包括已自美回国的吴令安与彭堃墀、谢常德夫妇，还有在奥地利已声名鹊起的潘建伟，以及詹明生、杜江峰等。至 2006 年 9 月项目验收，先后有 252 人参加了该项目的研究。

---

① 张巧玲. 杜江峰：科大给了我创新的土壤. 科学时报，2008-09-17（A2）.
② 2005 年，该室更名为中国科学院量子信息重点实验室。
③ 丁兆君对郭光灿院士的访谈，2019 年 1 月 30 日上午，中国科学院量子信息重点实验室郭光灿院士办公室。
④ 国家重点基础研究发展规划项目验收总结报告（量子通信与量子信息技术）. 合肥：中国科学技术大学档案馆，2007-KY-Y-52.

表1　973计划项目"量子通信与量子信息技术"研究团队

课题名称	承担单位	负责人	主要学术骨干
远程光纤中的量子密钥分配	中国科学院物理研究所、中国科大	吴令安	韩正甫、丁良恩
单光子红外探测技术	中国科学院半导体研究所、中国科学院上海技术物理研究所	杨富华	李宁、廖常俊
基于量子纠缠的量子密码	中国科大	潘建伟	张永德、杨涛、史保森
连续变量量子通信实验研究	山西大学	彭堃墀	谢常德、郜江瑞、潘庆
远程量子通信的原理和方法	中国科大	段路明	柴金华、顾永建
纠缠光源及其操纵技术	中国科大	郭光灿	郑仕标、叶柳
冷原子和原子介质中量子信息存储研究	中国科学院上海光学精密机械研究所	王育竹	罗有华、何慧娟、龙全
冷原子量子信息处理系统	清华大学、北京大学	李师群	龙桂鲁、吴念乐、张卫平、王义遒、陈徐宗
核磁共振的量子信息处理系统	中国科学院武汉物理与数学研究所、中国科大	詹明生	丁尚武、高克林、杜江峰、周先意
量子信息基础理论	中国科学院理论物理研究所等	孙昌璞	匡乐满、刘旭峰、汪凯戈、吴颖、王安民

　　"量子通信与量子信息技术"项目的实施成为中国量子信息研究的重要转折点,项目组的多位成员后来在相关领域都做出了重要的研究工作。郭光灿、彭堃墀、孙昌璞、潘建伟、杜江峰先后因量子信息的相关研究获国家自然科学奖,并当选中国科学院院士。

　　就在郭光灿973计划项目申报成功的2001年,潘建伟回到中国科大,得到了中国科学院高强度的经费支持。在中国科学院、国家自然科学基金委员会与科技部的经费支持下,潘建伟开始组建自己的量子物理与量子信息实验室,组织科研队伍,杨涛、陈增兵、赵志等先后加入了他的研究团队。经中国科学院与中国科大批准,在国内组建实验室的同时,潘建伟还继续在维也纳大学从事多光子纠缠方面的合作研究,"两边跑"。① 其间完成的"自由量子态隐形传输"实验被欧洲物理学会评为2003年国际物理学十大进展之一。

　　据潘建伟回忆,他与擅长电子学的同学杨涛进行了积极的合作。在欧洲时,他每天打电话回国,"遥控"仪器设备的调试与实验室筹备的各种工作。潘建伟光学基础扎实,而电子学与计算机编程等方面的短板在国外师兄弟的帮助下也逐一克服。然后他通过电话告诉国内同事,进行"知识的大搬运"。到2003年,其国内团队基本完成了量子光学方面的知识积累。但他发现,要做大规模的量子信息处理,包括量子计算与量子保密通信,其团队尚缺量子存储的技术。而当时德国海德堡大学施米德迈耶(J. Schmiedmayer)团队掌握着领先的超冷原子技术。于是,从2003年7月起,在学校与主管单位的支持下,潘建伟又以客座教授的身份到德国海德堡大学从事量子存储方面的合作研究。其间,潘建伟成功申请到德国、欧盟几项科研基金,达400万欧元。在德国期间,乃至以后,潘建伟从国内吸引了多位年轻学者到这里进行量子信息领域的学习与研究,在德国继续

① "改革先锋进校园"潘建伟院士报告,2019年1月10日,中国科学技术大学理化大楼西三报告厅。

组建并发展壮大量子信息研究的中国团队（表 2），以期将超冷原子技术引回国内。

表 2 　在德国海德堡大学学习、工作过的潘建伟团队成员

姓名	时间	学术身份
陈增兵	2003 年 12 月至 2004 年 9 月	访问科学家、洪堡研究员
陈宇翱	2004 年至 2008 年 11 月	博士、博士后
陈帅	2005 年 2 月至 2009 年 1 月	博士后
张强	2005 年 8 月至 2006 年 9 月	研究助理
陈凯	2006 年 5 月至 2008 年 4 月	博士后、玛丽·居里学者
赵博	2006 年至 2009 年 10 月	博士、博士后
苑震生	2006—2011 年	高级研究员
邓友金	2007 年 4 月至 2008 年 8 月	洪堡研究员
包小辉	2008 年 1 月至 2013 年 3 月	博士、博士后

资料来源：根据中国科大网页整理，见 http://quantum.ustc.edu.cn/。

有了充足的经费支持，除在海德堡组建团队外，潘建伟还先后派出多位青年学者到德国、英国、美国、瑞士、奥地利等量子信息研究领域某个方向国际领先的学术机构进行学习与研究。

2008 年 10 月，在量子存储与量子中继技术领域已处国际领先的潘建伟团队，包括他们在海德堡大学的 4 个实验室的装置，整体回归中国科大。在量子信息领域各个方向学有所长的潘建伟团队成员陆续回归，包括做冷原子物理的陈帅、苑震生、陈宇翱，做量子点的陆朝阳，做单光子探测器的张强、张军，做光量子通信和量子计算的陈凯、包小辉，做理论的赵博、邓友金，等等。[1]凭借良好的光操纵技术基础，以及从德国学到的冷原子技术、从瑞士学到的探测器技术、从美国斯坦福大学学到的量子器件技术、从麻省理工学院学到的精密测量技术……，潘建伟团队已在量子信息的多个方面掌握了国际领先的科学技术。到 2011 年，潘建伟所派出的学生全部按计划回国，形成了一个优势互补的团队。[2]

杜江峰在利用核磁共振所做的首个实验成功之后，通过从学校借得一笔经费，开展后续研究。[3]2001 年，他申请成功国家自然科学基金面上项目"混合量子态纠缠现象研究"；2004 年，他又申请成功国家自然科学基金委员会国家杰出青年科学基金项目"经典物理学和量子理论"。通过几年的努力，杜江峰的研究成果日渐突出。

2002 年，以彭堃墀夫妇经营十多年的光电研究所为主体，山西大学建成量子光学与光量子器件国家重点实验室。此外，彭堃墀团队一直从事量子光学、量子信息与固体激光技术等方向的实验与理论研究工作，特别在连续变量量子信息研究中取得了一系列原创性成果。2003 年，彭堃墀与郭光灿一起当选中国科学院院士。2006 年，彭堃墀夫妇团队因"纠缠态光场及连续变量量子通信研究"获得国家自然科学奖二等奖。

---

① 李白薇. 潘建伟：叩开量子世界的大门. 中国科技奖励，2014，（181）：64-67.
② "改革先锋进校园"潘建伟院士报告，2019 年 1 月 10 日，中国科学技术大学理化大楼西三报告厅.
③ 张巧玲，杜江峰. 科大给了我创新的土壤. 科学时报，2008-09-17（A2）.

四、蓬勃发展——以中国科大为例

作为一个新兴科技领域，量子信息的发展还存在着诸多问题，尤其是关于量子通信的安全、有效性等方面，甚至在科学界都还争议不断。但不可否认，在如前所述的发展基础上，近十多年来，中国的量子信息科学与技术在多个方面取得长足进展。多所高等院校与研究院所都组建了量子信息的研究团队，并各自做出独具特色的研究工作，中国科大则因长期的积淀尤为突出。

段路明于 2003 年到美国密歇根大学任教，后回国任清华大学教授。而郭光灿团队的规模和实力仍随量子信息科技的发展而不断壮大。在段路明之后，李传锋、郭国平、周正威等青年学者先后脱颖而出。

在量子保密通信实验探索方面，2002 年，郭光灿团队在中国科大东西校区之间往返6.4 公里的光纤上实现了量子密钥分发。同年，瑞士日内瓦大学吉辛（N. Gisin）小组在湖底光缆中实现 67 公里量子密钥分发实验。2004 年，东芝公司剑桥研究实验室希尔兹（A. J. Shields）小组将这个距离提高到 122 公里。2005 年，郭光灿小组又在北京和天津之间实现了 125 公里光纤的量子密钥分发演示性实验。这是当时国际上量子密钥分发的最长距离。2007 年，郭光灿团队利用波分复用技术，设计出国际上首个量子路由器，解决了量子信号在网络中自动寻址的难题，并在北京网通的商用光纤上实现了 40 公里范围内 4 个用户的城域量子通信网络，完成世界上首个无中转、任意互通的量子密码通信网络。2009 年，郭光灿团队利用单向量子保密通信方案与设备，以及量子保密通信网络的核心组网技术，在安徽芜湖建成世界首个量子政务网，用于传送保密文件等。2011 年，该团队又成功研制从合肥到芜湖 200 公里的城际量子密码通信网络。

2011 年，郭光灿团队成功制备八光子纠缠态，并由此完成八方量子通信复杂性实验。2012 年，该团队首次实现了量子惠勒延迟选择实验，制备出粒子和波的叠加状态。同年，该组还实现了光子偏振态的固态量子存储，保真度达 99.9%，为世界最高水平。2013 年，郭光灿团队实现了携带轨道角动量且具有空间结构的单光子脉冲在冷原子系统中的存储与释放，证明了建立高维量子存储单元的可行性，为基于高维量子中继器实现远距离大信息量量子信息传输迈进了一步。

潘建伟自 2001 年回国组建团队以来，在多光子纠缠与干涉和量子力学基础检验、量子信息处理关键技术和重要算法、面向实用化保密量子通信的光量子传输等多个方面取得了系列成果。[1]

在多粒子纠缠态制备方面，潘建伟团队于 2004 年实现对五光子纠缠的操纵，到 2018年已实现了 18 个光量子比特超纠缠态的实验制备和严格多体纯纠缠的验证；此外还通过系列工作，利用光子多自由度的纠缠以最强烈的方式揭示了量子力学非定域性与爱因斯坦定域实在论之间的矛盾。

在量子隐形传态方面，潘建伟团队先后完成终端开放的量子隐形传态、基于多光子纠缠的量子态远程克隆、对两粒子复合系统量子态的隐形传输、基于自由空间的 100 公里距离量子隐形传态和多自由度量子体系的隐形传态。

---

[1] 参考安徽省、中国科学院 2015 年度国家自然科学奖推荐书（多光子纠缠干涉度量学）。

在量子计算方面，潘建伟团队先后实现两个独立单光子间的非破坏性控制非门（CNOT）、利用光子超纠缠簇态的量子搜索算法、肖尔大数分解算法的实验演示、线性方程组的量子算法和针对多光子"玻色取样"任务的光量子计算原型机的构建。

在量子模拟、量子纠错和量子测量方面，潘建伟团队先后完成任意子分数统计现象及其拓扑性质的实验证实、量子"容失"编码的实验演示、基于八光子纠缠簇态的拓扑量子纠错，并利用自备的超纠缠态展示了量子精密测量。

在保密量子通信方面，从基于光纤的百公里级，到基于量子中继器的大尺度，再到超远距离，潘建伟团队更是取得了诸多进展。他们先后实现光纤通信中抗干扰的量子密码分配方案、测量设备无关的安全量子密钥分发，演示了光量子电话通信网络；实验发现了纠缠浓缩和实用化量子中继器方法，实现了长寿命、高读出效率的量子存储；实现了从 13 公里、16 公里到百公里量级的自由空间量子态隐形传输与量子密钥分发。

2016 年，以潘建伟为首席科学家研制的"墨子号"量子科学实验卫星成功发射升空；2017 年，潘建伟团队承担的量子保密通信"京沪干线"正式开通，并结合其与"墨子号"的天地链路，成功演示了北京与奥地利维也纳之间的洲际量子保密通信；同年，潘建伟团队联合其他研究组利用"墨子号"在国际上率先实现千公里级星地双向量子纠缠分发，并在此基础上实现了空间尺度严格满足"爱因斯坦定域性条件"的量子力学非定域性检验，且实现了千公里级星地量子密钥分发和地星量子隐形传态。

杜江峰一直致力于基于磁共振技术的量子计算及相关基本物理问题的实验研究。2002 年，杜江峰研究小组首次实现了量子博弈实验研究，不仅从理论上破解了纳什（John Nash）博弈论的经典案例——"囚徒困境"，并且还通过核磁共振设备成功验证了理论预言。

2003 年，杜江峰团队首次成功观测到任意量子态的几何相，为实现高精度、低噪声、自容错的量子计算机指出了一个新的方向。

最优动力学解耦可以消去电子自旋与环境中核自旋之间的耦合，从而有效保持量子相干性。2009 年，杜江峰团队首次实现了最优动力学解耦方案，用最多 7 个微波脉冲把丙二酸中的电子自旋的相干时间从不足 4×10^{-8} 秒提高到近 3×10^{-5} 秒，从而满足一些量子计算任务的需要，为用固态材料研制出能在室温下使用的量子计算机奠定了基础。同时，他们还首次实验观测了一个同时包含二体和三体相互作用的复杂量子体系基态的纠缠量子相变过程，采用量子纠缠见证的手段探测了由于三体相互作用导致的一类新的量子相变，为量子模拟实验研究奠定了一定基础。

传统磁共振技术通常只能测量毫米尺度以上百亿个分子系统的统计平均性质，无法对单个分子进行直接测量。2015 年，杜江峰团队使用最新的量子操控技术，基于钻石量子探针和自旋量子干涉仪探测原理，实现了单分子磁共振的突破。他们首次获取了直径约 5 纳米的单个蛋白质分子的顺磁共振谱，解析出其动力学信息，成功将电子顺磁共振技术分辨率从毫米推进到纳米，灵敏度从 10^{10} 分子推进到单个分子。

电子顺磁共振是利用不配对电子的磁矩而发展出的磁共振技术，可用于检测分子、原子中所含的不配对电子，并探索其外部环境的结构特性。近几年来，在国家自然科学基金国家重大科研仪器设备研制专项等基金的资助下，杜江峰团队研制成功了中国第一台具有自主知识产权的高功率脉冲 X 波段顺磁共振谱仪。

除中国科大之外，山西大学、清华大学、华东师范大学、中国科学院武汉物理与数学研究所等几个规模相对较大的量子信息研究团队，以及北京大学、南京大学、上海交大、复旦大学、浙江大学、国防科技大学、中山大学等多所高校的相关研究人员也都在量子信息理论与实验研究的多个方面取得了不凡的成绩，限于篇幅，本文不再一一详述，留待以后另文讨论。

以中国科大郭光灿、潘建伟、杜江峰等为代表的中国科学家在量子信息领域的工作受到了国际同行的广泛关注与赞誉。无论在量子密码、量子计算、量子通信，还是在量子信息的其他方面，中国科学家的工作比起国际同行都已不算逊色。而在基于量子卫星的超远距离保密量子通信方面，中国科学家更是先行一步，令世界瞩目。英国《自然》杂志、美国《科学》杂志与《物理评论快报》等世界顶级科学期刊频频发表中国量子信息科学家的工作。英国《新科学家》杂志曾言，合肥一向以豆腐和芝麻饼而不是前沿物理著称，潘建伟和他的同事们正在改变这种状况，并已将中国科大乃至整个中国牢牢置于量子计算的版图上。[①]2012 年，潘建伟团队的研究成果入选英国《自然》杂志"年度十大科技亮点后"，评论人称，这将证实中国在这一领域的崛起，从十多年前不起眼的国家发展为现在的世界劲旅。[②]

五、结语

自西方科学传入以来，中国长期处于"跟跑"阶段，鲜有在前沿科学技术领域做出引领性自发创新。而近年来，随着国力的日益强盛，中国原创性科技成就不断涌现，量子信息研究领域就是其中的典型代表。中国科学家在这一国际前沿领域研究中做出了举世瞩目的成就，甚至走在国际同行的前列。这是新中国，尤其是改革开放之后的一个成功的科技史案例，在引起广泛关注的同时，也不免引发人们思考：中国的量子信息科技，为何能够做到起步晚、进步快？

杨振宁曾于 1982 年提出，中国的物理学科倾向于两个极端——原理的研究或产品的研究，介于这二者之间的发展性研究却没有引起足够重视。而在科技最发达的美国，主要来自贝尔实验室之类大企业附设研究机构的发展性研究经费约等于原理性研究经费总和的 10 倍。[③]量子信息既可以在短期内发展出解决现实需求的产品，又可以解决量子力学基本问题，正属于杨振宁所说的急需重视的发展性学科。中国虽然缺乏可以提供发展性研究经费的大企业附设研究机构，但特有的国家科技体制在集中力量办大事上更有优势。也正是由于国家的重视，科技部、中国科学院、国家自然科学基金委员会的支持，量子信息这一发展性学科才在中国获得超乎寻常的发展。当然，这与科学家个人的科学预见与选题不无关系。只有根据自己的学术兴趣与基础，立足于国家需求，选择可能有突破性的前沿领域来确定自己的研究目标，才能充分发挥自己的才干，并获得国家

---

① Huang G T. China special：Quantum revolution. https://www.newscientist.com/article/mg19626292-100-china-special-quantum-revolution/[2019-05-28].

② Merali Z. Data teleportation：the quantum space race. Nature，2012，492：22-25.

③ 杨振宁. 对于中国科技发展的几点想法. 光明日报，1982-03-05（2）.

的大力支持，"弯道超车"，两头兼顾，为基础科学发展，也为实用技术进步做出贡献。

一门新科学、一个新领域、一种新理论，在形成、发展的早期，大多避免不了"冷门"阶段，只有出于对科学的强烈兴趣与求知的强大动力，顽强拼搏者，才能比别人早一步摘得科学的硕果。对于郭光灿而言，不畏"冷门"、勇于开拓新的领域尤其重要。无论是他 20 世纪 80 年代开始的量子光学研究，还是 90 年代率先投入其中的量子信息研究，在国内都是"冷门"，不仅不被看好，还遭人排斥、反对，但郭光灿坚持自己的选择，沿着"冷门"一往无前，终于开拓出一片新天地，"冷门"逐渐变成了"热门"。

潘建伟的成功，则得益于其所受的世界前沿的科学培养及因而形成的国际化的学术视野与"借鸡生蛋"的团队发展战略。师从量子信息领域开拓者，参与开创性的研究工作，使潘建伟"出道"伊始，就处于一个较高的学术起点。博士毕业就已经在国内声名大振，这对于潘建伟此后在科研道路上连续受到国家多部委的支持发挥了重要的作用，也对量子信息科技在中国的蓬勃发展产生了积极影响。而他往返中欧之间，借国外的科学基金与先进的科研平台，培养自己的学术团队，并在学成之后整体回归，这个战略选择为日后该团队爆发性的科研成果产出奠定了坚实的基础。

中国量子信息科技能在中国起步，首先有赖于郭光灿、彭堃墀、吴令安等先行者在国内从无到有、从量子光学到量子信息的开拓、探索。尤其是郭光灿团队早期几项重要成果的产出及此后 973 计划项目的申报成功，开启了中国量子信息研究的新篇章。而潘建伟因参与了世界前沿的工作，以及该团队一系列科研成果的涌现对国内相关领域的科研工作者及其所属的学术机构的引领、示范作用，对量子信息科技在中国的发扬光大发挥了重要的、积极的影响。

需要强调的是，郭光灿、潘建伟、杜江峰这三位中国量子信息领域的重要学者同样出自中国科大也并非偶然。该校一向秉承自由、开放、创新、包容的传统。[①]对于"冷门"领域的支持，使得郭光灿能从学校借钱筹办量子光学会议、筹建实验室；对于青年学者的信任、支持使得潘建伟能够兼顾两头，一边在国内组建团队，一边在国外开展合作研究，最终"引凤回巢"；浓厚的学术氛围与开放的学术平台使得长期从事行政工作的杜江峰能够凭借自己的学术功底与科学预见，适时参与了一个新兴朝阳学科的发展并取得优秀成果。另外，学校在考虑发展哪些学科时所做出的理性、明智的选择，打破传统的障碍，最大限度地聚集资源，培育新学科，使得产生一批杰出量子科学家成为可能。[②]据笔者统计，2003 年以来，中国科大在量子信息科技方面的成果入选"国际物理学十大进展""中国十大科技进展新闻""中国基础科学研究十大新闻（中国科学十大进展）""中国高等学校十大科技进展"等科学排行榜四十余次，几乎包揽了国内量子信息领域的此类荣耀。正如郭光灿所说："我要让你承认我，我就要做得比你好的多。否则我们没有优势，我们不在北京⋯⋯"[③]如今地处合肥的中国科大在量子信息的世界版图上已经

① 丁兆君. 中国科学技术大学的创新型人才培养. 科学文化评论，2018，15（3）：31-51.

② Zheng B，Tang S，Fan Q. Guiding principles in developing world-class disciplines at the University of Science and Technology of China：a case study of the development and innovation of quantum information science. Cultures of Science，2018，1（2）：155-168.

③ 丁兆君对郭光灿院士的访谈，2019 年 1 月 30 日上午，中国科学院量子信息重点实验室郭光灿院士办公室.

占据了一席之地。

在科学后发国家，向发达国家学习、参与国际交流是发展科学的必由之路。而如何在此基础上更进一步，做出原始创新，则是一个普遍面临的难题。只有根据学科领域国际发展态势，结合本国政治、经济、社会等科学发展的环境因素，审时度势，抢抓机遇，通过合理组建人才团队、科学选择突破方向、大力争取外部支持，力争上游，才有可能实现最终的脱颖而出。当然，这与个人的智力水平与努力程度、团队的结构与合作方式等多种因素都有关系，甚至还有一定程度的"运气"成分存在。中国量子信息研究虽然介入稍晚，但在国家的支持下，通过以中国科大郭光灿、潘建伟、杜江峰等为代表的科学家的努力，仍为学科理论的完善、实验水平的提高、实用技术的进步做出了在本阶段引领国际前沿发展的诸多重要贡献。这不仅给广大科技工作者以启发与激励，也为发展中国家前沿科技领域的发展提供了一个可资参考与借鉴的范例。

抗疟药物青蒿素[*]

自新中国成立至 20 世纪 90 年代初，中国抗疟药物的研发可以分为 3 个阶段：第 1 个阶段是新中国成立初期到 1966 年仿制抗疟药的阶段；第 2 个阶段是 1967 年到 1980 年全面开展寻找抗疟新药研究的阶段，这个时期由仿制走向了创制；第 3 个阶段是 1981 年之后，这是抗疟药实验研究与临床研究不断完善、提高和改进的阶段。在新药研发史上，当代中国最具代表性的是全面开展寻找抗疟新药研究的第 2 阶段。这个阶段抗疟药的研究集中于"523 任务"，其标志性成果是发现了抗疟新药青蒿素并成功地研制出了青蒿素的衍生物药物。

青蒿素是从传统中药青蒿（植物黄花蒿，*Artemisia annua* L.）中分离出的抗疟有效成分。由于在治疗恶性疟和间日疟中表现出的高效、速效、低毒以及与其他抗疟药物无交叉抗药性的特点，青蒿素及其衍生物与长效的化学合成抗疟药组成的复方药物成为目前国际上广泛应用于治疗疟疾的首选抗疟药，青蒿素类药物在复方中发挥着关键作用。青蒿素的发现促成了第一位中国本土科学家获得了诺贝尔生理学或医学奖。

一、"523 任务"简介

20 世纪 60 年代初期，世界不少地区已经出现恶性疟原虫对当时通用的治疟药物氯喹产生抗药性的问题，尤以东南亚最为严重。随着越南战争逐步升级，抗氯喹恶性疟的侵袭范围不断扩散，威胁着越南军民的健康^①，1964 年，毛泽东主席会见越南党政负责人谈话时，越南同志谈到越南南方疟疾流行严重，希望帮助解决疟疾防治问题。毛主席说："解决你们的问题，也是解决我们的问题。"^②随后，中国人民解放军总后勤部下达命令，指示军事医学科学院和第二军医大学两家单位开始研究长效的抗疟药，一个项目，齐头并进。^③在 1967 年之前，军队系统的军事医学科学院，第二军医大学，广州、昆明和南京军区所属的军事医学研究所已经为紧急援外任务和战备任务开展了相应的疟疾防治药物研究工作。^④中国人民解放军军事医学科学院（简称军事医学科学院，当时代号后字 236 部队）曾提出^⑤，在疟疾流行区，部队无论是在平时演习还是战时军事行动，服药预防是一项重要的抗疟措施。但是常用抗疟药，只有短期效果，必须经常服用，在大规模现场应用时有漏服或拒服情况，从而影响了服药预防效果。因此，军事医学科学院开始寻找有效抗疟药和长效预防药，如军事医学科学院毒物药物研究所仿制合

---

* 作者：黎润红、颜宜葳。

① 《中国疟疾的防治与研究》编委会. 中国疟疾的防治与研究. 北京：人民卫生出版社，1991：156.

② 中央首长对防治疟疾的指示和批示. 北京：北京大学医学史研究中心，2009-5-4-3.

③ 瞿逢伊访谈，黎润红记录，2010 年 8 月 3 日，上海。资料存于老科学家采集工程数据库。

④ 张剑方. 迟到的报告：五二三项目与青蒿素研究纪实. 广州：羊城晚报出版社，2006：4.

⑤ 长效抗疟药 CI-501 的生物实验. 北京：军事医学科学院微生物流行病研究所档案馆，Wg-4-4（1）.

成了长效抗疟药 CI-501[①]，并对传统抗疟中药常山进行了大量的相关研究[②]，而军事医学科学院微生物流行病研究所则对 CI-501 应用于鼠疟、鸡疟的效果进行了大量研究。

在 1966 年 5 月到 8 月期间[③]，军事医学科学院派出了一大批人员赴越南调查援越部队的卫生状况、各种疾病的发病和防治情况等，重点对疟疾发病和防治的情况进行了调查。根据越北军区卫生代表团成员阮国璋介绍，疟疾为参战部队的主要传染病，越南人民军主要罹患疾病是疟疾，南越部队及美军第一师发病率高达 100%。[④]由于出现了抗药性恶性疟原虫，防治疟疾常用的药物大多不能奏效，急需研制出能够防治抗药性恶性疟疾的药物。但是，抗药性恶性疟的防治，尤其是更长效的预防药、速效高效的治疗药和急救药的开发，这些问题仅凭军队的力量难以解决，因此，中国人民解放军总后勤部出面商请与中华人民共和国科学技术委员会共同组织军队内外有关单位开展大协作，以期尽快拿出成果，供前方部队使用。1966 年，军事医学科学院的吴滋霖等开始草拟一个抗疟药的三年研究规划。中华人民共和国科学技术委员会和中国人民解放军总后勤部于 1967 年 5 月 23—30 日在北京召开了有关部委、军委总部直属单位和有关省、自治区、直辖市、军区领导及有关单位参加的全国协作会议。参与会议的有中国人民解放军总后勤部卫生部、中华人民共和国科学技术委员会、中华人民共和国卫生部（简称卫生部）等机构中负责有关业务的部门和从事疟疾药物研究试制、生产、现场防治工作的 37 个单位、88 名代表，会上讨论修订并确定了由军事医学科学院草拟好的三年研究规划。[⑤]由于这是一项涉及越南战争的紧急军工项目，为了保密起见，遂以开会日期为代号，简称为"523 任务"。

1967 年"523 任务"下达时，领导小组由中华人民共和国科学技术委员会、中国人民解放军国防科学技术委员会、中国人民解放军总后勤部、中华人民共和国卫生部、中华人民共和国化学工业部、中国科学院各派一名代表组成，直接归中华人民共和国科学技术委员会领导。领导小组下设办事机构，以中国人民解放军后字 236 部队为主，中国科学院、中国医学科学院、中国医药工业公司各派一名人员组成。办公室设在后字 236 部队，负责处理日常研究协作的业务与交流科研情况。办公室先后由军事医学科学院副院长彭方复少将和祁开仁少将分管领导，由白冰秋任办公室主任，张剑方任副主任。

领导小组制定的《疟疾防治药物研究工作协作规划》将参与单位划分为 4 个协作组，分别负责疟疾防治新药的化学合成和筛选、中医中药和针灸防治疟疾的研究、驱蚊剂的研究、疟疾防治药物的制剂和包装的研究以及疟疾防治药物现场效果观察等 5 个专题；并规定了各组的正、副组长和相关的任务，分别为：

（1）合成与筛选协作组，组长（单位）为后字 236 部队，副组长（单位）为上海医

---

① CI-501 是环氯胍扑姆酸盐的代号，为美国合成的一种长效抗疟药。
② 抗常山呕吐药物的寻找，健康人试服常山半夏合剂片的副作用的观察. 北京：军事医学科学院微生物流行病研究所档案馆，Wg-5-4.
③ 援越部队卫生调查. 北京：军事医学科学院微生物流行病研究所档案馆，Wg-4-4（2）.
④ 援越部队卫生调查. 北京：军事医学科学院微生物流行病研究所档案馆，Wg-4-4（2）.
⑤ 中华人民共和国科学技术委员会、中国人民解放军总后勤部联合通知.(67)科十字第 118 号、后科字第 388 号. 下达《疟疾防治药物研究工作协作会议》纪要及《疟疾防治药物研究工作协作规划》. 附件一，1967-6-16//原全国五二三办公室. 五二三与青蒿素资料汇集（1967—1981）（内部资料）. 2004.

药工业研究院和中国医学科学院药物研究所。两个地区性小组是华东地区小组和华北西南东北地区小组。

（2）中医中药协作组，组长为中国医学科学院药物研究所，副组长为上海市针灸研究所和后字 236 部队。

（3）驱蚊剂协作组，组长为后字 236 部队，副组长为上海医药工业研究院和第七军医大学。

（4）现场防治协作组（包括制剂小组），组长为后字 236 部队和中国医学科学院寄生虫病研究所，副组长为昆明军区后勤部军事医学研究所、广州军区后勤部卫生防疫研究所和南京军区后勤部卫生部。[1]

1967 年制定的三年规划提出了将中医中药和针灸防治疟疾作为一个专题来研究，虽然规划对各项任务的安排和各单位的分工规定得比较详细，但是，任务执行时各单位之间的相互协作可能会随着一些外界环境的变化而改变。当时中医中药协作组的组长是中国医学科学院药物研究所，副组长为上海市针灸研究所和后字 236 部队。当时这个协作组有 3 个研究题目，分别是常山及其他抗疟有效中药的研究、民间防治疟疾有效药物和疗法的重点调查研究、针灸防治疟疾的研究，参与单位近 20 家。这个协作组除了在后来中医研究院中药研究所加入之后一起研究出了青蒿素以外，还有许多其他的研究成果，比如常山乙碱的改造，以及分别从植物鹰爪、仙鹤草和陵水暗罗中分离出有效抗疟单体鹰爪甲素、仙鹤草酚和一种名为暗罗素的金属化合物等。中国医学科学院药物研究所梁晓天、于德泉等在对鹰爪甲素进行化学结构研究的过程中，发现它是一种含有六元过氧环的化合物，这为后来的研究并合成新抗疟药提供了新的思路[2]，在确定青蒿素的结构过程中也起到十分重要的启发作用。[3]

二、青蒿素的发现

在"523 任务"制定的 5 个专题中，中医中药及针灸防治疟疾的研究规划方案里的第 2 项为"民间防治疟疾有效药物和疗法的重点调查研究"，在方案备注中，根据文献调查选定作为重点研究对象的药物中已包含有青蒿（列在第 5）[4]。《中华人民共和国药典》1963 年版中药青蒿的来源为青蒿（*Artemisia apiacea* Hance）或黄花蒿（*Artemisia annua* L.）的干燥茎叶，夏季开花前割取地上部分，阴干即得。当时并未区分青蒿和黄花蒿两种植物，其实它们各有特征，是极易混淆的中草药[5]，如果在选取药材时采用的

---

[1] 中华人民共和国科学技术委员会、中国人民解放军总后勤部联合通知．（67）科十字第 118 号、后科字第 388 号．下达《疟疾防治药物研究工作协作会议》纪要及《疟疾防治药物研究工作协作规划》．附件二，1967-6-16//原全国五二三办公室．五二三与青蒿素资料汇集（1967—1981）（内部资料）．2004.

[2] 中国医学科学院药物研究所，中山医学院，中国科学院华南植物研究所．鹰爪抗疟疾有效成分的化学结构的研究//全国疟疾防治研究领导小组办公室．疟疾研究科研成果选编（1967—1980）（内部资料），1980：60-61.

[3] 李英、吴毓林访谈，黎润红记录，2010 年 7 月 26 日，上海。资料存于老科学家采集工程数据库。

[4] 中华人民共和国科学技术委员会、中国人民解放军总后勤部联合通知.（67）科十字第 118 号、后科字第 388 号．下达《疟疾防治药物研究工作协作会议》纪要及《疟疾防治药物研究工作协作规划》．附件一，1967-6-16//原全国五二三办公室．五二三与青蒿素资料汇集（1967—1981）（内部资料）．2004.

[5] 编写组．常见混淆中草药的识别（上册）．上海：上海人民出版社，1970.

不是同一种植物，那么效果将会非常不同。1977 年版《中华人民共和国药典》中药青蒿的基原植物将黄花蒿和青蒿两种植物同时收入，但在解释性状时也还是分为黄花蒿和青蒿两种。不过《中华人民共和国药典》从 1985 年版开始，将中药青蒿的基原植物改为只有黄花蒿一种。后来的研究表明，蒿属植物中只有黄花蒿含青蒿素，具有抗疟作用。根据军事医学科学院原工作人员蔡定国回忆，该中医中药及针灸防治疟疾的研究规划方案由医学科学院药物研究所傅丰永教授拟定，原本准备作为常山之后的重点筛选对象，后因傅丰永、蔡定国均在"文化大革命"中"靠边站"或者下放"五七"干校而中断。据不少科研人员[①]回忆，他们也做过相应的初筛，在初筛时，由于许多中药对疟疾的治疗效果若从退热作用的角度看都比较相似，而当时筛选的中药数量众多，所以如果不是表现极其出众的药物，可能都会被忽略掉。南京药学院 523 组的抗疟中草药鼠疟筛选工作是 1969 年 11 月至 1973 年 6 月间进行的，黄花蒿水煎剂的抑制率仅为 15.4%[②]，因此难以引起重视。

1967 年"523 任务"下达时，卫生部中医研究院[③]是研究单位之一，但主要是其附属广安门医院的部分针灸研究人员参加[④]，中药研究所并没有被列为参加单位，直到 1968 年底成立"革委会"后，在军事医学科学院驻中医研究院军代表的建议下，全国"523 办公室"报请卫生部批准同意中医研究院中药研究所加入"523 任务"的"中医中药协作组"。中药研究所于 1969 年 1 月接受"523 任务"，所里指定政治表现良好的化学研究室助理研究员屠呦呦担任组长，组员有余亚纲（年初因家事未能工作），到 8—9 月去海南进行胡椒提取物临床验证时，来自中医研究院针灸所的郎林福加入组里。

按照"523 办公室"的任务布置，1969 年 4 月，中医研究院"革委会"业务组完成含有 640 余方的《疟疾单秘验方集》[⑤]，分为内服和外治两大类，有植物药（中药及民间药）、动物药、矿物药等。此验方集与当时其他归集中草药资料类似，在方剂的最开始

---

① 黎润红访谈了北京、上海、云南、四川等地的多位科研人员和管理人员，当问及是否有可能筛选过青蒿时，他们都说有可能筛选过，尤其因为规划中确有青蒿列入，则筛选过的可能性更大。只是因为当时各地都在广泛筛选抗疟有效药物，可能由于初筛青蒿时未见其特效性而未加重视。

② 南京地区抗疟中草药研究组. 中草药抗疟作用的筛选小结//抗疟药研究资料选编. 1974.

③ 卫生部中医研究院，现名为中国中医科学院，1955 年 12 月 19 日在北京成立时名为中医研究院，由卫生部直接领导，因此在本文中以及全国"523 办公室"的文件中有卫生部中医研究院的说法，1985 年中医研究院成立 30 周年时，胡耀邦总书记为中医研究院改名为中国中医研究院并题写院名，此后，中医研究院正式更名为中国中医研究院，2005 年中医研究院成立 50 周年时，院名更改为中国中医科学院。在文中笔者仍使用当时的名称中医研究院及中医研究院中药研究所。

④ 全国五二三专业小分队现场工作组名单（1967—1969）//原全国五二三办公室. 五二三与青蒿素资料汇集（1967—1981）（内部资料）. 2004.

⑤ 屠呦呦编著的《青蒿及青蒿素类药物》一书中写道：屠呦呦"遂从系统收集整理历代医籍、本草入手，于 1969 年 4 月在收集 2 千多种方药基础上，编辑了以 640 方药为主的《抗疟方药集》，继而组织鼠疟筛选抗疟药"。屠呦呦对外出示的并没有叫作《抗疟方药集》的材料，只有《疟疾单秘验方集》，其油印本复印件封面左下方有屠呦呦的签名，在中医研究院"革委会"业务组落款的编辑说明页里也有屠呦呦用笔在第三段第一行加上的"历代医籍、本草及"几个字。据此判断，屠呦呦书中所提到的《抗疟方药集》与《疟疾单秘验方集》，应该为同一本资料，至于为何用不一样的名字，其中缘由无从知晓，而《疟疾单秘验方集》到底为屠呦呦所整理还是由中医研究院"革委会"业务组整理的，通过该集子的编辑说明页可见，中医研究院"革委会"业务组 1970 年接受另一项气管炎任务时，业务组采取的同样是这一工作方式，即出于为兄弟单位提供参考的目的而编辑了一个中草药验方册子，即 1970 年 4 月印制的《有关感冒、支气管炎验方汇编》。

以使用常山的方剂为主，在第 15 页记载了青蒿方。不过当时中药研究所并未对青蒿有特别的关注。当年，屠呦呦提出的是筛选胡椒，他们所采取的步骤是：先用民间验方，从生药中提取酒溶性物，进行临床验证，再用有机（或其他）溶剂分离活性成分，并进行相应的药理筛选，效果并不理想。

1970 年，全国"523 办公室"安排军事医学科学院微生物流行病研究所的顾国明到中药研究所协助他们进行相关的工作，主要是从传统中药中寻找抗疟药。由于当时中药研究所的条件较差，筛选出的样品由顾国明送往军事医学科学院做鼠疟模型的筛选。其间余亚纲为解决大样本筛选的盲目性问题，遂以上海市中医文献研究馆汇编的《疟疾专辑》[①]为蓝本，对其记载的在抗疟方剂中使用的中草药出现频率进行统计，总结了一份《中医治疟方、药文献》[②]，有依据地提出应重点筛选的药物名单。余亚纲经分析后列出重点筛选的药物有乌头、乌梅、鳖甲、青蒿等。他们使用水煎或乙醇提取，共筛选了近百个药方，其中青蒿曾出现过对鼠疟原虫 60%－80%的抑制率[③]，类似的结果有若干个。中药研究所档案（复印件）显示，从 1970 年 2 月开始，屠呦呦小组一共送了 10 批 166 种样品到军事医学科学院进行检测，每一种样品都有相应的抑制率，其中，前 3 批样品大部分没有药物名称，只有溶剂提取物名称，主要溶剂为乙醇、乙醚、石油醚；第 4 批样品后面有特别注明"屠呦呦筛选"，同样没有具体药品名称，主要为一些酸性或碱性成分加水；从第 5 批样品开始均未有特别注明，但都写明了药物名称；第 8 批中最后一个药物为雄黄，抑制率为 100%；第 9 批中也出现了几次雄黄，抑制率均在 90%以上；青蒿出现在第 10 批样品中，抑制率显示为 68%，其提取溶剂为乙醇[④]。这个结果与余亚纲、顾国明的回忆一致：他们在筛选过程中发现雄黄的抑制率曾有100%，青蒿的抑制率没有雄黄高，但考虑到雄黄为砷类化合物，加热到一定温度能被氧化成剧毒的三氧化二砷，不适宜在临床上使用，因此退而求其次，考虑抑制率排在其后的青蒿[⑤]。1970 年 9 月以后，因顾国明奉调从事其他任务，与中医研究院合作抗疟中药筛选的工作亦告终止，余亚纲也因参加国家有关部门下达给中医研究院中药研究所的气管炎项目离开课题组，从此时至 1971 年 5 月课题组的中草药抗疟研究工作处于停滞状态[⑥]。

1971 年 5 月 21 日—6 月 1 日全国疟疾防治研究工作座谈会在广州召开，会上，"523 领导小组"由原来的中华人民共和国科学技术委员会（正组长）、中国人民解放军总后勤部（副组长）、中国人民解放军国防科学技术委员会、中华人民共和国卫生部、中华人民共和国化学工业部、中国科学院 6 个部门变更为由中华人民共和国卫生部（正组长）、中国人民解放军总后勤部卫生部（副组长）、中华人民共和国化学工业部和中国科学院领导，办公室仍设在军事医学科学院，会议还制定了 1971—1975 年的全国疟疾防

① 上海市中医文献研究馆. 疟疾专辑. 上海：上海科学技术出版社，1965.
② 黎润红. 523 任务与青蒿素研发访谈录. 长沙：湖南教育出版社，2015：164-178.
③ 顾国明. 关于参加部分青蒿研究工作的回顾，2004-6-5.
④ 中国中医科学院中药研究所. 青蒿抗疟研究. 中药所科技档案（复印件），19861002.
⑤ 黎润红."五二三任务"与青蒿抗疟作用的再发现. 中国科技史杂志，2011，32（4）：488-500.
⑥ 中国中医科学院中药研究所. 中国中医科学院发现青蒿素的主要历程（1969年—1973年）（内部资料）. 2012.

治研究五年规划，调整了相应的研究计划和研究力量等。[①]会后，刚刚履新的中医研究院主管部门卫生部不同意中医研究院中药研究所的"523 任务"工作下马，随后中药研究所重新组织力量进行筛选，屠呦呦仍任组长，与组员钟裕蓉继续提取中草药，由郎林福和刘菊福做动物筛选。屠呦呦曾说"经过 100 多个样品筛选的试验研究工作，不得不再考虑选择新的药物，同时又复筛过去显示效价较高的中药，因为青蒿曾出现过 68% 的抑制率，后来对青蒿进行复筛，发现结果不好，只有 40% 甚至 12% 的抑制率，于是又放弃了青蒿"。

根据中医研究院中药研究所的药物筛选记录，1971 年 7 月 26 日筛选（序号 16）青蒿抑制率 12%，9 月 1 日（序号 114）青蒿醇（青蒿的醇提取物）抑制率 40%，10 月 4 日（序号 191）青蒿乙醚（青蒿的乙醚提取物）抑制率达 100%[②]。不过，档案中的药物筛选记录显示：1971 年 7—12 月，10 月 4 日 191 号青蒿乙醚提取物首次出现 99% 的抑制率，第 201、205、277、278、281、307、345、347 等均为青蒿的样品，抑制率都在 99%及以上。刚开始的筛选结果并不太稳定，也有用其他溶剂提取的，抑制率都不高，12 月6 日之后筛选的结果相对稳定[③]。

1972 年 3 月 8 日，屠呦呦作为中医研究院中药研究所的代表，在全国"523 办公室"主持的南京"中医中药专业组"会议上做了题为《用毛泽东思想指导发掘抗疟中草药工作》的报告，此次会议中她报告了青蒿的乙醚中性粗提物对鼠疟、猴疟抑制率达100% 的结果，引起了全体与会者的关注。资料显示为复筛时使用的是植物黄花蒿，从本草和民间的"绞汁"服用的说法中得到启发，考虑到有效成分可能在亲脂部分，改用乙醚提取，这样动物实验的效价才有了显著的提高，使青蒿的动物效价由 30%—40% 提高到 95% 以上。[④]

屠呦呦最先提取出对鼠疟原虫具有 100% 抑制率的青蒿乙醚中性成分，成为整个青蒿素研发过程中最为关键的一步，同时也开启了其他单位研究青蒿素的通路。

1972 年 1 月开始，屠呦呦课题组开始大量提取青蒿乙醚提取物，并于 6 月底完成对狗的毒性试验，为了能尽快上临床，屠呦呦、郎林福、岳凤仙与章国镇、严述常、潘恒杰、赵爱华、方文贤先后以不同剂量分作两批进行了青蒿乙醚中性提取部分的人体试服，未出现明显的毒副作用。[⑤]7 月，中药研究所研究人员对上临床事宜进行了多次讨论。[⑥]屠呦呦和戴绍德等于当年 8 月 24 日—10 月初在海南昌江地区以三种剂量给药方案对当地低疟区、外来人口间日疟 11 例，恶性疟 9 例、混合感染 1 例开展青蒿的乙醚中性提取物（91 号样品）的临床验证试验。三种给药方案均有效，以高剂量组（每日 4 次，每次3 克，共 3 天）疗效最为显著。另由全国"523 办公室"安排，在北京 302 医院用此提取

① 北京地区疟疾防治研究协作组. 两年来北京地区疟疾防治研究工作情况汇报. 1973//原全国五二三办公室. 五二三与青蒿素资料汇集（内部资料）. 2004.
② 中国中医科学院中药研究所. 青蒿抗疟研究. 中药所科技档案（复印件），19861001.
③ 中国中医科学院中药研究所. 青蒿抗疟研究. 中药所科技档案（复印件），19861005.
④ 中医研究院疟疾防治小组. 用毛泽东思想指导发掘抗疟中草药工作. 1972//原全国五二三办公室. 五二三与青蒿素资料汇集（青蒿素知识产权争议材料 1994 年）（内部资料）. 2004.
⑤ 中国中医科学院中药研究所. 中国中医科学院发现青蒿素的主要历程（1969 年—1973 年）（内部资料）. 2012.
⑥ 中国中医科学院中药研究所. 青蒿抗疟研究. 中药所科技档案（复印件），19861004.

物治疗间日疟 9 例，也全部有效。屠呦呦在海南试验期间，组员倪慕云设计了色谱柱分离的前处理，使青蒿乙醚提取物中性部分的抗疟作用再次得到提高，在用氧化铝进行柱层析时，未得到任何值得注意的单体。组员钟裕蓉从文献获知硅胶柱分离中性化合物更有效，与助手崔淑莲一起，在倪慕云柱前处理的基础上，按文献提供的方法用硅胶柱层析，使用石油醚–乙醚（后改为石油醚–乙酸乙酯）梯度洗脱，来分离乙醚中性提取物。1972 年 11 月 8 日，改用上海试剂厂生产的硅胶柱分离，然后用石油醚和不同比例的石油醚–乙酸乙酯混合物多次洗脱，最先得到少量的针状结晶，编号为"针晶 I"（No1 或针 1）；随后洗脱出来的也是针状结晶，编号为"针晶 II"（No2 或针 2）；再之后得到的是一种方形结晶，编号为"结晶 III"（No3 或方晶），当时结晶的叫法比较多，并没有统一。后于 1972 年 12 月初经鼠疟试验证明，"针晶 II"是唯一有抗疟作用的有效单体。以后，中药研究所向全国"523 办公室"汇报时，将抗疟有效成分"针晶 II"改称为"青蒿素 II"，有时候又叫青蒿素，两个名字经常混着用，再到后来，中药研究所均称"青蒿素 II"为青蒿素。

　　参加南京会议的山东省寄生虫病防治研究所人员回到山东后，借鉴中医研究院中药研究所的经验，用乙醚及酒精对山东产的植物黄花蒿进行提取，经动物试验，获得较好的效果[1]，并于 1972 年 10 月 21 日向全国" 523 办公室"做了书面报告。山东省寄生虫病防治研究所在实验结果中指出：黄花蒿的提取物抗鼠疟的结果与中医研究院青蒿提取物的实验报告一致。[2]后来，山东省寄生虫病防治研究所与山东省中医药研究所协作，1973 年 10 月开始做有效单体的分离。当时研究人员很少，主要有魏振兴等两人在做相关的工作。[3]1973 年 11 月，山东省中医药研究所从山东省泰安地区采来的黄花蒿中提取出 7 种结晶，其中第 5 号结晶命名为"黄花蒿素"。这个结晶也就是当时山东省提取分离出来的抗疟有效晶体。

　　1972 年 3 月，云南地区"523 任务"人员没有出席南京会议，同年 11 月底，云南"523 办公室"副主任傅良书到北京参加每年一度的地区"523 办公室"负责人会议。[4]他得知中医研究院中药研究所青蒿研究的一些情况，回去后召集云南省药物研究所的有关研究人员开会，并传达了这一消息，指示利用当地植物资源丰富的有利条件，对菊科蒿属植物进行普筛。[5]1973 年春节期间，云南药物所的罗泽渊在云南大学校园内发现了一种一尺多高、气味很浓的艾属植物——"苦蒿"，当下采了许多，带回所里晒干后进行提取。结果发现"苦蒿"的乙醚提取物有抗疟效果，复筛后结果一样。[6]后来他们边

① 屠呦呦提供. 山东省寄生虫病防治所给北京中医研究院药物研究所的信. 1973-03-14.
② 全国五二三办公室. 关于青蒿抗疟研究的情况（内部资料）. 1977；原全国五二三办公室. 五二三与青蒿素资料汇集（1967—1981）（内部资料）. 2004.
③ 章国镇. 工作日志. 1974-02-28.
④ 1972 年底地区"523 办公室"负责人会议指的是 1972 年 11 月 20 日—30 日在北京召开了各地区"523 办公室"主任座谈会，北京地区承担"523 任务"部门、单位的有关负责同志和专业人员代表也出席了这次会议。为什么云南"523 办公室"人员是 1972 年底才得知此消息而不是当年 3 月份和山东一样了解到中医研究院中药研究所青蒿研究的情况，黎润红询问了云南方面的有关人员，傅良书说，当年 3 月份南京开会的时候他没有去参加，年底到北京开会的时候他才知道的，当时去中药研究所参观，看到青蒿提取物是一种黑色的浸膏。
⑤ 傅良书访谈，黎润红记录，2009 年 9 月 24 日，昆明.
⑥ 黄衡、罗泽渊访谈，黎润红记录，2009 年 9 月 18 日，成都.

筛边提取，1973 年 4 月，罗泽渊分离得到抗疟有效单体，并暂时命名为"苦蒿结晶Ⅲ"，后改称为"黄蒿素"。分离出抗疟有效物质后不久，同事罗开均将苦蒿的植物标本送请中国科学院昆明植物研究所植物学家吴征镒[①]教授鉴定，确定这种苦蒿学名为黄花蒿大头变型，简称"大头黄花蒿"（*Artemisia annua* L. *f. macrocephala* Pamp.）[②]，所谓大头变型，是指它的头状花序要比一般的黄花蒿大。1973 年 9 月，由于原料不足，该所的詹尔益、戚育芳等又从四川重庆药材公司购得原产于四川酉阳的青蒿，原植物为黄花蒿，并分离出含量更高的"黄蒿素"[③]。詹尔益等在 1974 年完成汽油溶剂法（120 号汽油/石油醚）提取青蒿素的工艺，并在昆明制药厂植化车间完成中试扩产，由此国内青蒿素基本满足研发需求。这一提取工艺至今应用于青蒿素工业化生产。

三、青蒿素的结构测定

中医研究院中药研究所自 1972 年底从中药青蒿中分离到不同的结晶之后，1973 年便开始对青蒿素Ⅱ进行结构测定，由于中医研究院中药研究所化学研究力量和仪器设备薄弱，难以单独完成全部结构鉴定研究，而国内做这类化合物研究的人比较少，他们查文献发现中国科学院上海有机化学研究所的刘铸晋对萜类化合物的研究有较多经验，于是派人与上海有机化学研究所联系希望能一起协作做青蒿素Ⅱ的结构测定。为此，屠呦呦于 1973 年 8 月下旬携带有关资料到上海有机化学研究所联系协作测定青蒿素结构事宜[④]，由陈毓群接待。1974 年 1 月由陈毓群复函同意中医研究院中药研究所派一人前往共同工作。[⑤]1974—1975 年，中医研究院中药研究所研究人员到上海后，与上海有机化学研究所人员一起，先重复了中药研究所已进行过的青蒿素Ⅱ的还原反应和二氢青蒿素Ⅱ乙酰化反应，之后一年多时间内又进行了氢化、硼氢化锌和硼氢化钠还原、酸降解、碱降解等系列反应，明确青蒿素分子中并无酮、醛类羰基，而是内酯基受到过氧基的影响，被硼氢化钠等还原剂还原成为半缩醛，但过氧基团保留未被还原。通过过氧基团的确证之后，上海有机化学研究所提出了青蒿素的可能结构式。自 1974 年 2 月到 1976 年间中医研究院中药研究所先后派出倪慕云、钟裕蓉、樊菊芬和刘静明到上海有机化学研究所参与青蒿素Ⅱ结构的测定工作。当时在上海有机化学研究所工作的研究人员会将结构测定的进展告诉留在北京的屠呦呦等，屠呦呦等与林启寿或梁晓天教授等沟通并向他们咨询，再将结果反馈给上海，为上海进行的结构测定工作提出参考意见。在中医研究院中药研究所的研究人员与上海有机化学研究所的研究人员在进行化学结构测定的同时，在梁晓天推荐下，经全国"523 办公室"秘书周克鼎的介绍和安排[⑥]，屠呦呦及其同事于

---

① 吴征镒（1916—2013），江苏仪征人。著名植物学家。1937 年毕业于清华大学生物系。1950 年任中国科学院植物研究所研究员兼副所长。1955 年被选聘为中国科学院学部委员。1958 年任中国科学院昆明植物研究所所长。1979 年兼任中国科学院昆明分院院长。后曾任云南省科委副主任，云南省科协主席。曾获 2007 年中国国家最高科学技术奖。
② 罗开均. 抗疟新型药物黄花蒿素原植物的研究. 云南植物研究，1980，2（1）：33-41.
③ 与 1974 年 2 月章国镇工作日志中记载的内容相符。
④ 中国中医科学院中药研究所. 青蒿抗疟研究. 中药所科技档案（复印件），19861014.
⑤ 屠呦呦. 青蒿及青蒿素类药物. 北京：化学工业出版社，2009：44.
⑥ 梁丽. 青蒿素分子和立体结构测定的历史回顾. 生物化学与生物物理进展，2017，44（1）：6-16.

1975 年与中国科学院生物物理研究所取得联系并开展协作，用当时国内先进的 X 射线衍射方法测定青蒿素的化学结构。完整确切的青蒿素结构的确定，最后是由生物物理研究所的李鹏飞、梁丽等在化学结构推断的基础上，利用生物物理研究所的四圆 X 射线衍射仪，测得一组青蒿素晶体的衍射强度数据，后采用一种基于概率关系而从衍射强度数据中获取相位数据的数学方法，使用北京市计算中心计算机进行计算，在 1975 年底至 1976 年初得到了青蒿素的晶体结构，结果于 1977 年在《科学通报》公开发表。[1]后经梁丽等在精细地测定反射强度数据的基础上，又确立了青蒿素的绝对构型，并于 1979 年公开发表了《青蒿素的晶体结构及其绝对构型》一文。[2]

青蒿素的化学结构与当时已知抗疟药完全不同，它是一个含有过氧基团的倍半萜内酯。分子中有 7 个手性中心，包含有 1，2，4-三氧杂环己烷（trioxane）的结构单元以及特殊的碳、氧原子相间的链。

四、青蒿素的临床验证及其他工作

1973 年上半年，为争取当年秋季进行临床验证，中医研究院中药研究所在提取设备不够完善的情况下，在原来人员的基础上增派蒙光荣、谭洪根等，并从中医研究院临时借调数名进修人员，先后从北京购买的青蒿中分离获得青蒿素 II 100 多克，其中 69 克供临床前试服及当年 9 月赴海南开展临床验证，10 克左右供动物试验，其余供中国科学院化学研究所进一步使用。在海南一共做了 8 例临床试验，以下为当年的临床试验结果。

1973 年 9—10 月，中医研究院中药所由李传杰用提取出的青蒿素在海南昌江对外地人口间日疟及恶性疟共 8 例进行了临床观察，其中外来人口间日疟 3 例。胶囊总剂量 3—3.5g，平均原虫转阴时间为 18.5 小时，平均退热时间 30 小时，复查 3 周，2 例治愈，1 例有效（13 天原虫再现）。外来人口恶性疟 5 例，1 例有效（原虫 7 万以上/mm³，片剂用药量 4.5g，37 小时退热，65 小时原虫转阴，第 6 天后原虫再现）；2 例因心脏出现期前收缩而停药（其中 1 例首次发病，原虫 3 万以上/mm³，服药 3g 后 32 小时退热，停药 1 天后原虫再现，体温升高），2 例无效。[3]

从此次青蒿素 II 的临床试验结果 3 例间日疟中可以初步看到有一定的效果，但数量过少，从 5 例恶性疟病例只有 1 例有效的结果来看无法证实对恶性疟的疗效。

为了进一步证实有效结晶的临床疗效，1974 年 2 月 28 日—3 月 1 日，在全国"523 办公室"的组织安排下，安排进行青蒿抗疟研究的北京、山东、云南 3 地 4 家单位在 1974 年 10 月前完成 150—200 人青蒿有效结晶的临床验证（其中恶性疟 50 人，间日疟 100—150 人），山东提取 150 人份，云南提取 30 人份，北京提取 50 人份。山东省黄花蒿协作组 1974 年 5 月中上旬在山东巨野县城关东公社朱庄大队用黄花蒿素对 10 例间日疟患者进行临床观察，效果很好。[4]

① 青蒿素结构研究协作组. 一种新型的倍半萜内酯——青蒿素. 科学通报，1977，22（3）：142.
② 中国科学院生物物理研究所青蒿素协作组. 青蒿素的晶体结构及其绝对构型. 中国科学，1979，(11)：1114-1128.
③ 中医研究院中药研究所. 青蒿抗疟研究（1971—1978）. 1978.
④ 山东省黄花蒿协作组. 黄花蒿素及黄花蒿丙酮提取简易剂型治疗间日疟现症病人初步观察.

1974 年 9 月 8 日，云南药物所临床协作组的陆伟东、王学忠带着黄蒿素到云县、茶坊一带进行临床效果观察。由于中医研究院中药研究所未能提取到青蒿素上临床，遂派该所的刘溥作为观察员加入云南药物所临床协作组，10 月 6 日刘溥到达云县。因当时云县、茶坊两个地区疟疾患者已不多，仅完成 3 例试验，与耿马县防疫站联系后得知当地有恶性疟患者，于是陆伟东、王学忠、刘溥三人于 10 月 13 日到达耿马，在耿马他们碰到广东中医学院[①]的李国桥率医疗队在耿马开展脑型疟的救治以及“7351”[②]的临床验证等工作。经北京和云南“523 办公室”领导同意，陆伟东提供药给李国桥小组一起进行临床验证[③]。云南药物所临床协作组的成员于 11 月 5 日返昆明。到当年年底，广东医疗队共验证了 18 例，其中恶性疟 14 例（包括孕妇脑型疟 1 例、黄疸型疟疾 2 例）、间日疟 4 例。汇集之前云南药物所临床协作组验证的 3 例患者，云南药物所提取的黄蒿素首次共验证了 21 例患者，其中间日疟 6 例、恶性疟 15 例，全部有效。所以，此次试验明确了黄蒿素对恶性疟疾的效果[④]。刘溥于 12 月 3 日回京，并于 12 月 9 日在中医研究院中药研究所汇报了云南及广东小组的临床病例用药等情况[⑤]。

1975 年 2 月底，在北京北纬路饭店召开各地区“523 办公室”和部分承担任务单位负责人会议，会议主要总结和检查 1974 年“523 任务”的执行情况，协调落实 1975 年的工作计划等。广东地区“523 办公室”把广东中医学院在云南耿马临床试验的“黄蒿素治疗疟疾 18 例小结”带到会场进行汇报。鉴于 1972 年以来青（黄花）蒿实验研究的情况，尤其是黄蒿素在云南治疗恶性疟取得的良好疗效，青（黄花）蒿素被列入 1975 年“523 任务”的研究重点。会议之前，卫生部负责人刘湘屏听取汇报，中医研究院中药研究所 1973 年下半年到 1974 年下半年因在提取青蒿素工作方面遭遇了较大的挫折，又一次准备“下马”这项工作，刘湘屏对此提出批评[⑥]。1975 年 4 月，在成都召开 523 中医中药专业座谈会，由于前一年李国桥等用黄蒿素治疗恶性疟取得了良好效果，会后，制定了当年的研究计划，开始进行全国大会战，扩大临床验证规模，参加青蒿及青蒿素研究的单位和人员大量增加。为了统一临床诊断及验证标准，在下现场之前，“523 办公室”在海南组织李国桥等专家对参与临床验证的工作人员进行了疟原虫观察方法、体温测定时间等相关知识的培训。[⑦]截至 1978 年 11 月青蒿素（黄花蒿素、黄蒿素）治疗疟疾科研成果鉴定会时，参与青蒿及青蒿素研究和协作的单位有 45 家之多。这些单位用青蒿制剂和青蒿素制剂共进行了 6555 例的临床验证，用青蒿素制剂治疗的有 2099 例，其中恶性疟 588 例，间日疟 1511 例，在恶性疟中用于救治脑型疟 141 例。[⑧]

① 广东中医学院名字曾出现过多次更改，在 1956 年学校成立时叫广州中医学院，“文化大革命”期间，1970 年更名为广东中医学院，1978 年重新改回广州中医学院，1995 年更名为现在的广州中医药大学。
② 7351 为当时设计的另一种化学合成药磷酸咯萘啶的代号，化学名为 2-甲氧基-7-氯-10[（3′, 5′-双-四氢吡咯-1-次甲基-4′-羟苯基）氨基]-苯骈[b]1, 5-萘啶四磷酸盐。
③ 陆伟东. 工作日志. 1974.
④ 云南地区黄蒿素临床验证组，广东中医学院五二三小组. 青蒿素治疗疟疾 18 例总结（内部资料）. 1975-02.
⑤ 章国镇. 工作日志. 1974-12-09.
⑥ 施凛荣访谈，黎润红记录，2009 年 9 月 23 日，北京.
⑦ 五二三中医中药专业座谈会. 五二三中医中药专业座谈会简报. 1975//原全国五二三办公室. 五二三与青蒿素资料汇集（1967—1981）（内部资料）. 2004.
⑧ 全国疟疾防治研究领导小组. 青蒿素鉴定书. 1978-11-28.

除了结构测定以及临床验证以外，相关研究单位还在药理、毒理等方面做了大量的工作，对青蒿素的含量测定技术也开展了相应的研究。1977 年 2 月由"523 办公室"秘书周克鼎主持，在山东省中医药研究所举办第一次青蒿素含量测定技术交流学习班。参加学习班的除中医研究院中药研究所、山东省中医药研究所和云南省药物研究所外，还有上海、广东、广西、江苏、河南、四川、湖北等省（自治区、直辖市）有关的药物研究所、制药厂等 15 个单位的专业人员。同年 9 月，在中医研究院中药研究所举办第二次青蒿素含量测定技术交流学习班，邀请了卫生部药品生物制品检定所的严克东指导，以南京药学院和广东中医学院建立的紫外分光光度法为基础，经过集体讨论改进了操作方法，并在不同的仪器上比较其测定误差以后，一致认为这个方法的特异性、精密度和准确度都符合青蒿素原料药和制剂的测定要求，也便于基层药检部门执行。最后由广州中医学院沈璇坤、卫生部药品生物制品检定所严克东、云南省药物研究所罗泽渊、山东省中医药研究所田樱、中医研究院中药研究所曾美怡共同完成文稿《紫外分光光度法测定青蒿素含量》，于 1983 年公开发表。[1]青蒿素质量标准则是以中医研究院中药研究所曾美怡起草的质量标准为主，参考云南和山东两单位起草的内容，共同整理制定出全国统一的青蒿素质量标准。

五、青蒿素衍生物的工作

由于青蒿素作为药物存在着复燃率高的缺陷，因此全国"523 办公室"开始寻求改造青蒿素的结构以改善其疗效。"523 办公室"根据当时承担抗疟药研究任务各单位的在研工作、技术力量和仪器设备等实际情况，于 1976 年 2 月将青蒿素结构改造的任务下达给中国科学院上海药物研究所，并由云南药物所和昆明制药厂负责提供青蒿素。

上海药物研究所接受任务后，将合成化学室、植物化学室、药理室的 523 研究小组做了具体分工。合成组负责青蒿素结构小改造（李良泉、李英负责）；植化组负责青蒿素结构大改造和代谢研究（陈仲良负责）；药理组负责结构改造化合物的动物筛选（瞿志祥负责）。合成组在已有的青蒿素化学反应研究的基础上，开展了化学结构和抗疟活性关系的研究。他们发现青蒿素中的过氧基团是抗疟活性的必需基团，还发现双氢青蒿素的效价比青蒿素高 1 倍。由于双氢青蒿素的分子中存在半缩醛的结构，性质不够稳定，而且溶解度也未见改善，因此，李英等又从双氢青蒿素出发合成了青蒿素的醚类、羧酸酯类和碳酸酯类衍生物。[2]经顾浩明等通过动物试验，发现几十个衍生物的抗疟活性几乎都高于青蒿素，且 SM224（后命名为蒿甲醚）的油溶性大、性质稳定，抗疟活性是青蒿素的 6 倍，被选中为重点研究对象。陈仲良等对蒿甲醚的生产工艺进行了研究，发展了用硼氢化钾替代硼氢化钠的一步法工艺。1978 年 7—9 月，在完成药学、药理、药代、药效、毒理、制剂等实验研究后，全国"523 领导小组"批准蒿甲醚在海南岛进行首次临床试验，由广州中医学院 523 临床研究小组负责，上海药物研究所的顾浩明、朱大元

① 沈璇坤，严克东，罗泽渊，等. 紫外分光光度法测定青蒿素含量. 药物分析杂志，1983，3（1）：24-26.
② 李英，虞佩琳，陈一心，等. 青蒿素类似物的研究 I、还原青蒿素的醚类、羧酸酯类及碳酸酯类衍生物的合成. 药学学报，1981，16（6）：429-439.

将临床用药送到海南岛并参加了临床观察。临床试验证明疗效很好，为扩大临床试验，在全国"523办公室"的协调下，云南昆明制药厂承担了试制蒿甲醚的任务。1980年初夏，朱大元等到昆明制药厂参与扩大中试，该厂完成蒿甲醚及其油针剂的试产任务，为蒿甲醚大规模临床试验提供了全部用药。

1977年5月，全国"523办公室"在广西南宁召开"中西医结合防治疟疾专业座谈会"。上海药物研究所的代表在会上介绍了青蒿素衍生物的合成和抗鼠疟效价。由于广西地理位置特殊，是全国523任务的重点单位，在当地也有青蒿资源，会后，在广西化工局一位总工程师的建议下，桂林制药厂参与到青蒿素结构改造的研究工作中来，并由桂林芳香剂厂提供青蒿素。1977年6月，接受任务的桂林制药厂刘旭参加全国"523办公室"在上海召开的疟疾防治研究合成药专业会议。上海药物研究所的代表盖元珠、瞿志祥等报告了SM224等青蒿素衍生物的合成、筛选结果和青蒿素结构改造计划。刘旭回厂后，立即进行青蒿素衍生物的合成。他们先在青蒿素的还原反应中，用该厂已有的原料硼氢化钾成功代替硼氢化钠。8月，刘旭等设计合成了十多个青蒿素衍生物，其中青蒿素的琥珀酸半酯，在鼠疟筛选中抗疟效价比青蒿素高3倍至7倍，可生成溶于水的钠盐，可制备水溶性静脉注射剂，为救治重症疟疾提供了速效方便的剂型。

除了蒿甲醚与青蒿琥酯，还有一个开发成药剂的青蒿素衍生物是双氢青蒿素。中医研究院中药研究所在1974年做青蒿素结构测定时，在青蒿素的还原反应当中就得到过还原青蒿素，但还原青蒿素就是双氢青蒿素是在1975年底生物物理研究所确证了青蒿素的结构以后才确定的。

1976年上海药物研究所在青蒿素衍生物的研究中，就发现双氢青蒿素对鼠疟的抑制效价比青蒿素更高。但由于它的稳定性差和溶解度低等问题，上海药物研究所选择了更好的蒿甲醚。"523任务"和后续的中国青蒿素及其衍生物研究指导委员会工作结束后，1990年，中医研究院中药研究所邀请中国医学科学院药物研究所、军事医学科学院微生物流行病研究所等单位讨论，认为双氢青蒿素是蒿甲醚和青蒿琥酯的体内活性代谢产物，相比而言生产成本较低，可以作为开发对象。于是启动了对双氢青蒿素的抗疟药理、毒理和安全性的评价，后由广州中医学院进行临床试验，先后在海南岛共收治恶性疟疾349例，其中7天疗程总剂量480毫克239例，观察28天，治愈率达97.5%，结果表明双氢青蒿素具有良好的抗疟效果。

六、青蒿素类复方药物的研发

20世纪80年代初，青蒿素类单药（青蒿素、蒿甲醚、青蒿琥酯）问世不久，仍在临床试验阶段，对恶性疟表现出高效、速效和低毒的治疗效果，但3—5天疗程杀虫不彻底，易复发，并担忧在长期广泛使用单药时可能会使疟原虫较快产生抗性。

在青蒿素研发初期，鉴于其较高的近期复发率，研究人员提出为了提高青蒿素的治愈率，将其与化学抗疟药联合用药，实验取得了一定效果。为了进一步提高疗效，缩短疗程，延缓抗药性的产生，1982年下半年，军事医学科学院周义清和滕翕和向1982年初正式成立的中国青蒿素及其衍生物研究指导委员会提出"合并用药延缓青蒿素抗性产生的探索研究"立题申请，被委员会批准纳入国内研究课题经费资助计划，提供 2 万元的启动费，第二年又提供了 1.5 万元，一共 3.5 万元，并维持了 3 年的实验研究。

传统的复方抗疟药选药是通过组方药物间作用协同达到增效，药物代谢半衰期相似或相近，比如"523 任务"初期的氨苯砜–乙胺嘧啶组成的复方（防 I）、周效磺胺–乙胺嘧啶（防 II）复方就是如此。周义清在组方选药方面，有意识地选择了中国自己的创新药物本芴醇等，由此突破了传统的抗疟药组方理念，将青蒿素、蒿甲醚与本单位邓蓉仙、滕翕和自主研发的本芴醇（也是"523 任务"期间合成组的成果之一）组方，并和青蒿素与周效磺胺–乙胺嘧啶、青蒿素–甲氟喹配伍进行组方实验比较，发现青蒿素-本芴醇组方既显示出速效的特点，又有治愈率高的优点，并延缓了青蒿素及其衍生物抗药性的产生，形成互补增效的效果。最后同事宁殿玺提出蒿甲醚替代青蒿素的组方建议，经对蒿甲醚和本芴醇的鼠疟、猴疟、人体的各种实验数据计算之后，选择蒿甲醚和本芴醇 1：6 的适宜配比制剂并进行临床验证，并于 1992 年通过了中国新药审评，获得了复方蒿甲醚片新药证书和新药生产批件，由昆明制药厂生产。由此这一固定比例组方药物借助与瑞士诺华公司开展的合作在国际市场推广，引领全球进入以青蒿素为基础的联合疗法（Artemisinin-based combination therapy，ACT）抗疟药的时代[1]。

在全球最先研究并将青蒿素及其衍生物配伍使用的应该是广州中医学院的李国桥团队，1978 年起他们就利用与瑞士罗氏（Roche）远东医学研究基金会主任阿诺德（Keith Arnold）合作进行抗疟药甲氟喹临床研究的机会，开展了青蒿琥酯与甲氟喹联合用药治疗恶性疟疾的随机对照临床研究，1982 年 8 月即在《柳叶刀》杂志上发表了文章《甲氟喹与青蒿素的抗疟作用》[2]，这应该是最早发表在国际刊物上的第一篇青蒿素联合用药文章。由此，在这一研究的基础上，青蒿琥酯+甲氟喹组方在东南亚地区广泛使用；李国桥团队又不断地开发出双氢青蒿素–哌喹（Dou-Cotexin，CV8）、青蒿素–哌喹（Artequick）等 ACTs 类型药物，并以此为基础，自 1996 年开始在越南、柬埔寨和非洲科摩罗联盟推广"快速灭源灭疟"（FEMSE）模式，并取得成效。

七、中国青蒿素及其衍生物研究指导委员会的工作及其国际化

在世界卫生组织（WHO）总干事马勒（H. Mahler）博士的倡议下，由联合国开发计划署、世界银行、世界卫生组织热带病研究和培训特别规划署（Special Programme for Research and Training in Tropical Diseases，TDR）赞助的由卫生部中医研究院承办的第四次疟疾化疗科学工作组（SWG-CHEMAL）会议于 1981 年 10 月 6—10 日在北京召开，大会主题为"抗疟药青蒿素及其衍生物的研究"，中方宣读了汇集整理所有"523 任务"参加单位研究资料的 7 篇研究报告，在分组讨论时，外国专家就相关专题提出进一步研

① 李国桥，李英，李泽琳，等. 青蒿素类抗疟药. 北京：科学出版社，2015[Li G Q，Li Y，Li Z L，et al. Artemisinin-based and other Antimalarials–Detailed Account of Studies by Chinese Scientists Who Discovered and Developed Them. Beijing：Science Press，2018].

② Jiang J-B，Guo X-B，Li G-Q，et al. Antimalarial activity of mefloquine and qinghaosu. The Lancet，1982，320（8293）：285-288.

究的建议。①会后，1981 年 10 月 12 日在北京举行了"中国研究机构与疟疾化疗科学工作组之间在抗疟药青蒿素及其衍生物研究的合作"会谈，指出中国在青蒿素及其衍生物的研究中存在的主要问题是药代动力学和毒理学方面的资料不足；双方同意按照会谈报告中的内容进行合作，在化疗科学工作组规划范围内制订有关研究计划，以便使这些药物最终能应用于将来的疟疾控制规划，并探讨了合作研究的优先计划，目的是为中国对青蒿素及其衍生物进行可能的国际注册打下基础，并提出"中国政府将在中国国内成立一个小型的指导委员会，目的为了履行规划和保证有效的组织协调"。②

1982 年 1 月 5—8 日，卫生部、国家医药管理总局在北京召开了青蒿素及其衍生物研究攻关协作会议，依据的是卫生部与世界卫生组织在 1981 年 10 月关于开发青蒿素类化合物作为新的抗疟药在世界范围内推广会谈精神，制定 1982—1983 年的研究攻关计划，确定 1982—1983 年研究的目标与重点为"按照国际新药注册标准要求，优先完成青蒿酯钠水注射剂、蒿甲醚油注射剂和青蒿素口服制剂的临床前药理毒理实验资料，为进一步实现三药商品化和国际注册确立基础"；同时，会上提出成立研究指导委员会的动议。参会的有中医研究院、军事医学科学院、中国医学科学院、上海医药工业研究院、中国科学院上海药物研究所以及广东、广西、云南、山东等省（自治区、直辖市）的有关科研机构、院校、药厂的代表共 50 余人。在这次会上，青蒿素及其衍生物研究指导委员会基本成立，而且主要的任务也确定下来。

1982 年 1 月，在青蒿素及其衍生物研究攻关协作会议上，提出了中国与世界卫生组织合作的建议，同时军事医学科学院的滕翕和起草了与世界卫生组织合作内容的清单。1982 年 2 月 1—14 日，世界卫生组织热带病研究和培训特别规划署和疟疾化疗指导委员会（Steering Committee on the Chemotherapy of Malaria，CHEMAL）共同派遣疟疾化疗指导委员会秘书特里格（P. I. Trigg）博士、药物政策顾问海费尔（M. H. Heiffer）博士③、毒理学专家李振钧（Cheng Chun Lee）博士④来华访问上海、北京、广州和桂林，同意从中方提出的合作计划中选出 7 个项目上报 CHEMAL，并就预期在两年内的开发研究项目、技术要求、资助问题，以及提请世界卫生组织考虑的培训计划（5 名人员出国学习和举办药代动力学和药物代谢培训班）和到泰国进行青蒿酯钠临床试用等初步达成了共识。⑤后来由于种种原因，中国与世界卫生组织的合作未能全面完整地实施，TDR/CHEMAL 为中国提供 Beagle 实验犬，并在北京组织举办了外国专家讲授的药代动力学和药物代谢培训班，提高了中国青蒿素类药物的研究水平。1983 年 TDR/CHEMAL 推荐美国军方的沃尔特·里德陆军研究所（Walter Reed Army Institute of Research，WRAIR）与中国进行制剂方面的合作，可惜经过两年多的谈判最终不了了之。

在 20 世纪 80 年代初期，由于对国外药品注册信息了解不多、国外生产厂商有各种

---

① 周廷冲，宋振玉，周克丁. 世界卫生组织在北京召开青蒿素及其衍生物学术讨论会. 药学学报，1982，17（2）：158-159.

② "中国研究机构与疟疾化疗科学工作组之间在抗疟药青蒿素及其衍生物研究的合作"会谈记录要点.1981-10-12.

③ 美国华盛顿沃尔特·里德陆军研究所药物科主任。

④ 美国环境保护局毒物办公室（Office of Toxic Substances，Enviromental Protection Agency）顾问。

⑤ 青蒿素及其衍生物研究指导委员会. 关于青蒿素发展研究与 WHO 合作问题讨论情况的报告. 1982//原全国五二三办公室. 五二三与青蒿素资料汇集（1981—1982）. 另见有关世界卫生组织资料。

顾虑，以及国内药物生产标准还不能符合国际标准等原因，国内抗疟药打入国际市场成了一个难题。在军事医学科学院科研人员和国家有关部委的努力下，1989年上半年由中华人民共和国国家科学技术委员会（简称国家科委）牵头，会同国家医药管理局、卫生部、农业部和对外经济贸易部共同召开了"关于推广和开发青蒿素类抗疟药国际市场"的工作座谈会，周克鼎以前"523办公室"秘书和青蒿素及其衍生物研究指导委员会委员兼秘书的身份参加了这次会议，在会上他详细阐明了相应的方案，并得到与会者一致认可。会议决定抗疟药国际开发归口中华人民共和国国家科学技术委员会负责，此后，推广和开发青蒿素类抗疟药国际市场的工作在国家科委领导下统一对外。1989年下半年，中华人民共和国国家科学技术委员会社会发展科技司分别与中信技术公司等国内多家大型国有外贸公司签订了"开拓青蒿素类抗疟药国际市场合同"。在多方努力下，克服了种种困难，1994年9月20日中信技术公司、军事医学科学院微生物流行病研究所和昆明制药厂联合就复方蒿甲醚（蒿甲醚-本芴醇）与瑞士汽巴-嘉基公司（Ciba-Geigy，现瑞士诺华公司的前身之一）签署《许可和开发协议》（"Licence & Development Agreement"），10月17日获得中华人民共和国国家科学技术委员会社会发展科技司的批准。1994年12月2日双方联合召开新闻发布会"中瑞双方合作研制开发新一代青蒿素系列抗疟药"。1999年这一组方药品（Coartem）终于成功地打入国际市场，这也是经过十几年的摸索和努力后，中国第一个打入国际市场的自主原研药物，2009年获得美国FDA的批准。

桂林制药厂生产的青蒿琥酯在1987年获得新药证书，但由于当时无中国制药公司符合WHO的《药品生产质量管理规范》（GMP），未能进入国际市场。1994年，该厂与法国赛诺菲圣德拉堡（Sanofi-Synthelabo）合作，其青蒿琥酯片交后者贴牌销售，这次合作提升了该厂的质量管理体系水平。

青蒿琥酯片于2000年进入WHO基本药物目录（第11版），2002年12月，桂林制药厂的青蒿琥酯原料通过WHO的GMP认证。2003年，上海复星医药收购桂林南药（桂林制药一、二厂合并）后，投入资金开展青蒿琥酯片的WHO预认证（简称PQ认证），2005年获得中国青蒿素类药的首个PQ认证。

2005年桂林南药启动了注射用青蒿琥酯的PQ认证并于2010年通过，后以Artesun商品名在全球注册销售，2011年被WHO推荐为治疗重症疟疾的一线用药，现成为全球治疗重症疟疾的首选。参照中国制剂，2020年由美军WRAIR开发并授权美国Amivas公司生产的青蒿琥酯注射剂获得美国FDA批准。

与此同时，昆明制药厂历经30多年，将以蒿甲醚为核心原料的青蒿素系列产品在全球开拓市场成功，获得了40多个国家的药品注册；该公司与法国罗纳普朗克（现赛诺菲公司）合作生产蒿甲醚注射剂（Paluther）作为抢救用药全球使用。北京华立科泰医药有限责任公司（后更名为华方科泰并入昆药集团）的"科泰新"在20多个国家注册，实现稳定销售增长。我国领导人出访非洲时曾多次将"科泰新"作为高级礼品赠予非洲人民；该公司的双氢青蒿素-磷酸哌喹复方于2023年10月获得PQ认证。广东新南方青蒿药业不断发展壮大，其生产的青蒿素-哌喹（Artequick）片剂，以及以此为基础的"快速灭源灭疟法"在柬埔寨、科摩罗等国试验取得成效，成为以全民服药为基础的全球消灭疟疾的有效方案之一。

八、青蒿素类药物获奖情况

1978 年，多家参加"523 任务"工作的单位获得科学大会奖。

1979 年，卫生部中医研究院中药研究所、山东省中医药研究所、云南省药物研究所、中国科学院生物物理研究所和上海有机化学研究所，以及广州中医学院等单位发明的抗疟新药——青蒿素，获得国家发明奖二等奖。

1996 年，青蒿素及其衍生物研究协作组获得香港求是科技基金会颁发的"求是杰出科技成就集体奖"。获奖人员有（名单次序按姓氏笔画排序，当时香港地区排序用的是繁体字）：朱大元、李英、李国桥、周维善、梁钜忠、许杏祥、屠呦呦、刘旭、魏振兴、顾浩明，10 人合得奖金 100 万元。

2003 年，中国青蒿素及其衍生物研究协作组获泰国玛希顿亲王奖。奖金 5 万美元（一直存放在国家科学技术奖励工作办公室未分配）。

2004 年，瑞士诺华公司魏思乐博士获得中华人民共和国国际科学技术合作奖。

2009 年，军事医学科学院微生物流行病研究所复方蒿甲醚组方发明人周义清、宁殿玺、王淑芬、丁德本、李国福、单承启、刘光裕获得欧洲发明人奖（非欧盟地区）。

2009 年，瑞士诺华公司 Coartem（复方蒿甲醚）药品获得美国盖伦最佳药物奖（Prix Galien Best Pharmaceutical Agent）。

2011 年，屠呦呦获得美国拉斯克临床医学奖，获奖理由是"因为发现青蒿素——一种用于治疗疟疾的药物，挽救了全球特别是发展中国家数百万人的生命"。

2015 年，屠呦呦获诺贝尔生理学或医学奖，"以表彰她对治疗疟疾新药的发现"。

2017 年，屠呦呦因发现青蒿素获 2016 年度国家最高科学技术奖。

2019 年，屠呦呦被授予中华人民共和国"共和国勋章"。

2020 年，屠呦呦获联合国教科文组织-赤道几内亚国际生命科学研究奖。

2020 年，屠呦呦获阿拉伯联合酋长国谢赫·扎耶德国际传统医学奖。

中国农业气候资源和气候区划*

农业气候资源是农业自然资源的重要内容之一，包括太阳辐射、热量、降水、风、二氧化碳等，其数量的多寡及其配合情况，形成了各种农业气候资源类型。[①]而农业气候区划是指根据对主要农业生物的地理分布、生长发育和产量形成有决定意义的农业气候区划指标，遵循气候分布的地带性和非地带性规律以及农业气候相似和差异性原则，采用一定的区划方法，将某一区域划分为农业气候条件具有明显差异的不同等级的区域单元。我国跨越的纬度和经度范围很广，又处在亚洲大陆东部，气候条件具有明显的地域差异性，通过农业气候区划可以"揭示农业气候的地域差异，分区阐述光热水等农业气候资源和农业气象灾害，本着发挥农业气候资源优势，避免和克服不利气候条件，以及因地制宜，适当集中的原则，着重对合理调整大农业结构，建立各类农业生产基地，确立适宜种植制度，调整作物布局，以及农业发展方向和农业技术措施等问题，从农业气候角度提出建议和论证"[②]。如何全面系统认识不同地区的农业自然资源条件，充分发挥不同地区农业气候资源优势、减少气象灾害，因地制宜展开农业生产，成为新中国成立后农业科技研究的重要内容。

新中国成立之初，中国的农业区划研究就已开始展开，但仍处于草创阶段。而在1979—1985年，中国农业区划研究取得了阶段性的进展，由中国气象局气象科学研究院等11个单位组成的中国农业气候区划研究组，并联合30多个省级气象单位展开对"中国农业气候资源和农业气候区划"的联合攻关，开展了大量的调查研究，共整理计算了全国近500个气象站近30年的光、热、水等200余项农业气候资料，收集了全国上千个地点的农业生产资料。还出版了《中国农业气候资源和农业气候区划》《中国农林作物气候区划》《中国牧区畜牧气候》《中国种植制度气候区划》等六部著作，绘制出九百万分之一的中国农业气候区划图以及各种单项区划和资料图144幅，该项研究还获得了1988年国家科学技术进步奖一等奖。

一、新中国成立前农业气候区划研究的萌芽

农业气候资源对农业生产具有十分重要的指导意义。早在20世纪三四十年代，国外的农学专家就已经展开了相关研究。20世纪30年代，苏联学者谢良尼诺夫最早提出了农业气候区划的理论；40年代，日本学者先后进行了单项和总的农业气候区划。这些农业气候区划的分析理论都对中国的学界产生了较大的影响，并直接促成了中国气候资源区划研究的产生与发展。[③]

---

* 作者：王思明、周志强。
① 国家气象局展览办公室. 我国农业气候资源及区划. 北京：测绘出版社，1986：5.
② 李世奎，侯光良，欧阳海，等. 中国农业气候资源和农业气候区划. 北京：科学出版社，1988：191.
③ 张旭阳，李星敏，杜继稳. 农业气候资源区划研究综述. 江西农业学报，2009，7：120-122.

中国的农业气候资源区划研究虽然较国外稍晚，但在新中国成立前，国内学界对农业气候资源与区划研究已有了一定的理论积累。20世纪二三十年代，一批学者对中国的自然气候情况进行了分类和研究。1929年竺可桢先生于泛太平洋会议宣读的《中国气候区域论》一文，将中国分为中国南部类、长江流域类、满洲类、云贵高原类、中国北部类等八个类型[①]，标志着我国现代自然地域划分研究的开始。其后，竺可桢先生又于1935年相继发表了《中国气候之要素》《中国气候之要素（续）》等文章，建立起相对完整的中国气候资源区划理论。在竺氏的理论分析基础上，又有一批学者对其理论和数据进行进一步的扩充与发展。随后，1936年涂长望和卢鋈在《地理学报》上发表的《中国气候区域》一文，又对竺可桢的理论进行了修改与补充，绘制了新的中国气候区域图，"系以竺氏中国气候区域图为蓝本，将其各大气候区域重行分划为若干副区，并利用新近所得之材料，而加以修正"[②]。进入20世纪40年代，国内关于气候资源与区划的研究深度进一步加强，1946年卢鋈在《中国气候区域新论》一文中，又结合了竺可桢、涂长望等的观点，将中国划分为10个气候区和25个气候副区。[③]

虽然上述的气候资源区划主要集中在自然气象领域，并不是直接意义上的农业气候资源区划研究，但其研究的内容却与农业气候资源息息相关。卢鋈在分析中国的自然气候资源区划时，就将1月-6℃等温线作为春小麦与冬小麦的种植分界线，并将1月6℃等位线作为一季稻和双季稻的种植分界线。[④]由此可见，这一历史时期的气候资源区划研究已经包含有相当明确的农业因素。而这些自然气候区划研究也为之后的农业气候资源研究提供了基本的数据信息，同时为农业气候区划的划分提供了较为可靠的理论储备。

二、20世纪五六十年代农业气候区划的草创

新中国成立后，农业气候资源区划成为党和政府发展地区特色农业的重要依据。因此，农业气候资源的资料收集以及区域划分也呈现出全面发展的态势。首先，农业气候资源的调查主体发生了改变，新中国成立前的农业气候资源调查大多是由个人完成的，而到新中国成立后已由个人转变为政府以及各大科研机构，政府组织科研机构对气候资源进行全面而翔实的资料汇总和编纂。

在20世纪50年代，中国科学院相继发表了《中国气候区划草案》和《中国气候区划（初稿）》等，这些建立在大量数据分析上的区划理论成为中国农业发展的重要指导因素。特别是《中国气候区划（初稿）》成为五六十年代中国自然区划和农业区划的重要参考标准，"是我国目前影响最深远，应用最广泛的一个气候区划，不但此后的很多气候区划、自然区划，以至农业区划，都以它为根据，而且很多学校的气候课，也都以它为教材"[⑤]。

---

① 竺可桢. 竺可桢全集. 第2卷. 上海：上海科技教育出版社，2004：13-17.
② 涂长望，卢鋈. 中国气候区域. 地理学报，1936，3：495-528.
③ 卢鋈. 中国气候区域新论. 地理学报，1946，00：1-10.
④ 丘宝剑，卢其尧. 农业气候区划及其方法. 北京：科学出版社，1987：125.
⑤ 丘宝剑，卢其尧. 农业气候区划及其方法. 北京：科学出版社，1987：127.

其次，在全国气候资源数据收集工作获得进展的同时，各地区的气候资源区划也都相继展开，并获得了较高的成就。特别是 1958 年，在中央气象局的统一布置下，各地的气象部门都进行了相关区域的农业气候资源调查与研究，也取得了不少的成绩。进入 60 年代，相关科研单位运用气候统计原理，对中国的农业气候资源进行了基本分析，编著了《中国农业气候资源图集》《中国主要农作物气候资源图集》等著作，为调整农业结构与布局、建设商品粮生产基地提供了基础资料。[①]

需要指出的是，这一时期的气候资源统计与气候区域划分，都在一定程度上为农业的生产提供了理论上的指导。然而，这些气候资源区划与新中国成立前相类似，大多关注于自然气候资源的分布，从本质上讲是一种自然科学理论的延伸，并不完全等同于农业气候资源区划。关于专门性的农业气候资源分布与区域划分，都还处在草创阶段，虽有一批专门性的农业资源研究问世，但尚未形成完整的农业气候资源研究体系，已经出版的农业气候资源研究著作，也有很多需要补充和提高的地方。因此，20 世纪五六十年代也就成为中国农业气候资源区域研究的初始阶段。而较大规模的农业气候资源分布与区域划分研究则应是在改革开放后，中国农业科学院以及地方农业科学院等科研机构在政策的积极引导逐步建立起完善的农业气候资源区划理论。

三、20 世纪七八十年代的阶段性发展

自新中国成立后，中国的农业气候资源研究工作就有了长足的发展。特别是在改革开放后，农业气候资源与区划研究获得了空前的发展，并最终建立起完善的农业气候资源区划理论，为指导中国农业生产做出了突出的贡献。尤其是《1978—1985 年全国科学技术发展规划纲要（草案）》特别将农业气候区划研究列为重点项目，指出"对重点地区的气候、水、土地、生物资源以及资源生态系统进行调查研究，提出合理开发利用和保护的方案，制定因地制宜地发展社会主义大农业的农业区划"。党中央政府要求"将此项工作与党中央集中力量抓好国民经济调整，搞长远规划等工作密切结合起来，为制订长远规划提供科学依据"[②]。

在积极政策的引导下，取得了诸多有益成果，其中影响最大的就是"全国农业气候资源和农业气候区划研究"课题的联合攻关。1979—1985 年，中国气象局、中国农业科学院农业气象研究室、应为中国科学院自然资源综合考察委员会气候资源室等相关机构单位 30 余家，共同开展了有关中国农业气候资源的研究工作。[③]这项研究是《1978—1985 年全国科学技术发展规划纲要（草案）》中"农业自然资源调查和农业区划"的一个重要组成部分，主要包含七个子课题，其中中国气象局主持完成了"中国农业气候区划"，对我国东部季风型农业区、北部干旱型牧农区及西部高寒型牧区进行了综合研究；中国农业科学院在主持作物气候区划研究的过程中，编制了《中国主要农作物气候资源图集》，完成了水稻、小麦、棉花等主要农作物及甘蔗、茶叶、柑橘等经济林木的农业气

① 信乃诠，许世卫. 中国农业科技发展：回顾和展望. 北京：中国农业科学技术出版社，2014：121.
② 查明自然资源 搞好农业区划. 人民日报，1980-08-05（1）.
③ 李世奎.《全国农业气候资源和农业气候区划研究》系列成果综述. 气象科技，1986，（2）：77-81.

候区划；中国农业科学院编写的《中国主要农林作物气候区划》，划分出各种农林作物在农业气候上的适宜、次适宜及不适宜栽培区，提出了调整布局和发展生产的建议；北京农业大学（现中国农业大学）主持的《中国农作物种植制度气候区划》，按热量、水分、地貌、作物和典型种植制度等指标，将全国农作物种植制度进行分区，对我国种植制度的发展方向提出了展望。该课题"较系统、全面、丰富、紧密结合农业生产，实用性强。其中一些充实、丰富了已有成果，一些填补了国内空白，对制定我国农业发展规划与农业生产实践有重要的参考实用价值"①。

除以上这些成果之外，还有《中国牧区畜牧气候区划》《气候与农业气候相似研究》《全国农业气候资料集》《全国农业气候资料图集》，这些成果共同构成了整个课题的系列成果。此外在该项研究工作的推动下，全国有两千多个县进行了农业气候区划工作。

对于改革开放后20世纪七八十年代中国的农业气候资源研究情况，李世奎等学者有过较为详尽的概括，认为这一时期的农业气候资源研究主要有以下四个特点：第一，建立了数据库，积累了大量基础资料；第二，应用了新的技术方法，提高了区划分析水平；第三，区划成果系列配套，有利于多方位服务；第四，区划成果深化了对我国农业资源配置和生产力布局的认识。②由此也可以看出，改革开放后的农业气候资源调查与研究取得了相当大的历史成就，在研究领域和层次方面，均比五六十年代有了质的提高。并且一些新的调查方法和理论的应用也使得改革开放后的农业气候资源研究的精确程度有了很大提高。这也就为20世纪90年代中国农业气候资源研究与区划划分的进一步精密化提供了有益借鉴。

四、20世纪90年代以来农业气候区划研究的持续发展

进入20世纪90年代以来，中国农业气候资源与气候区划研究进入到一个持续发展的历史时期。之所以关于农业气候资源相关领域的研究持续发展，首先是因为现代农业发展的需要。20世纪90年代以来，我国农业发展面临转型，由传统农业发展模式转变为现代农业发展模式。因此，农业生产对农业高新技术的需求日益旺盛。特别是在气候气象领域，农业生产比以往更加依赖于精确的数据资源信息。为了保证现代农业的健康发展，促进农业产业结构的调整，1995年，在农业部的直接支持下，中国科学院组织相关科研单位，编纂了指导当代农业生产的《中国农业气象学》一书，该书"极大地丰富了农业科学的学科基础，也为我国农业和农村经济发展提供了依据"③。

其次，近几十年来，受世界气候变化的影响，中国的农业气候资源也出现了较大波动。特别是近30年来，我国受全球变暖影响，热量资源增加十分明显，北方的无霜期也明显增长。④正是由于我国气候条件和气候资源本身的变化，农业生产也急需新的农业气候资源统计和进行新的气候区划。中国气象局在1998—1999年组织江西、黑龙江

① 信乃诠，许世卫. 中国农业科技发展：回顾和展望. 北京：中国农业科学技术出版社，2014：122.
② 李世奎. 中国农业气候区划研究. 中国农业资源与区划，1998，（3）：49-52.
③ 信乃诠，许世卫. 中国农业科技发展：回顾和展望. 北京：中国农业科学技术出版社，2014：121.
④ 梁玉莲，韩明臣，白龙，等. 中国近30年农业气候资源时空变化特征. 干旱地区农业研究，2015，（4）：259-267.

等 7 个省份的气象局进行全国第三次农业气候区划试点工作，"第三次农业气候区划的主要特点是：利用气候和地理信息资料，建立了农业气候资源的空间分析模型，综合应用'3S'技术进行细网格气候资源推算与分析，使区划工作的精度可达到村一级水平"[1]。2009 年，中国气象局在《现代农业气象业务发展专项规划》中提出，"启动并深入开展全国第三次精细化农业气候区划，大力加强气候变化对农业的影响和适应性分析"[2]。

在地方层面上，农业气候资源整理与区域划分也取得了很大成就。例如，福建三明市在响应国家的第三次农业气候区划时，就将粮食作物、经济作物、果树、林木、竹类、食用菌、蔬菜和茶叶等八大类项进行了专门性的农业气候区划。[3]广西壮族自治区气象局则在地理信息系统（GIS）技术的支持下，绘制了详细的广西千米网格的光、温、水等农业气候资源区划图集，并对甘蔗等广西特色经济作物农业气候区划，为进一步提高农业气候区划精度、广度和深度奠定了技术基础。[4]江西省气象局利用地理信息系统技术开展了优质水稻、西瓜、脐橙等作物的气候区划研究。[5]河南省余卫东、陈怀亮等利用GIS 技术网格推算法对夏玉米进行了精细化农业气候区划研究，将全省划分为适宜种植区、次适宜种植区和不适宜种植区 3 个分区。[6]陕西省则完成红富士苹果、沙梨（也称砂梨）、中草药种植等多项精细化的专题气候区划工作。[7]由此可以看出，90 年代以来的农业气候资源与资源区划研究都在持续发展，并且在发展深度上取得了前所未有的成绩。进入 21 世纪以来，这种研究趋势仍呈现出快速发展的局面，农业气候资源领域的相关研究也日益成为学界研究的热点领域。

综上所述，中国农业气候资源与气候区划研究经历了从奠基萌芽阶段到高速发展阶段。在新中国成立前，农业气候资源区划概念还未正式形成。新中国成立后，在国家政府的支持和引导下，农业气候资源的调查与农业气候区划的建立都迅速完善起来。在 20世纪五六十年代，农业气候区划等研究开始逐步建立，到改革开放后，农业气候资源与气候区划的研究整理工作则达到高潮。进入 90 年代，关于农业气候资源的研究朝着深入化、精细化的方向发展，这也为中国农业发展的现代转型提供了重要的理论与经验指导。

五、中国农业气候区划的具体种类

基于新中国成立后国家组织的几次大规模的农业气候资源调查，中国农业气候资源研究取得了众多的成果，同时也建立起较为全面的农业气候区划体系。特别是改革开放以来，国家科研单位联合各地政府部门对地方性的农业气候资源进行了详细的调查，"至1984 年底，除西藏外，全国省级农业气候区划已基本完成或正在完成，并有四分之三以

① 张旭阳，李星敏，杜继稳. 农业气候资源区划研究综述. 江西农业学报，2009，7：120-122.
② 李海凤，周秉荣. 我国农业气候资源区划研究综述. 青海气象，2013，3：45-50.
③ 蒋宗孝，王岩，伍毓柏，等. 三明市第 3 次农业气候区划概况. 气象科技，2004，S1：73-76.
④ 苏永秀，李政，孙涵. 基于 GIS 的广西甘蔗种植气候区划. 中国农业气象，2006，（3）：252-255.
⑤ 黄淑娥，殷剑敏，王怀清."3S"技术在县级农业气候区划中的应用——万安县脐橙种植综合气候区划. 中国农业气象，2001，（4）：40-42.
⑥ 余卫东，陈怀亮. 河南省夏玉米精细化农业气候区划研究. 气象与环境科学，2010，2：14-19.
⑦ 郭兆夏，朱琳，李星敏，等. 基于 GIS 技术的陕西砂梨气候区划. 经济林研究，2010，（2）：88-91.

上的县完成县级农业气候区划或农业气候服务手册"[①]。进入 20 世纪 90 年代，诸如 GIS 等技术的广泛应用，则使得农业气候资源的识别程度日益精确，农业气候区划的标识类型也逐渐增多。很多地区出现了单一作物的农业气候资源研究，这也成为最近 10 年来农业气候资源研究的重要内容。

从总体上看，我国的农业气候资源研究内容主要包含三大类：一是全国性的气候资源及总体区划；二是地区性的农业气候资源及区划；三是专门作物类的农业气候资源及区划。

1. 全国性的气候资源及总体区划

新中国成立初期，国家组织相关科研单位进行了全国范围的大规模气候调查，并于 1966 年出版了《中国气候图集》和 1979 年出版了《中华人民共和国气候图集》。这些气候区划地图将全国分为 9 个气候带和 1 个高原气候大区，结合干燥度又细分为 18 个气候大区和 36 个气候区。这些气候区划与农业生产密切相关，"由于所采用指标有较好的生物学意义，这个气候区划中的很多界线与一些重要的农作界线有着较好的一致性"[②]。因此，这个气候区划与农业气候区划有着很大程度上的关联性，在一定程度上也为后来的农业气候区划积累了大量原始数据和资料。

改革开放后，农业气候区划的研究工作取得了长足的进步与发展，特别是 1979—1985 年"全国农业气候资源和农业气候区划研究"课题的展开，基本确立了中国现今通用的农业气候区划范围。该课题的成果之一就是《中国农业气候资源和农业气候区划》一书。在这本书中，按照光资源、热量资源、水分资源、农业气象灾害等领域进行分析评述。例如，从太阳总辐射量、光照质量以及光照时间等角度分析，我国的光能资源相对丰富，"我国的光热水资源同季，季节搭配好……光量与光强的地区搭配较好，这些均有利于光资源的农业利用，使全国各地可以获得较高的产量"[③]。而从具体气候区划的组成部分上看，则可以将中国农业气候区划分为三级：第一级是农业气候大区，反映大农业部门发展方向的基本气候差异，包括东部季风农业气候大区、西北干旱农业气候大区以及青藏高寒农业气候大区；第二级是农业气候带，即划分带有显著地域气候特征的气候带，包括 15 个农业气候带（北温带、中温带、南温带、北亚热带、中亚热带、南亚热带、藏南亚热带、北热带、中热带、南热带、干旱中温带、干旱南温带、高原寒带、高原亚寒带、高原温带）；第三级是农业气候区，即反映非地带性在内的农业气候区，该层级一共包含了 55 个农业气候区。[④]这从总体上总结了中国发展农业的气候状况与优势，也较为详细地分析了中国发展农业在气候资源上的不足，为国家指导各地区的农业生产提供了合理的参考依据。

2. 地区性的农业气候资源及区划

在改革开放之前，我国对农业气候区划的研究还多集中在全国整体范围的探讨上。虽然有一些省一级的农业气候区划研究成果出现，但在全国范围内看，仍属少数。例如，

---

① 国家气象局展览办公室. 我国农业气候资源及区划. 北京：测绘出版社，1986：87.
② 李世奎，侯光良，欧阳海，等. 中国农业气候资源和农业气候区划. 北京：科学出版社，1988：6.
③ 李世奎，侯光良，欧阳海，等. 中国农业气候资源和农业气候区划. 北京：科学出版社，1988：15.
④ 国家气象局展览办公室. 我国农业气候资源及区划. 北京：测绘出版社，1986：88.

1964 年由吉林省气象学会编写的《吉林省农业气候资源与农业气候区划的初步探讨》、1965 年由山东省气象局编写的《山东省农业气候区划》、1965 年由广东省农业气候区划委员会编写的《广东省农业气候区划报告（讨论稿）》等都是这一时期地方性农业气候资源与气候区划研究的重要成果。然而，地方性农业气候区划研究的高峰期则是在改革开放后。随着全国整体范围的农业气候区划基本确定，农业气候区划研究也就深入以地方为中心的研究过程中。

在 20 世纪八九十年代，一批以省区为限定的农业气候区划研究著作相继问世。例如，1980 年由山西省气象局编写的《山西省简明农业气候区划》、1980 年浙江省气象局编写的《浙江省省级简明综合农业气候区划》、1982 年出版的《新疆农业气候区划概况》（维吾尔文版）、1984 年出版的《贵州省农业资源分析和区划》、1984 年出版的《湖南省农业气候区划》、1988 年出版的《河北省农业气候及其区划》、1988 年出版的《陕西省农业气候区划》、1989 年出版的《贵州省农业气候区划》、1990 年出版的《云南省农业气候资源及区划》和《福建农业气候与区划》等。这些省级农业气候区划著作的诞生，使中国农业气候区划研究更加细致，逐渐深入到地方。近 20 年来，随着省级农业气候区划研究的日益完善，地方县一级的农业气候区划研究也逐渐兴起。特别是近些年来大数据以及 GIS 等数字技术的广泛应用，使得农业气候区划的精密程度逐渐提高。这也标志着中国地方性的农业气候资源研究完成了由最初的粗略型向精确型的历史过渡。

3. 专门作物类的农业气候资源及区划

除上述对农业气候的地域差异进行专门研究外，中国气象科学研究院等单位还对专门作物的农业气候进行了区划研究。农作物区划的主要目的是为农作物的合理布局提供科学依据，为全国综合农业区划、全国种植业区划、各种作物专业区划提供依据。[1]在 1978—1985 年收集了全国各地作物物候和生育资料 2000 多份，调查了江苏等 15 个省区各种作物生产情况及农业气候问题，对粮食作物、经济作物以及经济林木作物等农作物进行农业气候分析和鉴定，整编了主要农作物和相关的气候资料，并绘制了主要农作物的农业气候图。

以小麦为例，崔读昌等通过对小麦与气候的关系、小麦分布的界限、气候与小麦品质、小麦气候适宜性等方面的研究，对我国小麦气候区划分出春小麦气候区（其中，半湿润春小麦气候区包括黑龙江、吉林、辽宁及内蒙古东北部小部分地区；半干旱春小麦气候区包括内蒙古河套以东地区，晋、冀、陕北部等地区；干旱春小麦气候区包括内蒙古西部、宁夏北半部、青海省、甘肃西部、新疆等地区）、冬小麦气候区（其中，强冬性半干旱冬小麦气候区包括辽南、京、津、冀、晋中南、鲁北、豫北、陇东等地；强冬性半湿润冬小麦气候区包括鲁豫两省黄河以南、晋南、陕西中部、陇东南、秦岭—淮河以北等地；弱冬性湿润冬小麦气候区包括江淮之间、苏南、陕南、川西等地；弱冬性极湿润冬小麦气候区大致包括长江以南和南岭以北、贵州、四川部分地区；春性湿润冬小麦气候区，春性半湿润冬小麦气候区，春性半干旱冬小麦气候区，强冬性干旱冬小麦气候区青藏高原冬、春小麦气候区）。通过对华北、江南、西北、江淮等地区影响小麦生长因

---

① 中国农林作物气候区划协作组. 中国农林作物气候区划. 北京：气象出版社，1987：1.

素的具体分析，对小麦生产布局提出相关建议，认为我国秦岭—淮河以北地区，水分条件较差，不适宜多种非灌溉旱作小麦，仍以发展水浇地小麦为宜；而江南地区则由于降水过多，应适当少种小麦而代之以比较耐湿的油菜以及其他早熟作物和冬绿肥等。我国小麦的重点地区应在北方灌溉小麦适宜气候区，这一地区光热条件适宜，通过补充灌溉水分可以充分发挥光热条件优势，建立高产稳产的商品小麦生产基地。

其他针对专门作物气候区划方面的研究还包括：江苏省农业科学院高亮之等对水稻的气候区划研究；山东省农业科学院董人伦等对玉米的农业区划做了详细的划分；刘洪顺通过降雨以及积温等生态条件确定了我国东北大部、内蒙古、宁夏、青藏高原以及云贵川高海拔地区都不能种植棉花，同时还将全国分为东部季风棉花气候带、西北部干旱棉花气候带、不能种植棉花气候带，并提出应在黄河流域的豫北、豫东、冀中、冀南、鲁西等地建立棉花生产基地，逐步做到区域化、专业化生产，而在西北干旱地区可以建立长绒棉生产基地等建议。吉林省农业科学院潘铁夫等对我国大豆的农业生产作出区域划分。

通过对作物农业气候区域的划分，指出了各地发展各种作物生产的农业气候问题，明确了各种作物气候适宜性范围，以及各种类型的气候生态区域范围；找出了作物气候相似区及不同区的气候界限，反映了我国主要作物的气候特征，为各种作物品种资源的利用指明了区域范围。

六、农业气候研究的作用及其影响

农业与气候的关系密切，农业气候区划就是反映农业生产与气候之间的关系，是认识区域性农业生产特点和规律的基础。新中国成立以来尤其是 1978—1985 年在《1978—1985 年全国科学技术发展规划纲要（草案）》的指导下的"中国农业气候资源和农业气候区划"研究获得了一系列成就，基本构建起了我国的农业气候区划研究理论体系：①将全国划分为 3 个农业气候大区、15 个农业气候带、55 个农业气候区。②对 20 种主要农林作物划分出适宜、次适宜和不适宜的气候区域，根据实际提出了调整布局和发展生产的建议，为各种作物区划、种植业区划应用、作物引种育种和栽培提供了科学依据。③分析研究了牧草、家畜的生长发育、产量、品质与气候条件的关系；天然草场的气候生产力，划分了畜种的气候生态类型。④找出了我国各点与世界各点的气候与农业气候相似程度，为作物引种，农牧业专业化、区域化，发展我国特有的农畜产品等提供了依据。这些成果均为中国农业的持续高速发展奠定了良好的理论储备与智力支持。

总之，新中国成立以来的中国农业气候资源和农业气候区划研究，系统、全面、丰富、紧密地结合农业生产，实用性强。其中一些充实、丰富了已有成果，填补了国内相关研究的空白，对制定我国农业发展规划与农业生产实践有重要的参考实用价值。

空间科学*

      空间科学是以空间飞行器为主要平台，研究发生在地球、日地空间、太阳系乃至整个宇宙的物理、化学及生命等自然现象及其规律的科学。[①] 从研究手段看，"空间科学"需要以空间探测、空间条件或模拟空间条件的各种主动试验为基础，同时配合地面观测和实验手段，发展新型探测原理和技术，将理论研究与资料分析、基础研究与应用相结合[②]。本文主要侧重利用空间技术手段进行研究的科学。

      新中国空间科学在 1958 年之后随着中国第一颗人造卫星的研制而发端，其后依托返回式卫星、载人航天、探月工程等不同形式的航天工程而发展，在 21 世纪初开启了空间科学卫星和空间站时代。以往研究多见于一线航天科技管理者与空间科学家对各自专业领域的发展、所从事项目及所属学科领域的简要认识与思考，如顾逸东院士对我国载人航天应用的若干思考[③]，以及刘振兴对"地球空间双星探测计划"[④]，王赤等对中国科学院空间科学卫星任务的认识[⑤]，以及刘振兴院士[⑥]和王赤[⑦]对中国空间物理学发展的回顾等，形式多为航天科技会议上的学术报告。学术界尚缺乏从科技史角度对新中国空间科学发展史的深入研究和反思性认识。

      本文主要采用文献查阅、档案阅读、口述访谈等研究方法，以空间科学政策、空间科学的组织管理，以及空间探测与研究活动为关键点，对新中国成立 70 多年来空间科学发展历史进行分期，提出几点认识。

一、围绕人造卫星预研迅速起步（1958—1965 年）

      人造卫星是空间科学发展的重要科技基础设施。20 世纪中期在美苏争霸的背景下，苏联于 1957 年 10 月 4 日将第一颗人造地球卫星发射升空，标志着人类进入太空时代。赵九章非常期待中国也能研制出人造卫星，以地磁为起点，发展空间科学探测。1958 年经他和钱学森等科学家倡议，中共中央批准中国自行研制人造卫星。在 20 世纪 50—70 年代的"两弹一星"任务中，中国科学院扮演的主要角色是配合国防部门进行关键技术攻关，但却是人造卫星研制的主导单位。中国科学院很快组建了 581 组办公室（存续时间为 1958 年 9 月至 1959 年 11 月），统领人造卫星研制工作，主要职责是拟制卫星发展

---

*   作者：张志会。

① 顾逸东. 空间科学——探索与发现之源. 物理，2014，43（9）：570.

② 王绶琯，刘振兴. 20 世纪中国学术大典：天文学、空间科学. 福州：福建教育出版社，2003：9.

③ 顾逸东. 谱写中国载人航天应用的新篇章. 载人航天，2004，（5）：31-32.

④ 刘振兴. 地球空间双星探测计划. 科学，2004，56（2）：7-9，2.

⑤ 王赤，李超，孙丽琳. 我国空间科学卫星任务国际合作管理实践与思考——以中国科学院空间科学战略性先导科技专项为例. 中国科学院院刊，2020，35（8）：1032-1040.

⑥ 刘振兴. 中国空间物理学发展的回顾和展望. 学会，2000，（1）：8-10.

⑦ 王赤，宋婷婷，时蓬，等. 10 年见证中国空间科学发展进入新时代. 科技导报，2022，40（19）：6-14.

规划，并组织实施和业务协调。

1958年，中国派出"高空大气物理代表团"赴苏联考察卫星，却遭遇冷遇，之后又遭遇国民经济困难，1959年中央改变了卫星发展战略。中国科学院地球物理研究所的科学家赵九章与卫一清、钱骥商量后，提出"以火箭探空练兵，高空物理探测打基础，不断探索卫星发展方向，筹建空间环境模拟实验室，研究地面跟踪接收设备"[①]。

之后进入火箭探空和人造卫星的预研阶段。在组织机构上，建立了总体研究室、中高层大气探测研究室、遥测遥控跟踪定位研究室、电离层研究室、空间光辐射实验室、空间磁场研究室和空间环境模拟实验室等，开展了大量卫星科技的预研工作[②]，研制出了探空火箭并开始空间探测。上海市机电设计研究院研制出T7型火箭，后改进为T7A型，1960—1965年，中国共发射了20多发探空火箭，探测到60千米以下的气象数据，开展了对电离层、高空磁场和宇宙线探测的空间物理探测，以及空间生物学探测，测得大白鼠、小白鼠、果蝇和小狗等多种生物在空间失重状态下的生理状态。[③]

中国科学院也紧跟国际学术前沿，开展空间科学理论研究。20世纪五六十年代，国际上发现了辐射带。赵九章迅疾于1959年正式成立磁暴研究组，开展了地球辐射带、太阳风和磁层的相互作用及磁暴理论和形态研究。此外，早在1963年钱学森曾设想防御导弹袭击的方案，并布置中国科学院地球物理研究所二部（1965年更名为应用地球物理研究所，1968年划归国防科工委，变为505所）承担空间环境研究。[④]

二、"文化大革命"时期缓慢发展（1966—1977年）

尽管中国空间科学的发展起步很早，但在"文化大革命"期间，错过了发展期，与美苏拉开了差距，不过依然有所进展。

在"581组"的基础上，中国科学院于1966年1月成立"651"设计院，公开名称为"中国科学院科学仪器设计院"，赵九章兼任院长。为了在开展航天新技术的先期试验的同时，一并进行空间环境探测与空间科学研究，中国着力发展科学探测与技术试验卫星，首颗卫星的定位也是如此。第一颗卫星于1970年成功发射，仅开展了很少量电离层和大气密度探测。1970年后，第七机械工业部第五研究院505所在院长钱学森的指导下开展空间环境预报和研究。

除卫星研制外，赵九章等提出的中国卫星系列规划切实影响了中国空间科学的发展。1966年5月，他提出先以科学实验卫星打基础，再发展返回式对地观测、通信、气象、导航等应用卫星和飞船，特别建议及早安排利用应用卫星开展具有关键意义的科学项目。1971年发射的"实践一号"卫星作为科学探测与技术试验卫星，探测了宇宙线、内外辐射带粒子和太阳X射线，取得了一些有价值的数据。紧接着，1975年11月，中

① 张劲夫. 我国第一颗人造卫星是怎样上天的. 协商论坛，2007，（2）：46-50.
② 我国第一颗人造卫星研制纪实. http://www.nssc.ac.cn/tzgg2015/xsbg2015/200512/t20051215_2303522.html［2005-12-15］.
③ 王绶琯，刘振兴. 20世纪中国学术大典：天文学、空间科学. 福州：福建教育出版社，2003：2-3.
④ 刘振兴. 钱学森先生与我国的空间科学和应用//宋健. 钱学森科学贡献暨学术思想研讨会论文集. 北京：中国科学技术出版社，2001：245.

国第一颗返回式卫星的发射为开展空间生物实验提供了有利条件。

总体来看,"文化大革命"期间中国空间科学的发展是有限的,在"实践"号和返回式卫星的空间技术领域取得了进展,为开展空间物理研究提供了条件,维系了人才队伍。

三、依托返回式卫星和应用卫星开展空间探测(1978—1999 年)

1978 年党的十一届三中全会上确定了"把党和国家工作的重点转移到社会主义现代化的建设上来"。这一时期,应用卫星和载人航天发展迅速,偶有卫星搭载空间科学实验仪器,大大推动了空间物理的发展,空间科学的科研组织更加体制化。1980 年 9 月,中国空间科学学会(CSSR)成立;同时创办了《空间科学学报》。20 世纪 80 年代,863计划中关于航天技术的内容支持了流体物理、材料科学和生物技术的地面研究与空间实验。

改革开放后,中国科技界恢复了国际交流。20 世纪 80 年代,欧洲航天局(ESA)会员国每年通过联合国向发展中国家提供研究资金,用于发展中国家的科学家到欧洲航天局的机构进行气象学、遥感学和电子信息工程相关学科的在职培训,帮助中国培养了空间科学的人才。[1]

1. 利用返回式卫星开展空间科学实验

"实践"号返回式系列科学卫星成为这一时期空间科学最重要的实验平台。尽管"实践二号"在 1972 年便作为中国第一颗专用于空间物理探测的科学实验卫星列入了国家计划,但几经变动,直到 1981 年才升空,该行搭载了 11 项科学仪器,探得了关于太阳活动、地球附近空间的带电粒子、地球和大气的红外和紫外辐射背景及高空大气密度的一些数据。[2]1987 年中国进行了首次空间材料科学实验,中国科学院半导体研究所在林兰英院士的领导下利用返回式卫星,在空间微重力环境下第一次从熔体中成功生长砷化镓单晶[3],开辟了中国空间材料研究的新领域。1994 年 2 月发射的"实践四号"载有 5项探测仪器,对近地空间带电粒子环境及其对航天器的影响进行测量,取得了一些较为重要的探测结果。[4]

2. 高空科学气球实验和空间天气研究

高空科学气球是在平流层开展空间和邻近空间技术试验的有效手段[5]。1977 年科研秩序逐渐恢复后,在中国科学院何泽慧、顾逸东等的倡议下,中国科学院大气物理研究所、高能物理研究所、上海天文台等开始发展高空科学气球探测系统。气球可升至 30 千米以上的高空进行探测,推动了高能天体物理的起步和发展。到了 1980 年中国科学家已可成功发放万米级科学气球[6],到 1984 年中国科学院建成了我国第一个高空科学气球

---

① Bergquist K,Hood V. ESA around the world-relations with developing countries and emerging space powers. https://www.esa.int/esapub/bulletin/bullet91/b91berg.htm[2019-11-11].

② 张永维. 中国科学探测与技术试验卫星. 中国航天,2001,(7):3-6.

③ 何春藩. 太空半导体材料的开拓者——记物理学家林兰英教授. 现代物理知识,1991,(4):1.

④ 王绶琯,刘振兴. 20 世纪中国学术大典:天文学、空间科学. 福州:福建教育出版社,2003:3.

⑤ 顾逸东. 科学气球的发展和应用//中国空间科学学会空间探测专业委员会. 第二十三届全国空间探测学术交流会论文摘要集. 2010:1.

⑥ 荆其一,李鸿洲,张琦娟. 发展中的我国高空科学气球. 气象,1982,(1):32.

系统。

科学气球的国际合作上有所成绩。20 世纪 80 年代中国与日本宇宙科学研究所合作开展了日本至中国的跨太平洋飞行,1989—1991 年与苏联合作进行了北半球飞行距离最长的跨境飞行。①

美国于 1995 年率先制定了国家空间天气战略计划②后,多个国家制定了空间天气起步计划,最典型的是美国国家空间天气计划③和欧洲航天局的欧洲空间天气计划④。随着中国对空间天气研究日益紧迫的战略需求,"十五"期间陆续启动和开展"地球空间双星探测计划""太阳空间望远镜"等国家重大计划的建设或预研。⑤

3. 在应用卫星上搭载科学载荷进行实验

20 世纪 80—90 年代,应用卫星因顺应经济发展需要而迅速发展,在应用卫星上搭载科学探测仪器成为空间物理探测的重要手段。通过在通信卫星、"风云"系列气象卫星、资源卫星等上搭载实验载荷,在中国首次获得了太阳 X 射线爆发和同高度上高能电子的资料,首次测量了太阳质子和重离子时间及银河宇宙的异常成分⑥,在"风云""资源"等卫星上搭载空间环境监测系统。

4. "双星计划"——中国第一个空间科学卫星计划

在 21 世纪以前,中国一直没有自己的空间科学卫星计划。直到 1997 年初,中国科学院空间科学与应用研究中心刘振兴院士提出"地球空间双星探测计划"(Double Star Mission,简称"双星计划")。该项目计划由一颗赤道星("探测一号")和一颗极轨星("探测二号")探测地球近赤道区和极区的地球磁场及其波动情况。2002 年 10 月,"双星计划"立项,中国国家航天局与欧洲航天局正式合作,刘振兴任首席科学家。该项目是首个由中国科学家提出并牵头的以科学目标牵引的卫星计划,也是中国在航天领域的第一次重大国际合作项目⑦。欧洲航天局提供了整个计划中 50%的高精度探测仪器。"双星计划"还与欧洲航天局"星簇计划"联合探测,实现了世界首次地球空间"六点协调探测",利用探测数据提出的亚暴触发的新理论——"锋面理论"产生重要影响⑧。

四、新时期呈现多元发展格局(2000—2009 年)

这一时期中国空间科学不仅被作为一个正式的学科领域得到国家的认可,还以科学

① 陈欢欢,刘征宇. 高空气球助力临近空间科学实验. 中国科学报,2018-02-14(4).
② Plan S. National space weather program strategic plan. FCM-P30-1995,Office of the Federal Coordinator for Meteorological Services and Supporting Research,Silver Springs,1995.
③ Robinson R M,Behnke R A. The U.S. National Space Weather Program:A Retrospective//Song P,Singer H J,Siscoe G L. Space Weather(Geophysical monograph Volume 125),Washington,D.C.: American Geophysical Union,2001:1-10.
④ Horne R B. Rationale and requirements for a European Space Weather Program. European Space Agency. Space Weather Workshop:Looking Towards a European Space Weather Program. Netherlands:Estec Nordwijk,2003:139-144.
⑤ 曹晋滨. 空间天气学研究进展. 中国科学院院刊,2005,(4):277-282.
⑥ 王绶琯,刘振兴. 20 世纪中国学术大典:天文学、空间科学. 福州:福建教育出版社,2003:3.
⑦ 唐琳. 双星计划:科学目标牵引卫星工程. 科学新闻,2018,(9):28-31.
⑧ The first Sino-European satellite completes its mission. https://sci.esa.int/web/double-star/-/41400-the-first-sino-european-satellite-completes-its-mission[2019-11-11].

气球、应用卫星搭载、载人航天应用与行星探测为平台，呈现出多元发展的格局。

1. 空间科学成为中国航天的正式领域

中国政府于 2022 年发布《2021 中国的航天》白皮书，指出航天事业包括空间科学、空间应用和空间技术三个方面[①]，空间科学作为一个正式领域被认可。中国科学院的几位科学家牵头开展了中国空间科学发展的中长期规划的探索[②]，研究至 2015 年的空间科技发展路线图[③]，强调了空间探测对暗物质粒子探测等重点学科领域的优势。[④]

2. 继续开展科学气球和应用卫星搭载实验

这一时期继续了以往应用卫星搭载空间探测仪器的方式，如"风云一号"D 星计划搭载空间粒子成分探测器；"资源一号"02 星设置极光粒子探测器、粒子辐射探测器和 CMOS 辐射效应测量仪。此外，我国科学家利用返回式卫星完成一批微重力科学的空间实验，如 2005 年利用返回式卫星开展了空间熔体表面和液固界面特性表征观察，2006 年"实践八号"返回式卫星则是中国首颗专门用于航天育种研究的卫星。在国际合作方面，我国分别利用 2007 年俄罗斯"光子"号返回式卫星和国际空间站（ISS）开展半导体材料生长、流体物理空间实验等研究，在中法合作的欧洲抛物线飞机上也进行了多项材料科学实验，产出了不少有意义的科研成果。21 世纪初，由于飞行空域和自然环境改变等因素，高空科学气球一度沉寂。

3. 利用载人航天工程的应用系统开展空间科学研究

出于载人航天对国家竞争力的巨大作用，中国效仿美苏于 1992 年启动了载人航天工程。在工程筹划时已考虑到了空间科学的需要。1993 年组建了中国科学院空间科学与应用总体部，管理载人航天工程的应用。从"神舟二号"开始，中国较好地解决了载人航天的科学与工程的结合问题，组织领导数十个单位，在不同型号的神舟飞船上圆满地完成了空间对地观测、生命科学、微重力科学、空间天文、空间环境等 50 余项任务。

4. 开展月球探测

自 2004 年中国正式开展完全自主实施的月球探测工程启动以来，中国陆续发射了"嫦娥一号""嫦娥二号""嫦娥三号""嫦娥五号 T1 试验器""嫦娥四号"任务，晋身国际月球探测的重要队伍。2007 年 10 月发射的"嫦娥一号"卫星开展了月球空间环境探测，传回第一幅月面 CCD 图像。2010 年发射的"嫦娥二号"卫星上搭载的 CCD 照相机获取了分辨率优于 1.5 米的月球虹湾图像数据。

五、进入科学卫星系列和自主空间站时代（2010 年至今）

国际空间站在 2011 年后进入了全面应用。与此同时，中国载人航天工程也迈入了空间站时代。与此同时，中国空间科学也蓬勃发展，发射若干空间科学卫星，开启了中

① 中华人民共和国国务院新闻办公室. 2021 中国的航天. 北京：人民出版社，2022.
② 吴季，张双南，王赤. 中国空间科学中长期发展规划设想. 国际太空，2009，（12）：1-5.
③ Guo H, Wu J. Space Science & Technology in China: A Roadmap to 2050. Beijing: Science Press，2010.
④ 中国科学院. 科技发展新态势与面向 2020 年的战略选择. 北京：科学出版社，2013：167-181.

国自主建设空间站的新时代。

1. 空间科学得到国家政策支持

2010 年 3 月 31 日，国务院通过中国科学院"创新 2020"规划，要求中国科学院"组织实施战略性先导科技专项，形成重大创新突破和集群优势"[1]。中国科学院于 2011 年部署了空间科学先导专项，开启了中国空间科学卫星的新时代。

为了管理空间科学卫星任务，仿效美国国家航空航天局（NASA）喷气推进实验室（JPL）及戈达德航天飞行中心（GSFC），2011 年中国科学院党组依托空间科学与应用研究中心，成立院设非法人研究单元国家空间科学中心，"一个单位两块牌子"[2]，牵头负责开展空间科学卫星计划。2015 年 6 月，中央机构编制委员会办公室批复同意中国科学院空间科学与应用研究中心更名为中国科学院国家空间科学中心。在中国科学院面向国家重大需求，启动实施"率先行动"计划[3]的背景下，中国科学院微小卫星创新研究院[4]2017 年 9 月 26 日正式成立，先后研制并成功发射包括暗物质粒子探测卫星、量子科学实验卫星等复杂的科学卫星。[5]

面对学科发展的困境，科学家们通过自下而上地制定学科发展规划来寻找突破口。2016 年 3 月 17 日，中国科学院国家空间科学中心牵头完成了《2016—2030 年空间科学规划研究报告》[6]，提出了 2016—2030 年我国空间科学发展战略目标及路线图，详细列出了 23 个空间科学计划，预期 2030 年完成近 20 颗科学卫星的发射。"十二五"期间，已有 8 个项目脱颖而出入选了空间科学背景型号项目。

国际竞争的演变也使得中国政府意识到太空是未来增长和竞争力的重要推动力，对促进经济发展、促进高端产业和外溢技术至关重要。"十二五"期间中国空间科学的巨大成绩也引起了中共中央高层的重视。2016 年 5 月 30 日，"科技三会"[7]召开，习近平总书记在"为建设世界科技强国而奋斗"的重要讲话中，强调"必须推动空间科学、空间技术、空间应用全面发展"[8]，这预示空间科学在国家层面获得了更强大的政策支持。国务院 2016 年印发的《"十三五"国家科技创新规划》也指出，要开展依托空间科学卫星系列的基础科学前沿研究，取得重大科学发现和突破。这是空间科学卫星系列首次被写入国家五年规划。2019 年 10 月在厦门召开以"发展空间科学，建设航天强国"为主题的第一届中国空间科学大会[9]，标志着中国空间科学学术共同体的规范化。

---

[1] 齐芳. 我国启动战略性先导科技专项. 光明日报，2011-02-15（1）.
[2] 张巧玲. 国家空间科学中心：坚守空间科学的国家使命. 中国科学报，2013-07-23（5）.
[3] 中国科学院《"率先行动"计划暨全面深化改革纲要》（2014 年 7 月 7 日经国家深化科技体制改革和创新体系建设领导小组第七次会议审议通过）.
[4] 中国科学院文件《中国科学院关于成立中国科学院微小卫星创新研究院的通知》（科发人字〔2017〕100 号）.
[5] 中国科学院微小卫星创新研究院. 空间科学学报，2019，39（3）：408-409.
[6] 吴季. 2016—2030 年空间科学规划研究报告. 北京：科学出版社，2016.
[7] "科技三会"的全称为全国科技创新大会、中国科学院第十八次院士大会和中国工程院第十三次院士大会、中国科协第九次全国代表大会.
[8] 习近平. 为建设世界科技强国而奋斗——在全国科技创新大会、两院院士大会、中国科协第九次全国代表大会上的讲话. 北京：人民出版社，2016.
[9] 张逸之，喻菲. 首届中国空间科学大会揭晓两大空间科学奖项. http://www.xinhuanet.com/tech/2019-10/26/c_1125155905.htm[2019-11-11].

2. 空间科学卫星计划取得突破

空间科学先导专项一期的卫星包括由中国科学院与瑞士、意大利科学家合作研发的暗物质粒子探测卫星（DAMPE，又叫"悟空号"），中国首颗专用微重力实验卫星"实践十号"返回式科学实验卫星，中国第一颗空间天文卫星硬 X 射线调制望远镜卫星（又名"慧眼"），以及世界首颗量子科学实验卫星（"墨子号"），后者在世界上首次实现了卫星和地面之间的量子通信，构建起天地一体化的量子保密通信与科学实验体系①。这些科学卫星催生中国科学家发表了一批重要成果。

中国科学院空间科学先导专项在实践基础上逐渐建立了空间科学卫星任务的管理体制：①确立了以科学目标重大性和带动性为核心的卫星计划遴选标准，实践了自下而上的项目征集和同行专家评审的遴选机制。②②摸索出了建立确保科学产出的工程管理机制。将中国航天工程长期奉行的"两条指挥线"拓展为"首席科学家+工程总设计师、工程总指挥"制。科学家被授予"一票否决权"，以避免过去科学目标让位于工程技术目标的情况。③确立了覆盖空间科学卫星工程全生命周期的创新链，专门设立了空间科学工程管理中心进行有效管理和组织实施。③

2018 年，"空间科学（二期）"战略性先导科技专项启动，包括一系列新的科学卫星的研制及发射任务。随着商业航天的发展，空间科学卫星的商业化也有所尝试。2018 年 1 月 31 日，用于暗物质探测的"龙虾眼 X 射线轨道天文台"卫星启动，这是在中国借助商业资本开展基础科学研究的一次重大尝试。④

3. 中国自主建设的空间站潜力巨大

国际空间站项目自启动以来，一直将中国排除在外，直到近年来，中国科学家团队才获得了极其有限的在国际空间站进行搭载实验的机会。当前载人航天工程进入第三阶段，迎来了自主建设空间站的重大机遇。2011 年 9 月发射的"天宫一号"（TG-1）作为空间实验室的"入门级"实验飞行器，除了完成空间交会对接任务，还开展了空间科学、航天医学和空间技术等一系列实验。2016 年 9 月 15 日发射的"天宫二号"（TG-2）是真正意义上的小型空间实验室，装载了空地量子密钥分配试验、空间冷原子钟等 14 项空间应用载荷，开展了地球观测和空间地球系统科学、微重力基础物理等多项实验。2017 年 4 月发射的货运飞船"天舟一号"（TZ-1）也开展了空间科学项目。

2024 年之后，中国空间站将成为唯一一个在轨运行的空间站。中国希望借助于空间站，在空间科学领域获得若干具有国际影响的重大发现，进入世界先进行列。⑤目前已确定了空间天文学、微重力流体物理与燃烧科学等来自 17 个国家的 9 个项目作为首批国际合作项目。⑥

① 汪海波. 中国发展经济的基本经验——纪念新中国成立 70 周年. 首都经济贸易大学学报, 2019, 21（1）: 3-14.
② 吴季. 科学卫星引领原创突破. 光明日报, 2016-06-17（10）.
③ 倪伟波. 空间科学工程管理中心: 以科学为引领 当好卫星工程"大管家". 科学新闻, 2018,（9）: 78.
④ 我国首个空间科学探测商业卫星项目正式启动. 科技传播, 2018, 10（3）: 16.
⑤ 王海名, 王海霞, 杨帆, 等. 载人航天、嫦娥工程及其他空间重大工程将产生重大突破. 中国科学院院刊, 2013, 28（5）: 637-639.
⑥ 张保淑. 永远的"天宫" 不朽的传奇. 人民日报海外版, 2019-07-17（10）.

4. 深空探测继续开展

中国探月工程在空间科学上取得了进展。2013 年升空的"嫦娥三号"登月探测器，实现了月球软着陆和月面巡视勘察，完成了月球探测第二步任务。"嫦娥四号"探测器于 2019 年 1 月 3 日首次实现在月球背面着陆，搭载沙特、荷兰、德国和瑞典等四国科学家研制的科学载荷并获取探测数据[①]。

中国对火星探测关注甚早。中国"'十一五'空间科学发展计划"即确定中国与俄罗斯合作开展火星空间环境探测计划。[②]2011 年 11 月火箭发射后不久，俄方宣布搭载"萤火一号"的"福布斯-土壤号"火星探测器未能成功飞入火星的正确轨道，任务失败。[③]中国火星探测计划于 2016 年 1 月立项，2020 年发射火星探测器"天问一号"，一步到位地实现绕火星探测和着陆巡视，研究火星的表面形貌、土壤特性、物质成分、水冰、大气、电离层、磁场等。[④]中国还计划在月球的南极地区建立科学研究站，并在 10 年内建立自己的精密大型太空站，并向小行星、木星甚至太阳系边际发送探测器。[⑤]

六、对中国空间科学发展的几点认识

空间科学的发展路径受到不同时期的社会经济条件、国家对基础研究的重视程度、本国航天科技平台的搭载条件，以及国家对空间科学的政策支持力度等因素的强烈影响。新中国成立 70 多年来，空间科学的发展反映了如下几点基本特征。

1. 起步较早，发展曲折，不同学科的发展速度差异明显

中国空间科学起步于 1958 年的人造卫星研制，距离苏联发射第一颗人造卫星仅一年。后来经历了以"文化大革命"时期以探空火箭为主的缓慢发展阶段、20 世纪 80—90 年代依托应用卫星和载人航天工程的空间探测阶段，以及 21 世纪初科学卫星的蓬勃发展阶段，即将建成的空间站更是给中国科学家带来了巨大机遇。

不同学科在不同阶段的发展进度不同。20 世纪 80 年代之前主要是空间物理学，也利用返回式卫星开展了多项空间生物学、空间材料学的科学实验。20 世纪末，空间微重力科学、空间生命科学等发展迅速。21 世纪后，以中国科学院空间科学先导专项为契机，空间天文取得了飞跃性进展。经过几十年的发展，中国空间科学形成了较为完备的科学布局，奠定了较为坚实的研究积累，培养起人才队伍。

2. 正在由航天技术带动转向由科学目标牵引

中国空间科学是在航天工程的羽翼下发展起来的。中华人民共和国成立之初，国际政治环境复杂，需要优先发展空间技术，建立国防工业体系，保障国家独立。从 20 世

① 王琴，范全林，薛长斌，等. 嫦娥四号对我国空间科学国际合作模式的启示与展望. 现代物理知识，2019，31（3）：22.
② 张涛. 国防科工委发布《"十一五"空间科学发展规划》. http://www.gov.cn/gzdt/2007-03/09/ content_547013.htm[2007-03-09].
③ 褚英志，徐博明，衡岗，等. 萤火一号火星探测器项目对俄合作管理经验和启示. 上海航天，2013，30（4）：21-23.
④ 袁玥. "中国哈勃"迟发内幕. http://news.sciencenet.cn/htmlnews/2009/9/222935.shtm[2009-09-01].
⑤ Campbell C. From satellites to the Moon and Mars, China is quickly becoming a space superpower. https://time.com/5623537/china-space/[2019-06-17].

纪 70 年代开始，中国逐渐形成了"实践"系列的科学探测与技术试验卫星。几十年来，返回式卫星、应用卫星和载人航天工程在空间科学的起步阶段形成了有效的支撑。截至 2022 年 4 月，中国一共发射了十余颗空间科学卫星，远远不及美国的科学卫星已达数百颗，欧洲航天局和日本已有几十颗，但发展态势良好，已发射卫星质量很高，产出了重要的原创性科学成果。

3. 中国已然是航天大国，却仍是空间科学的弱国

长期以来，"重技术、轻科学"的态度，造成中国"既是航天大国，又是空间科学小国"的尴尬现象。以往除了在"实践"科学探测与技术试验卫星系列、返回式卫星系列、载人飞船"神舟"系列、探月工程"嫦娥"系列中的少数几颗卫星及"双星计划"中开展了部分空间科学实验，取得了第一手的探测数据外，原创性的科学发现少，原创性的科学思想不能快速、直接地得到验证。[①]虽然近年来中国科学院空间科学先导专项已经发射了若干颗科学卫星，但中国科学家的数据资源仍在很大程度上依赖于国外已被分析过的科学卫星探测数据。科学试验机会少、有效载荷研制经验不足、探测仪器性能低于世界先进水平等问题依旧存在，难以获取高质量的系统的探测数据。[②]这些因素大大限制了中国空间科学取得原创性突破的机会。

---

① 王海霞，杨帆，王海名，等. 空间科学卫星形成系列，可望在空间科学前沿取得原创性重要发现. 中国科学院院刊，2013，28（5）：639-642.
② 尤亮，白青江，孙丽琳，等. 世界主要空间国家空间科学发展态势综述. 中国科学院院刊，2015，30（6）：748.

稀土科学与稀土工业*

"中东有石油，中国有稀土。"——1992 年，邓小平在南方谈话中的这一重要论断将稀土印上了中国的名片。稀土是化学元素周期表中镧系元素和钪、钇共 17 种金属元素的总称。稀土元素具有独特的电子层结构和性质，广泛应用于冶金、机械、生物、石化、电子、农业、能源、交通、国防军工等领域的高新材料中，是当今世界发展高新科技不可或缺的战略资源，被誉为"工业的维生素"。

新中国成立以后，白云鄂博稀土矿床的全面勘探确立了我国稀土资源大国的地位，中国的稀土科技与稀土产业应运而生。改革开放以来，凭借先进的稀土提取和分离技术，我国稀土产业迅速崛起，很快在国际市场独占鳌头，并在此后长期居于支配地位。近些年来，我国稀土科技不断取得重大创新成果，我国已逐渐成为名副其实的世界稀土强国。

一、稀土资源勘探与稀土资源大国地位的确立

新中国成立以来，一大批地质科学工作者不断摸索和总结中国地质构造演化、发展的特点，创立并运用独具特点的稀土成矿理论，在全国范围内发现和探明了一系列重要稀土矿床。尤其是在 20 世纪 50 年代初期勘探的白云鄂博超大型铁铌稀土矿床，以及 20 世纪 60 年代中期发现和探明的江西、广东等地的淋积型（离子吸附型）稀土矿床，确立了我国稀土资源大国的地位。2012 年国务院新闻办公室发布的《中国的稀土状况与政策》白皮书显示，中国的稀土储量约占世界总储量的 23%[①]。实际工业储量可确保我国在今后相当长的时期内享有世界稀土资源大国的地位，为我国稀土科技和稀土产业的长期繁荣、发展提供了坚实的基础。

1. 白云鄂博稀土矿的发现与全面勘探

稀土在中国的首次发现始自 1927 年中国学术团体协会与瑞典探险家斯文·赫定联合组成的西北科学考察团之行。1927 年 7 月，考察团中国成员丁道衡发现白云鄂博铁主矿体[②]，曾提出建立钢铁厂的设想。丁道衡的北大同窗何作霖在鉴定丁道衡所采集的矿石标本时发现两种未知矿物，初步判断其组成中含有稀土元素，经北平研究院物理研究所严济慈等的进一步确定，证实其为稀土矿物。这一发现随后以《绥远白云鄂博稀土类矿物的初步研究》为题发表在《中国地质学会志》[③]，何作霖在文中将两种矿物命名为

---

* 作者：樊小龙。
① 中华人民共和国国务院新闻办公室. 中国的稀土状况与政策（白皮书）. http://www.gov.cn/zhengce/2012-06/20/content_2618561.htm［2023-02-09］.
② 丁道衡. 绥远白云鄂博铁矿报告. 地质汇报, 1933,（23）：53-58.
③ 何作霖. 绥远白云鄂博稀土类矿物的初步研究（英文）. 中国地质学会志, 1935, 14（2）：279-283.

"白云矿"和"鄂博矿"。而后，日伪华北开发株式会社资源调查局与中央地质调查所北平分所曾各自派出队伍勘探白云鄂博铁矿并纷纷注意到了其中的稀土[①]，但因战事频仍未及开发利用。

新中国成立之初，百废待兴，钢铁成为生产建设的急需物资。1949 年 12 月，党中央召开第一次钢铁会议，将包头列为"关内新建钢铁中心"之一，决定在白云鄂博进行勘探。经过数次大型勘查活动，到 20 世纪 60 年代，探明了白云鄂博矿床为一含稀土、铌、铁的大型综合性矿床，具有巨大的工业价值和科学研究意义。历次考察活动中具有代表性的包括：1950 年，政务院财经委员会北京地质调查所严坤元所率地质调查队对白云鄂博开展为期 6 年的大规模勘探，初步探明白云鄂博主、东、西铁矿体中铁与稀土的矿藏储量。1957 年夏，地质部地质研究所张培善在白云鄂博进行地质考察时发现矿床中含有铌、钽的独立矿物——易解石。1958 年 6 月，由何作霖与苏联专家索科洛夫（V. Sokolov）分别领衔的中苏科学院白云鄂博合作地质队在开展野外地质调查工作中发现白云鄂博矿体外的白云岩（铁矿的围岩）含稀土矿物，稀土品位达到工业要求，远景储量大大超过已知的铁矿体中的稀土储量，查明了"白云矿"和"鄂博矿"实际分别为氟碳铈矿和独居石。1963 年，为稳定包头钢铁公司（简称包钢）生产质量，地质部组建了致力于综合勘探白云鄂博稀土和铌的 105 地质队（今内蒙古第五地质矿产勘查开发有限责任公司），经过 3 年的努力，完成了对于主、东矿体铁、铌、稀土、钛、钍及萤石的储量和品位的测算，其中，主、东矿中稀土总储量为 3505.7 万吨（平均品位 6.19%），全矿区稀土氧化物远景储量为 1 亿吨。[②]

2. 南方离子吸附型稀土矿的发现与勘探

1969 年，江西省地质局 908 地质队首次在龙南足洞大型花岗岩风化壳内发现稀土矿，江西省赣州有色冶金研究所（今赣州有色冶金研究所有限公司）将其命名为离子吸附型稀土矿。20 世纪 70 年代以后，学界对南方离子吸附型稀土矿进行广泛而深入的野外调查，提出北纬 28°以南的广大地区是离子吸附型稀土矿的远景地区。1974 年，中国科学院地球化学研究所等单位开始对江西龙南、寻乌等地离子吸附型稀土矿以及贵州铝土矿中的稀土进行野外调查和研究。[③]"六五""七五"期间，开展了对华南离子吸附型稀土矿的地质学研究。调查研究了南岭各省区离子吸附型稀土矿的分布、分类、成矿过程、利用前景和成因。并在江西、湖南、福建、山东、广东、广西等省区进行野外实地考察，完成了南方离子吸附型稀土矿的地质学、矿物学和同位素地质学研究，确证了我国南方离子吸附型稀土矿中存在超大规模的重稀土资源赋存，具有极高的工业价值，进一步确立了我国稀土的国际优势地位。"赣南稀土矿床新类型"获得 1978 年全国科学大会奖。1971 年 11 月，赣南地区第一个稀土矿——龙南县稀土矿破土建设，开始了我国南方稀土资源开发与应用的历史。

① 倪嘉缵，洪广言. 中国科学院稀土研究五十年. 北京：科学出版社，2005：1；《中国稀土发展纪实》编委会. 中国稀土发展纪实（内部资料），2008：2.
② 《中国稀土发展纪实》编委会. 中国稀土发展纪实（内部资料），2008：24.
③ 倪嘉缵，洪广言. 中国科学院稀土研究五十年. 北京：科学出版社，2005：5.

二、中国稀土科技与稀土产业的初创

1. 包钢建设与白云鄂博稀土资源综合利用方针的确立

1953 年初，中央人民政府政务院根据地质部白云鄂博勘探队的报告，决定在绥远西部建设包头钢铁公司，将其列入第一个五年计划重点建设项目以及苏联援助我国建设和改造的 141 项重点工程。包头钢铁公司的初步设计由苏联黑色冶金工业部国立冶金工厂设计院等单位承担。1957 年，白云鄂博铁矿正式开采主矿，成为包头钢铁公司的主要原料产地。1958 年 8 月，北戴河会议提出"以钢为纲，全国跃进"的方针，很快形成了全民炼钢和人民公社化运动的高潮。1959 年 9 月 26 日，当时国内最大的容量为 1513 米^3 的包钢一号高炉出铁。

然而，白云鄂博除了铁矿之外，还蕴藏着储量惊人的稀土稀有资源，矿石品类极为复杂，冶炼加工流程的复杂程度举世罕见。包钢在有关铁以外的其他资源的综合利用问题等尚需研究的情况下匆忙上马，随即遭遇了一系列生产难题。此外，其优先开采富铁矿——稀土稀有资源只有极少一部分被利用，其他堆至尾矿的粗放式采矿模式更造成大量资源闲置浪费，其中的钍等放射性元素还会造成严重的环境污染。针对这一情况，时任中国科学院化工冶金研究所所长叶渚沛等经过现场调查，于 1962 年 7 月撰写《关于合理利用包头稀土稀有资源的建议》一文[①]，呈送中国科学院及有关部委——事实上，有关白云鄂博矿中几种资源的价值比较和认定，尤其是关于铁与稀土的认识分歧由来已久。早在十年前，在中苏有关专家构思包头矿的设计方案的过程中，以时任重工业部顾问叶渚沛为代表的一方着眼于稀土巨大的潜在价值，主张包头矿的设计应以稀土开发为主。但这一观点在当时不仅没有被接受，反而成为其"反苏罪状"之一，迫使其于 1953 年离开了重工业部[②]。十年之后，随着各方对稀土价值认识的不断深入以及包钢在实际生产当中出现各种困难，这一老问题又浮出水面。

1963 年 4 月 15—28 日，由中华人民共和国科学技术委员会（简称国家科委）、冶金工业部、中国科学院共同主持召开的包头矿综合利用和稀土应用工作会议（第一次"415"会议）在北京举行。到会代表包括科学家、工程技术以及管理人员等 107 人，会议特邀叶渚沛、邹元爔、侯德封三位著名科学家出席。会议讨论制定了包头矿综合利用稀土科研、生产、应用 3 年规划（1963—1965 年），部署了矿山地质研究和综合勘探的任务，以及为适应推广应用的需要，特别是满足稀土合金钢的需要，试制多品种合金的任务。除此之外，此次会议最引人关注之处在于，由叶渚沛《关于合理利用包头稀土稀有资源的建议》一文引发了关于包头矿综合利用具体方针的激烈争论，争论意见大体有三种：一种主张以铁为主，按照原计划建设包钢；另一种主张以"稀"为主，在有关稀土、稀有及其他放射性元素的资源储量、采选应用技术等方面问题得到充分调查研究之前，暂停包钢建设和生产；还有一种不提以什么为主，主张维持包钢现状，但不宜再扩大建设，待研究充分再全面考虑包钢的进一步建设方针。此次会议未能就这一问题达成共识。5 月 20 日，国家科委向聂荣臻副总理汇报了"415"会议情况以及在执行综合利用方针上

① 《中国稀土发展纪实》编委会. 中国稀土发展纪实（内部资料），2008：445-448.
② 倪嘉缵，洪广言. 中国科学院稀土研究五十年. 北京：科学出版社，2005：206-209.

的不同意见。6月3日，聂荣臻致信周恩来、李富春和薄一波，请中央就白云鄂博矿的开发决定一个方针。1964年4月9日，邓小平、彭真、康生在乌兰夫陪同下视察包钢，邓小平在听取了白云鄂博矿的汇报后指出："白云鄂博是座宝山，我们要很好地开发利用。我们要搞钢铁，也要搞稀土，要综合利用宝贵的矿山资源。"根据这一指示，1965年4月15—24日，国家科委、国家经济委员会（简称国家经委）、冶金工业部在包头召开了第二次包头矿综合利用及稀土推广应用工作会议。会议确定了"以铁为主，综合利用"的方针，制定了《包头钢铁基地综合利用技术3年规划（1965—1968年）》，并决定在包钢建设回收稀土、铌的中间试验厂。同年，国家经委、国家科委将"包头钢铁基地的综合利用技术"列入中央批准的技术革命项目。两次"415"会议，尤其是邓小平等领导人的亲自过问和指示，给稀土事业的后续发展指明了方向。

2. 独居石产混合稀土与稀土硅铁合金

在有关白云鄂博矿综合利用方案酝酿研究之际，国内先期开展了其他矿中稀土稀有矿物的提取分离研究。东北科学研究院（中国科学院长春应用化学研究所的前身）在新中国成立之初成立稀有元素利用研究小组，受命对钍资源进行调查，并研究从褐帘石和独居石中提取分离钍、稀土等稀有元素。1953年完成独居石分离钍的工艺路线，即采用浓硫酸分解独居石和用碳酸钠分离钍和稀土。1955年在锦州石油六厂建立了从独居石提取分离钍和混合稀土的中间工厂，所得钍满足了合成石油催化剂的需要，同时获得大量混合稀土。1964年8月，上海跃龙化工厂建成我国第一条技术设备比较先进的以独居石为原料的钍-铀-稀土生产线。[1]

1954年3月，有关稀土矿的利用研究正式拉开序幕，白云鄂博开采矿石29 000吨，其中，8000吨送中国科学院等国内科研单位，其余运往苏联分别进行选矿及冶炼回收研究——中苏合作是这一时期稀土科研工作的一个特殊背景，实际研究工作主要由中方承担。1955年，中国科学院冶金陶瓷研究所（今中国科学院上海硅酸盐研究所）邹元爔等研究成功用硅铁还原含稀土高炉渣提取稀土硅铁合金的独特工艺，这是我国科学家发明的第一个稀土合金，于1963年获得国家发明奖二等奖。包钢第二选矿厂（1960年改名包钢704厂）运用这一技术建成第一座5吨电炉。1959年12月30日，该厂以含有稀土的高炉渣为原料，在电弧炉中用硅铁还原制得第一炉稀土硅铁合金，这是包头工业化生产稀土合金的开始[2]。随后开展了大量稀土硅铁合金的应用研究。在军用特种钢材方面，研制成功多个型号的用稀土代替镍铬的钢种，克服了我国镍、铬资源匮乏的困难，其中，无镍铸造601装甲钢获得国家发明奖一等奖。[3]稀土硅铁合金也成功用作铸铁当中的孕育剂、球化剂和蠕化剂[4]。

3. 稀土科技事业的建制化

随着实际科研工作的需要，稀土科技开始了其在中国的建制化进程。越来越多的科研人员投入到稀土有关的研究中来，据1989年统计，全国从事稀土研究的约有5300人，

---

① 《中国稀土发展纪实》编委会. 中国稀土发展纪实（内部资料），2008：448-453.
② 《中国化学五十年》编辑委员会. 中国化学五十年1932—1982. 北京：科学出版社，1985：11-19.
③ 马鹏起，窦学宏. 中国稀土强国之梦. 北京：冶金工业出版社，2017：112-119.
④ 《中国稀土发展纪实》编委会. 中国稀土发展纪实（内部资料），2008：427.

其中高级职称的 2800 人，涉及 81 个研究单位及 42 所高等院校[①]。半个世纪以来，仅中国科学院就有近三分之一的研究所、近千名科技人员从不同学科领域开展了稀土研究。从 20 世纪 60 年代开始陆续成立了包括冶金工业部包头冶金研究所（今包头稀土研究院）在内的多家稀土专业研究机构。1972 年，为加强稀土人才培养，根据邓小平的建议和指示，兰州大学在国内率先建立了稀土化学专业。1974 年，包头冶金研究所创办了稀土科技期刊《稀土与铌》（1980 年定为中国稀土学会会刊，更名为《稀土》）。1975 年 10 月至 1977 年 7 月，稀土展览会历时近两年，先后到 10 个省（自治区、直辖市）巡回展出，接待观众 17 余万人次，有力地宣传普及了稀土科技知识，推动稀土产品获得更加广泛的应用。1978 年，徐光宪主编的《稀土》一书由冶金工业出版社出版，这是新中国成立以来第一部大型稀土专题科技专著。1979 年 11 月，中国稀土学会成立，标志着稀土科技在我国建制化进程的日臻完善。

三、稀土提取分离科技的突出成就

稀土矿物组成和结构复杂，且不同稀土元素间化学性质极为相近，相邻元素分离系数小，提取、分离、提纯难度很大。然而，随着稀土应用领域的不断拓展，稀土元素的本征性质的充分体现与材料性能指标之间的关联愈加明显，高纯稀土成为大势所趋。因此，稀土元素的提取分离成为工业应用必须解决的首要难题。

我国稀土科技工作者经过数十年艰苦摸索，研究开发了一系列具有自主知识产权的采、选、冶工艺。其中，稀土选矿工艺曾先后发展出三代酸法[②]，而稀土提取和分离技术体系更是在国际上居于领先地位，有力支撑了我国稀土产业的发展。20 世纪 50 年代，利用从独居石中获得的混合稀土，中国科学院长春应用化学研究所开始研究用 EDTA 离子交换法和还原法分离稀土[③]，1958 年 7 月，完成了全部 15 个单一稀土元素的分离，经过光谱分析鉴定，多数质量超过当时苏联提供的标准样品，这标志着我国稀土分离提纯及其分析技术达到了一个新水平。20 世纪 60 年代后期，由于萃取剂化学和萃取理论的深入开展，许多单一轻稀土的生产开始采用萃取工艺，推动我国实现了从稀土资源大国到生产和应用大国的跨越。这一时期稀土科技与稀土产业的快速发展也与国家的大力扶持密不可分，尤其是自 1978 年以来，方毅（曾任中共中央政治局委员、国务院副总理、国家科委主任和中国科学院院长）作为改革开放以来第一个主抓科学技术的中央领导人，连续 8 年关注我国三大共生矿（包头稀土铁矿、攀枝花钒钛磁铁矿、金川硫化铜镍矿）资源综合利用的技术攻关，有力地推动了我国稀土事业的发展。[④]

1. 先进稀土提取工艺的探索

1966 年，按照第二次 "415" 会议推荐的试验流程，包头冶金研究所和中国科学院长春应用化学研究所等单位组成 "415" 会战队，在 8861 试验厂进行碳酸钠焙烧精矿-硫

① 倪嘉缵，洪广言. 中国科学院稀土研究五十年. 北京：科学出版社，2005：217.
② 《中国稀土发展纪实》编委会. 中国稀土发展纪实（内部资料），2008：416-420.
③ 李有谟，等. 离子交换法分离稀土（内部资料）. 长春：长春应用化学研究所，1958.
④ 马鹏起，窦学宏. 中国稀土强国之梦. 北京：冶金工业出版社，2017：34.

酸浸出，然后进行用 P204 萃取分离铈的流程扩大试验，取得较好效果，后用于该厂生产。这是第一个用于生产的稀土湿法提取流程。在此后的十多年间，根据矿石类型的不同以及市场需求的变化，逐步形成了五大提取工艺流程——纯碱焙烧法、浓硫酸低温焙烧法、浓硫酸高温焙烧法、高温氯化法和烧碱分解法，方毅称之为稀土提取工艺的"五朵金花"。其中，张国成等研发成功的浓硫酸高温焙烧法因为对矿石适应性强、流程短、成本低等一系列优点，获得了最广泛的应用[1]。

2. 先进稀土萃取剂的研发

溶剂萃取法较之早期的离子交换法更适于大规模连续化生产，随着白云鄂博稀土矿的大量开采，溶剂萃取法在进入 20 世纪 60 年代以后逐渐成为主流。这一时期，中国科学院上海有机化学研究所袁承业等在萃取剂的结构-性能关系方面开展了长期的系统研究[2]，研发出了数十种性能优良的萃取剂，为单一稀土的大规模生产奠定了基础。其中具有代表性的萃取体系如：P204 硫酸体系萃取铈，P350 硝酸体系萃取镧（该成果满足了当时军工夜视技术材料的急需），N263-TBP-DTPA 络合萃取分离镨和钕，P204 盐酸体系分离钐和钆，环烷酸盐酸体系萃取钇（该成果满足了当时国内彩色电视机生产对红色荧光粉的需要），P507/硝酸体系中全回流萃取分离铽、镝、鲁（该成果先于国外五六年，于 1985 年获国家科学技术进步奖二等奖），伯胺萃取分离钍（该成果获得 1983 年中国科学院重大科技成果奖一等奖）。1978 年，方毅副总理视察上海有机化学研究所，对其在萃取剂研制方面的工作给予高度肯定。[3]

3. 串级萃取理论的提出与推广应用

1978 年，徐光宪在《北京大学学报》发表"串级萃取理论"[4]，提出恒定萃取比体系和恒定混合萃取比体系的级数计算公式、最优萃取比方程、最优回萃比和回比公式及最优化分馏萃取工艺的设计步骤。稀土分离从此开始了利用数学计算的方法来解决萃取工艺设计的最优化问题，克服了以往萃取工艺试验和设计中的盲目性，大大缩短了试验周期[5]。20 世纪 80 年代，该理论在全国推广以后，全萃取分离工厂纷纷建设投产，我国单一稀土和高纯稀土生产迈上了新台阶，大大提高了经济效益。配合着这一时期稀土生产"薄利多销、推广应用、扩大出口、促进生产"的方针，我国稀土产品击垮了世界上所有其他国家，中国稀土从此主宰了世界，徐光宪也因此被誉为"中国稀土之父"。

四、稀土应用研究的代表性成果

稀土元素及其化合物的研究在国际上起步较晚，这主要是因为早期缺少有效的分析和分离技术。20 世纪 40 年代，离子交换法使大量单一稀土的获取成为可能，开

---

① 马鹏起，窦学宏. 中国稀土强国之梦. 北京：冶金工业出版社，2017：378.
② 袁承业. 稀土萃取剂的化学结构与性能问题. 科学通报，1977，（11）：465-479.
③ 倪嘉缵，洪广言. 中国科学院稀土研究五十年. 北京：科学出版社，2005：226.
④ 徐光宪. 串级萃取理论 I、最优化方程及其应用. 北京大学学报（自然科学版），1978，（1）：51-66.
⑤ 《中国稀土发展纪实》编委会. 中国稀土发展纪实（内部资料），2008：402；廖春生，程福祥，吴声，等. 串级萃取理论的发展历程及最新进展. 中国稀土学报，2017，35（1）：1-8；《高速发展的中国化学》编委会. 高速发展的中国化学：1982—2012. 北京：科学出版社，2012：73-77.

启了稀土及其化合物研究的新时代，稀土基础理论与技术应用成果层出不穷。第二次世界大战以来的短短几十年间，稀土已在能源、信息、材料等众多方面获得了广泛应用。

国内有关稀土的研究工作起初多聚焦于稀土矿的提取分离和冶炼方面，如溶液络合物、离子交换、溶剂萃取，特别是萃取剂的合成、性质、结构的研究以及以后的串级萃取理论的研究。自 20 世纪 70 年代后期开始，稀土新材料的应用研究被提上日程，稀土基础科学研究也逐渐得到重视。[①]1988 年，"稀土科技的基础研究"经国家自然科学基金委员会批准列为重大项目，以北京大学和长春应用化学研究所为主持单位，全方位开展稀土的基础理论研究。1992 年，稀土研究被纳入"攀登计划"，倪嘉缵被聘为首席科学家。1998 年启动了由张洪杰领衔的 973 计划项目"稀土功能材料的基础研究"。这一系列项目的开展对于夯实我国稀土科技的理论基础具有重要意义，其中一些已取得重要成果，如严东生等开展的稀土化合物复相系统"M-Si-Al-O-N（M=稀土、Ca、Mg 等）"高温相平衡研究获得 1987 年中国科学院科技进步奖一等奖，"复杂氮陶瓷的相平衡及组分设计"获得 1997 年中国科学院自然科学奖一等奖。

近些年来，我国在稀土的应用研究领域成果卓著。20 世纪 80 年代以前，我国科学家已在稀土合金、稀土荧光粉、稀土顺丁橡胶等领域取得建树。80 年代后期以来，伴随着我国稀土分离技术进入工业化生产阶段，稀土界的科研重点开始转向稀土材料的应用研究，自上而下重点布局了多项重大项目，几乎覆盖了所有的稀土新材料领域。在稀土农用、稀土钢铁和稀土铝合金、稀土荧光粉等传统工业中取得一系列突破。在稀土催化裂化应用技术、稀土储氢材料及镍氢电池、灯用稀土荧光材料与显示器用稀土发光材料、高性能 NdFeB 稀土永磁材料及稀土超磁致伸缩材料等方向均达到国际先进水平。因篇幅所限，以下仅从稀土农用、稀土光学材料、稀土永磁材料以及稀土储氢材料几个方面简要介绍有关代表性成果。

1. 稀土农用与稀土生物无机化学

稀土农用是我国首创的一个稀土应用的新领域。大量研究表明，稀土具有类似的微量元素性质，可以促进农作物生长发育，提高产量。20 世纪 70 年代以来，为将稀土作为微肥大面积应用于农业作物增产，我国科学家对稀土进入土壤以后带来的影响进行了深入研究。测定了我国主要土壤中稀土元素的全量和可溶态稀土元素的含量；揭示了我国土壤中稀土元素的分布规律；确定了可溶态稀土元素的含量分级指标[②]；并据此绘制了比例尺为一千万分之一的全国土壤可溶态稀土元素含量图[③]，对我国推广稀土微肥起到了重要的指导作用。通过对稀土元素的形态及其生物有效性的研究，提出应用"植物根际湿土壤可移动性级分"作为预测稀土及其他重金属元素生物可利用性的方法[④]，该成果获 2001 年中国科学院自然科学奖一等奖。

20 世纪 80 年代初，随着稀土微肥在农业上的大面积推广，为了解稀土元素进入植

---

① 倪嘉缵，洪广言. 中国科学院稀土研究五十年. 北京：科学出版社，2005：217.

② 朱其清，刘铮. 我国东部地区土壤中的稀土元素. 中国稀土学报，1988，（4）：59-63.

③ 朱其清. 我国土壤中的稀土元素. 北京：中国农业科学技术出版社，2001：123.

④ 钱进，王子健，单孝全. 土壤中微量金属元素的植物可给性研究进展. 环境科学，1995，（6）：73-75，78，96.

物、人及动物体后的作用,我国专门组织了稀土农用专用产品的工艺研究、稀土应用中的安全毒理卫生评价研究,以及稀土土壤学研究、生理生化机理研究、应用技术及效果研究、分析检测方法研究六大领域的多学科联合攻关,承担课题的有近 150 个单位,上千名科学家、专家和科技工作者,经过近 20 年的艰苦努力和 10 年的攻关,基本回答和解决了关于稀土农用的工艺、毒理安全、土壤、应用机理、微量分析等方面的重大课题。对哺乳动物及水生动物的毒理实验结果表明,按每亩农田实际使用稀土扩大 2—10 倍,不会对农田、周围水域及动物造成不良影响。[1]

2. 稀土光学材料

稀土是光学材料的宝库。在 17 个稀土元素中,从 Ce^{3+} 至 Yb^{3+} 逐一填充 4f 电子,包含了数目众多的能级,能级之间可以因为多种原因发生各种光的吸收和发射的跃迁,从而在一个覆盖很宽的电磁波频谱范围内,发射不同颜色的可见光。这使得稀土发光材料品类繁多,常规材料主要有灯用三基色荧光粉、信息显示用荧光粉、稀土金属卤化物和长余辉荧光粉。[2]我国科学家在稀土光学材料领域涉足颇广,硕果累累。1964 年,中国科学院光学精密机械研究所(今中国科学院长春光学精密机械与物理研究所)研制成功我国第一块镧系光学玻璃。1974 年起,第四机械工业部受国家计划委员会(简称国家计委)委托在北京召开彩色电视机国产化国家联合攻关组工作会议,组织中国科学院长春物理研究所、中国科学院长春应用化学研究所、北京大学、北京化工厂等 13 家单位联合攻关红绿蓝彩色电视三基色荧光粉获得成功,在此基础上研制成功我国首台性能全面并具有自主知识产权的稀土彩色荧光粉和阴极射线荧光粉性能测试仪,其性能达到了当时世界先进水平,满足了我国彩电荧光粉市场的需求,获得 1978 年中国科学院重大科技成果奖和全国科学大会奖。20 世纪 60 年代以来,中国科学院上海光学精密机械研究所(1964 年 5 月组建中国科学院光学精密机械研究所上海分所,1970 年 10 月正式更为现名)、长春应用化学研究所以及福建物质结构研究所(前身是中国科学院福建分院筹建的六个研究所和生物物理研究室,1961 年合并为理化研究所,1962 年改名为华东物质结构研究所,隶属于中国科学院华东分院,1970 年,改称福建省国防工业办公室七七〇一研究所,1973 年起定名为中国科学院福建物质结构研究所)等机构成功生产大尺寸优质 Nd:YAG、Nd:YAP 和稀土硼酸铝系列激光基质晶体,分别获全国科学大会重大科技成果奖、中国科学院重大科技成果奖及国家科学技术进步奖。中国科学院长春光学精密机械与物理研究所与上海光学精密机械研究所在掺稀土离子激光玻璃方面的研究工作更曾连获数十项殊荣,所研制的掺钕激光玻璃成功应用在我国 ICF 大型激光装置神光Ⅰ、神光Ⅱ以及神光Ⅲ原型装置上。

3. 稀土磁性材料

20 世纪 80 年代以来,稀土磁性材料研究成为国际上稀土研究热点,中国稀土专家在钕铁硼永磁、间隙稀土铁碳化合物的永磁性、磁致伸缩单晶生长、钇镓石榴石单晶生长、稀土超磁致伸缩材料等方向做出了一系列具有国际水准的工作。我国稀土永磁行业

① 倪嘉缵,洪广言. 中国科学院稀土研究五十年. 北京:科学出版社,2005:18-20;倪嘉缵. 稀土生物无机化学. 北京:科学出版社,2002.
② 倪嘉缵,洪广言. 中国科学院稀土研究五十年. 北京:科学出版社,2005:216.

的发展始于 20 世纪 60 年代末，当时的主导产品是钐-钴永磁，主要用于军工技术。到 1983 年时主要有两个团队在开展工作：一个在中国科学院，组成单位包括物理研究所、电子学研究所、长春应用化学研究所；另一个在冶金工业部，组成单位有钢铁研究总院、包头冶金研究所（今包头稀土研究院）、北京钢铁学院（今北京科技大学）等。1983 年 9 月，日本住友公司宣布研制成功第三代稀土永磁 Nd-Fe 合金，在全球引发了有关研究热潮，这个消息给中国科学家以极大的压力。仅仅四个月以后的 1984 年 2 月，中国科学院物理研究所也试制成功中国第一块磁能积达到 38 兆高奥的钕铁硼。又过了三个月，再次试制成功磁能积高达 41 兆高奥的低纯度钕铁硼永磁，这标志着中国钕铁硼稀土永磁研究达到当时世界先进水平。这一成果先后获中国科学院科技进步奖一等奖（1986 年）以及国家科学技术进步奖一等奖（1988 年）。1984 年 4 月，王震西受中国科学院委派，联合物理研究所、电子学研究所、电工研究所、长春应用化学研究所从事稀土研究有关科技人员在北京中关村组建中科三环公司，以企业形式专营稀土永磁研究、开发与产业化。1986 年秋，三环磁厂正式建成投产，同年产品开始出口，并在此后迅速抢占国际市场。2000 年，中科三环公司承担的 863 计划重大项目"高档稀土永磁钕铁硼的工业化"通过验收，其烧结钕铁硼产品的质量大幅提升。同一年，我国超过日本成为世界上最大的钕铁硼磁体生产国。[①]

4. 稀土储氢材料

稀土储氢合金是能源环保领域重要的功能材料之一。20 世纪 60 年代末期，荷兰的菲利普公司科研人员发现镧镍合金（$LaNi_5$）在室温下能够可逆吸放氢。随后，日本和美国等相继进行研制并获得成功，特别是在稀土储氢电池方面取得了突破性的进展。1979 年，南开大学以化学合成法制备出稀土系金属间化合物负极材料（$LaNi_4Cu$）。1987 年，"新型高性能贮氢材料及其应用研究"被列入我国首批 863 计划新材料领域专题项目。先后有浙江大学、南开大学、北京有色金属研究总院、中国科学院上海冶金研究所（今中国科学院上海微系统与信息技术研究所）等大学和科研院所参加该项目联合攻关。1991 年 12 月，由国家四部委组织专家对我国 Ni/MH 电池技术成果进行鉴定，认为我国在该领域的研究水平已进入国际先进行列。[②]20 世纪 90 年代中期我国 Ni/MH 电池正式投入市场。2005 年以来，中国稀土储氢材料和镍氢电池的产量超过日本，成为全球最大生产国。[③]

五、中国稀土产业

世界稀土科技与稀土产业自 20 世纪 50 年代开始走上快车道，在此之前，稀土的应用只限于汽灯白炽灯罩、打火石、弧光灯碳极芯子、玻璃和陶瓷等少数几种。而在此之后，由于离子交换和溶剂萃取新技术成功地应用于稀土的分离和提纯，稀土产品纯度提高，价格下降，产量快速上升，这大大便利了稀土的科学研究，有关稀土的新发现和发

① 倪嘉缵，洪广言. 中国科学院稀土研究五十年. 北京：科学出版社，2005：141-143.
② 王利，闫慧忠，吴建民. 稀土储氢合金研究及发展现状. 稀土信息，2018，（3）：8-11.
③ 马鹏起，窦学宏. 中国稀土强国之梦. 北京：冶金工业出版社，2017：178-185.

明随即开始涌现：稀土分子筛用于石油的催化裂解，稀土红色荧光粉用于彩电，稀土永磁材料 $SmCo_5$ 与 NdFeB，稀土炼钢，稀土高温超导材料[①]……这些新发明反过来刺激了稀土产业的快速发展。中国稀土可谓生逢其时，1972—1978 年，国家先后批准对外试销 13 种稀土产品，包括稀土精矿、氯化稀土和单一稀土氧化物。20 世纪 80 年代以后，随着先进的稀土分离技术在国内的推广应用，国内稀土开采迎来了高潮，物美价廉的中国稀土得以迅速打入需求旺盛的世界市场。2003 年后，世界稀土产量达到了 10 万吨以上，中国稀土产量长期占到世界总产量的 90%以上，牢固确立了稀土生产大国的地位，为我国赚取了大量外汇。[②]

　　自我国稀土开始大量出口以来，稀土产品类型呈现出明显的代际差别：在 20 世纪 70 年代出口的稀土产品主要是稀土精矿；80 年代出口的主要是稀土混合物；90 年代早期出口的是分离的稀土氧化物和稀土金属；90 年代晚期开始出口稀土磁铁（到 2005 年，稀土永磁材料创汇占到稀土产品总创汇额的 77%）、稀土发光粉和稀土抛光粉；21 世纪出口的稀土产品开始转向电动机、计算机、稀土电池、显示屏等稀土应用器件。出口稀土产品技术含量的不断提高，显示了我国稀土产业的技术进步。[③]20 世纪 90 年代以来，国内稀土市场开始稳步增长，从 1978 年到 2009 年的 32 年间，我国稀土消费量从 1000 吨增至 73 000 吨，增长了 72 倍，位列世界第一[④]。经过 70 年的发展，中国现已建成覆盖稀土采选、冶炼分离、深加工、新材料及稀土应用全产业链，集科研开发、生产、应用于一体的世界上最完备和最先进的稀土生态，中国稀土未来可期。

① 马鹏起，窦学宏. 中国稀土强国之梦. 北京：冶金工业出版社，2017：43-50.
② 马鹏起，窦学宏. 中国稀土强国之梦. 北京：冶金工业出版社，2017：336.
③ 马鹏起，窦学宏. 中国稀土强国之梦. 北京：冶金工业出版社，2017：374-386.
④ 《中国稀土发展纪实》编委会. 中国稀土发展纪实（内部资料），2008：479.

微米级微电子技术[*]

一、背景

1. 世界及中国半导体微电子技术的起步

1947 年 12 月，美国贝尔实验室研制成功了世界上第一只晶体管，和传统的电子管相比，晶体管具有体积小、功耗低等优势，为集成电路的诞生奠定了基础。1958 年，美国得州仪器公司的杰克·基尔比（Jack Kilby）发明了第一块集成电路。1959 年，仙童半导体公司的罗伯特·诺伊斯（Robert Noyce）研制发明了平面工艺的硅集成电路。集成电路的发明，给相关行业带来了巨大的变化，引发了现代社会电子信息技术的变革。

中国的半导体和微电子研究起步于 20 世纪五六十年代。1956 年，党中央发出了"向科学进军"的号召。我国将半导体科学技术列为当时国家新技术四大紧急措施之一，写入了《1956—1967 年科学技术发展远景规划纲要》，随后开始了人才培养和研究机构建设。1956 年暑期，北京大学开设了我国第一个半导体专业，由黄昆任主任、谢希德任副主任，开始培养我国的半导体专业人才。1956 年，中国科学院应用物理研究所成立了半导体研究室，由王守武任室主任，是我国最早的半导体研究机构。1957 年，王守武研制出了锗晶体管，是我国自行研制的第一只锗晶体管。1958 年，林兰英在半导体研究室成功拉制了单晶硅。次年，李志坚在清华大学拉制出了高纯度多晶硅，随后开始了硅基平面晶体管的研制。20 世纪 60 年代初，两家大型的半导体研究机构——中国科学院半导体研究所和河北半导体研究所（中国电子科技集团公司第十三研究所）正式成立。1964 年，中国科学院半导体研究所的王守觉研制出我国第一块集成电路，在一块硅片上集成了 19 个元件，后来应用在了服务"两弹一星"需要的大型通用晶体管计算机上。1968 年，半导体工厂国营东光电工厂（电子工业部 878 厂）、上海无线电十九厂投建，1970 年建成投产。这些半导体研究所和工厂研制的集成电路产品，除了服务"两弹一星"的战略需求外，也为我国的其他行业和民生需要做出了巨大贡献。

2. 微米级微电子技术的重要意义

微电子产品的生产过程非常复杂，一般来说包括前工序和后工序两个阶段，前工序是指将超纯的单晶硅晶棒切片、研磨、抛光，再经过几百道工艺步骤到芯片制作完成的过程，后工序指的是从对前工序制作出的芯片进行测试、划片、封装直至形成最终产品的过程。前工序包括多次掺杂、氧化、薄膜淀积、光刻、刻蚀等步骤，其中光刻工艺所能达到的精度被称为集成电路特征尺寸，它是微电子技术水平的重要标志，通常也直接用光刻工艺的特征尺寸来表示整个生产线及生产出的集成电路产品的工艺水平。

当集成电路的特征尺寸达到微米级时，在一块芯片上集成的元件数就可以超过 10

---

* 作者：王公。

万个，这样的集成电路被称为超大规模集成电路（very large scale integration circuit，VLSI）。采用超大规模集成电路制造的电子设备，具有体积小、重量轻、功耗低、可靠性高等特点。此外，还可以利用超大规模集成电路技术将整个电子系统"集成"在一块芯片上，完成信息采集、存储和处理等多种功能。如果将超大规模集成电路和传统产业结合，可以彻底改变传统产业，进而实现智能化和现代化。基于这些因素，超大规模集成电路被认为是微电子技术的一次飞跃，是衡量一个国家科学技术和工业发展水平的重要标志。[①]因此，要想研制、生产超大规模集成电路，必须要跨越微米级工艺台阶！

二、差距与封锁

1. 差距

20世纪60年代，集成电路技术在国外的发展也只不过十年左右的时间，整个集成电路的发展还不是很成熟，而在我国则刚刚处于起步阶段。彼时，不论国外还是国内，集成电路都是在双极型[②]器件的基础上发展起来的。20世纪60年代后期，国外出现了金属-氧化物-半导体场效应管[③]（MOS集成电路），发展十分迅猛，使集成电路水平很快从小规模集成提高到中、大规模。进入20世纪70年代，我国和国外的集成电路的技术水平差距逐渐加大。

1976年，美国研制成功的64K位动态随机存取存储器（dynamic random access memory，DRAM）是世界上第一代超大规模集成电路，大约包含15万个元件，特征尺寸为2—3微米。1977年，日本研制成功了64K位DRAM，其包含15.6万个元件，特征尺寸为2—3微米。此时的我国，集成电路技术仍处在双极型小规模电路的研究与小量生产阶段。

集成电路技术的发展是一个系统工程，不但需要有深入的器件物理、电路设计和工艺制造研究，而且还必须有高精尖的工艺与测试设备、高纯度高性能的基础材料以及超净厂房等基础条件的配套发展。实际上，很多集成电路技术是固化在基础条件发展中的，而当时我国半导体生产的基础条件尚不能满足大规模集成电路发展的要求。[④]然而就是在艰苦的条件下，我国科学家也取得了一些阶段性的成绩。北京大学物理系王阳元于1975年领导研制成功了三种类型的1024位DRAM，其特征尺寸为8微米，属于大规模集成电路。1978年10月，中国科学院半导体研究所以王守武、林兰英为领队的一支年轻的科研队伍，研制成功了4K位DRAM，其特征尺寸为5微米，次年批量生产。1981年，王守武领导研制出16K位DRAM样片，元件集成度达到了36 000，特征尺寸为3—5微米。总体上，无论是在存储器还是微处理器的研制方面中国还远远落后，不要说64K

---

① 王阳元，王永文. 我国集成电路产业发展之路——从消费大国走向产业强国. 北京：科学出版社，2008：19-37.
② 双极型晶体管由两个背靠背 PN 结构成，以获得电压、电流或信号增益的晶体三极管，分为 PNP 型和 NPN 型。
③ 场效应晶体管（field effect transistor，FET）简称场效应管。主要有两种类型：结型场效应管（junction FET，JFET）和金属-氧化物半导体场效应管（metal-oxide semiconductor FET，MOS-FET），具有输入电阻高、噪声小、功耗低、动态范围大、易于集成、安全工作区域宽等优点。
④ 戴吾三，叶金菊. 从半导体教研组到微电子学研究所——清华大学半导体专业、微电子学研究所的发展和创新. 自然科学史研究，2003，（S1）：100-112.

位（2 微米，指特征尺寸，下同），就是 16K 位（3 微米），都是很难达到的。

进入 20 世纪 80 年代，我国和世界的差距进一步拉大。1981 年，美国德州仪器公司批量生产了 TMS4016 静态随机存取存储器（static random-access memory，SRAM），其容量为 16K，集成度为 15 万个元件，工艺为 1—1.5 微米。1982 年，英特尔公司生产出了 80 286 处理器，其集成度为 13.4 万元件，工艺为 1—1.5 微米。

2. 面临的封锁

在存在巨大差距的同时，我国的微电子事业还面临着西方国家的全方位封锁。西方国家对我国微电子全方位封锁主要是通过巴黎统筹委员会（简称巴统）对中国相关技术、设备、产品的全面禁运实现的。巴统是 1949 年 11 月在美国的提议下成立的，总部设在巴黎，其全称是"输出管制统筹委员会"（Coordinating Committee for Multilateral Export Controls）。巴统的宗旨是执行对社会主义国家的禁运政策，其禁运产品包括军事武器装备、尖端技术产品和战略产品三大类。1952 年，巴统成立了中国委员会，是专门针对中国实行禁运的执行机构。[①]1985 年的巴统禁运手册（图 1）规定：生产或测试电子产品的设备中，5 微米以下的光刻机对中国是严格禁运的（IL1355）；电子产品和相关技术中，4K 容量 DRAM（5 微米）的相关产品和技术对中国是严格保密和禁运的（IL1564）。

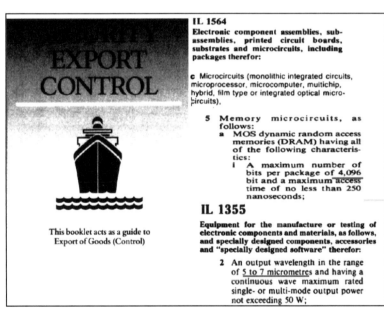

图 1　1985 年巴统禁运手册集成电路相关内容部分
资料来源：图片源自 1985 年 6 月 14 日巴统禁运手册第 6 页，第 24 页，第 33 页

在对中国严格禁运的同时，美国等西方国家还通过对韩国和中国台湾地区的扶持来进一步封锁中国的微电子事业。1975 年，美国在中国台湾"工研院"建设 3 英寸[②]晶圆生产线，1977 年即建成投产。1978 年，韩国电子技术研究所（KIET）从美国购买 3 英寸晶圆生产线，次年投产。1980 年，中国台湾地区的联华电子建立 4 英寸晶圆厂。

---

① 崔丕. 美国的冷战战略与巴黎统筹委员会、中国委员会. 北京：中华书局，2005：134-153.

② 1 英寸=2.54 厘米。

20 世纪 80 年代初，韩国、中国台湾地区在美国技术、资金的转移和支持下，获得了 DRAM 的技术突破，韩国达到了 16K 位（3 微米）水平，中国台湾地区则直接从 64K 位（2 微米）起步。

三、封锁的突破

美国等西方国家对我国微电子事业的全方位技术封锁，目的是卡住我国电子工业的"脖子"，是我国迈向超大规模集成电路研究和生产的最大障碍，而要想达到超大规模集成电路水平，进而实现电子技术的现代化并带动相关行业的高速发展，就必须要突破这一封锁。为此，我国微电子行业的专家、工程师和工人们通力合作，下定决心要打破封锁，跨越微米级难关。清华大学微电子学研究所就是在这样的背景下成立的。1980 年 8 月，清华大学校长工作会议议决：成立跨系跨学科的研究所——微电子学研究所，建制直属学校领导，南德恒任所长，李志坚为副所长，主抓科研。通过综合分析国内外的环境、自身的条件和与尖端的差距，李志坚提出了建立一条自己的试验线，展开超大规模集成电路研究的想法，得到了时任清华大学校长高景德的肯定和支持。[①]

1. 第一步："3 微米"台阶的跨越

清华大学微电子学研究所刚成立时，能够达到的工艺水平是 8 微米，李志坚决定分两步走：先突破 3 微米水平；再自主建起来一条生产线，实现 1 微米的突破。

李志坚团队首先迈向的是 6 微米技术台阶，有微电子学研究所的基础以及国内的同仁协助，这个小目标完成得还算顺利。1981 年，他们研制成功了 1K 位 SRAMQM233，其工艺为 6 微米，该器件不仅性能符合微处理机等的实用要求，可以与国外同类产品 Intel2102 互换，且功耗远低于 Intel2102。此外，该产品在工艺研究上也提供了转入小批量生产的条件，被推广给电子工业部 878 厂、航天 771 所、上海元件五厂等单位量产，并且获得了 1982 年北京市科学技术进步奖二等奖[②]。在此基础上，李志坚团队开始向 4 微米台阶迈进，于 1984 年研制成功了 1k×4 位 SRAMCM2114（简称 CM2114），这是一种广泛应用于各种小型微处理机上的半导体存储器，是当时国内整机非常需要的一种大规模集成电路产品。CM2114 采用 5 微米设计规则，含有 26 000 多个元件，最终达到了 4 微米技术水平。检测结果表明，该器件符合国内外系列品种标准，能与国外同类产品互换，并且具有低功耗的优势，被推广给上海元件五厂量产，并且获得了电子工业部科技进步奖一等奖。[③]此外，CM2114 存储器的研制成功也带动了微处理器的研制进展。李志坚团队研制成功了 Cμ8085A 单片 N 沟道 MOS 高速 8 位微处理器，该器件采用了当时比较先进的准等平面、4 微米 N 沟道硅栅自校准、全离子注入法等微电子生产工艺，其电参量达到了国外同类产品水平，性能良好，可以和 Intel8085A 互换使用，对我国 8 位微处理机的大规模集成电路国产化做出了贡献（表 1）。[④]

① 详细内容可见：清华大学第十六次校长工作会议决定。
② 技术鉴定证书——1K 静态随机存储器 QM233. 北京：清华大学档案馆，档号 257-87074.
③ 技术鉴定证书——1K*4 静态随机存储器 CM2114. 北京：清华大学档案，档号 257-87074.
④ 技术鉴定证书——Cμ8085A 单片 N 沟道 MOS 高速 8 位微处理器. 北京：清华大学档案，档号 257-87074.

表 1　李志坚团队 3 微米攻关上台阶的步骤

典型产品	年份	工艺	带动产品	推广对象	所获奖项
1K DRAM	1978	8 微米	64-96 字符器		
1K SRAM（QM233）	1981	6 微米	通信电路	电子工业部 878 厂，航天 771 所，上海元件五厂	北京市科学技术进步奖二等奖
4K SRAM（CM2114）	1983	4 微米	8085 微处理器	上海元件五厂	电子工业部科技进步奖一等奖
16K SRAM（CM4016）	1985	3 微米	8086 微处理器	电子工业部 878 厂，742 厂等 12 家单位	国家科学技术进步奖二等奖

　　经过前面几年的预研，李志坚所带领的清华大学微电子学研究所在微细加工、电路设计、器件物理和测试技术等方面都取得了较大的突破。接下来，他们要突破的是 3 微米技术水平的台阶。突破 3 微米，就意味着达到或接近超大规模集成电路的目标了。3 微米工艺的典型成品是 16K 位 DRAM。基于国内的实际需要，李志坚团队决定对标美国德州仪器公司 1981 年研制成功的 16K 位 SRAMTMS4016。16K 位 DRAM 的元件数大约是 32 000 个，而 SRAM 的元件数是 DRAM 的 4—6 倍，将突破十万个器件的界限，从而达到超大规模集成电路的水平。李志坚带领团队对标 TMS4016，在电路研制方面，他们通过对半导体的短沟、窄沟效应、栅氧化生长质量、垫多晶浅结工艺、图形完整性等工艺技术问题的研究，摸索出一套比较合理的 3 微米双层多晶工艺规程。

　　李志坚和团队研制成功的 3 微米典型产品是 CM4016，这是一款 16K 位静态 MOS 随机存储器。CM4016 是国内首次研制成功的一种超大规模集成电路，它在 28 平方毫米的芯片上集成了 108 000 个元件，采用了国际上比较典型的 3 微米工艺技术和计算机辅助设计技术，并且做成了 2K×8 位结构，使其可以广泛地用于微处理机和各种自动控制设备。清华大学计算机系的试用表明，CM4016 完全可以取代进口的 HM6116 和 TMS4016 等产品，完全符合国际产品标准，达到了国际 20 世纪 80 年代初、国内领先的水平。与美国的同类产品 TMS4016 相比较，两个重要的技术指标，CM4016 的地址取数时间小于 150 纳秒，工作功耗小于 200 毫瓦（美国的产品地址取数时间小于 250 纳秒，工作功耗小于 300 毫瓦），显然 CM4016 的主要指标要好于美国的同类产品。[①] 与 CM4016 配套，李志坚团队对标 Intel8086 微处理器，通过进行全面的技术剖析，结合具体的条件，同时研制成功了 Cμ8086 高速 H-MOS16 位微处理器。并且与中国科学院微电子中心合作，开发出了一套完整的测试软件，从而解决了研制 16 位微处理器的难题。经过鉴定，该 Cμ8086 高速 H-MOS16 位微处理器的性能达到了国外同类产品水平，并且能与它们互换使用，为我国 16 位微型机 CPU 的国产化提供了重要的技术基础。电子工业部 878 厂、742 厂等 12 家单位承接了 CM4016 和 Cμ8086 的研究成果，并且开始了批量生产。[②] 1987 年 6 月，"大规模和超大规模集成电路研制及 3 微米工艺开发"获国家科学技术进步奖二等奖。

　　3 微米技术的突破，标志着我国集成电路的研究跨进了超大规模集成电路的新时代，

---

① 清华大学档案：技术鉴定证书——CM4016（2K*8 NMOS SRAM）16K 静态 MOS 随机存储器，科学研究处，目录号 257，案卷号 87074.

② 清华大学档案：技术鉴定证书——Cμ8086 高速 H-MOS 16 位微处理器，科学研究处，目录号 257，案卷号 87074.

其中主体技术已经达到了国外 20 世纪 80 年代初的水平，部分技术已经达到了国际同期水平。这些工作打破了以美国为首的西方国家对我国半导体微电子技术的禁运，使我国半导体和集成电路的研制水平上到了新的台阶，提高了我国与外商谈判的地位。

1989 年的巴统禁运手册上，对我国集成电路相关内容的禁运开始有了新的调整（图 2），在设备方面：3 微米及以上的设备对我国解禁，但 2 微米以下的设备仍然是严格禁运的。在产品方面：DRAM 的容量开放到 256K，SRAM 的容量开放到 64K，相当于 2 微米水平。

图 2　1989 年巴统禁运手册集成电路相关内容部分
资料来源：图片源自 1989 年 3 月巴统禁运手册第 13 页，第 16 页，第 53 页，第 59 页

2. 第二步：跨越"1 微米"

在此期间，国家对集成电路的研究、生产和产业发展十分关注，陆续出台了一系列重要的政策和决定，对我国微电子事业的进一步发展和壮大起了关键的作用。

1982 年 10 月，国务院为了加强全国计算机和大规模集成电路的领导，成立了以万里副总理为组长的"电子计算机和大规模集成电路领导小组"，提出要对半导体工业进行技术改造。1983 年 7 月，国务院发出《关于抓紧研制重大装备的决定》（国发〔1983〕110 号），其中包括制造大规模集成电路的成套装备。1986 年，电子工业部厦门集成电路发展战略研讨会，提出"七五"期间我国集成电路技术"531"发展战略，即普及推广 5 微米技术，开发 3 微米技术，进行 1 微米技术科技攻关。

在这样的背景下，李志坚带领团队攻关 1 微米，开发超大规模集成电路生产线的梦想终于得到了国家的正式立项支持。1986 年 1 月，该方案得到了"七五"国家重点科技攻关立项（75-66），专题号 66-2-1，项目名称为"1—1.5 微米成套工艺开发及相应水平大规模集成电路的研制"，起止年限：1986—1990 年。此外，该项目还得到了国家自然科学基金重大项目的配套支持（图3）。

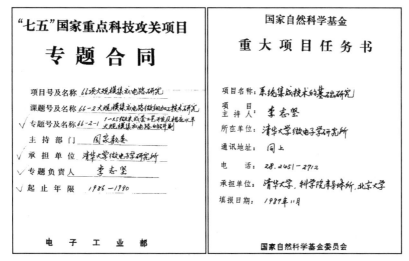

图 3 "1 微米"项目获得国家重点科技攻关和国家自然科学基金重大项目支持

从 3 微米到 1 微米，面对的是很多的新的问题和难关，这项工作需要更加超净的工作环境，当时清华大学微电子学研究所车间的净化级别是 1000 级（每升空气中含有 1 微米以上灰尘的数量不超过 1000 个），这一净度在当时的国内算是比较高的。但是要来做超大规模集成电路的话，这样的净度还是太低了，必须要把车间改造为 100 级净度，并且要扩大面积。1986 年底，约 7000 平方米的微电子学研究所实验研究大楼建成，该大楼集合了厂房、超净车间、实验室、办公室和会议室等多项功能，能够满足 1 微米攻关的基本需求。厂房重新改建完成后，又需要重新采购设备。当时国产设备还不能够满足 1 微米开发的需求，需要采用进口设备。当时一方面，面临的是国际封锁，很多高端的设备根本不卖给我们；另一方面，由于国家经济条件比较差，虽然得到了国家重大专项的支持，但是经费并不是很充裕，和外国的微电子机构相比经费更是差得太多了。负责工艺线建设的李瑞伟老师回忆："外国要建一个超大规模集成电路试验线的话，一般大概是一亿美元，我们只有 1300 多万美元。"[1] 为了充分利用经费，把好钢使在刀刃上，在保证主要设备的基础上，其他部分则能省就省。清华大学微电子学研究所购买了一些国外淘汰下来的设备，而有一些淘汰下来的设备国外也不卖给我们，就由国家计划委员会、国家科学技术委员会协助，通过交换等手段，得到了一些必需的设备。

有了超净车间和相应的装备，微米级超大规模集成电路技术成套开发也就开始展开，该项研究的关键是典型产品 1 兆位汉字只读存储器的研制。要开展的新工作，在电路水平上属于超大规模集成电路；在工艺水平上属于 1 微米级工艺；从生产线来说就叫百级超净线。实际上三者指的是同一个过程，要突破超大规模集成电路攻关，就要建一个百级超净线，采购相应的设备，开展 1 微米的工艺，突破 1 兆位的存储器的设计。

具体负责 1 兆位汉字只读存储器设计的是李志坚的学生徐葭生。此前 3 微米攻关时他参与了 16K 位 SRAM 的设计，但从 16K 到 1 兆，相当于 64 倍的差距，电路中器件数

---

① 李瑞伟教授口述访谈. 王公等记录访谈，2013 年 3 月 14 日，清华大学。

则要从十万上升到百万。如何在有限的面积上排布这一百多万个器件，并且还要保证之间的电气连接是一个巨大的挑战。为了快速排布这些器件，徐葭生和同事一起设计了一款快速自动布线软件，通过计算机自动布线和人工调整相结合，大大提高了器件布局和布线的速度，完成了 1 兆位汉字只读存储器的电路设计。①

设计出 1 兆位汉字只读存储器的电路图后，就要到李瑞伟负责的工艺组去试制。试制过程仍然包括各项工艺条件的摸索、工艺流程的设计和检测方法的确定。微电子学研究所同仁突破了微细线条曝光、显影、全正胶刻蚀、图形形貌的精度控制、细线条测量、高质薄栅氧形成、离子注入技术、线结低温工艺、铝硅铜溅射工艺、硼磷硅玻璃生产、快速高温热处理等主要关键工艺和技术。其中，高温热处理是微电子工艺的一个必备环节，要制作微米级特征尺寸的超大规模集成电路，关键要获得极浅的 PN 结。改变离子注入的能量，即可改变注入离子进入半导体片表面的深度，达到控制结深。但离子注入后的半导体主要靠退火工艺来激活注入的离子和消除注入造成的晶格损伤，而采用传统的扩散炉高温热处理不仅时间漫长且其退火工艺会造成注入离子的严重再扩散；只有采用快速热处理工艺的高温短时间退火才能既保持离子注入原有的分布，又彻底消除注入损伤。为了能够达到快速、无损的热处理目的，李志坚请在德国学习过"离子注入退火技术"的钱佩信来攻克这一难题，钱佩信和同事从无到有地建立了一套有别于传统思路的采用射频感应加热石墨板作为红外辐射热源的快速退火实验装置，来完成快速热处理。经过反复实验研究、测试，获得了令人满意的预期效果。②

1989 年 11 月，1 兆位汉字只读存储芯片开始正式流水生产，但经测试发现第一批流水生产出来的芯片性能未能达到要求。李志坚和徐葭生、李瑞伟一起从设计到工艺进行分析。③为了更快地发现各种问题，李志坚带领大家发明了一种测试分析软件。一般来说出现问题的表现是编码错误，不同的问题会有不同的表现，这样就可以通过一个分析程序把测试结果按一定方式分成几个大类，然后快速定位问题区。有了分析软件，他们就采用逐步分析测试和实验的方法，从几千个管芯的实验芯片开始，对一些工艺参数进行适当调整，测试无误再增加管芯数量，从几万个管芯、几十万个管芯，直至一百万个管芯。

就这样，李志坚带领大家终于研制成功具有我国独立自主版权，在性能指标上达到世界先进水平的 1 兆位超大规模集成电路汉字只读存储器，并且建成了 1 微米试验工艺线。1991 年，1 兆位超大规模集成电路汉字只读存储器通过了部级技术鉴定。1 兆位超大规模集成电路汉字只读存储器，是我国各类计算机的重要元件之一。其特点是：在面积为 6.4 毫米×6.5 毫米的芯片上，共集成了 106 万个晶体管，采用 1.5 微米设计规则的 N 阱硅栅 CMOS 工艺，28 条外引线双列直插式封装。其主要性能与国际上同类产品的技术水平相当，读取速度小于 20 纳秒。④

1 兆位超大规模集成电路汉字只读存储器及其试验工艺线的研制成功，宣告我国首次跨上了 1.5 微米工艺和百万个元器件集成度的技术台阶，是我国超大规模集成电路技

① 王水弟教授口述访谈. 王公等记录访谈，2013 年 1 月 24 日，清华大学。
② 钱佩信，侯东彦，林惠旺，等. 超大规模集成电路快速热处理技术. 电子学报，1992（11）：1-11。
③ 李瑞伟教授口述访谈. 王公记录访谈，2013 年 3 月 14 日，清华大学。
④ 清华大学档案：1-1.5 微米成套工艺开发及相应水平大规模集成电路的研制阶段工作汇报，科学技术处，全宗号 2，目录号 257，案卷号 90266。

术的一次突破性进展。伴随着我国在超大规模集成电路研制上的突破，1991 年 3 月，巴统对我国的半导体技术和设备的禁运也降到了 2.5—2 微米。

1991 年 8 月 26—29 日，国家"七五"科技攻关成果展览会在京举行，1 兆位汉字只读存储器在清华展台的醒目位置，时任党和国家领导人江泽民、李鹏等参观了清华展台并和李志坚进行了交流。1991 年 9 月 30 日，《人民日报》头版刊载文章《清华大学微电子所传来喜讯 我微电子技术跨上 1 微米级台阶》，其中写道："此项工艺技术的开发成功，缩短了我国集成电路工艺与世界先进水平的差距，对我国集成电路技术的自主发展具有重大的战略意义。"10 月 14 日，《人民日报》头版再次刊载文章《献给共和国的圆满答卷》，报道了清华大学微电子学研究所成功研制 1 兆位只读存储器芯片，指出"越'卡脖子'越要突破"，"这项技术的开发成功，奏出了一曲突破外国技术封锁的志气歌"。

鉴于中国微电子技术已经达到微米级台阶，且完全能够独立生产 1 兆位的只读存储器，1991 年 9 月，巴统再次调整了对中国微电子技术的相关禁运，1 兆位的只读存储器和静态存储器全部对中国开放（图 4）。至此，我国的微电子技术突破了 1 微米台阶，突破了西方国家对我国超大规模集成电路的全方位封锁，开始向超大规模集成电路及其产业化的方向发展。

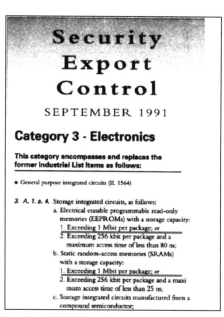

图 4　1991 年 9 月巴统对中国微电子技术的相关禁运调整至 1 兆位（1 微米）
资料来源：图片源自 1991 年 9 月巴统禁运手册第 21 页

值得一提的是，1 微米攻关过程并非仅仅由清华大学微电子学研究所一家机构独自完成，其中有着国内多家微电子研究机构和相关专家的协作。3 微米研制过程中的测试软件，就是由清华大学微电子学研究所与中国科学院微电子中心合作开发的，从而解决了一个重要难题。国家自然科学基金的重大项目任务更是由清华大学、中国科学院半导体研究所、北京大学三家单位共同承担的（图 3）。为了研究方便，中国科学院半导体研究所的林兰英院士从国家经费里买了一台分子束外延仪放在中国科学院微电子中心，供大家使用。北京大学王阳元院士也曾回忆："项目上有很多合作，我记得当初 4K DRAM，是北大设计的，在清华开发研制成功的。"[①]1986 年，中国科学院微电子研究所正式成立，建成了 8000 平方米的净化厂房（含部分百级和十级车间），进一步推动了我国微电子事业的发展。

四、微米级台阶跨越的影响及意义

首先，超大规模集成电路的成功研制和微米级工艺台阶的跨越，提升了我国微电子技术研究和生产的水平。1990 年 8 月，国家提出"908 工程"，目标是在"八五"（1991—1995 年）期间半导体技术达到 1 微米。1992 年，清华大学微电子学研究所的"1—1.5 微米成套工艺开发及 1 兆位汉字库只读存储器"成果达到了中试的水平，并成功转产给"八五"期间国内集成电路骨干企业——1989 年成立的中国华晶微电子集团公司，这条线后来经过增容、升级，已具有 0.5—0.8 微米工艺技术、月产 3000 片 5 英寸（硅片直径）硅片的能力。"八五"期间，我国集成电路的生产线从 4 英寸相继发展为 5 英寸和 6 英寸。

此外，超大规模集成电路突破封锁后，我国可以从西方国家直接引进高端设备。1992年，无锡华晶微电子公司开始从美国朗讯科技公司引进 0.9 微米工艺技术、月产 6000 片6 英寸硅片的生产线。1995 年初，华晶微电子公司采用 1 微米工艺研制出 8 位双向收发器。1995 年 5 月，中国科学院微电子研究所成功开发了 0.8 微米工艺，研制出 7000 门通用模糊控制电路，单项工艺达到 0.5 微米，是当时国内最高技术水平，相当于国际上 20世纪 80 年代末的水平。[②]

超大规模集成电路的研制成功和微米级工艺台阶跨越的另一个重大影响在于拉动了我国微电子产业的发展。1995 年 11 月，电子工业部提出"909 工程"，其主要内容是：计划投资 100 亿，建设一条 8 英寸、0.5 微米技术起步、月加工 2 万片的超大规模集成电路生产线，并且构造成产业链。1996 年，"909 工程"获得中央批准，上海华虹微电子有限公司成立。1997 年，华虹微电子有限公司引进日本 NEC 公司的资金、管理和技术。1999 年，华虹-NEC 公司投产 0.35 微米、64M 同步动态存储器（S-DRAM），达到了当时国际主流水准。如图 5 所示，20 世纪 90 年代中期起，我国的微电子产业开始进入快速发展时期，在产量突飞猛进的同时，销售额也开始迅速飞升；此外，20 世纪 90 年代以后我国集成电路芯片的平均售价也开始逐渐下降。这些数据清晰地说明，从 20 世纪 90 年代初期开始，我国的集成电路真正开始走向产业化和市场化之路，而这条道路的开端正是缘于超大规模集成电路的研制成功和微米级技术台阶的跨越。

---

① 王阳元院士口述访谈 王公等记录访谈，2013 年 7 月 1 日，北京大学。
② 朱贻伟. 集成电路产业 50 年回眸. 北京：电子工业出版社，2016：44-117；此时国际上的微电子研发水平可以达到 0.18 微米，根据摩尔定律，每三年芯片特征尺寸缩小 30%，集成度提高 4 倍，此时中国和国际的差距大概为 6 年即集成度相差 8 倍（摩尔定律有多种表达形式，这是其中一种）。

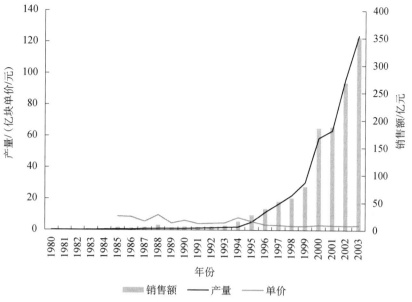

图 5　1980—2003 年我国集成电路芯片产量、销售额、单价变化曲线

新体制雷达[*]

一、背景

雷达（radar）是无线电探测与测距（radio detection and ranging）的英文缩写，其基本理论可以追溯到 1842 年奥地利物理学家多普勒（Doppler）提出的多普勒效应。1903年，德国工程师克里斯琴·威尔斯姆耶（Christian Hulsmeyer）利用电磁波研制出了世界上第一套原始的船用防撞装置并获得专利权，这实际上是最原始的雷达装置。1922 年，马可尼（Marconi）提出可以用短波无线电来探测物体，为其后的雷达发展指明了方向。一般认为世界上第一台实用雷达是在 1935 年由英国工程师罗伯特·沃森-瓦特（Robert Watson-Watt）设计制造的"链条"（Chain Home），随着这台雷达的出现英国正式部署了基于"链条"的雷达作战网。第二次世界大战期间，雷达成为发现敌军飞机目标的重要武器。此后，世界各国都加强了对雷达的研究。[①]

雷达技术的发展经历了两代。20 世纪 50 年代以前的雷达都属于机械扫描的常规雷达，即第一代雷达。随着喷气式飞机、导弹、人造卫星等高速飞行器的出现，对雷达提出了新要求：一是作用距离远；二是天线波速扫描快。例如，能跟踪 20 倍音速的目标，且反应时间短、跟踪速度快。对于第一个要求，只要加大天线面积和提高无线电波功率就可以满足；但对于第二个要求，机械扫描的常规雷达是无法胜任的。基于半导体电子技术和计算机的发展，有人提出用电扫描技术改进机械扫描技术的设想，并研制成功频率扫描和相位扫描的雷达天线波束指向系统。这一系列技术促成了第二代雷达——新体制雷达的诞生和发展。[②]

20 世纪八九十年代，国内外政治、经济、军事等多个领域发生了重大调整与变化。东欧剧变后，西方一些国家在政治、经济、文化、外交等方面加强了对我国所谓的"制裁"。美军在海湾战争中显示出的强大的高科技军事实力，李登辉宣扬"台独"言论导致的台海局势紧张，以及美军在我国领空、领海制造的侵犯我国主权的"黄海事件""特大空情"等，促使我国加大对军事科技的投入，以提升国防能力。此外，伴随着 20 世纪90 年代，我国电子通信行业的兴起，依托电子技术可以对传统的雷达进行相应的升级和改造。通信行业和雷达行业有很多相通的地方，在利用电子通信行业的发展所带来的便利的同时，雷达领域的很多研究可以同时应用在通信领域和雷达领域，这实际上扩大了传统雷达的应用领域，带来了新的研究问题和内容。在接下来的几十年里，我国科学家在相关领域研究开发了一大批新体制雷达，有效地提升了我国雷达技术的水平，增强了我国的国防实力。

---

* 作者：王公。

① Skolnik M I. 雷达发展五十年. 黄培康译. 系统工程与电子技术，1985，（12）：1-21.

② 张光义. 相控阵雷达系统. 北京：国防工业出版社，1994：1-3.

二、毛二可：脱靶量测量雷达与交会对接雷达的研制

毛二可，1934 年 1 月出生于北京，1951 年考入华北大学工学院（1952 年改为北京工业学院，即现在的北京理工大学）电机制造专业。1953 年，学校请来苏联专家库里可夫斯基（А. А. Куликовский）并成立雷达专业，毛二可开始学习雷达。1964 年，毛二可参与组建北京理工大学雷达技术研究所。此后，毛二可开始从事雷达技术及相关部件的研究工作，20 世纪 80 年代先后获得了四项国家级奖励。

进入 20 世纪 90 年代，为了满足国防建设中的急迫需求，毛二可提出了一个大胆的设想：我们不仅要搞雷达的部件，而且要做雷达整机。对此，当时大家都不太理解：一个仅有十几名研究人员，专业设置不齐全，甚至没有天线、微波、机械加工等实力的小研究所，要想构建雷达系统整机，这根本无法实现。毛二可指出："雷达所要搞雷达整机系统，一定要避免在传统、成熟的雷达体制上与其他雷达整机相竞争，而是要进行雷达系统的创新性研究，研制新体制雷达。这些新体制雷达不能是国外先进雷达的翻版，而是要从雷达技术发展的自身规律和我军未来的作战需求出发，独立自主地提出全新的解决方案。"[①]

（一）脱靶量测量雷达研制

1. 脱靶量测量雷达的研制背景

现代战争中，导弹的命中精度是影响战局成败的关键。脱靶量是评价导弹武器性能的重要参数，它指的是在导弹和靶标遭遇过程中，导弹相对靶标的偏离量。脱靶量分为标量脱靶量和矢量脱靶量，标量脱靶量是指导弹和靶标遭遇过程中彼此之间的最小相对距离，而矢量脱靶量还包括弹、靶遭遇过程中二者的相对运动轨迹和相对速度矢量。[②] 在靶场试验鉴定中，脱靶量测量结果用于定量评估导弹的命中精度。脱靶量测量具有重要的军事意义，是各国严格保密的核心技术。

第二次世界大战后，脱靶量测量技术首先在国外得到迅速发展。20 世纪 80 年代美国研制的标量机载设备可以达到测量半径 0—61 米，测量精度误差在 1.524 米以内；20 世纪 90 年代美国生产的标量机载设备测距范围为 0—30.5 米，测距精度误差在 0.61 米以内，测速精度误差不大于 1%。我国从 20 世纪 70 年代开始跟踪模拟脱靶量测量技术，取得过一些进展，但直至 20 世纪 90 年代初，仍然停留在只能相对准确地测量出最小脱靶距离的水平上。例如，国内电子工业部某所在 20 世纪 80 年代中期研制了一种"脉冲波"体制的标量脱靶量测量设备，即时测量范围是 15—60 米，小于 15 米的脱靶量要靠后期数据处理后得出，测量精度误差在 2 米以内。20 世纪 80 年代末，航空航天工业部某院研制出一种标量脱靶量测量系统，测量精度误差为 15%。[③]

从 20 世纪 90 年代起，美、英两国率先开始矢量脱靶量测量的研究，采用的是"距离交会定位法"。这种方法是在飞机上安装多个天线，测出每个天线到目标的距离。目标

① 北京理工大学毛二可院士访谈. 刘丹鹤记录访谈，2010 年 10 月 16 日，北京理工大学 4 号楼 401 室。
② 魏国华，吴嗣亮，王菊，等. 脱靶量测量技术综述. 系统工程与电子技术，2004，26（6）：768-847.
③ 魏国华，吴嗣亮，王菊，等. 脱靶量测量技术综述. 系统工程与电子技术，2004，26（6）：768-847.

的坐标就是以这些天线所在点为球心的球的交点处，然后通过逐点推算得到交会过程中导弹的相对弹道。"距离交会定位法"在当时是西方国家高级别的军事机密，我国几乎没有渠道能够了解这一方法的详细信息，所知道的只有当时美英脱靶量测量所达到的技术指标。当时，我国脱靶量测量水平滞后，直接影响了战术导弹的发展，进而造成整个领域一系列重大技术的差距。为改变落后局面，矢量脱靶量测量雷达的研究工作被提上日程。

现实差距和国内军事的急迫需求，成为毛二可从1992年开始研制矢量脱靶量测量雷达的基础动因。相应地，如何立足国内现有条件，跟踪模拟国内外已知先进雷达的研制方法，攻克矢量脱靶量测量的技术路径，追赶甚至超越国外脱靶量测量所能达到的技术指标也就成为毛二可团队的研究目标。

2. 脱靶量测量雷达的技术突破过程

在明确需要追赶的技术目标后，毛二可首先思考的是可供选择的方法。在国内曾使用过的光学测量法已不能满足要求的情况下，从测量范围和测量精度两个方面考虑，毛二可团队决定采用他所在的北京理工大学雷达技术研究所擅长的无线电波的方式来测量脱靶量。英美所采用的"距离交会定位法"同样属于电磁波测量领域，但是在"距离交会定位法"高度未知的前提下，毛二可只能从已知方法入手，来摸索测量矢量脱靶量的路径。他们首先想到的是"相位差法"，相位差测量是雷达领域的一种常见方法，它利用发射的电磁波反射回来到达两个不同位置的天线形成的相位差值来确定被测物的坐标。在决定采用"相位差法"进行脱靶量测量后，毛二可带领北京理工大学雷达技术研究所当时的全班人马齐上阵，利用国内技术成熟的"脉冲波"体制的多普勒雷达在两年多的时间内完成了初样的研制，到1995年研制成功的脱靶量测量雷达能够达到国内已有标量脱靶量设备的技术指标，但是矢量测量的目标功能还没能实现。

1995年，吴嗣亮从哈尔滨工业大学博士毕业，来到北京理工大学雷达技术研究所做博士后，他在博士阶段从事的是阵列信号处理方法研究，具有较强的理论水平。毛二可对年轻的吴嗣亮委以重任，请其担任矢量脱靶量测量技术研究的课题负责人。经过多次提出方案再推翻，吴嗣亮最终重新审视了弹靶交会的实际过程："如果不是直接进行单点的矢量测量，而是关注弹道的整个历程，从弹靶相距一二百米起，一直到交会为止，整个过程相位差在不断变化。因为弹道是连续的，它的相位差变化也应该是连续的，由此，不同的弹道的相位差变化曲线应该是不同的。这就形成了弹道和相位差变化曲线之间的一一对应关系。"①有了上述想法后，吴嗣亮运用数学方法证明了弹道和相对应的相位差曲线之间的唯一性问题，这样只要把相位差曲线测出来，就一定能够反推出一条唯一的弹道。

"相位差法"是已有的常规方法，脉冲多普勒雷达是一款常规雷达，毛二可、吴嗣亮团队通过对二者的改进与结合，完成了在矢量脱靶量测量雷达研制技术上的突破，形成了能够有效地测量弹、靶在遭遇过程中末段矢量轨迹的"多普勒频率-相位差历程法"这一新方法。接下来吴嗣亮又进行了理论拓展。此前国内外脱靶量测量技术的一个基本

---

① 北京理工大学吴嗣亮教授访谈. 王公等记录访谈，2011年11月27日，北京理工大学7号楼302室。

假设是：在弹靶交会的过程中弹、靶做相对匀速直线运动或加速度已知的匀加速直线运动。显然这一假设与实际情况不可能相符，必然会给脱靶量测量结果带来误差。毛二可、吴嗣亮团队提出在交会的过程中弹、靶做加速度未知的匀加速直线运动。这样，匀速直线运动和加速度已知的匀加速直线运动就仅是这种方法的一个特例，由此进一步提高了"多普勒频率-相位差历程法"的测量精度和适用范围。①

随后，他们很快提出了采用多通道接收的脉冲多普勒雷达测量方案：在靶船上采集弹、靶遭遇过程中的导弹多普勒回波原始数据，同时利用航向姿态测量装置同步测量靶船的姿态；通过遥测设备将采集到的相关数据传送到岸上，采用求解非线性最小二乘方程和曲线拟合的方式进行数据处理，以获得导弹和靶船之间的矢量脱靶量。大量的测试实验证明，整套雷达设备的测量精度超出了预定指标。该设备于 2000 年正式投入使用。

此后，军方大量打靶试验对设备造价和应用范围又提出了新的需求：原来的矢量脱靶量测量雷达采用的是"脉冲波"体制，但是该体制的靶载设备结构复杂、造价较高，在大量打靶试验时损失较大，需要降低成本；此外，"脉冲波"体制没有直接测距功能，这使得其不能满足反舰导弹中的"近矢弹"和航空导弹直接测距的需求。②毛二可、吴嗣亮又对矢量脱靶量测量雷达进行了优化。要想降低成本，就要选择结构简单、造价低的雷达体制。正弦调频连续波体制的雷达结构简单、造价低，但它是单路的，不能直接测距。吴嗣亮发现，虽然该雷达不能直接测距，但其接收的波形幅度数据中含有弹靶距离信息。由于影响波形幅度的因素较多，以往的相关研究中很少采用信号的幅度数据。为利用幅度数据中的弹靶距离信息，吴嗣亮将原来的单路接收改为双支路正交接收，并通过将双支路接收到的数据进行比值的方式消掉很多不相关的物理量，由此得到两个支路信号的幅度比值和距离之间的单调函数关系，从而解决了正弦调频连续波体制雷达的直接测距问题。此外，利用正弦调频连续波体制雷达造价低的优势，有效降低了设备的成本。

毛二可、吴嗣亮团队的"多普勒频率-相位差历程法"在测量范围、使用领域、测量精度和使用条件上都明显优于国外的"距离交会定位法"。"距离交会定位法"需要在靶机的不同位置安装多个天线，并且每个天线只有采用较大的球面才能确保球面相交并得到较高的精度，如果测量 30—40 米范围的脱靶量，天线距离基本上要相距 10 米左右，导致适用范围有限。此外，"距离交会定位法"的精度易受天线安装位置的影响，因此测量精度也在不断变化，造成测量结果的均一性不高。毛二可、吴嗣亮团队采用"多普勒频率-相位差历程法"来测量矢量脱靶量，采用了两个间距约为波长 2 倍的天线，在测量范围和测量精度上都大大超越了国外的同类产品。

截至 2011 年，包括中国在内，世界上只有三个国家完成了矢量脱靶量测量雷达的研制，英国和美国分别在 1992 年和 1998 年研制成功。从 2010 年矢量脱靶量测量雷达的技术指标看："最大测量范围，英国为 30 米，美国为 30.5 米，我国较两国提高一个数量级；脱靶点测量精度，英国 5%，美国 10%，我国可达 1.6%；速度测量精度，英国

① 周翔宇，魏国华，吴嗣亮. 冲激雷达体制的数据采集和脱靶量测量方法. 电子与信息学报，2007，29（10）：2351-2353.
② 吴嗣亮，毛二可. 匀加速直线运动目标脱靶量测量方法. 电子学报，2000，28（3）：99-80.

和美国为 1%，我国要好一倍左右。"①中国科学家在脱靶量测量上取得的显著进步，也令西方相关学界震动。吴嗣亮教授告诉我们："2011 年 9 月 20 日，美国和英国合作进行了脱靶量测量技术新的概念验证，此次概念验证的技术目标，就是中国脱靶量技术已达到的标准！"②

（二）交会对接雷达研制

2011 年 11 月 3 日，"神舟八号"飞船与"天宫一号"目标飞行器在太空首次空间交会对接成功。毛二可团队研制的 921 空间交会对接雷达的核心部件——微波雷达信号处理机与微波应答机信号处理机，在飞行器的交会对接中起到了关键作用。

欧美测量飞行器的交会对接利用的是卫星定位系统，包括美国的"全球定位系统"（Global Positioning System，GPS）和欧盟的"伽利略定位系统"（Galileo Positioning System）。但当时我国没有这样的定位系统，也不可能用国外的卫星定位系统来进行测量，所以毛二可认为必须采用自己的技术路径来实现相关功能。

交会对接雷达研制的核心问题是角度的测量。毛二可和吴嗣亮在研制脱靶量测量雷达时，已经突破了相位差测角的相关技术难题，"多普勒频率-相位差历程法"这一测量技术完全可以直接移植过来。因此，重点是解决相位差测角的精度问题。基于之前的研究成果，毛二可和吴嗣亮在接到研制任务后，不久就完成了样机的试制，之后根据更详细的要求一步步优化各项功能，成功完成最终的产品生产，并交付使用。交会对接雷达在"神舟八号"与"天宫一号"相距 217 千米时就开始了稳定跟踪，距离远高于原先要求的 100 千米的技术指标。从开始稳定跟踪直至对接环接触，交会对接雷达全程提供了两个飞行器间的相对位置和运动参数测量信息，圆满完成了任务。③

在 2014 年年初举行的国家科学技术奖励大会上，毛二可、吴嗣亮团队获得 2013 年度国家技术发明奖一等奖；2014 年，吴嗣亮获得何梁何利基金科学与技术进步奖。

三、刘永坦：打造中国海防长城的新体制雷达

刘永坦，1936 年 12 月出生于江苏南京。1953 年考入哈尔滨工业大学（简称哈工大）。1956 年，经过一年预科、两年本科的学习后，刘永坦被派往清华大学无线电系进修。1958 年，刘永坦回到哈工大任教，参与组建了无线电工程系。1962 年，哈工大无线电工程系设置了雷达和通信两个专业，刘永坦开始研究雷达与信息处理技术。1978 年，刘永坦被派去英国伯明翰大学进修，他参与了"民用海态遥感信号处理机"的研制工作。④英国的科研经历使刘永坦对雷达有了新认识：第一代雷达有很多缺陷，西方国家正致力于新体制雷达的研制，以解决传统雷达的不足。1981 年秋，刘永坦进修结束启程回国，在他的心中已萌生出一个宏愿——研究、制造中国的新体制雷达。

① 北京理工大学李海副教授访谈. 王公等记录访谈，2011 年 10 月 21 日，北京理工大学 9 号楼 218 室。
② 北京理工大学吴嗣亮教授访谈. 王公等记录访谈，2016 年 6 月 18 日，北京理工大学 7 号楼 302 室。
③ 北京理工大学吴嗣亮教授访谈. 王公等记录访谈，2011 年 11 月 27 日，北京理工大学 7 号楼 302 室。
④ 吉星. 刘永坦. 中国研究生，2019，（5）：25-33.

（一）中国首个新体制雷达站建成

回国的第二年，刘永坦赶赴北京，向当时航天工业部预研部门的领导汇报国际上新体制雷达的发展动态，并提出了发展中国新体制雷达的构想。刘永坦的想法得到了预研部门的肯定和支持。他根据当时世界上最新的雷达技术信息，运用自己在国外取得的科研新成果，采用了独特的信号与数字处理技术，提出了一份20多万字的研制中国新体制雷达的方案——《新体制雷达的总体方案论证报告》。1983年夏，航天工业部科技委员会召开方案评审会，对这份新体制雷达方案报告做详细评审，与会专家们一致表决通过了这份报告。①

接下来，刘永坦在哈工大组建了新体制雷达技术攻关研究团队，进行航天工业部预研项目"新体制雷达关键技术及方案论证"的攻关，经过将近三年的努力，刘永坦团队完成了关键技术的攻关。1986年7月，新体制雷达关键技术成果通过鉴定，鉴定结果为："在技术攻关中取得了重大进展，已经掌握了新体制雷达的主要关键技术，某些单项技术已经进入国际国内先进行列。由于主要关键技术已经突破，证明原定方案是可行的，已经具备了进一步完善雷达系统设计并建立实验站的条件。"②

尽管在方案和关键技术方面都有了突破，但是刘永坦心里清楚，这离实际应用还有相当大的差距，国家真正需要的是进一步建立有实际意义的雷达实验站。他果断提出，建立雷达站，把这些关键技术真正地用起来。在航空航天工业部和哈工大的共同支持下，1989年，刘永坦带领团队在威海建成了中国第一个新体制雷达站。在这期间，他们遇到了一系列难题，也攻克了一系列关键技术。在调试初期，系统死机频频出现，问题究竟出在哪里？几十万行代码的大型控制程序，再加上发射、接收、信号处理、显示等设备组成的庞大系统，任何一个微小的故障都可能导致整个系统无法运行。刘永坦率领团队，采用分布式检测的方法，从系统的每一个程序开始检查，发现一个问题就解决一个问题，保证了系统的稳定运行。③最终刘永坦团队成功研制出我国第一部对海新体制实验雷达，并于1990年完成了整机调试。这个雷达站首次完成了我国对海面目标的远距离探测实验，实现了我国对海探测技术的重大突破，其鉴定结果显示"新体制雷达研究成果居国际领先水平"。该项目于1991年荣获国家科学技术进步奖一等奖。④

（二）逆合成孔径雷达的研制

为了进一步推进新体制雷达从理论到实用的突破，1987年，刘永坦又带领团队承担了国家863计划中的"逆合成孔径实验雷达"重大研究项目。他们根据国家的实际需求与航天工业总公司（即"中国航天科技集团有限公司"）合作，展开了逆合成孔径实验雷达的研制。

逆合成孔径雷达（inverse synthetic aperture radar，ISAR）是在合成孔径雷达（synthetic

① 李晨阳，任芳言. 刘永坦：用雷达筑就海防长城. 智慧中国，2019，（5）：54-55.
② 吉星. 刘永坦. 中国研究生，2019，（5）：25-33.
③ 吉星. "情怀和理想才是最重要的"——记2018年度国家最高科学技术奖获得者刘永坦院士. 国防科技工业，2019，（1）：64-67.
④ 2018年度国家最高科学技术奖——刘永坦. 中国科技奖励，2019，（1）：30.

aperture radar，SAR）的基础上发展起来的。合成孔径雷达的首次使用是在 20 世纪 50 年代后期，其特点是分辨率高，能全天候工作，能有效地识别伪装和穿透掩盖物。合成孔径雷达的工作原理主要是利用一个小天线沿着长线阵的轨迹等速移动并辐射相参信号，把在不同位置接收的回波进行相干处理，把尺寸较小的真实天线孔径用数据处理的方法合成较大的等效天线孔径，从而得到相当于一个大孔径天线所能提供的高方位分辨力，它也称为综合孔径雷达。①逆合成孔径雷达是合成孔径雷达发展过程中的一个重要分支，它与合成孔径雷达的基本原理是相通的，所不同的是，合成孔径雷达是运动的雷达对固定目标成像，而逆合成孔径雷达是固定的雷达对运动的目标成像。②逆合成孔径雷达能够对远距离目标进行高分辨率成像，具有全天候、全天时、远距离获得非合作运动目标（如飞机、舰船和导弹等）的精细图像的能力。总体上来说，合成孔径雷达主要用于资源勘测、地图测绘、海洋监视、环境遥感等民用方面的观测以及战场监视、火控、制导、导航等军用方面的观测等；逆合成孔径雷达主要用于气象、军事方面对于运动物体的观测，如大气运动、云层、飞机、导弹等。

美国的逆合成孔径雷达于 1970 年 1 月起在夸贾林靶场投入使用，并对我国第一颗人造卫星"东方红一号"的运载火箭进行了跟踪和成像，推算得到了火箭的尺寸和运载能力，从而推断出卫星的尺寸信息。美国逆合成孔径雷达一般精度可达 0.12 米，最高可达 3 厘米级别。关于逆合成孔径雷达原理和外形，一直是美国科技和军事的高度机密。③

刘永坦团队承担了国家 863 计划重大研究项目和国防预研计划的新体制雷达研制工作后，开始面向逆合成孔径雷达展开科研攻关。经过五年的时间，刘永坦终于突破了逆合成孔径雷达的原理关，即通过固定或仅原地转动的雷达天线扫描移动目标，将多次采集到的大量数据通过信号综合处理的方式获得动目标的二维或三维图像及相关运动信息。④

攻克原理关之后，要进行的是逆合成孔径雷达整机的研制，在实现过程中又有着特别的困难，其中之一，是逆合成孔径雷达运动补偿的精度要求很高，要实现逆合成孔径雷达的成像，必须进行运动补偿。就这样，刘永坦团队又展开了运动补偿技术的相关研究，针对大带宽信号与系统提出了新的补偿理论，并最终得到了高分辨率的清晰图像。

1995 年，刘永坦率领团队研制成功了我国第一台逆合成孔径实验雷达，并通过大量外场试验，完成了对飞机等动目标的雷达成像，获得了大量珍贵的数据，为我国逆合成孔径实验雷达技术的进一步发展奠定了坚实的基础，达到了国际先进水平并对已有的运动补偿理论做出了巨大的发展。这一成果于 1997 年获得了国家科学技术进步奖二等奖。

（三）对海新体制雷达整机的突破

为建立起强大的海防雷达网，对海观测新体制雷达的研制于 1997 年被国家批准正

① Curlander J C，Mcdonough R N. 合成孔径雷达——系统与信号处理. 韩传钊，等译. 北京：电子工业出版社，2014：1-101.
② 张直中. 合成孔径雷达（SAR）与逆合成孔径雷达（ISAR）发展概述. 中国雷达技术论坛，2006：1-18.
③ 朱宇涛. 多通道 ISAR 成像技术研究. 国防科学技术大学博士学位论文，2011.
④ 董雷. 透视万里海防. 创新世界周刊，2019，（4）：78-79.

式立项，刘永坦团队承担起了这项任务。

由于地球曲率的影响，常规岸基微波预警雷达存在所谓的"盲区"，最多只能探测40千米范围内的水面舰艇及飞行目标。此外，随着国民经济的飞速发展，对200海里专属经济区充分开发和有效保护的重要性日益凸显，因此不少国家竞相投入巨额资金来研发新体制雷达。[①]"我国有近300万平方公里海洋面积，但当时能有效监测的不到20%，大部分看不到、管辖不到，别人进入我们的海域我们都不知道。"刘永坦说："如何能看得远、如何把我们的海域全都保护起来，这是国家的需求，所以一定要做出这个新体制雷达。如果别人先做出来了，我国的国防安全就会受到影响。核心技术必须靠我们自己的智慧和奋斗拼出来、干出来。"[②]为了解决国家海防远程探测的迫切需求，必须研制出能够稳定远距离探测的超视距雷达系统。

目前存在三种类型的超视距雷达系统，分别是高频天波超视距雷达、高频地波超视距雷达（high frequence surface wave radar，HFSWR）、微波大气波导超视距雷达。高频天波超视距雷达主要原理是利用电磁波在电离层与地面之间的折射，向电离层发射电磁波，经过电离层折射后由上向下探测目标，目标信号再经过电离层反射回接收机。从而将电磁波投射到地平线以外的距离上，理想条件下可实现最远5000千米的探测。高频天波超视距雷达造价昂贵，但是探测距离最远。近年来，国外装备以美国TPS-71、澳大利亚"金达莱"为代表，可以探测弹道导弹发射、空中目标。高频地波超视距雷达与高频天波超视距雷达不同，其主要是向海面发射高频电磁波，利用了该波在导电海洋表面传播时衰减较小的特点。目前国外系统可实现400千米以内的海面及其上空目标的探测，可以大致弥补高频天波超视距雷达对海目标探测的近距盲区；且具有抗隐身、反辐射导弹的能力；另外，相比于预警机雷达，该型雷达的造价便宜得多，且可以全天时全天候地进行预警探测，故是一种高性价比的探测手段。微波大气波导超视距雷达主要是利用海水和大气之间的超折射效应，目前早已应用于舰载，但其探测距离覆盖范围小，受天气影响大，还需要进一步探索和研究，以实现性能更佳的新体制雷达。典型的例子是苏联研制的多功能对海超视距探测雷达——"音乐台"火控雷达，大量装备于俄罗斯的各型水面舰艇上。[③]

刘永坦带领团队研制的高频地波超视距雷达利用高频电磁波沿海面绕射传播的特性，可实现对数百千米之外的海面舰船目标和超低空飞行目标进行超视距探测。[④]然而，从实验场地转战到实际应用场地，一方面，理论和技术方面还有很多的难点和空白仍然需要去解决和填补；另一方面，现地环境与理论的差异，造成实际工作中又出现了很多新的问题与困难，其中现代各种电台、广播、渔船所发出的电磁干扰就是一个最大的难题。刘永坦带领团队成员不断在现场采集实验数据，然后对发现的新问题一一排查、研究和解决。最终，刘永坦带领团队成功研制出的我国唯一具备全天时、全天候、超视距、

① 李玮. 刘永坦——海空卫士的雷达人生. 军工文化, 2017,（2）：60-63.
② 吉星, 衣春翔. 矢志不渝强国梦初心不改爱国情. 黑龙江日报, 2019-01-10（1）.
③ 李刚. 新体制雷达及其关键技术. 电子技术与软件工程, 2019,（15）：60-62.
④ 金婉霞, 李晨琰. 国家最高科技奖得主刘永坦院士:性格如侠士,最爱听贝多芬. http://www.whb.cn/zhuzhan/kjwz/20190108/234886.html［2022-05-28］.

海空兼容对海探测能力的雷达装备，总体性能达到国际先进水平，核心技术处于国际领先地位，使我国对海远程预警技术水平步入国际前列。①2014 年获国防科学技术进步特等奖（第一名），2015 年获国家科学技术进步奖一等奖（第一名），2018 年获得国家最高科学技术奖。

四、新体制雷达研制的贡献和意义

在与我国雷达事业共同成长的几十年中，涌现出了一大批卓越的代表人物和创新成果。前文介绍的毛二可和刘永坦所进行的雷达研究和他们研制成功的新体制雷达仅仅是其中的代表。除此之外，中国电子科技集团公司第 38 研究所王小谟团队的空中预警雷达，中国电子科技集团公司第 14 研究所的机载 PD（脉冲多普勒）火控雷达、有源相控阵雷达，中国电子科技集团公司第 22 研究所的无载波探地雷达等一大批新体制雷达的研制成功，全都是我国雷达研究从无到有、从弱到强的体现。

我国新体制雷达研制的突破体现于：其核心技术不是国外已有的先进雷达的简单翻版，而是从雷达发展的自身规律和我国国防战略的具体需求出发，独立自主地提出的全新的解决方案。这些卓越成果在保障我国领海、领空、领土安全，提升我国军事和国防实力方面起到了极其重要的作用，对我国电子通信技术和雷达技术的交叉研究，以及相关技术和产业的升级发展也产生了极大影响。

---

① 董雷. 透视万里海防. 创新世界周刊, 2019,（4）: 78-79.

顺丁橡胶技术[*]

　　20 世纪 50—70 年代对新中国工业及其技术发展而言是一个重要的时段。在经过三年的经济恢复时期之后，1953 年"一五"计划的实施，标志着社会主义制度下大规模工业化建设的展开。与此同时，以中国科学院、产业部门研究机构、高校和地方研究机构组成的科研主体也在 20 世纪 50 年代中期之后初步形成。中苏关系交恶之后，中国于 50 年代末走向自主工业化之路。在产业科技基础薄弱的情况下，各单位在相关政府部门的组织下进行联合攻关成为该时期工业技术的重要研发模式。

　　顺丁橡胶属于合成橡胶，于 20 世纪初出现，自 1954 年齐格勒（Ziegler）和纳塔（Natta）发明定向聚合后，顺丁橡胶便最有可能成为 50 年代末期出现的一种性能优异而价廉的新的通用橡胶[①]，也是当时最适宜制造汽车轮胎的合成材料。1956 年底，长春第一汽车制造厂正式投产，我国汽车工业发展进入第一次高潮。[②]军用和民用轮胎橡胶材料来源成为亟待解决的问题。1956 年，中国科学院协助国家制定的《1956—1967 年科学技术发展远景规划纲要》中，确定了建立重有机产品和高分子化合物两个工业完整体系的任务[③]，合成橡胶科学和技术研究开始受到重视。1959 年，为发展国防尖端技术，主管科技和国防军工的聂荣臻副总理将新型材料、精密仪器仪表、大型设备作为重点攻关的三个方面提出，同年 11 月由中华人民共和国科学技术委员会（简称国家科委）和中华人民共和国国防科学技术委员会（简称国防科委）组织成立了新技术材料小组，开展全国范围的新材料攻关。[④]1960 年中央批准了发展新型材料的方案，特种合成橡胶和塑料、树脂作为化工新型材料被列入方案，使合成橡胶真正进入了国家层面的研发和工业化发展之路。到 1965 年，虽然丁苯、氯丁和丁腈橡胶 3 个品种实现了工业生产，但橡胶生产自给量不足 1/3[⑤]，远不能满足需求。1966 年，国家科委会同化学工业部、石油工业部、中国科学院、高等教育部在兰州召开合成橡胶科学技术会战的会议（以下简称兰州会议），提出加速开发顺丁、异戊、丁基、乙丙四大新胶种，标志着顺丁橡胶全国性攻关会战的开始。

　　顺丁橡胶技术是我国以中国科学院为主要研发团队突破的关键核心技术，是我国石油化工领域第一个完全自主完成的生产工艺。实际上，我国顺丁橡胶由实验室研究到实现工业化生产经历了超过 15 年的时间。早在 20 世纪 50 年代后期，其生产工艺的两项

---

* 　作者：方一兵、孙松。
① 　白春礼. 20 世纪中国知名科学家学术成就概览·化学卷·第四分册. 北京：科学出版社，2014：456.
② 　孟少农. 对我国汽车工业发展历程的回顾. 中国机械工程，1985，（4）：4-6.
③ 　一九五六——一九六七年科学技术发展远景规划纲要（修正草案）//中共中央文献研究室. 建国以来重要文献选编（第 9 册）. 北京：中央文献出版社，2011：403.
④ 　聂荣臻. 聂荣臻元帅回忆录. 北京：解放军出版社，2005：647-650.
⑤ 　聂荣臻. 聂荣臻科技文选. 北京：国防工业出版社，1999：556-557.

关键技术丁二烯①制备和丁二烯定向聚合②最先在中国科学院长春应用化学研究所（简称长春应化所）和中国科学院兰州化学物理研究所（简称兰州化物所）展开，其原料制备与合成的基本理论问题在 60 年代中期得以解决。1966—1976 年，顺丁橡胶技术进入全面攻关时期，在国家一委四部一院③的组织下，参加单位前后总数达 83 个。④在经过两次大规模联合攻关之后，建设于北京胜利化工厂⑤的第一套万吨级顺丁橡胶工业装置于 1976 年实现正常生产。1985 年顺丁橡胶工业生产新技术获得国家首届科学技术进步奖特等奖，这是当时石油化工领域唯一的特等奖项目，共有包括 7 个领衔单位在内的 34 个单位获奖。截止到 1990 年底，这一重大成果为国家创利税 26 亿元。顺丁橡胶因此成为我国合成橡胶工业早期发展中无法绕过的重要对象。

中国顺丁橡胶技术在 20 世纪 50—70 年代的发展可分为以下几个阶段：实验室研究及成果推广阶段、第一次联合攻关、工业化建设及第二次联合攻关阶段。

一、中国科学院顺丁橡胶实验室研究及成果推广（1958—1965 年）

20 世纪 60 年代初兰州化物所和长春应化所根据国际上新技术发展动向开展顺丁橡胶生产技术相关研究，分别在丁烯氧化脱氢制丁二烯技术和丁二烯定向聚合制顺丁橡胶技术上取得突破。在取得实验室研究成果后，分别与兰州化学工业公司⑥和锦州石油六厂⑦进行相关扩大性试验，并成功生产出顺丁橡胶，证明了该研究成果具有工业推广生产的价值，推动了国家组织力量进行全国性的顺丁橡胶科技攻关。在这一阶段中，中国科学院研究所承担着工业技术基础理论的研究工作，为开发新的工业生产技术提供理论支持，取得实验室成果后，迅速实现与产业部门协作进行相关扩大性试验。

1. 兰州化物所顺丁橡胶原料丁二烯的突破

丁二烯是合成顺丁橡胶的主要单体。兰州化物所于 1958 年开始丁二烯制备方法的研究，这期间有一个由丁烷一步脱氢向丁烯氧化脱氢方法的转变。20 世纪 50 年代，工业上用于生产丁二烯的原料有酒精、丁烷和丁烯等，60 年代，我国仍采用苏联用粮食制取丁二烯的方法，在粮食紧缺的困难时期，发展由石油气出发生产丁二烯势在必行，当

---

① 丁二烯，化学式为 $CH_2=CH—CH=CH_2$，该分子结构中含有两个双键，可进行加聚反应，是生产合成橡胶（丁苯橡胶、顺丁橡胶、丁腈橡胶、氯丁橡胶）的主要原料。

② 丁二烯聚合后按顺式和反式两种方式排列，顺式含量越高，顺丁橡胶性能越好。

③ 即国家科委、石油工业部、化学工业部、一机部、高等教育部和中国科学院。

④ 中国合成橡胶工业协会. 中国合成橡胶工业总览. 北京：中国计量出版社，2005：201.

⑤ 位于北京市房山区，当时隶属于化学工业部及北京石油化工总厂，北京石油化工总厂于 1970 年 7 月 20 日成立，是我国第一个炼油化工联合企业，能为顺丁橡胶生产提供丰富的炼厂气，1987 年 11 月，胜利化工厂改名为"北京燕山石油化工公司合成橡胶厂"。

⑥ 兴建于"一五"期间，国家从苏联引进设备和技术建设的以生产化肥和橡胶为主的大型化工联合企业，1956 年化肥厂动工建设，1959 年四季度，中国第一套年产 1.35 万吨的丁苯橡胶生产装置建成，于 1960 年春生产出了第一批质量合格的丁苯橡胶，兰州化学工业公司被誉为"中国石化工业的摇篮"。

⑦ 始建于 1938 年 5 月，原是伪满政府和日本三井财团等合资组建的中型煤炼油企业，始建初名为"满洲合成燃料株式会社锦州工场"，1948 年 10 月锦州解放后，东北人民政府化工局接管该厂，后命名为石油六厂，经过恢复、更新、扩建、改造，石油六厂于 1950 年 7 月生产出中国第一批钴催化剂，解决水煤气合成液体燃料的关键问题，该厂是中国 20 世纪 50 年代唯一的一家水煤气合成液体燃料工厂，1960 年大庆油田投入开发后改建为天然原油加工厂，后改组为现锦州石油化工公司。

时国外已经工业化的方法是丁烷和丁烯的催化脱氢。1958年，兰州化物所开始进行丁烷脱氢制丁二烯的研究，1959年下半年，研究人员找到一种丁烷脱氢的催化剂，反应中丁二烯单程收率达9.5%—11%，且催化剂活性比较稳定[1]，取得较好的实验室效果。但该方法操作条件要求高，需要很高的基建和操作水平，须重新建厂，同时许多工艺材料和原料问题也无法解决[2]，无法实现工业化生产。

20世纪60年代，国外出现了丁烯氧化脱氢制丁二烯新工艺方法的文献报道，这种方法国外仅处于实验室阶段，缺少文献报道，其研究的风险性很高。兰州化物所综合考虑了以下两方面原因：一是在经过几年催化领域的研究后，研究所拥有整套研究催化剂的试验设备和催化理论的研究基础；二是制备丁二烯，发展合成橡胶是国家战备急需的项目，研究所应当做国家当务之急的事。[3]因此决定上马丁烯氧化脱氢催化剂研究项目。1963年初，兰州化物所开始进行丁烯氧化脱氢制丁二烯试探性试验，这项工作主要由催化研究室进行，主要负责人为尹元根、丁时鑫、周望岳等，到1964年6月，这个题目相继集中了全室约60%的研究力量。[4]1963年8月，实验室内制出了高活性、高选择性与高机械强度的丁烯氧化脱氢制丁二烯用新型催化剂。同年10月，周望岳在由中国科学院技术科学部主办的第二次全国催化工作报告会上报告了《丁烯氧化脱氢制丁二烯》[5]的研究成果，引起了学术界的关注。1964年6月，兰州化物所又在实验室制出稳定性和再生性能优良的L-2605型催化剂［Bi（铋）：P（磷）：Mo（钼）=8.5：0.4：10，SiO_2（二氧化硅）含30%的$Bi-P-Mo/SiO_2$杂多酸型催化剂］。[6]这种钼系三组分催化剂具有丁二烯单程收率高，选择性高，操作温度低、稳定性好以及水蒸气用量少等特点[7]，成为我国丁烯氧化脱氢制丁二烯的第一代催化剂。兰州化物所的这项工作开辟了一条生产丁二烯单体的新途径，顺丁橡胶主要单体丁二烯的生产前景出现了转机。

2. 长春应化所顺丁橡胶聚合催化体系的探索

中国合成橡胶刚刚起步之时，国外发现了Ziegler-Natta定向聚合催化剂，产生了许多结构规整并且具有工业价值的新型有规立构橡胶，有规立构橡胶性能优异，由此世界上出现了有规立构新胶种和溶液聚合新技术的研究热潮。1960年，长春应化所瞄准了世界合成橡胶发展的前沿，在第四研究室成立"定向聚合研究中心"，开展Ziegler-Natta定向聚合催化剂的研究，将定向聚合物的研发作为长春应化所重大研发项目，并以顺式聚丁二烯橡胶的研发为重点。该项目得到中国科学院的重视和支持，调任欧阳均[8]为第四研究室副主任，负责组织领导"定向聚合研究中心"的研究工作。[9]

① 1959年元旦献礼完成项目一览表. 北京：中国科学院档案馆，L294-32-04.
② 第二研究室丁烯氧化脱氢制丁二烯阶段工作总结报告. 北京：中国科学院文献情报中心档案馆，L294-124-02.
③ 一九六五年研究工作总结. 北京：中国科学院档案馆，L294-126-01.
④ "丁烯氧化脱氢制丁二烯"研究工作中的集中兵力问题小结. 北京：中国科学院档案馆，L294-124-03.
⑤ 催化报告会分组表. 北京：中国科学院文献情报中心档案馆，L294-95-25.
⑥ 丁烯氧化脱氢制丁二烯催化剂发明报告. 北京：中国科学院文献情报中心档案馆，L294-137-2.
⑦ 1965年主要研究成果简介——丁烯氧化脱氢制丁二烯的推广研究. 北京：中国科学院文献情报中心档案馆，L294-125-1.
⑧ 欧阳均（1913—1994），湖南衡阳人，高分子化学家，1939年毕业于中央大学（重庆），1950年被分配至长春东北科学研究所工作，历任副研究员、研究员。
⑨ 白春礼. 20世纪中国知名科学家学术成就概览·化学卷·第四分册. 北京：科学出版社，2014：177.

第四研究室成立了五个聚合研究组，由欧阳均、李斌才、唐学明、谢洪泉、王佛松等负责，沈之荃也于 1962 年加入欧阳均组。各个研究组分工协作，逐渐解决了丁二烯单体精制、催化剂的合成和分析、溶剂精制和分析、聚合物结构的测试方法的建立等问题，聚合研究工作得以快速开展。为得到性能优异的催化剂，研究室对 7 种钛化合物、55 种钴化合物、13 种镍化合物、22 种稀土化合物及 13 种其他元素化合物进行研究实验，对 110 多种催聚体系进行了系统研究，对各催化体系合成胶料的老化性能、力学性能及其测试方法等进行了大量的研究。在全所有关室组的努力下，到 1964 年筛选出了五种定型的催化体系：TiI$_4$-Al(i-Bu)$_3$-苯溶剂体系、CoCl$_2$·4Py-AlEt$_2$Cl-H$_2$O-苯溶剂体系、CoCl$_2$·4Py-Ni(naph)$_2$-AlEt$_2$Cl-苯/加氢汽油混合溶剂体系、CoCl$_2$·4Py-Ni(naph)$_2$-Al$_2$Et$_3$Cl$_3$-苯溶剂体系、Ni(naph)$_2$-Al(i-Bu)$_3$（或 AlEt$_3$）-BF$_3$·OEt$_2$-加氢汽油溶剂体系（这五种催化体系分别称为丁-1、丁-2、丁-3、丁-4、丁-5）。[1] 这五种催化体系制得的顺丁橡胶性能均达到了当时国外同类催化剂制备橡胶的水平。丁-5 体系是沈之荃在日本文献的启发下研制成功的三元镍系催化体系[2]，该体系可用加氢汽油做溶剂并且催化活性高，国内镍较钴丰富，镍对胶的老化性能低于钴，生胶性能好，丁-5 被优先选为进行中试和工业化的催化体系。

1965 年 5 月 12 日，中国科学院邀请国家科委、化学工业部、石油工业部、中国科学院东北分院及院内有关专家对长春应化所的"顺式聚丁二烯合成橡胶的研究"进行鉴定验收。鉴定会议认为长春应化所的实验室成果可以作为扩大试验、中间试验的科学依据，并可供有关单位根据实际条件在镍、钴催化剂中做出选择。[3] 该项研究工作获 1965年中国科学院优秀奖。

在顺丁橡胶早期实验室研究方面，除兰州化物所和长春应化所外，北京化工研究院[4]也于 1962 年开始顺丁橡胶的研究，1964 年这部分研究人员连同他们所承担的顺丁橡胶研究任务并入兰州化工研究院[5]中继续进行，并在和长春应化所的交流推动下，开展了镍系顺丁橡胶实验室试验，着手工艺流程放大的研究工作。兰州化物所的丁烯氧化脱氢技术，长春应化所的丁二烯定向聚合催化技术，加上北京化工研究院提供的三异丁基铝[6]合成技术，形成了顺丁橡胶技术孕育阶段的基本技术配套系统。[7]

3. 锦州和兰州两地实验室成果推广

由于国内橡胶极度缺乏，在取得顺丁橡胶生产技术相关实验室成果后，根据国务院尽快发展橡胶工业的指示，顺丁橡胶的工业化生产被提上议程。1965 年国家科委、石油工业部和化学工业部在兰州召开合成橡胶科研会议，决定集中力量开发顺丁橡胶生产技

---

① 白春礼. 20 世纪中国知名科学家学术成就概览·化学卷·第四分册. 北京：科学出版社，2014：177.
② 白春礼. 20 世纪中国知名科学家学术成就概览·化学卷·第四分册. 北京：科学出版社，2014：432.
③ 白春礼. 20 世纪中国知名科学家学术成就概览·化学卷·第四分册. 北京：科学出版社，2014：177.
④ 1958 年化学工业部正式定名组建成立北京化工研究院，并在该院成立了合成橡胶研究室，是我国最早从事石油化工综合性研究的科研机构。
⑤ 1958 年成立，名称上先后经历了"兰州化工研究所"、"化工部西北化工设计研究分院"、"兰化公司设计研究院"、"化工部兰州化工研究院"，"兰化公司化工研究院"和"兰州石化公司石油化工研究院"等阶段，是国内成立最早研究开发合成橡胶的科研单位之一。本文简称为"兰州化工研究院"。
⑥ 分子式为［(CH$_3$)$_2$CHCH$_2$］$_3$Al，用作顺丁橡胶的聚合催化剂。
⑦ 钱保功，王洛礼，王霞瑜. 高分子科学技术发展简史. 北京：科学出版社，1994：381.

术，设立锦州石油六厂和兰州化工研究院两个基地，分别开展包括丁烯氧化脱氢制丁二烯、丁烯/丁二烯分离精制、丁二烯聚合三项核心技术的不同技术的实验室研究和扩大性试验。[①]

丁烯氧化脱氢制丁二烯方面，根据国家对丁二烯的急需情况和实验室取得的技术基础，早在 1964 年 7 月，兰州化物所便开始与兰州化学工业公司合作，先后完成扩大试验、模型试验和催化剂的一个 1000 小时、三个 500 小时、一个 200 小时的寿命试验。[②] 1965 年，兰州化物所和兰州化工研究院、石油工业部锦州石油六厂共同协作，分别在兰州和锦州进行了 50 吨/年绝热式反应器和 3—5 米高的单管恒温式反应器的扩大试验，证明该工艺具有工业化的现实性，同时还进行了 100 千克/批的催化剂放大试验。[③] 经过兰州化学工业公司和锦州石油六厂试验证明，由于在实验室内较系统地掌握了 L-2605 型催化剂的制备规律，可以适用工业条件进行工业放大，其性能可以完全重复实验室结果。[④]

1965 年 4 月，长春应化所与锦州石油六厂在长春签订合作协议。欧阳均与王佛松带领长春应化所科技人员到锦州石油六厂共同进行顺丁橡胶的移植放大实验[⑤]。锦州石油六厂在石油工业部的部署下，把设计室与研究所组成统一的设计研究所，从全厂 3700 名职工中抽调了全部技术人员和有实践经验的工人到设计研究所报到。锦州石油六厂的研究队伍按单体制造、单体分离、聚合、产品的加工应用几个方面组成催化剂制造、脱氢、分离、聚合及橡胶测试 5 个研究大组（室），另设分析及检修 2 个辅助班组，技术方面主要由林敏仙、刘忠和、陈亚、乔三阳负责，设计人员主要进行顺丁橡胶千吨级半工业装置设计，分别由葛培源、张国栋、陆维敏等负责。脱氢催化剂、烷基铝的制造及聚合小试技术，分别以兰州化物所和长春应化所的小试成果为基础，进行逐级放大及半连续化、连续化试验。[⑥]

锦州的移植放大实验是从 1965 年 3—8 月，历经 6 个月的时间。锦州石油六厂仅用了 1 个多月的时间制造和安装了 250 升的模拟放大试验装置，包括丁二烯精制脱水、溶剂精制及干燥回收、单釜聚合及胶液凝聚等橡胶生产过程。长春应化所与锦州石油六厂在 250 升间断聚合装置上首先对丁-4 催化体系进行了放大，初步进行放大试验后，丁-4 体系溶剂为苯，我国缺乏苯资源且苯有毒，后改为丁-5 催化体系，该体系采用烷烃作为溶剂，我国石油工业发展，烷烃资源十分丰富且烷烃无毒。[⑦] 在国家大力支持和相关单位的努力下，1965 年 7 月，锦州石油六厂合成出我国自己研制的顺丁橡胶 50 千克，这块橡胶被送至北京橡胶工业研究设计院做了第一条 900-20 汽车轮胎。[⑧]

兰州化工研究院在 30 升连续模拟装置上首先对研制的钴系顺丁橡胶进行放大实

① 张爱民. 中国顺丁橡胶生产技术的研究开发和技术进步. 合成橡胶工业, 2008, 31 (6): 400-405.
② 第二研究室丁烯氧化脱氢制丁二烯阶段工作总结报告. 北京: 中国科学院档案馆, L294-124-02.
③ 1965 年主要研究成果简介——丁烯氧化脱氢制丁二烯的推广研究. 北京: 中国科学院档案馆, L294-125-1.
④ 丁烯氧化脱氢制丁二烯催化剂发明报告. 北京: 中国科学院档案馆, L294-137-2.
⑤ 白春礼. 20 世纪中国知名科学家学术成就概览·化学卷·第四分册. 北京: 科学出版社, 2014: 177.
⑥ 乔三阳. 回忆顺丁橡胶会战的日子//走向 21 世纪的中国合成橡胶工业——回顾与展望. 兰州: 中国合成橡胶工业协会,《合成橡胶工业》编辑部, 2001: 309-310.
⑦ 姜连升. 我国顺丁橡胶工业发展的回顾和展望//走向 21 世纪的中国合成橡胶工业——回顾与展望. 兰州: 中国合成橡胶工业协会,《合成橡胶工业》编辑部, 2001: 286.
⑧ 曹军. 锦州会战勇夺"争气胶". 中国石油石化, 2013, (8): 82-83.

验，锦州镍系顺丁橡胶放大实验成功后，兰州化工研究院按化学工业部的指示，将钴系催化剂的聚合实验改为镍系催化剂。锦州的放大试验完成后，1965 年 8 月，欧阳均、王佛松等前往兰州，与兰州化工研究院共同进行镍系顺丁橡胶的移植放大实验。近 2 个月的连续实验证明，镍催化体系相较于钴催化体系具有稳定性和聚合重复性好，生胶的加工性能和硫化胶的物理机械性能好等优点，但同时镍催化体系胶液黏度大，流动性差，易挂胶堵塞管道。经实验比较，放弃以苯为溶剂的钴催化体系，决定转为以油为溶剂的镍催化体系继续进行工业化实验。经锦州、兰州两地采用间断和连续聚合方法的移植放大实验，均证明镍催化剂可合成性能优异的顺丁橡胶。

同年 11 月兰州化工研究院建成 500 吨/年的丁烯氧化脱氢装置及 30 吨/年的顺丁橡胶溶液聚合中试装置，该装置首釜为管式并带有刮边式搅拌器。1965 年 12 月，该装置首次中试投料，才三四个小时就发现催化剂进料不畅，首釜有挂胶堵塞现象，这在之前的实验中从未出现过。挂胶现象作为放大技术上的"拦路虎"首次被提了出来。[1]此后，顺丁橡胶进入了第一次联合攻关阶段。

二、第一次联合攻关会战（1966—1970 年）

1966—1970 年的顺丁橡胶技术第一次联合攻关，是在国家科委组织下联合中国科学院、产业部门、高校等数十家单位进行的，以锦州石油六厂为主战场的中间试验攻关会战，目的是为建设工业化生产装置提供设计数据。

1. 兰州会议与会战部属

1966 年兰州会议是顺丁橡胶第一次联合攻关的序幕。1959 年国家开始实施的新型材料的攻关计划虽经 5 年发展，但合成橡胶在品种、数量和质量稳定性上仍不能满足国防和工业发展的需求。为此，在聂荣臻副总理的督促下，1966 年 1 月 28 日至 2 月 12日，国家科委会同化学工业部、高等教育部、中国科学院、石油工业部在兰州召开合成橡胶科学技术会战会议，共计有 69 个单位、210 名代表参会[2]，会议确定了通过全国性攻关会战，加速开发顺丁、异戊、丁基、乙丙四大新胶种。由于顺丁橡胶在丁烯氧化脱氢制丁二烯和丁二烯聚合上的技术较为成熟，原料来源容易，因此成为此次合成橡胶会战的重点内容。计划通过会战，于 1968 年建成顺丁橡胶万吨级大厂。要达到此目的，必须通过千吨级的中间试验，为大厂建设提供可靠数据，因此中间试验成为此次顺丁橡胶联合攻关的主要内容。

为统一指挥，兰州会议成立了合成橡胶会战总指挥部，由国家科委、化学工业部、石油工业部、高等教育部、中国科学院等部门领导组成（表 1），同时成立顺丁橡胶会战分指挥部，由兰州化工研究院、长春应化所、兰州化物所、锦州石油六厂、化学工业部兰州化工机械研究所、一机部通用机械研究所、化学工业部第一设计院和石油工业部北京设计院 8 个单位组成，正指挥为化学工业部第一设计院，副指挥为锦州石油六厂和兰

---

① 武冠英. 我国通用合成橡胶工业的发展回顾//走向 21 世纪的中国合成橡胶工业——回顾与展望. 兰州：中国合成橡胶工业协会，《合成橡胶工业》编辑部，2001：267.
② 合成橡胶科学技术会战及浮动喷射塔鉴定会议情况汇报. 北京：中国科学院办公厅院档案馆，1966-03-11.

州化工研究院。①这次会战在组织上确立了兰州化物所以及兰州化工研究院和长春应化所两个研究基地，兰州化工研究院和锦州石油六厂为两个中试基地。②会议确定了顺丁橡胶科技会战需要进行的七个方面的研究工作：从原料中分离异丁烯的方法，丁二烯的提纯精制，聚合釜的放大研究，聚合后触媒脱落及溶剂回收的研究，关键分析方法的研究，关键设备、仪表的试制，以及顺丁橡胶的加工应用研究，共计 19 个中心问题和 97 个专题项目③，涵盖了由生产流程所需的技术理论、工艺方法到设备、仪表等器材的设计与试制，具体中心问题和相应的主持单位如表 2 所示。顺丁橡胶科技会战计划涉及约 153 项具体内容，每项具体内容基本上由一到两个单位主要负责，主要承担者包括来自中国科学院、高等院校、生产企业、行业科研机构等四方面的近 30 家单位。由表 3 数据可看出，进入联合攻关后，生产企业（厂）和行业科研机构承担了大部分具体工作，而中国科学院研究所承担了 29 项任务，占全部任务的 16.9%，主要负责单位有长春应化所、兰州化物所、大连化物所、山西煤化所等。④

表 1　合成橡胶会战总指挥部主要人员组成

会战职位	姓名	职位	备注
总指挥	李艺林	化学工业部副部长	
总指挥	张定一	石油工业部副部长	
副总指挥	杨浚	化学工业部化工原料工业公司副经理兼总工程师	
副总指挥	赵飞克⑤	中国科学院技术科学部副主任	
副总指挥			高教部的同志，名单尚未提出

资料来源：中华人民共和国工业部关于成立合成橡胶会战总指挥部有关问题的函. 北京：中国科学院办公厅院档案馆，1966-17-006-01.

表 2　顺丁橡胶科技会战计划中心问题和相应主持单位

序号	中心问题	主持单位
1	异丁烯分离方法	锦州石油六厂
2	原料与丁二烯提纯	锦州石油六厂
3	丁烯氧化脱氢制丁二烯的研究	锦州石油六厂
4	从工业碳四馏分中丁烯氧化脱氢法制丁二烯全流程的工艺研究	兰州化工研究院
5	碳四馏分中丁烷的综合利用	兰州化工研究院
6	丁二烯定向聚合的研究	锦州石油六厂

① 关于下达"顺丁、乙丙、丁基、异戊四种合成橡胶科学技术会战计划"及"合成橡胶的长远研究计划"的函. 北京：中国科学院办公厅档案馆，1966-03-025-01.
② 武冠英. 我国通用合成橡胶工业的发展回顾//走向 21 世纪的中国合成橡胶工业——回顾与展望. 兰州：中国合成橡胶工业协会，《合成橡胶工业》编辑部，2001：266.
③ 关于下达"顺丁、乙丙、丁基、异戊四种合成橡胶科学技术会战计划"及"合成橡胶的长远研究计划"的函. 北京：中国科学院办公厅档案馆，1966-03-025-01.
④ 关于合成橡胶科学技术会战及浮动喷射板塔鉴定的会议情况汇报. 北京：中国科学院办公厅档案馆，1966-17-006-06.
⑤ 赵飞克（1909—1976），湖北鄂城人，1930 年毕业于武汉大学工学院，1935 年获英国利物浦大学工学院硕士学位，中国结构力学专家、中国科学院技术科学部副主任、院士。

续表

序号	中心问题	主持单位
7	聚合后丁二烯和溶剂的回收	兰州化工研究院
8	关于胶液及橡胶的后处理	兰州化工研究院
9	关于成品胶质量及贮存的研究	北京橡胶工业研究院[①]
10	关于顺丁橡胶的加工和应用范围的研究	北京橡胶工业研究院
11	关于顺丁橡胶新流程和新技术的研究	中国科学院应用化学研究所
12	橡胶生产专用机械设备的研究与试制	化工机械研究所
13	橡胶自动成型打包联合机的研究与试制	一机部通用机械研究所
14	橡胶生产用化工设备的研究与试制	化学工业部第一设计院
15	橡胶生产用通用设备的研究与试制	一机部通用机械研究所
16	顺丁橡胶厂工业用自动分析仪表	化学工业部第一设计院
17	顺丁橡胶厂化工仪表	上海仪表公司
18	助剂	
19	助剂原料	

资料来源：顺丁橡胶科学技术会战计划. 北京：中国科学院办公厅档案处档案，1966-02-12.

表3　顺丁橡胶科技会战计划各主体分工状况

主体	主要单位	负责项目数量	占比/%
中国科学院	长春应化所（14）、兰州化物所（6）、山西煤化所（4）、大连化物所（3）等	29	16.9
高等学校	南京化工学院（4）、成都工学院（3）、大连工学院[②]（2）、清华大学（2）、天津大学（2）、浙江大学（2）等	20	11.6
生产企业（厂）	石油六厂（12）、南京化工厂（5）、一机部兰州石油化工机械厂（4）、四方锅炉厂（3）、鞍山热工仪表厂（2）、沈阳阀门厂（2）、兰州炼油厂（1）、北京橡胶总厂（1）等	54	31.4
行业科研机构	兰州化工研究院（25）、一机部通用机械研究所（9）、北京橡胶工业研究院（6）、化学工业部化工机械研究所（5）、化学工业部第一设计院（3）、一机部兰州石油机械研究所（2）等	69	40.1

资料来源：顺丁橡胶科学技术会战计划. 北京：中国科学院办公厅档案处档案，1966-02-12.

　　此次会战，中国科学院研究所承担的任务大多为重要技术关键，包括橡胶单体制备和精制，溶液的精制，聚合方式，以及单体和聚合物的分析等，这些都是下一步建设中间厂和工业化大厂所必须解决的关键性问题。为了统一领导中国科学院各参与会战单位的工作，兰州会议之后，中国科学院建立了"院部合成橡胶会战小组"，由新技术局、计划局、数理化部和技术科学部等有关业务部的领导组成，中国科学院秦力生副秘书长任领导，具体工作由赵飞克负责。小组的主要任务是统一规划、审查计划、组织协调和督促检查中国科学院内各会战单位的工作。会战小组下设由新技术局孙连超、计划局方世秦和技术科学部苏贵升组成的联络组，负责与会战单位的联络，及时了解情况。[③]小组

---

① 1955年成立，隶属化学工业部领导，是我国橡胶加工工业中成立最早、规模最大的橡胶加工科研设计综合机构，主要从事轮胎等橡胶制品和新产品研制以及相关原材料的基础应用研究，橡胶物化性能和轮胎成品测试等。
② 现为大连理工大学，1953年该校化工系首先在国内组建合成橡胶专业（教研室），是国内最早从事合成橡胶专业人才培养的基地，同时参与合成橡胶科研开发工作。
③ 关于成立中国科学院合成橡胶大会战领导组织的意见. 北京：中国科学院办公厅院档案馆，1966-17-006.

要求各个研究所要有专人联系橡胶会战工作，在派出协作人员中配备政治指导员，各所每个月向中国科学院汇报一次工作情况，并且随时要同协作单位联系。

2. 第一次攻关会战的开展

兰州会议正式吹响了以锦州石油六厂为主战场的顺丁橡胶中试攻关会战的号角。但会战工作开始数月后，"文化大革命"爆发，因此顺丁橡胶第一次攻关会战是在"文化大革命"动荡的社会环境下艰难前行的。

会战开始后，中国科学院、兰州化工研究院、高等院校等几十个单位的工程技术人员和专家自带行李到锦州石油六厂参加顺丁橡胶会战工作，长春应化所由欧阳均和沈之荃带队参加锦州会战。会战范围涉及顺丁橡胶生产的全过程：单体、聚合、凝聚、干燥、溶剂回收及污水处理等，除了化学与化工方面的问题，还涉及工程、工艺、设备、仪表等复杂的技术问题。对于整个会战而言，锦州石油六厂千吨聚合装置的建设和试车是关键。为节省时间，锦州石油六厂采用"边研究，边设计，边施工"的方法进行 6 米^3 的千吨聚合装置建设，于 1966 年 10 月建成投入试车。会战的重点亦由小试及模拟试验转向千吨级中间试验。值得关注的是，在锦州进行的中试会战开始不久便因"文化大革命"爆发而受到影响。1966 年 6 月底，会战指挥部被解散，各单位科研人员被调回，顺丁橡胶会战工作面临被迫中断的危险，锦州石油六厂大部分技术人员被打倒，工业化试验由锦州石油六厂和各单位"革委会"代管。一年之后，在国务院"抓革命，促生产"方针的号召下，各会战单位相继回到石油六厂进行中试工作。

1966—1968 年，千吨聚合装置先后进行了 5 个周期的连续聚合试验，基本上完成了以加氢汽油和苯为溶剂的镍系顺丁橡胶的合成、用流化床反应器丁烯氧化脱氢制丁二烯及乙腈法分离精制丁二烯等系列成果，为自主开发顺丁橡胶提供了一套工业化设计数据，并且在 1968 年试制出轮胎送去进行里程试验。[①]但实际上，中试前四周期的试验都因挂胶或质量不好而停车，第 5 周期改用苯为溶剂连续运转 50 天，虽质量较好，但由于锦州石油六厂的技术人员被打倒后由工人顶岗操作，一些关键岗位只能由兰州化工研究院的人员负责，整个过程缺乏技术管理，实验数据和技术总结不足。计划 1968 年建设万吨大厂的目标难以实现。

1969—1970 年，锦州石油六厂又进行了第 6 和第 7 周期开车试验，为解决溶剂所带来的挂胶等问题，第 7 周期在采用了长春应化所和锦州石油六厂共同提出的"双二元"催化剂陈化方案的情况下，以加氢汽油为溶剂，连续开车 108 天，挂胶问题明显好转，产品稳定。[②]可以认为整套技术具备了工业化大厂建设的基本条件，标志着顺丁橡胶第一次联合攻关完成目标，这比原计划晚了 2 年时间。

从技术上看，此次联合攻关取得了以下成果：①解决了挂胶问题：以苯为溶剂的聚

合连续运转 101 天，超过日本的水平，以油为溶剂的聚合试验也取得成功，并能长期连续运转。②国产顺丁橡胶质量很好：轮胎的里程试验证明，在磨耗性能、抗崩花、抗穿刺等使用性能方面达到世界先进水平。③丁烯氧化脱氢小型及中型试验均取得良好的结果：丁烯转化率 70%—75%，丁二烯单程收率 55%左右，催化剂可以长期运转，不用再生，同时，成功创造了新型多旋挡板流化床反应器，解决了氧化脱氢工业化的问题。④成功掌握了乙腈萃取精馏的操作：找到了亚硝酸钠这个有效的聚阻剂，使后乙腈在运转过程中设备堵塞的现象得到消除，能够长期运转 500 天以上。⑤50%硫酸腐蚀设备的问题基本得到解决，在耐酸管线、耐酸阀、耐酸泵、耐腐蚀仪表等方面有了比较丰富的使用经验，并做了大量耐腐蚀设备和材料试验，为异丁烯分离装置的长期运转创造了条件。⑥氧化脱氢污水的生化处理试验取得较好的结果：试验证明，污水经生化处理后，可以满足排放要求。⑦建立了一套比较完整的控制分析方法：控制分析方法基本上能满足顺丁橡胶工业化生产的需要。⑧成功解决了制造三异丁基铝催化剂中铝粉和白土过滤等关键问题，沙子磨试验成功提高了铝粉的活性，缩短了反应时间，加大了生产能力，为三异丁基铝催化剂的大型生产提供了经验。[①]

然而，在"文化大革命"背景下完成的中试攻关会战，其所付出的代价不仅在时间上，也为后来顺丁橡胶工业万吨大厂生产装置出现的问题埋下了伏笔。

三、工业化建设与第二次联合攻关会战（1970—1976 年）

第一次攻关会战取得工业化建设所需数据，万吨级顺丁橡胶大厂建设被提上日程。1970 年 4 月，北京胜利化工厂年产 1.5 万吨的顺丁橡胶生产装置动工兴建，标志着我国顺丁橡胶技术进入工业化建设阶段。

1. 万吨工业生产装置建设及存在的问题

1969 年 9 月，北京市"革命委员会"、石油工业部和化学工业部向国务院业务组提交《关于北京东方红炼油厂进行石油化工综合利用的请示报告》，报告称将利用北京东方红炼油厂生产油品的副产物，如各种气体、苯类、液体蜡等，生产化工产品 15 种，约计 21 万吨，其中合成橡胶 3 万吨/年，分别是顺丁橡胶 1.5 万吨/年，异戊橡胶 1 万吨/年，乙丙橡胶 0.5 万吨/年，预计这些产量的橡胶每年可制造 120 万套轮胎，可装配 17 万辆解放牌汽车，顺丁橡胶生产装置建设在房山胜利桥。[②]

1969 年 10 月，北京东方红规划会在北京前门饭店召开。会议决定以苯为溶剂在燕山石化公司建设万吨级顺丁橡胶生产厂，11 月设计，北京市建筑设计研究院承担生活福利区、厂区部分车间及公用工程设计；北京市政设计院承担厂外供排水及道路工程设计；全厂的总设计布局，由化学工业部第一设计院负责协调。1970 年 6 月，国家科委在锦州召开的万吨级顺丁橡胶工业装置设计审查会上，决定顺丁橡胶生产装置采用更适合我国国情、毒性小、来源充足、对温度适应强、所得聚合物相对分子质量较高的抽余油脂肪

① 石油六厂"革委会"生产组. 顺丁橡胶技术资料汇编-国内部分. 锦州：石油六厂"革委会"生产组，1971.
② 关于北京东方红炼油厂进行石油化工综合利用的请示报告//《合成橡胶厂志》编纂委员会. 北京燕山石油化工公司合成橡胶厂志：一九七零—一九九零. 北京：《合成橡胶厂志》编纂委员会，1993：294-295.

烃作为聚合溶剂。北京胜利化工厂顺丁橡胶厂设计方案根据《东方红石油化工联合企业规划意见及厂址方案》进行编制。工艺技术根据锦州石油六厂丁二烯聚合千吨装置试验结果确定，工艺路线为：丁烷与丁烯、丁烯与丁二烯的分离，采用乙腈萃取精馏法；丁烯制取丁二烯采用磷、钼、铋为催化体系的氧化脱氢方法，在多旋挡板流化床反应器内进行；丁二烯聚合采用环烷酸镍、三异丁基铝和三氟化硼乙醚络合物为催化剂，以加氢汽油为溶剂的定向溶液聚合。[①]

1970年4月17日，北京胜利化工厂建设指挥部召开"落实备战，抢建橡胶工程"誓师大会，由我国自行研究设计的1.5万吨/年顺丁橡胶生产装置正式破土动工，由化工部吉林第一化工建设公司进行施工，图1为顺丁橡胶生产装置开工建设的场景。1971年4月，北京胜利化工厂万吨级顺丁橡胶生产装置建成。建厂初期，由于缺乏专业技术人员和有经验的操作工人，为此北京胜利化工厂建设指挥部向燃料化学工业部（简称燃化部）提出求援报告，请求支援一支装置开工队，协助工厂试车生产。经批准，以锦州石油六厂、兰州304厂等7家单位的40多人组成的开工队帮助开车。[②]1971年10月，顺丁橡胶生产装置全面试车投产。

图1　1970年4月万吨级顺丁橡胶生产装置开工建设场景
资料来源：《合成橡胶厂志》编纂委员会. 北京燕山石油化工公司合成橡胶厂志：一九七零——一九九零.
北京：《合成橡胶厂志》编纂委员会，1993

受"文化大革命"干扰，顺丁橡胶中试阶段的聚合回收溶剂的质量控制和防止聚合釜严重挂胶方面做得并不完善，并且在生产装置氧化脱氢水洗塔系和聚合溶剂回收流程的工程设计中，未经中试，原有的中试工艺流程被轻易做了改变，给万吨级生产装置试生产留下了严重的隐患。[③]

从生产装置建成至1973年，丁烯氧化脱氢产丁二烯装置和丁二烯聚合装置经常开开停停，生产上出现了"堵、挂、污水、质量"四大难题：一是丁烯氧化脱氢系统的设

① 《合成橡胶厂志》编纂委员会. 北京燕山石油化工公司合成橡胶厂志：一九七零——一九九零. 北京：《合成橡胶厂志》编纂委员会，1993：26.

② 《合成橡胶厂志》编纂委员会. 北京燕山石油化工公司合成橡胶厂志：一九七零——一九九零. 北京：《合成橡胶厂志》编纂委员会，1993：27.

③ 张爱民. 中国顺丁橡胶生产技术的研究开发和技术进步. 合成橡胶工业，2008，31（6）：400-405.

备、管线经常被自聚物堵塞，运转周期仅半个月左右；二是聚合釜挂胶严重，运转周期仅 7—10 天，平均处理每 1 米³ 丁二烯就要挂胶 2 千克左右；三是污水和有害气体排放量大，污染严重；四是成品胶质量差、不稳定。①这些难题导致生产无法正常进行。而这些问题产生的原因是全方位的，涉及单体、聚合、仪表、设备以及操作人员的经验等因素。要解决这样的系统工程问题，需要再一次进行各部门联合攻关。

2. 第二次联合攻关会战

1973 年 3 月，根据燃化部②三大合成材料会议的意见，决定组织顺丁橡胶生产技术攻关会战。③燃化部组织全国八省市的 13 家科研、设计、生产单位的部分科技人员，会同工厂的全体职工，以北京胜利化工厂为主战场，锦州石油六厂为分战场，对万吨级生产装置投产后出现的技术、设备、质量等方面的问题进行生产技术攻关会战，提出解决"一堵、二挂、三污水、四质量"的攻关目标。④参加攻关的单位，除北京胜利化工厂外，还有长春应化所、锦州石油六厂、上海合成橡胶厂、北京化工研究院、北京石油化工总厂设计院和研究院等十几个单位。第二次顺丁橡胶攻关会战指挥部下设单体车间和聚合车间两个会战组，参加会战单位及分组情况如表 4 所示。兰州化物所和长春应化所分别是单体会战组和聚合会战组的主要研究单位。

表 4　顺丁橡胶生产装置攻关会战分组情况

会战组	组成单位	负责人
单体会战组	兰州化物所、锦州石油六厂、山西煤化所、山东齐鲁橡胶厂、上海合成橡胶厂、北京石油化工总厂设计院、大庆石化总厂设计院、燃化部第六设计院、北京胜利化工厂等单位	杨成明、张爱民⑤
聚合会战组	长春应化所、锦州石油六厂、北京化工研究院、北京石油化工总厂设计院、大庆石化总厂设计院、北京胜利化工厂等单位	王成铭、唐学明⑥

资料来源：《合成橡胶厂志》编纂委员会. 北京燕山石油化工公司合成橡胶厂志：一九七零——一九九零. 北京：《合成橡胶厂志》编纂委员会，1993：115.

第二次攻关会战从 1973 年 5 月到 1975 年 5 月共进行了 12 个周期的试验，主要进行了以下几个方面的工作：①采用硼单加催化剂陈化方式，改变了之前选用的"双二元"催化剂陈化方式，硼单加的加料方式具有催化剂活性高，催化剂用量少，有利于减轻反应器挂胶的特点。②提高顺丁橡胶聚合原材料质量，试验研究发现，单体丁二烯中微量萃取剂的存在对聚合催化剂毒害较大，因此采取有效措施控制丁二烯中萃取剂含量，同时，对于丁二烯中微量水和含氧化合物等杂质也严格控制。③双釜和三釜凝聚改造：在

① 《合成橡胶厂志》编纂委员会. 北京燕山石油化工公司合成橡胶厂志：一九七零——一九九零. 北京：《合成橡胶厂志》编纂委员会，1993：114-115.
② 1970 年 6 月，煤炭工业部、石油工业部和化学工业部合并，成立燃料化学工业部。
③ 《合成橡胶厂志》编纂委员会. 北京燕山石油化工公司合成橡胶厂志：一九七零——一九九零. 北京：《合成橡胶厂志》编纂委员会，1993：2.
④ 《当代中国的石油化学工业》编辑委员会. 当代中国的石油化学工业. 北京：中国社会科学出版社，1987：244.
⑤ 张爱民，1949 年毕业于苏州东吴大学化工系，长期从事合成橡胶研究、设计和生产工作，曾在北京胜利化工厂合成橡胶厂担任工程师。
⑥ 唐学明，1923 年出生于福建，1951 年任中国科学院长春应化所研究实习员至研究员，参与顺丁橡胶工业生产新技术研究。

生产装置上进行了溢流管式双釜凝聚改造试验，吨胶耗蒸汽量[1]和胶粒含溶剂量均明显下降，取得较好效果，在此基础上，还进行了三釜凝聚试验。④改造后处理设备：对膨胀干燥机进行了全面改造，生产能力得到提高，还增加了 1 台提升机和 1 台压块机，使得整条后处理线的生产能力达到了 3.5—4.0 吨/时。[2]经过两年多的努力，对单体工艺设备进行了改造，采取严格控制原材料的纯度和调整催化剂各组分的配比、用量以及改变操作条件等措施，解决了单体堵塞、聚合挂胶和质量、污水问题，延长了生产装置运转周期，取得了氧化脱氢装置运转 5 个多月、聚合装置运转 8 个多月的满意结果。

3. 第二次联合攻关会战的结果

两年多的工业化联合攻关，基本解决了"一堵、二挂、三污水、四质量"的关键问题。北京胜利化工厂顺丁橡胶生产装置于 1975 年转入正常，质量接近国际同类产品水平，1976 年产量超过设计能力。

1976 年 2 月 12—19 日，参加顺丁橡胶攻关会战的有关单位在北京石油化工总厂对近三年的攻关会战工作进行了全面总结，一致认为攻关会战已基本完成了原定的任务，取得了不错的成绩：①顺丁橡胶生产装置全流程已基本上过了工艺技术和设备关，单体生产连续运转周期由会战前的几天延长到最长 5 个月；②聚合首釜运转周期由会战前的近十天延长到两到三个月，最长达到 240 天；③在正常情况下，污水能全部处理达到规定的排放标准；④氧化氮黄烟已被消灭，在正常情况下，已基本闻不到醛味；⑤生胶全项合格率由会战前 20% 左右提高到 1975 年的 98%，产品质量接近国外同类产品最好胶种（日本 BR01）的水平；⑥消耗定额下降，成品成本进一步下降，每吨生胶成本由会战前的 3711 元降到 1975 年的 1967 元。通过攻关会战，还挖掘了设备潜力，主要工序的设备能力达到或超过了设计指标，顺丁橡胶近三年攻关会战为新建同类装置提供了生产技术经验。③

由于顺丁橡胶的重要性，这次会议在对近三年的攻关工作进行总结后，还拟定了《顺丁橡胶生产科研技术协作项目表》下发各单位，以技术协作组的形式继续对顺丁橡胶技术进行改进，目标是让我国顺丁橡胶生产技术水平全面进入世界先进行列。技术协作组由有关生产、科研、设计单位和高等院校共同组成，包括北京胜利化工厂，兰州化物所、锦州石油六厂、吉林应化所（即长春应化所）、青岛橡胶二厂、山东胜利石油化工总厂科研所等单位，推选一些主要单位轮流担任组长，技术协作组第一任组长由山东胜利石油化工总厂橡胶厂担任。④

继北京胜利化工厂之后，我国采用联合攻关的成果，自行设计、自行制造设备，在锦州石油六厂、上海合成橡胶厂、齐鲁石油化工公司橡胶厂以及岳阳化工总厂橡胶厂相继建立的 4 套顺丁橡胶装置，都获得一次开车成功，正常投入生产，形成了近 10 万吨顺丁橡胶的生产能力，顺丁橡胶工业生产在全国形成"由点扩散为面"的发展形势。1980

---

① 生产一吨顺丁橡胶所消耗的蒸汽量。
② 冯志豪. 坚持科技进步,持续发展燕化合成橡胶事业//走向 21 世纪的中国合成橡胶工业——回顾与展望. 兰州：中国合成橡胶工业协会,《合成橡胶工业》编辑部, 2001：83.
③ 关于印发《顺丁橡胶生产科研技术协作项目表》的函. 北京：中国科学院文献情报中心档案馆, C122-429-07.
④ 关于印发《顺丁橡胶生产科研技术协作项目表》的函. 北京：中国科学院文献情报中心档案馆, C122-429-07.

年，美国固特异（Goodyear）轮胎橡胶公司对北京胜利化工厂的顺丁橡胶 DJ9000 胶样进行评价，将 DJ9000 胶样和该公司 Budene1207、1208 进行对比，结果显示，北京胜利化工厂顺丁橡胶在多方面性能较好，认为中国胶质量好，颜色好，无凝胶，加工性能好。[1]1980 年，全国合成橡胶总产量 121 722 吨，其中顺丁橡胶产量 73 210 吨，占比超过 60%。[2]

由于顺丁橡胶技术从根本上解决了我国橡胶自给的问题，因此 80 年代之后，相关研发工作一直在持续进行。如以中国科学院兰州化物所为主体的研究团队开展的丁烯氧化脱氢制备丁二烯技术研发，继 60 年代第一代 P-Mo-Bi 催化剂开发成功后，1976—1985 年，继续开发出第二代的丁烯氧化脱氢 Fe 基尖晶石 H-198 催化剂体系并成功实现工业化，对解决生产中的"一堵、二挂、三污水、四质量"问题起到关键作用；1985—1995 年，又开展了丁烯氧化脱氢高效无铬催化剂研究，成功开发出无铬 W-210Fe 基尖晶石催化剂，降低了铬污染，显著提高了丁二烯的收率和选择性，这是丁烯氧化脱氢催化剂在技术上的又一次突破和创新。可以说，这一超过 20 年的自主研发历程为顺丁橡胶工业化的可持续发展提供了有效支撑。

四、结语

（1）从技术和工业化角度看，顺丁橡胶技术攻关是较为成功的。

首先，顺丁橡胶的联合攻关达到了工业化生产的目的。顺丁橡胶技术攻关使中国在 20 世纪 70 年代具有了中国特色的全流程顺丁橡胶生产工艺，成功建设了我国第一个万吨级顺丁橡胶工业大厂，并且利用该成果相继在上海、山东、湖南等地建设了顺丁橡胶生产厂，从无到有地、独立自主地建立起我国顺丁橡胶产业。

其次，这一工业化生产在工艺上的一大特点是其原料丁二烯的制备，采用了丁烯氧化脱氢工艺。正是兰州化物所在国外尚无成熟成果之时展开相关研究，使得中国成为世界上首先实现丁烯氧化脱氢新工艺工业生产的国家之一。因此，这一工艺的先进性和顺丁橡胶本身的重要性使该项目获得了国家科学技术进步奖特等奖。值得一提的是，美国菲利浦（Philips）石油公司于 1970 年在得克萨斯（Texas）的博格（Borger）建成第一套丁烯氧化脱氢工业装置，生产能力为 12.5 万吨/年[3]，中国与之相比仅晚了 1 年。但不可否认，中国由实验室成果实现工业化生产，前后经历了 10 年，投入的时间、人力和资源成本是巨大的。

（2）从技术创新的角度看，20 世纪 50—70 年代我国顺丁橡胶技术攻关是一个典型的由实验室研究到工业化发展的技术创新过程。但创新模式却与同期合成橡胶生产大国有着显著不同，更多地折射出那个时期的中国特色。

首先，这是一个在"自力更生"的国家发展战略下，在科研、产业和高校等多部门共同合作的基础上，完全由我国独立自主地实现的技术创新。这一过程，在时间上可清

① 关于印发美国固特异轮胎橡胶公司对我厂顺丁橡胶评价的通知. 北京：中国科学院文献情报中心档案馆，C122-426-9.
② 中国合成橡胶工业协会. 中国合成橡胶工业总览. 北京：中国计量出版社，2005：280.
③ 化学工业部科学技术情报研究所. 美国化学工业. 北京：化学工业部科学技术情报研究所，1979.

晰地分解成实验室研究、扩大性试验、中间试验和工业化四个阶段（图2）。若从决策机制和组织模式的角度来说，1966年的兰州会议可视为一个重要节点，将我国顺丁橡胶技术创新过程划分为前后两个时期。

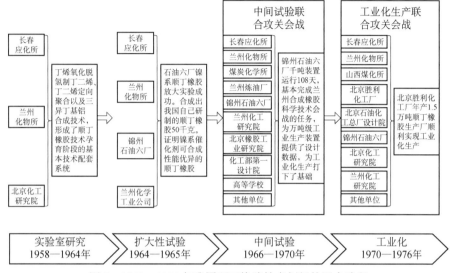

图2　1958—1976年我国顺丁橡胶技术创新的四个阶段

1958—1965年，顺丁橡胶的研发模式并非全国性联合攻关，而主要由长春应化所和兰州化物所对其进行了两大关键技术的实验室研究。这一时期研发决策的推动力来自两方面：一是1959年开始国家对在国防和工业发展中具有战略意义的新型材料开发的重视，合成橡胶正是具有重大战略意义的新型材料。正如兰州化物所在丁烯氧化脱氢总结中称"战备的需要是推动科研走向工业化的动力"[①]，兰州化物所将合成橡胶最重要的原料——丁二烯作为研发对象，便是在这种为国家战备需要服务的思想下做出的决策。二是来自研究所基于自身学科优势的选择。比如兰州化物所进行丁烯氧化脱氢制丁二烯的研究决策，直接来自研究所对国内外丁二烯制备催化过程的把握和技术可行性与先进性上的判断。因此，这一时期顺丁橡胶的相关研发活动，国家层面的发展战略所起的作用是引导性的，研发活动来自相对独立的研究项目。

1966—1976年，顺丁橡胶技术的创新模式发生根本变化，进入全面联合攻关时期，"会战"则是这一时期联合攻关的特殊称谓和形式。会战是在国家科委、中国科学院、相关产业部门的直接组织下进行的，这是一个典型的自上而下的组织和任务分配模式，即在会战总目标之下，将任务逐级分解成19个中心问题和97个专题项目，再将项目进一步分配到每个单位。

在这一过程中，只有政府才可称为顺丁橡胶真正意义上的创新主体。政府是创新活动的决策者，是资源的调配者，是创新活动的责任和风险承担者，而且是其收益的获取者。这与美国等市场经济国家的模式完全不同，20世纪60—70年代美国合成橡胶技术创新的主体是杜邦等大型企业，这些企业拥有实力雄厚的研发机构，是合成材料技术发

---

① 毛泽东思想引路，努力攀登科学高峰——丁烯氧化脱氢总结. 北京：中国科学院档案馆，L294-426.

展的主要推动者和受益者。

其次，顺丁橡胶的两次全国性攻关会战主要在"文化大革命"中进行，其对顺丁橡胶技术攻关造成的影响是一个无法忽视的因素。实际上，国家科委在 1966 年组织顺丁橡胶会战时，是希望一次性实现大厂建设和投产，第二次攻关会战未在计划之中。"文化大革命"爆发后，种种影响所带来的结果是，万吨级大厂建成时间推迟到 1971 年，且建成之后出现了诸多问题，导致不得不进行二次攻关会战。虽然两次会战使我国最终于 1976 年实现了顺丁橡胶工业化生产，但在时间上拉大了与美国的差距。

（3）从中国科学院与我国工业技术创新的关系来看，顺丁橡胶这一案例很好地体现了我国在 20 世纪 50 年代中后期开始形成的科研系统之特点。

首先，中国科学院是顺丁橡胶关键技术的理论创新者。比如兰州化物所对丁烯氧化脱氢制丁二烯工艺上的研究，奠定了顺丁橡胶工业生产技术的理论基础。此外，顺丁橡胶成型的另一关键技术——丁二烯定向聚合，则来自长春应化所。这反映出，在 20 世纪 50—70 年代我国重要工业技术开发进程中，中国科学院在关键技术问题上发挥了重要作用。这与国家在科研系统中对中国科学院的定位是相符的。

其次，中国科学院在关键技术上的成果之所以能实现工业化，依靠的是以"会战"形成的联合攻关系统。这是因为在 20 世纪 60 年代，我国虽然形成了以中国科学院、高校、行业科研机构、地方科研机构为主的研发系统，但由于各主体归属不同的部门，在无法由市场配置资源的计划经济时期，丁烯氧化脱氢等兼具战略性和先进性的研究成果要实现工业化生产，只能依靠国家科委等政府部门的组织，"会战"则是在这一时代背景下的一种有效方法。

高温合金技术[*]

　　高温合金指以铁、镍、钴为基，能在 600—1200℃高温下承受一定应力并具有抗氧化或抗腐蚀能力的合金，其发展与航空发动机的进步密切相关，主要用于制造航空、舰艇和工业用燃气轮机的涡轮叶片、导向叶片、涡轮盘、高压压气机盘和燃烧室等高温部件，还用于制造航天飞行器、火箭发动机、核反应堆、石油化工设备以及煤的转化等能源转换装置。与国外一样，航空喷气发动机的需要也是中国高温合金发展的动力。中国从 1956 年开始研制高温合金，因其在航空发动机等材料需求上的重要性，高温合金的研发保持了 60 年的持续性，形成了中国特有的高温合金体系。这一研发过程体现了有重大应用需求的特定材料科学领域发展的中国特色。

　　宏观来看，我国高温合金体系的研发经历了由最初仿制苏联系列到自主研发和不断创新的历程，在时间上可分为三个阶段，20 世纪 50—70 年代是仿制苏联系列的起始阶段，这一时期在"自力更生，大力协同"的方针指导下，形成了与我国装备相适应的生产路线，并针对我国缺镍少铬的资源情况，研制出一批铁基高温合金。70—90 年代中期是引进欧美体系合金的研发提高阶段，在 WS9\WZ6 和 WZ8 等发动机高温材料的研制中，全面引进欧美技术和新的工艺设备，在高性能变形合金、等轴晶铸造合金、定向凝固和单晶合金等一系列新合金的研制上取得发展。90 年代中期之后是研发新工艺和新型先进发动机所需的高性能新材料的阶段。随着新型先进航空发动机的生产，研制了粉末涡轮盘材料、氧化物弥散强化高温合金、第一、二、三代单晶高温合金和新型定向凝固柱晶合金，以及高铬合金等。[①]

　　我国高温合金研发的最初二十年（1956 年至 70 年代中期）以仿制苏联的镍基高温合金 GH3030 为起点，但因冶金工艺等方面可获得的支持非常少，加上我国金属资源的特殊性，因此在仿制的同时更多的是自主研制和攻关，尤其是这期间针对我国矿产资源的特征开展了"以铁代镍"的自主攻关，获得了适应我国资源特点的铁基高温合金系列。与此同时，初步开发出具有较领先水平的生产工艺，这方面成绩的典型代表是 1964 年开始进行的我国第一个铸造空心涡轮叶片的自主研发，历经十年由实验室试制到成功进行工业化生产，该成果在歼-8、歼-7Ⅱ上等先进歼击机上成功使用，而且使中国成为继美国之后第二个采用铸造空心涡轮叶片的国家，由于其重要性，该成果于 1985 年获得了国家科学技术进步奖一等奖。

一、在苏联的协助下仿制第一种高温合金 GH3030

　　由于高温合金是喷气式飞机动力装置不可缺少的材料，发动机的关键部位，如燃烧室、涡轮叶片、涡轮盘等用的材料都是高温合金，因此，我国高温合金研制的动因最初

---

*　　作者：方一兵。

①　　本文所涉及的时间为第一阶段。

来自航空工业发展的需要。早在 1952 年 4 月，由中央财经委员会副主任李富春召集召开了关于研究航空工业自行制造问题的会议，在会上，陈云指出"走向飞机制造最困难的是技术人员和原材料问题，如果原材料不能立足于自己国内，那才是最大的困难"，航空材料研究机构的建立因此被提上日程。1955 年春，二机部四局分党组起草了《关于成立中国航空材料研究院的报告》，航空材料研究所于同年开始筹建。1955 年 10 月，二机部四局和冶金工业部钢铁局共同成立调查组，对全国的钢铁厂和航空工厂的特殊钢生产能力进行调查，着手准备试制航空发动机的重要材料——高温合金。①

1956 年 3 月，二机部和冶金工业部批准，由抚顺钢厂（简称抚钢）、鞍山钢铁公司（简称鞍钢）、钢铁工业综合研究所（钢铁研究总院的前身）、410 厂（沈阳发动机厂）和北京航空材料研究所（简称航材所）共同研制我国第一种高温合金 GH3030（苏联牌号ЭИ435）②，开启了我国研制高温合金的历史进程。GH3030 的研制，是在中苏合作协议框架下进行的。之后，航材所与苏联航空材料研究院（ВИАМ）签订了关于协同工作的研究项目协议，高温合金是主要的合作项目。GH3030 从 1956 年开始研制到 1962 年稳定生产，经历了以下两个阶段。

一是 1956 年 3 月至 1957 年的试制阶段，由航材所派出以副所长荣科为首的试制组，试制工作在抚钢进行，苏联方面派出了炼钢和锻钢专家朱也夫、布拉霍夫，以及苏联航空材料研究院的马特维也夫进行指导。③苏方与中方技术人员共同组成了一个领导小组，指挥在抚钢的试制工作。这次试制虽然是在苏联协助下进行仿制，但苏方并未向中方提供苏联的《航空材料手册·高温合金》，也没有可供分析的标准样钢。苏方派出的专家朱也夫于项目上马初期来到抚钢，给参与试制的人员介绍了 GH3030 合金的情况，并强调了对所用原材料、特殊用钢锭模等方面的严格要求，决定了第一次试炼的日期为 1956 年 3 月。在这种情况下，中方技术人员凭借从 410 厂取来的苏联发动机零件实物和航材所尽可能收集到的参考资料，进行多方探索，20 天之后设计制造出了合格的钢锭模，并放弃了苏联采用的镍洗炉办法而采用卤水打炉底的办法来洗掉电炉底坡剩余铁。1956 年 3 月 26 日进行了第一次试制，但锻造时钢锭产生了裂口而宣告失败，两天之后的第二次试制亦未成功。④1956 年 6 月，苏方专家和中方航材所的技术人员再次来到抚钢，进行第三次试制，这次试制减少了脱氧剂的用量，强化脱氧处理，成功锻造出了板坯，板坯经过修整后，送至鞍钢第二薄板厂进行热轧，再冷轧成薄板，板材样品分别送至 410 厂和航材所进行检验，测试结果符合技术要求。之后又将板材样品送往苏联航空材料研究院复验，结果也达到了技术条件规定的要求。1957 年 410 厂用国产 GH3030 高温合金板材制成火焰筒，装在涡喷 5 发动机上，通过了长期试车，宣告我国 GH3030 高温合金试制成功。⑤

① 魏祖冶. 中国第一种高温合金的诞生//《中国航空工业四十年》编辑部. 中国航空工业四十年：1951.4—1991.4. 北京：航空工业出版社，1990：104-107.
② 魏祖冶. 中国第一种高温合金的诞生//《中国航空工业四十年》编辑部. 中国航空工业四十年：1951.4—1991.4. 北京：航空工业出版社，1990：104-107.
③ 魏祖冶. 中国第一种高温合金的诞生//《中国航空工业四十年》编辑部. 中国航空工业四十年：1951.4—1991.4. 北京：航空工业出版社，1990：104-107.
④ 叶济生. 我国第一个高温合金 GH3030 试制记//师昌绪，陆达，荣科. 中国高温合金四十年. 北京：中国科学技术出版社，1996：185-186.
⑤ 魏祖冶. 中国第一种高温合金的诞生//《中国航空工业四十年》编辑部. 中国航空工业四十年：1951.4—1991.4. 北京：航空工业出版社，1990：104-107.

二是 1960—1962 年的质量攻关阶段。实际上，GH3030 试制成功后，并未马上进行大批量生产。1959 年之后由于中苏关系恶化，苏联停止了对中国供应航空材料，在此情况下，中国于 1960 年开始用国产 GH3030 制造火焰筒。但首批国产材料制造的火焰筒在长期试车后出现了严重裂纹，410 厂因此被迫停止了发动机生产。为解决质量问题，三机部四局和冶金工业部技术司决定成立以航材所吴世德和钢铁研究院傅宏镇为组长的工作组，联合抚钢、中国科学院金属研究所（简称金属所）、鞍钢和 410 厂的人员开展质量攻关，先后进行了国产材料与苏联材料性能对比、焊接性能研究、试车裂纹分析、板材反复弯曲试验及板材分层原因研究，最后总结出产生质量问题的各方面原因，并据此采取了相应的技术措施。经过近一年的努力，GH3030 高温合金的质量问题得到了圆满解决。1962 年 9 月，410 厂召开了 GH3030 高温合金质量攻关总结会议，此后恢复了 BK 型发动机的生产。GH3030 高温合金在 1964 年被中华人民共和国国家计划委员会（简称国家计委）、中华人民共和国科学技术委员会（简称国家科委）、国家经济委员会（简称国家经委）授予"工业新产品国家一等奖"。[1]

严格地说，以 GH3030 为代表的最初阶段高温合金的仿制并非完全的模仿，而是在仿照苏联高温合金体系成分的基础上，自主探索生产工艺的过程。在 GH3030 的研制过程中，在以下两方面依靠自己的力量，实现了创新和发展。

一是电弧炉砌炉工艺。GH3030 合金碳含量较低，技术标准规定不大于 0.12%，为使 GH3030 合金碳含量控制在良好的范围，抚钢放弃了传统的沥青加镁砂打结炉衬的电弧炉砌炉方式，采用卤水加镁砂打结炉衬的工艺，同时挑选优质电极进行电弧炉冶炼，从而保证了含碳量的控制。[2]

二是电弧炉冶炼工艺。GH3030 板材试制中出现了突出的板材分层问题，为解决这些问题必须对传统的电弧炉冶炼工艺进行革新。首先是强化合金冶炼的物理化学过程，包括适当提高精炼温度、强化扩散与沉淀脱氧，特别注意强化精炼后期的 Si-Ca 合金深部脱氧和脱硫。其次是避免二次氧化，包括出炉和浇注时加强氩气保护，控制出钢和浇注温度及速度，严防浇注分流等。[3]

这些措施并不是很复杂的技术难题，但通过这些技术突破，不仅解决了 GH3030 板材出现的严重质量问题，而且积累了经验，奠定了我国电弧炉冶炼高温合金的工艺基础。这是首批高温合金仿制工作最重要的意义所在。

二、铁基高温合金的自主研发

高温合金按基体元素种类可分为铁基、镍基和钴基三类，其中铁基高温合金的含镍量通常达 25%—60%，因此这类铁基高温合金有时亦称为铁镍基高温合金。[4]由于我国

[1] 魏祖冶. 中国第一种高温合金的诞生//《中国航空工业四十年》编辑部. 中国航空工业四十年：1951.4—1991.4. 北京：航空工业出版社，1990：104-107.
[2] 周冀华，王盛安. 变形高温合金仿制中的创新//师昌绪，陆达，荣科. 中国高温合金四十年. 北京：中国科学技术出版社，1996：44-49.
[3] 周冀华，王盛安. 变形高温合金仿制中的创新//师昌绪，陆达，荣科. 中国高温合金四十年. 北京：中国科学技术出版社，1996：44-49.
[4] 黄乾尧，李汉康，等. 高温合金. 北京：冶金工业出版社，2000：6.

缺镍少钴，再加上国外封锁，因此 20 世纪 50—70 年代铁基高温合金的研制、生产和应用成为我国高温合金研发最初二十年的重要工作并取得了突出成绩。

中国于 20 世纪 50 年代初开始生产航空涡轮喷气发动机，最初发动机全部由苏联进口。1956 年试制出了第一种镍基高温合金 GH3030，此后在抚钢又试制成功 WP-5 用叶片合金 GH4033 和涡轮盘合金 GH34；在航材所试制成功导向器铸造叶片 K412。到 1957年底，装于歼-5 飞机的 WP-5 发动机用的四种高温合金算是全部试制成功。[①]上述四种高温合金均为镍基。由于当时中国未发现大型镍矿，为了自力更生地满足国产航空发动机的材料需求，中国科学院金属研究所（简称金属所）和抚钢合作于 1957 年开始研制第一种铁基高温合金 GH2135，以期代替用量最大的镍基合金 GH4033。[②]几乎同时，北京航材所开始研制 GH1140 作为板材以替代镍基合金，中国由此开始了自力更生地开发铁基高温合金以满足航空材料需求的"以铁代镍"研发工程。到 70 年代初，我国研制生产的铁基高温合金牌号达 33 个，其中我国独创的为 18 种，18 种铁基合金中，GH1140、GH2135、GH35A 和 K213、K214 等为典型代表。[③]GH1140 代替 GH3030 和 GH3039 作火焰筒，K214 代替镍基铸造合金 K401 作导向叶片，GH2135 作涡轮盘，K213、GH2130、GH2302 作柴油机增压器涡轮，GH35A 作涡轮导向器内外环得到了广泛的实际应用。[④]

这场"以铁代镍"的工程中，1958 年开始进行的我国第一个铁基板材高温合金 GH1140（GR-2）的研制是最初阶段的成功研制和应用的代表，其研制过程体现了该阶段在"自力更生"的方针下，我国铁基高温合金研制各单位大力协同和科研、生产、使用三结合的特点。

GH1140 研制的主要动因是替换掉 WP-5 和 WP-6 发动机高温部件大量采用的 GH3030 和 GH3039，由于这两种镍基高温合金的含镍量为 75%—80%，GH3039 还含铌1.1%。据统计，每架歼-6 飞机（双发）上采用的 GH3039 合金需消耗镍元素 258 千克、铌元素 3.8 千克。而当时我国镍的自给率很低，80%—90% 需要依靠进口，铌元素也是如此。[⑤]这对当时国力尚弱的中国来说无疑带来了非常大的财政负担。为了解决这一问题，航材所于 1958 年开始了以铁基合金代替 GH3039 合金的研究工作，从 1958 年的合金用料和冶炼的基础性研究到 1966 年的生产定型，GH1140 的研制经历了 8 年时间的四个阶段。

一是 1958—1959 年的合金用料和冶炼的实验室基础研发阶段，主要由航材所完成。由江贵藻负责合金用料的研究，由陈德厚和张文林负责冶炼研究。研究工作以苏联ЭИ703 合金为基础，利用我国富有的钨、钼、铝、钛元素对合金进行综合强化，在突破了冶炼和变形两个难关后，初步确定了合金的基础成分为 Fe-37Ni-20Cr-1.5W-2.2Mo-

① 师昌绪，仲增塘. 中国高温合金 40 年. 金属学报，1997，1（33）：1-8.
② 师昌绪，仲增塘. 中国高温合金 40 年. 金属学报，1997，1（33）：1-8.
③ 黄乾尧，李汉康，等. 高温合金. 北京：冶金工业出版社，2000：3.
④ 郭建亭，周瑞发. 铁基高温合金的发展与应用//师昌绪，陆达，荣科. 中国高温合金四十年. 北京：中国科学技术出版社，1996：32.
⑤ 黄福祥. 我国第一个铁基板材高温合金 GH1140（GR-2）的研制和应用//师昌绪，陆达，荣科. 中国高温合金四十年. 北京：中国科学技术出版社，1996：193-195.

0.4Al-1Ti，并定名为 GR-2 合金，综合性能达到了镍基合金 GH3039 的水平。[1]

二是 1959—1962 年的半工业性扩大试验阶段。首先在航材所内的半吨电弧炉上冶炼 GR-2 合金，突破钢锭质量和锻造关之后，钢锭由抚钢锻造开坯，鞍钢轧成 8.5 毫米中板和 0.8—2.0 毫米的薄板，并随后由 410 厂加工成 WP-6 发动机原型（散热片型）火焰筒，于 1960 年 10—11 月与 GH3039 火焰筒串装通过了 100 小时长期试车考验，1962 年 3—4 月又通过了全台份 GR-2 火焰筒的第二次长期试车考验。[2]

三是 1962—1964 年在抚钢开展的工业性扩大试验，由航材所、抚钢和 410 厂协作进行。1962 年初，国家科委决定在抚钢进行 GR-2 的工业性扩大试验，之后两年多的时间里，航材所和抚钢均组成工作组穿梭于抚钢和 410 厂，解决了板材的"重皮"和晶粒度偏大等缺陷问题，于 1963 年后在抚顺钢厂电炉车间 7 号炉上冶炼了三炉合金，并加工成薄板、中板和棒材共 6.6 吨，其质量和性能均达到了预定要求。用这些材料制成的 WP-6 发动机原型火焰筒于 1964 年 6 月在 410 厂通过了第三次长期试车试验。[3]

四是 1965—1966 年的试用和生产定型阶段。三次长期试车成功后，三机部于 1965 年 4 月 26 日发出了关于试用 GR-2 合金制造 WP-6 发动机火焰筒的通知，410 厂于 1966 年 3 月底前用 GR-2 合金共制造了 WP-6 发动机原型火焰筒共 50 台份，装机发往空军基地定点试飞。1967 年 7 月起，外场试飞的 GR-2 火焰筒使用 100 小时寿命期满，其裂纹与 GH3039 火焰筒相当或略轻，变形较 GH3039 轻，由此得出了用 GR-2 合金制造的 WP-6 发动机原型火焰筒可以保证发动机在外场使用安全，可用 GR-2 材料代替 GH3039 材料的结论。实际上，在获得该结论之前，GR-2 合金已于 1966 年生产定型，纳入冶金工业部标准，并命名为 GH1140。1966 年起 410 厂已全部改用 GR-2 代替 GH3039 制造火焰筒了。GH3039 在生产中较高的报废率和 2 倍高于 GR-2 的价格也是促成 GR-2 全面推广使用的两个重要原因。1966 年之后，由于国外的封锁导致国内镍供应非常紧张，这在客观上也大大促进了 GH1140 合金的扩大生产和推广应用。

此后，GH1140 合金在国内十多种航空发动机和飞机上得到使用，使用部位由火焰筒扩大到加力扩散器、加力筒体、加力输油圈、机尾罩蒙皮等，材料的生产也由抚钢一家扩大到全国各大特钢厂。

除 GH1140 外，我国在 20 世纪 50 年代末至 70 年代初已研制成功 30 多种铁基高温合金，在经过了短期的仿制阶段之后，我国的高温合金在其发展的最初二十年通过自主研制而初步实现了"以铁代镍"的目标。这些铁基高温合金在化学成分上与我国资源相适应，具有无钴节镍的特点，而且综合性能大都达到或超过所代替的同类镍合金的水平。铁基高温合金大多不同程度地得到试用和应用，其中生产量在 100 吨以上的有 GH1140、GH2135、K213 和 GH35A 四种，前三种均在 60—70 年代研制成功。

20 世纪 50—70 年代在自力更生的方针下开展的我国铁基高温合金研制，标志着以

[1] 黄福祥. 我国第一个铁基板材高温合金 GH1140（GR-2）的研制和应用//师昌绪，陆达，荣科. 中国高温合金四十年. 北京：中国科学技术出版社，1996：193-195.
[2] 黄福祥. 我国第一个铁基板材高温合金 GH1140（GR-2）的研制和应用//师昌绪，陆达，荣科. 中国高温合金四十年. 北京：中国科学技术出版社，1996：193-195.
[3] 黄福祥. 我国第一个铁基板材高温合金 GH1140（GR-2）的研制和应用//师昌绪，陆达，荣科. 中国高温合金四十年. 北京：中国科学技术出版社，1996：193-195.

高温合金为代表的航空材料由仿制到自主研制的发展。

三、铸造空心涡轮叶片的攻关

涡轮叶片是现代喷气发动机的一个关键组件,如能承受更高温度的高速气流通过,就能使航空发动机产生更大的推力,因此更耐高温的涡轮叶片材料的研制是提高发动机性能的关键。[①]1964年,歼-8飞机设计方案进入决策阶段,关键之一就是能否对涡喷7发动机进行改进,拿出推力大、油耗低的新型发动机。[②]1964年10月航空研究院在601所召开歼-8方案讨论会,时任航空研究院副总工程师的金属冶金学家荣科提出把该机的实心涡轮叶片改进为空心叶片并进行强制冷却的设计方案[③]。

涡轮系统采用空心叶片进行强制冷却的设计,是20世纪60年代初的世界水平。当时世界上空心涡轮叶片的制造方案有三种,一是英国Roll Royce公司大量采用的用锻造高温合金作出冷却孔,二是美国已开始采用的用铸造高温合金作出冷却孔,三是发散冷却,但还未有研制成功的先例。考虑到金属所在50年代末已研制成功涡轮叶片铸造合金(916)和1962年研制成功涡轮叶片铸造镍基高温合金M17的经验,因此决定以金属所、606所(沈阳航空发动机设计所)及410厂为主,组成"设计-材料-制造"一体化的三结合小组,选择第二种方案即铸造空心涡轮叶片,进行联合攻关。[④]

铸造空心涡轮叶片从研制到工业生产完全放手经历了十多年的时间,分为三个阶段。

一是1964—1966年9月的实验室试制阶段,由金属所具体实施,606所和410厂密切配合。任务确立后,金属所迅速组织所内上百名科技人员成立AB-1任务组,师昌绪任组长,胡壮麒任副组长,陆炳昌为政委。这是一个含冶炼、造型、脱芯、测壁厚、化学分析及相分析、控制合金质量、蠕变测试、疲劳测试以及制定验收标准等环节的攻关组,606所和410厂均派出技术人员在金属所共同攻关[⑤]。

金属所先是在一个月内解决了型芯材料的选取和制作的难题,确定了采用石英管制造型芯。接着进行用氟氰酸脱芯和超声波测壁厚及型芯的位置的探索,在不到一年的时间里,使用金属所研制的M17合金在实验室里制造出我国第一片铸造9孔空心涡轮叶片。叶片经606所的吹风试验,表面完全达到降低100℃的要求。[⑥]

二是1966年在410厂进行的试生产阶段。1966年11月,由410厂精铸生产线正式生产出一台份铸造9孔空心涡轮叶片,并于同年12月再总装出一台份(编号502)装铸

① 周日新. 喷气惊奇——航空动力的里程碑. 北京:北京航空航天大学出版社,2016:134.
② 航空发动机总公司. 涡喷7系列发动机的发展//《中国航空工业四十年》编辑部. 中国航空工业四十年:1951.4—1991.4. 北京:航空工业出版社,1990:148-150.
③ 荣科. 空心叶片攻关记//《中国航空工业四十年》编辑部. 中国航空工业四十年:1951.4—1991.4. 北京:航空工业出版社,1990:154-156.
④ 师昌绪. 第一个铸造空心涡轮叶片攻关过程//师昌绪,陆达,荣科. 中国高温合金四十年. 北京:中国科学技术出版社,1996:187-188.
⑤ 刘深,郝红全. 师昌绪传. 北京:人民出版社,2018:167.
⑥ 师昌绪. 第一个铸造空心涡轮叶片攻关过程//师昌绪,陆达,荣科. 中国高温合金四十年. 北京:中国科学技术出版社,1996:187-188.

造空心涡轮叶片的涡喷 7 甲发动机进行台架试车，结果性能完全符合设计要求。①

三是 1966 年之后的正式投产阶段。前期在沈阳 410 厂进行，70 年代中期，三机部决定将空心涡轮叶片的生产转到贵州平坝的 170 厂，在转厂期间，金属所派出一个小分队，由师昌绪亲自带队到 170 厂进行协助，从原料准备、合金冶炼、模壳制造、浇铸制度，一直到检测方法与验收标准的制定，小分队与厂里的技术人员进行了几个月的攻关，最终使空心涡轮叶片的成品率远远超过了正在生产的实心涡轮叶片的水平。②

值得一提的是，在空心涡轮叶片的实验室研制阶段，我国采取的是锻造空心涡轮叶片和铸造空心涡轮叶片同时进行研制的"两条腿走路"的模式。1965 年，航空研究院组织以 625 所为主，410 厂、621 所、606 所、抚钢、钢铁研究院等单位联合进行锻造 3 大孔空心涡轮叶片的研制。研制组在 7 个月内，攻克了一级涡轮叶片的高温合金和锻造成型工艺、深孔电火花打孔装备的设计、异形孔电极成型以及深孔壁厚仪器及测量方法的确定，从而在 1966 年 1 月按预定进度研制出一台份空心涡轮叶片，并于 1966 年 3 月装配出第一台（编号 501）装锻造 3 大孔空心气冷涡轮叶片的改型发动机（涡喷 7 甲发动机），于 1966 年 4 月 12 日进行试车并获得成功，发动机性能完全达到设计技术指标。③在 1966 年 9 月铸造 9 孔空心涡轮叶片也研制成功之后，面临着锻和铸的选择问题。经过比对，认为铸造 9 孔空心涡轮叶片在冷却效果、合金性能以及生产工艺等三方面较锻造 3 大孔空心涡轮叶片更有优势。

因此选定了铸造 9 孔空心涡轮叶片作为改型设计的涡喷 7 甲发动机的定型叶片。中国的涡轮叶片因此上了两个台阶，一是锻造合金改为真空铸造合金，二是实心叶片变为空心叶片。中国也成为继美国之后，第二个采用铸造空心涡轮叶片的国家。④1978 年，某型发动机一级铸造空心涡轮叶片使用的 M17 合金通过冶金工业部和三机部联合鉴定⑤，此后，铸造空心涡轮叶片在歼-8、歼-82、歼-7Ⅱ、歼-7 等歼击机上被采用，并出口国外几百台。1985 年，歼-8 飞机荣获国家科学技术进步奖特等奖，铸造空心涡轮叶片以"歼-8、歼-7Ⅱ所用发动机配套的多孔气冷铸造一级涡轮叶片的研制与推广"的名称获国家科学技术进步奖一等奖。2010 年师昌绪院士获得国家最高科学技术奖，他作为带头人在铸造空心涡轮叶片的研制和推广方面的工作是其获奖的重要原因之一。⑥

从技术上说，铸造 9 孔空心涡轮叶片的研制是中国高温合金发展历程中的一项开拓性的工作，为我国铸造高温合金奠定了基础。在研发过程中，金属所攻关团队除了攻克型芯制作、叶片浇铸和脱芯等成型工艺难题外，还开拓性地发展了一套"三低"（低温精炼、低温脱气、低温浇铸）冶炼工艺。铸造 9 孔空心涡轮叶片试制成功后，金属所团队

① 荣科. 空心叶片攻关记//《中国航空工业四十年》编辑部. 中国航空工业四十年 1951.4—1991.4. 北京：航空工业出版社，1990：154-156.
② 师昌绪. 第一个铸造空心涡轮叶片攻关过程//师昌绪，陆达，荣科. 中国高温合金四十年. 北京：中国科学技术出版社，1996：187-188.
③ 荣科. 空心叶片攻关记//《中国航空工业四十年》编辑部. 中国航空工业四十年 1951.4—1991.4. 北京：航空工业出版社，1990：154-156.
④ 师昌绪. 第一个铸造空心涡轮叶片攻关过程//师昌绪，陆达，荣科. 中国高温合金四十年. 北京：中国科学技术出版社，1996：187-188.
⑤ 刘深，郝红全. 师昌绪传. 北京：人民出版社，2018：175.
⑥ 刘深，郝红全. 师昌绪传. 北京：人民出版社，2018：175.

还制定出技术标准和工艺规范，为之后铸造空心涡轮叶片的批量生产提供了条件。

铸造空心涡轮叶片的研制成功，也体现了 60 年代中国高温合金铸造工艺技术发展的水平。除 M17 铸造 9 孔空心涡轮叶片外，相关研究机构也进行了与铸造高温合金相关的研发工作，有效推动了我国精密铸造技术的发展。如航材所为保证铸造合金和先进叶片的研制，于 60 年代初就开展了真空熔模铸造工艺的研究，先后研制多种模料。到 70 年代末，研制成功我国首例涡轮叶片无余量精铸工艺，标志着我国熔模铸造技术达到了当时的国际先进水平。①

在项目组织上，铸造 9 孔空心涡轮叶片的研制充分体现了"设计-材料-制造"一体化的协作攻关特点，工艺、材料、科研共同促进了设计改进。这是一次在 606 所、410 厂和金属所、钢铁研究院、抚钢等方面通力合作下，集中优势力量取得的研发成果。而空心涡轮叶片能在一年内迅速研制成功，正是这种大协作的优势的体现。

四、结论：高温合金研制与研发体系的建立

以任务推动学科发展和研发体系的建立，是新中国成立以后中国科技发展的突出特点之一，高温合金最初 20 年的研制也促进了我国特殊钢研发体系的形成。这一研发体系由与高温合金材料基础研究和试验开发相关的机构，以及与高温合金材料工业化试验和生产相关的单位共同组成。

在研究方面，为实现以高温合金为主的航空材料的自主研发，直接促成了 1956 年北京航空材料研究所的成立。1956 年 4 月 7 日，中苏两国政府签订苏联援建的补充协议书，将北京航空材料研究所列入援建项目②，航材所成立之时设立的第一研究室，是我国最早从事高温结构材料技术研究的专业化研究机构，研究室一经成立，便主导了第一种高温合金 GH3030 等一系列的仿制，以及铁基高温合金 GH1140 等一系列重要高温合金材料的研制攻关，在任务中发展成我国国防工业系统中该领域最完整和最具实力的研究单位。

此外，高温合金材料的研制攻关的展开，促进了金属所和钢铁研究院在该领域研究力量的形成。例如金属所原以钢铁为主攻对象，1957 年之后转向以研制包括高温合金在内的高温材料为重点③，50—60 年代，在铸造高温合金的研制上发挥了主导作用，取得了铸造空心涡轮叶片这样的重大创新。此外，为发展尖端技术，1958 年之后高温合金也开始成为钢铁研究院的重点研发领域，并组建了高温合金研究室，成为我国最早从事高温合金研究的单位之一。从 20 世纪 50 年代末至 60 年代，钢铁研究院先后参与了当时几个主要歼击机和轰炸机的发动机三大关键部件（叶片、涡轮盘和火焰筒）用高温合金材料的研制和质量攻关工作。在研制任务的带动下，高温合金的规律性问题和作用机理得到研究，形成了合金元素的作用、组织结构、高温合金工艺、热腐蚀和氧化方面的理论成果。④

① 陈荣章. 北京航空材料研究院铸造高温合金及工艺发展 40 年. 材料工程，1998，（10）：3-10.
② 周日新，等. 中国航空图志. 北京：北京航空航天大学出版社，2008：253.
③ 师昌绪，仲增墉. 中国高温合金 40 年. 金属学报，1997，（33）：1-8.
④ 钢铁研究总院院志编委会. 冶金工业部钢铁研究总院院志·第一卷（1952—1985）. 北京：钢铁研究总院院志编委会，1986：42-47.

在生产方面，20 世纪 50—60 年代，通过中试和生产攻关，形成了以抚顺钢厂、上钢五厂、上钢三厂、大冶钢厂和齐齐哈尔钢厂为主体的变形高温合金开发与生产基地；1967 年长城钢厂三分厂兴建，使我国相应棒、盘、板、丝、带、环、管材的年产能达一万吨，在沈阳、成都、西安等航空发动机厂建立了高温合金精密铸造生产线[①]，构成我国航空发动机用高温合金的生产体系。

值得一提的是，这一时期高温合金的研制攻关项目基本上属于当时某一机型的航空发动机研制的重要环节，项目开展采用的是"设计-材料-制造"一体化的组织方式，例如在上述铸造空心涡轮叶片的研制上，项目由实验室阶段到工业生产攻关，每一环节都由设计、材料研发和制造方的人员组成的联合研制组来共同进行，606 所和 410 厂负责涡喷 7 发动机的技术，621 所和金属所共同开辟真空冶金浇铸技术，金属所、钢铁研究总院、抚顺钢厂负责铸造和变形合金的开发[②]，这种各研发和生产主体集中力量协同攻关的形式，在科研技术力量并不强大的年代，不失为一种高效的实现研制目标的技术创新模式。在难以获得技术引进的时期，这种由研发任务的各环节力量强有力地组织在一起进行攻关的模式，能更有效地培养本土科研和技术力量，促进与之相关的研发体系的成长，以及科研和生产能力的形成。

① 师昌绪，仲增墉. 中国高温合金 40 年. 金属学报，1997，（33）：1-8.
② 荣科. 空心叶片攻关记//《中国航空工业四十年》编辑部. 中国航空工业四十年：1951.4—1991.4. 北京：航空工业出版社，1990：154-156.

黄淮海平原中低产田综合治理[*]

　　黄淮海平原是我国最大的平原之一，总面积达 30 万平方公里，在流域上主要包括滦河、海河、黄河、淮河等流域的中下游地区。历史时期该地区就长期受到旱涝盐碱灾害的困扰，对其治理也一直为历代政府所重视。新中国成立以后，黄淮海平原冀鲁豫三省的盐渍土在 20 世纪 50 年代中期达到 2800 万亩，到 60 年代初期剧增至 4800 万亩[①]。严重的盐碱旱涝制约着黄淮海平原的农业生产，单位亩产远低于全国平均水平。国家为了改善黄淮海平原的土壤环境，自 1973 年始由农林部主持，中国科学院、水利部和冀鲁豫皖苏五省参加，先后共 200 余家科研单位和大中专院校 3 万多名不同学科的科技工作者奔赴黄淮海平原，在河北、山东、河南、安徽、江苏等地设立了十二个试验区进行黄淮海平原中低产田的综合治理工作。

　　始于 1973 年的黄淮海平原旱涝盐碱综合治理工程，被誉为我国农业科技战线上的"两弹一星"，20 余年的科技攻关，使得黄淮海平原的旱涝盐碱问题得到极大改善，并获得 1993 年度"国家科学技术进步奖特等奖"。

一、20 世纪五六十年代的治水改土

　　在对 20 世纪七八十年代这场黄淮海平原旱涝盐碱综合治理考察之前，我们有必要考察在新中国成立初期对于黄淮海平原盐碱治理的情况。《1956 年到 1967 年全国农业发展纲要》中将"积极改良和利用盐碱地""防止土地的盐碱化"纳入纲要之中，强调"农业合作社和国营农场都应当积极改良和利用盐碱地、瘠薄的红土壤地、低洼地、砂地和其他各种瘠薄的土地。注意防止土地的盐碱化"[②]。20 世纪 50 年代初，国家就先后组织专家学者对东北、青海、西藏、新疆、华北等地的土地资源进行考察，其中对黄淮海地区的水土状况也进行了大规模考察。

　　针对新中国成立初期黄淮海地区的盐碱问题，毛主席提出"黄淮海平原要上万人来搞"。此后国家组织了中国科学院、水利电力部和农业部相关科研单位对黄淮海平原的治理进行了初步研究，包括土壤改良、合理种植等方面的农业科学实验。50 年代中期中国科学院副院长竺可桢院士就已经开始布局黄淮海平原农业考察与实验方面的工作，原中国科学院地理研究所所长黄秉维还在山东禹城县布置了旱涝盐碱治理试验点。[③]在此期间，中国科学院南京土壤研究所副所长熊毅院士也在北京组织了一个土壤考察队，在

---

[*] 作者：王思明、周志强。

① 农业部科学技术委员会，农业部科学技术司. 中国农业科技工作四十年. 北京：中国农业科技出版社，1989：399.

② 中共中央文献研究室. 建国以来重要文献选编. 第 8 册. 北京：中央文献出版社，1994：46.

③ 李振声（口述），温瑾（访问整理）. 20 世纪中国科学口述史：农业科技"黄淮海战役". 长沙：湖南教育出版社，2012：3.

黄淮海平原进行了专门的土壤调查和水文地质等各项基础性的工作，系统地研究了华北平原土壤的形成条件、过程和特性，这次土壤普查的最后成果结集为《华北平原土壤》一书，为黄淮海平原旱涝盐碱综合治理和农业发展提供了重要的基础性资料。同时还组织了中国科学院内多学科科技人员，在河南封丘县进行黄淮海平原及其综合治理研究，并在全国第一次推行井灌井排技术的试验研究。[①]熊毅提出土壤改良需要遵行分区原则，修建山谷拦洪水库及洼地带洪水库，注意排涝排水在华北平原防治土壤盐渍中的作用等盐碱治理方法。[②]

这一时期的大规模考察、勘测以及对土壤改良的实践，促进了我国土壤改良学的发展，揭示了黄淮海平原"第四纪河流沉积规律，层状沉积物结构、类型及其对土壤水肥特性、水盐运动和农业生产的影响；开创性地研究了浅层地下水与土壤盐碱化的关系，总结出旱涝盐碱在发生上的联系"[③]。为有效防治土壤盐碱化提供了理论依据，同时在实践中锻炼和成长了一大批科学工作者，为后来的黄淮海平原全面综合整治活动奠定了人才基础。

但在 20 世纪 50 年代末 60 年代初由于受到"大跃进"极左方针路线的影响，黄淮海平原旱涝盐碱治理的实践亦严重背离了土壤学家的科学认识。1955 年水利部为了解决干旱缺水的问题，提出在华北平原通过农村合作社进行水利化运动，各地掀起了兴修农田水利的热潮，在第一个五年计划里全国农田水利任务由 7200 万亩增加到 1 亿亩，大量兴修小型农田水利工程。[④]随后在 1958 年"大跃进"极左方针影响下，人民公社开始在黄淮海平原大搞水网化运动。在没有进行有效排水的情况下，大搞引黄灌溉和坑塘、河网、平原水库等蓄水工程。这种盲目的有灌无排，拦河筑坝，平原蓄水，打乱了自然排水流势，引起了土壤次生盐碱化和沼泽化灾害迅速发展。在经过 50 年代初的盐碱稳定期以后，1958—1962 年盐碱地面积"曾一度上升到 6180 万亩。后经暂停引黄灌溉，疏浚沟渠，排灌配套，以及井灌井排等措施，盐碱地面积开始减少，但仍有 5000 万亩"[⑤]。60 年代末 70 年代初，更是由于连续的旱灾黄淮海地区农业生产环境进一步恶化，1973 年周恩来总理主持召开的北方十七省（自治区、直辖市）抗旱工作会议，就黄淮海地区的盐碱、水旱等问题作出全面部署，黄淮海平原的中低产田开始进入综合治理阶段。

二、20 世纪 70 年代旱涝盐碱综合治理体系的初步构建

1. 旱涝盐碱治理理论的新探索

20 世纪五六十年代的改水治土虽然使得黄淮海平原的旱涝盐碱问题在一定时期内得到缓解，但由于其间受到"大跃进"的影响，在旱涝盐碱沙多种问题并存的情况下，没有从整体出发，盲目进行水利化运动，顾此失彼反而加剧了黄淮海平原旱涝盐碱的程

① 若冰. 四十年黄淮海 三代人献青春——记中国科学院封丘农业试验基地. 人民日报, 1996-01-31（10）.
② 详见熊毅, 席承藩. 华北平原土壤. 北京：科学出版社, 1961. 书中对于黄淮海平原的旱涝盐碱的整治已经提出了初步的系统规划，但并没有得到完全的重视。
③ 郝晋岷. 黄淮海平原土地利用. 北京：中国农业大学出版社, 2013：8.
④ 中共中央文献研究室. 建国以来重要文献选编. 第 7 册. 北京：中央文献出版社, 1993：313.
⑤ 戴旭. 试论黄淮海平原旱涝盐碱灾害的整治. 地理科学, 1988,（4）：355-362, 396.

度。尤其是在 20 世纪 60 年代末到 70 年代初，我国北方地区连续三年遭遇大旱，黄淮海地区旱涝盐碱问题也愈加严重，农业生产受到巨大影响。

1973 年，周恩来总理在河北满城主持召开北方抗旱工作会议，提出要以河北黑龙港地区为试点，围绕地下水的开发和旱涝盐碱的综合治理组织科学会战。同年"河北省黑龙港地区地下水资源合理开发利用"被列为国家重点科研项目。此后"黄淮海平原综合治理"一直被列入国家重点科研项目，并开始全面展开对黄淮海平原农业自然条件的评价、旱涝成因及预测、土壤盐碱化的防治、水资源的开发和利用等课题的研究。[①]

正如上文所提及的，早在 20 世纪五六十年代熊毅、石元春等就已开始对黄淮海平原旱涝盐碱治理展开早期探索，从旱涝盐碱的形成条件、过程和特性到其治理均有了初步的认识。但对于旱涝盐碱的形成规律、砂姜黑土整治等方面的研究尚不是十分充分。1973 年黄淮海平原进入综合治理阶段后，石元春、贾大林、张俊雄、王遵亲等对盐碱治理的理论展开了进一步探索。

从自然条件看，黄淮海平原普遍存在的旱涝盐碱是由于其地表及地下水含盐量大，地下水位高，排水不畅，使得土壤不易脱盐，高矿化地下水不易淡化，进而导致了土壤的盐碱化，因此对于地下水的排盐一直是治理的重要内容。北京农业大学[②]石元春、辛德惠等在 70 年代对黄淮海平原土壤水盐运动又进行了进一步的研究，认为在季风气候影响下形成的旱季和雨季的更替，也使土壤中的水盐循环系统明显地表现为季节性的上行和下行过程的更替特点，这种上行与下行运动使得盐渍土出现明显的旱季积盐过程和雨季脱盐过程的季节性更替。而对于水盐的调控可以通过浅层地下水的开采和地下水位的调节，将大气降水、地面水、土壤水和地下水沟通起来，统一调度，排灌蓄全面结合来解决[③]。在 80 年代中期石元春等系统提出了"半湿润季风气候区水盐运动理论"以及"区域水盐运动测报体系及模型"，在黄淮海平原旱涝盐碱治理实践上有重要指导意义并发挥了重要作用。

此外中国农业科学院（简称中国农科院）的贾大林还利用同位素示踪和数值模拟的方法研究了土壤水盐运动规律，认为地下水中盐分随土壤毛管水上升，其分布似土壤水分布，以排水降低地下水位在临界深度以下是有效治理土壤盐渍化的关键，同时还需采用灌溉冲洗的方法使土体脱盐。[④]中国科学院南京土壤研究所王遵亲、俞仁培等还展开了对黄淮海平原土壤碱化分级的研究，计算出了土壤碱化分级的主要项目和具体指标，将黄淮海平原碱土分为四级：瓦碱、强碱化土、中度碱化土和弱碱化土。[⑤]

作为一项综合性治理工程，除土壤学家对黄淮海平原盐碱土壤的理论探索外，地理学、林学、水利等专业学者也进行了大量的研究。著名地理学家黄秉维指出：黄土高原的治理对黄淮海平原整治也有重要影响，黄淮海平原存在的旱涝碱沙等问题，在很大程度上是黄土高原生态环境遭到破坏，水源涵养条件恶化，水土流失造成的，黄淮海平原

① 治理和开发黄淮海平原列入国家科研重点项目 中国科学院正组织力量进行规划为联合攻关作准备. 人民日报，1982-10-17（3）.
② 后于 1995 年与北京农业工程大学合并成立中国农业大学.
③ 石元春，辛德惠，等. 黄淮海平原的水盐运动和旱涝盐碱的综合治理. 石家庄：河北人民出版社，1983：30-37.
④ 贾大林，傅正泉. 利用放射性碘 131 和硫 35 研究松砂土土体和地下水盐分的运动. 土壤，1978，（2）：47-48.
⑤ 万洪富，俞仁培，王遵亲. 黄淮海平原土壤碱化分级的初步研究. 土壤学报，1983，20（2）：129-139.

旱涝盐碱的治理，必须与黄河中游的水土保持结合起来。[1]中国科学院南京土壤研究所张俊民针对黄淮平原的砂姜黑土问题，指出首先要改善排水条件，之后因土制宜增施化学磷肥和氮肥，调整作物结构，适当扩大花生的种植面积。[2]中国农科院棉花研究所的张雄伟等探讨了碱地棉花生长规律及其与外界环境条件的联系，总结出半免耕种植法、地膜覆盖法等一套碱地棉花高产、稳产、优质的栽培技术规范。[3]其他还有关于林业、水利等盐碱治理的理论，这些理论的新探索是科研人员在五六十年代科研探索的基础上以及新时期的盐碱治理实践中总结而出，同时又进一步指导着黄淮海平原旱涝盐碱的综合治理。

2. 以点带面，区域试点的展开

黄淮海平原横跨京、津、冀、鲁、豫、皖、苏 7 个省市，总面积达 30 万平方公里。整个平原地域广大，区域内部的旱涝盐碱亦有地域差异，加之资金与科技人员的相对缺乏，因此对于其治理主要采取的是通过设立试验区，展开区域试点的研究方式，因地制宜分类指导，做到点面结合，面上结果。

1973 年 5 月，当时北京农业大学校长王观澜教授安排北京农业大学研究人员在邯郸附近设点进行盐碱地改良。此后，石元春、辛德惠、王树安教授等，来到当时旱涝盐碱十分严重的邯郸曲周县进行试点研究，并在此建立了 6000 亩旱涝碱咸综合治理试验区，开始了黄淮海平原旱涝盐碱综合治理的试点研究。

石元春等在曲周县的研究试验，总结出黄淮海平原的旱涝盐碱其主要矛盾在于水盐运动的不平衡，即土壤中的盐分在水分的变化下上下迁移，旱季蒸发旺盛，水盐上移，雨季雨水淋洗，水盐下移。对于盐碱地的整治关键就在于调控水盐运动，其核心就是以治水为中心，完善排灌系统，采用工程、生物和农业等综合配套技术，科学地调节和控制土壤中的水盐运动。因此综合治理旱涝盐碱的实质在于按照水盐运动的客观规律，人为地创造条件，科学地调节控制水量和水位，合理地调度排水、灌溉和蓄水，使矛盾转化，达到"旱能灌，涝能排，碱地变好，咸水变淡"。

为此石元春等还提出"井沟结合，农林水并举"的综合治理办法[4]，强调合理利用浅层地下水。其在曲周"以海河工程系统为基础，从利用咸水，扩大抗旱水源入手，在地下建立一个能够沟通和统一调度大气降水、地面水、地下水（深层淡水和浅层咸水）和土壤水，排蓄灌相结合的浅层地下水库。通过它来调节和控制水量和水位，并贯彻农业'八字宪法'，达到综合治理旱涝盐碱的目的"。[5]此外还通过修筑工程措施如建立井群、灌溉-排咸系统和以深沟为骨干的深浅沟系统等调控水量和水位，达到水盐的平衡。在治理原则上充分认识到旱涝碱咸之间的内在联系和相互制约，因此必须综合治理，而不能"头痛医头，脚痛医脚"。在治理方法上，也必须克服那种沟是沟，井是井，农业措

① 科学工作者在国土整治战略问题讨论会上指出　国土整治要从全局和长远利益出发. 人民日报,1982-07-08（4）.
② 张俊民. 综合治理砂姜黑土. 人民日报，1984-11-22（5）.
③ 张雄伟，林光海. 盐碱地植棉技术的开发研究. 河南农林科技，1985，（2）：11-13.
④ 华北农大曲周基点教师同贫下中农一起搞科学试验. 光明日报，1978-08-11（2）.
⑤ 华北农大曲周基点. 旱涝盐咸综合治理的研究——曲周试验区四年工作总结（1974—1977 年）. 土壤，1978，（1）：27-29.

施是农业措施的孤立看法，而要把三者有机结合起来①。这种"突破咸水禁区，以浅井深沟为主体，农林水并举"的旱涝盐碱综合治理思想，在之后其他地区的综合治理中也得到了广泛的实践并取得显著效果。

至 1978 年曲周地区地下咸水已普遍出现淡化趋势，百分之六十的浅井地下水的矿化度已由 7 克/升下降为 5 克/升，曲周县的盐碱问题基本得到了控制。曲周张庄粮食产量也从原来 79 千克/亩②增至 500 千克/亩。③至 1983 年，经过十年的努力曲周试验基地取得了显著成绩，已经有 23 万亩盐碱地得到改造，亩产量也由百余斤增长到七八百斤，彻底改变了吃粮靠救济的贫困状况。④其试验成果也在黄淮海平原的盐碱地治理上大面积推广。

除在曲周的试验取得巨大成功以外，中国农科院、中国科学院等科研单位在黄淮海平原的其他地区也展开了区域试点研究。早在 1966 年，中华人民共和国科学技术委员会（简称国家科委）副主任范长江根据周恩来总理的意见在山东省禹城县南北庄创建了试验区。此后中国科学院地理研究所、中国农科院等 20 多个科研单位的 150 名科研人员，先后来到禹城地区探索治理盐碱地的方法。至 1986 年禹城地区已发展成为我国直接设在盐碱窝的一个初具规模的地学、生物学基础理论和应用研究的现代化科学综合试验基地。⑤沧州地区南皮乌马营试验区也于 1974 年春建立，由河北省水利科学研究所、河北农业大学、河北省林业科学研究所等共同承担，他们通过沟井渠结合、农林牧并举、抽咸换淡等措施增强了乌马营地区的抗旱排涝能力。经过 1974—1980 年的综合治理，南皮乌马营试验区"在南北二个试区共 6500 亩范围内排咸补淡，结果使浅层淡水面积扩大了 15%，平均每年增加粮食 42 万 kg"⑥。

中国农科院土壤肥料研究所（简称中国农科院土肥所）牵头治理的山东省陵县万亩盐改试验区，于 1973 年成立，先后被列入山东省、农业部、国家科委的研究项目。采用综合治理的方针，总结出了"深沟提排与农业措施相结合"的综合治理技术，这项技术还获得了 1980 年农牧渔业部科技进步奖一等奖⑦。整个试验区出现了农林牧副渔全面发展的新景象，至 1984 年，全县已改造盐渍土 27 万亩，全县粮食总产量比 1978 年增长97.5%，棉花产量增长 27.7 倍，人均收入增长 10.14 倍⑧。此外中国农科院还牵头在河南商丘地区李庄公社展开旱涝盐碱治理工作，从 1978 年起通过采取工程措施与生物措施相结合的综合治理方法，经过三年的治理，全社开挖排灌渠道 55 条，共长 100 华里⑨，植树 20 万株，压条 2 万多穴，新打机井 24 眼，使得地下水位降到 3 米左右，2500 亩盐

① 华北农业大学土化系曲周基点. 运用浅井深沟体系，综合治理旱涝碱咸. 天津农业科技，1976，（5）：24-35.

② 1 亩≈666.7 平方米。

③ 华北农大曲周基点. 黄淮海平原盐碱地的综合治理. 农业科技通讯，1978，（12）：20-21.

④ 蹲点十年搞科研 万亩盐碱滩变良田 北京农业大学师生为综合治理盐碱地作出贡献. 人民日报，1983-07-27（3）.

⑤ "盐碱窝"建成"科学村"：地学生物学实验基地在禹城初具规模. 人民日报，1986-08-28（3）.

⑥ 陈望和，等. 河北地下水. 北京：地震出版社，1999：392.

⑦ 王守纯，王应求，谢承陶，等. 山东省陵县盐碱地综合治理技术示范推广及其经济效益. 土壤肥料，1986，（5）：1-4.

⑧ 朱文志. 黄淮海平原盐渍土改造成绩大 面积减少一半粮食总产量增长一倍半. 人民日报，1985-05-27（2）.

⑨ 1 华里=500 米。

碱地已改造成旱涝保收、稳产高产的丰产田，全社粮棉连续三年大幅度增产。[①]

各个试验区在历史上都是旱涝盐碱十分严重的地区，各试点区在治理旱涝盐碱的过程中不仅创造了巨大的物质财富，提高了当地民众的生产生活水平，其意义还在于取得了丰富的治理经验与科研成果，为综合治理开发黄淮海平原创造了条件。同时这些试验区还有强大的辐射作用，在其周围均出现了强大的辐射区，形成科研、示范、推广、生产紧密结合的服务网络，以被称为"华北旱槽"的黑龙港地区为例，在原来20万亩的农业综合试验区内，至1983年已形成200万亩示范区和2000万亩辐射区。

三、"五年科技攻关"计划下的黄淮海平原综合治理

经过20世纪70年代熊毅、王守纯、石元春、辛德惠等在黄淮海平原多个地区的科学试点，对于黄淮海平原的治理从理论到整治措施方面都积累了丰富的经验。随着十一届三中全会的召开，社会主义现代化建设成为全党工作的重点。黄淮海地区作为我国粮食主产区之一，党和政府认为其增产潜力仍然巨大，自1982年开始实施"五年科技攻关"计划以来，在四个"五年科技攻关"计划中均将黄淮海平原综合治理列入重点治理项目之一[②]。

"六五"期间，在国家科委和有关部门领导下，中央和地方的367个科研单位通力合作，有166个专题通过鉴定，获得了一批重大成果，为黄淮海地区增加14亿元的效益[③]。其中水电部在"六五"期间，选择了六项重大技术问题，作为黄淮海平原进一步综合治理的突破口：①渠灌区节水灌溉成套技术；②井灌区低压管道输水灌溉成套技术；③引黄灌溉工程体系及应用技术；④引黄灌溉泥沙处理成套技术；⑤井渠结合调控地下水成套技术；⑥暗管排水技术。[④]各个高校以及地方研究机构，围绕新的课题进一步进行黄淮海地区的盐碱综合治理。石元春等1985年在"六五"专题研究中，正式提出了黄淮海地区治理的完整方法论，"对区域水盐运动和旱涝盐碱监测预报技术进行了系统而综合的研究，运用了国际上先进的理论、方法和手段，在半湿润季风气候下水盐运动的特征、水盐运动类型的划分与制图、潜水位的监测预报、土壤水盐运动的监测预报等5部分取得了显著进展"[⑤]。通过改造与调控盐渍化农田生态系统的工程生态设计与多层次人工控制系统的建设，指导了曲周及邻近地区共5县60万亩综合治理区的设计与实施。至"六五"计划完成后黄淮海平原粮食总产量达到785亿千克，亩产231.5千克，较1952年粮食总产和亩产分别增长182%和292%。[⑥]

此后在国家科委和农业部主持的，由贾大林、石元春主持撰写的黄淮海平原"七五"

① 陈满正. 黄淮海盐碱地宜于综合治理——李庄公社试验三年粮棉大幅度增长. 人民日报, 1982-09-04（4）.
② 治理和开发黄淮海平原列入国家科研重点项目 中国科学院正组织力量进行规划为联合攻关作准备. 人民日报, 1982-10-17（3）.
③ 陈满正. 黄淮海地区综合治理喜结硕果 三千万亩中低产田粮、棉产量明显提高. 人民日报, 1986-10-28（2）.
④ 林世垣. 水利电力部系统《黄淮海平原中低产地区综合治理和综合发展研究》"六五"攻关总结大会在新乡召开. 灌溉排水学报, 1986,（1）：50.
⑤ 石元春. 战役记：纪念黄淮海科技战役40周年. 北京：中国农业大学出版社, 2013：337.
⑥ 谢承陶, 李志杰, 林治安. 黄淮海平原中低产土壤综合改良治理的任务和途径. 农业现代化研究, 1989,10（5）：28-30.

科技攻关计划中，又提出了由 12 个试验区和 6 个重大技术研究专题组成的"两线作战"的总体战略部署①。根据当时的资金以及技术力量，国家科委投资 1700 万元，准备先治理 5000 万亩，依托不同类型的 12 个旱、涝、盐碱、瘠薄试验区和示范区，组织中央和冀鲁苏皖豫五省和京津二市有关科研部门和单位的科技人员从五个方面进行超前技术研究和多部门、多学科的协作攻关：开展区域水盐运动规律和水盐监测预报；大面积培肥地力、经济施肥技术、灌排技术措施；主要作物优质、高产、抗逆配套栽培技术；不同类型区域综合防护林体系配套技术和生态经济效益；黄淮海平原中低产地区综合治理和农业资源开发利用的总体方案以及农业结构、布局与种植制度等方面的研究。②

1988 年，为了进一步调动和发挥科技人员参加黄淮海平原农业综合开发的积极性，国务院专门表彰了在黄淮海平原成绩突出的科研人员。③此后大中专院校以及地方政府，在总结前段工作的基础上，纷纷提出"战斗升级"的"作战"方案，增派科技人员，加大资金和物质投入，实行分区承包，加快科学技术向经济建设主战场的战略性转变，进一步加强黄淮海平原旱涝盐碱治理。④将试验区的经验推广到其他地区，加快科学技术向经济建设主战场的战略性转变和黄淮海平原中低产田开发和综合治理的速度。

进入 20 世纪 80 年代以来，在"六五""七五"国家科技攻关项目，以及国家农委下达的黄淮海平原旱涝盐碱综合治理区划任务的指导下，对于黄淮海平原旱涝盐碱的整治扩展到整个黄淮海平原。这一时期的全面整治实际上是六七十年代工作的继续，基本完成了以综合治理旱涝盐碱为中心，以改造中低产田为重点，改善生产条件和农业生产环境，深度开发黄淮海平原的资源潜力，提高农业生产水平的目标。

四、黄淮海平原治理工作取得的成效及治理经验

自新中国成立以来黄淮海平原的旱涝盐碱一直为党和政府所重视，在 20 世纪 80 年代李鹏总理亦曾指出"中国农业大发展寄希望于黄淮海平原"。至 80 年代末，经过近 20 年的发展，取得了诸多重大成果，走出了一条具有中国特色的农业综合开发道路。经过几十年的攻关研究，黄淮海平原中低产田的综合治理取得了高水平科技成果 280 项，其中达到国际领先水平的有 33 项，达到国内领先水平的有 75 项。获得省部级以上科技进步奖、发明奖等奖励 34 项。产生社会经济效益 180 亿余元，至 20 世纪末黄淮海地区的年人均收入增至两千余元。1993 年"黄淮海平原中低产地区综合治理的研究与开发"这项跨部门、多学科、综合性的大型系统工程成果荣获"国家科学技术进步奖特等奖"。

黄淮海平原的农业、经济都得到了极大的发展，之前的十旱九涝，土地泛盐，农业萧条的景象已经完全得到改善，对于推进我国农业现代化以及整个"四化"建设有重大的战略意义。至 20 世纪末黄淮海地区农业综合开发累计改造中低产田 5.2 亿亩，新增和改善灌溉面积 4.8 亿亩，新增和改善除涝面积 2.1 亿亩，从根本上改善了黄淮海平原中

① 郝晋珉. 黄淮海平原土地利用. 北京：中国农业大学出版社，2013：12.
② 陈满正. 黄淮海地区中低产田将继续治理 "七五" 规划：五千万亩. 人民日报，1986-11-05（2）.
③ 黄正根，李进其，何加正. 开发建设黄淮海平原成绩突出 国务院表彰一批优秀科技人员 党和国家领导人接见十六位农业科学家并座谈 李鹏鼓励更多的科技人员投入农业生产第一线. 人民日报，1988-07-28（1）.
④ 王振川. 中国改革开放新时期年鉴（1988 年）. 北京：中国民主法制出版社，2015：189.

低产地区的农业生产条件,这些地区成为我国粮食、棉花和油料的重要产区。在全国 509 个年提供商品粮 5 万吨以上、农业人口人均年生产商品原粮 100 千克以上的商品粮大县中,地处黄淮海平原的有 132 个;在全国 150 个年产皮棉 1 万吨以上的商品棉基地中,黄淮海平原占 66 个;在全国 64 个花生基地县中,黄淮海平原占 34 个。[①]该地区还形成了一批商品猪、肉牛、果品、桐木、蚕桑、海洋水产等生产基地,黄淮海平原农业生产的专业化和区域化得到了较快发展,已成为我国各类农业生产基地最集中的地区之一。

20 世纪七八十年代黄淮海平原旱涝盐碱的综合治理是上万名科技工作者长期深入实践,艰苦奋斗,多部门、大协作联合科技攻关的创举,是新中国成立以来改造自然、发展农业生产力的代表性成果。之所以取得如此成功,我们认为主要有以下几方面的原因。

多部门跨学科合作,开展联合攻关。作为一项联系到农业、林业、水利、土壤、生物、地质等诸多学科、部门和单位的一项综合性科研项目,自 20 世纪 50 年代以来黄淮海平原的旱涝盐碱治理工作发动了来自北京农业大学,中国农科院农田灌溉研究所、棉花研究所、植物保护研究所,中国科学院南京土壤研究所、地理研究所,中国林业科学研究院,河北省地矿局,以及地质矿产部等几十家科研单位上万名科研人员展开联合攻关。中国科学院还专门成立了科技攻关领导小组,注意充分发挥多学科、多"兵种"的优势,采取多层次、点片面联合"作战"的方法[②],把自然科学与经济科学结合起来,统一领导,统一规划,进行黄淮海平原的综合治理与经营。

充分调动地方群众的积极性,大力向群众推广农业科学技术。国家除了在财力、物力及政策方面给予重点支持以外,同时注意调动地方政府、科研单位的积极性,鼓励地方科技投入。在实践中科研人员也注意密切联系群众,既注重向群众传授先进的科学知识,推广科研成果,又重视群众的创造,总结群众的经验,将来自群众的意见、反映、经验集中起来加以系统研究[③],使农业开发在当地政府的统一领导下,成为广大科技人员和人民群众共同的行动。此外还通过建立农业技术学校、组织农业科学技术普及队下乡、印发技术材料等办法,提高群众应用科学技术的能力。

进行科学的组织管理。黄淮海平原范围大,对其治理开发是一项综合性的系统工程,涉及的方面多,属于一个大型的综合科研项目。为了搞好开发治理,课题组在实践中创造了一套科学的组织管理方法,包括课题的前期论证、攻关目标的选择,以及由国家科委领导,到黄淮海平原农业发展战略组,再到各具体试验区的三级管理体系的建立等。同时还创造了有活力的科技投入运行机制,过去科技投入都是靠政府推动,科技人员无偿服务,是一种非利益结合方式,这种方式,只有投入,没有补偿,缺乏内在的动力和活力,不能充分调动科技人员和科研单位的积极性。而在黄淮海平原盐碱治理过程中为了鼓励更多的科研人员和科研单位投入黄淮海平原的开发,政府出台了《关于国家科研单位和部属院校科技人员参加黄淮海平原农业研究与开发有关问题的试行办法》,提出

① 赵济,陈传康. 中国地理. 北京:高等教育出版社,1999:447.
② 王友恭. 黄淮海农业六项科技成果通过鉴定. 人民日报,1985-12-08(1).
③ 王守纯. 在农村基点进行科学研究工作的几点体会. 土壤通报,1964,(6):1-4,10.

科技投入要采取项目承包、技术入股、技术转让、综合承包经营等多种方式，同时对参加开发的科技人员特别是有成绩、有贡献者试行奖励政策。①贯彻改革、开放、搞活的方针，采取承包经营的办法进行开发治理。

同时黄淮海平原的盐碱治理也离不开科研人员的辛勤投入。从早期的熊毅院士到之后的王守纯、辛德惠、石元春、贾大林，黄淮海平原旱涝盐碱的综合治理离不开广大农业科技工作者长期深入到农业第一线，发扬艰苦奋斗精神，将理论与实践相结合，与当地广大干部、群众和科技人员密切配合，通力合作。中国农科院土壤肥料研究所王守纯研究员自20世纪60年代就开始在豫北盐碱最为严重的新乡洪门乡展开盐碱地的治理，随后又先后在商河、禹城、陵县展开研究，其足迹几乎踏遍了整个黄淮海平原地区，总结出了"以治水为先导，培肥为重点，工程措施、生物措施、农业措施相结合，排灌平肥林统一安排，旱涝盐碱瘠综合治理"的整套技术措施，在生命的最后仍然心系于黄淮海平原综合治理。②栽培专家宁守铭，长期不懈地在黄淮海平原农村先后蹲点32年，探索出"治薄为首、以肥为主、磷肥突破、氮磷平衡"的新治理方法，被赞为"活的资料库、信息库，为开发黄淮海平原储备了新技术"。③在黄淮海平原旱涝盐碱的治理过程中涌现出了一大批先进集体和模范人物，李振声院士将此总结为"黄淮海精神"，其已成为进一步展开黄淮海平原综合治理的精神力量。

新中国成立以来黄淮海平原旱涝盐碱的治理在国家政策以及资金的支持下，采取多部门、大协作联合科技攻关的方式，取得了巨大的成功，极大改善了黄淮海平原的自然环境，促进了我国农业现代化建设，为我国农业区域综合治理与开发工作摸索出了一条行之有效的道路，其治理经验在今天来看仍然有诸多值得借鉴之处。

---

① 田纪云. 希望有更多的科技人员为农业的开发建设贡献智慧与力量——七月二十七日在农业专家座谈会上的讲话. 人民日报, 1988-07-29（1）.
② 张传宣, 尹建华. 盐碱窝恋情——记著名土壤学家王守纯. 人民日报, 1988-10-12（1）.
③ 张传宣, 尹建华. 镶嵌在大地上的橱窗——记优秀共产党员、栽培学家宁守铭. 人民日报, 1988-12-16（2）.

下篇

工程技术研究

"两弹一星"工程*

一、研制"两弹一星"的背景

"两弹一星"工程是新中国科学史上的经典之作。从 1955 年 1 月正式启动原子弹工程，到 1970 年 4 月人造地球卫星发射成功，"两弹一星"工程历时十余年，是典型的大科学工程。"两弹一星"的成功为中国的国家安全打下了基础，启动"两弹一星"则有着深刻的时代背景。

抗美援朝战争的启示与建设现代化国防的现实需要。在抗美援朝战争中，中国人民志愿军付出了巨大代价。在战后的冷静分析中，中央高层深刻认识到，站起来的中国人要想真正做到保家卫国，就必须紧紧跟上世界军事技术变革的步伐，拥有先进的军事装备。当时刚刚兴起的以原子弹、导弹为代表的军事技术，无疑就成为具有远见卓识的新中国领导人的首选目标。

打破大国的核威胁和核垄断。从抗美援朝战争开始，美国针对中国的核威胁就已然铺开。抗美援朝战争结束后，美国针对中国的核威慑反复上演。"由于在军事技术方面我们远远落后，美国凭借手中的核武器对中国等刚刚起步的社会主义国家不断进行核威慑。1954 年，美国在太平洋恢复了氢弹试验。"①打破美国的核威胁、核讹诈，就成为新中国领导人的战略选择。

国民经济的恢复发展。尖端军事技术的研制是一项庞大的系统工程，需要浩大的工程技术建设和强大的工业生产能力。说到底，没有一定的经济基础就不可能搞尖端军事技术。新中国成立后，经过农村土地改革、城市工商业改造、"一五"计划实施，短短几年时间里，国民经济得到恢复和发展，工业体系开始建立。这就为适时开展"两弹"工程，打下了重要的国力基础。

高端人才的回归与新中国成立初期的科研储备。搞"两弹一星"，最重要的是人才；没有高端科技人才，一切都无从谈起。抗日战争胜利后，一批爱国科学家回国，其中就包括国际知名核物理学家钱三强。新中国成立后，又有空气动力学家钱学森、地质学家李四光、力学家郭永怀等众多爱国科学家纷纷回国。同时，新政权还接收了国民政府留下的科研机构，成立了中国科学院。有效的人才政策、人才储备与科学事业的建制化，为"两弹一星"工程的研制工作打下了坚实的基础。

苏联的援助。20 世纪 50 年代初，新中国成为社会主义阵营的重要一员。苏联出于自身国家利益，起初给予中国以经济上的援助；赫鲁晓夫上台后，开始在高技术上给予中国一定的帮助。1957 年签署的中苏《国防新技术协定》被视为苏联对华科学技术援助的高潮。苏联有限的技术援助，在新中国"两弹"工程研制初期，起到了重要的引路作用。

---

* 作者：黄庆桥。

① 陈建新，赵玉林，关前. 当代中国科学技术发展史. 武汉：湖北教育出版社，1994：190.

二、原子弹与氢弹的研制

中国人的原子弹梦想，可以追溯到国民政府时期。1945 年，国民政府的兵工署长俞大维看到了有关美国研制原子弹的绝密文件——《士迈士报告》，从此，国民政府开始了原子弹研制的暗中筹划。[①]国民政府于 1946 年派出人员赴美作专门考察和学习，"两弹一星"元勋朱光亚即是其中之一。但此后的国民政府已处于风雨飘摇之中，国民政府的原子弹梦想无疾而终。

中国共产党对原子能事业的关注始于 1949 年春。是年 3 月，钱三强被通知前往巴黎参加世界和平拥护者大会，他提出了可否借巴黎参会之机，带些外汇托自己的老师约里奥-居里买些原子能方面的仪器设备和书籍，以备日后所用。经周恩来批准，拨给钱三强 5 万美元专款。[②]

在新中国成立初期的 5 年里，由于客观条件的限制，研制原子弹并没有进入党中央决策层的视野。但准备工作从一开始就在有条不紊地进行中：一是成立原子能科学研究机构；二是开展地质工作，找铀矿。

在科研机构的组建上，1949 年 11 月，中国科学院成立。在中国科学院的研究机构中，就有近代物理研究所，后改名为原子能研究所，主要从事原子能研究。该所成立之初，广纳人才，一大批科技工作者进所工作。该所 1950 年确定了以"实验原子核物理、放射化学、宇宙线、理论物理"为主攻方向，"其中以实验原子核物理为重点，准备建立两种粒子加速器，并进一步配置回旋加速器"。[③]总的来说，原子能研究所在新中国原子弹的研制中发挥了"老母鸡"的特殊作用。

铀是实现核裂变反应的主要物质。在铀矿的寻找和开采方面，新中国成立后，专门设立了地质部，李四光任部长。地质部的一项重要工作就是寻找、开采铀矿。起初的工作是艰难的，随着 1954 年找矿工作的重大突破，尤其是 1955 年 1 月中苏签订两国合营在中国勘探放射性元素的议定书之后，铀矿的探测与开采取得了重大进展。

中国正式启动原子弹研制工程是在 1955 年初。1955 年 1 月，中共中央、毛泽东把发展国防尖端技术提上国防现代化的议事日程，作出发展原子能事业、研制原子弹的决定。毛泽东说："现在苏联对我们援助，我们一定要搞好！我们自己干，也一定能干好！我们只要有人，又有资源，什么奇迹都可以创造出来！"[④]

1955 年 1 月 17 日，苏联部长会议发表《关于苏联在促进原子能和平用途的研究方面，给予其他国家以科学、技术和工业上帮助的声明》。1 月 31 日，周恩来主持国务院全体会议第四次会议，通过《国务院关于苏联建议帮助中国研究和平利用原子能问题的决议》。[⑤]4 月，钱三强与刘杰、赵忠尧等组成政府代表团赴苏，就苏联帮助中国原子能和平利用进行谈判。4 月 27 日，两国签署协定，明确由苏联帮助中国建造一座功率为

① 王士平，李艳平，戴念祖.20 世纪 40 年代蒋介石和国民政府的原子弹之梦.中国科技史杂志，2006，（3）：197-210.
② 葛能全.钱三强年谱长编.北京：科学出版社，2013：128-129.
③ 葛能全.钱三强年谱长编.北京：科学出版社，2013：175.
④ 《当代中国》丛书编辑部.当代中国的核工业.北京：中国社会科学出版社，1987：14.
⑤ 中共中央文献研究室.周恩来年谱（1949—1976）.上卷.北京：中央文献出版社，2020：434.

7000 千瓦的研究性重水实验反应堆和一台磁极直径为 1.2 米的回旋加速器，原子反应堆和回旋加速器都是发展核科学和核工业的必备设备。

为了加强对核工业的领导，1956 年 11 月，成立了第三机械工业部（后改称为第二机械工业部，简称"二机部"），负责具体组织领导原子弹的研制。宋任穷上将被任命为该部部长。[1]紧接着，国务院决定将原子能研究所划给二机部。1957 年夏，二机部又秘密成立了核武器研究院（又称九局），李觉少将被任命为院长。这样，新中国原子弹的研制工作，进入到实质性的操作阶段。

1957 年 10 月 15 日，聂荣臻副总理代表中国政府在莫斯科与苏方签署了《国防新技术协定》。根据协定，苏联政府承诺，在建立综合性的原子能工业，研究与生产原子武器、火箭武器、作战飞机、雷达无线电设备，以及试验火箭武器、原子武器的靶场方面对中国政府进行技术援助，并向中国提供原子弹的教学模型及图纸资料。[2]

然而，苏联除了援助中国他们已经淘汰的技术之外，一些核心技术却迟迟不肯援助中国，比如原子弹样品苏联就没有给中国；又比如苏联援建铀浓缩气体扩散厂，却不给扩散机上的分离膜。总之，只要是核心技术，都拖着不给。1959 年 6 月，中苏关系恶化，依靠苏联研制原子弹的希望也随之破灭。也就是从那时起，中共中央下定决心，"我们自己动手，从头摸起，准备用八年时间，搞出原子弹"。[3]

从 1959 年开始，中国人真正是彻底丢掉幻想，依靠自己的力量，独立自主、自力更生搞原子弹了。原子弹的研制是一项庞大的系统工程，非常复杂，概而言之，可以总结为四大块。一是理论设计，也就是要把原子弹设计出来。二是爆轰试验，目的是摸清原子弹内爆规律，验证理论设计是否正确，用现场试验来解决理论计算无法解决的问题。三是制造，也就是根据上述正确的理论设计，生产制造出原子弹产品，这里的关键是要有合格的浓缩铀。四是核试验现场观测，主要是为了取得大量真实的核爆炸数据。

从 1959 年起，三年困难时期使本来就捉襟见肘的中国经济雪上加霜，也使"费钱"的"两弹"面临考验。有一种声音认为，"两弹"要放慢速度，甚至应该暂停，等国民经济好转之后再说。还有少数同志甚至提出停止搞尖端技术，说用在这方面的钱太多了，影响了国民经济其他部门的发展。他们主张我们只搞飞机和常规装备，不搞导弹、原子弹等尖端武器。[4]对于"两弹"上马与下马的争论，毛泽东的态度至关重要。1960 年 7 月 18 日，毛泽东在北戴河听取李富春的汇报时指出："要下决心搞尖端技术。赫鲁晓夫不给我们尖端技术，极好。如果给了，这个账是很难还的。"[5]1961 年 7 月，在聂荣臻的领导下，国防科学技术委员会（简称国防科委）起草了一个"两弹"要继续上马的报告，得到毛泽东的认可。这样，"两弹"不仅没有下马，还得到了特殊的关照。

在中央的强力支持下，二机部迅速调整原子弹研制的战略和思路，集中攻克原子弹技术难关。从 1960 年初开始，在中央的支持下，从中国科学院和全国各地区各部门选调

① 《当代中国》丛书编辑部. 当代中国的核工业. 北京：中国社会科学出版社，1987：16.
② 《当代中国》丛书编辑部. 当代中国的核工业. 北京：中国社会科学出版社，1987：21.
③ 《当代中国》丛书编辑部. 当代中国的核工业. 北京：中国社会科学出版社，1987：36.
④ 解放军总装备部政治部. 两弹一星——共和国丰碑. 北京：九州出版社，2001：9.
⑤ 《当代中国》丛书编辑部. 当代中国的核工业. 北京：中国社会科学出版社，1987：36.

了郭永怀、程开甲、陈能宽、龙文光等 105 名中高级科研人员加入攻克原子弹技术难关的队伍。同时，又将原子能研究所的王淦昌、彭桓武等一批高级研究人员调到核武器研究院。这些科研人员与先期参加原子弹研制工作的朱光亚、邓稼先等，构成了中国原子弹研制工作的骨干力量。①

1962 年对于中国的原子弹工程又是一个特殊的年份。经过三年的艰苦攻关，原子弹研制工程的各个子系统都有很大的进展。到 1962 年底，在理论上对浓缩铀作为内爆型原子弹核装料的动作规律与性能有了比较系统的了解；在实验方面，基本掌握了内爆的重要手段及其主要规律和实验技术；兰州铀浓缩厂方面，铀 235 生产线各个环节的技术难关，大都被突破和掌握。

1962 年秋，毛泽东在二机部上报中央的关于爆炸我国第一颗原子弹的"两年规划"上批示："很好，照办。要大力协同做好这件事。"②随后，中共中央决定，成立以周恩来总理为主任、副总理和相关部门负责人为委员的中央 15 人专门委员会。③作为一个权力机构，中央专委从成立到我国第一颗原子弹爆炸成功之前，共召开了 13 次会议，讨论解决了 100 多个重大问题。第一颗原子弹爆炸成功后，中央专委职能扩大，整个"两弹一星"工程都在中央专委的领导下进行。

在毛泽东"大力协同做好这件事"的总动员令下，原子弹工程在 1963 年至 1964 年上半年迎来了丰收。在原子弹研制取得突破性进展的同时，青海金银滩核武器研制基地和新疆罗布泊核武器试验靶场，也在各部门和军方的大力支持下，到 1964 年春基本建好。从 1963 年 3 月开始，原子弹研制大军开始移师金银滩，在那里制备原子弹并进行原子弹原理试验。1963 年 11 月 20 日，在金银滩基地进行了缩小比例的聚合爆轰试验，使理论设计和一系列实验的结果获得了综合验证。1964 年 6 月 6 日，进行了全尺寸爆轰模拟试验，除了没有装铀部件之外，其他都是核爆炸试验时要用的实物，试验结果实现了预先的设想。

到 1964 年上半年，第一颗原子弹成功在望。4 月 11 日，周恩来主持召开中央专委会议，决定第一颗原子弹爆炸试验采取塔爆方式，要求在 9 月 10 日前做好试验前的一切准备，做到"保响、保测、保安全，一次成功"。随后，根据罗布泊的气象情况，经请示毛泽东和中央常委，原子弹试验起爆时间定在 1964 年 10 月 16 日。1964 年 10 月 16 日 15 时，中国在新疆罗布泊地区成功爆炸了第一颗原子弹！当晚 10 点，中央人民广播电台授权播发了中国政府的《新闻公报》和《中华人民共和国政府声明》。声明指出："中国政府郑重宣布，中国在任何时候、任何情况下，都不会首先使用核武器。"④

原子弹爆炸成功之后，下一个目标就是氢弹。早在 1958 年，毛泽东就提出："搞一点原子弹、氢弹、洲际导弹，我看十年工夫完全可以。"⑤这等于是给中国的核武器研制工作定了调。到了 1960 年底，原子弹已有进展，二机部部长刘杰和副部长钱三强都想到

① 《当代中国》丛书编辑部. 当代中国的核工业. 北京：中国社会科学出版社，1987：40.
② 《当代中国》丛书编辑部. 当代中国的核工业. 北京：中国社会科学出版社，1987：47.
③ 《当代中国》丛书编辑部. 当代中国的核工业. 北京：中国社会科学出版社，1987：47.
④ 《当代中国》丛书编辑部. 当代中国的核工业. 北京：中国社会科学出版社，1987：56.
⑤ 《当代中国》丛书编辑部. 当代中国的核工业. 北京：中国社会科学出版社，1987：64.

了氢弹，二人经过商量，决定氢弹的理论探索工作可由原子能研究所先行一步，当年原子能研究所即成立了"中子物理领导小组"，一方面成立轻核理论组，开展氢弹原理研究；另一面成立轻核实验组，配合和支持轻核理论工作的开展。[①]

第一颗原子弹爆炸成功后，毛泽东明确指出，原子弹要有，氢弹也要快。为此，核武器研究院抽出三分之一的理论人员，全面开展氢弹理论研究。1965年1月，二机部把原子能研究所先期进行氢弹研究的黄祖洽、于敏等31人全部调到核武器研究院，集中力量从原理、结构、材料等多方面广泛开展研究。[②]1965年夏，于敏提出了新的氢弹原理方案，9月底，借助中国科学院华东计算技术研究所当时最先进的计算机，于敏带领部分理论人员，经过两个多月的艰苦计算，终于找到了解决自持热核反应所需条件的关键，探索出了一种新的制造氢弹的理论方案。这是氢弹研制中的最关键的突破，大大缩短了氢弹的研制进程。

1966年12月28日，氢弹原理试验取得成功，结果表明，新的理论方案切实可行。12月30、31日，聂荣臻在罗布泊试验基地马兰招待所主持座谈会，讨论下一步全当量氢弹试验问题。会议经过讨论，形成了在1967年10月1日前采用空投的方式进行一次百万吨级全当量的氢弹空爆试验的建议。不久，中央专委批准了这一建议。就在这时，从西方媒体得知，法国很有可能赶在中国的前面进行首次氢弹试验。为此，在科学家们的建议下，中央专委批准在7月1日前进行氢弹试验，争取"响"在法国前面。[③]因氢弹试验采取空投方式，这对飞机和降落伞的要求非常高，当时确定了我国最先进的轰-6甲型飞机承担空投任务，并在核试验场区进行了数十次投弹模拟试验。

1967年6月17日8时20分，由轰-6甲型飞机空投的我国第一颗氢弹爆炸成功。从第一颗原子弹试验到第一颗氢弹试验，美国用了8年零6个月，苏联用了4年，英国用了4年零7个月，法国用了8年零6个月，而我国只用了2年零8个月，发展速度是最快的，因而在世界上引起巨大反响，公认中国的核技术已经进入世界先进行列。

三、导弹的研制

用于现代战争的导弹是火箭这一远程运载工具的延伸。自从二战后期德国人首先研制出可用于实战的导弹之后，这一新兴军事技术立即得到部分西方发达国家的高度重视。进入20世纪50年代，伴随着火箭技术的飞速发展，世界主要发达国家已研制出各式各样可用于实战的导弹，导弹由此成为世界主要大国不可缺少的武器装备。

1952年，正在参加抗美援朝战争的陈赓大将被毛泽东点名回国，筹办中国人民解放军军事工程学院（简称哈军工）。在这所当时的最高军事技术学府里，就有著名的火箭专家任新民、梁守槃、庄逢甘等。[④]然而，火箭和导弹都是各国的保密技术，哈军工里有限的专家也没有研制导弹的经历。因此，20世纪50年代中期以前，苦于人才与技术的

---

① 葛能全. 钱三强与中国原子弹. 中国科学院院刊，2005，（1）：64.

② 《当代中国》丛书编辑部. 当代中国的核工业. 北京：中国社会科学出版社，1987：61-62.

③ 程开甲（口述），熊杏林，程漱玉，王莹莹（访问整理）.20世纪中国科学口述史：创新·拼搏·奉献——程开甲口述自传. 长沙：湖南教育出版社，2016：135.

④ 罗来勇. 哈军工魂：中国国防科技人才培养纪实. 北京：中共中央党校出版社，1995：148.

匮乏，新中国的导弹事业仍处于培养人才、开展相关理论研究的打基础阶段。不过，钱学森的回国便很快打破了这一局面。

钱学森是中国航天事业的开拓者和奠基人。钱学森 1936 年从上海交通大学毕业后，赴美国留学，先后在麻省理工学院和加州理工学院深造和从事研究，专业领域涉及航空机械工程、航空动力学、空气动力学、工程控制论等，显著的科学成就与贡献使其很快升任教授。二战期间，在其老师冯·卡门的推荐下，钱学森成为美国军方重要的科学顾问和研究人员。1945 年，钱学森以空军上校身份参加美国国防部科学咨询团，赴德国考察，考察结束后递交给美国国防部的总结报告总共 9 章，钱学森一个人就写了 5 章，足见钱学森当时涉足美国军方事宜有多深。后来，钱学森的回国请求受到美国的百般阻挠，与他的这一经历密切相关。

1955 年 10 月，钱学森回到祖国，任中国科学院力学研究所所长。1956 年 2 月初，钱学森遵照周恩来的指示，起草了《建立我国国防航空工业的意见书》，该意见书就发展中国的导弹事业，从领导、科研、设计、生产等方面提出了建议。[①]很快，周恩来审阅了这个意见书。3 月 14 日，周恩来主持召开中央军委扩大会议，决定建立导弹科学研究的领导机构——航空工业委员会，中国的导弹事业正式上马。

1956 年 4 月 13 日，国防部航空工业委员会正式成立，聂荣臻任主任。5 月 10 日，聂荣臻向中央军委提出了《关于建立我国导弹研究工作的初步意见》的报告。5 月 26 日，周恩来主持召开中央军委会议，专题研究这个报告。会上，周恩来指出："导弹研究工作应当采取突破一点的办法，不能等待一切条件都具备了才开始研究和生产。要动员更多的人来帮助和支持导弹的研制工作。"[②]根据这次会议精神，从全国各地抽调相关专业科研人员，组建导弹研究机构国防部第五研究院。10 月 8 日，我国火箭和导弹研究事业的大本营国防部第五研究院正式成立（简称五院）。1957 年 11 月，五院成立了两个分院。一分院负责地地导弹总体设计和弹体、发动机研制，二分院负责导弹控制系统和设计工作。1961 年成立了三分院，承担空气动力试验、液体发动机和冲压发动机研究试验及全弹试车等任务。1964 年成立了四分院，从事固体火箭发动机研制。[③]

国防部五院正式成立后，中国的导弹研究就进入了实质性的操作阶段。而此时，正是苏联愿意对华提供技术援助的时候，两国签订的《国防新技术协定》里，明确了苏联给予中国在导弹技术方面的援助。中国第一颗导弹的研制就是从仿制苏联 P-2 导弹开始的。P-2 导弹是在德国 V-2 导弹的基础上改进而成的，是苏联第一代导弹产品，当时已从苏军装备中退役。

根据聂荣臻和钱学森关于导弹研制"先仿制，后改进，再自行设计"的思路，中国导弹之路的第一步是仿制。1958 年 9 月，中国开始了仿制苏联 P-2 导弹的工作，仿制型号命名为"1059"，意思是 1959 年 10 月 1 日新中国成立 10 周年之际完成仿制。仿制工作是一项庞大的工程。经过协商，将原属一机部四局的 211 厂定为导弹总装厂，划归五院建制；发动机系统也由四局承担；控制系统由原一机部十局承担；材料由冶金工业部

① 解放军总装备部政治部. 两弹一星——共和国丰碑. 北京：九州出版社，2001：344.
② 中共中央文献研究室. 周恩来年谱（1949—1976）. 上卷. 北京：中央文献出版社，2020：566-567.
③ 刘经勇，等. 陈德仁院士传记. 北京：中国宇航出版社，2016：62-69.

和化学工业部、建筑工程部等单位承担研制。这样,"1059"仿制的全国协作网基本形成。[1]然而,随着中苏关系的紧张直至破裂,苏联专家陆续撤离中国,按照协定由苏联提供给中国的关键技术资料和设备物资等遭到苏联拒绝。这样,仿制任务和目标不得不延期。

1960年开始,在苏联撕毁协定、撤走专家、终止援助的情况下,中国根据现实条件和已有基础,迅速调整了导弹研制战略。聂荣臻指出,导弹研制要按三步棋走,即"一个生产、一个研制、一个预研"。即在仿制的基础上,分三步走,分别发展近程600千米、中程1200千米、中远程2000千米导弹。[2]7月,中共中央工作会议在北戴河召开,聂荣臻在会议期间汇报了导弹研制三步走规划,得到了会议的肯定。从此,中国走上了独立自主、自力更生的导弹发展之路。研制并发射第一颗导弹的工作,加紧了前进的步伐。

1960年9月,中央军委决定,11月5日用国产推进剂发射第一颗导弹。10月27日,导弹安全运抵位于内蒙古额济纳旗的导弹发射基地,在加注推进剂后,导弹弹体往里瘪进去一块,发射基地领导不同意发射,而钱学森通过分析认为,点火之后,弹体会因压力升高而恢复原状。后经聂荣臻同意,导弹按时发射。1960年11月5日,第一枚国产导弹在酒泉试验基地发射成功。12月,在酒泉试验基地又发射了两枚导弹,都获得了成功。这一型号后来更名为"东风1号"导弹。

在"东风1号"导弹发射成功的鼓舞下,"东风2号"加紧了研制进度。在苏联专家撤走、"东风1号"尚未发射的时候,钱学森就向中央军委递交了研制"东风2号"导弹的计划,这是我国导弹研制工作的第二步和第三步,即在仿制的基础上自行设计。根据设计,"东风2号"是中近程地对地战略导弹,全长20.9米,弹径1.65米,起飞重量2908吨,采用一级液体燃料火箭发动机,以过氧化氢、酒精为推进剂,最大射程1300千米,可携带1500千克高爆弹头。1962年春节前夕,"东风2号"导弹发动机试车成功,春节后"东风2号"导弹被运往发射基地。3月21日,一切就绪,准备发射。然而,这次发射的导弹只飞行了几十秒钟就起火坠落,发射失败。第一次发射自己设计的导弹就失败了,这在科技人员乃至决策层引起了震动,使人们更加清醒地意识到导弹研制工作的复杂性和艰巨性。钱学森主持技术骨干进行了半个月的专题总结,查找导弹发射失败的原因。

"东风2号"导弹发射失败的原因主要有两个:一是导弹的总体设计按照苏联导弹照猫画虎,技术上没有吃透,为了增加导弹的射程,仅仅在苏联导弹的基础上加长了两米,虽然增加了推力,但箭体结构抗震强度却没有相应提高,导致导弹飞行失控;二是火箭发动机改进设计时提高了推力,但强度不够,导致飞行过程中局部破坏而起火。[3]

在总结失败原因和教训的基础上,国防部五院形成了改进"东风2号"的意见,就

① 林爽. 第一种国产导弹的诞生//《中国航天腾飞之路》编委会. 中国航天腾飞之路. 北京:中国文史出版社,1999:161.

② 林爽. 第一种国产导弹的诞生//《中国航天腾飞之路》编委会. 中国航天腾飞之路. 北京:中国文史出版社,1999:162.

③ 谭邦治. 任新民院士传记. 北京:中国宇航出版社,2014:91.

是全面审查设计，不是小修小改，而是从发动机到各个分系统，都重新设计。1962年9月，国防部五院任命林爽为"东风2号"总设计师，任新民担任副总设计师兼发动机总设计师，梁守槃、屠守锷、黄纬禄、庄逢甘等科学家负责各分系统。[1]在修改设计的过程中，钱学森对自行研制的规律进行了总结。一方面，加强总体设计部的抓总协调工作：不求单项技术的先进性，只求总体设计的合理性；另一方面，充分做好地面试验：把一切事故消灭在地面上，导弹不能带着疑点上天。[2]

"东风2号"导弹从1962年春发射失败到1964年夏发射成功的这两年多时间里，广大科研人员做了大量艰苦而卓有成效的工作。钱学森曾说过，最难的时候，可能就是"东风2号"发射失败，重新设计的导弹，总是出问题，怎么也不过关，上上下下都非常着急。"往往最困难的时候，也就快成功了"，这是聂荣臻在困难时期给予科学家们的鼓励。

1964年春，改进型的"东风2号"在全新的全弹试车台上进行试车，经过两次全弹试车，完全合格。6月下旬，新的"东风2号"导弹在酒泉试验基地竖起，等待试射。然而，天气太热，温度太高，燃料膨胀，导致导弹燃料贮箱加不进所需要的燃料，还溢出了一些。这是事先没有预料到的。在众人苦思冥想之际，王永志关于卸掉一部分燃料，改变氧化剂和燃烧剂的混合比，通过减少燃料，使氧化剂相对增加的办法来达到产生同等推力的想法，得到了钱学森的支持。事实证明，王永志的推理和计算是完全正确的。

1964年6月29日，"东风2号"导弹在飞行十几分钟之后，准确击中1200千米外的目标，导弹发射成功。钱学森在发射现场讲话时说："如果说，两年前我们还是小学生的话，现在至少是中学生了。"聂荣臻在电话里祝贺道："现在更看得清楚了，1962年试验未成功，的确不是坏事。这个'插曲'很有意义。"[3]紧接着，7月9日和11日，又成功地发射了两枚"东风2号"导弹。三发三中，标志着中国导弹技术取得了关键性的突破。

原子弹有了，导弹也有了，下一步就是原子弹与导弹的结合，简称"两弹结合"。为什么要搞"两弹结合"呢？原因在于，原子弹正如当时西方嘲笑的那样，只是一种"无枪的子弹"，也就是说，原子弹只有能飞出去才会发挥它应有的威慑力。要想让原子弹飞出去，有两种办法，一种办法就是用飞机空投，发展核航弹。然而，那时中国的轰炸机非常落后，因此这一路径不适合中国的实际情况。另外一种办法就是原子弹与导弹结合，发展核导弹，这也是当时的世界潮流。

在本国国土上进行"两弹结合"飞行爆炸试验，是史无前例的新事物，需要解决一系列的问题。对于这些问题，钱学森花费了大量的精力。[4]研制核导弹有两个关键：一是原子弹必须小型化，以便安装在火箭上；二是要加大火箭的推力，加强安全可靠性，尤其是要求制导系统要提高命中率。

① 谭邦治. 任新民院士传记. 北京：中国宇航出版社，2014：86.
② 钱振业. 永生难忘的教诲//宋健. 钱学森科学贡献暨学术思想研讨会论文集. 北京：中国科学技术出版社，2001：410.
③ 聂力. 山高水长：回忆父亲聂荣臻. 上海：上海文艺出版社，2006：276.
④ 解放军总装备部政治部. 两弹一星——共和国丰碑. 北京：九州出版社，2001：351.

就火箭本体而言，增程后的"东风2号甲"导弹安装了自毁装置，如果在导弹飞行的主动段发生故障，不能正常飞行，可由地面发出信号将弹体炸毁。就核弹头而言，安装了保险开关，如在主动段掉下来，因保险开关打不开，只能发生弹体自毁爆炸或落地撞击，不会引发核弹头爆炸。

为了确保安全和成功，核导弹在进行一系列地面测试之后，在装上核弹头之前，还要进行没有核弹头的发射，也即"冷试验"。1966年10月初，在正式发射核导弹之前，连续进行了三次冷试验，都取得了成功。1966年10月27日，在酒泉导弹发射基地，发射了我国第一颗全当量核导弹，9分钟之后，核弹头在新疆罗布泊569米的高空实现核爆炸。首次核导弹试验取得圆满成功，标志着中国有了可以用于实战的战略核导弹。就在这一年，中国的战略导弹部队——第二炮兵部队诞生。

四、人造地球卫星的研制

飞天梦想一直是中华文明史上的重要组成部分，从女娲补天、嫦娥奔月到文人墨客的诗词歌赋，中国人对宇宙的想象与憧憬从来就没有中断过。人类真正走向太空的第一步是在充满火药味儿的20世纪50年代——美苏争霸时代。1957年10月4日，苏联率先发射了世界上第一颗人造地球卫星"伴侣一号"，开创了人类走向太空的新纪元，这令美国大为震惊。美国加紧研制，并于1958年2月1日成功发射"探险者一号"人造地球卫星。

苏联和美国发射人造地球卫星成功之后，在"大跃进"气氛的感染下，有关我国也要发射卫星的呼声渐浓。1958年5月17日的中共八大二次会议上，毛泽东说："我们也要搞人造卫星！"

有了毛泽东的指示，中共八大二次会议结束后，聂荣臻就于5月29日召集会议，听取钱学森关于中国科学院和国防部五院协作分工研制人造卫星的建议。会议决定由国防部五院负责研制探空火箭，中国科学院负责卫星本体的研制。钱学森、赵九章、郭永怀等科学家提出了中国人造卫星发展规划设想草案：第一步，实现卫星上天；第二步，研制回收型卫星；第三步，发射同步通信卫星。其中第一步"实现卫星上天"又细分为三步：第一步，发射探空火箭；第二步，发射一二百千克的小卫星；第三步，发射几千千克的大卫星。方案通过后，被中国科学院列为1958年第一位的任务，代号"581"，成立了以钱学森为组长，赵九章、卫一清为副组长的领导小组。

1958年秋，为了学习苏联的成功经验，加快我国的研制步伐，10月16日，赵九章等前往苏联考察参观人造卫星。经过两个多月的考察，考察团看到了中国在这方面的巨大差距，他们开始冷静起来。赵九章在其所写的考察团总结报告里尖锐地指出，鉴于目前我国科学技术和工业基础的薄弱状况，发射人造卫星的条件尚不成熟，建议先从探空火箭搞起。当时又恰逢三年困难时期，邓小平和陈云在听取中国科学院党组书记、副院长张劲夫的汇报后说："卫星还是要搞，但是要推后一点，因为国家经济困难。"[①]主管科技的聂荣臻也认为1960年放卫星不现实，建议收缩科研战线。这样，原定1960年发

---

① 科学时报社. 请历史记住他们——中国科学家与"两弹一星". 广州：暨南大学出版社，1999：45.

射第一颗卫星的计划就取消了。不过，钱学森和赵九章一致建议的"先发射探空火箭"，并没有被取消。

为充分利用上海的科研力量，1958年11月，经中国科学院和上海市商定，中国科学院第一设计院总体设计部和发动机部的100多名技术人员从北京迁至上海，组建成上海机电设计院[①]。20世纪60年代初，在人造地球卫星工程下马的情况下，"上海机电设计院的任务由研制大型运载火箭和人造卫星调整为重点研制无控制探空火箭"。1960年2月19日，试验型液体探空火箭——探空七号模型火箭首次发射成功。9月13日，探空七号液体燃料火箭发射升空，箭头回收成功，标志着中国空间科学技术从理论探索向工程研制转变的道路上迈出了可喜的第一步。[②]这为后来人造卫星计划的重新上马，积累了重要的经验和技术基础。

人造地球卫星事业的转折点在1965年。1964年，"东风2号"导弹和原子弹相继成功，极大地振奋了人心，也增加了国家领导人发展尖端技术的信心。在国民经济逐渐走出三年困难时期阴影的情况下，已经偃旗息鼓好几年的人造卫星计划，重新回到决策层的视野。1965年1月，赵九章向周恩来递交了一份尽快规划中国人造卫星问题的建议书，引起周恩来关注。几乎同时，钱学森向国防科委和国务院国防工业办公室（简称国防工办）提交了关于制定人造卫星研制计划的建议。聂荣臻批示："只要力量有可能，就要积极去搞。"[③]3月，国防科委副主任张爱萍主持召开了我国人造卫星的可行性座谈会，并形成国防科委向中央专委的报告《关于研制人造卫星的方案报告》，提出拟于1970—1971年发射中国第一颗人造地球卫星。5月初，中央专委将研制卫星列入国家计划。

1965年8月，中央专委会议就中国人造卫星做出了全面部署。首先，确定了中国发展人造卫星的方针：由简到繁，由易到难，从低级到高级，循序渐进，逐步发展。其次，提出了中国第一颗人造卫星必须考虑政治影响的要求，我国第一颗人造卫星要比苏联和美国的第一颗卫星先进，表现在比他们的重量重，发射功率大，工作寿命长，技术新，听得见。最后，对卫星研制进行了明确分工：整个卫星工程由国防科委组织协调；卫星本体和地面测控系统由中国科学院负责；运载火箭由七机部负责；卫星发射场由酒泉导弹发射基地负责建设。中国的第一颗人造地球卫星就进入工程研制阶段，代号"651"工程。

先看中国科学院方面的两大任务。1965年8月，中国科学院决定成立人造卫星工程领导小组，由副院长裴丽生任组长，谷羽负责具体领导工作。10月，中国科学院组织召开第一颗人造卫星总体方案论证会，会议确定这颗卫星为科学探索性质的试验卫星。11月底，第一颗人造卫星的总体方案初步确定，各分系统开始了技术设计、试制和试验工作。次年1月，中国科学院成立卫星设计院，代号"651"设计院，赵九章被任命为院长。[④]卫星本体的研制就这样紧锣密鼓地开展起来了。卫星总体组何正华提出的第一颗

---

① 《上海航天志》编纂委员会. 上海航天志. 上海：上海社会科学院出版社，1997：2.
② 《上海航天志》编纂委员会. 上海航天志. 上海：上海社会科学院出版社，1997：2.
③ 周均伦，陈克勤，鲁顺玉. 聂荣臻同志永远和我们在一起——悼念聂荣臻元帅文集. 北京：八一出版社，1993：321.
④ 科学时报社. 请历史记住他们——中国科学家与"两弹一星". 广州：暨南大学出版社，1999：88-90.

卫星叫"东方红一号"的提议，得到一致认可。

如果说中国科学院在卫星本体的研制上还有些基础的话，地面测控系统则还基本上是一片空白。火箭托举卫星进入预定轨道之后，它的正常运行和按计划完成使命，要靠地面测控系统对它实施跟踪、测量、计算、预报和控制。当时中国科学院在这方面的专家是陈芳允。鉴于地面测控系统的重要性，国防科委批准了由中国科学院负责卫星地面测控系统的规划、设计和管理。中国科学院为此成立了人造卫星地面测控系统管理局，代号为中国科学院"701"工程处，由陈芳允担任"701"工程处的技术负责人，负责地面测控系统的设计、台站的选址与建设等工作。[1]

再看七机部方面的工作。钱学森为人造卫星运载火箭的研制提出了重要建议，他提出，在当时研制成功的"东风4号"导弹的基础上，加上探空火箭的经验，设计制造用于发射人造地球卫星的运载火箭，不必另起炉灶。[2]关键问题是抓住运载火箭第三级——固体燃料火箭的研制，解决火箭在高空时的点火、分离问题。后来的实践证明，钱学森的这一建议大大节省了时间和人力、物力。发射中国第一颗人造地球卫星的运载火箭"长征一号"，就是在"东风4号"的基础上加了一个固体燃料推进的第三级火箭形成的。

历经磨难的卫星事业一经上马，便顺利推进。然而，"文化大革命"的到来，打乱了原有的计划，使重新起步的卫星事业又面临着严峻的考验。中国科学院"651"设计院院长赵九章、副院长钱骥被打倒，被迫离开了卫星研制工作，陈芳允也被打倒了，"701"工程处的工作也已经无法正常运转。[3]为保证研制人造卫星工作不受干扰，1966年12月，中央专委决定人造地球卫星的研制任务由国防科委全面负责。1967年初，聂荣臻向中央报告，建议组建"空间技术研究院"，全面负责人造卫星的研制工作。8月，空间技术研究院筹备处成立，钱学森任筹备处负责人。11月，国防科委批准了由钱学森代表空间技术研究院筹备处提出的编制方案。1968年2月20日，经毛泽东批准，中国人民解放军第五研究院成立，后更名为空间技术研究院，负责国家空间技术的抓总工作。[4]中国科学院"701"工程处也由酒泉导弹发射基地接管。

1967年秋，钱学森任命当时只有38岁的孙家栋负责第一颗人造卫星的总体设计工作。在前期工作的基础上，孙家栋带领科技人员主要在这颗"政治卫星"的"上得去、抓得住、看得见、听得到"上下功夫。[5]

所谓"上得去"是指发射成功，所谓"抓得住"是指准确入轨。这是发射人造卫星最起码的要求。"看得见"和"听得到"则难度很大。

所谓"看得见"是指在地球上用肉眼能看见，但当时设计的卫星直径只有1米，表面也不够亮，在地球上不可能看得到。孙家栋带领科技人员想出妙计，他们在火箭第三级上设置直径达3米的"观测球"，该球用反光材料制成，进入太空卫星被弹出后，观测球打开，紧贴卫星后面飞行，从地面望去，犹如一颗明亮的大星。这样，"看得见"的问

① 马京生. 共和国科学拓荒者传记系列：陈芳允传. 北京：中国青年出版社，2016：280.
② 解放军总装备部政治部. 两弹一星——共和国丰碑. 北京：九州出版社，2001：356.
③ 解放军总装备部政治部. 两弹一星——共和国丰碑. 北京：九州出版社，2001：264.
④ 李成智. 中国航天技术发展史稿（上）. 济南：山东教育出版社，2006：117-118.
⑤ 孙家栋. 钱学森带领我们搞航天//宋健. 钱学森科学贡献暨学术思想研讨会论文集. 北京：中国科学技术出版社，2001：44.

题解决了。

所谓"听得到"是指从卫星上发射的信号，在地球上可以用收音机听到。当时考虑，如果仅仅听到滴滴答答的工程信号，老百姓并不明白是什么，有人建议播放《东方红》乐曲，得到了中央的批准。科技人员经过多次试验，最后采用电子线路产生的复合音模拟铝板琴演奏乐曲，以高稳定度音源振荡器代替音键，用程序控制线路产生的节拍来控制音源振荡器发音，效果很好，解决了"听得到"的问题。

运载火箭方面，在任新民的领导下，攻克了多级火箭组合、二级高空点火和级间分离等技术，再加上新研制的第三级固体燃料火箭，组成了三级运载火箭——"长征一号"。1970年4月14日，"长征一号"火箭在酒泉发射场技术阵地测试完毕。

测控体系建设方面，1966年底，由陈芳允、魏钟铨执笔，编制了"东方红一号"卫星地面测控系统方案。经多方权衡，并报国防科委批准，最终决定建设渭南、喀什、湘西、南宁、昆明、海南、胶东七个地面测控站。1970年初，七个地面测控站建成，并且圆满完成了发射中国第一颗卫星的测控任务，实现了国防科委提出的"抓得住、测得准、报得及时"的要求。[1]

1970年3月21日，"东方红一号"完成总装任务。4月1日，"东方红一号"卫星和"长征一号"运载火箭运抵酒泉发射中心。1970年4月24日21时35分，"东方红一号"卫星发射成功，《东方红》乐曲传遍世界，中国成为继苏联、美国、法国、日本之后，第五个成功发射卫星的国家，中国的航天时代由此真正开启。

五、结语

"两弹一星"的成功，绝不是窃取西方的绝密科学情报的结果——尽管美国人的《考克斯报告》一厢情愿地这样认为。"两弹一星"的成功，也不是苏联人的馈赠——尽管苏联在"两弹一星"发展初期给予了我们很大的帮助。"两弹一星"的成功，是特定历史条件下，奋发图强的中国人独立自主、自力更生的产物。

"两弹一星"的成功，确立了中国在世界上的大国地位：1971年，联合国恢复了中华人民共和国常任理事国的合法席位；1972年，美国总统尼克松访华，掀开了中美关系新篇章。邓小平在1988年说："如果六十年代以来中国没有原子弹、氢弹，没有发射卫星，中国就不能叫有重要影响的大国，就没有现在这样的国际地位。这些东西反映一个民族的能力，也是一个民族、一个国家兴旺发达的标志。"[2]这是对"两弹一星"及其深远影响的褒奖。

1999年9月18日，中共中央、国务院、中央军委在人民大会堂表彰为研制"两弹一星"作出突出贡献的科技专家，他们中的23位科学家被授予"两弹一星功勋奖章"。授奖大会上，江泽民讲道："我们要永远记住那火热的战斗岁月，永远记住那光荣的历史足印：一九六四年十月十六日，我国第一颗原子弹爆炸成功；一九六六年十月二十七日，我国第一颗装有核弹头的地地导弹飞行爆炸成功；一九六七年六月十七日，我国第一颗

① 李成智. 中国航天技术发展史稿（上）. 济南：山东教育出版社，2006：268-271.
② 邓小平. 邓小平文选. 第3卷. 北京：人民出版社，1993：279.

氢弹空爆试验成功；一九七〇年四月二十四日，我国第一颗人造卫星发射成功。这是中国人民在攀登现代科技高峰的征途中创造的非凡的人间奇迹。"①广大研制工作者孕育和发扬了一种崇高的精神，这就是"热爱祖国、无私奉献，自力更生、艰苦奋斗，大力协同、勇于登攀"的"两弹一星"精神。"两弹一星"极大地鼓舞了中国人民的志气，振奋了中华民族的精神，为增强我国科技实力特别是国防实力，奠定我国在国际舞台上的重要地位，作出了不可磨灭的巨大贡献。

---

① 江泽民. 在表彰为研制"两弹一星"作出突出贡献的科技专家大会上的讲话. 科学新闻，1999，（28）：2.

三峡工程*

三峡工程是治理开发长江的关键性骨干工程，也是世界上综合规模最大和功能最多的水利水电工程，具有防洪、发电、航运、水资源配置、节能减排与生态环保等多方面的综合效益。

一、工程论证与决策

20 世纪 20 年代孙中山提出开发利用长江三峡水能资源设想以来[①]，三峡工程的论证、科学研究和工程实施已近百年。新中国成立后，毛泽东作为国家领导人一直抱有"高峡出平湖"修建三峡工程的愿望。三峡工程的选址历经 20 余年，50 年代苏联专家援华时，中苏专家在多次讨论和进行地质勘探后，确定了三峡工程的坝址为湖北宜昌三斗坪。1955 年，周恩来听取长江水利委员会和苏联专家两种截然相反的意见后，肯定国内专家意见，正式提出三峡工程是长江流域规划的主体。出于对长远经济发展和技术条件的考虑，1958 年 3 月，周恩来关于三峡水利枢纽和长江流域规划的意见被通过。[②]自三峡水利枢纽规划提出，围绕三峡工程的争论持续多年。由于项目上马存在争议，国家针对人防特别进行了组织研究。1960 年，由中国人民解放军总参谋部、中国科学院、国防科学技术委员会（简称国防科委）、水利电力部（简称水电部）、长江流域规划办公室单位领导组成"751"领导小组，抽调多单位的科技人员进行三峡水利枢纽的防空研究试验。1964 年中国原子弹试爆成功的同时，对建筑物中三峡大坝模型进行了测试。之后项目一度搁置，但仍有开发设想。[③]1980 年邓小平考察三峡后，人防研究进入新阶段，通过全露天式溃坝模型，对不同破坏形式进行试验，掌握战时控制水库水位运行的基本条件、溃坝洪水演进的基本规律和相应减灾措施。

三峡工程争论期间，20 世纪六七十年代经历全国大备战和"文化大革命"，使得兴建三峡工程的计划一度搁置下来，为缓解长江水患和当时因三线建设兴建大批国防军工企业造成的电力严重短缺，中央于 1970 年 12 月批准先修建葛洲坝水利枢纽工程。该工程于 1988 年竣工，是长江上第一座大型水利枢纽工程，为三峡工程的实施提供了参考和准备。在葛洲坝建设工程初步完成，即"文化大革命"后期，周恩来以国务院的名义做出三峡工程上马的决定。

改革开放后，国家的工作重心转向经济建设，水电部向国务院提出兴建三峡工程的

---

* 作者：陈悦。

① 孙中山. 三民主义. 北京：东方出版社，2014：230-231.

② 中共中央关于三峡水利枢纽和长江流域规划的意见//《中国电力规划》编写组. 中国电力规划·水电卷. 北京：中国水利水电出版社，2007：53-54.

③ 电力工业部计划司. 十大水电基地开发设想//《中国电力规划》编写组. 中国电力规划·综合卷（上册）. 北京：中国水利水电出版社，2007：575-578.

建议。1980 年，邓小平视察了三斗坪坝址、荆江大堤等，听取了关于三峡工程的汇报。1982 年，邓小平果断表态："看准了就下决心，不要动摇！"①1983 年国务院成立重大技术装备领导小组，将三峡工程机电设备列为 12 个项目之一。1984 年水电部长江水利委员会完成三峡水利枢纽 150 米方案的可行性报告并经国务院批准。因各方存在不同意见，1986 年启动重新论证。1989 年，412 位来自 40 个专业的专家进行 14 个专题论证（通过时 9 位专家 10 人次未在结论书上签字），重编《长江三峡工程可行性研究报告》，认为三峡工程具有巨大的防洪、发电、航运等综合效益，技术上是可行的，经济上是合理的，建比不建好，早建比晚建有利。1992 年 4 月，七届全国人大五次会议通过《关于兴建长江三峡工程的决议》，年底长江水利委员会完成《长江三峡水利枢纽初步设计报告》。1993 年 1 月成立了国务院三峡工程建设委员会，5 月委员会组织专家审查并通过《长江三峡水利枢纽初步设计报告》，7 月批准枢纽初步设计装机 26 台 700 兆瓦世界单机容量最大的水电机组。

1984—1993 年，在三峡工程重新论证和三峡工程可行性报告编制过程中，国家科学技术委员会（简称国家科委）、国务院重大技术装备领导小组办公室（简称国务院重大办）安排了多项关键技术攻关研究、重大装备的研制和工程前期科研项目，研究工作涉及泥沙与航运、水文、地质、水工、施工、建材、金属结构、机电设备、生态环境等多学科、多专业，是一项空前的科研大协作。②

1994 年底三峡工程正式动工兴建，由长江三峡工程开发总公司（简称三峡总公司）负责全面建设。1996 年 6 月公开招标，1997 年 9 月三峡总公司与外商签订合同，进行设备和技术引进。对于三峡工程整体投资，国家负责初期投资，由葛洲坝收入支出一部分，后期由三峡发电来实现"以电养电（工程）"。③

二、工程建设

一般认为，三峡工程包括枢纽工程（大坝、水电站、双线五级船闸和升船机）、输变电工程、移民工程。这种划分是由于施工时输变电工程与枢纽工程是分开投资建设的，考虑到三峡工程建成后，在管理上，输变电与水电站的不可分割，本文将二者一并论述。另外，移民工程非本书所关注，故不做赘述。

三峡工程规模巨大，大坝是世界已建大坝混凝土量最多的重力坝，水电站是世界装机容量最大的水电站，通航建筑物是世界已建船闸规模最大、水头最高的内河航运船闸和已建升船机水位变幅最大、提升船舶吨位最大的升船机。

工程施工总工期为 17 年，分三期施工。第一期沿江中的中堡岛修筑围堰，将河床右部围成一期施工基坑，坑内开导流明渠并修导墙，明渠兼具"导流"和"通航"双重功

① 姚依林. 在三峡枢纽可行性研究报告审查会议上的讲话（1983 年 5 月 3 日）//中共中央党史研究室，中共湖北省宜昌市委员会，中共湖北省委党史研究室. 中国共产党与长江三峡工程. 北京：中共党史出版社，2007：82.
② 中华人民共和国国家科学技术委员会，中华人民共和国水利部，中华人民共和国能源部. 长江三峡工程重大科学技术研究课题研究报告集. 北京：水利电力出版社，1992.
③ 李鹏. 李鹏论三峡工程. 北京：中国三峡出版社，中央文献出版社，2011：21，52.

能，同时修建临时通航船闸。1997 年 11 月，大江截流成功，标志一期工程顺利完成。[①]
二期工程，在二期基坑内修建泄洪坝段和左岸厂房坝段及发电厂，建成永久船闸。2002
年底在导流明渠内修建三期围堰。2003 年底实现左岸大坝挡水，第一批机组发电，永久
船闸通航，标志二期工程完成。第三期工程在三期基坑内修建右岸厂房坝段及厂房，并
继续完成左岸其余工程，2009 年全部竣工。2010 年，三峡工程蓄水首次达到 175 米。

三峡工程不仅需要完成浩大的工程量，还要实现超越已有经验的复杂的工程设计和
高难度工程技术，在开展水工设计、水文测量、地质勘探的同时，进行了大量科学研究[②]，
在施工工地设有多个技术中心和模拟实验室，进行大江截流、大跨越导线方案、水力学、
岩体力学、泥沙淤积、混凝土浇筑、输配电仿真、电力系统动态稳定、变压器放电等模
拟实验以及模拟操作运行[③]，以确保工程的建设和运行维护。

1. 大坝

三峡枢纽工程流域控制面积约 100 万千米^2，大坝为混凝土重力坝，用坝体布置泄
水建筑物，主要由泄洪坝段、厂房坝段和非溢流坝段三部分组成。坝顶总长 2309.50 米，
坝顶高程 185 米，最大坝高 181 米。水库正常水位 175 米，水库容量 393 亿米^3。泄洪坝
段位于河床中部，前缘总长 483 米，分 23 个坝段，设有 23 个泄洪深孔、22 个泄洪表孔、
22 个底孔。深孔宽 7 米，高 9 米，进口底高程 90 米，主要泄流千年一遇以下的洪水。
表孔净宽 8 米，溢流堰顶高程 158 米。泄洪坝两侧为厂房坝段和非溢流坝段，厂房坝段
及坝后厂房共布置 26 条电站引水压力管道。水电站厂房分设在左、右岸厂房坝段后，双
线五级船闸和垂直升船机分别布置在左岸山体和左岸非溢流坝段。

在重力坝地基处理上，工程对坝基深浅层抗滑稳定问题做了大量的勘测、试验和研
究工作，取得大量成果。工程采用化灌材料对"高透水、低单耗"灌浆段进行补强灌浆
及采用兼具防渗和提高断层带强度功能的化灌材料对坝基较大规模的断层处理均取得
了较好效果。[④]

筑坝采用碾压混凝土快速施工仿真模拟，包括施工过程随机模型和分阶段模拟模
型，可以模拟多重机械配套下的大坝混凝土快速施工，高气温、多雨环境下的碾压混凝
土快速施工方法及其施工机械配套方案，对大坝碾压混凝土施工起到指导作用。三峡工
程的上游横向围堰，4 个月完成碾压混凝土填筑量 120 万米^3，填筑高度 100 米，在同等
规模工程中上升速度堪称世界之最。[⑤]

2. 水电站及输变电

三峡水电站及输变电工程是三峡工程的主要组成部分。在施工时，枢纽工程和输变
电工程是分开投资的。[⑥]

---

① 李鹏. 众志绘宏图：李鹏三峡日记. 北京：中国三峡出版社，2003：317-323.

② 储传英，谭承敏，尹庭伟. 三峡工程的科学研究（一）. 中国三峡建设，1995，（6）：20-21；储传英，谭承敏，
尹庭伟. 三峡工程的科学研究（二）. 中国三峡建设，1996，（1）：10-11.

③ 陈济生. 三峡工程重大科学技术问题的试验研究工作. 长江科学院院报，1992，（29）：1-5，12.

④ 中国水力发电工程学会. 改革开放三十年的中国水电. 北京：中国电力出版社，2009：62-63.

⑤ 中国水力发电工程学会. 改革开放三十年的中国水电. 北京：中国电力出版社，2009：62.

⑥ 建成后，在管理上，输变电是三峡枢纽的一部分。见中国长江三峡集团公司. 长江三峡水利枢纽运行管理总结：
2003—2015. 北京：中国三峡出版社，2018.

电站发电机组由左岸电厂 14 台机组、右岸电厂 12 台机组和地下电厂 6 台机组组成，机组单机容量 700 兆瓦。哈尔滨大电机研究所开展了"三峡水轮发电机组研制"项目，成为"九五"期间国家重大技术装备研制和国产化项目之一，为之后巨型水轮机组的立项研制奠定了基础。

2000 年，三峡电站 700 兆瓦混流式水轮发电机组正式投产制造。2003 年 7 月，左岸电厂第一批水轮发电机组（9 号机）并网发电；2007 年 6 月，三峡右岸电厂第一台机组（22 号机）发电。2009 年，左岸、右岸电厂 26 台机组全部建成投运。2011 年，地下厂房的前 4 台机组投入运行。2012 年上半年，全部 32 台 700 兆瓦水电机组投入运行，加上 2 台 50 兆瓦电厂自备电源机组，总装机容量 22 500 兆瓦，雄踞世界首位。为有效限制短路容量（电流不超过 63 千伏）和确保电网的安全稳定运行，电站左、右岸电厂在电气上不联结，500 千伏母线各设分段开关，正常情况下分段运行，形成独立的发电厂。

三峡工程电力系统不同于一般大型水电工程的送电规划设计，因其涉及供电范围广（涉及华中、华东、川渝、南方电网，覆盖区域包括 9 省 2 市）、建设时间长（工程建设十余年），具有特殊的艰巨性和复杂性，所以是反映我国先进输变电水平的巨大系统工程规划。三峡输变电工程在 1992 年工程决策后进入全面规划设计，开展了优化供电范围、确定输电方式、电压等级、输变电工程规模等工作，1995 年后进入系统设计的滚动研究阶段，对电网结构进行仿真计算和实验模拟，校核输电系统的适应性和可靠性，根据需求变化开展电能消纳方案研究与调整。[①]

伴随决策过程，中国经历着严重缺电的局面，缺电的主要原因是缺少资金进行建设，针对于此，国家推出了集资办电等改革措施，三峡工程输变电工程根据国务院通过的电力工业部筹资方案筹集工程建设资金。

1997 年 3 月，长寿—万县第一回 500 千伏交流输电工程动工，标志着输变电工程正式启动。1997—2002 年，三峡输变电系统设计工作进入滚动调整阶段，尤其是国家关于"西电东送"和"十五"期间外区向广东送电 1000 万千瓦（其中三峡送电 300 万千瓦）需要对三峡电力的合理消纳和相应的输电系统进行优化调整。[②]2007 年，提前两年全面完成输变电工程建设。三峡电力外送的基本构架为：由电站直接送出的 500 千伏交流线路共 15 回，其中左岸两电站送出线路共 8 回，右岸电站送出线路共 7 回；±500 千伏直流输电线路 4 回（包括原葛洲坝到上海一回）送入华东电网和南方电网。三峡电站近区 4 座换流站，容量 10 200 兆瓦。三峡输变电系统单项工程 91 项，交流输变电工程 88 项（线路工程 55 项、变电工程 33 项），直流输电工程 3 项。涉及 9 省 2 市电力系统通信、调度等二次系统，五大类 26 个单项工程；另有与输变电工程配套的二次系统工程。

3. 船闸和升船机

三峡枢纽的通航建筑物包括船闸和升船机，均布置在左岸。

三峡船闸是枢纽的主要过坝设施和永久通航设施，是世界设计水头最高、工程规模最大的大型船闸。船闸 1993 年动工，2004 年投入运行。船闸为双线五级连续梯级船闸，

① 三峡输电系统设计重要规划设计报告选编//《中国电力规划》编写组. 中国电力规划·电网卷. 北京：中国水利水电出版社，2007：693-755.
② 国家电网公司. 中国三峡输变电工程·综合卷. 北京：中国电力出版社，2008：6.

线路总长 6442 米，最大运行水头 113 米，单级最大工作水头 45.20 米。两线船闸平行布置，船闸每线主体段由 6 个闸首和 5 个闸室组成，总长 1637 米，闸室有效尺寸为 280 米 ×34 米×5 米。三峡工程的船闸是世界上水头最高、级数最多的内河船闸，船闸及其引航道可通过万吨级船队。船闸采用侧向进水侧向泄水、两侧对称布置主廊道、逐级依次进行充泄水。船闸闸首的工作闸门均为人字门，启闭机械为液压直推式启闭机。引航道两侧布置有 36 个靠船墩。

升船机为客货轮及特种船舶提供快速过坝通道，并为小吨位船队提供通道，以提高船闸通航效率和通过能力。三峡升船机由长江设计院和德国"Li-K&K"联营体联合设计，采用齿轮齿条爬升平衡重式垂直升船机，4 套驱动机械对称布置于船厢两侧，驱动齿轮由电动机经机械传动系统驱动，沿埋设于塔柱混凝土结构上的齿条爬升，实现船厢升降。[1]2016 年 9 月升船机开始试通航，承船厢结构加水总重量约为 15 500 吨，最大升程为 113.0 米，正常升降速度 0.2 米/秒，可载 3000 吨级船舶。其主要特点是提升重量大、升程高、上游水位变幅大、下游水位变率大。三峡升船机在建设规模和技术复杂程度方面均居世界同类工程之首。

三、工程效益

三峡工程是综合利用工程，全面实现了论证设计的防洪、发电和通航效益，还起到向下游供水的作用。发电主要集中在汛期，汛期后期进行蓄水。三峡水库蓄水是人为调节水资源，在完成蓄水后，枯水期合理调节库容，统筹协调发电、航运、供水、生态等水资源，逐步消落水位至来年汛前防洪限制水位。抗旱功能与三大基础功能同样重要，水库的防汛和抗旱调度并重，发挥三峡及连带水利工程的综合调蓄作用，提高长江流域抗洪减灾的整体能力。

1. 防洪

三峡工程首要任务是防洪。泄洪坝段布置在河床中部，泄水设施为深孔和表孔。三峡工程建成投运后，可控制长江上游洪水，荆江河段防洪标准从之前约 10 年一遇提高到百年一遇。遇到百年一遇以上洪水时，经三峡水库调蓄再配合分蓄洪工程，可避免荆江南北岸的洞庭湖平原和江汉平原发生毁灭性灾害，提高了长江中下游的防洪能力，同时通过水库调节也可以增加下游枯水流量，改善浅滩河段航运条件。经过 2010 年和 2012 年峰值超过 7 万米³/秒洪水考验，三峡工程成功拦洪削峰，防洪效益显著。由于水库在汛期拦蓄洪水，水位抬高，水库会形成淤积。泥沙问题是水库调度的关键问题之一，既要有效调节洪水，实现防洪目标，又要尽量减少泥沙淤积。三峡水库采用"蓄清排浑"的方式，即汛期尽量降低水库运行水位排沙，汛后泥沙含量减少后开始蓄水，并利用汛峰与沙峰不同步现象，以此长期保留有效库容，实测淤积量大幅小于预测值[2]。

2. 发电与输电

三峡电站提供了巨量清洁能源，发电效益日益显著，输出的电力供中国华中、华东、

---

[1]　中国水力发电工程学会. 改革开放三十年的中国水电. 北京：中国电力出版社，2009：164.

[2]　金兴平，许全喜. 长江上游水库群联合调度中的泥沙问题. 人民长江，2018，49（3）：1-8.

西南乃至华南广大地区使用。

三峡水库是季调节水库，主要发电量集中在 6—9 月，全年出力很不均匀，需要进行资源优化配置，制定合理消纳方案。2001 年，三峡电站确定供电范围为华中地区（包括河南、湖北、湖南、江西）、华东地区（包括上海、江苏、浙江、安徽）和广东，实际发电的增量输往重庆。三峡工程装机容量 2240 万千瓦，年平均发电量 847 亿千瓦·时，是世界最大水电站。三峡水力发电，不仅效益高、稳定性好，而且其电能相当于每年减少使用 5000 万吨原煤或 2500 万吨原油，同时每年减少排放 1000 万吨二氧化碳、100 万—200 万吨二氧化硫、30 万—40 万吨氮氧化合物、1 万吨一氧化碳和 15 万吨灰尘（按火电厂除尘效率 99% 计算），实现了巨大的环境效益。

三峡输变电工程是三峡水电工程的重要组成部分，自 1996 年进入具体工作任务。输变电工程总规模为：500 千伏交流线路 55 条，线路长度 6519 千米，交流变电站 33 座，交流变电容量 22 750 兆伏安；直流输电工程 3 项，直流输电线路 2965 千米，换流站 6 座，直流换流站容量 18 000 兆瓦。

三峡电站凭借优越的地理位置，在我国能源建设中占有重要的战略地位。三峡输变电工程，跨越 9 省 2 市，以 500 千伏交流输电向华中送电，设计送电能力 12 000 兆伏安；以直流±500 千伏向华东送电，设计能力 7200 兆瓦；以直流±500 千伏向广东输电，设计能力 3000 兆瓦；并用 500 千伏交流线路将二滩水电站电力通过三峡向华中送电，再经电力置换送电广东，设计能力 2000 兆瓦。三峡输变电工程形成了以三峡近区电网为核心的坚强区域性电网，促成华中、华东、川渝联网，向广东送电，实现与南方电网互联，对全国联网起到极大的推进作用。三峡电站处于"西电东送"的中通道，可以起到远送电的电压支撑作用。

3. 通航

长江干流横贯中国东西部，干、支流延展 19 个省（自治区、直辖市），是沟通东、中、西地区运输的大动脉。三峡工程建成后，与葛洲坝工程联合运行，川江山丘区航道变为平湖航道，可渠化重庆以下的航道，改善浅滩河段航道条件，为船舶营运效率提高创造条件。通过大坝设有的双线连续五级船闸和一级垂直升船机，万吨船队可直达重庆，船舶单位功率拖带量可提高 1 倍以上，运输成本降低 35%—37%。[1] 2011 年三峡船闸双向过闸货运总量逾亿吨，提前 19 年达到并超过设计时提出的"2030 年单向通过能力达 5000 万吨"的目标，航运能力已达到设计年运力的满负荷，2017 年过闸总量达 1.38 亿吨。三峡水库在枯水期下泄，不仅缓解碍航现象，而且对长江中下游抗旱补水效益突出。三峡水库在汛期的防洪库容 221.5 亿米³（汛前防洪限制水位 145 米蓄水至 175 米蓄水位），成为枯水期向中下游补水的调节库容，保障了下游生活用水、工农业生产和生态用水需要，2017 年补水达到 120 亿米³。三峡水库下泄流量要满足葛洲坝船闸通航要求，供水和补水调度原则是葛洲坝下游庙嘴水位不低于 39 米，即下泄流量不低于 5500 米³/秒，一般情况下流量控制在不小于 8000—10 000 米³/秒。

---

[1] 中国水力发电工程学会. 改革开放三十年的中国水电. 北京：中国电力出版社，2009：152.

四、科技成果与创新

三峡工程规模巨大，涉及学科众多，技术复杂。通过充分发挥国家重大工程对技术创新的带动作用，引进消化吸收再创新，三峡工程实现了我国水电装备技术水平和自主创新能力的提升，取得了一系列重大技术的突破。[①]

1. 工程建筑能力

三峡工程建筑能力的体现，主要在截流和围堰技术、大坝混凝土快速施工技术以及双线五级船闸高边坡和金属结构技术。

三峡坝址主河道截流时最大水深达 60 米，截流设计量 19 400—14 000 米³/秒，落差 1.24—0.80 米。工程具有截流水深大、流量大、强度高、时间短，截留河床地形地质条件复杂，截流期间河道不断航和戗堤基础覆盖层深厚等技术难点。[②] 由于河流筑坝阻断天然河道，改变泥沙流动规律，必须研究泥沙规律和排沙措施，以及大坝可能对河床、河势产生的影响及防范措施。工程对坝基深浅层抗滑稳定问题做了大量勘探、试验和研究工作，在软弱结构面的勘探技术、原位试验技术、三维地质模型、实际地质环境条件对软弱结构面力学参数的影响、二维和三维极限平衡分析、刚体元的研究和应用等方面都取得了大量成果。通过大量水工模型试验研究和多种方案的对比，工程采用了上游戗堤立堵截流方式，大流量河道深水截流技术。大江截流成功，表明我国深水截流技术已达到国际先进水平，其中深动水中平抛垫底、堤头坍塌机理研究，以及截流中确保航运畅通等主要成果已达到国际领先水平。在完成技术复杂和施工难度大的大型深水围堰填筑和防渗施工中，形成了高土石围堰和防渗关键技术核心能力。

大坝混凝土进行了高强度施工并采用温控防裂技术。大坝空洞多，结构复杂，设计允许大坝基础混凝土最高温度较严，混凝土温控防裂难度大。大坝混凝土施工，首次成功使用进口塔带机为主的浇筑方案，创造了世界水利水电工程混凝土浇筑最高强度，同时首创了在混凝土拌和系统采用二次风冷骨料新技术，成为规模最大的低温混凝土生产系统。[③] 由于大体积重力坝结构中坝体冷却至常温需要数月甚至数年时间，三峡大坝在建筑时进行了碾压混凝土快速施工仿真模拟，模拟出多种机械配套下的大坝混凝土快速施工，高气温、多雨环境下的碾压混凝土快速施工方法及施工机械配套方案，对施工起到很好的指导作用。

三峡双线五级船闸系世界水头最大、连续级数最多的大型船闸。开挖高边斜坡、衬砌结构高度均为世界最高。船闸安装金属结构和机电设备总量 4 万多吨，各类启闭机 134 台套，闸门和启闭机大型化、种类多，制作精度达到国际先进水平。一级闸室人字门 37 米，最大淹没水深 35 米。人字门高度和单扇门重量均居世界之最。

三峡大坝的建成表明我国筑坝技术日益成熟，地质勘探技术、导截流技术、大体积混凝土坝温控防裂技术、地下工程施工技术、筑坝材料、泥沙管理等关键技术研究，取得突破性进展。

---

① 陈万桂. 三峡工程科研文集及科研成果检索系统. 中国三峡建设, 1997, (2): 20-21.
② 王家柱. 三峡工程大江截流实施中的几个主要技术问题. 中国三峡建设, 1997, (12): 6-9.
③ 中国水力发电工程学会. 改革开放三十年的中国水电. 北京: 中国电力出版社, 2009: 168.

2. 发电设备技术引进

为防洪需要，三峡电站汛期不能调蓄，年发电量主要集中在 6—9 月 4 个月，占全年发电量的 51.4%，尤其是 7、8 月份更为突出。水轮发电机组参数选择的难点在于水头变幅大、机组运行时间集中在低水头和高水头两个水头段，且要满足单机容量大、过机水流含泥沙等特点，要求性能优、安全稳定运行。三峡工程安装 26 台 700 兆瓦特大型水轮发电机组，当时我国只有自主设计制造 320 兆瓦水轮发电机组的能力，远落后于世界先进水平，需国际招标。招标以及后期建设中，引进技术都被摆在比引进设备更重要的位置。从"六五"到"十五"，国家在重大科技攻关计划、重大技术引进项目中，连续安排了三峡工程的重大装备项目，组织国内制造厂、科研院所和高等院校完成了多项三峡机组的关键技术的科技攻关。

三峡电站左岸电厂机组分别由 Voith-GE 加拿大-Siemens（VGS）跨国联营集团和 Alsthom-ABB-Kavaener（AAK）集团总承包（其中法国 Alsthom 集团承制水轮机，瑞士 ABB 发电有限公司承制发电机），中国的两家分包企业哈尔滨电机厂和东方电气集团分别参与两集团的联合试验、联合设计、技术转让和合作制造工作。依据合同，前 12 台机组制造以外商为主，中方参与制造，后 2 台机组以中方为主，外方企业向中方全面转让核心技术。

右岸电厂和地下厂房的 18 台 700 兆瓦机组分别由东方电气集团、哈尔滨电机厂和 Alstom（天津阿尔斯通水电设备公司）三家公司承制，各提供 6 台，其中右岸电厂 4 台、地下厂房 2 台。右岸水轮发电机组大部分为国内设计、国内制造，转轮不锈钢铸件绝大部分由国外提供，哈尔滨电机厂自行研制叶片成功，为巨型转轮材料全部国产化奠定了基础。2007 年 7 月，三峡电站右岸电厂 26 号机组并网，该机组是我国首台自主设计、制造和安装的单机 700 兆瓦巨型水轮发电机组，机组国产化率达到 100%，标志着我国水电机组制造已达到世界先进水平。哈尔滨电机厂、东方电气集团顺利完成了从左岸机组分包商到右岸机组独立承包商的角色转变，完全掌握了特大型机组整体设计与制造的核心技术和关键工艺，形成了水轮机水力设计、定子绕组绝缘、发电机蒸发冷却等具有自主知识产权的核心技术。[1]

除科学合理选择机组型式和参数外，攻关团队重点研究解决冷却方式的重大技术问题。左岸电站 14 台发电机组全部采用半水内冷方式。右岸电站由国内设计制造的发电机组则应用了中国在水轮发电机冷却技术方面取得的成果，哈尔滨电机厂承制的 6 台水轮发电机组采用全空冷技术[2]，东方电气集团为地下厂房提供的 2 台水轮发电机组采用中国自主知识产权的蒸发冷却技术。此两种冷却技术，在世界水轮发电机冷却领域领跑国际。通过三峡工程，巨型水轮发电机可能选用的三种冷却方式都得到了研究和使用。

对于发电机组具体的制造和安装，也取得了突破性的经验。成功制造了世界上最大的水轮发电机转轮，最大直径 10.6 米，高 5.11 米，重 425 吨；对巨型水轮发电机组成功进行安装和调试，700 兆瓦水轮发电机组埋件包括尾水管衬、基础环、座环、蜗壳、

① 中国水力发电工程学会. 改革开放三十年的中国水电. 北京：中国电力出版社，2009：33-34.
② 邱希亮. 哈尔滨电机厂技术发展历程. 北京：中国电力出版社，2014：189-194.

基坑里衬，安装总量 2350 吨；水轮机、发电机、附件、管道及辅助设备安装和调试，各项指标达到质量标准要求；三峡电站安装有世界最大的水电站引水压力钢管、世界水电站中起重量和跨度最大的桥式起重机。

三峡电站发电机组的研制，实现了制造能力从 320 兆瓦到 700 兆瓦的跨越式发展，7 年完成了大约需要 30 年的技术过渡。[1]三峡电站发电机组的成功技术引进和研制，提高了国内机电行业的设计和制造水平，为向家坝水电站（800 兆瓦）、白鹤滩水电站（1000 兆瓦）等更高单机容量的水电发电机组的研制和开发、立足国内制造巨型水电机组积累了重要经验和技术基础。

3. 输变电成套设备研制和国产化

从"七五"至输变电工程建设完成，原水电部、原能源部、原电力工业部、原国家电力公司以及国家电网公司共计组织实施了 138 个科研项目，实现重大自主技术创新 20 多项，获国家级科技进步奖 3 项，省部级科技进步奖 19 项。在一次设备、二次系统以及设计施工、运行管理中，三峡输变电工程采用了多项新技术、新工艺和新设备，大多是国内首次使用。[2]

为解决三峡输变电工程建设中的一系列技术问题，我国先后建成了世界级规模的电力系统仿真中心试验基地、亚洲最大的分裂导线力学性能实验室、杆塔实验基地、电力系统最先进的电磁兼容实验室等科研基地，它们成为重要的研发平台。

超高压大容量直流输电技术是三峡工程电力系统建设中的关键技术。直流输电工程技术相对复杂，特别是直流系统研究及换流站成套设计和换流站设备制造是工程建设的技术关键。当时我国与国际水平有较大差距，三峡工程所选用的技术参数和性能要求，超过了世界上已有的建设和制造水平。我国通过采用技贸结合的技术引进政策，分批引进关键技术，消化吸收，逐步实现了这一世界领先技术。国家电网公司于 1996 年 7 月正式组建了国内第一家直流咨询公司，选定加拿大泰西蒙公司作为本次直流咨询的外国咨询商。

1996 年，三峡—常州±500 千伏直流输电线路成为首期工程。该条直流输电工程是三峡电力送出的重要通道，是继葛南直流输电工程后第二个连接华中电网与华东电网的联网工程，使两大区域电网间电力交换容量从 1200 兆瓦提升到 4200 兆瓦。后期增补的三广工程±500 千伏直流输电线路，额定功率 3000 兆瓦，线路长度 975 千米，经湖北、湖南、广东三省，缓解了广东严重缺电的紧张局面，实现了华中电网与南方电网的互联，其中的荆州换流站与 500 千伏荆州变电站合建成世界最大的换流变电站。三峡电站附近100 千米内，建设龙泉、江陵和右岸换流站，连同葛洲坝换流站共计 4 座，通过三峡电站 13 回送出线路及换流站间的 7 回联络线路形成坚强的三峡近区网络，是世界规模最大的直流送端系统。[3]通过三峡直流输电工程，我国全面引进了 ABB 和西门子公司的直流输电工程技术，分为系统设计（直流系统研究和换流站成套设计技术）和设备制造（包括换流变压器、平波电抗器、换流阀、晶闸管、直流控制保护系统等）两个部分。制造

[1] 于翔汉. 三峡助推中国机电业大跨越. 中国三峡工程报, 2006-01-13.
[2] 国家电网公司. 中国三峡输变电工程·综合卷. 北京：中国电力出版社, 2008：162-163.
[3] 国家电网公司. 中国三峡输变电工程·综合卷. 北京：中国电力出版社, 2008：325.

技术上，通过不同段工程以分包生产、合作生产、中外联合采购等方式逐渐国产化，并在灵宝试点工程完成了工程建设 100%国产化。

三峡直流输电工程，担负中国超高压直流输电设备国产化起步的重要任务，在中国超高压输变电工程建设史上具有承前启后的重要地位。在工程建设中，攻克了直流输电关键技术，逐步提高了国产化率，全面实现了直流输电建设技术和装备制造国产化，标志着我国直流输电技术进入国际领先水平。

三峡输变电系统交流工程的设备国产化主要以项目为依托，同时，依靠自主创新实现了独立建设±500 千伏及以下直流输电工程和直流成套设备的能力，在系统规划、调度运行、设备成套、设计施工、试验能力、建设管理等方面取得了突出的创新成果，首次整体规划设计并建成了世界上规模最大、技术最复杂的交、直流混合输电系统，使我国电网规划能力达到国际领先水平。三峡输变电工程的完成，形成了仅次于北美联合电网、欧洲联合电网规模的世界级特大型电力系统。由于横跨黄河、长江、珠江三大水系，覆盖多个大型煤电基地和水电基地，改变了中国电力供应格局，使获取地区电网之间潜在的巨大错峰效益、水电站群补偿调节及水火互补容量效益等成为可能，直接形成华中-川渝、华中-华东、华中-南方的联合电网，促进华中-西北与华中-华北之间电网互联，为全国联网打下重要基础。

4. 其他

除上述筑坝、截流、发电设备和输变电技术方面的重点科技成果和创新外，在诸多具体技术环节也取得了重要成果，如大坝高水头、大流量泄洪消能技术，坝体大孔口结构设计及封堵技术，坝基岩体不利结构面处理技术，坝基渗流控制技术，大型金属结构设计、制造及安装技术，巨型水轮发电机组的工程设计、制造及安装技术，大型船闸通航水力学及疏水系统关键技术，高陡边坡开挖支护及加固技术，地下电站变顶高尾水洞技术等，均达到国际先进水平。其中多级船闸关键技术，巨型水轮机安全稳定运行综合措施的设计研究，大坝混凝土高强度施工及温控防裂技术，大流量深水河道截流及深水高土石围堰技术等为国际领先水平。[1] 在船闸输水系统中，首创了闸室防淤技术。为确保三峡输变电工程质量，采用新技术作为重要手段，如根据航飞摄影、Halawa 技术、GPS 终勘及定位等先进技术手段对线路路径及塔位进行优化。此外，输电方式采用同塔双回紧凑型输电技术，在提高技术水平的同时，降低了工程造价并减少占地。各方面的科技成果，难以尽数枚举。

总体而言，三峡工程建设提高了我国水利水电科技水平，"长江三峡水利枢纽工程"获得了 2019 年度国家科学技术进步奖特等奖，刷新了水电工程多项世界纪录，取得了一系列重大科技的突破，同时也解决了水库诱发地震[2]、库岸稳定、水库淹没和移民安置等多项重大问题，改变了我国水能资源丰富却开发落后的局面。然而需要重视的是，三峡枢纽投运后给上下游带来一些问题，如航运能力不足导致了拥堵常态化、水库水环境需要保护、库区地质灾害防治、清水下泄对下游河道产生冲刷及河势演变对长江中下

① 中国水力发电工程学会. 改革开放三十年的中国水电. 北京：中国电力出版社，2009：170.
② 陈又华，石伯勋，蔡耀军. 三峡水库诱发地震特征分段研究. 水利规划与设计，2017，(10)：77-82.

游防洪及航运产生影响等。[1]对于这些问题国家和地方均采取了一定措施，例如针对通航能力不足且通过货运量逐年递增的情况，为缓解运输紧张局面，宜昌于 2017 年开始建设三峡翻坝综合交通运输体系，修建专用"翻坝铁路"并打造"翻坝产业园"，同时在三峡大坝左岸新建第二船闸的议题开始调研工作。而水库水环境保护、库区地质灾害防治等问题，除按年发布《三峡工程生态与环境监测公报》外，还需要长时期监控、调度进行控制和改善。

---

① 中国水力发电工程学会. 改革开放三十年的中国水电. 北京：中国电力出版社，2009：171.

特高压输电工程[*]

一、我国特高压输电技术的发展历程

1. 发展特高压输电的背景

我国发展特高压输电，是由国情决定的。新中国成立以来，特别是改革开放以来，我国电力需求随着经济发展长期高速增长，2020 年发电量是 1949 年的 1725 倍、1978 年的 29 倍，但是人均值与发达国家相比仍然偏低，所以未来还有较大增长空间。我国 2/3 的煤炭资源分布在晋陕蒙宁新等省区，80% 的水能资源分布在西南的川滇藏等省区，适合大规模开发的风能、太阳能资源分布在西部和"三北"地区，而 70% 的用电负荷则集中在东部和中部地区，两者之间的距离在 1000—3000 千米以上，将来的发展趋势仍然如此。这一能源资源与用电负荷中心呈逆向分布的基本国情，决定了必须实施"西电东送"战略。特高压输电具有输送容量大、输电距离远、电能损耗低、节约土地资源等特点，是适合中国国情的先进输电技术，是实施"西电东送"战略的重要手段。

20 世纪 70 年代，苏联、美国、意大利、日本、巴西和加拿大等国，出于各自的需要，先后建立了 1000—1500 千伏特高压输电的试验站，启动了特高压输电的技术基础和工程应用研究。这些国家虽然通过建成的试验设施进行了一些特高压特性研究，甚至有规划建设特高压输电工程，然而由于经济增速变缓和需求变化等因素，大都未实现工程应用，只有苏联建成了完整工程。苏联于 1985 年 8 月建成投运 1150 千伏特高压输电线路和 3 座特高压变电站，这是世界上第一个实际运行的特高压输电工程。间断运行 5 年后，1992 年 1 月随着苏联解体降压为 500 千伏运行。其中除政治和经济因素外，设备和技术并未达到完全成熟的状态，运行中发现了线路电晕损失大、雷击跳闸率高等技术问题。此外，苏联还曾计划建设一条 ±750 千伏特高压直流输电工程，1990 年开始建设，但是 1992 年停工，最终未能建成投运。日本也曾经建成两条特高压输电线路，但变电站采用 500 千伏设备，将 1000 千伏降压为 500 千伏运行。

国外特高压相关技术研究取得了一些有益的成果。1988 年，国际大电网委员会（CIGRE）经过对当时特高压输电技术开发的调研，指出特高压交流输电技术没有不可逾越的障碍，已经基本达到可以应用的程度。[①]然而，由于大多数国家并没有完成特高压工程实际应用，90 年代后特高压交流输电在国际上渐趋沉寂，这导致 20 世纪特高压输电技术和设备的发展均不成熟。2004 年底中国提出发展特高压输电之时，世界上没有商业运行的工程，没有成熟的技术和设备，也没有相应的标准和规范。

我国电力技术和电工装备制造长期处于跟随西方发达国家的被动局面。1949 年新中国成立时，只有东北地区日据时期建成了一定规模的电力系统，包括一些 154 千伏和 220

---

* 作者：陈悦。

① 赵忆宁. 大国工程. 北京：中国人民大学出版社，2018：110.

千伏输电线路。其他地区电力设施非常落后，最高电压等级只有 33 千伏。经过几十年的发展，1978 年改革开放前我国逐步建成了以 220 千伏为主体的省级电网，2000 年省级电网升级为 500 千伏并开始省间联网，之后开启了全国联网的进程。在此之前的中国输电技术，一直走的是"引进消化吸收再创新"的道路。特高压启动之初，国内 500 千伏工程设备及关键原材料、组部件仍主要依赖进口，技术、标准和设备均建立在引进、消化、吸收基础上。我国对国际特高压技术的跟踪始于 20 世纪 80 年代。1986 年水电部下达"关于远距离输电方式和电压等级论证"课题，"七五""八五"期间国务院重大技术装备办公室先后下达"特高压输电技术前期研究""远距离输电方式和电压等级论证"两项国家科技项目。其后，在武汉高压研究所建设了试验研究线段，开展了一些专题研究，在特高压输电技术领域进行了初步探索。

然而由于国际上并没有形成完全成熟的特高压设备和技术①，也没有可供参考的技术标准，加之 20 世纪 90 年代后特别是 21 世纪后科学技术水平整体跃升，国外过去的特高压技术研究已经落后，这意味着中国必然需要通过自主创新对特高压进行技术攻关。特高压输电代表了国际高压输电技术研究、设备制造和工程应用的最高水平，研究开发工作在时间维上涉及高压输电的基础研究、规划设计、设备研制、施工安装、调试试验、运行维护全过程，在知识维上涉及电、磁、热、力等自然科学和项目管理、技术经济等科学，是一个复杂的系统工程。作为一个世界级的创新工程，必须要系统开发特高压交流输电从规划设计、设备制造、施工安装、调试试验到运行维护的全套技术并通过工程实际运行验证。基于我国相对薄弱的基础工业水平，自主研究开发一个最高电压等级所需的全套技术和设备，面临着巨大的挑战。

2. 发展特高压输电的论证

我国虽然一直在跟踪国际特高压输电技术，但是对于我国正式启动特高压工程建设的问题，社会上存在少数不同见解和疑虑，因此在国家决策之前经过了全面系统的论证。主要内容包括：①我国采用特高压输电技术的必要性；②我国采用特高压输电技术的电压等级选择；③特高压输电关键技术及其可行性；④特高压输电技术的经济性；⑤特高压输电的环境影响；⑥特高压输电系统的安全性；⑦特高压电网发展规划；⑧试验示范工程选择；⑨设备自主化方案。

2004 年底，中国国家电网公司提出"发展特高压输电技术，建设坚强国家电网"的战略构想。2005 年 2 月 16 日，国家发展和改革委员会（简称国家发展改革委）印发《关于开展百万伏级交流、±80 万伏级直流输电技术前期研究工作的通知》（发改办能源〔2005〕282 号），决定启动我国特高压输电技术前期研究工作。2005 年 6 月，国务院印发《关于今明两年能源工作要点的通知》（国办发〔2005〕35 号）明确提出制定好特高压输变电试验示范线路建设和输变电设备国产化等方案。国家电网公司成立了特高压电网工程领导小组以及由院士和资深专家组成的顾问小组，组织有关科研院所、中国机械工业联合会、顾问公司、设备制造厂、大专院校等单位，确定了"科学论证、示范先行、自主创新、扎实推进"的指导方针，开展了大量的研究和论证工作，取得了丰富的成果，

---

① 苏联、美国、日本、意大利等国在 20 世纪 60 年代末或 70 年代初开展了特高压可行性研究与实践。

为科学决策、民主决策和依法决策打下了坚实基础。国家发展改革委组织了多次研讨会和专题会议，围绕我国发展特高压输电技术的重大问题开展了全面深入研究论证。包括30 多位院士在内的 2000 多名科研和工程技术人员直接参与了特高压论证工作，召开了240 多次重要专题论证会，与会专家和代表超过 7000 人次。基于研究论证成果，社会各界达成了广泛共识。发展特高压技术先后被纳入《国家中长期科学和技术发展规划纲要（2006—2020 年）》，《国家自主创新基础能力建设"十一五"规划》，《中国应对气候变化国家方案》，《装备制造业调整和振兴规划》，国民经济和社会发展"十一五"规划、"十二五"规划、"十三五"规划，《能源发展"十三五"规划》，以及《电力发展"十三五"规划（2016—2020 年）》等一系列国家重大发展战略之中。2006 年 8 月 9 日，国家发展改革委正式核准建设中国第一个特高压工程——晋东南至荆门特高压交流试验示范工程。其后，又相继核准云南—广东、向家坝—上海±800 千伏特高压直流输电工程。2013年 9 月，国务院印发《大气污染防治行动计划》。在发展清洁能源和扩大电网接纳清洁能源能力的需求下，国家能源局在 2014 年明确提出发展远距离大容量输电技术，开工建设一批特高压和超高压"西电东送"工程。2014 年 5 月 16 日，国家能源局印发《国家能源局关于加快推进大气污染防治行动计划 12 条重点输电通道建设的通知》（国能电力〔2014〕212 号），其中包括"四交五直"特高压输电工程。特高压电网建设步入全面发展阶段。

发展特高压输电的论证成果主要包括：①特高压输电具有长距离、大容量、高效率的特点，在理论上相比超高压具有较明显的技术和经济优势[1]。②我国电力需求长期高速增长，能源资源与电力负荷分布不均衡，能源基地与负荷中心距离较远，需要利用特高压输电技术实施高效率"西电东送"，同时有利于中东部地区环境保护和节约土地资源。③特高压输电在技术上是可行的，没有不可克服的技术困难。④尽快建设试验示范工程，掌握和验证特高压关键技术，为特高压技术大规模应用积累实际工程经验。⑤我国首个特高压工程可实现国产化供货，建设试验示范工程可以从资金、技术和市场三个重要方面支持装备工业的创新和进步。

我国区域间输电网的规模增长迅速，国与国之间输电网发展也具有广阔前景。此外，我国发展特高压，强调交、直流并重，主要是考虑到：交流电网是电能利用的主体网络，大容量直流输电需要有同样坚强的特高压交流电网为其提供足够的换相电压、有功和无功支持，应对特高压直流故障冲击下导致的功率缺额和频率不稳；馈入交流电网的直流输电容量极限取决于交流电网结构及其规模；无论从安全角度还是从技术角度，均无法单纯依赖直流输电解决我国电网可持续发展问题，需要在构建坚强特高压交流电网的基础上，发展特高压直流输电，形成强交流、强直流联合运行、相辅相成、相互支撑的电网格局。

3. 我国特高压关键技术的发展

1）电网技术基础

电网是沟通电力生产规模化与电力消费分散布局之间的联络线，由各电压等级的输

---

① 中国电力科学研究院. 特高压输电技术：交流输电分册. 北京：中国电力出版社，2012：4-6.

变电线路和设备构成。新中国成立后，电压等级得到统一，并逐渐形成等级序列。我国电力建设早期"重发轻供"，电网建设滞后于电源建设，电网的功能被简单地定位于电能输送载体，一度导致电网规模过小，输电能力不足。20世纪80年代之后，我国电网经历了由小到大、由低到高的快速发展过程。中国目前已形成输电网1000/500/220/110（66）/35/10/0.4千伏和750/330（220）/110/35/10/0.4千伏两个交流电压等级序列，以及±500（±400）千伏、±660千伏、±800千伏、±1100千伏直流输电电压等级。

输电技术从低电压等级到高电压等级的提升过程，中国一直落后于世界发达国家。

1978年以前，我国电网运行极不稳定，电网事故频发，在此背景下依然探索电压向更高等级发展的技术研究。对于超高压输变电技术，1958年即开始进行研究，1972年6月正式投入运行的刘（家峡）天（水）关（中）330千伏输变电工程，成为我国自行设计、制造、施工建设的第一条330千伏超高压输变电工程，实现了陕西、甘肃、青海三省电力联网。该工程在当时是"电压最高、线路最长、送电容量最大"的一条主干线路[1]，比世界发达国家首次超高压输电晚了约20年。

时隔不久，1980年召开的电力系统安全稳定工作会议形成了对我国电网发展起到巨大作用的文件《电力系统安全稳定导则》和《电力系统技术导则》，提出了重视电网结构、可靠性原则及安全稳定三道防线、电网互联原则，以及建立强大受电网的要求。[2]随着电力系统发电容量的不断增大，特别是大型坑口电厂和核电厂的投产，输送容量迅速增长，需相应采用较高的电压等级，以降低输电线路的总损耗和造价，从而达到经济输电。

此后，我国开始逐步建设500千伏等级超高压输电工程，建立省域和跨省超高压输电骨干网。20世纪80年代末，华中、东北、华北三大电网首先开始形成500千伏线路为骨架的跨省区大电网。其中跨大区电网采用了±500千伏超高压直流输电技术，如1989年单极投入运行、1990年双极投入运行的葛洲坝至上海直流输电工程，首次实现了以±500千伏直流输电线路联系华中与华东两大区电网的非同期联网。[3]之后交流、直流超高压输电技术连续不断地在多项远距离、大容量输电工程中得以应用，实现了跨省、跨大区电网互联。1981—2007年，500千伏输电线路年均增长20.5%，变电设备容量年均增长22.3%。2011年投运的宁东至山东±660千伏直流输电工程，是世界首个±660千伏电压等级的直流输电工程，是我国实现直流输电工程序列化建设的重要步骤，取得多个"世界第一"的技术创新[4]。

我国超高压输变电技术如同之前的输变电技术，依然走的是"引进消化吸收再创新"的道路。初期由于自身并不具备设计大型输电工程的能力，工程设备也不具备自制能力，通过引进500千伏远距离超高压输电线路和输变电设备、±500千伏直流输电线路及换流站设备制造技术，以及铁塔和金具自动生产线，在较短时间内，我国输变电技术在超高压等级取得了重要经验和成果。通过引进电网调度自动化装置及技术、微波设

① 张彬，等. 当代中国的电力工业. 北京：当代中国出版社，1994：271-272.
② 中国电力企业联合会. 改革开放三十年的中国电力. 北京：中国电力出版社，2008：83-84.
③ 赵畹君，曾南超. 中国直流输电发展历程. 北京：中国电力出版社，2017：39-47.
④ 刘本粹. 西北电网外送暨宁东-山东±660 kV高压直流联网示范工程浅议. 电网与清洁能源，2010，（1）：9-13.

备、卫星通信设备，电网自动化逐渐达到世界先进水平。随着超高压输电工程的建设的推进以及我国自主研发示范工程的建设，输变电技术和设备国产率不断提高。伴随电网互联的迅速发展，我国超高压输电承担起早期跨区联网的主力网架。

2）特高压电网的技术攻关和建设

中国一直跟踪着国外特高压输电技术的研究进展。从 1986 年起，中国电力科学研究院、武汉高压研究所、电力建设研究所和相关高校开展了一些初步的对跟踪技术的可行性研究和试验研究。武汉高压研究所 1988 年启动特高压户外试验场建设，1996 年正式建成中国第一条 1000 千伏特高压试验线段。电力建设研究所于 2004 年建设杆塔试验站，可进行特高压部分分裂导线、杆塔原型强度试验和防震设计方案试验。①

由于 20 世纪 90 年代后国际特高压技术发展停滞，此前并没有完全成熟的特高压输电技术和设备，也未形成相关技术标准体系，且在 21 世纪初我国开始发展特高压技术时国外已有技术已落后，在新材料、电子信息技术等科技高速发展的背景下，通过"引进消化吸收再创新"发展特高压输电已经此路不通。国务院在 2005 年初听取国家电网公司汇报后，特别指出"特高压输变电技术在国际上没有商业运行业绩，我国必须走自主开发研制和设备国产化的发展道路"。对于中国而言，迫切需要的特高压输电技术面临既"不能买"也"买不来"的难题。

2005 年，国家电网公司专门成立了特高压办公室（后为特高压建设部），组织起庞大的技术研发团队和工程建设组织。2005 年 10 月，国家电网完成了晋东南—荆门特高压试验示范工程可行性报告的评审②。2006 年 6 月，国家发展改革委下发《国家发展改革委办公厅关于开展交流 1000 千伏、直流±800 千伏特高压输电试验、示范工程前期工作的通知》，拉开了我国特高压电网工程建设的序幕。③

为满足特高压输电技术的全面研究和输变电设备的带电考核等需要，一批新的试验研究基地陆续建成：国家电网在武汉建成特高压交流试验基地，在北京建成特高压直流试验基地、杆塔试验基地、国家电网仿真中心，在西藏建成高海拔试验基地；南方电网在昆明建成高海拔特高压试验基地；西安高压电器研究院建成大电流开关试验基地。试验基地的运行试验能力达到了国际先进水平，部分居国际领先水平，它们的建成为工程设计提供了重要设计依据和技术支持。④

与新试验研究基地的建设同步，特高压技术的示范工程得到积极推进。晋东南—南阳—荆门 1000 千伏特高压交流试验示范工程于 2006 年开工，2008 年底建成，是中国特高压输电的起步工程，也是中国电网技术发展引领国际的标志性工程。2010 年 6 月和 7 月，云南—广东、向家坝—上海世界等级最高的±800 千伏特高压直流输电示范工程先后建成，实现双极投运，其中云广工程是世界首个投入商业运行的特高压直流输电工程。此两项工程均为我国自主研发、设计和建设，代表了世界直流输电技术的最高水平。

交流、直流示范工程建成后，特高压输电在我国迅速发展。截至 2020 年，已建成 16

---

① 周浩. 特高压交直流输电技术. 杭州：浙江大学出版社，2014：18.
② 国家电网公司特高压直流输电工程可行性研究通过评审. 电网技术，2005，29（21）：35.
③ 高鹏. 中国重大技术装备史话：中国输变电设备制造. 北京：中国电力出版社，2015：233.
④ 高鹏. 中国重大技术装备史话：中国输变电设备制造. 北京：中国电力出版社，2015：18-21.

项特高压直流输电工程和 13 项特高压交流输电工程（详见后文）。以特高压为骨干的输电网，在优化东西部和大区内资源配置、节能减排、发展清洁电力能源等方面发挥了重要作用。

从"引进消化吸收再创新"到"自主创新"，中国特高压输电技术的研究完成了一批科研成果。仅第一个示范工程，共计完成 180 项关键技术研究课题，形成 429 项专利，建立了包含 7 大类 79 项标准的特高压交流输电标准体系，涵盖系统研究、设备制造、调试试验和运行维护等环节。2008 年，国家电网公司代表中国在国际电工委员会（IEC）主导发起成立 TC115"100 千伏以上高压直流输电"技术委员会，并承担秘书处具体工作，主导编制出版国际标准 6 项。2013 年，国家电网公司代表中国在 IEC 主导发起成立 TC122"特高压交流输电系统"技术委员会，并承担主席工作，主导编制出版国际标准 4 项。我国的特高压交流输电电压已被推荐为国际标准电压。累计在国际大电网委员会主导发起成立特高压相关工作组 4 个，在电气电子工程师学会（IEEE）标准化协会主导发起特高压相关标准 10 项。

中国特高压输电技术在较短时间内就完成了适用技术研发和工程化建设，究其原因得益于中国输电技术的积累、电力供需地域不平衡的分布特点以及集中力量办大事的体制优势。在国家的统一组织下，产学研用相结合，突破了工业技术、已有技术和人才储备的限制，推进特高压技术的自主研发，从而超越了具备先发优势的发达国家，实现了特高压技术相对成熟的商业运营。

作为新一代超大规模电网系统代表的特高压输电，是我国能源发展战略的一环。2020 年我国全社会用电量超过 7.5 万亿千瓦·时，是 2000 年的 6 倍，各大区域之间的电力输送增幅显著。随着新能源的大力发展，更多发电空间将留给风力和光伏等新能源，电网足够坚强和智能地处理不稳定的电能注入也将推动特高压电网的发展，从而达到更大输送能力和充分的冗余度。

二、我国特高压的创新发展与技术特点

在我国建设特高压输电工程之前，国际上没有技术成熟的特高压输电工程，关键参数和技术特性只能依靠自主创新，我国从 2005 年初开始集中力量开展大规模研究论证、技术攻关和工程实践。2005 年 2 月，国家发展改革委印发《关于开展百万伏级交流、±80 万伏级直流输电技术前期研究工作的通知》，开展特高压示范工程的相关论证和研究工作。2006 年 6 月，国家发展改革委印发《国家发展改革委办公厅关于开展交流 1000 千伏、直流±800 千伏特高压输电试验、示范工程前期工作的通知》。2006 年 8 月，国家发展改革委正式核准中国首个特高压工程——晋东南—荆门特高压交流试验示范工程，标志着我国特高压输电工程全面启动。[①]我国特高压一般指±800 千伏及以上直流和 1000 千伏及以上交流输电的电压等级。

特高压工程是复杂的系统工程，大规模建设的关键是核心装备。2006 年，国家电网公司通过特高压交流输电关键技术研究课题，取得了大量研究成果，掌握了特高压输变

---

① 刘振亚. 特高压交流输电技术研究成果专辑（2006 年）. 北京：中国电力出版社，2008：2.

电技术特点和特高压电网的基本特性，对特高压电磁环境限制、过电压水平、无功配置、绝缘配合、防雷等关键技术取得重要进展，为试验示范工程的设计、设备研制、工程建设和运行维护打下了坚实基础。设备研制方面，成功研制了特高压交流变压器、电抗器、封闭式组合电器（GIS）、串联补偿装置、避雷器等以及二次系统全套关键装备①，奠定了交、直流特高压工程后期陆续建设的研究基础。

到目前为止，我国现已全面掌握特高压交流和直流输电核心技术和整套设备的制造能力，在大电网控制保护、智能电网、清洁能源接入电网等领域取得一批世界级创新成果，建立了世界上第一个系统的特高压与智能电网技术标准体系，编制了相关国际标准数十项。②特高压交、直流输电工程的成功建设和运行，标志我国在世界输电领域实现了"中国创造"和"中国引领"。

1. 特高压直流输电

我国特高压直流定位于大型能源基地的远距离、大容量外送，西南水电基地、西北等煤电、风电基地和跨国电力主要通过直流输送。③直流输电与交流输电相比，在进行大容量远距离输电时，输送容量更大、输送距离更远、单位容量造价和损耗更低、电网运行性能更优，具有较明显的优势，因此在开始投资建设时产生的争议较小。

我国的直流输电建设起步晚，经验和基础比较薄弱。20 世纪 80 年代才建成舟山 ±100 千伏直流输电工程，但设备技术水平与国外差距很大。与此同时开始发展超高压直流输电，1985 年开工建设的葛洲坝—上海（葛上）±500 千伏直流输电工程是中国第一项大型直流输电工程，因当时我国不具备设计大型直流输电工程和设备制造的能力，只能引进成套设备和技术，1990 年全面建成投运。通过工程的建设，我国取得直流输电的全面认识和重要经验，也培养了大批专业技术人员，在引进成套大规模直流输电物理模拟装置的基础上建成"数模混合仿真中心"，能够对大型直流输电工程进行试验研究。21 世纪初，又先后建成了中国第一个交直流并联、采用了多项新技术的天生桥—广州(天广)直流输电工程，将三峡水电站电力输向华东电网的三峡—常州（三常）和输向广州负荷中心的三峡—广东（三广）±500 千伏直流等输电工程，包括换流阀、换流变压器、控制保护、电抗器等在内的设备技术不断升级，奠定了我国独立建设直流输电工程的技术基础。2008 年开工的宝鸡—德阳（宝德）工程，是我国第一个达到自主设计、自主成套、直流主设备完全国产化的 ±500 千伏直流输电工程。

将直流输电 ±500 千伏提升至 ±800 千伏的特高压等级，输送功率从 3000 兆瓦提高至 5000 兆瓦和 6400 兆瓦，对系统稳定性、绝缘配合、换流站和设备性能提出了新的高要求。

关于特高压直流输电，瑞典和俄罗斯的设备制造厂在早期进行过相关研究，试制了部分设备，然而在中国计划建设时，国际上尚未有特高压直流输电工程建成，没有相应的设计标准和规范，也没有成功的运行经验可借鉴。我国特高压直流输电关键设备均为首次研制，需对特高压直流输电工程系统方案、过电压与绝缘配合、电磁环境控制、成

① 刘振亚. 特高压交直流电网. 北京：中国电力出版社，2013：16-17.
② 特高压交流输电标准体系建成. 人民日报，2009-12-17（9）.
③ 刘振亚. 中国电力与能源. 北京：中国电力出版社，2012：167.

套设计和设备制造等方面进行全面攻关。国家特别投资建设了特高压直流试验基地、高海拔试验基地、杆塔试验基地、特高压直流输电工程成套设计研发中心、大电网仿真中心，完成重大关键技术和工程专项研究 100 多项，内容系统且全面。[①] 特高压换流阀是特高压直流输电工程的核心设备，集中了多个关键技术，中国电力科学研究院建成的大功率电力电子实验室，大幅提高和加强了特高压直流输电装备研制能力和手段，为工程建设做好了技术准备。

特高压直流输电技术发展伴随着 2004—2010 年一系列电力技术和设备的自主研发和建造。2010 年投运的云南—广东（云广）和向家坝—上海（向上）±800 千伏直流输电成为我国第一批特高压直流输电工程。凭借建设±500 千伏直流输电工程的经验和基础，我国设备制造企业研制出±800 千伏特高压直流输电工程所需的晶闸管换流阀、换流变压器、平波电抗器、直流场设备及控制系统等，使得云广和向上工程采用了部分国产设备。云广工程是世界第一个建成投运的±800 千伏直流输电工程，是我国自主研发、设计、制造和建设的特高压直流输电示范工程，额定功率 500 万千瓦，国产化率 60%。稍晚投运的向上工程是当时我国自主研发、设计和建设的技术水平最先进的±800 千伏直流输电工程，工程设备研制中的难点——特高压换流变压器、换流阀等重要设备，采取了国内外联合研发的方式，工程的额定功率 640 万千瓦，设备国产化率 67%，由于换流变压器由国内外联合制造，其他国内自主研制设备厂家掌握了特高压直流设备制造的核心技术，实现了电工装备制造业的跨越式发展。[②] 2018 年 12 月，昌吉—古泉（即新疆准东—安徽皖南）特高压直流输电工程成功送电，进一步将稳定运行的最高电压等级提升至±1100 千伏，额定功率 1200 万千瓦，成为世界电压等级最高、输送容量最大、输送距离最远、技术水平最先进的直流输电工程。

2012 年投运的锦屏—苏南（锦苏）工程，额定功率提升至 720 万千瓦，国产化率提升至 90%，且首次实现由国内负责成套设计。2014 年初投运的哈密—郑州（哈郑）±800 千伏特高压直流输电工程，额定功率再次提升至 800 万千瓦，是当时世界上输送功率最大的直流输电工程。哈郑工程电流提升，工程所处位置自然条件严酷，相关设备的制造、电气性能、安全可靠性所对应的关键技术得到进一步解决，设备国产化率达到 84%。随着后续工程建设，国产化率持续提升，输送容量和距离也不断取得新突破。2017 年 9 月投运的锡林郭勒盟—泰州（锡泰）±800 千伏特高压直流输电工程额定功率又一次提升至 1000 万千瓦，也是第一个分层接入的特高压直流输电工程，受端泰州站高端换流器接入 500 千伏交流电网、低端换流器接入 1000 千伏特高压交流电网。2018 年 12 月建成投运的昌吉—古泉（即新疆准东—安徽皖南）特高压直流输电工程额定功率 1200 万千瓦，输送距离达到 3324 千米。我国特高压直流输电相关技术装备的制造水平总体上处于世界先进水平，就国产化率而言，核心基础零部件、关键基础材料、关键共性基础工艺等方面的对外依存度不高，少量零部件与材料需要进口供应，国产化产品的质量和可靠性相较国际领先水平还有待进一步提高。

① 赵畹君，曾南超. 中国直流输电发展历程. 北京：中国电力出版社，2017：92-93.
② 赵畹君，曾南超. 中国直流输电发展历程. 北京：中国电力出版社，2017：103-104.

有关特高压直流技术的研究、设备制造和工程建设荣获过多种奖项，其中"特高压±800 千伏直流输电工程"获得 2017 年度国家科学技术进步奖特等奖，该技术由 160 多家单位联合攻关，攻克了特高电压、特大电流下的绝缘特性、电磁环境、设备研制、试验技术等世界级难题。

我国特高压直流输电技术国际领先，已在海外独立承包工程项目。2014 年国家电网公司与巴西国家电力公司组建联营体为巴西建设±800 千伏美丽山特高压直流输电工程（一期工程于 2017 年 12 月投运），这是中国在海外的首个特高压直流输电工程，自此我国特高压直流的高端技术及其装备开始走向世界。

2. 特高压交流输电

与特高压直流不同，特高压交流具有输电和构建网架的双重功能，中间可以落点，电力的接入、传输和消纳灵活，交流电压等级越高，电网结构越强，输送能力越大。

特高压交流输电是 20 世纪 70 年代国际特高压研究的核心技术。然而，鉴于经济性和新技术的发展，意大利、美国等国无限期推迟和取消了特高压交流输电发展计划。苏联于 1985 年建成世界第一条商业运行的 1150 千伏特高压交流输电线路，日本于 1992—1999 年建成 1000 千伏交流特高压线路，均是结合本国实际来制定自身的特高压技术路线，之后因实际情况又降压为 500 千伏运行。在这样的发展环境和技术背景之下，我国发展特高压交流输电的方式是，吸收国外先进技术，结合国情和电网特点，走立足国内、自主创新的路线。

我国特高压交流工程建设的技术基础是超高压技术取得的攻关成果。1981 年我国建成第一条 500 千伏输电工程——河南平顶山至湖北武昌工程，此后电网和输电技术得到了快速发展。2005 年在青海官亭至甘肃兰州东投运的 750 千伏超高压交流工程是我国第一次自主设计、研制设备和建设运行的当时世界最高电压等级的工程。

发展特高压输电之初，以已有技术为基础，我国先后组建了多个特高压交流国家试验室和试验基地对特高压交流技术进行探索研发。2006 年，国网武汉高压研究院（现国网电力科学研究院）在湖北武汉专门建设了具有世界领先水平的特高压交流试验基地，2007 年试验基地全面带电，2008 年被确定为特高压工程技术国家工程试验室并于年底正式投运，综合试验能力创多项世界第一。另外，西安高压电器研究院大电流开关试验基地、特高压杆塔试验基地、西藏高海拔试验基地等研究机构也都从不同方面对特高压交流进行了研究和试验，以掌握技术规律、支撑特高压工程建设。

以超高压交流输电和特高压试验研究为基础，2009 年 1 月 6 日，纵跨晋、豫、鄂三省的 1000 千伏晋东南—南阳—荆门特高压交流试验示范工程建成投运，成为我国首个自主研发、设计和建设的具有自主知识产权的特高压工程，也是当时世界上唯一商业运行的特高压工程。通过该示范工程，攻克和突破了特高压交流输电的系统安全稳定控制、复杂环境外绝缘特性、过电压深度抑制、电磁环境控制指标等关键技术难题，自主研制成功包括世界首台额定电压 1000 千伏额定容量 1000 兆伏安的特高压变压器、特高压并联电抗器、特高压开关设备等在内的全套特高压交流设备，全面提升了中国电工制造业装备制造水平，建立了统一的特高压交流输电技术规范和运行标准[1]。2011 年 12 月，试

---

① 刘振亚. 特高压交直流电网. 北京：中国电力出版社，2013：431-432.

验示范工程扩建工程建成投运。

经过各方面全力攻坚，我国特高压技术取得重大突破，全面掌握了特高压核心技术和全套设备制造能力，实现了特高压变压器、电抗器、串补、6 英寸[①]晶闸管、大容量换流阀等系列关键设备自主研发制造。[②]此后，特高压交流工程开始规模建设，2013 年世界首条同塔双回特高压交流工程皖电东送（淮南—浙北—上海）1000 千伏示范工程、2014 年浙北—福州、2016 年锡林郭勒盟—山东、2016 年淮南—南京—上海、2016 年蒙西—天津南、2017 年锡林郭勒盟—胜利、2017 年榆横—潍坊、2019 年北京西—石家庄、2020 年山东—河北环网以及张北—雄安、蒙西—晋中、驻马店—南阳等 1000 千伏特高压交流输变电工程先后建成投运。

我国特高压交流输电技术研究和工程建设荣获多个奖项，其中，"特高压交流输电关键技术、成套设备及工程应用"荣获 2013 年国家科学技术进步奖特等奖，2019 年晋东南—荆门特高压交流试验示范工程荣获庆祝中华人民共和国成立 70 周年经典工程。

三、特高压同步电网对我国电力能源配置的影响

中国特高压同步电网是在已有跨省区大电网基础上的大区电网互联。跨省区电网包括华东、华北、东北、华中、西北及南方电网（表 1、表 2），特高压线路建设之前主要以 500 千伏（西北电网 750 千伏和 330 千伏）为主网架。2008 年，国家电网公司发布《国家电网公司关于转变电网发展方式、加快电网建设的意见》，提出加快建设以特高压电网为骨干网架、各级电网协调发展的坚强电网，由此开启特高压电网的发展。

表 1　截至 2020 年已建成特高压交流输电工程（电压等级：1000 千伏）

序号	工程名称	核准时间	投运时间	变电容量/万千伏安	输送距离/千米	起经止省份
1	晋东南—南阳—荆门	2006.8	2009.1/2011.12	1800	640	山西、河南、湖北
2	淮南—浙北—上海	2011.9	2013.9	2100	648	安徽、浙江、江苏、上海
3	浙北—福州	2013.3	2014.12	1800	587	浙江、福建
4	淮南—南京—上海	2014.4	2016.9/2019.9	1200	740	安徽、江苏、上海
5	锡林郭勒盟—山东	2014.7	2016.7	1500	719	内蒙古、河北、天津、山东
6	蒙西—天津南	2015.1	2016.11	2400	620	内蒙古、山西、河北、天津
7	榆横—潍坊	2015.5	2017.8	1500	1047	陕西、山西、河北、山东
8	锡林郭勒盟—胜利	2016.12	2017.7	600	234	内蒙古
9	北京西—石家庄	2017.7	2019.6	—	223	北京、河北
10	山东—河北环网	2017.10	2020.1	1500	816	山东、河北
11	蒙西—晋中	2018.3	2020.10	—	308	内蒙古、山西
12	驻马店—南阳	2018.11	2020.12	600	187	河南
13	张北—雄安	2018.11	2020.8	600	315	河北

---

① 1 英寸=2.54 厘米。

② 刘振亚. 中国电力与能源. 北京：中国电力出版社，2012：162-163.

表2　截至 2020 年已建成特高压直流输电工程（电压等级：±800 千伏）

序号	工程名称	核准时间	投运时间	额定功率/万千伏安	输送距离/千米	起经止省份
1	云南—广东	2006.12	2010.6	500	1373	云南、广西、广东
2	向家坝—上海	2007.4	2010.7	640	1907	四川、重庆、湖北、湖南、安徽、浙江、江苏、上海
3	锦屏—苏南	2008.11	2012.12	720	2059	四川、云南、重庆、湖南、湖北、安徽、浙江、江苏
4	糯扎渡—广东	2011.7	2015.5	500	1413	云南、贵州、广西、广东
5	溪洛渡—浙西	2012.7	2014.7	800	1653	四川、贵州、湖南、江西、浙江
6	哈密—郑州	2012.5	2014.1	800	2192	新疆、甘肃、宁夏、陕西、山西、河南
7	灵州—绍兴	2014.8	2016.11	800	1720	宁夏、陕西、山西、河南、安徽、浙江
8	酒泉—湖南	2015.5	2017.6	800	2383	甘肃、陕西、重庆、湖北、湖南
9	晋北—南京	2015.6	2017.6	800	1119	山西、河北、河南、山东、安徽、江苏
10	锡林郭勒盟—泰州	2015.10	2017.9	1000	1628	内蒙古、河北、天津、山东、江苏
11	上海庙—临沂	2015.12	2019.1	1000	1230	内蒙古、陕西、山西、河北、河南、山东
12	扎鲁特—青州	2016.8	2017.12	1000	1234	内蒙古、河北、天津、山东
13	昌吉—古泉	2015.12	2019.9	1200	3324	新疆、甘肃、宁夏、陕西、河南、安徽
14	滇西北—广东	2015.12	2018.5	500	1953	云南、贵州、广西、广东
15	乌东德—广东	2018.3	2020.12	800	1452	云南、贵州、广西、广东
16	青海—河南	2018.10	2020.12	800	1563	青海、甘肃、陕西、河南

注：表中昌吉—古泉工程电压等级为±1100 千伏。

截至 2020 年，中国累计建成"13 交 16 直"共计 29 项特高压工程，在建"两交三直"特高压工程，初步形成了我国特高压电网格局，在大范围能源资源的合理配置上发挥着重要作用。

（1）建设大规模电源基地外送通道，是我国特高压电网发展的初始动因。从早期的皖电东送工程连接安徽两淮煤电基地和华东电网负荷中心、"疆电外送"战略的第一条特高压直流输电工程哈密—郑州±800 千伏线路、内蒙古首个特高压交流输电工程锡林郭勒盟—山东 1000 千伏特高压交流输电工程将锡林郭勒盟能源基地电力外送以填补山东用电缺口等工程，到后来形成"西电东送"（包括北、中、南三大通道）和"南北互供"（华北、西北与华中电网南北互联）特高压输电网格局，其主要目的均是推动西部煤电水电基地、风电光伏基地进行集中开发，通过特高压大通道输送到中东部负荷地区，实现能源资源的高效开发和利用。

（2）输送清洁电能，配合大气污染防治举措。"清洁能源呼唤特高压"[1]，为改善京津冀、长三角、珠三角等地空气质量严峻局面，国家于 2013 年 9 月颁布了《大气污染防

① 秦伟. 特高压 世界看中国——记国家科技进步奖特等奖：特高压交流输电关键技术、成套设备及工程应用. 装备制造，2013，（Z1）：28-41.

治行动计划》，在削减高能耗工业、发展清洁能源、调整能源消费结构的同时，规划建设特高压"四交四直"输电线路。特高压线路涵盖青海、陕北、张北的重要风电和光伏基地，四川、云南、贵州最大的水电装机集群，以及浙江、福建两省主要核电基地。除解决弃水问题、消纳风光发电外，特高压线路将大容量清洁电能输往用电负荷区，实现治理大气污染和燃煤替代。在特高压输电的可再生能源输送电量中，水电占比很大。目前我国依托大电网发展的新能源并网装机已突破 2.7 亿千瓦，成为世界风电、光伏发电并网规模最大的电网。

（3）电源电力打捆外送。我国一些特高压电源送出地区富含多种资源，如：新疆是煤炭和风、光资源同时丰富的地区，哈密建有我国千万千瓦风电基地，是不可多得的可同时大规模发展煤电和风电等清洁能源的大型能源基地，哈密—郑州±800 千伏特高压直流输电工程是西北地区大型火电、风电基地电力打捆送出的首个特高压工程；作为煤电基地的甘肃酒泉和内蒙古地区也是传统的风电基地，锡林郭勒盟—山东特高压电力外送捆绑送出风电、光电新能源规模为 1000 兆瓦；蒙西也是国家确定的 9 个大型风电基地之一，重点服务风电、太阳能发电等新能源送出的有酒泉—湖南工程；等等。通过电源打捆外送，将不同电源类型、不同成本电价的水、火、风、光电能汇集到一起，可以形成具有竞争优势和较高输电效率的电能送出。

未来我国将会继续加强西部及北部煤电基地、西南水电基地、沿海核电基地、各大风电和太阳能发电基地建设，用电需求增长和新增电源布局表明，跨省跨区电力输送规模和电力输送距离将进一步增大，特高压输电具有的大容量、远距离、低损耗优势必将进一步拓展用武之地，并且与分布式能源建设在电网建设的整体框架下协调并进。

在继续完善特高压技术的同时，特高压工程在实际运行中仍需改善调整以充分发挥效用。2018 年，国家能源局发布的《浙福特高压交流等十项典型电网工程投资成效监管报告》表明，由于负荷预测偏高、市场供需变化较大、工程建设与电源发展不协调等问题，部分工程投运后输电能力发挥不充分。从安全角度考虑，随着特高压电网建设，区域电网与特高压输电线路的互联将提高抵御严重事故的能力，但因电网互联后形成了规模庞大、结构复杂的同步电网，将面临新的安全稳定问题。未来，中国将在以特高压为骨干网架的基础上，建设网架结构合理、资源配置能力强大、智能化技术覆盖各个环节的坚强智能电网。未来的智能电网，是网架坚强、广泛互联、高度智能、开放互动的"能源互联网"[1]。坚强智能电网不仅是电能输送的载体，也是现代能源综合运输体系的重要组成部分，是具有强大能源资源配置功能的智能化的基础平台，能够解决可再生能源的大规模开发和利用问题，节能减排效果显著，减轻中东部面临的环境压力。特高压作为实现智能电网的一环，也是能源互联网体系中的重要组成部分。

---

① 刘振亚. 智能电网与第三次工业革命//魏昭峰，《中国电力年鉴》编辑委员会. 2014 中国电力年鉴. 北京：中国电力出版社，2014：18.

清洁能源与节能减排[*]

能源是国民经济的基础产业，能源的开发与利用给人类社会带来革命性的变化，同时也改变了人类生存的自然环境。能源，特别是化石能源的开发利用，导致环境污染、生态破坏、气候变化、资源枯竭等，给人类发展带来巨大挑战。能源的可持续发展是关系到经济社会发展全局的重大战略问题。能源的可持续发展，迫切需要替代能源和开发高效节能技术、减少污染排放。

一、中国的能源利用现状和清洁能源利用与开发

能源人均占有量、能源构成、能源使用效率和对环境的影响，是衡量国家现代化程度的标准之一。中国能源资源丰富，但结构不均衡，地域分布不平衡，人均占有量低于世界平均水平，能源利用效率较低，污染较为严重。随着我国工业化进程的深入，环境容量比过去局限得多，需要转向清洁能源的利用与开发。党的十九大报告提出"推进能源生产和消费革命，构建清洁低碳、安全高效的能源体系"，为我国能源清洁低碳转型发展提出了新方向。

1. 能源利用现状

1）化石能源与清洁能源

第一，化石能源。

我国煤炭资源十分丰富，石油、天然气资源相对不足。能源结构中，煤炭长期占主导地位，气、油等优质能源和清洁能源比重低。

21 世纪初，石油、煤炭、天然气三大化石能源成为世界能源供应的主角，占全球能源消费总量的比重达 80% 以上，提供了几乎全部的运输能源和 65% 以上的发电用一次能源。[①]中国化石能源的储产比相较资源丰富国家较低，可持续供应能力不足。目前我国的能源生产供应体系，是以煤炭为基础，电力为中心，石油、天然气、新能源和可再生能源全面发展。

我国化石能源的消费状况：①煤炭。我国是世界第一产煤大国，煤炭消费量约占世界一半，粗放式利用导致高排放。生产重心逐渐向西部、北部资源富集地区转移，煤炭产量的提升主要受到生态环境的约束。2016 年煤炭在能源消费总量中占比由上一年的 64% 降至 63% 以下（消费增长 -1.6%），2017 年继续降至 60.4%。②石油。2016 年在一次能源消费结构中石油消费增长 2.7%。我国石油约占世界总产量的 5%，生产向西部和海上转移，未来增长空间有限。③天然气。2016 年在一次能源消费结构中占比 6.4%，消费增长最快（7.7%）。

---

* 作者：陈悦。

① 刘振亚. 中国电力与能源. 北京：中国电力出版社，2012：2-3.

我国油气资源勘探处于早、中期阶段，未来还有资源储量增加的潜力，但总体来看，油气资源总量与需求相比差距较大。除上述三大化石能源主角之外，作为新能源的天然气水合物，即可燃冰，具有巨大的资源潜力。我国天然气水合物储备丰富，目前处于勘探试采阶段，可作为未来天然气替换资源。

第二，清洁能源。

清洁能源指在生产和使用过程中排放物少、污染程度小的环保能源，包括核能和可再生能源（包括水能、风能、太阳能、生物质能、地热能和潮汐能等）。

我国清洁能源近年发展迅速。2001—2016 年，风电累计装机容量年均复合增长率为 49.53%，截至 2016 年光伏发电装机容量近 5 年的年均复合增长率为 25.64%，增速远高于化石能源。回顾"十二五"电网配套建设，甘肃、新疆、云南、吉林、内蒙古等地的联网送出工程在清洁能源快速发展中发挥了重要支撑作用。2016 年非化石能源中，太阳能消费增长 71.5%，风能增长 29.4%，核能增长 24.5%，水电增长 4%。[1]由于清洁能源投资高速增长，2004—2017 年的年均复合增长率约为 33.5%。

截至 2018 年第一季度，我国清洁能源装机容量统计为：可再生能源发电装机容量 6.66 亿千瓦，占全部电力装机容量的 36.9%，其中水电 3.42 亿千瓦、风电 1.68 亿千瓦、光伏发电 1.4 亿千瓦、生物质发电 1575 万千瓦；核电投运机组 37 台，装机容量 3581 万千瓦。

我国"十三五"规划光伏发电装机新增投资约 1 万亿元，可再生能源新增投资总额约 2.5 万亿元。[2]可见近期国家对光伏发电的投资比重较大。

我国可再生能源开发潜力巨大：水能资源可开发装机容量约 6.6 亿千瓦，截至 2017 年总装机容量 3.41 亿千瓦；生物质资源年可利用约 4.6 亿吨标准煤，目前利用率仅 7.6%，截至 2016 年生物质发电装机容量 1214 万千瓦；高度 50 米、3 级以上（风功率度大于等于 300 瓦/米²）风能资源潜在开发量 23.8 亿千瓦，截至 2017 年总装机容量 1.64 亿千瓦；光伏发电潜能近 10 亿千瓦，截至 2017 年光伏发电装机总容量 1.3 亿千瓦。此外，截至 2017 年底，我国核电装机容量 3581 万千瓦，筹建及储备核电项目总量约 1.64 亿千瓦。

据能源发展"十三五"规划，到 2020 年我国非化石能源占能源消费比例达到 15%，到 2050 年将达到 50% 以上。清洁能源将迅速成为我国能源结构中的重要组成。

2）二次能源

二次能源是由一次能源加工或转换得到的其他种类和形式的能源，包括煤气、焦炭、汽油、煤油、柴油、重油、液化石油气、酒精、电力、氢能等。日常生产和生活中经常利用的能源多数是二次能源。

电能在能源中具有特别重要的地位，是二次能源中用途最广、使用最方便和清洁的一种。电能具有高效便捷的优势，所有一次能源都能够转换为电能，继而可以方便地转换为机械能、热能等其他形式的能源并实现精密控制。中国近年发电装机容量和发电量保持快速增长，是世界第一大电力生产国。然而，电力生产以火电为主，电力生产结构

① Petroleum B. Statistical review of world energy 2016—Data workbook. London：British Petroleum，2016.
② 国家发展改革委. 可再生能源发展"十三五"规划（公开发布版）. 2016：39.

与发达国家气电、核电的较大比重相比存在差异。

2017 年，全国全口径发电量达到 64 179 亿千瓦·时，同比增长 6.5%。其中，火力发电同比增长 5.2%，水力发电同比增长 1.7%，核能发电同比增长 16.5%，风力发电同比增长 26.3%，太阳能发电同比增长 75.4%。火电受到供给侧结构性改革的影响，新增装机容量减少。2017 年核电、风电、太阳能发电新增装机容量分别为 218 万千瓦、1952 万千瓦、5338 万千瓦，其中核电与风电发电量同比增速较 2016 年分别下降了 7.9% 和 3.7%，主因系新增装机容量增长速度放缓，核电、风电新增装机容量分别同比减少 69.8% 和 3.6%。光伏发电量仍然维持高速增长，2017 年电量同比增速较 2016 年提升 3.4 个百分点。

其他二次能源，如煤气、焦炭、柴油、汽油、煤油等以煤、原油等为原料加工或炼制制得，属于非清洁能源。氢能利用天然气重整、煤气化、电解水、太阳能光合作用、生物制氢等方式取得，燃烧性能好、利用率高、损耗小、无毒，可以转化为电能、热能等进行利用，是我国扶持发展的清洁能源。

3）能源发展的制约因素

我国能源综合、优化利用的技术途径和科技水平有待提高和拓宽。我国的能源结构不均衡，70% 以上的能源来自煤炭，相当长时期（2050 年或更晚）内，煤炭仍是能源的主力。石油和天然气基础薄弱，缺油少气，而社会和经济发展需求却不断增加。中国目前是全球最大原油进口国，进口数量逐年增加。2017 年中国原油产量连续第二年下降，石油对外依存度达到 67.4%。[1]石油短缺会引起一系列能源安全问题。将煤炭用于车用液体燃料（甲醇、二甲醚或煤制油）的生产，能够部分平衡总的能源供应，然而会对煤炭消费产生一定压力。天然气是高效低污染化石能源，在我国开发程度较低，远低于世界平均水平。作为二次能源主力的电力，构成形式多样[2]：火电因环境污染和煤炭运输，应多发展坑口电站，同时研发洁净煤发电技术；中国水电资源丰富，水电是清洁的再生能源，小水电是边远山区重要的能源资源；中国核电站建设起步比较晚，已选世界各种核电堆型中占比较大的压水堆作为主要堆型，近期核电在电力工业中只作为适当的补充，需利用国外的设备和技术发展中国核电；其他发电资源，如风力发电、太阳能发电、潮汐发电和地热发电等，需因地制宜，根据经济效益加以应用。

我国化石能源行业污染严重。近年能源需求持续快速增长，化石能源大量消耗，产生的污染和温室气体排放对生态环境造成严重影响。污染物主要是二氧化硫、氮氧化物、烟尘、汞、超细颗粒物和二氧化碳，80% 是由化石能源的利用，特别是煤的直接燃烧引起的。在中国，燃煤造成的煤烟污染是大气严重污染的主要原因，二氧化硫排放量居世界首位，导致酸雨现象时有发生。污染排放问题成为能源供应能力提升的重要约束因素。在提供同等能源量的前提下，煤炭的二氧化碳排放量比石油高约 30%，比天然气高约 70%。据估算，全球 45% 的人为汞排放来自煤炭燃烧，汞会随大气气流迁移，限制汞的排放成为大趋势。对于采用单机容量 600 兆瓦或 1000 兆瓦的大型燃煤电厂，采用超超

[1] 刘朝全，姜学峰. 2017 年国内外油气行业发展报告. 北京：石油工业出版社，2018：13.
[2] 李鹏. 中国的能源政策. 宁波日报，1997-05-29（3）.

临界蒸汽参数的供电效率可达 43%—45%，采用尾部烟气脱二氧化碳效率将下降 11%，即控制排放就要消耗更多煤。煤炭开发本身还会引起地面塌陷，破坏水资源，我国每年因采煤破坏地下水约 22 亿米³，开采中释放的矿井瓦斯也是重要温室气体排放源。[①]城乡二元结构导致农村能源发展大幅落后于城镇，许多地区仍把薪柴和秸秆等作为主要能源。总体而言，薄弱的生态环境不足以支撑以化石能源为主的资源高消耗的发展模式。

面对能源发展的制约因素，我国制定了相应的能源对策。目前我国是全球温室气体排放总量第一大国，也是增量第一大国，我国的气候承诺目标是 2030 年比 2005 年碳强度降低 60%—65%，2030 年碳排放达峰并争取尽早达峰。[②]传统化石能源的低碳高效开发和利用、煤炭的绿色清洁利用技术、风能及太阳能等可再生能源的大规模开发利用技术、新一代核能利用技术、非常规油气开发利用技术，是新一轮能源技术创新中能源生产领域的热点。[③]随着在能源终端消费（工业、交通运输业是最主要的终端用能行业）中，化石能源比重持续下降，电力比重大幅提高，越来越多的煤炭、天然气等化石能源被转换为电力。我国中长期规划中指出，能源领域的发展重点是核能和高效化石能源研究设施建设，注重新能源、新材料、网络技术相结合，为能源科学的新突破和节能减排技术变革提供支撑。[④]近年中国的二氧化碳排放已有逐年降低的趋势。

2. 清洁能源的开发

能源的可持续供应是能源发展的核心问题。鉴于化石能源不可再生性和开发成本的不断提高，实现能源的可持续发展须寻找传统能源的替代品，同时通过改进技术降低化石能源比例。目前发达国家已完成化石能源的优质化，现在开始大力发展低碳能源。我国推动能源结构向清洁低碳转变，应大力发展新能源和可再生能源。我国风能、太阳能、生物质能、地热能、海洋能等可再生能源资源丰富，此外对致密油、致密气、煤层气、页岩气、可燃冰等非常规油气资源和核聚变能、氢能等新型能源的开发利用，也将缓解优质能源资源相对不足的局面。

根据我国能源发展战略，2020 年全面启动能源革命体系布局，以"碳达峰"和"碳中和"作为主要指标。一方面，推动化石能源清洁化，根本扭转能源消费粗放增长方式，煤炭消费比重进一步降低；另一方面，清洁能源成为能源增量主体，能源结构调整取得明显进展，非化石能源占比倍增。可再生能源（以风电、光伏和水电为主）、天然气和核能装机迅速增长，高碳化石能源利用大幅减少。能源消费总量控制在 60 亿吨标准煤以内，非化石能源占能源消费总量比重达到 20%左右，天然气占比达到 15%左右，新增能源需求主要依靠清洁能源满足。[⑤]

1）用以发电的清洁能源

能源发展方式转变是一项宏大的系统工程，电力在其中居于中心地位。在以新能源和智能电网为标志的新一轮能源技术革命不断发展的过程中，电力在能源发展中的中心

① 刘振亚. 中国电力与能源. 北京：中国电力出版社，2012：33-34.
② 国家发展和改革委员会，国家能源局. 能源生产和消费革命战略（2016—2030）（公开发布稿）. 2016.
③ 刘振亚. 中国电力与能源. 北京：中国电力出版社，2012：9.
④ 国务院.国家重大科技基础设施建设中长期规划（2012—2030 年）. 2013.
⑤ 国家发展和改革委员会，国家能源局. 能源生产和消费革命战略（2016—2030）（公开发布稿）. 2016.

地位更加凸显。

清洁能源在生产转换过程中不产生破坏大气环境的污染物、不排放温室气体，包括水能、风能、太阳能等可再生能源以及核能。我国实现清洁能源规模化利用的方式是发电，替代煤炭是能源清洁低碳发展的长期任务。

水电是我国可再生能源发展的主力。我国已具备成熟的大型水电设计、施工和管理运行能力，自主制造投运了单机容量 800 兆瓦的混流式水轮发电机组，掌握了 500 米级水头、350 兆瓦级抽水蓄能机组成套设备制造技术。目前我国水电开发总体放缓，主要原因是弃水难题较难缓解，建设过程中的移民安置、泥沙淤积、生物多样性、下游水文等问题也受到关注。未来我国新增水电装机主要集中在西南水电基地。

风电是除水电以外技术最成熟、开发成本最低的可再生能源。风能资源主要集中在陆上的"三北"地区及东部沿海地区。1995—2003 年，通过科技攻关和国家 863 计划项目，我国先后研制 600 千瓦和 750 千瓦风电机组，并形成产业化，国产化率达到 90%。2003 年后，风电产业被进一步扶持，建成多个连片开发、装机容量规模达到数百万千瓦的风电基地，初步形成规模化开发的格局。风电出力具有波动性和随机性，风电基地的建成带动了输电工程取得新技术成果，2011 年 7 月，亚洲首条柔性直流输电示范工程——上海南汇风电场柔性直流输电工程正式投入运行，该工程我国拥有完全自主知识产权。柔性直流输电是当前国际公认的风电等可再生能源并网最佳技术解决方案。目前我国风电技术水平明显提升，关键零部件基本国产化，5 兆瓦大型风电设备已批量运行，低风速风电技术在推进开发。近期风电建设增速放缓。

我国太阳能利用技术近十年获得了长足发展。我国太阳能资源约 70% 分布在西部和北部地区。首个光伏发电特许示范项目，甘肃敦煌 10 兆瓦光伏电站于 2009 年动工，标志着中国长期发展迟缓的光伏发电市场正式启动。2016 年，宁夏盐池光伏电站首批 350 兆瓦正式并网发电，成为全球最大的单体光伏电站。我国加快太阳能发电集中开发利用，规模化地在甘肃、青海等地开工建设了 10—100 兆瓦级的并网光伏发电基地。太阳能资源能量密度较低，大规模利用将占用较大土地面积，未来主要在荒漠和戈壁等富集地区，集约化建设太阳能发电基地。中国目前是世界光伏生产第一大国，光伏电池技术创新能力大幅提升，创造了晶硅等新型电池技术转换效率的世界纪录。建立了具有国际竞争力的光伏发电全产业链，多晶硅产量已占全球总产量的 40% 左右，光伏组件产量达到全球总产量的 70% 左右。

核能除核废料外，基本无排放，核电站经废气处理排放的气体放射性远低于允许排放标准。核电是推动能源结构转型，实现大规模替代化石燃料、能源利用清洁化的重要途径。2013—2017 年我国核电装机容量年均增速达到 26.04%，截至 2017 年底在运核电装机容量达到 35 820 兆瓦。目前中国核电在发电总量中的比重还较低（仅 3% 左右），远低于全球平均水平（11%）。《中国能源发展报告 2017》确定了核电在我国清洁低碳、安全高效能源体系中的重要地位，明确近期开工建设一批沿海地区核电项目。核电是实现到 2030 年非化石能源占一次能源的比重达到约 20% 目标的重要手段。[1]2007 年为有效

① 电力规划设计总院. 中国能源发展报告 2017. 北京：中国电力出版社，2018.

推进第三代核电自主发展，我国成立了国家核电技术公司，目前第三代核电技术是国际核电发展的主流。[1]我国从美国西屋电气公司引进、消化、吸收和再创新第三代核电技术 AP1000 非能动压水堆技术，在国际上率先掌握了关键核心技术。三代核电技术随着建设不断成熟，作为 AP1000 技术全球首堆的三门核电 1 号机组已投产发电；自主研发的三代核电"华龙一号"全球首堆示范工程落地福清，规划建设 6 台百万千瓦级压水堆核电机组，"华龙一号"是中国核电"走出去"的主打品牌，也是推进实施"中国制造 2025"的标志性工程；CAP1400 型压水堆机组（国和一号），是对 AP1000 技术再创新开发出的具有自主知识产权的先进非能动核电技术，是"16 个国家科技重大专项"之一的核电重大专项的核心内容，2020 年完成研发，目前建设示范工程稳步推进。2017 年底，中国国家重大核能科技专项示范快堆工程土建开工。快堆是第四代先进核能系统主力堆型，可将天然铀资源利用率从目前约 1% 提高至 60% 以上，并实现放射性废物最小化。目前，我国核电发展势头强劲，通过在建核电机组加速技术进步。

利用生物质能在我国有较为广阔的发展前景。我国是农业大国，秸秆和林业废弃物等农林生物质、城镇生活垃圾焚烧以及沼气发电资源十分丰富。在北方建设一座 25 兆瓦生物质发电厂，可消纳方圆 50 千米内的可利用秸秆，为约 40 万户农村家庭提供一年生活用电。城市地区垃圾集中处理，建设垃圾发电站，也是生物质能发电的重要形式，能够有效减少环境污染，具有较好发展前景。农林生物质直燃和沼气发电，需根据资源条件有序发展。截至 2017 年底，我国生物质发电装机容量累计 14 880 兆瓦，同比增长 22.6%，全年发电量占可再生能源发电量的 4.67%。2017 年我国在关键技术、工程示范取得成绩，积极开展燃煤耦合生物质发电技改试点工作，实现燃料的灵活利用。

我国地热资源相对丰富，近几年开发利用虽有重大进展，但在一次能源消费中占比依然较小。2017 年我国首次发布地热能全国规划。地热发电的规划主要有：青藏铁路沿线、西藏、四川西部等高温地热资源分布地区，建设万千瓦级高温地热发电工程；在东部沿海及油田等中低温地热资源富集地区，建设中低温地热发电工程。

我国海洋能利用规模最大的是潮汐发电，近年加强海洋能综合利用技术研发的重点是百千瓦级波浪能、兆瓦级潮流能示范工程建设。海岛（礁）海洋能独立电力系统示范工程建设，浙江、福建等地区启动万千瓦级潮汐能电站建设，为规模化开发海洋能资源奠定基础。

目前我国清洁能源技术装备总体水平显著提升。就清洁能源开发而言，近期和中期，我国须加速发展核能；推进风电和光伏发电，采取集约化基地式开发方式，融入大电网，实现全国范围的消纳；因地制宜建设小型风电、光伏发电、生物质能发电等，建设分布式能源系统；同时注重研究氢能、核聚变能等新型能源发电的开发利用技术。

2）燃料和供热用清洁能源

除发电外，清洁能源还用作燃料和供热，如天然气、太阳能、地热能、生物质能等，各种能源发展态势差异较大。

天然气属于化石能源，但从其燃烧生成物来说，是清洁能源。我国天然气在一次能

---

[1] 国家核电技术公司. 第三代核电 AP1000 先进技术与我国核电自主化依托项目（内部资料）. 2010：39-40.

源中的占比远低于世界平均水平，近期的发展变化不大，自采天然气依然有限，主要立足三大盆地。我国在 2017 年成为世界第二大天然气进口国，对外依存度高，但为了去煤化的能源转型，依然明确了将天然气发展为主体能源的意见，规划到 2030 年在一次能源中占比 15%。目前补充天然气的重要能源是页岩气和煤层气。页岩气在我国储量较大，近年开采取得重大突破，2017 年页岩气产量占天然气总产量的约 6%。还需加快深海相页岩气技术和过渡相页岩气技术攻关。我国是煤层气资源大国，近年因低产井的局限导致发展不温不火。定位高煤阶煤层气的开发，需要发展更高的开发技术。天然气水合物（可燃冰）是天然气的一种变体，2017 年 5 月中国首次海域天然气水合物（可燃冰）试采成功，在发展开采技术的同时需注意环境和生态风险。

生物质能除可用于发电外，还可以沼气、生物天然气形式用于供气和供暖，以生物液体、固体燃料形式用作燃料。[1]全球生物质能 80% 用于取暖、供热和炊事等，我国先进的生物质燃料产量需要扩大。供热方面，我国对已投运生物质纯发电项目进行供热改造，提高利用效率，推进生物质热电联产，实现生物质对煤炭的燃料替代和电量替代的"双替代"，另外还需加快发展技术成熟的生物质成型燃料供热。生物液体燃料（生物燃料乙醇）具有诸多优良特性，我国目前大力发展木质纤维素类生物质制取乙醇。[2]生物柴油也是生物燃料的热点，已有项目需进行升级改造，以满足交通燃料品质需要。此外，陈次和重金属污染粮消纳可发展粮食燃料乙醇，另有木薯、甜高粱、微藻等燃料乙醇技术有待发展。2017 年国家发展和改革委员会明确生物燃料乙醇为代表的生物能源是国家战略性新兴产业，推广车用乙醇汽油。[3]随着先进生物质燃料的商业化规模量产，还需开发碳捕集、利用与封存技术以降低碳密度。

传统供热的太阳能、地热供热持续发展。中高温太阳能热利用技术在工业领域应用，满足热水、取暖、蒸汽、制冷等各种类型的用热或用冷需要。地热能主要来自地下蒸汽和地热水，可用于发电和供暖，我国地热供暖占地热能的一半多。干热岩勘探在青海共和盆地取得重大突破，为地热利用开辟了新途径。

总体而言，我国需要统筹推进化石能源和清洁能源的共同开发，以电力生产为中心，高效清洁地利用化石能源，安全利用核能，积极开发新能源和可再生能源，加强油气资源勘探开发，逐步扩大清洁能源在能源消费中的比例，从而保障能源的清洁化替代和可持续发展。

二、节能减排

经济的持续发展要求能源供应的快速增长，然而能源的大量消耗导致环境污染和生态破坏。能源消费，特别是化石能源消费引起大气污染物排放问题。污染的主要来源是热电排放、重化工生产、汽车尾气、冬季供暖等。以煤炭为燃料的工业锅炉和民用炉是大气中产生二氧化碳、烟尘排放的主要来源；燃油机动车的废气污染空气；燃用高硫煤

① 国家发展和改革委员会. 可再生能源中长期发展规划. 2007.
② 郑冀鲁, 朱锡锋, 郭庆祥, 等. 生物质制取液体燃料技术发展趋势与分析. 中国工程科学, 2005, （4）: 5-10.
③ 国家发展和改革委员会, 国家能源局, 财政部, 等. 关于扩大生物燃料乙醇生产和推广使用车用乙醇汽油的实施方案. 2017.

和高硫油形成酸雨；煤炭和石油的开采、锅炉排放的粉煤灰产生对周围生态环境的影响。因此，在开发和利用能源的同时，必须重视污染的治理，实行能源开发利用与环境治理同步发展的方针。[①]

中国目前的碳排放量占全球比例超过 20%，节能减排和发展低碳经济刻不容缓。2020 年，我国宣布碳排放力争于 2030 年达到峰值，努力争取 2060 年前实现碳中和，这是综合考虑我国人均碳排放情况和经济的正常发展而做出的承诺。电力系统的脱碳是全社会实现零碳发展的关键。目前中国电力行业低碳发展取得了很大进步，单位供电碳排放 600 克左右，但比全球平均水平 450 克仍然高出约 1/3。为控制能源消费对环境的破坏，需要实现能源结构的多元化和清洁化，制定实施更高水平的减碳措施。

大幅增加能源结构中清洁能源的比重，风能和太阳能发电将作出更多贡献；倡导能源消费电气化，推进电能替代在生产制造、居民采暖、交通运输等领域的广泛应用；提高能源的利用率，发展能源生产和消费过程中的节能减排技术，逐步实现绿色发展。我国的能源战略指出：2020 年，能源开发利用效率大幅提高，单位国内生产总值能耗比 2015 年下降 15%。2021—2030 年，单位国内生产总值能耗达到目前世界平均水平，主要工业产品能源效率达到国际领先水平。[②]绿色能源和绿色科技、节能减排须贯穿能源的开发、转换、输送、消费的全过程，从而推动中国实现长期高质量的可持续发展。

1. 能源的高效利用与节能减排技术措施

在未来的一段时间内，以煤炭、石油、天然气为代表的传统化石能源仍将是我国能源供应的主力。煤炭的温室气体排放在三种化石能源中最高，我国电力以火电为主，钢铁、化工、有色金属、建筑等又是煤炭消耗大户，因此化石能源洁净开发利用的重点是煤炭的清洁化开发利用。强化对燃煤电厂污染物排放的集中治理，积极开发利用洁净煤技术，对实现国家减排目标意义重大。

目前我国煤炭消费主要分布在燃煤发电、冶金炼焦、煤化工、锅炉用煤、民用散煤等方面，分别占比 50%、17.5%、6.8%、20%和不足 6%，前三类可通过大规模集中利用使污染逐步得到控制。煤电机组污染物排放方面，我国的控制指标处于世界领先水平，已突破大型燃煤超低排放发电技术，燃煤电厂大气污染物排放达到甚至优于天然气发电排放标准。除超低排放，煤电领域加速推进节能改造和灵活改造，实施热电解耦改造和纯凝煤电机组深度调峰改造等。2018 年初，"燃煤机组超低排放关键技术研发及应用"获得国家技术发明奖一等奖。能源结构端，煤炭转化为电力和煤气的比例将越来越大，甚至转化为水煤浆和液化油等液体燃料，提供更清洁的能源。产能端，提高燃煤发电效率，推进工业锅炉（窑炉）高效清洁改造，实现煤炭绿色高效转换利用技术：①发展煤炭洗选加工技术。我国煤炭入洗率水平偏低，针对我国煤炭产地的区域特点，推广节水型和干法洗煤等适用技术。以排矸降灰和脱硫为目的的煤炭洗选加工技术，从源头控制煤炭污染。②发展煤炭清洁高效燃烧技术。主要手段是推广超超临界发电机组[③]、推广

① 李鹏. 中国的能源政策. 宁波日报, 1997-05-29（3）.
② 国家发展和改革委员会, 国家能源局. 能源生产和消费革命战略（2016—2030）（公开发布稿）. 2016.
③ 超超临界发电机组效率可比同容量常规超临界机组提高 5%以上, 污染物排放率较低。新一代超超临界机组蒸汽温度提高到 700 ℃, 热效率达 50%—55%, 二氧化碳排放量比投运的超超临界发电机组减少 15%左右。

循环流化床技术[①]、发展 IGCC 发电[②]。③发展煤炭资源综合利用。主要手段是发展热电（冷）联产[③]；推广余热余压发电[④]；实现煤炭废弃物循环利用[⑤]。④控制燃煤污染物及温室气体排放。污染物排放控制，常规火电站加装烟气脱硫、选择性催化还原、脱硝、脱汞、脱微颗粒、脱二氧化碳等装置，高效率电气除尘装置可以把锅炉除尘效率提高到99%；加大投入碳捕集与封存，促进减少温室气体排放的重要前沿技术（CCS 技术）研究。

煤的现代化利用，即以煤的气化为龙头的多联产系统，具有显著效益。[⑥]比如，燃煤耦合生物质发电，利用已有燃煤电厂设施和系统，仅需新增生物质燃料处理系统。我国纯烧生物质发电装机容量多为 1 万—3 万千瓦低效率小机组，供电效率一般低于30%。采用燃煤耦合生物质发电的大容量煤电厂可大幅提高效率并降低碳排放，成为煤电清洁转型的新路径。

煤炭的清洁高效利用和生产电气化，也使钢铁、有色金属、建材、化工等重点行业有效节能并提高能效，加之各行业发展各自节能减排支撑技术和装备，可不断挖掘节能降耗、污染减排的潜力。2016 年全国燃煤机组累计完成超低排放改造 4.4 亿千瓦，围绕石油化工等 11 个重点行业实施了清洁生产技术改造。[⑦]根据国家制定的《工业领域应对气候变化行动方案（2012—2020 年）》[⑧]，继续推进新型工业化的低碳发展，大力开展治理能源污染的科研工作，形成能源环保技术装备的配套和节能低碳的产业体系。

工业、交通和建筑是节能的重点领域。[⑨]除能源生产端的污染气体减排外，还需控制建筑和交通运输领域的污染排放和水土污染防治。城市建设低碳化，需提高建筑能效水平和建筑工程质量，加大既有建筑节能改造力度，建设节能低碳的城市基础设施。交通运输业（航空、船舶、陆路运输）为石油制品消耗和温室气体排放的主要行业之一，主要节能方式是传统动力节能技术和能源的清洁化。如船舶运输方面，电动和燃油动力、天然气和燃油动力等替代重油作为燃料成为发展方向。公路交通方面，机动车推广使用无铅汽油和对环境危害较小的电动汽车，代替燃油汽车。2017 年 1 月起，我国全面供应国 V 标准清洁油品。对于水土污染，重点流域水污染防治，启动水资源消耗总量和强度

---

① 循环流化床技术具有燃料适应性广、燃烧效率高、污染物易于处理和调节特性好等优点，可以燃用煤矸石、煤泥、洗中煤等劣质燃料，是国际公认已商业化的洁净煤燃烧技术。其广泛应用，将使我国西北、东北、西南等地区的煤矸石、洗中煤、褐煤以及高硫煤资源得到更有效的利用。

② IGCC 发电是将煤气化和燃气-蒸汽联合循环发电相结合的一种洁净煤发电技术。能够大幅度提高热效率，同时污染物排放量仅为常规燃煤电站的1/10。2020 年底我国建成 40 万千瓦级 IGCC 电厂示范工程。

③ 热电联产机组在发电的同时，利用做过功的蒸汽对用户供热，大大提高机组的整体热效率。在有冷负荷的情况下，以热电联产的供热为能源，通过吸收式或压缩式制冷技术，还可以实现热、电、冷三联产。

④ 将生产过程中产生的多余热能或各种压差转换为电能。钢铁、建材等我国煤炭消耗大户行业在生产过程中产生大量低品位余热或各种压差，适宜推广此种技术。

⑤ 煤炭开采加工及利用过程中产生废弃物如煤矸石、煤泥、粉煤灰、脱硫石膏等，可进行再利用。含碳量较高的煤矸石可直接用于煤矸石电厂发电，热值较低的煤矸石可用作生产建材原料，含特定矿物质的煤矸石可以用作生产无机复合肥、微生物肥料的载体。粉煤灰是生产水泥的良好材料，可做建筑、公路以及填海造地的材料，也可改善土壤结构。脱硫石膏可用于生产建筑材料。

⑥ 倪维斗. 困局与突破——倪维斗院士谈能源战略. 上海：上海辞书出版社，2012：10-13.

⑦ 中华人民共和国环境保护部. 2016 中国环境状况公报. 2017：6-7.

⑧ 工业和信息化部，国家发展和改革委员会，科学技术部，等. 工业领域应对气候变化行动方案（2012—2020 年）. 2013.

⑨ 江泽民. 对中国能源问题的思考. 上海交通大学学报，2008，（3）：345-359.

双控行动，加强地下水污染防治工作，同时推进土壤污染治理与修复试点项目，推进生活垃圾焚烧处理设施建设。[①]

2. 能源输送与能源配置远程化

我国能源生产和消费量巨大，能源的运输方式本身也意味着耗能或节能，建设能源输送的绿色高速通道和以此为基础的能源配置的远程化，是降低能源消耗和减少污染排放的重要内容。

我国能源生产重心随着开发逐步西移，能源供需区域的逆向分布决定了能源资源需大规模跨区域长途调配。一次能源，特别是作为污染重点的煤炭在传统运输方式过程中消耗大量能源，需打破远输煤、近输电的传统观念，同时，水能、核能、风能、太阳能的集中规模化开发和远距离输送也成为重要趋势，因此电能转换和远距离输送和利用成为能源输送的重点。

大电网安全稳定运行的技术、特高压等大容量输电技术、可再生能源发电并网技术、智能电网技术是能源输送领域技术革命的核心内容。作为能源大规模优化配置的重要载体，大电网互联是电网发展趋势。由于水电和煤炭资源多在西部，用电负荷多在东部，将长期存在西电东送的格局，以此为特点进一步形成全国电网。[②]随着大煤电、大水电、大核电、大型可再生能源发电基地的集约高效开发，我国陆续建设了以特高压为代表的大容量、远距离输电工程。建设坚强智能电网方面，2011年底，我国各省级电网实现交直流互联，全国联网格局形成，目前全国形成了华北-华中、华东、东北、西北、南方5个同步电网，其中华北-华中-华东形成了"三华"特高压交流同步电网，减少了全网装机总容量，节省电力建设资金，提高了能源综合利用效率。2016年，全国11条特高压线路共输送电量2334亿千瓦·时，可再生能源占比74%[③]，其中5条纯输送水电线路1603亿千瓦·时，3条纯输送火电线路253亿千瓦·时，3条风火电共同输送线路478亿千瓦·时。此外，为促进能源新业态、新模式发展，国家陆续启动新能源微电网等一批示范工程；为加快新技术工程应用，开展了张北柔性直流电网试验示范工程等。预计2020年可减少新增装机容量超过3000万千瓦，节约投资1000亿元，每年减少弃水电量超过343亿千瓦·时，减少弃风电量372亿千瓦·时，相当于节约煤炭约3100万吨，同时用电方电力用户可实现节电近4000亿千瓦·时。[④]

能源系统智能化能够将通信、信息和控制技术与能源生产、运输、消费环节结合，实现能源优化配置、能源输送和信息流高度一体化融合，是能源产业向智能化发展的方向。"十二五"规划纲要就已将智能电网作为能源建设重点工作之一，实施了大批试点项目，并在大规模输电技术、大容量储能电池、新能源发电并网控制等方面取得了一批重大技术成果。将多种一次能源转化为电能，实现高效能源转换和输配，是构筑先进电力系统的基础。[⑤]

---

① 中华人民共和国环境保护部. 2016中国环境状况公报. 2017：7-8.
② 李鹏. 中国的能源政策. 宁波日报，1997-05-29（3）.
③ 国家能源局. 2016年度全国可再生能源电力发展监测评价报告. 2017.
④ 刘振亚. 中国电力与能源. 北京：中国电力出版社，2012：67.
⑤ 江泽民. 对中国能源问题的思考. 上海交通大学学报，2008，（3）：345-359.

3. 储能技术

储能技术提供了保存电能和热能生产余量的可能。目前我国清洁能源不断发展，对化石能源的替代持续推进，然而可再生能源具有不稳定性和间断性特点，电网无法大规模消纳并网，加之微电网、电动汽车和电网调频等领域的需要，也迫切需要采取储能措施。特别是我国近年弃风、弃光、弃水形势严重，2017 年总量高达 1100 亿千瓦·时，超过三峡电站全年发电量，大规模储能技术是实现可再生能源普及和应用的核心技术。

我国储能产业最早起步于 21 世纪初。前十年开展基础研究，2011—2015 年示范应用项目开始落地，应用模式逐渐获得市场认可。2016 年开始进入初级商业化阶段。电能存储方式主要包括：机械储能（如抽水蓄能、压缩空气储能、飞轮储能等）、化学储能（如铅酸/铅炭电池、钠硫电池、液流电池、锂离子电池等）和电磁储能（如超导储能、超级电容器等）。各类储能技术在能量密度、功率密度等方面特性各不相同。

（1）机械储能。在大规模储能技术中，抽水蓄能技术发展相对成熟，但受到地理资源条件限制，能量转换效率在 70%—85%，动态调节响应速度较慢。2016 年底，我国已投运储能项目，抽水蓄能占 99% 市场份额；压缩空气储能是除抽水蓄能外，容量最大、技术最成熟的储能技术，效率高、响应速度快，能量转化效率在 75% 左右，中国科学院工程热物理研究所已成功研制国内首台具有自主知识产权的 1.5 兆瓦级超临界压缩空气储能系统，比传统效率高 10%[①]；飞轮储能需要在真空度较高环境中，对环境没有影响，基本不需维护，适用于电网调频和电能质量保证，但能量密度较低。

（2）化学储能。主要技术有铅酸电池、液流电池、钠硫电池、超级电容器、金属空气电池、二次电池（金属氢化物镍蓄电池、锂离子蓄电池）等，具有大规模储能的潜力。其中铅酸电池技术较为成熟并得到大量应用，铅炭技术又将进一步大幅提升铅酸电池的循环寿命和充电速度，具有极强的竞争优势。液流电池包括多硫化钠溴液流电池、锌溴液流电池、铁铬液流电池和全钒液流电池等，不受地域等条件限制，理论循环寿命更长，安全可靠性高，目前技术比较成熟的是锌溴液流电池和全钒液流电池。全钒液流电池技术具有众多优势，是产业化应用最多的液流电池储能技术，所有材料均已实现国产化。钠硫电池能量密度和瞬时功率高，成本较锂电池低，维护简便，只是 300—350℃ 运行条件对安全性要求较高。锂电技术是化学储能的主流，随着电极技术的进步，锂电池成本将大幅降低。目前磷酸铁锂、钛酸锂技术较为适用，未来的负极技术和电解质技术将是循环寿命提升的关键。氢燃料电池具有零排放零污染特性，是清洁环保的理想技术，但因其催化剂需用贵金属 Pt（铂金）而成本较高，面临商业化瓶颈。我国开展催化剂制备工艺开展 Pt/C 催化剂的量产技术攻关，目前催化剂产能达到 1200 克/天的规模，已具备大规模工业化生产条件。氢燃料电池未来需提升催化剂的各项指标，提高对硫化物、氮化物等杂质的耐受性，氢燃料电池作为燃料电池主流方向，应用规模逐渐扩大。

（3）电磁储能。超导储能利用超导体制成的线圈产生电磁场来直接储存电能，具有响应速度快、转换效率高（≥96%）等优点，可实现与电力系统的实时大容量能量交换和功率补偿。目前超导储能并不存在无法解决的技术问题，但需使用大型装置，而实验

[①] 余本善，孙乃达，焦姣. 储能技术与产业现状及发展趋势. 石油科技论坛，2017，（1）：57-61.

用小型装置经济性较差，开发成本非常高。电容储能是以电荷的方式将电能储存在电容器极板，充放电快速，但容量小。超级电容器采用双电层电容器和特殊电极结构，储能容量大幅增加。

（4）热能储存。主要包括熔融盐蓄热和相变储热。熔融盐蓄热技术是目前研究和应用较多的高温蓄热技术之一，将硝酸钠等原料作为传热介质，与太阳能光热发电系统结合进行储能和发电，具有使用温度范围广泛、成本低、热容大、安全性好等优点。大规模蓄热技术正在成为发展太阳能热电产业的关键技术。[①]相变储热是利用储热材料相接触时发生可逆化学反应来储放热能，广泛应用于热量储存和温度控制领域。

总体而言，储能技术在削峰填谷、应急电源、清洁能源消纳等方面发挥着关键作用，大规模储能技术逐渐成为支撑新能源发展的战略性技术，是智能电网的重要组成部分。热能储存、压缩空气储能和抽水蓄能技术的反向时间相对较长，相比飞轮储能、化学电池储能和超导储能反向时间较短的技术，应用范围有限。抽水蓄能电站总量偏小，能源结构转型升级需要大幅增加抽水蓄能电站。电化学储能技术，随着新能源汽车和能源互联网等发展，将进入快速成长阶段。锂离子、铅炭电池、钠硫电池、液流电池是未来大型储能电站的优选技术之一。未来全钒液流电池、飞轮储能、超导储能等新兴技术也将随着成本下降而逐步市场化。我国目前大部分储能项目仍处于示范阶段或产业化初期，尽管储能已被列入国家"十三五"百大工程项目，但目前已有的储能政策主要体现在电动车储能领域，储能在可再生能源并网和电网中应用的相关研发、投资和应用政策还亟待建立。

① 廖文俊，丁柳柳. 熔融盐蓄热技术及其在太阳热发电中的应用. 装备机械，2013，（3）：55-59.

大中型水火电站[*]

一、新中国成立初期电力工业与技术概况

1. 电力基本状况

新中国成立前，电力工业与其他工业一样，发展缓慢曲折。除上海租界区和被日本侵占的东北和台湾地区的电力工业技术装备水平快速提高且规模较大外，中国官营和民营的电力企业普遍规模小、技术落后。

新中国成立初期中国电力建设的突出特点是，受到苏联等国家的直接援助。其中，苏联的援助采取提供全套设计（土建安装）、供应成套设备（包括必要的建设用料）、派遣专家来华指导工作和培训技术力量的方针，中国则采取向苏联学习的方针，全盘接受苏联技术。因而我国技术人员的设计能力迅速提高，同时也将设计与施工较好地结合了起来。例如，水电建设在苏联的帮助下进行综合利用和梯级开发，"一五"计划期间建设的水电站，除三门峡水电站由苏联设计外，其余全部设计工作均由我国技术人员在苏联专家的帮助下完成，包括发电容量 58 千瓦的新安江水电站。[①]由于建设计划安排合理，人、财、物力基本平衡，加上电力是由全国支援重点建设，"一五"计划完成较为顺利，并锻炼了一批能够独立工作的设计和施工骨干队伍。[②]通过外国专家来华援助，我国在短期内学会了电力建设和生产管理的一整套经验，并在实践中逐步拥有了一支技术队伍，其在我国之后的电力建设中发挥了重要作用。

新中国成立前我国的电力技术落后，没有发电设备的制造能力，电厂的发电能力低下，又经过连年战乱，电厂设备遭到损毁，发展幼稚的电网瘫痪，行业运行艰难，仅有少部分实力稍强的电厂担负重任。在东北地区，日据时期的第一台 5.3 万千瓦中温中压汽轮发电机组在辽宁抚顺电厂（1941 年）投产发电，另又有两台 5.3 万千瓦机组装于阜新电厂（1943 年、1944 年），但技术上落后于已普遍采用高温高压机组的欧美发达国家。水丰水电站的第一台 9 万千瓦水轮发电机组，是当时世界上最大的水轮发电机组。在水电方面，单机容量 6000 千瓦以上的水电站仅有日占东北时期建设的丰满水电站和镜泊湖水电站，中朝共有的水丰水电站有 2 台 9 万千瓦机组向中方输电，此外各省还有几十座小水电站。新中国成立初期，火电建设主要是在修复设备的基础上，逐步兴建规模较大的电厂。修复战争损毁的重要电厂，恢复出力，具体措施包括修复抚顺、阜新、鞍钢、锦西等电厂；将老电厂根据技术进步进行适时的技术改造，如杨树浦电厂等。总体而言，电力工业虽延续了此前的电站、工厂和技术队伍，但其基础薄弱的状况远远不能满足国

---

[*] 作者：陈悦。

① 《水力发电》编辑部. 第一个五年计划中的水力发电建设//中国水力发电年鉴编辑委员会.1949—1983 中国水力发电年鉴. 北京：水力发电杂志社，1985：总 112.

② 张彬. 中国电力工业志. 北京：当代中国出版社，1998：52-53.

家发展的需求，亟待改变。

20 世纪 50 年代早期，苏联援助中国建设电力工业，在阜新、抚顺、富拉尔基、西安、郑州、重庆、太原、吉林等地重建或新建一批骨干火电厂。这一系列举措是新中国成立后大规模火电建设的开始。[①]"一五"时期，为适应工业发展，特别是新工业地区建设的需要，我国在积极扩建原有电站的同时，在新兴工业区进行了大规模的电站建设，5 年内新建和扩建了 67 座火力发电站，增加发电设备容量 184 万千瓦。[②]

水电建设则主要依靠自己的力量开发水力资源，建设大中型水电站。首先从恢复和改建丰满水电站开始，丰满水电局筹建了中国第一支水电站机电安装施工队伍。[③]从经济恢复到"一五"计划期间，我国水电得到不断发展，除修复和改建之前遭到破坏的水电站外，水电工程建设首先从淮河、永定河、长江江汉地区等水患治理及急需用电地区开展起来。"一五"计划期间，水电建设在打好基础的同时，迅速发展起来。改建和新建成的水电站共 9 座，投入发电容量 51.94 万千瓦，水电设备容量在电力工业中的比重由 1952 年的 12.8%增加到 21%。[④]这一时期进行了大量的勘测设计工作，基本完成了全国主要河流的普查。

随着电站的增加和供电地区的扩大，输电线路和变电站设备数量有了很大增长。"一五"计划期间输电线路增加了 4781 千米，变电站设备增加了 406 万千伏安。新电站的建设和电网的形成，不仅保证了工业建设的用电，也使原先地区电力分布不合理的状况得到很大改善。如 1957 年底西北地区和西南地区的发电设备分别增加了 16.8 倍和 2.7 倍。[⑤]

在电工制造业方面，我国电工企业在新中国成立前主要有东北、华北地区和华东、西南地区的小型电工企业，以修配为主。新中国成立初期，部分曾被派往美国西屋电气公司实习的技术人员，在全国统一技术标准和系列技术规范尚不健全的情况下，根据西屋电气公司的相关技术资料制成了少量电气产品。1950 年，中央人民政府重工业部召开会议，做出重点建设东北电器工业基地的决定，经过电器厂北迁，初步形成以哈尔滨和沈阳为基地的东北电工电器制造企业的布局。次年年底东北电工厂根据当时取得的一批苏联电器产品技术资料，开始制造仿苏产品。

关于水电机组与火电机组，其技术发展思路不同，前者以引进技术、仿造为主，后者以大中型配套设备的引进为主。由于早期水轮发电机在技术上的要求比火电设备低，且材料易解决，尽管我国水电机组制造工业在新中国成立前基本一片空白，但从新中国成立初期到"一五"时期，通过学习消化吸收苏联水电技术，制造能力得到较快提高，完成了我国水电机组及附属设备技术的初创阶段。国民经济恢复时期，东北电工局承担

① 张彬. 中国电力工业志. 北京：当代中国出版社，1998：52.
② 董辅礽. 中华人民共和国经济史·上卷. 北京：经济科学出版社，1999：269-270.
③ 《中国水力发电史》编辑委员会. 中国水力发电史（1904—2000）第二册. 北京：中国电力出版社，2007：436-437.
④ 《水力发电》编辑部. 第一个五年计划中的水力发电建设//中国水力发电年鉴编辑委员会.1949—1983 中国水力发电年鉴. 北京：水力发电杂志社，1985：总 111.
⑤ 傅作义. 十年来我国水利和电力建设的大跃进//农业部农田水利局. 水利运动十年 1949—1959. 北京：农业出版社，1960：30-42.

了多台水轮发电机的研制任务，重庆水轮机厂、重庆私营上海机器厂、湘潭电机厂等也都支撑了各式水轮机和电气设备的研制。"一五"期间，新建水电站投入生产的水轮发电机及成套机电设备均由我国自己承制。在火力发电设备方面，新中国成立初期我国直接采用苏联供应的发电机组。1952 年，华东工业部派代表团赴捷克斯洛伐克签订由捷派专家并提供 6000 千瓦汽轮发电机组制造技术资料等协议。同年，中央代表团赴苏签订苏联援建多项汽轮发电机和电器工业的项目。[①]与此相应的，组成上海电工基地的三大电工厂，利用捷克 6000 千瓦汽轮发电机组，仿制出了第一批发电装置，标志着中国自行设计、制造、安装国产火力发电设备的开端。[②]不过，此时大部分火力发电设备仍主要靠国外进口。

2. 电力技术发展规划

新中国成立后，引进技术装备和先进技术并消化吸收，是逐渐积累和发展电力技术的重要方式。

国民经济恢复期后，工业化的核心环节是优先发展重工业，"一五"计划规定的电力建设方针是"以火电为主"（包括热力和电力联合生产的热电站），同时利用已有资源进行水电站的建设，并大力勘测水力资源，为积极开展水电建设做准备。"一五"计划的新建工业区，除了军事需要和地区经济建设需要外，就近资源和能源建设是特别着重考虑的一点，比如富拉尔基重型机械加工基地就是设于原材料生产基地，并且有相应的富拉尔基热电厂为其供应能源。

新中国成立初期水电建设的工作主要集中于建立机构、培养水电建设队伍、勘测水力资源、制定规程规范，在此基础上着手黄河、长江流域的规划和开发，开展中型水电站的设计和施工，并开始自行设计、施工大型水电工程。[③]1950 年初，苏联派水电建设高级专家到丰满水电站研究危坝处理方案，归国时交予的《水力发电站建设价值及远景和中国河流流量调节的情形》是对新中国电力发展和水电建设方针性的建议。[④]同年 7—8 月的第一次全国水力发电工程会议，明确了我国 3—5 年内水力发电的方针与任务，其核心内容是：继续完成已施工水力发电工程；同时进行水力资源勘测，准备 5 年或 10 年后可能建设的水力发电站。

国家计划委员会于 1954 年提出编制发展国民经济十五年综合规划，燃料工业部特请苏联派电气化专家组负责编制，并抽调电机工程技术干部，经过 2 年努力完成了以"一五"计划为基础的《中华人民共和国电力工业远景发展轮廓方案（1953—1967 年）》，对发电量和发电设备容量等给出了具体增量指标，同时主张大力发展水电和热电[⑤]。

在电力技术的组织管理方面，新中国成立初期，燃料工业部有煤炭、电力、石油三个部外的独立总局，而水电属于部内局，水利工业部专一防洪，开工的水库工程均未设

① 黄晞. 中国近现代电力技术发展史. 济南：山东教育出版社，2006：8-10.
② 黄晞. 中国近现代电力技术发展史. 济南：山东教育出版社，2006：11.
③ 《中国水力发电史》编辑委员会. 中国水力发电史（1904—2000）第一册. 北京：中国电力出版社，2005：8.
④ 《中国水力发电史》编辑委员会. 中国水力发电史（1904—2000）第一册. 北京：中国电力出版社，2005：501-502.
⑤ 张彬. 中国电力工业志. 北京：当代中国出版社，1998：182.

水电站，由此可见水电受到的重视程度不够。1953 年初，成立水力发电建设总局，随后 20 世纪 50 年代中期为便于水电开发，水力发电建设总局在全国成立了 8 所水电勘测设计院，其中 5 所在西部。"一五"计划期间建设的新安江水电站就是当时的典型水电工程，装机容量 66.25 万千瓦，建设周期短，造价省。然而，"一五"计划之后，经历困难时期及政治运动，水电建设的发展遭受较大影响，其影响直至"文化大革命"结束后才有改观。

3. "一五"期间电力工程实施概况

"一五"期间电厂建设项目有 70 项，规模达 284.4 万千瓦，其中火电 59 项（191.4 万千瓦）、水电 11 项（93 万千瓦），包括苏联援建"156 项工程"中的 23 项火电（137.7 万千瓦）和 1 项水电（43.5 万千瓦），这是新中国成立后大规模电力建设的开始。[1]

在火电方面，在中苏签订援建协议后，在阜新、抚顺、富拉尔基、吉林、西安、郑州、重庆、太原等地重建或新建了一批骨干火电厂。"一五"期间投入的在当时属于大型机组的 6000 千瓦以上的火电机组达 89 台，共计 141.05 万千瓦。苏联援建的火电项目中 70.2%在"一五"期内实现发电。阜新和抚顺电厂的 2.5 万千瓦和 5 万千瓦机组分别于 1952 年和 1953 年投产。1953 年开始兴建、1956 年投入运行的富拉尔基电厂的 2 台 2.5 万千瓦机组，蒸汽参数达到 9.12 兆帕、500℃，这是新中国建设最早的高温高压机组。[2]

我国的水电相较火电，基础更为薄弱。新中国成立初期号召全面学习苏联建设经验，指出学习苏联水电建设经验是新中国水电建设的最佳途径，中国也应该大规模开展水力资源普查，进行大江大河的电力开发规划，建设大型水电站，从而推动工业及水电事业的发展[3]。1954 年成立黄河规划委员会，编制了黄河流域综合利用规划报告，拟定了梯级开发方案，选定三门峡和刘家峡水电站作为第一期工程。1956 年又成立了长江流域规划办公室，对长江干支流综合开发进行了规划。"一五"期间，除完成丰满水电站的恢复和改建，将其装机容量大幅增加到 55.4 万千瓦外，还建设了一批中型水电站，包括四川龙溪河梯级水电站、福建古田溪一级水电站、江西上犹江水电站、北京官厅水电站等，此外还在边缘地区如新疆、西藏、海南等地建成了小型水电站。[4]

"一五"计划的实施为中国的工业化奠定了初步基础。"一五"时期苏联援建的项目有 146 个，在全部投产的 30 个建设项目中，有 9 个电力建设项目，这些建设项目直接推动了中国发电设备制造业的建立，从而大幅提高了发电能力。20 世纪 50 年代是中国进行大规模技术和设备引进的时期，由于政治上的"一边倒"政策和西方国家的孤立封锁，技术引进主要来自苏联和捷克斯洛伐克、匈牙利等东欧国家，并通过派遣人员赴苏联学习培养了电力行业的技术人才。

就本国的电工制造业的发展来说，从"一五"计划开始，电器工业便面临两项任务，既要补充设备以完成大规模基本建设，又要着手升级产品的开发与生产。随着旧电工厂的扩建、私营电工企业的改造和合并、新电工厂的建设，我国逐渐形成了东北、上海和

① 黄晞. 中国近现代电力技术发展史. 济南：山东教育出版社，2006：49-51.
② 张彬，等. 当代中国的电力工业. 北京：当代中国出版社，1994：36-37.
③ 李锐. 苏联水力发电建设的基本情况和主要经验. 水力发电，1955，(12)：5-26.
④ 张彬，等. 当代中国的电力工业. 北京：当代中国出版社，1994：37-38.

西安三大电工基地。电工制造能力大增，产品产量大幅增长，开始能够制造新产品，比如：上海三大电工厂利用仿捷制造技术仿制成国产第一台 6000 千瓦（1954—1955 年）、国产第一台 12 000 千瓦（1956 年）成套发电设备，哈尔滨电机厂先后制成 6000 千瓦混流式（1953 年）、800 千瓦冲击式、10 000 千瓦混流式（1955 年）水轮发电机组，又在苏联专家的指导下制成 15 000 千瓦混流式水电机组（1956 年），等等。[①]电工制造能力的不断增强，为苏联撤走专家后，中国电力建设的设备供应和设计施工全部立足于国内、独立建设电力工业打下了重要基础。

二、新中国成立初期的代表性电力工程

电力工程，特别是若干大中型电力工程的实施，代表了中国电力技术发展的主要成就。一方面，通过工程带动重点技术攻关、培养人才队伍；另一方面，重要的技术成就也促进和保障了工程建设的顺利进行。

（一）火电工程案例

1. 富拉尔基热电厂

富拉尔基热电厂（图 1）是黑龙江省西部地区动力能源基地，也是东北电力网重要火力发电企业之一，担负着东北经济建设和发展的供电任务。

图 1　富拉尔基热电厂鸟瞰图

资料来源：富拉尔基发电总厂志编审委员会. 富拉尔基发电总厂志（1951—1983）. 第一卷.
北京：水利电力出版社，1986：彩图 10

20 世纪 50 年代初，为满足齐齐哈尔市用电和黑龙江省西部地区工农业建设的需要，

---

① 黄晞. 中国近现代电力技术发展史. 济南：山东教育出版社，2006：11-12.

1950 年春由东北电业管理总局易名的东北人民政府工业部电业管理局于 1951 年在齐齐哈尔市富拉尔基区筹建发电厂。随着富拉尔基热电厂被列为苏联援建的"156 项工程"重点工程之一，这座新中国第一座高温高压电厂，在肩负着为齐齐哈尔市其他"一五"重点项目建设提供电力保障任务的同时，开始大规模引进重大装备和技术，并培养技术骨干。

1951 年 7 月，燃料工业部、中国技术进口公司与苏联电站部、电机工业部签订合同，由苏方提交富拉尔基热电厂的技术、施工设计和煤样分析。1952 年初，苏联专家陆续派入，截至 1955 年，先后有 32 位专家到热电厂工地指导工作。富拉尔基热电厂初设容量为 150 兆瓦，分四期建设，计划 1969 年建成。一期工程由苏联电站部莫斯科热电设计院设计，由东北电业管理局长春基建局设计处（现东北电力设计院）做配合技术设计和附属工程设计，于 1953 年 7 月 6 日破土动工。土建中采用苏联专家提议的冬季施工方法，解决了因依照惯例封冻不施工造成的拖延进度的问题，将投产时间比预期提前了半年。一期工程安装了苏联制造的 2 台 25 兆瓦汽轮发电机组和 3 台 170 吨/时锅炉，汽轮机的蒸汽参数为 90 大气压（9.12 兆帕）、500℃，于 1955 年底竣工投产。[1]建筑工程施工的同期，设备安装工程也逐步进行部分安装。

富拉尔基热电厂的建设，是新中国成立后火电厂早期建设和发展的典型。建设初期该厂全面引进苏联的设备和技术。1957 年 5 月至 1958 年 5 月，苏联专家在富拉尔基热电厂帮助培训生产专业技术人员，直至 1960 年苏联专家全部撤走，其间中国的电力技术人员积累了丰富的建设高温高压电厂的经验。热电厂建设完成后，为电力行业培养和输送了大批技术骨干和管理人才，其被誉为中国电力技术管理人才的摇篮和基地。富拉尔基热电厂的建成，是新中国火电建设水平提升具有标志性的里程碑。

一期工程结束后，富拉尔基热电厂又于 1958 年、1959 年进行了二期和三期扩建工程，均由长春电力设计院设计。二期扩建容量为 25 兆瓦汽轮发电机组 2 台和变压器 2 台，1959 年初投产；三期扩建 25 兆瓦汽轮发电机组 2 台和 170 吨/时锅炉 2 台，1960 年 9 月投产。此两期工程建设同样在苏联的帮助下完成，设备亦为苏产，至此富拉尔基热电厂容量已达 150 兆瓦。1966 年 7 月开始的四期扩建工程，由东北电力设计院设计，安装了 1 台 220 吨/时锅炉，1970 年完工。五期工程又安装了 2 台 25 兆瓦汽轮发电机组，1992 年投产。[2]富拉尔基热电厂除向齐齐哈尔市、大庆市供电外，还肩负着向富拉尔基区各大厂，如向第一重型机器厂、齐齐哈尔钢厂、水泥制品厂等供应工业蒸汽，以及向居民区供热的重任。

20 世纪 70 年代末，由于严重缺电，黑龙江省电力局决定在富拉尔基区建第二发电厂（二电厂），这是国家"六五"期间重点建设工程之一。二电厂由东北电力设计院设计，两期工程各安装 3 台 200 兆瓦汽轮发电机组，一期安装 3 台 670 吨/时锅炉，分别于 1984 年和 1989 年建成。主设备由哈尔滨三大动力厂制造。

富拉尔基热电厂与二电厂合并，更名为富拉尔基发电总厂，实行一厂两站的管理形

① 东北电业志编纂委员会. 东北电力工业志. 北京：当代中国出版社，1995：31.
② 富拉尔基发电总厂志编审委员会. 富拉尔基发电总厂志(1951—1983). 第一卷. 北京：水利电力出版社，1986：11.

式。富拉尔基发电总厂总容量高达 1425 兆瓦，是国有特大型企业，也是东北最大的火力发电厂。

2. 淮南发电厂

淮南发电厂建于我国南方煤炭基地安徽省淮南市，是淮南发电总厂三座火电厂之一"田家庵发电厂"旧称。随着 20 世纪 80 年代先后建成洛河发电厂、平圩发电厂，淮南发电总厂统管三厂，成为充分利用当地发展大型坑口电站有利条件的典型工程。

田家庵发电厂最先建成，也是新中国成立早期发展具有特点的火电厂之一。电厂的前身为下窑第一、二、三发电所，始建于 1941 年，新中国成立后先后易名为淮南电厂、田家庵发电所、安徽省淮南发电厂等，1983 年淮南发电总厂成立后，定名淮南田家庵发电厂。[1]20 世纪 50 年代电厂先后经历了三期扩建，装机容量达到 11.1 万千瓦，成为皖中和皖北地区的主要发电基地：一期扩建也称"4102"工程，由华东电力设计分局设计，捷克斯洛伐克、苏联专家及制造厂家、设计单位现场指导，安装的 4 台 6000 千瓦国产汽轮发电机和 4 台国产 40 吨/时锅炉于 1956—1957 年正式发电运行，标志着中国成套发电设备国产化的起点；二期扩建增设了 3 台 2.5 万千瓦汽轮发电机和 3 台 120 吨/时煤粉炉，于 1960 年全部竣工；三期扩建，在老厂房内增装了 1 台 1.2 万千瓦机组，于 1960 年竣工。[2]至此老厂区扩建完成。20 世纪 60 年代至 70 年代中期，电厂又进行了两期扩建，先后安装了 2 台 12 万千瓦波兰进口机组和 2 台 12.5 万千瓦国产机组，至 1977 年底装机总量达 60.1 万千瓦。

田家庵发电厂是新中国成立后电力工业迅速发展的一个缩影，电厂通过边生产、边扩建、边改造，不断提升发电能力和技术水平。伴随着电力设备和技术引进、国内消化吸收并试制设备的过程，电厂装备了种类丰富的国内外发电机组。至新厂区投产，电厂已发展成为我国大型火电厂，为安徽早期的工业化发挥了重要作用，其国产机组机型基本反映了我国改革开放之前不同时期制造发电设备的能力。

淮南发电总厂的另两座电厂，即洛河发电厂和平圩发电厂建设较晚，均为"六五"计划的重点建设项目，于 1982 年开工建设，规模分别为 60 万千瓦和 120 万千瓦。洛河发电厂由水利电力部华东电力设计院设计，主设备由三大动力厂制造，工程竣工后，电力通过 500 千伏输电网经繁昌、杭州送至上海，成为当时华东电网主干大动脉的始端。[3]平圩发电厂由华东电力设计院和美国依柏斯柯公司合作设计，于 1984 年开工，该电厂采用的先进技术，代表了 20 世纪 70 年代的先进水平。电厂机组煤耗大幅低于当时国内平均水平，表明我国发电设备制造能力的提升，为之后大量建设大型火电厂提供了经验。至此，淮南发电总厂的总装机容量为 240.1 万千瓦，成为我国最大的坑口发电基地之一。

（二）水电工程案例

1. 三门峡工程

三门峡工程是黄河干流上的首项大型综合性枢纽工程。三门峡水利枢纽的建设，是

---

① 淮南市地方志编纂委员会. 淮南市志. 合肥：黄山书社，1998：479.
② 安徽省电力工业志编纂委员会. 安徽省电力工业志. 北京：当代中国出版社，1995：42-43.
③ 水利电力部办公厅宣传处. 现代中国电力建设. 北京：水利电力出版社，1984：161-162.

新中国成立后根治黄河水害、开发黄河水利的一次重要尝试。三门峡早在民国时期就曾被多次选为黄河拦洪坝的坝址[①]，由中外水利专家组成的治黄顾问团曾提出过《工业布局和供电计划》，但因国力贫弱，未能实施。[②]

新中国成立后，为收集黄河规划设计的基本资料和锻炼勘测队伍，三门峡工程局于1951年组成第一支水电勘测队，历时3年完成了大量地形图和地形资料的绘制和收集。1954年，黄河规划委员会在苏联专家的帮助下完成了黄河流域规划，三门峡工程被列为根除黄河水害、开发黄河水利的第一期计划中最重要的工程。电力工业部上报文件指出："三门峡水电站将是第一、第二五年计划整个电力工业中规模最大的建设重点。它将是我国水电建设的一所最重要的学校。……大量地培养出水电建设的领导力量和技术力量……"[③]工程规划在1955年第一届全国人民代表大会第二次会议通过后，即委托苏联列宁格勒水电设计院进行设计。翌年，列宁格勒水电设计院根据中方建议，从345米至370米，每隔5米做一个方案，按不同正常高水位和允许下泄流量进行可行性规划设计。国务院决定将正常高水位设为360米，苏方于年底完成初步设计，由水利工业部和电力工业部共同组成三门峡工程局负责施工。

三门峡工程于1957年4月开工兴建，是当时国内最大、最复杂的水利电力工程。为"集中力量保重点"，各地抽调大批优秀人才组建了工程局，并迅速开展建设。1957年2月，140多名中国水利水电专家与苏联专家一起，审查三门峡水电站的初步设计，具体方案直到工程正式开工后依然不断讨论。1958年4月，最终确定了按照360米设计、350米施工，1967年前最高运用水位不超过340米，死水位降为325米，泄水底孔底槛高程降为300米等要求。[④]苏方于1959年底全部完成三门峡工程技术设计任务。[⑤]因坝体是中国第一座百米级高混凝土坝，工程装备了许多前所未用的大型施工设备和施工机械，整个混凝土工程基本实现机械化施工。

1960年大坝建成，封堵导流底孔进行蓄水，但很快泥沙淤积严重，只能降低水位运行。1961年开始拦洪发电，拦洪和发电紧密结合。当时苏联提供的2台15万千瓦水轮发电机组已运到，但水轮机转轮直径为5.5米，受铁路运输限制，分瓣制造并运到工地。由于中苏关系恶化，苏联专家已撤离，厂家未提供焊接规程，临时由第一机械工业部沈鸿副部长为组长组成试验领导小组，制定焊接工艺规程和热处理操作规程，将转轮焊成整体，从而使得水轮发电机成功安装。[⑥]解决难题也锻炼了中国的技术队伍，为中国之

① 赵之蔺. 建国前的三门峡工程研究//中国水力发电史料征集编辑委员会. 中国水力发电史料选编. 非正式（内部）报刊, 1998：240-243.
② 赵之蔺. 建国前的三门峡工程研究//中国水力发电史料征集编辑委员会. 中国水力发电史料选编. 非正式（内部）报刊, 1998：246.
③ 王庭济. 中国水力发电史料选编 张铁铮文选. 非正式（内部）报刊. 北京：《中国水力发电史料》编辑部, 1998：116.
④ 王庭济. 记周总理在三门峡召开的一次会议//中国水力发电史料征集编辑委员会. 中国水力发电史料选编. 非正式（内部）报刊, 240.
⑤ 王庭济. 中国水力发电史料选编 张铁铮文选. 非正式（内部）报刊. 北京：《中国水力发电史料》编辑部, 1998：125.
⑥ 王庭济. 中国水力发电史料选编 张铁铮文选. 非正式（内部）报刊. 北京：《中国水力发电史料》编辑部, 1998：126.

后水电装备的设计制造与安装积累了宝贵经验。

由于低水位时泄洪排沙能力不足,洪水时水库水位壅高、淤积不断发展,1962 年底三门峡工地开始做低水头发电试验,当解决完当时存在的没有变压器、引水管道漏水、坝前进水口闸门前淤积严重等问题后,试验完成发电 7 万千瓦以上,后并网发电。为解决泥沙问题,先后几次召开学术讨论会和治黄会议,提出改建方案为两洞四管方案,即在大坝左岸打两条 8 米×8 米的泄洪排沙洞,将四根发电引水管改为泄流排沙管。20 世纪 70 年代初,第二次改建打通了大坝底部的 8 个施工导流底孔(3 米×8 米,高程为 280 米)和 7 个 300 米高程的深孔。电站安装 5 台 5 万千瓦低水头水轮发电机组,发电机进水口由高程 300 米降低至 287 米,最大水头为 52 米,最小水头为 15 米,平均水头为 30 米,最大发电引用流量达 1000 米³/秒,年发电量为 13.9 亿千瓦•时。[①]

三门峡工程的建设未达到预期效果,120 万千瓦的大水电站改为了 25 万千瓦低水头季节性发电的径流式电站,库尾淤积、壅高洪水位是存在的主要问题,原设计泥沙磨损水轮机和底孔需要持续维修。工程的不成功,主要来自设计思想和建设决策的失误,这是我国在多泥沙河流筑坝修水库中需要吸取的一个重大教训[②]。同时需要肯定的是,三门峡工程为我国水电建设积累了重要经验:首先,工程的建设,在苏联的帮助下,机械化程度提高至 64%,极大地提高了建设效率;其次,工程带动了水电机组的设计和生产;再次,在设计过程中,虽然中国一些泥沙专家考虑了排沙要求,曾对泄水深孔高程提出意见,但未能起到效果[③],通过工程后期的改建,技术人员依据实际情况,在截流、导流技术方面创造了经验,为在多沙河流上修建工程、综合利用、治理等方面积累了经验;最后,三门峡工程建设的坎坷曲折,使得此后水电建设更加注重前期工作。实践表明,水利枢纽的综合利用需要依靠现代的科学技术和完善的河流规划。

2. 官厅水电站

官厅水库的建设源于治理灾害频发的永定河。在 20 世纪 30 年代已有治理规划,即华北水利委员会总工程师徐世大主编的《永定河治本计划》,后来曾规划加大官厅水库坝高,以发电为主。

官厅水库是新中国成立后在华北地区修建的第一座大型水库,并发挥了灌溉、供水和发电综合效益。新中国成立后,华北水利工程局即编制了《治理永定河及流域开发计划草案提纲》,张任、张光斗担任顾问,1951 年开始施工。设计中,关于水库容量决定采用中库方案,最高水位不超过 483 米,水库总库容为 22.7 亿立方米,早期规划坝型由混凝土重力坝改为苏联专家建议的土坝,简化了施工设备。[④]

随着官厅水库的兴建,燃料工业部水电建设总局对永定河水电开发进行了研究和规划。电站工程设计由水电设计院进行,称为"301 工程",该工程左岸隧洞长 774 米,装机 3×1 万千瓦。[⑤]官厅水电站于 1954 年 5 月开始兴建,参与电站建设的技术人员和工人

① 杨永年. 江河纪事——中国水电建设百年实录. 成都:四川科学技术出版社,2013:88-89.
② 中国水力发电工程学会. 中国水电 60 年 庆祝中华人民共和国成立 60 周年. 北京:中国电力出版社,2009:5.
③ 杨永年. 江河纪事——中国水电建设百年实录. 成都:四川科学技术出版社,2013:87-88.
④ 杨永年. 江河纪事——中国水电建设百年实录. 成都:四川科学技术出版社,2013:30-31.
⑤ 王祖华. 永定河规划工作回忆片段//中国水力发电史料征集编辑委员会. 中国水力发电史料选编. 非正式(内部)报刊,1998:110.

大多在古田水电工程处实习过，具备一定经验。电站建成后运行情况良好。1955 年底，第一台 1 万千瓦水轮发电机组投产发电，1956 年 4 月，另 2 台各 1 万千瓦机组竣工并网发电。电站以 3 回 110 千伏线路接入京津唐电网。

水电站装配的是 HL263 混流式水轮发电机组，水轮机转轮直径为 2.35 米，是当时国产的大机组。当时，苏联 20 世纪 50 年代的模型水力设计资料明显优于中国掌握的 20 世纪 40 年代的美国资料，国产水轮机结构开始采用苏联结构。[①]官厅水库的发电机组是中国在消化吸收苏联技术基础上自己研制的具有代表性的水电机组。

作为新中国成立初期我国最早自行设计、自行制造设备、自行安装投产的第一座中型水电站，官厅水电站工程造价低，建设速度快，工程质量达到设计标准。官厅水电站是新中国成立后在永定河流域兴建的第一座水电站，对首都供电和京津唐电网的调峰做出了重要贡献[②]，为安全稳定供电发挥了重要作用，电站机组启闭自动化创当时全国先进水平。然而随着 20 世纪 80 年代永定河上游发展灌溉，水量减少导致泥沙淤积，水库调蓄能力逐渐减小，发电能力大受影响，致使以水定电，此后水电站主要承担电网峰荷和事故备用。

官厅水电站的规划设计和建设基本上是成功的，在官厅水电站之后，永定河系上又陆续建设了梯级水电站，如模式口电站、下马岭电站等，具有调相、负荷备用和事故备用的作用，作为一个整体继续发挥着效益。

（三）松东李输电工程

新中国成立前，电网发展薄弱，电压等级低、容量小、输电距离短，仅有少数城市电网。东北部分地区的 154 千伏电网、水丰和丰满 220 千伏输电线路等构成国内电压等级最高、装机容量最大的跨省电网。[③]

新中国成立初期，国家重视发展工业，重工业基地辽宁的用电只靠一条 154 千伏松李一回线路输送，输电能力明显不足。1952 年大规模经济建设开始时，辽宁电量缺口为 27%，沈阳缺口达 41%。丰满水电站恢复后（新装 2 台机组），随即计划新建一条贯通急需电力的沈阳、鞍山、抚顺、本溪、大连、阜新等工业地区的输电线路，即 220 千伏松东李（松李二回）线路，这是国家"156 项工程"重点建设项目之一的"506"工程。

松东李输电工程是中国第一条自行设计施工的 220 千伏高压输电线路。当时国际上仅瑞典建设过 380 千伏线路，220 千伏线路属先进水平。工程实施之初，面临的困难是，原有技术力量薄弱，施工经验缺乏，设计单位没有设计高压线路的经历，施工单位也仅做过电压低、线路短的木柱或原有线路的修复工作，所需器材大部分系国内各厂第一次试制，技术规范、质量标准、操作规程等都没有完整资料可供指导，只能靠在实践中摸索。该工程由东北电力设计院设计，电力专家盛泽凯和毛鹤年参加主持了工程的设计和

① 《中国水力发电史》编辑委员会. 中国水力发电史（1904—2000）第二册. 北京：中国电力出版社，2007：347-348.
② 国家电力公司水电与能源发展部，《走向世界》系列丛书编委会. 中国水电发展 50 年. 北京：新时代出版社，2000：39.
③ 黄晞. 中国近现代电力技术发展史. 济南：山东教育出版社，2006：170-171.

实施方案的研究与制定，工程总指挥是刘秉志。在毛泽东主席的亲自过问下，全国上下开绿灯、鼎力相助。1953 年 7 月 15 日，工程开始动工兴建。工程指挥部下设 4 个输电工程队，2 个变电工程队，技术工人约 2000 人，沿线各电业部门支援和招收的民工高峰时达 7000 人。

松东李线路横跨辽宁、吉林两省，从吉林西流松花江畔的丰满水电站，沿沈吉铁路南下，经沈阳虎石台变电所，至抚顺西南的李石寨变电所，全长达 369.25 千米。路径通过地区，山地占 31%，丘陵占 37%，其余为平地及低洼地，地形复杂。全线共有铁塔 919 基，标准塔形 11 种，各型高低不同，从 12.3 米到 46 米共 54 种，耗用钢材 8300 余吨；塔基采用混凝土基础，分预制、配筋和无筋三类，共 66 种；接地工事标准型共 12 种，全由 40 毫米×4 毫米扁铁与二寸铁管组成，氧气焊接；供电方式为三相三线，架空地线两根，为 7×3.5—7×4.0 镀锌钢线，输电线为 ACY-400 钢芯铝绞线，共重 2600 吨。在 1100 余种全部工程用材料及工具中，除释放线夹、压接管、防震锤及部分导线外，均为国产。由于线路跨越铁路、公路、电力线、通信线等障碍物 64 处，施工风险多、难度大，然而在 "尽快送电，机器飞转，增加生产，支援前线" 的号召下[①]，通过采用比较先进的技术方法，如推行苏联的 "三线紧线法" "分解组塔法" 等，施工抢进度，得以使全线基础施工、铁塔组立工序、导线架设依然按计划或提前完成。

在组织准备上，将东北电业管理局原机电工程公司改为火电及送变电工程公司，使其成为新中国第一家电力基本建设输变电专业施工队伍。施工准备得到各方支持，短时间内，集结和培训了一批技术人员、工人和特殊技能人员，赶制了大量材料设备并特地试制了某些新产品。松东李 220 千伏输电线路工程竣工后，东北送变电工程公司整建制调走 301 工程队、302 工程队及 303 工程队的一半人员，连同技术人员和管理人员共 1300 余人，又组建武汉、北京送变电工程公司，为全国输电技术的发展培养了一批骨干。

1954 年 1 月 27 日，松东李输电线路建成并网输电，是中国电网建设史上的里程碑，成为新中国输电线路施工的开端。1955 年，"506" 配套工程——沈阳市郊虎石台一次变电站建设完工，这是中国自行设计安装的第一座 220 千伏大型变电站。以松东李线路为基础，之后逐渐形成了以 220 千伏输电线路为网架的东北电网，增强了东北电网供电的可靠性和稳定性。工程的建成，提高了送变电施工的技术水平，建立了必要的技术操作规程、质量、安全等各项制度，为此后送变电工程的设计和施工打下了基础。

---

① 中共吉林省委党史研究室. "一五" 期间吉林省国家重点工程建设. 长春：东北师范大学出版社，1995：195.

国产化核能工程与多种能源的利用*

　　能源是经济社会发展的基础和重要制约因素，能源开发利用的水平是国家经济与社会发展的重要标志。第二次工业革命以来，电力作为二次能源，得到广泛的应用。随着我国工业的急剧发展，对能源的需求与日俱增，仅仅依靠石油、煤、天然气等有机燃料已无法满足进一步的需求。[①]而且，有机燃料产生的二氧化碳、二氧化硫、氧化亚氮和烟灰等物质，带来了温室效应和酸雨等严重而急迫的环境问题。核电与多种新能源的开发利用势在必行。[②]

　　伴随着中国改革开放的进程，特别是党的十一届三中全会将国家的工作重点转移到以经济建设为中心后，我国能源供应短缺甚至达到"危机"的状况凸显出来，加之国际上20世纪70年代初出现的第一次石油危机，导致了中国大力开发能源建设迫在眉睫。1981年，国家科学技术委员会第二次能源座谈会和中国能源研究会成立大会提出了《缓解我国能源危机的十三条建议》，其中除促进常规能源发展的提议外，还倡议积极开发新能源。随后，中国能源研究会系统地编写了《中国能源政策研究报告》，对能源发展作出了科学预测，不仅提出了发展核能的倡议，还最早提出了发展生物质能、地热能等可再生能源的倡议。[③]

一、国产化核能工程

　　20世纪50年代，发达国家开始将能源开发聚焦于经济效益明显的核能技术，出现了试验性和原型核电站。1954年6月，苏联建成世界上第一座5000千瓦核电站，并进而设计了大容量核电站。随着经验的积累和技术的改进，以及石油危机的冲击，核电的工业规模日益增长，几个工业大国竞相发展核电。1970年核电仅占全球总发电量的1.5%，1989年猛增至17%，截至1997年，世界30多个国家和地区建成了441座核电站，总装机容量为359 436兆瓦。核电在30年内就走完了常规电厂一百多年的发展历程，核能成为解决长远能源问题的重要方向。[④]

　　20世纪50年代后期，中国开始了核能利用的科学研究和军工研发，同时在世界和平利用核能的浪潮下，中国也开始谋求核电制造工业的发展之路。1955年8月，我国派专家参加了"和平利用原子能国际会议"并对会议进行报道，坚定了在苏联帮助下和平

---

* 　作者：陈悦。

① 　International Institute for Applied Systems Analysis. Energy in a Finite World. Cambridge：Ballinger Publishing Company，1981.

② 　江泽民. 中国能源问题研究. 上海：上海交通大学出版社，2008；马栩泉. 核能开发与应用. 2版. 北京：化学工业出版社，2014.

③ 　鲍云樵. 近30年中国能源政策研究的回顾与评价. 中外能源，2009，14（12）：1-7.

④ 　鲍云樵. 近30年中国能源政策研究的回顾与评价. 中外能源，2009，14（12）：1-7.

利用原子能的信心。①在此之前，苏联已同我国、波兰人民共和国、捷克斯洛伐克共和国、罗马尼亚人民共和国和德意志民主共和国分别签订了关于帮助和平使用原子能的协定，苏联承诺"为五国完成实验性原子堆和基本粒子加速器的设计工作，将工业生产的实验性原子堆和基本粒子加速器和必要的物资供给这些国家，并无偿地向这些国家提供关于原子堆和粒子加速器的必要的科学技术资料"，《人民日报》为此刊发了《大力发展原子能的和平用途》的社论。②1955年薄一波主持制定的《原子能计划12年大纲》[《1956—1967年原子能事业发展计划大纲（草案）》]提出"用原子能发电""建设原子能电站30万千瓦"。此时正值中国全民"向科学进军"的热潮，在1956年《1956—1967年科学技术发展远景规划纲要（修正草案）》中，原子能的和平利用被列为12项重点任务的第一项。

1958年，我国拟建首个仿苏石墨水冷堆核电项目"581"工程，但因中苏关系和三年困难时期而暂停。同年，上海开始筹划核电工作，并建立了核物理、放射化学及生产放射性同位素的研究中心——上海理化研究所（后更名中国科学院原子核研究所，简称原子核所）。20世纪60年代，我国尝试进行了铀浓缩扩散机组、环-239反应堆装置的研发和制造。

十一届三中全会后，中央提出我国需要积极地、适当地发展核电的方针。中国核电发展的早期方针是，在购买大型核电站成套设备的同时，引进国外技术，通过合作生产，逐步提高中国核电设备的制造能力，实现大型核电站国产化。③最早建设的核电站首先选址在经济发达、能源紧缺且自然条件适宜的地区。秦山核电站是我国核电建设的起步，作为原型示范电站，其意义远非供电能力本身，而更在于依靠我国自己的科技力量和工业基础，增强吸收外来核电技术的能力。秦山核电站和稍后的大亚湾核电站的建设和运行的目标则是掌握核电技术、培养人才，通过对引进技术的消化、吸收，形成我国核电科研、设计和生产建设体系。④

1. 我国自行设计建造秦山核电站

秦山核电站是我国自行设计、建造成功的第一座核电站，是我国核电建设的探索工程，为我国核电发展打下了重要基础，促进了我国核电工业体系的形成（图1）。1974年周恩来总理主持会议，审查批准了建造秦山核电站的原则方案，并将该项目列入国家计划，同意进行科技开发和建设准备。当时，国际上对核电站的技术保密甚严，为了确保自建的核电站有坚实的技术基础，必须攻克大量技术难关。鉴于当时世界少数拥有核电装备制造能力的国家对我国实行技术封锁，我国明确提出核电设备要国产化，要实践"以我为主、中外合作"的方针。

在此之前，我国已经开始探索和研究建设核电站的关键——核燃料、堆型选择和核反应堆建设，原子核所已积累了一定的核反应堆科研经验并具备了建设核反应堆的技术

① 王淦昌. 和平利用原子能国际会议的成就. 人民日报，1955-08-26（4）.
② 大力发展原子能的和平用途. 人民日报，1955-05-02（1）.
③ 我国自行设计建造的秦山核电站并网发电十周年. 现代电力，2002，（1）：25.
④ 宋任穷，刘杰，刘西尧，等. 中国核工业40年的光辉历程//中国核工业总公司. 中国核工业四十年 摄影集 1955—1995. 北京：原子能出版社，1995：16-20.

队伍。周恩来在 1970 年 2 月明确提出中国需要发展核电以及上海要进行核电研究，2 月 8 日上海市紧急传达核电工作指示并启动核电研究等工作，此核电工程即为"728 工程"。①此后周恩来多次关心上海核电工作。1970 年 6 月，上海市召开"筹建核动力电站座谈会"，集合 20 多个单位的意见，提出发电容量 2.5 万千瓦核电站设想，选择熔盐反应堆等两种堆型，并将零功率反应堆建在原子核所。1971—1972 年，零功率反应堆的试验结果并不理想，以熔盐反应堆作为科研方向虽有价值，但其未成熟到能够进行工程实践。此后"728 工程"领导小组提出一系列建议，将原子核所和物理所合并，承担工程主体任务，另选压水堆型，核电站 10 万千瓦。1975 年 8 月 6 日进行了 728 零功率反应堆首次临界实验，且一次成功。次年开始第二期实验。②"728 工程"多次获得上海市、中国科学院、核工业部奖项以及国家科学技术进步奖。工程所需的 70% 的设备和材料由国内自己研制生产，该工程的技术骨干联合全国几十家科研院所、大专院校和工厂，承担了秦山核电站的攻坚任务。

图 1　秦山核电站鸟瞰图
资料来源：1996 年中国邮政贺年（有奖）明信片，1996 京（BK）-0269

核电技术是一项综合性的尖端技术，建设核电站是一个系统工程。核电工程设计的复杂性和高度的安全要求，牵涉到的专业包括反应堆物理、热工、水力、机械、电力、电子、控制、材料、化学、土建、核物理、辐射屏蔽、放射剂量等，设计要求各种设备、部件、仪表互相协调，安全可靠。③自 1974 年中央专门委员会会议通过核电站方案起，"728 工程"开展大量研究试验工作并建造实验装置，如零功率反应堆实验装置（获全国科学大会重大科技成果奖）、反应堆热工水力试验、燃料组件堆外和堆内试验、仪器装置

①　1970 年 2 月 8 日，周恩来指出上海和华东地区的缺电问题要靠核电站，称作"728 工程"，也就是秦山核电工程。
②　参考中国科学院上海应用物理研究所专家意见。
③　欧阳予. 秦山核电站. 杭州：浙江科学技术出版社，1992：7.

试验、材料研制等，在此基础上完成工程设计。工程从设计开始便拉动了全国大协作，参加科研设计工作的人员来自 100 多个研究所、设计院、制造厂和大专院校，完成了反应堆物理、热工水力、应力分析、驱动线对中、核燃料组件、新材料、主设备、仪表、电气、焊接、无损探伤、三废处理、环境评价、安全分析等 30 多个专业 400 多个科研设计项目。7 个设计院和 11 个施工单位承担了工程设计和施工任务。主设备制造厂在核电装备制造零基础的情况下，与设计院紧密结合，进行了核电装备厂房的建造和专项工艺装备的购买与研制，完成了包括蒸汽发生器、稳压器、堆内构件、控制棒驱动机构、蒸汽轮机、汽轮发电机等一批国产化的重型精密装备的试制[1]，达到了很高的技术要求和使用性能。

1982 年 11 月 11 日，核电站厂址确定在浙江省海盐县秦山，电站总体设计由上海核工程研究设计院承担。最初计划向国外购买核电机组和技术，从 1000 兆瓦级起步，然而由于国外核电技术和设备对我国实行封锁，我国只能根据实际条件确定秦山核电站从 300 兆瓦起步。[2]1984 年 2 月，国家计划委员会、国防科学技术工业委员会批准初步设计，并将秦山核电站列入"六五"计划国家重点建设工程项目之一。1985 年 3 月，工程正式开工建设。

秦山核电站的设计，参考了国际主流技术，在各个具体环节进行了深入分析、复杂计算和专门实验。核岛主要由反应堆、蒸汽发生器、稳压器、主泵和冷却剂主管道等组成。反应堆采用当时国际应用最广泛且固有安全性好的压水型反应堆，其以加压含硼水作为冷却剂和慢化剂，以低浓度铀-235 作为核燃料反应堆，采用海水直流式冷却。在堆芯的设计中，为获取充分实验依据，专门进行了反应堆临界实验和热工水力实验。[3]常规岛的设计在参考大量国内外资料的基础上，通过向国外有经验的工程公司咨询和考察、在国内开展科研试验等方式，解决了诸如核岛和常规岛的接口处理、核电站对电气系统的可靠性要求、二回路有关系统的安全分析等问题，填补了国内空白。[4]随着秦山核电站的安全壳的设计推进，上海核工程研究设计院编制出了国内第一个核电站工程的抗震设计技术条件、国内第一个楼面设计谱，编制了国内第一个考虑龙卷风设计和安全壳结构设计及施工的两个核工业行业标准。[5]1987 年，上海电机厂为秦山核电站研制成功了 310 兆瓦、3000 转/分钟双水内冷压水堆核电机组。1988 年，厂房土建工程基本完成，内径 36 米、高 65 米的圆柱形反应堆安全壳穹顶与重量约 230 吨的反应堆压力容器等核电站核岛关键设备安装就位。经过一年多的全面调试，1991 年 12 月 15 日成功投入运行，并入华东电网发电。1992 年 7 月，达到了额定功率 300 兆瓦的运行。秦山第一台核电汽轮发电机组，从调试冲转至 3000 转/米到并网发电均一次成功，运行性能良好。

秦山核电站一期（后简称秦山一期）工程的机械设备、电气设备、仪器仪表绝大部分由我国参照国际规范和标准自行设计制造[6]。电站除采用了少量如压力容器、主泵、

① 朱兴梓. 中国重大技术装备史话：中国核电装备制造. 北京：中国电力出版社，2013：62.
② 朱兴梓. 中国重大技术装备史话：中国核电装备制造. 北京：中国电力出版社，2013：13.
③ 欧阳予. 秦山核电站. 杭州：浙江科学技术出版社，1992：32.
④ 欧阳予. 秦山核电站. 杭州：浙江科学技术出版社，1992：48.
⑤ 欧阳予. 秦山核电站. 杭州：浙江科学技术出版社，1992：39.
⑥ 中国核工业总公司，秦山核电公司. 杭州湾畔一明珠——秦山核电站. 北京：原子能出版社，1992：18.

主管道、环形起重机等进口设备（按台件计约占设备总数的 5%，按投资计约占设备总投资的 30%）之外，全国总计 679 个设备制造厂、国外 81 家厂商为电站提供了设备和材料。[①]其中的电气主设备——核电汽轮发电机，是在参考美国西屋电气公司汽轮发电机技术资料的基础上将我国已有的世界领先的双水内冷技术引入 300 兆瓦核电汽轮发电机而成，为自主设计和自主制造核电汽轮发电机树立了良好典范。

通过电站的建设，我国实现了核电零的突破，基本掌握了 300 兆瓦压水堆核电机组的设计建造技术，国产设备投资比例超过 70%，标志着中国的核能新纪元的开始，中国成为继美、俄、法等国之后，完全靠自己的技术力量设计建造压水堆核电站的国家。虽然建成时间较欧美多国的首座商用核电站要晚二十几年，但利用后发优势，秦山核电站有机会吸取国外成熟的技术和成功经验，使堆芯设计参数与国际上通用的压水堆参数相近，达到了商用的较高水平，一期工程的建成也加快了我国开发核电的进程。[②]

秦山一期建设期间，引起了国际关注，也展开了广泛的国际交流。先后有美国、日本、德国、英国、西班牙、南斯拉夫、荷兰、意大利等 32 个国家和地区的 1500 多名专家和官员进行了参观访问或学术交流，同时核电站也派出一批技术人员、干部和工人前往美国、法国、瑞士、日本等 14 个国家进行考察学习或学术交流，其中有 39 位主控操作人员曾在南斯拉夫 KRSKO 核电站和西班牙核电站模拟机上接受了正规培训。电站并网发电后，即与巴基斯坦签订协议，出口 30 万千瓦核电站。[③]

秦山一期建成后，以大亚湾核电站作为参考，我国继续自主设计、建造首座国产大型商用核电站，即秦山核电站二期（后简称秦山二期）。1999 年，哈尔滨电机厂、上海电机厂在引进西屋电气公司技术的基础上，为秦山二期联合设计了 650 兆瓦核能发电机。秦山二期的压水堆堆芯设计，可直接运用我国为百万千瓦级核电站引进的核燃料组件及相关组件的设计和制造技术，有利于我国燃料组件的标准化。[④]首台核电汽轮发电机于 2001 年研制成功，获得"（重大技术装备）优秀科技成果奖"，整体工程于 2004 年全面建成投运。工程建成后，电站每年向华东电网输送电量 17 亿千瓦·时。秦山二期的建设，在"以我为主，中外合作"的方针下，通过成立合资公司和合作交流，自主设计反应堆、主要结构部件，从国外引进或联合生产了部分关键的核岛设备和部件，拥有了独立开发制造能力和工程技术资料库，同时也引入了质量管理经验，完成了 300 多项核心技术的创新和改进，完成了许多核心技术的自主化应用，自主设计率达到 90%[⑤]，提高了核设备制造国产化能力和比例，提升了中国核电的自主化能力。通过工程实践，秦山二期突破了具有自主知识产权的 600 兆瓦级压水堆核电机组设计、建造的核心技术，实现了我国核电站设计、建造与国际标准接轨，完成了我国核电国产化建设的重大跨越，为我国建造 1000 兆瓦级大型核电站奠定了基础。[⑥]

① 中国核工业总公司，秦山核电公司. 杭州湾畔一明珠——秦山核电站. 北京：原子能出版社，1992：18.
② 秦山核电有限公司. 秦山核电有限公司志. 北京：原子能出版社，2011：32-41.
③ 欧阳予. 秦山核电站. 杭州：浙江科学技术出版社，1992：19.
④ 编委会组. 光耀中华：改革开放 30 年科技成就撷英. 2008：163.
⑤ 编委会组. 光耀中华：改革开放 30 年科技成就撷英. 2008：163.
⑥ 国家技术前瞻研究组. 中国技术前瞻报告——国家技术路线图研究 2006—2007. 北京：科学技术文献出版社，2008：33.

2. 消化吸收国外先进技术发展核电

在"728 工程"筹建过程中，我国开始谋划 1000 兆瓦核电机组的发展。当时我国核电发展的目标是在 2000 年前，全面掌握核电技术，形成核电科技工业体系，为 21 世纪大规模发展打下坚实基础。[1]实际上，虽然从 20 世纪 70 年代秦山一期到 21 世纪第三代核电的建设之路经历了艰难曲折，但经过 30 多年的发展，我国核电技术和装备制造经历了从起步、提升再到跨越的阶段。

我国早在 1977 年就确定了发展 1000 兆瓦级核电机组的方案，即要直接从国外引进设备，1982 年底国家决定建设大亚湾核电站，此时时局与"728 工程"装备制造时期国际交流封闭，只能通过攻坚克难完成，已大不相同。中国（不包括台湾地区数据）首座从国外引进技术和设备的大型商用核电站——大亚湾核电站，装配 2 台 900 兆瓦压水堆核电机组，分别于 1993 年 8 月和 1994 年 5 月投入商业运行。大亚湾核电站具有国际 20 世纪 80 年代末先进水平，电站的总体设计和工程技术服务由法国电力公司（EDF）承担，设备基本上全部进口。两台机组全部投入商业运行后，年发电量可达（100–126）$\times 10^5$ 千瓦·时，其中 70%电量供给香港，30%电量送入广东电网。与秦山核电站的"自主建设"不同，大亚湾核电站依据的是"引进技术、技贸结合"原则，充分利用已有生产核动力的设备和经验、重要制造厂的技术改造，在引进技术和装备的同时，形成自己的核电装备生产系统。[2]

大亚湾核电站之后，我国继续引进技术，与法、日等国采取技贸结合模式各自形成本国技术标准体系不同，我国核电发展的前 30 余年欠缺技贸结合，致使技术路线长期并不明确。20 世纪 90 年代中期，我国相继上马了秦山二期、岭澳一期、秦山三期和田湾一期等核电项目，1997—2003 年，是我国核电的"小批量发展阶段"。广东岭澳核电站工程于 1997 年 5 月开工，电站以大亚湾核电站为参考，增加改进方案并加大了自主化和国产化比例，一期建设了 2 台百万千瓦级核电机组。其核岛和常规岛设备全部为欧洲制造的 1 号机组，并于 2002 年 5 月正式投入商业运行。2 号机组的蒸汽发生器、稳压器、反应堆堆内构件、控制棒、汽轮机、发电机等设备均为国产。通过岭澳一期我国吸取了"技贸脱钩"教训，通过大型设备制造的分包合同模式，在引进、消化国外先进技术的基础上，实施重大技术改进，成功实现了工程管理、建安施工、调试和生产准备自主化及部分设备国产化，为探索形成自主品牌百万千瓦级核电技术路线奠定了良好的基础。大亚湾、岭澳核电工程的兴建，加快了我国全面掌握百万千瓦级大型压水堆核电厂技术的步伐，但依然并未完全具备自主设计和制造能力。1999 年，江苏田湾核电站一期工程开工，引进了 2 台俄罗斯 AES-91 型机组。田湾核电站是中俄两国重大技术经济合作项目，也是目前我国单机容量最大的核电站。中国成套购置法国、加拿大、俄罗斯等国核电机组的做法表明其对核电发展方针和技术路线存在不同认识，多国采购、多种机型导致了多国标准、多种技术混用的状况。

2005 年初，我国核电由"适度发展"转变为"积极推进"[3]，采用世界先进技术的

① 欧阳予. 秦山核电站. 杭州：浙江科学技术出版社，1992：22.
② 沈俊雄. 大亚湾核电站建设经验汇编（第一辑）. 北京：原子能出版社，1992：155-172.
③ 《中国电力年鉴》编辑委员会. 2007 中国电力年鉴. 北京：中国电力出版社，2007：9.

同时，开始注重统一技术路线。同年 12 月，岭澳二期工程开工，这是"十五"期间唯一开工建设的核电工程，建设 2 台百万千瓦级压水堆核电站，自主建设比例达到 70%。该工程是国家核电技术自主品牌 CPR1000 示范工程，在我国核电发展中具有承上启下的作用，加快了我国全面掌握第二代改进型百万千瓦级核电站技术的进程，基本形成了自主技术品牌核电站设计自主化和设备制造国产化能力。

随着国际核电技术的不断进步，秦山核电站开始进一步扩建，并在更大程度上开放国际合作，引进先进技术。秦山三期工程，一改 20 世纪 80 年代形成的"发展核电走压水堆技术路线"的共识，作为特允项目引进了重水堆核电机组，这也是我国唯一一座重水堆核电站，它采取"交钥匙"的形式进口加拿大的坎杜（CANDU）-6 型重水堆型核电站，容量为 728×2 兆瓦，其优点是采用天然铀作为燃料且不停堆换料，于 2002 年底投运。[1]

由于美国、苏联、日本的核电站发生过比较严重的事故，我国在建设二代改进型核电机组的同时，开始引进并发展新一代、第三代核电技术。2006 年，国家作出了从美国西屋电气公司引进世界最先进的 AP1000 非能动安全压水堆核电技术，并合作建造 4 台 AP1000 核电机组以实现我国第三代核电自主化发展的战略决策。2007 年 7 月，中国国家核电技术公司与美国西屋电气联合体签署了第三代核电技术转让及核岛设备采购合同，从美国引进了 4 台 AP1000 核电机组。11 月，中国广东核电集团与法国阿海珐集团签订协议，合资建设、运营采用欧洲先进压水堆核电 EPR 技术的台山核电站一期工程。2008 年，以 AP1000 技术和中方自主知识产权的 CAP1400 技术为主体的大型先进压水堆项目成为国家 16 项重大科技专项之一。浙江三门核电站和山东海阳核电站为 AP1000 技术的两个依托项目。2009 年 4 月，三门核电站开工建设全球首台第三代 AP1000 核电机组。此后，我国新审批的核电项目逐步向第三代过渡，采用以 AP1000 为主的第三代核电技术，由此中国核电也作出了明确的技术路线选择。[2]

中国自主设计、研发出新一代"华龙一号"反应堆，这是我国唯一具有完全知识产权的第三代核电品牌。我国核电装机将达到一个新的高度。

此外，中国同步推进对安全性和经济性要求更高的第四代核电的研发，在备选的堆型中我国选择探索高温气冷堆技术。2006 年，全球首座 200 兆瓦高温气冷堆示范工程被列入国家科技重大专项。2017 年末，我国自主研发的第四代核电高温气冷堆——山东荣成石岛湾高温气冷堆核电站示范工程 2 号反应堆压力容器顶盖扣盖成功，这意味着距离我国建成全球首座球床模块式高温气冷堆商用示范工程又迈进了一大步。高温气冷堆技术是我国具有完全自主知识产权的第四代核电技术，具有安全性、设备国产化率高、模块化设计适应中小电网、用途广泛等特点。目前，我国在高温气冷堆技术领域保持着国际领先地位。国内重点推进的后续商业化项目——浙江三门 600 兆瓦高温气冷堆项目已经完成初步可行性研究。在"一带一路"倡议下，高温气冷堆作为中国核电走出去的"国家名片"，受到国际高度关注。

① 康日新. 秦山三期核电站工程建设实践. 北京：原子能出版社，2006：305.
② 全球首台第三代核电 AP1000 主泵完成制造组装. 电力技术，2009，（9）：77.

二、多种能源利用的起步

面对能源短缺的现实状况，我国开始关注国际新能源发电的现状和前景[①]，并逐步开展新能源发电的技术探索和开发。1979 年 1 月，国家科学技术委员会新能源专业组筹备组成立，5 个专业组分别是太阳能、风能、生物质能（沼气）、地热和磁流体发电，海洋能分组问题待定。随后各专业组成立学会并召开学术（协会）会议以及出版期刊。

1. 地热发电——羊八井地热电站

地热发电是地热利用的最重要的方式之一。中国地热发电始于 20 世纪 70 年代，1970 年 12 月，第一台中低温地热能发电机组在广东省丰顺县邓屋发电成功，随后又在河北怀来、辽宁熊岳、湖南灰汤等地利用 100℃以下中低温地热水建成了多座 50—300 千瓦试验电站[②]。上述电站主要利用扩容闪蒸法或双工质循环法，发电设备利用废旧小发电机组改造，多数成功运行了几年后因欠缺商业价值而关闭。其中，丰顺邓屋地热电站是我国第一座地热电站，也是唯一投入商业运行的热水型地热电站，于 1970 年 12 月调试发电成功，填补了我国地热发电的空白。[③]邓屋地热电站采用中国科学院广州能源研究所建造的于 1984 年投入运行并与当地电网联网的 300 千瓦扩容闪蒸法汽轮发电机组（3 号机），成功稳定运行长达 30 余年。

我国高温地热蒸汽发电始于西藏羊八井地热田的开发利用。西藏缺乏煤炭和油气藏，水电建设一度无法满足电力供应，然而西藏地热能丰富，开发地热资源成为解决能源迫切需求的有效措施。羊八井地热电站作为高海拔的中高温地热实验电站在世界新能源的开发利用上占有重要位置，也是我国首座中高温商用地热电站。

西藏羊八井地热电站是我国第一座高温地热发电站，也是我国首座商用化运行的地热电站。西藏缺乏煤炭和油气藏，在羊八井地热电站发电之前，电力供应以小水电为主，"丰盈枯缺"特征明显，从而造成西藏电网运行稳定性较差，一度无法满足电力供应。西藏地热资源丰富且能量品位高，地热发电潜力大。

羊八井地热田位于西藏拉萨西北当雄县，地貌上分布于南西—北东方向延伸的宽阔谷状低地内，海拔标高 4300—4500 米。[④]1975 年，羊八井地热田的开发被列为国家"五五"计划重点工程。20 世纪 70 年代中后期，羊八井地热田经过地质调查和勘察评价，建立了羊八井地热电站和东部低温地热试验电站。1977 年，1000 千瓦高温地热发电试验机组发电成功，自此地热勘探和电厂建设同时进行。至 1991 年，先后安装了 8 台机组，装机容量达到 25.1 兆瓦，成为国内最大的地热发电厂[⑤]。根据生产井的布置，羊八井地热电站由南北两个部分组成，其中南站安装了 3 台机组，北站安装了 5 台机组。上述地热发电机组均采用两级进气、单缸混压式汽轮机，其中 7 台机组的汽轮机是由我国

① 严家其. 新能源利用的现状和前景. 人民日报，1978-10-10（6）.
② 严陆光，顾国彪，贺德馨，等. 中国电气工程大典：可再生能源发电工程. 北京：中国电力出版社，2010：629.
③ 由广东省水电厅、省科技局、中国科学院和丰顺县政府等十几家单位组成会战小组自行设计、制造、安装和调试.
④ 许多龙，荆铁亚，谭金群. 羊八井热田生产井监测及变化影响分析. 中外能源，2018，23（12）：22-28.
⑤ 郑克棪，潘小平. 中国地热发电开发现状与前景. 中外能源，2009，（2）：45-48.

青岛汽轮机厂生产的，另一台由日本生产（3.15 兆瓦）[1]。1982 年，电站通过羊八井至拉萨西郊的 110 千伏线路正式向拉萨供电。截至 2017 年底，羊八井地热电站累计发电超过 33×10^8 千瓦·时。[2]

羊八井地热电站所用的地热流体为湿蒸汽，由 18 口井提供，平均井深 200 米，井口湿蒸汽温度为 140—160℃，干度为 5%—6%，是世界上唯一利用地热浅层热储进行工业性发电的电厂。生产井的汽、水两相流体通过井筒、管道进入汽水分离器，分离后采取分等级输送的方式分别送至厂房，经过两次降压扩容闪蒸后，蒸汽进入汽轮机以带动发电机发电，闪蒸后无法汽化的热水从第二级扩容器排出。汽轮机采用小岛式布置，运行层标高 6 米；凝汽器为混合式，采用高位布置。地热发电机组额定发电出力 3000 千瓦，厂用电率约为 12%，电站效率≥6%。[3]

根据国际标准，羊八井地热水压力和温度都比较低，且热水中含大量碳酸钙和其他矿物质，结垢和腐蚀问题较大，实现经济合理的发电有一定的技术难度。为了解决结垢和腐蚀问题，采用了机械通井与往井内注入阻垢剂相结合的办法，取得了良好效果。同时将地热尾水进行回灌，回灌能力为 100—124 吨/时，基本消除了地热水中硫、汞、砷、氟等多种有害元素对环境的影响。

羊八井地热电站经历了持续建设的过程。第一台 1 兆瓦试验机组于 1977 年发电成功。1985 年地热田进入全面开发时期，地热二分厂开始建设。1986 年，从日本引进 1 台 3.18 兆瓦快装机组，安装并投入运行。至 1991 年，先后安装了 7 台国产 3 兆瓦机组，同时 1 兆瓦试验机组退役，此后维持总装机容量 24.18 兆瓦。[4]

羊八井地热电站的建成极大地改善了拉萨的供电情况，为拉萨供应了当时用电量的约 2/3，在很长一段时间成为拉萨电网的主力电源，尤其是在冬季。

羊八井地热电站为我国地热开发积累了丰富的经验，然而其后 30 余年我国地热发电长期处于停滞的状态，装机容量几乎裹足不前[5]。但近年来渐有起色，"十二五"和"十三五"期间均专门制定了发展规划，相关的技术研发投入逐步加大，2018 年羊易 1 期 16 兆瓦地热电站成功并网发电，使我国地热发电装机容量达到 43 兆瓦以上，开启了我国地热发电的新篇章。

2. 潮汐发电——江厦潮汐试验电站

潮汐发电是利用潮汐形成的落差推动水轮机发电，潮汐能源是可再生的清洁能源，是海洋能发电中技术最成熟、利用规模最大的一种。我国较早地关注到了潮汐能的开发并收集有关资料[6]，为深入开展潮汐发电多项课题的研究、利用潮汐资源，1972 年水利电力部决定兴建江厦潮汐试验电站，国家计划委员会将其列为国家重要科研项目"水利电力潮汐电站"项目。[7]我国是建造潮汐电站最多的国家，20 世纪 50 年代末和 70 年代

[1] 严陆光，顾国彪，贺德馨，等. 中国电气工程大典：可再生能源发电工程. 北京：中国电力出版社，2010：629.
[2] 许多龙，荆铁亚，谭金群. 羊八井热田生产井监测及变化影响分析. 中外能源，2018，23（12）：22-28.
[3] 严陆光，顾国彪，贺德馨，等. 中国电气工程大典：可再生能源发电工程. 北京：中国电力出版社，2010：629.
[4] 梁彤祥，王莉. 清洁能源材料与技术. 哈尔滨：哈尔滨工业大学出版社，2012：61-63.
[5] 陆娓如. 地热发电，温度还不够——专访中国工程院院士多吉. 中国石油石化，2019，（18）：16-19.
[6] 水利电力部上海勘测设计院. 潮汐电站技术参考资料. 上海：科技卫生出版社，1958：1.
[7] 浙江省电力公司. 江厦潮汐试验电站. 南京：河海大学出版社，2001：4.

初出现过两次兴建潮汐电站的热潮。到目前为止，江厦潮汐试验电站是我国最大的潮汐电站。[①]

江厦潮汐试验电站位于浙江省温岭县江夏港，温岭县初时常规能源缺乏、电力供应紧张，但乐清湾潮汐资源非常丰富。江夏港长 9 千米，坝址处宽 686 米，是东海乐清湾北端的一个狭长封闭浅海半日潮港，平均潮差 5.06 米，最大潮差 8.39 米。

江厦潮汐试验电站于 1972 年开始进行电站设计、防腐防污技术试验、机组的设计研究及模型试验。1976 年开始工程建设。1980 年第一台机组发电，达到设计要求。1983 年，江厦潮汐试验电站二期工程被列为"六五"科技攻关项目。1985 年底，5 台机组均投入运行。电站随着涨、落潮的周期性变化进行单库双向发电，即机组双向（涨、落潮）发电、双向泄水 4 种工况运行，按照反向发电→（反向泄水）→停机→正向发电→（正向泄水）→停机→反向发电……顺序循环往复。江夏港是非正规半日潮港，潮汐涨落周期为 745 分钟，每天有两次涨潮和两次落潮，机组每天有两次正向发电和两次反向发电，每次运行时间为 4—5 个小时。

电站由海堤、泄水闸、发电厂、升压变电站等组成。大坝水库库容 493 万立方米，有效库容 278 万立方米。发电渠道在山体上开挖而成，呈圆弧形弯曲。利用潮汐能的机电设备，需适应水流正反向变化，并有在水头低、流量大、盐雾及海水环境中工作的特点，机电设备与常规水电站采用的有较多差别。电站安装了两种型号的双向灯泡式贯流机组，卧轴布置。型号差别在于：1、2 号机组水轮机与发电机之间装有 1 台行星齿轮增速器，用来将水轮机转速 118 转/分钟提升至发电机转速 500 转/分钟；3、4、5 号机组采用水轮机与发电机直接连接的结构，转速为 125 转/分钟。前者降低了发电机造价，但需要保证增速器齿轮的加工质量。电站升压变电站采用户内双层布置，电站主结线为三机一变，主变侧以一回 35 千伏出线与电网相接。5 台机组总容量为 3.2 兆瓦，年发电量达 10 000 兆瓦·时。[②]

电站自建成以来，获得的效益是多方面的，除建成投产初期对温岭县供电起到积极作用、开发围垦养殖等多种利用外，科学试验成果丰硕。根据电站的特殊性，做了大量试验研究工作，除了进行潮汐能特点的研究，在新型潮汐试验机组方面，对转轮的试验研究、双向水轮机调速器的研制、机组结构的设计研究、设备防污及涂料研究、泥沙淤积规律研究等也都取得了很好的研究成果。

尽管潮汐能在海洋能发电中是技术最成熟和利用规模最大的一种，但我国仍欠缺对潮汐能的综合开发和库区的综合利用及产业化。潮汐电站需要大型基础建设，投资大、工期长、工程量大，发电成本居高不下，导致经济效益不理想、经营亏损，到目前为止发展非常有限，国际上亦较少投资兴建。不过，对于潮汐能的开发利用，我国的试验电站经过数十年的积累，取得了丰富经验和依据，为未来潮汐能开发利用奠定了重要基础。

3. 风力发电

风能是最清洁的能源，发展风电是保护生态环境、改善电力结构的重要措施。风电

① 《江厦潮汐试验电站志》编纂委员会. 江厦潮汐试验电站志 1969—2005. 北京：中国电力出版社，2008：1-3.
② 陆德超，陈亚飞. 潮汐电站. 北京：水利电力出版社，1985：57-61.

的利用方式有两类，一类是独立运行供电系统，即偏远地区用小型风电机为蓄电池充电，再通过逆变器转换为交流电向终端供电；另一类是常规电源，是并网运行的最经济的利用风能的方式。

20 世纪 80 年代初，我国将风力发电作为农村电气化的措施之一，风能的利用被列入"六五"计划的科研项目中，开始研制开发小型充电用风力发电机。80 年代中后期，我国的微型和小型风力发电机具备了规模化生产的能力。1989 年，小型风力发电机技术条件国家标准颁布实施。目前我国离网型风力发电机技术成熟，在无电网偏远地区大力推广，风电机组大量出口。①

技术难度更高的并网型风电的制造和建设经历了一个相对缓慢的发展过程。1979 年 11 月，联合国开发计划署与中国政府签署风力发电试验电站协议，决定安装 10 千瓦、4 千瓦各 1 台风轮机组，电站选址在浙江镇海笠山，这是我国首座风力发电试验场。

改革开放后，开始试点建设规模较大的并网型风力发电场。1985—1990 年是我国风电场初创时期，为了加快风力发电的发展，发电场建设主要依靠引进风电机组和技术。我国并网投产的第一个风电场是 1986 年建成的山东荣成风电场，第一批 3 台 55 千瓦定桨距失速调节型机组从丹麦引进。1986 年又从比利时引进 4 台 200 千瓦机组，安装在福建平潭，这是当时单机容量最大的风电机组。通过这两个示范工程，从 1989 年开始，我国风电场建设规模逐步扩大，装机容量逐年增长。1989 年从丹麦引进 13 台 150 千瓦风电机组，建成新疆达坂城风电场。之后相继建设了达坂城风电二场（第一个装机容量超过 10 兆瓦）、广东南澳、内蒙古商都、辽宁东岗和横山、浙江鹤顶山等风电场。②采用进口成熟机组的风电场运行状况较好。然而，对于风电场内安装的国产风电机组，自己攻关的样机或后续生产的机组都存在技术和质量问题，只有与国外厂商合作生产的机组才基本能够正常运行。

1993 年，电力工业部提出要将风电向产业化推进，进入规模化发展阶段。1996 年 3 月，国家计划委员会制定"乘风计划"，通过技贸结合，在建设风电场的同时，引进技术，形成自主开发、自行设计制造大型风电机组的能力。1998 年之前，我国基本上以进口机为主，在此之后开始生产国产化率逐步提升的大型风电机组。2000 年起，国产 600 千瓦风电机组开始装机、并网发电，并签订大规模供货合同。2000 年，我国从德国引进 4 台 1300 千瓦大型风电机组。

20 世纪 90 年代，我国风电总体增量很大，然而存在诸多问题：由于欠缺扶持政策，开发风电成为负担；风电建设项目小而且分散，影响规模化发展；并网消纳难，很大程度上限制了风电的发展；大中型风电机组关键部件的制造能力有待进一步提升。进入 21 世纪后，风电行业逐步破除发展的障碍，同时紧跟国际风电发展动向，开始了大规模发展时期，成为重要的补充能源。

4. 太阳能发电

太阳能利用有两种方式，一种是利用半导体器件的光伏效应原理将太阳辐射能直接

① 中国工业节能与清洁生产协会，中国节能环保集团公司.2015 中国节能减排发展报告——关键的"十三五". 北京：中国经济出版社，2015：293-310.

② 《电力建设》编辑部. 新中国电力建设 50 年. 北京：中国电力出版社，1999：131-133.

转换为电能的光伏发电，目前已广泛应用；另一种是通过大量反射镜聚焦将太阳辐射能转换成热能-再热能发电的太阳能热发电，目前还处于商业化前夕。

1954 年，美国贝尔实验室研制成功单晶硅太阳能电池，这是第一个将光能转换为电能的光伏装置。此后 20 年，太阳能电池主要用于空间电源。我国太阳能光伏发电研究开始较早，在 1959 年成功研制出第一个有实用价值的太阳能电池，1971 年成功应用于第二颗人造卫星上。1973 年，太阳能电池开始在地面应用于天津港浮标灯，随后在铁路信号、通信、高山气象站、微波中继站等得到推广。[1]1975 年在河南安阳召开"全国第一次太阳能利用工作经验交流大会"，太阳能研究纳入政府计划，获得了经费和物资。20 世纪 70 年代初，也是世界兴起开发太阳能的时期。进入 80 年代，太阳能的利用发展缓慢，"七五"期间，非晶硅半导体的研究被列入国家重大课题；中国通过国外援建的光伏发电系统和太阳能电池生产线、关键设备，初步掌握了相关技术并形成光伏组件生产的一定能力；1986 年，平板型太阳集热器产品技术条件国家标准颁布实施。90 年代后通过改进工艺和扩大规模等措施，大幅降低成本，使得太阳能电池行业快速发展。80—90 年代，我国太阳能光伏发电技术虽然在产业化和市场化方面取得了较快的发展，但在国际竞争优势上仍有欠缺。[2]与此同时，国家先后制定了《中国 21 世纪议程》和《新能源和可再生能源发展纲要》，明确提出了在 1996—2010 年新能源和可再生能源的发展目标[3]。

21 世纪初，我国先后多次出台扶持项目、规划和政策以推动光伏产业发展。2002 年，国家计划委员会启动送电到乡工程、光明工程等一系列的扶持项目，大规模地利用地方拥有的丰富的太阳能、风能、水能等可再生能源发电，光伏产业由此便开始逐渐发展。为了促进可再生能源的开发利用，增加能源供应，改善能源结构，保障能源安全，保护环境，实现经济社会的可持续发展，2005 年 2 月，制定了《中华人民共和国可再生能源法》，2009 年国家启动了太阳能光电建筑应用示范项目、金太阳示范工程和大型光伏电站特许权招标。2012 年以前的光伏发展以大型光伏电站为主，以后分布式开始初步发展。光伏发电的应用主要是在边远地区建设太阳能电池电站及供电系统，研究的重点在大面积太阳能电池方面。国家出台的规划和政策包括：2014 年，国务院办公厅发布了《能源发展战略行动计划（2014—2020 年）》，指出要优化能源结构，大力发展可再生能源，大力发展太阳能光伏发电，明确能源发展的方向；2016 年，国家能源局发布《太阳能发展"十三五"规划》，基本任务是产业升级、降低成本、扩大应用，实现不依赖国家补贴的市场化自我持续发展，成为实现 2020 年和 2030 年非化石能源分别占一次能源消费比重15%和20%目标的重要力量。

到 2020 年，我国并网太阳能发电装机容量达到 253.43 兆千瓦，是规划目标的 2.3 倍，增长 24.1%，累计装机连续 6 年位居全球首位。2020 年光伏发电量达到 260 500 兆千瓦·时，占总发电量的比重达到 3.5%。此外光伏组件生产量连续 14 年位居全球首位，多晶硅产量连续 10 年位居全球首位。自 2014 年起，我国企业、研究机构晶硅电池实验

① 黄晞. 中国近现代电力技术发展史. 济南：山东教育出版社，2006：110.
② 中国工业节能与清洁生产协会，中国节能环保集团公司.2015 中国节能减排发展报告——关键的"十三五". 北京：中国经济出版社，2015：311-338.
③ 国家可再生能源中心. 中国可再生能源产业发展报告 2016. 北京：中国经济出版社，2016：45-82.

室效率已打破纪录 29 次，其中在多晶硅电池、有机电池、有机叠层电池和薄膜晶体电池的世界纪录仍然保持。

目前，我国太阳能开发利用规模越来越大，技术进步和产业的升级加快，成本显著降低，光伏产业体系不断完善，已成为全球能源转型的重要领域。未来，太阳能光伏产业的市场前景和发展空间广阔，是国家重点发展的新兴产业。[①]

我国太阳能光热发电起步较晚，由于其作为基础电力平稳供应电网并可进行调节，被世界各国进行持续研发和推广。20 世纪八九十年代美国已有高温太阳能热发电商业化项目运作，我国直到 21 世纪初才开始对太阳能中高温热利用技术进行系统性研究，而蝶式聚光项目受制于核心设备斯特林发电机，当时国内不能对其商业化生产且国外对我国进行产品封锁，槽式聚光项目受制于核心部件金属直通管，这一部件需要在国外购买，价高且易损，因此示范项目更侧重于塔式太阳能热发电。"十五"和"十一五"期间多项太阳能热发电研究项目获得国家批复和拨款。由中国科学院电工研究所等 10 家单位联合承担的国内首座 1 兆瓦塔式太阳能热发电试验示范电站于 2010 年底竣工。"十二五"和"十三五"期间，我国分别规划了太阳能热发电装机容量 1000 兆瓦和 5000 兆瓦的目标，但受制于光热资源和占地投资大的因素未能 100%完成目标。随着储能工质、系统控制、吸热管和高温涂层等多项技术的突破和国产化，太阳能热发电的单位装机容量投资额将会迅速下降，此项技术将在我国得到更好的推广。

总体而言，能源问题极其重要，面临重大的挑战和机遇，在新能源与节能措施的开发利用方面任重道远。[②]我国以秦山核电站为起始和代表的国产化核电工程建设时期，也是其他如风能、太阳能、地热能、海洋能等多种能源研究和利用的起步阶段，虽较国外为晚，但已开始积极探索和研究传统能源之外的清洁低碳能源，为 21 世纪中国在核能和多种新能源的发展奠定基础。2020 年，我国在联合国大会上向世界宣布了 2030 年前实现碳达峰，2060 年前实现碳中和目标。到 2030 年，非化石能源占一次能源消费比重将达到 25%左右。在当前碳中和愿景下，核能和多种新能源的开发利用将迎来一个跨越式发展阶段。

① 中国工业节能与清洁生产协会，中国节能环保集团公司.2015 中国节能减排发展报告——关键的"十三五". 北京：中国经济出版社，2015：311-338；沈辉，曾祖勤. 太阳能光伏发电技术. 北京：化学工业出版社，2005.
② 江泽民. 中国能源问题研究. 上海：上海交通大学出版社，2008：53-86.

新安江水电站[*]

与三门峡工程同在 1957 年开工的新安江水电站（图 1），是新中国"一五"计划补增的重要水电站，是中华人民共和国成立初期建成的第一座坝高超过百米的大型水电站，被誉为"长江三峡的试验田"。该电站完工后，被树立为我国自力更生建成大中型水电站的典型。

图 1　新安江水电站

（张志会 2017 年 5 月 22 日拍摄）

本文结合新安江水电工程局档案、当事人的回忆、《中国水力发电史料》内部刊物等，重点探讨在新安江水电站建设的工程筹备与开工阶段、"大跃进"阶段等时期，苏联专家对工程建设的影响如何，中方工程技术专家做出了哪些独立自主的技术创新。以此案例为突破口，管窥新中国成立初期大中型水电工程建设的典型特征。

1. 在苏联专家指导下进行工程勘测和选址

中国的水电行业及工程建设在"一五"时期曾严重依赖苏联。特别是 1954 年后中国全面学习苏联，苏联专家对水电的态度也一度阻碍了中国水电行业的发展机会。新中国成立初期，燃料工业部及其聘请的苏联专家长期搞火电，均认为"水电投资大，无经验，无力量"[①]，劝中国不要急于建设大型水电站。受此影响，"一五"时期计划水电投

---

* 作者：张志会。

① 李锐. 李锐文集 4：大跃进亲历记（上下）. 香港：香港社会科学教育出版有限公司，2001：101.

资约 4.7 亿元，基本用于对丰满水电站的升级改造，以及提升现有电站的潜力[①]。关于是否上马新安江水电站的考虑也因而一直摇摆。

中华人民共和国成立初期，长江三角洲地区的工业经济快速恢复与发展，且 1950 年 2 月 6 日，上海各煤电厂遭敌机猛烈轰炸，又经抗美援朝战争影响，导致上海能源供应紧张。江南地区燃料缺乏，如全部建设火电站，不但运煤困难，而且发电成本过高。[②] 倘若能在新安江上建设一座大型水电站，既可满足将来沪杭宁地区工农业发展用电的需要，又可实现水火电并举，保障国家和地区能源安全。

1952 年，燃料工业部沿袭国民政府时期的方案，计划对新安江进行淹地较少、发电量也相对较小的三级开发方案。至 1952 年春节，经主管经济的陈云过问，燃料工业部张铁铮与浙江水力发电工程处[③]徐恰时等查勘了七里泷、新安江罗桐埠坝址区，提交了《新安江水力资源的开发》报告[④]，建议在罗桐埠建 110 米高坝，将街口水力资源合并开发，预计 1960 年建成。此报告经华东电业管理局送交华东军政委员会工业部部长汪道涵，得到华东财经委员会曾山、谭震林主任的支持，也得到了燃料工业部苏联电力专家组的赞成。

中华人民共和国成立之初在水电规划、勘测等方面人才奇缺，水文地质勘查基本空白，1952 年新安江勘测人员只有 5 位，且缺乏大型水电站勘探经验，苏联专家对新安江工程的勘测工作与中国勘测人才的培养功不可没。苏联派了 7 位专家到新安江水电站，有参加过苏联第聂伯水电站勘测任务的地质专家卡伐里列次（Каварийцы），水文专家鲁赤金（Рубикин），工程地质专家那廖托夫（Налётов）、科洛略夫（Колольов）、马舒柯夫（Машуков）、巴赫吉阿夫（бахгиав），以及从中国黄河专家组调过来的奥加林（Огарь）。在对勘测资料认真研究后，卡伐里列次建议还要扩大勘探范围。随后，中方工程地质人员按照翻译的苏联水电工程地质勘察规程，组建踏勘队对新安江进行全面踏勘。[⑤]

1952 年 10 月，李锐担任燃料工业部[⑥]水力发电建设总局[⑦]局长，力推水电开发。[⑧] 他明确指示"开发新安江，供电大上海，当务之急，势在必行"。[⑨]同年，燃料工业部为水力发电建设总局聘请了从苏联列宁格勒水电设计院派遣的两位专家，一位是专长动能经济和水利计算的库兹涅佐夫（Кузнецов），另一位是专长水工和机械等的戛瓦利

① 童禅福. 国家特别行动：新安江大移民. 北京：人民文学出版社，2009：99.
② 中华人民共和国国家建设委员会. 国家建设委员会对新安江技术经济调查报告的审核意见//《新安江水电站志》编辑委员会. 新安江水电站志. 杭州：浙江人民出版社，1993：357-358.
③ 1949 年之后，中央人民政府燃料工业部将钱塘江水力发电勘测处改为浙江水力发电工程处.
④ 杨永年. 江河纪事 中国水电建设百年实录. 成都：四川科学技术出版社，2013.
⑤ 张兴仁，刘效黎. 回忆建国初期的水电工程地质工作. 中国水力发电史料，1989，（1）：28-29.
⑥ 中华人民共和国燃料工业部于 1954 年 9 月设置，其前身为 1949 年 10 月成立的中央人民政府燃料工业部，存在时间不足一年，统一领导全国燃料工业的生产和基本建设。1955 年 7 月 30 日，第一届全国人民代表大会第二次会议决定撤销燃料工业部，并以原燃料工业部所属的煤炭管理总局、电业管理总局和石油管理总局为基础，分别设立煤炭工业部、电力工业部和石油工业部.
⑦ 1953 年 6 月燃料工业部水力发电工程局改名为水力发电建设总局（简称水电总局），统一领导各设计院和工程局，李锐任局长，中国水电进入快速发展期.
⑧ 《中国水力发电史》编辑委员会. 中国水力发电史（1904—2000）. 第一册. 北京：中国电力出版社，1999：64.
⑨ 潘家铮. 春梦秋云录：浮生散记. 北京：中国水利水电出版社，2012：153.

列赤（Канвальерич）。因民国时期设立的水文观测站极少，中华人民共和国成立后虽沿新安江布设了 52 处水文观测站，但积累的水文资料远不能满足河流开发规划的需要。中方为此请教了库兹涅佐夫。他介绍了苏联大型水电站遇到类似问题时的处理经验，即借用邻近大型河流的水文观测资料，与本流域观测到的水文资料相互对照插补。中方遂利用本流域的实测资料，三次组织洪水调查，并与邻近兰江流域观测资料核对，以补充新安江流域观测资料。[①]在苏联专家的指导下，徐恰时、杨德功等技术负责人在水力发电建设总局设计处编制了新安江流域规划和《新安江流域技术经济调查报告》。[②]

为新安江工程筹备开工条件，水力发电建设总局从机构设置、聘请苏联专家和配调干部等诸多方面进行努力。1953 年该局征得华东工业部同意，在上海设立华东水力发电工程局[③]，负责新安江水电站等华东水电站的勘测、规划与施工，并从官厅水库、模式口水电站、吉林小丰满水电站、浙江省黄坛口水电站等处抽调干部进行支援[④]。1954 年 11 月燃料工业部上海水力发电勘测设计局设立（1956 年更名为电力工业部上海水力发电设计院）[⑤]，并开展华东地区水能资源的前期工作[⑥]。该院成立时，水力发电建设总局苏联专家组常有 4 位苏联专家担任技术指导。水工设计专家夏瓦利列赤对工作提供了一般性指导。此后总局又派来了 4 位常驻上述设计院和新安江水电站工地的苏联专家。[⑦]在接下来的选址工作中，苏联专家也发挥了重要作用。1954 年 9 月至 10 月，水力发电建设总局和水利工业部长江水利委员会特邀请了黄河规划苏联专家组查勘新安江的罗桐埠坝区。最初，中方认为坝址应选在罗桐埠，苏联专家却认为铜官坝址地质条件更好，适合修筑百米以上高坝；在苏联专家的指导下，中方对铜官峡谷和罗桐埠峡谷进行了大量地质勘探和试验，3100 余人投入工作。[⑧]1955 年 10 月电力工业部成立了新安江水电站坝址选择委员会，现场审查勘探试验资料和设计比较方案，并派 3 位苏联专家与会。经现场审查勘探和比较设计方案，在 11 月 2 日的坝址认证会上，苏联专家决定将坝址选在建德铜官峡谷。但必须查明坝址上游两岸（特别是左岸）石灰岩穿过分水岭一代水库蓄水后是否存在向下漏水的问题。针对这一关键问题，上海水电勘测设计院和新安江勘测队的地质人员一起陪同苏联地质学家马舒柯夫进行实地考察[⑨]。同年，中方地质人员成功开挖了国内第一条河床下约 40 米深度处的过河勘测隧洞，并利用自制的国内第

① 张锋. 关于苏联专家在新安江水电站建设中的作用//政协浙江省建德市委员会. 岁月——新安江水电建设纪事. 内部资料，2006：293-297.
② 张铁铮. 领导的关怀 战略的需要——忆新安江工程上马始末. 中国水力发电——浙江省水电建设专辑，1994，（2）：6-8.
③ 1953 年底，水力发电建设总局将浙江水电工程处及闽江工程处改建为华东水力发电工程局，机构迁至上海。
④ 张锋. 一个一贯以身作则的人——怀念王醒同志. 中国水力发电史料，1996，（1）：73.
⑤ 《中国水力发电史》编辑委员会. 中国水力发电史（1904—2000）. 第四册. 北京：中国电力出版社，2007：300.
⑥ 马君寿. 回顾前上海勘测设计院（1954—1970）. 中国水力发电史料，1988，（1）：47.
⑦ 马君寿. 回顾前上海勘测设计院（1954—1970）. 中国水力发电史料，1988，（1）：49.
⑧ 王醒，张锋. 新中国第一座大型的新安江水电站建成概述. 中国水力发电史料，1994，（2）：15.
⑨ 张锋. 关于苏联专家在新安江水电站建设中的作用//政协浙江省建德市委员会. 岁月——新安江水电建设纪事. 2006：293-297.

一台钻孔孔内摄影机记录资料，查明铜官坝址地质条件稳定，无地下暗河。[①]据 1952 年起任燃料工业部水电建设总局局长的李锐回忆，三门峡、刘家峡和新安江水电站这 3 个电站都经过苏联几批权威的地质专家反复鉴定，才最后定了选址。[②]

2. 苏联专家对水电站坝型和水电机组的设计提供指导

曾任水力发电建设总局局长的李锐晚年回忆："一五"期间除丰满水电站的重新设计和三门峡工程设计由苏联负责外，其他水电站都由我国自己设计，并大胆采用了一些世界先进水平的设计。[③]到了 1956 年，中苏两国的关系发生明显变化，国内开始重新审视苏联经验以及全面学习苏联的效果。在 1956 年 1 月的《关于知识分子问题的报告》中，周恩来就批评国内对苏联的"依附心态"，指出学习苏联"过去也有过于急躁、生硬和机械照搬的缺点"。他强调，"既不能无限期地依赖苏联专家，更不能放松对苏联和其他国家的先进的科学技术进行最有效的学习"。[④]1956 年 4 月，毛泽东在《论十大关系》中开始明确提出中国要走一条自己的建设道路。无疑水电行业也已注意到应培养本土的力量。

除苏联专家外，曾赴美留学的民国技术专家在新安江水电站的工程设计中也发挥了重要作用。1956 年上半年初步设计报告完成。《人民日报》当时报道："这个水电站是在苏联专家指导下，由……担负水电站设计工作的电力工业部水电设计院……比较了几十个技术经济方案，最后设计出来的。"[⑤]设计报告中，坝体选用混凝土实体重力坝，坝高 105 米，最早设计装机 58 万千瓦，电站设计总库容 220 亿立方米，其设计规模在世界同类型中最大。彼时中国水利工程科学领域的研究机构所开展的科研工作仍局限于生产试验，而高等学校则大都忙于学习苏联教材及教学经验。[⑥]不过二者的相互合作还是必要而有成效的。北京水利水电科学研究院与清华大学通过多项水流试验确定了坝型。

新安江水电站水利枢纽的型式采用的是"坝后厂房顶溢流式"，这主要来自苏联专家夏瓦利列赤的建议。[⑦]曾留学美国的徐恰时针对铜官坝址下软弱带和断层等地质问题，设计了滑雪式厂房顶溢流布置，这种方案在实施时须解决坝身渗水问题、坝身混凝土散热问题，其设计和施工难度很大，为国内在峡谷中布置水利枢纽开辟了途径。因中国工业基础相当薄弱，苏联专家在新安江水电站的水电设备制造上提供过重要的技术援助。与此类似，知名发电工程和设备制造专家梁维燕回忆，"1954 年制成北京官厅水电站 1 万千瓦水电机组，同年转向全面学习苏联，在苏联专家指导下设计水电机组"[⑧]。1956 年 6 月 20 日，国务院将新安江水电站等 8 个水电站纳入"一五"计划执行追加项目[⑨]，

① 潘家铮. 春梦秋云录：浮生散记. 北京：中国水利水电出版社，2012：49.
② 李锐. "大跃进"亲历记（下册）. 李锐文集. 卷 3. 海口：南方出版社，1999：454-455.
③ 周恩来. 关于知识分子问题的报告. 人民日报，1956-01-30（1）.
④ 周恩来. 关于知识分子问题的报告. 人民日报，1956-01-30（1）.
⑤ 新安江水电站初步设计完成. 人民日报. 1956-08-05（2）.
⑥ 张光斗. 对发展我国水利工程科学的一些意见. 科学通报，1956，1（2）：74-78.
⑦ 张兴仁，刘效黎. 回忆建国初期的水电工程地质工作. 中国水力发电史料，1989，（1）：28-29.
⑧ 梁维燕. 从 800 千瓦小型发电机组到 100 万千瓦白鹤滩巨型发电机组 我见证中国水电提速. 中国经济周刊，2017，（34）：44-46.
⑨ 本刊编辑部. 第一个五年计划中的水力发电建设. 水力发电，1958，（1）：8.

并很快得到陈云、李富春的批准。1956 年 10 月哈尔滨电机厂开始设计中国第一套 7.25 万千瓦的水力发电机组，这一规模在当时国内属于最大[1]。

1957 年 2 月，"一五"时期中国最大的水利枢纽工程、苏联援建的"156 项工程"中的三门峡工程开工，其总库容 162 亿立方米，坝高 106 米，设计装机 120 万千瓦[2]。从一开始，新安江水电站就跟三门峡水电站形成了一种较量关系。同年 3 月 7 日，苏联莫斯科水电设计总院总工程师瓦西林可（Вассилинко）及副总工程师台尔曼（Тельмана）等专家到新安江工地参观，就电站重大技术问题提出意见。4 月 18 日至 5 月 21 日，水力发电建设总局邀请了苏联地质、水工、施工等共 5 位专家到工地，就坝址地质、围堰导流、坝体分缝散热等问题进行了室内研究和实地查勘。[3]

1957 年 4 月，新安江水电站开工，计划于 1961 年底发电。新安江水电站建设在中共浙江省委和电力工业部的直接领导下进行，安徽和上海大力支援，近百个科研、高校和工矿企业协作，一万多名来自龙溪河狮子滩、福建古田溪、长春小丰满等水电站的科技人员和工人奋战在新安江工程的工地上。1957 年底，中共八届三中全会及其以后错误批判 1956 年"反冒进"的声势渐起，新安江水电站开工不久就大干快上，出现了脱离实际、讲求速度、不注重工程质量的问题。在快速施工时，设计工作却滞后了。但万幸的是，设计代表组成员长期驻扎工地，日夜工作，顶风坚持保障质量。[4]在反右派斗争已开始的情况下，担任新安江水电站现场设计组组长的潘家铮一口气贴了 100 多张大字报，猛烈批评党委忽视工程质量，并多次写信给上海和北京反映情况，侥幸没有被划为大"右派"。[5]

由于"一五"时期在水电投资上先松后紧，新安江水电站跟其他工程形成遭遇战，不得不边勘测、边设计、边施工。电力工业部上海水力发电勘测设计院马君寿总工程师于 1956 年偶然在杂志上看到宽缝重力坝坝型。1957 年潘家铮出任新安江水电站设计副总工程师，后任设计总工程师。潘家铮虽未赴美进修，却在国内发现了大量技术备忘录。他如获至宝地精读完所有资料，做了笔录和评述，大大提高了他的专业素养。[6]1957 年底，在潘家铮的支持下，大坝设计由实体重力坝改为宽缝重力坝，还通过采用抽排措施来降低坝基扬压力，坝体工程量显著减少。这是中国最早在实践中成功应用的宽缝重力坝，这一坝型后来在潘家口、丹江口、古田溪等水电站广泛推广。该工程还先后采用了坝内大底孔导流、钢筋混凝土封堵闸门、装配式开关站构架、拉板式大流量溢流厂房等先进技术[7]。

1957 年 10 月，水力发电建设展览会在十一国庆节开幕，以展示"一五"期间水电

---

① 张铁铮. 领导的关怀 战略的需要——忆新安江工程上马始末. 中国水力发电——浙江省水电建设专辑，1994，（2）：6-8.
② 王波，赵国庆. 中国水电建设大事记（征求意见稿）. 中国水力发电史料，1987，（1）：56.
③ 张铁铮. 领导的关怀 战略的需要——忆新安江工程上马始末. 中国水力发电——浙江省水电建设专辑，1994，（2）：6-8.
④ 王波. 全国水力发电建设展览会情况记述. 中国水力发电史料，1987，（2）：21-23.
⑤ 唐哲. 一生敢为质量争天下——访中国工程院院士潘家铮. 中国质量万里行，2004，（2）：61.
⑥ 章思洁，宁传新. 两院院士潘家铮：半世纪水电求索路. 今日科苑，2015，（11）：18-23.
⑦ 章思洁，宁传新. 两院院士潘家铮：半世纪水电求索路. 今日科苑，2015，（11）：18-23.

建设成就。周恩来在新安江水电站模型前长久驻足并题词——"为充分利用中国五亿四千万千瓦的水力资源和建设长江三峡水利枢纽的远大目标而奋斗"①，新安江水电站悄然承载了三峡工程"试验田"的使命。

在 1956 年以前的社会氛围下，中方技术人员必须对苏联专家言听计从，因此中方技术人员多明哲保身。但 1956 年后，中方专家在工程建设中敢于更多地发挥主观能动性。徐恰时在领导浙江省黄坛口水电站设计施工中，采用木笼围堰获得成功，后来新安江水电站沿用了此项技术。苏联专家提出木笼围堰采取"整体沉放"。但新安江江底是陡坡，如整体沉放就需先把水底炸平，工期要拖一年。时任工程围堰主任工程师陆祖荫坚持应因地制宜"分段沉放"，即把木笼的宽度先做好五分之三，沉放到江底，抽干里面的水后再继续加宽加固。但这一方案未有先例。面对严峻的压力，陆祖荫尽可能做了详细调查，争取了潜水工、起重工、水下爆破工等全部支持。右岸围堰最终采纳了他的方案，第一期木笼围堰于 1957 年 11 月完成，仅用了 4 个月。②

3. "大跃进"时期苏联专家的反应与水电站的工程质量问题

1957 年 11 月的莫斯科会议上，毛泽东提出了一个口号，即针对苏联 15 年超过美国的计划，宣称中国的社会主义建设将用 15 年超过英国，赶上美国，甚至超过苏联。对此，他已考虑采取某种不同于苏联的方式向共产主义过渡。③1957 年底，反"反冒进"运动渐起，中央认可了"水主火辅方针"，新安江电站进入建设高潮。同年底，水力发电总局的官方杂志《水力发电》仍称"新安江水电站，是中国技术人员在苏联专家帮助下，自己进行设计的大型电站之一"④。

1958 年 1 月，在新安江水电站大坝右岸基坑开挖过程中发现了地质断层，中方专家难以自行处理，恰好李锐领导的水力发电建设总局及时派遣了扎瓦岗、瓦尔卡维茨基、尤里诺夫和塔拉洛夫等多位苏联专家，解决了开挖问题⑤。同年 2 月，大坝混凝土比原计划提前半年开始浇筑。2 月 18 日，《人民日报》发表社论《反浪费反保守是当前整风运动的中心任务》，"双反"运动拉开序幕⑥。整改中，上海水力发电勘测设计院就被贴出了七万多条大字报，批判其设计思想保守，坝体断面稳定计算做得过深等，浪费投资 1400 万元。⑦到了 2 月 27 日《人民日报》的官方报道中，口径已悄然变为"新安江水电站是中国自己勘测、设计、施工和自制发电设备的第一个大型水电站"⑧，苏联专家的作用被忽视。

八大二次会议后，工业"大跃进"全面展开。新安江水电站工程先是提出提前一年，

---

① 王醒，张锋. 新中国第一座大型的新安江水电站建成概述. 中国水力发电史料，1994，(2)：3.
② 俞莞."生命不止，治水不息"——纪念水利工程专家陆祖荫校友. 浙大校友，2015，72 (3-4)：80.
③ 沈志华. 中苏同盟破裂的原因和结果. 中共党史研究，2007，(2)：30.
④ 郑铨. 新安江水电站布置中几个问题的商榷. 水力发电，1957，(9)：43-45.
⑤ 一年来外国专家工作情况报告. 建德：新安江水电厂档案处，档号文档-党委-1959-050.
⑥ 反浪费反保守是当前整风运动的中心任务. 人民日报，1958-02-18 (1).
⑦ 韩寓吾. 从新安江工程设计中吸取经验教训力争跃进——上海水力发电设计院院长韩寓吾在全国水电建设跃进会上的发言. 水力发电，1958，(8)：15.
⑧ 刘凡. 让新安江水电站提前一年发电 建设者们斗志昂扬决心苦战三年 一百多公尺高的拦河坝开始浇灌. 人民日报，1958-02-27 (3).

争取在 1960 年发电，后又提出于 1959 年国庆节提前发电。原计划电站发电总量为 58 万千瓦，在"大跃进"后又增加一台水轮机和发电机，装机容量增至 65.25 万千瓦[①]。当时全世界在建或已建成的 50 万—100 万千瓦装机容量的水电站不过 10 座[②]，新安江水电站可以说处于国际前列，但该电站的建设费用却被"节约"掉 40%[③]。

1958 年 6 月 17 日，毛泽东在对《第二个五年计划指标》所作的批示中提到以自力更生为主，争取外援为辅。[④]着急地要摆脱苏联现代化建设的影响，并增强自身在国际社会的影响。随着中苏内政外交分歧加重，"人民公社"和"技术革新"成为"大跃进"的重要手段之一，试图通过群众运动的方式推进中国的机械化、自动化，自主探索中国特色社会主义的工业发展道路。新安江水电站因不断缩短工期，水泥厂极易出现原料缺乏，混凝土浇捣起重设备和缆索起重机迟迟不能工作，基本靠肩挑人抬施工。后来通过土法上马与机械并用，在一定程度上改善了工程质量，加快了工程进度。

苏联在施工时间紧迫时也往往会大量编制和推行标准设计和设计规程，以保障工程质量[⑤]，因此苏联干部和科技专家对"大跃进"运动中提出的诸多目标和做法，不断提出怀疑和指责[⑥]，警告"中国再快速发展会遇到困难"。[⑦]部分苏联专家亲临新安江建设工地，对于中方领导人员不顾苏联专家建议，粗暴违背技术规范的做法表示不满。[⑧]

很显然，"大跃进"期间苏联专家并不能控制新安江工地上的各种不符合规定的行为。在"浮夸风"和"多快好省"方针的影响下，电站建设通过缩减管理费用与重新核定机电设备投资，修改偏保守设计，降低过高设计标准，以及减少移民费用和基本建设等多种手段，超限度地降低成本[⑨]，仅国家建设委员开会就将新安江水电站的工程概算核减了 4456 万元[⑩]。加之轻视技术要求，建设中多次发生大塌方，致使交通中断。水力发电建设总局率工作组到工地查挖出一部分用劣质水泥浇筑的混凝土[⑪]。设计代表处会同施工单位对坝体混凝土进行了补强和钻孔灌浆，吃浆量最大的一孔灌入 9 吨水泥。[⑫]

1959 年 4 月，中共中央下调了原过高的经济指标，压缩"大跃进"的浮夸风气。这一年因中苏关系破裂，苏联专家陆续撤走，工程质量和管理问题增加，1958 年提出的新

① 顾济之. 飞跃进展中的新安江水电站工程. 科学，1959，（1）：10-12.
② 《中国水力发电史》编辑委员会. 中国水力发电史（1904—2000）第一册. 北京：中国电力出版社，2007.
③ 袁秀辉. 新安江水电站加紧施工. 人民日报，1958-12-30（2）.
④ 房广顺，吕明军. 必须注意经济工作 毛泽东的经济观. 北京：中国政法大学出版社，1993：262.
⑤ 李锐. 访苏记事（摘要）（《我与水电》之二）. 中国水力发电史料，1987，（2）：7.
⑥ 沈志华. 中苏同盟破裂的原因和结果. 中共党史研究，2007，（2）：30.
⑦ 李锐. 李锐文集8：出访日记、我心中的人物. 香港：香港社会科学教育出版有限公司，2001：58.
⑧ 苏联专家为什么回国——关于对中国援助问题的报告. 加拿大共产党反华言论. 北京：世界知识出版社，1965.
⑨ 新安江水电工程局，上海水电设计院. 新安江水电站降低造价的具体措施. 水力发电，1958，（9）：47-50.
⑩ 国家建设委员会核准新安江水电站工程概算（1958 年 1 月 8 日）//《新安江水电站志》编辑委员会. 新安江水电站志. 杭州：浙江人民出版社，1993：357-358.
⑪ 转发国务院批转建筑工程部"关于新安江水电站使用江南水泥厂水泥发生质量事故的检查报告"的通知（19590618）. 杭州：浙江省档案馆，档号 J101-010-033-049.
⑫ 马君寿. 新安江水电站的勘测和设计. 中国水力发电史料，1994，（2）：73.

安江水电站"五一蓄水""十一发电"的目标已无法实现，但工程局仍坚持着大胆的"跃进"计划。工程质量问题惊动了中南海。1959 年 3 月 10 日，周恩来要求新安江水力发电工程局派人进京汇报。在汇报中，周恩来强调大工程要重视安全系数。[①] 4 月 10 日，周恩来赶到电站工地考察工程建设和移民工作。全国水力发电建设总局局长李锐、上海勘测设计院[②]驻新安江工地设计代表组组长潘家铮及新安江水电工程局局长王醒陪同。工作汇报结束之际，王醒请周恩来写下"力争在 1959 年国庆节前发电"的题词，周恩来思考一下后题词："为中国第一座自己设计和自制设备的大型水力发电站的胜利建设而欢呼！"[③]

事实上，在"大跃进"期间，苏联专家对工程建设也发挥了一定的作用。1959 年 5 月 14 日，在苏联专家的指导下，哈尔滨电机厂制成了新安江水电站第一台混流式转轮水电机组。该电站安装了 4 台 75 兆瓦水力发电机组和 5 台 72.5 兆瓦机组，充分借鉴了苏联的先进设计。第 8 台水轮机组结构已相当先进，其转轮采用上冠、叶片、下环分别铸造，再用电渣焊焊接加固，发电机采用水内冷式，推力轴承和导轴承采用油浸自循环刚性支柱式等，在国内水电装备创造领域达到先进，为中国研发更大容量的水轮发电机组积累了技术储备和实战经验。

1959 年 7 月 2 日到 8 月 1 日中共中央政治局召开庐山会议后，新安江水电站已然变成"完全由中国工程师自行勘测，自行设计和自行施工"。1959 年 9 月后，"反右倾"运动席卷新安江工程，给水电站建设造成了不良影响。重视工程质量的新安江水电站工程局副局长李玉刚被列为头号整风重点对象[④]，潘家铮被定性为"右倾机会主义分子"。9 月 21 日新安江提前一年截流[⑤]，水库比原计划提前 15 个月蓄水，淹没掉了淳安（又称贺城）、遂安（又称狮城）两座具有千年历史的古县城，损失巨大。[⑥]

4. 贯彻八字方针，水电站顺利完工

"大跃进"期间抢工时、争速度的办法不仅没有见效，反而后果严重。[⑦] 1959 年中苏关系开始紧张，苏方宣布要撤走专家。之后新安江水电站又遭遇了两次严重的洪水过坝，出现了一次山体大滑坡，苏联专家都认为问题无法解决，新安江水电站建设已不能继续进行，于是返回苏联。1959 年 7 月 16 日，苏联政府突然照会中国外交部，单方面撤退全部在华工作的苏联顾问与专家，撕毁了与中国合作的几乎所有的经济合同，停止向中国出口设备。[⑧]苏联专家撤走时带走了全部计划、图纸和资料，新安江工程的剩余工作

① 佚名. 心系新安江水电站建设. http://www.zjds org.cn/dsxx/ldr/book/201412/t20141208_5294.shtml［2019-01-11］.
② 1956 年电力工业部设立上海水力发电勘测设计院。1958 年水利、电力两部合并，改称水利电力部上海勘测设计院。1970 年撤销上海勘测设计院，职工下放到江苏、浙江、安徽、福建和江西五省。1977 年水利电力部重建华东勘测设计院，下放的人员陆续在杭州集中，院址先后设在杭州市、上海市。
③ 项峰，孟祥初，齐跃明. 周总理新安江之行. 浙江老年报，2006-05-26（3）.
④ 党委负责同志会议记录. 建德：新安江水力发电厂档案室，档号文档-党委-1959-009.
⑤ 万丈高山低头 滚滚江水让路 新安江提前一年截流. 中国水利，1959，（19）：20.
⑥ 蒋华，方韦. 新安江水电站建设史略. 春秋，2009，（1）：13.
⑦ 钟徐楼芳. 跃进的代价——新安江水力发电工程质量事故的来龙去脉（1957—1960）. 上海：华东师范大学出版社，2016：12.
⑧ 沈志华. 苏联对"大跃进"和人民公社的反应及其结果——关于中苏分裂缘起的进一步思考. http://www.people.com.cn/GB/198221/198974/199957/12559880.html［2019-01-10］.

必须在摸索中前进。同年 8 月，在水电系统工作的苏联专家全部撤退完毕。好在在电站工程建设实践中已逐步培养起了本土的科技力量，副总工程师潘绥、新安江水电工程局技术干部及华东勘测设计院的专家们最终用钢筋水泥砼浇形成锚钩，填山补洞，解决了这一工程难题①。

1960 年 9 月 30 日，中共中央提出"调整、巩固、充实、提高"后，水利电力部和浙江省将该水电站列为一级保密项目。在八字方针的指导下，"上海勘测设计院对工程设计进行了全面校核，提出了一套加固提高的设计，我们（作者注：施工局）则配合进行分析、研究和实验并组织精心施工，使工程完全达到技术规范要求。电站运行和大坝泄洪均达到理想的效果"②。

在三门峡工程失败、刘家峡工程出现长期波折后，新安江水电站工程成为新中国成立初期水电建设自力更生、艰苦奋斗的一座"争气工程"，以及社会主义集中力量办大事的典范。1964 年 6 月 22 日，国家批准将新安江水电站列为对外开放项目。③1978 年全国科学大会上，新安江水电站被评为全国优质工程。该电站兼有灌溉、防洪、航运、旅游、水产养殖等功能，还为主力调峰、调频和事故备用做出了重大贡献，对华东乃至全国的经济社会发展起到了带动作用。新安江水电站的坝后水库蓄水后所形成的千岛湖景区的旅游收入有效拉动了当地经济发展。

5. 结语

与民国时期前来援华开发水电事业的美方科技专家相比，苏联专家的数量更多，在中国科技与工程界曾一度占据优势地位。本文以新安江水电站工程建设的不同阶段为时间轴，将工程置于中苏两国关系变化的国际背景下，客观探讨了苏联专家对中国水电行业发展的作用。

在中国水电工业基础薄弱的情况下，20 世纪 50 年代的大型水电站建设基本都参照过苏联的建设经验。引苏联专家为外援，更多的是在发生质量事故的时候。强调技术、重视质量，是民国技术专家和苏联专家的共同经验。④苏联专家在平原地区建设水电站经验丰富，对于在山地峡谷区建设水电站却不熟悉，还一再告诫中国不要急于上马大型水电站。因此参加新安江水电站的工程技术专家们在回忆新安江工程的设计时，往往对苏联专家的作用讲得笼统而模糊。但苏联专家对新安江水电站的水文资料积累、地质勘测和坝址选择曾发挥过重要作用，并对电站坝型、首台大型机组的设计与制造提供过技术建议。1956 年后中苏关系发生变化，中国开始独立探索发展道路，中方专家得以发挥更多的主观能动性，该水电站所采用的厂房顶溢洪道泄水技术和宽缝重力坝都是中方专家主导的重要技术创新。在 1960 年苏方单方面撤走全部专家后，中方依靠此前在苏联专家指导下培育起来的本土科技力量继续开展工程建设和发电设备制

---

① 宋其仲口述，方芳整理. 电力建设"老战士"宋其仲//政协浙江省建德市委员会. 岁月——新安江水电站建设纪事. 2006：293-297.

② 郭文敏. 我与祖国. http://www.xmqs.org/old/0901-web/2009-wyzg/09-wyzg-w/09-wyzg-gwm.html［2019-01-10］.

③ 水利电力部. 水利电力部党组请求批准新安江水电站为对外展览项目//《新安江水电站志》编辑委员会. 新安江水电站志. 杭州：浙江人民出版社，1993：367.

④ 钟徐楼芳. 跃进的代价——新安江水力发电工程质量事故的来龙去脉（1957—1960）. 上海：华东师范大学出版社，2016：23.

造。在水电站出现严重工程事故的情况下，通过努力开展"填平补齐"，水电站得以顺利完工。

总之，中苏双方对中华人民共和国初期大中型水电站建设各有贡献。在回顾中华人民共和国社会主义早期水电工业化历程时，要客观看待这一时期苏联专家在工程地质勘测、选址及人才培养等方面的积极作用。

探空火箭与空间技术[*]

探空火箭是在近地空间（50—300 千米高度范围）内唯一进行环境探测、资源开发与空间科技试验的科技手段，一般可分为气象火箭、生物试验火箭、高空点火试验火箭、微重力火箭等不同类型。探空火箭系统体积较小，且结构简单、成本低、周期短、发射灵活，由有效载荷、火箭、发射装置和地面站构成，在人造卫星出现后，探空火箭仍是经济有效的手段。

从 1958 年起，我国已发射了几百枚探空火箭，为运载火箭、人造卫星、载人飞船等航天器的研制、发射、应用和返回提供安全保障。有关我国探空火箭早期发展史的资料散见于中国科学院党组书记、副院长张劲夫的《请历史记住他们——关于中国科学院与"两弹一星"的回忆》[①]和宋健主编的《"两弹一星"元勋传》（2001 年）[②]，钱学森和赵九章等一批科学家院士的传记，以及科技人员的往事回忆等，整体线索不清，学界尚缺乏对其系统深入的全景式研究。李大耀的《中国探空火箭 40 年》[③]提供了探空火箭的大量技术性信息。董荣、丁兆君的《"581"组与中国人造卫星事业的起步》[④]在"581"组框架下简要提及了探空火箭，但对探空火箭作为空间技术系统的独立性体现不足，对探空火箭的发展脉络、探空火箭与人造卫星的运载火箭及卫星研制本身的关联的研究还可进一步深化。

围绕探空火箭研制的相关档案尚未解密，或虽已解密却仍不能公开。本文查阅了新近公开的材料和大量文献，试图梳理出从人造卫星的研制和火箭探空开始，直至 1970 年人造卫星发射期间，中国科学院牵头的系列探空火箭的研制和应用的历史，以图厘清探空火箭对我国空间科技起步的作用。

一、"581"任务从人造卫星研制调整为火箭探空

1945 年 9 月 26 日，美国喷气推进实验室（JPL）改进了德国 V-2 火箭，发射了世界上第一枚高空探测火箭"女兵下士"（WAC Corporal），成为空间时代的先行者。[⑤]1956 年 10 月 8 日，我国第一个导弹研究机构——国防部第五研究院在北京正式成立，不仅负责导弹研制，还负责"581"任务中发射卫星的运载火箭。钱学森先担任国防部第五研究院院长，后担任该院副院长和负责研制运载火箭的一分院院长，并兼任中国科学院力学研究所所长。他建议我国导弹和火箭研制采取"两条腿走路"，除了国防部第五研究院外，中国科学院也利用研制高能燃料而进行火箭发动机研制试车的契机，自行研制大推力火箭。

* 作者：张志会。
① 《当代中国》丛书编辑部. 中国科学院. 下. 北京：当代中国出版社，1994：216-218.
② 宋健. "两弹一星"元勋传（上）. 北京：清华大学出版社，2001.
③ 李大耀. 中国探空火箭 40 年. 北京：宇航出版社，1998：7，11，24，32.
④ 董荣，丁兆君. "581"组与中国人造卫星事业的起步. 中国科技史杂志，2017，38（1）：66-77.
⑤ 《当代中国》丛书编辑部. 中国科学院. 下. 北京：当代中国出版社，1994：216-218.

1957—1958 年的国际地球物理年①期间，世界上多个国家开展了探空火箭的研制。我国当时还没有研制探空火箭的能力，仅能通过台站观测研究。1957 年 10 月 4 日，苏联首颗人造卫星"斯普特尼克 1 号"（Sputnik 1）上天，在全世界产生了巨大震动。11 月 3 日，苏联第二颗人造卫星"斯普特尼克 2 号"（Sputnik 2）将小狗莱卡带上天，第一次将地球生命送入太空。因敏锐意识到人造卫星对气象学、高空大气物理的重要性，1957 年 10 月，中国科学院地球物理研究所所长赵九章建议中国要开展人造地球卫星的研究工作②，中国科学院副院长竺可桢、力学研究所所长钱学森也一并提议。1958 年 1 月，钱学森、赵九章等科学家负责拟定发展人造卫星的规划草案。在当时我国导弹技术正在紧张仿制阶段和高度保密的状态下，中国科学院党组把人造卫星列为 1958 年第一项重大任务（代号"581"任务）。③同年 1 月，钱学森在主持制定国防部《喷气与火箭技术十年（1958—1967）发展规划纲要》时，从研制导弹和卫星运载火箭的角度出发，提出首要项目是启动探空火箭的研制，这与人造卫星运载火箭的研制计划一致。

1958 年 5 月 5 日至 23 日中国共产党第八次全国代表大会第二次会议于北京召开，会上提出了"鼓足干劲、力争上游、多快好省地建设社会主义"的总路线。④会议期间的 5 月 17 日，毛泽东正式提出了"我们也要搞人造卫星"的号召，中共中央书记处同意中国科学院研制人造地球卫星。中国科学院成立新技术办公室，主管国防尖端科研任务。在聂荣臻的授意下，张劲夫、钱学森、王诤等在 6 月 19 日开会研究探空火箭和人造卫星任务，拟定了卫星发展规划：1959 年发射高 50—70 千米、高 250 千米和高 500 千米的探空火箭，1961 年发射高 1000 千米的探空火箭。⑤7 月，中国科学院向聂荣臻副总理报告了分三步走的发射人造卫星的研究工作计划，拟定第一步发射探空火箭，第二步发射小卫星，第三步发射大卫星。以国防部第五研究院为主研制火箭，以中国科学院为主开展探空火箭头和卫星的研制及观测工作，二者互相配合，要求苦战 3 年，实现我国首颗人造卫星上天。⑥上述循序渐进的计划基本合理。

1958 年 6 月上旬，中国科学院召开北京地区各单位"跃进大会"，各地科技界大放卫星，提出研制高能燃料运载火箭、发射重型卫星，甚至提出要在 1959 年 10 月 1 日前放一颗几百吨重的卫星，向国庆十周年献礼，忽视了我国科技、经济和工业的实际水平。1958 年 8 月，中国科学院的钱学森、赵九章、郭永怀等科学家负责拟定了中国人造卫星发展规划设想的草案，并成立了负责组织协调和计划人造卫星研制工作的"中国科学院 581 组"，钱学森为组长，赵九章、卫一清担任副组长，并成立 8 个研究组：总体组、空间光辐射组、电学组、高空大气组、遥测组、结构组、环境模拟组与雷达定位组。⑦"581"

① 在中国科学院竺可桢副院长的主持和领导下，我国曾一度参与国际地球物理年的国际学术会议和相关活动，后因国际反动力量"一中一台"的干扰而愤然中途退出。
② 当代中国两弹一星事业大事记（征求意见稿）. 两弹一星历史研究会，2012：35.
③ 当代中国两弹一星事业大事记（征求意见稿）. 两弹一星历史研究会，2012：42.
④ 王令金. 试论"大跃进"的成因及教训. 东方论坛：青岛大学学报，2001，（2）：81-84.
⑤ 当代中国两弹一星事业大事记（征求意见稿）. 两弹一星历史研究会，2012：53.
⑥ 张劲夫. 我国第一颗人造卫星是怎样上天的？人民日报，2006-10-17（14）.
⑦ 编委会. 中国科学院空间科学与应用研究中心史（第一卷）.2003：2, 8.

组在赵九章主持下定期开会，专家们一致认为发射卫星的第一步是发射火箭。[1]

在苏联小狗莱卡上天的震动下，为了尽快发展我国的生物物理学，1958年9月26日中国科学院生物物理研究所成立，贝时璋任所长。中国科学院随即将该所新成立的高空生理研究组指定为"581"组生物小组，施履吉等牵头开展人造卫星上天过程中的生物实验及与卫星相关的生物医学研究。[2]这一小组迅速发展为宇宙生物学研究室，在早期文献资料稀少的情况下，积极开展动物上天的地面准备工作，建立了各种地面模拟设备，开展环境模拟实验。中国科学院还根据"581"任务的需求成立了三个设计院，构建了我国空间技术研制体系。第一设计院负责设计发射我国首颗人造卫星总体设计与运载火箭研制（代号1001）。该院1958年8月成立，以力学研究所为主，郭永怀兼任院长，杨南生任副院长。第二设计院负责研制卫星控制系统，以自动化研究所为主。第三设计院负责探空仪器研制与空间环境研究，以地球物理研究所为主，所长赵九章和钱骥担任科技领导。[3]

为了充分利用上海的工业力量，1958年11月25日，中国科学院与上海市委商定，第一设计院的主体部分（含技术部门总体部、发动机部以及全部行政系统）40余人由北京迁到上海，由中国科学院力学研究所与上海市委双重领导，对外称上海机电设计院，专门研制探空火箭。中国科学院第一设计院其余人员留在北京筹建火箭试验基地，建成后对外称北京矿冶学校（后改为中国科学院力学研究所的怀柔部分）[4]。

"581"组成立仅两个月后便赶制出了卫星模型、两个探空火箭头部模型，以及用液氟和甲醇作为推进剂的运载火箭的结构总图、地面雷达照片，向国庆献礼。两个箭头模型中，一个是放置了科学探测仪器的高空物理探测项目，另一个是放置了金黄色小狗的动物试验项目[5]，"581"组生物小组展示了动物舱模型与小狗生理信号的传递。[6]1958年10月下旬，毛泽东、刘少奇、周恩来、李富春、聂荣臻等党和国家领导人参观了中国科学院自然科学"跃进"成果展览会保密馆，产生了很大影响。

1958年10月16日，中国科学院派出"高空大气物理访苏代表团"，赵九章担任团长。代表团一共在苏联访问了70天。[7]由于中苏关系及保密等原因，很少看到卫星、火箭探空方面的内容。不过苏联科学院技术科学部主任勃拉冈阿洛夫建议，中国应先从探空火箭做起，这样发射卫星更有把握成功。代表团回国后，建议根据我国科技和工业基础状况，推迟正在进行的人造卫星研制工作，把力量转移到探空火箭上来。此时"大跃进"已然开始降温，时任中共中央常委和副总理邓小平与陈云曾分别叮嘱张劲夫："卫星还要搞，但是要推后一点，因为国家经济困难。"[8]代表团的建议与中央关于卫星的指

[1] 编委会. 中国科学院空间科学与应用研究中心史（第一卷）. 2003：2，8.

[2] 这一新兴学科早年被称为宇宙生物学（cosmobiology），专门研究在人造卫星上天及星际航行过程中，人和生物在宇宙飞行时遇到的特殊环境因素变化对人和生物的生存的影响。近年改称空间生物学（space biology）或空间生命科学（space life science）。

[3] 科学时报社. 请历史记住他们——中国科学家与"两弹一星". 广州：暨南大学出版社，1999：338.

[4] 杨照德，熊延岭. 杨嘉墀院士传记. 北京：中国宇航出版社，2014：84.

[5] 游本凤. 浦江天歌——第一枚探空火箭升起的地方. 北京：中国宇航出版社，2007：3-5，7.

[6] 陆绶观. 中国第一颗人造地球卫星的诞生//科学时报社. 请历史记住他们——中国科学家与"两弹一星". 广州：暨南大学出版社，1999：338-343.

[7] 张劲夫. 我国第一颗人造卫星是怎样上天的？人民日报，2006-10-17（14）.

[8] 张劲夫. 我国第一颗人造卫星是怎样上天的？（一）. 今日科苑，2015，（10）：65-69.

示精神不谋而合。

1959 年 1 月 21 日，张劲夫在中国科学院党组会上传达了邓小平的指示："卫星明后年不放，与国力不相称。"[1]1959 年下半年，中国科学院根据中央的要求很快对"581"任务目标和研究队伍做了调整，提出"大腿变小腿，火箭变探空"，即"以探空火箭练兵，高空物理探测打基础，不断探索卫星发展方向，筹建空间环境模拟实验室，研究地面跟踪接受设备"的具体方针。[2]此后，中国科学院停止研制大型运载火箭和人造卫星，把工作重点转移至研制探空火箭，开展高空探测活动；同时开展人造卫星有关单项技术研究，为发展航天器技术和地面测控技术做准备。[3]

二、T-5、T-7M 和 T-7 火箭及探测系统研制与试验场建设

中国科学院的探空火箭研制并非国内最早，北京航空学院之前已研制出"北京二号"G 和 E 两种类型的试验型无控探空火箭，于 1958 年 9 月 24 日和 10 月 3 日先后在白城兵器试验靶场发射成功。这两枚二级火箭，一枚是固体型火箭，一枚是液体型火箭，均将固体火箭助推器作为火箭第一级，不过体积较小，高空探测效果不理想。[4]

在中国科学院将卫星研制任务调整至火箭探空后，中国科学院地球物理研究所二部、上海机电设计院与生物物理研究所的科学家们研制了有控制的 T-5 试验火箭、T-7 和 T-7A 液体燃料气象火箭，以及固体燃料火箭这三种不同发展阶段的火箭，还研制了配套的高空气象探测仪器、探测信号地面接收系统等，并建设了探空火箭试验场。此后，科技人员组织开展了高空大气探空试验、空间生物学火箭试验和地球物理火箭探空试验，获得了一批科研成果。

中国科学院第一设计院迁到上海后，上海市委从部分高等院校、科研设计机构、工业部门和机关抽调了一批科技人员和干部以及提前毕业的大中专学生，大大充实了该设计院。1958 年底，设计院人员迅速增加到 600 多人。上海机床厂厂长艾丁被抽调到该设计院任党委书记，上海交通大学副教授王希季则被抽调为总工程师。该设计院设置了总体室、结构室、自动控制室和发动机室等，并将部件生产加工下达给上海柴油机厂、上海机床厂、空军 13 修理厂等，生产加工协作链条较为完整，由此形成了稳定的探空火箭研究实体。根据中国科学院空间技术调整的安排和我国火箭技术发展的现状与需要，1959 年 7 月 10 日，中国科学院力学研究所所长钱学森作为上海机电设计院业务领导单位的负责人，建议上海机电设计院不再设计发射卫星的运载火箭，改组为一个设计和试制探空火箭的单位，得到中国科学院批准。[5]

因技术和物质条件困难，人才缺乏，为了积累经验和锻炼队伍，上海机电设计院决定先以德国 V-2 火箭为蓝本，设计一个小推力、箭体内有自动控制系统且采用常规液体

① 张劲夫. 我国第一颗人造卫星是怎样上天的？人民日报，2006-10-17（14）.
② 陆绶观. 中国第一颗人造地球卫星的诞生//科学时报社. 请历史记住他们——中国科学家与"两弹一星". 广州：暨南大学出版社，1999：338-339，341-343.
③ 张劲夫. 我国第一颗人造卫星是怎样上天的？人民日报，2006-10-17（14）.
④ 李成智. 现代火箭"北京二号"研制始末. 中国科技史料，2001，（4）：316-323.
⑤ 李大耀. 中国探空火箭 40 年. 北京：宇航出版社，1998：7，11，24，32.

推进剂的 T-5 火箭，并在 1958 年 12 月完成第一套设计图纸①，但研制中困难重重。1959 年 12 月，刘少奇、邓小平、陈毅、李富春等中央领导到上海空军 13 厂视察 T-5 探空火箭的试制生产②，当年完成总装。但受"大跃进"影响，技术指标定得过高，且现实技术条件有限，导致发动机系统无法进行整体水压试车和热试车，缺乏储存运输和加注液氧的措施，控制系统仪器设备无法配套。T-5 火箭的研制很快停了下来。

此后，中国科学院开始集中研制 T-7M 模型气象火箭和 T-7 气象火箭。气象火箭是专门用来探测 30—100 千米高度的大气温度、压力、密度、风向、风速等气象参数的火箭，赵九章曾指出"火箭探测 100 公里高空大气环境参数是设计高空飞行器、远程导弹及遥远控制所不可缺少的资料，同时也是改善天气预报、研究电波传播的重要基础"③。上海机电设计院 1959 年 8 月制定了 T-7 气象火箭设计任务书。在增产节约的"大跃进"影响下，该院决定在 1959 年最先研制有控制的 T-7M 探空火箭模样弹，目的是对我国第一代大型液体燃料气象火箭 T-7 火箭运载系统的技术途径进行可行性试验，加速 T-7 气象火箭的研制，因此 T-7M 和 T-7 的研制同时进行。1959 年 10 月，苏联水文气象局根据之前与赵九章率领的访苏代表团的商定，寄来气象火箭（57 产品）箭头仪器布置图。自此中国科学院"581"组办公室参考此资料，正式开始研制 T-7 火箭，以及大气温度计、气压计、太阳辐射计、供电设备、遥测、天线、箭头跟踪定位设备等配套分系统。④

在钱学森的指导设计下，上海机电设计院用 3 个月时间完成了液体燃料火箭的设计、制造和系统试验，1959 年底总装出第一枚试验性模型液体燃料探空火箭"T-7M"主火箭，于 1960 年 1 月 25 日发射，但因点火时管路与推力室的连接处被震裂，推进剂泄漏，在发射架上起火而失败。同年 2 月 19 日，T7-M 在上海南汇老港简易发射场首次发射成功。这枚 T7-M 火箭是无控制的单级液体火箭，总长 5.345 米、直径 0.25 米，携带 19 千克有效载荷，以发烟硝酸为氧化剂、苯胺和糠醇混合物为燃烧剂。⑤4 月 18 日，聂荣臻在张劲夫、钱学森陪同下，到上海江湾机场视察 T-7M 火箭主发动机热试车⑥。5 月 28 日毛泽东和杨尚昆在上海市委书记柯庆施陪同下亲临上海新技术展览会尖端技术展览室视察了 T7-M 火箭。当毛主席了解到 T7-M 火箭是由一群平均年龄不到 25 岁的大中专学生在没有条件参考苏联专家和资料的背景下自主研制而成的时，他连声说好，"应该 8 公里、20 公里、200 公里，搞上去"⑦。

按照设计，T-7 火箭的主发动机为液体燃料火箭发动机，助推器为固体燃料火箭发动机。其总长 10 米，直径 0.45 米，起飞重量 1138 千克，可携带探测仪器 25 千克，设计最大飞行高程 60 千米。⑧火箭无控制系统，箭身到达最高点后，遥测仓和火箭本体自

① 李大耀. 中国探空火箭 40 年. 北京：宇航出版社，1998：7，11，24，32.
② 《天魂》编委会. 天魂：航天精神纪事. 北京：中国宇航出版社，2011：159.
③ 编委会. 中国科学院空间科学与应用研究中心史（第一卷）. 2003：2，8.
④ 编委会. 中国科学院空间科学与应用研究中心史（第一卷）. 2003：2，8.
⑤ 游本凤. 浦江天歌——第一枚探空火箭升起的地方. 北京：中国宇航出版社，2007：3-5，7.
⑥ 当代中国两弹一星事业大事记（征求意见稿）. 两弹一星历史研究会，2012：92.
⑦ 宋忠保，沈慧良. 第一枚探空火箭发射//科学时报社. 请历史记住他们——中国科学家与"两弹一星". 广州：暨南大学出版社，1999：332.
⑧ 陆绶观. 中国第一颗人造地球卫星的诞生//科学时报社. 请历史记住他们——中国科学家与"两弹一星". 广州：暨南大学出版社，1999：338-339，341-343.

动分离，并打开降落伞降落，助推器燃烧完毕后自由落体至地面。

第二设计院的张翰英和第三设计院自 1958 年起对探空火箭的遥测系统和跟踪测量轨道系统进行了改进。1960 年 9 月后，火箭遥测系统由第三设计院重新设计研制。第三设计院金立肇等于 1959 年研制成高低频冲击和超重试验动力学环境模拟实验室，可对材料、元件、仪器和结构进行检验以满足火箭上天的严酷条件。[1] 探空火箭的跟踪定位早期采用小型二次雷达，在火箭箭头上装有 10 厘米雷达应答器，地面装有一部或多部 10 厘米脉冲雷达进行跟踪测轨。[2] 这些探测设备和运载火箭相配合，组成了我国第一个 T-7 气象火箭探测系统。

在研制探空火箭及配套系统时，火箭发射场建设也一并进行。1960 年 3 月起，中国科学院地球物理研究所二部[3] 与上海机电设计院在安徽省广德市誓节镇的深山里选点建设了我国第一个探空火箭发射场（603 基地）。当时条件简陋，人们用带轱辘的绞车将火箭调上发射架，用自行车的打气筒给燃料加压，用手势或呼喊传递的方式在试验场互相联络，以手转动天线来跟踪火箭，在不足 5 平方米的厕所门隔出来的小天井内进行了火箭推进剂供应系统试验[4]。

1960 年 7 月，中国科学院新技术局成立，负责主管全院国防尖端科研工作，对外业务联系使用 "04 单位" 代号，同一时期生物物理研究所归新技术局管辖[5]，上海机电设计院脱离力学研究所，与上海新技术室合并，归口新技术局管辖，受中国科学院和上海市委双重领导[6]，专门研制探空火箭。9 月 13 日第一代气象火箭 T-7 在 603 基地成功发射[7]，弹道定点高度 19.2 千米。值得一提的是，我国探空火箭走在导弹研制前面，在苏联专家撤走后，国防部第五研究院于 1963 年 11 月 5 日才成功发射了中国第一枚仿自苏联 P-2 火箭的 "1059" 导弹（"东风一号"）[8]。

中国科学院还通过与山西省的院地合作丰富实战经验。1960 年，山西省自行摸索出一种不带任何探测仪器和地面探测系统的探空运输火箭 "0300 号产品"，请求中国科学院予以援助。中国科学院遂指示地球物理研究所二部与自动化研究所二部派出工作组，向山西提供仪器设备，于 11 月中旬完成发射前的调试检测。钱学森分析指出，山西火箭四个尾翼的结构强度估计不够，后来力学研究所派到太原的一个小组也核算和证实了这一预估。太原方面对火箭进行了加固，却没有重新加工尾翼。12 月 7 日，火箭发射后飞行不到 10 千米的高度，高速气流将强度弱的部分尾翼刮掉，箭体失衡跌落，但中国科学

① 陆绥观. 中国第一颗人造地球卫星的诞生//科学时报社. 请历史记住他们——中国科学家与"两弹一星". 广州：暨南大学出版社，1999：338-339，341-343.
② 《当代中国》丛书编辑部. 中国科学院. 下. 北京：当代中国出版社，1994：216-218.
③ 始创于 1958 年的空间物理研究所于 1959 年 12 月至 1966 年 1 月间，被称为中国科学院地球物理研究所二部.
④ 王莹. "百岁老人"王希季：中国航天事业的"铺路石". 记者观察，2022，576（28）：52-56.
⑤ 游本凤. 浦江天歌——第一枚探空火箭升起的地方. 北京：中国宇航出版社，2007：3-5，7.
⑥ 李颐黎. 航天技术先锋：北京空间机电研究所火箭和航天器技术的发展与成就. 北京：北京理工大学出版社，2018：12.
⑦ 施立卓. 航天元勋王希季. 北京：民族出版社，2004：126-128.
⑧ 中国航天科工集团第二研究院科技委. 雷震海天——导弹总体与控制技术专家黄纬禄. 北京：中国宇航出版社，2009：60，66.

院负责的该火箭的箭上设备、地面测控系统均正常工作。[①]

三、T-7气象火箭定型应用与T-7A空间物理探空火箭研制成功

1960 年 9 月 T-7 火箭研制成功后，1961 年 5 月国防部国防科学技术委员会（国防科委）便向中国科学院新技术局下达了高空大气探空试验任务，要求探测 100 千米以下高空大气温度、密度、气压和风四项参数。

探空火箭的研制是在国家对未来星际航行的总体部署下进行的。1961 年 6 月，中国科学院开始举办星际航行座谈会，1961—1964 年的 3 年间共举行了 12 次会议，探讨了中国空间技术的发展途径，研究了运载火箭问题、航天飞行中的生物学问题等。[②]1961 年下半年，我国面临三年困难时期，中苏关系破裂后苏联停止一切对华援助。围绕国防尖端项目"上马"还是"下马"出现纷争，有人提出解散上海机电设计院，停止研制探空火箭。在关键时刻，聂荣臻对上海机电设计院的存续进行了支持，火箭探空研制力量幸得存续。1963 年中国科学院成立了星际航行委员会，负责组织制定星际航行的发展规划，安排空间技术相关的技术预研课题，为空间科技发展做了大量工作。

1963 年 11 月 23 日，地球物理研究所的杨俊文和上海机电设计院的杨南生带领试验队，在 603 基地成功发射了一枚载有气象、物理探测仪器的 T-7 火箭，最大飞行高度为 58 千米，测得箭载空盒气压、热丝气压、钨丝温度和太阳辐射数据等。经聂荣臻、罗瑞卿批准，上海机电设计院于 1963 年 1 月从中国科学院划归国防部第五研究院[③]（改称 508 所），但与中国科学院研究所的协作关系一直稳定。[④]

1963 年，T-7 火箭定型和投入使用，成为我国第一代实用型探空火箭。地球物理研究所陈哲明等对镀锌丝的随风性能、金属化伞测风代表性和雷达反射特性的研究取得进展，在地面、气球和飞机上试验成功的基础上，于 1963 年 8 月 4 日采用 T-7 火箭进行了金属丝雷达测风系统的试验，并取得成功。当年和第二年又先后 8 次进行了火箭测风试验，获得了高空大气的风向与风速资料。[⑤]

随着空间探测的发展，1962 年 1 月，中国科学院对气象火箭提出了新要求。要求有效载荷提到 40 千克，箭头重量为 110 千克，飞行高度达到 90—115 千米[⑥]，且箭头、箭体安全回收。1962 年 3 月起，上海机电设计院王希季总工程师领导工程技术人员对 T-7 火箭做了重大改进，包括在火箭上首次应用铝蜂窝结构尾翼和薄壁贮箱，以增加助推器

---

① 裴丽生. 倾力"两弹一星"，壮我国威军威//科学时报社. 请历史记住他们——中国科学家与"两弹一星". 广州：暨南大学出版社，1999：86-87.

② 李成智. 中国航天科技创新. 济南：山东教育出版社，2015：58-59.

③ 后于 1965 年 1 月又随第五研究院更名为第七机械工业部第八设计院。1965 年 8 月迁回北京，现名为北京空间机电研究所。

④ 宋忠保，李大耀. 回忆我国探空火箭的发展//航天工业部政治部，神剑文学艺术学会航天分会. 航天事业三十年. 北京：宇航出版社，1986：143-144.

⑤ 陆绶观. 中国第一颗人造地球卫星的诞生//科学时报社. 请历史记住他们——中国科学家与"两弹一星". 广州：暨南大学出版社，1999：342.

⑥ 宋忠保，李大耀. 回忆我国探空火箭的发展//航天工业部政治部，神剑文学艺术学会航天分会. 航天事业三十年. 北京：宇航出版社，1986：143-144.

的总冲和推力，主发动机改用高空喷管，以增加推进剂贮量，很好地解决了发动机在推进剂装载量不同状态下的正常启动问题[1]，研制出了 T-7A 空间物理探空火箭。1963 年 12 月 27 日 T-7A 气象火箭试射，将箭头送上 125 千米的高空，但箭头和箭体降落伞回收失败，锌丝测风获得距地面 55—63 千米高度的风资料。[2]1964 年 12 月 23 日，T-7A 气象火箭发射成功，火箭飞行顶点高度达到 70 千米，铜丝测风得到距离地面 10—46 千米高度风资料。[3]据此可见，T-7A 不仅可做气象探测用，还为高空生物和地球物理探测提供了可能。

四、利用生物探空火箭开展高空生命科学试验与研制地球物理固体火箭

为了开展空间生物学和空间医学研究，在国防科委和中国科学院的支持与领导下，在 T-7 火箭的基础上改造出了 T-7A（S_1）和 T-7A（S_2）两种型号的生物试验火箭，箭头重量为 120—170 千克，飞行高度可达 70 千米。[4]

1964 年 7 月 19 日，我国第一枚生物探空火箭"T-7A（S_1）"成功发射，全长为 10.81 米，重 1.144 吨。生物物理研究所向上海机电设计院提供具体技术要求与所需数据，后者负责将 T-7A 气象火箭的箭头改装成生物 I 型火箭的箭头。T-7A（S_1）的生物舱内载有 2 只固定大白鼠、2 只活动大白鼠、4 只小白鼠和 12 支生物样品试管，最大飞行高度为 76 千米，大、小白鼠和生物试管完好回收。T-7A（S_1）生物火箭的试验结果，使我国科学家首次获得高空生物火箭试验的科学数据，在飞行中测量和拍摄了试验生物在超重和失重情况下的生理状况，证明了早期生命保障工程系统的设计合理性与工作可靠性，展现了载人飞行在内的宇宙生物学研究的前景。

1964 年 8 月 10 日，国防部第五研究院专门致函中国科学院并转生物物理研究所、地球物理研究所，祝贺中国第一枚生物探空火箭 T-7A（S_1）试验成功。[5]不久之后，钱学森和李富春副总理先后到宇宙生物学研究室参观指导。1965 年 6 月 1 日和 5 日又各成功发射了一枚 T-7A（S_1）生物火箭，火箭搭载了遥测和磁记录器系统，测量宇宙线辐射强度的仪器、摄像系统和生命保障系统。三次试验的飞行高度均为 60—70 千米，所搭载的白鼠等实验动物全部活着返回地面。

此后又利用 T-7A（S_2）火箭开展了大型哺乳动物空间生命科学试验。1966 年 7 月 15 日和 28 日各发射了一枚专门为小狗上天而设计的 T-7A（S_2）火箭，分别将"小豹"和"珊珊"发射升空并顺利返回地面。与此同时，生物物理研究所与上海机电设计院合作，详细论证了怎样利用经过改装的"和平一号"火箭将猴子发射升空的实验方案，后因"文化大革命"而中断。

1964 年 7 月至 1966 年 7 月，中国科学院生物物理研究所与上海机电设计院、空间

① 《当代中国》丛书编辑部. 当代中国的航天事业. 北京：中国社会科学出版社，1986：90.
② 李大耀. 中国探空火箭 40 年. 北京：宇航出版社，1998：34.
③ 李大耀. 中国探空火箭 40 年. 北京：宇航出版社，1998：32.
④ 《当代中国》丛书编辑部. 中国科学院. 下. 北京：当代中国出版社，1994：217.
⑤ 陆绶观. 中国第一颗人造地球卫星的诞生//科学时报社. 请历史记住他们——中国科学家与"两弹一星". 广州：暨南大学出版社，1999：343.

物理研究所和自动化研究所等单位开展协作，成功进行了三批次五发生物火箭飞行试验并全部回收。在火箭上携带小狗、大小白鼠、果蝇、细胞和微生物等，开展了生物学、生物化学和组织化学、宇宙辐射生物效应研究。在这些试验中，获取了高等动物在不同飞行条件下的试验数据和资料，观察到动物条件反射活动抑制现象的累积效应，发现了飞行因素对动物代谢过程的影响在飞行后呈现一定可逆性变化，对雌蝇生殖细胞遗传物质有轻微影响，并在一定程度上影响机体造血器官。试验结果虽很初步，却为中国空间生物学打下了良好基础①；还验证了密封生物舱结构和生命保障系统设计的合理性及可靠性。相比之下，美国在 1951—1952 年才成功回收了"空蜂-Ⅱ"和"空蜂-Ⅲ"生物火箭，飞行高度 71 千米，可见当时中国与美苏在空间技术上的水平相当接近。

"和平一号"地球物理火箭由国防部第五研究院与中国科学院在 1959 年共同筹划。1962 年 12 月 26 日，国防部第五研究院批准上海机电设计院于 1963 年着手固体火箭的研究试制，利用国产首批近程地地导弹"1059"改装"和平一号"地球物理火箭，着手准备人造卫星的研制。②1964 年初，"和平一号"任务发生转变，落实为通过 T-7A 探空火箭进行电离层电子浓度探测试验，地球物理研究所周炜负责探测系统的总体设计和研制③。1960—1966 年，T-7 火箭共发射 11 次，T-7A 发射了 23 次，为我国导弹发射采集提供了低空气象和环境资料。④

1965 年 4 月，我国开始研制国防科委批准的"和平二号"固体燃料气象火箭，标志着我国探空火箭技术从液体火箭转入固体火箭。1966 年 12 月，该火箭发射成功，火箭直径 255 毫米，可将 15 千克的科学负载推到 80 千米的高空，箭上探测仪器、遥测和跟踪定位系统，基本采用半导体器件⑤，进行了空间磁场和宇宙线项目探测。⑥1967 年起始研制的"和平三号"高空取样火箭，于同年 6 月执行了我国首颗氢弹试验的取样和测量任务。⑦

为了做好高空气象日常性探测，1970 年起开始研制第三代火箭——"和平六号"小型固体燃料气象火箭，1971 年基本研制成功，中国科学院空间物理研究所⑧为探测仪器小型化做了重要突破。火箭直径 160 毫米，可携带 5 千克负载到 70 千米高空。⑨

五、"651"任务上马后探空火箭为首颗人造卫星运载火箭提供技术方案

1964 年我国首颗原子弹爆炸成功，改进后的中程导弹"东风二号"于 1964 年 6 月

① 《当代中国》丛书编辑部. 中国科学院. 下. 北京：当代中国出版社，1994：231-232.
② 当代中国两弹一星事业大事记（征求意见稿）. 两弹一星历史研究会，2012：134.
③ 游本凤. 浦江天歌——第一枚探空火箭升起的地方. 北京：中国宇航出版社，2007：7.
④ 游本凤. 浦江天歌——第一枚探空火箭升起的地方. 北京：中国宇航出版社，2007：3-5，7.
⑤ 当代中国两弹一星事业大事记（征求意见稿）. 两弹一星历史研究会，2012：252.
⑥ 《当代中国》丛书编辑部. 中国科学院. 下. 北京：当代中国出版社，1994：217.
⑦ 宋忠保，李大耀. 回忆我国探空火箭的发展//航天工业部政治部，神剑文学艺术学会航天分会. 航天事业三十年. 北京：宇航出版社，1986：144.
⑧ 1968 年 2 月至 1978 年 10 月称为第五研究院空间物理及探测技术研究所（简称 505 所）.
⑨ 《当代中国》丛书编辑部. 中国科学院. 下. 北京：当代中国出版社，1994：218.

29 日成功进行飞行试验，着手研制的中远程、远程导弹也具备发射一定重量的卫星的能力[1]；中国科学院三大设计院的工作进展显著，探空火箭的射程已超 100 千米。1964 年 12 月第三届全国人民代表大会第一次会议期间，赵九章直接向周恩来总理写信报告，认为中国发射人造卫星的条件已经具备，争取新中国成立 20 周年发射卫星。1965 年 1 月，钱学森也建议尽快制定人造地球卫星发展规划，并尽早将其列入国家计划。[2]1965 年 5 月 31 日，中国科学院正式成立了卫星本体组以及各个专业组，由生物物理研究所专门负责生物组相关研究工作。

1965 年 5 月 4—5 日，中央专门委员会召开第 12 次会议，8 月 9—10 日召开第 13 次会议，原则批准国防科委提出的《关于开展人造卫星研制工作的报告》中决定将人造卫星研制纳入国家计划[3]，并指示以中国科学院为主，负责发射人造卫星总体设计和技术抓总，第四机械工业部负责地面系统，第七机械工业部[4]负责运载工具。[5]1965 年，王希季等所在的上海机电设计院从上海整体搬回北京，至 8 月全部搬迁完毕，并改名第七机械工业部第八设计院。1965 年 10 月 20 日至 11 月 30 日，受国防科委委托，中国科学院在北京友谊宾馆主持召开了中国首颗人造卫星方案的论证会（"651"会议）[6]，部署我国首颗人造卫星的研制（简称 651 任务）。人造卫星发射需要大推力火箭，钱学森不主张为发射卫星研制运载火箭，而计划用中远程导弹的运载器作为运载火箭的第一级、第二级来发射我国首颗人造地球卫星，然而，中远程导弹的运载器的发射速度距离把卫星送入轨道的第一宇宙速度还差 2000—3000 千米/秒。经钱学森授意，主攻探空火箭的王希季仔细研究了我国中远程导弹的材料，在"651"会议上代表第七机械工业部第八设计院提出了我国第一枚运载火箭的初步方案。他创造性地将探空火箭技术与导弹技术相结合，建议采用探空火箭作为运载火箭的第三级，以增加高空点火和两级分离，这一建议得到钱学森认可。[7]

1966 年 1 月 27 日，第七机械工业部根据国防科委的要求，确定王希季带头的第八设计院负责首颗人造卫星运载火箭。5 月 31 日，国防科委、中国科学院和第七机械工业部共同商定，我国首颗人造卫星运载火箭被命名为"长征一号"，其结构为"东风四号"两级火箭加第三级固体燃料火箭发动机[8]，计划 1970 年发射。科技人员还在 T-7A 火箭的基础上研制出了用于技术试验的探空火箭，对人造卫星及其运载火箭的分系统和部件开展地面模拟试验。根据不同要求，火箭起飞重量约 1300 千克，总长约 11 米，箭头内分别装载了卫星姿态控制系统的红外地平扫描仪、高空摄像系统以及色散干涉仪等。1965—1969 年，陆续开展了卫星姿态控制系统和高空摄像系统的部分部件、运载火箭发

① 中国航天科工集团第二研究院科技委. 雷震海天——导弹总体与控制技术专家黄纬禄. 北京：中国宇航出版社，2009：60，66.
② 中国运载火箭技术研究院. 天穹神箭——长征火箭开辟通天之路. 北京：中国宇航出版社，2008：31.
③ 当代中国两弹一星事业大事记（征求意见稿）. 两弹一星历史研究会，2012：193.
④ 张铮，东方星. 忘我工作 大力协同——专访王希季院士. 国际太空，2015，（7）：8.
⑤ 陆绶观. 中国科学院与中国第一颗人造地球卫星. 中国科学院院刊，1999，（6）：433-440.
⑥ 巩小华. 中国航天决策内幕. 北京：中国文史出版社，2006：150，156.
⑦ 张铮，东方星. 忘我工作 大力协同——专访王希季院士. 国际太空，2015，（7）：8.
⑧ 当代中国两弹一星事业大事记（征求意见稿）. 两弹一星历史研究会，2012：219.

动机的高空点火系统，以及电离层探测等的飞行试验。为进一步确保高空回收，箭头采用减速板与降落伞联用的减速装置。1965 年和 1969 年发射了 2 次，飞行试验均取得成功，火箭飞行高度达 83—91 千米，箭头以及仪器设备和相机胶片等全部完好回收。试验中连续遥测到良好的红外地平扫描仪方波和摄影光度计时间等信号，并测得了电离层电子浓度等数据。[①]

总之，在 1965 年人造卫星重新上马后，在将探空火箭作为"长征一号"的第三级火箭的研制过程中也开展了电离层探测等飞行试验，取得了一定的科研效果。

六、"文化大革命"期间中国科学院卫星研制单位及人才队伍全部移交国防科委

"文化大革命"严重冲击了人造卫星工程。1967 年初，在全面夺权风暴中，中国科学院和第七机械工业部等部门被"群众组织"夺权，组织机构和科研活动陷入瘫痪。1967 年 6 月 17 日，中国第一颗氢弹爆炸成功，卫星研制成为重中之重。同年，为延续国家科研力量，聂荣臻提出了建议成立 18 个研究院的《关于国防科研体制调整、改组方案的报告》。

1967 年 3 月，中共中央、中央军委发布了对各国防工业部实行军管的决定。11 月国防科委批准将"长征一号"运载火箭的研制交由第七机械工业部第一研究院负责。[②]

中国科学院新技术局本身及其从属的大批单位，从 1968 年 1 月起均被军管并纳入国防部门的相关研究院。国防科委最终决定，中国科学院下属的 651 卫星设计院、自动化研究所、力学研究所、应用地球物理研究所、第七机械工业部第八设计院等划归第五研究院建制，再抽调第七机械工业部部分骨干[③]，组建中国空间技术研究院。由此，中国科学院卫星工程及主要承担卫星工程任务的单位全部移交国防科委。

宇宙生物学的队伍也进行了移交。1968 年，中国科学院生物物理研究所百余名宇宙生物学研究领域的科技人员被抽调，联合来自中国医学科学院、军事医学科学院等相关科研机构的研究人员，共同组建航天医学工程研究所（507 所），配合载人航天飞行开展生理医学科学研究，这支队伍成为我国载人航天工程的骨干力量。[④]1968 年 2 月 20 日，中国空间技术研究院（现中国航天科技集团公司五院）成立，当时命名为"中国人民解放军第五研究院"，钱学森任首任院长。据 1968 年 5 月统计，当年中国科学院 6000 余人的人造卫星研制队伍，3000 余台千元以上器材，以及 21 万平方米的建筑面积悉数划归中国空间技术研究院，占到该研究院当时 75% 的体量[⑤]。

仅仅两年后的 1970 年 4 月 24 日，运载火箭技术研究院就成功发射了"长征一号"

① 《当代中国》丛书编辑部. 当代中国的航天事业. 北京：中国社会科学出版社，1986：102-103.
② 1956 年 10 月国防部第五研究院成立。1957 年 11 月 16 日成立国防部第五研究院一分院，1957 年 11 月 16 日，国务院任命钱学森为国防部第五研究院院长兼一分院院长。1964 年 11 月至 1982 年 4 月，国防部第五研究院一分院改为第七机械工业部第一研究院。1982 年 4 月，中央决定国家机关实行体制改革，第七机械工业部改为航天工业部，该院系又改为航天工业部第一研究院。
③ 中国空间技术研究院. 天街明灯——中国卫星飞船传奇故事. 北京：中国宇航出版社，2009：21.
④ 王谷岩. 我国生物物理学的奠基与交叉学科的建立. 生物化学与生物物理进展，2014，41（10）：936-943.
⑤ 陆绶观. 中国科学院与中国第一颗人造地球卫星. 中国科学院院刊，1999，（6）：433-440.

三级运载火箭，我国首颗人造地球卫星"东方红一号"被顺利送入太空，我国由此跻身世界上第五个独立研制和发射人造卫星的国家。1970年7月14日，毛泽东主席圈阅了我国发展载人飞船的报告，此后载人飞船的研制正式启动。

七、小结

我国人造卫星事业是1958年到20世纪60年代末在中国科学院开创的。实践证明，中国科学院采取从研制探空火箭起步来发展我国空间技术的方针是符合中国国情和空间科技发展规律的，也取得了显著成效。

从1958年1月提出人造卫星上天（"581"任务）至1965年人造卫星再次提上国家日程（651任务）期间，探空火箭是我国高空探测研究的主要工具。中国科学院上海机电设计院、地球物理研究所和自动化研究所互相配合，建设了火箭发射场，研制了T-5有控火箭、T-7M和T-7等有控制的液体探空火箭，来开展高空气象探测。利用在我国第一代大型液体气象火箭T-7基础上改进的T-7A液体火箭，有效开展了空间物理探空火箭高空锌丝和铜丝测风。在T-7A基础上，不仅研制出T-7A（S_1）和T-7A（S_2）两种型号生物试验火箭，开展了卓有成效的高空生命科学试验，还研制了用于技术试验的探空火箭，为人造卫星、运载火箭的发动机、推进剂及控制系统等分系统和部件的空间环境的地面模拟试验发挥了积极作用。

除液体探空火箭外，中国科学院还牵头研制了第三代固体探空火箭。"和平一号"地球物理火箭从服务于人造卫星研制转变为高空电离层电子浓度试验，为导弹研制提供了低空气象和环境材料。"和平二号"火箭对空间磁场和宇宙线进行了探测，"和平三号"固体燃料火箭为氢弹试验取样和测量提供了参数，"和平六号"小型固体火箭推动了高空气象日常观测。上述工作"对气象火箭的设计、制造和飞行试验，取得了对火箭的总体系统设计、弹道计算、精度分析、总装、测试和生产组织管理等各方面的经验"[①]。1965年人造卫星重新上马，探空火箭启发了王希季和第七机械工业部第八设计院的研究人员关于首颗人造卫星的运载火箭的技术方案，他们决定以探空火箭作为"长征一号"的第三级火箭。

因"文化大革命"对中国科学院及人造卫星研制冲击严重，1968年国防科委将中国科学院卫星工程及主要承担单位全部移交国防科委。通过"任务带学科"，探空火箭研制有效带动了空间电子学、空间医学、空间物理等空间科学的发展。中国科学院前期的人才与技术积累为我国首颗人造卫星的发射成功、导弹核武器的研制，以及日后载人航天事业提供了重要支撑，推动了我国空间科技的起步。

---

① 《当代中国》丛书编辑部. 中国科学院（下）. 北京：当代中国出版社，1994：216-218.

航天技术[*]

　　1966 年"文化大革命"爆发前，中国导弹与航天已经经历了十年的发展，取得了许多奠基性成果：苏联的 P-2 近程导弹成功仿制（1960 年），T-7 探空火箭成功试制（1960 年），"东风二号"近程导弹成功研制（1964 年），"东风三号"中程导弹研制基本完成（1966 年），"东风四号"远程导弹研制取得重大突破，"东风五号"洲际导弹正式立项（1965 年），"长征一号"运载火箭开始研制，"东方红一号"卫星以返回式卫星设计工作取得很大进展。此外，完成了由国防部第五研究院到第七机械工业部的过渡（1965 年），建立了完整的科研、生产、试验以及发射、测控体系。更为重要的是，在各个重要阶段，政府和最高层决策者对导弹与航天事业持续高度支持。这些工作为"文化大革命"十年（1966—1976 年）取得各项重大突破奠定了坚实基础。

　　20 世纪 60 年代后期至 70 年代初，"两弹一星"研制取得了十分突出的成就。在弹道导弹方面，完成了"东风三号"、"东风四号"和"东风五号"洲际导弹的研制。在运载火箭方面，研制出"长征一号"、"长征二号"和"风暴一号"火箭。在卫星方面，成功发射了"东方红一号"、"实践一号"、返回式卫星和技术试验卫星。上述成就均属中国导弹与航天技术的首次重大突破。

一、弹道导弹研制

1. "东风三号"中程导弹

　　"东风三号"的探索工作始于 1958 年，1960 年正式开始研制。它仍采用单级结构，但一级发动机采用四个发动机并联，因而大大提高了起飞推力。[①]"东风三号"长 20.97 米，最大直径 2.25 米，起飞重量 65 吨。采用了可储存的硝酸与偏二甲肼推进剂，发动机推力 104 吨（1020 千牛）。[②]为保证导弹顺利研制，还开展了许多预研课题研究。[③]1965 年底，"东风三号"基本完成了各分系统的试制，并陆续开始各项地面综合试验。1966 年 12 月 26 日，"东风三号"一批首发进行首次飞行试验未获成功。第二次试验也遭失败。后对发动机进行了改进设计，1967 年 5 月 26 日，第三枚"东风三号"导弹进行飞行试验，试验获得了圆满成功。该导弹 1969 年被批准定型，1970 年交付使用。

2. "东风四号"远程导弹

　　"东风四号"是中国第一个两级液体弹道导弹，是一种具有实战价值的远程战略导弹。研制工作在 1965 年中央专门委员会批准"八年四弹"规划后全面开始。

　　1963 年，国防科技十年规划中提出，弹道导弹第二阶段的发展途径是发展多级火箭，

---

　　*　作者：李成智。

①　《当代中国》丛书编辑部. 当代中国的国防科技事业. 上. 北京：当代中国出版社，1992：286.

②　院史编辑委员会. 中国运载火箭技术研究院院史. 北京：中国运载火箭研究院，1994：196.

③　《当代中国》丛书编辑部. 当代中国的航天事业. 北京：中国社会科学出版社，1986：114.

以研制洲际导弹为目标。在进行洲际导弹方案探索时，计划先期设计一个过渡型号，即多级试验火箭（代号 SDF-4）。①1964 年秋，中央专门委员会、总参谋部提出要尽快研制出一款远程战略导弹。于是多级试验火箭演变成实用中远程导弹，即"东风四号"（代号 DF-4）。②1965 年 3 月 8—9 日，第七机械工业部决定，将"东风四号"作为一个独立型号列入研制规划。该导弹在技术上，可以为洲际导弹突破两级火箭技术；在军事上，可以覆盖中程导弹和洲际导弹之间的区域；在民用上，可以稍加改进成为运载火箭，用于发射人造卫星。同时提出了"东风四号"的射程、精度等战术指标，射程定为远程。③中央专门委员会批准了这个规划。④

"东风四号"的第一级与"东风三号"基本相同，第二级加装了第一级的单台发动机。在研制过程中，除了解决两级火箭分离、发动机高空点火等技术难题外，还解决了远程导弹的制导问题。⑤"东风四号"在研制过程中，也根据卫星计划要求改装成了运载火箭。⑥1969 年 8 月 27 日，第一枚"东风四号"试验弹出厂。周恩来在发射前专门听取了汇报，详细询问了导弹的质量和所采取的飞行安全措施。⑦1969 年 10 月，第一枚"东风四号"在发射阵地进行最后准备时，出现故障待修。⑧11 月 16 日，第二枚"东风四号"进行飞行试验，也未获成功。1970 年 1 月 30 日，更换发动机后的第一枚"东风四号"在酒泉发射基地进行飞行试验获得成功，两级分离正常，二级发动机高空点火正常。"东风四号"的成功发射具有重要意义，标志着中国掌握了二级火箭技术，同时也为"长征一号"运载火箭的研制打下了坚实的基础。

"东风四号"发射成功后，一方面，自身加以改进，以降低重量、提高可靠性并增大射程，最终获批生产；另一方面，作为"长征一号"火箭的基础，开始了改装工作。

3."东风五号"洲际导弹

"东风五号"是中国研制的第一代战略洲际导弹。研制洲际导弹是中国最重要的目标之一。1958 年 1 月 10 日，国防部第五研究院制定的《喷气与火箭技术十年（1958—1967）发展规划纲要》，第一次提出要研制洲际导弹。1958 年 6 月，毛泽东主席在中央军委的会议上提出：搞一点原子弹、氢弹、什么洲际导弹，我看有十年功夫完全可能的。⑨由此可以看出毛泽东关于研制洲际导弹的决心。经过多年的酝酿，1964 年 1 月 15 日，国防部第五研究院下发了《1963—1980 年导弹技术发展规划（草案）》，确定后十年

① 《当代中国》丛书编辑部. 当代中国的航天事业. 北京：中国社会科学出版社，1986：118.
② 《当代中国》丛书编辑部. 当代中国的国防科技事业. 上. 北京：当代中国出版社，1992：289.
③ 谭邦治. 话中国航天创建发展中的重大规划. 航天工业管理，2002，（9）：8-9.
④ 《当代中国》丛书编辑部. 当代中国的国防科技事业. 上. 北京：当代中国出版社，1992：289.
⑤ 《当代中国》丛书编辑部. 当代中国的国防科技事业. 上. 北京：当代中国出版社，1992：290；张贵田. 为了东方红一号卫星上天//《中国航天腾飞之路》编委会. 中国航天腾飞之路. 北京：中国文史出版社，1999：329-330.
⑥ 刘柏罗. 中央专委会与"两弹一星"//总装备部政治部. 两弹一星——共和国丰碑. 北京：九州出版社，2001：96-116.
⑦ 《当代中国》丛书编辑部. 当代中国的国防科技事业. 上. 北京：当代中国出版社，1992：325-326.
⑧ 《当代中国》丛书编辑部. 当代中国的国防科技事业. 上. 北京：当代中国出版社，1992：326.
⑨ 毛泽东. 要搞一点原子弹氢弹洲际导弹//中共中央文献研究室，中国人民解放军军事科学院. 建国以来毛泽东军事文稿 中卷（一九五二年一月—一九五八年十二月）. 北京：军事科学出版社，中央文献出版社，2010：387-338.

（1971—1980 年）的主要任务是研制洲际导弹。1965 年 3 月，中央专门委员会批准了第五研究院提出的《地地导弹发展规划》。

"东风五号"采用了新研制的液体火箭发动机，推进剂、控制系统、姿态控制技术、弹头防热、发射方式都有很大进步。①新技术的采用，将中国导弹技术提高到了一个新水平。"东风五号"采用两级结构，全长 32.6 米，最大直径为 3.35 米，一级发动机（四机并联）推力为 260 吨，二级发动机推力为 65 吨，推进剂采用四氧化二氮与偏二甲肼，控制系统为全惯性制导方案。1967 年 6 月中国第一枚氢弹爆炸成功后，第七机械工业部要求加快"东风五号"的研制。1969 年前后，由于"长征一号"火箭被列入重点，"东风五号"的研制明显放缓。②

1970 年春，在北京地区组织了代号为"705"的"东风五号"大会战，得到了北京市和 12 个部委的大力支援，开展了以"东风五号"为主的研制协作和技术攻关。1971 年 9 月 10 日，第一批第一枚"东风五号"在酒泉卫星发射中心发射，取得部分成功。1973 年 4 月 8 日，第二枚"东风五号"发射失败而自毁。③

1974 年 1 月 4 日，经过 10 项重大改进的"东风五号"第二批开始设计。10 枚导弹中 8 枚用于特殊弹道飞行试验，2 枚用于全程飞行试验。在第二批总装过程中，用第一批"东风五号"改装的"长征二号"运载火箭取得了重要进展，1974—1976 年进行了 3 次返回式卫星的发射。

"东风五号"洲际导弹 02 批投产后，又做了大量的地面试验，并组织了一系列专项技术攻关，为型号的成功研制奠定了基础。这批导弹除进行特殊弹道试验外，还于 1980 年 5 月 18 日进行了全程飞行试验，震惊了全世界。④

"东风五号"洲际导弹从 1971 年首次飞行试验到 1980 年全程飞行试验，前后历时 8 年，克服了无数的技术难关，为"长征二号"运载火箭打下坚实的技术基础。"长征二号"、"风暴一号"、"长征三号"、"长征二号 E"、"长征三号 A"等型号的发动机都是在"东风五号"发动机的基础上改进而成的。正如航天专家梁思礼所说：远程火箭（"东风五号"）研制可谓千锤百炼，功不可没。⑤

二、运载火箭研制

1."长征一号"火箭

"长征一号"火箭是为发射中国第一颗人造卫星研制的运载火箭。它是在"东风四号"导弹的基础上，增加固体第三级而成。该火箭前后进行了两次卫星发射，均获成功。

从 1958 年 5 月起，中国科学院开始组织力量研制人造卫星，其中运载火箭由上海

① 《当代中国》丛书编辑部. 当代中国的国防科技事业. 上. 北京：当代中国出版社，1992：292.
② 梁思礼. 远程火箭研制片断//《中国航天腾飞之路》编委会. 中国航天腾飞之路. 北京：中国文史出版社，1999：195.
③ 《当代中国》丛书编辑部. 当代中国的国防科技事业. 上. 北京：当代中国出版社，1992：329-330.
④ 《当代中国》丛书编辑部. 当代中国的航天事业. 北京：中国社会科学出版社，1986：117-125.
⑤ 梁思礼. 远程火箭研制片断//《中国航天腾飞之路》编委会. 中国航天腾飞之路. 北京：中国文史出版社，1999：198.

机电设计院负责，提出全新的运载火箭构想，并同时组建了研制队伍。[1]1965 年中国卫星计划正式批准后，8 月 17 日，中国科学院主持召开人造卫星规划会议。10—11 月，又召开了第一颗卫星方案论证会（代号"651"会议），初步确定了总体方案。当时国防科学技术委员会提出，人造卫星由中国科学院负责研制，运载火箭由第七机械工业部负责研制。[2]1966 年 1 月 27 日，第七机械工业部确定运载火箭由第八设计院（前身是上海机电设计院）负责总体、末级火箭的设计以及总装工作。第一、二级用"东风四号"导弹改装，由第一研究院承担；末级的固体发动机的研制由第四研究院承担。1966 年 8 月，运载火箭正式命名为"长征一号"（代号 CZ-1）。该火箭研制的难点之一是第三级固体发动机。1968 年 8 月，研究人员利用 T-7A 探空火箭试验了第三级发动机的点火装置，并取得了成功。[3]

"长征一号"火箭设计时的运载能力为：轨道高度 400 千米、倾角 70 度时，可发射 300 千克的卫星。技术方案批准后，研制工作进展顺利。为确保研制工作按进度进行，1967 年 11 月 1 日，第七机械工业部决定将"长征一号"研制任务由第八设计院移交给第一设计院负责。第一设计院对原总体方案作了修改：箭体全长 29.46 米，最大直径 2.25 米，起飞重量 81.5 吨，起飞推力 104 吨（1020 千牛）。一、二级和控制系统是在"东风四号"的基础上作适应性修改而成的，同时加装固体第三级。第三级固体火箭发动机装药量由 0.9 吨加大到 1.8 吨。[4]1970 年 3 月 26 日，第一枚"长征一号"火箭出厂。4 月 14 日，"长征一号"火箭在酒泉卫星发射中心技术阵地测试完毕。卫星发射前，周恩来提出一定要认真对待首次发射，并在人民大会堂福建厅专门听取参试人员汇报。[5]

1970 年 4 月 24 日晚 9 时 35 分，"长征一号"火箭发射升空，将"东方红一号"卫星送入地球轨道。中国成为世界上第五个成功独立发射人造卫星的国家，从此进入航天时代。1970 年 5 月 1 日，毛泽东、周恩来等国家领导人在天安门城楼上接见了发射"长征一号"火箭及"东方红一号"卫星的参试人员代表。1971 年 3 月 3 日，"长征一号"火箭成功发射 250 千克的"实践一号"卫星。[6]

2."长征二号"火箭

"长征二号"火箭是以"东风五号"洲际导弹为原型研制的，其设计目标是发射重型返回式卫星，近地轨道运载能力 1500—1800 千克。1965 年 8 月，中央专门委员会批准中国人造卫星的发展规划，决定以应用卫星的发展为主，其中遥感卫星是重点。[7]1966 年 1 月，第七机械工业部第八设计院开始进行返回式卫星的总体方案论证工作。1967 年 9 月，第七机械工业部召开返回式卫星总体方案论证会，确定运载火箭以"东风五号"

① 樊洪业. 中国科学院编年史：1949～1999. 上海：上海科技教育出版社，1999：94.
② 裴丽生. 倾力"两弹一星"，壮我国威军威//科学时报社. 请历史记住他们——中国科学家与"两弹一星". 广州：暨南大学出版社，1999：88.
③ 李大耀. 中国探空火箭 40 年. 北京：宇航出版社，1998：93.
④ 院史编辑委员会. 中国运载火箭技术研究院院史. 北京：运载火箭技术研究院，1994：40.
⑤ 张淑云. 周总理与中国第一星. 航天，1990，（3）：1-3.
⑥ 《当代中国》丛书编辑部. 当代中国的航天事业. 北京：中国社会科学出版社，1986：272.
⑦ 吴开林. 遥感卫星返回大地//《中国航天腾飞之路》编委会. 中国航天腾飞之路. 北京：中国文史出版社，1999：344.

为基础，对其进行改进研制。

"长征二号"火箭的技术状态与"东风五号"基本一致。它是二级全液体火箭，总长为 31.17 米，最大直径为 3.35 米，起飞质量为 190 吨，起飞推力为 2786 千牛，二级发动机推力为 766 千牛，低轨道（LEO）运载能力达 1800 千克。1974 年 11 月 5 日，"长征二号"运载火箭在酒泉卫星发射中心首次发射第一颗返回式卫星。火箭起飞后即出现失稳，20 秒后坠毁。1975 年 11 月 26 日，"长征二号"火箭进行第二次发射，返回式卫星被准确地送入预定轨道，发射获得圆满成功。以此为开端，"长征二号"火箭都比较顺利地完成了卫星发射任务。[①]"长征二号"火箭是中国航天运载器的基础和核心。在"长征二号"火箭的基础上，逐步发展出较为完整的长征运载火箭系列，包括"长征二号"D、"长征三号"系列、"长征四号"系列，甚至载人航天器运载火箭"长征二号"F（CZ-2F）也是以"长征二号"D 为基础加装助推器而成的。"东风五号"和"长征二号"火箭的主要研制阶段在"文化大革命"期间，它们为中国航天事业的发展做出了巨大的贡献。

3. "风暴一号"火箭

1969 年 3 月中苏珍宝岛事件后，为使中国战略导弹研制改变单一定点北京地区的局面，1969 年 10 月 31 日，党中央、国务院、中央军委向上海市下达洲际导弹、人造卫星及运载火箭试制任务。上海市集中了部分骨干企业和技术力量，着手研制洲际导弹、运载火箭和人造卫星，并建设研制基地。[②]洲际导弹由第七机械工业部提供"东风五号"图纸和资料，上海机电二局抽调了 284 个研究所、工厂和大学参加工程研制。[③]这个型号被定名为"风暴一号"（FB-1），当时称"701"工程。"风暴一号"全长 32.57 米、起飞质量 191.15 吨。1972 年 8 月 10 日，第一枚"风暴一号"在酒泉卫星发射中心点火发射。二级发动机均正常关机，由于制导系统故障未获得完全成功。1975 年 7 月 26 日，"风暴一号"第三次发射取得成功，将"长空一号"技术试验卫星送入轨道。12 月 16 日，"风暴一号"第四次发射也取得了成功。截至 1976 年 11 月 10 日，"风暴一号"共进行了六次发射，三次获得成功。

三、人造卫星研制

1. "东方红一号"卫星

"东方红一号"卫星最初由中国科学院卫星设计院于 1965 年开始研制。1968 年，中国空间技术研究院成立，此时卫星研制工作已经取得很大进展。[④]

在"东方红一号"卫星的规划和研制阶段，中央专门委员会对它的要求是：必须考虑政治影响，卫星应该比苏美的第一颗卫星更先进，表现在比它们重量更大、发射功率

---

① 吴开林. 遥感卫星返回大地//《中国航天腾飞之路》编委会. 中国航天腾飞之路. 北京：中国文史出版社，1999：353.

② 龚德泉. 上海研制风暴一号运载火箭//《中国航天腾飞之路》编委会. 中国航天腾飞之路. 北京：中国文史出版社，1999：373.

③ 《上海航天志》编纂委员会. 上海航天志. 上海：上海社会科学院出版社，1997：148.

④ 张劲夫. 中国科学院与"两弹一星"//科学时报社. 请历史记住他们——中国科学家与"两弹一星". 广州：暨南大学出版社，1999：20-48.

更高、工作寿命更长、技术更新，而且又抓得到、听得见。1965 年 9 月，中国科学院 651 设计院开始拟定中国第一颗人造卫星的方案。1965 年 10—11 月，中国科学院在组织论证过程中，确定"东方红一号"卫星是一颗科学探测性质的试验卫星，为发展对地观测、通信广播、气象等各种应用卫星取得必要的设计数据；总体方案上，要求"先进、可靠"，"上得去、抓得住、听得到、看得见"。会议明确第一颗卫星必须首先考虑政治影响，应该比苏联和美国的第一颗卫星先进、可靠，要争取一次发射成功。①1967 年初决定卫星要能播送《东方红》音乐，让全球都能听到中国卫星的声音。②1968 年 1 月，中央正式批准了"东方红一号"卫星研制任务书。③

"东方红一号"卫星外形呈球形 72 面体，直径为 1 米，总重达 173 千克。1970 年 3 月 5 日，2 颗卫星的总装工作开始。3 月 21 日，2 颗卫星的总装全部完成并进行了全面质量复查。④周恩来等对此次发射非常关心，多次听取汇报。⑤1970 年 4 月 24 日 21 时 35 分，"东方红一号"卫星发射升空。21 时 48 分，卫星入轨。21 时 50 分，国家广播事业局报告，收到了"东方红一号"卫星播送的《东方红》乐曲，声音清晰洪亮。4 月 25 日下午，新华社受权向全世界宣布：1970 年 4 月 24 日，中国成功地发射了第一颗人造地球卫星，卫星运行轨道的近地点高度 439 千米，远地点高度 2384 千米、轨道平面与地球赤道平面的夹角 68.5°、绕地球一圈 114 分；卫星质量 173 千克，用 20.009 兆赫的频率播送《东方红》乐曲。⑥

"东方红一号"卫星入轨后，卫星环绕地球运行时星上电源系统和各种仪器工作正常、性能稳定，实现了"看得见、听得到、抓得住"的要求。卫星的质量为 173 千克，比苏联、美国、法国、日本 4 国的第一颗卫星质量的总和还大。星上各种仪器的实际工作时间超过了设计指标，《东方红》乐音装置和短波发射机连续工作了 28 天，取得了大量的工程遥测参数。⑦由于运行轨道较高，这颗早已失去功能的卫星直到目前仍绕行在地球轨道上。⑧

2. "实践一号"卫星

1965 年中国科学院制定人造卫星发展计划时，就提出通过技术试验卫星来验证提高卫星寿命的方法，并开展关键部件预研工作，包括蓄电池、太阳能电池、温控系统等。1968 年，开始试验卫星初步设计。"东方红一号"发射成功后，研制试验卫星提到了日程上。1970 年 8 月，中央批准了"实践一号"卫星项目。⑨"实践一号"卫星是直径 1 米的近球形 72 面体，总质量为 221 千克，外部贴有 14 块硅太阳能电池板。1971 年 3 月

① 《当代中国》丛书编辑部. 当代中国的航天事业. 北京：中国社会科学出版社，1986：238-239.
② 杨照德. "东方红一号"中国第一颗人造卫星诞生内幕. 华声月报，2000（4）：49-51.
③ 中国科学院. 1965. http://www.cas.cn/zj/ys1/bn/200909/t20090928_2529140.shtml[2022-05-20].
④ 张贵田. 为了东方红一号卫星上天//《中国航天腾飞之路》编委会. 中国航天腾飞之路. 北京：中国文史出版社，1999：328-335.
⑤ 《当代中国》丛书编辑部. 当代中国的航天事业. 北京：中国社会科学出版社，1986：257.
⑥ 从东方红一号到暗物质卫星，空间科学是国家重大需求——写在东方红一号成功发射 46 周年及首个"航天日". http://www.nssc.cas.cn/kxcb2015/kpdt2015/dtxw2015/201604/t20160425_4589771.html[2022-05-20].
⑦ 《当代中国》丛书编辑部. 当代中国的航天事业. 北京：中国社会科学出版社，1986：262.
⑧ 45 年了，"东方红一号"仍在天上飞. http://scitech.people.com.cn/n/2015/0425/c1057-26901815.html[2022-05-20].
⑨ 《当代中国》丛书编辑部. 当代中国的航天事业. 北京：中国社会科学出版社，1986：265-274.

3 日,"实践一号"卫星在酒泉卫星发射中心发射成功,进入近地点 266 千米,远地点 1826 千米的近地轨道上。该卫星是中国第一颗长寿命卫星,在轨道上正常工作了 8 年之久,为太阳能电池、温度控制系统设计以及遥测提供了丰富经验。

3. 返回式卫星

返回式卫星(recoverable satellite)是中国 20 世纪发射数量最多的一类卫星。研制和发射返回式卫星的主要目的是进行对地观测和国土资源普查。返回式卫星不但在遥感上取得了突出成果,还为载人航天打下了基础。

1965 年 7 月,中国科学院向中央呈报的《关于发展我国人造卫星工作规划方案建议》,强调了卫星的军事应用。规划提出的设想是:"以科学实验卫星作为开始和打基础,以测地卫星,特别是返回式卫星为重点,全面开展包括通信、气象、核爆炸、导弹预警、导航等卫星,配成应用卫星的完整体系,进一步在返回式卫星的基础上发展载人飞船。"[1]1967 年 3—9 月,第七机械工业部第八设计院完成了返回式卫星方案论证。1967 年 9 月 11 日,国防科学技术委员会主持召开方案讨论会,认为总体方案可行。[2]中国返回式卫星重 1800 千克,典型轨道为:近地点 173 千米,远地点 193 千米,倾角 59.5°,周期 91 分钟。[3]卫星携带的有效载荷可返回部分重 260 千克,不可返回部分重 340 千克。试验型卫星在轨运行时间为 3 天,以后逐步提高飞行时间。发射工具为"长征二号"。

1970 年,返回式卫星被国家列入重点工程。1974 年 9 月 8 日,第一颗试验型返回式卫星运往酒泉卫星发射中心。11 月 5 日,第一颗试验型返回式卫星在发射时,由于"长征二号"火箭故障而失败。[4]1975 年 11 月 26 日,第二颗卫星发射取得成功,卫星进入近地点 173 千米、远地点 483 千米、倾角 63° 的近地球轨道。入轨精度符合设计要求。这颗卫星在轨道上运行了 3 天,于 11 月 29 日 11 时 06 分按预定时间返回地面,取得了预定的遥感试验资料。

1976 年 12 月 7 日,第三颗返回式卫星发射成功,3 日后返回地面。至此,中国第一代返回式卫星研制获得成功。此后,在第一代的基础上,中国又陆续研制了多代返回式卫星,其寿命和运行时间性能逐步提高。返回式卫星的成果后来还用于其他遥感卫星包括资源卫星研制中。[5]利用返回式卫星,中国还开展了早期空间微重力试验。[6]

4. "长空一号"卫星

"长空一号"卫星由上海航天技术研究院负责研制,其目的是对卫星新技术进行试验。该卫星于 1970 年 2 月开始研制,卫星及其运载火箭的任务列为上海市 1970 年第一

① 陆授观. 中国第一颗人造地球卫星的诞生//科学时报社. 请历史记住他们——中国科学家与"两弹一星". 广州:暨南大学出版社,1999:352.
② 吴开林. 遥感卫星返回大地//《中国航天腾飞之路》编委会. 中国航天腾飞之路. 北京:中国文史出版社,1999:345.
③ 《当代中国》丛书编辑部. 当代中国的航天事业. 北京:中国社会科学出版社,1986:291.
④ 吴开林. 遥感卫星返回大地//《中国航天腾飞之路》编委会. 中国航天腾飞之路. 北京:中国文史出版社,1999:350.
⑤ 闵桂荣,林华宝. 中国返回式卫星的进展//王希季. 20 世纪中国航天器技术的进展. 北京:宇航出版社,2002:41-43.
⑥ 王希季,林华宝. 开拓空间微重力科学实验的新领域//王希季. 20 世纪中国航天器技术的进展. 北京:宇航出版社,2002:373-387.

项任务，代号"701"工程。其中运载火箭采用"风暴一号"。562家厂、所、高校参加了卫星及火箭研制的协作工作。[①]卫星外形为：高2.52米，分前舱、后舱，最大直径1.7米，质量1200千克。[②]1973年9月18日，第一颗"长空一号"卫星在酒泉卫星发射中心发射失败。1975年7月26日，第二颗"长空一号"卫星发射成功，这是中国发射成功的第三颗人造卫星。1975年12月16日和1976年8月30日，又有两颗"长空一号"卫星成功发射。该卫星于1978年获得全国科学大会奖。

5. "东方红二号"及"风云一号"

"东方红一号"发射成功后，1970年6月，中国空间技术研究院根据国防科学技术委员会指示，组织了通信卫星研制队伍，着手论证通信卫星研制方案，这就是"东方红二号"通信卫星。由于当时把返回式卫星作为重点任务，通信卫星项目进展缓慢。[③]1974年5月19日，周恩来对通信卫星研制工作做出批示，要求尽快开展研制工作。[④]9月，第七机械工业部召开了卫星通信工程方案论证会，对技术方案进行探讨。1975年2月17日，国家计划委员会和国防科学技术委员会联合提出《关于发展我国卫星通信问题的报告》。3月31日，中央军委第八次常委会讨论通过了该报告，毛泽东、周恩来圈阅表示同意。从此，卫星通信工程正式列入国家计划，并被命名为"331"工程。国防科学技术委员会主任张爱萍表示要集中精力，搞好通信卫星。[⑤]"东方红二号"为地球静止轨道通信卫星，起飞质量为900千克，设计寿命为3年。星上装有2台C频段通信转发器。到1977年初，卫星各分系统样机已经研制出来，如姿态测量部件以及行波管放大器等。此后，"331"工程进展顺利，为实现在1984年通信卫星首次发射提供了技术保障。

"文化大革命"期间，另一项应用卫星研制工作是"风云一号"气象卫星。20世纪60年代初，中国已对气象卫星技术和大气遥感问题进行了初步探索。1969年1月，周恩来提出应该搞气象卫星。[⑥]从1970年起，中国开始利用自制设备接收国外气象卫星发出的资料，对云图分析、红外和微波遥感以及天气预报开展研究。1970年2月，中共中央、国务院和中央军委下达气象卫星研制任务，由上海航天技术研究院开展太阳同步（SSO）气象卫星的研制。1974年10月，上海航天技术研究院开始"风云一号"卫星总体方案可行性研究和关键技术的预研工作。1975年底，形成"风云一号"卫星总体方案设想，并提出对运载火箭、测控、发射的技术要求。1977年11月，气象卫星工程召开第一次总体方案论证会，对卫星总体方案和各大系统进行技术协调和论证。上述工作为"风云一号"卫星研制工作的进一步开展打下了基础。

① 《上海航天志》编纂委员会. 上海航天志. 上海：上海社会科学院出版社，1997：217.

② 张祥根. 鲜为人知的"长空一号"卫星. 太空探索，2014（4）：41-43.

③ 张云彤. 中国卫星通信工程的第一颗明珠//《中国航天腾飞之路》编委会. 中国航天腾飞之路. 北京：中国文史出版社，1999：336.

④ 朱森元，朱尧铨. 氢氧发动机的诞生//《中国航天腾飞之路》编委会. 中国航天腾飞之路. 北京：中国文史出版社，1999：429.

⑤ 《当代中国》丛书编辑部. 当代中国的航天事业. 北京：中国社会科学出版社，1986：324.

⑥ 孟执中. 为国争光的风云一号气象卫星//《中国航天腾飞之路》编委会. 中国航天腾飞之路. 北京：中国文史出版社，1999：369-372.

发射"东方红二号"通信卫星采用的"长征三号"火箭,发射"风云一号"气象卫星采用的"长征四号"均以"长征二号"为基础,并且在 1976 年以前都取得了程度不同的进展,包括高难度的液氢液氧发动机的研制。[①]1975 年"三抓任务"确定后,两项工程都得到进一步加快。

---

① 朱森元,朱尧铨. 氢氧发动机的诞生//《中国航天腾飞之路》编委会. 中国航天腾飞之路. 北京:中国文史出版社,1999:428;李成智. 中国航天技术发展史稿·上. 济南:山东教育出版社,2006:174-175.

航空技术[*]

中国航空工业自 1951 年 4 月开始建设，经过 70 余年的发展，已经建立起较为完善的航空教育、科研、试验、生产体系，能够研制生产包括歼击机、轰炸机、强击机、直升机、运输机和特种飞机在内的各类军民用飞机，生产各类飞机超过 10 000 架，基本能够满足陆海空军装备的需要，同时还有多种飞机实现了出口。航空工业在取得辉煌成就的同时，与国外先进水平相比差距还很大。随着时代的发展进步，中国不断加大对航空工业的支持力度，航空技术水平取得全面进步，军民用飞机型号研制取得重要突破。

一、歼击机的更新换代

1. 歼-10 第三代歼击机

20 世纪 90 年代以后，中国军用飞机研制进度明显加快，完成了歼击机的更新换代，其中具代表性的有第三代歼击机歼-10[①]、第四代（亦称第五代）歼-20、第三代舰载歼击机歼-15 重要型号。

歼-10 是中国历经 10 余年研制的第三代歼击机，其技术水平和性能水平比第二代有了长足进步，进一步缩小了与发达国家的差距。该机于 1998 年 3 月 23 日由著名试飞员雷强驾驶，成功进行了首次试飞。1999 年 12 月，歼-10 飞机开始在西安中国飞行试验研究院进行飞行测试。2002 年 6 月，首架装备俄制发动机的歼-10 小批量产型首次试飞。歼-10 在 2003 年开始交付使用，2006 年底首次由新华社正式向外界宣布。[②]

歼-10 于 1986 年开始立项，当时称为"十号工程"[③]，由航空工业成都飞机工业（集团）有限责任公司负责研制，宋文骢任总设计师。[④]在方案研究上，歼-10 充分借鉴了世界第三代战斗机的整体设计思想和气动布局，并运用国内前期的预研攻关和大量的技术储备，采取符合世界发展趋势的设计思想和管理方法，制定了全机各系统自上而下进行综合设计，自下而上进行综合验证和试验，各大系统必须由总体设计单位综合的研制思路。[⑤]20 世纪 90 年代后，歼 10 又充分吸收了世界最新战斗机研制理念与新兴技术，注重平台的通用性、多用途，使歼-10 在总体目标上达到甚至超过当时世界第三代战斗机的水平。[⑥]

---

* 作者：李成智。

① 关于歼-10，有人称是第三代机，有人称是第四代机。根据其技术与性能特点，笔者认为将其划归第三代机较为合适。

② 中国航空工业史编修办公室. 中国航空工业大事记（1951—2011）. 北京：航空工业出版社，2011：440-441.

③ 钟和. "歼 10 之父"宋文骢. 小康，2016，(11)：40-41.

④ 徐秉君. 中国自主研制第三代战机歼-10 揭秘. 党史博览，2011，(6)：9-12.

⑤ 彭文晶，张杰伟. 宋文骢：歼-10 飞机之父. 今日中国论坛，2010，(2)：66-68.

⑥ 刘维杰. 歼-10：从后起之秀到空中多面手. 学习时报，2018-05-02 (7)；离子鱼. 试析中国空中作战体系下的歼-10. 舰载武器，2007，(2)：18-27.

在动力方面，歼-10 的首批生产型采用俄制 AL-31FN 涡扇发动机。后续生产型歼-10B 装备了国产 WS-10A 涡扇发动机（"太行"）。2005 年，WS-10A 涡扇发动机通过了初始寿命试车考核，标志着该发动机顺利完成了设计定型的全部考核试验。在武器系统方面，歼-10 装备一门 23 厘米的机炮，机身和机翼下设有 11 个外挂点，可配备近程空对空导弹、中程空对空导弹、制导炸弹和非制导炸弹及火箭弹，标准配置下载弹 7000 千克。此外还可以挂载红外搜索吊舱、防卫干扰吊舱、电子侦察吊舱、蓝天导航攻击吊舱、前视红外线轰炸导引吊舱等。飞机及其机载系统都具有很高的国产化水平。[1]

歼-10 有多种改型设计。歼-10C 为歼-10 升级型，进行了许多重要改进，采用了推力更大的发动机，多用途能力大幅提升。同时升级了机载雷达（有源相控阵雷达）和光电系统，加强了火控计算机、电子设备和电子战系统等航空电子系统，机载武器种类进一步增加，能够挂装多种国产先进机载武器。有源相控阵雷达辅以光电吊舱，可在昼夜全天候条件下探测、锁定目标。它可搭载 PL-10、PL-15 空空导弹，YJ-91 反辐射导弹以及多种精确制导武器，执行中近距制空和对地面、海面目标精确打击等任务。[2]

歼-10 的成功研制、改进改型以及装备部队，提高了中国歼击机的技术水平，缩短了与西方国家的技术差距。它突破了以先进气动布局、数字式电传飞控系统、高度综合化航空电子系统和计算机辅助设计为代表的一系列航空关键技术，创造了中国航空史上的数十个"第一"。通过研制歼-10 歼击机，中国在航空武器装备、航空技术和相应的专业科研队伍培养等方面得到了长足的发展。[3]有专家指出，它的性能不仅可以比肩美国典型的第三代战斗机 F-15、F-16，甚至还超过了法国的第四代战斗机"阵风"。[4]

2. 歼-20 第四代歼击机

歼-20（代号：威龙）是航空工业成都飞机工业（集团）有限责任公司研制的一架具有高隐身性、高机动性等能力的第四代歼击机（俄罗斯称第五代）。面对国际研制新型战斗机的形势，中国空军也提出需要装备第四代歼击机。经过航空工业成都飞机工业（集团）有限责任公司和沈阳飞机工业（集团）有限公司的设计竞争，1997 年，航空工业成都飞机工业（集团）有限责任公司的歼-20 被选中并获得立项。首架歼-20 技术工程验证机于 2009 年制造成功，2010 年 12 月进行地面滑行试验，2011 年 1 月 11 日实现首飞。歼-20 首次试飞在国际国内引发强烈反响。[5]

歼-20 在设计过程中融合了全球多种已经在使用的优秀战斗机的特点，具备很强的隐形和机动性能。其机身带有腹鳍，在大迎角飞行时具有很好的方向稳定性。美制 F-22、F-35 和苏制苏-57 都没有采用腹鳍。歼-20 采用了全动垂尾和可动边条技术，这也是中国在设计中的创新。[6]歼-20 表面还涂有先进的吸波材料，进一步增强了隐身效果。飞机采用了飞行-火控-推进一体化控制系统，在软件上把飞行控制、火力控制、发动机控制

① 徐秉君. 中国自主研制第三代战机歼-10 揭秘. 党史博览，2011，（6）：9-12.
② 刘维杰. 歼-10：从后起之秀到空中多面手. 学习时报，2018-05-02（7）.
③ 赵佳. 中国自主研制的第三代战机歼-10 揭开神秘面纱. 科技导报，2007，25（2）：27.
④ 离子鱼. 从航空技术发展分析歼-10 的后续改进. 舰载武器，2008，（3）：28-36.
⑤ 魏东旭，李静. 歼-20 首飞成功. 中国军转民，2011，（Z1）：28-29.
⑥ 潘乐天. 中国第五代战机歼-20. 学习时报，2017-05-03（6）.

整合到一起，最大限度地发挥各分系统的效能。采用一体化设计后，火控系统有可能在特定时间成为主导，飞行员指定目标位置后，一体化控制系统把飞机尽快转入最优发射位置，在最优时刻自动发射武器。歼-20采用了先进的光传操纵系统。[①]飞机内部装有两个连在一起的多功能大屏幕显示器，采用了触摸感应技术。在后续发展中，歼-20可用头盔显示器系统取代传统的平视显示器，节约了费用并显著地降低了系统重量。歼-20安装了先进的有源相控阵雷达，探测距离达200千米，可同时跟踪30个目标，并可攻击其中的4—6个目标。它可配备的武器包括短程、中程、远程空对空导弹及制导炸弹等。

继2011年1月首次成功试飞后，当年歼-20又进行了大量科目试飞。2012年3月10日，第二架技术验证机进行了低速滑跑测试，5月16日首飞成功。当年该技术验证机飞行了10余次。2012年10月，第三架技术验证机制造完毕。2014年11月20日，第五架技术验证机在成都进行了首次试飞。多达8架歼-20原型机进行了不同科目的大量地面试验和试飞试验，同时针对试验中发现的问题还进行了局部改进。

2016年8月25日，首架量产型歼-20正式交付部队试用，成为世界上第三种也是亚洲第一种交付部队的第四代战斗机。2016年11月1日，在第十一届中国国际航空航天博览会（珠海航展）开幕式上，2架歼-20突然现身，进行了短短两分钟的飞行展示，不仅在现场引起轰动，也立刻受到西方媒体的大量报道。2017年3月9日，中央电视台报道歼-20歼击机正式列装进入空军序列。2017年7月30日，歼-20三机编队参加了在朱日和举行的庆祝中国人民解放军建军90周年阅兵。歼-20第四代隐身歼击机的列装，进一步提升了中国空军综合作战能力。

3. 歼-15舰载歼击机

自从中国决定上马研制航空母舰开始，舰载机就成了其中的关键项目。为加快研制进度，承担舰载机研制任务的中航工业沈飞股份有限公司决定在歼-11的基础上，研制舰载战斗机。这就是歼-15（代号"飞鲨"）项目。苏联在研制舰载机苏-33过程中，全面利用了第三代苏-27战斗机的设计。由于歼-11或苏-33是20世纪的产品，许多机载设备过于老化，因此在歼-15改进研制过程中，采用了大量新技术、新设备。该机采用鸭翼布局，折叠式机翼，机尾装有着舰尾钩等舰载机特种设备，其起落架强度很高，前轮能够拖曳弹射。在航电系统方面，20世纪90年代初，中国就开始大量采用基于MIL-STD-1553B双向数据总线的联合式航电系统。同歼-15性能相当的歼-11B已经采用了先进的综合性联合式航电系统。在歼-15改进过程中，充分利用了上述技术与系统，使航电系统技术水平比苏-33有了很大提高。[②]此外，歼-15在材料技术、加工技术、武器外挂方面也都比苏-33有较大改进。

2009年8月31日，第一架歼-15原型机进行了首次试飞，由国产WS-10涡扇发动机提供动力。[③]2010年5月6日，歼-15进行了首次舰上滑跃起飞，同年7月8日进行了第二次试飞。2011年4月25日，第二架歼-15原型机进行试飞。2012年11月23日

① 潘文林. 会当凌绝顶 一览众山小——全面解析歼-20. 创新科技，2011，（2）：30-37.
② 歼-15舰载战斗机仿制苏-33. 创新科技，2012，（10）：11-13.
③ 春风. 美国称中国歼-15舰载机装国产发动机已完成首飞. http://mil.news.sina.com.cn/2010-06-09/0839596425.html［2020-07-19］.

上午 9 时，由空军飞行员戴明盟驾驶歼-15 舰载机首次成功降落在"辽宁号"航空母舰上。[①]2013 年 6 月 18 日，歼-15 再次在辽宁舰起降，并进行首次驻舰飞行。2013 年 12 月，歼-15 开始投入批量生产并正式装备"辽宁舰"。

二、空中预警机的新发展

空警-2000（代号：KJ-2000）是中国自主研制的大型、全天候、多传感器空中预警与指挥控制飞机。它以伊尔-76 运输机为载机平台进行改装，加装了中国自主研发的相控阵雷达、电子系统、碟形天线、超级计算机、控制台及软件，主要用于担负空中巡逻警戒、监视、识别、跟踪空中和海上目标，指挥引导中方战机和地面防空武器系统作战等任务，也能配合陆海军协同作战。

20 世纪 90 年代末，中国决定自主研制先进的预警机。2002 年底，中国开始在 A-50I（机上无任何雷达探测设备）上安装国产设备。改装工作由中航西安飞机工业集团股份有限公司（简称西飞公司）承担，中国电子科技集团有限公司负责雷达研制。由这架空壳飞机发展而成的空警-2000 于 2003 年 11 月完成首飞。此后，中国又利用空军装备的伊尔-76TD 运输机进行改装，先后研制了 5 架空警-2000。2004—2007 年，这些预警机陆续装备部队。

空警-2000 预警机采用了相控阵雷达技术，它的服役填补了解放军从前没有装备预警机的空白。飞机除飞行平台外，固态有源相控阵雷达、显示台、软件、微波单片集成电路、高速数据处理器、数据总线和接口装置等皆为中国设计和生产。其中固态有源相控阵雷达由南京电子技术研究所（中国电子科技集团公司第十四研究所）开发，其主要代表人物是被誉为"中国预警机之父"的中国工程院院士——王小谟。空警-2000 的雷达功率强、天线直径大，以及使用了高速计算机和专用降噪技术，其目标探测可以达到 360 度全方位覆盖，能够跟踪、探测数百个空中、地面、海上目标，能够引导和指挥我方上百架战机对敌方目标进行跟踪或发起攻击。空警-2000 装有先进预警机雷达，总体技术水平和性能比美国现役具有代表性的 E-3A 预警机整整领先了一代。[②]

空警-2000 的主要作战任务就是空中预警和指挥。在研发过程中，创造了世界预警机发展史上的 9 个"第一"，突破了 100 余项关键技术，累计获得重大专利近 30 项，其固态有源相控阵雷达是世界上看得最远、功能最多、系统集成最复杂的机载信息化武器装备之一。[③]由于在预警机领域所取得的巨大贡献，王小谟获得 2012 年度国家最高科学技术奖。

空警-500 是为中国海军研制的预警机。它以运-9 运输机作为载机平台，采用新型数字相控阵雷达，最大起飞重量可达 77 吨，采用 4 台涡桨-6C 涡轮螺旋桨发动机，巡航速度每小时 550 千米，航程约 5700 千米。该型预警机是新型、中型、全天候、多传感器

① 李选清，柳刚. 刻在大海上的永恒航迹——目击国产歼-15 舰载机首次起降航空母舰"辽宁舰". 军事记者，2012，（12）：24-25.
② 黄建国. 中国预警机——"空警-2000". 科学，2013，（4）：60-62.
③ 中国预警机创造世界预警机发展史上 9 个第一. https://www.chinanews.com.cn/mil/2013/01-28/4524702.shtml [2020-07-27].

空中预警与指挥控制飞机，主要承担空中巡逻警戒以及作战指挥控制任务。[①]空警-500 的新型相控阵雷达经全机电子信息系统数字化、网络化、一体化改造升级后，其目标探测与定位、数据处理与融合、网络接入与中继、指挥引导与控制、抗电子干扰与反隐身等能力得到很大提升。它不仅可以同步跟踪、监视和管理多维度、多批次目标，还能同时引导多域多层多批战斗机对锁定的目标实施差别化精确打击。空警-500 于 2000 年立项，2013 年首次试飞，2014 年 11 月投入服役。2014 年 11 月 11 日在第十届珠海航展上，出现了空警-500 的透视模型。2015 年 9 月 3 日，空警-500 在"纪念中国人民抗日战争暨世界反法西斯战争胜利 70 周年"阅兵式中正式亮相。

三、直升机研制进展

20 世纪 50 年代中期中国即开始研制直-5 直升机，共计生产 558 架。此后，航空工业哈尔滨飞机工业集团有限责任公司（简称哈飞公司）又研制了直-6、701 等直升机。改革开放后，通过引进技术，哈飞公司研制了直-9 系列直升机；中国航空工业昌河飞机工业（集团）有限责任公司（简称昌河飞机工业公司）研制了直-8 直升机。20 世纪末，中国直升机得到很大发展，并通过与欧洲直升机公司（现空客直升机公司）、意大利阿古斯塔公司（现莱昂纳多公司）等欧美著名直升机公司合作，研制了一系列民用直升机，初步形成了以 AC310、AC311（直-11 改型）、AC312（直-9 改型）、AC352（中欧合作 7 吨级）、AC313（直-8F 改型）为代表的产品谱系。[②]初步形成重、大、中、小、轻型直升机型谱和中、轻、超轻型无人直升机型谱。以现有直升机为基础，通过客户化改装和适航取证，形成能够覆盖通用航空、应急救援、准军事等应用领域的谱系，形成以国产直升机为主导的民用市场。[③]此外，中国还与国外合作研制或生产了 EC120、S-92、A109E、S-96C、直-15 等直升机。[④]

1. 武直-10 直升机

20 世纪末，中国开始研制攻击型武装直升机，代表型号有武直-10 和武直-19。武直-10（英文：Z-10，代号"霹雳火"）是由昌河飞机工业公司和航空工业直升机设计研究所联合研制的新一代专业武装直升机，它也是解放军第一种专业武装直升机和亚洲第一种自行研制的专业武装直升机。

20 世纪 90 年代，中国决定研制专用的、具有先进水平的攻击直升机。1992 年，武直-10 武装直升机研制立项，1998 年，确定由昌河飞机工业公司与哈飞公司共同研发。1998—1999 年，昌河飞机工业公司先以直-8、直-9 搭载武直-10 预定使用的操控系统、导航与射控系统进行测试，并在 2000 年左右展开武直-10 的试制。武直-10 的研制在十分薄弱的基础上开始，它采用了 80% 以上的新技术、新成品和新工艺。第一架武直-10 原型机在 2003 年 4 月 29 日首次试飞，2012 年 12 月装备部队。武直-10 采用了大型复

① 桂楷东. 空警-500：空军战斗力倍增器. 科技日报，2017-05-24（5）.
② 中国航空工业史编修办公室. 中国航空工业大事记（1951—2011）. 北京：航空工业出版社，2011：466-467.
③ 吴希明. 直升机技术现状、趋势和发展思路. 航空科学技术，2012，（4）：13-16.
④ 黄传跃，朱生利，刘福令. 中国直升机发展现状及展望. 现代军事，2007，（11）：44-48；中国航空工业史编修办公室. 中国航空工业大事记（1951—2011）. 北京：航空工业出版社，2011：462-463.

合材料构件制造，整体薄壁机框的加工，国内最先进的航电、武器系统、脉动式数字化总装线等关键技术。该型号的研制成功，填补了国产专用武装直升机的空白，提高了航空突击与反装甲能力。[①]

武直-10 直升机配备装甲，外型被弹面小。在战斗力方面与直-9W 相比有质的飞跃。武直-10 直升机的头盔瞄准具及其他电子机载设备、光学机载设备、卫星导航系统性能先进，使其自动化程度大为提高。[②]武直-10 原型机装有 2 台 PT6C-67C 涡轮轴发动机。量产型安装 2 台国产涡轴-9 涡轴发动机，单台功率 1000 千瓦。可配备短程空对空导弹、反坦克导弹和火箭弹。2011 年 5 月 4 日，武直-10 直升机 4 种弹药、6 种射击方式在实弹射击中一一得到检验，显示了极高的命中率。[③]武直-10 直升机大大提升了陆军航空兵的作战水平和能力，也使中国武装直升机研制水平有了大幅度提高。[④]

2. 直-9W 与武直-19 直升机

中国曾用直-9 直升机改装成直-9W 武装直升机，1988 年 10 月 31 日，改装后的原型机完成首飞。其武器系统由反坦克导弹、红外装置、制导箱、检测箱、发射控制装置、发射装置等组成，可用于执行反坦克、压制地面火力、地面突袭等火力支援任务。也可以用于运输、兵力机动、直升机空战、通信和救护等任务。1996 年 5 月 21 日，直-9W 被批准设计定型，随后装备部队。[⑤]1999 年 10 月 1 日，作为中国第一代国产武装直升机，直-9W 飞过天安门广场上空，接受了国家领导人的检阅。

根据与武直-10 高低搭配的原则，哈飞公司根据军方要求，在直-9 的基础上，经过重大改型改进研制了武直-19 攻击/侦察直升机。该机于 2010 年立项，当年完成详细设计并进入总装，原型机于 2010 年 7 月成功首飞，2011 年交付陆军航空兵。[⑥]武直-19 主要用于反坦克、对地火力支援、战场侦察等军事任务，还可利用航炮、空空导弹等机载武器，同低空固定翼飞机、武装直升机等进行空中近战格斗。

武直-19 对机体结构做了重大修改，采用串联式双座布局。为了降低研制风险，加快研制进度，哈飞公司为武直-19 安装了与直-9W 相同的动力装置。

改进后的武直-19 起飞重量增至 4250 千克，空机重量增至 2510 千克，燃油量增至 820 千克，续航能力增加至 4 个小时。它可同时挂 8 枚反坦克导弹、对空导弹及两个火箭弹发射巢，亦可用 8 枚反坦克导弹加 8 枚对空导弹的配置起飞作战。武直-19 配备了先进的光电吊舱、综合火控系统、显示系统、航电系统、电子战系统、电子自卫系统、数据链、通信系统及新的控制系统等。[⑦]

出口型直-19E 的主要技术与性能参数为：旋翼直径 12.01 米，机长 12.33 米，机宽

---

① 陈迪波. 一片丹心"铸利剑"——直-10 武装直升机研制纪实. 中国军转民，2019，（10）：21-25.
② 张国豪. 揭秘直-10 武装直升机. 中国青年报，2018-10-25（5）.
③ 邱柏星，马晓炜，张媛. 低空"猎鹰"时刻准备出击. 法制日报，2013-01-24（9）.
④ 廖明山. 揭秘我国首款专用武装直升机——专访武直-10 总设计师吴希明. 珠海特区报，2012-11-18（7）；刘志远. 吴希明——开创中国武装直升机的新纪元. 科技导报，2016，34（4）：107-110.
⑤ 中国航空工业第二集团公司. 中国直升机五十年. 北京：航空工业出版社，2006：106.
⑥ 编委会. 飞旋之梦-中国直升机事业 60 年. 北京：航空工业出版社，2017：249；武直-19 与武直-10 形成"高低搭配". 中国产业，2012，（11）：10.
⑦ 杨凯，吕文泉. 直-19E：即将飞出国门的"鸢". 中国国防报，2017-04-28（7）.

3.96 米，不带旋翼、短翼、平尾、侧端板机身宽 1.05 米，垂尾顶端离地高度 3.72 米；最大起飞重量 4250 千克，空机重量 2510 千克，最大燃油重量 820 千克；安装 2 台涡轴 8C 涡轴发动机，单台功率 700 千瓦。基本飞行性能为：最大巡航速度 245 千米/时，使用升限 5200 米，航程 700 千米，转场航程 1050 千米。武器配置方式：2×4 枚空地导弹；2×4 枚空地导弹+2×7 枚 70 毫米火箭；2×4 枚空地导弹+1×2 枚空空导弹+1 副油箱；2×4 枚空地导弹+2 具 12.7 毫米航空机枪吊舱；4×7 枚 70 毫米火箭。①

四、民用飞机项目的突破

中国民用飞机长期以来一直处于低水平发展状态，20 世纪 50 年代中期开始先后研制运-5、运-6、运-7、运-8、运-10、运-11、运-12 等飞机，投入批量生产的则只有运-5、运-7、运-8、运-12 等中小型飞机，技术水平不高，远远不能满足国内军民用领域的强大需求。20 世纪末，中国民用飞机发展计划经历了几次重大调整后，开始正式自主研制先进的支线客机并探讨自主研制干线客机。

1. ARJ21 喷气支线客机

为振兴中国民用航空工业，20 世纪后期中国对民用飞机发展战略、政策和体制进行了广泛探索。中国航空工业集团有限公司经过认真研究，决定以支线飞机作为突破口，提出 ARJ21 研制计划。该机代号意味着 21 世纪先进支线客机，代号"翔凤"。2000 年 11 月，在第三届珠海航展期间，中国航空工业第一集团公司总经理刘高倬对媒体宣布，中国将按照国际适航标准研制新型涡扇支线飞机，组建按市场规则运作的新支线飞机项目公司，负责研制和发展中国新型涡扇支线飞机。②2002 年 4 月，ARJ21 项目经国务院批准正式立项。2003 年 11 月，ARJ21 项目完成预发展阶段评审，转入详细设计阶段。2005 年 5 月，国务院批准可行性研究报告。2006 年 5 月，ARJ21 项目由详细设计阶段转入全面试制阶段。③

ARJ21 支线客机是 70—90 座级的中、短航程民航飞机，拥有基本型、加长型、货运型和公务型等四种容量不同的机型。它是中国第一次完全自主设计并制造的支线客机。ARJ21 项目的研制采取广泛国际合作的模式，采用了大量国际成熟的先进技术和机载系统，发动机、航电、电源等系统全部通过竞标在全球范围内采购，其中有许多系统零部件、产品在中国生产制造。ARJ21 项目立项后，于 2002 年 9 月成立了中航商用飞机有限公司（简称中国商飞）以负责 ARJ21 项目。该机最初由中国商飞工程部总体设计，2003 年转至中国航空工业第一集团公司第一飞机设计研究院负责初步设计和详细设计工作。2003 年 12 月，ARJ21-700 分别在成都、沈阳、西安和上海四家工厂同时开工进行零件制造。④

ARJ21 在设计过程中，强调适应性、舒适性、共通性、经济性和系列化，其舒适性

① 航空工业哈尔滨飞机工业集团有限责任公司. 直-19E. http://www.hafei.com/ywly/cpzt/zsj/index.shtml［2020-08-11］.
② 刘济美. 为了中国——中国首架新型支线客机研发纪实. 北京：中国经济出版社，2009：29.
③ 刘济美. 改变 从 ARJ21-700 开始. 大飞机，2015，(6)：26-33.
④ 吴兴世，杨琳. 从 ARJ21 到 C919——中国民用客机的自主创新历程. 百年潮，2016，(4)：4-11.

要求与波音 737 和 A320 等 150 座客机相当，比一般支线飞机要高。在系列化方面，它将根据未来市场需求，对基本型飞机不断进行改进改型，实现基本型、加长型、缩短型、货运型、公务型系列化发展。[①]其采用先进的气动设计，安装有两台美国通用电气公司的 CF34-10A 涡扇发动机，单台推力 75.87 千牛。驾驶舱采用两人体制，航电系统采用总线技术、LCD 平板显示并综合化。飞行控制系统为电传操纵系统。飞机技术参数为：翼展 27.288 米，机翼面积 79.860 平方米，机长 33.464 米，机高 8.442 米，飞机空重 24.955 吨，最大起飞重量 43.500 吨，使用升限 11 900 米，最大飞行速度为马赫数 0.820（870 千米/时），正常巡航速度为马赫数 0.780（828 千米/时），商务载重 8935 千克。

2006 年 5 月，ARJ21 项目转入全面试制阶段。2006 年 9 月至 2007 年 3 月，四大飞机公司生产的大部件陆续交付中国商飞。2007 年 3 月底，飞机总装、试验全面启动。2007 年 12 月 20 日，ARJ21 飞机首架试飞机如期完成总装。2008 年 11 月 28 日，ARJ21-700（101 架机）在上海首次试飞成功。[②]

2009—2012 年，ARJ21-700 飞机进行了大量转场试飞、高寒试验、侧风试验、高温高湿试飞、辅助动力装置系统试验，全面考察了飞机的适应性、稳定性和技术性能。此后开展了适航验证试验和试飞。2014 年 12 月 30 日，ARJ21-700 飞机获中国民用航空局型号合格证。[③]2015 年 11 月 29 日，首架 ARJ21 支线客机飞抵成都，交付成都航空有限公司，正式进入市场运营。2016 年 6 月 28 日，ARJ21-700 飞机搭载 70 名乘客从成都飞往上海，标志着 ARJ21 正式以成都为基地进入航线运营。从型号立项到产品投入正式使用，ARJ21 历时 13 年时间。[④]

截至 2020 年，成都航空有限公司的 ARJ21 飞机机队规模已达 21 架。此后，内蒙古天骄航空、江西航空等也引进 ARJ21 飞机并投入航线。2020 年 7 月，中国三大航空公司——中国国际航空股份有限公司、中国东方航空集团有限公司和中国南方航空集团有限公司订购的 ARJ21 相继完成首次航线飞行。截至 2020 年 7 月，ARJ21 飞机在各航线的载客量已超过 100 万人次，正在成为支线运输的重要机型。[⑤]

ARJ21-700 型支线客机是我国自主设计、自主研发，以全新机制、全新管理模式、全面应用数字化设计-制造技术研制的具有自主知识产权的支线喷气飞机。飞机的研制采取以我为主、开展国际合作的模式，负责总体设计、系统集成、总装。在机体制造过程中攻克了许多技术难关，填补了很多国内空白。[⑥]截至 2020 年 5 月底，ARJ21 累计获得 23 家客户的 616 架订单，已经交付 24 架机。[⑦]

2. C919 干线客机

20 世纪末，鉴于中国民用飞机事业落后的局面，以及国民经济发展对民航事业的巨

① 汪亚卫，陆新春. ARJ21 新支线飞机项目管理回顾. 航空工业经济研究，2008，(8)：11-14; 吴兴世. 向以客户为中心的观念转变——从 ARJ21 的设计思想谈起. 大飞机，2015，(6)：34-39.
② 中国航空工业史编修办公室. 中国航空工业大事记（1951—2011）. 北京：航空工业出版社，2011：452.
③ 高媛媛，姚烨. 民航局为国产 ARJ-21-700 飞机颁发型号合格证. 民航管理，2015，(1)：21.
④ 吴兴世，杨琳. 从 ARJ-21 到 C919——中国民用客机的自主创新历程. 百年潮，2016，(4)：4-11.
⑤ 中国商用飞机有限责任公司. ARJ-21 飞机载客逾 100 万人次. http://www.comac.cc/xwzx/gsxw/202007/21/t20200721_7275497.shtml[2020-09-21].
⑥ 孙玉敏. 每一步都是填补空白——访中国商飞上海飞机设计研究院院长郭博智. 上海国资，2016 (1)：44-46.
⑦ 中国商用飞机有限责任公司. ARJ21 新支线飞机. http://www.comac.cc/cpyzr/ARJ-21/[2020-08-11].

大需求，一批专家开始呼吁中国的干线飞机应当迅速上马，并列入国家计划。1999 年 3 月 1 日，著名科学家王大珩和时任国务院发展研究中心顾问马宾，原航空工业部飞机局局长胡溪涛等一起，给朱镕基总理打了一份报告，题为《关于研制民用飞机的建议》[1]。在这份建议书里，王大珩等强烈建议把民用飞机工业作为一个重大战略问题，真正抓上去。他们认为，当前我国已经具备了研制干线飞机的条件！研制大飞机，应该"以我为主"，充分利用已有的成就，在这个基础上前进。[2] 2000 年 9 月 28 日，在纪念运-10 飞机首飞 20 周年的会议上，许多与会专家也强烈建议中国应当不失时机开展干线飞机的研制。[3]王大珩指出，大飞机是战略产业，不能凭市场的短期效益来考虑，我们国家要发展的大飞机不仅是民用，而是军民两用。[4]

2001 年 2 月召开的第 159 次香山科学会议，主题是"21 世纪中国航空科学技术发展战略"。会议达成了以下共识：重点突破航空发动机技术；着力解决制约航空发展的薄弱环节，加强关键技术研究；尽快启动国务院已确定的新型涡扇喷气支线飞机研制项目；成立国家航空领导小组和国家航空咨询专家小组。[5] 4 月 16 日，王大珩与著名科学家师昌绪、顾诵芬、刘大响、郑哲敏一起，向国家呈送了《抓紧时机振兴我国航空工业——第 159 次香山科学会议的几点建议》。提出应大力发展航空工业，促进高新技术向各制造部门的扩散，从而形成国民经济发展的重要支柱产业。[6] 2001 年 6 月，根据王大珩的建议成立了"中国民机产业的发展思路"咨询课题组，中国科学院和中国工程院有关学部即刻开展了咨询课题的研究工作。2002 年 5 月，课题组完成研究报告《关于把研制大型军用运输机列为国家重大专项的建议》，向国家建议大力发展大型军用运输机并适时启动大型民航机研制。[7]

专家们的建议得到了国家领导人的高度重视。2002 年 10 月 25 日，人大常委会委员长的李鹏在北京航空航天大学建校 50 周年庆祝会上表达了发展大飞机的愿望。2003 年 4 月温家宝总理在视察北京航空航天大学时指出："我总想什么时候中国的大型飞机能够制造成功并且上天。我相信，这个愿望是能实现的，我看这重担就在在座的同学们身上。"[8] 2003 年 6 月，国务院成立国家中长期科学和技术发展规划领导小组。2003 年 11 月 26 日，科学技术部大型飞机重大专项论证组成立，北京航空航天大学校长李未院士任组长。2006 年 2 月 9 日，大型飞机被列入《国家中长期科学和技术发展规划纲要（2006 -2020 年）》16 个重大专项之一。同年，大型飞机项目开始第二次立项论证。经过论证组半年多的论证工作，国务院最终决定大型飞机立项，大型运输机和大型客机同时上马；同时同意组建大型客机股份公司，独立于现有的中国航空工业第一、第二集团公司体系。

① 胡晓菁. 中国的大飞机之梦. 现代阅读，2018，（4）：14-17.
② 顾逸东. 心系空天——王大珩先生与我国航天航空事业. 办公自动化，2012，（12）：103-106.
③ 王维翰. 难忘的运 10：中国第一架大型喷气客机研制纪实. 上海：上海文化出版社，2013：494-500；李万新. 人民的辉煌 民族的骄傲——运 10 飞机升空廿周年有感. 民用飞机设计与研究，2000，（9）：1-2.
④ 中国航空工业集团公司. 龙腾东方. 北京：航空工业出版社，2012：122-124.
⑤ 胡晓菁. 赤子丹心中华之光——王大珩传. 北京：中国科学技术出版社，2016：285-301.
⑥ 中国商用飞机有限责任公司. 追梦大飞机. 上海：文汇出版社，2013：149-151.
⑦ 孙礼鹏，周日新. 大飞机风云. 北京：北京航空航天大学出版社，2008：331-334.
⑧ 安坤. 北京航空航天大学：飞天梦圆处. http://edu.sina.com.cn/gaokao/2007-04-29/120080719.html [2022-05-20].

2007 年 2 月 26 日,国务院第 170 次常务会议原则通过《大型飞机方案论证报告》。①2007
年 8 月 30 日,胡锦涛总书记主持中央政治局常委会,听取了大型飞机重大专项领导小
组的工作汇报,决定成立大型客机项目筹备组。2008 年 2 月 29 日,温家宝总理主持召
开国务院常务会议,审议通过了《中国商用飞机有限责任公司组建方案》。2008 年 5 月
11 日,中国商飞在上海隆重成立。中国商飞由国务院国有资产监督监督管理委员会、上海市
人民政府、中国航空工业第一集团公司、中国航空工业第二集团公司、中国铝业股份有
限公司、宝钢集团有限公司和中国中化集团有限公司等共同出资组建。

中国大型客机按照"自主研制、国际合作、国际标准"的研制技术路线,以构建民
机技术创新体系和"以中国商飞公司为核心,联合中航工业,辐射全国,面向全球"的
中国民机产业体系为原则。②

C919 客机(全称 COMAC 919)是中国首款按照最新国际适航标准,具有自主知识
产权的干线民用飞机,于 2008 年开始研制,由新成立的中国商飞负责总体研制。该型飞
机的总设计师是吴光辉院士。它的座级为 158—168 座,航程为 4075—5555 千米,于 2017
年 5 月 5 日成功进行了首次试飞。截至 2020 年 6 月,该机已经累计获得 28 家客户 815
架订单。③

C919 为中短程双发单通道民用飞机,发动机采用国际 CFM 公司研制的 LEAP-1C
涡扇发动机,巡航速度为马赫数 0.78—0.8,最大巡航高度为 12 100 米,最大航程为 5555
千米。飞机机长为 38.9 米,翼展为 35.8 米,有效载荷为 20.5 吨。为使 C919 既实现技术
的先进性,又能达到安全、舒适、经济的要求,具有良好的市场竞争力,在设计时采用
了大量新技术。④在该项目中,C919 按照"主制造商-供应商"模式研制,强调拥有自主
知识产权。⑤中国商飞举全国之力、聚全球之智,统筹全国、全球资源提升飞机的安全
性、经济性、舒适性、环保性,并带动我国民用飞机产业体系建设。为此,公司通过市
场机制选择国内 9 家企业作为 C919 机体结构供应商,51 家企业作为标准件潜在供应
商,16 家企业作为材料供应商,全国共 22 个省市 200 多家企业 20 多所高校参与了大型
客机项目研制。择优选择 17 家国际航空制造企业作为 C919 大型客机机载系统供应商,
与国际航空制造企业在多领域开展合作交流。2009—2012 年,中国商飞陆续与来自美国、
英国、法国、德国、奥地利等国的部件供应商签订了供货协议。⑥

C919 自首飞后,于 2017 年 11 月 10 日完成了从上海浦东机场到西安阎良机场的转
场飞行。2017 年 12 月 17 日,C919 客机 102 号机完成首次飞行,标志着全面试验试飞
的开始。此后几年,C919 进行了全面的考核验证和适航取证试飞,先后投入 6 架飞机承
担试飞试验任务,投入 2 架飞机承担地面试验任务,总共要完成 1000 多项符合性验证

① 谢鹏. 解密中国大飞机项目. 商务周刊, 2007,(5): 22-27;景崇毅, 石丽娜, 孙宏. 中国大飞机项目决策过程
的动态博弈分析. 工业工程, 2009,(2): 14-18.
② 吴兴世, 杨琳. 从 ARJ21 到 C919——中国民用客机的自主创新历程. 百年潮, 2016,(4): 4-11.
③ 中国商用飞机有限责任公司. C919 飞机. http://www.comac.cc/cpyzr/c919/[2020-08-22].
④ 刘斌. 中国 C919 大型客机总设计师吴光辉. 名人传记, 2020,(5): 89-94;吴光辉, 孙洪康. 玉汝于成——C919
大飞机研制历程. 档案春秋, 2018,(2): 4-9.
⑤ 陈伟宁. 行不止者 虽远必臻——专访 C919 大型客机总设计师吴光辉. 大飞机, 2017,(5): 42-47.
⑥ 中国商用飞机有限责任公司. 追梦大飞机. 上海:文汇出版社, 2013: 149-179.

试验，3000 多小时试飞任务，充分收集试验数据，确保飞机满足适航要求，达到安全指标。2019 年 12 月 27 日，106 号机完成首次飞行任务。至此，C919 大型客机 6 架试飞飞机已全部投入试飞工作，项目正式进入"6 机 4 地"大强度试飞阶段，为取证工作积累技术数据。①

2018 年 2 月 6 日，中国商飞公司宣布将于 2021 年向中国东方航空集团有限公司交付首架 C919 客机。

五、大型军用运输机

2006 年初国务院颁布的《国家中长期科学和技术发展规划纲要（2006—2020 年）》中的大型飞机重大专项中，除了 C919 客机外，还包括运-20"鲲鹏"大型运输机。

20 世纪后期，随着海湾战争、科索沃战争的爆发，我国认识到未来战争部队和武器装备快速机动能力不可或缺。在这种情况下，有关方面多次提出发展大型运输机的设想和建议。1993 年，西飞公司开始了大型运输机的前期论证。1997 年，公司向军方提出研制大型军用运输机的方案。2001 年，西飞公司提出建设"新西飞"的战略规划，即以形成 200 吨级大型飞机研制生产能力为目标，大幅提升航空制造技术和加工能力。2000 年，国家决定自行研制预警机，而预警机需要大型飞机作为平台，所以军方要求西飞公司研制一款能作为预警机平台的大型运输机，要求以伊尔-76 为原准机，在技术上比伊尔-76MD 型更先进。西飞公司利用已有的预研技术储备和军方对运输机的要求，在短时间内拿出了总体设计方案，这就是运-20。运-20 除了执行常规的军事空运任务外，还有一个重要任务是作为预警机的平台，因此其研制具有非常重要的意义。②

2007 年 3 月，中国宣布启动大飞机工程，布点于西安和上海两座城市，前者主要负责大型运输机运-20 的总体研制。2007 年 6 月 20 日，运-20 项目正式立项。③

运-20（代号"鲲鹏"）采用常规外形布局，设计时参照了伊尔-76 的气动外形和机体结构，同时结合了美国 C-17 运输机的部分特点。与伊尔-76 相比，运-20 的发动机和电子设备有了很大的改进，载重也有提高。该机的主要特点是：超临界翼、先进货舱设计、大涵道比涡扇发动机、综合航空电子系统。机翼为悬臂式上单翼，采用前缘缝翼及外吹式襟翼系统等增升装置。④主翼为大展弦比、中等后掠翼，机翼的前缘后掠角恒定，后缘采用两种后掠方式——中外翼段的后缘后掠角要大一些，内翼段的后掠角明显减少，未采用翼梢小翼，尾翼为悬臂式 T 形。在动力系统方面，运-20 原型机使用进口俄罗斯的 D-30KP2 发动机，单台推力 117 千牛。以后将会采用涡扇 18（WS-18）发动机或国产"太行"发动机。⑤运-20 虽然参考了伊尔-76，但其体积更大，运载能力更强，货舱更宽、更高，以适应新时期超宽、超高货物的需求。货舱容积增加到 320 立方米，超过伊尔-76 的三分之一。

---

① 中国商用飞机有限责任公司. C919 飞机. http://www.comac.cc/cpyzr/c919/ [2020-08-22].
② 文心. 中国"运-20"横空出世. 人民日报海外版，2013-02-02（8）.
③ 殷轶良. 从运-20 首飞看自主研发. 中国工业报，2013-04-17（A02）.
④ 董延双，李大光. 中国运-20 一飞冲天. 国防科技工业，2013，（2）：54.
⑤ 杰晨. 新"太行"打造中国动力. 人民日报海外版，2013-04-06（8）.

运-20 的基本技术参考参数为：机长 47 米，翼展 45 米，机高 15 米，空重 100 吨，最大起飞重量 220 吨，最大载重量大于 66 吨。它的最大时速为 750—800 千米（马赫数 0.75），使用升限 13 000 米，航程大于 7800 千米，满载航程 4400 千米，运送伞兵最大航程超过 10 000 千米。①

运-20 具有研制速度快、飞机尺寸大、吨位重、技术先进、自主性强、国产化程度高以及国内合作广等特点。②采用了许多新技术，包括运用 3D 打印技术生产零部件等。

2013 年 1 月 26 日 14 时，运-20 飞机在西安成功进行了首次试飞，前后持续约 1 小时。2013 年 3 月 2 日，运-20 在试飞中心进行了 2 次地面滑行试验。2013 年 12 月，运-20 的第二架原型机成功进行了首飞。此后，运-20 进行了大量科研试飞，内容包括飞机结构强度、空气动力学、飞行性能、飞行品质、系统性能以及极限边界飞行等。此外，运-20 还进行了大量地面强度试验和疲劳试验。

2016 年 7 月 6 日，运-20 完成各试飞科目并通过验收，正式交付空军部队列装。2017 年 7 月 30 日，运-20 亮相庆祝中国人民解放军建军 90 周年阅兵。运-20 的研制成功，实现了我国大型运输机自主发展"零"的突破，取得了关键技术集群式的突破，构建了研制、配套及保障体系，培养了大批高素质人才队伍。③运-20 的列装，为提升空军战略投送能力打下了坚实基础。④未来，运-20 在装备部队的同时，还将进行改进改装，包括战略运输型、战术投送型、空中预警型、空中加油型等。在换装国产发动机之后，它的性能还将有所提升。

---

① 文心. 中国"运-20"横空出世. 人民日报海外版，2013-02-02（8）.
② 殷轶良. 从运-20 首飞看自主研发. 中国工业报，2013-04-17（A02）.
③ 中航西安飞机工业集团股份有限公司. 大国鲲鹏——运-20. https://www.xac.com.cn/c/2019-01-17/494859.shtml
[2019-01-17].
④ 李建文. 运-20 大型运输机入列空军后成功首飞. 解放军报，2016-07-08（2）.

卫星与深空探测技术[*]

中国自1970年发射成功第一颗人造卫星后，应用卫星的研制随即开始。此后，中国在遥感卫星、通信卫星、气象卫星、资源卫星、导航卫星等应用卫星领域都取得了很大进展，为国民经济发展和国防建设做出了重大贡献。进入21世纪新的时期，中国应用卫星得到进一步更新换代，一些卫星技术达到国际先进水平。50年来中国航天事业取得了举世瞩目的巨大成就：运载火箭已经形成较为完整的谱系，最大运载能力跻身世界前三位；各类卫星形成完整的系列，研制出各类科学卫星、应用卫星和技术试验卫星；航天发射数量多年位居世界第一位或第二位；航天器发射数量540余颗（2019年12月）居世界第三位，在轨卫星数量363颗（2020年3月）居世界第二位；中国是世界第三个突破载人航天技术的国家；独立建成北斗全球卫星导航系统。同时，中国还实施了月球探测、火星探测等深空探测活动。

一、通信卫星系列

通信卫星是应用卫星家庭中发射成功较早，产生的经济和社会效益最大的卫星。中国自20世纪70年代中期开始研制通信卫星，80年代中期发射成功第一颗试验通信卫星。此后，中国通信卫星的研制经历了实用通信卫星、中等容量通信卫星和大容量通信卫星阶段。

1. "东方红三号"通信卫星

1984年中国发射了第一颗试验通信卫星——"东方红二号"，到1986年共计发射3颗。此后，改进研制了"东方红二号"甲实用通信卫星，它属于中国第二代通信卫星，自1988年到1991年共计发射了4颗，成功定点并投入使用的为3颗，使中国在20世纪80年代末期用于国内卫星通信的转发器国产化程度有了提高。[①]由于这两种通信卫星的通信能力有限，"东方红三号"卫星应运而生。

"东方红三号"为中等容量通信广播卫星，用于国内通信和广播电视节目，该卫星也是中国第一种面向全社会的、实行商业化经营的通信卫星。星上采用了多项新技术，已达到20世纪80年代的国际先进水平。[②]

1986年3月31日，国务院批转了航天工业部关于加速发展航天技术的报告，把"东方红三号"广播通信卫星列为国家重点科研任务。1986年5月20日，航天工业部要求中国空间技术研究院尽快完成"东方红三号"卫星总体和分系统的可行性论证报告。"东方红三号"有24个C频段转发器；采用三轴稳定控制方式，工作寿命不短于8年。"东

---

* 作者：李成智。
① 彭成荣. 满足航天任务要求，致力整体功能最优——中国航天器总体设计技术的进展//王希季. 20世纪中国航天器技术的进展. 北京：宇航出版社，2002：105-119.
② 戚发轫. 通信卫星技术及应用//刘纪原. 航天技术与现代化. 北京：宇航出版社，1991：191-199.

方红三号"主体为六面体，尺寸为 2.22 米×1.72 米×2.2 米，起飞重量约为 2260 千克，卫星装有 22.7 平方米太阳电池阵和 2 米通信天线。卫星平台按公用平台的思想设计。[①]

1994 年 11 月 30 日，第一颗"东方红三号"在西昌卫星发射中心由"长征三号"甲运载火箭发射，由于卫星燃料出现泄漏故障未能实现在静止轨道定点。[②]第二颗"东方红三号"卫星于 1997 年 5 月 12 日发射，并于 5 月 20 日成功地定点于东经 125°的静止轨道。卫星（对外称"中卫 6 号"）投入使用后，主要用于电话、数据传输、传真、VSAT 网和电视等业务。利用"东方红三号"平台，还研制了数十颗通信卫星和数据中继卫星，以及"嫦娥"系列月球探测器、北斗导航卫星，总计发射了 40 余颗。

2. "东方红四号"卫星平台

随着国际通信卫星技术的飞速发展和国内对卫星通信的强烈需求，"东方红三号"已经不能满足技术与应用的需要。1998 年，中国即加紧开展新一代大型静止卫星公用平台论证工作，这就是"东方红四号"平台。2001 年 10 月，国家正式批准"东方红四号"平台立项，2002 年 1 月通过初样设计评审，正式转入初样研制阶段。整星最大发射重量 5200 千克，设计寿命 15 年。"鑫诺二号"卫星首次使用"东方红四号"平台发射，装有 22 路 Ku 频段大功率转发器，发射重量 5100 千克，设计寿命 15 年。2006 年 10 月 29 日，"鑫诺二号"卫星发射入轨。

"东方红四号"平台整体性能与 A2100-AX、HS-601、FS-1300、SB-3000 等国际通信卫星平台接近。[③]卫星平台的许多技术指标比"东方红三号"高出一倍以上，例如，卫星重量 5200 千克，远超"东方红三号"的 2320 千克；有效载荷重 600 千克，比"东方红三号"的 200 千克高出 2 倍；太阳电池阵输出功率（寿命末期）为 10 500 瓦，比"东方红号三号"的 1700 瓦高出 5 倍；有效载荷功率则高出 7 倍，寿命也提高了近 1 倍。利用"东方红四号"卫星平台，中国还研制了"中星 1A""中星 1B""中星 1C""中星 2A""中星 2B""中星 2C""中星 2D""中星 6A 号""中星 6C""中星 9 号""中星 10 号"等 10 余颗通信卫星，还为其他国家和地区通过整星出口的方式研制了多颗通信卫星，总数达 30 颗。对中国卫星通信事业产生了重大影响，并在国际上获得了良好声誉。[④]

3. "东方红五号"卫星平台

为适应国际卫星通信事业的迅速发展，中国空间技术研究院自 21 世纪初开始探索研制"东方红五号"超大型卫星平台。该卫星平台的技术与性能指标比"东方红四号"又有了显著提升。"东方红五号"属于新一代大型桁架式卫星平台，平台各项技术指标处于国际领先水平，其发射重量 10 吨，承载有效载荷 2000 千克，有效载荷功率 22 千瓦，具有高承载、大功率、高散热、长寿命、可扩展等特点。采用的桁架式结构、大功率供配电系统、先进综合电子以及大推力多模式电推进等先进技术，使该平台能适应通信等载荷的需求。作为通信卫星平台使用时，它可装备多达 100 路转发器，设计指标上与美国波音公司的 BSS702 平台、空客公司的泰利斯 SpaceBus4000 平台处于同一水准。该平

① 王家胜. 中国通信卫星的回顾与展望. 中国航天，2001，(3)：9-13.
② 范本尧，曹志先. 东方红三号通信广播卫星. 中国航天，1997，(7)：5-9.
③ 刘军. 臻于至善的东方红四号卫星平台. 卫星电视与宽带多媒体，2013，(8)：31-34.
④ 石明. 东方红四号增强型卫星平台优化验证经验与启示. 航天器工程，2016，(6)：13-17.

台还可用于对地观测卫星等应用卫星的研究。它可满足中国在 20 年内静止轨道卫星的需求，并且达到了世界先进水平。①由于发射重量大大增加，该卫星用"长征五号"重型运载火箭发射。2019 年 12 月 27 日，"东方红五号"平台以"实践二十号"名义由"长征五号"遥三火箭发射升空，并于 2020 年 1 月 5 日成功定点于东经 105.5°的静止轨道。

二、气象卫星系列

中国自 20 世纪 70 年代初开始研究气象卫星，先后发展了两代极轨气象卫星和两代静止气象卫星。

1. 极轨气象卫星

20 世纪 60 年代初，中国已对气象卫星技术和大气遥感问题进行了初步探索。从 70 年代起，中国开始接收国外气象卫星发出的资料。80 年代，引进了美国"泰罗斯-N"系列气象卫星单站接收处理系统，1986 年 10 月 1 日，中国首次在电视中播发了卫星气象云图和气象预报。

1969 年 1 月，周恩来总理在接见中央气象局等单位代表时提出，要赶快改变中国的落后面貌，"应该搞我们的气象卫星"②。1970 年 2 月，中共中央、国务院和中央军委下达气象卫星研制任务，在国防科学技术委员会的统筹安排下，由上海组织有关部门开展气象卫星的研制。1974 年 9 月，中国气象局在北京召开第一次气象卫星使用要求和规划讨论会，确定气象卫星的使用要求和技术指标。当年 10 月，卫星总体单位（上海汽轮机厂 701 车间，现为上海卫星工程研究所）开始进行极轨气象卫星方案可行性研究和关键技术预研。1986 年 8 月 18 日，国务院、中央军委批准"风云一号"研制任务书，要求于 1988 年 6 月实施首次飞行试验。③

"风云一号" A 星于 1988 年 9 月 7 日发射升空。"风云一号" B 星在结构和有效载荷方面做了一些改进。该星于 1990 年 9 月 3 日发射成功。1990 年 10 月 6—25 日，中国气象局卫星气象中心在北京、乌鲁木齐和杭州，分别组织对卫星在轨测试工作性能进行总结。④1999—2002 年，"风云一号" C 星和 D 星相继发射。

20 世纪 90 年代初期，第二代"风云三号"卫星研制工作开始。1994 年，开始总体方案可行性研究；1996 年 8 月，通过总体方案可行性研究报告，确认关键技术；1998 年 10 月，基本完成卫星关键技术预研攻关，确认具备条件进入工程研制。"风云三号"卫星将提供全球温、湿、压、云和辐射等参数，实现中期数值预报；监测大范围自然灾害和生态环境；探测地球物理参数，支持全球气候变化与环境变化规律研究；为航空、航海和军事等提供全球任意区域的气象信息。卫星安装 9 种气象探测和科学仪器，能完成

① 唐勇. 东方红五号卫星平台研制获突破性进展. 军民两用技术与产品，2014，（7）：17.
② 孟执中. 为国争光的风云一号气象卫星//《中国航天腾飞之路》编委会. 中国航天腾飞之路. 北京：中国文史出版社，1999：369-372.
③ 《上海航天志》编纂委员会. 上海航天志. 上海：上海社会科学院出版社，1997：235.
④ 孟执中. 从试验卫星到业务应用卫星——中国太阳同步轨道气象卫星的进展//王希季. 20 世纪中国航天器技术的进展. 北京：宇航出版社，2002：64-73；李卿，董瑶海. 中国气象卫星技术成就与展望. 上海航天，2008，（1）：1-10；《上海航天志》编纂委员会. 上海航天志. 上海：上海社会科学院出版社，1997：256.

大量气象探测与科学研究工作。其红外分光计和微波辐射计等仪器的性能，相当于当时美国诺阿卫星的水平。[①]2008 年 5 月 27 日，第一颗"风云三号"发射升空。截至 2017 年 11 月，"风云三号"共计发射了 4 颗。

2. 静止气象卫星

中国第一代静止气象卫星是"风云二号"，由上海航天技术研究院负责总体设计，中国空间技术研究院、第四研究院、中国科学院上海技术物理研究所、国家空间科学中心、信息产业部电子第 18 研究所等单位共同参与研制。1982 年 8 月，上海卫星工程研究所根据中国气象局提出的使用要求，开始"风云二号"静止气象卫星的可行性研究。同年 12 月，提出了卫星总体方案设想。此后，卫星总体和各分系统分别开展方案可行性论证和关键技术攻关。1986 年 3 月，国务院批准了"风云二号"卫星研制任务书，同年 11 月完成了总体方案可行性论证。[②]1987 年 5 月，"风云二号"卫星进入方案设计阶段。"风云二号"卫星采用自旋稳定姿态控制方案，涉及多项关键技术。它相当于国外 20 世纪 90 年代中期静止气象卫星的技术水平。[③]"风云二号"卫星发射质量 1365 千克，定点质量 570 千克，星上共有 77 种 82 台仪器（不含备份）和 33 个部件。多通道扫描辐射计是"风云二号"卫星的主要气象遥感器，具有 3 个观测波段。卫星还携带多台空间环境监测器。"风云二号" A 星和 B 星分别于 1997 年 6 月 10 日、2000 年 6 月 25 日在西昌卫星发射中心发射成功。它们均达到了 20 世纪 90 年代国际同类卫星先进水平。2004 年 10 月 19 日和 2006 年 12 月 8 日发射的"风云二号" C 星和 D 星进行了 256 项改进。卫星投入使用后，气象探测数据和成果更有效地在全国各地发挥重要作用。[④]截至 2018 年 6 月，"风云二号"共计发射了 8 颗。

"风云四号"是中国第二代静止气象卫星，按照"军民综合应用"的原则进行设计，它还要充分考虑海洋和农林、水利，以及环境、空间科学等领域的应用需求，实现综合利用。"风云四号"采用三轴稳定姿控方案，主要探测仪器为 10 通道二维扫描成像仪、干涉型大气垂直探测器、闪电成像仪、CCD 相机等，地球圆盘图成像时间缩短到 15 分钟。[⑤]它在地球气象、环境遥感探测的任务更加广泛。[⑥]卫星总质量 5300 千克，设计寿命 5 年。第一颗卫星"风云四号" A 星于 2016 年 12 月 11 日发射，并在 2017 年 5 月定点后投入使用。

三、遥感卫星系列

遥感卫星中的资源卫星是经济社会效益十分显著的应用卫星之一，得到了各国的高度重视。20 世纪 70 年代中国曾研制发射了 18 颗返回式卫星，积累了丰富的遥感技术。

① 李卿，董瑶海. 中国气象卫星技术成就与展望. 上海航天，2008，（1）：1-10.
② 孟执中，李卿. 中国气象卫星的进展. 中国航天，2001，（5）：7-17.
③ 李卿. 风云二号总师谈风云二号. 中国航天，2000，（8）：6-9.
④ 许建民，郭关生. 风云二号气象卫星及其应用前景. 中国航天，2000，（8）：10-13.
⑤ 李卿. 立足国内，走继承创新之路：中国地球静止气象卫星的进展//王希季. 20 世纪中国航天器技术的进展. 北京：宇航出版社，2002：74-81.
⑥ 董瑶海. 风云四号气象卫星及其应用展望. 上海航天，2016，（2）：1-8.

中国研制资源卫星经历了国际合作研制和自行研制的过程。

1. 中巴地球资源卫星

早在 20 世纪 70 年代末期，中国科学院空间科学与应用研究中心就已进行了资源卫星的可行性论证工作。1985 年 7 月，航天工业部根据原有方案设计，提出研制"资源一号"地球资源卫星。研制初期，曾设想在 1990 年发射第一颗卫星。为了筹集经费，1984 年 5 月 29 日，中国和巴西两国政府曾签署了《科学技术合作协定》航天合作补充协议书。1985—1987 年，中国空间技术研究院与巴西负责空间科学技术开发的巴西国家空间研究院的领导和专家互访频繁。经过会谈，双方表示愿意共同研制中巴地球资源卫星（CBERS，又称"资源一号"）。[①]在巴西总统萨尔内（José Sarney）访华期间，两国政府于 1988 年 7 月 6 日签署了《中华人民共和国政府和巴西联邦共和国政府关于核准研制地球资源卫星的协议书》[②]。两国领导人将这次合作誉为"南南高技术领域合作的典范"。[③]

1999 年 10 月 14 日 11 时 16 分，中国在太原卫星发射中心，用"长征四号"乙运载火箭顺利地将中国第一颗地球资源卫星——中巴地球资源卫星送入太阳同步轨道，卫星顺利实现了星箭分离并展开太阳帆板。卫星入轨后的第二天，位于北京密云的遥感卫星地面站就获得了 CCD 相机 5 个谱段的数据和红外扫描仪第 6 个谱段的数据，且用这些数据处理出的图像质量好。1999 年 10 月 21 日，宽视场成像仪开始工作，巴西和中国均获得了满意的图像。2000 年年初，国防科学技术工业委员会组织了对中巴地球资源卫星数据的应用评审工作。评审结果认为，卫星遥感数据成像质量较好，分辨率达到设计要求，应用效果与美国陆地卫星数据相当，可以满足我国资源调查、灾害监测和环境保护等众多领域的需求。[④]由于中巴地球资源卫星取得的成功，中国和巴西还草签了 03 号和 04 号星的合作协议。[⑤]截至 2014 年，中巴地球资源卫星共计发射了 5 颗。

2. "资源二号"和"资源三号"卫星

以中巴地球资源卫星为基础，中国自行研制了"资源二号"遥感卫星。"资源二号"系列卫星首次发射时间是 2000 年 9 月 1 日。2002 年 10 月 27 日上午 11 时 17 分，在太原卫星发射中心，"长征四号"乙火箭成功地将"资源二号"卫星送入太空。十几分钟后，卫星与火箭成功分离。西安卫星测控中心随即传来数据，卫星已准确进入太阳同步预定轨道，发射获得圆满成功。"资源二号"卫星主要用于国土资源勘查、环境监测与保护、城市规划、农作物估产、防灾减灾和空间科学试验等领域。它在总体性能和技术水平上又有了新的发展和提高。[⑥]到 2004 年 11 月，"资源二号"卫星共发射了 3 颗。

"资源三号"卫星是中国第一颗自主的民用高分辨率立体测绘卫星，可以通过立体观测测制 1：5 万比例尺地形图，为国土资源、农业、林业等领域提供服务。[⑦]卫星可对

① 孙宏金. 中国卫星工作者眼中的巴西同行. 航天工业管理，2002，（4）：24-27.
② 赵志祥. 南南合作的经典之作——巴西空间研究院负责人谈资源一号卫星. 中国航天，1999，（11）：9-10.
③ 陈宜元. 资源一号发射成功标志着我国空间技术实现了新的飞跃. 中国航天，2000，（3）：21-28；陈宜元. 跨上我国空间技术新台阶的资源-1 卫星. 国际太空，1998，（3）：1-11.
④ 中巴地球资源卫星成功在轨运行三周年. 中国航天，2002，（10）：13.
⑤ 厉银喜. 中巴地球资源卫星性能优异. 国际太空，1999，（11）：10-11.
⑥ 厉银喜. 中巴地球资源卫星性能优异. 国际太空，1999，（11）：10-11.
⑦ 唐新明，王鸿燕. 资源三号卫星应用分析与展望. 航天器工程，2016，（5）：1-10.

地球南北纬84度以内地区实现无缝影像覆盖,回归周期为59天,重访周期为5天。2012年1月9日,第一颗"资源三号"卫星由"长征四号"乙火箭发射。1月11日传回第一批高精度立体影像及高分辨率多光谱图像,2012年4月20日完成卫星在轨测试工作。

"资源三号"卫星重约2650千克,卫星寿命5年。主要有效载荷包括正视全色TDI CCD相机、前视与后视全色TDI CCD相机、正视多光谱相机。卫星主要用于1∶5万比例尺立体测图和数字影像制作,又可用于1∶2.5万等更大比例尺地形图部分要素的更新,还可为农业、灾害、资源环境、公共安全等领域或部门提供服务。利用"资源三号"卫星获取的立体影像,在构成的立体视野里,会将各种地标物及人工物进行数字高程模型制作、立体测图等作业,产生高精度基础地理信息产品及各类专题产品,可以满足各行业的应用需求。[1]它是我国第一颗民用高分辨率光学传输型测绘卫星,实现了高精度测绘卫星"零的突破"。该卫星在轨运行期间,获得了大量卫星遥感数据,定位精度、测图能力等技术指标达到国际同类卫星领先水平。2016年5月30日,"资源三号"02星成功发射。两颗卫星获得的数据与图像已为许多国家所采用。[2]

3. 其他遥感卫星

上海航天技术研究院和中国空间技术研究院还研制了"遥感"系列对地观测卫星。"遥感卫星一号"于2006年4月27日发射升空,并进入高度为633千米的太阳同步轨道。该卫星重2.7吨,用于科学实验、国土资源普查、农作物估产以及防灾减灾等。2007年5月25日,在酒泉卫星发射中心成功将"遥感卫星二号"送入太空。2007年11月12日,"遥感卫星三号"发射并进入太阳同步轨道。2008年12月1日,"遥感卫星四号"发射进入低地球轨道。2008年12月15日,"遥感卫星五号"发射并进入太阳同步轨道。该卫星主要用于国土资源勘查、环境监测与保护、城市规划、农作物估产、防灾减灾和空间科学试验等领域的数据采集和传输任务。2009年4月22日,在太原卫星发射中心"长征二号"丙火箭将"遥感卫星六号"送入轨道。其作用与前面的几颗卫星大体相同。截至2016年5月,"遥感"系列对地观测卫星共计发射了30颗。

4. 高分卫星系统

2006年,中国政府将高分辨率对地观测系统列入《国家中长期科学和技术发展规划纲要(2006—2020年)》重大专项,是16个重大专项之一,即"高分专项"。2010年5月"高分专项"全面启动,计划到2020年建成自主的陆地、大气和海洋观测系统。"高分专项"是一个非常庞大的遥感技术项目,包含至少7颗卫星和其他观测平台,分别编号为"高分一号"到"高分七号"。"高分一号"为光学成像遥感卫星;"高分二号"也是光学成像遥感卫星,但分辨率都提高了一倍;"高分三号"为1米分辨率;"高分四号"为同步轨道光学卫星,全色分辨率为50米;"高分五号"不仅装有高光谱相机,而且拥有多部大气环境和成分探测设备;"高分七号"则属于高分辨率空间立体测绘卫星。"高分"系列卫星覆盖了从全色、多光谱到高光谱,从光学到雷达,从太阳同步轨道到地球同步轨道等多种类型,构成了一个具有高空间分辨率、高时间分辨率和高光谱分辨率能

---

① 唐新明, 王鸿燕, 祝小勇. 资源三号卫星测绘技术与应用. 测绘学报, 2017, (10): 1482-1491.
② 唐新明, 王鸿燕. 资源三号卫星应用分析与展望. 航天器工程, 2016, (10): 1-10.

力的对地观测系统。"高分一号"于 2013 年 4 月 26 日发射成功，2013 年 12 月 30 日正式投入使用。

"高分"系统其他卫星发射情况是：2015 年 6 月 26 日，"高分八号"卫星发射成功；2015 年 9 月 14 日，"高分九号"卫星发射成功；2016 年 8 月 10 日，"高分三号"卫星发射成功；2018 年 5 月 9 日，"高分五号"卫星发射成功；2018 年 6 月 2 日，"高分六号"卫星发射成功；2019 年 11 月 3 日，"高分七号"卫星成功发射。6 颗卫星具有不同的分辨率："高分二号"卫星标志着我国民用遥感卫星跨入亚米级分辨率时代，"高分三号"卫星是我国首颗 1 米分辨率 C 频段合成孔径雷达成像卫星，"高分四号"卫星是世界首颗静止轨道高分辨率成像遥感卫星。[1]2018 年 7 月 31 日，"高分十一号"卫星发射成功。至此，中国的高分辨率对地观测系统建设已经圆满收官，该系统为中国现代农业、防灾减灾、资源环境、公共安全等重大领域提供服务和决策支持，确保掌握信息资源自主权，为促进形成空间信息产业链做出了贡献。

四、北斗卫星导航系统

导航卫星具有巨大的军事、经济价值，美国 GPS 系统在各领域获得了广泛应用。中国很早就开展了"灯塔一号"导航卫星的研制工作。1980 年底，"灯塔一号"研制任务撤销。20 世纪 80 年代，中国航天界和有关科学家再次提出研制导航卫星的建议。由于研制类似于美国的 GPS 和俄罗斯的 GLONASS 那样的系统十分复杂，且耗资巨大，因此陈芳允等提出了双星定位设想。1983 年，陈芳允从可行性角度出发，首次提出了这一设想。该方案主要分系统是两颗位于静止轨道的导航卫星，轨道间隔为 60°。两颗卫星的覆盖范围可以包括中国领土及近海，系统的成本较低、维护费用不高。国外直到 1998 年才发表同一设想。[2]

1985 年在南京召开的测地会议上，陈芳允再次提出了建立双星定位通信系统的建议。总参谋部测绘导航局于 1986 年批准该项目立项进行预研。这就是"北斗一号"导航卫星。1989 年 9 月 25 日，在北京进行了首次"双星快速定位通信系统"的功能演示。[3]由于这次试验演示的成功，1993 年，双星定位通信系统被列入国家"九五"计划。

"北斗一号"导航卫星采用"东方红三号"卫星平台，搭载导航系统的有效载荷，重约 2200 千克。2000 年 10 月 31 日和 12 月 21 日，第一颗和第二颗"北斗一号"卫星相继在西昌卫星发射中心发射。2001 年底，该系统正式开通运营。随着 2003 年 5 月 25 日该系统的备份星——第三颗"北斗一号"卫星发射成功，"北斗运营服务平台"开通。当时，有关专家预测，到 2008 年该平台将有 30 万个用户，直接的产值将达到 35 亿元人民币。[4]由于该系统用户容量、导航定位精度、隐蔽性等方面有限，在体制上也不能与 GPS、GLONASS 及欧洲伽利略导航系统兼容。因此，中国还需要在第一代导航卫星系统成就

① 童旭东. 扎实推进高分专项实施 助力"一带一路"建设. 航天返回与遥感，2018，(8)：19-25.
② 马京生. 陈芳允//宋健. 两弹一星元勋传. 北京：清华大学出版社，1999：533-540.
③ 陈芳允，刘志逸. 发展我国的星基定位通信系统. 中国空间科学技术，1987，(3)：1-7.
④ "北斗一号"卫星全部升空，北斗大规模应用整装待发——北斗星通自主研制的国内首家"北斗运营服务平台"正式开通. http://www.navchina.com[2020-06-09].

的基础上，发展第二代导航卫星系统"北斗二号"，以满足国内军民用户对卫星导航应用和长远经济发展的需求。①2004 年 8 月 31 日，"北斗"二代正式被批准立项。由于独立建设庞大的全球性卫星导航系统技术难度大、建设周期长、费用高、管理复杂，欧盟在制定了伽利略导航系统计划后，主动邀请中国加入。②2003 年，中欧签署了伽利略导航系统合作计划。由于种种原因，2006 年这项合作被迫中止。2006 年 11 月 2 日，我国政府宣布，中国将建立自主的全球卫星导航系统。国家航天局、国防科学技术工业委员会以及国家发展和改革委员会随后颁布了相应的发展规划。③

2008 年底，"北斗二号"卫星导航系统论证工作基本完成，正式提交国务院。2009 年 11 月，国务院常务会议通过《中国第二代卫星导航系统重大专项实施方案》，正式批准建设自主性北斗全球卫星导航系统。中国全球卫星导航系统分"三步走"：第一步即"北斗一号"试验卫星导航系统，批准于 1994 年；第二步为"北斗二号"区域卫星导航系统，批准于 2004 年；第三步为"北斗三号"全球卫星导航系统，批准于 2009 年。2009 年底，中国第二代卫星导航系统专项管理办公室发布"北斗卫星导航系统发展计划"，首次明确阐述了中国北斗卫星导航系统的"三步走"发展战略，分别是北斗试验卫星导航系统（简称"北斗一号"系统）、北斗区域卫星导航系统（简称"北斗二号"系统）和北斗全球卫星导航系统（简称"北斗三号"系统）。最终的全球卫星导航系统由 35 颗卫星组成，包括 5 颗静止轨道卫星、27 颗中地球轨道卫星、3 颗倾斜同步轨道卫星。5 颗静止轨道卫星定点位置为东经 58.75°、80°、110.5°、140°、160°，中地球轨道卫星运行在 3 个轨道面上，轨道面之间为相隔 120°均匀分布。④

2007 年 4 月 14 日，第一颗"北斗二号"导航卫星由"长征三号"甲火箭发射升空。这是一颗中高轨道卫星，编号 M1。2009 年 4 月 15 日、2010 年 1 月 17 日、2010 年 6 月 2 日，中国用"长征三号"丙火箭发射了三颗第二代北斗导航卫星，后分别定点于地球静止轨道。2010 年 8 月 1 日，中国用"长征三号"甲火箭发射了第五颗北斗导航卫星。"北斗二号"导航卫星采用改进的"东方红三号"A 卫星平台，由推进、服务与通信舱、天线与太阳电池阵组成，并采用三轴稳定姿态控制。卫星设计寿命 12 年。到 2012 年 10 月，北斗导航卫星共计发射了 16 颗，初步实现了区域导航服务能力。2012 年 12 月 27 日，中国卫星导航系统管理办公室宣布，北斗系统正式开始区域导航定位服务。⑤"三步走"战略已经实现了第二步目标。

2017 年 11 月 5 日，中国第三代导航卫星——"北斗三号"的首批组网卫星（2 颗）以"一箭双星"的方式发射升空，标志着北斗全球卫星导航系统第三步建设工作正式开

① 童铠院士谈发展我国第二代导航卫星系统. https://www.cas.cn/ky/kyjz/200110/t20011022_1030921.shtml［2001-10-22］；陈建成. 北斗卫星定位导航系统的发展应用关键在政府政策. 卫星应用，2007，15（2）：18-25.

② 赵静. 中国正式加入伽利略计划. 太空探索，2005，（1）：6-7.

③ 国家发展改革委关于印发高技术产业发展"十一五"规划的通知. https://www.ndrc.gov.cn/xxgk/zcfb/ghwb/200705/t20070514_962071.html?code=&state=123［2020-07-12］；航天发展十一五规划. http://www.cnsa.gov.cn/n1081/n308674/n308957/309799.html［2020-0531］；关于促进卫星应用产业发展的若干意见. http://www.ndrc.gov.cn/zcfb/zcfbtz/2007tongzhi/ t20071123_174233.htm［2020-07-12］.

④ 2011 年中国的航天白皮书. http://www.gov.cn/english/official/2011-12/29/content_2033200.htm［2020-06-06］；李罡，王志明，吕晶. 我国卫星导航定位系统简介. 军事通信技术，2009，（4）：94-97.

⑤ 冉承其. 北斗卫星导航系统的发展. 卫星应用，2013，（7）：4-7.

始。"北斗三号"卫星的性能进一步提高，它采用"东方红 3B"卫星平台，由推进、服务与通信舱、通信天线与太阳电池阵组成。卫星设计寿命 12—15 年。与前两代北斗卫星相比，"北斗三号"的技术水平大大提高。高精度星载原子钟技术、星座自主运行技术、卫星载荷关键技术、星地链路和星间链路技术、全新导航信号体制和导航卫星控制技术等得到新的发展。"北斗三号"卫星采用了新型高精度铷原子钟和氢原子钟，在体积、重量方面大幅降低，频率稳定度提高了 10 倍，综合指标达到国际领先水平。"北斗三号"卫星还在世界上首次实现了卫星的在轨自主完好性监测功能，对民航、自动驾驶等生命安全领域用户来说，具有极大的实用价值。[①]

从 2017 年 11 月到 2019 年 4 月 20 日，"北斗三号"卫星共计发射了 21 颗，使"北斗"系统发射总数达 44 颗。2019 年 9 月 23 日，"长征三号"乙火箭又成功发射了两颗"北斗"卫星，使"北斗"系统组网卫星数量达到 48 颗。2020 年 6 月 23 日，在西昌卫星发射中心用"长征三号"乙火箭成功发射"北斗三号"系统第五十五颗导航卫星，这也是"北斗"系统最后一颗全球组网卫星，使导航系统星座部署比原计划提前半年全面完成。20 多年间，中国在西昌卫星发射中心共组织了 44 次北斗发射任务，先后将 4 颗"北斗一号"试验卫星、23 颗"北斗二号"和 32 颗"北斗三号"组网卫星送入预定轨道，任务成功率达 100%。2020 年 7 月 31 日，中共中央总书记、国家主席、中央军委主席习近平出席北斗系统建成暨开通仪式并宣布"北斗三号"全球卫星导航系统正式开通。作为一个宏大的国家基础设施，"北斗"系统将为全球用户提供陆、海、空导航定位服务，促进卫星定位、导航、授时服务功能的应用，为航天用户提供定位和轨道测定手段，满足导航定位信息交换的需要等。随着北斗系统的普及，它在国民经济建设中发挥了巨大的作用，带来了数千亿元的经济效益。[②]

五、月球及火星探测

20 世纪 50 年代末，苏美两国在发射了各自的第一颗人造卫星后，紧接着开始了深空探测计划，从探月开始，逐步将探测器发射到火星、金星、火星以及外行星，在行星研究和深空天文学研究领域取得了一系列成果。20 世纪后期，欧洲、日本和印度也都在开展深空探测活动。中国在 20 世纪 90 年代，也制定了月球探测计划，这就是嫦娥工程。截至 2019 年 1 月，嫦娥工程已经成功发射了 4 颗月球探测器，先后实现了绕、落两大目标。

1. "嫦娥一号"探测器

1994 年，中国航天界进行了探月活动的必要性和可行性的研究，1996 年完成了探月卫星的技术方案研究，1998 年完成了卫星关键技术研究，以后又开展了深化论证工作。中国的探月计划经过长期准备、十年论证，于 2004 年 1 月正式立项，被称作"嫦娥工程"。该工程包括三个阶段：绕、落、回。[③] "嫦娥一号"有效载荷研制测试由中国科学

① 宗体. 创新跨越 新一代"北斗"导航卫星关键技术得到验证——专访"北斗"卫星总设计师谢军. 国际太空, 2015，（12）：1-4.
② 冉承其. 北斗卫星导航系统运行与发展. 卫星应用，2017，（8）：10-13.
③ 吴伟仁. 奔向月球. 北京：中国宇航出版社，2007：20.

院空间科学与应用研究中心负责，探测器本体由中国空间技术研究院研制。首次月球探测工程有四大科学任务：获取月球表面三维立体影像；分析月球表面有用元素含量和物质类型的分布特点；探测月壤厚度；探测地球至月球的空间环境。[①]

"嫦娥一号"以"东方红三号"卫星平台为基础研制，星体为一个 2 米×1.72 米×2.2 米的长方体，重 2350 千克，两侧各有一个太阳能电池帆板。"嫦娥一号"工作寿命 1 年，计划绕月飞行一年。2007 年 10 月 24 日，"嫦娥一号"从西昌卫星发射中心成功发射。11 月 7 日 8 时 24 分，经第三次制动，卫星进入周期为 127 分钟，环绕月球南、北极的高度 200 千米的极月圆形环月轨道，有效载荷公用设备打开后，开始传回探测数据，经过处理制作完成第一幅月面图像。[②]到 2008 年 11 月 7 日，设计工作寿命为 1 年的"嫦娥一号"卫星成功在月球轨道上运行一周年，绕月飞行 4000 多圈，实现了工程提出的"精确变轨，成功绕月，有效探测，寿命一年"的预定目标。2008 年 11 月 12 日 15 时 05 分，根据"嫦娥一号"卫星获取的数据制作完成的"中国第一幅全月球影像图"正式亮相。这是迄今为止世界公布的月球影像图中最完整的一幅。[③]

"嫦娥一号"卫星在轨飞行试验期间，完成了月面拍摄、月面元素分布探测、月球土壤厚度测量、氦-3 探测与评估、月球环境探测等许多重大的科学任务。[④]2009 年 3 月 1 日 16 时，"嫦娥一号"卫星受控准确落于月球富海区域。在撞击过程中，"嫦娥一号"卫星携带的 CCD 相机传回实时图像，图像清晰。

2. "嫦娥二号"探测器

2010 年 10 月 1 日 19 时许，"嫦娥二号"在西昌卫星发射中心成功发射，顺利进入地月转移轨道。该卫星也采用了"东方红三号"卫星平台。探测器发射质量 2480 千克，干重 1169 千克，携带 166 千克载荷。[⑤]2010 年 10 月 2 日凌晨 3 点 39 分，"嫦娥二号"完成第一次地月成像。它验证了直接地月转移轨道设计与飞行技术，验证了紫外导航、CMOS 视频小相机成像等先进技术，首次获取了完整的地月空间环境探测数据。2010 年 10 月 6 日至 9 日，"嫦娥二号"经 3 次近月制动和 1 次轨道平面机动，进入半长轴约 1840 千米、高度约 100 千米、周期 118 分的极月轨道。

"嫦娥二号"在绕月飞行阶段初期，实施了月球背面降轨控制并获取虹湾区高分辨率图像，完成了既定的各项技术试验验证任务。2011 年 4 月 25 日，"嫦娥二号"重点拍摄了月球南北两极图像，将月球立体影像覆盖率从 99.6% 提高至 100%。"嫦娥二号"成功到达拉格朗日 L2 点，开始进行载荷科学探测。2012 年 4 月，"嫦娥二号"成功绕飞拉格朗日 L2 点，并在拉格朗日 L2 点开展了 10 个月的科学探测，填补了中国对地球远磁尾区域的离子能谱、太阳耀斑暴发和宇宙伽马射线暴的科学探测的空白。[⑥]

① 欧阳自远，李春来，邹永廖，等. 嫦娥一号卫星的科学探测//中国空间科学学会第七次学术年会会议手册及文集. 大连，2009：68-82.
② 《中国航天》编辑部. 嫦娥一号拍摄的月图公布. 中国航天，2008，（1）：17.
③ 邹红霞. 嫦娥一号全月面三维立体图自动构建技术通过鉴定. 装备指挥技术学院学报，2009，（4）：80.
④ 佚名. 嫦娥一号卫星 1 年的生命周期表现完美. http://www.cast.cn/[2020-07-15].
⑤ 陈全育. 嫦娥二号任务的六大技术创新与突破. 中国航天，2010，（10）：6.
⑥ 黄江川. 嫦娥二号卫星技术成就与展望//中国宇航学会深空探测技术专业委员会第九届学术年会论文集（上册）. 北京：2012：5.

2012 年 12 月 15 日，"嫦娥二号"飞离拉格朗日 L2 点 195 天后，在距地球约 700 万千米处与图塔蒂斯小行星由远及近擦身而过。在后续飞行时，它先后创造距离地球 1000 万千米、5000 万千米和 1 亿千米的中国探测器新纪录。"嫦娥二号"探测任务的结束，也标志着"嫦娥工程"第一阶段"绕"任务的完成。[①]

3. "嫦娥三号"探测器

"嫦娥三号"探测器的任务是"落"，即在月球上实现软着陆。"嫦娥三号"由月球软着陆探测器（简称着陆器）和月面巡视探测器（又称"玉兔号"月球车）组成。2013 年 12 月 2 日，"嫦娥三号"由"长征三号"乙运载火箭送入太空，14 日成功软着陆于月球雨海西北部，15 日完成着陆器与巡视器分离，并陆续开展月球科学探测和其他预定任务。"嫦娥三号"总重 3780 千克，着陆器着陆质量为 1200 千克。"玉兔号"月球车外形尺寸为 1.5 米×1 米×1.1 米，重 140 千克，采用太阳能电池板供电。月球车配有全景相机、红外成像光谱仪、测月雷达、粒子激发 X 射线谱仪等科学探测仪器。[②]"嫦娥三号"的科学任务包括月表形貌与地质构造调查、月表物质成分和资源调查、地球等离子体层探测和月基光学天文观测。[③]

2013 年 12 月 15 日 4 时 35 分，"嫦娥三号"着陆器与"玉兔号"月球车分离，"玉兔号"顺利驶抵月球表面。12 月 15 日 23 时 45 分，"玉兔号"完成围绕嫦娥三号旋转拍照，并传回照片。车上的全景相机、测月雷达等 4 台有效载荷按计划开展了科学探测。到 2014 年 12 月 14 日 21 时 14 分，"嫦娥三号"登月满一周年，实现了着陆器月面安全工作一年的预定目标。它取得的科学成果主要有：完成首幅月球地质剖面图、完成首次天体普查、首次证明月球没有水、首次获得地球等离子体层图像。2016 年 1 月 5 日上午，国家国防科技工业局发布国际天文学联合会批准将"嫦娥三号"着陆点周边区域命名为"广寒宫"，附近三个撞击坑分别命名为"紫微""天市""太微"。2016 年 2 月 18 日 14 时 32 分，设计寿命 1 年的"嫦娥三号"着陆器成功自主唤醒，其已在月面运行管理 797 天，超期服役 14 个月。2016 年 4 月，"嫦娥三号"和"玉兔号"月球车拍摄的月面高分辨率全彩照片首次公布，给全世界科学家研究月球提供了第一手资料。[④]2016 年 7 月 31 日晚，"玉兔号"月球车超额完成任务，停止工作；8 月 4 日，探测器着陆器正式退役，停止了长达 31 个月的工作。

4. "嫦娥四号"探测器

"嫦娥四号"是"嫦娥三号"的备份星，它也由着陆器和月球车组成，完成的任务也与"嫦娥三号"相似。"嫦娥四号"于 2018 年 12 月 8 日发射。2019 年 1 月 3 日，"嫦娥四号"成功登陆月球背面，这是世界上第一个在月球背面软着陆的月球探测器，具有重要的科学探测价值。[⑤]1 月 11 日，"嫦娥四号"着陆器与"玉兔二号"月球车正常工作，

① 叶培建,黄江川,张廷新,等. 嫦娥二号卫星技术成就与中国深空探测展望. 中国科学（技术科学）,2013,（5）: 467-477.
② 申振荣,张伍,贾阳,等. 嫦娥三号巡视器及其技术特点分析. 航天器工程,2015,（10）:8-13.
③ 张巧玲. 嫦娥三号任务及其初步科学成果. 中国科学院院刊,2017,（1）:85-90.
④ 郭奕彤,刘海英,紫晓. 自主创新树典范 嫦娥工程结硕果——嫦娥三号探测器探月任务创新成果回眸. 中国航天,2014,（9）:3-7.
⑤ 欧阳自远. 嫦娥四号月背软着陆的重大意义. 世界科学,2019,（3）:28-30.

在"鹊桥号"中继卫星的支持下顺利完成互拍，地面接收图像清晰完好。探测器上的中外科学载荷工作正常，探测数据有效下载，搭载科学实验项目顺利开展，达到工程既定目标。1月15日，"嫦娥四号"完成了人类首次月面生物实验。"嫦娥四号"探测器的着陆器和"玉兔二号"月球车经过多次休眠和自主唤醒，开展了大量拍摄、观察和研究任务，月球车在月面累计行驶距离约120米。[①]2月15日，中国国家航天局和国际天文学联合会联合发布"嫦娥四号"月球地理实体命名。经国际天文学联合会批准，将"嫦娥四号"着陆点命名为"天河基地"，将着陆点周围的三个小环形山分别命名为"织女"、"河鼓"和"天津"，将着陆点所在冯·卡门环形山的中央峰命名为"泰山"。截至2021年2月6日16时48分和4时26分，"嫦娥四号"着陆器和"玉兔二号"月球车分别结束月夜休眠，自主唤醒，进入第27个月昼工作期。"玉兔二号"月球车累计行驶里程约为628.5米，距离着陆点直线距离约430米。[②]

5. "嫦娥五号"探测器

"嫦娥五号"是中国"探月工程"三期的收官任务，工程目标为：突破窄窗口多轨道装订发射、月面自动采样与封装、月面起飞、月球轨道交会对接、月地转移、地球大气高速再入、多目标高精度测控、月球样品储存等关键技术，提升我国航天技术水平；实现首次地外天体自动采样返回，推进我国科学技术重大跨越；完善探月工程体系，为载人登月和深空探测奠定一定的人才、技术和物质基础。其科学目标为：着陆区的现场调查和分析，月球样品的分析与研究。围绕上述科学目标，探测器将配置降落相机、全景相机、月球矿物光谱分析仪、月壤结构探测仪4台科学探测载荷，实现可见光、红外、微波等多谱段探测。[③]"嫦娥五号"飞行任务过程规划为发射、地月转移、近月制动、环月飞行、着陆下降、月面工作、月面起飞上升、交会对接与样品转移、环月等待、月地转移、再入回收共11个阶段。[④]整个过程与美国阿波罗登月计划的月球轨道交会法的程序基本一致。

"嫦娥五号"是由着陆器、上升器、轨道器、返回器四大系统，以及15个分系统组成的全新探测器，设计完成地月转移、环月、月面软着陆、自动采样、自动返回等任务。探测器总质量约8.2吨，[⑤]其中着陆器约3780千克，上升器约120千克。它是我国第一个由四个部分组成的航天器。"嫦娥五号"着陆器配置了降落相机、全景相机、月壤结构探测仪、月球矿物光谱分析仪等多种有效载荷，能够在月表形貌及矿物组分探测与研究、月球浅层结构探测等科学探测任务中发挥重要作用。探测器钻取采样前，月壤结构探测仪对采样区地下月壤结构进行了分析判断，为采样提供了数据参考。[⑥]

---

① 叶培建，孙泽洲，张熇，等. 嫦娥四号探测器系统任务设计. 中国科学（技术科学），2019，（2）：124-137.
② 嫦娥四号再度唤醒　进入第27月昼工作期. http://www.clep.org.cn/n5982341/c6811241/content.html[2022-05-26].
③ 裴照宇，王琼，田耀四. 嫦娥工程技术发展路线. 深空探测学报，2015，（2）：99-110.
④ 叶培建，黄江川，孙泽洲，等. 中国月球探测器发展历程和经验初探. 中国科学（技术科学），2014，（6）：543-558.
⑤ 国家航天局. 从"嫦娥一号"到"嫦娥五号". http://www.cnsa.gov.cn/n6758823/n6758838/c6802435/content.html[2022-05-26].
⑥ 嫦娥五号探测器完成月面自动采样封装　有效载荷工作正常. http://www.gov.cn.qingcdn.com/xinwen/2020-12/03/content_5566687.htm[2022-05-26].

"嫦娥五号"于 2020 年 11 月 24 日在文昌航天发射场发射升空并进入地月转移轨道。探测器实施了 2 次轨道修正、2 次近月制动，并顺利进入环月圆轨道。此后，探测器经历了组合体分离、环月降轨及动力下降，着陆器和上升器组合体于 12 月 1 日在月球正面预选区域着陆并开展采样工作。12 月 3 日，上升器点火起飞、精准入轨，于 12 月 6 日完成与轨道器和返回器组合体之间的交会对接及样品转移，此后按计划分离并受控落月。12 月 12—16 日，轨道器和返回器组合体在完成了 2 次月地转移入射、2 次轨道修正后，返回器于 12 月 17 日与轨道器分离并重返地球。"嫦娥五号"的飞行任务圆满结束，共采集了月球样品约 1731 克。"嫦娥五号"在一次任务中连续实现了我国航天史上首次月面采样、月面起飞、月球轨道交会对接、带样返回等多个重大突破，为我国探月工程"绕、落、回"三步走发展规划画上了圆满句号。"嫦娥五号"任务作为我国复杂度最高、技术跨度最大的航天系统工程，成功实现了多方面技术创新、突破了一系列关键技术，对于我国提升航天技术水平、完善探月工程体系、开展月球科学研究、组织后续月球及星际探测任务，具有承前启后、里程碑式的重要意义。[①]

6. "天问一号"火星探测器

2009 年，中国科学院曾与俄罗斯航天部门合作，研制了搭载的"萤火一号"火星探测器。其科学目标之一是对火星大气和电离层开展联合掩星探测以及判断火星上水的流失总量。[②] 2009 年 11 月 9 日，搭载着"福布斯-土壤"探测器和"萤火一号"的"天顶号"火箭发射失败，首次火星探测尝试未能如愿。[③]

2010 年 8 月，中国科学院及航天界 8 位院士联名向国家建议，开展月球以远深空探测的综合论证，国家国防科技工业局立即组织专家开展了发展规划和实施方案论证。2016 年 1 月，国家正式批准中国火星探测项目立项实施。中国火星探测任务瞄准当前世界先进水平确定任务目标，明确提出在国际上首次通过一次发射，完成"环绕、着陆、巡视探测"三大任务的目标。如果这一目标能够顺利实现，中国将成为世界上第二个独立掌握火星着陆巡视探测技术的国家。[④]

中国首次火星探测任务科学目标包括：研究火星形貌与地质构造特征，研究火星表面土壤特征与水冰分布，研究火星表面物质组成，研究火星大气电离层及表面气候与环境特征，研究火星物理场与内部结构，探测火星磁场特性。[⑤] 具体内容有：火星全球成像与火星地质构造和地形地貌探测；火星次表层结构和地下水冰探测；火星表面光谱和激光诱导光谱探测；地火空间和近火空间环境探测。[⑥]

火星探测器由中国空间技术研究院负责总体研制。它的发射质量为 4920 千克，由两部分组成：轨道巡视器和着陆器，着陆器又带有火星车。轨道巡视器为方台形状，发

① 嫦娥五号探测器圆满完成我国首次地外天体采样返回任务. http://www.clep.org.cn/n5982341/c6810874/content.html[2022-05-26].
② 吴季，朱光武，赵华，等. 萤火一号火星探测计划的科学目标. 空间科学学报，2009，29（5）：449-455.
③ 张曼倩. 节节突破的中国深空探测. 国际太空. 2019，（9）：32-38.
④ 中国空间技术研究院. "天问一号"一步完成环绕、着陆、巡视探测. https://www.cast.cn/news/6826[2020-07-13].
⑤ 李春来，刘建军，耿言，等. 中国首次火星探测任务科学目标与有效载荷配置. 深空探测学报，2018，5（5）：406-413.
⑥ 欧阳自远，肖福根. 火星探测的主要科学问题. 航天器环境工程，2011，28（3）：205-217.

射质量 3175 千克。它将在火星轨道上工作一个火星年，即 687 个地球日。着陆器总质量 1285 千克，装有一台推力为 7500 牛的可变推力、能多次启动的双组元液体火箭发动机。按计划，它将降落在火星乌托邦平原北纬 5—30 度的地方①，可以在火星表面工作 90 个火星日。②火星探测器的任务包括环绕器探测和巡视器探测两个方面。环绕器探测任务有五个方面：火星大气电离层分析及行星际环境探测、火星表面和地下水冰的探测、火星土壤类型分布和结构探测、火星地形地貌特征及其变化探测、火星表面物质成分的调查和分析。火星巡视器的探测任务有四个方面：火星巡视区形貌和地质构造探测；火星巡视区土壤结构（剖面）探测和水冰探查；火星巡视区表面元素、矿物和岩石类型探；火星巡视区大气物理特征与表面环境探测。为支持火星轨道和火星表面探测任务，环绕器部分和巡视器部分（火星车）都安装了相应的科学探测载荷。③

2020 年 4 月 24 日，在中国第四个航天日到来之际，中国国家航天局宣布将该探测器命名为"天问一号"，自此"天问一号"及火星探测任务开始广泛为世人所知。

2020 年 7 月 23 日 12 时 41 分，"天问一号"火星探测器由"长征五号"遥四运载火箭在文昌航天发射场成功发射，首次火星探测任务正式进入实施阶段。探测器与火箭分离后，将依靠惯性继续向火星进发。2020 年 7 月 27 日，"天问一号"探测器在距离地球约 120 万千米处拍摄了地月合影照片。在火星探测任务时期，在轨的"天链一号" 02 和"天链二号" 01 静止中继卫星将接力式跟踪探测器，提供遥测数据中继传输服务。对"天问一号"进行测控的地面系统主要基于现有的航天测控网和深空测控网，包括北京航天飞行控制中心、佳木斯测控站等，对火星探测器进行状态监视、轨道测量、飞行控制、在轨管理和应急处置等的测控。

2021 年 2 月 10 日 19 时 52 分，"天问一号"探测器实施近火捕获制动，环绕器轨控发动机点火工作约 15 分钟，探测器顺利进入近火点高度约 400 千米、周期约 10 个地球日、倾角约 10° 的大椭圆环火轨道，成为我国第一颗人造火星卫星，实现了"绕、着、巡"第一步"绕"的目标。经过数个月的考核验证，5 月 15 日 7 时 18 分，"天问一号"着陆巡视器成功着陆于火星乌托邦平原南部预选着陆区，我国首次火星探测任务着陆火星成功。5 月 22 日 10 时 40 分，被命名为"祝融号"的我国第一个火星车安全驶离着陆平台，到达火星表面，开始巡视探测。④

---

① 叶培建，邹乐洋，王大轶，等. 中国深空探测领域发展及展望. 国际太空，2018，(10)：4-10.
② 叶培建. 2020 中国火星探测计划（根据报告整理）. http://www.spaceflightfans.cn/28219.html[2020-07-16].
③ 李春来，刘建军，耿言，等. 中国首次火星探测任务科学目标与有效载荷配置. 深空探测学报，2018，5（5）：406-413.
④ 胡喆，杨璐，陈席元. 祝融号火星车顺利发回遥测信号 我国首次火星探测任务着陆火星成功. http://www.clep.org.cn/n5982341/c6812003/content.html[2022-05-26]；祝融号火星车成功驶上火星表面. http://www.clep.org.cn/n5982341/c6812046/content.html[2022-05-26].

载人航天工程[*]

载人航天是 20 世纪 60 年代航天发展的重大成就，人类从首次进入太空到实现载人登月只用了 8 年时间。受当时世界载人航天热潮的影响，中国很早就开始了载人航天的探索，制定了"714"载人航天计划，提出研制"曙光号"载人飞船。由于技术、经济、社会诸多方面原因，该计划于 1974 年停止。在计划执行期间，第七机械工业部在飞船设计、结构实验、航天员选拔及训练、航天医学等领域取得了一些成果。[①]1992 年，中国载人航天工程正式批准实施，并于 2005 年实现了载人航天飞行的目标。按照载人航天工程"三步走"发展战略，中国已经完成了前两个阶段的任务，第三阶段——研制、发射和运行载人空间站任务正在展开，2021 年 4 月 29 日，"天和号"空间站核心舱发射成功。

一、载人航天早期探索——"曙光号"

早在 1958 年，中国科学院就开始了载人航天的规划工作。1961 年 4 月，苏联人加加林首次进入太空，中国科学院通过举办星际航行座谈会探讨载人航天问题。[②]1965 年，在研究第一颗人造卫星及航天发展计划时，载人飞船名列其中。1965 年 8 月 9—10 日由周恩来主持的中央专门委员会会议曾原则通过在 1979 年发射第一艘载人飞船的规划设想。[③]1966 年，中央专门委员会进一步要求着手研制宇宙飞船。1967 年 9 月，王希季和第八设计院进行了一种载 1 人飞船的总体方案论证。[④]10 月，钱学森在听取飞船方案汇报时，提出要体现集体英雄主义，不要搞个人，要搞可载 5 名航天员的方案，并说中央专门委员会将飞船命名为"曙光一号"。[⑤]当年年底，第八设计院先后完成了可载 1 名、2 名、3 名和 5 名航天员的四种方案的论证。

1968 年 4 月 1 日，宇宙医学及工程研究所（507 所）成立，开始了航天员的选拔工作。1970 年 7 月 14 日，毛泽东圈阅了"曙光一号"飞船航天员选拔报告。[⑥]因此，中国第一个载人航天计划就被称为"714"计划。1970 年 11 月 27 日，国防科学技术委员会

---

* 作者：李成智。

① 舒云. 内幕纪实——把中国航天员送上太空. 北京文学, 2001,（11）: 1-45; 李成智. 中国航天技术发展史稿·上. 济南: 山东教育出版社, 2006: 786-795; 苏徽. 中国第一艘载人飞船"曙光"号项目的历史研究（1958—1975）. 清华大学硕士学位论文, 2011.

② 裴丽生. 倾力"两弹一星", 壮我国威军威//科学时报社. 请历史记住他们——中国科学家与"两弹一星". 广州: 暨南大学出版社, 1999: 87.

③ 陆授观. 中国第一颗人造地球卫星的诞生//科学时报社. 请历史记住他们——中国科学家与"两弹一星". 广州: 暨南大学出版社. 1999: 352.

④ 李大耀. 王希季//宋健. "两弹一星"元勋传（上）. 北京: 清华大学出版社, 2001: 174.

⑤ 石磊, 王春河, 张宏显, 等. 钱学森的航天岁月. 北京: 中国宇航出版社, 2012: 524.

⑥ 苏徽. 中国第一艘载人飞船"曙光"号项目的历史研究（1958—1975）. 清华大学硕士学位论文, 2011: 43.

提交《关于研制载人飞船、通信卫星、导弹卫星的请示报告》，提出"曙光一号"飞船由两名航天员驾驶，最长飞行时间为 8 天，争取 1973 年发射无人飞船，1974 年发射载人飞船。[①]1971 年 4 月，载人航天工程方案论证会召开，提出的方案为载 2 人双舱式，构型类似于美国的"双子星座号"。

方案论证会后，由于政治形势的变化，加之反对之声不断，"曙光一号"的研制出现了极大困难。1974 年 10 月 23 日，国防科学技术委员会、第七机械工业部联合向中央军委、中央专门委员会报告，提出"曙光号"飞船研制工作应暂缓。周恩来曾就中国载人航天问题讲了几条原则：不与苏美搞太空竞赛，要搞好国家建设急需的应用卫星。技术力量储备不足，加之航天任务调整到以应用卫星为主的规划上来，载人航天计划自此停止了探索工作。[②]

"曙光一号"飞船的研制暂停时，还是取得了一些技术等方面的进展，包括高空生物实验、航天员选拔、航天医学以及实验设备研制。1970 年 6—7 月，首批 20 名航天员选拔工作结束。而后开展了大量医学试验与测试。[③]通过"曙光一号"飞船的预研，培养了一批从事飞船设计的技术专家，对飞船结构、材料、防热、试验、航天员食品以及专用设备设计也积累了不少经验。不少成果后应用于卫星和飞船研制之中。[④]

二、载人航天工程的立项

1986 年 11 月，国家出台 863 计划，航天技术是七大领域的第二个领域，其中包括两个主题：大型运载火箭及天地往返运输系统（863-204）、载人空间站系统及其应用（863-205）。[⑤]在载人航天发展技术途径以及天地往返运输系统的选择上，出现了完全不同的声音。美国航天飞机的研制成功，在世界范围内引起了强烈的反响。一时间，许多国家包括苏、法、英、德、日，甚至印度都在积极探讨研制航天飞机甚至空天飞机问题。在这一热潮的触动下，中国的航空航天界也在研究、规划新时期航天发展问题。围绕航天飞机、空间站、载人飞船，各相关机构和专家学者们开展了大量先驱性研究工作，为中国载人航天发展指明了方向。由于已经明确载人航天的长远目标是研制和发射空间站，因此研制何种形式的天地往返运输系统就成为需要研究的关键问题。采取何种途径，却是一个长期争论的问题。

1986 年 2 月，以屠善澄为首席科学家的航天领域专家组在京成立。其主要使命是对航天领域未来的高技术尤其是载人航天发展技术途径进行技术和方案论证。专家组成员在中国载人航天如何起步问题上，存在着明显不同的意见。有人认为，中国载人航天应该从飞船起步，应该搞"飞船天地往返运输系统方案"；还有人指出，要搞就搞技术先进

① 戚发轫，李大耀，李颐黎. 中国载人飞船的进展简况. 国际太空，2002，（12）：1-3.
② 戚发轫，李大耀，李颐黎. 神舟号载人飞船研制工作首次取得阶段性重大突破——中国载人飞船的进展简况//王希季. 20 世纪中国航天器技术的进展. 北京：宇航出版社，2002：27-30；石磊. 神剑搏苍穹——航天科技. 北京：北京理工大学出版社，2002：305.
③ 苏徵. 中国第一艘载人飞船"曙光"号项目的历史研究（1958—1975）. 清华大学硕士学位论文，2011：46.
④ 中国空间技术研究院院史. 北京：中国空间技术研究院，1998：64-70.
⑤ 石磊. 中国载人航天尘封档案. 科技咨询导报，2005，（10）：14-21.

的航天飞机，应将航天飞机甚或空天飞机作为天地往返运输工具。于是，围绕着中国载人航天如何起步，国防科学技术工业委员会、航天工业部（以及后来合并而成的航空航天工业部）通过招标等多种形式，研究论证天地往返运输系统的技术途径。从各机构课题组提交的报告看，大多数机构主张研制航天飞机或空天飞机，只有中国空间技术研究院等少数单位坚持发展一次性使用的载人飞船。[①]飞船方案论证人员和航天飞机论证人员双方，展开了长达 3 年的争论。[②]这场争论充分发扬了科学、民主的精神，最终达成共识，即以载人飞船研制起步，为最后决策提供了重要依据。[③]

为了推动载人飞船工程立项，1991 年 1 月 7 日，航空航天工业部成立"载人航天联合论证组"。经过 3 个多月的工作，论证组提出了载人飞船工程总体方案和飞船工程的技术指标和技术要求，为下一步组织论证提供了重要依据。1991 年 4 月 19 日，航空航天工业部发出关于开展飞船工程方案论证工作的通知，要求 3 个单位开展中国载人飞船方案论证。1991 年 6 月底，中国空间技术研究院载人飞船工程总体论证组完成载人飞船工程技术方案的论证工作，并将论证报告于 6 月 30 日上报给航空航天工业部。[④]当年 6 月，中央专门委员会听取了航天领域专家委员会《关于发展中国载人航天的意见》和国防科学技术工业委员会《关于发展中国载人航天及其应用的意见》的汇报。会议倾向于同意专家委员会关于发展中国载人航天的目标设想，要求对发展中国载人航天的目的性做出进一步的详细说明。航空航天工业部和国防科学技术工业委员会又对 3 个论证组提出进一步要求，继续开展载人飞船工程方案论证工作。1991 年 12 月 31 日前，论证结果先后上报航空航天工业部。

1992 年 1 月 8 日，李鹏同志主持中央专门委员会会议，听取了航天领域专家委员会和国防科学技术工业委员会关于发展载人航天的意义与作用以及载人航天工程可行性论证的汇报。会议认为，从政治、经济、科技、军事等诸方面考虑，发展中国载人航天是必要的。同年 8 月 1 日，中央同意《载人飞船技术经济可行性论证报告》，认为：载人航天是航天技术的重要组成部分，也是当今世界高科技的一个重要发展领域。为了增强综合国力和国防实力，促进科技进步，培养壮大科技队伍，提高国家威望，增强民族自豪感和凝聚力，我们必须在这一领域占有一席之地。中国载人航天的发展设想是可行的。[⑤]1992年 9 月 21 日，江泽民主持召开中共中央政治局扩大会议，听取了论证报告和技术方案、经费估算和组织实施办法的汇报。经讨论，一致同意中央专门委员会第七次会议的意见，批准中国载人航天工程开始实施。由于中央专门委员会批准日期是 1992 年 1 月，中共

① 黄志澄. 关于 863 计划航天技术的概念研究. GFM95877B. 中国空气动力研究与发展中心，1987.
② 石磊. 神剑搏苍穹——航天科技. 北京：北京理工大学出版社，2002：305；戚发轫，李大耀，李颐黎. 神舟号载人飞船研制工作首次取得阶段性重大突破——中国载人飞船的进展简况//王希季. 20 世纪中国航天器技术的进展. 北京：宇航出版社，2002：27-30.
③ 王永志，孙功凌. 载人航天工程//宋健. 中国科学技术前沿：1999/2000 中国工程院版. 北京：高等教育出版社，2000：3-40；李成智. 中国载人航天工程决策过程中航天飞机与载人飞船之争. 科技导报，2009，（18）：19-27.
④ 李惠康，李颐黎. 多用途飞船可行性论证报告摘要//钱振业，董世杰，李颐黎，等. 中国载人航天技术发展途径研究与多用途飞船概念研究文集. 北京：中国宇航出版社，2013：168-176；钱振业. 中国发展载人航天设想和载人飞船工程实施方案//钱振业，董世杰，李颐黎，等. 中国载人航天技术发展途径研究与多用途飞船概念研究文集. 北京：中国宇航出版社，2013：193-201.
⑤ 石磊. 中国载人航天尘封档案. 科技咨询导报，2005，（10）：14-21.

中央政治局扩大会议批准日期又是当年的 9 月 21 日，所以中国载人航天工程便被命名为"921 工程"。①1992 年 11 月，中国空间技术研究院建立了载人飞船系统两师系统，戚发轫任首任总设计师，汪国林任首任行政总指挥。1993 年 12 月，完成了载人飞船系统的方案论证工作，飞船系统 13 个分系统也完成了方案论证。1994 年，载人飞船被命名为"神舟号"。

"921 工程"是中国载人航天大系统的总称。除了"神舟号"飞船系统外，还包括航天员系统、有效载荷系统、运载火箭系统、发射系统、测控系统和返回着陆系统，共计七大系统。由于载人航天专业涉及面广、产品要求复杂、参加研制单位多、工程覆盖地区广，为了很好协调各系统研制，中国载人航天工程也设立了两师系统，王永志任首任工程总设计师、丁衡高任首任总指挥。

三、飞船与运载火箭研制

在中国载人航天工程中，"神舟号"飞船是最关键的系统。除了承担天地往返运输工具外，载人飞船还可以作为空间站之间的渡船使用，也可以作为空间实验室来完成科学研究、实验和观测任务。研制载人飞船的目的是：为突破关键技术，掌握载人航天基本技术和航天医学工程基础知识进行演示验证；进行 2 个航天器交会对接和航天员出舱活动试验；作为空间站的运输器，为其运送航天员和物资；停靠在空间站上作为应急救生船；开展空间应用和科学实验；为载人月球飞行和载人行星航行创造条件。②

"神舟号"载人飞船采用了三舱一段（即轨道舱、返回舱、推进舱和附加段）的构型、弹道－升力式再入的方式。方案的某些方面优于国外第三代载人飞船。③飞船三个舱段按由前到后（在发射台上时为由上到下）次序分别是轨道舱、返回舱和推进舱。这种格局是经过深入分析后确定的④。返回舱前部呈球形，有舱门与轨道舱相通。返回舱是飞船的指挥控制中心，内设座椅，供航天员在起飞、上升和返回阶段乘坐。座椅前方装有仪表板，显示飞船上各系统及其设备的工作状况。座椅下方设有仪表盘和控制手柄、光学瞄准镜、照明灯和通信设备。"神舟号"高约 9 米，重约 7.8 吨，最大直径 2.9 米。返回舱容积是世界上已有的近地轨道飞船中最大的一个。⑤

轨道舱是飞船进入轨道后航天员工作、生活的场所。舱内除备有生活装置外，还有供空间应用和科学实验用的仪器设备。轨道舱前端外部装有交会对接机构，与返回舱连接的后底部有一个舱门，与返回舱相通。其两侧装有可收放的大型太阳能电池翼、太阳敏感器和各种天线等部件。轨道舱顶端还有一个过渡段，用于与其他航天器对接或开展空间探测。"神舟号"飞船具有"留轨利用"的功能。当航天员乘返回舱返回地面后，轨

① 胡世祥，朱增泉，郑敏，等. 中国载人航天的决策与实施. 现代军事，2003，(11)：10-15；朱增泉，左赛春. 中国载人航天工程决策实录. 决策与信息，2003，(12)：4-10.
② 胡世祥，朱增泉，郑敏，等. 中国载人航天的决策与实施. 现代军事，2003，(11)：10-15.
③ 戚发轫，李大耀，李颐黎. 神舟号载人飞船研制工作首次取得阶段性重大突破——中国载人飞船的进展简况//王希季. 20 世纪中国航天器技术的进展. 北京：宇航出版社，2002：27-30.
④ 朱毅麟. 万虎遗愿终须偿（中）. 国际太空，2001，(7)：5-7.
⑤ 彗闻. "神舟"载人指日可待. 国际太空，2002，(12)：10-13.

道舱可以留在轨道上进行自主地工作，使飞船潜力得到更加充分的发挥，大大延长了飞船执行空间应用和科学实验任务的工作寿命。这种设计体现了技术创新和中国特色。[①]推进舱又称设备舱，其上面安装姿态与轨道控制用的推进系统（包括 4 台主发动机和推进剂）、电源、气瓶和水箱等设备，起保障和服务作用，即为飞船变轨和姿态控制提供动力。

为保证载人航天的安全，"神舟号"飞船装有逃逸救生塔。逃逸救生塔内有 10 台发动机，自上至下为控制发动机、分离发动机、主逃逸发动机和高空逃逸发动机。前 3 种负责 39 千米高度以下的逃逸救生任务；高空逃逸发动机在 39—110 千米高度内发挥作用。在"神舟号"飞船首次飞行试验前，逃逸救生塔已进行过多次逃逸救生试验。[②]在返回过程中，飞船返回舱经过分离、调姿、反推发动机、降落伞和缓冲装置依次减速，以很低的速度（2—3 米/秒以下）实现软着陆。飞船主减速伞张开后面积达 1200 平方米。

"神舟号"飞船于 1995 年完成了总体技术方案的设计工作，1998 年完成了火箭—飞船—发射场的合练、零高度状态下的逃逸救生飞行试验等重大试验工作。随后，飞船系统转入正样研制阶段，载人航天工程全面完成了初样研制转入无人飞船飞行试验阶段。[③]

"长征二号" F 火箭的研制始于 1992 年。它在"长征二号" E 火箭的基础上增加了 2 个新系统，即逃逸系统和故障检测处理系统。火箭全长 58.343 米，起飞质量 479.8 吨，起飞推力 5923.2 千牛（604.4 吨），芯级直径 3.35 米，助推器直径 2.25 米，整流罩最大直径 3.8 米。火箭的芯级和助推器发动机均使用四氧化二氮和偏二甲肼作为推进剂。它的近地轨道运载能力为 8 吨。它是中国第一种高可靠、高安全、高质量的载人飞船发射工具，可靠性达到了世界最高标准，元器件可靠性提高到 99.7%。[④] "长征二号" F 火箭经过 8 年旨在提高可靠性、安全性的设计工作之后，其性能稳定性、可靠性水平已超过用于普通商用卫星发射的运载火箭。经过适应性修改的"长征二号" F 火箭可以将近地轨道运载能力提高到 11.2 吨，通过调整助推器、上面级的组合能适应不同有效载荷的需要。经过适当的改进，它还可以用于开展月球探测或星际探索任务。[⑤]

四、飞船不载人发射试验

在正式实施载人飞行之前，"神舟号"飞船分别在 1999 年、2001 年、2002 年进行了四次不载人飞行试验，均取得了成功。

1. "神舟一号"飞船

1999 年 11 月 20 日凌晨，"长征二号" F 火箭将"神舟一号"试验飞船在酒泉卫星发射中心发射升空。飞行约 10 分钟后，"神舟一号"与火箭分离并准确进入预定轨道。飞

① 戚发轫，李大耀，李颐黎. 中国载人飞船的进展简况. 国际太空，2002，（12）：1-3.
② 石磊. 神剑搏苍穹——航天科技. 北京：北京理工大学出版社，2002：312；李威. 精心打造"神舟"三号逃逸发动机. 航天工业管理，2002，（6）：32-40.
③ 王永志，孙功凌. 载人航天工程//宋健. 中国科学技术前沿：1999/2000 中国工程院版. 北京：高等教育出版社，2000：3-40.
④ 荆木春，秦曈，宋晶，等. 适应空间站任务的高可靠长征二号 F 运载火箭. 导弹与航天运载技术，2022，（1）：1-5；朱毅麟. 万虎遗愿终须偿（下）. 国际太空，2001，（8）：1-5.
⑤ 张智. 中国新型运载火箭长征-2F. 国际太空，2002，（12）：14-17.

船在轨道上飞行了 14 圈、21 小时后,返回舱于 11 月 21 日 3 时 41 分在内蒙古中部四子王旗成功软着陆。中国第一艘宇宙飞船不载人发射试验获得成功,揭开了中国航天史的新篇章。"神舟一号"的飞行过程共有 12 个步骤。①

"神舟一号"是一艘工程试验飞船,试验的主要目的是通过实际发射来检验新型"长征二号"F 火箭的性能和可靠性。为了不使火箭"空飞",所以才搭载了这艘用初样产品改装的工程试验飞船,用以验证飞船各主要系统、各舱段的设计质量,考核飞船返回技术。通过这次试验,对飞船系统的设计与飞行、舱内科学实验、飞船返回等作了较全面的验证。另外,对火箭飞船"三垂"模式和全球测控等进行全面验证。此次试验的各种实验目标基本都已达到。②

2. "神舟二号"飞船

"神舟二号"是第一艘全系统配置的正样飞船,技术状态与真实载人状态基本一致。除针对"神舟一号"飞船的薄弱环节进行修改外,还重点对飞船环境控制与生命保障、应急救生两个分系统和模拟航天员代谢装置进行了完善和考核。"神舟二号"飞船内部系统更加完备。从试验目的上看,"神舟一号"更注重于对火箭和飞船结构设计和可靠性进行考核,而"神舟二号"试验更注重于对飞船内部各分系统的考核和进行科学技术实验。③

2001 年 1 月 10 日凌晨 1 时,"神舟二号"飞船乘"长征二号"F 火箭发射升空。10 分钟后,"神舟二号"与火箭分离,准确进入预定轨道。经过 6 天 18 小时的飞行,"神舟二号"按预定计划绕地球飞行 108 圈,于 1 月 16 日返回舱与轨道舱分离,返回舱返回地面。留在轨道上的轨道舱进行了长达半年多的空间探测和科学实验工作。此次试验飞行虽仍是一次飞船系统的试验,但却承担着一系列重要的太空科学实验任务。飞船三个舱段共安装了 64 件科学实验设备,其中,返回舱 15 件,轨道舱 12 件,附加段 37 件。各舱段载有许多生物实验品种,共有 19 类 25 种植物、动物、水生生物、微生物、细胞和细胞组织。在自主飞行期间,进行了半导体光电子材料、氧化物晶体、金属合金等多种材料的晶体生长实验;进行了蛋白质和其他生物大分子的空间晶体生长实验;开展了动植物、微生物和细胞组织的空间效应实验,取得了宝贵的试验数据。④

3. "神舟三号"飞船

"神舟三号"是第二艘正样飞船,飞船上装有人体代谢模拟装置、拟人生理信号设备以及形体假人,能够定量模拟航天员在太空中的重要生理活动参数,可以模拟航天员呼吸和血液循环系统中的心跳、血压、耗氧及产生热量等多种太空生活的重要生理参数和生理效应,模拟航天员话音,并随时受飞船上有关系统和地面指挥控制中心的监控。此次飞行还首次进行了逃逸系统试验。"神舟三号"试验飞行的主要目的,是进一步考核载人航天工程各系统的工作性能、可靠性和安全性,系统之间的协调性和飞船的载人环境,航天员逃逸与应急救生系统以及火箭控制系统冗余等新增功能的工作状况,并进行飞船

① 石磊. 神剑搏苍穹——航天科技. 北京: 北京理工大学出版社, 2002: 312-313.
② 言叙. 中国神舟初游太空. 世界航空航天博览, 1999, (12): 8-11.
③ 王进举. "神舟二号"大揭秘. 海陆空天惯性世界, 2001, (3): 5-11.
④ 李琇玮. 透视太空实验室. 中国航天, 2001, (2): 5-7.

应用项目的试验。飞船上新增的应急救生装置是手控装置。①

2002 年 3 月 25 日 22 时 15 分，"长征二号" F 火箭将"神舟三号"飞船送入预定轨道，经过近 7 天 7 夜的飞行，飞船返回舱于 4 月 1 日 16 时 51 分顺利返回。在轨道飞行期间，"神舟三号"飞船上进行的拟人载荷试验取得良好效果。试验期间，提供的生理信号和代谢指标正常，验证了与载人航天直接相关的座舱内环境控制和生命保障系统，完全能满足载人的医学要求。轨道舱装有中分辨率成像光谱仪等 20 项 44 台实验仪器设备，飞船在轨运行及轨道舱留轨的半年期间，开展了光学遥感、空间环境预报、空间生命科学、材料科学的研究和试验。中分辨率成像光谱仪是其中最重要的一台仪器，在运行半年时间中进行了成像光谱技术、红外焦平面技术和机械制冷等方面的考核。② "神舟三号"共进行了生命科学、材料科学方面的 14 项实验。③

4."神舟四号"飞船

2002 年 12 月 30 日 0 时 40 分，"神舟四号"无人飞船发射升空。10 分钟后，飞船进入了预定轨道。经过 6 天 18 小时、绕地球 108 圈的飞行，返回舱于 2003 年 1 月 5 日 19 时 16 分返回并着陆。

"神舟四号"返回舱内增加了两个座椅，坐着两个模拟航天员。航天员工作、生活、生保、应急所需物品全部配齐。"神舟四号"有四大新变化：进一步提高了可靠性和安全性，完善了救生功能，增加了自主应急返回功能，关键设备增加备份；完善了人控功能，所有设施设备都是自动控制，万一自动控制失灵，航天员可通过手控返回地面；增强了飞船偏航机动能力；改善了舱内载人环境。飞船座舱完善了工效学设计，充分考虑了航天员座椅使用、出舱进舱、操作方便舒适等因素。④

此次试验飞行共有 52 件设备随"神舟四号"上天，除公用设备、大气探测器、微重力测量仪等 19 件设备已参加过飞行试验外，多模态微波遥感器、空间细胞电融合仪、高能粒子探测器等 33 件科研设备均为首次上天。⑤飞船自主开展了大规模空间科学探测与实验活动，包括首次进行空间环境监测、首次进行微波遥感三合一探测、液滴迁移试验、空间生物研究试验（动物细胞和植物细胞两项电融合实验）等。微波遥感器技术试验为进一步发展微波遥感器技术创造了条件。⑥

中国载人航天工程不载人飞船试验只进行了四次，而苏联和美国在首次载人飞行之前所进行的不载人试验次数远远超过四次。从系统上讲，中国飞船在可靠性方面是处于世界领先地位的。⑦

————————

① 空间应用工程与技术中心. 神舟三号飞船概述. http://www.cas.cn/zt/kjzt/zkyyzrht/szsh/ 201306/t20130613_3865214. shtml［2021-09-24］.

② 时旭，宋丽芳，闻扬扬，等. 中国太空实验室上的乘客. 太空探索，2002，（5）：8-10.

③ 危峻，龚惠兴. "神舟三号"飞船的空间科学实验. 科学，2002，（4）：7-10.

④ 赵忆宁，杨琳，张冉燃. "神舟"放飞强国梦——访"神舟"四号飞船总指挥袁家军. 瞭望，2003，（1）：30-31.

⑤ 许斌，曾伟. 神舟四号空间实验解密. 北京青年报，2003-01-03（A3）.

⑥ 宋丽芳. 中国"神舟"四号三大科学实验首次详细揭秘. http://www.chinanews.com/n/2003-01-16/26/264329. html［2021-05-11］.

⑦ 梁生树. 中国飞船更可靠 专家解说神舟四号返回安全问题. http:// www.chinanews.com/2003-01-08/26/261278. html［2022-05-28］.

五、"神舟"飞船载人飞行

"神舟一号"到"神舟四号"飞船不载人飞行试验,全面考核了运载火箭的性能与可靠性、飞船的安全和可靠性、地面测试发控系统的适应性以及其他各大系统的可靠性。在载人航天工程七大系统都得到充分检验并证明达到预期目标的情况下,中国载人航天飞行活动正式开始。

1. "神舟五号"首次载人飞行

"神舟五号"飞船的主要任务是:完成首次载人飞行试验;在整个飞行期间为航天员提供必要的生活与工作条件;为有效载荷提供相应的试验条件;确保航天员和回收的有效载荷在完成飞行任务后安全返回地面;在飞行过程中,一旦发生重大故障,在其他系统的支持和航天员的参与下,能自主或人工控制返回地面,并保证航天员的生命安全;飞船的轨道舱留轨进行空间应用实验。[1]

"神舟五号"飞船总长 8.8 米,总重 7.84 吨。轨道舱为密封舱,两端为带有锥段的圆柱形,圆柱段直径 2.25 米,总长 2.8 米。轨道舱舱壁设有内开密封舱门和对地观察窗口,供航天员在地面进出飞船和在空间对地观察摄影使用。返回舱也是密封结构,锥段侧壁开有两个舷窗、6 个天线窗口和一个光学瞄准镜窗口。舱内中间和右侧放置两个座椅,航天员坐中间座椅,右侧座椅放置生活用品。推进舱为非密封结构,总长 2.94 米,锥段最大直径 2.8 米。附加段为非密封箱体式结构,内装有效载荷为 CCD 相机及其相关设备。与"神舟四号"相比,"神舟五号"进行了 39 处提高可靠性的改进和 20 处提高安全性的改进,做了 56 项可靠性试验和 9 项安全性试验。为确保航天员生命安全,还对 123 种故障模式设计了对策。[2]

参加首次载人飞行的中国首位航天员是杨利伟。2003 年 10 月 15 日 9 时,"长征二号"F 火箭将"神舟五号"飞船发射升空。大约 10 分钟后,"神舟五号"被顺利地送入近地轨道。中华民族千年飞天梦终于实现了。9 时 31 分许,飞船舱内图像清晰地显示在北京航天指挥控制中心的大屏幕上。杨利伟在与医学监督医生通话时显得相当沉稳。他说:"我感觉良好!"这是他登上太空之后的第一句话。[3]10 月 15 日 9 时 42 分,载人航天工程总指挥李继耐宣布:"飞船已进入预定轨道,发射取得成功。"

10 月 15 日 11 时 08 分,杨利伟开始在太空中进餐。他一边看书,一边用捏挤包装袋的方式享用这顿不同寻常的午餐。[4]10 月 15 日 11 时 12 分,杨利伟进行太空飞行中的首次休息。10 月 15 日 15 时 52 分,北京航天指挥控制中心向杨利伟了解了飞船工作状况和他的身体状况。航天员向地面报告:航天服气密性良好,飞船工作正常。10 月 15 日 15 时 54 分,飞船变轨程序启动,取得圆满成功。

10 月 15 日 18 时 40 分许,"神舟五号"飞船运行到第 7 圈,杨利伟在太空中展示中国国旗和联合国旗并说:"向世界各国人民问好,向在太空中工作的同行们问好,向祖国

① 戚发轫,张柏楠,郑松辉,等. 神舟五号载人飞船研制与飞行结果评价. 载人航天,2004,(10):35-38.
② 肖名鑫,程卓. 可靠性技术在"神舟"五号载人飞船上的应用. 质量与可靠性,2004,(3):24-29.
③ 苍荀,尤琳娜. 杨利伟:飞越群星. 时代人物,2019,(5):20-23.
④ 撼天动地上九天 终圆中华千年梦——神舟 5 号飞行全程回放. 中国航天,2003,(10):9-12.

人民、港澳同胞、台湾同胞、海外侨胞问好，感谢全国人民的关怀。"①10月15日23时08分，飞船进入第10圈飞行，杨利伟开始休息，睡眠持续了约3个小时。10月16日5时36分，指控中心发出"轨道舱分离"指令，飞船轨道舱与返回舱成功分离。5时38分，"神舟五号"制动火箭点火，返回舱飞行速度减缓，向预定着陆场降落。6时36分，地面搜索人员找到了"神舟五号"返回舱。6时54分，李继耐在北京航天指挥控制中心宣布："神舟五号飞船16日6时23分在内蒙古主着陆场成功着陆，返回舱完好无损。我们的航天英雄杨利伟自主出舱。"②中国首次载人航天飞行获得成功，成为世界上第三个独立掌握载人航天技术的国家，是中国航天史上新的重要里程碑。

"神舟五号"成功飞行取得了一系列丰硕成果，包括：建成了初步配套的载人航天研制、试验体系，为工程的可持续发展奠定了基础；实现了高起点、高效益、跨越式发展；掌握了载人飞船工程的基本技术；获得了大量高水平的军民两用技术成果；突破并掌握了载人航天领域的一大批关键技术。

2. "神舟六号"双人飞行

2005年10月12日上午9时，"神舟六号"在酒泉卫星发射中心发射升空，参加此次飞行的航天员是费俊龙和聂海胜。"神舟六号"先在轨道倾角42.4度、近地点高度200千米、远地点高度347千米的椭圆轨道上运行5圈，实施变轨后，进入343千米的圆轨道，绕地球飞行一圈需要90分钟。

与"神舟五号"相比，"神舟六号"新增加了40余台设备和6个软件，使飞船的设备达到600余台，软件82个，元器件10万余件，做出了4个方面110项技术改进。围绕两人多天任务的改进：食品柜得到真正使用，通过水箱和软包装两种方式准备了航天员用水。轨道舱功能使用方面的改进：放置了食品加热装置和餐具等；轨道舱中挂有一个睡袋，供航天员轮流休息用；大小便收集装置首次使用。提高航天员安全性的改进：对航天员的座椅缓冲器进行重新设计，使返回前航天员能看到舷窗外情况；研制成功返回舱与轨道舱间的舱门密闭快速自动检测装置。持续性改进：数据记录仪存储量比原来大100倍，且数据写入和读出速度也提高了10倍以上，体积却不到原来的一半。③

2005年10月12日17时29分，费俊龙打开"神舟六号"返回舱与轨道舱之间的舱门，进入轨道舱开展空间科学实验。13日4时开始，航天员进行在轨干扰力试验，在舱内有意识加大动作幅度，以试验人的扰动对飞船姿态的影响。14日清晨，"神舟六号"在第30圈进行变轨后实施了首次轨道维持。发动机点火6.5秒，将飞船抬高了800米。15日16时29分，胡锦涛总书记与费俊龙、聂海胜通话并向他们表示祝贺。

2005年10月17日4时33分，"神舟六号"返回舱成功返回，费俊龙、聂海胜向控制中心报平安。半个小时后，搜救直升机首先发现返回舱，实际着陆地点较预计相差仅1千米。"神舟六号"的飞行圆满成功。④

"神舟六号"任务也取得了一系列丰硕成果，包括：掌握了环境控制与生命保障、飞

---

① 撼天动地上九天 终圆中华千年梦——神舟5号飞行全程回放. 中国航天，2003，（10）：9-12.
② 撼天动地上九天 终圆中华千年梦——神舟5号飞行全程回放. 中国航天，2003，（10）：9-12.
③ 秦文波. 神舟六号载人飞船及其技术改进. 上海航天，2005，（10）：1-5.
④ 孙珉. 神舟六号飞行全纪录. 中国青年科技，2005，（10）：18-20.

行器控制、航天医学保障等载人飞船"多人多天"在轨关键技术，积累了人在太空较长时间驻留的宝贵经验；拓展了载人航天空间应用试验内容，首次开展了空间军事照相侦察、海事卫星数据中继等真正意义上有人参与的空间科学实验；全面考核并完善了载人航天工程各系统的功能和性能，进一步提高了工程全系统的可靠性和安全性。

3. "神舟七号"出舱活动

2008 年 9 月 25 日 21 点 10 分，"神舟七号"飞船发射升空，飞船返回舱于 9 月 28 日 17 点 37 分成功着陆。"神舟七号"共计飞行 2 天 20 小时 27 分钟。参加此次飞行的航天员是翟志刚（指令长）、刘伯明和景海鹏。最重要的任务是实施中国航天员首次出舱活动，突破和掌握出舱活动相关技术。同时在轨释放卫星伴飞，开展卫星数据中继等空间科学和技术试验。

与前两艘飞船相比，"神舟七号"是产品配置最多、技术状态最复杂的一艘飞船。[①] 其飞行任务有一些新的变化：第一，增加了出舱活动程序。航天员出舱活动是"神舟七号"相比于前期飞船最大的技术突破，由此衍生了一系列的技术更新，包括气闸舱设计和出舱程序的设计。第二，由 2 人 3 天到 3 人多天飞行，要提供增加一人的座椅、食品、饮用水、环境控制功能等资源支持。第三，增加了在轨试验环节。"神舟七号"将搭载中国第一个上天的中继卫星用户终端。由于执行出舱活动任务，"神舟七号"全长达 9.19 米，重达 12 吨。轨道舱经过全新设计，除保留原来的工作和休息功能外，还实现了气闸舱的功能，但取消在轨驻留功能，因此"神舟七号"轨道舱也可称为"气闸舱"。[②]它的侧面开有圆形出入口，并附有泄压、助力、检漏、操作等机构。[③]为进行轨道舱专项试验验证，科技人员从机械接口、热接口、电接口各分系统入手在地面进行了完整的验证。利用轨道舱首次完成有人参与的真空环境试验，在中国还是第一次。[④]

9 月 27 日 16 点 30 分，景海鹏留守返回舱，翟志刚和刘伯明穿着舱外宇航服进入气闸舱。翟志刚出舱作业，刘伯明在气闸舱内协助。翟志刚首先探出头，向舱外安装的摄像头挥手，之后走出舱外。刘伯明也探出头来，交给翟志刚一面小型五星红旗。翟志刚接过五星红旗，向镜头挥动。随后，翟志刚取回舱外装载的固体润滑实验样品。16 时 57 分，两名航天员完成舱外活动并返回气闸舱。翟志刚在舱外活动时间约 19 分 35 秒。"神舟七号"航天员首次太空漫步，使中国成为第三个实现航天员出舱活动的国家。[⑤]

在航天员完成舱外活动后不久，即 27 日 19 时 24 分，飞船搭载的伴随卫星被成功释放。这颗伴随卫星安装在"神舟七号"轨道舱前端，重约 40 千克，具备光学成像、全球卫星定位系统导航、统一 S 波段测控等多种功能。[⑥]伴随卫星以缓慢速度离开飞船，并在距飞船 1 千米处对飞船进行摄像和照相。40 分钟后，存储图片通过测控网传到北京航天飞行控制中心。航天员返回地面后，北京航天飞行控制中心通过对星上下传数据进

① 尚志，于潇. 神舟七号飞船技术状态控制管理探讨. 航天器工程，2008，（11）：2-8.
② 尚志，张柏楠，潘腾，等. 神舟七号出舱活动飞船研制综述. 载人航天，2009，（2）：16-21，48.
③ 张柏楠，尚志，潘腾，等. 神舟七号飞船出舱活动气闸舱的研制. 中国科学（技术科学），2009，（8）：1384-1390.
④ 黄家荣，范宇峰，刘炳清，等. 神舟七号飞船气闸舱热试验方法. 宇航学报，2009，（5）：2086-2091.
⑤ 宋丽芳，李蓂. 全新超级神舟七号遨游太空. 中国航天，2008，（11）：7-14.
⑥ 王忠贵，张丽艳，龚志刚，等. 神舟七号飞船伴星飞行试验方案设计及试验验证. 中国科学（技术科学），2009，（3）：590-595.

行分析运算，生成变轨参数后控制其逐步接近轨道舱，并最终实现围绕轨道舱飞行。伴随卫星的试验，一方面是为以后的应用开拓一个新途径，延伸大型航天器如空间站或者空间实验室的功能，为大型航天器在轨故障诊断和安全保障奠定基础。另一方面，地面系统对两个飞行器的运行轨道控制进行指挥、组织以及轨道预报等基础性的工作，为航天器交会对接积累技术经验。[①]

"神舟七号"任务实现了"准确入轨、正常运行，出舱活动圆满、安全健康返回"的任务目标，实现了突破和掌握出舱活动技术的任务目标，并取得了中继试验和卫星伴飞的圆满成功，是我国载人航天事业发展史上的又一重要里程碑，是我国空间技术发展的又一次重大跨越。

"神舟七号"及 3 名航天员安全返回地面，标志着载人航天工程"三步走"战略的第一步圆满完成。表 1 是该阶段"神舟号"飞船历次飞行简况。

表 1 "神舟号"飞船历次飞行简况

飞船编号	航天员	起飞时间（年月日）	着陆时间（年月日）	飞行时间	飞行圈数
"神舟一号"	无	1999.11.20	1999.11.21	21 小时 11 分钟	14
"神舟二号"	无	2001.01.10	2001.01.16	6 天 18 小时	108
"神舟三号"	无	2002.03.25	2002.04.01	6 天 18 小时	108
"神舟四号"	无	2002.12.30	2003.01.05	6 天 18 小时	108
"神舟五号"	杨利伟	2003.10.15	2003.10.16	21 小时 23 分钟	14
"神舟六号"	费俊龙 聂海胜	2005.10.12	2005.10.17	4 天 19 小时	77
"神舟七号"	翟志刚 刘伯明 景海鹏	2008.09.25	2008.09.28	2 天 20 小时 27 分钟	45

六、空间实验室的运行

从"神舟五号"到"神舟七号"，中国载人航天工程完成了第一阶段的任务，实现了载一名航天员到载三名航天员的航天飞行，完成了航天员出舱活动以及释放小卫星等任务。第二阶段任务的主要目标之一是完成航天器轨道交会对接以及发射、运行"天宫号"空间实验室的任务。2010 年 9 月 25 日，胡锦涛总书记主持召开中央政治局常委会会议，审议批准了《载人空间站工程实施方案》，载人空间站工程正式启动实施。这是中国载人航天工程"三步走"发展战略的第三步任务。

1."天宫一号"空间实验室

载人航天工程第二阶段任务，从发射"天宫一号"空间实验室开始，一方面对实验室进行考核并开展空间科学实验，另一方面完成"神舟号"飞船与其交会对接任务。"天宫一号"是中国第一个目标飞行器和空间实验室，全长 10.4 米，最大直径 3.35 米，重量8.5 吨，由实验舱和资源舱构成。实验舱分前锥段、圆柱段和后锥段。航天员进入前锥段

---

① 余勇，张锐，陈宏宇，等. 神舟七号飞船伴随卫星轨道控制及在轨飞行结果. 载人航天，2010，（4）：14-18.

和圆柱段进行工作、训练，一些生活活动、睡眠等大都在这里进行。①

　　"天宫一号"于 2011 年 9 月 29 日 21 时许在酒泉卫星发射中心发射入轨。与其进行对接的"神舟八号"飞船在前期飞船的基础上，进行了较大的技术改进，安装有 600 多台套设备，新研制和新增加的设备占 15%。飞船具备自动和手动交会对接功能，新研制了异体同构周边式构型和多种交会对接测量设备，配置了平移和反推发动机。飞船具备停靠 180 天的能力。飞船采用新的太阳电池板，发电能力提高了 50%。②2011 年 11 月 1 日 5 时 58 分，"神舟八号"实施不载人发射，11 月 3 日凌晨 1 时 30 分与"天宫一号"成功实施首次自动交会对接。组合体飞行 12 天之后，于 11 月 14 日进行第二次交会对接。11 月 16 日，"神舟八号"与"天宫一号"分离后，于 17 日返回地面。中国完成了载人航天的又一个重大突破：航天器轨道交会对接。

　　2012 年 6 月 16 日至 6 月 29 日，"神舟九号"飞船完成第四次载人飞行。参加飞行的航天员是指令长景海鹏、航天员刘旺和刘洋，其中刘洋是中国第一位女航天员。为保障载人交会对接的安全性，"神舟九号"进行了多项改进，包括恢复载 3 人的标准布局以及涉及女航天员的特殊设备。③6 月 18 日 14 时"神舟九号"与"天宫一号"实施自动对接，这是中国首次实现载人航天器的空间交会对接，意义重大。对接完成后，航天员进入"天宫一号"进行工作。6 月 24 日 13 时，"神舟九号"与"天宫一号"进行了一次手动交会对接。此次飞行，为中国未来积木式空间站建设突破了一道技术难关。④6 月 29 日，"神舟九号"飞船返回舱安全返回，3 名航天员健康出舱。此次飞行任务圆满结束。

　　"天宫一号"与神舟九号载人交会对接任务全面实现了"准确进入轨道，准确操控对接，稳定组合运行，安全健康返回"的任务目标。任务取得了一系列丰硕成果，包括：突破和掌握了航天员手控对接技术；突破了载人航天器组合体管理与控制技术；突破了航天员中短期空间驻留技术；开展了高水平的空间技术试验与科学实验；进一步考核了载人天地往返运输系统、载人空间试验平台及载人航天发射、测控和搜索回收的综合保障能力。

　　2013 年 6 月 11 日至 6 月 26 日，"神舟十号"飞船完成了第五次载人飞行，航天员是指令长聂海胜、张晓光和王亚平。6 月 13 日，飞船与"天宫一号"进行了自动交会对接。此次飞行飞船完善了舱内生活垃圾处理；丰富了航天食品；优化了航天员的工作程序和作息安排，增加了工作项目的时间余量。完成的主要任务有：为"天宫一号"提供人员和物资运输服务；进一步考核了交会对接、天地往返运输系统的功能和性能；进一步考核了组合体对航天员生活、工作和健康的保障能力以及航天员执行任务能力；开展了航天员空间环境适应性、空间操作工效研究，开展了空间科学实验、航天器在轨维修试验和空间站关键技术验证；首次开展了面向青少年的太空科学讲座及科普演示活动；进一步考核了工程各系统执行飞行任务的功能、性能和系统间协调性。⑤女航天员王亚

---

① 杨蕾. 天宫一号，你还好吗？中国航天，2013，(7)：37-38.
② 五轩. 神舟天河会"情人"——细说神舟八号飞船. 中国航天，2011，(11)：9-13.
③ 五轩. 神舟九号任务方案与神舟八号的十个不同. 中国航天，2012，(7)：14.
④ 刘斐，孙喆. 飞天神九的内里乾坤——神舟九号飞船. 中国航天，2012，(7)：26-28；柏合民. 神舟九号天宫之旅的任务与意义. 科学，2012，(9)：1-3.
⑤ 杨涛，朱祥生，武轩. 十全十美看"神十"——神舟十号飞船交会对接任务透视. 中国航天，2013，(7)：25-28.

平在聂海胜和张晓光的配合下开展的太空科普教育演示活动，引起国内外强烈反响。"神舟十号"载航天员返回后，"天宫一号"总计实现了 66 人天的组合体驻留飞行，超额完成 60 人天的指标任务；飞船总计完成了 8 次交会、6 次对接，充分验证了飞船和"天宫一号"的交会和对接能力。①6 月 26 日，"神舟十号"返回舱安全返回，3 名航天员健康出舱。驻留轨道在"天宫一号"超期服役，地面人员继续利用其开展空间科学与技术试验、对地遥感应用和空间环境探测，验证了低轨长寿命载人航天器设计、制造、管理、控制相关技术，为空间站建设运营和载人航天成果的应用推广积累了重要经验。2016 年 3 月 16 日，"天宫一号"正式终止数据服务，全面完成了历史使命。②

此次飞行任务的实施，圆满实现了"准确进入轨道、精准操控对接、稳定组合运行、健康在轨驻留、安全顺利返回"的任务目标，进一步考核了交会对接、载人天地往返运输系统的功能和性能，以任务成功为标志，工程全面进入载人空间站研制建设的崭新发展阶段。

2. "天宫二号"空间实验室

"天宫二号"是中国第一个真正意义上的空间实验室，除用于进一步验证空间交会对接技术外，它将开展一系列空间科学试验，包括地球观测和空间地球系统科学、空间应用新技术、空间技术和航天医学等领域的应用和试验。空间冷原子钟实验、伽马暴偏振探测、空地量子密钥分配试验是"天宫二号" 14 个应用和试验项目中的 3 个重点项目。它还将与新研制的货运飞船进行对接，实现物资和设备的天地往返运输。"天宫二号"全长 10.4 米，最大直径 3.35 米，起飞重量 8.6 吨，在轨寿命 2 年。③

2016 年 9 月 15 日，"天宫二号"发射入轨。经过一个月的在轨测试，10 月 17 日"神舟十一号"飞船发射入轨，参加此次飞行的指令长为景海鹏，航天员为陈冬。飞行的主要任务是：为"天宫二号"提供人员和物资天地往返运输服务，验证天空实验室在轨交会对接和飞船返回技术；与"天宫二号"对接形成组合体，进行航天员中期驻留，考核组合体对航天员生活、工作和健康的保障能力；开展有人参与的航天医学实验、空间科学实验、在轨维修等技术试验以及科普活动。10 月 19 日凌晨，"神舟十一号"与"天宫二号"自动交会对接成功，景海鹏、陈冬进入"天宫二号"。两位航天员在"天宫二号"参与或自动开展了大量空间科学实验，涉及微重力基础物理、微重力流体物理、空间材料科学、空间生命科学、空间天文探测、空间环境监测、对地观测及地球科学研究以及新技术试验等八个领域。具体有空间冷原子钟实验、综合材料制备实验、高等植物培养实验、伽马暴偏振探测等实验与探测；宽波段成像光谱仪试验；空地量子密钥分配试验；伴随卫星飞行试验等应用和新技术试验。11 月 17 日 12 时 41 分，"神舟十一号"与"天宫二号"分离，景海鹏、陈冬乘飞船返回舱于 11 月 18 日安全返回。此次飞行是空间站建设前中国载人航天飞行时间最长的一次，航天员在轨生活工作达 33 天。

在"天宫二号"自主运行期间，第一艘货运飞船"天舟一号"于 2017 年 4 月 20 日发射，并于 4 月 22 日与其自动对接成功。"天舟一号"总长约 10.6 米，最大直径 3.35 米，起飞重量 13.5 吨，载货能力 6.5 吨。此次发射"天舟一号"搭载了 40 种科学实验仪器，

① 俞盈帆. 神舟十号载人飞船. 卫星应用，2013，（7）：72.
② 邱晨辉，平富文. 追忆天宫一号：归去来兮. 中国科技奖励，2018，（4）：75-78.
③ 邓薇. 天宫二号——中国首个真正意义上的空间实验室. 卫星应用，2016，（10）：81-82.

将进行新型元器件在轨验证、空间环境探测、力学环境测量、生命科学方面等 13 项太空科学实验任务。9 月 22 日"天舟一号"受控离轨，飞行任务取得圆满成功。"天舟一号"突破了货物运输、推进剂补加、自主快速对接等关键技术，建立了独立自主、功能齐备的空间货物运输系统，使我国跻身于少数几个具备大吨位空间货运能力的国家，综合技术处于国际先进水平。①

"神舟十一号"及"天宫二号"运行任务的结束，标志着载人航天工程"三步走"发展战略第二步目标成功实现。第三步——建设空间站的工作已经正式拉开序幕，用于空间站核心舱发射的"长征五号" B 运载火箭已于 2020 年 5 月 5 日发射成功，搭载的新一代载人飞船返回舱于 5 月 8 日成功返回。②2021 年 4 月 29 日，中国空间站核心舱——"天和号"在文昌航天发射场发射入轨。③5 月 29 日，"天舟二号"货运飞行发射入轨，在完成入轨状态设置后，于 5 月 30 日 5 时 01 分采用自主快速交会对接模式精准对接于"天和号"核心舱后向端口。"天舟二号"携带了航天员生活物资、舱外航天服及空间站平台设备、应用载荷和推进剂等，与"天和号"核心舱完成交会对接后，转入组合体飞行段，将按计划开展推进剂补加和空间应用项目设备测试等工作。④2021 年 6 月，"神舟十二号"飞船载 3 名航天员进入"天和号"核心舱，开展为期 3 个月的长期驻留任务。完成了核心舱在轨测试、生保系统验证、机械臂测试与操作训练、物资与废弃物管理、出舱活动及舱外作业、舱外航天服在轨转移与组装测试、舱外工具箱的组装、全景摄像机抬升和扩展泵组的安装等工作，还开展了空间科学实验和技术试验。⑤2021 年 10 月 16 日至 2022 年 4 月 16 日，"神舟十三号"完成了空间站建设阶段的第二次载人航天飞行，历时长达 183 天，创造了中国载人航天单次飞行的最长时间新纪录。3 名航天员先后进行了 2 次出舱活动，开展了手控遥操作交会对接、机械臂辅助舱段转位等多项科学技术实（试）验，验证了航天员长期驻留保障、再生生保、空间物资补给、出舱活动、舱外操作、在轨维修等关键技术。"神舟十三号"任务在航天医学、航天心理学、航天工效学和空间材料科学领域，共计开展了 40 余项的在轨实验和试验任务，完成了 80 余项在轨数据收集和分析工作。⑥利用任务间隙，航天员还进行了 2 次"天宫课堂"太空授课（2021 年 12 月 9 日和 2022 年 3 月 23 日），以及一系列别具特色的科普教育和文化传播活动，产生了极为广泛的影响。⑦

① 白明生，金勇，雷剑宇，等. 天舟一号货运飞船研制. 载人航天，2019，（2）：249-255.
② 中国载人航天工程办公室. 我国新一代载人飞船试验船返回舱成功着陆 试验取得圆满成功. http://www.cmse.gov.cn/fxrw/czwhbyzhj/rwdt/202005/t20200508_46528.html［2020-08-20］；中国载人航天工程办公室. 中国载人航天工程简介. http://www.cmse.gov.cn/gygc/gcjj/［2020-08-20］.
③ 中国载人航天工程办公室. 空间站天和核心舱完成在轨测试验证. http://www.cmse.gov.cn/fxrw/kjzthhxcrw/rwdt/202105/t20210517_47981.html［2021-06-10］.
④ 中国载人航天工程办公室. 天舟二号货运飞船与天和核心舱完成自主快速交会对接. http://www.cmse.gov.cn/xwzx/zhxw/202105/t20210530_48048.html［2021-06-10］.
⑤ 神舟十二号载人飞行任务新闻发布会召开. http://www.cmse.gov.cn/xwzx/zhxw/202106/t20210616_48124.html［2022-05-26］.
⑥ 中国空间站建造进展情况新闻发布会召开. http://www.cmse.gov.cn/xwzx/202204/t20220418_49553.html［2022-05-26］.
⑦ 神舟十三号载人飞船返回舱成功着陆，飞行任务取得圆满成功. http://www.cmse.gov.cn/xwzx/202204/t20220416_49536.html［2022-05-26］.

　　2022 年是"天宫"空间站建设的收官之年，计划完成 6 次发射与飞行任务。5 月 10 日发射"天舟四号"货运飞船是第一次任务。其他 5 次任务分别为：6 月发射"神舟十四号"载人飞船；7 月发射空间站问天实验舱；10 月发射空间站梦天实验舱。"天宫"空间站三个舱段在轨形成"T"字基本构型。2022 年 6 月 5 日，"神舟十四号"飞船发射。陈冬、刘洋和蔡旭哲在空间站核心舱生活工作 6 个月。其中，他们与地面控制中心配合，于 7 月 25 日完成了问天实验舱与空间站核心舱的对接；于 11 月 1 日完成了梦天实验舱与核心舱的对接。11 月 3 日，空间站三个大型舱段形成了"T"字基本构型组合体，标志着中国空间站完成在轨建设。2022 年 11 月 29 日，"神舟十五号"飞船发射升空。飞行乘组指令长费俊龙，航天员邓清明、张陆于 11 月 30 日在空间站与"神舟十四号"航天员乘组会合，天宫空间站首次实现 6 人在轨飞行。12 月 2 日晚，"神舟十四号""神舟十五号"航天员乘组进行交接仪式，两个乘组移交了中国空间站的钥匙。经过 5 天联合飞行，"神舟十四号"乘组完成全部既定任务，于 12 月 4 日 21 时 01 分安全返回。"神舟十五号"航天员乘组正式开启长期有人驻留模式。

铁路新线建设[*]

新中国成立初期，一方面对全国铁路进行补强复旧，另一方面开始有重点地修建铁路新线。为改变全国铁路分布不均衡的状况，并把西部地区建成新的工业基地和战略后方，新建了成渝、天兰、来睦、宝成、兰新、包兰、丰沙和鹰厦铁路等。新线建设中包含了比较重要的技术成就，创造了多项新中国第一。这些成就的取得，得益于社会主义集中力量办大事的独特模式，也离不开苏联专家的指导和帮助。但当时基建制度不健全、对地质勘测重要性的认识不足以及过分求快等因素，影响了一些工程建设的质量。总体而言，新线建设产生了较好的社会影响。新中国铁路建设的成就，证明了中国的发展离不开和平稳定的政治环境，更离不开一个代表人民利益的独立自主的坚强有力的中央政府。

一、新中国初期铁路建设概述

新中国的铁路事业，是在接管、改造旧中国既有铁路的基础上建立和发展起来的。旧中国铁路共有 2 万多千米，多数线路、桥梁质量较差，加上战争破坏，毁损严重。1949年初军委成立铁道部后，对全国铁路统一进行抢修，至 1949 年底，中国大陆上的主要铁路基本修复通车并连接为一个整体。1950 年，全国主要铁路干线的桥梁基本修复。^①

新中国铁路发展所面临的一个突出问题是，铁路分布极不均衡，过于集中在东北及东部沿海地带，幅员辽阔的内地铁路甚少，尤其是广大的西北、西南地区还没有像样的铁路干线与全国铁路联网。造成这种局面的原因，主要是在半殖民地的旧中国，铁路多靠外国借款修筑，其中大半系帝国主义国家所要求，且多建于各帝国主义在华势力范围。中国既自身无力筑路，又无法阻止帝国主义国家的要求。清末邮传部、北洋交通部和南京国民政府铁道部，都曾拟划过全国铁路线，但均因政治不宁、战争频仍等，未能实现。^②

新中国成立后，废除了中外不平等条约，收回所有中国大陆上的铁路权利。中国开始按照自己的发展需要规划铁路网的布局。为了改变全国铁路分布不均衡的状况，也为把西北、西南地区建成新的工业基地和战略后方，人民政府在百业待兴、资金有限的件下，大力投资新线建设，尤其在中部和西部地区兴建了多条铁路。1949—1952 年国民经济恢复时期，国家新建了成渝铁路、天兰铁路和湘桂铁路来睦段。1953—1957 年第一个五年计划（以下简称"一五"）时期，修筑了宝成、兰新、包兰、丰沙、鹰厦、集二、蓝烟、黎湛和萧甬铁路等干线，以及若干森林铁路和工矿企业支线。至 1957 年底，全国新

---

* 作者：王斌。

① 《当代中国的铁道事业》编辑委员会. 当代中国的铁道事业. 上. 北京：当代中国出版社，2009：17.

② 凌鸿勋. 中国铁路志. 台北：世界书局，1963：17-21.

建干支线铁路 6179.8 千米（表 1）。①

　　据统计，三年经济恢复时期，国家对铁路投资 11.34 亿元，其中用于新线建设的资金为 4.31 亿元，占铁路投资总额的 38%；"一五"期间，国家对铁路投资 62.89 亿元，其中用于新线建设的投资为 29.57 亿元，占铁路投资总额的 47%。这种投资格局，为铁路的基本建设，特别是新线建设提供了良好的发展机遇。当时还提出了"新线第一"的口号，这一提法虽失之偏颇，但足以表明对新线建设的重视程度。②

　　在机车车辆方面，1952 年四方机车车辆厂仿制出第一台蒸汽机车，接着四方和大连机车车辆厂试制出了胜利型、前进型和建设型等多种机车，开始了中国自制蒸汽机车的时代。到 1957 年底，全国共生产机车 531 台，客车 1982 辆，货车 40 780 辆。③

表 1　1950—1957 年中国新建主要铁路干线统计表

铁路名称	起点—终点	运营里程/千米	投资金额/百万元	开工年月	验收交接年月
成渝铁路	成都—重庆	505	165.31	1950.6	1953.7
天兰铁路	天水—兰州	348	154.40	1950.4	1954.8
湘桂铁路来睦段	来宾—睦南关④	416	61.53	1950.10	1953.3
宝成铁路	宝鸡—成都	669	797.85	1952.7	1957.12
兰新铁路	兰州—乌鲁木齐	1903	1247.89	1952.10	1956.3—1965.12
包兰铁路	包头—兰州	990	352.37	1954.10	1958.10
丰沙铁路	丰台—沙城	106	109.79	1952.9	1955.10
鹰厦铁路	鹰潭—厦门	694	383.66	1955.2	1957.12
蓝烟铁路	蓝村—烟台	184	66.38	1953.6	1956.6
黎湛铁路	黎塘—湛江	317	128.22	1954.9	1955.10
萧甬铁路	萧山—宁波	185	115.67	1953.7	1959.10
集二铁路	集宁—二连	333	157.79	1953.5	1955.11

　　资料来源：《当代中国的铁道事业》编辑委员会. 当代中国的铁道事业. 上. 北京：当代中国出版社，2009：316-317，339，348.

二、铁路建设中的重要技术成就

　　新中国的铁路建设是在非常艰苦和困难的条件下进行的，当时铁路工程技术力量薄弱，面临的任务十分艰巨。铁路建设者们坚持自力更生、艰苦奋斗，取得了很多重要的技术成就，创造了多项新中国"第一"。

　　成渝铁路是新中国成立后建成的第一条干线铁路。沿线地形复杂，全线共开凿隧道 43 座总长 6445 米，大桥 7 座总长 1260 米，中桥 77 座总长 3834 米。建筑材料除利用既有旧料外，所有工程全部使用国产材料，首开中国铁路建设史上的纪录。所用钢轨均系

---

① 《当代中国的铁道事业》编辑委员会. 当代中国的铁道事业. 上. 北京：当代中国出版社，2009：31-33.
② 铁道部档案史志中心. 新中国铁路五十年. 北京：中国铁道出版社，1999：39，52.
③ 《中国铁路建设史》编委会. 中国铁路建设史. 北京：中国铁道出版社，2003：37-42.
④ 原名镇南关，1953 年 10 月更名睦南关，1965 年 1 月更名友谊关。来睦铁路建成之时，仍称镇南关，当时报纸亦称"来镇铁路"，但后来的出版物均称"来睦铁路"。

重庆一零一厂轧制。①成渝路最大桥梁沱江大桥总长 370.83 米，架梁工程队用 69 天架完 7 孔 50 米钢桁梁，又用 15 天铺桥面、安装人行道、油漆钢梁。全桥施工时间和钢梁架设速度均达到国内先进水平，悬空拖拉架桥，亦属首例。②

宝成铁路是新中国成立后修建的第一条工程艰巨的铁路，全线 80% 为山岳地区。全线建隧道 304 座总长 84.4 千米，大中小桥 1001 座总长 28 千米。其中松树坡大桥 2 孔 38 米高 50 米，桥之高为我国铁路石拱桥的创举。③在钢梁架设方面，除涪江大桥、白水河大桥采用就地拼铆拖拉架设，其余钢板梁和钢筋混凝土丁字梁，都使用架桥机架设。④

包兰铁路是新中国修建的第一条穿越沙漠的铁路。在全长 990 千米的铁路线上，有 140 多千米的线路穿过腾格里沙漠和鄂尔多斯高原西部沙漠。开工前即建立观测站，以土和卵石与沙混合筑成沙漠路基，在路基两侧铺设防护卵石，设置防护栅栏和网格沙障，解决了在沙漠中修铁路的难题。⑤东岗镇黄河大桥为 3 孔 53 米上承空腹式钢筋混凝土铁路拱桥，是中国铁路首次采用这样大跨度的拱桥。⑥

鹰厦铁路须穿越武夷山和戴云山两大山脉，跨越闽江和九龙江等 70 多条干支流。全线共有 46 条隧道总长 14 千米，163 座桥梁总长 8 千米，1634 座涵洞总长 33 千米，690 处高填和深挖工程，以及两座全长 5 千米的海堤（高崎—集美和杏林—集美），是中国首个填海筑路工程。⑦采用斜坡型填石填砂混合断面透水路堤，共用石料近百万立方米。⑧

武汉长江大桥连接京汉、粤汉两条干线铁路，是新中国修建的第一座公铁两用桥，也是新中国铁路桥梁发展史上第一个具有里程碑意义的桥梁工程。⑨以西林（Константин Сергеевич Силин）为首的苏联专家组鉴于长江水深流急，将原拟采用的气压沉箱基础改为钢筋混凝土大型管柱基础。⑩钢梁来自山海关桥梁厂和沈阳桥梁厂，钢梁制造第一次采用了机器样板和无孔拼装胎型，提高了制造精度，便于杆件互换。⑪

---

① 中华人民共和国铁道部. 铁路修建史料（1949—1962）（第一册）（内部资料）. 北京：中华人民共和国铁道部，1964：5.
② 铁道部第五工程局新线铁路运输处史志编纂委员会. 新线铁路运输处志 1950—1999. 贵阳：贵州人民出版社，2002：62.
③ 中华人民共和国铁道部. 铁路修建史料（1949—1962）（第一册）（内部资料）. 北京：中华人民共和国铁道部，1964：28-31.
④ 铁道部第五工程局新线铁路运输处史志编纂委员会. 新线铁路运输处志 1950—1999. 贵阳：贵州人民出版社，2002：66.
⑤ 《当代中国的铁道事业》编辑委员会. 当代中国的铁道事业. 上. 北京：当代中国出版社，2009：428.
⑥ 《中国铁路建设》编辑办公室. 中国铁路建设. 北京：中国铁道出版社，1990：238-239.
⑦ 黄岑. 鹰厦铁路. 福州：福建人民出版社，1957：20-21.
⑧ 中华人民共和国铁道部. 铁路修建史料（1949—1962）（第一册）（内部资料）. 北京：中华人民共和国铁道部，1964：58-59.
⑨ 《中国铁路桥梁史》编委会. 中国铁路桥梁史. 北京：中国铁道出版社，2009：111.
⑩ 中华人民共和国铁道部. 铁路修建史料（1949—1962）（第一册）（内部资料）. 北京：中华人民共和国铁道部，1964：376.
⑪ 中华人民共和国铁道部. 铁路修建史料（1949—1962）（第一册）（内部资料）. 北京：中华人民共和国铁道部，1964：376.

三、社会主义集中力量办大事的独特模式

新中国初期，在百业待兴、资金有限、技术薄弱的情况下，铁路建设依然取得了巨大的成就。这主要得益于社会主义集中力量办大事的独特模式，即运用国家力量迅速整合全社会的各种资源，集中人力、物力和财力，推进工程建设。这一模式在新中国初期的铁路建设中主要体现在以下两个方面。

1. 施工以军队为主力，动员民众参与

新中国成立初期的铁路建设，并不单纯为了改善交通运输和发展经济，它还具有重要的国防和军事意义。铁路建设常由军队负责组织并承担施工主力，同时进行广泛的社会动员，当时全国各地多达数十万民众直接参加了铁路建设。

成渝铁路建设时，从刚结束剿匪任务的西南军区抽调了 3 万人担负施工主力，并从全国各地动员了 10 万民工参加筑路。修筑天兰铁路时，西北铁路干线工程局以一部分第一野战军部队、铁道兵团部队和铁路工程队伍为主力，加上陕甘两省的 1.4 万民工，组成 10 万筑路大军。[①]来睦段修筑时，衡阳铁路局和铁道兵部队承担设计施工，同时动员了 20 万民工参加。[②]鹰厦铁路由铁道兵部队的 8 个师和 1 个独立团承担施工，闽赣两省组织了 12 万余民工参加筑路。[③]黎湛铁路的建设，有铁道兵 6 个师和 1 个独立桥梁团投入施工，并有广东和广西两省 10 万民工参加。[④]以军队为施工主力，同时动员大量民工参与筑路，是新线建设能够在较短时间内胜利完成的重要因素。

2. 技术和物资得到全国各地的广泛支援

新中国初期，全国工业基础薄弱，只有少数几个城市具备一定的工业实力。工程技术人员和物资材料同样缺乏。当时可以说是举全国之力来进行铁路建设。

成渝铁路开工时，铁道部请著名铁路技术专家萨福均充任西南军政委员会交通部副部长，负责成渝铁路技术工作。[⑤]全国有 11 个铁路局共 1200 多名铁路干部和 200 名助勤人员调来工作。济南铁路局所属的九龙岗机厂还特地迁到了重庆。铁路建设期间，平均每月近 5000 吨的机车车辆、桥梁、工具和钢坯等物料，从东北、华北、华东、中南各地运来。[⑥]

宝成铁路施工期间，地质部派来数位工程师，水利部调来 10 部钻机，四川省水利厅和陕西省水利厅也派工程师和技工来支援；同济大学和唐山铁道学院在仪器和人力方面都给予了帮助[⑦]；南京江南水泥厂为其供应水泥，四川省工业局、上海钢铁公司、鞍山钢铁公司、重庆钢铁公司等为其供应圆钢、生铁、钢材、钢轨等。[⑧]

鹰厦铁路施工期间，当时刚竣工的鞍钢大型轧钢厂为其轧制钢轨，丰台和山海关桥

① 铁道部档案史志中心. 新中国铁路五十年. 北京：中国铁道出版社，1999：39-40.
② 《当代中国的铁道事业》编辑委员会. 当代中国的铁道事业. 上. 北京：当代中国出版社，2009：353.
③ 《中国铁路建设》编辑办公室. 中国铁路建设. 北京：中国铁道出版社，1990：115.
④ 《当代中国的铁道事业》编辑委员会. 当代中国的铁道事业. 上. 北京：当代中国出版社，2009：349.
⑤ 田永秀. 成渝铁路建成通车与民众认同. 西南交通大学学报（社会科学版），2016，17（6）：12.
⑥ 王芝芬. 成渝铁路. 上海：新知识出版社，1955：29-30.
⑦ 西宁铁路局. 宝成铁路（修建记）. 北京：人民铁道出版社，1960：92-93.
⑧ 各地支援宝成路筑路工程. 人民日报，1956-06-03（1）.

梁厂为其制造桥梁，北京、上海、广州、武汉、重庆等地为其输送了大批机械和燃料，许多地区的铁路部门为其抽调部分机车车辆。①

天兰铁路修建时，全国各铁路局输送了很多工程师和工程管理人员；西南运来大批钢轨，东北运来 2.77 万吨枕木，太原、热河、汉口、天津等地运来水泥。②兰新铁路黄河大桥修建时，武汉等地派来一批潜水工和船工；山海关和沈阳桥梁厂提供了巨型钢梁，华北、中南、东北等地运来了大量水泥、木料和各种钢材。③

四、苏联专家对铁路建设的贡献

成渝铁路是我国系统地借鉴苏联经验修筑的一条铁路。④在路基修筑方面，采用了苏联专家扎刚达耶夫（Загундаев）的建议，实行分层填土打夯⑤，不仅路基稳固，而且当时就能铺轨。沱江大桥的架设则采纳了吉赫诺夫（Тихонов）建议的连接牵引法，即把几孔钢桥临时拼铆在一起，用钢丝和绞车把它滑到桥位，使沱江大桥的架设时间较普通架桥法缩短了两个月。⑥马卡洛夫（Макаров）为提高重庆一零一钢铁厂的钢轨产量，组织厂里工程师进行全部设计和制图安装工作，还把苏联最新式的钢轨图样带到一零一钢铁厂，使中国的钢轨生产有了很大改进。

天兰铁路建设时，按苏联专家的建议，组织自办工程队。水泥成品由最初的现场分散制造改为成立水泥成品厂集中制造，降低了生产成本，提高了质量。⑦该路同样采用了苏联的分层填土打夯法，保障了路基坚固。另外还采用了苏联的防水、排水工程，延长了隧道和涵洞的寿命。⑧祖布可夫（Зубков）及时纠正了一个车站设计上的错误，避免了 4800 亿元的损失。⑨

包兰铁路的选线，经苏联专家的实地调查后确定。根据谢洛敏切夫（Шереметьев）的建议，在沙漠中建立气象观测站，观测风速、风向、沙量移动和蒸发量等现象，作为线路设计的依据；还在沙漠中做"示范路基"，解决了在大漠中修铁路的技术问题。线路专家尼古拉（Николайев）指出两个路段限制坡度大小不一的设计问题，建议将其中一段的限制坡度进行修改，从而使包兰线的运营更加合理。⑩

兰新铁路学习苏联经验，采用成品安装法架设桥梁，提高了工作效率。⑪张掖到临泽段的桥梁工程，根据桥梁专家卡特兰诺夫（Катланов）等的建议，在桥底河床上用石料铺砌，将水流速度提高了约一倍，使这几处大桥的总长度缩短了 224 米。张掖地区的

① 黄岑. 鹰厦铁路. 福州：福建人民出版社，1957：22.
② 新华社. 天兰路完成国庆节通车准备工作. 光明日报，1952-09-26（1）.
③ 兰新铁路黄河大桥"七一"通车. 人民日报，1955-07-04（2）.
④ 程在华，刘挥琛. 苏联专家和成渝铁路. 光明日报，1952-02-13（3）.
⑤ 即每填 30 厘米土打夯一次，打到 20 厘米厚时再填土打夯.
⑥ 王芝芬. 成渝铁路. 上海：新知识出版社，1955：31-32.
⑦ 新华社. 苏联专家对修筑天兰铁路的贡献. 光明日报，1952-09-25（2）.
⑧ 陆灏. 天兰铁路—西北各族人民的幸福之路. 人民日报，1952-09-28（2）.
⑨ 苏联专家帮助改正天兰铁路一个车站设计工作的错误 使我国家财产避免了四千八百亿元的损失. 人民日报，1952-12-13（2）.
⑩ 李般木. 苏联专家对西北铁路建设的贡献. 人民日报，1955-11-02（2）.
⑪ 兰新铁路将采用成品安装法架设桥梁. 人民日报，1954-05-29（2）.

线路，根据巴斯克金（Баскин）等的建议，将原设计的走张掖城南的线路移向城北，不仅避开了城南 8 千米的泥沼地带，而且缩短了路基 2.5 千米，少修了一座车站。在高台县 35 千米漫流地区，经卡特兰诺夫等的考察，将原"见河设桥"的设计方案改为人工导水堤方案，把原设计的 100 座大中小桥梁和涵管减去了 70 座。[①]1954—1955 年，苏联专家为兰新铁路提供了 51 项建议，共节省投资 701 万元。[②]此外，苏联的航空测量技术也首次应用于兰新线上。[③]

宝成铁路的选线也是在苏联专家的帮助下，经过各种方案的比较，打破了此前认为铁路难以通过秦岭山岳地带的结论[④]，最后选定了已修成的这条线路。其中，宝鸡—凤县段穿过海拔 1400 米的秦岭时，普通蒸汽机车的运输效率会受到限制，故采纳苏联专家建议，采用电力机车牵引，该段也成为我国第一条电气化铁路。[⑤]宝成线定线时，地质专家瓦库连克（Вакуленк）发现天略段礼县以南有一长 40 千米的路段地质极为恶劣，建议改线，遂有宝略线的研究、勘测和施工。在大爆破专家契契金（Чичкин）的指导下，青石崖、观音山等站场，采用了大爆破方法[⑥]施工，从而节省了大量人工，缩短了工期。[⑦]

前面提到的武汉长江大桥也是在苏联专家组西林等的建议下，采用钢筋混凝土大型管柱代替原拟气压沉箱基础，解决了大桥建设的基础难题。总之，苏联专家为新中国铁路建设提供了大量宝贵的意见，成功解决了铁路建设中的许多技术难题，推动了工程建设的顺利进行。

五、新线建设中的突出问题

1. 基建制度不健全，设计、施工和财务不规范

成渝铁路开工前仅做了一两个月的准备工作，很不充分。基建、设计、施工无明确分工，设计单位多达 11 个，没有总预算和总体施工设计。设计工作以站场问题较多，站线或过长或过短，货运设备或行车设备配置不合理等。[⑧]由于开工仓促，常常一边进行施工准备，一边集中有经验的技术人员抓紧研究改善线路的问题。[⑨]又由于缺乏经验和周密的施工组织与检查制度，工程质量好坏不均，部分包商承办的工程存在偷工减料的问题。铁路竣工后，全线桥涵需要再整修者有大中桥 27 座、小桥 31 座、涵渠 21 座。[⑩]此外，铁路建设存在"完成任务不算账的作风"，施工、计划、财务三个部门始终对不起

---

① 李般木. 苏联专家对西北铁路建设的贡献. 人民日报, 1955-11-02（2）.
② 新华社. 兰新铁路线上的苏联专家. 光明日报, 1955-10-12（1）.
③ 兰新路玉门以西线路开始航空测量. 人民日报, 1955-06-22（2）.
④ 中共中央党校理论研究室. 历史的丰碑——中华人民共和国国史全鉴 •4 •经济卷. 北京：中共中央文献出版社, 2005：443.
⑤ 中国铁道学会电气化委员会. 中国铁路电气化建设. 北京：中国铁道出版社, 2014：5.
⑥ 大爆破是使用巨量炸药来破坏和松动大范围内的岩石，以有效地解决大量土石方集中的困难.
⑦ 西宁铁路局. 宝成铁路（修建记）. 北京：人民铁道出版社, 1960：48.
⑧ 中华人民共和国铁道部. 铁路修建史料（1949—1962）（第一册）（内部资料）. 北京：中华人民共和国铁道部, 1964：4-6.
⑨ 成渝铁路工程总结编辑委员会. 成渝铁路工程总结. 1953：施-线-2.
⑩ 中华人民共和国铁道部. 铁路修建史料（1949—1962）（第一册）（内部资料）. 北京：中华人民共和国铁道部, 1964：5-6.

账来，完工后积压的呆料总价达 692.71 亿元，多因计划不周造成。工程预算不切实际，计划总额和政府拨款分别比工程决算多出 2745.95 亿元和 1442 亿元。正如时任铁道部部长滕代远所总结的"制度不健全是一切工作紊乱的根源"。①

2. 忽视地质勘测的重要性

工程地质条件是决定所选线路是否经济、合理和稳固的重要因素。线路的方向和位置，须根据地质调查所得资料进行规划，只有对不良地质有充分认识，才能对线路不佳的路段采取适当措施。1952 年以前，我国铁路工作人员对工程地质工作在铁路修建中的重要性认识不足，也没有一定的要求和程序可资遵循。

宝成铁路初期的勘测设计基本上是在没有地质资料的情况下进行的，技术文件的质量不高，走了不少弯路。例如，在 1952 年以前定测的天略段西汉水线，就完全未考虑工程地质条件，定测后，苏联地质专家发现沿线有长约 40 千米的范围有严重的流动岩堆现象，是线路通过的障碍，因而全线废弃。初测宝略段时，许多应避绕的不良地质区域没有避绕，导致后来必须重测。②

3. 突出一个"快"字，不少工程质量偏低

新中国初期的新线建设，工程量大，上马又很急迫，不少工程处于边设计边施工，甚至不设计就施工的状况。建设工期，除兰新铁路时间较长以外，大多数在 3 年以内，最短的仅有 1 年。铁路建设突出一个"快"字，"先通后备"成为当时新线建设的一个普遍原则。③

宝成铁路是在"鼓足干劲，力争上游，多快好省地建设社会主义"总路线的指引下建设的。"快"是主导思想，设计施工都要服从铺轨通车的日期。有的隧道边墙和拱部尚未衬砌完毕，路基主体工程还未竣工，底碴还未散布，也要求铺轨通过。在一些控制工期的工点，常常出现铺轨等路基的叫阵场面。④

鹰厦铁路为压缩设计和施工时间，以设计总则代替初步设计，采用边勘测、边设计、边施工的方式，设计文件在现场鉴定。选线时，尽量减少长、大、重工程，例如，在华安至漳州间为缩短线路、避免江东大桥，采用了不直接经漳州而以支线接通的方案。最后证明，该方案实际上增加了运营费用。交付运营后，傍山路基边坡不断发生坍方、滑坡，沿河坡脚又多受河水冲刷威胁；高填地段有的缺乏排水设施，有的填料不合标准，发生坍塌。1959—1962 年底，整治病害及局部改善工程使用投资累计达 3600 多万元。⑤

六、新线建设的社会影响

1. 实现夙愿，凸显新政权优势

新中国初期修建的铁路线，不少是在晚清民国时就曾勘测动工，之后因种种原因未

① 成渝铁路工程总结编辑委员会. 成渝铁路工程总结.1953：绪言.
② 铁道部宝成铁路修建总结委员会. 宝成铁路修建技术专题总结：线路勘测与设计. 北京：人民铁道出版社,1959：19，34，43.
③ 铁道部档案史志中心. 新中国铁路五十年. 北京：中国铁道出版社，1999：40-41.
④ 铁道部第五工程局新线铁路运输处史志编纂委员会. 新线铁路运输处志 1950—1999. 贵阳：贵州人民出版社，2002：66.
⑤ 中华人民共和国铁道部. 铁路修建史料（1949—1962）（第一册）（内部资料）. 北京：中华人民共和国铁道部，1964：57-59.

能建成。例如，成渝铁路作为川汉铁路的西段，清末就开始修建，国民政府时期也曾设立成渝铁路工程局，借外债修路，但直到1949年，只完成了少量土石方及桥梁、隧道，未铺一根钢轨。新中国成立后只用了两年时间，就筑成了这条500多千米的铁路，实现了四川人民半个世纪的夙愿，结束了四川没有正式铁路的历史。[①]田永秀教授认为，成渝铁路的建设是解决新中国初期西南诸多问题的突破口，也是中国共产党在获得民众认同方面打的一场漂亮的战役。[②]

天兰铁路作为陇海铁路的最西段，于1941年开始测量，1946年开工修建，直到1949年仅完成全部工程的13%。[③]新中国成立后，用两年半就修成了铁路，火车可以从江苏连云港直驶甘肃兰州，陇海铁路终于实至名归。

2. 改善交通格局，特别是西部地区的交通状况

新中国初期这批新线的建成，使全国铁路布局得到初步改善，铁路交通开始伸向西南、西北及其他边远地区。成渝、天兰、宝成、兰新等干线的建成，大大加强了西南、西北与全国的联系。黎湛、蓝烟、鹰厦、萧甬等干线，初步改变了许多海防重镇和海运港口没有铁路与内地沟通的状况。集二铁路和湘桂铁路来睦段，为加强国际交往创造了有利条件。[④]

四川自古就有"蜀道难，难于上青天"的说法，由于交通不便，货物运输异常困难，也给人民生活带来了许多困难。成渝铁路的建成，连接了重庆和成都这两个西南重镇，使四川形成了以成渝铁路为骨干的新的交通运输网，有力地促进了四川的发展。宝成铁路作为第一条入川铁路干线，把中国西北同西南连接了起来。成渝线与宝成线连接起来，构成了西南铁路网骨架的基石。[⑤]

新疆有铁路前，与内地的交通主要靠公路，许多大型工业设备无法运进，新疆丰富的矿藏也不能有效地开发。兰新与天兰、包兰等铁路的建成，构成了内地通往大西北的重要通道，对开发西北地区、建设新的工业基地和巩固国防，具有重要意义。[⑥]

3. 带动工商业发展和资源开发

成渝铁路的兴建，使数百家私营钢铁机器厂复活了，一千多家铁工场有了工做，水泥、木作、建筑、砖瓦、运输、化工、电工器材等，都随着筑路而恢复与发展。[⑦]重庆钢铁工业过去从鞍钢运进材料，通过长江运输要35天，每吨运费高达79元，改由铁路运输后，时间缩短了20天，运费每吨只需41元。[⑧]铁路沿线丰富的物产资源，如米粮、食盐、蔗糖、煤炭、桐油、山货、木材等均可大宗输出。[⑨]四川有近32 000种工业品调

---

① 铁道部档案史志中心. 新中国铁路五十年. 北京：中国铁道出版社，1999：39-40.

② 田永秀. 成渝铁路建成通车与民众认同. 西南交通大学学报（社会科学版），2016，17（6）：8.

③ 《中国铁路建设》编辑办公室. 中国铁路建设. 北京：中国铁道出版社，1990：81.

④ 《当代中国的铁道事业》编辑委员会. 当代中国的铁道事业. 上. 北京：当代中国出版社，2009：33.

⑤ 《中国铁路建设》编辑办公室. 中国铁路建设. 北京：中国铁道出版社，1990：70.

⑥ 铁道部档案史志中心. 新中国铁路五十年. 北京：中国铁道出版社，1999：53.

⑦ 胡子昂. 庆祝党的生日并为成渝铁路全线通车而欢呼. 光明日报，1952-07-01（2）.

⑧ 西宁铁路局. 宝成铁路（修建记）. 北京：人民铁道出版社，1960：106.

⑨ 新华社. 四十多年的理想就要实现 成渝铁路正式开工 预计明年年底全线即可通车. 光明日报，1950-06-21（1）.

低了销价，农副产品则普遍调高了收购价。①

天兰铁路通车后，降低了当地的运价，西北丰富的自然资源和土特产，如石油、羊毛、驼毛、皮张、肠衣等，得以大量运输到其他地方，而其他地区的产品也得以输入。②黎湛铁路的建成对开发铁路沿线的矿产资源和南海海洋资源起着重要作用，也让湛江由过去一个并不发达的小港口城市，迅速发展成为一个繁荣的工业城市和远洋贸易港口。③

七、提供了大量就业机会，改善了群众的生活

新中国成立初期的新线建设进行了广泛的社会动员，很多铁路的修建，动员的民工数量都在 10 万人以上。在当时经济困难、工作机会较少的情况下，参加铁路建设解决了很多人的生计问题。

据统计，成渝铁路的修筑前后共"动员了军工 28 416 人，失业工人 18 981 人，民工 70 177 人"。④此外，尚有大量因铁路而间接获得工作机会的人群。"川南沿着铁路线的五个县有十五万人直接间接靠着修路生活。沿线各地的石工全部参加了修路，铁工、木工制作筑路家具，许多妇女和小孩锤道砟石子、为路工打草鞋洗衣服；还有数十万人运输枕木。很多人每个月还可以节余一二百斤工资米，寄回家去。"到 1952 年初，8000 民工经西南铁路工程局批准已留作正式铁路工人。⑤

① 西宁铁路局. 宝成铁路（修建记）. 北京：人民铁道出版社，1960：107.
② 柳超. 天兰铁路活跃了西北的物资交流. 人民日报，1953-02-19（2）.
③ 《当代中国的铁道事业》编辑委员会. 当代中国的铁道事业. 上. 北京：当代中国出版社，2009：349-350.
④ 田永秀. 成渝铁路建成通车与民众认同. 西南交通大学学报（社会科学版），2016，17（6）：9-10.
⑤ 新华社. 成渝铁路十万民工新年上书毛主席报告一年来筑路成绩. 光明日报，1952-01-16（2）.

大秦重载铁路[*]

大秦铁路是中国第一条双线电气化、重载单元现代化铁路，是增强晋煤外运能力的国家重点建设工程，1985 年正式开工，1988 年一期工程竣工，1992 年二期工程竣工，1997 年三期配套工程竣工。在坚持"自力更生为主、国际合作为辅"的方针下，引进和攻关研制了具有 20 世纪 80 年代先进水平的技术装备，包括牵引动力、运煤车辆、工务、通信信号、电气化供电、运营信息等 6 个专业共 91 个项目。大秦铁路重载列车成套设备的攻关研制和引进消化，大大提升了我国铁路的技术装备水平，提高了我国开发和配套制造这些装备的能力，使我国铁路重载运输的技术水平进入世界先进行列。

一、中国重载铁路发展的背景

1. 重载铁路的界定

重载铁路是在一定的技术装备条件下，采用大功率内燃或电力机车，扩大列车编组长度，使牵引重量和输送能力达到一定标准的运输方式。^①重载铁路是一个广义的系统，由很多子系统构成，其核心部分是重载铁路工程和重载铁路运输两大系统，围绕两大系统的是技术装备配套。重载铁路运输是大宗货物运输的主要方式，具有运能大、效率高、运输成本低等显著优势，是世界铁路货物运输的发展方向，也是货运现代化的重要标志。^②

国际上对重载铁路的界定，主要以牵引重量、轴重^③和年运量为指标。随着世界重载运输的快速发展，重载运输的标准不断更新。国际重载运输协会先后于 1986 年、1994 年和 2005 年的三次重载运输会议中修订了重载铁路标准（表 1）。

各国铁路由于运营条件、技术装备水平不同，所采用的重载列车形式和组织方式也各有特点。重载运输方式一般分为三种：①单元式重载列车，以固定的机车车辆组成一个运输单元，中途不编解，在装车站和卸车站之间循环运行。1958 年，美国南太平洋铁路公司首创开行 85 辆矿石车组成的重载单元列车^④。这种运输方式随后推广到加拿大、澳大利亚、巴西和南非等国，上述国家均大量开行 1 万吨以上的单元列车，列车重量甚至高达 2 万—3 万吨。②整列式重载列车，由挂于头部的一台或多台机车联合牵引，中途需要解体和重新编组。③组合式重载列车，由两列及以上同类货车首尾衔接，组合成一个整列，牵引机车位于列车头部和中间。组合式重载列车起源于苏联，曾进行过 3 万—4 万吨的重载列车试验。^⑤

---

* 作者：王斌。

① 薛继连. 重载铁路技术创新模式：30t 轴重神华重载铁路运输技术创新探索与实践. 北京：中国铁道出版社，2014：1.
② 阚叔愚，陈岳源，周锡九. 重载铁路工程. 北京：中国铁道出版社，1994：22-23.
③ 轴重是指一个铁路车辆轮对承受的机车或车辆重量，它反映了轨道承受的静荷载强度。
④ 《中国铁路建设史》编委会. 中国铁路建设史. 北京：中国铁道出版社，2003：613.
⑤ 铁道部大秦铁路建设办公室. 大秦铁路. 北京：中国铁道出版社，1995：50-51.

表 1 国际重载铁路标准定义更新情况表

会议	牵引重量/吨	轴重/吨	年运量/万吨	备注
1986 年国际重载运输协会温哥华会议	≥5000	≥21	≥2000	
1994 年国际重载运输协会北京会议	≥5000	≥25	≥2000	至少满足其中两条
2005 年国际重载运输协会巴西会议	≥8000	≥27	≥4000	

资料来源：薛继连. 重载铁路技术创新模式：30t 轴重神华重载铁路运输技术创新探索与实践. 北京：中国铁道出版社，2014：2.

2. 中国重载铁路发展的背景

20 世纪 80 年代，铁路运输的紧张局面日益突出。当时，晋煤外运、南北通道、华东通道、进出关通道等 14 条既有铁路干线的货物运输量，几乎都接近或达到所能承载的极限，而这些繁忙主干线所能承载的平均列车重量只有 2400 吨，最大列车重量也只有 3500 吨，相比之下，苏联 1980 年的最大列车重量已经达到 6000 吨，美国最大列车重量更是达到 15 000 吨[1]。当时由于国力、财力有限，国家还没有条件立即建造货运重载专线，而是选择了有重点地进行既有线改造，如对丰沙大线、石太线、太焦线等进行了电气化改造，对胶济线、同蒲线、石德线、陇海线（郑州—徐州段）等增建第二线。[2]

在既有线改造的基础上，通过学习借鉴国外重载运输的成功经验，并结合中国铁路运输的自身特点，中国开始了重载铁路的研究试验，逐步探索出了适合中国国情的重载运输模式。中国重载铁路发展也经历了以下三种模式。①早期开行组合列车。1984 年，铁道部成立重载组合列车开行试验领导小组。首先选择晋煤外运的北通道——丰沙大线和京秦线作为试点，在大同—秦皇岛间开行 7400 吨组合式列车。[3]此后，沈山线、石太线、石德线、津浦线（大郭村—济南西段）、京广线（平顶山—武汉段）、京沪线（徐州北—南京东段）等也开行了 6500—8000 吨组合列车。[4]据不完全统计，仅 1985 年 5 月至 1986 年 12 月，大同—秦皇岛线共开行 2000 多列组合列车，多运煤 640 万吨。[5]②修建重载专线、开行单元列车。1985—1992 年，中国修建了第一条双线电气化重载运煤专线——大秦铁路。该线全长 653 千米，分三期修建。③开行整列式重载列车。1992 年起，铁道部对京沪、京广、京哈等繁忙干线进行改造，开行整列式重载列车，将列车牵引定数由 3500 吨提高到 4000—6000 吨，实行双机牵引。[6]这三种模式至今仍是并存的，适应不同的需求。

二、大秦重载铁路建设概况

1. 大秦铁路建设的必要性

20 世纪 80 年代以来的铁路运输紧张局面，以煤炭的运输压力最大。山西、陕西和

---

① 刘建新，蔡久凤. 改革开放 40 年中国重载铁路的发展. 长安大学学报，2018，（6）：70.
② 庄正. 中国铁路建设. 北京：中国铁道出版社，1990：31.
③ 耿志修. 大秦铁路重载运输技术. 北京：中国铁道出版社，2009：1.
④ 耿志修. 大秦铁路重载运输技术. 北京：中国铁道出版社，2009：1.
⑤ 阚叔愚，陈岳源，周锡九. 重载铁路工程. 北京：中国铁道出版社，1994：7-10.
⑥ 《中国铁路建设史》编委会. 中国铁路建设史. 北京：中国铁道出版社，2003：613-614.

内蒙古西部（简称三西）是我国最大的煤炭产地，其煤炭储量占全国的60%，产量占全国的1/3。[1]但一方面，苦于外运能力不足，三西地区挖出的煤不能及时外运，常引起自燃，不得不以运定产；另一方面，华东和华北地区由于工矿企业用煤不能及时供应，严重影响工农业生产的发展，甚至出现大批工厂停产的状况。[2]煤炭运输能力不足已经成为制约中国经济发展的严重阻碍。

为解决这一困难，国务院决定修建一条新的运煤专线——大秦铁路（大同—秦皇岛铁路），它将成为雁北、平朔、内蒙古、宁夏、陕北等地区煤炭外运的重要通道，煤炭由大同经这条铁路运至秦皇岛后，再通过海路运至东部沿海和其他地区。

2. 大秦铁路建设项目概况和主要技术标准

大秦铁路西起大同，东至秦皇岛，途经山西、河北、北京、天津4省（直辖市），全长653千米，是一条双线电气化、开行重载单元列车的运煤干线，是国家重点建设工程，是增强运煤通道的战略重点。整个系统工程包括大秦重载铁路、晋北煤炭储装设施、秦皇岛港三期煤码头和华北电力网大秦铁路供电工程，构成了一个自动装煤、直达运输、连续翻卸的循环运煤系统。这是我国第一个以铁路为主，路、港、矿、电统筹规划，装、运、卸同步建设的现代化大能力煤炭运输综合设施。[3]大秦铁路按开行万吨重载单元列车设计，近期年输送能力为6000万吨，远期为1亿吨，采用一级重载铁路，其主要技术标准见表2。全线分三期建设，各期工程建设情况见表3。

表2 大秦铁路主要技术标准一览表

技术分类	技术标准
线路等级	I级
正线数目	双线
限制坡度	上行（秦皇岛方向）4‰，下行（大同方向）12‰
最小曲线半径	一般地段800米，困难地段400米
牵引种类	电力
机车类型	SS_4型机车，在SS_4型机车未配备前采用SS_1型或SS_3型机车过渡
牵引定数	上行重载单元列车近期6000吨，远期10000吨；普通货物列车上行4000吨，下行2350吨
到发线有效长度	1050米；为10000吨重载单元列车而设置的到发线有效长度1700米
闭塞类型	自动闭塞
钢轨重量	近期：60千克/米重轨、远期75千克/米重轨

资料来源：铁道部大秦铁路建设办公室. 大秦铁路. 北京：中国铁道出版社，1995：5，9；中铁电气化工程局史志编纂委员会. 铁道部电气化工程局志. 北京：中国铁道出版社，2000：257.

表3 大秦铁路各期工程情况一览表

工程分期	工程项目内容	说明
一期工程 大同—大石庄、与京秦联络线 （1985—1988年）	大秦线引入大同枢纽，韩家岭—茶坞段、茶坞—大石庄段、与京秦联络线，引入秦皇岛三期煤码头，长410.7千米	大同煤经该线，引到京秦线，再运至秦皇岛

① 耿志修. 大秦铁路重载运输技术. 北京：中国铁道出版社，2009：5.
② 周文斌，刘路沙. 乌金通道——大秦铁路建设工程纪实. 南宁：广西科学技术出版社，1995：36-38.
③ 铁道部大秦铁路建设办公室. 大秦铁路. 北京：中国铁道出版社，1995：序言（孙永福）.

续表

工程分期	工程项目内容	说明
二期工程 大石庄—秦皇岛 （1989—1992 年）	大石庄—遵化段、遵化—秦皇岛段，长 242.32 千米	大同煤经大石庄，直达秦皇岛三期煤码头
三期工程 配套工程 （1995—1997 年）	扩建湖东编组站、茶坞区段站，增建秦皇岛北牵引变电站和疏解线，大同枢纽云岗联络线增建第二线，以及通信、信号、电力、给排水等的配套工程，9 个车站的到发线有效长达到 1700 米	增扩建设备，大秦铁路成为双线电气化重载运煤专线

资料来源：《中国铁路建设史》编委会. 中国铁路建设史. 北京：中国铁道出版社，2003：618-619.

3. 大秦铁路土建工程新技术

（1）重载路基新技术

重载铁路由于运量大、车流密度高，路基承受的动载强度及疲劳作用加大，要求路基有更高的质量，基床结构较一般铁路的基床标准有所提高。大秦重载路基研究，在我国首次提出了重载铁路路基技术条件，建立了路基有限元模型，基本摸清了路基土的应力、分布及衰减规律，确定了路基土的动压缩层和重载路基的基床结构[1]。

大秦铁路路堤基床厚度 2.5 米，表层厚 0.6 米，底层厚 1.9 米。道床土质路基为双层，砂石路基为单层，道床厚度为 0.35 米，道床顶宽 3.1 米。[2]在路基施工方面，创造了"四区段"（填土、平整、碾压、检验）、"八流程"（施工准备、基底处理、分层填筑、摊铺平整、震动碾压、检验签证、整修路面、边坡夯实）的重载路基填筑压实工艺，密实度达 95% 以上，达到新中国成立以来新建铁路的最高水平。[3]还采用了国际上最先进的 MC-3 核子湿度密度仪和 K_{30} 承载板检测设备进行施工检测，填补了国内空白，达到国外同类产品先进水平。[4]

（2）桥隧施工技术

大秦铁路在桥梁工程方面，采用 V 形桥墩，16 米先张法部分预应力混凝土梁，连续刚架旱桥，混凝土基桩无缺检测法，发展了桥梁技术。在隧道工程方面，创造了黄土质潜埋软弱地层隧道"暗挖法"和软岩隧道"眼镜法"施工新技术，隧道超前地质预报方法、毫秒爆破合理时差技术和防排水综合技术均有新突破，双线隧道机械化施工技术得到了全面推广。[5]为保证隧道施工进度，共购进 5700 万美元的大型施工机械，采用了与机械化施工相适应的施工技术和管理，极大地提高了隧道施工能力。大秦铁路修建的双线隧道超过了我国当时双线隧道的总和。[6]

三、大秦铁路重大技术装备攻关研制内容及其特点

1983 年 9 月，根据国务院的要求，由铁道部、交通部、国家经济委员会、煤炭部、冶金部、机械工业部、电子工业部、船舶总公司组成大秦铁路重载列车成套设备领导小

① 侯文葳. 大秦重载铁路修建及运营管理技术. 中国铁道科学，2001，（6）：135-136.
② 左大超. 大秦线重载铁路路基设计. 铁道工程学报，1988，（4）：170-172.
③ 孙永福. 铁路建设管理论集. 北京：中国铁道出版社，2004：471.
④ 铁道部大秦铁路建设办公室. 大秦铁路. 北京：中国铁道出版社，1995：43.
⑤ 孙永福. 铁路建设管理论集. 北京：中国铁道出版社，2004：472.
⑥ 铁道部大秦铁路建设办公室. 大秦铁路. 北京：中国铁道出版社，1995：216.

组。大秦铁路重载列车成套设备攻关研制列入国家重大技术装备项目，包括 51 项国内研制攻关项目，35 项引进项目，5 项国内新设备购置项目，共 91 项，其中包括 SS_4 型大功率电力机车、装有转动车钩的 C_{63} 新型运煤专用敞车、光缆数字通信系统、微机化调度集中系统、红外线轴温监测装置、机车低恒速控制装置、AT 供电系统及远动装置等。

1. 坚持"自力更生为主、国际合作为辅"的方针

大秦铁路建设始终坚持立足国内，凡国内经过攻关能够实现的设备，一律不安排引进。即使已经列入引进计划并得到批准的项目，一旦发现国内能够研制，也一律取消引进计划，改为国内研制。国内短期内研制不了的，采取引进关键设备与国内配套相结合，引进国外先进技术与国内研制、开发、创新相结合的方式，最终以实现国产化为目标。

车辆轴温红外线监测系统[1]就是由最初的引进项目，改为国内研发，并获得成功的。车辆轴温红外线监测系统是通过轴箱红外辐射能量的变化来测定轴箱温度的变化，从而判断轴箱工作状态是否正常的。20 世纪七八十年代，我国引进了法国和美国轴温红外线监测设备，但都不适用于中国，因为中国车型更杂，在形状、构造、轴距方面均不相同，于是外国设备在中国不同种类的轴承面前失去了辨认能力。法国红外探头在气温 0°C 以下就无法正常测试，且没有区别滚、滑轴承的功能。哈尔滨铁路局科学技术研究所从 20 世纪 70 年代就开始研制红外系统，但受条件所限，第一代产品性能不理想。自 1982 年起，该所又利用微机进行第二代红外系统的研制工作，终于在 1987 年研制成功。[2]该系统充分考虑到中国车型复杂、适用条件恶劣等实际情况，在计轴计辆、滚滑判别、热轴跟踪等技术上，远远高于国外同类设备，居世界领先水平。[3]

微机化调度集中设备的选型，确定采取"引进关键技术和部件，由国内组织研究攻关，自行组成系统"的工作路线，选定英特尔公司 16 位运算的 CPU 板作为系统的主体部件，其他特殊用途的单板，如调制解调器、采样、控制执行、双机倒机等，全部由国内研制、设计和生产，先后与中国铁道科学研究院通信信号研究所、中铁铁路通信信号集团有限公司、上海铁路通信工厂签订攻关合同。事实证明，这种工作路线是正确的，既节约了建设投资，又成功地研制出符合国情的成套设备，锻炼了研究、设计、制造和施工队伍。[4]

机车低速恒速控制装置是大秦铁路实现煤炭定量装车的重大关键技术。重载单元列车从煤炭集运站采用定量漏斗自动装煤系统装车，要求机车以低恒速牵引列车不停顿装煤，并要求装车恒速控制为（0.8±0.2）千米/时。[5]国内经过三年的反复试验和应用考核，试制出能够承受牵引负载不断变动和冲击的低恒速控制系统，恒速精度高达（0.8±0.05）

---

[1] 列车在运行中，车轴与轴承相互摩擦产生热能。当车轴与轴承间出现故障时，摩擦力增大，产生的热能就随之增加，轴箱的温度也随之升高。因此，测定轴箱的温度变化，可以确定轴箱的工作状态是否正常。过去采用手摸轴箱的办法来判断温度的变化，该方法效率低且手感因人而异。1956 年，美国率先研制成功红外线轴温探测设备，实现了轴温探测的自动化。

[2] 周文斌，刘路沙. 乌金通道——大秦铁路建设工程纪实. 南宁：广西科学技术出版社，1995：140，148-151，156.

[3] 铁道部大秦铁路建设办公室. 大秦铁路. 北京：中国铁道出版社，1995：296.

[4] 铁道部大秦铁路建设办公室. 大秦铁路. 北京：中国铁道出版社，1995：392-393.

[5] 铁道部大秦铁路建设办公室. 大秦铁路. 北京：中国铁道出版社，1995：285.

千米/时，满足了技术要求，填补了我国电力机车低恒速控制技术的空白。①

大秦铁路设计采用的主型机车是 SS₄（韶山 4）型电力机车，由于工程竣工后 SS₄型机车未能如期配置，正式开通运营和多次进行重载列车试验所使用的机车主要为 8K 型、SS₁型和 SS₃型机车。后来因研制生产的机车与原设计在顶盖结构和其他工艺方面有所区别，而称为"SS₄改进型"电力机车。该机车为八轴重载货运机车，由两节完全相同的四轴机车用车钩与连挂风挡连结组成，有四台两轴转向架，采用推挽式牵引方式，固定轴距较短。采用单相工频制，电压为 25 千伏。电气制动系统采用加馈电阻制动，空气制动系统采用 DK-1 型电空制动机，加设了必要的重联装置和空电联合制动功能。②

2. 多单位联合攻关

大秦铁路多数攻关项目为国内研制，或从国外引进技术、国内消化研制。这些项目的攻关研制，涉及多学科、多行业、多部门的通力合作。

大秦铁路所用运煤车辆为 C₆₃型运煤专用敞车（主要性能参数见表 4）。这种新车型最关键的是要解决三大难题：一是可旋转车钩，因为秦皇岛三期煤码头装有两组每次翻三辆车的连续翻车卸煤机，安装可旋转车钩后，卸煤时无须摘钩分解，从而实现了重载单元列车高效率循环运转；二是大容量缓冲器；三是全新的制动系统。上述三大关键部件最初都由美国进口。③根据国内研发协议，由齐齐哈尔车辆厂主持新车型的生产，并研制可旋转车钩；制动系统由铁道部科学研究院机车车辆研究所和眉山车辆厂等单位联合攻关；大容量缓冲器由戚墅堰机车车辆工艺研究所、四方车辆研究所等单位联合攻关。1989 年，上述关键部件研制成功，新车辆进行了与秦皇岛三期煤码头三车翻车机的配套翻卸试验，取得成功。1990 年 5—6 月，成功进行了牵引 123 辆 C₆₃车的万吨级列车运行试验，列车总长度 1.7 千米，总载重量 10 570 吨。④

表 4　C₆₃型运煤专用敞车主要性能参数

载重	61 吨	自重	22.3 吨
每延米重	7 吨	容积	70.7 立方米
车长	11.986 米	轨距	1435 毫米
轴重	21 吨	构造速度	100 千米/时

资料来源：铁道部大秦铁路建设办公室. 大秦铁路. 北京：中国铁道出版社，1995：291.

列车无线调度通信系统同样是国内多个科研单位和工厂共同参与的攻关项目。中国铁道科学研究院通信信号所负责系统、大区间遥控和山区隧道的弱电场解决措施的攻关，兰州 914 厂（兰新无线电厂）负责调度总机、地面电台、机车电台、便携台、遥控主监测器的试制及成套设备的制造，天津 712 厂（天津无线电厂）负责隧道中继器的试制与生产，铁道部第三勘察设计院负责工程设计。工程由铁道部电气化工程局负责施工，系统于 1989 年 12 月开通并交付使用。二期工程系统设备采用日元贷款国际招标的方式

① 侯文藏. 大秦重载铁路修建及运营管理技术. 中国铁道科学，2001，（6）：135-136.
② 铁道部大秦铁路建设办公室. 大秦铁路. 北京：中国铁道出版社，1995：289-290.
③ 铁道部大秦铁路建设办公室. 大秦铁路. 北京：中国铁道出版社，1995：296-297.
④ 周文斌，刘路沙. 乌金通道——大秦铁路建设工程纪实. 南宁：广西科学技术出版社，1995：111-112，121-126.

采购，兰州 914 厂中标。①

3. 技贸结合

大秦铁路的许多引进项目成交时，大都规定有技术转让或合作、合营的政策，引进、合作是为了消化吸收最终实现国产化。一期工程引进部分重要设备，通过引进把技术学过来，二期工程基本实现国产化。

以大秦铁路光缆数字通信系统为例。光缆通信以玻璃纤维代替铜轴电缆，具有中继距离长、传输能力大、输送消耗小、抗高压电磁干扰能力强等优点。20 世纪 80 年代初期，只有美国、日本以及欧洲的少数国家使用。1986 年通过招标谈判，大秦铁路光缆数字通信项目由日本古河、联邦德国 SEL、芬兰 NOKIA、英国 CASE 等公司中标。②其中，一期工程所用光缆引进日本古河以 UV 为光纤护层的单模光纤、适宜直埋的光缆，二期工程采用了与一期工程同期引进光缆生产技术的西古光纤光缆有限公司③生产的光缆，其结构与一期光缆基本相同。④一期工程光传输设备由联邦德国 SEL 公司提供，二期工程由引进联邦德国 SEL 公司生产线的天津光电通信公司提供。⑤除了集中监视维护管理系统和程控数字交换系统在一、二期都引进了芬兰 NOKIA 的产品以外，其余系统设备在二期均已实现国产化。大秦铁路光缆通信系统的招标采购和研制开发，促使我国光缆通信技术由小范围、小系统的零星突破进入一个大范围、大系统内的广泛推行，对整个中国通信事业的发展起到巨大的推动作用。⑥

大秦铁路在发展光缆数字通信系统时，国内尚未制定铁路数字网传输质量指标，也没有任何先例，大秦铁路借鉴国外的成功经验并结合我国铁路的实际情况，提出了数字网的质量指标及实施方案。⑦长途干局线传输系统选定 34 兆比特/秒为近期系统容量，远期扩容为 140 兆比特/秒系统，茶坞至北京容量为 140 兆比特/秒；区段通信传输系统容量选择为 8 兆比特/秒。当时国内尚无 140 兆比特/秒系统产品，国外还处于向中国禁运阶段，这成为当时选择的制约因素。长远发展来看，铁路干线传输系统均应选择 140 兆比特/秒系统容量。⑧

大秦铁路电气化全线采用微机远动系统，即通过微机对供电设备实行集中控制、监视和遥测。一期工程远动系统引进了美国西屋公司的产品，二期工程采用了国产的微机远动系统，由南京自动化设备厂、西南交通大学共同研制。⑨

4. 国内外各类企业参与投标

大秦铁路通过国际招标，一方面大规模引进国外先进技术设备，另一方面也充分调

---

① 铁道部大秦铁路建设办公室. 大秦铁路. 北京：中国铁道出版社，1995：370，379.
② 周文斌，刘路沙. 乌金通道——大秦铁路建设工程纪实. 南宁：广西科学技术出版社，1995：187-189，197.
③ 西古光纤光缆有限公司是我国首家大规模生产光纤光缆的高新技术中外合资企业，于 1986 年由中国西电集团西安西电光电电缆有限责任公司与日本古河电气株式会社共同投资兴建而成。
④ 铁道部大秦铁路建设办公室. 大秦铁路. 北京：中国铁道出版社，1995：307-308.
⑤ 铁道部大秦铁路建设办公室. 大秦铁路. 北京：中国铁道出版社，1995：312.
⑥ 周文斌，刘路沙. 乌金通道——大秦铁路建设工程纪实. 南宁：广西科学技术出版社，1995：187-189，197.
⑦ 铁道部大秦铁路建设办公室. 大秦铁路. 北京：中国铁道出版社，1995：303.
⑧ 铁道部大秦铁路建设办公室. 大秦铁路. 北京：中国铁道出版社，1995：302.
⑨ 铁道部大秦铁路建设办公室. 大秦铁路. 北京：中国铁道出版社，1995：413.

动国内各科研单位和厂家的研发积极性。

大秦铁路电气化工程采用 AT 供电方式。通过招投标，从法国、英国、瑞典、瑞士、日本等国家引进新设备 9 项，国内由多个研究所和器材厂研制新设备 19 项（表 5）。

表 5　大秦铁路主要电气设备选型及供应商

国外引进的设备	国内厂家研制的新设备
法国阿尔斯通公司的斯科特结线平衡变压器及低漏抗自耦变压器	西安变压器厂的斯科特结线平衡变压器、三相三线圈"十字交叉"结线变压器和低漏抗自耦变压器
瑞典 ABB 公司的 58 千伏无功补偿装置	保定电气器材厂的逆斯科特变压器
日本明电舍公司的 55 千伏/1250 安户外真空断路器	沈阳高压开关厂的 110 千伏 SF_6 断路器
英国南威尔士公司的 27.5 千伏/1250 安封闭式真空开关柜	北京开关厂的 55 千伏真空断路器
日本东芝公司的保护继电器和二期工程成套继电保护盘	西安高压开关厂的电动操作机构隔离开关
日本津田公司的 AT 故障点标定装置	上海互感器厂的 55 千伏电容式电压互感器
日本日立公司的配电盘	西安电瓷研究所的 55 千伏，27.5 千伏氧化锌避雷器
日本高岳公司的电动隔离开关	西安高压电器研究所的接地保护放点装置
瑞士 AF 公司的分段绝缘器	许昌继电器厂的主变差动、馈线距离保护、电容补偿电压差动等继电保护装置
	天津电气化局器材厂的抗涌流、抗谐波、抗电磁干扰并具有新型信号显示、发送方式的控制盘
	天津电化局器材厂的碱性蓄电池直流电源成套装置
	北京自动化设备厂的 AT 网络故障点标定装置
	馈线高阻接地继电保护装置
	55 千伏干式空芯串联电抗器
	接触网开关远动装置
	通用型微机故障点标定装置
	消弧型分段绝缘器
	消弧型电动隔离开关
	负荷开关

资料来源：铁道部大秦铁路建设办公室. 大秦铁路. 北京：中国铁道出版社，1995：411-412.

大秦铁路电气化接触网工程全线采用的大截面连铸连轧无接头铜导线，是由集体所有制小企业泰安电力机车线厂研制的。按国内原来的生产技术水平，一根铜导线长度最多 600 米，在几百千米的线路上，完全靠焊接将它们连为一体。但问题在于，焊接头越多，越容易出事故。对此，铁道部电气化工程局提出要求，以日本铁路技术为参照，研制出每根在 2000 米以上的铜导线。在前期招投标过程中，某国内大型专业企业投标报价 220 万元，外加 40 万美元外汇，而泰安电力机车线厂只报价 70 万元，不要一点外汇。经资格审查，确认泰安电力机车线厂符合评标标准，并成功中标。[①]该厂经自主研发，在国内首次采用连铸连轧新工艺，研制成功了大截面、无焊接铜电车线，使 2000 米导线无接头，克服了长期存在的接头断线问题，主要性能指标都达到或超过日本国铁标准。除了供应大秦线，该厂生产的铜导线还供应衡广线、鹰厦线、川黔线、西陇海线等。[②]

四、大秦铁路攻关研制项目的科技成就和经济效益评价

大秦铁路重载列车成套设备的攻关研制和引进消化，大大提升了我国铁路的技术装备水平，提高了我国开发和配套制造这些装备的能力，带起了国内一批骨干企业，节约了投资和外汇，使我国初步具备了建设一条现代化重载运输铁路和为它提供整套技术装

---

① 铁道部大秦铁路建设办公室. 大秦铁路. 北京：中国铁道出版社，1995：454.
② 周文斌，刘路沙. 乌金通道——大秦铁路建设工程纪实. 南宁：广西科学技术出版社，1995：164，184-185.

备的能力，也使我国铁路重载运输的技术水平进入世界先进行列。1991 年 3 月，在国务院重大技术装备领导小组召开的国家重大技术装备第二次表彰会上授予"大秦铁路万吨级重载单元列车成套设备"项目特等奖。1991 年 9 月，在国家计划委员会、国家科学技术委员会、财政部召开的国家"七五"科技攻关总结表彰大会上，"大秦铁路万吨级重载单元列车成套设备"又获得成果表彰奖。[①]

　　大秦铁路分期建设，逐步配套，效益良好。它不仅大幅度增加了三西地区煤炭外运的能力，满足了华东和华北地区工农业用煤的需要，而且增加了煤炭出口创收，支援了国家建设。大秦铁路由初期开行 5000 吨级货物列车，快速发展为 2002 年运量达到 1 亿吨设计能力。2002 年起，大秦铁路进行了第一次扩能改造，取得了多项技术创新成果。例如，2003 年，自主研制出 C_{80} 型铝合金运煤敞车，该车轴重 25 吨，载重由 60 吨提高到 80 吨，速度由 80 千米/时提高到 100 千米/时。[②]2004 年 12 月，大秦铁路试验开行我国第一列 2 万吨重载组合列车，获得成功。2006 年，将欧洲 GSM-R 通信技术和美国 Locotrol 无线同步控制技术相结合，开发出新的网络化无线同步操纵系统，解决了机车间通信距离限制问题，实现了列车控制方面的重大突破。[③]2007 年，大秦铁路年运量达到 3 亿吨。2008 年进行了第二次扩能改造，2010 年运量达到 4 亿吨，2014 年试验开行 3 万吨重载列车，成为中国重载运输的又一个里程碑。2015—2016 年，由于煤炭行业的调整，煤炭运输经历了低迷期，大秦铁路年运量下降至 3.5 亿吨。[④]2017 年起煤炭运输又逐步恢复，2018 年大秦铁路运量再次超过 4.5 亿吨。[⑤]大秦铁路已经成为我国具有自主知识产权的重载运输技术体系，列车质量、速度、密度匹配，成为世界上年运量最高的重载铁路，标志着我国铁路重载运输技术达到世界先进水平。[⑥]

① 铁道部大秦铁路建设办公室. 大秦铁路. 北京：中国铁道出版社，1995：453-456.
② 李庆生，孙海富. 中国重载铁路发展及技术标准. 工程建设标准化，2015，(4)：54.
③ 刘建新，蔡久凤. 改革开放 40 年中国重载铁路的发展. 长安大学学报，2018，(6)：68-79.
④ 张建峰. 大秦重载铁路轨道强化技术方案的探讨. 铁道建筑，2012，(6)：136.
⑤ 宫再龙. 科技助力大秦铁路刷新历史纪录. http://www.cnrailnet.com/r/zhanduan/153207.html[2019-02-19].
⑥ 耿志修. 大秦铁路重载运输技术. 北京：中国铁道出版社，2009：2.

青藏铁路[*]

青藏铁路是世界上海拔最高、线路最长的多年冻土铁路。西格段于 1958 年动工后，因各种原因停工十余年，直至 1974 年复工，1984 年正式开通运营。格拉段工程经历了数次反复论证和数十年持续科研攻关，于 2001 年开工，2006 年通车。在借鉴其他冻土铁路成功经验的基础上，青藏铁路创造性地解决了多年冻土、高寒缺氧和生态脆弱三大难题。它的建成通车，在工程创新和社会影响方面都具有十分重大的意义。

一、青藏铁路建设的历史背景和西格段的建成

青藏高原平均海拔为 4000 米，有"世界屋脊"和地球"第三极"之称，自然环境十分恶劣，常年冰封雪冻，交通条件十分落后，严重制约经济社会发展。1951 年 5 月西藏和平解放后，中央政府把改善西藏交通状况作为维护国家领土完整、巩固民主政权、加强民族团结的大事列入重要议程。进藏部队修筑的川藏公路（四川雅安至西藏拉萨，2255 千米）和青藏公路（青海格尔木至西藏拉萨，1200 千米），于 1954 年底先后竣工通车。但由于川藏、青藏公路沿线气候恶劣，特别是川藏公路沿线常有雪崩、泥石流、塌方等，交通时断时续，物资运输经常受阻。为从根本上改变这种状况，1955 年中央政府决定修筑进藏铁路。[①]

在对青藏铁路进行可行性调研后认为，青藏高原可以修铁路，但要解决缺氧和冻土问题。随后开始规划、勘测、设计兰青铁路（兰州—西宁）和青藏铁路（西宁—拉萨）。青藏铁路分西格段（西宁—格尔木，814 千米）和格拉段（格尔木—拉萨，1142 千米）两段修建，其中，西格段工程难度比格拉段要小得多。1958 年，西格段率先开工，1960 年，西宁至海晏段 97 千米线路建成通车。但受三年困难时期影响，加上冻土、缺氧等难题当时尚无法攻克，青藏铁路被列入基本建设缩减项目，1961 年 3 月停工。

直至 1974 年，停建十三年的青藏铁路西格段恢复施工。作为该段控制性工程的关角隧道，早在 1958 年即开工修建，1961 年停工封闭，在 1974 年复建时，因洞内积水浸泡十余年，塌方淤积严重，施工期间曾出现重大险情，经过近三年的艰苦奋战，于 1977 年 8 月竣工通车。另一处重点工程位于柴达木盆地中南部的察尔汗盐湖，为铺筑盐湖路基，组织了众多科研人员联合攻关，1979 年铺轨通过察尔汗盐湖，填补了盐湖地区修筑路堤的空白。1984 年 5 月 1 日，西格段正式交付运营，青藏铁路建设取得了重大阶段性成果。[②]

---

* 作者：王斌。

① 《青藏铁路》编写委员会. 青藏铁路（综合卷）. 北京：中国铁道出版社，2012：7-8.

② 《青藏铁路》编写委员会. 青藏铁路（综合卷）. 北京：中国铁道出版社，2012：8-11.

二、青藏铁路格拉段工程方案的曲折历程和工程建设概况

青藏铁路格拉段位于青藏高原腹地，跨越青海、西藏两省区，北起格尔木市，基本沿青藏公路南行，途经纳赤台、昆仑山口、五道梁、沱沱河沿、雁石坪，然后离开青藏公路，翻越唐古拉山至安多，再与青藏公路并行，经那曲、当雄、羊八井至拉萨，长 1142 千米，其中穿越连续多年冻土区 550 千米，是世界上海拔最高、线路最长的多年冻土铁路。与高纬度冻土相比，青藏高原多年冻土具有温度高、厚度薄、敏感性强等特点，对外界自然和人为因素影响非常敏感，容易发生冻胀融沉等不良冻土现象。此外，高寒缺氧、生态脆弱也是青藏高原独特的自然地理特征。[①]多年冻土、高寒缺氧和生态脆弱这三大难题成为青藏铁路建设所面对的巨大挑战。

自 20 世纪 60 年代初起，我国先后设立了格尔木高原研究所、中国铁道科学研究院西北科学研究所（现为中铁西北科学研究院）和高原冻土定位观测站，做了大量有关冻土的科研工作，1974 年格拉段工程复工后，又成立了青藏铁路科研工作领导小组，1976 年完成了格拉段研究报告。1977 年，风火山冻土路基工程试验段建成。同年，格拉段开始了踏勘、航测、初测、定测等工作，但由于当时仍无法有效解决高寒缺氧和冻土问题，格拉段勘测设计工作被迫中止，许多科研成果未能得到及时采用。[②]

与此同时，铁道部又主持了对滇藏铁路和川藏铁路方案的考察。综合比较三个进藏方案后认为，青藏线有 500 多千米的永久冻土地段，铁路修通后经济作用不大；川藏线和滇藏线桥隧较多，但沿线矿产、水力和木材等其他资源丰富，尤其滇藏线气候条件较好。于是决定改修滇藏线，但由于国家财力困难，滇藏铁路工程也被搁置下来。[③]在西格段交付运营的当年即 1984 年，铁道部又在一份研究报告中指出，青藏线虽无明显经济效益，但工程量小，投资少，20 世纪末可以修通；滇藏线资源丰富，经济效益好，但工程量甚大，投资亦多，20 世纪内难以修通。当时国务院主要领导认为，"修铁路不如修公路，不如搞航空"，因此进藏铁路修建工作再度被搁置下来。[④]

又过了十年即 1994 年，中央强调加强西藏建设，有关进藏铁路建设的内容被写入当年中央八号文件，进藏铁路建设工作再次被提上日程。1996—2000 年，铁道部再次对进藏铁路方案进行实地考察和比选，认为在青藏线、滇藏线、川藏线和甘藏线四个方案中，应优先考虑青藏线和滇藏线。1999 年，经专家评估论证，认为应先建青藏线，理由是：其线路最短[⑤]、投资最省[⑥]、工期最短[⑦]、基础最好（已做了大量前期工作）。2000 年，中国开始实施西部大开发战略，为加快青藏铁路建设提供了难得机遇。铁道部对青藏铁路再次考察后，向国务院明确提出了修建青藏铁路的建议，并指出，经过二十多年的改

[①] 《青藏铁路》编写委员会. 青藏铁路（综合卷）. 北京：中国铁道出版社，2012：39-41.
[②] 《青藏铁路》编写委员会. 青藏铁路（综合卷）. 北京：中国铁道出版社，2012：14-17.
[③] 《青藏铁路》编写委员会. 青藏铁路（综合卷）. 北京：中国铁道出版社，2012：13-14.
[④] 《青藏铁路》编写委员会. 青藏铁路（综合卷）. 北京：中国铁道出版社，2012：18-19.
[⑤] 青藏线西格段 814 千米已于 1979 年铺通，格拉段全长 1142 千米，滇藏线 1960 千米，川藏线 1927 千米，甘藏线 2126 千米。
[⑥] 按 1995 年物价水平测算，滇藏线静态投资估算为 654 亿元，川藏线 768 亿元，甘藏线 640 亿元。青藏线由于地形较缓，桥隧少，静态投资额最少，为 196 亿元。
[⑦] 根据测算，滇藏线、甘藏线和川藏线工期均在 12 年或 12 年以上，青藏线格拉段工期预计为 6 年。

革开放，我国综合国力显著增强，已具备修建青藏铁路的经济实力；通过多年不间断的科学研究和工程试验，对高原冻土地区筑路和养护等技术问题，也提出了比较可行的解决方案；修建青藏铁路，时机已经成熟，条件也已经基本具备；修建青藏铁路是维护国家安全、促进民族团结，加快西部特别是西藏地区经济社会发展的迫切需要。2001 年，国务院批准了青藏铁路建设项目。[①]

2001 年 6 月 29 日，格拉段工程开工典礼在青海格尔木和西藏拉萨同时举行，格拉段铁路建设正式拉开序幕。中铁第一勘察设计院（简称铁一院）、中国科学院寒区旱区环境与工程研究所、中铁西北科学研究院等科研、设计单位和高校开展联合攻关，解决了一系列多年冻土工程关键技术问题。[②]铁一院成为青藏铁路建设总体设计单位，中铁第三勘察设计院和中国建筑设计研究院分别承担拉萨河特大桥和拉萨火车站的设计。中国铁路工程总公司、中铁建筑总公司、武警水电部队（亦称"安能公司"）和新疆生产建设兵团承担工程施工。[③]重点建设工程包括：三岔河特大桥、清水河特大桥、长江源特大桥、拉萨河特大桥、昆仑山隧道、风火山隧道、羊八井隧道群等。2005 年 10 月 12 日，青藏铁路全线铺通，12 300 吨援藏物资通过铁路运抵拉萨。2006 年 7 月 1 日，青藏铁路全线正式通车（表 1）。

表 1　青藏铁路主要技术标准一览表

线路等级	I 级
正线数目	单线
最小曲线半径	800 米，个别困难地段 600 米
最大坡度/‰	20
牵引种类	内燃，预留电气化
机车类型	美国 NJ$_2$ 型内燃机车
牵引质量/吨	3000
到发线有效长度	650 米，另加 20 米，预留 850 米
闭塞类型	虚拟自动闭塞

资料来源：《青藏铁路》编写委员会. 青藏铁路（综合卷）. 北京：中国铁道出版社，2012：47.

青藏铁路开通运营后，冻土工程基本保持稳定。列车运行速度达到 100 千米/时，创造了世界高原冻土铁路运行时速的最高纪录。各项技术装备能够在高原高寒、低气压、强紫外线辐射环境中稳定工作，做到了高可靠、少维修。卫生保障、环境保护和水土保持全面达标。[④]

三、三大关键难题及工程技术措施

1. 多年冻土

（1）青藏高原多年冻土的特点及主要工程技术问题

冻土是指温度在 0℃ 以下并含有冰的岩土，分为短期冻土、季节性冻土和多年冻土。

① 《青藏铁路》编写委员会. 青藏铁路（综合卷）. 北京：中国铁道出版社，2012：19-26.
② 《青藏铁路》编写委员会. 青藏铁路（科学技术卷·多年冻土篇）. 北京：中国铁道出版社，2012：3.
③ 《青藏铁路》编写委员会. 青藏铁路（综合卷）. 北京：中国铁道出版社，2012：104，106.
④ 《青藏铁路》编写委员会. 青藏铁路（综合卷）. 北京：中国铁道出版社，2012：120-123.

多年冻土是指持续冻结时间在两年以上的岩土。青藏高原多年冻土区具有高含冰量冻土分布广泛、冻土分布垂直地带性明显、太阳辐射强烈、影响因素复杂等特点。[1]多年冻土的主要工程地质问题是冻胀融沉，由于多年冻土中含有冰，因而它是一种对温度极为敏感且性质不稳定的土体，冻土融化时会出现融沉现象，冻结时会出现冻胀现象，从而导致路基稳定困难，工程结构变形，线路失去平顺性，对工程危害很大。

（2）多年冻土路基工程技术

多年冻土工程的关键在于保护冻土路基不发生融化和退化，使工程结构置于稳固的地基上。通过反复科研试验，青藏铁路冻土工程突破传统理念，以调控热的传导、对流、辐射为理论基础，确立了"主动降温、冷却地基、保护冻土"的设计思想，利用天然冷能、综合措施保护多年冻土，使路基始终处于冻结稳定状态，并系统地形成了片石气冷路基、片（碎）石护坡、通风管、隔热保温层、合理路基高度、基底换填、以桥代路等成套冻土路基工程技术措施。[2]

片石气冷路基利用片石层含有的空隙，通过空气对流换热和热开关效应，在暖季时减少传入路堤下多年冻土中的热量，寒季时增加传入路堤下多年冻土中的冷量，从而防止冻胀融沉病害。片石层厚度有 1.0 米和 1.2 米两种形式，主要材料有片石、碎砾石和中粗砂。[3]片（碎）石护坡的原理与此相同。

热棒是在真空密闭钢管中填充气液两相转换工作介质（如氨水）。寒季时，由于空气温度低于多年冻土温度，蒸发段液体工质吸收多年冻土中的热量而蒸发，上升至冷凝段，遇冷放出气化潜热，冷凝成液体，在重力作用下回流至蒸发段再吸热蒸发。如此循环将大气中的冷量源源不断地传到多年冻土中。在暖季，由于空气温度高于多年冻土温度，热棒停止工作。热棒传热效率很高，启动需要的温差小，可以在地温工作。通常采用的热棒基管直径为 89 毫米，总长度 12 米，其中蒸发段长 6 米，绝热段长 3 米，冷凝段长 3 米，埋入土中 8 米，外露 4 米。[4]

通风管是在路基下部水平埋设的钢筋混凝土管或 PVC 管，冬季冷空气在管内对流，加强了路基填土的散热，降低基底地温，提高冻土稳定性。隔热保温层通常采用聚苯乙烯泡沫塑料板（EPS）等隔热材料，来增加路基的热阻，从而减小路基的融化深度。合理路基高度是指路基达到一定的填筑高度，如 2.5—5 米，在一定的气温、地温条件下多年冻土上限可以保持基本稳定。基底换填是指当基底为高含冰量冻土层时，在挖方地段或填土厚度达不到最小设计高度的低路堤，基底采取换填粗粒土的措施，以防止冻胀融沉。水是多年冻土工程病害的最大根源，所以加强路基排水，合理布置桥涵，设置挡水埝、排水沟、截水沟等，可以有效防止路基两侧积水造成冻融变形等不良冻土现象。在高温极不稳定的多年冻土区、厚层地下冰发育区和不良冻土现象发育区，宜采取以修筑桥梁代替路基的措施（图1）。[5]

---

① 《青藏铁路》编写委员会. 青藏铁路（勘察设计卷）. 北京：中国铁道出版社，2012：34-35.
② 《青藏铁路》编写委员会. 青藏铁路（综合卷）. 北京：中国铁道出版社，2012：112.
③ 青藏铁路施工新技术编委会. 青藏铁路施工新技术. 兰州：甘肃科学技术出版社，2007：33-34.
④ 青藏铁路施工新技术编委会. 青藏铁路施工新技术. 兰州：甘肃科学技术出版社，2007：35.
⑤ 《青藏铁路》编写委员会. 青藏铁路（综合卷）. 北京：中国铁道出版社，2012：54-56.

图 1 青藏铁路多年冻土区的冷却地基
资料来源：赵妮娜. 青藏铁路. 北京：中国铁道出版社，2015：57

（3）多年冻土工程其他技术

在地质勘察方面，经过多年持续的勘察和研究，查明了全线多年冻土区年平均地温、冻土含冰量和多年冻土上限，为确定线路方案提供了可靠的地质资料。确立了多年冻土工程地质三级分区原则，对于工程设计具有指导作用。①

在选线原则和技术方面，线路尽量绕避复杂不良冻土地段，纵坡满足路基最小设计高度要求，路基结构形式以路堤为主，减少路堑、零断面和低填方长度；绕避环境敏感地带，保护高原植被和环境；以桥梁跨越复杂不良冻土地段，兼具动物通道功能，保护野生动物迁徙；预防青藏公路多年冻土与铁路的相互影响，铁路选线位距公路的横向距离一般不小于 100 米，有效防止不良冻土危害。②

在桥梁工程方面，全线推广钻孔灌注桩技术，减少了桩基成孔对桩周冻土的热扰动。研发出减少桥梁疲劳损伤、耐久性好的桥梁型式和新型圆柱面钢支座；研发了桥梁抗震支座，使全线桥梁达到抗九级地震水平。③在隧道施工方面，确定了集通风、空调、热环境控制为一体的通风模式，研发出高原隧道施工专用大型空调系统，将隧道掌子面温度控制在±5℃范围，保证了混凝土的施工质量。

此外，还构建了冻土工程长期观测系统，建立了 68 个典型代表地段冻土地温和路基变形监测断面，自主研发了基于 GPRS 网络的 RTM600 远程自动监测仪。为应对全球气温升高的变化趋势，开展了青藏高原气温上升对青藏铁路冻土工程产生相应影响的预测研究，提出青藏铁路冻土变化范围和路基变形程度，为强化相应冻土工程措施，增加路基桥梁安全储备，提供了科学依据。④

2. 高寒缺氧

高寒缺氧会引发高原反应，出现急性高原疾病，严重影响施工人员的健康和生命安

① 《青藏铁路》编写委员会. 青藏铁路（综合卷）. 北京：中国铁道出版社，2012：111-112.
② 《青藏铁路》编写委员会. 青藏铁路（综合卷）. 北京：中国铁道出版社，2012：112.
③ 《青藏铁路》编写委员会. 青藏铁路（综合卷）. 北京：中国铁道出版社，2012：112-113.
④ 《青藏铁路》编写委员会. 青藏铁路（综合卷）. 北京：中国铁道出版社，2012：111-113.

全。当年修筑青藏、川藏公路时，三千多名建设者因高原病失去了生命。青藏铁路一期工程，有二百多名建设者牺牲。除了对人员的健康和生命安全造成威胁外，高寒缺氧也会影响机器设备的工作性能，使其出现运行不良等故障。

针对高寒缺氧，建立健全了卫生保障体系。沿线建立了三级医疗卫生保障体系，工地医院设置急救设备，共建立 17 座制氧站，配置了 25 个高压氧舱，数万名职工每人每天平均吸氧不低于 2 小时。施工期间，未发生一例高原病死亡事故。[①]此外还采用了机械化施工，以降低施工劳动强度。引进了美国大功率高原内燃机车，采用高原供氧客车和先进的通信信号等技术装备，以适应高原作业环境。尽可能减少车站布点，运用现代信息化管理技术，实行集中远程调度指挥，除 7 个办理客货运作业的车站有人值守外，其余 38 个车站实现无人化管理。[②]

3. 生态脆弱

青藏高原生态环境非常脆弱，青藏铁路沿线草地退化、土地沙化、水土流失严重，泥石流、山体滑坡、洪涝等自然灾害频发，雪山融水量普遍下降，有些气候干旱地段严重缺乏饮用水，生物多样性受损严重。环保施工困难很多，监测监管难度较大。

采取的环境保护措施有：比选优化线路方案，尽可能绕避重点自然保护区，或限定自然保护区内的工程范围；制订成套高原地表植被保护与恢复的方案与措施，采用草皮移植的方法，先将施工区草皮取下集中放到一边养护，待修好该区域后再植回来；桥梁下方设置动物通道，全线设置了隔离栅栏；为保持高原自然景观，尽量绕避高原湿地或以桥代路，尽量减少取土场、砂石料场等；采取多种措施综合防治水土流失；严格控制施工污染，严格垃圾管理、保护水源，达标处理站车污水。[③]

四、青藏铁路重要装备和配套工程技术

1. 机车车辆装备

青藏铁路机车就内燃和电力机车的选用进行了全面对比。虽然电力机车较内燃机车功率大、效率高，更符合节能环保的要求，但电气化线路建设投资大、费用高，而且青藏铁路沿线地区电网建设滞后，现有供电能力不足，一定时期内不能满足铁路电力牵引的要求。[④]采用内燃机车牵引，具有一次性投资省、对外部配套条件要求低的优势。比较后认为，应首选内燃机车、远期预留电气化。然而，国产内燃机车存在运行阻力大、燃油消耗高、牵引动力受损、功率下降等问题，不能满足高原列车牵引要求，环保问题突出。

经过一番考察和竞争性谈判，最后全部选用了美国通用电气公司的 NJ$_2$ 型交流传动内燃机车，该机车制动能力强，功率损耗小，启动牵引力大，是当时世界上比较先进的高原型牵引机车。它能满足以下要求：在 20‰坡道上，三机牵引 3000 吨货物列车，运行速度高于 35 千米/时，双机牵引 16 辆客车，运行速度高于 85 千米/时，平直道最高运

① 赵妮娜. 青藏铁路. 北京：中国铁道出版社，2015：7.
② 《青藏铁路》编写委员会. 青藏铁路（综合卷）. 北京：中国铁道出版社，2012：57-58.
③ 《青藏铁路》编写委员会. 青藏铁路（综合卷）. 北京：中国铁道出版社，2012：58-60.
④ 《青藏铁路》编写委员会. 青藏铁路（勘察设计卷）. 北京：中国铁道出版社，2012：108.

行速度 120 千米/时。改进后的排放性能达到美国环保署 EPA Tier0 指标，满足青藏铁路的环保要求（表2）。[1]

表 2　NJ$_2$型机车主要技术参数

轴式	C$_0$-C$_0$
轴重/吨	23
传动方式	交流（交—直—交）电传动
机车最高运行速度/（千米/时）	120
持续速度（AAR 标准状态）/（千米/时）	20.2
最大轮轴牵引功率/千瓦	2580
起动牵引力/千牛	534
持续牵引力/千牛	427
柴油机型号	GE7FDL-16AD1
柴油机额定功率/千瓦	3000
有效燃油消耗率/[克/（千瓦·时）]	195×（1+3%）
燃油箱可用容量/升	9000

资料来源：《青藏铁路》编写委员会. 青藏铁路（科学技术卷·装备篇）. 北京：中国铁道出版社，2012：5.

　　青藏铁路客车在采用国内 25T 型客车成熟技术的基础上，针对适应青藏高原特定环境条件的要求，攻克诸多技术难关，成功研发出满足供氧、绿色环保的高原旅客列车。利用中空纤维丝膜分离技术，研究出适用于列车狭小空间的供氧装置，每辆客车单独设置膜式制氧机，不间断生产含氧量在 35%—45% 的富氧空气，实现了车内常压状态下弥散式和分布式供氧。[2]

2. 通信信号和电力技术

　　在通信信号方面，青藏高原的低温低压会影响通信信号设备的稳定性；冻土环境会使通信信号的接地地阻增大，特别是冻胀病害会影响光缆线路正常运营；雷电频发，容易破坏通信信号设备。为此，研究攻克了通信信号关键技术，构建了完整的基于 GSM-R 网络铁路信息车载数据传输体系架构。全线采用 GSM-R 数字移动通信系统、光传输系统，创建了我国铁路首个全数字化铁路通信系统。应用智能决策及分散控制技术，实现了列车运行的信号自动控制。首次与铁路综合业务移动网实现无缝结合，完成无线车次号校核、机车联控，实现了调度命令车—地双向通信功能。[3]

　　在电力方面，青藏高原的低气压会使电气绝缘强度降低，标准设备难以适应高原环境，出现电力资源匮乏等情况。首次采用了内部电气绝缘不受海拔影响的 SF6 气体绝缘开关柜和 SF6 负荷开关。实现了青藏高原 35 千伏供电系统 350 千米长距离供电。采用了先进的电力远动设备，实现了在电力调度中心远程监控格拉段全线电力设备。还成功解决了冻土区杆塔基础稳定性和降低接地电阻问题。[4]

---

① 《青藏铁路》编写委员会. 青藏铁路（科学技术卷·装备篇）. 北京：中国铁道出版社，2012：2-3，5.

② 《青藏铁路》编写委员会. 青藏铁路（综合卷）. 北京：中国铁道出版社，2012：157-158.

③ 《青藏铁路》编写委员会. 青藏铁路（综合卷）. 北京：中国铁道出版社，2012：62，160.

④ 《青藏铁路》编写委员会. 青藏铁路（综合卷）. 北京：中国铁道出版社，2012：62-64，160.

五、青藏铁路的工程创新和社会影响

1. 青藏铁路的探索性和创新性

青藏铁路在借鉴以往冻土铁路成功经验的基础上，结合我国国情和青藏高原自身特点，进行了探索创新。世界上修筑多年冻土铁路已有一百多年的历史，如在俄罗斯西伯利亚、美国阿拉斯加、加拿大哈德逊湾以及东北大兴安岭等低海拔、高纬度地区都修建了冻土铁路，而我国在高原多年冻土区修筑的青藏公路和青康公路也有四十多年连续通车运营的历史。这些都为修建青藏铁路提供了技术借鉴。例如，青藏铁路所采用的两相热棒技术是 20 世纪 60 年代由美国陆军工程兵团的隆（E. Long）发明的，采用热棒制冷技术，几乎可以解决多年冻土地基基础工程中的任何热工问题。再如片（碎）石路基，俄罗斯、加拿大和美国都大量采用过。在俄罗斯铁路建筑资料中，还对碎石护坡中的土和石块的各种参数给出了建议值和计算方法。泡沫塑料隔热层则早在 1959 年就开始应用于美国的土木工程中，20 世纪 60 年代开始用于防止公路冻胀破坏。加拿大也于 20 世纪 70 年代开始研究 EPS 隔热层对于防止多年冻土融化的有效性。[①]

上述国外冻土区铁路普遍存在病害多、速度慢的问题。青藏铁路是首次在高海拔、中低纬度地区修建的多年冻土铁路，科研和建设单位结合中国国情进行了数十年持续不断的冻土攻关，具有很强的探索性和创新性。例如，在桥梁基础工程中，由于某些易出现的问题，世界各冻土国家大多不主张在多年冻土中采用钢筋混凝土钻孔灌注桩，而这种桩基础经对比试验却适合中国国情，如结构简单、施工方便，桩材可以就地取材，桩尺寸不受限制，冻结强度较高，地基抗力系数较大，等等，因而广泛应用于我国多年冻土区的桥梁、房屋等建筑物地基基础工程。再如，对于不良冻土现象发育地段和地质条件复杂的高含冰量冻土地段，采用"以桥代路"措施，这一创新为减少冻土病害、确保运营安全和野生动物的迁徙提供了保证。再比如，针对多年冻土隧道冻融圈热稳定性等问题，提出了"一次衬砌+防水板+隔热保温层+防水板+二次衬砌"的防冻胀结构，在昆仑山、风火山隧道中成功应用，起到了保护冻土、有效控制冻融圈范围的目的，保证了围岩及结构的稳定。[②]此外，青藏铁路高原客车也是世界首创，该车带有列车供氧技术、高可靠性的高原电气系统、绿色环保设计、满足高原低气压的设备设施、特有的防紫外线防风沙措施、大功率高原发电车、大轴重转向架技术等，是中国自主创新的成果。[③]

2. 青藏铁路建成的重大社会影响

青藏铁路纵贯青海和西藏两省区，是沟通西藏与内地的一条具有重要战略意义的铁路干线，是拉萨通向北京及西北、华北、中原等地的最便捷的陆上通道，也是通往南亚次大陆的最短捷径。[④]它的建成通车，对于完善中国铁路网布局、促进青藏两省区经济社会发展、改善各族人民群众生活以及增进民族团结和巩固国防，都具有十分重大的意义。

---

① 《青藏铁路》编写委员会. 青藏铁路（科学技术卷·多年冻土篇）. 北京：中国铁道出版社，2012：19-21.
② 《青藏铁路》编写委员会. 青藏铁路（科学技术卷·多年冻土篇）. 北京：中国铁道出版社，2012：24，39.
③ 《青藏铁路》编写委员会. 青藏铁路（科学技术卷·装备篇）. 北京：中国铁道出版社，2012：37，54，65，67，72，84.
④ 王圣志. 穿越巅峰 青藏铁路建设纪实. 海口：海南出版社，2004：16.

（1）改善交通条件，促进资源开发，推动经济社会发展

青藏铁路的建成通车，结束了西藏没有铁路的历史，使西藏形成"以铁路为骨干，航空、公路、管道等多种运输方式并存"的综合交通运输体系，满足了人流、物流进出藏的需求，改善了对外交通条件。煤炭、石油等能源运进西藏，减轻了各族人民对生物能源的依赖；而粮食、蔬菜等大量输入，减轻了过于依赖牛羊肉造成的生态压力，保护了生态环境，提高了牧区经济良性循环的可持续发展能力。

青藏高原自然资源丰富，尤其矿产资源种类齐全，其中金、银、铜、盐、硼、锂、油气等，储量丰富。青藏铁路通车后，许多金属矿石和非金属矿石通过铁路运往内地，为资源优势转化为经济优势创造了良好条件。大量中外游客乘坐火车进出青藏高原，促进了旅游资源的开发，使旅游业逐渐成为青藏两省区经济社会发展的重要支柱。[1]

（2）改善各族民众生活

通铁路之前，由于运输费用高，西藏的物价普遍高于其他省区。青藏铁路通车后，运输成本降低一半以上[2]，从而显著降低了物价水平，在一定程度上减轻了民众生活成本。青藏铁路建设期间和建成运营后，提供了 10 万个就业岗位，沿线许多农牧民群众参与到铁路建设中，还有很多藏族青年被培养为铁路管理人员。沿线农牧民群众依托青藏铁路，把富余劳动力向非农牧经济转移，发展农畜产品加工业、民族手工业、藏医藏药业等高原特色产业，增加了收入。

（3）增进民族团结，巩固祖国西南边防

青藏铁路的建成通车，把西藏与北京和内地其他地区更加紧密地联系在一起，对增强民族团结、维护国家主权和领土完整有重大意义，也为更好地落实中央援藏重大政策，提供了便利的交通运输条件。铁路旅游的发展也为拓展藏文化交流渠道和促进藏文化发展提供了有力支持。

依托青藏铁路运输优势，西藏完全融入了西部战略防卫格局，陆军可由区域防卫型向全域机动型转变，有利于促进中国西部国防建设。西藏形成了铁路、公路、航空综合交通网，扩大了中国西南和西北的战略纵深，巩固了祖国西南边防。

（4）加快实现西部大开发战略目标

青藏铁路是实施西部大开发战略的标志性工程，填补了西藏没有铁路的空白，为完善中国铁路网奠定了坚实的基础，为促进西部大开发战略、推动区域经济发展，创造了有利条件。开辟了西部地区资源外运新通道，加大了西部资源合理和综合开发的力度，成为西部经济新的增长点。在一定程度上缓解了中、东部地区资源紧缺的压力，支援了中、东部地区的全面协调可持续发展。[3]

---

① 《青藏铁路》编写委员会. 青藏铁路（综合卷）. 北京：中国铁道出版社，2012：31-32.
② 金世洵. 青藏铁路经济带发展问题研究. 北京：中国藏学出版社，2007：3.
③ 《青藏铁路》编写委员会. 青藏铁路（综合卷）. 北京：中国铁道出版社，2012：33-36.

电气化铁路[*]

1961 年中国第一条电气化铁路宝成铁路宝凤段建成，随后动荡的政治局势使中国错失了世界铁路电气化大发展的时机，直到改革开放后才迎来新的稳步发展。为缓解铁路运输日益紧张的局面，实现铁路"扩能"、增强晋煤外运能力，对石太线、丰沙大线和太焦线等进行电气化改造，并新建了京秦线等电气化铁路，取得了较好的经济效益。通过自行研制与技术引进相结合，中国电气化铁路的技术水平逐步提高，并形成了自己的技术体系和特色，是中国铁路实现现代化的重要标志。

一、中国发展电气化铁路的背景

电气化铁路是指通过一套牵引供电系统向电力机车供电，利用电力机车来牵引列车的铁路。与蒸汽动力牵引相比，电力牵引具有功率大、速度快、能耗低、效率高等特点，其运输能力明显提高，运输成本大为降低。[1]从世界电气化铁路发展来看，中国电气化铁路的起步较晚。世界上第一条电气化铁路由德国于 1879 年建成，而中国第一条电气化铁路的建成晚了半个多世纪。

1. 中国铁路由曲折、整顿到改革发展之路简述

经过三年国民经济恢复时期和"一五"时期的建设，我国中部、西部和东部沿海地区新建干支线铁路共 6180 千米，在一定程度上改善了中国铁路网发展不平衡的问题。1958 年全国掀起"大跃进"，1958—1965 年，交付运营的铁路共计 12 717 千米，比"一五"期间翻了近一番。建成的铁路干线有：包兰、兰新、兰青、干武、黔桂铁路都匀至贵阳段、京承、太焦铁路焦作至五阳段、外福、萧甬铁路萧山至宁波段等。西北、西南地区铁路里程占全国铁路的比重由"一五"末期的 11%提高至 19.4%，铁路交通格局进一步改善。中国铁路电气化建设于这一阶段开始起步，最早的宝凤段电气化铁路于 1961 年建成通车。这一时期铁路建设有很多失误，主要原因是违反经济规律，计划目标过高，基本建设战线过长，许多项目被迫中途下马，损失惨重。[2]

1966 年开始的"文化大革命"使铁路事业受到严重冲击，但这一时期国家还是集中力量加强了西部地区的铁路建设。川黔线、贵昆线和成昆线相继于 1965—1970 年修通，其中以成昆线工程最为艰巨，其建成堪称中国铁路史上的奇迹。"文化大革命"时期建成通车的还有襄渝、太焦、京原、通坨等干线铁路。南京长江大桥于 1968 年建成通车，成为当时世界上最长的公铁两用桥。[3]

随着"文化大革命"的结束和十一届三中全会的召开，全党和全国达成"以经济建

---

* 作者：王斌。

[1] 何吉成. 从数据看中国电气化铁路的发展进程. 上海铁道科技，2011，（2）：112.

[2] 《中国铁路建设史》编委会. 中国铁路建设史. 北京：中国铁道出版社，2003：44-46.

[3] 铁道部档案史志中心. 新中国铁路五十年. 北京：中国铁道出版社，1999：70-72，80，86，91-92，110.

设为中心"的共识，国民经济通过调整重新步入正常发展的轨道，铁路运量增长很快，铁路运输的紧张局面日益突出。当时，晋煤外运、南北通道、华东通道、进出关通道等14条既有铁路干线，营业里程只占全国铁路的30%，却担负着全国70%的货物周转量。[1]这些主干线所承载的货物运输量，已经接近甚至达到了线路所能承载的极限。"扩能"成了这一时期铁路建设的中心工作。1981—1985年，从既有线改造入手，通过边运营边改造的方式，集中力量抓了提高晋煤外运能力和提高东部沿海地区干线运输能力的工程，对同蒲线、石德线、胶济线、陇海线（郑州—徐州段）等增建第二线，对石太线、丰沙大线、太焦线等进行了电气化改造，还新建了京秦电气化铁路，而中国第一条双线电气化重载单元铁路大秦铁路也于1985年1月正式开工。这五年里，共建成新线2389千米，双线里程增加1870千米，电气化里程增加3484千米。电力机车和内燃机车的生产能力首次超过了蒸汽机车的生产能力，标志着中国铁路牵引动力的发展进入了新时期。[2]

2. 中国发展电气化铁路的选择

在新中国成立后的很长一段时期内，铁路运力紧张，运输设备落后。1956年铁道部制定的《铁路十二年科技发展规划》提出，铁路的牵引动力改革要迅速有步骤地由蒸汽机车转到电力机车和内燃机车上去。方针虽然定下了，但因为电力牵引一次性投资大，而国家当时经济困难，所以上内燃还是电力，要作技术经济比较。1952年动工建设的宝成铁路，由于要跨越难度较大的秦岭山区，故在建设之初就采纳了苏联专家的意见，在宝鸡至凤县段率先建设电气化铁路。

建设电气化铁路首先要解决的问题就是电流制式的选择。世界各国电气化铁路的电流制式各不相同，总的趋势是由直流制到单相交流制，电压由低到高，频率由非标准转到工业频率（50或60赫兹）。宝凤段铁路最初按苏联3000伏直流制设计，1956年7月完成电气化技术设计后，又了解到法国已建成78千米世界首条单相工频25千伏交流电气化铁路，日本、苏联也相继进行了试验，1957年8月经专家学者论证，认为单相工频交流制供电系统更简单可靠，不用变频设备，又易于提高工作电压，导线截面小，能耗低，便决定采用单相工频25千伏交流制。[3]宝凤段遂改按单相工频25千伏交流制重新设计。宝凤段电气化工程选用了世界上最先进的电流制式，避免了重走先直流后交流、先低压后高压的发展老路，同时也避免了交流与直流接轨的技术难题，为我国电气化铁路建设的发展奠定了良好的技术基础。[4]1974年，铁道部科学研究院提出，把单相工频25千伏交流制作为中国电气化铁路的固定制式，经国家批准列入国标执行。几十年的发展证明，这一决定具有远见卓识，技术方向准确，是中国铁路史上一项正确的决策。[5]

实践证明，电力机车热效率高，牵引力大，过载能力强，操作简便，无污染。根据试验，各类机车的热效率为：电力22%—27.5%，内燃20%—21.6%，蒸汽6%—7%，其中电力牵引热效率最高。在6‰的双线铁路上，采用电力牵引年输送能力可达5600万吨，

① 《中国铁路建设史》编委会. 中国铁路建设史. 北京：中国铁道出版社，2003：64.
② 《中国铁路建设史》编委会. 中国铁路建设史. 北京：中国铁道出版社，2003：59，62-64.
③ 《中国铁路建设史》编委会. 中国铁路建设史. 北京：中国铁道出版社，2003：555-556.
④ 中国铁道学会电气化委员会. 中国铁路电气化建设. 北京：中国铁道出版社，2014：3-4.
⑤ 《中国铁路建设史》编委会. 中国铁路建设史. 北京：中国铁道出版社，2003：556.

内燃牵引可达 3700 万吨，蒸汽牵引为 1771 万吨，三者之比约为 3∶2∶1。我国水力和煤炭资源丰富，火力发电可用次煤、劣质煤；而原油短缺，内燃机车又有排烟污染，对长大隧道的线路不宜采用，而高原缺水缺氧地区，亦不宜使用内燃牵引。对于单线既有铁路改造，采用电气化比增建复线可节省大量投资，而输送能力可以较大提高。因此 20 世纪 80 年代，铁道部制定的技术政策明确规定，中国铁路的牵引动力改革，实行"内、电并举，以电力为主"的方针。[1]

二、中国电气化铁路早期发展阶段

从 1958 年至 1985 年，中国电气化铁路发展可分为四个阶段。

1. 第一阶段：中国电气化铁路的开端——宝成线宝凤段的建设（1958—1961 年）

宝成铁路是新中国修筑的第一条工程艰巨的铁路，受宝鸡至秦岭间长 20 千米 30‰ 大坡道的影响，若采用蒸汽机车牵引，会使牵引重量小，行车速度慢，运输效率低。故采纳苏联专家建议，在 91 千米长的宝凤段采用电力机车牵引，使线路限坡由 20‰ 提高到 30‰，从而缩短线路长度 18 千米，减少隧道长度 12 千米，缩短建设工期 1 年。1958 年，宝成铁路交付运营之初，宝凤段电气化工程尚未完成，暂以蒸汽机车牵引过渡。1960 年，电气化工程完工，1961 年，宝凤段改用电力机车牵引，使用法国 $6Y_2$ 型电力机车[2]。宝凤段电气化铁路的建成，揭开了我国电气化铁路的序幕。

2. 第二阶段：电气化铁路的停滞期（1962—1967 年）

在宝凤段电气化铁路建成后的数年间，由于国内政治、经济形势的不利影响，我国铁路电气化建设经历了最艰难的时期。当时国家压缩基本建设投资，原本已经进行了调查和设计的几条铁路（如包头—白云鄂博、丰台—沙城、太原—朔县）的电气化工程，均被迫停建。

与此同时，世界电气化铁路却经历了最快的发展时期，平均每年修建电气化铁路 5000 多千米，其中苏联每年修建 2004 千米、联邦德国 486 千米、日本 332 千米、印度 272 千米。我国的电气化铁路刚刚起步就遭遇停建，不仅造成了巨大的经济损失，而且使我国铁路现代化进程滞后了将近十年。[3]

3. 第三阶段：电气化铁路的恢复期（1968—1977 年）

到了 20 世纪 60 年代中期，经过调整，国民经济逐渐好转。随着大西南建设的发展，入川物资急剧增长，宝成线运力紧张的情况日益严重。鉴于宝成线隧道多且长，故对宝成全线进行电气化改造。1968 年 12 月工程开工，实行分段修建和运营，1975 年 7 月宝成电气化铁路全线建成通车。

1973 年 9 月，阳平关至安康（阳安线）电气化铁路开工，1977 年 6 月全线开通。这是继宝成电气化铁路之后我国建成的第二条电气化铁路，也是我国第一条一次建成的新线电气化铁路。[4]

[1] 《中国铁路建设史》编委会. 中国铁路建设史. 北京：中国铁道出版社，2003：555.
[2] 《中国铁路建设史》编委会. 中国铁路建设史. 北京：中国铁道出版社，2003：558.
[3] 中国铁道学会电气化委员会. 中国铁路电气化建设. 北京：中国铁道出版社，2014：6.
[4] 中国铁道学会电气化委员会. 中国铁路电气化建设. 北京：中国铁道出版社，2014：8-9.

4. 第四阶段：电气化铁路的稳步发展期（1978—1985 年）

1978 年以后，我国电气化铁路建设速度逐渐加快，建设规模也逐年扩大，开始由山区铁路向繁忙干线发展，由单线电气化向双线电气化发展。这一时期，相继完成电气化改造或新建的电气化铁路有：石太线、襄渝线襄达段、陇海线宝兰段、丰沙大线、成渝线、太焦线长月段、京秦线等。其中，石太线、丰沙大线和京秦线都是晋煤外运的重要通道。京秦线主要承担了山西煤炭至秦皇岛港下海的运输任务，是国家"六五"规划的重点建设项目之一，也是首次部分利用日本政府贷款引进成套牵引供电设备而建成的双线电气化铁路，标志着我国电气化铁路的技术装备开始向世界先进水平迈进（表1、表2）。[1]

表 1　中国电气化铁路统计（1958—1985 年）

电气化铁路线	起讫点	电气化里程/千米	电气化工程建设年份
宝成线	宝鸡—成都	674	宝鸡—凤州 1958—1961，凤州—成都 1968—1975
阳安线	阳平关—安康	357	1973—1977
石太线	石家庄—太原	243	1978—1982
襄渝线襄达段	襄樊—达县	648.9	1975—1983
陇海线宝兰段	宝鸡—兰州	518.4	1978—1984
成渝线	成都东—重庆西	546.5	1980—1985
丰沙大线	丰台—沙城—大同	390	1981—1984
太焦线长月段	长治北—月山	153.6	1983—1985
京秦线	北京双桥—秦皇岛东	430	1983—1985
贵昆线	贵阳—六盘水西	289.3	1983—1985

资料来源：中国铁道学会电气化委员会. 中国铁路电气化建设. 北京：中国铁道出版社，2014：3-18，24，133-138，149-157.

表 2　1961—1985 年我国电气化铁路里程及电气化率

年度	全国铁路营业里程/千米	电气化铁路里程/千米	电气化率/%
1961	—	91	0.2
1966	—	93	0.2
1969	—	193	0.6
1970	40 989	290	0.7
1972	—	414	1.0
1973	—	554	1.2
1975	45 992	676	1.4
1976	46 262	748	1.6
1977	46 954	1 033	2.2
1980	49 940	1 679.6	3.3
1982	51 525	1 803.6	3.5
1983	52 086	2 343.9	4.5
1984	—	3 042.9	5.8
1985	52 119	4 201.13	8.0

资料来源：中国铁道学会电气化委员会. 中国铁路电气化建设. 北京：中国铁道出版社，2014：21-22.

[1]　中国铁道学会电气化委员会. 中国铁路电气化建设. 北京：中国铁道出版社，2014：9，24.

三、中国电气化铁路的早期技术发展

1. 供电方式的发展

最早的宝成线宝凤段电气化铁路采用了直接供电方式，在全线设有三处牵引变电所和三处分区所。随着电气化铁路建设向繁忙干线发展，受干扰影响的通信线路越来越多。为降低电磁影响，从宝成线绵阳至广元段开始，采用了吸流变压器—回流线装置（BT供电方式），在一定程度上减少了对通信线路的干扰影响。到了20世纪80年代初，随着繁忙干线运量增大，牵引重量提高，牵引电流增大，又提出了解决牵引网的电压降问题，遂开始了对自耦变压器（AT）供电方式[①]的研究。京秦线首次采用了AT供电方式，并从日本引进了整套技术设备，如多微机远动控制系统、3吨系重型接触悬挂及整套接触网零部件、光纤数字通信系统及程控交换机系统等。[②]

2. 远动装置的发展

我国早在20世纪60年代就研制出了接点式远动装置，曾在宝凤段试用过，未正式投入运行。20世纪80年代初，在宝成线绵阳至成都段和石太线石家庄至阳泉段试装了晶体管式（集成电路型）远动装置。1982年，京秦线引进了日本东芝公司的微机型远动装置，具有遥控、遥信、遥测等功能，全线的牵引变电所、分区所、开闭所和AT所可实现无人值守，大大提高了牵引供电的可靠性和调度工作效率。[③]

3. 电容补偿装置的发展

按电力部门要求，电力牵引供电的功率因数必须达到0.9以上。最早在宝凤段铁路，为提高牵引网的末端电压、保证三机牵引的安全可靠运行，在秦岭牵引变电所安装了国内研制的串联电容补偿装置。后来为提高牵引供电的功率因数，于1979年在宝鸡至天水段首次试装了并联电容补偿装置，运营试验效果良好，功率因数达到0.95以上。20世纪80年代初，又在石家庄至阳泉段安装了并联电容补偿装置，并做了一些改进，不仅提高了牵引供电的功率因数，还能吸收一部分由电力机车牵引产生的三次谐波，填补了我国电气化技术的一项空白。为合理确定牵引变电所的滤波装置，研究人员还曾两次赴英国和苏联进行技术考察，并从日本、瑞典等国引进了部分牵引变电所的滤波装置，从而较全面地掌握了国际上关于电气化铁路谐波容许限值和相应滤波措施的状况。[④]

4. 电力机车的研制和生产

1956年，铁道部制定的《铁路十二年科技发展规划》提出，技术改革的中心环节是牵引动力的改造，要迅速地有步骤地由蒸汽机车转到内燃机车和电力机车上去。牵引动力的内燃化电气化是铁路现代化的基础。铁路牵引动力的现代化将在行车制度、指挥系统、养路、施工、装卸等方面，带动铁路新技术的全面发展。1958年9月，长辛店、四方和大连机车车辆厂等相继研制出中国最早的一批内燃机车。这也拉开了中国铁路牵引动力改革的序幕。[⑤]

① 自耦变压器供电方式，即电力牵引AT供电方式（auto transformer supply system of electric traction），能有效提高供电质量和减少对通信的干扰，特别适用于重载或高速、大密度的电气化干线铁路。
② 中铁电气化工程局史志编纂委员会. 铁道部电气化工程局志. 北京：中国铁道出版社，2000：249.
③ 中国铁道学会电气化委员会. 中国铁路电气化建设. 北京：中国铁道出版社，2014：27，23.
④ 中国铁道学会电气化委员会. 中国铁路电气化建设. 北京：中国铁道出版社，2014：10，23.
⑤ 铁道部档案史志中心. 新中国铁路五十年. 北京：中国铁道出版社，1999：71，90-92.

1958 年，以第一机械工业部湘潭电机厂为主，中国铁道科学研究院、上海交通大学、北京铁道学院、唐山铁道学院和株洲电力机车厂（原名田心机车车辆厂）等单位参加联合设计，由湘潭电机厂和株洲电力机车厂协作试制出了中国第一台电力机车，命名为 $6Y_1$ 型，其为客货两用干线电力机车，是仿照苏联 H_{60} 型电力机车设计的。经试验发现存在一些问题，随后由株洲电力机车厂进行了一系列改进工作。1969 年，SS_1（韶山 $_1$）电力机车基本定型并批量生产，1970 年宝成全线电气化通车典礼上使用的就是这种机车。之后又经过不断改进，到 1985 年共生产 514 台。1969 年，株洲电力机车研究所和株洲电力机车厂又联合研制了 SS_2 型电力机车，但只生产了 1 台。[①]

1983 年 5 月，铁道部发布《铁路主要技术政策》，明确规定"积极进行铁路牵引动力的改革，用牵引性能更好、热效率更高的内燃、电力机车逐步取代蒸汽机车"，"从发展看，铁路牵引动力以电力牵引为主"。这一技术政策的贯彻执行，加速了内燃、电力机车的发展和铁路电气化的进程。株洲电力机车厂在 SS_1 型、SS_2 型的基础上改进设计，研制出了 SS_3 型机车，1983 年开始小批量生产，到 1985 年共生产 21 台。SS_3 型电力机车的牵引功率和电阻制动功率均比 SS_1 型大，有利于在长大坡道上保持较高限速下坡，动力学性能有所改善，司机室噪声降低，成为取代 SS_1 型车的客货两用干线电力机车，货运最高时速为 100 千米。1984 年，中国政府与国际复兴开发银行（即世界银行）签订第一批金额为 2.2 亿美元的铁路贷款协议，其中一部分用于株洲电力机车厂的改造。1985 年，两节式功率 6400 千瓦的 SS_4 型机车试制完成[②]，成为后来大秦铁路电力机车的主车型，而在 SS_4 型机车未配备前仍采用 SS_1 型或 SS_3 型机车过渡（表 3）。[③]

表 3　中国国产各型干线电力机车生产台数表（1985 年以前）

机车型号	制造工厂	机车小时功率/千瓦	试制年份	开始批量生产年份	至 1985 年共生产台数/台
SS_1	株洲电力机车厂	4200	1958	1969	514
SS_2	株洲电力机车厂	4800	1969		1
SS_3	株洲电力机车厂	4800	1978	1983	21
合计					536

资料来源：《当代中国的铁道事业》编辑委员会. 当代中国的铁道事业. 下. 北京：当代中国出版社，2009：53.

四、中国电气化铁路技术标准统计

1961—1985 年中国电气化铁路技术标准统计见表 4。

表 4　中国电气化铁路技术标准统计（1961—1985 年）

线路	线路等级	正线数目	限制坡度/‰	最小曲线半径/米	到发线有效长度/米	电力机车类型	牵引定数/吨	年运输能力/吨
宝成线	II	单线	宝鸡—秦岭 30，其余 12	300	650—750	SS_1，法国 $6Y_2$	上行 2100，下行 2400	1350 万—1750 万

① 《当代中国的铁道事业》编辑委员会. 当代中国的铁道事业. 下. 北京：当代中国出版社，2009：53-55.
② 铁道部档案史志中心. 新中国铁路五十年. 北京：中国铁道出版社，1999：156-158.
③ 铁道部大秦铁路建设办公室. 大秦铁路. 北京：中国铁道出版社，1995：5.

续表

线路	线路等级	正线数目	限制坡度/‰	最小曲线半径/米	到发线有效长度/米	电力机车类型	牵引定数/吨	年运输能力/吨
阳安线	I	单线	6—12	300，450，600	650，850	SS₁	3150	近期800万，远期1000万
石太线	I	双线	上行7.5，下行15	300	850，880	SS₁	上行3300，下行1800	石阳段近期4000万远期5000万，阳太段2200万
襄渝线襄达段	I	单线	6，10，12	700，困难500，300	850	SS₁	近期3200，远期3400	1700万
陇海线宝兰段	I	单线	6，13，12.5	300	560—850，810—870	SS₁，SS₃	近期2400，远期3250	近期1220万，远期1700万
成渝线	I	单线	10	286	750	SS₁	2600	1300万
丰沙大线	I	双线	上行4，下行9	600，300	880，850	SS₁	上行单机3500、双机4000，下行单机2500	近期6000万，远期7500万
太焦线长月段	II	双线，单线	12，20	300	850，880，1050	SS₁	上行2300，下行3300	1800万，4259万，3900万
京秦线	I	双线	4	600，800，1200	850，部分1050—2000	SS₁	大运转3500—4000	近期4500万，远期8000万
贵昆线	I	单线	12	300	850	SS₁	近期单机2250，远期双机3600	2220万

资料来源：中国铁道学会电气化委员会. 中国铁路电气化建设. 北京：中国铁道出版社，2014：11-17，24，132-137，150-156.

五、中国电气化铁路发展的特点和效益

（一）中国电气化铁路发展的特点

1. 干中学

由于中国此前没有电气化铁路建设的经验，所以在发展早期，是一边建设一边学习总结的。最早在宝凤段电气化铁路建设时，以国内唯一与电气化铁路专业相近的专业施工队伍铁道部通信信号工程公司为基础，又从齐齐哈尔、上海和广州铁路局调来十余名技术人员，从辽宁阜新露天煤矿调来14名有直流电气化铁路维修经验的技术工人，从唐山铁道学院、济南铁路运输机械学校分配来50多名供电专业毕业生，组成电气化铁道工程局，这是中国第一支电气化铁路施工队伍。之后又设立了电气化技工学校和电气化器材工厂，还聘请了三位苏联电气化施工专家来指导工程施工。[①]

宝凤段电气化铁路所需器材设备，大部分是国内未生产过的非标准设备，国内各工厂协作攻关，保障了各项设备的供应。在工程施工中，由于当时施工机具极少，绝大部分工序靠人工进行，只有少数工序（如立杆、架线和主变压器安装）使用了自制的简易机械。[②]参与施工的人员，也都是边干边学。经过两年的自力更生和艰苦奋斗，工程

[①] 中铁电气化工程局史志编纂委员会. 铁道部电气化工程局志. 北京：中国铁道出版社，2000：118.

[②] 庄正. 中国铁路建设. 北京：中国铁道出版社，1990：173.

竣工。

2. 由山区铁路向繁忙干线发展

20 世纪六七十年代为我国电气化铁路的起步阶段，主要针对山区隧道多的线路进行电气化建设，如最早的宝成线和阳安线。1978 年以后，我国电气化铁路建设速度逐渐加快，建设规模也逐年扩大。以前只是在一条线路上的一个区段内施工，后来是同时在几个区段或几条线路上施工，而且开始由山区铁路向繁忙干线（尤其是晋煤外运干线）发展，由单线电气化向双线电气化发展，这是我国电气化铁路建设中的一个重大转变。1982 年改造完工的石太线是我国第一条双线电气化铁路。[①]

3. 引进外资和外国先进技术

20 世纪 80 年代初，我国铁路建设开始利用外资引进国外先进技术。例如，利用日本海外经济协力基金贷款修建了京秦铁路和兖石铁路，利用世界银行贷款等修建了陇海线郑州至宝鸡段电气化铁路、北同蒲电气化铁路和新菏铁路，以及改造了株洲电力机车厂。[②]这些项目都是运输急需的项目，利用外资由国家统借统还，有效解决资金不足，并与引进新设备相结合。[③]这对加速中国铁路的现代化建设起到了十分重要的作用，也使我国的电气化铁路建设能在较短时间内进入世界先进国家行列。

（二）电气化铁路的效益

中国铁路电气化建设的效益显著，以宝成线和石太线为例。1961 年，宝成线宝凤段电气化铁路交付运营后，运输能力和运输效率不断提高，运输条件大大改善。牵引重量由原来的 920 吨提高到 2400 吨，年运输能力由 250 万吨提高到 1350 万吨，行车时速由 25 千米提高到 50—70 千米，每万吨千米的机务成本由 42.7 元减少到 16.8 元。鉴于宝凤段电气化铁路的巨大优势，宝成全线后来也建成了电气化铁路。[④]晋煤外运的重要干线石太线完成电气化改造后，显著地改善了机车的运营条件，成倍地提高了运输能力，迅速改变了山西煤炭积压、运不出去的局面。以运输最繁忙的石阳段为例，电气化后，上行年输送能力由 5210 万吨提高至 7195 万吨，提高了 38.1%；下行年输送能力由 2120 万吨提高至 3610 万吨，提高了 70.3%。[⑤]

20 世纪 80 年代以来，中国电气化铁路的发展日益加快，至 1996 年底中国电气化铁路里程达 10 000 千米，至 2000 年底中国电气化铁路为 14 864 千米，在世界上仅次于俄罗斯、日本和德国，居第四位。中国电气化铁路已经形成了自己的技术体系和特色，是中国铁路实现现代化的重要标志。[⑥]

① 中国铁道学会电气化委员会. 中国铁路电气化建设. 北京：中国铁道出版社，2014：9.
② 铁道部档案史志中心. 新中国铁路五十年. 北京：中国铁道出版社，1999：156-158.
③ 《中国铁路建设史》编委会. 中国铁路建设史. 北京：中国铁道出版社，2003：62.
④ 中国铁道学会电气化委员会. 中国铁路电气化建设. 北京：中国铁道出版社，2014：5.
⑤ 中铁电气化工程局史志编纂委员会. 铁道部电气化工程局志. 北京：中国铁道出版社，2000：129.
⑥ 《中国铁路建设史》编委会. 中国铁路建设史. 北京：中国铁道出版社，2003：554.

500米口径球面射电望远镜*

500米口径球面射电望远镜（Five-hundred-meter Aperture Spherical radio Telescope，FAST），被誉为"中国天眼"，是国家重大科技基础设施，由中国科学院和贵州省人民政府共建，是具有我国自主知识产权、世界最大单口径、最灵敏的射电望远镜。FAST工程由台址勘察与开挖系统、主动反射面系统、馈源支撑系统、测量与控制系统、接收机与终端及观测基地等六大部分构成。

一、FAST的研制阶段

FAST的研制，最初由我国天文学家1994年参与大射电望远镜LT（SKA）国际合作，启动中国选址，逐步酝酿发展成FAST完整概念（1998年），至2016年9月25日竣工落成，前后历时22年。

1. 选址与概念形成（1994—1998年）

1993年9月，在国际无线电科学联盟（Union Radio-Scientifique Internationale，URSI）第24届大会上，中国、美国、加拿大、荷兰、澳大利亚等十国射电天文学家联合建议，筹建性能优越的1—2个数量级的新一代大射电望远镜（large telescope，LT）（1999年更名为1平方公里大射电望远镜阵列，square kilometre array，SKA），以进行宇宙起源和基本力研究。URSI射电天文学委员会组建了大射电望远镜工作组（LTWG），协调各国LT的研究。中国FAST的建造即肇始于此。[1]

1994年7月，中国科学院北京天文台（以下简称北京天文台）[2]提出利用中国西南部喀斯特地貌建造阿雷西博（Arecibo）型LT的中国方案，最初起名为KARST（Kilometre-square Area Radio Synthesis Telescope），由30多面口径约300米的球面天线组成，分布于方圆数百公里范围内。[3]1995年11月，大射电望远镜中国推进委员会组建，以北京天文台为主，国内20余家大学和科研机构参与，由北京天文台副台长南仁东任主任，彭勃任副主任，中国科学院遥感应用研究所聂跃平任台址评价组组长，段宝岩任工程预研究组组长，吴盛殷任国际LT中国代表。[4]

在积极倡导和推动中国大射电望远镜概念的同时，开始了工程预研究，并进行了台址选址工作。1994年4月，联合选址组结合遥感（RS）技术、地理信息系统（GIS）、全

---

* 作者：邓亮。

[1] 吴盛殷，南仁东，彭勃，等.FAST计划的现状和期望//中国电子学会.中国电子学会第七届学术年会论文集.中国电子学会，2001：7-12.

[2] 北京天文台，1958年筹建，2001年与中国科学院天文领域其他台站中心整合而成国家天文台。原北京天文台所在地作为国家天文台总部。

[3] 南仁东.大射电望远镜（LT）计划//王绶琯，刘振兴.20世纪中国学术大典：天文学、空间科学.福州：福建教育出版社，2003：206-207.

[4] 宋建波，刘宏，王文俊，等.天眼傲苍穹——中国大射电望远镜贵州选址记.北京：地质出版社，2016：99-101.

球定位系统（GPS）、现场考察与计算机图像分析等工作方法，对贵州南部喀斯特地区的自然地理、地貌发育控制因素、洼地的形态特征、水文地质、工程地质、气象及电波环境等诸方面，进行了多学科的台址评估工作[①]，建立起 391 个喀斯特洼地的数据库，绘制了峰距在 300—600 米的峰丛洼地分布图。[②]其后，经过中外天文学家先后实地考察，以及一系列的比较研究，选择普定县尚家冲等洼地群作为推荐台址，完成了相关调查监测工作，并向国际射电天文学界推荐。[③]

1997 年 7 月，大射电望远镜中国推进委员会提出了 LT 中国工程先导单元的创新方案，即由我国独立建造一面 500 米口径的 KARST 先导单元，成为世界最大单口径球面望远镜，这是 FAST 的初步设想，并得到陈芳允、杨嘉墀、王绶琯、陈建生等院士的支持，并被推荐给科技部和中国科学院。[④]在 1998 年 LT 第三届学术年会暨 FAST 项目委员会第一次学术会议上，明确提出 FAST 工程概念，同时 FAST 项目委员会正式成立，确定了涉及全国 20 余个科研机构的相关研究组。[⑤]

2. 关键技术试验研究（1999—2007 年）

1999 年 3 月，"大射电望远镜 FAST 预研究"被列入中国科学院知识创新工程第一批重大项目。工程预研究组开始主动球反射面、点馈多波束系统、多反射面馈电系统、光机电一体化无平台馈源支撑、混合馈源与焦场分析、超宽带疏阵列加分段透镜校正的馈电方案等关键技术的探索。[⑥]2001 年通过专家鉴定。

然而，由于 FAST 工程需求口径发生变化，对洼地口径的要求也从当初的 300 米升级到 500 米，但第一轮台址选择推荐地尚家冲洼地可建射电望远镜的最佳口径为 378.6 米，小于建设 500 米口径球面射电望远镜的要求。经国家天文台与贵州省科技厅协商，2002 年 11 月启动第二轮选址工作，由贵州工业大学宋建波负责。[⑦]经过一系列严谨的筛选，至 2007 年 7 月，最终确定 FAST 台址为平塘县大窝凼洼地。

2002 年 9 月，"500 米口径球面射电望远镜（FAST）关键技术优化研究"被列为中国科学院知识创新工程重要方向项目。2005 年 1 月，"巨型射电天文望远镜（FAST）总体设计与关键技术研究"得到国家自然科学基金资助，开展总体设计、索网主动反射面动态优化、多点实时测量与控制实现、馈源及支撑平台系统、整体缩尺模型等研究[⑧]。2005 年 3 月，在密云开始建造 FAST 50 米模型，至 12 月反射面顺利铺设完工。[⑨]此外，在 FAST 总体组的协调下，经过 200 余位学者的共同努力，在主动反射面、馈源索支撑

① 南仁东. 500m 球反射面射电望远镜 FAST. 中国科学：物理学 力学 天文学，2005，35（5）：449-466.
② 宋建波，刘宏，王文俊，等. 天眼傲苍穹——中国大射电望远镜贵州选址记. 北京：地质出版社，2016：99-101.
③ 宋建波，刘宏，王文俊，等. 大射电望远镜贵州选址项目简介及研究进展. 贵州科学，2007，25（S1）：86-97.
④ 中国天文学家提出建造 500m 口径主动球面望远镜（FAST）项目建议. 科学通报，1998，43（8）：封底.
⑤ 宋建波，刘宏，王文俊，等. 天眼傲苍穹——中国大射电望远镜贵州选址记. 北京：地质出版社，2016：36.
⑥ 南仁东. 大射电望远镜（LT）计划//王绶琯，刘振兴. 20 世纪中国学术大典：天文学、空间科学. 福州：福建教育出版社，2003：206-207.
⑦ 宋建波，刘宏，王文俊，等. 天眼傲苍穹——中国大射电望远镜贵州选址记. 北京：地质出版社，2016：99-109.
⑧ 国家自然科学基金重点项目结题验收会议. http://www.nao.cas.cn/xwzx/zhxw/200907/t20090701_1884122.html [2009-07-01].
⑨ 国家天文台密云 50 米 FAST 模型反射面顺利铺设完工. http://www.cas.cn/ky/kyjz/200512/t20051208_1026718.shtml [2005-12-08].

等各项关键技术的可行性研究均取得突破，已无技术风险，具备参与国家重大科学工程遴选立项的条件。①2006年10月优化研究项目通过专家鉴定②，为FAST的工程设计和建设奠定了基础。

3. 立项至建设（2008—2016年）

2007年7月10日，国家发展和改革委员会正式批复FAST立项。2008年2月，可行性研究报告提交国家发展和改革委员会③，10月31日批复列入国家高技术产业发展项目计划。

2008年12月26日，FAST工程奠基仪式在平塘县大窝凼洼地举行，至此开始工程实施阶段。④2011年3月，FAST工程开工项目初步设计和概算获得中国科学院和贵州省人民政府的批复，正式开工建设，总投资概算为6.67亿元，工期5.5年。⑤

2010年6月中国科学院重要方向项目"FAST关键技术的试验研究"验收，完成了FAST关键技术的进一步分析优化，建设了机构完整模型和重要部件的正样样机，从而保证了这些技术在FAST实施建设阶段的高质量、低风险、低成本以及合理的实施工艺。⑥此后，继续开展一些关键技术的优化，比如2010年开始索疲劳试验；2012年2月，李菂作为首席科学家承担的国家重点基础研究发展计划（973计划）项目"射电波段的前沿天体物理课题及FAST早期科学研究"启动，联合北京大学、北京师范大学、南京大学等高校开展脉冲星射电观测与理论、星际介质及恒星形成、星系结构和星系演化、宇宙学和暗物质、射电光谱和脉泽源、低频多波段接收机和甚长基线干涉仪（VLBI）的设计预研等6个子课题的探索。⑦

在相继完成各项任务的招标工作后，工程进入实施阶段。2011年3月，FAST台址开挖工程正式展开，经过近2年的艰苦历程，于2012年12月30日完工并通过验收。⑧2014年7月17日，第一根主索安装，反射面索网制造与安装工程正式展开。⑨2014年9月，圈梁安装工程通过验收。⑩2014年11月，馈源支撑塔建造完成，通过验收。⑪2015年2月4日完成索网安装，支撑框架建设完成，进入了反射面面板拼装阶段。2015年8

① 周之江. 我国喀斯特洼地有望建造世界最大射电望远镜. http://news.cri.cn/gb/3821/2005/03/27/1245@494375.htm [2005-03-27].
② FAST关键技术优化研究通过验收. http://www.cas.cn/ky/kyjz/200610/t20061023_1026865.shtml[2006-10-23].
③ FAST项目建设工作逐项落实. https://www.ndrc.gov.cn/fggz/cxhgjsfz/dfjz/200804/t20080417_1156218.html[2008-04-17].
④ 南仁东，姜鹏. 500 m口径球面射电望远镜（FAST）. 机械工程学报，2017，53（17）：1-3.
⑤ 南仁东，李会贤. FAST的进展——科学、技术与设备. 中国科学：物理学 力学 天文学，2014，44（10）：1063-1074.
⑥ "FAST关键技术的试验研究"通过院重要方向项目验收. FAST工作动态，2010，（6）：1.
⑦ 李菂，徐仁新，朱明，等. 射电波段的前沿天体物理课题及FAST早期科学研究（973项目任务书）. 中国科学院国家天文台，2011.
⑧ 南仁东，李会贤. FAST的进展——科学、技术与设备. 中国科学：物理学 力学 天文学，2014，44（10）：1063-1074.
⑨ 500米口径球面射电望远镜反射面索网制造与安装工程正式实施. FAST工作动态，2014，（7）：3.
⑩ FAST圈梁制造和安装工程通过验收. FAST工作动态，2014，（9）：1.
⑪ FAST馈源支撑塔制造和安装工程通过验收. FAST工作动态，2014，（11）：1-2.

月 2 日，首块反射面单元吊装成功。①2015 年国庆前夕，长度 3.5 千米的 10 千伏高压线缆通过耐压测试，变电站设备调试完成，综合布线工程完成。2015 年 11 月 21 日，馈源支撑系统进行首次升舱试验，6 根钢索拖动馈源舱提升 108 米，并进行相应的功能性测试。②2016 年 7 月 3 日，最后一块反射面单元成功吊装，标志着 FAST 主体工程顺利完工（图 1）。2016 年 9 月 25 日，FAST 落成启用。

图 1　2016 年 7 月 3 日 FAST 反射面板吊装完成

资料来源：南仁东，张海燕，张莹，等.FAST 工程建设进展. 天文学报，2016，57（6）：623-630

二、FAST 的三大创新及关键技术攻关

在长期的立项倡议和预研究过程中，FAST 工程逐步调整方案，并有效地解决了关键技术问题，从而形成了三大自主创新：利用天然的喀斯特洼坑作为适合的台址；洼坑内铺设 500 米球冠状主动反射面；光机电一体化的馈源柔性索支撑系统，实现高精度指向跟踪。③

首先是台址的选择。利用喀斯特洼地作为 FAST 台址，是中国大射电望远镜最初的设想，也是一大创新。

1994 年聂跃平负责的第一轮台址选择期间就已完成大量基础性工作。2002 年 11 月，宋建波负责的第二轮台址选择启动，台址普查扩大至贵州全省，选择 2—3 个重点洼地进行电波环境监测和气象气候环境监测，确立无线电宁静区，研究重点洼地的数字化地形模型等；同时确定了洼地与望远镜最优台址参数的关系、台址优选、台址构造稳定性及地震问题、馈源支撑系统及支撑塔在洼地中的位置、边坡的稳定性、喀斯特洼地形

① 500 米口径球面射电望远镜（FAST）第一块反射面单元成功吊装.FAST 工作动态，2015，（8）：1.

② FAST 望远镜馈源舱成功升舱.FAST 工作动态，2015，（11）：1.

③ 南仁东，姜鹏.500m 口径球面射电望远镜（FAST）.机械工程学报，2017，53（17）：1-3.

成演化机制及顶板稳定性评价、台址小气象气候环境评价、台址无线电环境评价、台址社会经济环境影响综合评价等 9 个关键科学问题。[①]

随着这些关键科学问题的一一解决，根据台址评价指标和台址优选理论，优选出 38 个候选洼地，大窝凼洼地排名第一，最终被确定为 FAST 台址。继而对大窝凼洼地及其周边进行 400 平方千米野外地质调查，并进行地震及动力响应、边坡稳定性评价、台址塌陷及顶板稳定等关键工程地质问题研究。此外，根据国际 SKA 要求，提出大口径小数量（large diameter small number，LDSN）、大数量小口径（large number small diameter，LNSD）两种中国 SKA 台址布局方案，分别为 58 个台址、121 个台址，呈对数螺旋线形式分布，并协助国家天文台编制了中英文两种版本《SKA 中国选址项目建议书》，于 2005 年 12 月底正式提交国际 SKA 办公室，参与国际台址竞争等。[②]

第二个创新点是主动反射面技术，即通过球面反射面结构、支撑系统及控制系统，可实时调整反射面方位，从而拟合成一个瞬时抛物面，能够改正球差、简化馈源，实现主动反射面的新思想。

1998 年，同济大学开始主动球反射面方面的预研究。采用离散式球面网壳支承结构，反射面由 1788 个边长 7.5 米的六边形球面单元拼合而成，曲率半径 300 米，口径 500 米。[③]同济大学和南京天文仪器研制中心[④]设计，完成 1∶3 的实体模型，2001 年 2 月通过验收，证明了主动面板技术的可行性。[⑤]2003 年 8 月，由同济大学和南京天文光学技术研究所承担的"FAST 分块式主动反射面缩尺模型改进实验"通过验收，优化的缩尺模型在多种工况下实验结果能够达到 FAST 主动反射面总体要求。[⑥]

2002 年 9 月，FAST 关键技术的优化研究，提出"索网主动反射面"方案，以简化反射面结构。清华大学和同济大学也就此提出索-膜方案。2003 年，哈尔滨工业大学就索网结构的总体方案开展了系列研究，比如提出短程线型网格方案较优[⑦]，并为建造 30 米缩尺模型开展多项关键技术研究等。[⑧]2005 年在国家天文台密云观测站成功建造 FAST 30 米整体模型，口径 30 米，半径 18 米，主索网采用短程线三角形网格方案，实现索网支撑主动反射面方案的缩尺制造。[⑨]此模型于 2006 年 9 月成功观测到银河中性氢谱线。[⑩]

然而，在 FAST 正式开工建设之前的 2010 年，遇到一个重大的危机，即索疲劳问题。

① 宋建波，刘宏，王文俊，等. 大射电望远镜贵州选址项目简介及研究进展. 贵州科学，2007，25（S1）：86-97.
② 宋建波，刘宏，王文俊，等. 大射电望远镜贵州选址项目简介及研究进展. 贵州科学，2007，25（S1）：86-97.
③ 罗永峰，邓长根，李国强，等. 500m 口径主动球面望远镜反射面支撑结构分析. 同济大学学报，2000，28（4）：497-500.
④ 中国科学院南京天文仪器研制中心，前身是 1958 年成立的中国科学院南京天文仪器厂。2001 年，其科研部分和高技术镜面实验室组建成为中国科学院国家天文台南京天文光学技术研究所。
⑤ 吴盛殷，南仁东，彭勃，等. FAST 计划的现状和期望//中国电子学会. 中国电子学会第七届学术年会论文集. 中国电子学会，2001：7-12.
⑥ 国家天文台 FAST 分块式主动反射面优化获得成功. http://www.cas.cn/xw/yxdt/200906/t20090608_653025.shtml [2009-06-08].
⑦ 钱宏亮，范峰，沈世钊，等. FAST 反射面支承结构整体索网方案研究. 土木工程学报，2005，38（12）：18-23.
⑧ 杨光宇. FAST 30 米模型试验关键技术研究. 哈尔滨工业大学硕士学位论文，2005.
⑨ 金晓飞. FAST 30m 模型健康监测系统. 哈尔滨工业大学硕士学位论文，2006：11.
⑩ 密云模型. http://www.gywb.cn/content/2016-09/01/content_5230588.htm [2016-09-01].

FAST 对索应力幅的要求达到 500 兆帕，而传统预应力索的应力幅约为 300 兆帕。2011
年，国家天文台与东南大学合作，开展索网拉索材料、设计优化、施工监控等方面的研
究①，最终通过采用复合涂层技术及高效机械锚固工艺，使实验的钢索在 500 兆帕应力
幅下通过 200 万次疲劳循环。此后又进行索网优化，索网-圈梁一体化设计等。②

最终建造完成的 FAST 主动反射面是一个口径 500 米的球面，有效照明口径 300
米，球冠张角 110°—120°，旋转抛物面焦比 0.4665，索网主体使用 6670 根主索、2225 根
下拉索、2225 个节点，索网上安装了 4450 个反射面单元，节点下方连接下拉索和促动
器，促动器下端与地锚连接，从而形成了完整的主动反射面系统。③

第三个创新点是光机电一体化的馈源柔性索支撑系统，实现独特的指向与跟踪方式。

2002 年 2 月，西安电子科技大学承担的"大射电望远镜馈源支撑与指向跟踪系统仿
真与实验研究"通过验收，在西安实地建造了馈源支撑与指向跟踪系统 50 米缩比模型，
初步实现了机电光一体化设计方案，采用 Leica TCA1301 激光全站仪，实现对馈源舱目
标点和馈源目标点的两级测量和信息反馈。④2003 年 10 月，"FAST 移动小车-馈源稳定
平台耦合系统 50 米模型"由清华大学完成，馈源支撑系统由柔索支撑小车-Stewart 平台
构成，采用 4 个支撑塔，在 500 米范围内可实现馈源毫米级空间定位。⑤2007 年 1 月，
清华大学精仪系承担的密云 FAST 模型馈源精调 Stewart 平台研制完成，在相似律、尺
寸、平台重量、工作空间和控制精度等方面均达到设计要求。⑥2009 年 4 月，清华大学
承担的 40 米馈源支撑六塔模型初步完成，包括支撑塔、AB 轴及 Stewart 二次精调平台、
出索机构、配重卷索机构、索驱动等部分。⑦2010 年 11 月，华北电力设计院工程有限公
司完成"FAST 馈源支撑塔方案设计与优化"项目，通过对 6 个支撑塔塔位所在地质条
件进行分析和技术经济比较，提出 6 塔 24 个基础的选型方案，并推荐采用爬塔机+旋转
爬梯方案。⑧2011 年 10 月，在清华大学馈源舱方案设计的基础上，启动馈源舱机构、结
构及测量控制方案的优化设计，选择中国电子科技集团公司第五十四研究所（以下简称
中国电科 54 所）、大连重工·起重集团有限公司和中国科学院自动化研究所联合组成的
两个设计团队同步进行⑨，2012 年 2 月和 3 月分别完成优化设计。⑩2012 年 7 月，最终
确定由大连华锐重工集团股份有限公司承担馈源支撑系统索驱动设计、制造及安装施
工。⑪2012 年 11 月，确定中国电科 54 所承担馈源支撑系统馈源舱设计、制造、安装与

① 罗斌，郭正兴，姜鹏. FAST 主动反射面索网结构设计与施工技术研究. 南京：东南大学出版社，2016：198.
② 南仁东，李会贤. FAST 的进展——科学、技术与设备. 中国科学：物理学 力学 天文学，2014，44（10）：1063-1074.
③ 王建中. 500 米口径球面射电望远镜用液压促动器的研制. 液压气动与密封，2017，37（2）：1-4.
④ 仇原鹰. 大射电望远镜馈源支撑与指向跟踪系统的力学模型分析及实验研究. 西安电子科技大学博士学位论文，2002：4-5.
⑤ 馈源支撑关键技术取得突破. http://www.cas.cn/ky/kyjz/200311/t20031107_1026262.shtml[2003-11-07].
⑥ 国家天文台密云 FAST 模型的馈源精调平台研制成功. http://www.cas.cn/ky/kyjz/200701/t20070126_1026924.shtml[2017-01-26].
⑦ 姚蕊. 大跨度索并联机构力特性及尺度综合设计研究. 清华大学博士学位论文，2010.
⑧ "FAST 馈源支撑塔方案设计与优化"通过验收. FAST 工作动态，2010，（11）：1-2.
⑨ 快讯. FAST 工作动态，2011，（10）：2.
⑩ FAST 工程馈源舱顺利完成方案优化设计工作. FAST 工作动态，2012，（2）：1.
⑪ FAST 工程馈源支撑系统索驱动设计、制造及安装施工总承包合同签约仪式举行. FAST 工作动态，2012，（7）：1-2.

调试任务。[①]

最终建成的馈源柔性索支撑系统，包括塔索支撑、两轴转向机构和二次精调并联机器人（Stewart 平台），馈源安装于精调平台，主动反射面与馈源舱之间无任何刚性连接，采用 6 塔 6 索拖动悬吊方式。在进行天文观测时，通过主动控制实现 500 米主动反射面在观测方向形成 300 米口径瞬时抛物面；馈源支撑系统将馈源精确定位于瞬时焦点；馈源可在 140 米高、200 米口径球冠范围内跟踪运动，指向精度 10″以下，实现高精度指向跟踪观测。[②]

除了上述三大技术创新外，FAST 工程在其他子系统方面也实施诸多新技术：控制与测量系统方面，实现了反射面精密动态实时同步定位，馈源支撑的实时动态无接触跟踪测控，以及高精度的精密基准控制网等；接收机与终端系统方面，自主研制了极化器、接收机、数据传输、处理终端、绝大多数馈源等；工程施工方面，基于 FAST 的特点，也开发了一些特殊的技术方案，比如大跨度钢结构施工条件下反射面吊装所涉及的多项关键技术，包括吊装设备运行与 6 索托舱入港干涉解决技术、吊装设备的圆弧轨道运行技术、反射面单元两次空中转接技术、反射面单元吊装保型与调姿技术、半跨径缆索吊转变为全跨径缆索吊技术等。[③]

三、FAST 的国际合作

FAST 工程的成功建设，也得益于广泛的国际合作。从最初参与大射电望远镜国际合作（初衷是争取 LT/SKA 台址落户中国），到建设先导单元 FAST 的提议，以及 FAST 工程的实施，既是中国天文学界参与国际竞争的努力，也是国际合作的体现。

FAST 是 SKA 中国方案的先导工程，也是参与国际竞争的示范工程。SKA 中国方案是选用贵州喀斯特地貌为台址，在方圆数百公里范围内，建造技术先进的球反射面望远镜阵列。然而，随着总体科学目标的变化，工作频率上限、基线长度要求的提升，SKA 项目确定 LNSD 优选方案。中国台址在国际评估中排名第三，因遴选前两名而落选。[④]2012 年 5 月，SKA 项目选定由南非联合非洲 8 个国家和澳大利亚双台址方案，选用 LNSD 技术路线，总部设在英国卓瑞尔河岸天文台，各大洲设立科学数据分中心。[⑤]

FAST 项目从一开始就与国际上几乎所有大型射电天文台都保持着长期的、稳定的实质性合作。例如：与美国阿雷西博天文台保持长期合作；1997 年与荷、美、澳、加、印 5 国签订了 6 国 8 所 SKA 国际大射电望远镜技术合作备忘录；2000 年，与荷兰续签双边合作备忘录；中荷、中澳对相位阵多波束的合作研究；1999 年，中英签署了北

---

① FAST 工程馈源舱总承包合同签字仪式在京举行. FAST 工作动态，2012，（11）：1.
② 南仁东. 500m 球反射面射电望远镜 FAST. 中国科学：物理学 力学 天文学，2005，35（5）：449-466.
③ 宋立强，王启明，李光华，等. 500m 口径球面射电望远镜反射面单元吊装方案研究. 施工技术，2016，45（15）：73.
④ 彭勃，金乘进，杜彪，等. 持续参与世界最大综合孔径望远镜 SKA 国际合作. 中国科学：物理学 力学 天文学，2012，42（12）：1292-1307.
⑤ SKA 中国. https://china.skatelescope.org/ska 项目/[2020-08-03].

京天文台、卓瑞尔河岸天文台 FAST 合作备忘录，联合开展馈源舱设计；英方还对 FAST 设计提供技术咨询和支持，通过人员互访、双边技术研讨会、联合研制等方式进行科学技术合作；英方 2001 年起为 FAST 合作培养馈源接收机方面的电子工程博士；等等。[1]

通过形式多样、不同程度的国际科技合作，FAST 可以获得与国际前沿接轨的技术，在一些关键技术的研究、优化与创新方面较快取得成果。接收机与终端系统中，馈源与低噪声前端部分，除了自行研制外，1.05—1.45 吉赫的 19 波束馈源和极化器，是与澳大利亚联邦科学与工业研究组织（CSIRO）的天文和太空科学（CASS）合作设计，最后采购自澳方；0.27—1.62 吉赫波段与美国加州理工学院合作，馈源由美方提供图纸，我方负责加工测试，制冷低噪声前端及常温电子部分由美方负责研制。[2]

又如，馈源支撑系统全过程数值仿真技术的引进—吸收—再创新过程，即是 FAST 国际合作的经典案例。2007 年 1 月，国家天文台与德国企业和大学合作，共同开展 FAST 馈源支撑 1∶1 原型进行全过程的数值仿真（end-to-end simulation）。国家天文台派员赴德学习和参与研究，合作建立了数值仿真模型的基本框架。派出人员回国后继续推进研究，2008 年 6 月取得突破性进展，得到了结构完整的 FAST 馈源支撑系统仿真模型。[3] 通过国际合作掌握仿真核心技术，逐步自主开展工作，取得创新成果，并持续深入研究，进而向索驱动并联机构等国际尖端技术领域延伸，为我国在相关重大技术领域取得突破奠定基础。

此外，尽管 FAST 不再属于 SKA 的一个部分，但仍能依据自身特色，与 SKA 形成良好的互补合作。FAST 是单一大口径射电望远镜，虽然观测视场较阵列望远镜小，但灵敏度高，在 SKA1 建成之前，FAST 具有独一无二的优势。即便是 SKA2 建成后，由于北天区覆盖、高灵敏度单天线观测等因素，FAST 在瞬变天体、脉冲星和 VLBI 观测等研究方面仍将发挥重要作用。FAST 在中性氢、脉冲星等方面的研究，也是 SKA 的重要科学目标，二者还有一些共性关键技术等。[4] 由此可见，FAST 的建设为中国 SKA 的工作奠定了技术与人才基础，在未来仍将开展大量的国际合作，在国际天文学研究中发挥了重要作用。[5]

四、FAST 的科学应用与社会效益

由于创新性的设计，FAST 是目前世界上最大的单口径望远镜，将在 10—20 年内处于国际领先地位。它的主要科学目标包括：巡视宇宙中的中性氢，研究宇宙大尺度物理学，以探索宇宙起源和演化；观测脉冲星，研究极端状态下的物质结构与物理规律；主导国际低频甚长基线干涉测量网，获得天体超精细结构；探测星际分子，探索太空生命

① 彭勃，南仁东. 通过国际合作 促进 FAST 自主创新. 中国科学院院刊，2004，19（4）：308-311.
② FAST 工程进展. FAST 工作动态，2015，（5）：7.
③ 国家天文台"FAST 馈源支撑系统的全过程数值仿真"取得新进展. http://www.cas.cn/ky/kyjz/200806/t20080620_1027299.shtml［2008-06-20］.
④ 彭勃，金乘进，杜彪，等. 持续参与世界最大综合孔径望远镜 SKA 国际合作. 中国科学：物理学 力学 天文学，2012，42（12）：1292-1307.
⑤ 2020 年 12 月 1 日，美国阿雷西博望远镜坍塌。2021 年 3 月 31 日，FAST 正式向全球开放。

起源；搜索可能的星际通信信号，寻找地外文明。同时，它在国家重大需求方面也有重要应用价值，比如可将我国空间测控能力由月球延伸至太阳系外缘；成为国际上最精确的脉冲星计时阵，为自主导航制作脉冲星钟；进行高分辨率微波巡视；可作为国家重大科学工程"东半球空间环境地基综合监测子午链"（简称子午工程）的非相干散射雷达接收系统，提高分辨率和观测效率；跟踪探测日冕物质抛射事件，服务于空间天气预报；其关键技术成果可应用于诸多相关领域，如大尺度结构工程、公里范围高精度动态测量、大型工业机器人研制以及多波束雷达装置等。其建设经验将对我国制造技术向信息化、极限化和绿色化的方向发展产生影响。[1]

自 FAST 建成投入运行以来，已在脉冲星发现上展现出巨大的潜力。2017 年 8 月 22 日、25 日发现 2 颗新脉冲星，这是我国射电望远镜首次发现新脉冲星，也是中国人首次用自己的望远镜发现新脉冲星。[2]截至 2021 年 2 月，FAST 共发现新脉冲星超过 300 颗，大约占脉冲星发现 50 多年来总数的 10%。

通过自主研发与国际合作，FAST 工程研制了大量非标设备及材料，取得了大量自主创新成果，拥有一批自主知识产权的核心技术。中国是 SKA 创始国之一，并参与 6 个国际工作包的研制。FAST 的建设为我国 SKA 工作奠定了科研、技术和人才基础，提升了参与国际竞争的能力。比如中国电科 54 所提出的 SKA 天线设计方案，2015 年 11 月被 SKA 天线工作包联盟董事会选为后续唯一研发方案[3]；2018 年 2 月 6 日，第一台 15 米口径双偏置格里高利反射面天线样机 SKA-P 研制完成，具有里程碑意义，标志着中国在 SKA 核心设备研发中发挥引领和主导作用。[4]同时，通过 FAST 工程，形成了方案设计、核心技术、施工工艺等一套完整的技术积累，为中国在合适时机独立建设大射电望远镜阵列奠定了坚实的基础。

通过 FAST 工程的实施，形成了一系列专利技术，比如，具有主动变位式索网节点支撑结构的大射电望远镜、大射电望远镜中促动器的预埋地锚结构、一种 FAST 反射面单元吊装装置及方法等。此外，FAST 工程的关键技术及工程工艺，也获得了一些重要的奖项。比如，"500 米口径球面射电望远镜超大空间结构工程创新与实践"于 2015 年获得中国钢结构协会科学技术奖特等奖，2016 年获得北京市科学技术奖一等奖；"500MPa 应力幅耐疲劳高精度索网关键技术的研究与应用"于 2016 年获得广西技术发明奖一等奖。[5]

此外，随着 FAST 工程以及平塘国际射电天文科普旅游文化园、观景台等配套设施的建成，已达成各项预定的社会效益目标，包括成为国家天文学及相关学科人才培养基地与国际天文学术中心、通过天文科技旅游促进地方经济发展、成为国家天文科普教育基地服务科教兴国的长远战略目标等方面。[6]

① 南仁东，姜鹏. 500m 口径球面射电望远镜（FAST）. 机械工程学报，2017，53（17）：1-3.
② 邱晨辉. "中国天眼"首次发现新脉冲星. 中国青年报，2017-10-11（1）.
③ 庄芳，郭伟. 中国电科 54 所 SKA 天线设计方案获批准. 河北日报，2015-11-22（1）.
④ 赵永新. 地球之眼有了中国天线. 人民日报，2018-02-07（12）.
⑤ 获奖. http://www.nao.cas.cn/kycg/hj/［2008-06-20］.
⑥ 南仁东. 国家大科学装置 FAST 望远镜工程进展汇报//中国天文学会. 中国天文学会 2014 年学术年会论文摘要集. 中国天文学会，2014：29-30.

中国材料基因工程[*]

一、"材料基因组计划"——材料研发模式的新变革

1. 美国"材料基因组计划"的出台

2011 年 6 月 24 日，时任美国总统奥巴马在卡内基梅隆大学发表演讲时对外宣布，美国政府将实施一项"先进制造业伙伴"（Advanced Manufacturing Partnership，AMP）计划。该计划旨在加强美国联邦政府和工业界、高等院校之间的联系并共同投资新兴技术，以创造新的高质量的制造业就业机会并增强美国的国际竞争力。奥巴马同时宣布，作为 AMP 的组成部分，将为"材料基因组计划"（Materials Genome Initiative，MGI）提供超过 1 亿美元的投资，这一计划将使美国企业在发现、发展、制造和应用先进材料领域提高一倍的速度并降低部分成本。[1]

同期发布的《MGI 白皮书》[2]指出，先进材料是先进制造业的基石并与人类福祉密切相关，然而历史经验表明，一种新型材料从最初的研究到首次应用通常需要花费 10—20 年的时间，因此缩短开发时间、降低开发成本至关重要。为实现这一目标，MGI 意图充分利用先进的计算和大数据技术来全面变革材料研发模式，具体来说：一是加强各相关机构之间的合作，共同推动材料基因组相关技术和新材料的开发工作；二是发展高通量的计算和实验工具，达到同时进行大量的模拟计算、材料试制筛选和关键数据的获取；三是开发和完善材料数据库，使数据共享更加便利（图 1）。

《MGI 白皮书》披露的概览图显示，该计划的核心是材料创新的基础设施，包括计算工具、实验工具和数字化数据；而主要目的在于人类福祉、国家安全、下一代劳动力和清洁能源。

对于中国科学家来说，"材料基因"并不是一个陌生的新概念。实际上，最早提出并运用"材料基因组"（materials genome）这一概念的正是在美国宾夕法尼亚州立大学材料系任教的美籍华人刘梓葵教授，他在 2002 年注册了以"材料基因组"命名的公司和商业网站（http://www.materialsgenome.com），用于提倡相图计算（Calculation of Phase Diagram，CALPHAD）方法及其数据库的应用，并在 2004 年注册为商标。他提出这一概念，来自计算材料学中 CALPHAD 的成功应用和"人类基因组计划"（Human Genome Project）所带来的启发[3]。在国内，中南大学谢佑卿教授在其提倡的"金属材料系统科学"中，也类比人类基因组测序计划，认为合金材料中存在着由基本原子团序列

---

* 作者：杨舰、秦晋。

① The White House. President Obama Launches Advanced Manufacturing Partnership. https://obamawhitehouse. archives. gov/the-press-office/2011/06/24/president-obama-launches-advanced-manufacturing-partnership［2019-09-01］.

② Materials Genome Initiative. MGI White Paper. https://www.mgi.gov/sites/default/files/documents/materials_genome_ initiative-final.pdf［2019-09-01］.

③ 刘梓葵. 关于材料基因组的基本观点及展望. 科学通报，2013，58（35）：18-22.

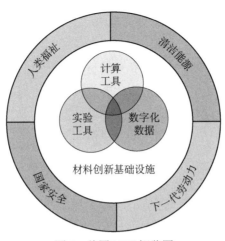

图 1　美国 MGI 概览图

构成的承载合金信息的"基因"，他称作"合金基因序列"[①]。而中国科学院院士、清华大学王崇愚教授则将"材料基因"理解为决定和调控材料物性的底层基本物质单元。

　　总的来说，"材料基因组"概念是类比"人类基因组"产生的。美国《MGI 白皮书》指出，在非生物学领域引入"基因组"这一词语指的是"更大指向的目标的基本构成单元"；也就是说，如同生物基因决定性状一样，材料中也存在决定或影响其物性的基本单元。同时在方法上，"人类基因组计划"利用基因芯片实现高通量测序并建立起人类基因数据库，用以探索人类遗传信息；而"材料基因组计划"也希望利用高通量计算和实验技术实现同时、大量、快速地筛选材料，并通过数据库实现数据的保存和共享，从而探索材料成分、结构和功能之间的关系。

　　长期以来的材料开发模式被科学家戏称为"炒菜式"——以经验性的方式不断调整成分和工艺，再通过实验掌握物性研判功能，这样的做法费时费力。而"材料基因组计划"的出现，尤其是对材料成分-结构-功能之间关系的探索和把握将有助于最终实现"按需设计材料"的理想。可以设想在不远的将来，人们在提出所需的材料特性后，首先通过数据库检索发现可能的材料成分和工艺，然后通过高通量计算和高通量实验同时大量地进行模拟和实验，筛选出符合相应要求的材料，这一过程将比传统方式节省大量时间、精力和财力，更好地服务于科学界和产业界。

　　2. 中国科技界对"材料基因组计划"的响应

　　美国"材料基因组计划"在全球范围内引发反响，也立即引起了中国科技界的关注。中国工程院院士、计算机专家潘云鹤专门致信中国工程院有关领导，建议就此议题召开一次会议。2011 年 7 月 22 日，"材料基因组计划"两院院士及专家座谈会在中国工程院召开。中国工程院副院长、中国钢研科技集团有限公司董事长干勇主持会议，中国工程院主席团名誉主席、钢铁冶金专家徐匡迪院士作开篇发言，王崇愚院士向与会专家介绍了"材料基因组计划"概况，陈立泉、陈创天、崔俊芝、黎乐民、朱静、叶恒强、薛其坤等院士参加了这次研讨会。与会院士和专家一致认为，"材料基因组计划"是一个关系到材料行业以及整个制造业发展的重大项目，中国应抓住契机，尽快建立自己的"材料

① 刘献华. 湖南年鉴 2004. 长沙：湖南年鉴社，2004：254.

基因组计划"。专家们同时指出，多年以来中国科学家在锂电池、人工晶体生长、钢铁材料及有色金属材料开发等领域，实际上一直在"材料基因组计划"的理念框架内进行着相关研究，也在积极发展计算模拟方法和开发材料设计数据库，做出了很多具有国际先进水平的创新性成果，因此我国有能力组织和开展相关研究，应当整合各方资源，调动各方积极性，及早安排和规划中国的"材料基因组计划"。会后，中国工程院在会议纪要的基础上，就我国开展"材料基因组计划"的相关问题以两院院士联合建议的形式提交上级主管部门[①]。

与此同时，著名材料学家师昌绪院士也注意到了美国的这一新动向。师老长期关注着国内新材料领域的发展，多次上书中央为新材料产业和高端制造业的发展建言献策。2011年，国家相关机构对30余家大型骨干企业的调查结果显示，在所需的130种关键材料中32%国内完全空白，54%国内虽能够生产但性能稳定性较差，只有14%可以完全实现国内自给，这一状况严重制约战略性新兴产业的发展，对国防和经济建设都带来了不利影响；同时，在建与拟建的新材料企业投资达上万亿元，重复建设严重，可能会造成很大浪费[②]。得知这一情况后，师老立即向中央领导建议，在中国科学院、中国工程院成立"新材料重大专项咨询委员会"，组织专家学者对这一问题进行详细研究、认真谋划，从而提出专业、严谨的政策建议。当年6月，在咨询课题筹备过程中，从美国传来了"材料基因组计划"的消息，这位老科学家敏锐地意识到该计划的实施将为材料科学和产业带来新的变革。于是，他决定在原有的结构材料（由中国科学院李依依院士主持）和功能材料（由中国工程院屠海令院士主持）两部分之外，在咨询课题中加入"材料基因组计划"子课题，并推荐王崇愚院士和中国工程院院士、中国科学院物理研究所陈立泉研究员负责，对这一问题进行严谨追踪和详细评估，同时建议以此为话题召开一次香山科学会议。

2011年12月21—23日香山科学会议以"材料科学系统工程"为主题在北京召开第S14次学术讨论会，邀请师昌绪先生和徐匡迪先生为会议名誉主席，来自国内外40多个相关单位的79位专家学者应邀参加了会议。大会设立计算方法发展及计算模拟软件的自主开发与整合、材料基因组快速测试平台、材料基因组数据库、重点材料的选取与示范性突破研究等4个中心议题。陈立泉院士与谢佑卿教授分别做了题为《材料基因组计划》和《未来材料科学发展的新思维方式》的主题评述报告。

与会专家们首先肯定了建立材料的成分-组织-性能之间的定量关系是实现材料设计和生产从传统经验式的方法向科学化方法转变的关键，认为我国先进材料产业已获得迅速发展，但是很多关键技术和材料受制于人，缺乏自主知识产权，创新体系不完善，综合竞争力不强；材料研究多以跟踪为主，虽然有不少技术和工艺上的创新，但是工程化不够、系统性不强。因此，结合我国现实启动"材料科学系统工程"相关研究很有必要。

专家们认为，现阶段应当从以下方面入手：一是建立几个集理论计算平台、数据库

---

① 中国工程院. "材料基因组计划"座谈会会议纪要. 中国工程院资料，2011.
② 汪洪，向勇，项晓东，等. 材料基因组：材料研发新模式. 科技导报，2015，33（10）：13-19.

平台和测试平台三位一体的"材料科学系统工程中心";二是选择几项国家急需的、战略需要的、国内有良好基础的结构材料和功能材料作为示范突破;三是成立一个包括政府机构、科学家和产业代表在内的指导协调委员会,全面协调从材料基础研究、软件开发、数据库建立、测试平台直至产业化的一系列工作。[①]

3. 呼唤中国版"材料基因组计划"

2012 年 6 月,"材料产业体系建设"课题组完成了咨询研究报告,明确肯定了"材料基因组计划"对我国新材料产业未来发展的重要意义,同时建议成立"国家新材料指导协调委员会",将组织实施中国版"材料基因组计划"纳入该委员会的工作范围之内。

对于中国版"材料基因组计划",课题组设想以美国"材料基因组计划"作为参考,为我国科学家和工程师开发新材料创造一个新的国家基础——通过建立材料与工程集成化计算能力,加速新材料研发和应用速度,实现我国先进材料事业的发展和产业化,创造一个材料创新的新时代。这一基础与工程相结合,将有效地服务于工业领域,大大提升我国的国家创新能力和国际竞争力。

对于材料研发周期过长的现状,课题组认为首先是由于长期依赖于科学直觉和不断的实验尝试法,材料设计、制备和检测大多数要通过耗时的反复实验,而这些实验当今可以通过强有力的计算方法虚拟实现;同时,从提出概念到市场开发要经过漫长的阶段,延迟了先进材料的开发速度;再者是科学家模型化材料行为和发明新材料的能力受基础物理化学知识的限制。

因此,想要更快地推进先进材料的开发,材料界就必须坚持持续开放创新,转变研究模式,加速建立强大的建模和有效算法,并与实验及数据挖掘相结合,实现材料行为模型化,同时改进数据分享系统,建立集成设计工程化体系。终极目标则是以复杂先进的数学模型和计算模拟为基础最终代替长时耗费的经验研究模式。具体地说,一是要实现集成化模拟计算,二是要建立实验平台与进行建模计算,三是要建立数据库。我国应着手建立全方位的材料科学数据,依据理论计算,结合先进搜索技术和相关信息挖掘算法,设计出具有材料设计功能的数据库系统。应建立起国家科学数据库平台,通过整合现有的数据库资源,建立具有统一标准、严格规范的数据库。探索高效的数据存储和数据传输技术,提高数据库的可移植性,致力于数据库的网络化建设,实现从网络搜索向智力搜索和智慧搜索过渡,提高数据的传输效率和建模功能。

在发展方向上,课题组建议将能源材料、纳米电子学材料、先进复合材料、高强高温合金及其轻质化、先进生物医用材料以及纳米碳材料等六项作为先进材料发展的重点。

咨询研究报告同时指出,中国科技工作者已经在与"材料基因组计划"相关的五大领域取得了相应的进展。第一是在计算材料方面基本具备集成第一原理、热力学及动力学和多尺度跨层次计算能力以及与先进实验和数据库相结合的集成化计算体系,可用以服务先进材料设计及性能预测。第二是已基本实现计算各类复合材料、多晶材料的基本物理性能以及多场耦合性能,实现材料宏观物性设计。第三是正在开发基于人工智能方

① 杨炳忻. 香山科学会议第 415—419 和 S14 次学术讨论会简述. 中国基础科学,2012,14(3):35-42.

法发掘实验数据中所隐含的规律及信息，校正计算方法的精度，可使第一原理计算精度接近工程设计所需要的精度。第四是正在开发下一代电子器件设计自动化软件，实现从第一原理到新兴电子器件设计的多尺度方法。第五是基本已实现在石墨烯纳米带上构建电子器件建模设计，为纳米电子学、自旋电子学、热电子材料及能源材料提供了相关设计基础。因此，我国已具备开展中国版"材料基因组计划"的学术基础。

二、中国"材料基因工程"项目的诞生

1. 中国工程院"材料基因组计划"咨询项目

在 S14 次香山科学会议举办一年后，2012 年 12 月初中国工程院再次召开以"高通量组合材料制备与表征平台技术"为主题的专题研讨会，与会专家就建立以第三代同步辐射光源与组合材料芯片有机结合的原位表征为特征的大科学平台，建立多学科专家组协同创新机制，进一步发展和完善组合材料芯片平台技术等问题达成了共识。

2012 年 12 月 21 日，中国工程院"材料科学系统工程发展战略研究——中国版材料基因组计划"咨询项目正式启动，项目组由中国工程院、中国科学院院士以及材料界相关专家组成，徐匡迪、师昌绪、顾秉林、干勇和朱道本院士任总顾问，陈立泉、屠海令、雷清泉、崔俊芝和杜善义院士为项目组组长。该项目的主要目的是通过咨询研究，提出尽快启动我国材料大科学工程的咨询意见。该项目分为"三大平台组"——高通量计算平台、材料数据库平台和高通量合成测试平台，以及"六大材料组"——金属材料、清洁能源材料与节能环境材料、有机高分子与复合材料、无机多功能材料、低维材料以及生物医用材料。①

2013 年 6 月，中国工程院以"院士建议"的形式向国务院提交了《建设材料基因组计划三大平台的紧急建议》，建议抓紧建设三大平台，搞好"材料基因组计划"基础设施。2014 年 10 月，中国工程院向国务院提交了中国版"材料基因组计划"的咨询与建议报告。

2. 中国科学院"材料基因组"咨询项目

2012 年，在中国工程院筹备"材料基因组计划"咨询项目的同时，中国科学院也在准备相关课题。2013 年 1 月中国科学院学部设立"材料基因组"咨询项目，由清华大学王崇愚、南策文两位院士负责。

2013 年 3 月 14 日，"材料基因组"咨询项目启动会暨"材料基因组"学术报告会在北京举行。本次会议以"材料基因组"咨询项目立项和对新材料发展建议为主题，以具体"目标材料"和"材料基因组"科学内涵为中心内容，师昌绪、徐匡迪、陈难先、崔俊芝、干勇、葛昌纯、顾秉林、江东亮、黎乐民、南策文、屠海令、王崇愚、王鼎盛、王海舟、徐惠彬、薛其坤、杨裕生、叶恒强、张统一、张兴栋、周廉、朱静、祝世宁等 23 位两院院士，近 100 位知名专家参加了会议。2014 年 7 月，课题组完成了题为《实施材料基因组计划，推进我国高端制造业发展》的咨询建议报告。次年 2 月，中国科学

① 中国工程院.《材料科学系统工程发展战略研究——中国版材料基因组计划》重大项目启动会会议纪要. 中国工程院资料, 2012.

院向国务院提交了这一报告。

这份报告首先指出，我国先进材料的研发、产业技术水平与发达国家仍有较大差距。国家急需的航空发动机叶片材料、核能材料、稀土磁性材料、催化材料、能源材料、光电材料、生物材料以及电子材料等方面或处于长期研发尚待突破性进展状态，或处于正在努力创新中或处于受限于国外技术封锁必须自主研发，且大多材料处于较少创新的跟踪模仿状态。造成这一现状的关键问题在于我国材料研发基础和实力相对薄弱，材料研发长期处于学科离散单一模拟的经验尝试或传统试错模式，缺乏或尚未建立快速、低耗、创新研发先进材料的科技基础。

针对这些问题，课题组提出用五角星形式的概念图表示中国材料创新基础及其科学内涵（图2）。

图 2　中国版"材料基因组计划"概念图

中国版"材料基因组计划"中的材料创新基础包括以下五个方面。

（1）建设高通量自动流程集成计算材料预测系统。

（2）发展高通量组合材料实验方法和技术。

（3）建立统一规划的材料数据库与材料数据科学。

（4）发展微观结构实验及表征分析技术：①微观结构实验及表征技术；②高通量原位统计分布分析表征技术；③材料中局域原子序与同步辐射实验。

（5）创新发展材料基因组算法与开发自主产权软件。

在这一基础上，课题组建议在航空发动机叶片材料、核能与极端条件下材料、稀土材料、光电材料、能源材料、生物材料、催化材料、高强高韧合金、先进量子材料及前沿材料等领域基于材料基因组变革研发模式的理念及科学内涵，预测并重点发展这类关系国家重大需求、国家安全以及具有重大突破意义的高端制造业关键材料。

最后，报告还提出了相应的政策建议：一是尽快实施我国的"材料基因组计划与高端制造业先进材料"研究专项计划，加快政-学-研-企材料研发模式的变革。二是基于"协同创新与知识集成"的理念建设材料创新基础，推动材料创新基础五大方面的全面建设。三是加强人才培养和人才队伍建设，根据"材料基因组计划"的科学内涵开设相关课程，培养创新型人才。

3. 国家重点专项"材料基因工程"正式设立

两院咨询报告很快引起了中央有关部门的重视。经中央批示，科技部在 2015 年设立了"材料基因工程关键技术与支撑平台"项目（简称确定为"材料基因工程"），并纳入"十三五"优先启动的 36 项国家重点研发计划（即"重点专项"），由中国工程院院士、北京科技大学谢建新教授任专家组组长。计划由国家财政投入 8 亿余元，地方财政和相关单位投入约 7 亿元。

该专项的主要任务是：第一，建设高通量计算平台、高通量合成与表征评价平台以及材料基因工程专用数据库平台作为示范平台；第二，在材料高通量计算方法、高通量制备技术、高通量表征与服役评价技术以及面向材料基因工程的材料大数据技术等四大关键技术方面取得重大进展；第三，在能源材料、生物医用材料、稀土功能材料、催化材料和特种合金材料等五类材料中应用材料基因工程方法开展研发示范。

专项共设置多尺度集成化高通量计算方法与软件、高通量材料制备技术、高通量表征与服役行为评价技术、面向材料基因工程的材料大数据技术、能源材料、生物医用材料、稀土功能材料、催化材料、特种合金材料、高通量计算平台、高通量合成与表征评价平台、材料基因工程专用数据库平台和材料基因工程关键技术前沿探索研究等方向，每个方向上设置 2—6 项任务，共计 40 项。

三、中国"材料基因工程"的初步发展

"材料基因工程"的诞生，得益于不同学科、不同领域的专家学者跨学科、跨单位的协作；而"材料基因工程"的发展，更离不开交叉学科的交流与协作。

1. 研究机构建设

上海大学材料基因组工程研究院是国内最早以"材料基因组"命名的专业研究机构。该研究院酝酿于 2012 年初，在徐匡迪院士的鼓励和推动下，于 2012 年 5 月举办了国内首个"材料基因组工程"专题学术论坛。2014 年 7 月，上海大学材料基因组工程研究院正式成立，中国科学院张统一院士被聘为院长，徐匡迪院士任名誉院长。研究院下设计算材料科学中心、材料科学数据库中心、材料表征科学与技术研究所、智能材料及应用技术研究所、先进能源材料研究开发中心等单位，在结构材料、能源材料、智能与功能材料等若干研究方向形成了有特色的研究基地，并在上海市政府领导下，作为牵头单位协同复旦大学、华东理工大学、上海交通大学、上海材料研究所、中国科学院上海硅酸盐研究所、中国科学院上海应用物理研究所（上海光源）等单位承担上海大学材料基因组工程研究院的建设任务。

2015 年 5 月，北京科技大学材料基因工程实验室通过北京市重点实验室认证。该实

验室计划瞄准北京市重点行业材料领域中急需解决的关键共性问题，依照材料基因工程的核心思路，系统性地开展材料高通量计算与集成设计技术研究、高通量材料制备与快速表征技术研究、材料基因组数据分析与挖掘技术研究，并将三者融为一体，建设先进材料一体化设计研发创新平台。北京科技大学新材料技术研究院乔利杰教授担任实验室主任，第一届学术委员会主任由王崇愚院士担任，陈立泉院士、张统一院士和美国宾夕法尼亚州立大学陈龙庆教授担任副主任[①]。

与此同时，中国科学院物理研究所也开始规划依托怀柔科学城建设国家级的材料基因组研究平台，其建设内容主要包括材料计算与数据处理平台、高通量材料合成与表征平台、高通量技术研发能力保障平台等。项目建设目标为将建成我国首个、世界上规模最大、手段最齐全先进的材料基因组研究平台，并将以我国基础较好的拓扑、超导等量子材料、高性能合金材料等为突破口，加快产出原创性的基础研究成果。实现双精度浮点运算大于 200 万亿次、数据存储大于 3PB 的高通量材料计算与数据处理能力；具备同时探索不同材料体系数大于 30 个、组分优化数量大于 1000 种的多种材料高通量筛选与制备能力；同时建立加工精度优于 0.001 毫米、加工部件尺寸大于 5 米、最多支持 64 个通道的高通量技术研发平台，不断开发适合各类材料的新型高通量技术。项目总投资约 5 亿元，建筑面积约 40 000 平方米。2017 年 5 月，该平台正式动工，2020 年 10 月建成启用。

此外，中国科学院物理研究所在 2016 年 1 月牵头组织成立了"北京材料基因工程创新联盟"。该联盟计划围绕"开展材料基因组研究，加速新材料的研发过程，最终将开发周期和成本降低一半；以及发展急需的新材料，为建立和完善新材料产业体系、振兴制造业做出贡献，支撑创新驱动发展战略的实施"全面展开工作。其工作目标在于：一是完成联盟平台建设，革新材料领域的研发模式；二是以平台建设为主，同时展示具有代表性的亮点材料及应用；三是示范性地展示全新的材料研发与应用模式，确立在此领域的国内带头作用；四是在若干关键材料的研发方面取得突破性进展，带动新兴产业的出现及国内产业结构的变革[②]。

2017 年 10 月，由北京科技大学牵头，中国科学院物理研究所、北京信息科技大学、中国钢研科技集团有限公司合作共建的"北京材料基因工程高精尖创新中心"成立[③]。"创新联盟"与"创新中心"的建立，标志着北京地区在"材料基因工程"领域的跨学科交叉与跨单位协作达到了新的高度。此外，全国其他一些省市也依托本地在高等院校、科研院所、高科技企业等领域的优势资源，积极建设区域性的"材料基因工程"研究机构，如浙江宁波依托中国科学院宁波材料技术与工程研究所、宁波大学等成立的宁波国际材料基因工程研究院，广东东莞依托中国散裂中子源大科学装置建设的东莞材料基因高等理工研究院，云南省与云南大学共建的云南大学材料基因工程研究中心等。

---

① 北京科技大学材料基因工程北京市重点实验室. 实验室概况. http://mgekeylab.ustb.edu.cn/shiyanshigaikuo/shiyanshijianjie/[2019-09-01].

② 中华人民共和国科学技术部. 北京材料基因工程创新联盟成立. http://www.most.gov.cn/dfkj/bj/zxdt/201602/t20160219_124160.htm[2019-10-01].

③ 北京科技大学新闻网. "北京材料基因工程高精尖创新中心"正式获批成立. http://news.ustb.edu.cn/xinwendaodu/2017-10-24/66751.html[2019-10-01].

2. 学术交流与初步成果

2013 年第 35 期《科学通报》专门组织国内外专家对材料计算模拟、高通量实验和数据库建设及管理等涉及 "材料基因组计划" 基本问题的三大方向进行了探讨。次年，第 10 期《科学通报》则以 "'材料基因组'计算模拟应用" 为主题，刊登了基于 "材料基因组" 理念的计算模拟在工业生产中应用的四篇论文，以及探讨热力学数据库建设和讨论应用第一性原理计算材料力学性能的论文各一篇，成为国内最早以专题形式介绍 "材料基因组计划" 以及中国学者在该领域研究进展的期刊。

自 2017 年起，中国工程院化工冶金与材料工程学部、工业和信息化部产业发展促进中心以及中国材料研究学会共同发起 "材料基因工程高层论坛"。首次论坛于当年 11 月在广州召开，共设置 "高通量材料计算与设计" "高通量材料制备与表征" "材料服役与失效行为" "材料信息技术" 四个分论坛，近 400 名专家参加，其中包括 30 位两院院士，占到了材料领域院士的近半数。第二届论坛于 2018 年 10 月在北京举行，围绕材料高通量计算与设计、材料高通量制备与表征、材料服役与失效行为高效评价、材料数据库与大数据技术、材料基因工程技术应用等五大主题展开讨论，参与的两院院士数量达到 39 位。第三届论坛于 2019 年 11 月在云南昆明召开。

伴随着 "材料基因工程" 在国内的蓬勃展开，一批应用 "材料基因工程" 方法的新材料研究已经获得了初步进展。例如，清华大学王崇愚研究组在计算材料学领域开展多尺度力匹配算法与高温合金研究，中国科学院物理研究所陈立泉研究组应用高通量计算筛选锂电池材料，北京科技大学开发新型钴基高温合金材料、高铁高性能刹车片材料以及发展材料腐蚀大数据与软件等。而中国科学院物理研究所柳延辉、汪卫华研究组采用 "材料基因工程" 概念开发了独特的高通量实验方法，在高性能非晶合金的成分设计和探索中取得了突破，实现了非晶合金的快速筛选，研制出高温高强非晶合金材料新体系，实现非晶合金新材料的高效探索，该成果入选 "2019 年度中国科学十大进展"。

四、小结

在 1995 年 5 月召开的全国科学技术大会上，中国科学院院长周光召院士在报告中提到，"按照人们的需要或意愿，设计并制造所需要的材料，很早就是梦寐以求的事"[①]。今天 "材料基因工程" 所进行的工作，最终目的和最高目标就是按需设计新材料，使材料研发由 "必然王国" 走向 "自由王国"。尽管 "材料基因组计划" 最早由美国提出并实施，但中国的 "材料基因工程" 并非对外国的简单模仿。中国科学家在此之前已经对 "材料基因" "材料科学系统工程" 等概念进行了探讨，在第一性原理计算与方法、高通量计算与实验、材料数据共享与应用等领域取得了自己的进展，使 "材料基因工程" 在中国得以水到渠成。他们根据中国科技与社会发展的现实情况，除在美国提出的高通量计算、高通量实验和数据科学之外，又重点关注研发自主化的微观实验方法和算法软件，以提高我国 "材料基因工程" 的自主性和在国际中的发言权；在示范材料选择上，也重点关

---

① 周光召. 迈向科技大发展的新世纪//朱丽兰. 全国科学技术大会文献汇编(上). 北京:科学技术文献出版社，1995：94.

注能源材料、生物医用材料、稀土功能材料、催化材料和特种合金材料等与国家安全、产业发展和人民福祉密切相关且亟待发展的领域。同时，中国科技界以兼收并包的态度发展"材料基因工程"，积极建设跨学科、跨单位研究平台，积极加强地区间和国内外学术交流，不仅带动相关研究和产业的发展，也推动着面向新时代的学科交流与交叉。可以预见，随着"材料基因工程"的不断进展，新时代的材料科学与材料产业必将取得新的、更大的进步，更好地服务国民经济和国家安全。

主要参考文献

埃米里奥·赛格雷. 从 X 射线到夸克——近代物理学家和他们的发现. 上海：上海科学技术文献出版社，1984.

安徽省电力工业志编纂委员会. 安徽省电力工业志. 北京：当代中国出版社，1995.

奥·鲍·鲍里索夫，鲍·特·科洛斯科夫. 苏中关系（1945—1980）. 肖东川，谭实译. 北京：生活·读书·新知三联书店，1982.

白春礼. 20 世纪中国知名科学家学术成就概览·化学卷·第四分册. 北京：科学出版社，2014.

白春礼. 纳米科技现在与未来. 成都：四川教育出版社，2001.

白春礼. 中国科技的创造与进步. 北京：外文出版社，2018.

薄一波. 若干重大决策与事件的回顾. 上卷. 北京：中共党史出版社，2008.

北京化工学院化工史编写组. 化学工业发展简史. 北京：科学技术文献出版社，1985.

别敦荣，杨德广. 中国高等教育发展改革与发展 30 年. 上海：上海教育出版社，2009.

曹月华，赵士洞. 世界环境与生态系统监测和研究网络. 北京：科学出版社，1997.

陈大白. 北京高等教育文献资料选编：1949 年～1976 年. 北京：首都师范大学出版社，2002.

陈佳洱. 20 世纪中国知名科学家学术成就概览·物理学卷·第二分册. 北京：科学出版社，2014.

陈佳洱. 20 世纪中国知名科学家学术成就概览·物理学卷·第三分册. 北京：科学出版社，2015.

陈建新，赵玉林，关前. 当代中国科学技术发展史. 武汉：湖北教育出版社，1994.

陈强教授课题组. 主要发达国家的国际科技合作研究. 北京：清华大学出版社，2015.

陈夕. 中国共产党与 156 项工程. 北京：中共党史出版社，2015.

陈歆文，周嘉华. 永利与黄海：近代中国化工的典范. 济南：山东教育出版社，2006.

陈旭，贺美英，张再兴. 清华大学志：1911—2010. 第 1 卷. 北京：清华大学出版社，2018.

陈正洪，杨桂芳. 胸怀大气——陶诗言传. 北京：中国科学技术出版社，2014.

陈正洪. 当代中国中长期科技规划：历史与理念研究. 北京：气象出版社，2015.

陈遵妫. 中国天文学史（下）. 上海：上海人民出版社，2016.

程开甲口述，熊杏林，程漱玉，王莹莹访问整理. 创新·拼搏·奉献——程开甲口述自传. 长沙：湖南教育出版社，2016.

崔丕. 美国的冷战战略与巴黎统筹委员会、中国委员会. 北京：中华书局，2005.

戴庆忠. 电机史话. 北京：清华大学出版社，2016.

单文钧. 金属内耗研究大师：著名爱国物理学家葛庭燧. 合肥：中国科学技术大学出版社，2007.

《当代中国》丛书编辑部. 当代中国的国防科技事业. 上. 北京：当代中国出版社，1992.

《当代中国》丛书编辑部. 当代中国的海南. 上. 北京：当代中国出版社，1993.

《当代中国》丛书编辑部. 当代中国的海南. 下. 北京：当代中国出版社，1993.

《当代中国》丛书编辑部. 当代中国的航天事业. 北京：中国社会科学出版社，1986.

《当代中国》丛书编辑部. 当代中国的核工业. 北京：中国社会科学出版社，1987.

《当代中国》丛书编辑部. 当代中国的科学技术事业. 北京：当代中国出版社，1991.

《当代中国》丛书编辑部. 中国科学院. 上. 北京：当代中国出版社，1994.

《当代中国》丛书编辑部. 中国科学院. 下. 北京：当代中国出版社，1994.

《当代中国的地质事业》编辑委员会. 当代中国的地质事业. 北京：当代中国出版社，2009.

《当代中国的广西》编辑委员会. 当代中国的广西. 上. 北京：当代中国出版社，2009.

《当代中国的国防科技事业》编辑委员会. 当代中国的国防科技事业. 上册. 北京：当代中国出版社，
    2009.

《当代中国的国防科技事业》编辑委员会. 当代中国的国防科技事业. 上. 北京：当代中国出版社，2009.

《当代中国的化学工业》编辑委员会. 当代中国的化学工业. 北京：当代中国出版社，2009.

《当代中国的基本建设》编辑委员会. 当代中国的基本建设. 上. 北京：当代中国出版社，2009.

《当代中国的科学技术事业》编辑委员会. 当代中国的科学技术事业. 北京：当代中国出版社，2009.

《当代中国的农作物业》编辑委员会. 当代中国的农作物业. 北京：当代中国出版社，2009.

《当代中国的轻工业》编辑委员会. 当代中国的轻工业. 上. 北京：当代中国出版社，2009.

《当代中国的石油化学工业》编辑委员会. 当代中国的石油化学工业. 北京：当代中国出版社，2009.

《当代中国的铁道事业》编辑委员会. 当代中国的铁道事业. 上. 北京：当代中国出版社，2009.

《当代中国的铁道事业》编辑委员会. 当代中国的铁道事业. 下. 北京：当代中国出版社，2009.

《当代中国的有色金属工业》编辑委员会. 当代中国的有色金属工业. 北京：当代中国出版社，2009.

《当代中国的云南》编辑委员会. 当代中国的云南. 上. 北京：当代中国出版社，2009.

《当代中国钢铁工业的科学技术》编辑委员会. 当代中国钢铁工业的科学技术. 北京：冶金工业出版社，
    1987.

党跃武. 院系调整与四川大学. 成都：四川大学出版社，2015.

邓楠. 发展与责任：中国科协50年. 北京：中国科学技术出版社，2008.

邓小平. 邓小平文选. 第2卷. 北京：人民出版社，1994.

邓小平. 邓小平文选. 第3卷. 北京：人民出版社，1993.

第一汽车制造厂史志编纂室. 第一汽车制造厂厂志. 第1卷（上）. 长春：吉林科学技术出版社，1991.

电力规划设计总院. 中国能源发展报告2017. 北京：中国电力出版社，2018.

丁人钊. 无尽的探索——丁大钊传. 南宁：广西科学技术出版社，1990.

丁石孙口述，袁向东，郭金海访问整理. 有话可说——丁石孙访谈录. 长沙：湖南教育出版社，2017.

东北电业志编纂委员会. 东北电力工业志. 北京：当代中国出版社，1995.

董宝良. 中国近现代高等教育史. 武汉：华中科技大学出版社，2007.

董辅礽. 中华人民共和国经济史·上卷. 北京：经济科学出版社，1999.

董光璧. 中国近现代科学技术史. 长沙：湖南教育出版社，1997.

董志凯，吴江. 新中国工业的奠基石：156项建设研究. 广州：广东经济出版社，2004.

杜澄，尚智丛，等. 国家大科学工程研究. 北京：北京理工大学出版社，2011.

恩格斯. 反杜林论. 吴理屏译. 北京：生活·读书·新知三联书店，1938.

恩格斯. 自然辩证法. 北京：人民出版社，1957.

樊洪业. 中国科学院编年史：1949～1999. 上海：上海科技教育出版社，1999.

樊军辉，谢献春，王洪光. 广东天文八十年. 广州：华南理工大学出版社，2012.

方惠坚，张思敬. 清华大学志. 上册. 北京：清华大学出版社，2001.

方晓东，李玉非，毕诚，等. 中华人民共和国教育史纲. 海口：海南出版社，2002.

《方毅传》编写组. 方毅传. 北京：人民出版社，2008.

《方毅文集》编辑组. 方毅文集. 北京：人民出版社，2008.

房广顺，吕明军. 必须注意经济工作 毛泽东的经济观. 北京，中国政法大学出版社，1993.

付邦红. 民国时期的科学计划与计划科学：以中央研究院为中心的考察（1927—1949）. 北京：中国科学技术出版社，2015.

富拉尔基发电总厂志编审委员会. 富拉尔基发电总厂志（1951—1983）. 第一卷. 北京：水利电力出版社，1986.

改革开放以来的教育发展历史性成就和基本经验研究课题组. 改革开放 30 年中国教育重大历史事件. 北京：教育科学出版社，2008.

钢铁研究总院院志编委会. 冶金工业部钢铁研究总院院志·第一卷（1952—1985）. 北京：钢铁研究总院院志编委会，1986.

高等教育部办公厅. 高等教育文献法令汇编. 第 3 辑. 北京：高等教育部办公厅，1956.

《高能物理》编辑部. 基本粒子物理发展史年表. 北京：科学出版社，1985.

高鹏. 中国重大技术装备史话：中国输变电设备制造. 北京：中国电力出版社，2015.

《高速发展的中国化学》编委会. 高速发展的中国化学：1982—2012. 北京：科学出版社，2012.

葛能全. 魂牵心系原子梦：钱三强传. 北京：中国科学技术出版社，2013.

葛能全. 钱三强年谱长编. 北京：科学出版社，2013.

耿志修. 大秦铁路重载运输技术. 北京：中国铁道出版社，2009.

龚育之. 自然辩证法在中国（新编增订本）. 北京：北京大学出版社，2005.

龚祖同. 60 厘米试验天文望远镜专集. 北京：科学出版社，1980.

巩小华. 中国航天决策内幕. 北京：中国文史出版社，2006.

郭金海. 院士制度在中国的创立与重建. 上海：上海交通大学出版社，2014.

郭奕玲. 吴有训文集. 南昌：江西科学技术出版社：2007.

国际科技合作政策与战略研究课题组. 国际科技合作政策与战略. 北京：科学出版社，2009.

国家电力公司水电与能源发展部，《走向世界》系列丛书编委会. 中国水电发展 50 年. 北京：新时代出版社，2000.

国家电网公司. 中国三峡输变电工程·综合卷. 北京：中国电力出版社，2008.

国家计划委员会对外经济贸易司，对外经济贸易部技术进出口司，机械电子工业部技术引进信息交流中心. 中华人民共和国技术引进四十年（1950—1990）. 上海：文汇出版社，1992.

国家计划委员会科学技术司，国家自然科学基金委员会综合计划局. 国家重点实验室十周年文集. 北京：机械工业出版社，1995.

国家技术前瞻研究组. 中国技术前瞻报告——国家技术路线图研究 2006—2007. 北京：科学技术文献出版社，2008.

国家教育委员会科技司. 国家教育委员会所属高等学校科学技术成果选编（1984）. 北京：教育委员会科技司，1984.

国家科学技术委员会. 中国科学技术政策指南（科学技术白皮书第 7 号）. 北京：科学技术文献出版社，1997.

国家统计局. 中国科技统计年鉴（2007）. 北京：中国统计出版社，2008.

国家统计局. 中国统计年鉴 2020. 北京：中国统计出版社，2020.

国家统计局科技统计司. 中国科学技术四十年（统计资料）：1949—1989. 北京：中国统计出版社，1990.

国家统计局社会科技和文化产业统计司，科学技术部战略规划司. 中国科技统计年鉴（2021）. 北京：中国统计出版社，2021.

国家自然科学基金委员会，中国科学院. 未来 10 年中国学科发展战略：纳米科学. 北京：科学出版社，2012.

国家自然科学基金委员会. 国家杰出青年科学基金 20 周年巡礼（1994—2013）. 北京：科学出版社，2014.

国家自然科学基金委员会. 国家自然科学基金重大项目简介 1996—2000. 北京：科学出版社，2001.

国务院法制办公室. 中华人民共和国法规汇编. 第 1 卷. 北京：中国法制出版社，2005.

航天工业部政治部，神剑文学艺术学会航天分会. 航天事业三十年. 北京：宇航出版社，1986.

郝世昌，李亚晨. 留苏教育史稿. 哈尔滨：黑龙江教育出版社，2001.

何东昌. 当代中国教育. 上. 北京：当代中国出版社，1996.

何东昌. 中华人民共和国重要教育文献（1949—1975）. 海口：海南出版社，1998.

何增光. 浙江高等师范教育史. 杭州：杭州出版社，2008.

何长工. 何长工回忆录. 北京：解放军出版社，1987.

何志平，尹恭成，张小梅. 中国科学技术团体. 上海：上海科学普及出版社，1990.

侯祥麟，罗沛霖，师昌绪等口述. 1950 年代归国留美科学家访谈录. 长沙：湖南教育出版社，2013.

胡济民，许良英，汪容，等. 王淦昌和他的科学贡献. 北京：科学出版社，1987.

胡建华. 现代中国大学制度的原点：50 年代初期的大学改革. 南京：南京师范大学出版社，2001.

胡维佳. 中国科技规划、计划与政策研究. 济南：山东教育出版社，2007.

胡维佳. 中国科技政策资料选辑（下）. 济南：山东教育出版社，2006.

胡晓菁. 赤子丹心中华之光——王大珩传. 北京：中国科学技术出版社，2016.

胡宗刚，夏振岱. 中国植物志编纂史. 上海：上海交通大学出版社，2016.

黄华孙. 中国橡胶树育种五十年. 北京：中国农业出版社，2005.

黄晞. 中国近现代电力技术发展史. 济南：山东教育出版社，2006.

江隆基. 北京大学苏联专家谈话报告集. 北京：北京大学出版社，1955.

《江厦潮汐试验电站志》编纂委员会. 江厦潮汐试验电站志 1969—2005. 北京：中国电力出版社，2008.

江泽民. 江泽民文选. 第 1 卷. 北京：人民出版社，2006.

江泽民. 江泽民文选. 第 3 卷. 北京：人民出版社，2006.

江泽民. 论科学技术. 北京：中央文献出版社，2001.

江泽民. 中国能源问题研究. 上海：上海交通大学出版社，2008.

教育部. 邓小平教育理论学习纲要. 北京：北京师范大学出版社，1998.

教育部科学技术司. 中国高等学校科技 50 年. 北京：高等教育出版社，1999.

解放军总装备部政治部. 两弹一星——共和国丰碑. 北京：九州出版社，2001.

金冲及. 二十世纪中国史纲. 第三卷. 北京：社会科学文献出版社，2009.

金冲及主编，中共中央文献研究室编. 周恩来传. 第 3 册. 北京：中央文献出版社，2011.

《金善宝文选》编委会. 金善宝文选. 北京：中国农业出版社，1994.

科学规划委员会. 苏联科学家报告汇编. 北京：科学规划委员会，1956.

科学技术部，中共中央文献研究室. 邓小平科技思想年谱（1965—1994）. 北京：中央文献出版社，2004.

科学时报社. 请历史记住他们——中国科学家与"两弹一星". 广州：暨南大学出版社，1999.

冷溶，汪作玲. 邓小平年谱：1975—1997. 上册. 北京：中央文献出版社，2004.

黎润红. 523 任务与青蒿素研发访谈录. 长沙：湖南教育出版社，2015.

李安增，李先明. 中华人民共和国史纲. 济南：山东人民出版社，2011.

李斌. "向苏联老大哥学习"运动纪实. 北京：东方出版社，2014.

李成智. 中国航天技术发展史稿（上）. 济南：山东教育出版社，2006.

李成智. 中国航天科技创新. 济南：山东教育出版社，2015.

李大耀. 中国探空火箭 40 年. 北京：宇航出版社，1998.

李国钧，王炳照. 中国教育制度通史. 第 8 卷. 济南：山东教育出版社，1999.

李健，黄开亮. 中国机械工业技术发展史. 北京：机械工业出版社，2001.

李岚清. 李岚清教育访谈录. 北京：人民教育出版社，2003.

李丽莉. 我国科技人才政策演进研究. 长春：吉林人民出版社，2016.

李佩珊，孟庆哲，黄青禾，等. 百家争鸣——发展科学的必由之路：1956 年 8 月青岛遗传学座谈会纪实. 北京：商务印书馆，1985.

李鹏. 李鹏论三峡工程. 北京：中国三峡出版社，中央文献出版社，2011.

李鹏. 众志绘宏图：李鹏三峡日记. 北京：中国三峡出版社，2003.

李锐. 李锐文集 4：大跃进亲历记（上下）. 香港：香港社会科学教育出版有限公司，2001.

李锐. 李锐文集 8：出访日记、我心中的人物. 香港：香港社会科学教育出版有限公司，2001.

李滔. 中华留学教育史录：1949 年以后. 北京：高等教育出版社，2000.

李文华，赵景柱. 生态学研究回顾与展望. 北京：气象出版社，2004.

李迅. 共和国的脊梁："两弹一星"功勋谱. 哈尔滨：黑龙江教育出版社，2000.

李艳平，康静，尹晓冬. 硅芯筑梦：王守武传. 北京：中国科学技术出版社，2015.

李颐黎. 航天技术先锋：北京空间机电研究所火箭和航天器技术的发展与成就. 北京：北京理工大学出版，2018.

李哲. 从"大胆吸收"到"创新驱动"——中国科技政策的演化. 北京：科学技术文献出版社，2017.

李振声口述，温谨访问整理. 农业科技"黄淮海战役". 长沙：湖南教育出版社，2012.

理查德·P. 萨特米尔. 科研与革命——中国科技政策与社会变革. 袁南生，刘戟峰，戴青海，等译. 长沙：国防科技大学出版社，1989.

梁清海，文兴吾，林子卿. 当代中国科学技术总览. 北京：中国科学技术出版社，1992.

《梁希文集》编辑组. 梁希文集. 北京：中国林业出版社，1983.

辽宁省科技志编委办公室. 辽宁科学技术大事记. 沈阳：辽宁省科技志编委办公室，1987.

林志坚. 新中国要事述评. 北京：中共党史出版社，1994.

凌鸿勋. 中国铁路志. 台北：世界书局，1963.

刘冰. 杂交水稻技术在东南亚地区推广的研究. 长沙：湖南农业大学，2007.

刘戟锋，刘艳琼，谢海燕. 两弹一星工程与大科学. 济南：山东教育出版社，2004.

刘纪原. 航天技术与现代化. 北京：宇航出版社，1991.

刘济美. 为了中国——中国首架新型支线客机研发纪实. 北京：中国经济出版社，2009.

刘经勇，等. 陈德仁院士传记. 北京：中国宇航出版社，2016.

刘九如，唐静. 行有则知无涯：罗沛霖传. 上海：上海交通大学出版社，2013.

刘深，郝红全. 师昌绪传. 北京：人民出版社，2018.

刘向东. 邓小平对外开放理论的实践. 北京：中国对外经济贸易出版社，2001.

陆三育，陈国泰. 中国星火计划的理论与实践. 西安：西安交通大学出版社，2001.

路甬祥. 向科学进军：一段不能忘怀的历史. 北京：科学出版社，2009.

罗桂环. 近代西方识华生物史. 济南：山东教育出版社，2005.

罗桂环，李昂，付雷，等. 中国生物学史·近现代卷. 南宁：广西教育出版社，2018.

罗来勇. 哈军工魂：中国国防科技人才培养纪实. 北京：中共中央党校出版社，1995.

罗平汉. 1958—1962 年的中国知识界. 北京：中共中央党校出版社，2008.

马京生. 共和国科学拓荒者传记系列：陈芳允传. 北京：中国青年出版社，2016.

马鹏起，窦学宏. 中国稀土强国之梦. 北京：冶金工业出版社，2017.

毛礼锐，沈灌群. 中国教育通史. 第 6 卷. 济南：山东教育出版社，1989.

毛泽东. 毛泽东选集. 第 4 卷. 北京：人民出版社，2008.

毛泽东. 毛泽东选集. 第 5 卷. 北京：人民出版社，1977.

莫伸. 乌金通道——大秦铁路建设工程纪实. 南宁：广西科学技术出版社，1995.

南京市地方志编纂委员会. 南京市志·工业. 北京：方志出版社，2010.

倪嘉缵，洪广言. 中国科学院稀土研究五十年. 北京：科学出版社，2005.

倪维斗. 困局与突破——倪维斗院士谈能源战略. 上海：上海辞书出版社，2012.

聂力. 山高水长：回忆父亲聂荣臻. 上海：上海文艺出版社，2006.

聂荣臻. 聂荣臻回忆录. 北京：解放军出版社，2007.

聂荣臻. 聂荣臻科技文选. 北京：国防工业出版社，1999.

聂荣臻. 聂荣臻元帅回忆录. 北京：解放军出版社，2005.

农业部科学技术委员会，农业部科学技术司. 中国农业科技工作四十年. 北京：中国科学技术出版社，
　　1989.

农业部农田水利局. 水利运动十年 1949—1959. 北京：农业出版社，1960.

欧阳淞，高永中. 改革开放口述史. 北京：中国人民大学出版社，2014.

潘承洞，潘承彪. 哥德巴赫猜想. 北京：科学出版社，1981.

潘琦，梁定伟. 邓小平科学技术思想研究. 南宁：广西科学技术出版社，1992.

彭亚新主编，中共四川省委党史研究室编. 中共中央南方局的文化工作. 北京：中共党史出版社，2009.

祁型雨. 利益表达与整合——教育政策的决策模式研究. 北京：人民出版社，2006.

钱保功，王洛礼，王霞瑜. 高分子科学技术发展简史. 北京：科学出版社，1994.

钱三强. 钱三强文选. 杭州：浙江科学技术出版社，1994.

秦山核电有限公司. 秦山核电有限公司志. 北京：原子能出版社，2011.

《青藏铁路》编写委员会. 青藏铁路（勘察设计卷）. 北京：中国铁道出版社，2012.

《青藏铁路》编写委员会. 青藏铁路（科学技术卷·多年冻土篇）. 北京：中国铁道出版社，2016.

《青藏铁路》编写委员会. 青藏铁路（科学技术卷·装备篇）. 北京：中国铁道出版社，2012.

《青藏铁路》编写委员会. 青藏铁路（综合卷）. 北京：中国铁道出版社，2012.

青藏铁路施工新技术编委会. 青藏铁路施工新技术. 兰州：甘肃科学技术出版社，2007.

清华大学校史研究室. 清华大学史料选编. 第 5 卷上. 北京：清华大学出版社，2005.

清华大学校史研究室. 清华大学史料选编. 第 6 卷. 第 1 分册. 北京：清华大学出版社，2007.

邱希亮. 哈尔滨电机厂技术发展历程. 北京：中国电力出版社，2014.

曲安京. 中国近现代科技奖励制度. 济南：山东教育出版社，2005.

全国人大常委会办公厅，中共中央文献研究室. 人民代表大会制度重要文献选编（一）. 北京：中国民主法制出版社，2015.

全国政协暨北京、上海、天津、福建政协文史资料委员会. 建国初期留学生归国纪事. 北京：中国文史出版社，1999.

任纪舜. 我的回忆——黄汲清回忆录摘抄. 北京：地质出版社，2004.

汝鹏. 科技专家与科技决策："863" 计划决策中的科技专家影响力. 北京：清华大学出版社，2012.

《上海航天志》编纂委员会. 上海航天志. 上海：上海社会科学院出版社，1997.

沈其益. 科教耕耘七十年——沈其益回忆录. 北京：中国农业大学出版社，1998.

沈善炯述，熊卫民整理. 沈善炯自述. 长沙：湖南教育出版社，2009.

沈志华. 俄罗斯解密档案选编：中苏关系. 第 1 卷. 上海：东方出版中心，2014.

沈志华. 俄罗斯解密档案选编：中苏关系. 第 2 卷. 上海：东方出版中心，2014.

沈志华. 俄罗斯解密档案选编：中苏关系. 第 3 卷. 上海：东方出版中心，2014.

沈志华. 俄罗斯解密档案选编：中苏关系. 第 4 卷. 上海：东方出版中心，2014.

沈志华. 苏联专家在中国（1948—1960）. 北京：新华出版社，2009.

师昌绪，陆达，荣科. 中国高温合金 40 年. 北京：中国科学技术出版社，1996.

师哲口述，李海文著. 在历史巨人身边——师哲回忆录. 北京：九州出版社，2015.

施立卓. 航天元勋王希季. 北京：民族出版社，2004.

石磊，王春河，张宏显，等. 钱学森的航天岁月. 北京：中国宇航出版社，2012.

石元春. 战役记：纪念黄淮海科技战役 40 周年. 北京：中国农业大学出版社，2013.

宋建波，刘宏，王文俊，等. 天眼傲苍穹——中国大射电望远镜贵州选址记. 北京：地质出版社，2016.

宋健. "两弹一星" 元勋传（上）. 北京：清华大学出版社，2001.

宋健. 钱学森科学贡献暨学术思想研讨会论文集. 北京：中国科学技术出版社，2001.

宋振能. 中国科学院院史拾零. 北京：科学出版社，2011.

孙鸿烈. 中国自然资源综合科学考察与研究. 北京：商务印书馆，2007.

孙礼鹏，周日新. 大飞机风云. 北京：北京航空航天大学出版社，2008.

孙卫涛，刘俊丽. 林家翘传. 南京：江苏人民出版社，2013.

孙永福，王粤. 中国南南合作发展战略. 北京：中国对外经济贸易出版社，2002.

谈家桢，赵功民. 中国遗传学史. 上海：上海科技教育出版社，2002.

谭邦治. 任新民院士传记. 北京：中国宇航出版社，2014.

铁道部大秦铁路建设办公室. 大秦铁路. 北京：中国铁道出版社，1995.

铁道部档案史志中心. 新中国铁路五十年. 北京：中国铁道出版社，1999.

铁道部第五工程局新线铁路运输处史志编纂委员会. 新线铁路运输处志 1950—1999. 贵阳：贵州人民
　　出版社，2002.

王兵，崔向慧，包永红，等. 生态系统长期观测与研究网络. 北京：中国科学技术出版社，2003.

王大洲. 技术创新与制度结构. 沈阳：东北大学出版社，2001.

王道龙，辛晓平. 北方草地及农牧交错区生态-生产功能分析与区划. 北京：中国农业科学技术出版社，
　　2011.

王绶琯，刘振兴. 20 世纪中国学术大典·天文学、空间科学. 福州：福建教育出版社，2003.

王维翰. 难忘的运 10：中国第一架大型喷气客机研制纪实. 上海：上海文化出版社，2013.

王希季. 20 世纪中国航天器技术的进展. 北京：宇航出版社，2002.

王扬宗，曹效业. 中国科学院院属单位简史. 第 1 卷. 上册. 北京：科学出版社，2010.

王扬宗，曹效业. 中国科学院院属单位简史. 第 2 卷. 下册. 北京：科学出版社，2010.

王阳元，王永文. 我国集成电路产业发展之路——从消费大国走向产业强国. 北京：科学出版社，2008.

王贻芳. 探索宇宙"隐形人"：大亚湾反应堆中微子实验. 杭州：浙江教育出版社，2019.

王元. 华罗庚. 修订版. 南昌：江西教育出版社，1999.

王元口述，李文林，杨静访问整理. 我的数学生活：王元访谈录. 北京：科学出版社，2020.

吴波尔，叶凡，穆恭谦，等. 解放第一生产力：中国科技体制改革. 桂林：广西师范大学出版社，1998.

吴凤鸣. 大地构造学发展简史史料汇编. 北京：石油工业出版社，2011.

吴冷西. 吴冷西回忆录之一：新的探索和整风反右. 北京：中央文献出版社，2016.

吴文俊口述，邓若鸿，吴天骄访问整理. 走自己的路——吴文俊口述自传. 长沙：湖南教育出版社，2015.

吴艳，等编译. 中苏两国科学院科学合作资料选辑. 济南：山东教育出版社，2008.

吴贻康，王绍祺. 当代中国国际科技合作史. 北京：中国科技部国际科技合作司，1999.

武衡. 东北区科学技术发展史资料：解放战争时期和建国初期·科研管理卷. 北京：中国学术出版社，
　　1986.

武衡. 东北区科学技术发展史资料：解放战争时期和建国初期·综合卷. 北京：中国学术出版社，1984.

武衡. 服务与求索. 北京：科技文献出版社，1994.

武衡. 科技战线五十年. 北京：科学技术文献出版社，1992.

武力. 改革开放 40 年：历程与经验. 北京：当代中国出版社，2020.

西宁铁路局. 宝成铁路（修建记）. 北京：人民铁道出版社，1960.

奚启新. 朱光亚传. 北京：中国青年出版社，2017.

习近平. 为建设世界科技强国而奋斗——在全国科技创新大会、两院院士大会、中国科协第九次全国
　　代表大会上的讲话. 北京：人民出版社，2016.

夏湘蓉，王根元. 中国地质学会史. 北京：地质出版社，1982.

谢家麟. 没有终点的旅程. 北京：科学出版社，2008.

《新安江水电站志》编辑委员会. 新安江水电站志. 杭州：浙江人民出版社，1993.

熊卫民，王克迪. 合成一个蛋白质. 济南：山东教育出版社，2005.

熊卫民. 对于历史，科学家有话说：20 世纪中国科学界的人与事. 北京：东方出版社，2016.

徐利治口述，袁向东，郭金海访问整理. 徐利治访谈录. 长沙：湖南教育出版社，2017.

徐祖哲. 溯源中国计算机. 北京：生活·读书·新知三联书店，2015.

许涛. 中国"985 工程"研究及政策建议. 北京：高等教育出版社，2008.

薛澜，等. 中国科技发展与政策（1978～2018）. 北京：社会科学文献出版社，2018.

薛攀皋. 科苑前尘往事. 北京：科学出版社，2011.

杨尚昆. 杨尚昆日记. 上册. 北京：中央文献出版社，2001.

杨照德，熊延岭. 杨嘉墀院士传记. 北京：中国宇航出版社，2014.

杨振宁. 读书教学四十年. 北京：生活·读书·新知三联书店，1987.

苑广增，高筱苏，向青，等. 中国科学技术发展规划与计划. 北京：国防工业出版社，1992.

张彬，等. 当代中国的电力工业. 北京：当代中国出版社，1994.

张彬. 中国电力工业志. 北京：当代中国出版社，1998.

张藜，等. 中国科学院教育发展史. 北京：科学出版社，2009.

张现民. 钱学森年谱. 上册. 北京：中央文献出版社，2015.

张酉水，陈清龙. 20 世纪的中国高等教育·科技卷. 北京：高等教育出版社，2003.

郑谦主编，庞松著. 中华人民共和国史 1949—1956. 北京：人民出版社，2010.

中共中央党校理论研究室. 中华人民共和国国史全鉴·10·科技卷. 北京：中共中央文献出版社，2005

中共中央文献研究室，中央档案馆. 建党以来重要文献选编（一九二一一一九四九）. 第 26 册. 北京：中央文献出版社，2011.

中共中央文献研究室. 邓小平论教育. 3 版. 北京：人民教育出版社，2004.

中共中央文献研究室. 邓小平年谱（1975—1997）. 上册. 北京：中央文献出版社，2004.

中共中央文献研究室. 建国以来毛泽东文稿. 第六册. 北京：中央文献出版社，1998.

中共中央文献研究室. 建国以来毛泽东文稿. 第七册. 北京：中央文献出版社，1992.

中共中央文献研究室. 建国以来重要文献选编. 第 1 册. 北京：中央文献出版社，2011.

中共中央文献研究室. 建国以来重要文献选编. 第 5 册. 北京：中央文献出版社，1993.

中共中央文献研究室. 建国以来重要文献选编. 第 7 册. 北京：中央文献出版社，1993.

中共中央文献研究室. 建国以来重要文献选编. 第 8 册. 北京：中央文献出版社，2011.

中共中央文献研究室. 建国以来重要文献选编. 第 9 册. 北京：中央文献出版社，2011.

中共中央文献研究室. 建国以来重要文献选编. 第 13 册. 北京：中央文献出版社，2011.

中共中央文献研究室. 建国以来重要文献选编. 第 14 册. 北京：中央文献出版社，2011.

中共中央文献研究室. 建国以来重要文献选编. 第 15 册. 北京：中央文献出版社，1997.

中共中央文献研究室. 建国以来重要文献选编. 第 17 册. 北京：中央文献出版社，2011.

中共中央文献研究室. 建国以来重要文献选编. 第 18 册. 北京：中央文献出版社，1998.

中共中央文献研究室. 刘少奇年谱. 下卷. 北京：中央文献出版社，1996.

中共中央文献研究室. 毛泽东传（1949—1976）. 北京：中央文献出版社，2003.

中共中央文献研究室. 毛泽东文集. 第 6 卷. 北京：人民出版社，1999.

中共中央文献研究室. 毛泽东文集. 第 7 卷. 北京：人民出版社，1999.

中共中央文献研究室. 三中全会以来重要文献选编. 下. 北京：人民出版社，1982.

中共中央文献研究室. 周恩来经济文选. 北京：中央文献出版社，1993.

中共中央文献研究室. 周恩来年谱（一九四九——一九七六）. 上卷. 北京：中央文献出版社，1998.

中共中央文献研究室. 周恩来年谱（一九四九——一九七六）. 中卷. 北京：中央文献出版社，1998.

中共中央文献研究室. 周恩来文化文选. 北京：中央文献出版社，1998.

《中国地震局地震研究所志》编委会. 中国地震局地震研究所志. 北京：地震出版社，2007.

《中国电力规划》编写组. 中国电力规划·电网卷. 北京：中国水利水电出版社，2007.

《中国电力规划》编写组. 中国电力规划·水电卷. 北京：中国水利水电出版社，2007.

《中国电力规划》编写组. 中国电力规划·综合卷. 上册. 北京：中国水利水电出版社，2007.

《中国电力年鉴》编辑委员会. 2007 中国电力年鉴. 北京：中国电力出版社，2007.

《中国航空工业四十年》编辑部. 中国航空工业四十年：1951.4—1991.4. 北京：航空工业出版社，1990

中国合成橡胶工业协会. 中国合成橡胶工业总览. 北京：中国计量出版社，2005

《中国化学五十年》编辑委员会. 中国化学五十年 1932—1982. 北京：科学出版社，1985.

《中国教育年鉴》编辑部. 中国教育年鉴（1949～1981）. 北京：中国大百科全书出版社，1984.

《中国科学院植物研究所志》编辑委员会. 中国科学院植物研究所志. 北京：高等教育出版社，2008.

《中国疟疾的防治与研究》编委会. 中国疟疾的防治与研究. 北京：人民卫生出版社，1991.

《中国轻工业年鉴》编辑部. 1985 年中国轻工业年鉴（1949—1984）. 北京：中国大百科全书出版社，
    1985.

《中国水力发电史》编辑委员会. 中国水力发电史（1904—2000）. 第一册. 北京：中国电力出版社，
    2005.

《中国水力发电史》编辑委员会. 中国水力发电史（1904—2000）. 第二册. 北京：中国电力出版社，
    2007.

《中国水力发电史》编辑委员会. 中国水力发电史（1904—2000）. 第四册. 北京：中国电力出版社，2007.

《中国铁路建设》编辑办公室. 中国铁路建设. 北京：中国铁道出版社，1990.

《中国铁路桥梁史》编委会. 中国铁路桥梁史. 北京：中国铁道出版社，2009.

《中国直升机事业 60 年》编委会. 飞旋之梦-中国直升机事业 60 年. 北京：航空工业出版社，2017.

《中华人民共和国国史全鉴》编委会. 中华人民共和国国史全鉴·第二卷（1954—1959）. 北京：团结
    出版社，1996

中华人民共和国科学技术部. 中国科技发展 60 年. 北京：科学技术文献出版社，科学出版社，2009.

中华人民共和国科学技术部. 中国科学技术发展报告（2005）. 北京：科学技术文献出版社，2006.

中华人民共和国科学技术部. 中国科学技术发展报告（2016）. 北京：科学技术文献出版社，2017.

中华人民共和国科学技术部. 中国科学技术发展报告（2019）. 北京：科学技术文献出版社，2021.

中华人民共和国科学技术部创新发展司. 中华人民共和国科学技术发展规划纲要（1956—2000）. 北京：
    科学技术文献出版社，2018.

中华人民共和国科学技术部发展计划司. 中华人民共和国科学技术发展规划和计划（1949—2005）. 北
    京：中华人民共和国科学技术部发展计划司，2008.

中华人民共和国农业部农垦局，农业部发展南亚热带作物办公室. 中国天然橡胶五十年. 北京：中国科
    学技术出版社，2004.

中央教育科学研究所. 中华人民共和国教育大事记（1949—1982）. 北京：教育科学出版社，1984.

周日新. 喷气惊奇—航空动力的里程碑. 北京：北京航空航天大学出版社，2016.

竺可桢. 竺可桢全集. 第 2 卷. 上海：上海科技教育出版社，2004.

竺可桢. 竺可桢全集. 第11卷. 上海：上海科技教育出版社，2006.

竺可桢. 竺可桢全集. 第13卷. 上海：上海科技教育出版社，2007.

竺可桢. 竺可桢全集. 第14卷. 上海：上海科技教育出版社，2008.

竺可桢. 竺可桢全集. 第21卷. 上海：上海科技教育出版社，2011.

"211工程"部际协调小组办公室. "211工程"发展报告（1995—2005）. 北京：高等教育出版社，2007.

"985工程"建设报告编研组. "985工程"建设报告. 北京：高等教育出版社，2011.

Department of State. *United States Relations with China：With Special Reference to the Period 1944—1949*. Washington，D. C.：Division of Publications，Office of Public Affairs，1949.

Ewald P P. *Fifty Years of X-ray Diffraction*. Utrecht：International Union of Crystallography，1962.

Guo H，Wu J. *Space Science & Technology in China：A Roadmap to 2050*. Berlin，Heidelberg：Springer，2010.

Horne R B. *Rationale and requirements for a European Space Weather Program. European Space Agency. Space Weather Workshop：Looking Towards a European Space Weather Program*. Netherlands：Estec Nordwijk，2003.

Hu N，Tsu H-Y. *Proceedings of the 1980 Guangzhou Conference on Theoretical Particle Physics*. Beijing：Science Press，1980.

International Institute for Applied Systems Analysis. *Energy in a Finite World*. Cambridge：Ballinger Publishing Company，1981.

McClellan J E，III. *Science Reorganized：Scientific Societies in the Eighteenth Century*. New York：Columbia University，1985.

Petroleum B. *Statistical review of world energy 2016—Data workbook*. British Petroleum：London，UK，2016.

Weinberg S. *The Discovery of Subatomic Particles*. Cambridge：The Press Syndicate of The University of Cambridge，2003.

索　引

其他